A Economia da Natureza

GEN Grupo Editorial Nacional

O GEN | Grupo Editorial Nacional – maior plataforma editorial brasileira no segmento científico, técnico e profissional – publica conteúdos nas áreas de ciências da saúde, exatas, humanas, jurídicas e sociais aplicadas, além de prover serviços direcionados à educação continuada e à preparação para concursos.

As editoras que integram o GEN, das mais respeitadas no mercado editorial, construíram catálogos inigualáveis, com obras decisivas para a formação acadêmica e o aperfeiçoamento de várias gerações de profissionais e estudantes, tendo se tornado sinônimo de qualidade e seriedade.

A missão do GEN e dos núcleos de conteúdo que o compõem é prover a melhor informação científica e distribuí-la de maneira flexível e conveniente, a preços justos, gerando benefícios e servindo a autores, docentes, livreiros, funcionários, colaboradores e acionistas.

Nosso comportamento ético incondicional e nossa responsabilidade social e ambiental são reforçados pela natureza educacional de nossa atividade e dão sustentabilidade ao crescimento contínuo e à rentabilidade do grupo.

A Economia da Natureza

Rick Relyea
Rensselear Polytechnic Institute

Robert Ricklefs
University of Missouri–St. Louis

Tradução e Revisão Técnica

Cecília Bueno
Bióloga. Doutora em Ciências pelo Programa de Pós-Graduação em Geografia (PPGG) da Universidade Federal do Rio de Janeiro (UFRJ). Professora Titular da Universidade Veiga de Almeida.

Natalie Olifiers
Bióloga. Doutora em Ecologia (Fisheries & Wildlife) pela University of Missouri, Columbia, EUA. Professora Auxiliar da Universidade Veiga de Almeida.

Oitava edição

gen | GUANABARA KOOGAN

- Data do fechamento do livro: 29/01/2021

- **Atendimento ao cliente: (11) 5080-0751 | faleconosco@grupogen.com.br**
- Traduzido de:
ECOLOGY: THE ECONOMY OF NATURE 8e
First published in the United States by W.H. Freeman and Company

Publicado originalmente nos EUA por W.H. Freeman and Company

ISBN: 978-1-319-06041-1

EDITORA GUANABARA KOOGAN LTDA.
Uma editora integrante do GEN | Grupo Editorial Nacional
Travessa do Ouvidor, 11
Rio de Janeiro – RJ – CEP 20040-040
www.grupogen.com.br

- Capa: Gary Hespenheide
- Imagem da capa: Rolf Nussbaumer/Nature Picture Library
- Editoração eletrônica: Anthares
- Ficha catalográfica

CIP-BRASIL. CATALOGAÇÃO NA PUBLICAÇÃO
SINDICATO NACIONAL DOS EDITORES DE LIVROS, RJ

R321e
8. ed.

Relyea, Rick
A economia da natureza / Rick Relyea, Robert Ricklefs ; tradução e revisão técnica Cecília Bueno, Natalie Olifiers. - 8. ed. - Rio de Janeiro : Guanabara Koogan, 2021.
: il.

Tradução de: Ecology : the economy of nature
Inclui apêndice e glossário
Inclui índice
ISBN 978-85-277-3707-4

1. Ecologia. I. Ricklefs, Robert. II. Bueno, Cecília. III. Olifiers, Natalie. IV. Título.

20-66989 CDD: 577
CDU: 574

Meri Gleice Rodrigues de Souza - Bibliotecária CRB-7/6439

Sobre os Autores

Christine Relyea

RICK RELYEA é diretor do Darrin Fresh Water Institute, no Rensselaer Polytechnic Institute. Também dirige o Jefferson Project em Lake George, uma parceria inovadora entre Rensselaer, IBM e o FUND para Lake George. Nesse projeto, Relyea lidera uma equipe de pesquisadores, engenheiros, cientistas da computação e mestres que estão usando o mais recente conhecimento em ciência e tecnologia para entender, prever e possibilitar resiliência em ecossistemas.

De 1999 a 2014, trabalhou na University of Pittsburgh. Em 2005, foi nomeado *Chancellor's Distinguished Researcher* (Pesquisador Ilustre do Chanceler) e, em 2014, recebeu o Prêmio Tina e David Bellet por excelência em docência. De 2007 a 2014, foi diretor da estação de campo da universidade, o Laboratório de Ecologia de Pymatuning, onde supervisionou diversos cursos ecológicos de campo e orientou pesquisadores de todo o mundo.

Rick ensinou milhares de estudantes de graduação, lecionando introdução à ecologia, ecologia comportamental e evolução. Sua pesquisa é reconhecida mundialmente e tem sido publicada nas principais revistas ecológicas, como *Ecology, Ecology Letters, American Naturalist, Environmental Pollution* e *PNAS*. A pesquisa de Relyea abrange inúmeros tópicos ecológicos e evolutivos, incluindo comportamento animal, seleção sexual, ecotoxicologia, ecologia de doenças, ecologia de comunidades, ecologia de ecossistemas e ecologia da paisagem. Atualmente, seus estudos enfocam os hábitats aquáticos e as diversas espécies que vivem nesses ecossistemas.

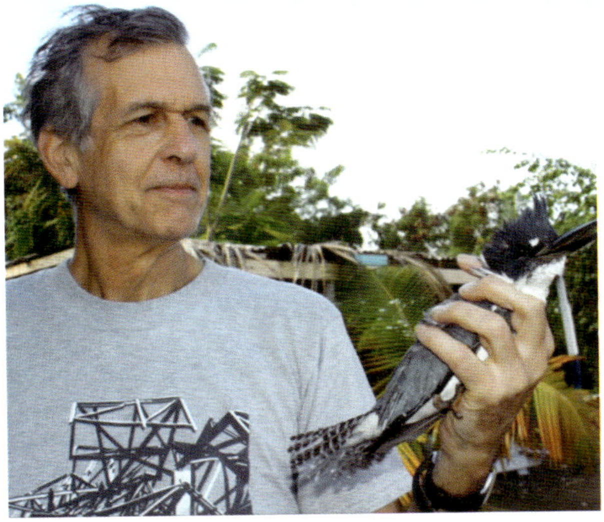

Maria W. Pil

ROBERT RICKLEFS é professor de biologia na University of Missouri–St. Louis, onde integra o corpo docente desde 1995. Seu ensino no Missouri e, anteriormente, na University of Pennsylvania incluiu curso introdutório e avançado em ecologia, biogeografia, evolução e estatística biológica. A pesquisa de Bob tem abordado diversos tópicos em ecologia e biologia evolutiva, incluindo a importância adaptativa dos atributos de história de vida em aves, a biogeografia das ilhas e as relações entre comunidades de aves, insetos herbívoros e árvores em florestas. Em particular, tem defendido a importância de se reconhecer o impacto de processos em grande escala sobre a ecologia local de grupos de espécies. Bob publica artigos em inúmeras revistas, como *Science, Nature, PNAS, Evolution, Ecology, Ecology Letters* e *American Naturalist*. Suas contribuições foram reconhecidas por doutores honorários da Université Catholique de Louvain (Bélgica), da Aarhus Universitet (Dinamarca) e da Université de Bourgogne (França). É membro da American Academy of Arts and Sciences e da National Academy of Sciences dos EUA. Bob publicou a primeira edição de *A Economia da Natureza* em 1976.

Prefácio

Dos autores...

Desde o seu lançamento em 1976, *A Economia da Natureza* vem conquistando inúmeros e leais seguidores. Professores e estudantes têm apreciado o objetivo do livro: apresentar o material que os professores desejam ensinar, estimulando os estudantes e valorizando o modo como a ciência é feita. Uma das estratégias que usamos para atingir esse objetivo foi estruturar a obra em capítulos que abordam quatro a seis conceitos-chave. Esses conceitos são apresentados no início de cada capítulo como objetivos de aprendizagem, repetidos nos subtítulos principais e, novamente, no resumo do capítulo. Essa estrutura permite que professores e alunos enfoquem as principais mensagens do texto. Outro importante diferencial do livro é oferecer aos estudantes mais experiências de observação e interpretação de dados científicos provenientes de sistemas variados. Também ampliamos a abordagem de interações de espécies, ecologia de comunidades e ecologia de ecossistemas para aumentar o escopo de um curso introdutório.

Entendemos que as aplicações ecológicas são relevantes e atraentes, tornando o material mais interessante para o aluno. Por isso, vários estudos com aplicações no mundo real são apresentados em cada capítulo. Nosso objetivo é ressaltar o valor de se compreender a ecologia e ajudar os estudantes a entenderem por que a ecologia é relevante em suas vidas.

Incluímos as mudanças globais ao longo do livro, discutindo essa questão em cada capítulo. Esses tópicos ajudam professores e alunos a fazerem conexões entre ecologia básica e problemas ecológicos reais que afetem suas vidas.

Sabemos que os estudantes gostam de textos objetivos e bons recursos visuais. Para fazer desta obra uma ferramenta de estudo atraente, trabalhamos com ótimos editores que nos ajudaram a expressar ciência em uma linguagem simples, sem diminuir a complexidade dos conceitos. Todos os capítulos são complementados por fotos espetaculares, lindas ilustrações e gráficos de fácil interpretação.

DESTAQUES DO LIVRO

Ensino de ecologia com recursos pedagógicos aprimorados

Os **objetivos de aprendizagem** iniciam cada capítulo, esclarecendo aos alunos os propósitos de estudo. Cada objetivo de aprendizagem corresponde a uma seção do capítulo, e cada seção é agora concluída com uma **verificação de conceitos** que permite ao estudante checar a sua compreensão antes de prosseguir com a leitura. Além disso, as **questões de raciocínio crítico** ao final de cada capítulo dão aos alunos a oportunidade de aplicar o conhecimento dos objetivos de aprendizagem.

VERIFICAÇÃO DE CONCEITOS

1. Quais são as vantagens e desvantagens de ser um ectoparasito?
2. Quais são os principais grupos de ectoparasitos?
3. Quais são os principais grupos de endoparasitos?

OBJETIVOS DE APRENDIZAGEM

Após a leitura deste capítulo, você deverá ser capaz de:

15.1 Identificar os muitos tipos diferentes de parasitos que afetam a abundância de espécies hospedeiras.

15.2 Descrever como as dinâmicas entre parasitos e hospedeiros são determinadas pela habilidade do parasito de infectar o hospedeiro.

15.3 Ilustrar como populações de parasitos e hospedeiros normalmente flutuam em ciclos regulares.

15.4 Explicar o processo de evolução de estratégias ofensivas em parasitos, enquanto hospedeiros desenvolvem estratégias defensivas.

QUESTÕES DE RACIOCÍNIO CRÍTICO

1. Compare e contraste as vantagens e desvantagens da vida como um ectoparasito *versus* como um endoparasito.
2. Por que os parasitos com frequência não são muito prejudiciais para os hospedeiros em sua abrangência nativa, mas altamente prejudiciais para os hospedeiros em uma região onde foram introduzidos?
3. Se um parasito tem uma espécie de hospedeiro reservatório, como efetivamente a população de parasitos é controlada pela imunização de uma espécie hospedeira suscetível?
4. Dado que atualmente não há cura para a doença da vaca louca, qual é a ação mais eficaz para reduzir sua transmissão?
5. Por que continuamos a descobrir novas doenças infecciosas emergentes?
6. Compare e contraste a transmissão horizontal com a transmissão vertical de um parasito.
7. Usando o modelo S-I-R básico da dinâmica de parasitos e hospedeiros, explique por que a proporção de indivíduos infectados na população declina ao longo do tempo.
8. No modelo S-I-R da dinâmica de parasitos e hospedeiros, como o resultado será alterado se permitirmos que novos indivíduos suscetíveis nasçam dentro da população?
9. Quando usamos um teste *t*, quais são os fatores que tornam mais provável encontrar uma diferença significativa?
10. Explique por que a doença do olmo holandês pode se tornar menos letal para seus hospedeiros ao longo do tempo.

Dados e ferramentas quantitativas básicas para "aprender fazendo"

Sabemos que muitos estudantes precisam de ajuda na aplicação de ferramentas quantitativas básicas. Por isso, diversos recursos nesta obra ajudam os alunos a desenvolverem e aplicarem suas habilidades quantitativas.

ANÁLISE DE DADOS EM ECOLOGIA

Entendendo a significância estatística

Ao examinar as adaptações das presas, as contra-adaptações dos predadores ou quaisquer outras medidas ecológicas, com frequência consideram-se exemplos nos quais os pesquisadores descobrem diferenças nos resultados dos experimentos de manipulação. Entretanto, até agora, não foi explorado como os ecólogos avaliam quando essas diferenças são significativas *versus* quando elas ocorrem em virtude do acaso.

Para qualquer grupo de medidas, como a concentração de toxinas em joaninhas alimentadas com quantidades altas e baixas de alimentos, haverá uma variação entre os indivíduos de cada grupo. Se fossem coletadas amostras aleatórias de joaninhas a partir do tratamento com quantidades altas e baixas de alimentos, seria perceptível que a concentração média de toxinas é mais alta no tratamento com grande quantidade de alimento. Entretanto, as medidas de alguns dos indivíduos tratados com muito alimento poderiam coincidir com as de alguns daqueles tratados com pouca quantidade de alimentos. Quando as médias são similares e a distribuição dos dados de ambos os grupos se sobrepõe quase totalmente, deve-se concluir que os dois grupos são quase idênticos, independentemente do que estiver sendo medido, como mostrado na figura a seguir.

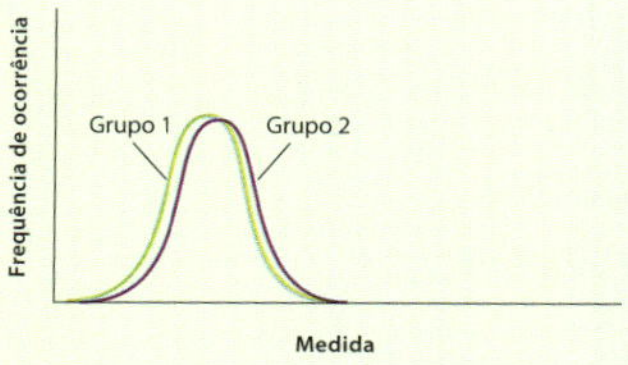

Em contraste, quando as médias são muito diferentes entre si e a distribuição dos dados não exibe sobreposição, como no caso a seguir, haveria a confiança de que os dois grupos de indivíduos são completamente diferentes em relação ao que está sendo medido.

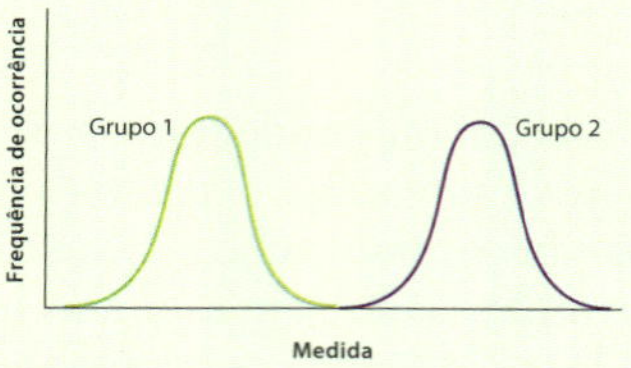

Embora essas duas alternativas extremas demonstrem quando dois grupos têm distribuições completamente sobrepostas ou não sobrepostas, é preciso saber quanta sobreposição entre ambos é aceitável para se concluir que eles são diferentes um do outro no que diz respeito à variável que está sendo medida.

Os cientistas concordam que duas distribuições podem ser consideradas "significativamente diferentes" se puderem ser amostradas muitas vezes, observando-se que as médias se sobrepõem em menos de 5% do tempo. Esse valor de corte um tanto arbitrário, mas amplamente aceito, é conhecido como alfa (α). Portanto, considera-se que o limite em relação à significância estatística é $\alpha < 0{,}05$. Determinar que algo tem significância estatística não é o mesmo que declarar que uma diferença entre duas médias é grande, substancial ou importante. Em outras palavras, o uso cotidiano de "significativo" não é sinônimo da utilização científica de "significativamente diferente".

EXERCÍCIO No Capítulo 2, em "Análise de dados em ecologia | Desvio padrão e erro padrão", mencionou-se que, quando os dados têm distribuição normal, cerca de 68% se situam dentro de um desvio padrão da média, 95% estão

A **análise de dados em ecologia** introduz técnicas matemáticas e estatísticas em relevantes contextos de pesquisas. As questões levantadas na seção **exercício** possibilitam ao leitor colocar em prática a teoria estudada.

Os exercícios de **representação dos dados**, ao final de cada capítulo, possibilitam a prática adicional com ferramentas quantitativas, particularmente na criação e na interpretação de gráficos. Os gráficos, aliás, são bastante usados ao longo do texto para apresentar e descrever dados reais de pesquisas.

Para dar *feedback* imediato aos estudantes, as respostas dos exercícios de "Análise de dados em ecologia" e "Representação dos dados" são apresentadas ao final do livro.

REPRESENTAÇÃO DOS DADOS | RESPOSTA FUNCIONAL DE LOBOS

No Gates of the Arctic National Park and Preserve, no Alasca, pesquisadores monitoraram as densidades de lobos e de suas principais presas, incluindo o caribu (*Rangifer tarandus*). Para compreender se os lobos poderiam regular o crescimento da população de caribus, os pesquisadores queriam saber a forma da resposta funcional dos lobos. Isso poderia ser feito determinando o número de caribus mortos pelos lobos em diferentes áreas e em distintas ocasiões do ano.

Usando os dados desse estudo, mostre graficamente a relação entre a densidade de caribus e a quantidade de caribus mortos por lobo. Em seguida, mostre graficamente a relação entre a densidade de caribus e a proporção de caribus mortos por lobo. Baseando-se em seus gráficos, qual tipo de resposta funcional os lobos apresentam?

DADOS DE LOBOS E CARIBUS

Densidade de caribus (quantidade/km^2)	Quantidade de caribus mortos por lobo (por dia)	Proporção de caribus mortos por lobo (por dia)
0,1	0,50	1,80
0,2	0,70	0,90
0,3	0,90	0,50
0,4	0,95	0,30
0,5	0,98	0,22
1,0	1,00	0,15
1,5	1,01	0,10
2,0	1,02	0,07
2,5	1,03	0,05
3,0	1,03	0,04

Descoberta científica através de lentes globais

A mudança climática global é um tópico imprescindível para a abordagem moderna da ecologia. Nesta oitava edição, a mudança global e seus muitos efeitos são discutidos em cada capítulo, ressaltando como problemas ecológicos reais impactam a vida diária dos estudantes.

Aprendizado ecológico por meio de aplicações no meio ambiente

Como professores de ecologia, quisemos preparar um material interessante e relevante para nossos alunos. As centenas de estudos com aplicação prática ao longo do texto demonstram a relevância da ecologia para a vida dos estudantes – mesmo para aqueles que não pretendem se tornar ecólogos profissionais.

A **abertura dos capítulos com estudos de caso** ressalta pesquisas relevantes e atuais para despertar o interesse dos alunos sobre os tópicos abordados. O texto de abertura anuncia os conceitos de cada capítulo enquanto transmite a natureza dinâmica da ecologia como uma ciência atual na qual descobertas continuam a ser feitas.

Ecologia hoje | Correlação dos conceitos finaliza cada capítulo com exemplos de ecologia aplicada que reúnem os conceitos mais importantes do texto, mostrando sua importância prática em diversas situações, como saúde humana e conservação e manejo de nosso ambiente.

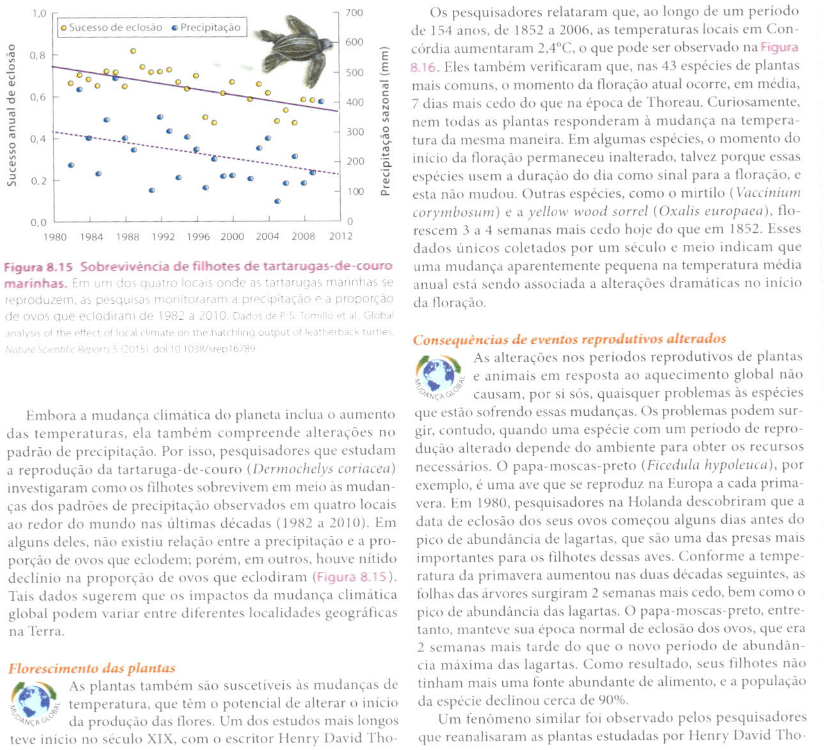

Figura 8.15 Sobrevivência de filhotes de tartarugas-de-couro marinhas. Em um dos quatro locais onde as tartarugas marinhas se reproduzem, as pesquisas monitoraram a precipitação e a proporção de ovos que eclodiram de 1982 a 2010. Dados de P. S. Tomillo et al., Global analysis of the effect of local climate on the hatchling output of leatherback turtles, *Nature Scientific Reports* 5 (2015). doi:10.1038/srep16789.

Embora a mudança climática do planeta inclua o aumento das temperaturas, ela também compreende alterações no padrão de precipitação. Por isso, pesquisadores que estudam a reprodução da tartaruga-de-couro (*Dermochelys coriacea*) investigaram como os filhotes sobrevivem em meio às mudanças dos padrões de precipitação observados em quatro locais ao redor do mundo nas últimas décadas (1982 a 2010). Em alguns deles, não existiu relação entre a precipitação e a proporção de ovos que eclodem; porém, em outros, houve nítido declínio na proporção de ovos que eclodiram (Figura 8.15). Tais dados sugerem que os impactos da mudança climática global podem variar entre diferentes localidades geográficas na Terra.

Florescimento das plantas

As plantas também são suscetíveis às mudanças de temperatura, que têm o potencial de alterar o início da produção das flores. Um dos estudos mais longos teve início no século XIX, com o escritor Henry David Tho-

Os pesquisadores relataram que, ao longo de um período de 154 anos, de 1852 a 2006, as temperaturas locais em Concórdia aumentaram 2,4°C, o que pode ser observado na Figura 8.16. Eles também verificaram que, nas 43 espécies de plantas mais comuns, o momento da floração atual ocorre, em média, 7 dias mais cedo do que na época de Thoreau. Curiosamente, nem todas as plantas responderam à mudança na temperatura da mesma maneira. Em algumas espécies, o momento do início da floração permaneceu inalterado, talvez porque essas espécies usem a duração do dia como sinal para a floração, e esta não mudou. Outras espécies, como o mirtilo (*Vaccinium corymbosum*) e a *yellow wood sorrel* (*Oxalis europaea*), florescem 3 a 4 semanas mais cedo hoje do que em 1852. Esses dados únicos coletados por um século e meio indicam que uma mudança aparentemente pequena na temperatura média anual está sendo associada a alterações dramáticas no início da floração.

Consequências de eventos reprodutivos alterados

As alterações nos períodos reprodutivos de plantas e animais em resposta ao aquecimento global não causam, por si sós, quaisquer problemas às espécies que estão sofrendo essas mudanças. Os problemas podem surgir, contudo, quando uma espécie com um período de reprodução alterado depende do ambiente para obter os recursos necessários. O papa-moscas-preto (*Ficedula hypoleuca*), por exemplo, é uma ave que se reproduz na Europa a cada primavera. Em 1980, pesquisadores na Holanda descobriram que a data de eclosão dos seus ovos começou alguns dias antes do pico de abundância de lagartas, que são uma das presas mais importantes para os filhotes dessas aves. Conforme a temperatura da primavera aumentou nas duas décadas seguintes, as folhas das árvores surgiram 2 semanas mais cedo, bem como o pico de abundância das lagartas. O papa-moscas-preto, entretanto, manteve sua época normal de eclosão dos ovos, que era 2 semanas mais tarde do que o novo período de abundância máxima das lagartas. Como resultado, seus filhotes não tinham mais uma fonte abundante de alimento, e a população da espécie declinou cerca de 90%.

Um fenômeno similar foi observado pelos pesquisadores que reanalisaram as plantas estudadas por Henry David Tho-

Cada capítulo desta edição foi cuidadosamente editado para incluir novos exemplos, aplicações e novidades e, o mais importante, proporcionar uma experiência de aprendizado acessível e de sucesso para um grande número de estudantes. Aplicações integradas ao meio ambiente, à medicina e à saúde pública demonstram a relevância da ecologia para problemas contemporâneos que são importantes para todas as pessoas.

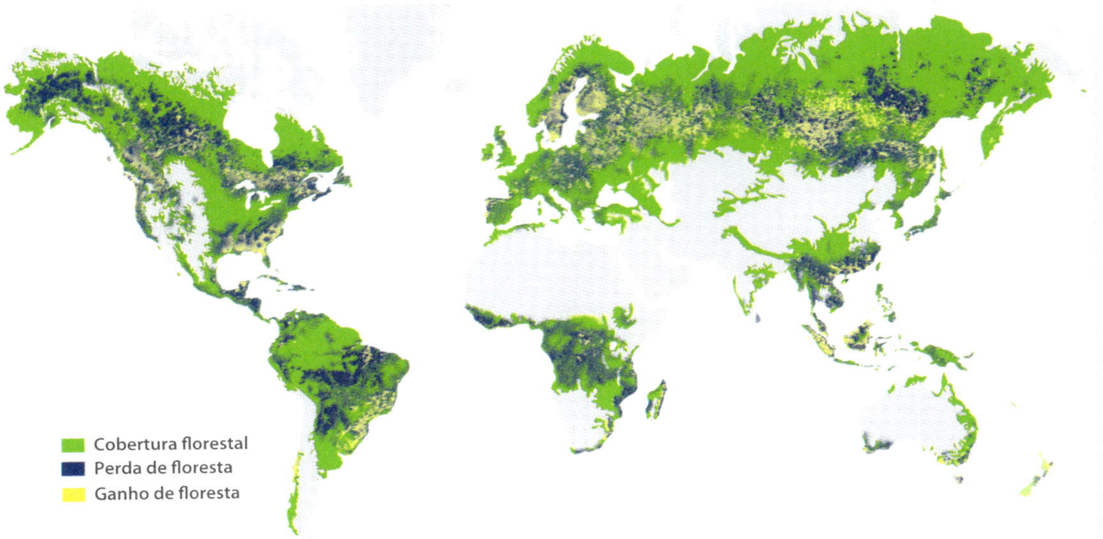

Figura 23.12 Mudanças na cobertura de florestas. Embora algumas regiões do mundo tenham perdido cobertura florestal entre 2001 e 2015, outras regiões apresentaram aumento. Dados de *Global Forest Watch*, http://www.globalforestwatch.org/map. Fonte: Hansen/UMD/Google/USGS/NASA, acessado através da Global Forest Watch.

Material Suplementar

Este livro conta com o seguinte material suplementar:

- Banco de questões
- Ilustrações da obra em formato de apresentação (restrito a docentes cadastrados).

O acesso ao material suplementar é gratuito. Basta que o leitor se cadastre e faça seu *login* em nosso *site* (www.grupogen.com.br), clique no menu superior do lado direito e, após, em GEN-IO. Em seguida, clique no menu retrátil e insira o código (PIN) de acesso localizado na primeira orelha deste livro.

O acesso ao material suplementar online fica disponível até seis meses após a edição do livro ser retirada do mercado.

Caso haja alguma mudança no sistema ou dificuldade de acesso, entre em contato conosco (gendigital@grupogen.com.br).

genio
GEN | Informação Online

GEN-IO (GEN | Informação Online) é o ambiente virtual de aprendizagem do GEN | Grupo Editorial Nacional

Agradecimentos

Fomos incrivelmente afortunados em trabalhar com um grupo formidável de pessoas que tornaram possível esta nova edição. Como em qualquer livro didático, cada capítulo teve início com manuscritos e esboços de imagem que passaram por muitas revisões até que sua versão final fosse clara e interessante para os estudantes de graduação. Tivemos o privilégio de trabalhar com o diretor do programa editorial Andrew Dunaway, com a editora de aquisições Jennifer Edwards e com o editor de desenvolvimento Randi Rossignol, que foram cruciais na revisão desta nova edição. Alexandra Hudson e Crissy Dudonis cuidaram de todas as revisões e pesquisas. Blake Logan, gerente sênior de *design*, e Diana Blume, diretora de *design*, são os responsáveis pelo bonito projeto gráfico do texto. Outras pessoas que também contribuíram para o sucesso deste livro incluem a coordenadora de ilustrações Janice Donnola, a gerente de conteúdo de projetos Pamela Lawson e a supervisora sênior de fluxo de trabalho Susan Wein. Richard Fox e Christine Buese foram incansáveis na busca pelas figuras certas para cada um dos nossos pedidos. Somos gratos aos gerentes seniores de projeto da Lumina Datamatics, Andrea Stefanowicz e Misbah Ansari, e à revisora Patti Brecht, por manterem o projeto no caminho certo e por trabalharem arduamente. Agradecemos ao gerente executivo de *marketing* Will Moore e à equipe da Macmillan Sales por todo o trabalho árduo, assegurando aos leitores o aproveitamento máximo das mídias desenvolvidas para esta edição.

Ao longo de oito edições, inúmeros colegas e professores nos ajudaram a transformar *A Economia da Natureza* em um livro que tem apresentado dezenas de milhares de estudantes às maravilhas da ecologia. Somos extremamente gratos por essa parceria. Durante a criteriosa revisão desta oitava edição, recebemos mais uma vez a imensa ajuda de muitos colegas e amigos professores em cada estágio de desenvolvimento. Estendemos nossos sinceros agradecimentos às seguintes pessoas que atenciosamente dedicaram seu tempo:

Eddie Alford, *Arizona State University*
Loreen Allphin, *Brigham Young University*
Marty Anderies, *Arizona State University*
Tom Arsuffi, *Texas Tech University*
Betsy Bancroft, *Southern Utah University*
Paul Bartell, *Pennsylvania State University*
David Baumgardner, *Texas A&M University*
Christopher Beatty, *Santa Clara University*
Marc Bechard, *Boise State University*
Mark Belk, *Brigham Young University*
Michael F. Benard, *Case Western Reserve University*
Ritin Bhaduri, *Spelman College*
Andrew Blaustein, *Oregon State University*
Steve Blumenshine, *California State University–Fresno*
Michelle D. Boone, *Miami University of Ohio*
Jennifer Borgo, *Coker College*
Victoria Borowicz, *Illinois State University*
Alison Boyer, *University of Tennessee*
Judith Bramble, *DePaul University*
Shannon Bros-Seemann, *San José State University*
Ken Brown, *Louisiana State University*
Romi Burks, *Southwestern University*
Willodean Burton, *Austin Peay State University*
David Byres, *Florida State College–Jacksonville*
Daniel Capuano, *Hudson Valley Community College*
Walter P. Carson, *University of Pittsburgh*
J. Chadwick Johnson, *Arizona State University*
Michael F. Chislock, *Auburn University*
George Cline, *Jacksonville State University*
Clay Corbin, *Bloomsburg University of Pennsylvania*
Douglas Crawford-Brown, *University of North Carolina at Chapel Hill*
William Currie, *University of Michigan*
Richard Deslippe, *Texas Tech University*
Jacqueline M. Doyle, *Towson University*
Hudson DeYoe, *University of Texas–Pan American*
Joe D'Silva, *Norfolk State University*
James Dunn, *Grand Valley State University*
Kenneth Ede, *Oklahoma State University–Tulsa*
James Elser, *Arizona State University*
Rebecca Ferrell, *Metropolitan State University of Denver*
Kerri Finlay, *University of Regina*
Ben Fitzpatrick, *University of Tennessee*
Lloyd Fitzpatrick, *University of North Texas*
Matt Forister, *University of Nevada*
Norma Fowler, *University of Texas at Austin*
Steven J. Franks, *Fordham University*
Rachel E. Gallery, *University of Arizona Tucson*
Danielle Garneau, *State University of New York at Plattsburgh*
Pamela Geddes, *Northeastern Illinois University*
Linda Green, *Georgia Institute of Technology*
Danny Gustafson, *The Citadel*
Monika Havelka, *University of Toronto–Mississauga*
Floyd Hayes, *Pacific Union College*
Stephen Hecnar, *Lakehead University*
Colleen Hitchcock, *Boston College*
Gerlinde Hoebel, *University of Wisconsin–Milwaukee*
Claus Holzapfel, *Rutgers University–Newark*
Robert Howard, *Middle Tennessee State University*
Jon Hubbard, *Gavilan College*
Rebecca Penny Humphrey, *Aquinas College*
Anthony Ippolito, *DePaul University*
John Jaenike, *University of Rochester*
Steven Juliano, *Illinois State University*
Thomas Jurik, *Iowa State University*
Kristen M. Kaczynski, *California State University, Chico*
Doug Keran, *Central Lakes College*
Tigga Kingston, *Texas Tech University*

Christopher Kitting, *California State University–East Bay*
Catherine Kleier, *Regis University*
Jamie Kneitel, *California State University–Sacramento*
Ned J. Knight, *Linfield College*
Andrew M. Kramer, *University of Georgia*
William Kroll, *Loyola University of Chicago*
Hugh Lefcort, *Gonzaga University*
Mary Lehman, *Longwood University*
Dale Lockwood, *Colorado State University*
Eric Long, *Seattle Pacific University*
Genaro Lopez, *University of Texas–Brownsville*
C. J. Lortie, *York University*
Lisa L. Manne, *College of Staten Island*
Terri J. Matiella, *The University of Texas San Antonio*
Marty D. Matlock, *University of Arkansas*
Robert McGregor, *Douglas College*
L. Maynard Moe, *California State University–Bakersfield*
Don Moll, *Missouri State University*
Peter Morin, *Rutgers University*
Patrick Osborne, *University of Missouri–St. Louis*
Peggy Ostrom, *Michigan State University*
Michael Palmer, *Oklahoma State University*
Mitchell Pavao-Zuckerman, *University of Arizona*
William Pearson, *University of Louisville*
Bill Perry, *Illinois State University*
Kenneth Petren, *University of Cincinnati*
Raymond Pierotti, *University of Kansas*
David Pindel, *Corning Community College*
Craig Plante, *College of Charleston*
Thomas Pliske, *Florida International University*
Diane Post, *University of Texas–Permian Basin*
Mark Pyron, *Ball State University*
Laurel Roberts, *University of Pittsburgh*
Robert Rosenfield, *University of Wisconsin–Stevens Point*
Tatiana Roth, *Coppin State University*
Arthur N. Samel, *Bowling Green State University*
Nate Sanders, *University of Tennessee*
Mark Sandheinrich, *University of Wisconsin–La Crosse*
Thomas Sasek, *University of Louisiana at Monroe*
Kenneth Schmidt, *Texas Tech University*
Robert Schoch, *Boston University*
Erik Scully, *Towson University*
Kathleen Sealey, *University of Miami*
Kari A. Segraves, *Syracuse University*
David Serrano, *Broward College*
Chrissy Spencer, *Georgia Institute of Technology*
Janette Steets, *Oklahoma State University*
Juliet Stromberg, *Arizona State University*
Stephen Sumithran, *Eastern Kentucky University*
Keith Summerville, *Drake University*
Carol Thornber, *University of Rhode Island*
David Tonkyn, *Clemson University*
William Tonn, *University of Alberta*
James Traniello, *Boston University*
Stephen Vail, *William Paterson University*
Michael Vanni, *Miami University*
Eric Vetter, *Hawaii Pacific University*
Joe von Fischer, *Colorado State University*
Mitch Wagener, *Western Connecticut State University*
Diane Wagner, *University of Alaska–Fairbanks*
Sean Walker, *California State University–Fullerton*
Xianzhong Wang, *Indiana University–Purdue University Indianapolis*
John Weishampel, *University of Central Florida*
Carrie Wells, *University of North Carolina at Charlotte*
Marcia Wendeln, *Wright State University*
Tom Wentworth, *North Carolina State University*
Yolanda Wiersma, *Memorial University*
Frank Williams, *Langara College*
Susan Willson, *St. Lawrence University*
Alan E. Wilson, *Auburn University*
Ben Wodika, *Truman State University*
Kelly Wolfe-Bellin, *College of the Holy Cross*
Lan Xu, *South Dakota State University*
Todd Yetter, *University of the Cumberlands*

Sumário

Parte 2: Organismos

Parte 4: Interações de Espécies

A Economia da Natureza

1 Introdução | Ecologia, Evolução e Método Científico

A Procura pela Vida no Fundo do Oceano

No início do século XIX, os cientistas especulavam que as águas profundas do oceano – aquelas com profundidades maiores do que 275 metros, onde a luz solar não chega – eram desprovidas de vida. Isso porque, sem luz solar, não pode haver fotossíntese e, sem fotossíntese, não pode haver plantas ou algas, que servem de alimento para outros organismos. Também se acreditava que as baixas temperaturas e as pressões extremas das águas profundas contribuíssem para a ausência de vida no fundo do mar. Considerando que as profundezas do oceano podem ultrapassar 10.000 metros, era razoável conjecturar que as áreas mais profundas não poderiam sustentar a vida. Naquele tempo, no entanto, os cientistas eram incapazes de explorar essas regiões.

Com o avanço da exploração ao longo do século XIX, as ideias dos cientistas sobre os limites em que poderia haver vida começaram a mudar. Em uma expedição realizada em 1873 a bordo do navio de pesquisa britânico *HMS Challenger*, pesquisadores arrastaram pelo fundo do Oceano Atlântico uma grande caixa aberta em um dos lados e suspensa por longas cordas presas atrás do navio. Essa caixa, conhecida como draga, coletou amostras de diferentes partes do substrato do oceano e em profundidade de até 4.572 metros. Eles ficaram surpresos ao descobrir quase 5.000 novas espécies; assim, quando ficou claro que a vida se desenvolvia em profundidades além da que a luz solar alcançava, foram compelidos a rejeitar a hipótese anterior de que a vida não poderia existir naquelas regiões.

Após descobrirem essa rica abundância de vida no oceano profundo, os cientistas precisavam entender como ela poderia existir ali. A ausência de luz sugeria que aqueles organismos eram sustentados de alguma maneira por uma energia não proveniente de fotossíntese. Observaram, então, que as águas superficiais do oceano produziam deposição constante de pequenas partículas – conhecidas como "neve marinha" –, resultantes da morte e da subsequente decomposição de organismos que viviam na superfície das águas. Além da neve marinha, grandes organismos mortos, como baleias, também se depositavam no fundo do mar; assim, eles conjecturaram que a neve marinha e os corpos em decomposição dos grandes organismos deveriam ser a fonte de energia necessária para sustentar os organismos no oceano profundo.

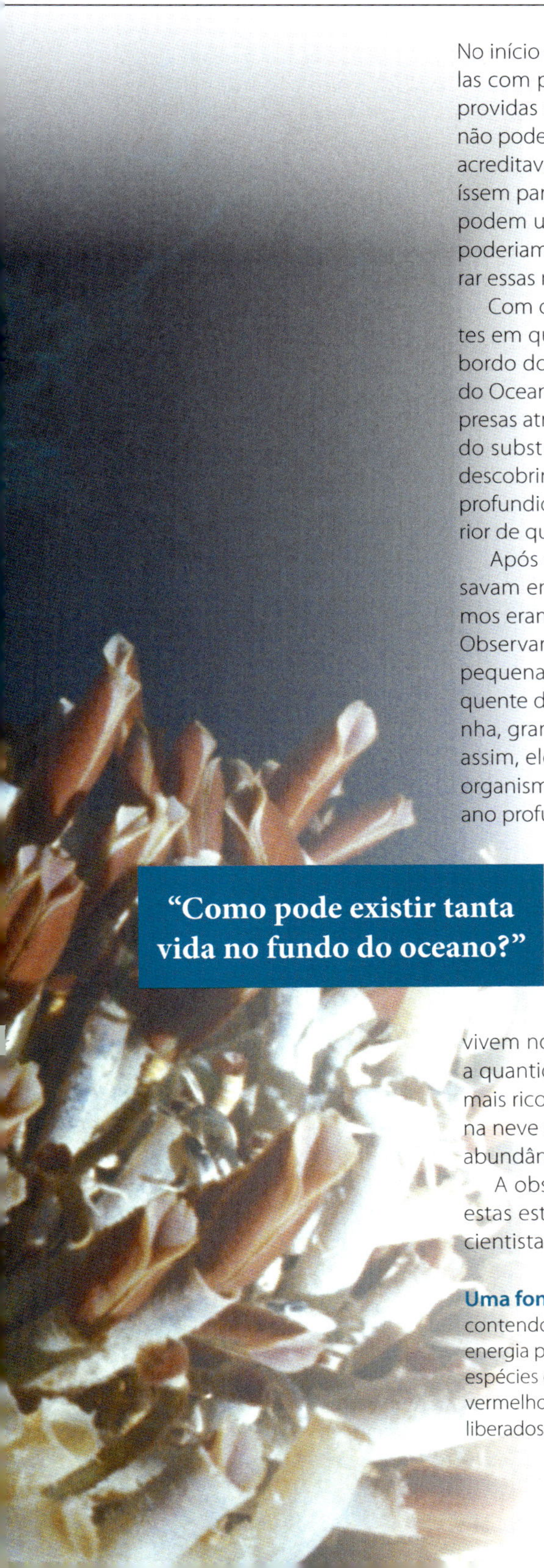

"Como pode existir tanta vida no fundo do oceano?"

Nos anos 1970, os cientistas finalmente puderam enviar pequenos submarinos para investigar em primeira mão as áreas mais profundas dos oceanos, e as descobertas foram chocantes. Eles confirmaram que grande parte daquelas regiões profundas sustentava organismos vivos, e que as áreas próximas a aberturas no substrato do oceano, chamadas *fontes hidrotermais*, apresentavam grande diversidade de espécies. As fontes hidrotermais liberam água quente com altas concentrações de compostos de enxofre e outros nutrientes minerais. Inúmeras espécies vivem no entorno dessas fontes, incluindo moluscos bivalves, caranguejos e peixes. De fato, a quantidade de vida nessas profundezas é equivalente à encontrada em alguns dos lugares mais ricos em espécies da Terra. Ficou claro, desse modo, que a quantidade de energia contida na neve marinha que se precipitava no fundo do oceano não era suficiente para sustentar tal abundância e tal diversidade de formas de vida. Essa hipótese agora teria de ser rejeitada.

A observação de que existia vida nas proximidades das fontes hidrotermais sugeria que estas estavam, de alguma maneira, fornecendo a energia para tais espécies. Na verdade, os cientistas já sabiam, havia muito tempo, que algumas espécies de bactérias poderiam obter

Uma fonte no fundo do oceano. Em algumas regiões do fundo do mar, água quente contendo compostos de enxofre é liberada do substrato. Esses compostos fornecem energia para bactérias quimiossintetizantes, que servem de alimento para muitas outras espécies que vivem nas proximidades da fonte, incluindo esses vermes tubulares de cor vermelho-alaranjada (*Tevnia jerichonana*), que foram corados pelos compostos de ferro liberados das fontes hidrotermais. Fotografia de EMORY KRISTOF/National Geographic Creative.

energia de compostos químicos em vez de luz solar. As bactérias utilizam a energia contida em ligações químicas combinada ao dióxido de carbono (CO_2) – um processo conhecido como *quimiossíntese* – de maneira similar ao modo como plantas e algas usam a energia do Sol e o CO_2 para produzir compostos orgânicos por meio da fotossíntese. Assim, com base nesse conhecimento, os pesquisadores hipotetizaram que as fontes de água quente, que liberam água com gás sulfeto de hidrogênio dissolvido e outros compostos químicos, forneciam energia para bactérias, e que estas poderiam ser consumidas por outros organismos que viviam no entorno das fontes.

Após vários anos de investigação, eles descobriram que a área do entorno das fontes hidrotermais continha um grupo de organismos conhecidos como vermes tubulares, que são capazes de crescer até mais de 2 metros de comprimento. Esses animais apresentam órgãos especializados que abrigam um vasto número de bactérias quimiossintetizantes que vivem em íntima associação com eles. Os vermes tubulares capturam os gases sulfeto e CO_2 da água ao redor e os passam para as bactérias, que os utilizam para produzir compostos orgânicos. Parte desses compostos orgânicos é transferida para os vermes tubulares, que os usam como alimento. As bactérias também representam uma fonte de alimento para muitos outros animais que vivem nas proximidades das fontes; porém, estes podem ser consumidos por outros maiores, como peixes.

A pesquisa sobre fontes hidrotermais no fundo dos oceanos permanece atualmente, e hipóteses continuam a ser revistas. A procura por fontes hidrotermais no fundo dos oceanos tem sido historicamente difícil, e os pesquisadores chegaram a estimar que as fontes fossem relativamente raras e muito espaçadas, de 12 a 200 km entre si. Em 2016, utilizando sensores avançados capazes de detectar os compostos químicos produzidos pelas fontes, os pesquisadores descobriram que elas são, na verdade, três a seis vezes mais abundantes do que se pensava, com espaço de apenas 3 a 20 km entre si.

A narrativa sobre as fontes hidrotermais no fundo dos oceanos mostra como os cientistas trabalham: fazem observações, criam hipóteses, testam essas hipóteses para confirmá-las ou rejeitá-las e, se uma delas é rejeitada, criam uma nova. Como será observado ao longo deste capítulo e dos subsequentes, a ciência é um processo contínuo que frequentemente leva a descobertas fascinantes sobre como a natureza funciona.

FONTES:

Baker, E. T., et al. 2016. How many vent fields? New estimates of vent Field populations on ocean ridges from precise mapping of hydrothermal discharge locations, *Earth and Planetary Science Letters* 449:186–96.

Dubilier, N., et al. 2008. Symbiotic diversity in marine animals: The art of harnessing chemosynthesis, *Nature Reviews Microbiology* 6:725–740.

Dunn, R. R. 2002. *Every Living Thing* (HarperCollins).

OBJETIVOS DE APRENDIZAGEM

Após a leitura deste capítulo, você deverá ser capaz de:

1.1 Ilustrar como sistemas ecológicos existem em uma organização hierárquica.

1.2 Compreender como sistemas ecológicos são governados por princípios físicos e químicos.

1.3 Descrever como diferentes organismos têm diversas funções nos sistemas ecológicos.

1.4 Diferenciar as diversas abordagens que cientistas utilizam para estudar ecologia.

1.5 Explicar como os humanos influenciam os sistemas ecológicos.

A história sobre as fontes hidrotermais oferece uma excelente introdução para a ciência da **ecologia**, que é o estudo científico das interações dos organismos com o ambiente.

Embora Charles Darwin nunca tenha usado a palavra *ecologia* nos seus escritos, ele reconhecia a importância das interações benéficas e prejudiciais das espécies. Em seu livro *A Origem das Espécies*, publicado em 1859, Darwin comparou o grande número de interações das espécies na natureza com a quantidade de interações de consumidores e empresários em sistemas econômicos humanos. Com isso, ele descreveu as interações das espécies como "a economia da natureza", que, um século mais tarde, inspiraria o título deste livro-texto de ecologia.

Ecologia Estudo científico da abundância e distribuição dos organismos em relação aos outros organismos e às condições ambientais.

A palavra *ecologia* caiu em uso geral no final do século XIX. Desde então, a ciência da ecologia tem se desenvolvido e se diversificado. Hoje em dia, existem dezenas de milhares de ecólogos profissionais que produzem uma enorme quantidade de conhecimento sobre o mundo que nos cerca.

A ecologia é uma ciência moderna e ativa que continua a render novas ideias fascinantes sobre o meio ambiente e o impacto do ser humano sobre ele. De acordo com a narrativa sobre a vida nas profundezas do oceano, no início deste capítulo, a ciência é um processo contínuo através do qual a compreensão sobre a natureza muda constantemente. A investigação científica se utiliza de uma variedade de ferramentas para compreender como a natureza funciona, mas o entendimento nunca é completo e absoluto. Isso porque ela muda de modo constante, conforme os cientistas fazem novas descobertas e à medida que a crescente população humana e os avanços tecnológicos causam importantes mudanças ambientais, frequentemente com consequências dramáticas. Apesar disso, com o conhecimento que ecólogos fornecem por meio de seus estudos sobre o mundo natural, é possível preparar-se melhor para o desenvolvimento de políticas efetivas a fim de gerenciar os problemas ambientais relacionados com uso da terra, água, catástrofes naturais e saúde pública.

Este capítulo apresenta a maneira como o ecólogo pensa, e, ao longo deste livro, será considerada a total amplitude dos **sistemas ecológicos** – entidades biológicas que têm os próprios processos internos e que interagem com o ambiente externo imediato. Sistemas ecológicos existem em muitos níveis diferentes, desde um organismo individual até o globo inteiro. Apesar da enorme variação de tamanho, todos os sistemas ecológicos obedecem aos mesmos princípios no que diz respeito aos seus atributos físicos e químicos e à regulação de sua estrutura e seu funcionamento.

Esta jornada terá início com a investigação dos diversos níveis de organização dos sistemas ecológicos, os princípios físicos e biológicos que governam os sistemas ecológicos e as diferentes funções que as espécies desempenham. Uma vez tendo compreendido esses conhecimentos básicos, serão consideradas as diversas abordagens para o estudo da ecologia, contemplando a ampla variedade de maneiras pelas quais os humanos afetam os sistemas ecológicos.

Sistemas ecológicos Entidades biológicas que têm seus próprios processos internos e interagem com o ambiente externo imediato.

1.1 Os sistemas ecológicos existem em uma organização hierárquica

Um sistema ecológico pode ser um *indivíduo*, uma *população*, uma *comunidade*, um *ecossistema* ou a *biosfera* inteira. Como observado na Figura 1.1, cada sistema ecológico é um subconjunto de um sistema maior, formando uma hierarquia. Nesta seção, serão examinados os componentes individuais dos sistemas ecológicos e como a ecologia é estudada em cada nível distinto da hierarquia ecológica.

INDIVÍDUOS

Um **indivíduo** é um ser vivo – a unidade mais fundamental da ecologia. Embora unidades menores existam na biologia (p. ex., um órgão, uma célula ou uma macromolécula), nenhuma delas vive de maneira independente no ambiente. Cada indivíduo tem uma membrana ou outro revestimento, através do qual são realizadas trocas de matéria e energia com

Indivíduo Um ser vivo; a unidade mais fundamental da ecologia.

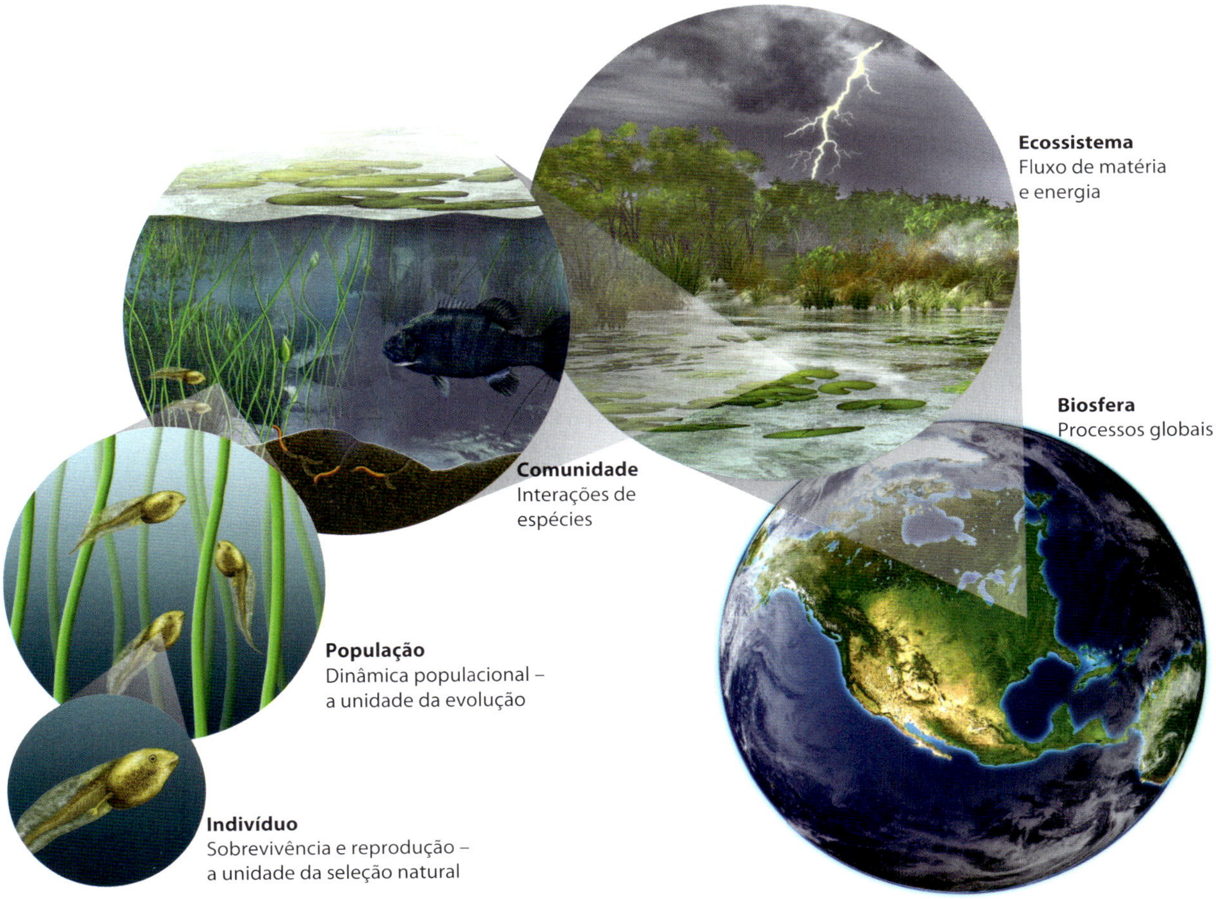

Figura 1.1 Organização hierárquica dos sistemas ecológicos. Em cada nível de complexidade, ecólogos estudam diferentes processos.

o meio ambiente. Essa fronteira faz a separação entre estruturas e processos internos do sistema ecológico e condições e recursos externos do ambiente.

Ao longo de sua vida, um indivíduo transforma energia e processa substâncias. Para realizar essas atividades, ele precisa adquirir energia e nutrientes do seu entorno e livrar-se de resíduos indesejados. Esse processo altera as condições do ambiente, afeta a disponibilidade de recursos para outros organismos e contribui para o movimento de energia e elementos químicos.

POPULAÇÕES E ESPÉCIES

Os cientistas alocam os organismos em espécies distintas. Historicamente, o termo **espécie** foi definido como um grupo de organismos que cruzam naturalmente entre si e produzem prole fértil. Com o passar do tempo, os cientistas perceberam que essa definição não se aplicava a todas as espécies. De fato, não há uma única definição que se aplique a todos os organismos. Por exemplo, algumas espécies de salamandras são todas fêmeas e só produzem filhas, que são clones de suas mães. Nesse caso, os indivíduos não cruzam entre si e são considerados da mesma espécie por serem geneticamente muito semelhantes uns aos outros. Além disso, alguns organismos que são considerados espécies distintas podem cruzar entre si. Nesses casos, não se pode usar o isolamento reprodutivo para separar as espécies.

A definição de espécie se torna ainda mais complicada quando se trata de organismos como as bactérias. Os pesquisadores já sabem que elas podem realizar *transferência horizontal de genes*, na qual porções de seu DNA são passadas para outras bactérias com as quais não têm relação próxima. Esse processo pode acontecer de diferentes maneiras: quando uma bactéria engloba material genético do ambiente, quando duas bactérias entram em contato e trocam material genético ou quando um vírus transfere material genético entre duas bactérias. Apesar dessas dificuldades, o termo *espécie* ainda tem se provado útil aos ecólogos.

Uma **população** consiste em indivíduos da mesma espécie que vivem em determinada área. Pode-se falar, por exemplo, de uma população de bagres vivendo em um lago, uma população de lobos vivendo no Canadá ou uma população de vermes tubulares vivendo nas proximidades de uma fonte hidrotermal no fundo do oceano. Os limites que determinam uma população podem ser naturais, como o local onde um continente encontra o mar. Alternativamente, uma população pode ser definida por outros critérios, tais como limites políticos. Por exemplo, um cientista poderia estudar uma população de águia-de-cabeça-branca (*Haliaeetus leucocephalus*) que reside na Pensilvânia, enquanto biólogos do Serviço de Vida Silvestre e de Pesca dos EUA poderiam estudar a população de águia-de-cabeça-branca do país inteiro.

As populações apresentam cinco propriedades distintas que não são exibidas por indivíduos: amplitude geográfica, abundância, densidade, mudança no tamanho e composição.

Espécie Historicamente definida como um grupo de organismos que cruzam naturalmente entre si e produzem prole fértil. Pesquisas atuais mostram que não há uma definição única de espécies aplicável a todos os organismos.

População Indivíduos da mesma espécie que vivem em determinada área.

A *amplitude geográfica* de uma população – também conhecida como a sua distribuição – é a extensão de terra ou água na qual ela se encontra. Por exemplo, a distribuição geográfica do urso-pardo norte-americano (*Ursus arctos*) inclui Canadá ocidental, Alasca, Montana e Wyoming. A *abundância* de uma população refere-se ao número total de indivíduos. A *densidade* trata da quantidade de indivíduos por unidade de área. Por exemplo, pode-se contar o número de ursos-pardos em uma área e determinar que há um urso/100 km^2. A *mudança no tamanho* de uma população diz respeito ao aumento ou diminuição na quantidade de indivíduos em uma área ao longo do tempo. Finalmente, a *composição* de uma população descreve a constituição genética, de sexo ou de idade. Assim, pode-se perguntar qual a proporção de machos em relação a fêmeas, ou jovens em relação a adultos, na população de ursos-pardos.

COMUNIDADES

No próximo nível da hierarquia ecológica está a **comunidade**, que é composta por todas as populações das espécies que vivem juntas em determinada área. Em uma comunidade, as populações interagem umas com as outras de várias maneiras. Determinadas espécies se alimentam de outras, enquanto algumas espécies, como as abelhas e as plantas que polinizam, têm relações cooperativas que beneficiam ambas. Esses tipos de interações influenciam no número de indivíduos em cada população.

Uma comunidade pode também estender-se por vastas áreas, como uma floresta, ou pode estar contida em uma região muito pequena, como a comunidade composta por pequenos organismos que vivem no sistema digestório de animais ou na pequena quantidade de água encontrada em buracos de árvore. Em termos práticos, ecólogos que estudam comunidades não pesquisam todos os organismos dela; em vez disso, normalmente estudam um subconjunto das espécies na comunidade, tais como as árvores, os insetos ou os pássaros, bem como as interações delas.

Os limites que definem uma comunidade não são sempre rígidos. Por exemplo, se forem estudadas as comunidades de plantas e animais que vivem na base e no topo de uma montanha no Colorado, será possível perceber que as duas localidades contêm muitas espécies diferentes. No entanto, se alguém andar até o topo da montanha, notará que algumas espécies de árvores, como o abeto de Douglas (*Pseudotsuga menziesii*), são abundantes no começo do trajeto, mas gradualmente diminuem em quantidade conforme a subida. Já outras espécies, tais como os abetos subalpinos (*Abies lasiocarpa*), começam a aparecer à medida que os abetos de Douglas decrescem. Em outras palavras, os limites superior e inferior das comunidades florestais não são claros. Por isso, os cientistas frequentemente precisam determinar os limites de uma comunidade que desejam estudar. Desse modo, um ecólogo pode decidir estudar a comunidade de plantas e animais de uma grande fazenda no deserto do Novo México ou a comunidade de organismos aquáticos que vivem ao longo de determinado trecho na costa da Califórnia. Nesses exemplos, não há um limite claro separando a comunidade estudada da área que a circunda.

Comunidade Todas as populações das espécies que vivem juntas em determinada área.

ECOSSISTEMAS

Um **ecossistema** é composto por uma ou mais comunidades de organismos vivos que interagem com os seus ambientes abióticos físicos e químicos, que incluem água, ar, temperatura, luz solar e nutrientes. Ecossistemas são sistemas ecológicos complexos que incluem milhares de espécies diferentes vivendo sob uma grande variedade de condições. Com base nisso, é possível referir-se ao ecossistema dos Grandes Lagos ou ao ecossistema das Grandes Planícies.

No nível de ecossistema, normalmente se foca na transferência da energia e matéria entre os componentes biológico e físico dele. Grande parte da energia que flui pelos ecossistemas origina-se da luz solar e, em última instância, escapa da Terra como calor irradiado. Em contraste, a matéria faz um ciclo dentro dos ecossistemas e entre eles. Com exceção de lugares como as fossas hidrotermais do oceano profundo, onde a energia é adquirida por quimiossíntese, a energia da maioria dos ecossistemas provém do Sol e é convertida em componentes orgânicos por algas e plantas fotossintéticas. Estes organismos podem então ser consumidos por *herbívoros* – animais que se alimentam de plantas –, que, por sua vez, são consumidos por *carnívoros* – animais que comem outros animais. Adicionalmente, organismos mortos e seus dejetos podem ser consumidos por *detritívoros*, os quais, por sua vez, podem ser consumidos por outros animais. Em todos esses casos, cada passo resulta, em parte, da energia originalmente assimilada da luz solar sendo convertida em crescimento e reprodução dos consumidores; o restante é perdido para o entorno na forma de calor e, em última instância, irradiado de volta para o espaço.

Quando consideramos a matéria um ecossistema, frequentemente ressaltamos os elementos mais comuns que os organismos utilizam, como carbono, oxigênio, hidrogênio, nitrogênio e fósforo. Esses elementos compreendem a maior parte dos compostos mais importantes para os organismos vivos, incluindo água, carboidratos, proteínas e DNA. Eles podem ser estocados em muitos locais ou *reservatórios* distintos na Terra, incluindo organismos vivos, atmosfera, água e rochas. O movimento dos elementos entre os reservatórios é conhecido como *fluxo* de matéria, uma vez que muitos nutrientes que estão no solo são absorvidos pelas plantas, as quais são consumidas por animais. Os nutrientes existem nos tecidos de um animal e muitos são eliminados na forma de dejetos. Quando o animal morre, os nutrientes nos seus tecidos retornam para o solo, completando, assim, o ciclo dos nutrientes.

De maneira semelhante ao que ocorre com as populações e comunidades, os limites dos ecossistemas não são claros. Os cientistas normalmente distinguem os ecossistemas pelo seu isolamento relativo aos fluxos de matéria e energia; porém, na realidade, poucos são completamente isolados. Mesmo ecossistemas aquáticos e terrestres trocam matéria e energia pelo escoamento a partir da terra e pela retirada de organismos aquáticos por consumidores, como quando ursos capturam salmões durante o trajeto que esses peixes fazem rio acima para desovar.

BIOSFERA

No nível mais alto da hierarquia ecológica está a **biosfera**, que inclui todos os ecossistemas da Terra. Como ilustrado na Figura 1.2, ecossistemas estão conectados pela troca de energia

Ecossistema Uma ou mais comunidades de organismos vivos que interagem com os seus ambientes abióticos físicos e químicos.

Biosfera Todos os ecossistemas da Terra.

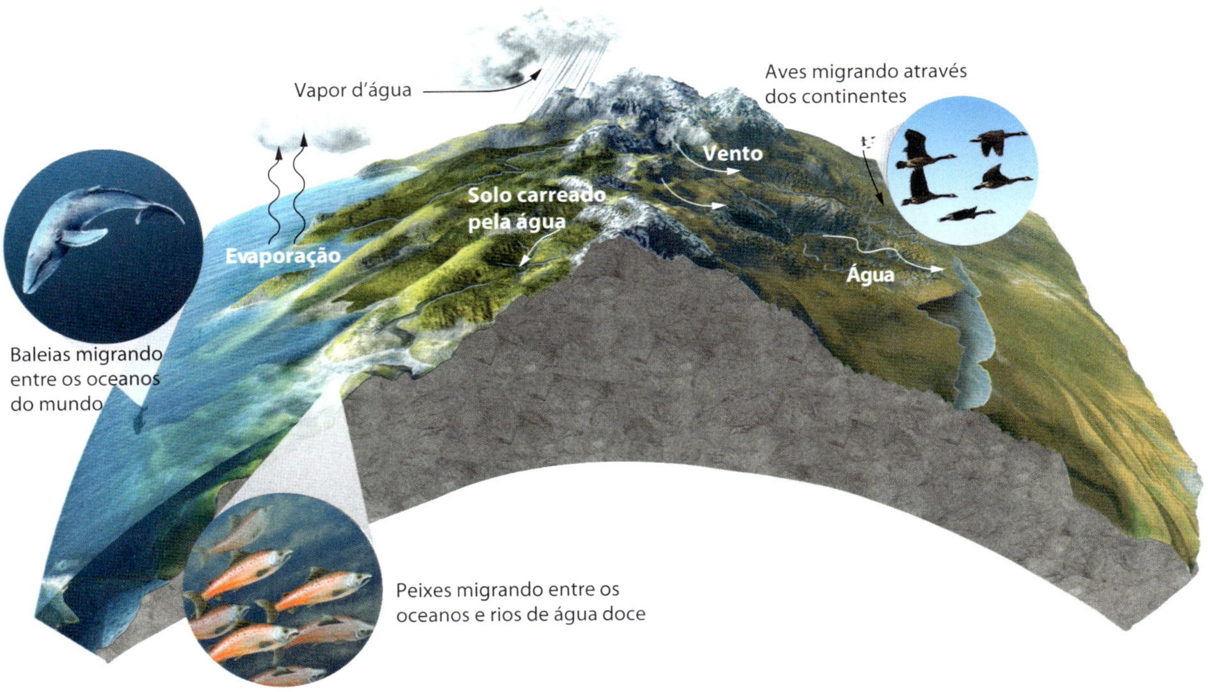

Figura 1.2 Biosfera. Consiste em todos os ecossistemas da Terra, que são interligados por movimentos do ar, da água e dos organismos.

e nutrientes carreados pelas correntes de vento e água e pelo movimento de organismos como baleias, pássaros e peixes migratórios. Esse movimento conecta sistemas terrestres, de água doce e marinhos por meio do carreamento de solo, nutrientes e organismos.

A biosfera é o sistema ecológico máximo. Todas as suas transformações são internas, com duas exceções: a energia proveniente da luz solar e a energia que é perdida para o espaço. Ela apresenta praticamente todas as substâncias que sempre teve e retém quaisquer resíduos que produzimos.

ECOLOGIA E NÍVEIS DE ORGANIZAÇÃO

Cada nível na hierarquia de sistemas ecológicos é identificado por processos e estruturas particulares. Como resultado, os ecólogos têm desenvolvido abordagens diferentes para explorar esses níveis e para responder a questões que surgem. As cinco abordagens para estudar a ecologia coincidem com os distintos níveis hierárquicos: *abordagem de indivíduo*, *abordagem de população*, *abordagem de comunidade*, *abordagem de ecossistema* e *abordagem de biosfera*.

A **abordagem ecológica de indivíduo** enfatiza a maneira como a morfologia (tamanho e forma do corpo), a fisiologia e o comportamento de um indivíduo o capacitam a sobreviver no ambiente. Essa abordagem também procura entender por que um organismo vive em alguns ambientes, mas não em outros. Por exemplo, um ecólogo estudando plantas no nível de organismo poderia perguntar por que árvores são dominantes em ambientes quentes e úmidos enquanto arbustos com folhas pequenas e duras são dominantes em ambientes com invernos frios e úmidos e verões quentes e secos.

Os ecólogos que usam a abordagem de indivíduos frequentemente estão interessados em **adaptações** – características de um organismo que o tornam adequado ao seu ambiente. Por exemplo, animais do deserto têm função renal aprimorada para ajudá-los a conservar água; a coloração críptica de muitos animais ajuda a evitar a detecção por predadores; as flores apresentam formas e perfumes para atrair certos tipos de polinizadores. As adaptações são o resultado de mudanças evolutivas resultantes do processo de *seleção natural*, que será considerado mais adiante neste capítulo.

A **abordagem ecológica de população** investiga as variações temporal e espacial no número, na densidade e na composição dos indivíduos, o que inclui a proporção entre machos e fêmeas, a distribuição entre classes de idade e o perfil genético de uma população. Mudanças no número e na densidade podem refletir o balanço entre nascimentos e mortes na população, bem como entre imigração e emigração de indivíduos a partir de uma população local. Esses parâmetros podem ser influenciados por diversos fatores, incluindo interações com outras espécies e com as condições físicas do ambiente, tais como temperatura ou disponibilidade de água.

Abordagem ecológica de indivíduo Abordagem que enfatiza a maneira como a morfologia, a fisiologia e o comportamento permitem que um indivíduo se adéque ao seu ambiente.

Adaptação Característica de um organismo que o torna bem adaptado ao seu ambiente.

Abordagem ecológica de população Abordagem que enfatiza as variações temporal e espacial no número, na densidade e na composição dos indivíduos.

Figura 1.3 Abordagem ecológica de comunidade. Ecólogos usando a abordagem de comunidade estudam interações de plantas e animais que vivem juntos. Por exemplo, em uma planície na África, os ecólogos podem se perguntar como guepardos afetam a abundância de gazelas e como gazelas afetam a abundância de plantas que consomem. Fotografia de Michel & Christine Denis-Huot/Science Source.

Ao longo do processo evolutivo, mutações genéticas podem alterar as taxas de natalidade e mortalidade, organismos geneticamente distintos podem tornar-se comuns e o perfil genético geral da população pode mudar. Considerando que outras espécies poderiam servir como alimento ou atuar como patógenos ou predadores, as interações das espécies também podem influenciar os nascimentos e as mortes de indivíduos em uma população.

A **abordagem ecológica de comunidade** diz respeito à compreensão da diversidade e abundância relativas dos diferentes tipos de organismos que vivem juntos em um mesmo lugar. Ela foca nas interações das populações que podem promover ou limitar a coexistência de espécies (Figura 1.3). Por exemplo, um ecólogo utilizando a abordagem de comunidades para o estudo das Planícies do Serengeti, da África, poderia se perguntar como a presença de zebras, que consomem gramíneas, poderia afetar a abundância de outras espécies, tais como gazelas, que também consomem gramíneas.

A **abordagem ecológica de ecossistema** descreve o estoque e a transferência de energia e matéria, incluindo os diversos elementos químicos essenciais à vida, tais como oxigênio, carbono, nitrogênio, fósforo e enxofre. Esses movimentos de energia e matéria ocorrem por meio da atividade dos organismos e por meio de transformações físicas e químicas que ocorrem no solo, na atmosfera e na água.

A **abordagem ecológica de biosfera** refere-se à maior escala na hierarquia dos sistemas ecológicos. Ela foca nos movimentos do ar e da água na superfície da Terra, bem como

Abordagem ecológica de comunidade Abordagem que enfatiza a diversidade e a abundância relativas dos diferentes tipos de organismos que vivem juntos em um mesmo lugar.

Abordagem ecológica de ecossistema Abordagem que enfatiza o estoque e a transferência de energia e matéria, incluindo os diversos elementos químicos essenciais à vida.

Abordagem ecológica de biosfera Abordagem que se refere à maior escala na hierarquia dos sistemas ecológicos, incluindo os movimentos do ar e da água na superfície da Terra, bem como a energia e os elementos químicos neles contidos.

na energia e nos elementos químicos neles contidos. As correntes oceânicas e os ventos carregam o calor e a umidade que definem os climas em cada localidade da Terra, os quais, por sua vez, governam a distribuição dos organismos e das populações, bem como a composição das comunidades e a produtividade dos ecossistemas.

As cinco abordagens foram descritas como distintas; no entanto, a maioria dos ecólogos usa abordagens múltiplas para estudar o mundo natural. Assim, um cientista que desejar entender como um ecossistema responderá à seca, por exemplo, provavelmente irá querer saber como cada planta e animal responde à falta de água, como essas respostas individuais afetam as populações de plantas e animais, como uma mudança nas populações poderia afetar as interações das espécies e como uma alteração na interação das espécies poderia afetar o fluxo de energia e matéria.

VERIFICAÇÃO DE CONCEITOS

1. O que é ecologia?
2. Por que os ecólogos consideram tanto os indivíduos quanto os ecossistemas como sendo sistemas ecológicos?
3. Quais são os processos exclusivos que são examinados quando se estuda ecologia nos níveis individual, populacional, de comunidades e de ecossistemas?

1.2 Os sistemas ecológicos são governados por princípios físicos e biológicos

Embora os sistemas ecológicos sejam complexos, eles são regidos por uns poucos princípios básicos. A vida se constrói nas propriedades físicas e reações químicas da matéria; tanto a difusão de oxigênio através de superfícies do corpo como as taxas de reações químicas, a resistência dos vasos ao fluxo de fluidos e a transmissão de impulsos nervosos obedecem às leis da termodinâmica. Dentro dessas limitações, a vida pode seguir muitos caminhos alternativos e tem feito isso com inovação surpreendente. Nesta seção, serão revistos brevemente os três grandes princípios biológicos dos quais provavelmente todos se lembram de seu curso introdutório de biologia: *conservação da matéria e da energia*, *estados de equilíbrio dinâmico* e *evolução*.

CONSERVAÇÃO DA MATÉRIA E DA ENERGIA

A **lei da conservação da matéria** estabelece que a matéria não pode ser criada ou destruída, podendo somente mudar de forma. Por exemplo, enquanto se dirige um carro, a gasolina é queimada no motor; logo, a quantidade de combustível no tanque diminui, mas a matéria não está sendo destruída. As moléculas que compõem a gasolina são convertidas em novas formas, incluindo monóxido de carbono (CO), dióxido de carbono (CO_2) e água (H_2O).

Outro princípio biológico importante, a **lei da conservação da energia** – também conhecida como **Primeira Lei da Termodinâmica** –, estabelece que energia não pode ser criada ou destruída. Como a matéria, ela só pode ser convertida em diferentes formas; afinal, os organismos vivos precisam constantemente obtê-la para crescer e manter seus corpos, além de repor a quantidade perdida na forma de calor.

A lei da conservação da matéria e a primeira lei da termodinâmica possibilitam que os ecólogos rastreiem o movimento da matéria e da energia conforme são convertidas em novas formas em organismos, populações, comunidades, ecossistemas e biosfera. Em cada nível de organização, é preciso determinar a quantidade de matéria e energia que entra no sistema e quantificar o seu movimento. Por exemplo, ao se considerar um campo cheio de bovinos (*Bos taurus*) comendo gramíneas, no nível do organismo, pode-se definir quanta energia cada animal obtém e, então, calcular a proporção dessa energia, que é convertida em crescimento do corpo, manutenção da fisiologia e seus dejetos. No nível da população, pode-se calcular a quantidade de energia que todo o rebanho de gado obtém comendo gramíneas. No nível da comunidade, é possível avaliar quanta energia cada espécie de gramínea produz pela fotossíntese e quanto dessa energia é passada para o gado e outras espécies de herbívoros, tais como coelhos, que poderiam coexistir com o gado. No nível do ecossistema, pode-se estimar de que modo elementos como o carbono passam das gramíneas para os herbívoros (bovinos e coelhos) e, em seguida, para os predadores. Então, é possível rastrear como as gramíneas mortas, os dejetos de herbívoros e predadores e os herbívoros e predadores mortos se decompõem e retornam ao solo. No nível da biosfera, pode-se investigar como a energia flui entre os diversos ecossistemas e move-se pelo mundo.

ESTADOS DE EQUILÍBRIO DINÂMICO

Embora a matéria e a energia não possam ser criadas ou destruídas, os sistemas ecológicos trocam matéria e energia continuamente com o ambiente ao redor. Quando os ganhos e as perdas estão em equilíbrio, esses sistemas ficam inalterados, e diz-se que eles estão em um **estado de equilíbrio dinâmico**. Por exemplo, quando aves e mamíferos perdem calor continuamente em um ambiente frio, essa perda é equilibrada pela aquisição de calor a partir do metabolismo de alimentos; então, a temperatura do corpo do animal se mantém constante. Da mesma maneira, as proteínas do corpo humano são constantemente degradadas e substituídas por outras recém-sintetizadas, de modo que a aparência permanece relativamente inalterada.

O princípio do estado de equilíbrio dinâmico se aplica a todos os níveis de organização ecológica, como ilustrado na Figura 1.4. Para cada indivíduo, o alimento e a energia assimilados precisam estar em equilíbrio com o gasto de energia e a quebra metabólica dos tecidos.

Uma população aumenta com nascimentos e imigração e diminui com morte e emigração. No nível da comunidade, o número de espécies diminui quando uma espécie se extingue e aumenta quando uma nova coloniza a área. Os ecossistemas e a biosfera recebem a energia do Sol, e este ganho é compensado pela energia do calor irradiado de volta para o espaço pela Terra. Uma das questões mais importantes para os

Lei da conservação da matéria Estabelece que a matéria não pode ser criada ou destruída, podendo somente mudar de forma.

Lei da conservação da energia Determina que a energia não pode ser criada ou destruída, podendo somente mudar de forma. Também denominada **Primeira Lei da Termodinâmica**.

Estado de equilíbrio dinâmico Ocorre quando os ganhos e as perdas de um sistema ecológico estão em equilíbrio.

Figura 1.4 Estado de equilíbrio dinâmico. Em todos os níveis de organização, as entradas de energia nos sistemas devem ser iguais às saídas.

ecólogos é como os estados de equilíbrio dos sistemas ecológicos são mantidos e regulados. Essa questão será abordada com frequência ao longo deste livro.

A compreensão de estados de equilíbrio dinâmico auxilia no conhecimento referente às entradas e saídas de sistemas ecológicos. Naturalmente, esses sistemas também mudam; afinal, os organismos crescem, as populações variam em abundância e os campos abandonados se transformam em florestas. No entanto, todos os sistemas ecológicos têm mecanismos que tendem a manter um estado de equilíbrio dinâmico.

EVOLUÇÃO

Embora a matéria e a energia não possam ser criadas ou destruídas, o que os sistemas vivos fazem com elas é tão variável quanto todas as formas de organismos que já existiram na Terra. Para entender a variação entre organismos – a diversidade da vida –, é preciso compreender o conceito de *evolução*.

O atributo de um organismo, como comportamento, morfologia ou fisiologia, constitui o **fenótipo**. Um fenótipo é determinado pela interação do **genótipo** do organismo (conjunto de genes que ele carrega) com o ambiente no qual ele vive. Por exemplo, a altura de uma pessoa é um fenótipo determinado pelos genes e nutrientes que ela recebeu no ambiente em que foi criada.

Ao longo da história da vida na Terra, os fenótipos dos organismos vêm mudando e se diversificando dramaticamente. Este é o processo de **evolução**, que consiste em mudança na composição genética de uma população ao longo do tempo. A evolução pode ocorrer por diferentes processos, os quais serão discutidos em detalhes em capítulos posteriores. Talvez o processo mais conhecido seja a evolução pela **seleção natural**, que é uma alteração na frequência de genes em uma população pela sobrevivência e reprodução diferenciais de indivíduos que apresentam certos fenótipos. Como realçado por Charles Darwin, em seu livro *A Origem das Espécies*, a evolução pela seleção natural depende de três condições:

1. Indivíduos apresentam diferentes características.
2. As características parentais são herdadas por seus descendentes.
3. A variação nas características faz com que alguns indivíduos apresentem maior **aptidão**, definida aqui como a sobrevivência e a reprodução de um indivíduo.

Quando existem essas três condições, um indivíduo com maior sobrevivência e sucesso reprodutivo passa mais cópias de seus genes para a próxima geração. Ao longo do tempo, a composição genética de uma população muda à medida que os fenótipos mais bem-sucedidos se tornam predominantes; como resultado, a população torna-se mais adaptada às condições ambientais do entorno. Os fenótipos que são mais adequados aos seus ambientes e que, portanto, conferem maior aptidão são conhecidos como adaptações. No exemplo da Figura 1.5, alguns indivíduos em uma população de lagartas apresentam determinada coloração que faz com que se camuflem com o seu entorno e, assim, não sejam percebidos por seus predadores, enquanto outros não apresentam tal coloração. Logo, se a cor é herdada, ao longo do tempo a população será formada por uma proporção cada vez maior de lagartas que se camuflam no seu ambiente.

Fenótipo Atributo de um organismo, como comportamento, morfologia ou fisiologia.

Genótipo Conjunto de genes que um organismo carrega.

Evolução Mudança na composição genética de uma população ao longo do tempo.

Seleção natural Alteração na frequência gênica em uma população por meio de sobrevivência e reprodução diferenciais de indivíduos que apresentam certos fenótipos.

Aptidão Sobrevivência e reprodução de um indivíduo.

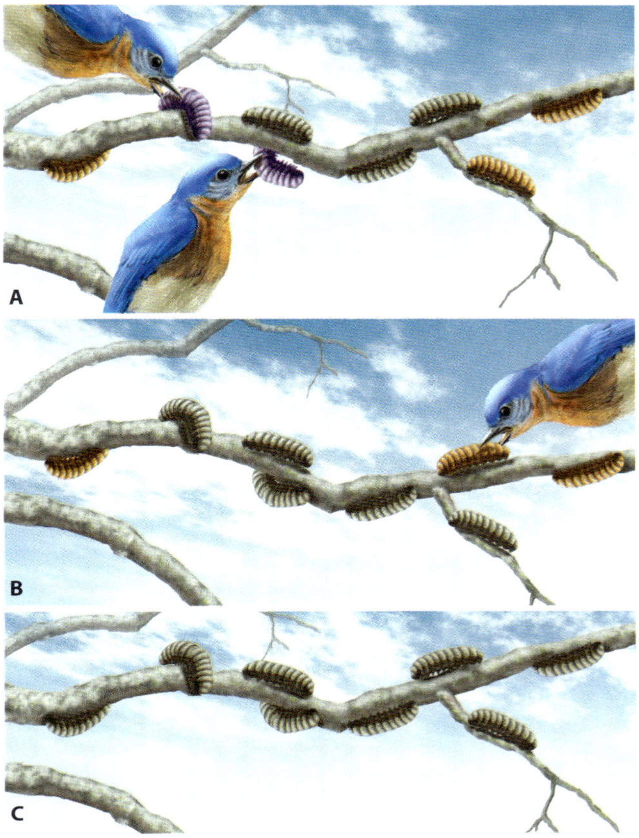

Figura 1.5 Evolução por seleção natural. Neste exemplo, inicialmente a população de lagartas é bastante variável na coloração (**A**). Indivíduos que melhor se confundem com os galhos são menos óbvios à predação por aves que buscam alimento e, portanto, têm mais chances de sobreviver. Se a cor é herdada geneticamente, a próxima geração (**B**) da população de lagartas será mais bem adaptada para se parecer com os galhos. Como a seleção natural continua ao longo de muitas gerações, a cor da população de lagartas irá corresponder à coloração dos galhos (**C**). Nesta etapa, a cor da lagarta representa uma adaptação contra predadores.

As espécies não evoluem isoladamente, pois a evolução em uma espécie abre novas possibilidades para mudanças evolutivas em outras com as quais interage. Por exemplo, as asclépias são plantas que, como resultado da evolução, desenvolveram a habilidade de produzir uma seiva tóxica para a maioria dos herbívoros. No entanto, as lagartas da borboleta-monarca (*Danaus plexippus*) desenvolveram a capacidade de comer as folhas das asclépias, tolerando os compostos químicos tóxicos. Elas não só toleram esses compostos tóxicos, mas também os retêm em seus corpos e utilizam-nos para se defender, tanto como larvas quanto como adultos, contra aves predadoras. Além disso, tanto as larvas quanto os adultos desenvolveram uma notável coloração de advertência para anunciar a sua toxicidade. Após as espécies de lagartas ganharem essas habilidades defensivas, as aves predadoras passaram a ser capazes de discernir as lagartas e borboletas tóxicas das comestíveis. Nesse caso, a evolução de compostos químicos tóxicos nas asclépias resultou na evolução da tolerância química pelas borboletas-monarcas, que, subsequentemente, promoveu a evolução nas aves da habilidade de diferenciar entre borboletas-monarcas não palatáveis e outras espécies de borboletas palatáveis.

Como se pode perceber, a partir dos exemplos anteriores, a complexidade das comunidades e dos ecossistemas se apoia e, ao mesmo tempo, é promovida pela complexidade existente. Por isso, os ecólogos tentam entender como esses sistemas ecológicos complexos surgiram e como funcionam em seus ambientes.

VERIFICAÇÃO DE CONCEITOS

1. Descreva como sistemas ecológicos são governados por princípios físicos e biológicos.
2. O que significa dizer que os sistemas ecológicos estão em um estado de equilíbrio dinâmico?
3. Quais são as três condições necessárias para que ocorra a evolução por seleção natural?

1.3 Organismos diferentes desempenham papéis distintos nos sistemas ecológicos

As transformações da matéria e da energia nos sistemas ecológicos são realizadas por formas de vida pequenas e grandes, e essas formas de vida distintas podem desempenhar funções particulares nos sistemas ecológicos. Nesta seção, será examinado como os organismos interagem entre si e com o ambiente. Também será investigado como os ecólogos classificam as espécies com base no modo como elas obtêm sua energia e como interagem com outras espécies, além da descrição dos grandes grupos de organismos que evoluíram, a discussão dos diversos papéis ecológicos dentro de cada grupo e a abordagem dos conceitos de *hábitat*[1] e *nicho*.

PADRÕES GERAIS DE EVOLUÇÃO

No início da história da Terra, os ecossistemas eram dominados por bactérias. A evolução destes grupos ainda é debatida por cientistas, mas a principal hipótese, ilustrada na Figura 1.6, é a de que as bactérias são o tipo mais antigo de organismos e, ao longo do tempo, deram origem a Archaea. As bactérias e as arqueias são *procariotas*, organismos unicelulares que não possuem organelas celulares distintas, tais como um núcleo. Esses eventos evolutivos provavelmente ocorreram no oceano e perto das fontes hidrotermais mencionadas no início deste capítulo. Se assim foi, pode ser também possível que as primeiras bactérias utilizassem a quimiossíntese, que mais tarde teria dado origem à evolução da fotossíntese.

Ao longo do tempo, surgiram os organismos *eucariotas*, que são aqueles com organelas celulares distintas. O evento-chave na evolução dos eucariotas ocorreu quando uma bactéria englobou outra. A bactéria englobada se tornou o que hoje se conhece como *mitocôndria*, uma organela importante para a respiração celular nos organismos eucariotas.

[1]N.T.: Nesta obra, optou-se pela forma hábitat, aportuguesamento da palavra latina *habitat*.

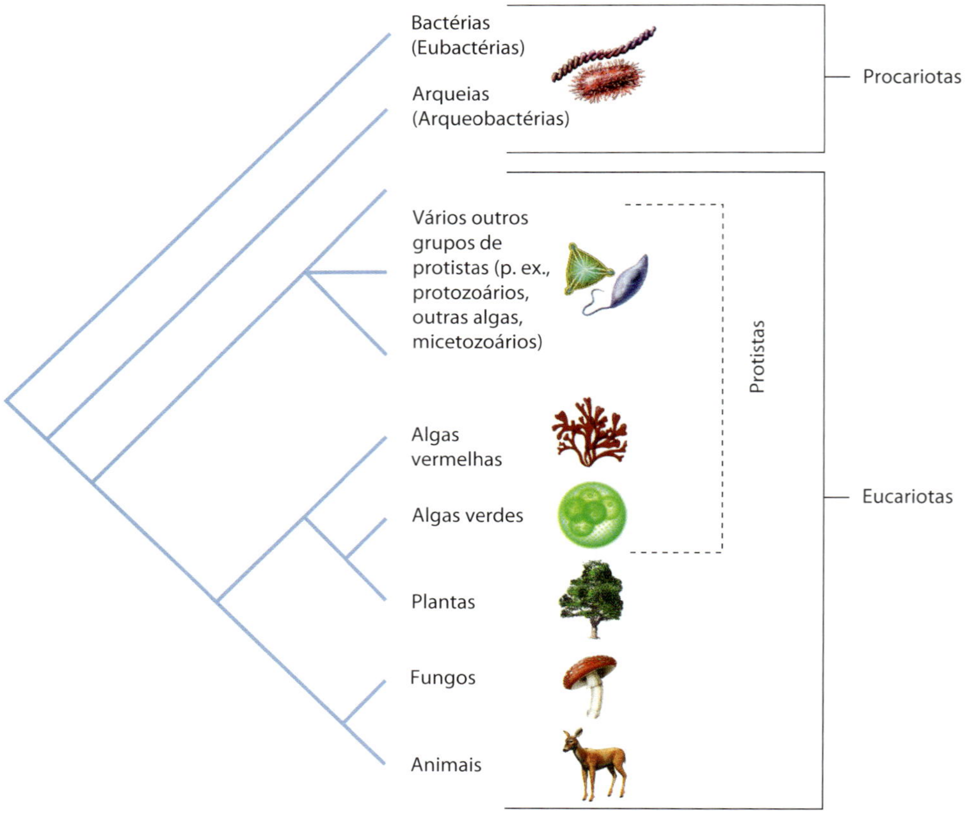

Figura 1.6 Evolução da vida na Terra. As bactérias são as mais antigas formas de vida no planeta. Uma espécie de bactéria, ao ser engolfada por outra, levou ao surgimento dos eucariotas, que contêm organelas celulares como as mitocôndrias e os cloroplastos.

Esse ancestral posteriormente deu origem a todos os organismos modernos que contêm mitocôndrias, incluindo algas vermelhas, algas verdes, plantas, fungos e animais. À medida que a evolução dos eucariotas progrediu, houve um segundo evento-chave: uma célula eucariota engolfou outra bactéria que era capaz de realizar fotossíntese, e a bactéria engolfada evoluiu para o que hoje se conhece como *cloroplasto*. O grupo de organismos eucariotas que continha cloroplastos posteriormente deu origem às atuais algas vermelhas, algas verdes e plantas. As espécies que não continham cloroplastos deram origem aos fungos e animais atuais.

As bactérias também modificaram a biosfera, tornando possível a existência de outras formas de vida. Por exemplo, bactérias fotossintetizantes que estavam presentes há mais de 3 bilhões de anos produziram oxigênio como subproduto da fotossíntese, e as maiores concentrações do gás na atmosfera e nos oceanos favoreceram a evolução das formas de vida adicionais que necessitavam dele, tais como plantas e animais. Apesar de todas essas mudanças, as bactérias têm persistido até o presente, e suas capacidades bioquímicas únicas possibilitam que consumam recursos que seus descendentes mais complexos não podem utilizar, e tolerar condições ecológicas que estão além das capacidades de outros organismos.

Os ecossistemas dependem das atividades de muitas formas de vida, e cada grande grupo desempenha um papel único e necessário na biosfera. Diante disso, é preciso rever brevemente os grandes grupos de organismos, incluindo bactérias, protistas, plantas, fungos e animais.

Bactérias

Embora as bactérias sejam microscópicas, sua enorme gama de capacidades metabólicas lhes possibilita realizar muitas transformações bioquímicas particulares e ocupar partes da biosfera, onde plantas, animais, fungos e a maioria dos protistas são incapazes de sobreviver. Algumas podem ainda assimilar o nitrogênio molecular (N_2) da atmosfera, utilizando-o para sintetizar proteínas e ácidos nucleicos. Outras espécies de bactérias, como as que vivem em fontes hidrotermais no fundo do oceano, podem utilizar compostos inorgânicos como o sulfeto de hidrogênio (H_2S) como fontes de energia na quimiossíntese. Além disso, muitas podem viver em condições anaeróbicas – nas quais não há oxigênio livre, como em solos e sedimentos pantanosos –, em que suas atividades metabólicas liberam nutrientes que podem ser absorvidos pelas plantas. Finalmente, algumas bactérias, incluindo as cianobactérias (coloquialmente conhecidas como algas azuis), podem realizar fotossíntese. Estas últimas são responsáveis por uma grande fração da fotossíntese que ocorre nos ecossistemas aquáticos. Quando corpos d'água contêm quantidades elevadas de nutrientes, as cianobactérias podem formar densas populações que fazem a água ficar verde, um evento conhecido como ***bloom* de algas** (Figura 1.7). Mais adiante, neste livro, será abordado o papel especial das bactérias nos ecossistemas.

***Bloom* de algas** Rápido aumento no crescimento de algas em ambientes aquáticos, normalmente devido a um afluxo de nutrientes.

Figura 1.7 Cianobactérias. Também conhecidas como algas azuis, as cianobactérias são capazes de realizar fotossíntese. Elas podem crescer rapidamente em condições altamente férteis, produzindo grandes tapetes flutuantes na água, que podem ser tóxicos para os animais, como ilustrado nesta fotografia do Lago de Mendota, Wisconsin. Fotografias de Lee Wilcox (superior) e SINCLAIR STAMMERS/Getty Images (detalhe).

Protistas

Os protistas são um grupo altamente diversificado, composto em sua maioria por organismos eucariotas unicelulares, que inclui as algas, os micetozoários e os protozoários. A enorme variedade de protistas preenche quase todos os papéis ecológicos. Por exemplo, as algas são os principais organismos fotossintetizantes na maioria dos ecossistemas aquáticos; algumas podem formar grandes estruturas semelhantes a plantas, tais como as algas marinhas marrons, conhecidas como *kelps*, que podem crescer até 100 m de comprimento. Devido ao seu grande tamanho, as regiões do oceano que contêm grandes quantidades de *kelps*, como mostrado na Figura 1.8, são chamadas de florestas de *kelps*. Embora elas possam parecer plantas grandes, a organização real de seus tecidos é estruturalmente menos complexa do que a de árvores e outras plantas.

Figura 1.8 Florestas de *kelps*. Embora a maioria dos protistas seja de organismos muito pequenos, alguns, como as algas marinhas, podem crescer muito e se parecer com grandes plantas. Esta floresta de *kelps* está localizada ao longo da costa do sul da Califórnia. Fotografia de Mark Conlin/Imagem da Quest Marine.

Outros protistas não são fotossintetizantes. Os foraminíferos e os radiolários são protistas que se alimentam de pequenas partículas de matéria orgânica ou absorvem pequenas moléculas orgânicas dissolvidas. Alguns dos protozoários ciliados são predadores eficazes de outros microrganismos. Muitos protistas vivem no intestino ou em outros tecidos de um organismo hospedeiro, onde podem ser úteis ou causar danos. Os cupins, por exemplo, são um tipo de inseto que consome grandes quantidades de celulose, que é uma substância de digestão muito difícil para animais. Entretanto, o cupim tem uma comunidade de protistas (assim como de bactérias) em seu intestino que são muito eficazes em quebrar as moléculas de celulose. Alguns dos protistas nocivos mais conhecidos incluem o *Plasmodium*, que causa a malária em humanos, e o *Trypanosoma brucei*, que provoca a doença do sono.

Plantas

As plantas são bem conhecidas pelo seu papel no uso da energia solar para sintetizar moléculas orgânicas a partir de CO_2 e água. Na terra, a maioria tem estruturas com grandes superfícies expostas (suas folhas) para capturar energia da luz do Sol (Figura 1.9 A). Folhas são delgadas porque a área de superfície é mais importante do que a sua espessura para captar a energia da luz.

Para obter o carbono, as plantas terrestres absorvem CO_2 gasoso da atmosfera e, ao mesmo tempo, perdem grandes quantidades de água para a mesma por evaporação, a partir de seus tecidos foliares. Assim, as plantas precisam de um fornecimento constante de água para repor a quantidade que perdem durante a fotossíntese; por isso, a maioria das plantas está firmemente enraizada no solo e em contato constante com a água contida nele. Outras, incluindo as orquídeas e diversas "plantas aéreas" tropicais (*epífitas*), normalmente crescem prendendo-se a outras plantas – frequentemente nos troncos das

A

B

C

D

Figura 1.9 Plantas. As plantas podem desempenhar vários papéis em um ecossistema. **A.** A maioria das plantas, como esta mostarda aliácea (*Alliaria petiolata*), está enraizada no solo e sintetiza compostos orgânicos por meio da fotossíntese. **B.** Epífitas, como esta *Haraella odorata*, também realizam fotossíntese, mas se desenvolvem acima do solo e crescem sobre outras plantas. **C.** Plantas carnívoras, como esta dioneia (*Dionaea muscipula*), podem tanto realizar fotossíntese quanto obter nutrientes capturando e digerindo invertebrados. **D.** Algumas plantas, como o cipó-chumbo, atuam como parasitos, obtendo nutrientes a partir de outras plantas. Fotografias de: (A) Zoonar/Lothar Hinz/AGE Fotostock; (B) Kriz Petr/AGE Fotostock; (C) Zigmund Leszczynski/Animals Animals-Earth Scenes; e (D) A Jagel/AGE Fotostock.

árvores – e podem realizar fotossíntese somente em ambientes úmidos que são envolvidos por nuvens (Figura 1.9 B).

Embora geralmente plantas sejam consideradas como organismos que obtêm sua energia da luz solar, elas também podem consegui-la de outras maneiras. Vários grupos evoluíram para ser simultaneamente fotossintetizantes e carnívoros, os quais incluem a dioneia (*Dionaea muscipula*), várias espécies de dróseras e várias espécies de "plantas-tanque" (*pitcher plants*) (Figura 1.9 C). Elas vivem, muitas vezes, em locais com poucos nutrientes, de modo que os invertebrados capturados e consumidos fornecem uma fonte adicional de nutrientes e energia. Além disso, mais de 400 espécies de plantas, incluindo mais de 200 espécies de orquídeas, não dispõem de clorofila e, portanto, não podem realizar fotossíntese para obter energia. Os cientistas pensavam que essas plantas agiam como decompositores e obtinham seu carbono orgânico a partir de matéria orgânica morta; no entanto, agora se sabe que muitas delas, na verdade, agem como parasitos de fungos, que são os reais decompositores no ecossistema. Essas plantas parasitos obtêm a maioria do seu carbono orgânico dos fungos.

Outros tipos, como o cipó-chumbo, têm pouca clorofila e nenhuma raiz (Figura 1.9 D). Em vez disso, essas plantas viscosas – também conhecidas como cuscutas – se enroscam em outras, penetrando seus tecidos e sugando a água, os nutrientes e os produtos da fotossíntese. O cipó-chumbo é uma praga grave para muitas culturas agrícolas.

Fungos

Os fungos assumem papéis únicos na biosfera por conta de seu modo de crescimento distinto. Embora alguns, como as leveduras, sejam unicelulares, a maioria é multicelular.

A maior parte dos organismos fúngicos consiste em estruturas filamentosas chamadas *hifas*, que têm somente uma única célula de diâmetro. Essas hifas podem formar uma rede frouxa, que pode invadir os tecidos vegetais ou animais ou folhas mortas e madeira na superfície do solo, ou desenvolver-se em estruturas reprodutivas, como cogumelos (Figura 1.10). Como

Figura 1.10 Fungos. Os cogumelos produzidos por este fungo (*Hypholoma fasciculare*) na Bélgica são corpos de frutificação formados por massas de hifas filamentosas enormes, mas imperceptíveis, que penetram a madeira em decomposição e a serrapilheira. Os fungos são decompositores eficazes. Fotografias de Philippe Clement/naturepl.com (superior) e Steve Gschmeissner/Science Source (detalhe).

as hifas fúngicas são capazes de penetrar profundamente nos tecidos, elas prontamente decompõem material vegetal morto, disponibilizando nutrientes para outros organismos. Os fungos digerem seus alimentos externamente e secretam ácidos e enzimas em suas imediações. Esse tipo de digestão lhes possibilita decompor organismos mortos e dissolver os nutrientes dos minerais do solo.

Embora os fungos, em sua maioria, sejam decompositores, podem interagir com outras espécies de maneira positiva ou negativa. Muitos têm relações mutualísticas com plantas, vivendo dentro ou ao redor de suas raízes. Assim, usando sua extensa rede de hifas, eles obtêm nutrientes que são escassos no solo vizinho e os fornecem para a planta, que, em troca, fornece os produtos da fotossíntese. Outros fungos, no entanto, podem atuar como patógenos. Várias espécies aparentadas de fungos causam a doença holandesa do ulmeiro, que provocou a morte generalizada de diversas espécies de árvores de ulmeiro pela América do Norte e Europa nos últimos 100 anos. Fungos patogênicos também são um grande problema para muitas culturas, incluindo as de batata, trigo e arroz.

Animais

Os animais desempenham uma grande variedade de papéis como consumidores nos sistemas ecológicos. Alguns, como elefantes, gazelas e camundongos do gênero *Myodis*, comem plantas; já outros, como leões-da-montanha, cascavéis e sapos, comem outros animais. Carrapatos, piolhos e tênias são animais que vivem sobre outros organismos ou dentro deles. Finalmente, animais como moscas, abelhas, borboletas, mariposas e morcegos podem servir de importantes polinizadores de plantas e dispersores de sementes.

CLASSIFICAÇÃO DE ESPÉCIES COM BASE EM FONTES DE ENERGIA

Os ecólogos geralmente classificam os organismos de acordo com o modo como eles obtêm energia, como ilustrado na Figura 1.11. Os que usam a fotossíntese para converter a

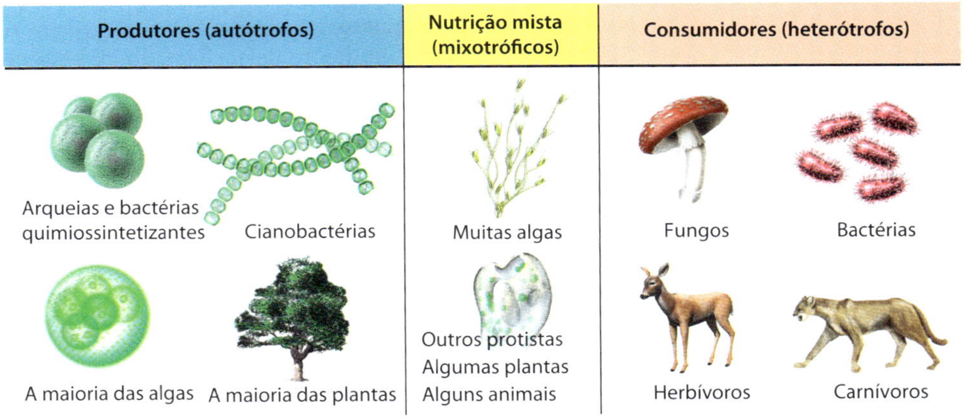

Figura 1.11 Classificação de espécies com base em suas fontes de energia. Espécies que obtêm sua energia da fotossíntese ou quimiossíntese são conhecidas como produtoras ou autótrofas. As que obtêm sua energia a partir do consumo de outras espécies são heterótrofas. Espécies que se utilizam de uma estratégia mista, sendo tanto produtoras como heterótrofas, são chamadas de mixotróficas.

Figura 1.12 Os quatro tipos de consumidores. Consumidores podem ser divididos em predadores, como os leões-da-montanha; parasitoides, como as vespas braconídeas mostradas aqui em uma lagarta-do-tomateiro; parasitos, como os carrapatos-de-inverno; e herbívoros, como os bisões.

energia solar em compostos orgânicos ou usam a quimiossíntese para transformar energia química em compostos orgânicos são conhecidos como **produtores** ou **autótrofos**; os que obtêm sua energia de outros organismos são conhecidos como **consumidores** ou **heterótrofos**. Há muitos tipos diferentes de heterótrofos. Alguns consomem plantas; alguns, animais; e outros consomem matéria orgânica morta. Na próxima seção, serão discutidas essas várias interações com mais detalhes.

Nem todas as espécies se encaixam perfeitamente na classificação de autótrofos ou heterótrofos, pois algumas espécies podem obter as suas fontes de carbono de maneiras diversas. Como elas adotam uma abordagem mista para obter sua energia, são chamadas de **mixotróficas**, bastante comuns na natureza. Como exemplo, algumas bactérias podem alternar entre fotossíntese e quimiossíntese. Além disso, muitas espécies de algas podem realizar fotossíntese e também obter o carbono orgânico se alimentando de bactérias, protistas e fragmentos de carbono orgânico que existem na água. Outras mixotróficas incluem as plantas carnívoras, mencionadas anteriormente, as quais obtêm sua energia tanto de fotossíntese quanto do consumo de invertebrados.

TIPOS DE INTERAÇÃO DAS ESPÉCIES

Ao considerar-se a diversidade de espécies que existem na Terra, geralmente há maior interesse pelas funções que desempenham. No entanto, os ecólogos classificam as espécies pelos tipos de interações que elas têm com outras espécies, como observado nos exemplos da Figura 1.12. A seguir, será apresentada uma breve introdução a essas interações, começando com os vários tipos de consumidores, os quais serão abordados com muito mais detalhes em capítulos posteriores.

Predação

Os **predadores** são organismos que matam e consomem parcial ou totalmente outro indivíduo. O leão-da-montanha, por exemplo, mata veados-de-cauda-branca (*Odocoileus virginianus*) e muitas outras espécies de presas.

Os **parasitoides** representam um tipo especial de predador. Eles colocam seus ovos sobre outros animais ou dentro deles, especialmente insetos, e os ovos originam larvas que consomem o indivíduo hospedeiro por dentro, acabando por matá-lo. A maioria dos parasitoides é de vespas e moscas.

Parasitismo

Os **parasitos** são organismos que vivem sobre outro organismo ou dentro dele, chamado de *hospedeiro*. Um parasito raramente mata o seu hospedeiro, embora alguns hospedeiros morram quando são infectados por grande número de parasitos. Os parasitos comuns incluem tênias e carrapatos. Quando um parasito causa uma doença, ele é chamado de **patógeno**. Os patógenos incluem várias espécies de bactérias, vírus, fungos e protistas e um grupo de vermes chamados de *helmintos*.

Produtor Organismo que converte energia solar em compostos orgânicos por meio da fotossíntese ou realiza quimiossíntese para transformar energia química em compostos orgânicos. Também denominado **autótrofo**.

Consumidor Organismo que obtém energia a partir de outros organismos. Também denominado **heterótrofo**.

Mixotrófico Organismo que obtém energia a partir de mais de uma fonte.

Predador Organismo que mata e consome parcial ou totalmente outro indivíduo.

Parasitoide Organismo que vive dentro do hospedeiro vivo e consome os seus tecidos, acarretando a sua morte.

Parasito Organismo que vive sobre outro organismo ou dentro dele, mas raramente o mata.

Patógeno Parasito que causa doença em seu hospedeiro.

Figura 1.13 Mutualismo. Um líquen é uma associação simbiótica entre um fungo e células de algas. Fotografia de Vaughn A Fleming/Science Photo Library/Getty Images.

Herbivoria

Os **herbívoros** são organismos que consomem produtores, como plantas e algas. Quando um herbívoro come uma planta, comumente ingere apenas uma pequena porção e não a mata. Por exemplo, as lagartas consomem algumas folhas ou partes de folhas, que a planta pode recuperar; já o gado come os topos das folhas das gramíneas, mas não destrói a região de crescimento, localizada na base da planta.

Competição

A **competição** pode ser definida como uma interação com efeitos negativos entre duas espécies que dependem do mesmo recurso limitante para sobreviver, crescer e se reproduzir. Por exemplo, duas espécies de gramíneas podem competir pelo nitrogênio no solo; como resultado, a sobrevivência, o crescimento e a reprodução de cada uma são reduzidos quando convivem na mesma área, se comparado com quando vivem sozinhas. Da mesma maneira, os coiotes e os lobos podem competir pelas mesmas presas na floresta, de tal modo que sobrevivem, crescem e se reproduzem melhor quando estão vivendo sozinhos do que quando a outra espécie está presente. A competição por recursos limitantes é uma interação muito comum na natureza.

Mutualismo

Quando duas espécies interagem a ponto de cada uma receber benefícios da outra, sua interação é um **mutualismo**. Os liquens na Figura 1.13, por exemplo, são compostos por um fungo que vive com células de algas verdes ou cianobactérias como se fossem um único organismo. O fungo fornece nutrientes para as algas, que fornecem carboidratos provenientes da fotossíntese para o fungo. Outros exemplos de mutualismo incluem: as bactérias que ajudam a digerir material vegetal no intestino de bovinos; os fungos que ajudam plantas a extrair nutrientes minerais do solo em troca da energia dos carboidratos da planta; e as abelhas que polinizam as flores à medida que obtêm o néctar.

Comensalismo

O **comensalismo** é a interação na qual duas espécies vivem em estreita associação, de modo que uma é beneficiada enquanto a outra não tem custo ou benefício com a relação. Plantas como a bardana (*Arctium lappa*), por exemplo, produzem frutos com minúsculas farpas que se aderem aos pelos dos mamíferos que nelas encostam. A bardana recebe o benefício de ter suas sementes dispersadas, enquanto o mamífero não é beneficiado nem prejudicado por transportar esses frutos.

Como os organismos são especializados em formas particulares de vida, muitos deles são capazes de viver juntos em estreita associação. Um relacionamento físico próximo entre dois tipos diferentes de organismos é denominado **relação simbiótica**. Muitos parasitos, parasitoides, mutualistas e comensais vivem em relações simbióticas.

Ao se considerarem os diferentes tipos de interações das espécies, pode ser útil caracterizar as interações dos dois participantes como positivas (+), negativas (–) ou neutras (0). A Tabela 1.1 apresenta um resumo das interações das espécies usando essa abordagem.

Herbívoro Organismo que consome produtores, como plantas e algas.

Competição Interação de duas espécies que dependem do mesmo recurso limitante para sobreviver, crescer e se reproduzir, resultando em efeitos negativos para ambas.

Mutualismo Interação de duas espécies em que cada uma recebe benefícios da outra.

Comensalismo Interação na qual duas espécies vivem em estreita associação e uma recebe um benefício enquanto a outra não tem nem benefício nem custo.

Relação simbiótica Quando dois tipos diferentes de organismos vivem em um relacionamento físico próximo.

TABELA 1.1 Resultado da interação de duas espécies.

Tipo de interação	Espécie 1	Espécie 2
Predação/parasitoidismo	+	–
Parasitismo	+	–
Herbivoria	+	–
Competição	–	–
Mutualismo	+	+
Comensalismo	+	0

Interações que proporcionam benefício para uma espécie são indicadas com o símbolo "+"; as que causam dano a uma espécie são indicadas com o símbolo "–"; e as que não têm efeito em uma espécie são indicadas pelo símbolo "0".

Consumidores de matéria orgânica morta

Os consumidores de matéria orgânica morta – incluindo *carniceiros*, *detritívoros* e *decompositores* – também desempenham papéis importantes na natureza. Os **carniceiros**, como os abutres, consomem animais mortos. Os **detritívoros**, como os escaravelhos e muitas espécies de centopeias, decompõem a matéria orgânica morta e os dejetos (conhecidos como *detritos*) em partículas menores. Os **decompositores**, como muitas espécies de cogumelos, decompõem a matéria orgânica morta em elementos e compostos mais simples, que podem ser reciclados por meio do ecossistema.

HÁBITAT *VERSUS* NICHO

Além de saber como as espécies vivem interagindo com outras espécies, também é preciso considerar a configuração do ambiente físico onde vivem. Por exemplo, ao se caminhar em uma pradaria na região oriental ou central dos EUA, provavelmente será possível encontrar o coelho-de-cauda-de-algodão (*Sylvilagus floridanus*). Essa espécie prospera em campos agrícolas abandonados, que são cheios de gramíneas e outras flores silvestres altas intercaladas com arbustos. Tais plantas fornecem alimento para o coelho e proteção contra muitos de seus predadores, incluindo coiotes (*Canis latrans*) e diversas espécies de falcão. Assim, ao observarem as espécies na natureza, os ecólogos consideram útil distinguir onde um organismo vive do que ele faz.

O **hábitat** de um organismo é o lugar ou ambiente físico em que vive. No caso do coelho, consiste em campos com gramíneas, flores silvestres e arbustos. Os hábitats são diferenciados por características físicas, incluindo muitas vezes a forma predominante de vida vegetal ou animal. Assim, existem hábitats florestais, hábitats desérticos, hábitats de um córrego e hábitats de lago (Figura 1.14).

Durante os primeiros anos da pesquisa ecológica, os cientistas desenvolveram um complexo sistema de classificação de hábitats, começando por diferenciar entre terrestres e aquáticos. Entre os hábitats aquáticos, eles identificaram os de água doce e os marinhos; entre os marinhos, classificaram-nos como costeiros, de oceano aberto e do assoalho do oceano. Contudo, à medida que as classificações se tornaram mais detalhadas, as distinções começaram a não funcionar mais, uma vez que os cientistas perceberam que tipos de hábitats se sobrepõem e que as distinções absolutas raramente existem. No entanto, a ideia de hábitat não deixa de ser útil porque ressalta a variedade de condições às quais os organismos são expostos. Assim, tanto os habitantes de profundezas extremas do oceano quanto os de dosséis de florestas tropicais experimentam condições distintas de luz, pressão, temperatura, concentração de oxigênio, umidade e concentração salina, bem como diferenças em termos de recursos alimentares e predadores.

O **nicho** de um organismo inclui a gama de condições bióticas e abióticas que ele pode tolerar. O do coelho-de-cauda-de-algodão inclui a amplitude de temperatura e umidade que ele tolera, as plantas que consome e os coiotes e falcões predadores com os quais convive. Um princípio ecológico importante é o de que cada espécie tem um nicho distinto; portanto, não existem duas espécies exatamente com o mesmo nicho porque cada uma tem características únicas relacionadas à forma e à função que determinam as condições que podem tolerar, como se alimentam e como escapam dos inimigos. Considerando, por exemplo, as centenas de espécies de insetos que podem viver em um jardim, cada uma tem um nicho particular em termos de alimentos que consomem (Figura 1.15). A lagarta da borboleta-branca-do-repolho (*Pieris rapae*) alimenta-se do grupo de plantas que foram cultivadas a partir da mostarda-selvagem (*Brassica oleracea*), como o repolho, o brócolis e a couve-flor. No entanto, o besouro-da-batata-do-colorado (*Leptinotarsa decemlineata*) se alimenta quase exclusivamente das folhas da planta da batata (*Solanum tuberosum*). Da mesma maneira, a broca-do-milho-europeia (*Ostrinia nubilalis*) alimenta-se principalmente de plantas de milho (*Zea mays*). A variedade de hábitats e nichos detém a chave para a maior parte da diversidade de organismos vivos.

VERIFICAÇÃO DE CONCEITOS

1. Como as fontes da energia adquirida por plantas, animais e fungos diferem entre si?
2. Quais são os principais tipos de interações das espécies?
3. Compare e contraste o hábitat com o nicho de um organismo.

1.4 Os cientistas usam várias abordagens para estudar ecologia

Por mais de um século, os cientistas investigam os diversos papéis que os organismos desempenham no ambiente. Os ecólogos fazem isso utilizando um procedimento sistemático, geralmente denominado método científico. Os três passos desse processo, mostrado na Figura 1.16, são: (1) observações de um padrão na natureza, (2) desenvolvimento de uma hipótese e suas previsões, e (3) teste de hipótese.

Carniceiro Organismo que consome animais mortos.

Detritívoro Organismo que se alimenta de matéria orgânica morta e resíduos conhecidos coletivamente como detritos.

Decompositor Organismo que decompõe matéria orgânica morta em elementos e compostos mais simples, que podem ser reciclados por meio do ecossistema.

Hábitat Lugar ou ambiente físico no qual um organismo vive.

Nicho Amplitude de condições bióticas e abióticas que um organismo pode tolerar.

A Remanso em uma curva do Rio Snake, Parque Nacional Grand Teton, Wyoming

C Parque Nacional dos Vulcões, Ruanda

B Lago Tenaya, Parque Nacional Yosemite, Califórnia

D Parque Nacional Amboseli, Quênia

Figura 1.14 Hábitats. Os hábitats terrestres são classificados pela sua vegetação dominante, enquanto os aquáticos são diferenciados pela sua profundidade e presença ou ausência de água corrente. **A.** Rios de água doce contêm água em movimento. **B.** Os lagos são tipicamente grandes corpos d'água que têm bem pouco fluxo. **C.** Na floresta tropical, temperaturas amenas e chuvas abundantes sustentam a maior produtividade e biodiversidade na Terra. **D.** Savanas tropicais, apesar de se desenvolverem onde a precipitação é escassa, sustentam vastos rebanhos de herbívoros pastadores durante a produtiva estação chuvosa. Fotografias de: (A) George Sanker/naturepl.com; (B) McPHOTO/AGE Fotostock; (C) Michel Gunther/Science Source; e (D) Staffan Widstrand/naturepl.com.

Figura 1.15 Nicho. Mesmo em um grupo de organismos similares, tais como os insetos, cada espécie tem um nicho distinto. No caso deles, os alimentos que consomem é apenas um aspecto do seu nicho. **A.** A broca-do-milho-europeia é especializada em alimentar-se das plantas do milho. **B.** O besouro-da-batata-do-colorado é especializado em se alimentar das folhas da planta da batata. **C.** A lagarta da borboleta-branca-do-repolho é especializada em se alimentar das folhas de repolho, do brócolis e da couve-flor. Fotografias de: (A) Scott Sinklier/AGE Fotostock; (B) blickwinkel/Alamy; e (C) Nigel Cattlin/Alamy.

OBSERVAÇÕES, HIPÓTESES E PREVISÕES

A maioria das pesquisas começa com um conjunto de observações sobre a natureza que requerem uma explicação, as quais, normalmente, identificam e descrevem um padrão consistente. Como se aprende na história da pesquisa sobre as fontes hidrotermais, uma vez que se descobriu que a diversidade e abundância de espécies que vivem ao redor delas não poderiam ser sustentadas pela quantidade relativamente pequena de matéria orgânica proveniente da superfície iluminada pela luz solar, novas hipóteses sobre as bactérias quimiossintéticas tiveram de ser desenvolvidas e testadas. Nesses casos, algumas serão corroboradas enquanto outras serão rejeitadas e exigirão novas hipóteses. Esse é o processo do método científico.

Para ajudar a entender melhor o método científico, pode-se imaginar uma situação: se alguém andasse ao redor de um lago em uma noite quente de primavera após uma tempestade, provavelmente ouviria sapos-machos vocalizando; porém, se voltasse ao mesmo lago em noites mais frias após um período de seca, seria menos provável ouvir sapos vocalizando. Se a mesma pessoa visitasse muitos lagos diferentes, observaria esse padrão de maneira repetida, ou seja, observaria e descreveria um padrão consistente na natureza. Desse modo, padrões naturais repetidos levam os cientistas a teorizarem sobre as suas causas.

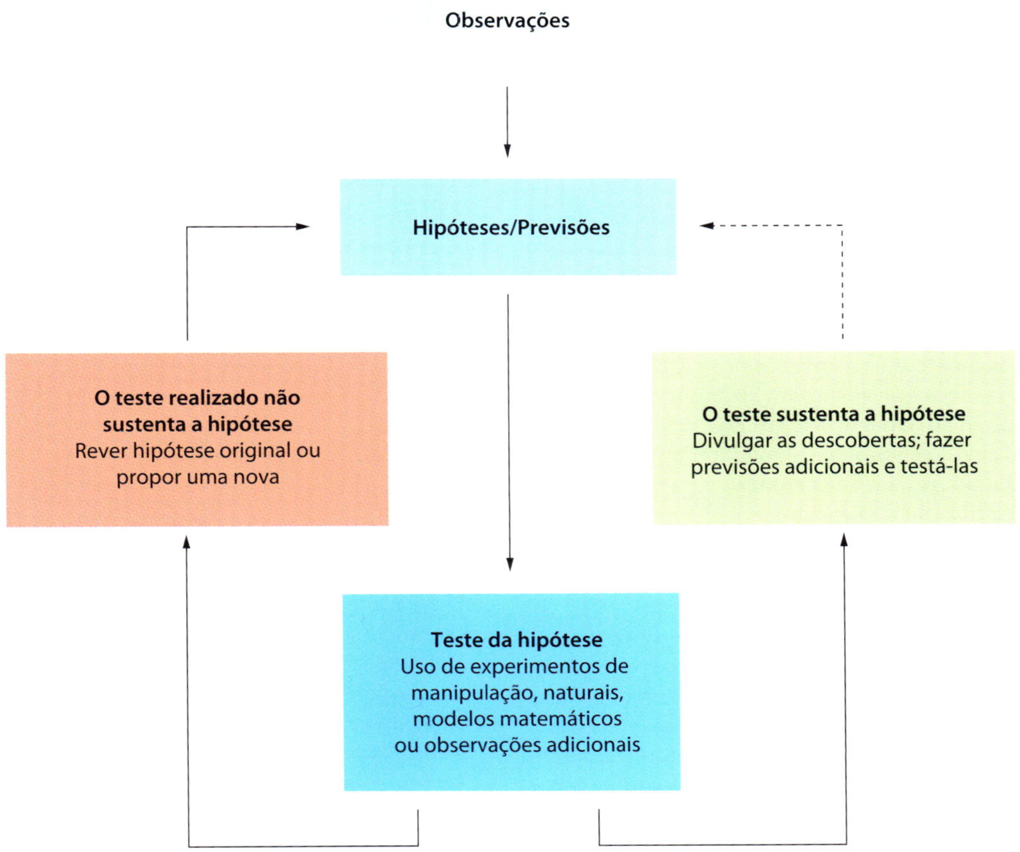

Figura 1.16 Método científico. O método científico se inicia com a observação de padrões na natureza e o desenvolvimento de uma hipótese que explique como ou por que o padrão existe. As previsões de uma hipótese são testadas com experimentos de manipulação, experimentos naturais, modelos matemáticos ou observações adicionais.

Hipóteses são ideias que potencialmente explicam uma observação recorrente. No caso dos sapos, observa-se de maneira consistente que eles vocalizam apenas nas noites quentes após uma tempestade. Assim, uma vez estabelecida a existência desse padrão, torna-se desejável entendê-lo melhor. Pesquisadores podem querer explicar *como* os sapos sentem as mudanças na temperatura e na precipitação, e como a percepção dessas mudanças ambientais os estimula a vocalizarem. Também podem desejar explicar *por que* os sapos vocalizam em noites quentes após a chuva, como eles se beneficiam vocalizando (talvez atraindo parceiros) e quais são os custos da vocalização, caso existam.

As hipóteses sobre como e por que os organismos respondem ao ambiente representam diferentes tipos de explicações. A explicação do "como" refere-se aos detalhes da percepção sensorial do animal e às alterações em suas concentrações hormonais e nos sistemas nervoso e muscular. No caso dos sapos, seria possível supor que o seu sistema nervoso detecta temperaturas amenas e chuva. Isso inicia mudanças nos hormônios e na fisiologia de um sapo-macho, fazendo-o contrair os músculos que o fazem vocalizar.

Hipótese Ideia que potencialmente explica uma observação recorrente.

As hipóteses que abordam as mudanças imediatas nos hormônios, na fisiologia, no sistema nervoso ou no sistema muscular de um organismo são conhecidas como **hipóteses proximais**. Se elas estiverem corretas, então é possível fazer **previsões**, que são afirmações lógicas que surgem a partir de hipóteses. Por exemplo, se a hipótese sobre como uma noite chuvosa faz os sapos-machos vocalizarem estiver correta, será coerente prever que qualquer sapo exposto a temperaturas amenas e chuva responderá alterando a concentração de hormônios específicos que estimulam o cérebro a enviar um sinal para os músculos do aparelho vocal se contraírem.

As **hipóteses finais** explicam por que um organismo evoluiu para responder de certa maneira ao seu ambiente, em termos dos custos e benefícios da resposta para a aptidão. Por exemplo, pode ser estabelecida a hipótese de que os sapos-machos vocalizam para atrair as fêmeas e talvez o façam em

Hipótese proximal Hipótese que aborda as mudanças imediatas nos hormônios, na fisiologia, no sistema nervoso ou no sistema muscular de um organismo.

Previsão Afirmação lógica que surge a partir de uma hipótese.

Hipótese final Hipótese que explica por que um organismo evoluiu para responder de certa maneira ao seu ambiente, em termos dos custos e benefícios da resposta para a aptidão.

noites quentes após uma tempestade porque é quando existem as melhores condições para se colocar ovos, isto é, as fêmeas estão mais interessadas em acasalamento. Assim, os machos se beneficiam vocalizando em uma noite quente e úmida porque têm maior probabilidade de atrair as fêmeas e, portanto, de deixar mais descendentes. Se eles vocalizarem em outros momentos, atrairão menos fêmeas e terão um benefício muito menor.

Quanto aos custos, poderia ser estabelecida a hipótese de que, quando os sapos-machos vocalizam para atrair as fêmeas, correm o risco de chamar a atenção de predadores. Logo, o risco de morte aumentado representa um alto custo de aptidão para sapos-machos.

Diante disso, é gerada uma série de previsões como consequência lógica da hipótese final sobre a vocalização dos sapos-machos: (1) os machos que vocalizam atrairão as fêmeas; (2) as fêmeas procuram ativamente por machos apenas em noites quentes e úmidas; (3) se vocalizar impõe um custo, então os machos deveriam poupar a sua vocalização para os momentos que proporcionarão benefício máximo.

TESTES DE HIPÓTESES COM EXPERIMENTOS DE MANIPULAÇÃO

Determinada hipótese pode ser corroborada por observações, mas raramente será confirmada com total certeza. No entanto, a confiança aumenta à medida que o teste de uma hipótese continua e repetidamente se descobre que as observações a sustentam. Embora os métodos para adquirir conhecimento científico pareçam diretos, existem muitas armadilhas. Por exemplo, a observação de relação entre dois fatores não significa necessariamente que um é o causador de mudança no outro; a causa precisa ser determinada de modo independente. Para alcançar esse objetivo, podem ser planejados **experimentos de manipulação** nos quais uma hipótese é testada alterando-se o fator que se acredita ser a causa subjacente do fenômeno.

Para compreender o processo de um experimento de manipulação, pode-se considerar uma observação: os insetos herbívoros frequentemente consomem menos de 10% dos tecidos de uma planta. Os ecólogos têm proposto várias hipóteses para explicar essa constatação, e uma delas é a de que os predadores consomem insetos herbívoros em uma taxa tão alta que as populações de insetos diminuem; logo, essa baixa população de insetos não consegue consumir muito dos tecidos das plantas. Essa parece ser uma hipótese razoável, mas como testá-la sem um experimento de manipulação?

Pesquisadores que trabalham com essa questão decidiram explorar se a hipótese de predação se aplicaria a insetos que se alimentam de carvalhos no Missouri. Eles observaram que as aves consomem muitos insetos em folhas de carvalho e então formularam a hipótese de que as aves reduziriam as populações de insetos herbívoros. Se tal hipótese estiver correta, quando não houver aves, as populações de insetos aumentarão e consumirão mais biomassa foliar. A confirmação dessa previsão apoiaria a hipótese; uma ausência de confirmação levaria os pesquisadores a rejeitarem a hipótese e proporem uma nova. Para testar a hipótese de que a predação por aves reduz a abundância de insetos em carvalhos, os pesquisadores decidiram realizar um experimento de manipulação utilizando redes que isolavam as árvores das aves (Figura 1.17 A).

A **manipulação**, também conhecida como **tratamento**, é o fator que se deseja variar em um experimento. Frequentemente uma das manipulações usadas é o **controle** – manipulação que inclui todos os aspectos de um experimento, exceto o fator de interesse. No experimento com carvalhos, as árvores envoltas em redes serviram como tratamento, enquanto aquelas sem as redes serviram de controle.

Uma vez decididas quais manipulações se deseja realizar, é necessário definir uma **unidade experimental**, que é o objeto ao qual se aplica a manipulação. No caso do experimento com carvalhos, os pesquisadores decidiram utilizar grupos de três mudas de carvalho-branco como suas unidades experimentais. Depois dessa decisão, cada unidade experimental foi isolada – com redes que envolviam cada grupo de três mudas, tornando-as inacessíveis às aves – ou deixada sem isolamento para permitir o acesso.

A manipulação de uma única unidade experimental pode fornecer resultados interessantes, mas que podem não ser confiáveis a menos que o experimento seja repetido e mostre um resultado similar. A capacidade de se obter um resultado semelhante várias vezes é conhecida como **replicação**, que é uma característica essencial da maioria dos estudos experimentais. No estudo dos carvalhos, os investigadores decidiram adicionar redes a 10 grupos de árvores e deixar 10 grupos de árvores adicionais sem o isolamento proporcionado pelas redes. Ao fazer isso, eles replicaram o experimento 10 vezes.

Quando são atribuídas diferentes manipulações para as unidades experimentais, a alocação de cada uma deve ser feita por **aleatorização**, o que significa que cada unidade experimental deve ter igual chance de ser atribuída a determinada manipulação. No experimento com carvalhos, os pesquisadores designaram aleatoriamente grupos de árvores para serem isoladas por redes e grupos que não foram isolados por redes (controles). Desse modo, eles teriam certeza de que as árvores com redes inicialmente não eram diferentes das árvores nos grupos-controle.

Uma vez estabelecido o experimento, os pesquisadores coletaram dados sobre o número de insetos herbívoros e o percentual de tecido foliar que tinha sido consumido. Eles descobriram que as árvores envoltas em redes tinham cerca de duas vezes mais insetos herbívoros que as do controle. Além disso, o percentual de tecido foliar consumido no final da estação de crescimento foi quase duas vezes maior em árvores com redes do que nas árvores do grupo-controle (Figura 1.17 B). Esses resultados levaram os pesquisadores a concluírem que o experimento apoiava sua hipótese.

Experimento de manipulação Processo pelo qual uma hipótese é testada alterando-se o fator que se acredita ser a causa subjacente do fenômeno.

Manipulação Fator que se deseja variar em um experimento. Também denominada **tratamento**.

Controle Manipulação que inclui todos os aspectos de um experimento, exceto o fator de interesse.

Unidade experimental Objeto ao qual se aplica a manipulação experimental.

Replicação Capacidade de se obter um resultado semelhante várias vezes.

Aleatorização Aspecto do delineamento do experimento em que cada unidade experimental tem uma chance igual de ser atribuída a determinada manipulação.

A

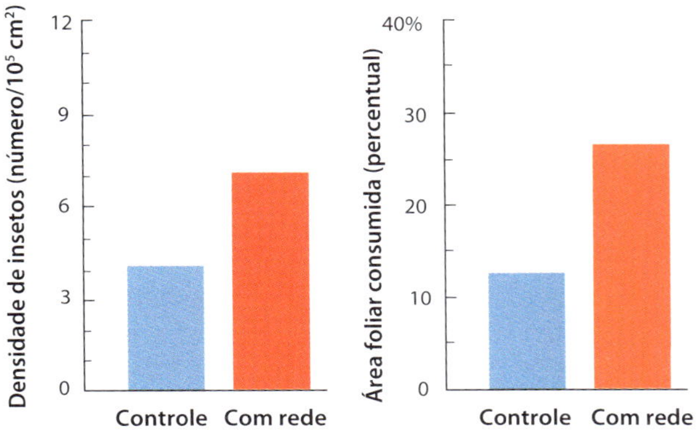

B

Figura 1.17 Experimento de manipulação. Proporciona os testes de hipóteses mais potentes. **A.** Em um estudo que testou se as aves são um fator importante na determinação do número de insetos nas árvores de carvalho no Missouri, os ecólogos colocaram redes em torno de algumas mudas de carvalho-branco para excluir as aves e deixaram outras mudas sem isolamento para servir como um grupo-controle. **B.** A partir desse experimento, os investigadores quantificaram o número de insetos herbívoros por folha e a quantidade de tecido foliar consumido em cada um dos tratamentos. Segundo R.J. Marquis e C.J. Whelan, Insectivorous birds increase growth of white oak through consumption of leaf-chewing insects, *Ecology* 75 (1994): 2007-2014. Fotografia de Chris Whelan, University of Illinois.

Embora muitos experimentos sejam conduzidos em ambientes naturais, como as florestas de carvalho ou os lagos, outros são realizados em escalas menores (Figura 1.18 A). Muitos fazem uso de **microcosmos**, que são sistemas ecológicos simplificados que tentam replicar as características essenciais de um sistema ecológico em um cenário de laboratório ou de campo. No caso dos experimentos para estudar sistemas aquáticos, por exemplo, os microcosmos podem consistir em grandes tanques de água ao ar livre. Esses tanques incluiriam muitas das características dos corpos de águas naturais, como solo, vegetação e uma diversidade de organismos (Figura 1.18 B).

O uso de microcosmos presume que uma resposta às manipulações nesse ambiente seja representativa das respostas que ocorreriam em um hábitat natural. Por exemplo, alguém poderia querer entender como espécies de peixes competem por comida. Observar a competição entre as espécies de peixes em um lago de águas turvas pode não ser viável, mas um grande tanque de água que tenha muitas das características do lago poderia funcionar bem, desde que os peixes se comportassem de modo semelhante em ambas as condições. Se assim for, o experimento com microcosmos pode render resultados que podem ser generalizados para o sistema natural maior. Experimentos também podem ser conduzidos em escalas bem pequenas, como, por exemplo, em placas de Petri em um laboratório (Figura 1.18 C). A escolha do cenário para o desenvolvimento de um experimento representa um balanço entre os experimentos naturais realizados ao ar livre, nos quais muitos fatores são dificilmente manipulados, e os experimentos de laboratório, que são artificiais, mas altamente controlados, nos quais uma ampla gama de fatores pode ser manipulada.

ABORDAGENS ALTERNATIVAS PARA EXPERIMENTOS DE MANIPULAÇÃO

Muitas hipóteses não podem ser testadas por experimentos, seja porque a área ou a escala de tempo necessária para testar a hipótese são muito grandes, ou porque não é possível isolar variáveis específicas e estabelecer um controle adequado. Essas limitações são comuns quando se tenta entender padrões que ocorrem durante longos períodos de tempo, ou em sistemas que são grandes demais para serem manipulados, tais como populações ou ecossistemas inteiros.

Quando várias hipóteses diferentes explicam adequadamente determinada observação, os investigadores devem fazer previsões que diferenciem as distintas alternativas. Por exemplo, muitos ecólogos têm observado uma diminuição no número de espécies à medida que o ser humano se move para o norte ou para o sul, afastando-se do Equador. Esse padrão que se repete tem muitas explicações possíveis. Quando se viaja para o norte a partir do Equador, a temperatura e a precipitação médias diminuem, a incidência de luz solar diminui e a sazonalidade aumenta. Cada um desses fatores, isoladamente ou em conjunto, poderia afetar o número de espécies que coexistem em uma localidade específica. De fato, diversas hipóteses têm sido propostas para explicar a redução observada no número de espécies à medida que nos afastamos do Equador, mas é difícil isolar o efeito de cada fator porque todos os outros fatores mudam em conjunto.

Os ecólogos têm várias abordagens alternativas para lidar com essas dificuldades. Uma opção, o **experimento natural**, baseia-se na variação natural do ambiente para testar uma hipótese. Por exemplo, ao se considerar a hipótese de que o número de espécies em uma ilha é influenciado pelo tamanho

Microcosmo Sistema ecológico simplificado que tenta replicar as características essenciais de um sistema ecológico em um cenário de laboratório ou de campo.

Experimento natural Abordagem para o teste de hipóteses que se baseia na variação natural do ambiente.

A

B

C

Figura 1.18 Cenários experimentais. A escolha do cenário experimental frequentemente representa um compromisso entre a complexidade das condições naturais e as condições altamente controladas de um experimento de laboratório. **A.** Experimentos de manipulação de lagos inteiros, como este em um lago em Wisconsin, incluem condições naturais, mas são difíceis de replicar. **B.** Os experimentos de microcosmos, como este do Laboratório de Ecologia Pymatuning, da University of Pittsburgh, incluem muitas características de um lago, uma vez que contêm comunidades de organismos aquáticos. O uso de microcosmos possibilita que as manipulações possam ser replicadas muitas vezes. **C.** Os experimentos de laboratório, como este com pesticida, realizado em placas de Petri, permitem aos pesquisadores realizarem experimentos altamente controlados, mas eles são conduzidos sob condições muito artificiais. Cortesia de (A) Carl Watras; (B) e (C) Rick Relyea.

dela, uma vez que ilhas maiores têm mais nichos disponíveis, suportam populações maiores que resistem à extinção e são mais facilmente encontradas e colonizadas pelos organismos, um experimento de manipulação para testar essa hipótese seria impossível, pois exigiria tanto uma manipulação maciça de muitas ilhas como a capacidade de observar a diferença no número de espécies colonizadoras ao longo de centenas ou mesmo milhares de anos. Em vez disso, pode-se testar a hipótese comparando o número de espécies que vivem em ilhas de diferentes tamanhos que se formaram ao longo de períodos de tempo mais curtos, como consequência de alterações no nível do mar ou de um lago. Embora um experimento de manipulação não seja possível nesses casos, um experimento natural como o sugerido ainda possibilita aos pesquisadores determinar se os padrões da natureza são compatíveis ou não com as hipóteses sobre as causas subjacentes.

Os ecólogos também usam *modelos matemáticos* para explorar o comportamento dos sistemas ecológicos. Em um **modelo matemático**, um investigador cria uma representação de um sistema utilizando um conjunto de equações que descrevem as relações hipotéticas entre os componentes desse sistema. Desse modo, pode-se usar um modelo matemático para representar como o nascimento e a imigração de indivíduos contribuem positivamente para a taxa de crescimento de uma população, e como as mortes e a emigração reduzem essa taxa. Nesse sentido, um modelo matemático é uma hipótese que fornece uma explicação para a estrutura e o funcionamento do sistema estudado.

É possível testar a acurácia de um modelo matemático comparando as previsões que ele fornece com as observações da natureza. Por exemplo, os epidemiologistas têm desenvolvido modelos para descrever a propagação de doenças transmissíveis, os quais incluem fatores como as proporções de uma população que são suscetíveis, expostas, infectadas e curadas de infecções. Os modelos também incluem as taxas de transmissão e a probabilidade de o organismo causar uma doença em um hospedeiro infectado. Com a inclusão de todos esses fatores, tais modelos podem fazer previsões sobre a frequência e a gravidade dos surtos de doenças, e elas podem então ser testadas, comparando-as com observações de surtos de patologias reais. Essa abordagem está sendo empregada para diversas doenças importantes que acometem a vida silvestre, como a transmissão de raiva entre animais como morcegos,

Modelo matemático Representação de um sistema utilizando um conjunto de equações que descrevem as relações hipotéticas entre os componentes desse sistema.

guaxinins, gambás e raposas e a transmissão da doença de Lyme em populações de vida silvestre e em seres humanos.

MUDANÇA GLOBAL

Os modelos matemáticos podem ser usados em qualquer escala. Em uma escala maior, por exemplo, os ecólogos têm criado modelos matemáticos para investigar a maneira como a queima de combustíveis fósseis afeta o teor de CO_2 da atmosfera. Para gerenciar os impactos humanos sobre o ambiente, é extremamente importante entender essa relação. Os modelos de teor global de carbono incluem, entre outros fatores, as equações que descrevem a absorção de CO_2 pelas plantas e sua dissolução nos oceanos. As versões anteriores desses modelos falharam em explicar as observações e superestimaram o aumento anual das concentrações de CO_2 na atmosfera. Isso porque a Terra obviamente contém "sumidouros" de CO_2, tais como as florestas em regeneração, que o removem da atmosfera. Assim, ao incluir os efeitos desses sumidouros, os modelos se tornam mais refinados e descrevem com maior acurácia os dados atmosféricos observados, tendo maior probabilidade de prever as mudanças futuras de maneira correta.

Para qualquer modelo, pode-se aceitar ou rejeitar a hipótese comparando as previsões do modelo com as observações. Os modelos rejeitados podem ser refinados ainda mais para incorporar complexidades adicionais e melhor se ajustar às observações.

VERIFICAÇÃO DE CONCEITOS

1. Explique o método científico.
2. Compare e contraste hipóteses proximais com hipóteses finais.
3. De que maneiras experimentos de manipulação diferem de experimentos naturais?

ANÁLISE DE DADOS EM ECOLOGIA

Por que se calculam médias e variâncias?

Como observado no experimento com carvalhos, ao testarem hipóteses, os ecólogos fazem **observações** que podem ser consideradas como informações que incluem as medidas que são obtidas dos organismos ou do ambiente. Essas observações, também conhecidas como **dados**, são então utilizadas para testar hipóteses. No caso dos carvalhos, os investigadores recolheram dados sobre a densidade de insetos herbívoros e a quantidade de tecido foliar consumido por eles. Ao levantar questões ecológicas, muitas vezes se deseja saber o valor médio, ou a *média*, dos dados coletados a partir de diferentes tratamentos ou obtidos em distintas condições. No experimento dos carvalhos, os pesquisadores queriam comparar a densidade média de insetos em árvores envoltas em redes com a de árvores sem redes, para determinar se as aves reduziam o número de insetos que consumiam suas folhas.

Embora a comparação das médias informe sobre as tendências centrais dos dados, frequentemente os ecólogos querem saber se os dados utilizados para calcular a média têm variabilidade alta ou baixa. Por exemplo, a densidade média de insetos nas folhas foi de 10 insetos por metro quadrado de superfície foliar nos dois conjuntos de dados mostrados a seguir; entretanto, qual é o grupo mais variável?

Grupo A: 10, 9, 11, 10, 8, 12, 9, 11, 8, 12

Grupo B: 10, 5, 15, 10, 6, 14, 5, 15, 7, 13

Embora ambos os grupos de dados tenham a mesma média, as observações do Grupo A variam de 8 a 12, enquanto, no Grupo B, variam de 5 a 15. Portanto, os dados do Grupo B são mais variáveis.

Por que a preocupação com a variabilidade dos dados coletados? Levando-se em consideração que cada média é calculada a partir de um conjunto de dados que tem amplitude de variação grande ou pequena, a variabilidade dá uma ideia do quanto as distribuições de dados se sobrepõem. Se dois grupos de dados têm médias diferentes, mas as distribuições deles se sobrepõem muito, então não se pode ter certeza de que os dois grupos são realmente diferentes uns dos outros. Por outro lado, se dois grupos de dados têm médias diferentes, mas as distribuições não se sobrepõem, então é certo que os dois grupos são diferentes.

Um modo de medir o quão amplamente os valores dos dados estão dispersos em torno da média é calcular a **variância da média**. Trata-se de uma medida que indica a dispersão de dados em torno da média de uma população na qual cada um de seus integrantes foi mensurado. Os dados que são mais amplamente dispersos em torno da média terão maior variância. A maneira mais fácil de calcular a variância de um conjunto de dados (designada por σ^2) é fazê-la em duas etapas:

1. Elevar ao quadrado cada valor observado (denotado como χ) e, em seguida, calcular a média desses valores (em que E indica que o cálculo da média a partir de vários valores):

$$E[\chi^2]$$

2. Subtrair da média o quadrado do valor da média observada:

$$\sigma^2 = E[\chi^2] - [E(\chi)]^2$$

Observações Informações que incluem as medidas que são obtidas dos organismos ou do ambiente. Também denominadas **dados**.

Variância da média Medida que indica o grau de dispersão dos dados em torno da média de uma população em que cada um de seus integrantes foi mensurado.

Em outras palavras, $E[\chi^2]$ é a média calculada a partir de cada valor observado elevado ao quadrado, e $[E(\chi)]^2$ é o quadrado da média observada.

Quando se calcula a variância da média, baseia-se na premissa de que cada integrante de uma população é medido. Entretanto, na realidade, muitas vezes não se pode medir cada integrante; em vez disso, o que é mensurada é uma amostra da população. No estudo dos carvalhos, por exemplo, os pesquisadores não mediram os insetos em todas as árvores de carvalho, eles usaram uma amostra de 10 grupos de árvores. Quando se mede uma amostra da população, a variação nos dados é chamada de **variância amostral**. Ela é muito semelhante à variância da média, exceto pelo fato de que agora é considerado o número de amostras que é medido da população (denotadas como n). A variância amostral (denotada como s^2) é calculada como:

$$s^2 = \frac{n}{n-1} \times \sigma^2$$

ou

$$s^2 = \frac{n}{n-1} \times (E[\chi^2) - [E(\chi)^2])$$

A partir dessa equação, à medida que o número de amostras se torna bem grande, o valor da variância amostral se aproxima do valor da variância da média para a população inteira.

Variância amostral Medida que indica o grau de dispersão dos dados em torno da média de uma população quando apenas uma amostra foi mensurada.

Para ajudar a entender como calcular a variância amostral, pode-se considerar o seguinte conjunto de observações sobre a abundância de insetos por folha de árvores cobertas com redes ou não:

Árvores cobertas com rede	Árvores descobertas
8	4
6	3
7	2
9	4
5	2

Para as árvores cobertas com redes, pode-se calcular a média dos valores como:

$$(8 + 6 + 7 + 9 + 5) \div 5 = 7$$

A média dos quadrados dos valores como:

$$(8^2 + 6^2 + 7^2 + 9^2 + 5^2) \div 5 = 51$$

É possível, então, calcular a variância amostral para os dados das árvores cobertas com redes:

$$s^2 = \frac{n}{n-1} \times (E[\chi^2) - [E(\chi)^2])$$

$$s^2 = \frac{5}{5-1} \times (51 - (7)^2)$$

$$s^2 = (1{,}25) \times (51 - 49) = 2{,}5$$

EXERCÍCIO Usando os dados das cinco réplicas de árvores descobertas, calcule a média e a variância amostral para a abundância de insetos.

1.5 Os humanos influenciam os sistemas ecológicos

Por mais de um século, os ecólogos têm trabalhado intensamente para entender como a natureza funciona, desde o nível de indivíduo até o de biosfera; afinal, as maravilhas do mundo natural aguçam a curiosidade sobre a vida e o ambiente. Para muitos deles, uma curiosidade sobre como a natureza funciona é motivo suficiente para estudar ecologia.

No entanto, cada vez mais os ecólogos lutam para entender como o rápido crescimento da população humana, já com mais de 7 bilhões de pessoas, está afetando o planeta. A necessidade de compreender a natureza está se tornando cada vez mais urgente conforme o crescimento demográfico sobrecarrega o funcionamento dos sistemas ecológicos. Os ambientes dominados ou criados por humanos, incluindo áreas urbanas e periféricas – campos agrícolas, plantações de árvores e áreas de lazer –, são também sistemas ecológicos. Portanto, o bem-estar da humanidade depende do funcionamento apropriado desses sistemas.

Atualmente, a população humana consome enormes quantidades de energia e recursos e produz grandes quantidades de rejeitos. Como resultado, praticamente todo o planeta é fortemente influenciado pelas atividades humanas (Figura 1.19). Essas influências incluem a degradação do ambiente natural e a perturbação de muitas funções importantes que ele proporciona aos humanos.

O crescente consumo de recursos naturais pelo homem tem causado uma série de problemas ecológicos. A remoção de plantas de seu ambiente natural para serem usadas como ornamentais, a exploração de animais para consumo e o comércio deles têm causado o declínio de muitas espécies em seus hábitats nativos. As espécies afetadas são diversas, incluindo os cactos do sudoeste americano, coletados para venda como plantas ornamentais, além de várias espécies de répteis e anfíbios, vendidas no comércio de animais, e muitas espécies de peixes e baleias, que são superexplorados pela pesca comercial.

Como o comércio tornou-se mais global, as espécies têm sido introduzidas involuntariamente em novos locais a uma taxa crescente. Algumas delas, como os ratos, as cobras e os patógenos, podem ter efeitos devastadores sobre as espécies locais. Para alimentar 7 bilhões de pessoas, uma grande quantidade de terra tem sido convertida para uso agrícola, o que traz consigo uma série de desafios, incluindo a perda

Figura 1.19 Impactos humanos sobre os sistemas ecológicos. O crescimento da população humana, especialmente nos últimos dois séculos, tem alterado grande parte do planeta. Os humanos têm destruído hábitats, convertido terras para a agricultura, poluído o ar e a água, queimado grandes quantidades de combustíveis fósseis e superexplorado plantas e animais.

de hábitats naturais, a poluição por fertilizantes e pesticidas e as dúvidas relacionadas com o desenvolvimento de culturas geneticamente modificadas. Algumas, como a do milho, agora estão sendo cada vez mais utilizadas como fontes de combustível, também conhecidas como *biocombustíveis*, demandando ainda mais terra para ser convertida para uso agrícola. Os seres humanos também precisam de terra para habitação, comércio e indústria. Isso tem reduzido ainda mais a quantidade de hábitat natural disponível para outras espécies e tem sido um grande contribuidor para o declínio e a extinção de muitas espécies. Essas questões serão abordadas com mais detalhes ao longo deste livro.

Outro conjunto de desafios ecológicos é causado pelos rejeitos produzidos pelas atividades humanas, como o caso de esgotos e processos industriais não tratados, que podem contaminar o ar, a água e o solo. Além disso, o uso de usinas nucleares para gerar eletricidade produz quantidades substanciais de rejeitos nucleares. Entretanto, de todos os rejeitos humanos, talvez nenhum cause uma preocupação pública maior do que os **gases do efeito estufa**, responsáveis pelo aquecimento global. Trata-se de compostos existentes na atmosfera que absorvem a energia térmica da radiação infravermelha emitida pela Terra e, em seguida, emitem parte dessa energia de volta para o planeta. Ao fazer isso, os gases impedem que grande parte da energia irradiada da superfície da Terra escape para o espaço.

Os gases do efeito estufa compreendem diversos compostos, mas um importante é o CO_2, que é produzido pela queima de combustíveis fósseis nos carros e nas usinas que geram e fornecem eletricidade para tantos lares e empresas. À medida que a população humana e as demandas por aumento de energia continuam a crescer, mais combustíveis fósseis são queimados e mais gases do efeito estufa são produzidos. Quanto mais gases do efeito estufa são lançados na atmosfera, mais quente torna-se a Terra.

Como os sistemas ecológicos são inerentemente complexos, é difícil prever e gerenciar os efeitos de uma população humana crescente sobre eles em todos os níveis. No nível do organismo, é possível investigar como um pesticida pulverizado no ambiente pode afetar cada um dos muitos tecidos e sistema de órgãos de um animal, levando a mudanças no comportamento, no crescimento e na reprodução. No nível da comunidade, pode-se perguntar como a diminuição na abundância de uma espécie causada pela exploração comercial pode afetar as populações de outras espécies naquela comunidade. No nível da biosfera, poderíamos desejar quantificar o grande número de fontes que emitem CO_2 para a atmosfera e compreender os processos que o retiram dela. Cada um desses casos apresenta um conjunto de questões complexas que não são fáceis de responder. Todavia, é necessária uma sólida compreensão de como o sistema ecológico funciona antes que se possa prever o resultado de impactos

Gases do efeito estufa Compostos existentes na atmosfera que absorvem a energia térmica da radiação infravermelha emitida pela Terra e, em seguida, emitem parte dessa energia de volta para o planeta.

antropogênicos sobre o sistema e recomendar maneiras de minimizar danos. Essa compreensão será desenvolvida nos capítulos que se seguem.

O PAPEL DOS ECÓLOGOS

A difícil situação das espécies em risco de extinção afeta emocionalmente os ecólogos; no entanto, cada vez mais eles percebem que o único meio eficaz de preservá-las é pela conservação dos ecossistemas e pela gestão dos processos ecológicos que atuam em grande escala. Isso porque cada espécie, incluindo aquelas das quais os humanos dependem para alimentação e obtenção de outros produtos, depende da manutenção dos sistemas de suporte ambiental.

Os efeitos locais das atividades antrópicas sobre os sistemas ecológicos frequentemente podem ser contornados se os mecanismos subjacentes responsáveis pela mudança forem entendidos. Contudo, cada vez mais nossas atividades têm resultado em efeitos múltiplos e generalizados, que são mais difíceis de os cientistas caracterizarem e os órgãos legislativos e regulatórios controlarem. Por essa razão, uma compreensão científica clara dos problemas ambientais é um pré-requisito necessário para a ação.

MUDANÇA GLOBAL

A mídia está cheia de relatos de problemas ambientais: desaparecimento de florestas tropicais, estoques de peixes esgotados, doenças emergentes, aquecimento global e guerras, que também causam tragédias ambientais e sofrimento ao ser humano. Contudo, é importante saber que existem histórias de sucesso também. Muitos países têm feito grandes progressos na limpeza de seus rios, lagos e ar. Na América do Norte e Europa, peixes estão novamente migrando rio acima para desovar. A chuva ácida diminuiu, graças a mudanças na queima de combustíveis fósseis. A liberação de clorofluorcarbonos, que danificam a camada de ozônio, que protege a superfície da Terra da radiação ultravioleta, também tem diminuído dramaticamente. A inevitabilidade do aquecimento global causado pelo aumento da concentração de CO_2 atmosférico tem provocado uma preocupação global e desencadeado um esforço internacional para o desenvolvimento de pesquisas. Assim, programas de conservação, incluindo a reprodução de espécies ameaçadas em cativeiro, têm salvado algumas espécies de animais e plantas da extinção. Esses programas também têm sensibilizado mais o público para as questões ambientais, mas, por vezes, têm provocado também controvérsias.

Essas histórias de sucesso não teriam sido possíveis sem um consenso fundamentado em evidências produzidas pelo estudo científico do mundo natural. Compreender a ecologia não vai, por si só, resolver os problemas ambientais, porque eles também têm dimensões políticas, econômicas e sociais. No entanto, conforme se reconhece a necessidade de uma gestão global dos sistemas naturais, a eficácia nessa empreitada passa a depender criticamente da compreensão de sua estrutura e funcionamento, a qual depende do conhecimento dos princípios da ecologia.

Este livro apresenta o estudo da ecologia, de modo a construir a compreensão de todos os aspectos da disciplina. De início, será considerado o nível individual, inclusive como as espécies se adaptam aos desafios dos ambientes aquáticos e terrestres. Então, será explorado o tema da evolução, incluindo como as espécies desenvolveram várias estratégias para o acasalamento, a reprodução e a vida em grupos sociais. Em seguida, será abordado o nível da população com uma discussão sobre distribuições populacionais, crescimento populacional e dinâmica das populações ao longo do espaço e do tempo. Então, com uma sólida compreensão das populações, o estudo passará para a análise das interações de espécies, comunidades e ecossistemas. Finalmente, receberá enfoque a ecologia no nível global, investigando os padrões globais de biodiversidade e a conservação global.

VERIFICAÇÃO DE CONCEITOS

1. De que maneira os humanos alteram os sistemas ecológicos?
2. Como o conhecimento dos sistemas ecológicos ajuda a gerenciar esses sistemas?

ECOLOGIA HOJE | CORRELAÇÃO DOS CONCEITOS

Lontra-marinha da Califórnia

Neste primeiro capítulo, foi examinada uma ampla gama de tópicos, incluindo a hierarquia das perspectivas na ecologia, os princípios biológicos e físicos que regem os sistemas naturais, a variedade de funções que diferentes espécies desempenham, as múltiplas abordagens para estudar a ecologia e a influência antrópica nos sistemas ecológicos. Para ajudar no entendimento de como esses temas se interconectam, será analisado um estudo de caso da lontra-marinha (*Enhydra lutris*) ao longo da costa do Pacífico.

Os seres humanos têm afetado as populações desse animal por centenas de anos, e várias abordagens científicas têm sido adotadas para entender tais impactos e ajudar a revertê-los. A lontra-marinha já foi abundante, com uma distribuição geográfica que se estendia em torno dos limites do norte do Pacífico, do Japão até o Alasca ao norte e a *Baja California* ao sul. No entanto, nos anos 1700 e 1800, a caça intensa de lontras para obtenção de peles reduziu sua população, levando-a à beira da extinção; em seguida, a indústria de peles entrou em colapso. Quando uma pequena população foi descoberta longe da costa central da Califórnia na década de 1930, as lontras foram colocadas sob proteção. Como resultado, a população aumentou para vários milhares de indivíduos na década de 1990, embora, em anos mais recentes, ela tenha novamente experimentado declínios.

Lontra-marinha da Califórnia. Este mamífero marinho, outrora abundante, sofreu grandes flutuações em suas populações, como resultado das atividades humanas nos últimos três séculos. Fotografia de Neil A. Fisher/Vancouver Aquarium.

Essas mudanças no tamanho das populações de lontras criaram uma oportunidade para os cientistas examinarem um experimento natural à medida que este acontecia.

Os ecólogos rapidamente perceberam que, para entender as causas e consequências das flutuações populacionais da lontra-marinha, precisavam usar uma variedade de abordagens ecológicas, desde o indivíduo até o ecossistema. Então, adotando uma abordagem individual, eles demonstraram que o animal era o predador de uma ampla variedade de espécies de presas, incluindo abalones, lagostas, peixes pequenos, caranguejos, ouriços-do-mar e pequenos caracóis. Observações de comportamento alimentar da lontra revelaram que elas preferem certas presas, como o abalone, uma grande espécie de gastrópode marinho. Elas só comem outras pequenas espécies de moluscos quando sua presa preferencial se torna rara.

Uma vez que os cientistas compreenderam o nicho da lontra-marinha, puderam protegê-la melhor. No entanto, nem todo mundo estava satisfeito com o ressurgimento de lontras-marinhas na década de 1990. Os pescadores californianos ficaram aborrecidos e argumentaram que a crescente população de lontras causaria uma mudança dramática na comunidade marinha, incluindo a redução drástica das populações de peixes com valor comercial, abalones e lagostas espinhosas – todos pescados para consumo humano. No entanto, os cientistas que adotaram uma abordagem ecológica no nível de comunidades descobriram que um aumento da população de lontras também estava tendo outros efeitos dramáticos sobre a comunidade marinha. Por exemplo, como elas consumiam ouriços-do-mar – invertebrados marinhos que comem as algas *kelps* –, consequentemente estavam causando um aumento nas *kelps* (ver Figura 1.8), que podem ser coletadas para a produção de fertilizantes, alimentos e produtos farmacêuticos. Assim, a crescente população de lontras causou a redução de ouriços-do-mar e o aumento das populações e da coleta comercial de *kelps*. O aumento nas *kelps* também proporcionou um refúgio para peixes jovens se protegerem de predadores e um lugar em que pudessem se alimentar. Dessa maneira, a lontra-marinha desempenha um papel fundamental na determinação da composição da comunidade de ecossistemas marinhos costeiros.

Na década de 1990, a população de lontras-marinhas misteriosamente começou a declinar. Para entender esse declínio, os cientistas usaram abordagens de indivíduo, comunidade e ecossistema. Em 1998, os pesquisadores mostraram que as populações de lontras nas proximidades das Ilhas Aleutas, no Alasca, tinham declinado vertiginosamente durante a década de 1990. A razão para tal foi que as "baleias-assassinas", ou orcas (*Orcinus orca*), que anteriormente não atacavam lontras, tinham começado a chegar perto da costa, onde consumiam grande número da espécie. Ora, por que as orcas adotaram este novo comportamento? Os pesquisadores apontaram que as populações das principais presas das orcas – focas e leões-marinhos – colapsaram durante o mesmo período, talvez induzindo-as a caçarem as lontras como uma fonte alternativa de alimento. Por que as focas e os leões-marinhos declinaram? Até o momento, só é possível fazer especulações, mas a pesca predatória pelos seres humanos reduziu os estoques de peixes explorados pelas focas a níveis baixos o bastante para ameaçar seriamente as populações de focas.

Também houve quedas nas populações de lontras ao longo da costa da Califórnia. Inicialmente, esse declínio foi atribuído ao uso de redes de emalhar com o intuito de explorar um novo tipo de pesca, mas que inadvertidamente matou lontras em números substanciais. Uma legislação posterior realocou essa prática de pesca para longe da costa com o objetivo de ajudar a proteger as lontras. Nessa mesma região, elas também estavam morrendo de infecções por dois parasitos protistas, *Toxoplasma gondii* e *Sarcocystis neurona*, que causam uma inflamação letal do cérebro. Em 2010, por exemplo, foram encontradas 40 lontras-marinhas mortas ou doentes perto de Morro Bay, Califórnia, e 94% estavam infectadas com *S. neurona*. Essa foi uma observação inesperada, porque os únicos hospedeiros conhecidos de tais parasitos são gambás (*Didelphis virginiana*) e várias espécies de felídeos.

Visto que esses mamíferos vivem na terra, como as lontras-marinhas foram infectadas? Os cientistas conjecturaram sobre vínculos entre os ecossistemas terrestres e marinhos que tivessem possibilitado que os parasitos infectassem as lontras. Até hoje, dois elos em potencial foram sugeridos. Em primeiro lugar, gatos que passam muito tempo fora das casas defecam na terra, e suas fezes contêm os parasitos; quando chove, os parasitos são carreados para córregos e rios locais e, eventualmente, encontram seu caminho até o oceano. Em segundo lugar, quando os humanos utilizam a descarga para se desfazer das fezes e da "areia para gatos" no vaso sanitário, as águas despejadas no sistema de esgoto acabam por chegar ao oceano.

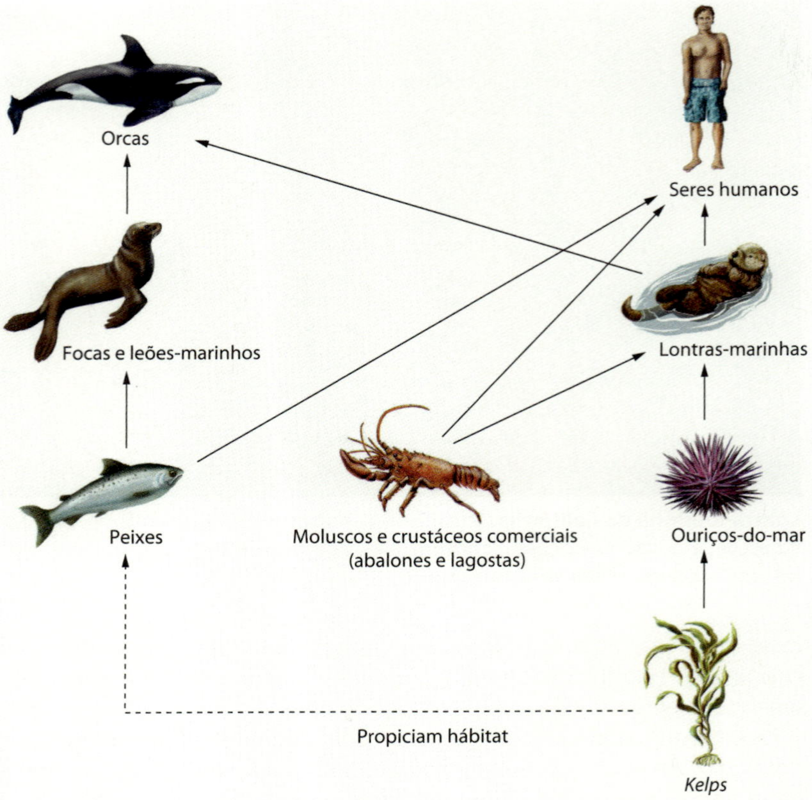

Lontras-marinhas e espécies com as quais interagem. Uma vez que os cientistas determinaram as principais espécies no oceano que afetaram a abundância das populações de lontra, puderam protegê-la melhor da extinção.

Embora experimentos de manipulação tenham descoberto que esses protistas não infectam invertebrados marinhos e não lhes causam doenças, estes podem inadvertidamente adquirir os parasitos em seus corpos ao se alimentarem. Assim, quando invertebrados infectados por parasitos são consumidos por lontras, elas se infectam. Novas pesquisas indicam que abalones não carregam os parasitos, mas pequenos moluscos gastrópodes marinhos, sim. Dessa maneira, quando o alimento preferido das lontras (como o abalone) é abundante, elas apresentam um baixo risco de serem infectadas pelo parasito mortal. No entanto, quando o abalone é escasso, as lontras são forçadas a se alimentarem de pequenos moluscos que carregam o parasito, o que aumenta drasticamente o risco de infecção e morte.

A história da lontra-marinha ressalta a importância de se compreender a ecologia a partir de múltiplas abordagens, utilizando experimentos tanto de manipulação quanto naturais. Ela também mostra os múltiplos papéis que as espécies podem desempenhar nas comunidades e nos ecossistemas, e como os seres humanos podem influenciar dramaticamente o resultado. Esse conhecimento pode ser utilizado para que medidas sejam tomadas a fim de reverter os impactos negativos no ambiente. No caso da lontra-marinha, campanhas de educação agora encorajam o público a manter seus gatos dentro de casa e a colocar a "areia para gatos" usada no lixo, em vez de jogá-la no vaso sanitário.

FONTES:

Johnson, C. K., et al. 2009. Prey choice and habitat use drive sea otter pathogen exposure in a resource-limited coastal system, *Proceedings of the National Academy of Sciences* 106:2242–2247.

Miller, M. A. 2010. A protozoal-associated epizootic impacting marine wildlife: Mass mortality of southern sea otters (*Enhydra lutris nereis*) due to *Sarcocystis neurona* infection. *Veterinary Parasitology* 172:183–194.

Estes, J. A. 2016. *Serendipity: An Ecologist's Quest to Understand Nature* (University of California Press).

RESUMO DOS OBJETIVOS DE APRENDIZAGEM

1.1 Os sistemas ecológicos existem em uma organização hierárquica. A hierarquia começa com organismos individuais e vai até os níveis mais elevados de complexidade, incluindo populações, comunidades, ecossistemas e a biosfera. Em cada um deles, os ecólogos estudam diferentes tipos de processos.

Termos-chave: **ecologia, sistemas ecológicos, indivíduo, espécie, população, comunidade, ecossistema, biosfera, abordagem ecológica de indivíduo, adaptação, abordagem ecológica de população, abordagem ecológica de comunidade, abordagem ecológica de ecossistema, abordagem ecológica de biosfera**

1.2 Os sistemas ecológicos são governados por princípios físicos e biológicos. Esses princípios incluem a conservação da matéria e da energia, o estado de equilíbrio dinâmico, a necessidade de se utilizar energia e a evolução de novos fenótipos e novas espécies.

Termos-chave: **lei da conservação da matéria, lei da conservação da energia (Primeira Lei da Termodinâmica), estado de equilíbrio dinâmico, fenótipo, genótipo, evolução, seleção natural, aptidão**

1.3 Organismos diferentes desempenham papéis distintos nos sistemas ecológicos. Os grandes grupos de organismos são as plantas, os animais, os fungos, os protistas e as bactérias. Eles estão envolvidos em inúmeras interações de espécies, incluindo competição, predação, mutualismo e comensalismo. Cada organismo vive em hábitats específicos e tem um nicho específico.

Termos-chave: ***bloom* de algas, produtor (autótrofo), consumidor (heterótrofo), mixotrófico, predador, parasitoide, parasito, patógeno, herbívoro, competição, mutualismo, comensalismo, relação simbiótica, carniceiro, detritívoro, decompositor, hábitat, nicho**

1.4 Os cientistas usam várias abordagens para estudar ecologia. Como todos os cientistas, os ecólogos usam o método científico para desenvolver e testar hipóteses. O teste de hipóteses proximais e finais pode ser realizado utilizando experimentos de manipulação, experimentos naturais ou modelos matemáticos.

Termos-chave: **hipótese, hipóteses proximais, previsão, hipótese final, experimento de manipulação, manipulação, controle, unidade experimental, replicação, aleatorização, microcosmos, observações (dados), variância da média, variância amostral, experimento natural, modelo matemático**

1.5 Os humanos influenciam os sistemas ecológicos. O rápido crescimento da população humana nos últimos dois séculos aumentou a influência em sistemas ecológicos, principalmente como resultado dos recursos que o ser humano consome e rejeitos que produz.

Termo-chave: **gases do efeito estufa**

QUESTÕES DE RACIOCÍNIO CRÍTICO

1. Como a compreensão de um nível de organização ecológico ajuda a entender processos que ocorrem em níveis de organização ecológicos mais altos?

2. No nível de população, o que aconteceria com uma população animal que não esteja em um estado de equilíbrio dinâmico por longos períodos de tempo?

3. Por que os fenótipos são o produto tanto dos genes quanto do ambiente onde vivem?

4. Quando se consideram as principais formas de vida na Terra, na Figura 1.6, quais são as características que conectam os vários tipos de organismos em um dado grupo e sugerem que eles compartilham um ancestral comum?

5. Considerando que a seleção natural favorece fenótipos adaptativos, de que maneiras populações de presas podem evoluir quando submetidas a predadores ao longo de várias gerações?

6. Em adição ao experimento de manipulação envolvendo insetos herbívoros que consomem folhas de carvalhos (p. 25), descreva como os pesquisadores também poderiam conduzir um experimento natural.

7. No Hemisfério Norte, muitas espécies de aves voam para o sul durante os meses de outono. Proponha uma hipótese proximal e uma final para esse comportamento.

8. Quando manipulações experimentais são conduzidas para testar uma hipótese, qual é a finalidade de se incluir um controle?

9. Dada a dificuldade de se conduzirem experimentos de manipulação para identificar os efeitos do CO_2 elevado ao redor do globo, como poderíamos validar os modelos matemáticos que têm sido criados?

10. Utilizando os dados para árvores envoltas em redes do boxe "Análise de dados em ecologia" (p. 25), calcule a variância amostral se a variância da média permanecesse a mesma, mas o tamanho da amostra (n) aumentasse de 10 para 100 e, em seguida, para 1.000. Como o tamanho da amostra afeta a estimativa da variância amostral em relação à variância da média?

2 Adaptações a Ambientes Aquáticos

Evolução das Baleias

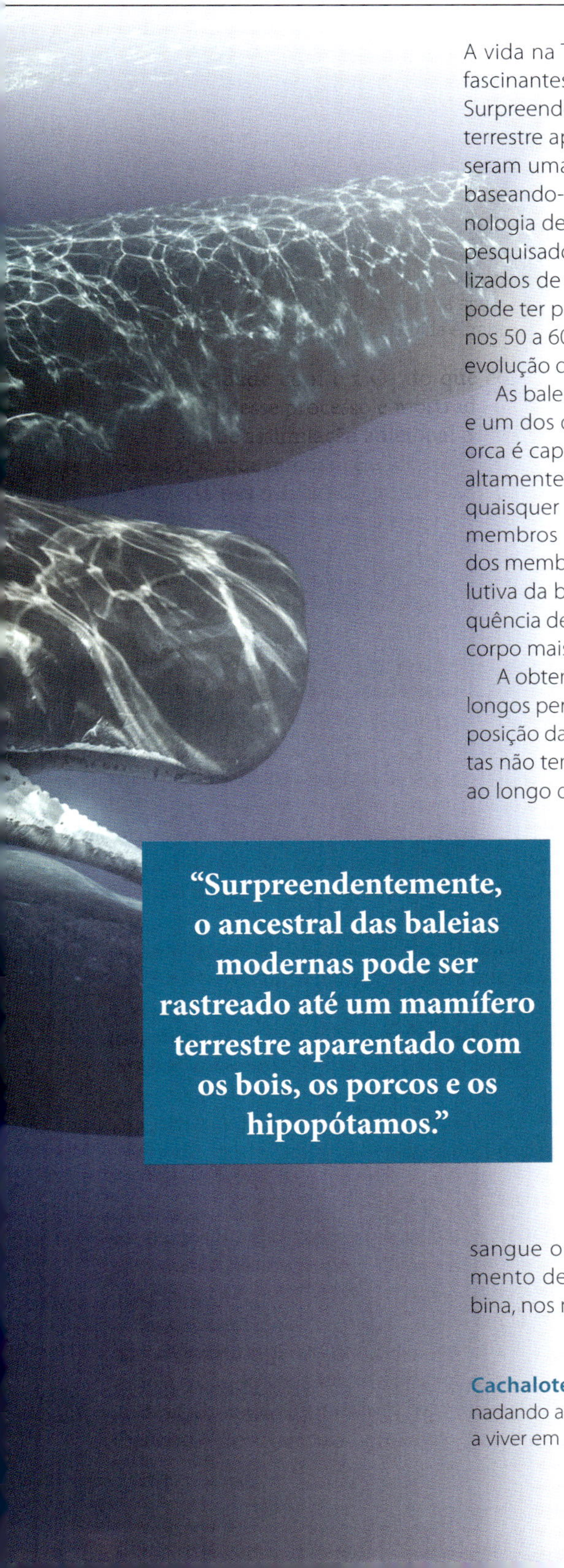

A vida na Terra começou na água. Das muitas espécies que vivem nela, algumas das mais fascinantes são as baleias – um grupo que é particularmente bem adaptado à vida aquática. Surpreendentemente, o ancestral das baleias modernas pode ser rastreado até um mamífero terrestre aparentado com os bois, os porcos e os hipopótamos. Primeiro, os cientistas propuseram uma relação evolutiva entre as baleias e esse grupo de mamíferos terrestres em 1883, baseando-se em observações de similaridades em seus esqueletos. Na década de 1990, a tecnologia de DNA revelou que aqueles grupos estão relacionados geneticamente. Em 2007, os pesquisadores descobriram uma ligação decisiva entre hipopótamos e baleias: os ossos fossilizados de um grande mamífero terrestre do gênero *Indohyus*, até então desconhecido, que pode ter passado pelo menos uma parte do seu tempo na água. Os cientistas especulam que, nos 50 a 60 milhões de anos subsequentes, a seleção imposta pelo ambiente aquático levou à evolução da baleia como se conhece hoje.

As baleias modernas desenvolveram uma ampla gama de adaptações para a vida aquática, e um dos desafios mais óbvios é a capacidade de nadar de maneira eficiente. Por exemplo, a orca é capaz de nadar até 48 km/h, e velocidades como essa só são possíveis com um corpo altamente hidrodinâmico. Ao longo do tempo evolutivo, a seleção natural teria favorecido quaisquer indivíduos que tivessem um corpo mais hidrodinâmico, incluindo organismos com membros posteriores reduzidos. Nas baleias modernas, minúsculos remanescentes de ossos dos membros posteriores podem ser encontrados dentro do seu corpo. Durante a história evolutiva da baleia, as orelhas foram internalizadas; não se sabe se essa internalização foi consequência de seleção para um corpo hidrodinâmico ou não, mas o resultado de fato originou um corpo mais hidrodinâmico.

A obtenção de oxigênio é outro desafio para as baleias, porque elas precisam mergulhar por longos períodos em busca de alimento. Ao longo do tempo, houve uma mudança evolutiva na posição das narinas, que passaram da frente para a parte de cima da cabeça. Embora os cientistas não tenham certeza das forças seletivas que causaram essa mudança, uma hipótese é que, ao longo do tempo, isso possa ter sido favorecido pela seleção, ao ponto de a baleia moderna poder obter ar mais facilmente quando vem à superfície. Além disso, as baleias podem segurar a respiração por longos períodos. Os cachalotes, por exemplo, mergulham a profundidades de 500 metros e podem ficar submersos por mais de 1 hora enquanto buscam por peixes, lulas e outros alimentos. Isso porque, durante um mergulho, o animal depende do oxigênio armazenado em seu corpo. Pode ser surpreendente saber que bem pouco desse oxigênio está nos pulmões; a maior parte está ligada à hemoglobina no sangue ou a uma molécula de armazenamento de oxigênio semelhante, a mioglobina, nos músculos.

"Surpreendentemente, o ancestral das baleias modernas pode ser rastreado até um mamífero terrestre aparentado com os bois, os porcos e os hipopótamos."

Ancestral da baleia. O ancestral das baleias modernas pertencente ao gênero *Indohyus* era um animal terrestre que passava parte de seu tempo na água. Com o tempo, os descendentes desse animal desenvolveram inúmeras adaptações para viver na água, as quais são encontradas nas baleias modernas.

Cachalote. As baleias modernas, como estes cachalotes (*Physeter macrocephalus*) nadando ao longo da costa de Portugal, têm diversas adaptações que as capacitam a viver em um ambiente aquático. Fotografia de Willyam Bradberry/Shutterstock.

Quando submersas, as baleias reduzem seu metabolismo, diminuindo o fluxo sanguíneo para órgãos não vitais, como pele, vísceras, pulmões e rins, enquanto o fluxo sanguíneo para o cérebro e para o coração é continuamente mantido. Consequentemente, durante um mergulho, a temperatura de todos os órgãos cai, com exceção de uns poucos, e o batimento cardíaco diminui, reduzindo, assim, a demanda por oxigênio.

A regulação da temperatura corporal é um desafio adicional, uma vez que a perda de calor ocorre muito mais rapidamente na água do que no ar. Assim, uma espessa camada de gordura sob a pele age como um isolamento na maioria dos mamíferos oceânicos que vivem em águas frias. Agindo como um agasalho, esse isolamento retarda a perda do calor gerado pelos seus órgãos internos. Adicionalmente, as baleias mantêm uma taxa metabólica mais elevada do que os mamíferos terrestres de tamanho similar, e isso ajuda a produzir calor extra. A estrutura vascular do animal também auxilia a manter o calor, pois as veias e artérias das nadadeiras e da cauda são próximas umas das outras. Isso possibilita que o sangue arterial quente que deixa o coração transfira calor para o sangue mais frio nas veias adjacentes, à medida que ele retorna das extremidades da baleia para o coração.

Um desafio final consiste em encontrar alimento na água, e duas estratégias distintas para isso evoluíram há muito tempo: baleias de barbatanas (misticetos) têm placas compridas em sua boca para filtrar minúsculas presas na água, enquanto baleias dentadas (odontocetos) apresentam dentes na boca para segurar suas presas. As baleias dentadas modernas também usam ecolocalização, que consiste em emitir um som na água e, em seguida, escutá-lo de volta como um "eco", após interceptar um objeto tal como um alimento. Considerando que todas as baleias dentadas usam ecolocalização, mas as de barbatanas não, os cientistas suspeitam que essa estratégia tenha evoluído há muito tempo em um ancestral das baleias dentadas. Em 2016, os pesquisadores analisaram o crânio de uma baleia com idade estimada de 27 milhões de anos encontrado na Carolina do Sul e descobriram que ele apresentava uma orelha interna com formato único, o que indicava que o animal era capaz de realizar ecolocalização. Isso confirmou que tal adaptação surgiu bem cedo na evolução das baleias dentadas.

A evolução da baleia ocorreu ao longo de um período de 50 milhões de anos. Embora as forças seletivas que atuaram durante esse tempo não sejam conhecidas com certeza, os fósseis encontrados até o momento sugerem que um mamífero terrestre ancestral desenvolveu diversas adaptações, dando origem às baleias modernas. Este capítulo examina como os desafios impostos pela vida aquática resultaram em uma ampla variedade de organismos que evoluíram e se adaptaram.

FONTES:

New fossil evidence suggests echolocation evolved early in whales, *Science News*, August 5, 2016, https://www.sciencenews.org/article/new-fossil-suggestsecholocation-evolved-early-whales.

Valley of the whales, *National Geographic Magazine*, August 2010, http://ngm.nationalgeographic.com/2010/08/whale-evolution/mueller-text.

Whales descended from tiny deer-like ancestors, *Science Daily*, December 21, 2007, http://www.sciencedaily.com/releases/2007/12/071220220241.htm.

OBJETIVOS DE APRENDIZAGEM

Após a leitura deste capítulo, você deverá ser capaz de:

2.1 Descrever algumas das diversas propriedades da água que a tornam favorável ao desenvolvimento da vida.

2.2 Explicar os desafios que animais e plantas aquáticas enfrentam para manter o equilíbrio interno de concentrações de água e sal.

2.3 Descrever como a obtenção de gases a partir da água é limitada pela difusão.

2.4 Explicar como a temperatura limita a existência de vida aquática.

Os cientistas em geral concordam que a vida começou no oceano e que as primeiras formas de vida eram bactérias simples. Durante milhões de anos, essas bactérias deram origem a uma incrível diversidade de organismos, muitos dos quais ainda vivem na água. Outras espécies, como no caso da baleia, evoluíram para formas terrestres, que mais tarde evoluíram para retornar à vida no oceano. Este capítulo inicia com a exploração da ecologia no nível de indivíduo, examinando como as propriedades da água favorecem ou restringem os organismos aquáticos, direcionando a evolução das adaptações.

2.1 A água tem muitas propriedades favoráveis à vida

A água é abundante na maior parte da superfície da Terra. Ela é um excelente meio para os processos químicos dos sistemas vivos, uma vez que tem a imensa capacidade de dissolver compostos inorgânicos. De fato, é difícil imaginar uma forma de vida que poderia existir sem água. Esta seção investiga como a água torna a vida possível, incluindo suas propriedades térmicas, densidade e viscosidade, bem como sua função como um solvente para os nutrientes inorgânicos.

PROPRIEDADES TÉRMICAS DA ÁGUA

Na Terra, a água pode ser encontrada como um sólido (gelo), como um líquido e como um gás (vapor de água). Sua forma pura – água que não contém nenhum mineral ou outro componente dissolvido – se torna sólida a 0°C e gasosa a 100°C ao nível do mar. Em altitudes mais elevadas, o ponto de congelamento da água muda bem pouco, mas o ponto de ebulição pode ser vários graus mais baixo. Na faixa de temperatura em que normalmente se encontram os organismos, ela se apresenta na forma líquida.

Quando a água contém compostos dissolvidos, como sais, sua temperatura de congelamento cai abaixo de 0°C; por isso, sais são aplicados em estradas cobertas de neve ou gelo, uma vez que eles fazem com que o gelo e a neve derretam em temperaturas inferiores às que normalmente derreteriam. Compostos dissolvidos também aumentam o ponto de ebulição da água para mais de 100°C.

A temperatura da água permanece relativamente estável mesmo quando calor é removido ou adicionado rapidamente, conforme ocorre na interface água-ar ou na superfície de um organismo, como na de uma baleia no oceano. Isso ocorre porque a água tem um alto calor específico, que consiste na quantidade de calor necessária para elevar a sua temperatura em 1°C. Além disso, a água também transfere calor rapidamente, ocasionando sua dispersão homogênea por um corpo d'água, o que também minimiza alterações locais na temperatura.

A água também resiste à mudança de um estado para outro. Por exemplo, para elevar a temperatura de 1 kg de água líquida de 1°C, é necessária a adição de 1 caloria de calor. No entanto, converter 1 kg de água líquida em vapor de água requer a adição de 540 calorias de calor. Do mesmo modo, reduzir a temperatura de 1 kg de água no estado líquido em 1°C exige a remoção de 1 caloria de calor, mas converter a mesma quantidade de água líquida em gelo exige a remoção de 80 calorias. Em suma, a água líquida é muito resistente às mudanças de estado, o que ajuda a evitar que grandes corpos de água congelem durante o inverno. Além disso, como a água transfere calor rapidamente, ele tende a se espalhar de modo uniforme através de um corpo de água, o que também retarda alterações locais na temperatura.

Outra curiosidade bem-vinda da propriedade térmica da água é o modo como ela muda sua densidade em função das modificações na temperatura. Estudando biologia ou química, aprendemos que a maioria dos compostos se torna mais densa em temperaturas frias. No entanto, a água atinge sua maior densidade (suas moléculas ficam mais densamente juntas) a 4°C. Acima e abaixo desse valor, as moléculas de água ficam menos agrupadas, e ela se torna menos densa. Abaixo de 0°C, a água pura é transformada em gelo, que é menos denso que a água líquida, como pode ser observado na Figura 2.1. Como resultado da sua baixa densidade, o gelo flutua na superfície da água líquida. Isso significa que os lagos que passam por invernos muito frios geralmente têm uma camada de água a 4°C no fundo. Acima dessa camada, a temperatura da água é inferior a 4°C e, no topo, há uma camada de gelo.

As propriedades térmicas incomuns da água são especialmente importantes para as plantas e os animais aquáticos. O fundo de grandes regiões de água doce, como lagos, não congela, em parte por causa do isolamento que o gelo fornece em relação às temperaturas do ar muito frio acima. O sal na água do mar diminui o ponto de congelamento da água bem abaixo de 0°C, o que impede o congelamento dos oceanos. Em ambos os casos, a água disponível oferece um refúgio para os organismos durante os períodos de temperaturas frias.

DENSIDADE E VISCOSIDADE DA ÁGUA

As adaptações dos organismos aquáticos muitas vezes estão ligadas à densidade e à viscosidade da água. Os animais e as plantas, por exemplo, são compostos de ossos, proteínas e outros materiais mais densos do que a água salgada e muito mais densos do que a água doce. No entanto, os organismos podem também conter gorduras e óleos que são menos densos do que a água e, em alguns casos, apresentam bolsas de ar, como os pulmões das baleias que foram descritas no início deste capítulo. A combinação dos materiais que compõem o corpo de um animal e a existência de bolsas de ar determinam se um organismo irá flutuar ou afundar na água.

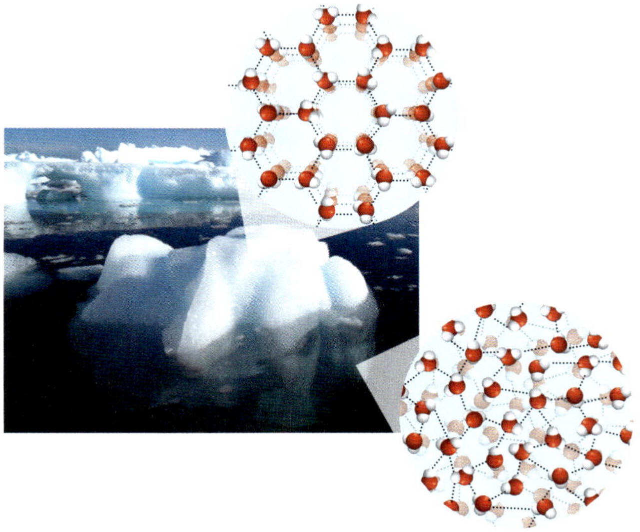

Figura 2.1 Densidade da água. À medida que a água esfria, as moléculas se contraem e se tornam mais densas. Abaixo de 4°C, elas começam a se expandir e se tornar menos densas. Abaixo de 0°C, a água pura é convertida em gelo, que é ainda menos denso. Como resultado da sua densidade mais baixa, o gelo flutua na superfície da água líquida. Fotografia de Zoonar/Christa Kurtz/AGE Fotostock.

Para os que são mais densos do que a água circundante, uma variedade de adaptações pode reduzir a sua densidade ou retardar a sua taxa de afundamento. Por exemplo, muitas espécies de peixes têm uma bexiga natatória preenchida com gás que se ajusta em tamanho para tornar a densidade do corpo do peixe igual à da água circundante. Os mergulhadores humanos aplicam esse mesmo conceito quando usam coletes infláveis cheios de ar, que os ajudam a se igualar à densidade da água. Os mergulhadores podem adicionar ar ao colete, o que lhes permite flutuar na superfície da água. Conforme o ar é liberado, ele começa a afundar. Pelo ajuste na quantidade de ar do colete, os mergulhadores podem tornar a sua densidade igual à da água em determinada profundidade, facilitando a natação, já que não precisam gastar energia para contrapor a tendência de seu corpo a flutuar ou afundar. Algumas grandes *kelps*, como observadas na Figura 1.8, têm vesículas cheias de ar que auxiliam suas folhas laminares a flutuarem em direção às águas superficiais iluminadas pelo Sol. As baleias citadas anteriormente flutuam quando inspiram ar, mas uma liberação lenta de bolhas de ar as ajuda a afundar a determinada profundidade desejada. Na outra extremidade do espectro de tamanho, muitas das algas unicelulares microscópicas que flutuam em grandes populações nas águas superficiais dos lagos e oceanos usam gotículas de óleo como dispositivos de flutuação (Figura 2.2). Como os óleos são menos densos que a água,

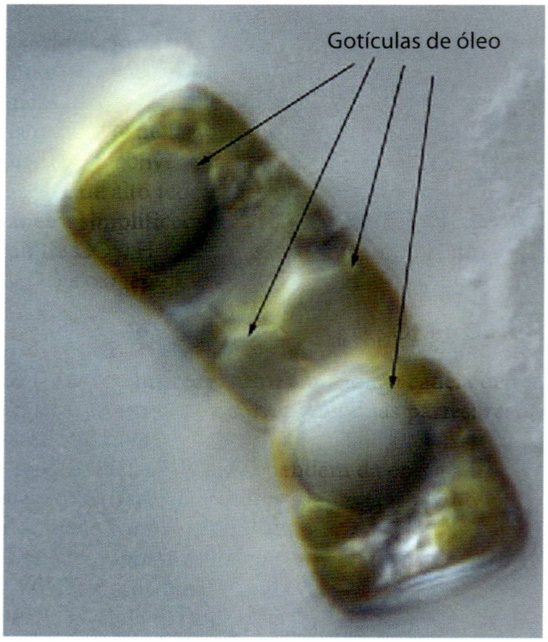

Figura 2.2 Adaptação à densidade da água. Estas algas (*Cyclotella cryptica*) são capazes de flutuar perto da superfície da água usando gotículas de óleo, que têm uma densidade mais baixa do que a da água. Fotografia de Bigelow Laboratory for Ocean Sciences em nome de Provasoli-Guillard National Center for Marine Algae and Microbiota.

Figura 2.3 Formas hidrodinâmicas. Organismos aquáticos grandes e com movimentos rápidos como a barracuda (*Sphyraena barracuda*) desenvolveram, com a evolução, formas altamente hidrodinâmicas para ajudá-los a se moverem pela água muito viscosa. Fotografia de George Grall/National Geographic Creative.

as algas podem usá-los para ajudar a compensar sua tendência natural em afundar.

Os organismos aquáticos também apresentam adaptações para lidar com a alta **viscosidade** da água. Pode-se pensar nela como o quão espesso um fluido se apresenta e faz com que objetos encontrem resistência conforme se movem através dele. Como resposta à vida na água, animais aquáticos que se deslocam em movimentos rápidos, como peixes, pinguins e baleias, desenvolveram formas altamente hidrodinâmicas, que reduzem o arrasto causado pela alta viscosidade da água (Figura 2.3).

A viscosidade é maior em águas frias do que em águas quentes, o que pode dificultar a natação em águas frias. Além disso, o movimento na água é ainda mais difícil para animais menores. No entanto, a mesma alta viscosidade que dificulta o movimento de organismos minúsculos quando nadam na água também impede que afundem. Uma vez que eles são ligeiramente mais densos do que a água, são propensos a afundar devido à força da gravidade. Assim, para aproveitar a viscosidade da água, muitos animais marinhos minúsculos desenvolveram apêndices filamentosos longos com a evolução, os quais provocam maior arrasto na água e funcionam como um paraquedas que retarda a queda de um corpo através do ar (Figura 2.4).

NUTRIENTES INORGÂNICOS DISSOLVIDOS

Tanto os organismos aquáticos quanto os terrestres necessitam de diversos nutrientes para construir as estruturas biológicas necessárias à manutenção dos processos vitais. Assim, grandes quantidades de hidrogênio, carbono e oxigênio são necessárias para a produção da maioria dos compostos encontrados nos organismos. O nitrogênio, o fósforo e o enxofre são usados na construção de proteínas, ácidos nucleicos, fosfolipídios e ossos. Outros importantes nutrientes – incluindo potássio, cálcio, magnésio e ferro – desempenham papéis importantes como solutos e como componentes estruturais de ossos, células de plantas lenhosas, enzimas e clorofila. Certos organismos precisam de outros nutrientes em menor quantidade. Por exemplo, as diatomáceas são um grupo de algas que necessitam de sílica para construir as suas carapaças vítreas (Figura 2.5). Do mesmo modo, algumas espécies de bactérias

Figura 2.4 Adaptação à viscosidade da água. Alguns pequenos organismos aquáticos exploram a alta viscosidade da água desenvolvendo grandes apêndices, como as antenas e projeções em formato de pena deste minúsculo crustáceo marinho. Esses apêndices ajudam a desacelerar o movimento pela água viscosa e, assim, retardam seu afundamento. Fotografia de Solvin Zankl/naturepl.com.

Viscosidade Espessura de um fluido que faz com que os objetos encontrem resistência à medida que se movem através dele.

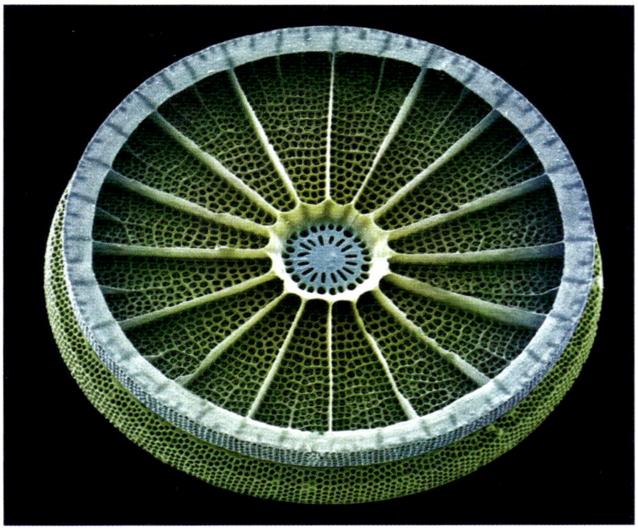

Figura 2.5 Uso de nutrientes inorgânicos. As diatomáceas, como esta espécie de *Arachnoidiscus*, são um tipo de alga que exige micronutrientes como a sílica para construir uma carapaça vítrea dura. A imagem está ampliada 175 vezes. Fotografia de Steve Gschmeissner/Science Source.

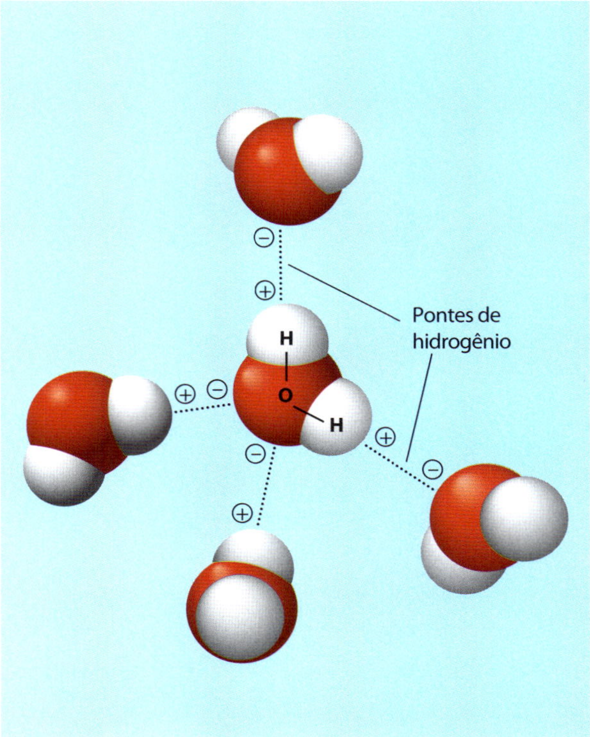

Figura 2.6 Moléculas de água. Devido à configuração das moléculas de água, elas têm carga negativa na ponta que contém o oxigênio e positiva na que contém os hidrogênios. As forças de atração dessas cargas opostas, conhecidas como pontes de hidrogênio, possibilitam que moléculas de água sejam atraídas umas para as outras e para os íons carregados de outros compostos, como sais e açúcares.

precisam do elemento molibdênio, que faz parte da enzima que elas utilizam para converter o nitrogênio da atmosfera (N_2) em amônia (NH_3).

Solubilidade de minerais

A água é um solvente poderoso, com uma impressionante capacidade de dissolver substâncias e, assim, torná-las acessíveis aos sistemas vivos. Devido a essa propriedade, ela também fornece um meio no qual as substâncias podem reagir quimicamente para formar novos compostos.

A água atua como um solvente devido à sua estrutura molecular. Como pode ser observado na Figura 2.6, suas moléculas consistem em um átomo de oxigênio no centro que se liga a dois átomos de hidrogênio em um arranjo em forma de V. Esse arranjo resulta em um compartilhamento desigual de elétrons: o oxigênio no vértice da molécula de água tem uma carga ligeiramente negativa, e as pontas com os hidrogênios têm uma carga ligeiramente positiva. Quando as duas extremidades da molécula têm cargas opostas, diz-se que ela é *polar*.

A água é uma molécula polar. Isso significa que a extremidade negativa que contém o oxigênio é fortemente atraída para a extremidade positiva de hidrogênio de outra molécula próxima. Essas forças de atração são conhecidas como *pontes de hidrogênio*.

A natureza polar das moléculas de água também possibilita que elas sejam atraídas por outros compostos polares. Alguns compostos sólidos consistem em átomos eletricamente carregados, ou grupos de átomos, chamado de **íons**. Por exemplo, o sal de cozinha – cloreto de sódio (NaCl) – contém íons positivos de sódio (Na^+) e íons negativos de cloro (Cl^-), os quais, na sua forma sólida, estão dispostos em uma rede cristalina. Na água, no entanto, os íons carregados de sódio e cloro são atraídos pelas cargas das moléculas de água. Como mostrado na Figura 2.7, essa atração é mais forte do que a que sustenta a estrutura cristalina. Como resultado, quando o NaCl é adicionado à água, sua estrutura cristalina se rompe, e as moléculas de água passam a rodear os íons de sal. Em outras palavras, quando se coloca sal na água, ele se dissolve.

No entanto, a propriedade solvente da água não se restringe aos compostos iônicos como os sais. Ela ocorre com qualquer composto polar, incluindo os vários tipos de açúcares que os organismos usam em geral. Por outro lado, a água não é um bom solvente para óleos e gorduras, porque estes são compostos apolares.

As propriedades solventes da água explicam a presença de minerais em córregos, rios, lagos e oceanos. Isso porque, quando o vapor de água na atmosfera se condensa para formar nuvens, a água condensada é quase pura. No entanto, à medida que cai de volta à Terra em forma de chuva ou neve, ela adquire alguns minerais das partículas de poeira na atmosfera. Então, a precipitação que afeta a terra entra em contato com rochas e solos, dissolvendo alguns dos minerais contidos neles, os quais são carreados para o oceano com a água da chuva.

A água da maioria dos lagos e rios contém uma concentração de minerais dissolvidos de 0,01 a 0,02%, enquanto a dos oceanos é de 3,4%. Os oceanos têm concentrações muito mais elevadas porque a água carregada de minerais flui continuamente de rios e córregos em direção a eles, e a evaporação

Íons Átomos ou grupos de átomos que estão eletricamente carregados.

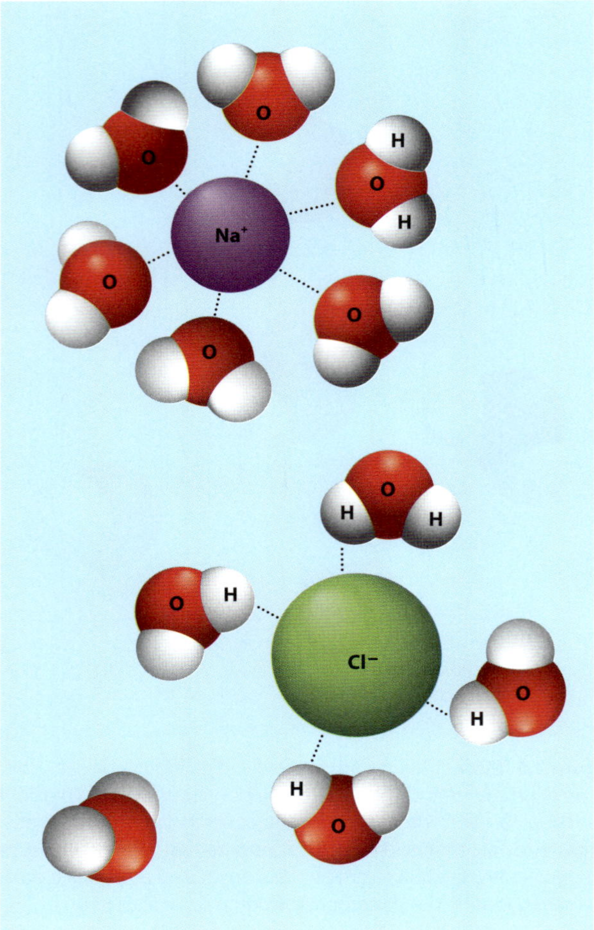

Figura 2.7 Dissolução de íons na água. Como as moléculas de água têm extremidades negativas e positivas, elas atraem os íons carregados positiva e negativamente, como os íons de sódio e cloro encontrados no cloreto de sódio. As forças de atração para as moléculas de água são mais fortes do que as forças que sustentam o cristal, de modo que os íons se separam e ficam cercados por moléculas de água.

constante da sua superfície remove a água pura, deixando para trás os minerais. Ao longo de bilhões de anos, esse processo causou o aumento das concentrações de minerais nos oceanos.

Cada mineral tem um limite superior de solubilidade na água, conhecido como **saturação**, que geralmente aumenta com temperaturas mais elevadas. Depois que um mineral alcança a saturação, a água não pode mais solubilizá-lo, então ele se precipita na solução. Para alguns minerais, como o sódio, as concentrações no oceano estão muito abaixo da saturação. Isso porque a maioria do sódio que é carreado para os oceanos permanece dissolvida, e a sua concentração na água do mar continua a aumentar. Por outro lado, as concentrações de outros minerais nos oceanos geralmente ultrapassam suas taxas de saturação. Por exemplo, os íons de cálcio (Ca^{2+}) combinam-se prontamente com o dióxido de carbono (CO_2) dissolvido para formar o carbonato de cálcio ($CaCO_3$), que tem baixa solubilidade no oceano. Durante milhões de anos, o excesso de $CaCO_3$ carreado dos córregos e rios para os oceanos tem se precipitado para o fundo. Esse carbonato de cálcio precipitado, combinado com o dos corpos de inúmeros organismos marinhos minúsculos, resultou em enormes sedimentos calcários (Figura 2.8), os quais, hoje, são importantes fontes de calcário para aplicações em construção, como blocos de pedra e concreto, para usos agrícolas como fertilizantes e para inúmeros processos industriais.

Íons de hidrogênio

Entre as substâncias dissolvidas na água, os íons de hidrogênio (H^+) merecem menção especial porque são extremamente reativos com outros compostos. Em água pura, uma pequena fração das moléculas de água (H_2O) se separa em H^+ e íons hidróxido (OH^-). A concentração de íons de hidrogênio em uma solução é denominada como sua **acidez**. Geralmente, ela é medida como o **pH**, definido como o logaritmo negativo da concentração de íons de hidrogênio (medido em moles/ℓ, em que 1 mol = $6{,}02 \times 10^{23}$ moléculas):

$$pH = -\log\,(\text{concentração de } H^+)$$

Como se pode ver na escala de pH apresentada na Figura 2.9, a água que contém alta concentração de íons de hidrogênio tem valor de pH baixo, enquanto aquela com baixa concentração tem alto valor de pH. Portanto, a água com valores de pH baixos é classificada como *ácida*; a água com valor de pH médio de 7, como *neutra*; e a água com alto valor de pH, como *básica* ou *alcalina*. A chuva e a neve naturais podem variar muito no seu pH, em função da presença de diferentes compostos químicos na atmosfera que afetam o valor do pH.

Devido à sua elevada reatividade, os íons de hidrogênio dissolvem minerais das rochas e dos solos, aumentando as propriedades naturais solventes da água. Por exemplo, na presença de íons de hidrogênio, o carbonato de cálcio encontrado no calcário dissolve-se facilmente, de acordo com a seguinte equação química:

$$H^+ + CaCO_3 \rightarrow Ca^{2+} + HCO_3^-$$

Os íons de cálcio são importantes para os processos da vida, e sua presença é vital para organismos como caramujos, mexilhões e amêijoas, que formam suas conchas a partir de carbonato de cálcio. Como consequência, esses animais são menos abundantes em riachos e lagos que apresentam teores baixos de cálcio. Portanto, os íons de hidrogênio são essenciais para que certos nutrientes fiquem disponíveis aos processos vitais, embora, em concentrações elevadas, eles afetem negativamente as atividades da maioria das enzimas. Além disso, taxas elevadas de íons de hidrogênio causam a dissolução de muitos metais pesados na água, os quais, incluindo arsênio, cádmio e mercúrio, são altamente tóxicos para a maioria dos organismos aquáticos.

Saturação Limite superior de solubilidade em água.

Acidez Concentração de íons de hidrogênio em uma solução.

pH Medida de acidez ou alcalinidade, definida como pH = −log [H^+].

Figura 2.8 Formação de sedimentos calcários. A adição contínua de minerais de cálcio nos oceanos pelos rios e córregos faz com que o cálcio se combine com CO_2 e se torne carbonato de cálcio. Uma vez que o carbonato de cálcio não é muito solúvel em água, ele se precipita e forma enormes sedimentos ao longo de milhões de anos. Este sítio de sedimentos de calcário localizado em Victoria, na Austrália, esteve submerso, mas agora está acima do nível da água devido a mudanças na profundidade do oceano. Fotografia de Phillip Hayson/Science Source.

A faixa normal de pH de lagos, córregos e alagados está entre 5 e 9; no entanto, alguns corpos de água podem ter valores de pH ainda mais baixos. Às vezes, as condições de pH mais baixo têm uma causa natural. Os brejos, por exemplo, são hábitats aquáticos com vegetação, como musgos do gênero *Sphagnum*, que liberam íons de hidrogênio na água, tornando-a mais ácida e inadequada para muitas outras espécies de plantas.

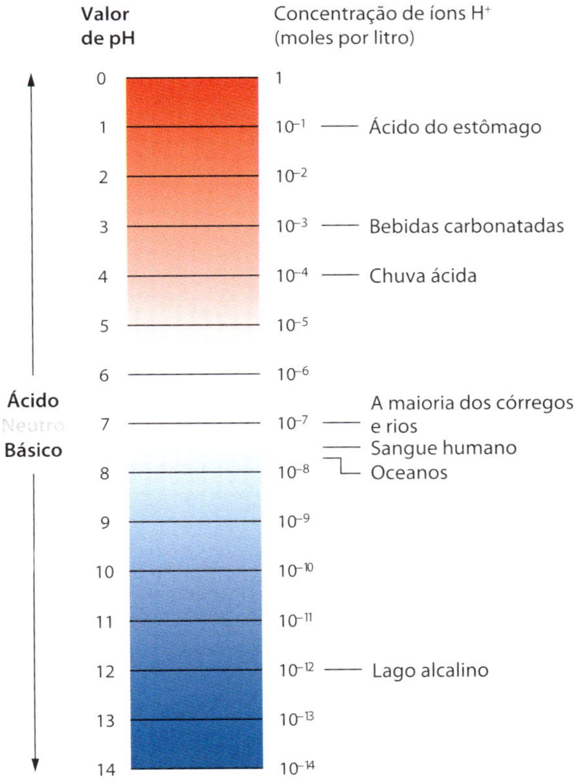

Figura 2.9 Relação entre pH e concentração de íons de hidrogênio na água. A escala de concentração de íons de hidrogênio ou pH se estende de 0 (muito ácido) a 14 (muito alcalino). O pH da chuva pode variar muito em todo o mundo.

Outros corpos de água têm um pH baixo como resultado de influências humanas. A liberação de dióxido de enxofre (SO_2) e dióxido de nitrogênio (NO_2) de instalações industriais alimentadas por carvão, por exemplo, tornou-se um importante problema ambiental na década de 1960. Naquele tempo, os ecólogos na Rússia, na China, no norte da Europa, nos EUA e no Canadá começaram a notar que muitos corpos de água estavam se tornando mais ácidos e menos adequados para inúmeras espécies de peixes e outros organismos aquáticos. Eles também perceberam que as árvores estavam morrendo, principalmente nas florestas de pinheiros e abeto que existiam em altitudes elevadas naquelas regiões.

Descobriu-se, então, que as áreas com corpos de água mais ácidos e árvores mortas estavam todas a sota-vento das áreas industriais que tinham fábricas alimentadas a carvão e com altas chaminés. Anos de coleta de dados revelaram que os dióxidos de enxofre e nitrogênio liberados na atmosfera por aquelas chaminés haviam sido convertidos em ácidos sulfúrico e nítrico na atmosfera. Estes foram transportados pelo vento até chegarem à superfície da Terra como **deposição ácida**, também conhecida como **chuva ácida**.

A deposição ácida ocorre de duas maneiras: como gases e partículas que ficam presos às plantas e ao solo, o que é chamado de *deposição ácida seca*, e como chuva e neve, o que é denominado *deposição ácida úmida*. A deposição ácida reduzia o pH da precipitação, e, como resultado, a água com baixo pH entrava em córregos, lagos e florestas. Uma vez que a maioria das espécies aquáticas não tolera água com pH inferior a 4, essas regiões se tornaram tóxicas para muitos organismos aquáticos, como insetos e peixes.

Nas florestas, a deposição ácida tem vários efeitos. Primeiramente, ela retira o cálcio das acículas de árvores coníferas como o pinheiro. Ela também causa um aumento da lixiviação dos nutrientes do solo requeridos por árvores, incluindo

Deposição ácida Ácidos depositados como chuva e neve ou como gases e partículas que se unem às superfícies das plantas, do solo e da água. Também denominada **chuva ácida**.

cálcio, magnésio e potássio. Finalmente, a deposição de ácido faz com que o alumínio se dissolva na água. Embora ele exista naturalmente no solo, comumente se apresenta em forma indisponível para as plantas. O alumínio dissolvido pode afetar de modo negativo a capacidade de uma planta absorver os nutrientes.

Conjuntamente, esses efeitos da deposição ácida tornam as árvores mais suscetíveis aos efeitos nocivos de estressores naturais, que incluem seca, doenças e temperaturas extremas. Em suma, embora as árvores não morram diretamente pela deposição ácida, elas se tornam mais vulneráveis a outras causas de morte. Como a deposição ácida interage com diversos outros estressores naturais, os cientistas reconhecem que ela tem contribuído para a morte de árvores na América do Norte, na Europa e na Ásia.

No entanto, a complexidade desses efeitos dificulta a estimativa correta de quanto da mortandade observada de árvores é diretamente atribuível à deposição ácida. Assim, tendo compreendido as causas e consequências da deposição ácida, os cientistas começaram a buscar soluções. Nos EUA, a legislação exigiu a instalação de filtros de gases nas chaminés, que forçam o fluxo através de uma suspensão de calcário e água, o que remove os gases. O uso desses filtros causou uma grande redução na quantidade de compostos ácidos liberados na atmosfera. A Agência de Proteção Ambiental (EPA) dos EUA relata que, entre 1980 e 2015, as emissões de dióxido de enxofre diminuíram 84%. No final deste capítulo, no boxe *Ecologia hoje | Correlação dos conceitos*, será discutido outro exemplo de como a compreensão de problemas ambientais relacionados ao pH pode ajudar no desenvolvimento de soluções eficazes.

VERIFICAÇÃO DE CONCEITOS

1. O que há de único sobre a água no que diz respeito ao modo como a temperatura afeta a sua densidade?
2. Como a viscosidade da água pode tanto atrapalhar como facilitar o movimento de animais aquáticos?
3. Descreva as alterações na composição mineral da água conforme os minerais se movem da água da chuva para a água de lagos e, em última instância, para a água do oceano.

2.2 Animais e plantas aquáticos enfrentam o desafio de balancear água e sal

DESAFIO DE BALANCEAR ÁGUA E SAL

Pode ser surpreendente saber que os animais em um ambiente aquático precisam de mecanismos especializados para manter a quantidade adequada de água em seu corpo. Para entender o porquê, é preciso reconhecer que a água em torno de um animal aquático e a água dentro de seu corpo contêm substâncias dissolvidas, conhecidas como **solutos**, os quais afetam o movimento da água para dentro e para fora de um organismo.

O movimento da água ocorre no nível celular, passando através das membranas celulares das regiões de baixa concentração de solutos para as regiões de alta concentração. Ao mesmo tempo, os solutos tentam se deslocar através das membranas para igualar suas concentrações. As membranas celulares normalmente não permitem a livre circulação de grandes moléculas de solutos como os carboidratos e a maioria das proteínas. As que permitem o movimento de apenas determinadas moléculas, como água e pequenos íons e moléculas de solutos, são conhecidas como **membranas semipermeáveis**.

Os solutos podem mover-se através de membranas semipermeáveis usando *transporte ativo* ou *passivo*. O **transporte passivo** ocorre quando íons e pequenas moléculas se movem através de uma membrana por um gradiente de concentração, de um local com muitos solutos para um com poucos solutos. Em contraste, o **transporte ativo** ocorre quando células transportam íons e pequenas moléculas através de uma membrana contra um gradiente de concentração, para manter suas concentrações. O transporte ativo gasta energia porque requer que a célula trabalhe contra o gradiente de concentração de solutos.

Quando a água no interior de uma célula tem uma concentração de solutos maior do que a água do lado de fora, ela tenta mover-se para dentro da célula. Em contrapartida, quando a concentração no interior é menor do que no exterior, ela tenta mover-se para fora da célula. O movimento da água através de uma membrana semipermeável é chamado de **osmose**.

A força com a qual uma solução aquosa atrai a água por osmose é conhecida como o seu **potencial osmótico**, que é expresso em megapascals (MPa), uma unidade de pressão. O potencial osmótico gerado por uma solução aquosa depende da concentração do soluto, a qual é medida como o número de moléculas de soluto em determinado volume de água.

O desafio para a maioria dos animais aquáticos é que eles vivem em água com concentração de solutos que difere daquela em seus corpos. Essa diferença faz com que a água tenha tendência a entrar ou sair do corpo do organismo, levando-o a ter dificuldade para manter a quantidade de água e solutos apropriada em seu corpo, o que é importante porque tal concentração afeta a maneira como as proteínas interagem com outras moléculas. Em resumo, concentrações de soluto alteradas podem interromper as funções celulares. Se as células internalizam muitos solutos, devem livrar-se do excesso; se internalizam poucos solutos, devem compensar o déficit. Como os solutos determinam o potencial osmótico dos fluidos corporais, os mecanismos que os organismos utilizam para manter um equilíbrio adequado de soluto são referidos como **osmorregulação**.

Soluto Substância dissolvida.

Membrana semipermeável Membrana que permite que apenas determinadas moléculas passem através dela.

Transporte passivo Movimento de íons e pequenas moléculas através de uma membrana e ao longo de um gradiente de concentração, de um local com muita concentração de solutos para um com pouca concentração de solutos.

Transporte ativo Movimento de moléculas ou íons através de uma membrana contra um gradiente de concentração.

Osmose Movimento de água através de uma membrana semipermeável.

Potencial osmótico Força com a qual uma solução aquosa atrai água por osmose.

Osmorregulação Mecanismos que os organismos usam para manter o equilíbrio adequado de solutos.

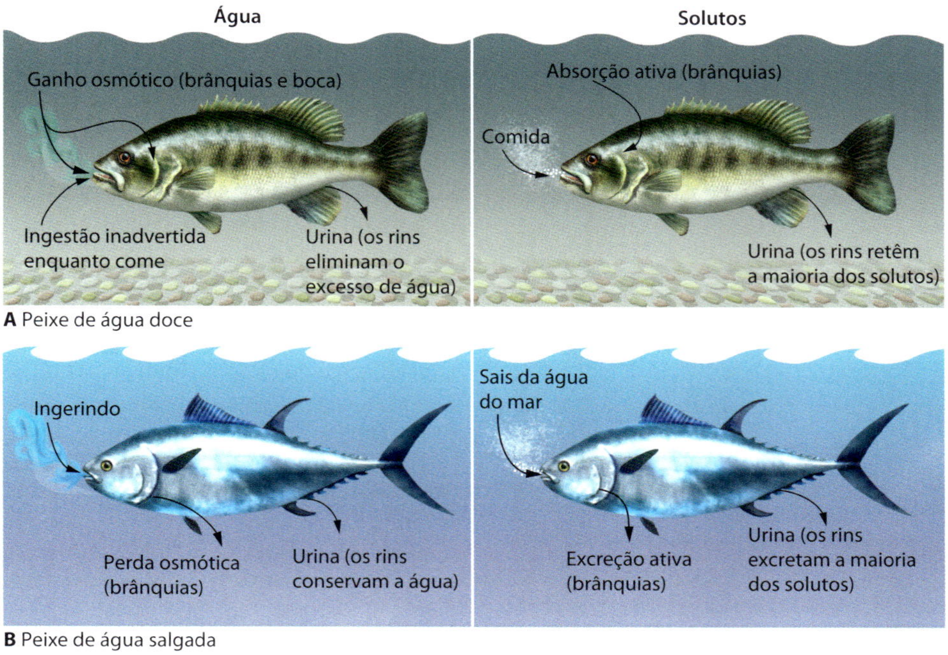

Figura 2.10 Osmorregulação em peixes. As trocas de água e solutos diferem entre peixes de água doce e de água salgada. **A.** Peixes de água doce são hiperosmóticos: eles têm maior concentração de sais em seu corpo do que a existente na água circundante. Para manter o equilíbrio de sais, eles devem excretar grandes quantidades de água e usar suas brânquias e seus rins para reter solutos ativamente. **B.** Peixes de água salgada são hipo-osmóticos: eles têm menor concentração de sais em seu corpo do que na água circundante. Para manter o equilíbrio de sais, eles devem excretar grandes quantidades de solutos; por isso, suas brânquias e seus rins excretam ativamente solutos.

ADAPTAÇÕES PARA OSMORREGULAÇÃO EM ANIMAIS DE ÁGUA DOCE

O balanço hídrico de animais aquáticos está intimamente ligado às concentrações de sais e outros solutos em seus tecidos corporais e no ambiente. Animais de água doce, como percas e trutas, que têm concentrações mais altas de soluto em seus tecidos do que na água circundante, são chamados de **hiperosmóticos**, quando comparados aos seus ambientes.

Como a água e os solutos se movem na direção que irá igualar as concentrações de solutos em ambos os lados de uma membrana, um organismo hiperosmótico enfrenta um desafio constante: a água tenta entrar no seu corpo enquanto os solutos tentam sair. A Figura 2.10 A mostra como um peixe hiperosmótico regula o equilíbrio de solutos em seus tecidos. Os peixes de água doce absorvem água continuamente quando consomem alimentos e quando a osmose ocorre através da boca e das brânquias, que são os tecidos mais permeáveis expostos à água. O animal responde a esse influxo de água eliminando o excesso pela urina e acrescenta solutos à corrente sanguínea usando suas células branquiais, para ativamente transportar solutos da água para dentro do corpo. Além disso, seus rins removem íons de sua urina.

ADAPTAÇÕES PARA OSMORREGULAÇÃO EM ANIMAIS DE ÁGUA SALGADA

Animais de água salgada, como baleias, sardinhas e plâncton, têm concentrações de soluto menores em seus tecidos do que na água circundante. Tais organismos são referidos como **hipo-osmóticos** em comparação com o seu ambiente de água salgada e enfrentam um desafio constante para manter o equilíbrio de água e solutos em seus tecidos. Conforme mostrado na Figura 2.10 B, a água tenta deixar seu corpo, e os solutos tentam entrar. Para compensar a perda de água, os animais de água salgada bebem grandes quantidades de água e liberam pequenas quantidades de urina. Para neutralizar o concomitante influxo dos solutos, seu excesso é ativamente excretado para fora do corpo usando os rins e, no caso dos peixes, as brânquias.

Alguns tubarões e raias desenvolveram uma adaptação única em resposta ao desafio do balanço hídrico em ambientes de água salgada. Assim como todos os vertebrados, quando os tubarões e raias digerem proteínas, produzem amônia como um subproduto, como mostrado na Figura 2.11. Os vertebrados aquáticos excretam amônia na urina, enquanto os terrestres geralmente a convertem em ureia e depois a excretam em concentrações elevadas na urina. Curiosamente, os tubarões e as raias convertem amônia em ureia também, mas não a excretam completamente. Ao contrário de vertebrados terrestres, que mantêm concentrações de ureia abaixo de 0,03% na corrente sanguínea, os tubarões e raias ativamente retêm ureia e permitem que sua concentração aumente para 2,5% na corrente sanguínea. A ureia retida em concentrações superiores a 80 vezes causa o aumento do potencial osmótico do sangue daqueles animais em relação à água do mar, sem qualquer aumento nas concentrações dos íons de sódio e cloro. Por

Hiperosmótico Organismo que tem uma concentração mais elevada de soluto nos seus tecidos do que a água circundante.

Hipo-osmótico Organismo que tem uma concentração de soluto menor nos seus tecidos do que a água circundante.

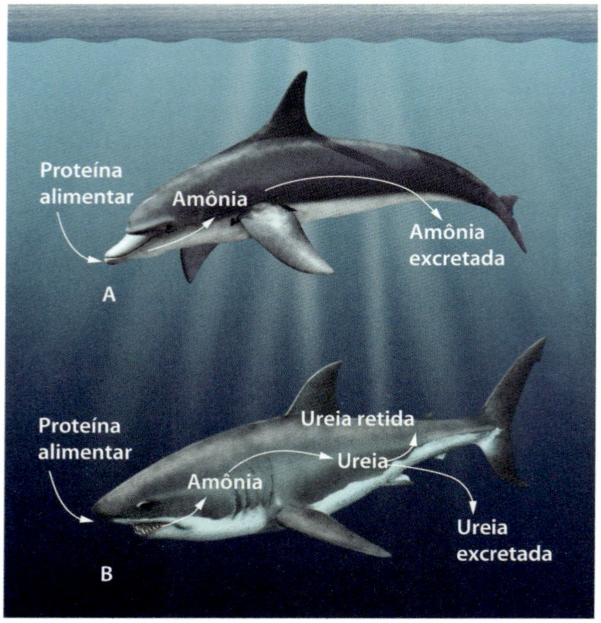

Figura 2.11 Adaptações particulares para a vida na água salgada. Quando os vertebrados aquáticos digerem proteínas, produzem amônia como um subproduto. **A.** A maioria dos organismos aquáticos, como os golfinhos, excreta essa amônia na urina. **B.** Tubarões e raias convertem essa amônia em ureia e depois retêm parte da ureia em sua corrente sanguínea. O resultado é uma concentração de solutos mais alta, que ajuda a compensar o desafio de ser hipo-osmótico em água salgada.

conseguinte, o movimento de água através da superfície corporal do animal se equilibra com a água salgada do ambiente, sem qualquer ganho ou perda. Essa adaptação libera tubarões e raias de terem de beber água carregada de sais para repor a água perdida por osmose.

A maioria dos vertebrados não retém muita ureia em sua corrente sanguínea porque ela prejudica as funções das proteínas. No entanto, tubarões, raias e muitos outros organismos marinhos que a usam para manter seu equilíbrio de água têm uma adaptação adicional: eles acumulam altas concentrações de um composto chamado óxido de trimetilamina, para proteger as proteínas dos efeitos nocivos da ureia. As espécies de raias de água doce não acumulam ureia no sangue, embora sejam semelhantes às raias marinhas em outros aspectos. Isso confirma a importância da ureia para a osmorregulação nas espécies de tubarões e raias que vivem no oceano.

Certos ambientes impõem desafios osmóticos incomuns. Por exemplo, as concentrações de sal em alguns corpos de água isolados no continente excedem fortemente as concentrações nos oceanos. Isso é particularmente comum em regiões áridas, em que, devido ao fato de a evaporação superar a precipitação, concentrações muito elevadas de solutos se acumulam na água. O Great Salt Lake, em Utah, contém de 5 a 27% de sal, dependendo do nível da água, 8 vezes mais sal do que a água do mar apresenta. O potencial osmótico da água no Great Salt Lake faria com que a maioria dos organismos "murchasse" pela perda de água. No entanto, algumas criaturas aquáticas, como o camarão-de-salina, têm adaptações que lhes permitem prosperar nessas condições, excretando sal a uma taxa muito elevada. Esse nível de excreção tem um custo energético elevado, que eles atendem alimentando-se de bactérias fotossintetizantes abundantes que vivem no lago.

A habilidade de um organismo para lidar com o potencial osmótico do seu ambiente reflete o resultado de processos evolutivos. Como será discutido no Capítulo 4, alguns ambientes mostram grandes flutuações naturais no potencial osmótico; por isso, os organismos que neles vivem por longos períodos de tempo desenvolveram maneiras para se ajustar a essas flutuações. No entanto, quando as mudanças nas concentrações osmóticas não estão dentro da faixa natural que os organismos têm experimentado ao longo do tempo evolutivo, os indivíduos normalmente não têm as devidas adaptações e podem ser prejudicados. Por exemplo, no norte dos EUA, várias misturas de sais são espalhadas em estradas para derreter o gelo e a neve, proporcionando condições de condução mais seguras durante o inverno. Com a chegada do clima mais quente da primavera, no entanto, todo esse sal tem que ir para algum lugar. Em 2008, pesquisadores relataram as concentrações de sal (provenientes de estradas) em lagoas habitadas por anfíbios em diferentes distâncias de estradas tratadas com sal.

Como os íons de sal amplificam a capacidade da água para conduzir eletricidade, a concentração de sal pode ser medida em unidades de microssiemens (μS). Como se pode ver na Figura 2.12 A, lagos perto de estradas tinham concentrações de sal de até 3.000 μS, o que corresponde a 0,12%. Lagos a pelo menos 200 m de uma estrada tinham essencialmente 0,0 μS. Os pesquisadores, então, realizaram experimentos em que expuseram girinos e formas larvais de rãs-da-floresta (*Rana sylvatica*) e salamandras-pintadas (*Ambystoma maculatum*) a diversas concentrações de sal relevantes, de 0,0 μS a 3.000 μS. Os dados, apresentados na Figura 2.12 B, revelaram que aumentos na concentração de sal provocaram uma grande mortandade de larvas de ambas as espécies. Desse modo, não tendo sido expostos às elevadas concentrações de sal durante a sua história evolutiva, esses organismos de água doce não estão adaptados a essas condições de estresse e são incapazes de sobreviver a elas.

A contaminação continuada de hábitats de água doce pelo sal proveniente de estradas tem levantado a possibilidade de algumas espécies serem capazes de evoluir para maiores tolerâncias a ele ao longo de múltiplas gerações. Em 2017, pesquisadores relataram um caso desses em zooplâncton, que são minúsculos crustáceos que vivem em lagos de água doce. Quando uma espécie em particular, conhecida como pulga-de-água (*Daphnia pulex*), foi exposta a uma série de altas concentrações de sal por várias gerações, aqueles animais que haviam sido criados sob essa condição foram subsequentemente mais tolerantes ao sal. Embora tais estudos ofereçam esperança de que algumas espécies possam evoluir a uma tolerância a sal rapidamente, não se sabe o quão comuns são estas habilidades evolutivas entre a ampla diversidade de animais que vivem em hábitats de água doce.

ADAPTAÇÕES PARA OSMORREGULAÇÃO EM PLANTAS AQUÁTICAS

Algumas plantas aquáticas também enfrentam grandes desafios de equilíbrio salino. As árvores de mangue, por exemplo,

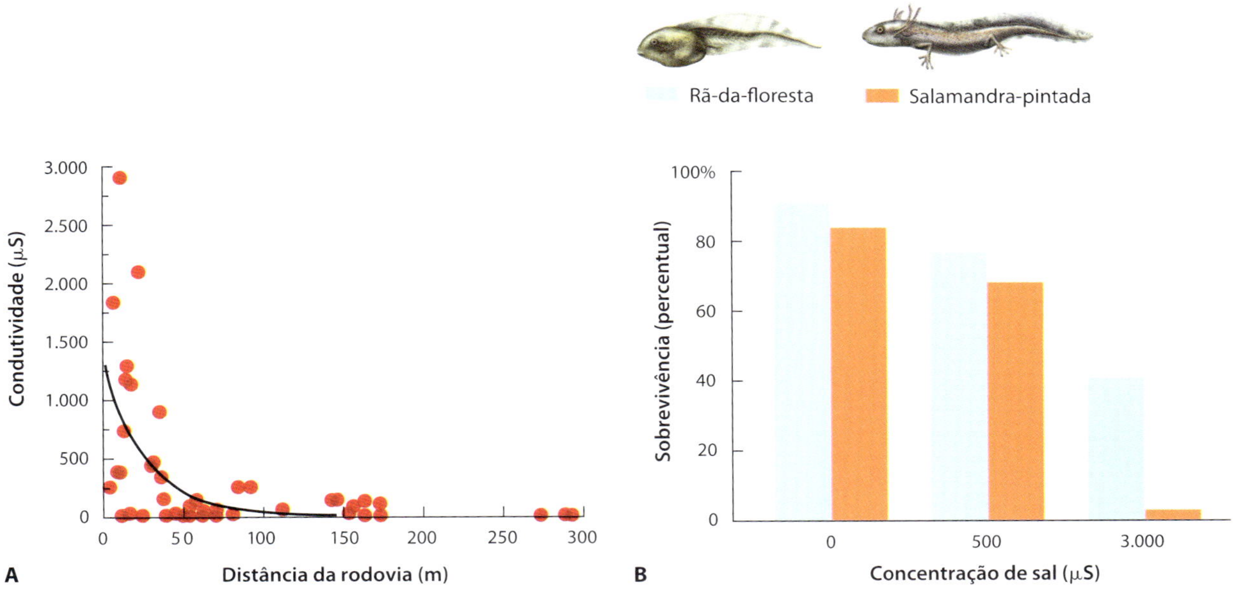

Figura 2.12 Efeito da concentração de sal em anfíbios. A. Com base em uma amostra de lagoas nas montanhas Adirondack, do estado de Nova York, lagoas mais próximas às estradas tinham condutividade mais alta, um indicador da concentração salina. **B.** Neste intervalo de concentrações salinas, as salamandras-pintadas e as rãs-da-floresta sofreram um declínio na sobrevivência. Dados de N. E. Karraker et al., Impacts of road deicing salt on the demography of vernal pool-breeding amphibians, *Ecological Applications* 18 (2008): 724–734.

crescem em alagados costeiros que são inundados pela água do mar durante a maré alta (Figura 2.13 A). Este hábitat impõe uma carga elevada de sal às árvores, e o alto potencial osmótico do ambiente salino torna difícil para as raízes assimilarem a água.

Para lidar com esse problema osmótico, muitas árvores de mangue mantêm elevadas concentrações de solutos orgânicos – vários aminoácidos e pequenas moléculas de açúcar – em suas raízes e folhas, de modo a aumentar o seu potencial osmótico para que a água se espalhe pelos tecidos da planta. Além disso, as árvores de mangue apresentam glândulas de sal em suas folhas, que podem secretar sal por transporte ativo para a superfície externa da folha (Figura 2.13 B). Muitas espécies de mangue também excretam sais de suas raízes por transporte ativo. Como relativamente poucas espécies de plantas terrestres desenvolveram essa adaptação, os manguezais não contêm muitas espécies de plantas.

Figura 2.13 Equilíbrio salino em árvores de mangue. A. As raízes de árvores de mangue costumam ficar submersas em água salgada na maré alta. Estas árvores são de Palau, uma ilha no sul do Pacífico. **B.** Glândulas de sal especializadas nas folhas do mangue-botão (*Conocarpus recta*) excretam uma solução salina. À medida que a solução se evapora, cristais de sal ficam depositados na superfície externa das folhas. Fotografias de (A) Reinhard Dirscherl/Alamy e (B) Ulf Mehlig.

ANÁLISE DE DADOS EM ECOLOGIA

Desvio padrão e erro padrão

Quando os pesquisadores testaram os efeitos do sal das estradas nas larvas dos anfíbios, expuseram grupos de larvas a três concentrações de sal e repetiram o experimento cinco vezes. No Capítulo 1, foi discutido como os ecólogos usam os dados dos experimentos de manipulação para determinar como diferentes fatores afetam a média e a variância das variáveis medidas. Embora a variância seja uma medida útil do quão consistentes são as medidas entre as repetições, os ecólogos também usam várias outras medidas de variação relacionadas, incluindo o *desvio padrão da amostra* e o *erro padrão da média*. Cada uma dessas medidas pode ser calculada utilizando-se a variância da amostra (s^2), conforme discutido no Capítulo 1.

Quando os dados são coletados de amostras restritas a partir de uma distribuição muito maior de dados, é possível obter informação adicional calculando um **desvio padrão da amostra**, que é um modo padronizado de medir o quão amplamente distribuídos em torno da média estão os dados. Grandes desvios padrões da amostra indicam que muitos dados se encontram afastados do valor da média. Pequenos desvios padrões indicam que a maioria dos dados estão próximos do valor da média.

Se os dados forem distribuídos segundo a curva normal – isto é, se eles se ajustam a uma curva em forma de sino, como a da figura à direita –, cerca de 68% estarão dentro do intervalo de 1 desvio padrão da média. Além disso, cerca de 95% estarão dentro do intervalo de 2 desvios padrões da média, e 99,7%, dentro do intervalo de 3 desvios padrões da média. Para os dados que apresentarem ampla distribuição de frequências, como na imagem A, o valor do desvio padrão será grande, e para os que apresentarem distribuição de frequências estreita, como na imagem B, o valor do desvio padrão será pequeno.

O desvio padrão da amostra, denotado como *s*, é definido como a raiz quadrada da variância:

$$s = \sqrt{s^2}$$

O **erro padrão da média** é uma medida útil da variação dos dados, pois leva em conta o número de repetições que foram feitas para medir o desvio padrão. Quanto maior a quantidade de repetições das medidas, mais precisa será a estimativa da média. Como resultado, um aumento no número de repetições em um dado experimento provoca a diminuição no erro padrão da média. Como será discutido nos capítulos posteriores, o erro padrão da média é normalmente utilizado para determinar se duas médias são significativamente diferentes uma da outra.

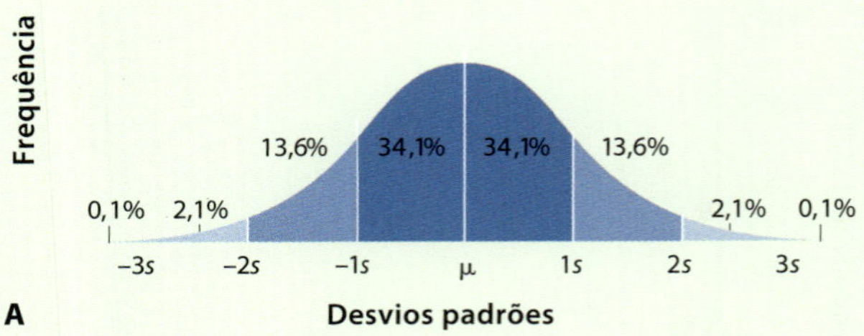

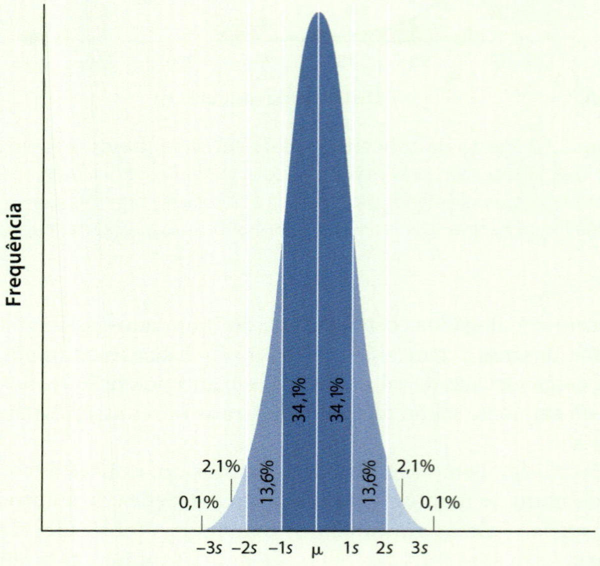

Distribuição normal. Em uma distribuição normal, as observações mais frequentes ficam perto da média, e as menos frequentes ocorrem longe da média. As áreas azuis mais escuras representam 1 desvio padrão da média e contêm 68,3% de todos os dados. As áreas azuis médias e escuras combinadas representam 2 desvios padrões da média e contêm 95,5% de todos os dados. As áreas azuis mais claras, médias e escuras combinadas representam 3 desvios padrões da média e contêm 99,7% de todos os dados. A pequena quantidade restante de dados estará fora de 3 desvios padrões **A.** Os dados com distribuição ampla têm um grande desvio padrão. **B.** Os dados com distribuição estreita têm um pequeno desvio padrão.

Desvio padrão da amostra Parâmetro estatístico que fornece um modo padronizado de medir o quão amplamente os dados estão dispersos em torno da média.

Erro padrão da média Medição da variação nos dados que leva em conta o número de medidas que foram usadas para calcular o desvio padrão.

O erro padrão da média (representado como SE) é definido como o desvio padrão da amostra dividido pela raiz quadrada do número de observações ou repetições da medida (n):

$$SE = s \div \sqrt{n}$$

A seguir, encontra-se o conjunto de observações sobre o percentual de sobrevivência das rãs-da-floresta que foram expostas a concentrações de sal de 0 μS ou 3.000 μS:

Repetição	0 μS	3.000 μS
1	88	32
2	90	37
3	91	41
4	92	45
5	94	50
Média	91	41
Variância	5,0	48,5

Usando os dados das cinco repetições de girinos de rãs expostos a 0 μS, percebe-se que a sobrevivência média é de 91%, e a variância da amostra é de 5%. Usando essa variância da amostra, pode-se calcular o desvio padrão da amostra como:

$$s = \sqrt{s^2} = \sqrt{5} = 2{,}2$$

O erro padrão da média é calculado como:

$$SE = s \div \sqrt{n} = 2{,}2 \div \sqrt{5} = 1{,}0$$

EXERCÍCIO Use os dados coletados de cinco medidas repetidas de girinos da rã-da-floresta expostos a 3.000 μS e calcule o desvio padrão da média e o erro padrão da média. Explique por que os valores de s e SE são diferentes.

VERIFICAÇÃO DE CONCEITOS

1. Qual a diferença entre os transportes passivo e ativo de solutos?
2. Compare e contraste os termos hiperosmótico e hipo-osmótico.
3. Descreva uma adaptação para osmorregulação em animais de água doce e plantas de água salgada.

2.3 A assimilação de gases na água é limitada pela difusão

Quase 21% da atmosfera da Terra é constituída de oxigênio; porém, como o ser humano vive em terra, raramente pensa sobre o problema de obter esse elemento necessário. Os organismos aquáticos também necessitam de oxigênio para manter o seu metabolismo, mas obter um suprimento suficiente pode ser um problema, por conta da limitada solubilidade do oxigênio na água. O mesmo vale para o CO_2 necessário às plantas aquáticas para a fotossíntese. Esses gases indispensáveis são obtidos em quantidades suficientes pelos organismos no ambiente aquático por meio de várias adaptações, as quais serão examinadas a seguir.

DIÓXIDO DE CARBONO

A obtenção de CO_2 suficiente para a fotossíntese é um desafio, particularmente para as plantas e algas aquáticas. A solubilidade do CO_2 na água doce é de aproximadamente 0,0003 ℓ de gás por litro de água, o que representa 0,03% em volume e quase a mesma concentração presente na atmosfera. O problema para as plantas aquáticas é que o CO_2 se difunde lentamente na água, mas as plantas são capazes de utilizar o gás mais rápido do que ele chega por difusão junto à superfície de suas folhas.

Quando o CO_2 se dissolve na água, a maioria das moléculas se combina com a água e é rapidamente convertida em um composto denominado ácido carbônico (H_2CO_3):

$$CO_2 + H_2O \longrightarrow H_2CO_3$$

Como mostrado na Figura 2.14, o ácido carbônico pode chegar a altas concentrações e proporcionar um reservatório de carbono necessário para a fotossíntese. Dependendo da acidez da água, as moléculas de ácido carbônico podem liberar íons de hidrogênio (H^+) para formar tanto **íons bicarbonato (HCO_3^-)** quanto **íons carbonato (CO_3^{2-})**:

$$H_2CO_3 \rightarrow H^+ + HCO_3^- \rightarrow 2H^+ + CO_3^{2-}$$

Embora alguns dos íons carbonato possam combinar-se com íons de cálcio para formar carbonato de cálcio, como visto na Figura 2.8, íons bicarbonato se dissolvem facilmente na água e, por isso, são o tipo mais comum de carbono inorgânico em hábitats aquáticos. Como mostrado na Figura 2.14, o resultado é uma concentração de íons bicarbonato de 0,03 a 0,06 ℓ de CO_2 por litro de água (3 a 6%) – mais de 100 vezes a concentração de CO_2 no ar. Em resumo, isso significa que a maior parte do CO_2 dissolvido na água é rapidamente convertido em íons bicarbonato em sistemas aquáticos.

O CO_2 dissolvido e os íons bicarbonato estão em um equilíbrio químico, que representa o equilíbrio alcançado entre H^+ e HCO_3^- por um lado e CO_2 e H_2O pelo outro. Quando o CO_2 é removido da água pelas plantas e algas durante a fotossíntese, parte dos abundantes íons bicarbonato combina-se com íons de hidrogênio para produzir mais CO_2 e H_2O. Nesse caso, essencialmente, a reação acontece na direção contrária:

$$H^+ + HCO_3^- \longrightarrow CO_2 + H_2O$$

Embora o íon bicarbonato seja o tipo mais comum de carbono inorgânico sob condições moderadas de pH, o CO_2 é o mais comum em condições mais ácidas, como em brejos.

Íon bicarbonato (HCO_3^-) Ânion formado pela dissociação do ácido carbônico.

Íon carbonato (CO_3^{2-}) Ânion formado pela dissociação do ácido carbônico.

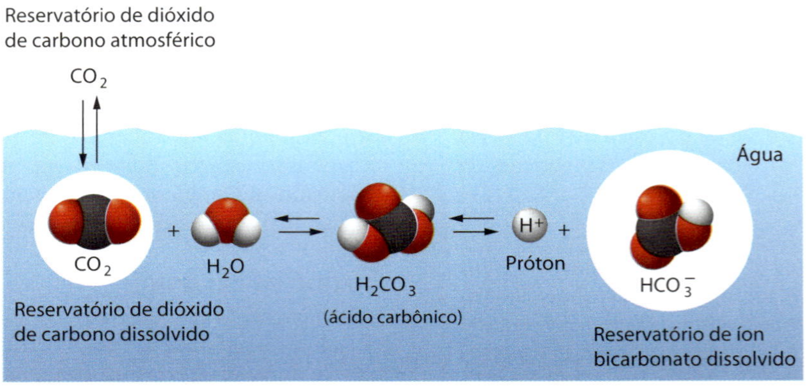

Figura 2.14 Reação de equilíbrio para o carbono na água. A reação de conversão de CO_2 em íons bicarbonato (HCO_3^-) é uma reação de equilíbrio. Quando os organismos fotossintéticos preferencialmente usam o CO_2, a quantidade do gás dissolvido na água cai porque o seu uso é mais eficiente. À medida que essa quantidade diminui, alguns dos íons bicarbonato são convertidos em CO_2 para repor o estoque. O tamanho de cada um dos círculos representa o tamanho relativo dos reservatórios de carbono.

Essa pode ser a razão pela qual algumas espécies de plantas e algas que vivem em hábitats aquáticos contendo baixo pH só podem usar CO_2 na fotossíntese. Por outro lado, uma vez que o gás carbônico e os íons bicarbonato são abundantes em condições de pH moderado (pH = 5 a 9), muitas espécies de plantas aquáticas e algas podem utilizar tanto o CO_2 como os íons bicarbonato na fotossíntese. Elas podem tanto assimilar diretamente o íon bicarbonato como usar adaptações para convertê-lo em CO_2, por exemplo, secretando na água uma enzima altamente eficaz na conversão de íons bicarbonato em CO_2, que pode então ser absorvido pelo organismo. As plantas e as algas também podem obter CO_2 por meio da secreção de íons de hidrogênio na água circundante, o que ajuda a direcionar o equilíbrio químico para a conversão de mais íons bicarbonato em CO_2, que pode então ser absorvido pelo organismo.

Mesmo quando o CO_2 e os íons bicarbonato são abundantes na água, o ritmo lento com que essas fontes de carbono se difundem no meio aquoso impede que os organismos tenham acesso a elas. De fato, o dióxido de carbono se difunde na água parada cerca de 10.000 vezes mais lentamente do que no ar, e a difusão de HCO_3^- é ainda mais lenta porque moléculas maiores se difundem em uma taxa mais baixa. Combinado a isso está o fato de que toda a superfície de uma planta aquática, uma alga ou micróbio está envolta em uma **camada limite**, que consiste em uma região de ar ou de água parada que envolve a superfície de um objeto. Na água, a camada limite varia de menos de 10 micrômetros (10 μM, ou 0,01 mm), para algas unicelulares em águas turbulentas, até 500 μm (0,5 mm) para uma grande planta aquática em águas estagnadas.

Conforme ilustrado na Figura 2.15, como a camada limite é composta de água parada, o CO_2 e o HCO_3^- podem esgotar-se nessa camada por absorção (especialmente na região mais próxima do organismo fotossintetizante), mas os gases removidos são repostos lentamente pela água circundante. Sem uma camada limite, a água em movimento no ambiente circundante pode proporcionar à planta um fornecimento contínuo de CO_2 e HCO_3^-. Assim, apesar da concentração geralmente alta de íons bicarbonato na água, a fotossíntese pode ser limitada pela disponibilidade de carbono na camada limite.

OXIGÊNIO

O oxigênio na atmosfera tem uma concentração de 0,21 ℓ por litro de ar (21% em volume). Na água, no entanto, sua solubilidade máxima é de 0,01 ℓ por litro de água (1%), sob condições de água doce a 0°C. Desse modo, a baixa solubilidade do oxigênio na água pode limitar o metabolismo dos organismos em ambientes aquáticos. Para os mamíferos marinhos como as baleias, isso não é um problema porque eles obtêm oxigênio do ar e armazenam grandes quantidades em sua hemoglobina e mioglobina. Já para os organismos que o absorvem da água, o problema da baixa concentração é agravado pela sua difusão lenta no meio aquoso, semelhante àquela do CO_2. O oxigênio está menos disponível ainda em águas que não podem manter a fotossíntese – e, portanto, não recebem o oxigênio que é produzido neste processo –, como em águas profundas, que não recebem a luz solar, e em sedimentos e solos alagados. Esses hábitats podem se tornar intensamente empobrecidos de oxigênio dissolvido, transformando-se em ambientes desafiadores para os animais e micróbios que usam a respiração aeróbica.

Uma adaptação importante que possibilita que os animais aquáticos lidem com uma quantidade limitada de oxigênio envolve a direção do fluxo de sangue nas guelras. Muitos animais aquáticos têm guelras para extrair oxigênio da água; então, quando a água passa por elas, o oxigênio se difunde através das membranas de suas células e entra nos capilares, que são parte da corrente sanguínea. A chave para extrair o máximo de oxigênio da água encontra-se no uso da **circulação contracorrente**, na qual dois fluidos se movem em sentidos opostos em cada lado de uma barreira; assim, calor ou

---

Camada limite Região de ar ou de água parada que envolve a superfície de um objeto.

Circulação contracorrente Movimento de dois fluidos em sentidos opostos em cada lado de uma barreira, através da qual o calor ou as substâncias dissolvidas são trocados.

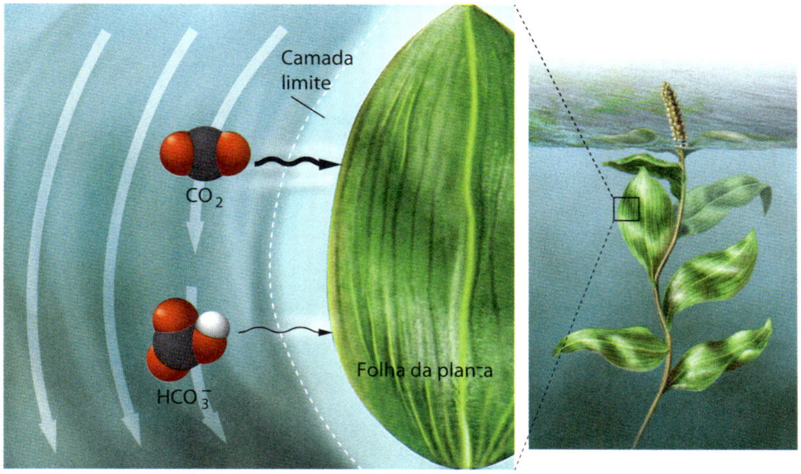

Figura 2.15 Camada limite. Uma fina camada de água parada que envolve a superfície de organismos fotossintetizantes retarda a taxa de difusão de gases no meio aquoso. Moléculas menores, como o CO_2, difundem-se mais rapidamente do que moléculas maiores, como os íons bicarbonato.

substâncias são trocados. Em contraste, a **circulação concorrente** envolve dois fluidos que se deslocam no mesmo sentido em ambos os lados de uma barreira; logo, calor ou substâncias são trocados.

Como ilustrado na Figura 2.16, se o sangue e a água fluíssem no mesmo sentido, a concentração de oxigênio rapidamente chegaria a um equilíbrio intermediário, uma vez que, após esta zona de contato, não há movimento líquido de oxigênio através da membrana. Por outro lado, quando o sangue e a água fluem em sentidos opostos, a concentração de oxigênio na água excede a concentração no sangue na maior parte da região de contato. Isso acontece porque, mesmo quando os capilares começam a apresentar elevadas concentrações de oxigênio, a água adjacente ainda tem uma concentração maior de oxigênio. Em consequência, o oxigênio continua a se difundir para dentro dos capilares das guelras. Assim, o fluxo contracorrente de sangue nas guelras dos animais possibilita que muito mais oxigênio seja transferido da água para as guelras.

As espécies de animais que vivem em hábitats com baixas quantidades de oxigênio desenvolveram diversas adaptações adicionais. Nas partes profundas dos oceanos, por exemplo, muitos organismos têm taxas de atividade bem baixas, o que reduz a necessidade de oxigênio. Muitas espécies de zooplâncton, um grupo de pequenos crustáceos, podem aumentar a quantidade de hemoglobina em seu corpo, que normalmente é transparente, até o ponto em que ele fique vermelho. Outros animais, como girinos e peixes que vivem em pântanos pobres em oxigênio, nadam até a superfície e "engolem" o ar. Muitos girinos podem utilizar este ar porque apresentam pulmões primitivos, além das guelras. Já os peixes armazenam o ar em uma bexiga natatória, da qual extraem o oxigênio e o direcionam para dentro de sua corrente sanguínea.

Circulação concorrente Movimento de dois fluidos na mesma direção em ambos os lados de uma barreira, através da qual o calor ou as substâncias dissolvidas são trocados.

Uma das mais surpreendentes adaptações animais para a obtenção de oxigênio foi descoberta recentemente em uma espécie de salamandra da América do Norte. Por mais de um século, sabia-se que os ovos da salamandra-pintada, que ficam geralmente presos a pequenos ramos submersos em água, têm uma relação de mutualismo com uma espécie de alga (*Oophila amblystomatis*). As algas obtêm um lugar para viver e realizar fotossíntese, enquanto o embrião em desenvolvimento adquire oxigênio das algas fotossintetizantes (Figura 2.17). Este benefício de oxigênio é importante porque possibilita que os embriões da salamandra tenham uma taxa de sobrevivência mais elevada e eclodam mais cedo e maiores. Em 2011, no entanto, cientistas relataram que essa relação era muito mais próxima do que acreditavam. As algas não só vivem no fluido do ovo que envolve o embrião, mas também se movem para dentro dele, posicionando-se entre as células do embrião em desenvolvimento. Essa foi a primeira descoberta de uma alga que vive no interior dos tecidos de um animal vertebrado.

Quando um ambiente se torna completamente desprovido de oxigênio, é denominado **anaeróbico** ou **anóxico**. As condições anaeróbicas causam problemas para as plantas terrestres enraizadas em solos encharcados, como as muitas espécies de árvores de mangue que vivem ao longo de lodaçais costeiros. As raízes dessas árvores precisam de oxigênio para a respiração; então, as plantas desenvolveram tecidos especiais cheios de ar que se estendem das raízes e se elevam acima do solo alagado, trocando gases diretamente com a atmosfera (ver Figura 2.13).

Muitos micróbios são capazes de viver em ambientes sem oxigênio porque fazem respiração anaeróbica. Um produto comum da respiração anaeróbica realizada por bactérias que vivem em solos anóxicos é o gás sulfeto de hidrogênio (H_2S), que é a causa do cheiro de ovo podre que ocorre quando os solos saturados com água se tornam anaeróbicos.

Anaeróbico Sem oxigênio. Também denominado **anóxico**.

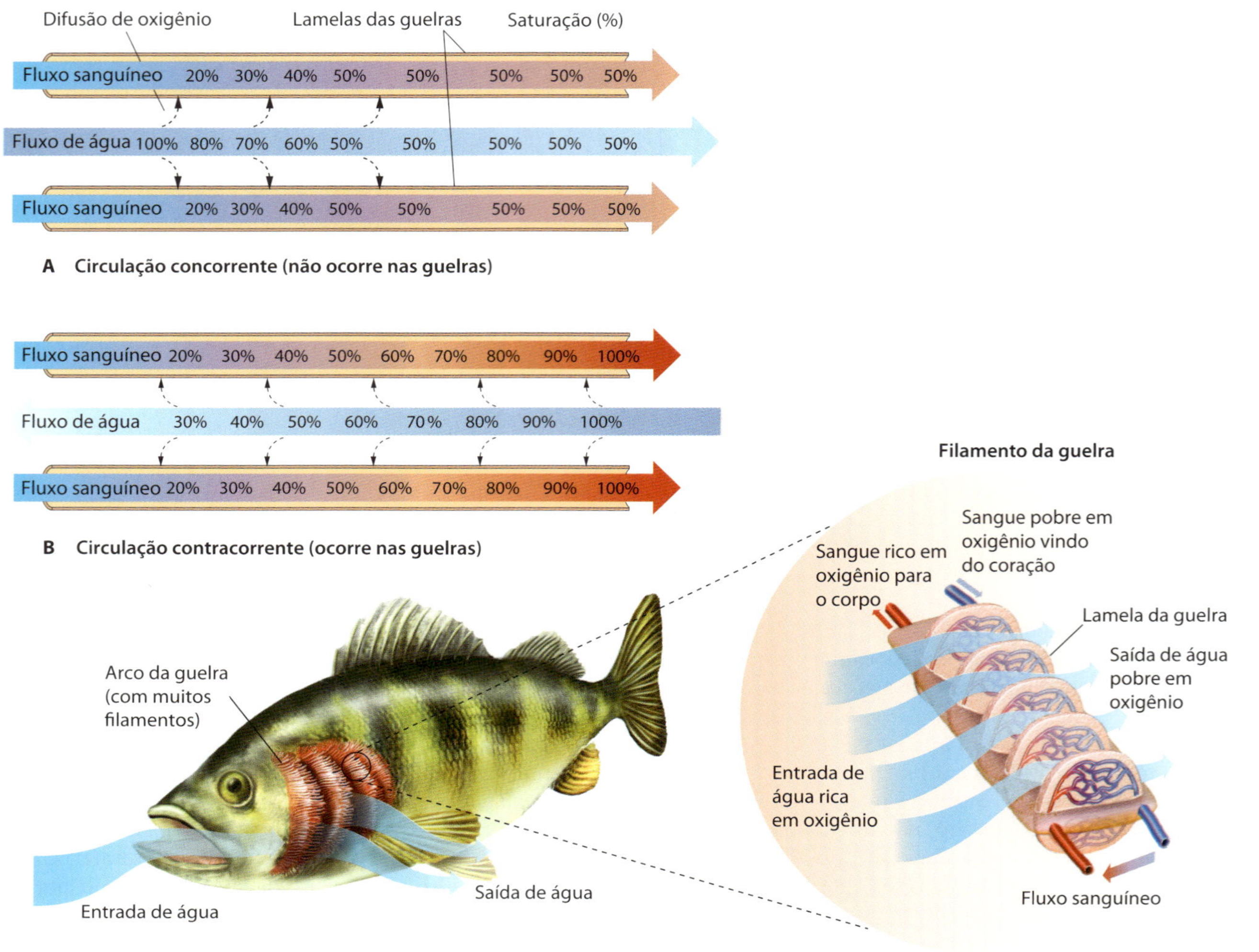

Figura 2.16 Circulação concorrente *versus* circulação contracorrente. A. O fluxo concorrente em animais aquáticos faria com que o oxigênio se difundisse a partir da água para os capilares das guelras. Uma vez que 50% do oxigênio tivessem sido transferidos, os dois fluxos entrariam em equilíbrio. **B.** Quando os animais utilizam a circulação contracorrente, mais oxigênio pode ser transferido para os capilares das guelras, porque, mesmo que os capilares contenham uma elevada quantidade de oxigênio, seu teor na água é mais elevado, possibilitando a continuidade da sua difusão.

VERIFICAÇÃO DE CONCEITOS

1. Por que a camada limite que circunda um organismo fotossintetizante dificulta a troca de CO_2 e O_2?
2. Qual é a reação de equilíbrio que ilustra a conversão de CO_2 em bicarbonato?
3. Por que as águas profundas dos oceanos normalmente têm pouco oxigênio?

2.4 A temperatura limita a ocorrência de vida aquática

No início deste capítulo, foi explicado que as baleias apresentam uma série de adaptações que lhes permitem lidar com as temperaturas oceânicas frias, incluindo grossas camadas de gordura, alto metabolismo e circulação contracorrente, que troca calor entre as artérias quentes e as veias frias. Para os organismos aquáticos, a maioria dos processos fisiológicos ocorre apenas no intervalo de temperaturas em que a água

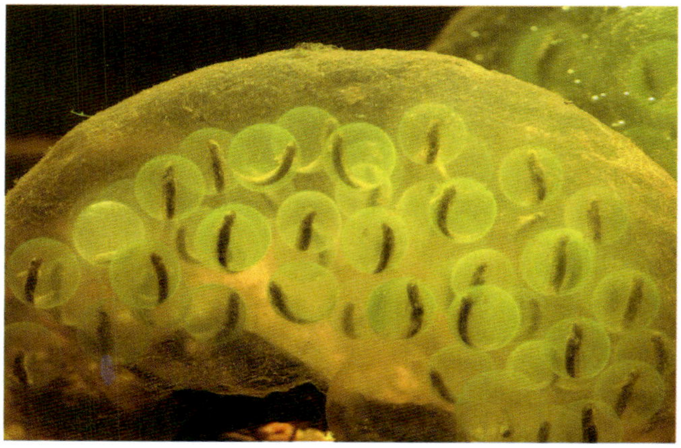

Figura 2.17 Embriões da salamandra e algas. Os embriões da salamandra-pintada contêm algas que vivem no saco de ovos e no interior das células do embrião. As algas fornecem oxigênio extra para os embriões, o que melhora a sobrevivência e o crescimento deles. Cortesia de Roger Hangarter/University of Indiana.

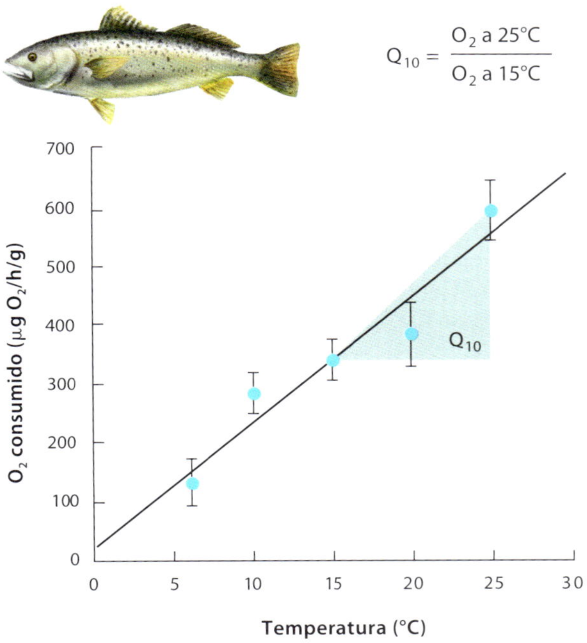

Figura 2.18 Consumo de oxigênio em função da temperatura. A quantidade de oxigênio consumida pela corvina *miiuy* aumenta à medida que a temperatura aumenta. Ao dividir a taxa de consumo de oxigênio a 25°C pela mesma taxa a 15°C, pode-se chegar ao valor Q_{10} para essa função fisiológica. Barras de erro são desvios padrões. Dados de Z. Zheng et al., Effects of t emperature and salinity on oxygen consumption and ammonia excretion of juvenile miiuy croaker, Miichthys miiuy (*Basilewsky*), *Aquaculture International* 16 (2008): 581–589.

Figura 2.19 Termofílicas. Algumas espécies de bactérias e arqueobactérias podem viver em condições muito quentes, como as destas fontes hidrotermais em Fly Geyser, Nevada. As termofílicas, muitas vezes, apresentam-se com uma variedade de cores brilhantes. Fotografia de Jack Dykinga.

é líquida; afinal, relativamente poucos organismos podem sobreviver a temperaturas superiores a 45°C, que é o limite superior do intervalo fisiológico para a maior parte dos organismos eucarióticos. Esta seção investiga como os organismos se adaptaram a temperaturas quentes e frias.

CALOR E MOLÉCULAS BIOLÓGICAS

A temperatura influencia os processos fisiológicos por conta do modo como o calor afeta as moléculas orgânicas. Ele transmite energia cinética aos sistemas vivos, fazendo com que as moléculas biológicas mudem de forma, além de acelerar as reações químicas, aumentando a taxa de movimento das moléculas. De fato, a taxa da maioria dos processos biológicos aumenta de 2 a 4 vezes para cada 10°C de aumento na temperatura. Pode-se observar isso quando se examinam os dados para um peixe conhecido como corvina *miiuy* (*Miichthys miiuy*), mostrado na Figura 2.18. A taxa de consumo de oxigênio do peixe aproximadamente duplica quando a temperatura ambiental aumenta de 15 para 25°C.

Para compreender a relação entre a temperatura e os processos fisiológicos, calcula-se a razão entre a taxa fisiológica em uma certa temperatura e esta mesma taxa quando a temperatura é 10°C mais fria; essa razão é denominada $\mathbf{Q_{10}}$ dos processos fisiológicos. Ao se conhecer os valores de Q_{10} dos diferentes processos fisiológicos, é possível compreender melhor quais processos são mais sensíveis a mudanças de temperatura.

Temperaturas mais elevadas possibilitam que os organismos façam muitas atividades mais rapidamente, como nadar, correr e voar. Eles também podem digerir e assimilar mais alimentos e, como resultado, crescer e se desenvolver mais rápido. No entanto, além de determinado ponto, altas temperaturas podem reduzir os processos vitais. As proteínas e outras moléculas biológicas tornam-se particularmente menos estáveis em temperaturas mais elevadas e podem não funcionar adequadamente, ou até mesmo perder sua estrutura, pois o movimento molecular causado pelo calor tende a abrir, ou *desnaturar*, a estrutura dessas moléculas.

Considerando que as proteínas se desnaturam em altas temperaturas, os cientistas têm ficado admirados com o fato de alguns organismos, como as bactérias **termofílicas** (que gostam de calor), poderem viver em temperaturas tão altas. Por exemplo, algumas bactérias fotossintetizantes podem tolerar temperaturas de até 75°C, e algumas arqueobactérias podem viver em fontes de água quente a temperaturas de até 110°C (Figura 2.19). As bactérias quimiossintetizantes que vivem em águas profundas, próximo às fontes hidrotermais, são um grupo de termofílicas discutido no Capítulo 1. Os pesquisadores descobriram que as proteínas das bactérias termofílicas têm maiores proporções de determinados aminoácidos que formam ligações mais fortes do que as proteínas de outras espécies intolerantes ao calor. Essas forças de atração mais intensas dentro e entre as moléculas as impedem de serem separadas sob altas temperaturas; assim, as proteínas não se desnaturam.

A temperatura também afeta outros compostos biológicos. Por exemplo, as propriedades físicas de gorduras e óleos, que são os principais componentes das membranas celulares e

Q_{10} Divisão da taxa de um processo fisiológico em determinada temperatura pela sua taxa a uma temperatura 10°C mais fria.

Termofílico Que gosta de calor.

constituem as reservas de energia dos animais, dependem da temperatura. Quando as gorduras estão frias, tornam-se sólidas; quando estão quentes, tornam-se fluidas.

Os organismos são afetados negativamente quando expostos a temperaturas que variam acima ou abaixo daquelas às quais estão adaptados. A água utilizada para resfriar usinas nucleares é um exemplo desse problema. Muitas usinas nucleares extraem água de lagos, rios ou oceanos para o resfriamento de suas instalações e devolvem a água – que se tornou muito mais quente no processo – à sua fonte. No entanto, os organismos desses corpos de água não foram expostos a altas temperaturas ao longo de suas histórias evolutivas e, por isso, muitos deles morrem. Em Ohio, por exemplo, uma usina de energia a carvão elevou a temperatura de um córrego adjacente a 42°C, o que é muito mais quente do que ocorreria naturalmente e mais quente do que o máximo de 32°C definido pela EPA. Consequentemente, as pesquisas mostraram numerosos peixes mortos na vazante e baixo número de peixes a jusante de onde o córrego desaguava no rio Ohio. O ato de descarregar água mais quente do que as espécies aquáticas suportam é conhecido como **poluição térmica**. A compreensão do "ótimo térmico" para espécies aquáticas levou à criação de normas que restringem o quanto uma usina pode elevar a temperatura de um lago ou rio.

BAIXAS TEMPERATURAS E CONGELAMENTO

As temperaturas na superfície da Terra raramente ultrapassam os 50°C, exceto em fontes hidrotermais e na superfície do solo em desertos quentes. No entanto, temperaturas abaixo do ponto de congelamento da água são comuns, particularmente em terra e em pequenos lagos que podem congelar durante o inverno. Quando as células vivas congelam, a estrutura cristalina do gelo interrompe a maioria dos processos vitais e pode danificar as estruturas celulares delicadas, causando a morte da célula.

Muitos organismos lidam com sucesso com temperaturas congelantes, seja mantendo suas temperaturas corporais acima do ponto de congelamento da água, seja ativando vias químicas que os capacitam a resistir ao congelamento ou a tolerar os seus efeitos.

Pode ser surpreendente saber que os vertebrados marinhos são suscetíveis ao congelamento na água fria do mar. Diante disso, como o sangue e os tecidos do corpo podem congelar enquanto imersos em um líquido? A resposta é que substâncias dissolvidas abaixam a temperatura na qual a água congela. Embora água pura congele a 0°C, a água do mar, que contém cerca de 3,5% de sais dissolvidos, congela a 1,9°C. Como o sangue e os tecidos do corpo da maioria dos vertebrados contêm cerca de metade do teor de sais da água do mar, os animais podem congelar antes da água do mar circundante.

Os animais marinhos desenvolveram uma série de adaptações para combater o problema de congelamento na água. Sabe-se que concentrações elevadas de sal interferem em vários processos bioquímicos; assim, aumentar a concentração de solutos no sangue e nos tecidos não é uma opção viável. Em vez disso, alguns peixes antárticos evitam o congelamento aumentando as concentrações de compostos não salinos, como o **glicerol**. Trata-se de um produto químico que impede que as pontes de hidrogênio da água se juntem para formar gelo, a menos que as temperaturas estejam muito abaixo do ponto de congelamento. Uma solução de glicerol a 10% no corpo diminui o ponto de congelamento da água para cerca de –2,3°C sem interferir seriamente nos processos bioquímicos. Isso é suficiente para baixar o ponto de congelamento do corpo abaixo do ponto de congelamento da água do mar.

As **glicoproteínas** são outro grupo de compostos que podem ser utilizados para baixar a temperatura de congelamento da água. O glicerol e as glicoproteínas agem como compostos anticongelantes, semelhantemente aos utilizados em automóveis, e possibilitam que peixes como o bacalhau-do-ártico (*Boreogadus saida*) permaneçam ativos mesmo em água do mar que seria fria o bastante para que a maioria congelasse (Figura 2.20). Alguns invertebrados terrestres também usam a estratégia anticongelante; seus fluidos corporais podem conter até 30% de glicerol quando o inverno se aproxima.

O **super-resfriamento** fornece uma segunda solução física para o problema do congelamento. Sob certas circunstâncias, os líquidos podem resfriar abaixo do ponto de congelamento sem desenvolver cristais de gelo. Este geralmente se forma em torno de um objeto, chamado de *semente*, que pode ser um pequeno cristal de gelo ou outra partícula. No super-resfriamento, no entanto, glicoproteínas presentes no sangue recobrem quaisquer cristais de gelo que comecem a se formar, impedindo o processo. Na ausência de sementes de gelo, a água pura pode esfriar abaixo de –20°C sem congelar. O super-resfriamento já foi registrado a –8°C em répteis e –18°C em invertebrados.

ÓTIMO TÉRMICO

Todo organismo é mais bem adaptado a certo intervalo estreito de condições ambientais; esta faixa define as condições ambientais **ótimas**. Em termos de temperatura, a maioria dos organismos tem um **ótimo térmico**, que significa o intervalo de temperaturas no qual eles desempenham melhor suas atividades. O ótimo térmico é determinado pelas propriedades das enzimas e dos lipídios, pelas estruturas de células e tecidos, pela forma corporal e por outras características que influenciam a capacidade de um organismo funcionar bem sob as condições específicas do seu ambiente. Voltando ao exemplo dos peixes nas águas do oceano da Antártida, muitas espécies nadam ativamente e consomem oxigênio a uma taxa comparável à dos peixes que vivem em regiões muito

Poluição térmica Rejeito líquido que é quente demais para sustentar espécies aquáticas.

Glicerol Produto químico que impede que as pontes de hidrogênio da água se juntem para formar gelo, a menos que as temperaturas estejam muito abaixo do ponto de congelamento.

Glicoproteínas Grupo de compostos que pode ser utilizado para baixar a temperatura de congelamento da água.

Super-resfriamento Processo pelo qual glicoproteínas no sangue retardam a formação de gelo, cobrindo todos os cristais de gelo que começam a se formar.

Ótimo Intervalo estreito de condições ambientais às quais um organismo está mais bem adaptado.

Ótimo térmico Intervalo de temperatura dentro do qual os organismos desempenham melhor suas atividades.

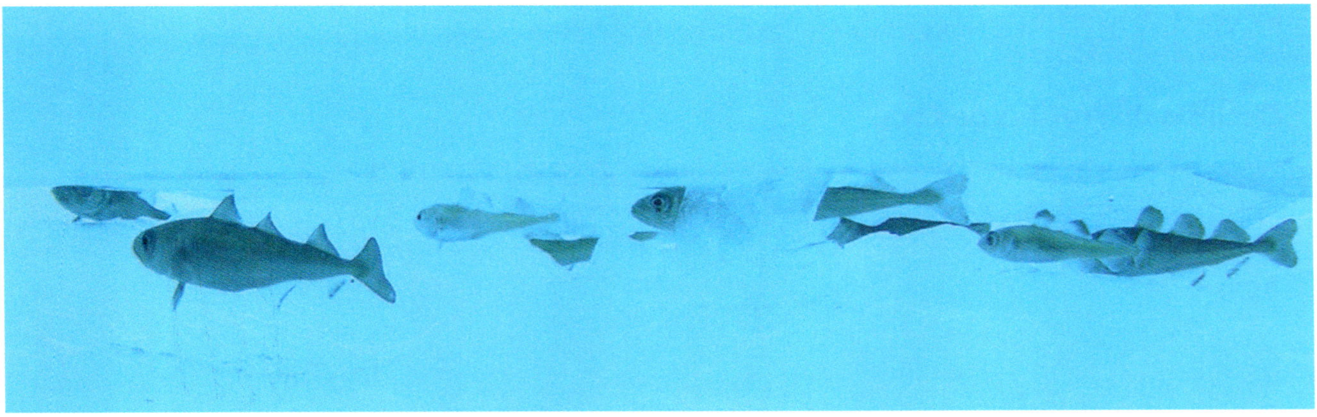

Figura 2.20 Adaptação a condições aquáticas diferenciadas. O bacalhau-do-ártico, que é comumente pescado na Rússia para consumo humano, pode viver em águas com temperatura inferior a 4°C. Compostos anticongelantes nos seus tecidos o impedem de congelar. Fotografia de Elizabeth Calvert Siddon/UAF/NOAA.

mais quentes, próximo ao Equador. No entanto, quando um peixe tropical é colocado em água fria, ele se torna lento e logo morre; inversamente, peixes antárticos não podem tolerar temperaturas mais quentes do que 5 a 10°C.

Determinadas adaptações possibilitam que os peixes nos oceanos frios nadem tão ativamente quanto os dos oceanos quentes. Nadar envolve uma série de reações bioquímicas, a maioria das quais depende de enzimas. Como essas reações geralmente ocorrem mais rapidamente em temperaturas altas, os organismos adaptados ao frio requerem mais substrato para uma reação bioquímica, mais da enzima que catalise a reação, ou ainda uma versão diferente da enzima que atue melhor sob temperaturas mais frias. Os diferentes tipos de uma enzima que catalisa determinada reação são chamados de **isoenzimas**.

Considerando o caso da truta-arco-íris (*Oncorhynchus mykiss*), um peixe que vive em córregos frios ao longo de grande parte da América do Norte, as mudanças sazonais de temperatura são previsíveis para ela: durante o inverno, as temperaturas da água podem cair perto do ponto de congelamento, enquanto, no verão, podem tornar-se muito quentes. Em resposta a essas mudanças sazonais de temperatura, a truta desenvolveu a capacidade de produzir diferentes isoenzimas no inverno e no verão. Uma delas é a acetilcolinesterase, que desempenha um importante papel ao assegurar o funcionamento adequado do sistema nervoso por meio da ligação com o neurotransmissor acetilcolina.

Para compreender bem como diferentes isoenzimas funcionam em temperaturas diversas, pode-se examinar a taxa da reação química entre acetilcolina e acetilcolinesterase, uma medida conhecida como *afinidade enzima-substrato*. A isoenzima de inverno, mostrada como uma linha azul na Figura 2.21, catalisa melhor a reação entre 0 e 10°C; contudo, esta afinidade cai rapidamente em temperaturas mais elevadas. Por outro lado, a isoenzima de verão, mostrada como uma linha laranja, apresenta uma fraca afinidade com a acetilcolina a 10°C e catalisa melhor as reações em temperaturas entre 10 e 20°C, embora a atividade caia lentamente a temperaturas mais elevadas. Como previsto, a isoenzima específica que uma truta produz depende da temperatura da água em que vive. Quando o animal vive em água a 2°C, produz a isoenzima de inverno; quando está em água a 17°C, produz a isoenzima de verão.

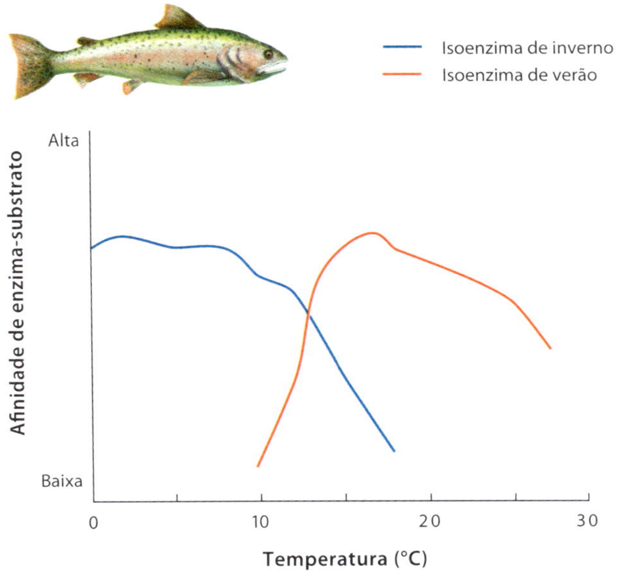

Figura 2.21 Uso de isoenzimas como adaptações às mudanças de temperatura da água. No inverno, a truta-arco-íris produz um tipo da enzima acetilcolinesterase, que apresenta alta afinidade por seu substrato entre 0 e 10°C, mas uma afinidade mais baixa em temperaturas mais altas. No verão, a truta produz uma enzima diferente, que tem alta afinidade por seu substrato entre 10 e 20°C, mas uma afinidade menor sob temperaturas mais baixas.

VERIFICAÇÃO DE CONCEITOS

1. Explique a adaptação pela qual organismos termofílicos passaram para sobreviver em temperaturas muito altas.
2. Descreva as adaptações desenvolvidas pelos peixes para sobreviver em águas marítimas muito frias.
3. Como as isoenzimas ajudam os organismos a desempenhar suas funções em hábitats com grande variação de temperatura?

Isoenzimas Diferentes tipos de uma enzima que catalisam determinada reação.

ECOLOGIA HOJE | CORRELAÇÃO DOS CONCEITOS

Declínio dos recifes de coral

Diversidade no recife de coral. Os recifes de coral, como este da ilha Beqa, Fiji, no sul do Pacífico, estão entre os lugares de maior diversidade de espécies na Terra. Fotografia de The Ocean Agency/XL Catlin Seaview Survey.

Os recifes de coral são alguns dos lugares mais bonitos da Terra, o lar de uma incrível diversidade de espécies. A Grande Barreira de Corais na costa leste da Austrália, por exemplo, contém mais de 400 espécies de corais, 200 espécies de aves e 1.500 espécies de peixes. Por essas razões, muitas pessoas ficam preocupadas quando a biodiversidade dos recifes é ameaçada por atividades humanas. Há muito tempo compreende-se que a sobrepesca e a poluição têm afetado as espécies que habitam os recifes de coral. Nos últimos 20 anos, no entanto, os cientistas descobriram que mudanças no ambiente aquático abiótico – incluindo mudanças de temperatura, pH e salinidade – também estão prejudicando seus ecossistemas.

Os corais são um grupo de pequenos animais que secretam exoesqueletos rígidos feitos de calcário (carbonato de cálcio). Eles podem ser encontrados em todo o mundo, em águas oceânicas relativamente rasas pobres em nutrientes e alimentos. Apesar de cada indivíduo do coral ser pequeno – com apenas alguns milímetros de tamanho – os corpos de calcário de corais mortos se acumulam ao longo de centenas ou milhares de anos para formar recifes de coral maciços que podem ultrapassar 300.000 km^2. Os corais sobrevivem em águas pobres em nutrientes porque têm relações simbióticas com várias espécies de algas fotossintetizantes conhecidas como *zooxantelas*. Os corais têm corpos tubulares com tentáculos que se projetam e pegam pedaços de comida e detritos que passam por eles. Sua digestão produz CO_2, que pode ser usado por algas simbióticas durante a fotossíntese. Como visto anteriormente neste capítulo, o CO_2 pode muitas vezes ser obtido com dificuldade pelos produtores aquáticos. Em troca, as algas produzem O_2 e açúcares, os quais podem, em parte, ser passados para o coral. Em suma, as algas conseguem um lugar seguro para viver e um suprimento constante de CO_2 para a fotossíntese, enquanto os corais obtêm uma fonte de energia em forma de açúcar e um suprimento constante de O_2 para a respiração.

MUDANÇA GLOBAL

Nas duas últimas décadas, os cientistas aprenderam que a relação simbiótica entre os corais e as algas é muito sensível a mudanças ambientais. Assim, quando os corais sofrem estresse em seus ambientes, expelem as algas simbióticas de seu corpo. Como eles obtêm suas cores brilhantes das algas simbióticas, os que expelem suas algas geralmente parecem esbranquiçados; logo, diz-se que sofreram o **branqueamento de coral**.

O branqueamento dos corais está associado a temperaturas anormalmente elevadas no oceano. Como discutido neste capítulo, enquanto os aumentos na temperatura da água podem acelerar as reações químicas, as temperaturas que excedem o ótimo térmico podem ser prejudiciais, pois o branqueamento pode começar se as temperaturas

Branqueamento de coral Perda de cor nos corais em consequência de expelirem suas algas simbióticas.

oceânicas do verão se elevarem apenas 1°C acima da média máxima. Se o aumento de temperatura for breve – por alguns dias ou semanas –, as algas poderão recolonizar os corais; no entanto, eles mostrarão crescimento mais lento e reprodução reduzida. Se as temperaturas forem de 2 a 3°C mais altas do que a média máxima, os corais poderão morrer. Durante as duas últimas décadas, os cientistas testemunharam grandes eventos de branqueamento em todo o mundo: em 1998, 2003, 2005, 2010 e 2016. No evento de 2016, áreas da Grande Barreira de Corais ao longo da costa da Austrália sofreram até 67% de declínio na sobrevivência de corais de águas rasas. Felizmente, outras regiões da Austrália tiveram taxas de mortalidade muito menores. Com a continuação do aumento das temperaturas globais (tema que será abordado em detalhes em capítulos posteriores), o branqueamento de coral induzido pela temperatura deverá continuar.

Mudanças na concentração de sais também são um problema para os corais. As altas temperaturas do oceano aumentam a evaporação da água do mar, o que eleva a concentração de sais no ambiente. No caso dos corais, o estresse de concentrações elevadas de sais combinado com o estresse de altas temperaturas os torna cada vez mais vulneráveis ao branqueamento e à morte.

Outra fonte do declínio nos corais é uma diminuição do pH da água do mar. Como o CO_2 atmosférico está em equilíbrio com o que é dissolvido no oceano, o recente aumento do CO_2 atmosférico está causando um aumento no CO_2 dissolvido. Este, por sua vez, tem provocado um aumento do ácido carbônico e uma redução do pH dos oceanos. Como já visto, o ácido carbônico (H_2CO_3) desassocia-se em íons carbonato (HCO_3^-) e íons de hidrogênio (H^+). Estes últimos podem então se combinar com outros íons carbonato para formar bicarbonato, tornando-os menos disponíveis para os corais produzirem seu exoesqueleto de carbonato de cálcio.

O declínio nos recifes de coral tornou-se um problema sério. No Caribe, por exemplo, o percentual de corais vivos diminuiu de mais de 50% em 1977 para menos de 10% em 2007. Há apenas 20 anos, os cientistas debateram se

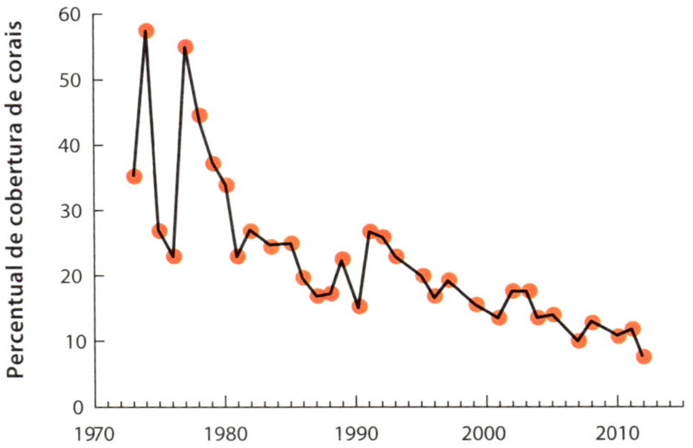

Declínio dos recifes de coral. Inúmeras mudanças no ambiente do oceano estão causando quedas nos números de corais vivos. No Caribe, por exemplo, houve uma redução acentuada no número de corais vivos em um período de três décadas. Segundo J. Jackson et al., Tropical Americas Coral Reef Resilience Workshop, http://cmsdata.iucn.org/downloads/caribbean_coral_report_jbcj_030912.pdf.

mudanças abióticas estavam desempenhando um papel no declínio dos corais. Então, à medida que mais dados foram coletados, chegou-se a um consenso. Considerando-se que mudanças na temperatura, no pH e na salinidade devem aumentar ainda mais nas próximas décadas, os cientistas atualmente preveem que muitas espécies de coral continuarão a declinar. No entanto, algumas podem ter variações genéticas suficientes para permitir mudanças evolutivas que lhes possibilitem adaptar-se às condições ambientais em mutação e persistirem.

FONTES:

McGuirk, R. Great Barrier Reef sees record coral deaths this year, Associated Press, November 29, 2016, http://www.nytimes.com/aponline/2016/11/28/world/asia/ap-as-australia-dying-coral.html.

Renema, W., et al. 2016. Are coral reefs victims of their own past success?, *Science Advances* 2: e1500850, doi:10.1126/sciadv.1500850.

Carpenter, K. E., et al. 2008. one-third of reef-building corals face elevated extinction risk from climate change and local impacts, *Science* 321:560–563.

Hoegh-Guldberg, O., et al. 2007.Coral reefs under rapid climate change and ocean acidification, *Science* 318:1737–1742.

RESUMO DOS OBJETIVOS DE APRENDIZAGEM

2.1 A água tem muitas propriedades favoráveis à vida. Incluem resistência térmica a mudanças de temperatura, densidade e viscosidade, que selecionam para adaptações ao movimento e à capacidade de dissolver muitos elementos e compostos essenciais à vida.

Termos-chave: **viscosidade, íons, saturação, acidez, pH, deposição ácida**

2.2 Animais e plantas aquáticos enfrentam o desafio de balancear água e sal. Esse desafio acontece porque os tecidos animais são geralmente hiperosmóticos ou hipo-osmóticos em comparação com a concentração do soluto no ambiente aquático circundante.

Termos-chave: **soluto, membrana semipermeável, transporte passivo, transporte ativo, osmose, potencial osmótico, osmorregulação, hiperosmótico, hipo-osmótico, desvio padrão da amostra, erro padrão da média**

2.3 A assimilação de gases na água é limitada pela difusão. Essa limitação pode dificultar a troca de gases como CO_2 e O_2 pelos organismos. Assim, a difusão é retardada porque os organismos são cercados por uma fina camada de água parada. Embora o CO_2 possa ser abundante na água – tanto como gás dissolvido quanto na forma de íons bicarbonato –, a baixa solubilidade do oxigênio na água faz com que este seja menos abundante. Em consequência, muitos animais têm estruturas respiratórias com grandes áreas de superfície e circulação contracorrente para obter o oxigênio da água.

Termos-chave: **íon bicarbonato (HCO_3^-), íon carbonato (CO_3^{2-}), camada limite, circulação contracorrente, circulação concorrente, anaeróbico**

2.4 A temperatura limita a ocorrência de vida aquática. Apesar de temperaturas mais elevadas aumentarem a velocidade das reações químicas, as excessivamente elevadas podem levar proteínas e outras moléculas importantes a se tornarem instáveis e se desnaturarem. Temperaturas baixas também representam um desafio, e muitos organismos que vivem sob condições próximas ao congelamento desenvolveram adaptações, como o uso de glicoproteínas e super-resfriamento para evitar os efeitos nocivos dos cristais de gelo que se formam dentro de suas células. Os organismos que vivem sob um intervalo amplo de temperaturas geralmente usam isoenzimas para viabilizar a função fisiológica adequada a cada temperatura.

Termos-chave: **Q_{10}, termofílico, poluição térmica, glicerol, glicoproteínas, super-resfriamento, ótimo, ótimo térmico, isoenzimas, branqueamento de coral**

QUESTÕES DE RACIOCÍNIO CRÍTICO

1. À medida que a água se resfria para menos de 4°C, ela se expande e se torna menos densa. Por que isso é benéfico para organismos que vivem em um lago durante um inverno gelado?

2. Em condições de tempo frio, o que você acha que aconteceria com a temperatura da camada limite ao redor do corpo de um animal quando comparada à da água circundante, levando em conta que o calor é rapidamente transferido entre o corpo de um organismo e a água?

3. Considerando as propriedades da água, por que compostos apolares como gordura e óleos não se dissolvem bem na água?

4. Alguns lagos ao redor do mundo têm depósitos espessos de calcário que são compostos de cálcio e resistem aos efeitos da chuva ácida. Que paralelos você pode traçar entre esses lagos e os filtros de chaminés usados em fábricas movidas a carvão?

5. Tanto os peixes de água salgada quanto os de água doce têm adaptações para controlar o movimento de água e sais através de suas superfícies externas. Descreva o que aconteceria sem essas adaptações.

6. Como o processo de seleção natural favoreceria a evolução do aumento da tolerância ao sal nas décadas em que as regiões frias do mundo aumentaram o uso do sal nas estradas, que acaba chegando aos riachos e lagos?

7. Usando o seu conhecimento sobre como o CO_2 se dissolve e reage na água, explique por que aumentos globais de CO_2 na atmosfera podem causar um decréscimo no pH das águas do oceano.

8. Como a seleção contracorrente em brânquias de peixe seria benéfica para um animal que tentasse se livrar do CO_2?

9. Como o uso de isoenzimas pode possibilitar que um organismo aquático persista diante de um aumento gradual da poluição térmica, mas não de um rápido aumento?

10. Se uma alga que vive em um coral precisa de CO_2 como fonte de carbono para a fotossíntese, por que os cientistas argumentam que o aumento global de CO_2 está desempenhando um papel no declínio dos recifes de corais ao redor do mundo?

REPRESENTAÇÃO DOS DADOS | DETERMINAÇÃO DOS VALORES DE Q_{10} NO SALMÃO

Os pesquisadores que trabalham com salmão mediram as demandas de oxigênio do peixe em um intervalo de diferentes temperaturas de água. Usando os dados da tabela a seguir e a Figura 2.18 como referência, crie um gráfico que demonstre como a demanda de oxigênio muda com a temperatura. Com base no seu gráfico, calcule o valor de Q_{10} para o salmão entre 5 e 15°C. Em seguida, calcule o valor de Q_{10} entre 10 e 20°C e compare as duas respostas.

Temperatura (°C)	Demanda de oxigênio (mg O_2/kg/min)
5	2,0
10	2,7
15	4,0
20	5,6

3 Adaptações a Ambientes Terrestres

Evolução dos Camelos

Quando se pensa em camelos, logo se imaginam animais icônicos dos desertos africanos e asiáticos. No entanto, na verdade, o ancestral de todas as espécies de camelos teve origem na América do Norte, há cerca de 30 milhões de anos, e esses animais vagaram por diversas partes da região até cerca de 8.000 anos atrás. As evidências atuais sugerem que alguns desses ancestrais cruzaram o estreito de Bering pelo Alasca há cerca de 3 milhões de anos e percorreram seu caminho até a Ásia e a África. Esses indivíduos evoluíram para as duas espécies de camelos dos tempos modernos: o ameaçado camelo bactriano (*Camelus bactrianus*) e o dromedário (*C. dromedarius*), que é muito mais comum. Ao mesmo tempo, outros tipos se dirigiram para a América do Sul e evoluíram para um segundo grupo: guanacos (*Lama guanicoe*), lhamas (*L. glama*), vicunhas (*Vicugna vicugna*) e alpacas (*L. pacos*).

Todos esses animais vivem em ambientes secos e desenvolveram diversas adaptações que os auxiliam a superar as condições rigorosas. Por exemplo, o dromedário – o mais estudado do grupo – corre o risco de superaquecimento nos desertos muito quentes onde vive. Durante o dia, os raios do Sol atingem o seu corpo e aquecem a sua superfície. Então, ele pode responder de modo comportamental, ficando de frente para o Sol e, assim, formando um perfil menor para os raios solares aquecerem. O solo arenoso do deserto também é quente e irradia o calor que absorve, o que torna o camelo ainda mais quente. Felizmente, esse animal apresenta um corpo muito grande em relação à sua área de superfície, de modo que esse calor eleva a sua temperatura corporal lentamente.

Embora os camelos, como todos os mamíferos, tentem manter uma temperatura corporal constante, eles conseguem tolerar uma elevação de 6°C antes de sofrerem quaisquer efeitos prejudiciais. Por outro lado, a maioria dos mamíferos consegue suportar apenas um aumento de cerca de 3°C na sua temperatura corporal. À noite, à medida que o ar e a areia se resfriam rapidamente, o camelo irradia seu excesso de calor para o ar ou se deita e transfere o excesso de calor corporal para a areia.

Uma das muitas adaptações surpreendentes dos camelos e de outros mamíferos em ambientes quentes é sua capacidade de resfriar o cérebro. Isso porque, enquanto grande parte do corpo consegue tolerar aumentos de temperatura a curto prazo, o cérebro não consegue.

"Uma das muitas adaptações surpreendentes dos camelos e de outros mamíferos de ambientes quentes é a sua capacidade de resfriar o cérebro."

O camelo desenvolveu um arranjo de veias e artérias que o auxilia na solução desse problema. À medida que o animal respira, as veias ao lado da longa cavidade nasal são resfriadas por meio da evaporação do vapor de água. Em seguida, as veias que transportam o sangue resfriado dirigem-se à parte de trás da cabeça do camelo, onde entram em contato com as artérias que fornecem sangue para o cérebro. Embora o sangue não se misture entre veias e artérias, ocorre troca de calor entre os dois vasos, o que resfria o sangue arterial antes que ele alcance o cérebro, mantendo-o vários graus mais frio do que o restante do corpo.

A ausência de água também é um desafio no ambiente desértico; por isso, o dromedário é adaptado a armazenar grandes quantidades de água em seu corpo, a maior parte em seus tecidos. Assim, à medida que a água é perdida da corrente sanguínea, a água dos tecidos entra no sangue. Até 30 a 40% da massa corporal do camelo é água que pode ser usada por vários dias até ele conseguir mais para beber, enquanto, em outros mamíferos, uma mera perda de 15% pode ser letal.

Adaptações do dromedário. Os camelos dromedários, como este espécime nas montanhas Hajar, dos Emirados Árabes Unidos, têm diversas adaptações que lhes possibilitam viver em ambientes quentes e secos. Naftali Hilger/Getty Images.

Guanacos da Patagônia. Os guanacos da região da Patagônia chilena têm um ancestral em comum com os camelos asiáticos. Como resultado disso, ambos compartilham diversas adaptações para lidar com um ambiente seco. Fotografia de Morty Ortega.

Os camelos também conservam a água que ingerem ao produzir fezes relativamente secas e urina com alto teor de produtos residuais e baixo conteúdo de água. Além disso, embora a sudorese seja um modo eficaz para resfriar o corpo pela evaporação, os camelos com pouca água conseguem reduzi-la. Em conjunto, essas adaptações possibilitam aos camelos sobreviverem quando a água é escassa.

Esses animais representam apenas um caso no qual os organismos terrestres desenvolveram várias adaptações para os desafios impostos pelos ambientes terrestres. Neste capítulo, serão explorados os desafios da vida sobre a terra e as adaptações das plantas e dos animais terrestres que tornam possível sua vida.

FONTES:

Cain, J. W., et al. 2006. Mechanisms of thermoregulation and water balance in desert ungulates, *Wildlife Society Bulletin* 34:570–581.

Ouajd, s., B. Kamel, 2009. Physiological particularities of dromedary (*Camelus dromedarius*) and experimental implications, *Scandinavian Journal of Laboratory Animal Science* 36:19–29.

OBJETIVOS DE APRENDIZAGEM

Após a leitura deste capítulo, você deverá ser capaz de:

3.1 Explicar como a maioria das plantas terrestres obtém nutrientes e água do solo.

3.2 Ilustrar como a luz solar fornece energia para a fotossíntese.

3.3 Descrever as maneiras pelas quais os ambientes terrestres podem ser desafiadores para o equilíbrio de água, sal e nitrogênio nos animais.

3.4 Compreender como as adaptações a diferentes temperaturas possibilitam que a vida terrestre exista no planeta.

Conforme discutido no Capítulo 2, a vida na Terra provavelmente teve origem na água. Após essa gênese, as formas de vida desenvolveram adaptações que as possibilitaram viver em terra. A transição da água para a terra impôs diversos novos desafios: as plantas evoluíram para obter água e nutrientes do solo e para realizar a fotossíntese sob condições quentes e secas; os animais evoluíram para equilibrar a água, os sais e os resíduos, e para se ajustarem às temperaturas extremas nos ambientes terrestres. Neste capítulo, será examinada a diversidade de adaptações que possibilitam que as plantas e os animais vivam em ambientes terrestres.

3.1 A maioria das plantas terrestres obtém nutrientes e água do solo

Algumas poucas plantas incomuns, como as epífitas, discutidas na Figura 1.9, do Capítulo 1, obtêm água e nutrientes essenciais sem estarem enraizadas no solo. Entretanto, a vasta maioria obtém nutrientes e água do solo, por meio de seus sistemas de raízes. Como resultado, as plantas têm diversas adaptações que as ajudam a executar essa tarefa.

NUTRIENTES DO SOLO

Além do oxigênio, do carbono e do hidrogênio que as plantas incorporam em carboidratos para possibilitar a sobrevivência e o crescimento, elas necessitam de muitos outros nutrientes inorgânicos, incluindo nitrogênio, fósforo, cálcio e potássio para fabricar proteínas, ácidos nucleicos e outros compostos orgânicos essenciais. Enquanto o oxigênio e o carbono estão disponíveis no ar, outros nutrientes são obtidos na forma de íons dissolvidos na água retida pelo solo ao redor das raízes das plantas.

O nitrogênio existe no solo na forma de íons amônio (NH_4^+) e íons nitrato (NO_3^-); o fósforo existe na forma de íons fosfato (PO_4^{3-}); e o cálcio e o potássio existem na forma dos íons elementares Ca^{2+} e K^+, respectivamente. A disponibilidade desses e de outros nutrientes inorgânicos varia conforme a forma química no solo, a temperatura, o pH e a presença de outros íons. Desse modo, a escassez de nutrientes inorgânicos, como o nitrogênio, com frequência limita a produção das plantas em ambientes terrestres. A captação de nutrientes por parte das plantas será abordada em detalhes nos capítulos posteriores.

ESTRUTURA DO SOLO E CAPACIDADE DE RETENÇÃO DA ÁGUA

Para compreender como as plantas obtêm água e nutrientes, primeiramente é necessário entender como a água se comporta no solo. Seu movimento pode ser descrito em termos do seu **potencial hídrico**, que é uma medida da energia potencial

Potencial hídrico Medida da energia potencial da água.

Figura 3.1 Água do solo. A. Imediatamente após um evento de chuva, os solos podem se tornar saturados com água, e todos os espaços entre suas partículas são preenchidos. **B.** A capacidade de campo do solo representa a quantidade de água que permanece nele após ser drenada pela gravidade. **C.** O ponto de murchamento ocorre quando as forças de atração das partículas do solo impedem que as plantas extraiam mais água dele.

da água. Ele afeta a transferência da água no solo de um local para outro e depende de diversos fatores, que incluem gravidade, pressão, potencial osmótico (discutido no Capítulo 2) e **potencial mátrico**, assim denominado porque o conjunto de todas as partículas do solo é conhecido como matriz do solo. O potencial mátrico (ou da matriz) é a energia potencial gerada pelas forças de atração entre as moléculas de água e as partículas do solo. Ele existe em virtude de as moléculas de água, que apresentam cargas elétricas, serem atraídas para as superfícies das partículas do solo, que também têm cargas elétricas. Essa atração explica por que o solo é capaz de reter água, embora a força da gravidade a puxe para baixo.

Como as cargas elétricas são responsáveis pela atração entre as moléculas de água e as partículas do solo, as moléculas de água mais próximas às superfícies das partículas do solo se aderem mais fortemente. Quando existe água em abundância, a maior parte das suas moléculas não está próxima da superfície das partículas. Em consequência, essas moléculas de água não são retidas firmemente e as raízes das plantas conseguem captar a água com facilidade. Entretanto, à medida que a água é utilizada, as moléculas remanescentes ficam posicionadas mais próximo às partículas do solo e mais firmemente aderidas.

De acordo com o aprendizado sobre a pressão osmótica no Capítulo 2, os cientistas quantificam o potencial hídrico em unidades de pressão denominadas megapascals (MPa). Assim, em um solo que se encontra totalmente saturado com água, conforme ilustrado na Figura 3.1 A, o potencial mátrico é 0 MPa; porém, quando um solo saturado é drenado pela força da gravidade, o potencial mátrico resultante é de aproximadamente –0,01 MPa. Neste ponto, a força da gravidade sobre as moléculas de água se iguala à força contrária de atração das partículas do solo sobre essas moléculas. A quantidade máxima de água retida pelas partículas do solo contra a força da gravidade é denominada **capacidade de campo** do solo, ilustrada na Figura 3.1 B. Ela representa a quantidade máxima de água disponível para as plantas. À medida que a água se torna menos abundante, como quando as plantas captam uma parte dela do solo, os valores do potencial mátrico se tornam mais negativos.

A água sempre se move das áreas de maior potencial (valores menos negativos) para as de menor potencial (valores mais negativos). Assim, para que as plantas a extraiam do solo, devem produzir um potencial hídrico inferior ao dele. À medida que secam, os solos retêm a água remanescente de modo ainda mais forte, porque uma fração maior dela se situa próximo à superfície das partículas do solo. A maioria das plantações consegue extrair a água dos solos com potenciais hídricos tão baixos quanto –1,5 MPa. Isso porque, em potenciais de água mais baixos no solo, as plantas murcham, embora uma parte da água ainda permaneça no ambiente, conforme ilustrado na Figura 3.1 C.

Os cientistas se referem a um potencial hídrico de –1,5 MPa como o **ponto de murchamento** do solo, porque esse é o valor mais baixo no qual a maioria das plantas ainda consegue obter água do solo. Existem, no entanto, espécies adaptadas à seca, que podem extrair água quando o potencial hídrico é inferior a –1,5 MPa.

Potencial mátrico Energia potencial gerada pelas forças de atração entre as moléculas de água e as partículas do solo. Também denominado **potencial da matriz**.

Capacidade de campo Quantidade máxima de água retida pelas partículas do solo contra a força da gravidade.

Ponto de murchamento Potencial hídrico de aproximadamente –1,5 MPa, no qual a maioria das plantas não pode mais recuperar a água do solo.

A quantidade de água no solo e a sua disponibilidade para as plantas dependem da estrutura física do solo. Isso também explica por que a quantidade de água que o solo consegue reter depende de sua área de superfície - quanto maior a área de superfície de determinado volume de solo, mais água ele consegue reter. A área de superfície do solo depende do tamanho das partículas que o compõem, e essas partículas incluem areia, silte e argila, além do material orgânico dos organismos em decomposição. Como mostrado na Figura 3.2, as partículas de areia são as maiores, com diâmetros que excedem 0,05 mm. As de silte apresentam diâmetros de 0,002 a 0,05 mm, e as de argila são as menores, com um diâmetro inferior a 0,002 mm. Um solo raramente é composto por um único tamanho de partícula. Em vez disso, como mostrado na Figura 3.3, os solos são comumente compostos por misturas de diferentes proporções de cada tamanho de partícula. Por exemplo, um solo composto de 40% de areia, 40% de silte e 20% de argila é classificado como *franco*. Por outro lado, um solo que contenha uma proporção mais alta de silte e mais baixa de areia é classificado como *franco siltoso*.

As partículas menores têm maior área de superfície em relação ao seu volume, em comparação às maiores. Como resultado, a área de superfície total das partículas em determinado volume de solo aumenta à medida que o tamanho da partícula diminui. Portanto, os solos com alta proporção de partículas de argila retêm mais água do que aqueles com uma alta proporção de partículas de silte, os quais, por sua vez, retêm mais água do que os solos com alta proporção de partículas de areia. Os solos com alta proporção de partículas de areia tendem a secar porque a água é drenada rapidamente, deixando pequenas bolsas de ar entre as grandes partículas de areia. Os solos argilosos representam o extremo oposto; cada pequenina partícula de argila consegue atrair um fino filme de água para a sua superfície, deixando pouco espaço para bolsas de ar. Embora os solos argilosos retenham muita água, as partículas de argila conseguem reter as moléculas de água tão firmemente que pode ser difícil para as plantas extrair a água do solo.

Figura 3.2 Tamanho das partículas do solo. A. As partículas do solo são separadas em tamanhos, conforme três tipos: argila, silte e areia. **B.** Cada partícula do solo atrai um filme de água ao redor de sua superfície. A área superficial maior das pequenas partículas de argila retém uma quantidade total de água maior do que as partículas de areia, que são muito maiores e têm uma área superficial muito menor em relação ao seu volume.

Na Figura 3.4, é possível observar como o tamanho das partículas do solo afeta a quantidade de água, medida em termos do percentual de volume do solo ocupado pela água. À medida que se passa da areia para o silte e para a argila, aumenta a capacidade de campo. Entretanto, também aumenta o ponto de murchamento. A diferença entre a capacidade de campo e o ponto de murchamento é a quantidade de água disponível para as plantas. Portanto, até mesmo quando a precipitação é frequente, os solos arenosos não conseguem reter muito da água que penetra no solo.

No outro extremo, os solos argilosos conseguem reter muita água; porém, se a precipitação não for suficientemente frequente para que o solo alcance a sua capacidade de campo, a maior parte da água estará indisponível. Isso significa que solos com alto teor de areia ou de argila são pobres para o cultivo de muitas plantas, incluindo aquelas das quais os humanos dependem para a alimentação. Já os solos que contêm mistura de partículas de argila, silte e areia – como o franco – são alguns dos melhores para cultivar plantas.

PRESSÃO OSMÓTICA E CAPTAÇÃO DE ÁGUA

No Capítulo 2, verificou-se que forças osmóticas fazem as moléculas de água deslocarem-se das áreas de baixa concentração do soluto para as de alta concentração. Ao mesmo tempo, íons e outros solutos se difundem pela água das regiões de alta concentração de solutos para as de baixa concentração. No caso de uma planta, se uma célula da raiz apresentar uma concentração de soluto mais alta do que a da água do solo, as forças osmóticas conseguem puxar a água para dentro da raiz. É este potencial osmótico nas raízes das plantas que faz a água entrar nas raízes a partir do solo, contra as forças de atração das partículas do solo e a força da gravidade.

Sem quaisquer outras adaptações, seria esperado que as concentrações de soluto dentro das células da raiz e na água do solo finalmente entrassem em equilíbrio. Neste ponto, os potenciais osmóticos das células da raiz e de suas adjacências seriam iguais, e não haveria transferência adicional de água para a planta. Entretanto, as células radiculares contam com duas adaptações que impedem esse equilíbrio. Em primeiro lugar, as membranas celulares semipermeáveis impossibilitam que moléculas maiores de soluto saiam da raiz da planta. Em segundo lugar, as membranas celulares conseguem transportar ativamente íons e pequenas moléculas para dentro das células da raiz e contra um gradiente de concentração. Essas

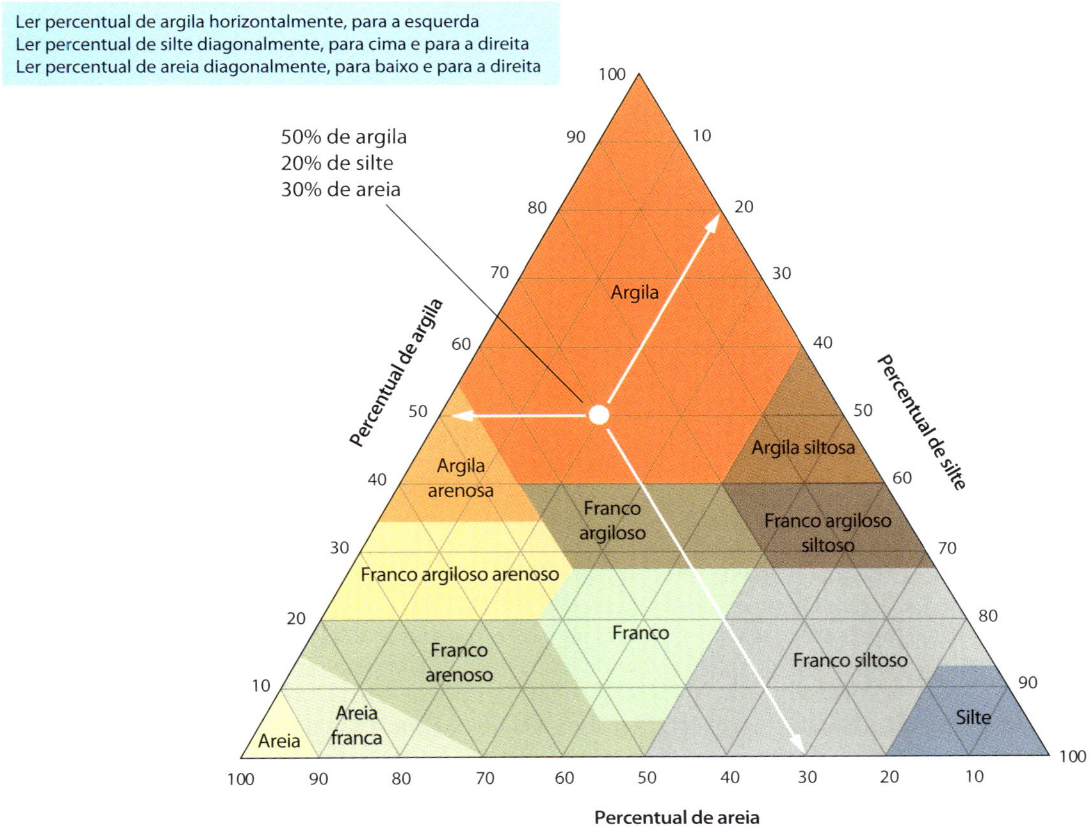

Figura 3.3 Combinações de tamanhos de partículas do solo utilizadas para classificá-los. A maioria dos solos é composta por diferentes percentuais de areia, silte e argila. Cada nome representa uma classe com uma composição específica dos três tamanhos de partícula.

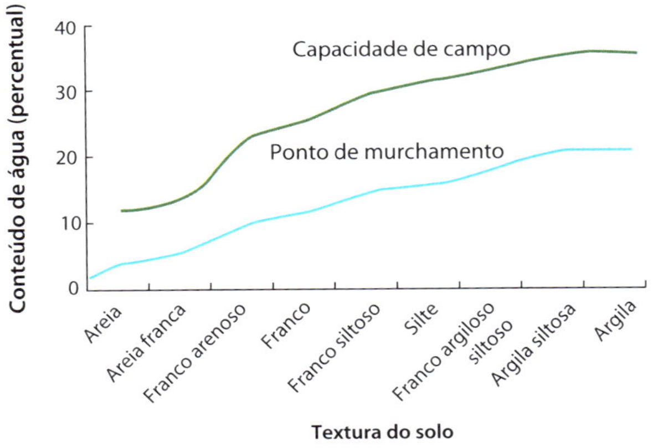

Figura 3.4 Capacidade de retenção de água dos diferentes solos. Os solos compostos por diferentes combinações de areia, silte e argila diferem em sua capacidade de retenção de água. Os que contêm grandes quantidades de areia apresentam baixa capacidade de campo e baixo ponto de murchamento. Por outro lado, solos com grandes quantidades de argila apresentam alta capacidade de campo e alto ponto de murchamento.

duas adaptações mantêm as altas concentrações de soluto dentro das raízes e permitem que as fortes forças osmóticas continuem.

Conforme observado anteriormente, as plantas que crescem em locais com potenciais hídricos muito negativos comumente têm adaptações para auxiliar na extração de água em situações inferiores a −1,5 MPa. As plantas que vivem nos desertos, por exemplo, conseguem reduzir o potencial hídrico de suas raízes até −6 MPa, passando os potenciais de água do solo em até −6 MPa. As plantas que vivem em ambientes muito salinos também conseguem vencer o desafio de extrair a água de um ambiente que contenha concentrações anormalmente altas de solutos na forma de íons de sal. Isso porque, em ambas as situações, as plantas desenvolveram adaptações que lhes possibilitaram aumentar as concentrações de aminoácidos, carboidratos ou ácidos orgânicos nas células de suas raízes.

Entretanto, a manutenção dessas altas concentrações de substâncias dissolvidas ocorre a um alto custo metabólico para as plantas, porque uma parte da energia que normalmente seria utilizada para o seu crescimento precisa ser alocada para a fabricação desses compostos orgânicos adicionais.

As plantas que não têm as adaptações adequadas crescem insuficientemente quando expostas a condições com alto teor de sal. Por exemplo, nos desertos do sudoeste americano, uma grande quantidade de terra é irrigada para plantações, incluindo algodoeiros e pomares. Contudo, a maior parte da água de poços contém pequenas quantidades de sal. Assim, à medida que a água dos poços é utilizada sobre os campos, ela penetra no solo e dissolve os sais. Se o sistema de irrigação utiliza grandes quantidades de água, ela consegue penetrar mais fundo no solo, e os sais podem ser carreados; porém, se a irrigação utiliza quantidades menores de água – apenas o suficiente para suprir as raízes das plantas –, ela permanece próximo à superfície do solo. Grande parte dessa água é, então, assimilada pelas plantas ou evapora, deixando o sal na superfície do solo.

MUDANÇA GLOBAL Com a repetição dos eventos de irrigação, a concentração de sal no solo aumenta continuamente. Após vários anos, ele pode ficar com uma quantidade de solutos tão alta que muitas plantações não conseguem criar um potencial hídrico mais baixo que o do solo e, portanto, não podem obter água suficiente. O processo de irrigação contínua que causa o aumento da salinidade do solo é conhecido como **salinização**. Solos com alto teor de sal existem ao longo de 831 milhões de hectares (ha) de terra e em 100 países do mundo. Esse é um problema em particular em todas as áreas áridas nas quais a irrigação é limitada geralmente a pequenas quantidades de água, o que concentra os sais na superfície do solo.

Em 2014, os pesquisadores revisaram estudos no mundo todo e estimaram que a salinização causou uma perda de 27 bilhões de dólares em produção de plantações. Embora seja possível reverter a salinização do solo, o processo pode ser caro e levar vários anos.

TRANSPIRAÇÃO E A TEORIA DE COESÃO-TENSÃO

É possível observar como o potencial osmótico puxa a água do solo para dentro das células das raízes das plantas. As plantas conduzem a água das raízes até as suas folhas por meio dos elementos tubulares do xilema, que são os remanescentes vazios das células do xilema localizados no centro das raízes e dos caules e que são conectados para formar o equivalente a tubulações de água. O fluxo de água através das células do xilema depende da *coesão* das moléculas de água e das diferenças no potencial hídrico entre as folhas e as raízes.

A **coesão** da água é o resultado da atração mútua entre as suas moléculas. A atração das pontes de hidrogênio faz com que uma molécula de água se movendo para cima no xilema de uma planta puxe outras com ela. A coesão auxilia toda a coluna de água a se movimentar pelos longos vasos de uma árvore alta. O processo, mostrado na Figura 3.5, tem início quando o potencial osmótico nas raízes puxa a água do solo para dentro da planta e cria uma **pressão de raiz** que força a água para dentro dos elementos do xilema. Entretanto, essa pressão é contrária à da gravidade e do potencial osmótico dentro das células radiculares. Em virtude dessas duas importantes forças de contraposição, a pressão de raiz consegue elevar a água no máximo até a uma altura de cerca de 20 m, embora as árvores mais altas possam alcançar alturas superiores a 100 m.

Felizmente para as plantas, as folhas também conseguem gerar potencial hídrico à medida que a água evapora das superfícies das células das folhas e para o interior dos pequenos espaços de ar que as circundam. Em última instância, esse vapor de água se move para fora da folha e para o ar em um processo conhecido como **transpiração**. A coluna de água em um elemento do xilema é contínua desde as raízes até as folhas, tendo em vista que é mantida unida pelas pontes de hidrogênio entre as moléculas de água. Portanto, os baixos potenciais hídricos nas folhas podem literalmente levar a água para cima através dos elementos do xilema e contra o potencial osmótico das células radiculares vivas e a força gravitacional. Na maioria das situações, o potencial hídrico é forte o suficiente para puxar a água para cima através das raízes, do xilema e das folhas. Como resultado, o potencial hídrico produzido pela transpiração cria um gradiente contínuo desde a superfície das folhas em contato com a atmosfera até as superfícies dos pelos radiculares em contato com a água do solo. O movimento da água ocorre em virtude de sua coesão e tensão (que é outra denominação para as diferenças no potencial hídrico). Esse mecanismo de transferência da água das raízes até as folhas em virtude da sua coesão e tensão é conhecido como **teoria de coesão-tensão**.

Com base nessa teoria, as plantas muito altas devem apresentar mais dificuldade para transportar a água através de seus caules ou troncos, uma vez que o movimento de água por uma alta coluna sofre a oposição da força da gravidade. Pesquisas recentes estimam que esse sistema limita as plantas a uma altura máxima de 130 m. Sustentando essa previsão, a árvore mais alta que já foi medida de modo confiável foi um abeto-douglas de 126 m.

Embora a transpiração provoque uma força poderosa que move a água por uma planta, quando o solo alcança o ponto de murchamento, não há água suficiente movendo-se para dentro das raízes em substituição à que foi perdida a partir das folhas. Então, sob condições de seca, as plantas apresentam diversas adaptações para reduzir a transpiração, prevenindo a perda adicional de água pelas folhas. A maioria das células no exterior de uma folha é revestida por uma cutícula cerosa que retarda a perda de água. Como resultado, a troca gasosa entre a atmosfera e o interior da folha ocorre principalmente por meio de pequenas aberturas na superfície das folhas, denominadas **estômatos** (Figura 3.6). Eles são os pontos de entrada para o CO_2 e de saída para o vapor de água que escapa para a atmosfera pela transpiração. Assim, quando sofrem escassez de água, as plantas conseguem reduzir essa perda para a atmosfera fechando os seus estômatos.

À medida que o potencial hídrico da folha enfraquece, as *células-guarda* que margeiam um estômato colapsam ligeiramente, pressionando-o e fechando-o. Embora o fechamento dos estômatos proporcione o importante benefício da redução da perda de água, isso ocorre à custa do bloqueio da entrada do CO_2 na folha, que é necessário para a fotossíntese. Como

Salinização Processo de irrigação contínua que causa aumento da salinidade do solo.

Coesão Atração mútua entre moléculas de água.

Pressão de raiz Quando o potencial osmótico nas raízes de uma planta retira a água do solo e a força para dentro dos elementos do xilema.

Transpiração Processo pelo qual as folhas conseguem gerar um potencial hídrico à medida que a água evapora das superfícies das células para dentro dos espaços ocos das folhas.

Teoria de coesão-tensão Mecanismo de movimento da água desde as raízes até as folhas em virtude da sua coesão e tensão.

Estômatos Pequenas aberturas na superfície das folhas que atuam como pontos de entrada para o CO_2 e de saída para o vapor de água.

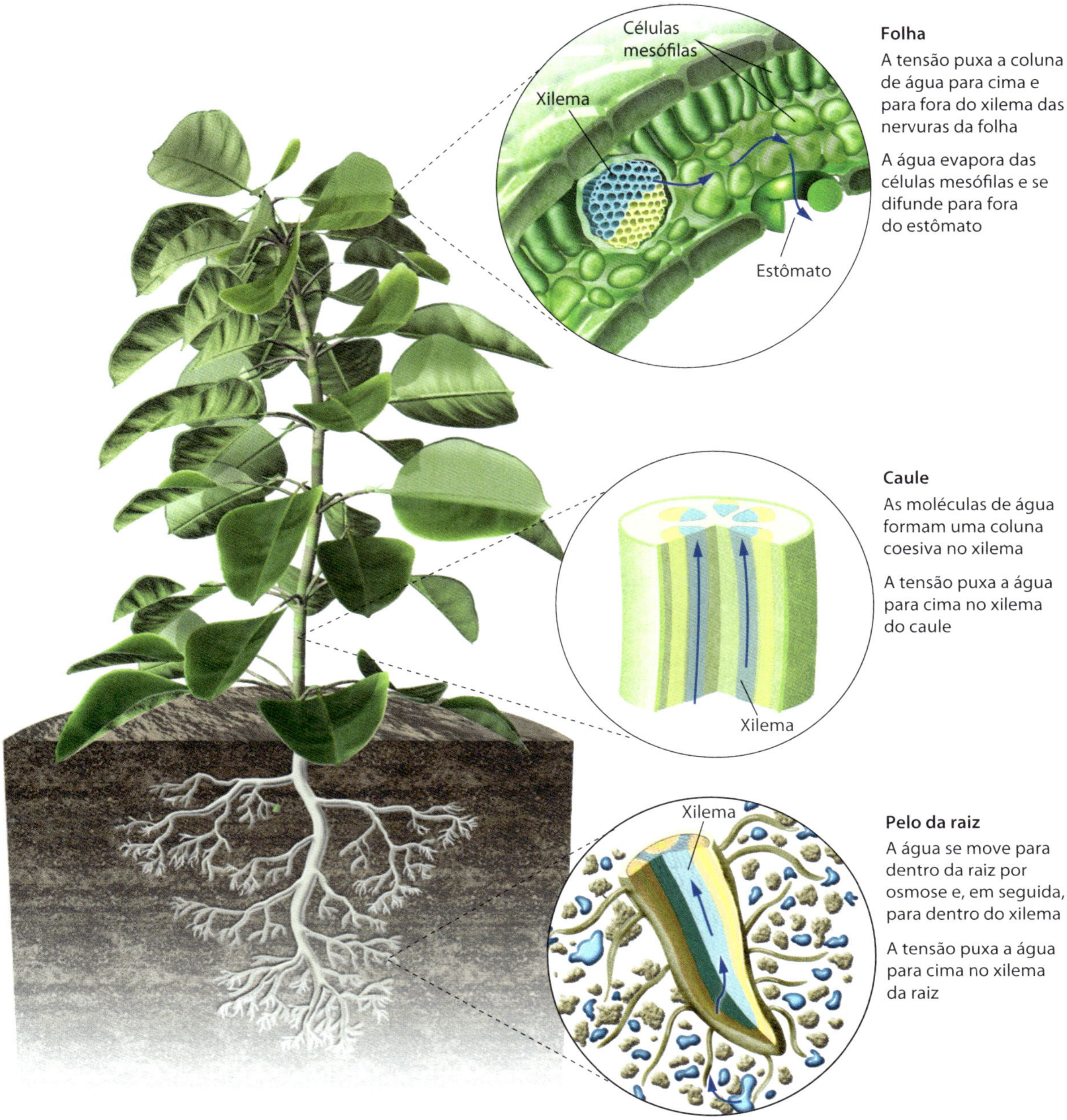

Figura 3.5 Movimento da água nas plantas por coesão e tensão. As diferenças no potencial hídrico, também conhecidas como tensão, fazem a água se deslocar do solo para as raízes, das raízes para o caule e do caule para as folhas. A coesão da água faz suas moléculas aderirem umas às outras e se moverem como uma única coluna até as células do xilema.

será discutido adiante, as plantas que vivem em ambientes quentes e secos desenvolveram adaptações adicionais para lidar com esse efeito colateral indesejável.

VERIFICAÇÃO DE CONCEITOS

1. Explique a relação entre o tamanho das partículas e a capacidade de campo do solo.
2. Por que a disponibilidade de água para as plantas é maior em solos compostos por partículas de tamanho intermediário?
3. Como podemos ter certeza de que a pressão da raiz não é suficiente para explicar o movimento da água nas árvores?

3.2 A luz solar fornece a energia para a fotossíntese

Seja na água ou em terra, a energia solar é essencial para a existência da maior parte da vida no planeta. Para compreender como é capturada, é preciso examinar a energia disponível, a energia que é absorvida e como ela é convertida pela fotossíntese em uma forma utilizável. As plantas desenvolveram diversas adaptações para realizar a fotossíntese nos ambientes terrestres, as quais coincidem com as condições ambientais das diferentes regiões do mundo.

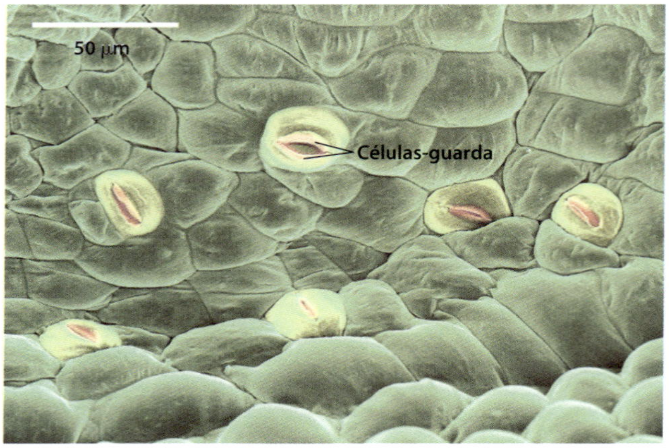

Figura 3.6 Estômatos. Os estômatos são poros nas superfícies das folhas, cada um margeado por duas células-guarda. Sob condições de baixa disponibilidade de água, essas células fecham a abertura e impedem a perda de água das folhas. Callista Images/Newscom/Cultura.

ENERGIA SOLAR DISPONÍVEL E ABSORVIDA

A energia solar, conhecida como **radiação eletromagnética**, vem em "pacotes" de pequenas unidades chamadas fótons. A energia dos fótons é positivamente relacionada à sua frequência e inversamente relacionada ao seu comprimento de onda; assim, os fótons de energia mais alta têm frequência mais alta e comprimento de onda mais curto.

Os comprimentos de onda são expressos em unidades de nanômetros (nm), o que corresponde à bilionésima parte de um metro. Os diferentes comprimentos de onda da luz podem ser separados com um prisma. Como se pode ver na Figura 3.7, a radiação infravermelha apresenta comprimentos de onda longos, que contêm menos energia. O comprimento de onda curto, como a radiação ultravioleta, contém mais energia. Entre os dois extremos das radiações infravermelha e ultravioleta, encontram-se os comprimentos de onda coletivamente conhecidos como **luz visível**, que são visíveis ao olho humano. A luz visível representa apenas uma pequena parte do espectro da radiação eletromagnética.

A porção visível do espectro inclui a **região fotossinteticamente ativa**, que é composta por comprimentos de onda de luz adequados para a fotossíntese. Esse intervalo de comprimentos de onda se encontra aproximadamente entre 400 nm (violeta) e 700 nm (vermelha). As plantas, as algas e algumas bactérias absorvem esses comprimentos de onda e assimilam sua energia pela fotossíntese. São também os comprimentos de onda de maior intensidade na superfície da Terra.

Os organismos fotossintéticos eucarióticos contêm organelas celulares especializadas conhecidas como **cloroplastos**. Como se pode ver na Figura 3.8, eles contêm pilhas de membranas conhecidas como *tilacoides* e um espaço preenchido por líquido que circunda os tilacoides, denominado *estroma*. Inseridos dentro das membranas tilacoides encontram-se diversos tipos de pigmentos que absorvem a radiação solar,

Radiação eletromagnética Energia do Sol "empacotada" em pequenas unidades semelhantes a partículas, denominadas fótons.

Luz visível Comprimentos de onda entre a radiação infravermelha e a ultravioleta, visíveis ao olho humano.

Região fotossinteticamente ativa Comprimentos de onda da luz que são adequados para a fotossíntese.

Cloroplastos Organelas celulares especializadas encontradas em organismos fotossintéticos.

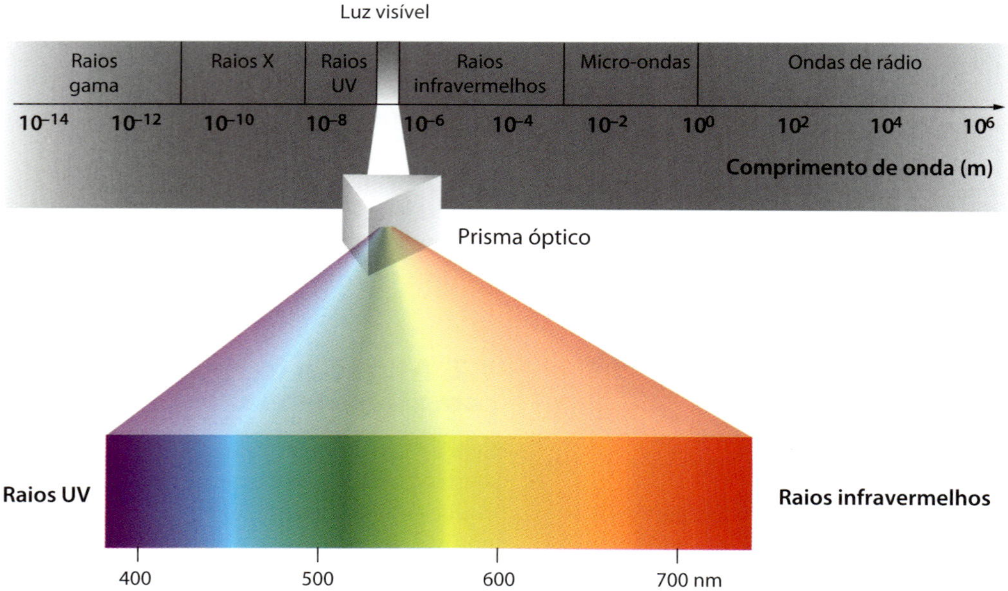

Figura 3.7 Comprimentos de onda da energia solar. O Sol emite radiação eletromagnética, que abrange uma grande amplitude de energias e comprimentos de onda. UV: ultravioleta.

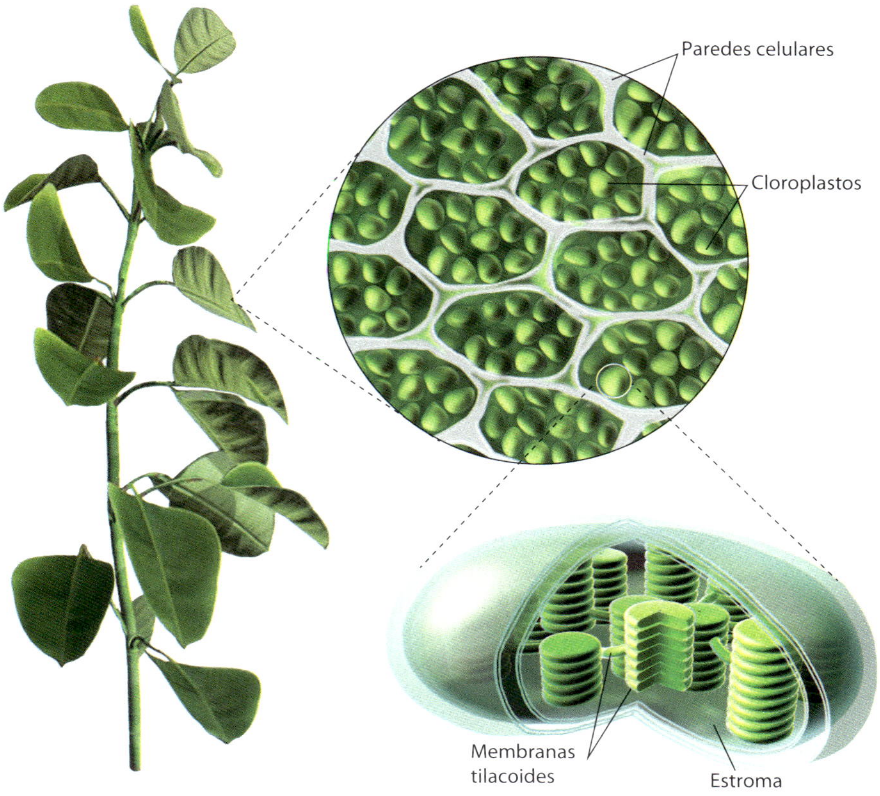

Figura 3.8 Cloroplastos. Os cloroplastos são o local da fotossíntese. Contêm pilhas de membranas denominadas tilacoides, circundadas por um espaço preenchido por líquido conhecido como estroma.

incluindo *clorofilas* e *carotenoides*. Os padrões de absorção de diversos desses pigmentos são mostrados na Figura 3.9.

As clorofilas, que são responsáveis primariamente pela captura da energia da luz para a fotossíntese, absorvem a luz vermelha e a violeta. Elas refletem as luzes verde e azul, motivo pelo qual as folhas na maioria das plantas são de coloração predominantemente verde.

Ao longo dos últimos 60 anos, os cientistas identificaram quatro tipos de clorofila que diferem nos comprimentos de onda que absorvem: *a*, *b*, *c* e *d*. A clorofila *a* é encontrada em todos os organismos que realizam a fotossíntese e é responsável pelas etapas reais do processo. Os outros tipos atuam como *pigmentos acessórios*, o que significa que capturam a energia da luz e, em seguida, transmitem-na até a clorofila *a*. Recentemente, os cientistas relataram a descoberta de um quinto tipo de clorofila, que denominaram *clorofila f*. Esse pigmento, descoberto em algas que vivem em poças rasas em rochas na costa da Austrália, absorve a luz em comprimentos de onda mais longos que os demais.

Os carotenoides também são pigmentos acessórios que absorvem principalmente as luzes azul e verde, complementando, assim, o espectro de absorção da clorofila. Eles proporcionam às cenouras a sua coloração laranja e refletem as luzes amarela e laranja. Por conterem carotenoides e diversos tipos de clorofila, os produtores conseguem absorver uma amplitude maior de energia solar e utilizá-la para promover a fotossíntese.

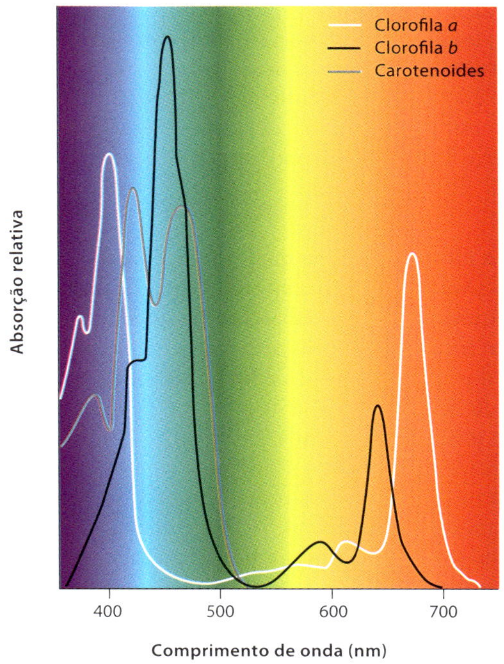

Figura 3.9 Pigmentos de absorção da luz. Os organismos fotossintéticos contêm diversos pigmentos, incluindo as clorofilas *a* e *b* e os carotenoides, que atuam como pigmentos acessórios que capturam a energia solar e a transmitem para as clorofilas.

FOTOSSÍNTESE

Nesta seção, serão revisados o processo da fotossíntese e as diferentes vias que se desenvolveram sob distintas condições ecológicas. O processo de fotossíntese envolve a absorção da energia de fótons de luz pelos pigmentos fotossintéticos. Essa energia é então convertida em energia química e armazenada nas ligações de alto teor energético dos compostos orgânicos. De maneira simplificada, a fotossíntese é o processo de combinação de CO_2, H_2O e energia solar para produzir glicose ($C_6H_{12}O_6$) e oxigênio:

$$6\,CO_2 + 6\,H_2O + \text{fótons} \rightarrow C_6H_{12}O_6 + 6\,O_2$$

Essa equação simples resume uma longa cadeia de reações químicas complexas que ocorrem em duas partes: *reações de luz* e *ciclo de Calvin*.

As reações de fase de luz dependem da energia da luz solar e incluem uma série de eventos, desde a absorção da luz até a produção de compostos de alto teor energético e oxigênio (O_2). Esses compostos de alta energia são adenosina trifosfato (*ATP*) e nicotinamida adenina dinucleotídio fosfato (*NADPH*). A célula usa a energia deles para converter CO_2 em glicose, em um processo conhecido como ciclo de Calvin, que ocorre no estroma do cloroplasto. Ao longo do tempo evolutivo, houve o desenvolvimento de três vias bioquímicas distintas para o ciclo de Calvin: as *fotossínteses* C_3, C_4, e *CAM*. Conforme será discutido adiante, cada uma delas é adequada a condições ecológicas específicas.

Fotossíntese C_3

Para a maioria das plantas, a fotossíntese tem início com uma reação entre o CO_2 e um açúcar com cinco carbonos conhecido como ribulose bifosfato (*RuBP*), para produzir um composto carbônico com seis carbonos. Essa reação é catalisada pela enzima **RuBP carboxilase-oxidase**, também conhecida como **RuBisCO**. Após a criação do composto com seis carbonos, ele é imediatamente dividido em duas moléculas de um açúcar com três carbonos, denominadas *G3P* (gliceraldeído 3-fosfato). Esse processo pode ser representado como:

$$CO_2 + \text{RuBP} \rightarrow 2\ \text{G3P}$$

A via fotossintética na qual o CO_2 é inicialmente assimilado como um composto com três carbonos (G3P) é conhecida como **fotossíntese C_3**, utilizada pela maioria das plantas da Terra e realizada nas células mesófilas localizadas nas folhas.

Um dos desafios para as plantas que usam fotossíntese C_3 é que a RuBisCo, a enzima responsável pela união entre CO_2 e RuBP, tem baixa afinidade com o CO_2. Consequentemente, a assimilação do carbono usando-a é consideravelmente ineficiente nas baixas concentrações de CO_2 encontradas nas células mesófilas das folhas. Assim, para alcançar altas taxas de assimilação de carbono, as plantas precisam preencher suas células mesófilas com grandes quantidades da enzima. Em algumas espécies de plantas, a RuBisCO pode compor até 30% do peso seco do tecido da folha.

A baixa afinidade da RuBisCO com o CO_2 não é o único problema que as plantas enfrentam. Sob determinadas condições, como quando as temperaturas estão elevadas, as concentrações de O_2 são altas e as concentrações de CO_2 são baixas, a RuBisCO se liga preferencialmente ao O_2, em vez de ao CO_2. Isso ocorre quando condições quentes e secas causam o fechamento dos estômatos nas folhas, impedindo a entrada de novo CO_2 para a reposição do CO_2 que foi consumido pelo ciclo de Calvin. O fechamento dos estômatos também evita que o O_2 produzido pela reação de fase de luz deixe a folha; consequentemente, condições quentes e secas levam a alterações nas concentrações de CO_2 e O_2, que fazem com que a RuBisCO se ligue preferencialmente ao O_2, em vez de ao CO_2. Quando isso acontece, a enzima inicia uma série de reações que revertem o resultado da fotossíntese, em um processo conhecido como **fotorrespiração**:

$$2\ \text{G3P} \rightarrow \text{RuBP} + CO_2$$

A reação reversa consome energia e O_2, e produz CO_2. Essa reação nas plantas é denominada fotorrespiração, porque se assemelha ao processo da respiração. Em resumo, o que é executado pela fotossíntese quando a RuBisCO se liga ao CO_2 é desfeito pela fotorrespiração quando a RuBisCO se liga ao O_2.

O problema da fotorrespiração é causado, em parte, pelo fechamento dos estômatos, que resulta em altas concentrações de O_2 e baixas de CO_2 nas folhas. Uma solução potencial é manter os estômatos das folhas abertos, o que viabiliza uma troca gasosa livre, possibilitando que o CO_2 entre nas folhas e o O_2 saia. Essa estratégia funciona enquanto as plantas são capazes de repor a água que também perdem por meio da transpiração, quando os estômatos estão abertos; entretanto, pode ter um custo muito alto em ambientes quentes e secos, onde a água é escassa. Quando esses custos são muito altos, a seleção natural favorece os atributos que possam reduzir a demanda ou a perda de água.

Fotossíntese C_4

Condições quentes e secas causam o fechamento dos estômatos, o que resulta em diminuição do CO_2 e aumento do O_2 e da fotorrespiração. Para resolver esse problema, muitas plantas herbáceas, em particular as gramíneas que crescem em climas quentes, desenvolveram uma via modificada da fotossíntese, conhecida como **fotossíntese C_4**. Os biólogos a chamam assim porque, em sua primeira fase, o CO_2 se liga a uma molécula contendo três carbonos, chamada fosfoenol piruvato (PEP), a fim de produzir uma molécula com quatro carbonos, denominada ácido oxaloacético (OAA):

$$CO_2 + \text{PEP} \rightarrow \text{OAA}$$

Essa reação é a principal diferença entre as fotossínteses C_3 e C_4. Ela é catalisada pela enzima PEP carboxilase, que tem

---

RuBP carboxilase-oxidase Enzima envolvida na fotossíntese que catalisa a reação de RuBP e CO_2 para formar duas moléculas de gliceraldeído 3-fosfato (G3P). Também denominada **RuBisCO**.

Fotossíntese C_3 Via fotossintética mais comum na qual o CO_2 é inicialmente assimilado em um composto de três carbonos, o gliceraldeído 3-fosfato (G3P).

Fotorrespiração Oxidação de carboidratos em CO_2 e H_2O pela RuBisCO, que inverte o resultado das reações da fotossíntese que ocorrem sob a luz.

Fotossíntese C_4 Via fotossintética na qual o CO_2 é assimilado inicialmente dentro de um composto de quatro carbonos, o ácido oxaloacético (OAA).

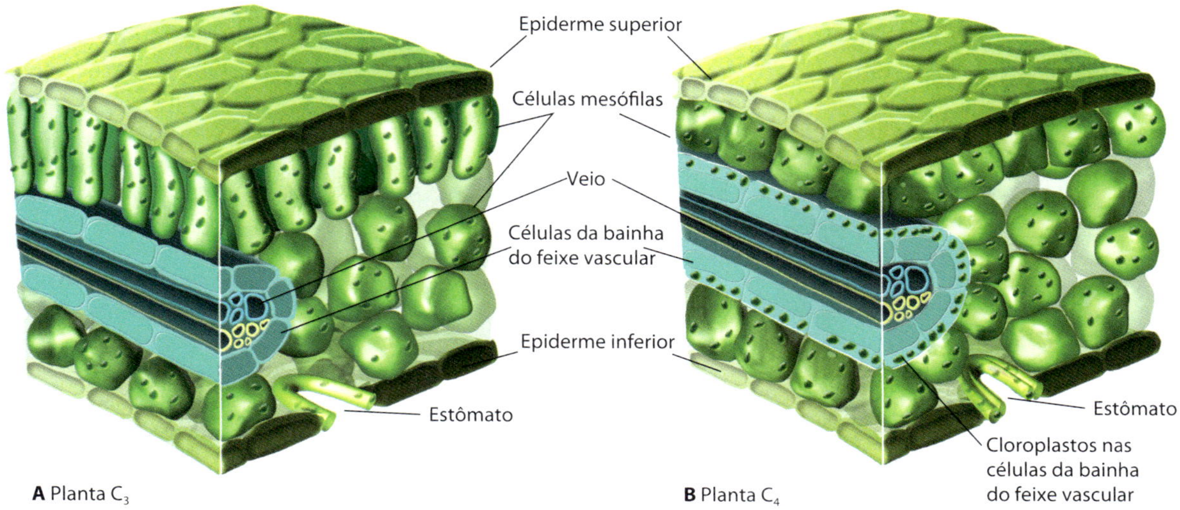

Figura 3.10 Disposição das células na folha de plantas C_3 *versus* C_4. A. As plantas C_3 realizam todas as etapas da fotossíntese nos cloroplastos das células mesófilas. **B.** Nas plantas C_4, a etapa inicial da assimilação do carbono e das reações de luz ocorre nos cloroplastos das células mesófilas. Entretanto, o CO_2 assimilado em seguida é transportado até as células da bainha do feixe vascular (nervura), onde ocorre o ciclo de Calvin.

maior afinidade com o CO_2 do que com a RuBisCO. Uma visão global desse processo é mostrada na Figura 3.10.

A etapa de assimilação adicional ocorre nas células mesófilas da folha, que também é o local da reação de luz. Entretanto, na maioria das plantas C_4, o ciclo de Calvin se dá nas células da bainha que envolve os feixes vasculares (ou nervuras) da folha. Isso significa que a planta deve transferir o CO_2 assimilado nas células mesófilas para as células da bainha do feixe. Para tal, a planta converte o OAA em ácido málico, que em seguida se difunde dentro das células da bainha, onde outra enzima o decompõe para produzir CO_2 e *piruvato*, um composto de três carbonos. Nas células da bainha, os cloroplastos utilizam o CO_2 que é trazido das células mesófilas para o ciclo de Calvin. Para completar o ciclo, o piruvato se transfere de volta para as células mesófilas, onde é convertido outra vez em PEP para ser utilizado novamente.

Em suma, a via C_4 é uma adaptação que adiciona uma fase à assimilação inicial do CO_2 para torná-la mais eficiente quando o CO_2 está presente em baixas concentrações. Essa estratégia soluciona o problema da fotorrespiração ao criar concentrações de CO_2 nas células da bainha das nervuras, que são 3 a 8 vezes mais altas do que as que se encontram disponíveis para as plantas C_3. Assim, como há múltiplas células mesófilas para cada célula da bainha, há um número grande de locais para assimilação de CO_2 e seu fornecimento para cada célula da bainha.

Com a concentração mais alta de CO_2, o ciclo de Calvin opera de modo mais eficiente. Além disso, como a enzima PEP carboxilase tem alta afinidade com o CO_2, ela consegue ligar-se a ele em uma concentração mais baixa na célula. Essa via possibilita que os estômatos permaneçam parcial ou completamente fechados durante períodos de tempo mais longos, o que reduz a perda de água.

Entretanto, a fotossíntese C_4 apresenta duas desvantagens que reduzem a sua eficiência: menos tecido das folhas é alocado à fotossíntese e parte da energia produzida pelas reações de fase de luz é utilizada na etapa inicial de assimilação do carbono C_4.

Enquanto as plantas C_3 são favorecidas em climas frios e úmidos, as C_4 são beneficiadas em climas que são quentes ou com menor disponibilidade de água. Quando a água é abundante, a via C_4 não representa uma vantagem porque o custo da via C_3 é relativamente baixo; entretanto, quando a água é menos abundante, a via C_4 é vantajosa.

Ao longo dos últimos 30 milhões de anos, a fotossíntese C_4 evoluiu pelo menos 45 vezes em pelo menos 19 famílias diferentes de angiospermas. No entanto, apenas cerca de 4% de todas as espécies de plantas na Terra utilizam a via C_4, sendo esta encontrada principalmente em dois tipos de plantas não lenhosas: as *gramíneas* e os *juncos*. As plantas C_4 dominam os campos tropicais e subtropicais e são componentes importantes das comunidades de plantas de regiões áridas do mundo, incluindo as grandes planícies da América do Norte. As plantas que usam a via C_4 também compreendem muitas das plantações mais importantes, como o milho, o sorgo e a cana-de-açúcar, que são altamente produtivas durante as estações quentes, de crescimento. Elas são responsáveis por 20 a 30% de toda a fixação do CO_2 e por 30% de toda a produção de grãos. Como resultado, as plantas C_4 podem desempenhar papéis significativos nos ecossistemas em que vivem.

Fotossíntese CAM

Determinadas plantas suculentas que habitam ambientes com estresse hídrico, como cactos e abacaxizeiros, utilizam as mesmas vias bioquímicas que as plantas C_4. Entretanto, em vez de separar espacialmente as etapas da assimilação do CO_2 e do ciclo de Calvin nas células mesófilas e na bainha das nervuras, essas plantas suculentas separam as etapas no tempo. As plantas que seguem essa via, conhecida como **metabolismo ácido das crassuláceas** ou **CAM**, abrem seus estômatos para a troca gasosa durante a noite mais fria, quando a transpiração é mínima e, então, realizam a fotossíntese durante o dia

Metabolismo ácido das crassuláceas (CAM) Via fotossintética na qual a assimilação do carbono em um composto com quatro carbonos ocorre à noite.

quente. A descoberta desse arranjo ocorreu pela primeira vez em plantas da família Crassulaceae (a família dos *Sedum*), que inclui a planta-jade (*Crassulata ovata*).

Assim como as plantas C_4, as CAM utilizam uma etapa inicial de assimilação do CO_2 e produção de OAA, que em seguida é convertido em ácido málico e armazenado em altas concentrações nos vacúolos dentro das células mesófilas da folha. A enzima responsável pela assimilação do CO_2 atua melhor nas temperaturas frias que ocorrem à noite, quando os estômatos estão abertos. Durante o dia, os estômatos se fecham, e os ácidos orgânicos armazenados são gradualmente decompostos para liberar o CO_2 para o ciclo de Calvin. Uma enzima diferente, com uma temperatura ótima mais alta e ajustada para promover a fotossíntese diurna, é a responsável por regular a regeneração do PEP a partir do piruvato, após a liberação do CO_2. Como as plantas CAM conseguem realizar a troca gasosa durante a noite, quando o ar está mais frio e úmido, elas reduzem a sua perda de água. Portanto, a fotossíntese CAM é uma adaptação que resulta em eficiências extremamente altas na utilização da água e que capacita as plantas que utilizam essa via a viverem em regiões muito quentes e secas do planeta. Ao mesmo tempo que a CAM possibilita que a fotossíntese ocorra em condições com limitação de água, ela ocorre a uma velocidade relativamente lenta. Em consequência, as plantas CAM normalmente crescem muito mais lentamente do que as plantas C_3 ou C_4. A Figura 3.11 compara as três alternativas de vias fotossintéticas.

As plantas que têm a via C_3 são mais bem adaptadas às condições frias e úmidas, enquanto aquelas com as vias C_4 e CAM são mais bem adaptadas às condições quentes e áridas. Entretanto, não existe uma diferença clara entre os locais onde esses diferentes tipos de plantas crescem. Por exemplo, regiões que são quentes e secas durante o verão podem ser frias e úmidas durante o inverno e a primavera. Além disso, as distintas vias fotossintéticas representam apenas uma das várias adaptações que as plantas desenvolveram para lidar com temperaturas quentes e escassez de água. Conforme será discutido na próxima seção, muitas plantas também desenvolveram adaptações estruturais.

ADAPTAÇÕES ESTRUTURAIS AO ESTRESSE HÍDRICO

As plantas adaptadas ao calor e à seca apresentam modificações anatômicas e fisiológicas que melhoram a captação e a retenção de água, bem como reduzem a transpiração e o acúmulo de calor em seus tecidos. As adaptações incluem: a presença de raízes que conseguem tirar proveito de diferentes fontes de água, a resistência ao acúmulo de calor, adaptações morfológicas nas folhas e uma configuração de nervuras que protege contra bloqueios causados por ar nos feixes vasculares.

As plantas que vivem em regiões áridas com frequência têm raízes muito superficiais ou muito profundas, que representam duas estratégias adaptativas diferentes. Aquelas com raízes superficiais, como muitas espécies de cactos, são capazes de assimilar rapidamente a água de chuvas breves, que não penetra muito profundamente no solo. Os cactos geralmente apresentam essa adaptação em combinação com tecidos espessos e suculentos, que conseguem reter uma grande quantidade de água quando ela está disponível. Diferentemente dos cactos, alguns arbustos perenes, como a mesquita, têm raízes que conseguem se estender por vários metros de profundidade no solo, possibilitando o acesso à água que se encontra muito abaixo da superfície.

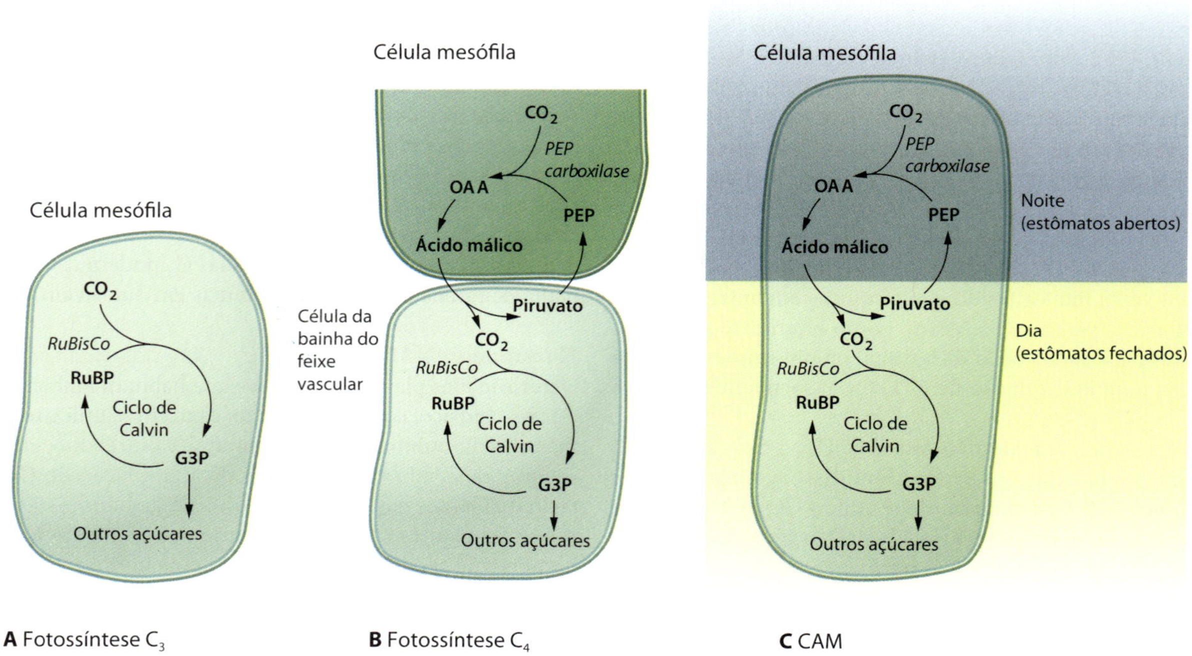

Figura 3.11 Alternativas de vias fotossintéticas. A. As plantas C_3 realizam a fotossíntese nas células mesófilas durante o dia. **B.** As plantas C_4 separam as etapas da fotossíntese no espaço. A etapa de assimilação inicial do CO_2 ocorre nas células mesófilas, e as etapas remanescentes ocorrem nas células da bainha do feixe vascular. **C.** As plantas CAM separam as etapas da fotossíntese no tempo. A assimilação do CO_2 ocorre à noite, e as etapas remanescentes ocorrem durante o dia. CAM: metabolismo ácido das crassuláceas; PEP: fosfoenol piruvato.

Figura 3.12 Adaptações estruturais das plantas contra o calor e a seca. A. Espinhos e pelos sobre as superfícies das folhas, como na planta *silverleaf sunray*, "margarida-de-tronco-nu" (*Enceliopsis argophylla*), protegem contra a luz solar direta e reduzem a evaporação. **B.** Folhas delicadamente divididas, como as encontradas na planta mesquita, ajudam a dissipar qualquer calor acumulado. **C.** Os estômatos que se encontram encaixados em orifícios profundos que contêm pelos, como no oleandro, reduzem a taxa de evaporação da água para fora da folha.

Outra estratégia para combater os efeitos do calor e da seca é proteger a superfície das plantas contra a luz solar direta com resinas nas folhas, cutículas cerosas, espinhos e pelos, alguns dos quais ilustrados na Figura 3.12.

As resinas ajudam a selar a maior parte das folhas contra a perda de água, enquanto as cutículas cerosas ajudam a tornar as superfícies da planta mais resistentes à perda de água. Os espinhos e os pelos produzem uma camada limite de ar parado, que aprisiona a umidade e reduz a evaporação. Em alguns casos, para reduzir a perda de água, os estômatos encontram-se encaixados dentro de orifícios fundos que contêm pelos. Como camadas limite espessas também podem retardar a perda de calor, as superfícies recobertas por pelos são prevalentes em ambientes áridos frios. Além disso, espinhos longos podem atuar como estruturas que dissipam o excesso de calor da planta.

Algumas adaptações reduzem o acúmulo de calor. As plantas conseguem diminuir sua temperatura por meio da produção de folhas delicadamente subdivididas, com uma grande proporção de bordas por área de superfície. Essa grande quantidade de bordas da folha quebra a camada limite que a circunda, o que auxilia na dissipação do calor a partir das folhas. Algumas plantas de deserto, no entanto, não contam com folhas; muitos cactos dependem totalmente de seus caules para a fotossíntese, e suas folhas são modificadas em espinhos para a proteção.

Durante muito tempo, os cientistas observaram que as plantas em hábitats com altas temperaturas normalmente apresentavam folhas menores do que aquelas em hábitats com água abundante. Eles, então, hipotetizaram que as folhas menores representavam uma adaptação que possibilitava a dissipação de calor. Entretanto, folhas pequenas não são observadas apenas em plantas de locais quentes e secos, mas também nas de locais frios e secos. Folhas menores também contêm uma densidade mais alta de nervuras grandes que transportam e distribuem a água para as muitas nervuras pequenas.

Em 2011, uma equipe internacional de cientistas descobriu que ter folhas pequenas com uma alta densidade de nervuras grandes é de fato uma adaptação para superar o problema de bolhas de ar, conhecido como *embolismo*, que podem se formar nas grandes nervuras. Sob o estresse de secas severas, o ar consegue deslocar-se para dentro dos estômatos e seguir pelas grandes nervuras, criando bolhas que bloqueiam o fluxo de água. Uma grande densidade de nervuras possibilita que a planta contorne esse problema ao enviar a água por nervuras adjacentes. Isso sugere que um tamanho pequeno de folhas é de fato uma adaptação para a escassez de água, tanto em ambientes quentes como em frios, e o fato de as folhas pequenas conseguirem dissipar melhor o calor nos ambientes quentes seria um benefício secundário valioso. Em conjunto, essas adaptações estruturais auxiliam as plantas a viverem em regiões do mundo com temperaturas altas ou com escassez de água.

VERIFICAÇÃO DE CONCEITOS

1. Explique como a luz funciona como fonte principal de energia para animais que se alimentam de carne.
2. Por que a fotossíntese C_3 é ineficiente quando a concentração de CO_2 na folha é baixa?
3. Explique como as plantas utilizam adaptações estruturais para reduzir a perda de água.

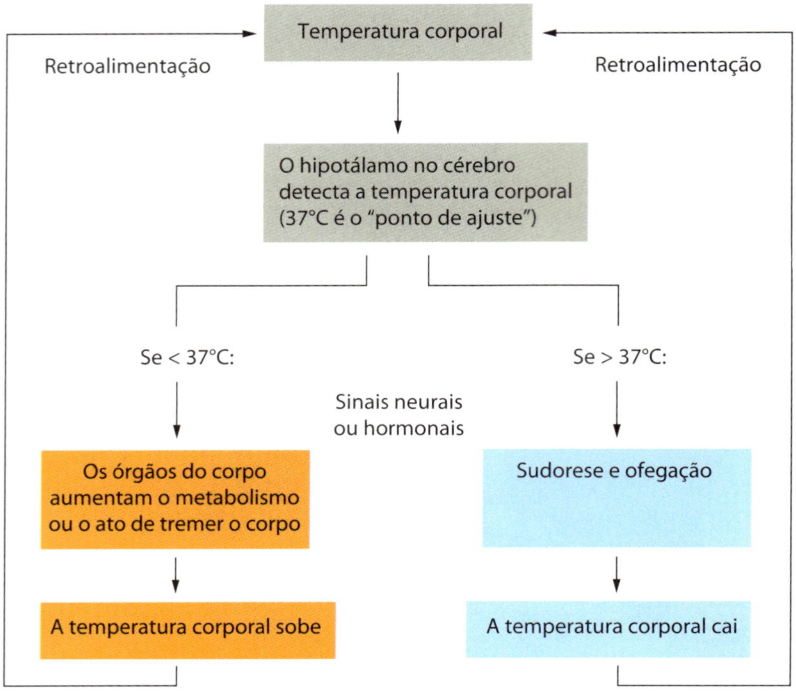

Figura 3.13 Retroalimentação negativa para regulação da temperatura corporal. Nos mamíferos, o hipotálamo atua como um termostato. Quando a temperatura corporal atual difere do ponto de ajuste desejado, o hipotálamo sinaliza o corpo para retornar sua temperatura ao ponto de ajuste.

3.3 Os ambientes terrestres impõem um desafio para que os animais equilibrem água, sal e nitrogênio

Enquanto as plantas têm diversas adaptações para realizar a fotossíntese em terra, a vida terrestre apresenta muitos desafios adicionais, incluindo a necessidade de se manter um equilíbrio de água, sal e nitrogênio, que é conhecido como **homeostase**. Trata-se da capacidade de um organismo manter condições internas constantes em um ambiente externo que esteja variando. Todos os organismos apresentam algum grau de homeostase, como o equilíbrio entre água e sal ou a regulação da temperatura corporal.

Embora a ocorrência e a eficácia dos mecanismos homeostáticos sejam variáveis, todos os sistemas homeostáticos apresentam **retroalimentação negativa**. Isso significa que, quando o sistema se desvia do seu estado desejado ou ponto de ajuste, mecanismos de resposta internos atuam para restaurar aquele estado desejado. Um exemplo familiar é a ocorrência de retroalimentações negativas na regulação da temperatura corporal. A Figura 3.13 mostra como o processo funciona nos mamíferos. O hipotálamo – uma glândula no cérebro – determina se a temperatura corporal encontra-se acima ou abaixo do ponto de ajuste desejado, que difere entre as espécies de mamíferos. Se a temperatura corporal cair abaixo deste ponto ideal, o hipotálamo utiliza sinais neurais e hormonais para fazer o corpo produzir mais calor. Quando a temperatura corporal alcança o ponto de ajuste, o hipotálamo aciona o corpo para cessar a produção de calor. Se a temperatura corporal exceder muito o ponto de ajuste, o hipotálamo envia sinais para iniciar a utilização de mecanismos de resfriamento, incluindo a sudorese e a ofegação.

No Capítulo 2, foi visto que, para manter a quantidade apropriada de água e substâncias dissolvidas em seu corpo, os organismos aquáticos precisam equilibrar seus ganhos e perdas. O mesmo acontece com organismos terrestres.

Com frequência, os organismos absorvem a água com uma concentração de solutos que difere daquela em seu corpo, de modo que devem adquirir solutos adicionais para eliminar o déficit ou se livrar do excesso de solutos por conta própria. Se eles não equilibrarem a concentração de solutos, muitas de suas funções fisiológicas não funcionarão corretamente. Quando a água evapora das superfícies dos organismos terrestres para a atmosfera, os solutos são deixados para trás, e a sua concentração no corpo tende a aumentar. Sob tais circunstâncias, os organismos devem excretar o excesso de sais para manter as concentrações adequadas em seu corpo.

EQUILÍBRIO HÍDRICO E DE SAIS NOS ANIMAIS

A água é tão importante para os animais terrestres quanto para as plantas terrestres. Os animais terrestres, com sua superfície de troca gasosa internalizada, são menos vulneráveis à perda de água através da respiração do que as plantas. Além disso, como os animais terrestres não se encontram continuamente imersos em água, eles têm poucos problemas para reter íons, adquirindo-os de minerais de que necessitam na água que bebem e no alimento que ingerem, e utilizando a urina para eliminar o excesso de sais em seu corpo. Onde há abundância de água doce, os animais podem beber grandes quantidades para eliminar os sais, que, de outro modo, se acumulariam no corpo. Entretanto, onde a água é escassa, eles fazem uso de adaptações para conservá-la.

Homeostase Capacidade de um organismo manter as condições internas constantes em um ambiente externo que esteja variando.

Retroalimentação negativa Ação de mecanismos internos de resposta que restaura um sistema para um estado ou ponto desejado quando ele se desvia desse estado.

Conforme esperado, os animais do deserto desenvolveram diversas adaptações em resposta à escassez de água. Os ratos-canguru, por exemplo, são um grupo de pequenos roedores que vivem nas regiões secas da América do Norte (Figura 3.14); assim, adaptações comportamentais e fisiológicas possibilitam que eles vivam nesses locais. O rato-canguru conta com uma adaptação de comportamento importante para conservar água, que consiste em buscar alimentos durante a noite e permanecer entocado no subsolo fresco e úmido durante os dias quentes. Além disso, tanto para o rato-canguru quanto para o camelo, os rins proporcionam uma adaptação fisiológica adicional para o calor extremo e a escassez de água.

Em todos os mamíferos, os rins são responsáveis pela remoção de sais e resíduos nitrogenados do sangue. Esses solutos são dissolvidos em água; porém, como a água é valiosa, uma estrutura conhecida como alça de Henle auxilia na recuperação de uma parte dela antes que a mistura seja excretada. Os ratos-canguru e os camelos apresentam uma alça de Henle notavelmente longa, que proporciona maior comprimento, ao longo do qual o rim consegue recuperar a água da urina antes da excreção. Enquanto os rins humanos concentram a maioria dos solutos na urina até aproximadamente 4 vezes o nível da concentração sanguínea, os rins dos ratos-canguru produzem urina com concentrações de solutos até 14 vezes superiores.

Embora a alça de Henle desempenhe um grande papel na concentração da urina dos mamíferos, adaptações adicionais auxiliam na conservação da água. A eficiência da utilização da água, por exemplo, é mais bem determinada pelo tamanho geral do rim em relação ao do corpo de um mamífero. Um modo de avaliar a importância potencial do tamanho relativo do rim como uma adaptação para a conservação da água é examinar como o tamanho relativo do rim difere entre espécies proximamente aparentadas de roedores que vivem em hábitats com quantidades diferentes de precipitação. A Figura 3.15 mostra essa relação em um grupo de roedores sul-americanos. Os roedores que vivem em hábitats com baixa quantidade de precipitação têm rins relativamente grandes, enquanto os que vivem em hábitats com quantidade maior de precipitação apresentam rins relativamente pequenos.

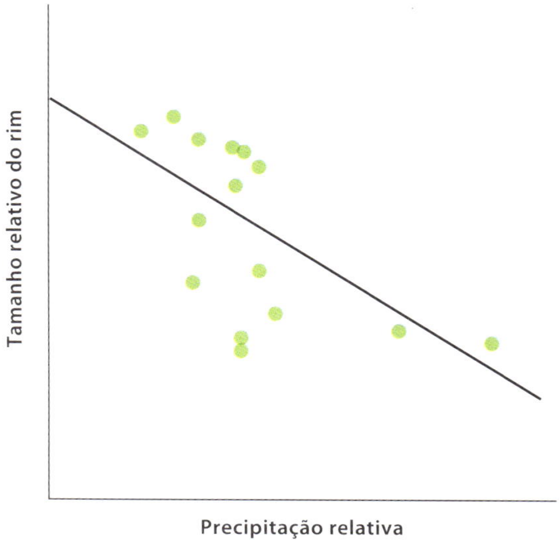

Figura 3.15 Tamanho do rim em roedores sul-americanos. Espécies de roedores sul-americanos que vivem em hábitats relativamente mais secos apresentam rins relativamente maiores e mais eficientes. Segundo G. B. Diaz et al., Renal morphology, phylogenetic history and desert adaptation of South American hystricognath rodents, *Functional Ecology* 20 (2006):609–620.

Como os íons de sódio e de cloreto participam nos mecanismos de conservação da água nos rins, estes não os excretam de modo eficiente. Assim, muitos animais que não têm acesso direto à água doce apresentam órgãos secretores de sais especializados, que funcionam com um princípio diferente dos rins, os quais se assemelham mais às glândulas de sal das plantas de mangues. Por exemplo, as glândulas de sal das aves e dos répteis, que são particularmente bem desenvolvidas nas espécies marinhas, de fato são glândulas lacrimais modificadas localizadas na órbita dos olhos, que são capazes de secretar uma solução de sal concentrada. Essas adaptações ajudam os animais a equilibrarem a sua provisão de sal e água em terra (Figura 3.16).

Figura 3.14 Adaptações dos animais para conservar água. O rato-canguru-de-ord (*Dipodomus ordii*) vive em ambientes quentes e desérticos na América do Norte. Esses ambientes favorecem adaptações que possibilitam que o rato-canguru conserve a água, incluindo a alimentação à noite e a existência de rins grandes e eficientes. Jim Zipp/Science Source.

Figura 3.16 Adaptações dos animais para expelir sal. Muitos animais que vivem em terra e forrageiam na água salgada desenvolveram glândulas especializadas nos olhos para expelir o excesso de sal. A crosta branca entre os olhos desta iguana-marinha (*Amblyrhynchus cristatus*) das Ilhas Galápagos indica a localização das suas glândulas de sal. Michael Zysman/Shutterstock.

ANÁLISE DE DADOS EM ECOLOGIA

Para entender os diferentes tipos de variáveis

Quando se pensa a respeito do teste de hipóteses em ecologia, em geral são coletados e analisados dados para determinar se a hipótese é corroborada ou refutada. Entretanto, antes disso, é preciso considerar quais tipos de dados estão sendo coletados. A primeira distinção é entre as **variáveis independentes**, que são fatores que presumidamente fazem as outras variáveis mudarem, e as **variáveis dependentes**, que são os fatores que estão mudando. Por exemplo, no exame do tamanho relativo do rim de roedores sul-americanos (ver Figura 3.15), a hipótese era de que as diferenças na precipitação levaram à evolução de tamanhos distintos de rins. Nesse caso, a precipitação é a variável independente, e o tamanho do rim é a variável dependente.

Uma segunda distinção é se a variável é contínua ou categórica. As **variáveis contínuas** podem assumir qualquer valor numérico, incluindo valores que não são números inteiros. No caso dos roedores, por exemplo, a precipitação representa uma variável contínua porque ela pode assumir qualquer valor (ver Figura 3.16). Outras variáveis contínuas incluem a temperatura, a salinidade e a luz. Por outro lado, as **variáveis categóricas**, também conhecidas como **variáveis nominais**, são dispostas em agrupamentos ou classes distintas. Assim, se o objetivo for saber como a concentração de soluto da urina de um rato-canguru foi afetada pela sua dieta, pode-se fornecer ao animal uma de três espécies de sementes diferentes e, em seguida, medir a concentração das suas urinas. Nesse caso, a dieta é uma variável categórica porque as diferentes dietas são dispostas em três classes distintas. Variáveis categóricas adicionais incluem sexo (p. ex., machos e fêmeas) e espécie (p. ex., camelos dromedários, camelos bactrianos e guanacos).

Conforme será observado nos capítulos posteriores, essas distinções entre as variáveis dependentes e independentes e entre as contínuas e categóricas são importantes na análise estatística dos dados ecológicos.

EXERCÍCIO Se você fosse conduzir um experimento que examinasse como a capacidade de retenção da água difere entre os tipos de solo, como na Figura 3.4, qual seria a variável independente e qual seria a dependente?

Se você fosse apenas comparar a capacidade de retenção da água dos solos que continham 100% de areia, 100% de silte ou 100% de argila, essa variável seria considerada contínua ou categórica?

Variável independente Fator que faz as outras variáveis mudarem.

Variável dependente Fator que está sendo alterado.

Variável contínua Variável que pode assumir qualquer valor numérico, incluindo valores que não são números inteiros.

Variável categórica Variável que se enquadra dentro de uma classe ou um agrupamento distinto. Também denominada **variável nominal**.

EQUILÍBRIO DE ÁGUA E NITROGÊNIO NOS ANIMAIS

A maioria dos carnívoros, não importando se comem crustáceos, peixes, insetos ou mamíferos, consomem nitrogênio em excesso, proveniente das proteínas e dos ácidos nucleicos em sua dieta. Assim, quando esses compostos são metabolizados, o excesso de nitrogênio deve ser eliminado do corpo. A maioria dos animais aquáticos produz amônia (NH_3) porque é um subproduto metabólico simples do metabolismo do nitrogênio. Embora ela seja levemente tóxica para os tecidos, os animais aquáticos a eliminam rapidamente, seja diluída em urina abundante, seja diretamente através da superfície corporal, antes que ela chegue a uma concentração perigosa dentro do corpo.

Os animais terrestres, entretanto, raramente têm acesso a grandes quantidades de água para excretar o excesso de nitrogênio. Em vez disso, produzem subprodutos metabólicos que são menos tóxicos do que a amônia. Isso possibilita que acumulem concentrações mais altas de subprodutos metabólicos em seu sangue e em sua urina, sem quaisquer efeitos colaterais prejudiciais. Os mamíferos excretam nitrogênio na forma de ureia – $CO(NH_2)_2$ –, a mesma substância que os tubarões produzem e retêm para alcançar um equilíbrio osmótico nos ambientes marinhos. Como a ureia se dissolve em água, excretá-la ainda causa perda de um pouco de água, embora a quantidade dependa da capacidade de concentração dos rins. As aves e os répteis necessitam de menos água ainda, pois excretam o nitrogênio na forma de ácido úrico ($C_5H_4N_4O_3$), que requer menos água e se cristaliza na solução. Como resultado, o ácido úrico pode ser excretado como uma pasta altamente concentrada na urina.

Embora a excreção da ureia e do ácido úrico conserve a água, ela é de alto custo em termos de energia necessária para a formação desses compostos.

Um método que os cientistas utilizam para quantificar os custos energéticos é determinar a quantidade de carbono orgânico consumida para produzir a energia necessária para a excreção. Por exemplo, para cada átomo de nitrogênio excretado na forma de amônia, nenhum átomo de carbono orgânico é utilizado. Em contraste, para excretar nitrogênio na forma de ureia, há necessidade de 0,5 átomo de carbono orgânico, enquanto o ácido úrico utiliza 1,25 átomo de carbono orgânico.

VERIFICAÇÃO DE CONCEITOS

1. Por que a homeostase requer retroalimentação negativa?
2. Descreva os custos e benefícios associados aos diferentes produtos nitrogenados que são excretados por peixes, mamíferos e aves.
3. Contraste os conceitos de variável dependente e independente.

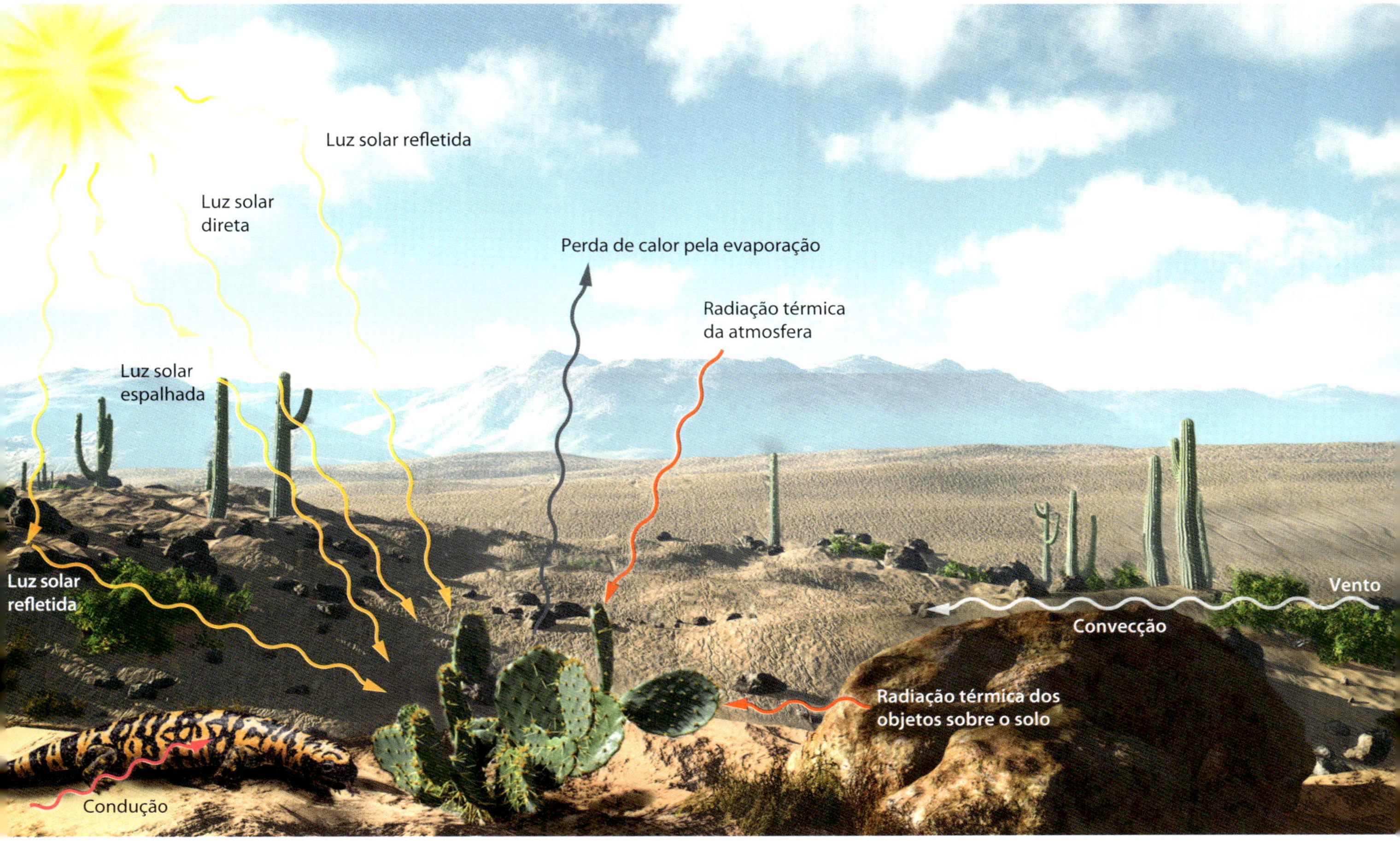

Figura 3.17 Fontes de ganho e perda de calor. O Sol é a fonte primária de quase todo o calor, que é trocado entre os objetos ao longo de toda a paisagem. No caso do cacto, o calor é obtido por meio da luz solar direta, espalhada e refletida, e pode ser perdido por meio da evaporação do vapor de água para a atmosfera. O calor também pode ser obtido ou perdido por radiação dos objetos adjacentes, como rochas; por condução, como quando o cacto entra em contato com o solo; e por convecção, à medida que os ventos movimentam o ar quente ou frio sobre a sua superfície e rompem a camada limite.

3.4 Adaptações a diferentes temperaturas possibilitam que exista vida terrestre em todo o planeta

Na Terra, as temperaturas terrestres podem ser tão altas quanto 58°C no norte da África e tão baixas quanto −89°C na Antártida. Esses extremos podem limitar a existência de vida. Para compreender como os organismos são afetados pela temperatura e as adaptações que desenvolveram para lidar com as diferentes temperaturas, primeiramente é preciso examinar como eles ganham e perdem calor.

FONTES DE GANHO E PERDA DE CALOR

Uma vez que a temperatura corporal impacta as funções fisiológicas, os organismos precisam administrar cuidadosamente o ganho e a perda de calor. A fonte primordial de calor sobre a superfície da Terra é a luz solar, a maior parte da qual é absorvida pela água, pelo solo, pelas plantas e pelos animais, sendo convertida em calor.

Os objetos e os organismos trocam calor continuamente com os seus ambientes. Assim, quando a temperatura ambiental excede a de um organismo, este ganha calor e se torna mais quente; e quando o ambiente é mais frio do que o organismo, este perde calor para aquele e se resfria. Conforme mostrado na Figura 3.17, essa troca de calor pode ocorrer por meio de quatro processos: *radiação*, *condução*, *convecção* e *evaporação*.

Radiação

A **radiação** é a emissão de energia eletromagnética por uma superfície. A fonte de radiação primária no ambiente é o Sol. À medida que são aquecidos pela radiação solar, os objetos na paisagem emitem mais radiação de baixa energia na forma de luz infravermelha. A temperatura da superfície radiante determina o quão rapidamente um objeto perde energia por radiação para as partes mais frias do ambiente e é medida em unidade de temperatura Kelvin (K), também conhecida como temperatura absoluta, em que 0°C = 273°K. A quantidade de radiação de calor aumenta com a *quarta* potência

---

Radiação Emissão de energia eletromagnética por uma superfície.

Figura 3.18 Imagens infravermelhas. Câmeras térmicas podem detectar animais quentes irradiando calor contra um fundo frio, como estes pinguins-rei (*Aptenodytes patagonicus*) no Zoo de Blijdrop, Rotterdam, Holanda. Fotografia de Arno Vlooswijk/TService/Science Source.

da temperatura absoluta. Por exemplo, pode-se considerar a radiação de calor de dois pequenos animais, como um camundongo e um lagarto. Se o mamífero apresenta uma temperatura cutânea de 37°C (310°K) e o lagarto, de 17°C (290°K), a diferença na radiação de calor entre o mamífero e o lagarto é:

$$310^4 \div 290^4 = 130\%$$

Isso significa que, ao apresentar uma temperatura corporal 20°C mais alta, o mamífero irradia 30% mais calor do que o lagarto.

A quantidade relativamente alta de radiação de calor produzida pelos animais com uma temperatura corporal mais alta do que o seu ambiente externo tem sido utilizada pelos ecólogos em diversas pesquisas, inclusive nas estimativas de tamanhos populacionais. Quando os biólogos precisam contar o número de alces americanos que vivem em regiões remotas do Alasca, por exemplo, aviões equipados com câmeras infravermelhas sobrevoam esses locais no inverno e os corpos quentes dos alces americanos se destacam como sinais brilhantes de radiação infravermelha contra o pano de fundo frio e coberto de neve. Esforços similares têm sido feitos para detectar aves contra um ambiente de fundo frio, como no caso dos pinguins mostrados na Figura 3.18.

Condução

A **condução** é a transferência da energia cinética do calor[1] entre substâncias que estão em contato entre si. Por exemplo, os lagartos com frequência se deitam sobre rochas quentes para aquecer seus corpos por meio da condução. Em virtude de ser tão mais densa do que o ar, a água conduz o calor pelo menos 20 vezes mais rápido. Como resultado, seria possível perder calor corporal muito mais rapidamente se alguém permanecesse na água a 10°C do que se permanecesse no ar a 10°C.

A taxa de transferência de calor entre um organismo e seu ambiente imediato por meio da condução depende de três fatores: a área de superfície do organismo, a sua resistência à transferência de calor e a diferença de temperatura entre o organismo e seus arredores. A área de superfície de um organismo auxilia na determinação da velocidade de condução do calor, porque maior quantidade de superfície exposta possibilita maior espaço para que ocorra a transferência de energia. Esse é o motivo pelo qual muitos animais se enrolam como uma bola para diminuir a superfície exposta quando estão tentando permanecer aquecidos durante uma noite fria. A resistência de um organismo à transferência de calor é apenas outra maneira de dizer o quanto de isolamento térmico o organismo tem. Camadas espessas de gordura, pelo, ou penas têm alta resistência à transferência de calor e, portanto, reduzem a taxa de sua perda devido à condutância. De fato, esse é o motivo pelo qual se opta por calçar botas com isolamento térmico em vez de andar descalço na neve. Finalmente, a taxa de perda de calor é mais alta quando existem grandes diferenças entre a temperatura do organismo e a do ambiente. Conforme será discutido no Capítulo 4, essa característica da condutância é o motivo pelo qual alguns animais em hibernação reduzem as suas temperaturas corporais durante o inverno; afinal, uma temperatura corporal mais baixa resulta em menos perda de calor para o ambiente externo frio.

Convecção

A **convecção** é a transferência de calor pelo movimento de líquidos e gases: as moléculas de ar ou água próximas a uma superfície quente ganham energia e se movimentam para longe da superfície. No ar parado, uma camada limite de ar se forma sobre a superfície dos organismos, e a presença de uma camada limite mais espessa tende a reduzir a transferência de calor entre o organismo e seu ambiente. Quando o ambiente é mais frio do que o organismo, este tende a aquecer sua camada limite, o que reduz a perda de calor pelo animal. Se houver uma corrente de ar passando por ele, ela tende a romper a camada limite, de modo que o calor pode ser retirado do corpo por convecção. A retirada de calor por convecção é a base do "fator de resfriamento pelo vento" (sensação térmica), de que se ouve falar durante o inverno na previsão do tempo. Em um dia frio, o vento faz com que um indivíduo sinta tanto frio quanto sentiria em um dia ainda mais frio sem vento. Por exemplo, o vento que sopra a 32 km/h em uma temperatura do ar de −7°C tem capacidade de resfriamento igual à do ar parado a −23°C.

Do mesmo modo que o movimento do ar pode remover calor de um organismo que está quente, pode adicionar calor a um organismo se a camada limite estiver mais fria do que o ar circundante. Por exemplo, se alguém estivesse em pé em um deserto quente e a sua camada limite estivesse mais fria do que o ar em volta, um vento quente iria rompê-la entre a sua pele e o ar e tornaria o seu corpo ainda mais quente.

Evaporação

A **evaporação** é a transformação da água do estado líquido para o gasoso a partir da entrada de energia térmica. Uma vez

Condução Transferência da energia cinética do calor entre substâncias que estão em contato entre si.

Convecção Transferência de calor devido ao movimento dos líquidos e dos gases.

Evaporação Transformação de água do estado líquido para o gasoso por meio da transferência de energia térmica.

[1]N.T.: O autor se refere ao fato de que aquilo que é chamado calor é, na verdade, a vibração das moléculas, seus movimentos e, portanto, a soma das energias cinéticas das moléculas de um corpo. Dois corpos em contato transferem energia de movimento de suas moléculas (calor) para as moléculas do outro corpo.

que a evaporação remove o calor de uma superfície, ela tem efeito resfriador no organismo. Conforme as plantas transpiram e os animais respiram, a água evapora de suas superfícies expostas, especialmente em altas temperaturas. Sob condições de ar seco, a taxa de evaporação quase dobra com cada 10°C de aumento na temperatura.

Conforme resumido na Figura 3.17, todas essas fontes de ganho e perda de calor podem ocorrer simultaneamente. A radiação do Sol pode atuar na forma de luz solar direta ou luz solar dispersa, à medida que interage com as moléculas de gás na atmosfera ou é refletida das nuvens e do solo. Plantas e animais em contato com rochas, com o solo ou uns com os outros podem transmitir calor para esses corpos/objetos ou retirar calor deles, a depender de suas temperaturas corporais serem mais quentes ou mais frias do que os corpos/objetos ao redor. À medida que os ventos movimentam o ar que passa pelos organismos, pode haver uma troca adicional de calor, dependendo novamente da temperatura do ar comparado à temperatura do organismo. Finalmente, os organismos que sofrem evaporação podem perder calor porque a evaporação consome a energia térmica.

TAMANHO CORPORAL E INÉRCIA TÉRMICA

A maioria das trocas de energia e de materiais entre um organismo e o seu ambiente ocorre através da superfície do corpo. Portanto, o volume e a superfície de um organismo afetam a taxa dessas trocas. Como exemplo, podem ser consideradas as diferenças entre o tamanho corporal de um camundongo e o de um elefante. Este obviamente apresenta um volume muito maior e consome muito mais energia para atender suas necessidades metabólicas a cada dia; entretanto, em relação ao seu volume, o elefante tem uma área de superfície menor do que a do camundongo. Essa relação se torna mais aparente se for presumido de modo simplificado que todos os organismos têm o formato semelhante a uma caixa com lados de comprimento igual. Nesse caso, a área da superfície de um organismo (*AS*) aumenta proporcionalmente ao quadrado do seu comprimento (*C*), mas o aumento do volume (*V*) do organismo é proporcional ao cubo do seu comprimento:

$$AS = C^2$$
$$V = C^3$$

Em suma, à medida que um organismo cresce e se torna maior, seu volume cresce mais rápido do que a sua área de superfície. É claro que os organismos não têm o formato de caixas, mas os mesmos princípios se aplicam às formas que eles de fato apresentam. Como as necessidades metabólicas de um organismo estão relacionadas ao seu volume e este aumenta mais rapidamente do que a área de superfície, as necessidades metabólicas de um organismo aumentam mais rapidamente do que a área de superfície que troca energia e materiais entre o organismo e seu ambiente.

A relação entre a área superficial e o volume é particularmente relevante ao se considerar a troca de calor. Como os organismos grandes têm baixa razão de superfície por volume, indivíduos maiores perdem e ganham calor através de suas superfícies mais lentamente do que os menores. Em geral, tamanhos maiores e razões menores de superfície por volume auxiliam os indivíduos a manter sua temperatura interna constante em face de temperaturas externas variáveis. A resistência a uma mudança na temperatura devido a um grande volume corporal é conhecida como **inércia térmica**. Embora ela possa ser uma vantagem importante em ambientes frios, em ambientes quentes faz com que os indivíduos razoavelmente grandes tenham dificuldade para se livrar do excesso de calor; por esse motivo, eles sofrem maior risco de superaquecimento. Entretanto, animais muito grandes podem se beneficiar da inércia térmica sob condições ambientais quentes, porque seu corpo se aquece mais lentamente. Observa-se um exemplo disso no caso dos camelos dromedários, cujo corpo muito grande se aquece lentamente durante o dia e então libera esse calor durante a noite.

TERMORREGULAÇÃO

A capacidade de um organismo controlar a temperatura de seu corpo chama-se **termorregulação**. Alguns organismos, conhecidos como **homeotérmicos**, mantêm condições de temperatura constantes dentro das células. A manutenção de uma temperatura corporal interna constante possibilita que um organismo ajuste as suas reações bioquímicas para atuarem de modo mais eficiente. Em contraste, os **pecilotérmicos** não apresentam temperaturas corporais constantes. Esses termos informam se a temperatura de um organismo é constante ou variável, e não se as mudanças na temperatura do corpo são controladas interna ou externamente.

ECTOTÉRMICOS

Os organismos **ectotérmicos** apresentam temperaturas corporais que são, em grande parte, determinadas pelo seu ambiente externo. Eles tendem a ter baixas taxas metabólicas (como os répteis, os anfíbios e as plantas) ou corpos pequenos (como os insetos) e não conseguem produzir ou reter calor suficiente para compensar as perdas através de sua superfície.

Embora os ectotérmicos mantenham temperaturas corporais que correspondem à do ambiente, eles são capazes de alterá-las. De fato, muitas espécies de ectotérmicos equilibram a sua temperatura de modo comportamental, ao se moverem para uma sombra ou saírem dela, mudando sua posição em relação ao Sol ou ajustando o seu contato com substratos quentes. Quando os lagartos-de-chifre estão quentes, por exemplo, diminuem a sua exposição à superfície do solo, permanecendo eretos sobre suas pernas. Quando frios, eles se deitam sobre o solo e ganham calor por condução a partir do solo e por radiação solar direta. Esse comportamento, conhecido como "aquecer-se sob o Sol", é muito difundido entre répteis e insetos (Figura 3.19).

Inércia térmica Resistência a uma mudança na temperatura devido a um volume corporal grande.

Termorregulação Capacidade de um organismo controlar a temperatura do seu corpo.

Homeotérmico Organismo que mantém condições de temperatura constantes dentro de suas células.

Pecilotérmico Organismo que não apresenta temperatura corporal constante.

Ectotérmico Organismo com temperatura corporal determinada principalmente pelo seu ambiente externo.

Figura 3.19 Aquecendo-se sob o Sol. Os ectotérmicos, como estas tartarugas-pintadas (*Chrysemys picta*), normalmente se deitam sob o Sol para aumentar sua temperatura corporal. GEORGE GRALL/National Geographic Creative.

Os animais que se expõem à radiação solar conseguem regular de modo eficaz as suas temperaturas corporais. De fato, elas podem elevar-se consideravelmente acima daquela do ar circundante, assemelhando-se às das aves e dos mamíferos. Algumas espécies maiores de ectotérmicos, como o atum, conseguem produzir uma quantidade significativa de calor ao exercitar seus grandes músculos, cujo movimento lhes possibilita ficar mais quentes do que o seu ambiente externo, permitindo que nadem e se alimentem em águas relativamente frias.

Algumas plantas ocasionalmente conseguem produzir calor suficiente para tornar seus tecidos significativamente mais quentes do que o ambiente. É o caso do "repolho-de-gambá" (em inglês, *skunk cabbage*) (*Symplocarpus foetidus*), uma planta de odor fétido que vive em solos úmidos no leste da América do Norte (Figura 3.20). O odor atrai insetos polinizadores, como moscas, que comumente se alimentam de organismos mortos e em decomposição. O "repolho-de-gambá" brota novas folhas no início da primavera, até mesmo quando a neve ainda recobre o solo. Suas mitocôndrias produzem calor metabólico suficiente em seus tecidos para elevar a temperatura mais de 10°C acima do ambiente externo. Essa incrível conquista requer uma grande quantidade de energia, mas proporciona uma diversidade de benefícios importantes, incluindo o florescimento mais precoce na primavera, o desenvolvimento mais rápido das flores e a proteção contra as temperaturas congelantes.

Figura 3.20 "Repolho-de-gambá". Usando as mitocôndrias para produzir calor, a planta consegue elevar a sua temperatura até mais de 10°C acima da temperatura ambiente. A temperatura elevada derrete uma abertura através da neve no início da primavera, tornando o "repolho-de-gambá" uma das primeiras plantas a brotar e atrair polinizadores para as suas flores. JAPACK/age fotostock.

Em uma das espécies dessa planta, os cientistas descobriram que a produção de calor também melhora a taxa de desenvolvimento do pólen e o crescimento do tubo polínico nas flores, além de beneficiar os polinizadores, que conseguem absorver uma parte do calor produzido pela planta. Em conjunto, a geração de calor nas plantas pode ser muito benéfica para elas e para seus polinizadores.

Ao considerar as diversas adaptações dos ectotérmicos, deve-se observar que a temperatura interna de algumas espécies pode não variar muito. Isso pode acontecer quando a temperatura ambiental não é altamente variável. Por exemplo, peixes que vivem nos oceanos polares estão sujeitos a águas muito frias, com pouca variação na temperatura. Esses peixes são ectotérmicos porque sua temperatura corporal é determinada pelo ambiente onde se encontram, embora ela seja praticamente homeotérmica.

ENDOTÉRMICOS

Os **endotérmicos** são organismos que conseguem produzir calor metabólico suficiente para elevar a temperatura corporal até uma mais alta do que a do ambiente externo. A maioria dos mamíferos e das aves mantém sua temperatura corporal entre 36 e 41°C, mesmo que a do ambiente em volta possa variar de −50 até 50°C. A manutenção de temperaturas corporais mais altas promove uma atividade biológica acelerada em climas mais frios, conferindo aos endotérmicos mais habilidade para encontrar alimento e escapar de predadores.

A manutenção de condições internas que diferem significativamente daquelas no ambiente externo requer muito trabalho e energia. Pode-se considerar, por exemplo, o quanto custa para as aves e os mamíferos manter temperaturas corporais constantes e altas em ambientes frios. À medida que a temperatura do ar diminui, a diferença entre os ambientes interno e externo aumenta. O calor é perdido através da superfície do corpo em proporção direta a essa diferença de temperatura; assim, um animal que mantém a temperatura corporal em 40°C, quando em um ambiente externo a 20°C, perderá calor muito mais rápido do que perderia a uma temperatura exterior de 30°C. Isso porque, quanto maior é a diferença de temperatura entre o corpo do animal e o meio externo, maior é a perda de calor.

Para manter a temperatura corporal constante, os organismos endotérmicos precisam repor a perda de calor para o ambiente produzindo calor metabólico ou adquirindo calor

Endotérmico Organismo que consegue produzir calor metabólico suficiente para elevar a temperatura corporal até uma mais alta do que a do ambiente externo.

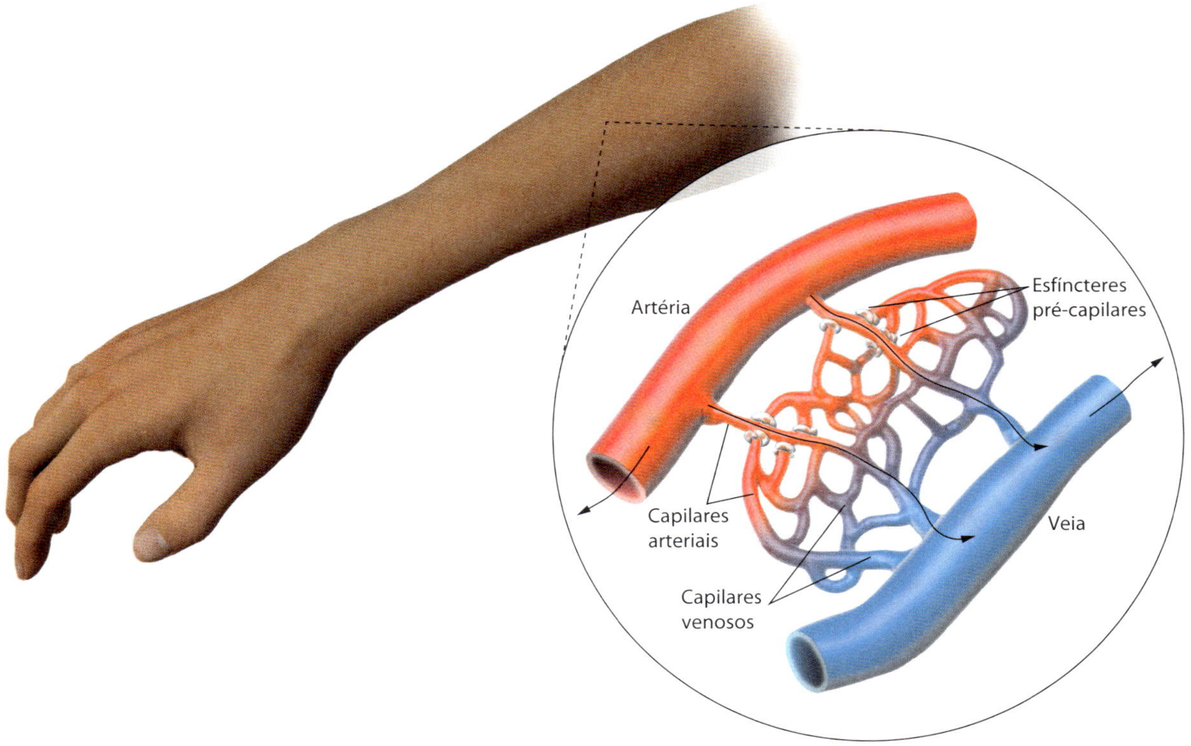

Figura 3.21 Derivação do sangue. Em ambientes frios, alguns animais conseguem fechar determinados vasos sanguíneos em seus esfíncteres pré-capilares. Isso reduz o fluxo de sangue das artérias para as extremidades e de volta para as veias, o que limita a quantidade de sangue resfriado que retorna para o coração.

por meio de outros meios, tais como por radiação solar, condução ou convecção. A taxa metabólica necessária para manter determinada temperatura corporal aumenta em proporção direta à diferença entre a temperatura do corpo e a do ambiente.

ADAPTAÇÕES DO SISTEMA CIRCULATÓRIO

Quando alguém caminha em um dia frio, suas mãos e seus pés são as primeiras partes do corpo a se tornarem frias. Analogamente, como as pernas e os pés da maioria das aves não têm penas, essas extremidades seriam possíveis fontes importantes de perda de calor em regiões frias se fossem mantidas à mesma temperatura do restante do corpo. Isso porque as extremidades expostas perdem calor rapidamente em virtude da alta razão entre área superficial e volume; assim, a condução do calor, especialmente nas extremidades expostas, funciona contra a manutenção de uma temperatura corporal quente constante. Os ectotérmicos e os endotérmicos desenvolveram diversas adaptações para minimizar o impacto do resfriamento de suas extremidades e, assim, contribuir para a manutenção de uma temperatura quente na parte central do corpo, onde muitos órgãos vitais estão localizados.

Uma adaptação proeminente é **derivação do sangue** (desvio sanguíneo, *blood shunt*), que ocorre quando vasos sanguíneos específicos podem ser "desligados" (em locais denominados *esfíncteres pré-capilares*), de modo que menor quantidade do sangue quente dos animais flua para as extremidades frias como membros dianteiros e traseiros. Em vez disso, uma grande parte desse sangue é redirecionada para as veias antes de alcançar as extremidades e, das veias, retorna para o coração, conforme mostrado na Figura 3.21. Ao enviar menos sangue para as áreas não vitais, como os membros, o sangue sofre menos resfriamento, possibilitando que a parte central do corpo mantenha uma temperatura interna constante ao mesmo tempo que menos energia é gasta.

Outra adaptação relacionada ao problema do resfriamento das extremidades é a circulação contracorrente. No Capítulo 2, observa-se que os peixes maximizam a captação do oxigênio por meio desse mecanismo, de modo que o sangue em suas guelras flui na direção oposta à da água. Um arranjo similar ocorre com a posição das veias e das artérias nas extremidades de muitos animais, em que as artérias que transportam o sangue quente para longe do coração e em direção às extremidades se posicionam lado a lado com as veias que transportam o sangue resfriado vindo das extremidades e de volta ao coração. A Figura 3.22 mostra um exemplo. Quando uma gaivota fica em pé sobre o gelo ou nada com seus pés em águas geladas, conserva o calor ao utilizar a circulação contracorrente em suas pernas. Então, o sangue quente nas artérias que segue para os pés se resfria à medida que passa próximo das veias que retornam o sangue frio para o corpo. Assim, em vez de ser perdido para o ambiente, o calor é transferido do sangue nas artérias para o sangue nas veias. Os próprios pés são mantidos

Derivação do sangue Adaptação que faz com que vasos sanguíneos específicos de um animal se "desliguem" e menos sangue quente flua para as extremidades frias.

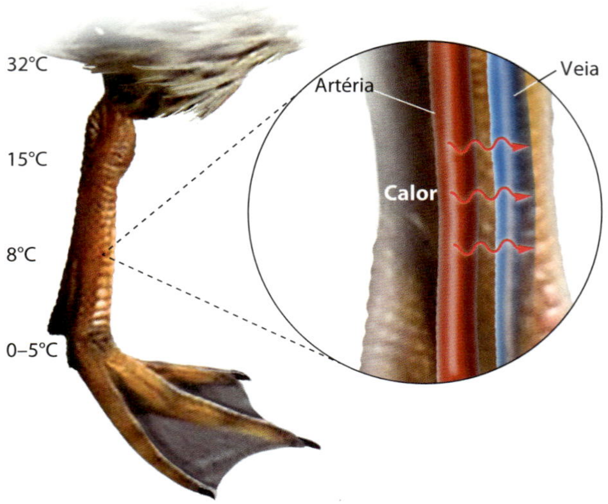

Figura 3.22 Circulação sanguínea contracorrente. As artérias na perna de uma gaivota que transportam sangue quente do coração para os pés estão posicionadas próximo às veias que transportam o sangue frio dos pés de volta para o coração. Esse posicionamento das artérias e das veias possibilita que as aves transfiram o calor das artérias para as veias.

ligeiramente acima do congelamento, o que minimiza a transferência de calor para o ambiente. Os músculos utilizados para nadar e andar encontram-se na parte superior da perna, isolados por penas que mantêm a parte superior das pernas com temperatura próxima à da parte central do corpo.

A gama de adaptações para a vida sobre a terra é um testemunho fascinante da capacidade de a seleção natural favorecer os atributos que melhoram a aptidão dos organismos. A adaptação das plantas para obter água e nutrientes, a diversidade de cenários para realizar a fotossíntese sob diferentes condições ambientais e a capacidade dos animais para equilibrar água, sal, nitrogênio e calor são todas adaptações que evoluíram a fim de facilitar a transição da vida na água para a vida na terra. Ao longo deste livro, muitas dessas adaptações serão mencionadas novamente à medida que se procurar compreender a ecologia das comunidades e dos ecossistemas.

VERIFICAÇÃO DE CONCEITOS

1. Se uma cobra está deitada em uma rocha, sob o Sol do deserto, como a temperatura de seu corpo é afetada por radiação, condução, convecção e evaporação?
2. Por que a área de superfície de um animal aumenta mais devagar quando comparada ao seu volume?
3. Sob quais condições um ectotérmico pode ser homeotérmico?

ECOLOGIA HOJE | CORRELAÇÃO DOS CONCEITOS

O desafio de cultivar algodão

Algodoeiros. O algodão tem numerosas adaptações que o auxiliam a superar condições quentes e secas. Steven Frame/Shutterstock.

Ao longo deste capítulo, foram examinados os desafios do ambiente terrestre e as adaptações que os organismos desenvolveram para lidar com eles. Para as plantas, existem os desafios de extrair água e nutrientes do solo e, em seguida, realizar fotossíntese à custa da água perdida por transpiração. Ao mesmo tempo, as plantas precisam equilibrar água e sais e paralelamente lidar com os ganhos e perdas de calor que podem levar os organismos ao limite de sua tolerância às temperaturas. Para compreender como um organismo lida com todos esses desafios, será observado o algodoeiro comum.

A plantação de algodão é importante em todo o mundo em virtude de suas muitas utilizações, que variam desde as vestimentas até o óleo de sua semente. Ele é cultivado normalmente nas regiões do mundo com temperaturas quentes, com altas ou baixas quantidades de precipitação. Nos EUA, o algodão é uma cultura de 5 bilhões de dólares, e quase metade é cultivada na região do *panhandle* do Texas. Assim como muitas regiões áridas, o *panhandle* do Texas sofre secas a cada poucos anos. No período de 2011 a 2016, o Texas sofreu uma das piores secas a longo prazo já registradas, que o tornou uma região difícil para o cultivo do algodão.

Embora as plantas C_3, como o algodão, estejam tipicamente associadas a hábitats mais úmidos, o algodão também consegue crescer bem em locais relativamente secos. Entretanto, secas prolongadas com frequência fazem com que os fazendeiros irriguem os campos, porque os algodoeiros jovens têm sistemas radiculares relativamente pequenos e superficiais, com grande dificuldade para obter água. Como observado com os cactos e outras plantas suculentas, sistemas radiculares superficiais podem ser eficazes na captação da água em eventos de chuvas breves, mas apenas se uma planta conseguir armazenar o excesso de água em seus tecidos. Entretanto, o algodoeiro apresenta uma capacidade limitada de armazenamento da água.

Os solos do *panhandle* do Texas variam do franco à argila, que, conforme a Figura 3.4, têm uma capacidade de campo moderada a alta. Entretanto, eles também têm um ponto de murchamento moderado a alto, o que dificulta a extração de água desses solos pelo algodoeiro. Além disso, a irrigação superficial pode levar à salinização do solo.

No Texas, o algodão é plantado tradicionalmente no início de maio e colhido em julho ou agosto. Como esses meses podem ser muito secos, os fazendeiros têm experimentado datas de plantio mais precoces. Quando o algodão é plantado em abril, os algodoeiros florescem no fim de junho e produzem uma safra maior, em parte porque as plantas evitam os meses mais secos de julho e agosto. As plantas que sofrem o estresse da falta de água podem abortar o desenvolvimento de suas flores, que são a fonte das fibras do algodão. Além disso, o algodão plantado mais precocemente amadurece em junho, quando os dias são mais longos e as plantas têm mais horas de luz durante o dia para realizar a fotossíntese. Em 2010, pesquisadores relataram que, embora uma data de plantio mais precoce seja eficaz, ela funciona apenas se as plântulas forem irrigadas para suplementar a escassez de água da chuva natural. Sem a irrigação, essas plântulas, que têm um sistema radicular pequeno, não conseguem sobreviver.

Para ajudar os fazendeiros a obterem produções de safras maiores, os cientistas conduziram muitas pesquisas sobre como tornar o algodão mais resistente à seca. Recentemente, eles descobriram que, quando a citocinina, um hormônio natural das plantas, é borrifada sobre os algodoeiros jovens, induz um crescimento de sistemas radiculares maiores. Assim, com mais raízes, que conseguem penetrar mais profundamente no solo, o algodoeiro reduz sua propensão a sofrer os efeitos da falta de água. A citocinina também estimula os algodoeiros a acumularem um revestimento externo ceroso, que sabidamente torna as plantas menos suscetíveis à perda de água. Essas duas respostas proporcionam um aumento de 5 a 10% nas produções das safras sob condições de seca.

Os algodoeiros também precisam lidar com as temperaturas quentes. Pesquisadores observaram que o ideal para o crescimento do algodão é uma temperatura diurna máxima de 28°C. Entretanto, as temperaturas nas quais o algodoeiro é cultivado podem facilmente exceder os 38°C. Nessas temperaturas mais altas, a enzima RuBisCO não funciona tão bem. Conforme discutido anteriormente, a RuBisCO é uma enzima importante para a fotossíntese C_3; portanto, seu desempenho fraco resulta em uma taxa mais baixa de fotossíntese e, consequentemente, menores produções de algodão. Os esforços para o cultivo da planta desenvolveram variedades de algodão tolerantes ao calor, com variações da enzima RuBisCO que continuam a se desempenhar bem sob temperaturas mais altas.

Outras variedades de algodoeiros têm sido criadas, por cruzamento entre plantas, para transpirar quantidades mais altas de vapor de água para fora de seus estômatos, o que melhora a capacidade de a planta se resfriar via evaporação. No entanto, essas variedades conseguem apenas transpirar mais vapor de água para fora de seus estômatos se tiverem um abundante suprimento de água entrando em suas raízes e, portanto, devem ser cultivadas em solos que sejam naturalmente úmidos ou irrigados.

Enquanto o algodão tem sido cultivado por mais de 6 mil anos e novas variedades criadas para a obtenção de qualidades desejadas, por pelo menos 3 mil anos, a ciência moderna oferece novas oportunidades para melhorar o crescimento das plantas e o rendimento da cultura ainda mais. De 2012 a 2014, pesquisadores na China conseguiram sequenciar o genoma de duas espécies de algodoeiro (*Gossypium raimondii* e *G. arboretum*). Em última instância, conhecer o genoma dá a oportunidade de identificar os genes responsáveis por características como a tolerância à seca, ao calor e ao sal.

A história do algodão ilustra como as adaptações possibilitam que uma espécie viva sob uma diversidade de condições ambientais terrestres desafiadoras. Ela também demonstra como o conhecimento dessas adaptações pode auxiliar os fazendeiros no ajuste de suas práticas, bem como ajudar os cientistas no cultivo de variedades de plantas que apresentem melhor desempenho em face desses desafios, produzindo safras maiores. Entretanto, nem todos os problemas enfrentados pelas plantações agrícolas podem ser solucionados por meio do melhoramento das plantas por cruzamento. Portanto, só resta fazer os cultivos em regiões do mundo nas quais as suas adaptações se adéquem melhor às condições ambientais.

FONTES:

Fuguang, L., et al. 2014. Genome sequence of the cultivated cotton *Gossypium arboretum*. *Nature Genetics* 46:567–572.

Pettigrew, W. T. 2010. Impact of varying planting dates and irrigation regimes on cotton growth and lint yield production. *Agronomy Journal* 102:1379–1387.

Salvucci, M. E., S. J. Crafts-Brander. 2004. Inhibition of photosynthesis by heat stress: The activation state of Rubisco as a limiting factor in photosynthesis. *Physiologia Plantarum* 120:179–186.

RESUMO DOS OBJETIVOS DE APRENDIZAGEM

3.1 A maioria das plantas terrestres obtém nutrientes e água do solo. Os nutrientes do solo incluem nitrogênio, fósforo, cálcio e potássio. A capacidade de retenção da água, conhecida como capacidade de campo, depende dos tamanhos das partículas no solo. A habilidade de as plantas absorverem essa água exige que o potencial osmótico das raízes seja mais forte do que o potencial da matriz do solo. Essa água se movimenta para cima pelo caule da planta até as suas folhas, por meio de uma combinação de pressão osmótica, coesão das moléculas de água e força da transpiração.

Termos-chave: **potencial hídrico, potencial mátrico, capacidade de campo, ponto de murchamento, salinização, coesão, pressão de raiz, transpiração, teoria de coesão-tensão, estômatos**

3.2 A luz solar fornece a energia para a fotossíntese. Dentro do intervalo de variação da radiação eletromagnética produzida pelo Sol, apenas um estreito intervalo de comprimentos de onda é utilizado pelos pigmentos fotossintéticos das plantas. Essa energia solar é usada para fornecer energia para o processo da fotossíntese por meio da divisão das moléculas de água e da produção de oxigênio molecular e açúcar. Existem três vias de fotossíntese: C_3, C_4 e CAM. Cada uma difere no modo como o CO_2 é capturado e cada uma funciona melhor em determinadas condições ambientais. Frequentemente, essas vias diferentes estão associadas a adaptações estruturais que auxiliam as plantas de regiões áridas a conservarem a água.

Termos-chave: **radiação eletromagnética, luz visível, região fotossinteticamente ativa, cloroplastos, RuBP carboxilase-oxidase, fotossíntese C_3, fotorrespiração, fotossíntese C_4, metabolismo ácido das crassuláceas (CAM)**

3.3 Os ambientes terrestres impõem um desafio para que os animais equilibrem água, sal e nitrogênio. Os organismos tentam alcançar a homeostase em todos esses compostos comumente por meio da utilização de retroalimentações negativas. Tanto as plantas como os animais têm uma diversidade de adaptações para equilibrar as suas concentrações de sal, água e resíduos nitrogenados.

Termos-chave: **homeostase, retroalimentação negativa, variável independente, variável dependente, variável contínua, variável categórica**

3.4 Adaptações a diferentes temperaturas possibilitam que exista vida terrestre em todo o planeta. Os organismos conseguem ganhar e perder calor por meio de radiação, condução, convecção e evaporação. Esses processos se combinam para formar a reserva de calor de um indivíduo, e as temperaturas podem ser reguladas em diferentes graus pelos animais por meio do processo de termorregulação. Os pecilotérmicos apresentam temperatura corporal variável, enquanto os homeotérmicos, relativamente constante. A temperatura corporal dos ectotérmicos é amplamente determinada por seu ambiente externo, enquanto os endotérmicos conseguem elevá-la acima das temperaturas do ambiente externo. As adaptações adicionais que auxiliam na termorregulação incluem a derivação do sangue e a circulação contracorrente.

Termos-chave: **radiação, condução, convecção, evaporação, inércia térmica, termorregulação, homeotérmico, pecilotérmico, ectotérmico, endotérmico, derivação do sangue**

QUESTÕES DE RACIOCÍNIO CRÍTICO

1. Como os solos salgados afetam o potencial mátrico e, por sua vez, a pressão de raiz e a absorção geral da água?

2. Com base no seu conhecimento da relação entre a área superficial e o volume, por que solos argilosos retêm mais água do que solos arenosos?

3. Se você estivesse realizando cruzamentos de algodoeiros para aumentar a sua absorção de água em solos secos, poderia criar plantas que contivessem mais aminoácidos e carboidratos nas células das raízes. Por que isso seria eficaz e por que o rendimento da safra poderia ser afetado negativamente?

4. Como as plantas CAM solucionam o problema de obtenção do CO_2 para a fotossíntese enquanto minimizam a perda de água?

5. Como o custo de ajustamento da fotorrespiração em plantas C_3 poderia ter favorecido a evolução de plantas C_4?

6. Como os pelos que envolvem as células-guarda nas folhas reduzem a perda de água pela formação de uma camada limite?

7. Quando os animais hibernam, eles diminuem suas temperaturas. Como isso reduziria a taxa de perda de calor por condução?

8. Além de seus rins altamente eficientes, que comportamentos você imagina que animais do deserto apresentem para reduzir a perda de água?

9. Se você desenvolvesse um experimento para determinar como a temperatura ambiental e a composição de sementes de espécies de plantas afetariam o crescimento e a reprodução de aves que se alimentam dessas sementes, quais seriam as variáveis dependentes e independentes?

10. Se você estivesse em pé dentro de um rio de fluxo rápido, quais processos de troca de calor poderiam ocorrer e por quê?

REPRESENTAÇÃO DOS DADOS | RELAÇÃO DA MASSA COM A ÁREA DE SUPERFÍCIE E O VOLUME

Neste capítulo, foi visto que a área de superfície de um organismo aumenta proporcionalmente ao quadrado do seu comprimento, enquanto o aumento do volume é proporcional ao cubo do seu comprimento. Com a utilização dos dados a seguir, mostre graficamente a relação entre o comprimento e a área de superfície, além da relação entre o comprimento e o volume. Com base nesses dois gráficos, observe como os aumentos no comprimento corporal afetam o volume muito mais rapidamente do que a área de superfície.

Comprimento (cm)	Área de superfície (cm^2)	Volume (cm^3)
10	100	1.000
20	400	8.000
30	900	27.000
40	1.600	64.000
50	2.500	125.000

4 Adaptações a Ambientes Variáveis

Fenótipos Finamente Ajustados das Rãs

A cada primavera, a fêmea da rã-arborícola-cinza (*Hyla versicolor*) deve escolher onde botará seus ovos. Trata-se de uma rã de tamanho médio, que vive em grande parte do leste da América do Norte, passando pela região central dos EUA até a costa do Golfo, no Texas. Quando adulta, ela passa a maior parte do seu tempo nas florestas, alimentando-se de insetos nas árvores. Entretanto, na primavera as rãs-machos e fêmeas se deslocam para a água a fim de acasalarem.

Sob condições ideais, as fêmeas botam seus ovos em pequenos lagos que permanecem livres de predadores durante os 2 meses necessários para que os girinos eclodam e em seguida se metamorfoseiem em rãs. Infelizmente, as fêmeas não têm como prever se um lago terá predadores nas semanas subsequentes; entretanto, seus filhotes desenvolveram uma capacidade impressionante de se ajustar a uma ampla variedade de diferentes ambientes com predadores.

Após uma rã-fêmea botar seus ovos, os embriões sofrem um rápido crescimento e desenvolvimento; em apenas alguns dias, já estão prontos para eclodir. Contudo, o momento da eclosão pode mudar, dependendo da presença de predadores como o lagostim, que normalmente consome ovos de rãs. Os embriões das rãs-arborícolas-cinza, assim como os de muitas espécies de rãs, conseguem detectar a presença de predadores ao sentirem os sinais químicos que eles produzem. Quando o embrião detecta um predador próximo, o desenvolvimento é acelerado, e ele eclode em um girino antes do que normalmente ocorreria, reduzindo, assim, o risco de predação como embrião. Embora sobreviva ao predador de ovos, ele acaba nascendo menor do que se houvesse permanecido como um embrião durante um período mais longo, ficando mais vulnerável a predadores de girinos.

A rã-arborícola-cinza também desenvolveu a capacidade de responder à alteração nas condições ambientais após a eclosão dos ovos em girinos. Assim como os embriões, os girinos da espécie conseguem sentir os predadores na água por meio de sinais químicos. Quando detectam a presença de um predador, os girinos se escondem no fundo do lago, tornam-se menos ativos e iniciam uma mudança de forma. Dentro de poucos dias eles desenvolvem grandes caudas vermelhas. Embora o motivo da coloração vermelha permaneça um mistério, as grandes caudas melhoram a capacidade de escapar porque atuam como um alvo que pode ser consumido por um predador e crescer novamente. Entretanto, a energia necessária para o rápido crescimento de tal cauda é tão grande que outras partes do corpo não conseguem crescer tão rapidamente. Consequentemente, os girinos com grandes caudas apresentam bocas menores e sistemas digestórios mais curtos, o que limita a habilidade de comer e crescer.

"Girinos podem detectar até mesmo o que o predador comeu no almoço."

Em resumo, a presença ou ausência de predadores influencia o fenótipo do girino. Em um ambiente sem predadores, ele se torna altamente ativo, com cauda curta e crescimento rápido; porém, na presença de predadores, fica inativo, com cauda grande e crescimento lento. Contudo, a flexibilidade não se limita a isso, pois os girinos não apenas detectam a presença de predadores, como também distinguem suas diferentes espécies. Essa habilidade possibilita que distribuam o uso da sua energia de acordo com o nível de risco, ajustando as suas defesas mais fortemente contra os predadores mais perigosos e produzindo outras mais modestas contra os menos perigosos. Essa estratégia tem a vantagem de possibilitar que o girino use sua energia onde ela fará a maior diferença para a sua sobrevivência.

Girinos de rã-arborícola-cinza. Os girinos de rã-arborícola-cinza que vivem sem predadores exibem alta atividade e desenvolvem caudas relativamente pequenas e desinteressantes. Por outro lado, girinos que crescem com predadores exibem baixa atividade e desenvolvem caudas grandes e vermelhas. John I. Hammond.

Estudos adicionais também mostraram que os girinos conseguem detectar até mesmo o que um predador ingeriu no almoço. Como observado anteriormente, quando um predador habitualmente se alimenta de girinos, os da rã-arborícola passam mais tempo escondidos e sofrem mudanças na forma. Entretanto, se o predador tiver por hábito alimentar-se de algo diferente, como caracóis, os girinos da rã-arborícola passam menos tempo escondidos e sofrem apenas pequenas mudanças na forma. Essencialmente, eles percebem que correm mais perigo em virtude de predadores que se alimentam de girinos do que daqueles que consomem outras presas e, assim, se defendem de acordo com o grau de perigo.

Os sinais químicos emitidos por predadores que se alimentam de girinos podem ser produzidos quando atacam e mastigam a presa ou quando a digerem. Em 2016, pesquisadores isolaram as duas possibilidades e descobriram que os sinais químicos são emitidos durante os dois estágios da predação. Os sinais de predadores que somente mastigam ou somente digerem girinos induzem mudanças moderadas nas características dos girinos; porém, os sinais dos predadores que mastigam e digerem a presa causam grande alteração nas características dos girinos.

Os girinos da rã-arborícola-cinza também respondem a outras condições ambientais, incluindo a presença de competidores intraespecíficos e interespecíficos. Em lagos sem predadores, muitos girinos acabam sobrevivendo e competindo pelas algas, que são o alimento do qual dependem. Em resposta à escassez relativa de alimento, eles desenvolvem bocas maiores e intestinos mais longos. As bocas maiores contêm fileiras mais amplas de projeções semelhantes a dentes, que melhoram a capacidade de raspar as algas de rochas e folhas. Os intestinos mais longos possibilitam uma extração mais eficiente de energia da quantidade limitada de algas disponível. Entretanto, para desenvolver um grande corpo, os girinos precisam desviar energia da formação de sua cauda. Em consequência, os que vivem em um ambiente com alta competição apresentam caudas menores. No entanto, existe um custo associado a essa adaptação fenotípica para sobreviver ao alto grau de competição; afinal, se surgir um predador, os girinos com caudas menores serão mais vulneráveis porque não têm o fenótipo adequado contra o inimigo.

A história da rã-arborícola-cinza representa uma situação na qual uma espécie pode estar sujeita a grande quantidade de variações ambientais dentro e entre as gerações. Em resposta a essa variação, a espécie desenvolveu uma ampla gama de estratégias que ajudam a melhorar sua aptidão, as quais são apenas um exemplo de como os organismos evoluíram para reagir rapidamente à variação no seu ambiente. Neste capítulo, será explorada a ampla diversidade de variações ambientais e será observado como as espécies desenvolveram a capacidade de alterar o fenótipo em resposta a essas alterações.

FONTES:
Shaffery, H. M., R. A. Relyea. 2016. Dissecting the smell of fear: Investigating the processes that induce anti-predator defenses in larval amphibians, *Oecologia* 180:55–65.
Schoeppner, N. M., R. A. Relyea. 2005. Damage, digestion, and defense: The roles of alarm cues and kairomones for inducing prey defenses, *Ecology Letters* 8:505–512.

OBJETIVOS DE APRENDIZAGEM

Após a leitura deste capítulo, você deverá ser capaz de:

4.1 Ilustrar como variáveis ambientais favorecem a evolução de fenótipos variáveis.

4.2 Explicar as adaptações que costumam evoluir em resposta a inimigos, competidores e parceiros.

4.3 Compreender as adaptações que costumam evoluir em resposta a condições abióticas variáveis.

4.4 Descrever por que a migração, a estocagem e a dormência são estratégias para sobreviver à variação ambiental extrema.

4.5 Explicar como a variação na qualidade e na quantidade de alimento é a base da teoria do forrageamento ótimo.

Nos Capítulos 2 e 3, discutiu-se a gama de condições ambientais em regiões aquáticas e terrestres, além das muitas adaptações que os organismos desenvolveram para lidar com elas. Entretanto, as condições ambientais que um organismo enfrenta também variam consideravelmente ao longo do tempo e entre os diferentes locais. Neste capítulo, serão observadas a variação ambiental e as adaptações que os organismos desenvolveram para responder a essas mudanças.

4.1 A variação ambiental favorece a evolução de fenótipos variáveis

A maioria das características do ambiente muda com o tempo e ao longo do espaço, podendo também mudar a diferentes taxas. Por exemplo, a temperatura do ar pode cair dramaticamente em questão de horas à medida que uma frente fria passa por uma região. Por outro lado, a água do mar pode levar semanas ou meses para ser igualmente resfriada. Esta

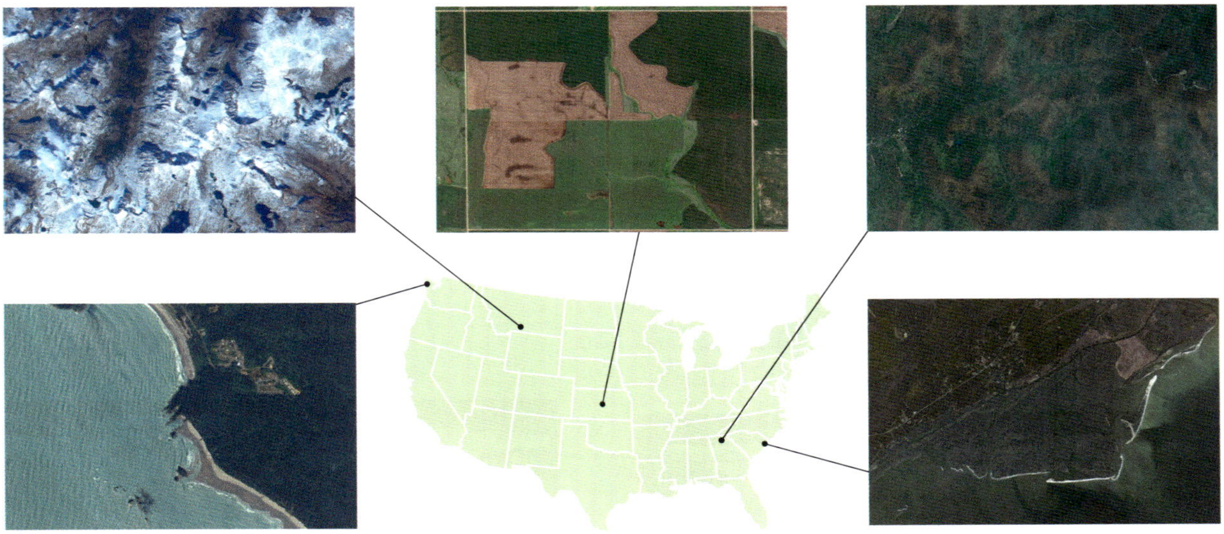

Figura 4.1 Variação ambiental espacial. Observa-se enorme variação nos hábitats naturais e alterados pelos humanos à medida que se viaja da costa oeste para a costa leste dos EUA. Fotografias de DigitalGlobe/ScapeWare3d/Getty Images.

seção aborda a variação temporal e espacial no ambiente e, em seguida, investiga como isso favorece a evolução de fenótipos variáveis.

VARIAÇÃO AMBIENTAL TEMPORAL

A **variação ambiental temporal** descreve como as condições ambientais mudam com o tempo. Algumas variações temporais são previsíveis, incluindo a alternância entre dia e noite e mudanças sazonais na temperatura e na precipitação. Sobrepostas a esses ciclos previsíveis, existem variações irregulares e imprevisíveis, como o *tempo* e o *clima*. O **tempo**[1] se refere à variação na temperatura e na precipitação ao longo de períodos de horas ou dias, e o **clima** se refere às condições atmosféricas típicas que ocorrem ao longo de todo o ano, medidas durante muitos anos. Por exemplo, o clima de Wyoming é tipicamente frio e com neve no inverno, mas quente e seco no verão. Entretanto, o tempo em qualquer dia em particular não pode ser previsto com muita antecedência; ele pode variar em intervalos de algumas poucas horas ou dias, de acordo com o deslocamento de massas de ar frias e quentes. Embora o clima descreva as condições médias ao longo do ano em determinado local, também pode variar durante longos períodos de tempo. Desse modo, uma região pode apresentar vários anos muito mais úmidos ou secos do que o normal.

Alguns tipos de variação temporal podem causar grandes impactos sobre os ecossistemas, mas raramente ocorrem em um dado local. Por exemplo, secas, incêndios, tornados e *tsunamis* podem causar alterações de grande porte na paisagem, ainda que a sua frequência em um local em particular seja rara. Outras fontes de variação temporal, como o atual aquecimento da Terra, ocorrem muito lentamente ao longo de décadas e séculos. Assim, a maneira como organismos e populações respondem à variação temporal em seus ambientes depende do quão severa é a mudança e o quão frequentemente ela ocorre. Em geral, quanto mais extremo for o evento, menos frequente ele será.

Variação ambiental temporal Descrição de como as condições ambientais mudam com o tempo.

Tempo Variação de temperatura e precipitação em períodos de horas ou dias.

Clima Condições atmosféricas típicas que ocorrem durante todo o ano, medidas ao longo de muitos anos.

[1]N.T.: Referente às condições atmosféricas.

VARIAÇÃO AMBIENTAL ESPACIAL

A variação ambiental também ocorre de um local para outro, em virtude de variações em grande escala do clima, da topografia e do tipo de solo (Figura 4.1). Se alguém voasse pelos EUA saindo do Oregon até a Carolina do Sul, por exemplo, observaria uma série de alterações ambientais importantes e em larga escala ao longo da viagem: a costa oeste rochosa, as florestas do noroeste, as terras de pastagem do oeste, as fazendas do meio-oeste, as florestas do leste e as praias costeiras. Em menores escalas, a variação ambiental é causada pelas estruturas das plantas, atividades dos animais, composição do solo e atividades humanas. Assim como ocorre com a variação temporal, uma escala de variação espacial em particular pode ser importante para um organismo, mas não para outro. A diferença entre o lado superior e o inferior de uma folha, por exemplo, é importante para um pulgão, mas não para um alce americano, que ingere satisfeito a folha inteira, incluindo o pulgão.

Conforme se desloca por ambientes que variam no espaço, um indivíduo está sujeito à variação ambiental como uma sequência no tempo. Em outras palavras, alguém que se move percebe a variação espacial como uma variação temporal. Assim, quanto mais rápido ele se mover e quanto menor a escala da variação espacial, mais rapidamente o indivíduo encontrará novas condições ambientais e mais curta será

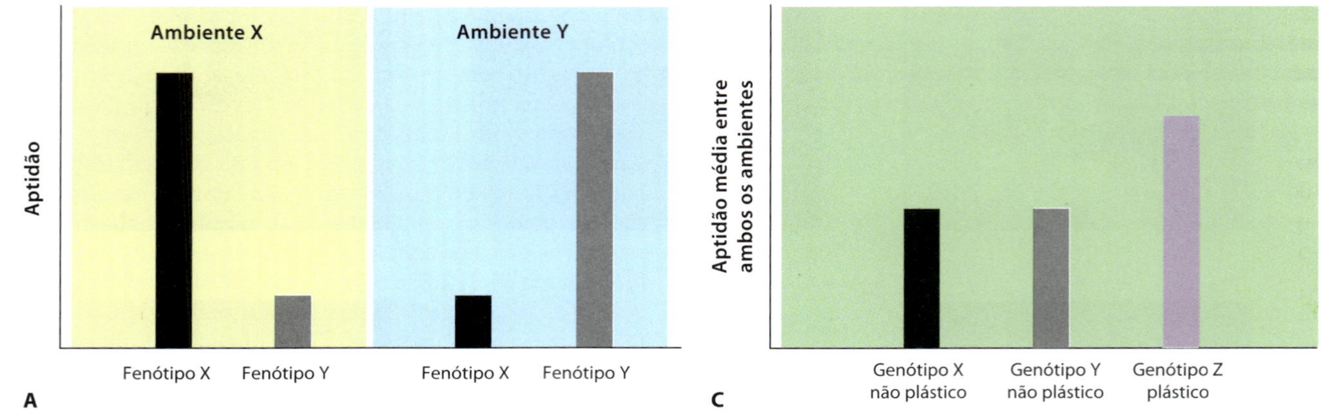

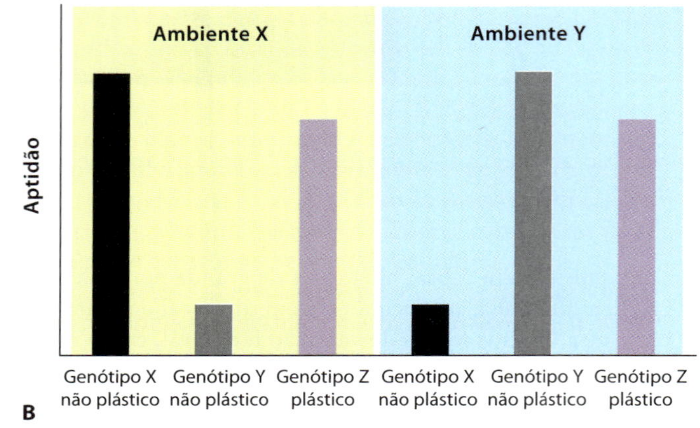

Figura 4.2 Ambientes, fenótipos e aptidão. Ambientes diferentes fazem com que os fenótipos apresentem diferentes graus de aptidão. **A.** A plasticidade fenotípica evolui porque um fenótipo tem alta aptidão em um ambiente e baixa em outro ambiente. **B.** Em virtude dessa compensação, os genótipos não plásticos apresentam alta aptidão em um ambiente, mas baixa em outros. Por outro lado, um genótipo plástico pode apresentar alta aptidão em ambos os ambientes. **C.** Se for considerada a aptidão média entre ambos os locais, será observado que o genótipo plástico apresenta uma aptidão média mais alta do que qualquer um dos genótipos não plásticos.

a escala temporal da variação. Esse princípio se aplica tanto para plantas quanto para animais. Por exemplo, à medida que as raízes das plantas crescem, elas trilham seu caminho pelo solo, que comumente contém variação de umidade e nutrientes em pequena escala. Se as raízes de uma planta crescerem rapidamente em um solo com tal escala de variação, com frequência encontrarão novos ambientes. De maneira similar, o vento e os animais dispersam as sementes das plantas. Assim, a variedade de hábitats que as sementes poderiam alcançar depende da distância que elas viajam e da escala de variação espacial naquele hábitat.

COMPENSAÇÕES FENOTÍPICAS

No Capítulo 2, observou-se que trutas-arco-íris que expressam isoenzimas "de água fria" em seus tecidos têm um desempenho bom em águas frias, mas ruim em águas quentes. Por outro lado, peixes que expressam isoenzimas "de água morna" têm um desempenho bom em águas mornas e ruim em águas frias (ver Figura 2.21). Isso porque, em todo o mundo natural, observa-se que um fenótipo adequado a um ambiente pode ser inadequado a outros.

A Figura 4.2 mostra a aptidão fenotípica em relação a ambientes distintos. Na Figura 4.2 A, um indivíduo com fenótipo X está adequado ao ambiente X e, por isso, apresenta alta aptidão. Entretanto, no ambiente Y, o fenótipo não é mais adequado ao ambiente e, portanto, apresenta aptidão reduzida. Já um indivíduo com fenótipo Y está adequado ao ambiente Y e apresenta alta aptidão ali; entretanto, é inadequado ao ambiente X, de modo que apresenta redução da aptidão nesse ambiente. Quando determinado fenótipo apresenta aptidão maior em um ambiente enquanto outro apresenta aptidão maior em outro ambiente, diz-se que existe uma **compensação fenotípica**, ou seja, nenhum dos fenótipos se sai bem em ambos os locais.

Um indivíduo pode, também, produzir uma diversidade de fenótipos, e cada um deles ter bom desempenho em um ambiente específico. É o que ocorre no caso de seres com mutações, as quais possibilitam a produção de múltiplos fenótipos, cada um adequado unicamente a um ambiente, propiciando alta aptidão em todos esses locais e, consequentemente, favorecimento da seleção natural. A capacidade de um único genótipo produzir diversos fenótipos é denominada **plasticidade fenotípica**.

Trata-se de um fenômeno muito difundido na natureza, e quase todos os organismos – bactérias, protistas, plantas, fungos e animais – apresentam atributos de plasticidade fenotípica. Os diferentes atributos induzidos ambientalmente podem ser alterados com taxas distintas e podem ser reversíveis ou irreversíveis. Alterando seus atributos, um indivíduo com frequência mantém um alto nível de desempenho

Compensação fenotípica Situação na qual determinado fenótipo apresenta mais alta aptidão em um ambiente, enquanto outros fenótipos apresentam mais alta aptidão em outros ambientes.

Plasticidade fenotípica Capacidade de um único genótipo produzir diversos fenótipos.

quando o ambiente muda. Isso significa que os atributos de plasticidade fenotípica com frequência são um mecanismo para atingir a homeostase, conceito discutido no Capítulo 3.

A Figura 4.2 B mostra a vantagem de ser fenotipicamente plástico. Em contraste aos dois genótipos não plásticos, rotulados como genótipos X e Y, o genótipo plástico rotulado como genótipo Z apresenta aptidão relativamente alta em ambos os ambientes, pois consegue produzir um fenótipo que é quase tão apto quanto o genótipo X no ambiente X e um quase tão apto quanto o genótipo Y no ambiente Y. Se for examinada a aptidão média de cada um dos três diferentes genótipos na Figura 4.2 C, será observado que ela é mais alta para o genótipo plástico. Assim, sempre que houver variação ambiental e compensações fenotípicas ocorrendo entre ambientes distintos, a seleção natural favorecerá a evolução da plasticidade fenotípica.

Durante muito tempo, cientistas aplicaram o conceito de plasticidade fenotípica a determinados tipos de atributo, como alterações na morfologia ou fisiologia. Entretanto, atualmente, eles reconhecem que muitos outros tipos, como comportamento, crescimento, desenvolvimento e reprodução, em geral representam fenótipos alternativos, que podem ser alterados sob diferentes condições ambientais. Como resultado, a estrutura conceitual da plasticidade fenotípica foi expandida nos últimos anos para considerar todos esses tipos de atributo.

Pode-se observar a vantagem da plasticidade fenotípica no exemplo dos girinos da rã-arborícola-cinza, discutido no início deste capítulo. Em ambientes com predadores, os girinos produzem um fenótipo bem adequado para evitar a detecção e captura; em ambientes livres de predadores, os girinos produzem um fenótipo adequado a um crescimento mais rápido. Se eles mostrassem somente um fenótipo, teriam um desempenho fraco sempre que o ambiente mudasse; em contraste, um girino que consegue alterar o seu comportamento e o seu formato corporal se comporta relativamente bem quando o ambiente muda.

A vantagem na aptidão proporcionada pela plasticidade fenotípica ocorre sempre que a variação ambiental no espaço ou no tempo acontece com frequência. Desse modo, se as condições ambientais mudam com frequência, então o fenótipo favorecido pela seleção natural também muda frequentemente, o que proporciona ao genótipo plástico uma aptidão média mais alta do que a do genótipo não plástico. Se a variação espacial ou temporal não for frequente, um único fenótipo será favorecido: aquele com a maior aptidão naquele ambiente estável.

Como visto nos capítulos anteriores, todos os fenótipos são o produto de genes interagindo com os ambientes. Como resultado, características induzidas pelo local têm base genética, mas refletem a capacidade que ele tem de ativar ou desativar certos genes, o que resulta em diferentes fenótipos sendo desenvolvidos. Os ambientes que induzem essas alterações podem mudar rapidamente, ocorrendo no tempo correspondente a uma mesma geração, ou podem ser mais lentos e variar ao longo das gerações. A vida da rã-arborícola-cinza é um bom exemplo: predadores e competidores podem diferir substancialmente de um lago para outro em um mesmo ano, podem variar de um ano para outro em um mesmo lago e podem até mesmo variar de uma semana para outra durante o tempo que leva para uma geração de girinos metamorfosear em rãs e abandonar o lago.

SINAIS AMBIENTAIS

Para um organismo alterar seu fenótipo de modo adaptativo, em primeiro lugar precisa ser capaz de perceber as condições de seu ambiente. Por exemplo, o girino da rã-arborícola-cinza primeiramente sente se o lago contém predadores ou competidores e, em seguida, altera o seu fenótipo para melhorar a aptidão. Como será visto ao longo deste capítulo, os sinais ambientais podem assumir muitas formas, incluindo odores, visões, sons e alterações nas condições abióticas.

Dos numerosos sinais em potencial que um organismo pode se utilizar, os melhores são aqueles que oferecem as informações mais confiáveis a respeito do ambiente. Desse modo, um organismo que necessita de um sinal confiável a respeito da competição por alimento poderia usar como sinal a presença de uma grande quantidade de coespecíficos – membros da própria espécie –, que irão alimentar-se do mesmo tipo de alimento. Entretanto, se muitos alimentos estiverem disponíveis, até mesmo uma grande quantidade de coespecíficos não resultará em competição pelo alimento e será um indicador pobre do nível de competição. Se for esse o caso, um sinal ambiental melhor de competição por alimento poderia ser a quantidade de comida que um indivíduo pode adquirir por dia. No caso em que a espécie pode fazer uso de diversos sinais ambientais possíveis, espera-se que ela evolua para utilizar sinal mais confiável. Quando os organismos têm indicações ambientais muito confiáveis, conseguem produzir de modo mais preciso um fenótipo que é bem adequado ao ambiente.

VELOCIDADE E REVERSIBILIDADE DA RESPOSTA

Atributos fenotipicamente plásticos respondem às alterações ambientais com diferentes velocidades, e algumas das mudanças no atributo são irreversíveis. As respostas mais rápidas comumente são atributos comportamentais, que podem ser alterados em segundos. Por exemplo, a maioria das presas responde rapidamente à perseguição por um predador; com frequência, é necessário menos de 1 segundo para que a presa fuja. A plasticidade fisiológica, que é uma alteração induzida ambientalmente na fisiologia de um indivíduo – por vezes denominada **aclimatação** –, também pode ser relativamente rápida. Considerando o tempo necessário para os humanos se aclimatizarem às condições de baixo teor de oxigênio causadas pelas mais baixas pressões do ar em grandes altitudes, ou o tempo necessário para que a pele humana bronzeie, as duas mudanças fisiológicas podem ser conquistadas em apenas alguns poucos dias. Em contrapartida, as alterações na morfologia (incluindo no formato do corpo e no tamanho dos órgãos internos) e na história de vida (incluindo o tempo até a maturidade sexual e o número de filhotes produzidos) podem demorar semanas, meses ou anos.

As diferenças na velocidade de resposta têm implicações para a reversibilidade dos atributos induzidos. Os comportamentais que são estimulados por uma mudança no ambiente normalmente podem ser rapidamente revertidos se o local

Aclimatação Mudança na fisiologia de um indivíduo induzida pelo ambiente.

voltar à sua condição original. Assim, um animal consegue ajustar de maneira rápida e fácil seu consumo de alimento conforme as condições alimentares mudam com o tempo.

As mudanças induzidas na morfologia e na história de vida são mais difíceis de reverter. Para muitos organismos, como as plantas, as alterações morfológicas são difíceis ou impossíveis de serem desfeitas. Por exemplo, as plantas comumente respondem às condições de pouca luz crescendo para cima e se tornando mais altas, na tentativa de se elevarem acima das plantas vizinhas que produzem sombra. Se o ambiente repentinamente se tornar ensolarado, uma planta não conseguirá se encurtar e se tornar mais baixa. Ainda menos reversíveis são as escolhas de história de vida, como aquelas relacionadas à ocasião da maturidade reprodutiva e ao tamanho da prole. Após a maturidade sexual ter sido alcançada, um organismo não consegue se tornar sexualmente imaturo, embora possa abster-se da reprodução.

As diferenças na velocidade das mudanças fenotípicas e a capacidade de revertê-las influenciam quais atributos são favorecidos pela seleção natural. Se os ambientes flutuam rapidamente quando comparados à duração da vida de um indivíduo, a seleção pode favorecer a plasticidade de características comportamentais e fisiológicas porque esses atributos frequentemente podem responder e ser revertidos rapidamente. Quando os ambientes mudam de maneira mais lenta, a seleção pode favorecer muito mais tipos de atributos, incluindo características morfológicas e de história de vida, que apresentam repostas mais lentas e que com frequência são muito menos reversíveis.

VERIFICAÇÃO DE CONCEITOS

1. Qual a diferença entre tempo e clima?
2. Como a compensação fenotípica favorece a evolução da plasticidade fenotípica?
3. Por que respostas fenotipicamente plásticas dependem de sinais ambientais confiáveis?

4.2 Muitos organismos desenvolveram adaptações à variação nos inimigos, competidores e parceiros

Muitos tipos de variações ambientais podem induzir a plasticidade fenotípica. Entre os ambientes bióticos, três dos mais bem estudados tipos de variações ambientais envolvem a ocorrência de inimigos, competidores e parceiros.

INIMIGOS

Como os inimigos (predadores, herbívoros, parasitos e patógenos) impõem grande risco àqueles organismos que são consumidos, é esperado que muitos indivíduos tenham desenvolvido defesas contra seus inimigos. Assim como os girinos da rã-arborícola, muitos animais aquáticos, incluindo peixes, salamandras, insetos, zooplâncton e protistas, alteram o seu crescimento e mudam sua forma em resposta aos predadores em seu ambiente. Essas mudanças podem melhorar a capacidade de uma presa escapar, torná-la difícil de caber na boca do predador ou impedir o consumo ao produzir espinhos afiados.

Os ciliados do gênero *Euplotes* são minúsculos protistas que vivem em lagos e riachos. Como se pode observar na Figura 4.3, esses pequenos organismos conseguem perceber sinais químicos emitidos pelos predadores e, em questão de horas, respondem ao seu odor por meio do crescimento de "abas" e de numerosas outras projeções que os tornam até 60% maiores. O tamanho maior torna difícil ao predador colocar os *Euplotes* na boca, de modo que o fenótipo com abas sofre menos predação. Entretanto, em virtude da considerável quantidade de energia necessária para desenvolver essas projeções, o fenótipo demora 20% mais tempo para se desenvolver. Assim, em um ambiente livre de predadores, a melhor estratégia para o *Euplotes* é apresentar o fenótipo sem abas.

Como os predadores reagem quando a presa se torna mais difícil de capturar ou consumir? Eles também têm capacidades plásticas; assim, quando fica próximo de *Euplotes* com abas, o ciliado predador *Lembadion* desenvolve um corpo maior com boca maior, que consegue engolfar a presa com abas. Com isso, o *Lembadion* se beneficia por consumir a presa alada. Entretanto, quando a maioria das presas aladas já foi consumida e restam somente as presas pequenas, o *Lembadion* grande torna-se mal-adaptado para ingerir essas presas pequenas e fica com uma aptidão menor do que o *Lembadion* pequeno. Quando isso ocorre, o *Lembadion* grande consegue realizar diversas divisões celulares e se reverter novamente à condição de um fenótipo menor com uma boca menor.

As presas também utilizam defesas comportamentais contra os inimigos, podendo ir para longe de áreas que contêm predadores ou se tornar menos ativas para evitar a detecção. Alguns animais também se aglomeram em refúgios seguros contra a predação, como os peixes recém-nascidos, que se refugiam em densas concentrações de plantas na margem dos lagos para se esconder de grandes peixes predadores.

Embora esses comportamentos normalmente reduzam o risco de predação, a maior segurança tem um preço, uma vez que, quando as presas se tornam menos ativas ou se reúnem em refúgios, passam menos tempo se alimentando. Além disso, o suprimento de alimento nos aglomerados e próximo a eles pode ser esgotado rapidamente. Como consequência, as defesas comportamentais comumente ocorrem à custa de crescimento, desenvolvimento ou reprodução mais lentos. Na ausência de predadores, as presas se tornam mais ativas e saem dos refúgios para buscar alimento; essa mudança no comportamento possibilita um crescimento mais rápido.

As plantas também têm capacidade de responder à presença de organismos que as consomem. O mastruço (*Lepidium virginicum*), um membro da família da mostarda, é consumido por diversas espécies de herbívoros, incluindo lagartas e pulgões. Conforme a Figura 4.4 A mostra, quando um herbívoro mastiga as folhas do mastruço, a planta rapidamente desenvolve pelos foliares adicionais, denominados *tricomas*, que dificultam o consumo das folhas. Ela também aumenta a sua produção de *glicosinolatos*, um grupo de substâncias químicas que conferem à mostarda seu sabor forte e que atuam como um inseticida natural. Se plantas previamente atacadas e não atacadas são subsequentemente colocadas em um jardim, as que já foram atacadas, as quais apresentam mais tricomas e mais glicosinolatos, atraem menos herbívoros e apresentam melhor sobrevivência, como mostrado na Figura 4.4 B.

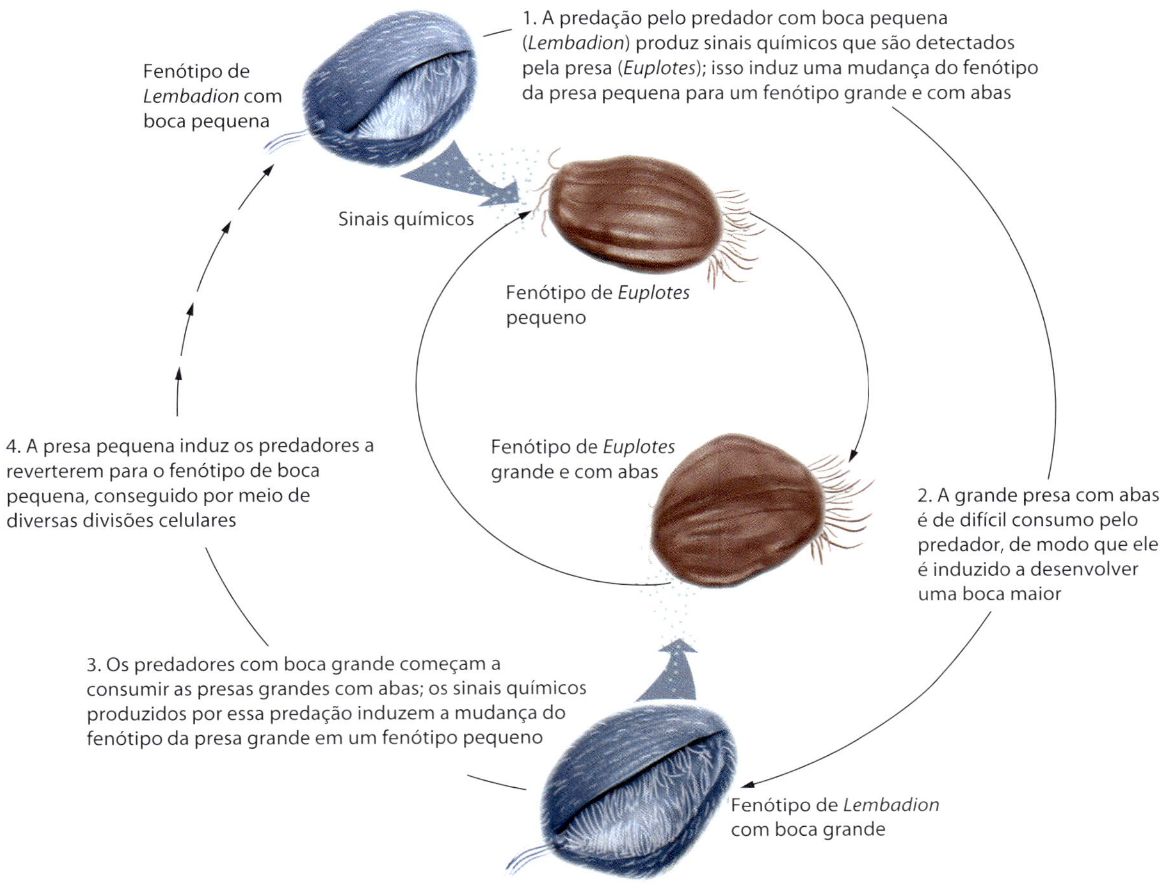

Figura 4.3 Defesas e ataques induzíveis. O ciliado *Euplotes* atua como presa para um ciliado maior, o *Lembadion*. Quando detecta o predador *Lembadion* na água por meio de sinais químicos, o *Euplotes* muda sua forma de um pequeno fenótipo não induzido para um induzido pelo predador e que tem grandes "abas" e outras projeções que o tornam muito grande para caber na boca do predador. Quando este começa a encontrar as presas grandes e com abas, sinais mecânicos o induzem a aumentar o tamanho de sua boca. A boca maior consegue capturar a presa grande com abas, mas é inadequada para capturar as presas pequenas que se desenvolvem em resposta aos sinais químicos emitidos pelos predadores com bocas grandes. À medida que as presas pequenas se tornam mais abundantes, o predador *Lembadion* se divide rapidamente diversas vezes para mais uma vez voltar a ter uma boca pequena. Segundo H.W. Kuhlmann, K. Heckmann, *Hydrobiologica* 284 (1994): 219–227; M. Kopp, R. Tollrian, *Ecology* 84 (2003): 641–651; M. Kopp, R. Tollrian, *Ecology Letters* 6 (2003): 742–748.

COMPETIÇÃO POR RECURSOS ESCASSOS

A maioria dos organismos enfrenta o desafio de ter recursos escassos, o que leva à competição, cuja intensidade varia entre hábitats e dentro deles. Em consequência, os organismos desenvolveram diversas estratégias fenotipicamente plásticas para alta e baixa competição. Como seria esperado, as respostas à alta competição com frequência trazem compensações fenotípicas que favorecem a evolução de respostas fenotipicamente plásticas.

A "não-me-toques-pintada" (*Impatiens capensis*), uma planta com belas flores laranja, é encontrada em hábitats úmidos de grande parte da América do Norte (Figura 4.5). Na natureza, ela consegue crescer em aglomerados que são muito esparsos ou muito densos. A amplitude de densidades exerce um efeito sobre a intensidade da competição pela luz solar entre as plantas. Assim, quando a "não-me-toques-pintada" é sombreada por outras plantas, ela responde alongando seus caules, o que lhe possibilita tornar-se mais alta e elevar-se acima das plantas competidoras. Diante disso, se a competição pela luz solar causa o alongamento da "não-me-toques-pintada", pode-se imaginar o motivo pelo qual a planta nem sempre cresce tão alta.

Pesquisadores descobriram que as "não-me-toques-pintadas" alongadas são mais aptas em ambientes com alta competição, enquanto as baixas apresentam maior aptidão em ambientes com pouca competição. Embora eles não tenham conseguido identificar os motivos disso, está claro que os diferentes fenótipos apresentam melhor desempenho em ambientes diferentes, de modo que um fenótipo plástico é uma maneira eficaz de conseguir alta aptidão quando a intensidade da competição varia ao longo do tempo e no espaço.

Os animais também respondem à competição de diversas maneiras fascinantes; afinal, pode-se esperar que eles passem mais tempo buscando alimento quando estes são raros do que quando são abundantes. Entretanto, uma segunda opção é encontrar modos para extrair mais nutrientes dos itens que se encontram disponíveis. Uma maneira de fazer isso é alterar o tamanho do sistema digestório, como observado no

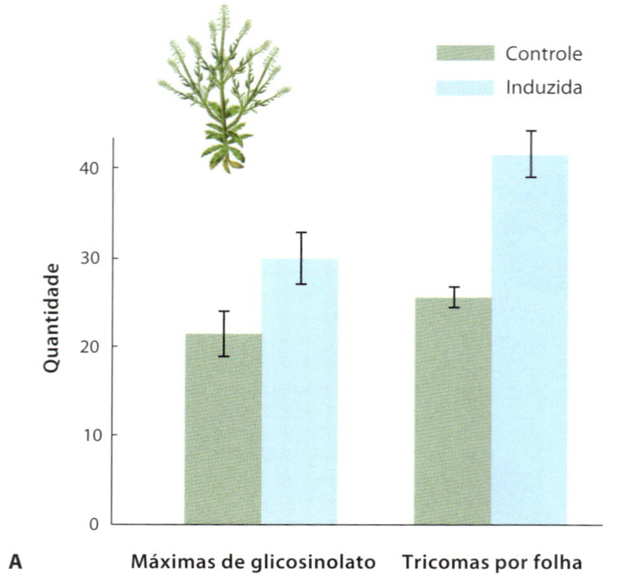

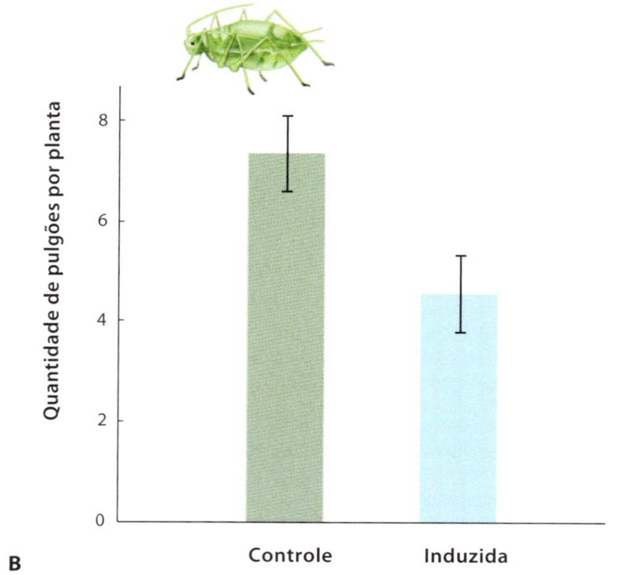

Figura 4.4 Respostas induzidas por herbívoros em plantas. **A.** O mastruço (*Lepidium virginicum*) responde aos ataques de herbívoros desenvolvendo mais pelos nas folhas, os tricomas, e substâncias químicas defensivas, denominadas glicosinolatos. **B.** As plantas já atacadas por herbívoros desenvolveram mais tricomas e glicosinolatos e apresentam menos pulgões do que as que ainda não foram atacadas. As barras de erro são erros padrões. Segundo A. Agrawal, Benefits and costs of induced plant defense for *Lepidium virginicum* (Brassicaceae), *Ecology* 81 (2000): 1804–1813.

exemplo das rãs-arborícolas-cinza, que respondem à competição aumentando o comprimento de seu intestino. Quando o intestino é mais longo, o alimento passa mais tempo percorrendo-o, e o organismo consegue extrair mais nutrientes dele.

Um exemplo surpreendente de uma resposta plástica à variação na disponibilidade de alimento pode ser observado

Figura 4.5 "Não-me-toques-pintada". Quando é sombreada por outras plantas, a "não-me-toques-pintada" alonga seus caules para se tornar mais alta e se elevar acima das plantas competidoras. As "não-me-toques-pintadas" alongadas experimentam maior aptidão em ambientes com alta competição, enquanto as baixas, em locais com pouca competição. AdamLongSculpture/Getty Images.

nos sistemas digestórios das cobras. A píton-birmanesa (*Python bivittatus*), por exemplo, consegue consumir um grande roedor com 25% do seu peso corporal, mas ela só consegue encontrar esse tipo de presa uma vez por mês (Figura 4.6). Entre as refeições, o estômago e o intestino da cobra encolhem bastante, o que reduz o seu peso e os custos associados ao transporte. Entretanto, após o consumo de uma presa, as pítons conseguem aumentar suas células e duplicar o comprimento de seu sistema digestório em apenas 24 horas. Isso aumenta dramaticamente a área de superfície do intestino, possibilitando que a cobra absorva mais energia da presa digerida. Ela também envia 10 vezes mais sangue para os intestinos a fim de auxiliar na absorção dos nutrientes para dentro da corrente sanguínea; contudo, para lidar com esse aumento no fluxo sanguíneo, o animal aumenta o tamanho do seu coração em 40%, uma conquista extraordinária, considerando que isso ocorre em 2 dias.

PARCEIROS

Quando os parceiros são raros, a reprodução pode ser um desafio. Considerando a situação das plantas com flores que dependem de polinizadores para a entrega do pólen que contém o esperma masculino, a probabilidade de ser polinizada pode ser altamente variável, o que significa que a probabilidade de encontrar um parceiro também é altamente variável. Existe uma solução para as plantas com flores que são **hermafroditas**, que são indivíduos que produzem tanto gametas masculinos como femininos. Elas são frequentemente autocompatíveis, ou seja, capazes de fertilizar seus ovos com o próprio esperma. Esse processo, conhecido como autofertilização, normalmente traz junto o custo potencial da

Hermafrodita Indivíduo que produz ambos os gametas, masculino e feminino.

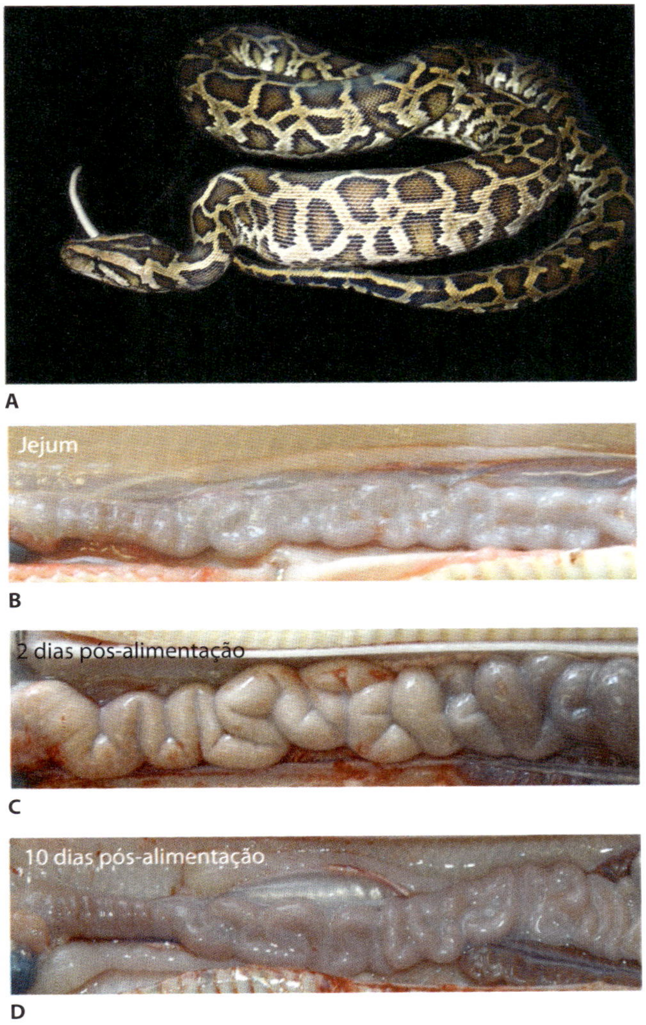

Figura 4.6 Plasticidade de uma píton. A. Uma píton-birmanesa consegue consumir presas grandes, mas pode fazer isso apenas uma vez ao mês. **B.** Um animal em jejum apresenta o intestino encolhido. **C.** Dentro de 2 dias após a alimentação, o intestino dobra de comprimento e aumenta de diâmetro. **D.** Após 10 dias, a digestão está completa e o intestino se encolhe novamente. (A) Bryan Rourke, California State University; (B a D) Reproduzidas/adaptadas com permissão de Secor S M J Exp Biol 2008;211:3767-3774 © 2008 por The Company of Biologists Ltd.

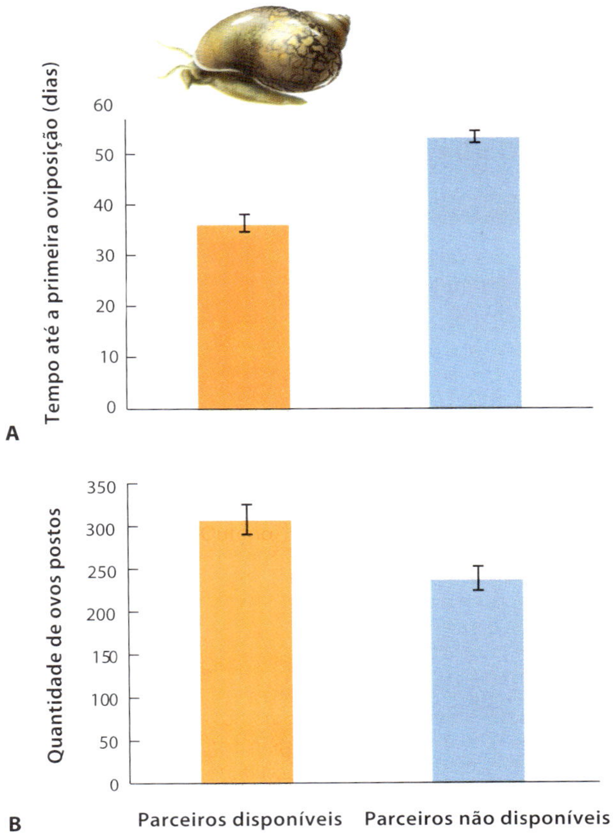

Figura 4.7 Respostas dos caracóis à variação nos parceiros. No caracol comum dos lagos, a disponibilidade de parceiros pode variar muito. **A.** Caracóis criados sem parceiros aguardam quase 2 semanas antes de autofertilizar seus ovos. **B.** Caracóis sem parceiros produzem menos filhotes quando comparados a caracóis com parceiros, mas essa estratégia é mais adequada do que não se reproduzir. As barras de erro são os erros padrões. Segundo A. Tsitrone et al., Delayed selfing and resource reallocations in relation to mate availability in the freshwater snail *Physa acuta*, *American Naturalist* 162 (2003): 474–488.

depressão endogâmica, na qual a prole pode apresentar redução da aptidão quando alelos deletérios são herdados do ovo e do esperma. Como a disponibilidade de parceiros pode ser muito variável e a autofertilização pode apresentar um custo significativo, o organismo precisa desenvolver uma das duas opções de história de vida: esperar até encontrar um parceiro e desfrutar de uma aptidão maior ou se autofertilizar. Em alguns casos, essa opção é feita no nível do organismo como um todo; em outros, como em muitas espécies hermafroditas de plantas com flores, a escolha é feita por cada flor. Se uma flor não for polinizada dentro de certo período de tempo, ela irá autofertilizar-se.

Depressão endogâmica Diminuição na aptidão causada por acasalamentos entre parentes próximos devido ao fato de a prole herdar alelos deletérios do óvulo e do esperma.

Embora a autofertilização possa resultar em uma aptidão mais baixa do que o cruzamento com um parceiro, uma baixa aptidão é melhor do que nenhuma, que seria o caso se o organismo evitasse a autofertilização por inteiro.

Adaptações reprodutivas à variação na disponibilidade de parceiros têm sido estudadas em uma diversidade de plantas e animais hermafroditas. O caracol comum dos lagos (*Physa acuta*), por exemplo, é um hermafrodita que apresenta grande variação na densidade populacional, o que significa que também é sujeito a grande variação na disponibilidade de parceiros.

Quando parceiros em potencial são abundantes, um caracol normalmente acasala com outro indivíduo; porém, quando são raros, ele pode fertilizar seus ovos com o próprio esperma. Em um experimento desenvolvido para medir os efeitos da aptidão das duas estratégias, os pesquisadores dividiram caracóis em dois grupos: os que viviam com parceiros e os que viviam sem parceiros. Em seguida, observaram o tempo necessário para que cada grupo iniciasse a reprodução e o número total de ovos que cada grupo de caracóis pôs. Conforme se pode observar na Figura 4.7 A, os caracóis que viviam sem parceiros adiaram a sua reprodução por 2 semanas antes que utilizassem a estratégia alternativa de autofertilização; no entanto, como previsto, essa opção teve seu custo. Analisando a Figura 4.7 B, observa-se que os animais autofertilizados depositaram menos ovos do que os que tinham parceiros disponíveis. Entretanto, os caracóis autofertilizados obtiveram alguma aptidão, o que é melhor do que deixar de reproduzir-se. A boa notícia para o caracol dos lagos e para muitos outros organismos hermafroditas é que, ao desenvolver estratégias variadas, eles conseguem apresentar uma aptidão mais alta ao longo do tempo do que seria possível sem uma estratégia plástica.

VERIFICAÇÃO DE CONCEITOS

1. Como predadores e presas podem desenvolver estratégias fenotípicas plásticas para aumentar suas aptidões?
2. Como a plasticidade fenotípica do intestino é uma adaptação à disponibilidade de alimento variável?
3. Se a autofecundação causa uma aptidão mais baixa do que a reprodução cruzada, sob quais condições ambientais a autofertilização seria uma estratégia superior?

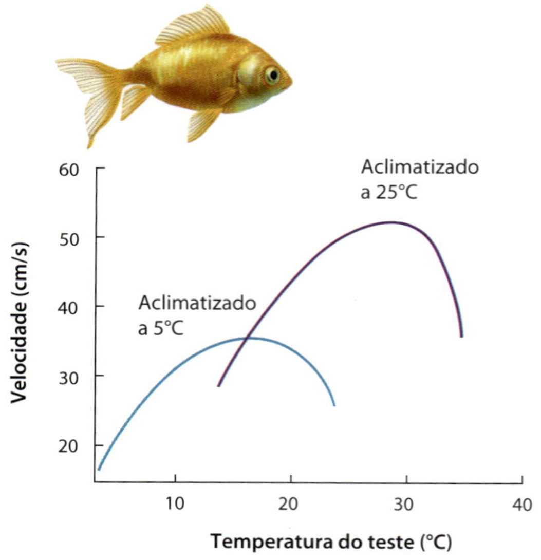

Figura 4.8 Aclimatação a diferentes temperaturas. O peixe-dourado criado em baixas temperaturas nada mais rapidamente na água fria e mais lentamente na água mais quente. Os indivíduos criados em altas temperaturas nadam mais rapidamente na água mais quente do que na água fria. Segundo F. E. J. Fry, J. S. Hart, Cruising speed of goldfish in relation to water temperature, *Journal of the Fisheries Research Board of Canada 7* (1948): 169–174.

4.3 Muitos organismos desenvolveram adaptações a condições abióticas variáveis

Conforme observado anteriormente, a variação nas condições bióticas, como inimigos, competidores e parceiros, pode ser muito alta. De modo semelhante, as condições abióticas, incluindo temperatura, disponibilidade de água, salinidade e oxigênio, também variam. Ao enfrentar a variação abiótica, muitas espécies desenvolveram atributos fenotipicamente plásticos, os quais lhes possibilitam melhorar sua aptidão.

TEMPERATURA

Os organismos desenvolveram uma diversidade de respostas plásticas à variação da temperatura. Como visto no Capítulo 2, isoenzimas na truta-arco-íris possibilitam que ela tenha transmissões nervosas adequadas na água fria do inverno e na água quente do verão. Na verdade, as isoenzimas são um tipo de plasticidade fenotípica com um rápido tempo de resposta, em alguns casos de horas ou dias. Por exemplo, o peixe-dourado (*Carassius auratus*) pode ser mantido a 5 ou 25°C durante alguns poucos dias e, em seguida, pode ser testado para determinar o quão rapidamente consegue nadar em várias temperaturas. Como mostrado na Figura 4.8, o peixe aclimatizado a 5°C nada mais rapidamente nas temperaturas baixas, mas lentamente em temperaturas altas. Em contraste, a 25°C ele nada mais rapidamente nas temperaturas quentes e lentamente em temperaturas baixas. Isso demonstra que o peixe-dourado consegue ajustar a sua fisiologia para manter velocidades de nado relativamente altas em diferentes temperaturas ambientais.

Muitos animais respondem às mudanças de temperatura deslocando-se para hábitats com temperaturas mais favoráveis. As aves migratórias representam um exemplo extremo, voando todos os outonos até latitudes mais quentes; porém, nem todos os animais percorrem uma longa distância. Alguns se movem até um local específico em um hábitat, denominado **micro-hábitat**, que contém condições abióticas mais favoráveis.

A utilização de micro-hábitats pode ser ilustrada por meio do ciclo de comportamento diário da iguana-do-deserto (*Dipsosaurus dorsalis*), mostrado na Figura 4.9. Embora ela não consiga regular sua temperatura pela produção metabólica de calor, pode aproveitar-se de micro-hábitats ensolarados e sombreados para alterar sua temperatura. A iguana prefere um intervalo de 39 a 43°C. No sudoeste dos EUA, a temperatura do ar pode alcançar 45°C. À medida que esse valor sobe durante o dia, o lagarto primeiramente se movimenta até a sombra das plantas ou das rochas e, em seguida, até uma toca mais fria no subsolo. Se a temperatura começa a cair, a iguana pode movimentar-se para fora de sua toca e se expor ao Sol para elevar sua temperatura até seu intervalo de preferência. Essa plasticidade comportamental possibilita que o animal permaneça dentro da sua amplitude de temperatura preferida durante uma maior parte do dia. De fato, a plasticidade do seu comportamento viabiliza a homeostase na sua temperatura corporal.

DISPONIBILIDADE DE ÁGUA

Quando enfrenta alterações na disponibilidade de água, a maioria dos animais pode movimentar-se entre diferentes micro-hábitats. Entretanto, as plantas comumente estão enraizadas em um único local e, portanto, enfrentam um desafio intenso para localizar a água. Como resultado, elas apresentam

Micro-hábitat Local específico dentro de um hábitat que tipicamente difere de outras partes do hábitat em relação às condições ambientais.

Figura 4.9 Seleção de micro-hábitats. A iguana-do-deserto regula a sua temperatura corporal ao selecionar micro-hábitats que apresentam condições abióticas favoráveis. Quando o lagarto está frio, pode expor-se ao Sol para aumentar a sua temperatura interna. À medida que a temperatura aumenta durante o dia, ele pode buscar sombra ou movimentar-se para dentro de uma toca a fim de reduzir sua temperatura.

uma diversidade de adaptações fenotipicamente plásticas para lidar com a variabilidade da água.

O fechamento dos estômatos é uma das adaptações mais comuns. Como foi observado no Capítulo 3, quando há plenitude de água, as células-guarda nas folhas de uma planta abrem, e ocorre a transpiração por meio dos estômatos. Entretanto, esse processo causa perda de água. Assim, quando a água é escassa, as células-guarda mudam de formato, e os estômatos se fecham para conservá-la. Desse modo, a planta pode transpirar quando a água é abundante e interromper a transpiração quando há baixo fornecimento dela.

Outras estratégias das plantas em resposta à falta de água são ainda mais drásticas. Por exemplo, as plantas que vivem em dunas costeiras na Europa comumente sofrem com a seca, porque a água drena rapidamente pelo substrato arenoso. Três plantas comuns dessas dunas costeiras – erva-pichoneira (*Corynephorus canescens*), pilosela (*Hieracium pilosella*) e carriço-da-areia (*Carex arenaria*) – mostram como se ajustam às suas alocações relativas de energia e aos materiais para o crescimento de raízes ou partes aéreas.

Para demonstrar esse fenômeno, pesquisadores cultivaram cada uma das três plantas sob condições de água abundante *versus* escassa e, após 5 meses de cultivo, mediram a proporção de crescimento das raízes por crescimento de partes aéreas. A Figura 4.10 mostra o resultado. Quando a água era abundante, as plantas dedicaram mais energia para o crescimento das partes aéreas, que atuam primariamente realizando a fotossíntese. Quando a água era escassa, elas gastaram mais energia para o crescimento das raízes, expandindo a sua capacidade de obter o pouco de água que se encontrava disponível. Considerando que essas plantas estão sujeitas à variação na disponibilidade da água, fica claro que nenhuma estratégia única de alocação seria tão benéfica quanto a estratégia fenotipicamente plástica que elas exibem.

SALINIDADE

No Capítulo 2, explicou-se que organismos de água doce e de água salgada desenvolveram diversas adaptações para lidar com seus ambientes aquáticos. Entretanto, alguns vivem em ambientes aquáticos caracterizados por concentrações de solutos que flutuam amplamente ao longo de curtos períodos de tempo. Então, para sobreviver, eles devem apresentar a capacidade de realizar rápidos ajustes fisiológicos. Por exemplo, o copépode *Tigriopus* vive ao longo das costas rochosas do Pacífico, em poças que por vezes recebem água do mar por meio do borrifo de ondas altas (Figura 4.11). À medida que as poças evaporam, a concentração de sal aumenta até níveis altos, mas uma chuva forte pode reduzi-la – uma rápida reversão das condições ambientais para o copépode.

Assim como os tubarões e as raias, o *Tigriopus* administra o seu equilíbrio hídrico por meio da alteração do potencial osmótico de seus líquidos corporais. Assim, quando a concentração de sal em uma poça é alta, ele sintetiza grandes quantidades de determinados aminoácidos, como alanina e prolina. Essas pequenas moléculas aumentam o potencial osmótico dos líquidos corporais para corresponder àquele do ambiente

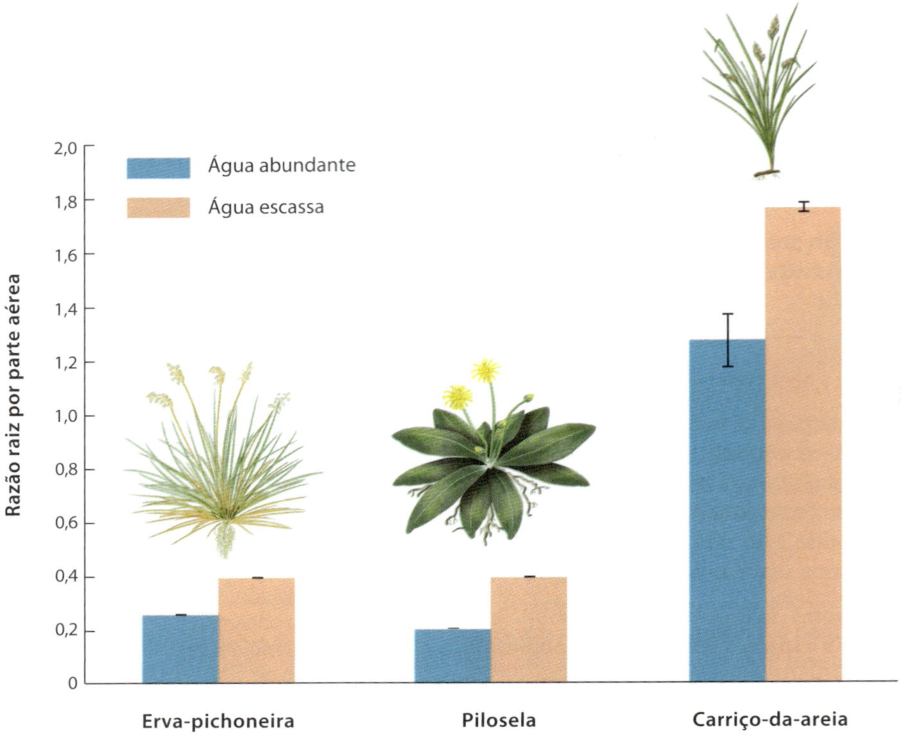

Figura 4.10 Plasticidade morfológica em resposta à falta de água. As plantas que vivem em condições de água escassa apresentam maiores taxas de raízes por partes aéreas. Ao dedicar mais crescimento para as raízes do que para as partes aéreas, essas plantas conseguem obter melhor a água quando é escassa. As barras de erro são os erros padrões. Segundo A. Weigelt et al., Competition among three dune species: The impact of water availability on below-ground processes, *Plant Ecology* 176 (2005): 57–68.

Figura 4.11 Adaptações aos ambientes com flutuação de sal. **A.** Poças de água nas costas rochosas de La Jolla Cove, em San Diego, Califórnia, são preenchidas por uma mistura de água da chuva e água do mar proveniente das ondas. A evaporação pode causar altas concentrações de sais e outros solutos. **B.** O pequeno copépode *Tigriopus*, mostrado aqui carregando ovos, é capaz de lidar com as concentrações de solutos amplamente flutuantes em seu ambiente ao ajustar as próprias concentrações de soluto por meio da produção de aminoácidos. Peter Bennett/Green Stock Photos Peter Bennett/Citizen of the Planet; Morgan Kelley.

e não provocam as consequências fisiológicas deletérias que advêm dos altos níveis de sais ou ureia. Entretanto, essa resposta ao excesso de sais no ambiente é de alto custo em termos de energia requerida. Isso porque, quando os *Tigriopus* individuais são transferidos da água marinha a 50% para a água marinha a 100%, a frequência respiratória dos copépodes inicialmente declina em virtude do estresse do sal e, em seguida, aumenta à medida que eles sintetizam alanina e prolina para restaurar o seu equilíbrio hídrico. Quando transferidos da água marinha a 100% novamente para a água marinha a 50%, a frequência respiratória dos copépodes aumenta imediatamente à medida que eles rapidamente degradam e metabolizam o excesso de aminoácidos livres para reduzir a sua diferença osmótica, de modo que fique mais de acordo com o seu novo ambiente.

OXIGÊNIO

Alguém que já esteve em um local de grande altitude provavelmente sentiu o desafio da baixa pressão de oxigênio. À medida que se sobe acima do nível do mar, a pressão atmosférica cai, o que reduz a quantidade de oxigênio disponível. A milhares de metros acima do nível do mar, a respiração se torna difícil e a atividade física é muito árdua.

Os animais que descem e sobem montanhas como parte das suas movimentações diárias ou sazonais, como as lhamas da América do Sul, são capazes de ajustar a sua fisiologia a essa variação na concentração de oxigênio. De modo similar, montanhistas que enfrentam o Monte Everest sofrem um desafio extremo de oxigênio, ao qual o corpo consegue se ajustar apenas parcialmente. No seu topo, a montanha tem 8.848 m de altitude, e a pressão de oxigênio é apenas um terço daquela encontrada ao nível do mar. Para se aclimatar às condições de baixo teor de oxigênio, os alpinistas param periodicamente durante vários dias ao longo do caminho. As alterações iniciais incluem a respiração mais rápida e um aumento da frequência cardíaca. Após 1 ou 2 semanas, mudanças adicionais melhoram a capacidade de o corpo transportar o oxigênio, incluindo aumento no número de eritrócitos e na concentração de hemoglobina. Nas maiores altitudes, em que raramente os seres humanos passam muito tempo, o corpo não é capaz de se ajustar totalmente às concentrações baixas de oxigênio, o que contribui para a morte de muitos alpinistas. Quando, posteriormente, eles retornam às baixas altitudes, suas alterações fisiológicas são revertidas lentamente até o seu estado original.

VERIFICAÇÃO DE CONCEITOS

1. Como a função de isoenzimas representa um exemplo de plasticidade fenotípica?
2. Por que as plantas alteram as razões de raízes por partes aéreas?
3. Quais são as três adaptações que os seres humanos desenvolvem em resposta ao decréscimo de oxigênio em grandes altitudes?

4.4 Migração, armazenamento e dormência são estratégias para sobreviver às variações ambientais extremas

Em muitas partes do mundo, extremos de temperatura, seca, escuridão e outras condições adversas são tão intensas que os indivíduos não conseguem mudar o suficiente para manter suas atividades normais, ou a alteração necessária não valeria o custo. Nessas condições, os organismos recorrem a diversas respostas fenotipicamente plásticas extremas, que incluem migração, armazenamento e dormência.

MIGRAÇÃO

A **migração** é o deslocamento sazonal dos animais de uma região para outra. Nesse caso, o fenótipo é o comportamento da vida em um local em particular, e a plasticidade é demonstrada no ato da migração, possibilitando que o animal expresse os fenótipos alternativos de viver em múltiplos locais.

A cada outono, centenas de espécies de aves terrestres deixam as regiões temperadas e do Ártico na Europa, América do Norte e Ásia em direção ao sul, antecipando-se ao tempo frio do inverno e à diminuição dos suprimentos de alimento. No leste da África, muitos grandes herbívoros, como os gnus (*Connochaetes taurinus*), migram por longas distâncias, seguindo o padrão geográfico das precipitações atmosféricas sazonais e da vegetação fresca.

Alguns insetos também migram, e as borboletas-monarca oferecem um exemplo fascinante disso, como mostrado na Figura 4.12. As espécies adultas que vivem no norte dos EUA e no sul do Canadá migram até as áreas onde passam o inverno, no sul dos EUA e no México. Lá, elas hibernam durante a estação fria e, em seguida, começam a se dirigir de volta para o norte. Nessa trajetória de retorno, elas acasalam e produzem uma segunda geração de borboletas, a qual completa a migração de volta para as áreas de acasalamento no verão. Em todos os casos, a decisão de migrar é um comportamento plástico em resposta às mudanças ambientais, que incluem baixas temperaturas e dias mais curtos.

Alguns movimentos migratórios ocorrem em resposta às reduções nos suprimentos locais de alimento. Por exemplo, a migração dos gafanhotos se dá quando eles deixam uma área de grande população e suprimento de alimento insuficiente (Figura 4.13). Os grupos migratórios podem conter bilhões de gafanhotos e, quando passam por determinada área, podem causar danos extensivos às plantações ao longo de grandes regiões e, como consequência, aos suprimentos alimentares dos humanos.

Esse comportamento migratório nos gafanhotos é o resultado de diversas mudanças comportamentais. Em populações esparsas, os adultos são solitários e sedentários; entretanto, em populações densas, o contato frequente com outros gafanhotos estimula os indivíduos jovens a desenvolverem um comportamento gregário e altamente móvel, que pode resultar na migração em massa.

ARMAZENAMENTO

Onde a variação ambiental altera drasticamente a disponibilidade de suprimento alimentar e a migração não é uma opção viável, o armazenamento de recursos pode ser uma estratégia adaptativa. Por exemplo, durante períodos de chuva esporádicos, os cactos do deserto aumentam de volume com a água armazenada em seus caules suculentos, como discutido no Capítulo 3. Em hábitats que frequentemente sofrem

Migração Movimento sazonal dos animais de uma região para outra.

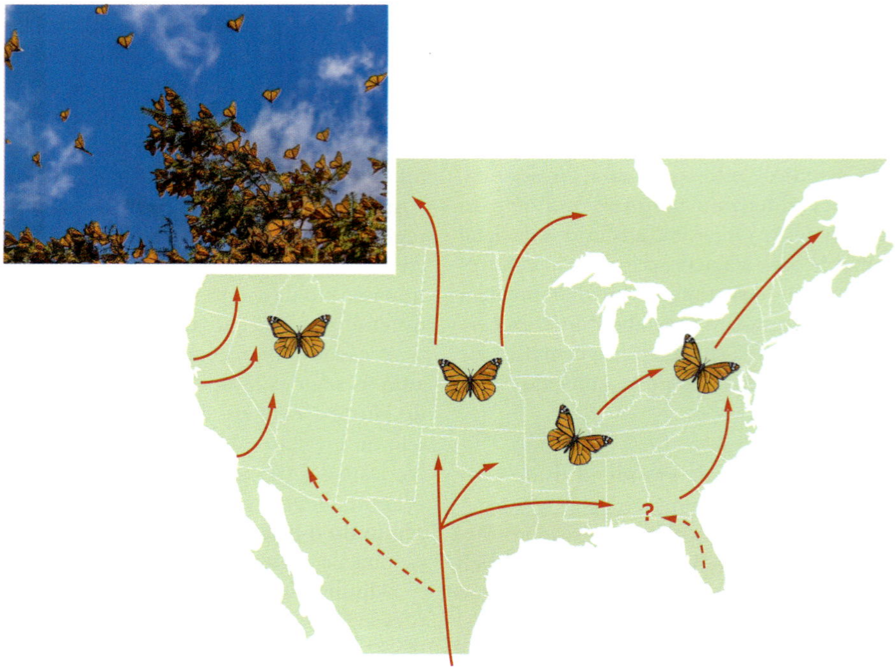

Figura 4.12 Migração das borboletas-monarca. As populações de borboletas-monarca seguem diversas rotas migratórias, a partir das áreas onde passam o inverno, no sul dos EUA e no México, até regiões mais ao norte, onde passam o verão. JHYEPhoto/Shutterstock.

queimadas – como no chaparral do sul da Califórnia – as plantas perenes armazenam reservas de alimentos em coroas de raízes resistentes ao fogo, mostradas na Figura 4.14. Das coroas de raízes sobreviventes crescem novos brotos logo após o incêndio ter passado.

Muitos animais de áreas temperadas e do Ártico acumulam gordura durante o tempo ameno como uma reserva de energia para os períodos mais rigorosos, quando a neve e o gelo tornam os alimentos inacessíveis. Entretanto, as reservas de gordura podem tornar um animal mais lento e menos ágil e, portanto, com maior probabilidade de ser capturado por predadores. Um modo de evitar esse problema é armazenar o alimento antes de consumi-lo. Alguns mamíferos e aves que são ativos durante o inverno, como castores, esquilos, *pikas*, pica-paus da bolota (*Melanerpes formicivorus*) e corvídeos, escondem os suprimentos de alimentos no subsolo ou sob as cascas de árvores para recuperar mais tarde. Essas provisões podem ser grandes o suficiente para manter os indivíduos durante longos períodos.

Figura 4.13 Migração de gafanhotos. Quando os gafanhotos são sujeitos a uma oferta reduzida de alimento, esses animais, que normalmente são solitários, passam a produzir proles altamente gregárias e móveis. Esses filhotes se movem pela paisagem em enormes enxames e causam grandes danos ao consumirem colheitas, como neste exemplo no norte da África. Avalon/Photoshot License/Alamy.

DORMÊNCIA

Algumas vezes os ambientes se tornam tão frios, secos ou com insuficiência de nutrientes que os organismos não conseguem mais funcionar normalmente. Por isso, algumas espécies que não migram desenvolveram uma estratégia de **dormência**, condição na qual reduzem dramaticamente seus processos metabólicos. Uma das maneiras mais óbvias de dormência ocorre quando muitas árvores de climas temperados e do Ártico perdem suas folhas no outono, antes do início das noites geladas e longas do inverno. De modo similar, muitas árvores tropicais e subtropicais perdem suas folhas durante períodos sazonais de seca, e as sementes de plantas e os esporos de bactérias e fungos também exibem dormência. De fato, existem muitos casos nos quais pesquisadores obtiveram brotos de sementes que foram recuperadas de escavações arqueológicas e que se encontravam dormentes há centenas de anos. Enquanto muitas plantas passam por dormência, em animais distinguem-se quatro tipos específicos dessa estratégia: *diapausa*, *hibernação*, *torpor* e *estivação*.

Dormência Condição em que os organismos reduzem drasticamente seus processos metabólicos.

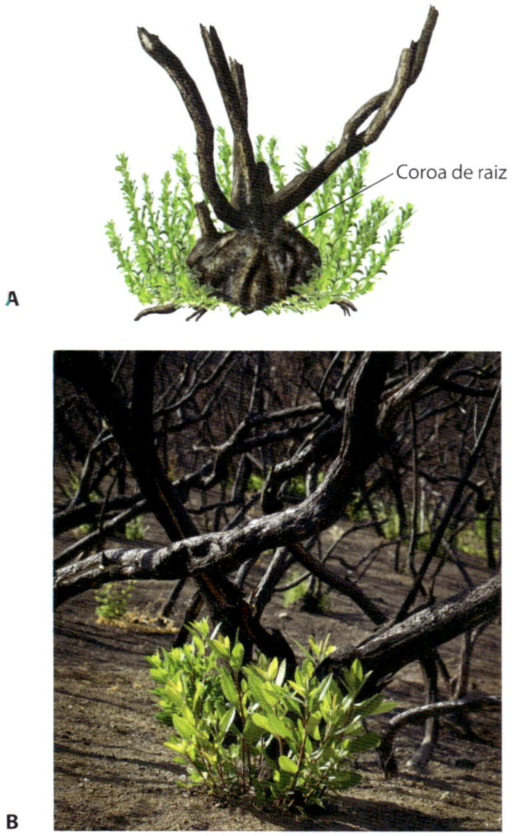

Figura 4.14 Armazenamento de energia. A. Algumas espécies de plantas, incluindo uma conhecida como "camas-da-morte", em virtude das substâncias químicas que produz, apresentam coroas de raízes que são resistentes ao fogo e que armazenam grandes quantidades de energia. **B.** Essa energia armazenada pode ser utilizada pela planta para o rápido rebrotamento após uma queimada. Quando o fogo queima uma área, como este local na Floresta Nacional de Angeles, na Califórnia, a planta consegue rebrotar rapidamente. Rob Sheppard/Danita Delimont Stock Photography.

Na maioria das espécies, a piora das condições ambientais é percebida de antemão, e os indivíduos passam por uma série de alterações fisiológicas que os preparam para um desligamento fisiológico parcial ou completo. A **diapausa** é um tipo de dormência que é comum em insetos e que ocorre em resposta a condições ambientais desfavoráveis. Por exemplo, à medida que o inverno se aproxima, os insetos diminuem o seu metabolismo até níveis quase indetectáveis e, ao fazerem isso, precisam reduzir a quantidade de água ou ligá-la quimicamente em seu corpo[2] para evitar o congelamento. De modo similar, os insetos que enfrentam condições de seca podem entrar em diapausa no verão por meio da desidratação. Eles toleram a condição de dessecação de seu corpo ou então

Figura 4.15 Hibernação. Alguns mamíferos, como este esquilo, passam o inverno em sono profundo. Durante esse período, o esquilo diminui sua respiração e sua frequência cardíaca e reduz sua temperatura até próximo de 0°C para auxiliar na conservação de energia durante o inverno. Leonard Lee Rue III/Getty Images.

secretam uma cobertura exterior impermeável para evitar ressecamento adicional.

Durante a **hibernação**, um tipo menos extremo de dormência que ocorre em mamíferos, os animais reduzem os custos energéticos do estado de atividade por meio da redução da sua frequência cardíaca e da diminuição da sua temperatura corporal. Muitos mamíferos, incluindo esquilos terrestres e morcegos, hibernam durante as estações nas quais não conseguem encontrar alimentos (Figura 4.15). Antes da hibernação, o animal consome uma quantidade suficiente de comida para produzir uma espessa camada de gordura, que fornece a energia necessária para sobreviver ao período de hibernação sem comer.

Alguns tipos de dormência ocorrem durante períodos curtos de tempo, para lidar com o frio. Nas baixas temperaturas do ar, algumas aves e mamíferos não são capazes de manter uma temperatura corporal alta. Isso porque, para manter tal condição, seria necessário que o animal utilizasse a sua energia armazenada mais rapidamente do que conseguiria consumir e digerir os alimentos necessários para repor a energia perdida na produção do calor corporal. Nessa situação, ele pode entrar em um breve período de dormência, conhecido como **torpor**, durante o qual reduz a sua atividade, e a sua temperatura corporal diminui. Durante o torpor, a redução da atividade e da temperatura corporal auxilia na conservação da energia. Ele pode durar bem pouco, como algumas horas, ou se estender por alguns dias e é uma condição voluntária e reversível.

Muitas aves e mamíferos de pequeno porte utilizam o torpor. Os beija-flores, um grupo de pequenas aves com comprimentos corporais de 7,5 a 13 cm, são um bom exemplo. Eles têm alta razão de superfície por volume, o que causa rápida perda de calor através da superfície corporal em relação ao volume do corpo que pode produzir calor. Assim, à medida

Diapausa Tipo de dormência nos insetos associada a um período de condições ambientais desfavoráveis.

Hibernação Tipo de dormência que ocorre em mamíferos, pela qual os indivíduos reduzem os custos energéticos resultantes de sua atividade, diminuindo a frequência cardíaca e a temperatura corporal.

Torpor Breve período de dormência que ocorre em aves e mamíferos, durante o qual os indivíduos reduzem sua atividade e sua temperatura corporal.

[2]N.T.: O autor refere-se à água ligada a macromoléculas ou organelas nos tecidos corporais (em inglês, *bound water*).

que a temperatura do ar diminui, os beija-flores precisam metabolizar quantidades crescentes de energia para manter uma temperatura corporal próxima dos 40°C quando em repouso. A Figura 4.16 mostra a relação entre a temperatura do ar e as necessidades energéticas do beija-flor das Índias Ocidentais (*Eulampis jugularis*). Sua taxa metabólica é medida como a quantidade de oxigênio consumida à medida que ele converte a sua energia armazenada em calor corporal. Quando entra em torpor, a ave reduz sua temperatura corporal de repouso em 18 a 20°C. Se a temperatura do ar diminui até 20°C, o torpor possibilita que a ave deixe de queimar energia adicional para produzir calor corporal; assim, ela conserva as suas reservas energéticas.

O torpor não significa que o animal deixa de regular a sua temperatura corporal; ele meramente altera o ponto de ajuste em seu "termostato" para reduzir a diferença entre a temperatura ambiente e a corporal e, assim, diminuir o gasto energético necessário para manter a sua temperatura no ponto de ajuste.

Um quarto tipo de dormência é a **estivação**, que é a diminuição dos processos metabólicos durante o verão em resposta a condições quentes ou secas. Animais muito conhecidos que realizam a estivação incluem caracóis, tartarugas do deserto e crocodilos.

Seja qual for o mecanismo por meio do qual a dormência ocorre, ela reduz a troca entre os organismos e seus ambientes, possibilitando que os animais e as plantas sobrevivam em condições desfavoráveis.

Estivação Diminuição dos processos metabólicos durante o verão em resposta a condições quentes ou secas.

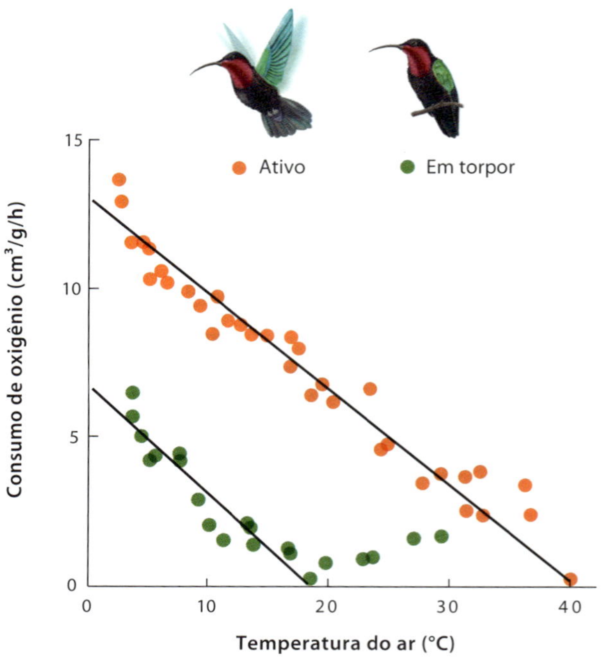

Figura 4.16 Torpor. O pequeno beija-flor das Índias Ocidentais tem alta razão de superfície por volume, o que o faz perder muito do calor que produz durante os períodos de temperaturas baixas do ar. Para economizar a energia, medida como a quantidade consumida para realizar o metabolismo de seus alimentos, a ave entra em torpor quando se encontra em repouso à noite. Dados de F. R. Hainsworth, L. L. Wolf, Regulation of oxygen consumption and body temperature during torpor in a hummingbird, *Eulampis jugularis, Science* 168 (1970): 368–369.

ANÁLISE DE DADOS EM ECOLOGIA

Correlações

No exemplo do beija-flor, observa-se que, à medida que a temperatura do ar diminuiu, o consumo de oxigênio por parte da ave aumentou (ver Figura 4.16). Esse é um exemplo de *correlação* estatística. Uma **correlação** é uma descrição estatística de como uma variável muda em relação a outra. Por exemplo, no início deste capítulo, foi mencionado que, quando os girinos enfrentaram predadores mais perigosos, eles exibiram mudanças fenotípicas maiores.

Duas variáveis podem estar relacionadas entre si de vários modos, como mostrado nos gráficos a seguir. Uma *correlação positiva* (**A**) indica que, à medida que uma variável aumenta em valor, a segunda variável também aumenta. Uma *correlação negativa* (**B**) indica que, à medida que uma variável aumenta em valor, a segunda variável diminui. Esses aumentos ou reduções podem ser lineares, significando que os dados caem sobre uma linha reta, como no exemplo. Eles também podem ser curvilíneos, como mostrado em **C** e **D**, apontando que seguem uma linha curva.

As correlações, no entanto, não dizem nada a respeito da causa. Desse modo, a correlação positiva entre a variável A e a variável B no painel **A** pode ocorrer porque uma mudança na variável A causa alteração na variável B, mas também pode ser que uma mudança na variável B cause mudança na variável A. Alternativamente, uma terceira variável não medida pode causar a alteração de ambas, A e B.

Considerando o caso dos humanos que escalam o Monte Everest, à medida que eles sobem a montanha durante várias semanas, a temperatura diminui continuamente, e a eficiência desses alpinistas em obter o oxigênio do ar aumenta. Essa é uma correlação, mas não uma relação de causa e efeito; afinal, as temperaturas mais baixas não fazem uma pessoa obter oxigênio de modo mais eficiente. Sabe-se que uma terceira variável, o declínio da

Correlação Descrição estatística de como uma variável muda em relação a outra.

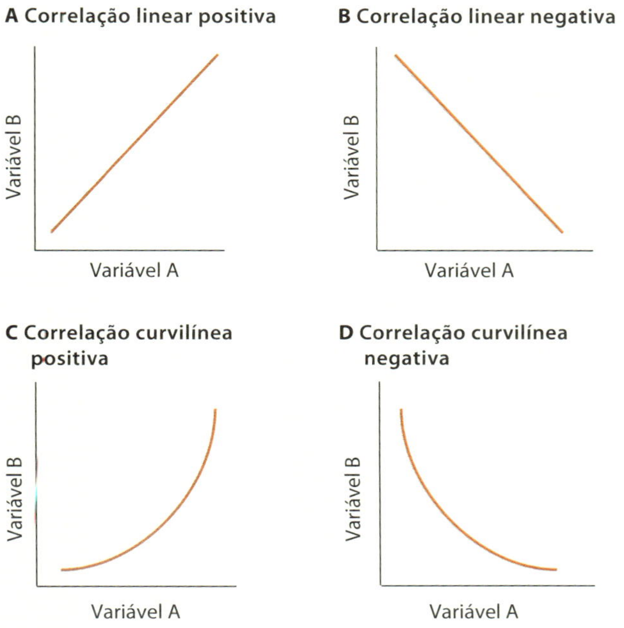

Correlações. A. Quando o aumento de uma variável está associado a um aumento linear em outra variável, diz-se que é uma correlação linear positiva. **B.** Quando o aumento de uma variável está ligado a uma diminuição linear em outra variável, trata-se de uma correlação linear negativa. As correlações também podem ser positivas e curvilíneas (**C**), ou negativas e curvilíneas (**D**).

pressão do oxigênio nas grandes altitudes, é a causa real do aumento da eficiência na obtenção do oxigênio do ar quando os alpinistas estão escalando.

EXERCÍCIO Em relação ao conjunto de dados a seguir, elabore um gráfico que demonstre a relação entre o número de predadores em um pequeno lago e o nível de atividade dos girinos da rã-arborícola-cinza (*i. e.*, a proporção do tempo gasto para se mover). Após construir o gráfico, determine: (a) se há uma correlação positiva ou negativa e (b) se ela é linear ou curvilínea.

Número de predadores	Nível de atividade
0	40
1	20
2	10
3	5
4	3

ADAPTAÇÕES PARA EVITAR O CONGELAMENTO

No Capítulo 2, foram discutidas as adaptações que alguns animais aquáticos apresentam para evitar os efeitos prejudiciais que o congelamento pode causar em seus tecidos. De modo similar, alguns animais terrestres sobrevivem ao frio intenso por meio da utilização de adaptações especiais, incluindo a produção de substâncias químicas anticongelantes que evitam ou controlam a formação dos cristais de gelo. Por exemplo, nos climas frios do Norte, muitos insetos passam o inverno sob a casca das árvores. Essas cascas conferem certo grau de isolamento térmico aos insetos, mas eles ainda ficam sujeitos a temperaturas abaixo do ponto de congelamento da água. De modo semelhante, muitas espécies de anfíbios passam o inverno enterradas logo abaixo da superfície do solo, podendo congelar no subsolo e permanecendo em um estado que necessita de bem pouca atividade metabólica (Figura 4.17).

Diante disso, duas estratégias auxiliam os insetos e anfíbios a evitarem danos aos tecidos: a utilização de anticongelantes e a formação de cristais de gelo entre as células, em vez de dentro delas. Assim, à medida que as temperaturas aumentam na primavera, os animais descongelam lentamente e retomam as suas atividades normais.

A migração, o armazenamento de energia e a dormência representam estratégias fenotipicamente plásticas que possibilitam que os organismos lidem com as mudanças extremas do ambiente. Tal flexibilidade comportamental e fisiológica proporciona uma vantagem seletiva significativa.

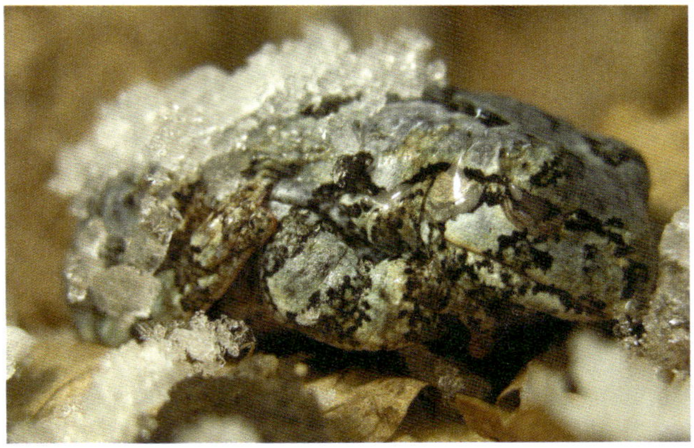

Figura 4.17 Congelamento. Muitas espécies de rãs, como esta rã-arborícola-cinza, podem tornar-se dormentes durante os meses frios do inverno e, em seguida, descongelar quando chega a primavera. Por meio da produção de anticongelantes e da formação de cristais de gelo entre as suas células, em vez de dentro delas, as rãs conseguem reduzir drasticamente a sua atividade metabólica durante o inverno. Fotografia de K.B. Storey, Carleton University.

VERIFICAÇÃO DE CONCEITOS

1. Explique como a migração e a dormência são exemplos de plasticidade fenotípica.
2. Por que seria adaptativo para árvores subtropicais perderem as suas folhas durante os períodos sazonais de seca?
3. Explique as diferenças entre os quatro tipos de dormência em animais.

4.5 A variação na qualidade e na quantidade de alimento é a base da teoria do forrageamento ótimo

Como discutido anteriormente neste capítulo, o comportamento animal é um tipo de plasticidade fenotípica. O forrageamento é um dos muitos comportamentos importantes para os animais, e muitas pesquisas têm sido realizadas sobre como eles buscam e selecionam dentre as diversas opções de alimento.

Como a abundância de itens alimentares varia ao longo do espaço e no tempo, nenhuma estratégia de alimentação única consegue maximizar a aptidão de um animal. Portanto, as decisões sobre a alimentação representam um comportamento fenotipicamente plástico, porque diferentes estratégias significam fenótipos comportamentais diferentes. Esses fenótipos são induzidos por sinais ambientais específicos, e cada alternativa de comportamento alimentar é bem adequada a um ambiente em particular, mas não tão adequada a outros ambientes. Portanto, os fenótipos comportamentais alternativos apresentam compensações de aptidão.

Levando em consideração que os animais devem determinar onde forragear, por quanto tempo precisam se alimentar em determinado hábitat e quais tipos de alimentos devem consumir, os ecólogos hipotetizam como eles provavelmente tomam as decisões de forrageamento estimando os custos e os benefícios da alimentação em situações ambientais específicas. Em seguida, comparam essas estimativas às observações dos animais forrageando, para verificar qual estratégia proporciona a mais alta aptidão. Embora fosse ideal medir os custos e benefícios em termos de sobrevivência e reprodução, esses componentes da aptidão evolutiva podem ser de difícil medição. Consequentemente, os ecólogos normalmente procuram por fatores correlacionados à aptidão, como a eficiência do forrageamento. Isso se baseia na premissa de que os animais capazes de obter mais alimento em menos tempo devem ter mais sucesso na sobrevivência e na reprodução. A ideia de que animais devem empenhar-se para encontrar o melhor balanço entre custos e benefícios de estratégias distintas de forrageamento é conhecida como **teoria do forrageamento ótimo**.

Os animais apresentam quatro respostas à variação de alimento no espaço e no tempo: *forrageamento de local central*, *forrageamento sensível a riscos*, *composição alimentar ótima* e *dieta mista*.

FORRAGEAMENTO DE LOCAL CENTRAL

Quando as aves alimentam seus filhotes em um ninho, estes estão confinados a um único local, enquanto os pais estão livres para procurar por alimento a distância. Essa situação é conhecida como **forrageamento de local central**, porque os alimentos adquiridos são levados até um local central, como um ninho com filhotes. À medida que os genitores se afastam mais do ninho, encontram maior quantidade de fontes de alimento em potencial; entretanto, percorrer uma distância mais longa aumenta o tempo, os custos energéticos e a exposição a riscos. Diante disso, o animal deve escolher a quantidade de tempo despendida com a obtenção dos alimentos antes de retornar ao ninho, bem como quanto alimento trazer de volta a cada viagem.

Pesquisadores utilizaram essas escolhas para investigar o comportamento de alimentação dos estorninhos-europeus (*Sturnus vulgaris*). Durante o verão, eles comumente forrageiam sobre gramados e pastos em busca de larvas de tipulídeas (em inglês, *craneflies*), denominadas "casacos-de-couro" (em inglês, *leatherjackets*). Os estorninhos se alimentam introduzindo seus bicos no solo macio e sacudindo-os para expor as presas. Quando estão obtendo alimento para seus filhotes, eles mantêm as "casacos-de-couro" capturadas na base de seus bicos. Pesquisadores previram que, à medida que um estorninho continuasse a capturar mais "casacos-de-couro" e a mantê-las em seu bico, seria mais difícil capturar as próximas. Isso é análogo à compra de itens em uma mercearia sem um carrinho ou uma cesta; afinal, quanto mais itens são segurados, mas difícil é para pegar outro. Como resultado, o número de presas capturadas pelos estorninhos deveria diminuir ao longo do tempo.

Como pode ser observado na Figura 4.18, a previsão foi corroborada pelos dados. A forma da curva mostra que a taxa de obtenção de comida aumenta rapidamente no início e, em seguida, à medida que o estorninho enche o seu bico, ela começa a desacelerar. Diz-se, então, que os estorninhos apresentam benefícios decrescentes com o tempo.

A taxa de alimentos que as aves genitoras levam para seus filhotes é uma função de quanto alimento elas obtêm e de quanto tempo gastam para obtê-lo. O tempo total necessário para a obtenção do alimento depende do tempo necessário para ir e voltar até o local onde ele se encontra, conhecido como *tempo de viagem*, somado ao tempo gasto para a obtenção do alimento após a chegada ao local, conhecido como *tempo de procura*. A Figura 4.19 mostra um modelo gráfico de

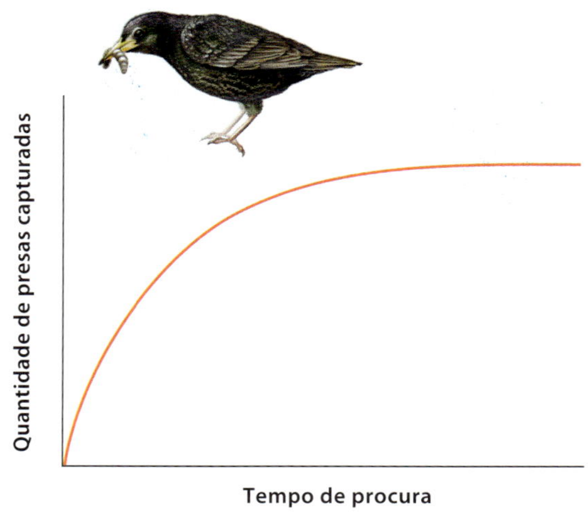

Figura 4.18 Benefícios decrescentes ao longo do tempo. A taxa de obtenção de alimentos do estorninho-europeu é rápida no início; porém, à medida que o tempo passa, o animal sofre redução dos benefícios porque a quantidade de presas obtidas por unidade de tempo diminui.

Teoria do forrageamento ótimo Modelo que descreve o comportamento de forrageamento que fornece o melhor equilíbrio entre os custos e benefícios de diferentes estratégias de forrageamento.

Forrageamento de local central Comportamento de forrageamento no qual os alimentos adquiridos são levados até um local central, como um ninho com filhotes.

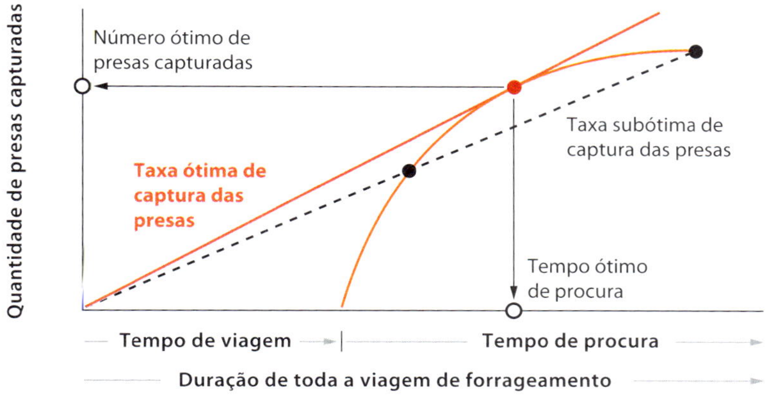

Figura 4.19 Forrageamento ótimo. A taxa ótima de forrageamento para um animal que deixa o seu ninho para encontrar alimento depende do tempo necessário para viajar até o local que contém alimento e do tempo despendido com a alimentação após a sua chegada naquele local. Em relação a determinada curva de benefícios (*linha laranja*), a taxa ótima de captura das presas é obtida desenhando-se uma linha reta a partir da origem da viagem que tangencie a curva de benefícios. O ponto de tangência indica o tempo ótimo que o animal deve gastar com a procura do alimento e a quantidade ótima de alimentos que ele deve trazer de volta. Passar mais ou menos tempo se alimentando no local, como indicado pelos *pontos pretos*, resulta em quantidades subótimas de alimentos obtidos por unidade de tempo.

como um forrageador de local central toma decisões. A linha de benefícios decrescentes (ver Figura 4.18) é mostrada em laranja.

Pode-se adicionar ao modelo um tempo de viagem fixo, que é o tempo que uma ave precisa para chegar até a área de alimentação. Em seguida, é possível desenhar uma linha vermelha desde a origem da viagem até interceptar a curva de benefício. Se essa linha for traçada com máxima inclinação e interceptando a curva de benefício (laranja), ambas irão cruzar-se no ponto vermelho mostrado na figura. O ponto de interseção – que é desenhado tangente à curva de benefício – representa a taxa mais alta de captura de alimento que a ave consegue obter, considerando o tempo de viagem.

Se o estorninho expressasse quaisquer fenótipos comportamentais alternativos (p. ex., se permanecesse no local de alimentação durante períodos mais longos ou mais curtos, indicados pelos pontos pretos na figura), teria uma taxa de aquisição de alimentos mais baixa, que é a linha preta tracejada na figura.

Dado o conhecimento sobre como o estorninho forrageia quando o local de alimentação está a uma distância fixa do ninho, como o comportamento dele deve mudar quando o alimento está mais perto ou mais longe? Nos locais mais distantes, a ave gasta mais tempo procurando alimento e traz de volta maior quantidade para compensar o tempo de viagem adicional. Em contraste, em locais mais próximos do ninho, o tempo de viagem diminui, e a ave gasta menos tempo procurando alimento, levando de volta menor quantidade.

Assim como no exemplo da mercearia, mencionado anteriormente, se a loja estivesse localizada do lado oposto à casa de um indivíduo, provavelmente ele faria viagens mais frequentes, passaria menos tempo procurando pelos alimentos e levaria de volta alguns poucos itens a cada viagem. Contudo, se a loja estivesse a 1 hora de distância de carro, ele talvez fizesse menos viagens, passasse mais tempo procurando pelos alimentos e levasse de volta uma grande quantidade de itens a cada viagem. Assim como o estorninho, essas decisões melhoram a sua eficiência em levar alimento de volta.

Até que ponto os organismos de fato forrageiam de maneira ótima? Pesquisadores abordaram essa questão desenvolvendo um inteligente experimento. Eles treinaram estorninhos para visitar locais de alimentação que ofereciam larvas em intervalos de tempo precisos, por meio de um tubo de plástico. Um estorninho chegaria ao local, pegaria a primeira larva e, em seguida, aguardaria até que a próxima estivesse disponível. Cada larva subsequente foi oferecida em intervalos progressivamente mais longos, mimetizando os mais longos intervalos nos quais um estorninho capturaria as "casacos-de-couro", à medida que o seu bico se tornasse cada vez mais cheio. Os pesquisadores montaram os locais de alimentação em diferentes distâncias dos ninhos e observaram quantas larvas um estorninho pegava antes de partir de volta. O número previsto de presas levadas de volta ao ninho da ave, mostrado como uma linha azul na Figura 4.20, está de acordo com o número real observado no experimento, representado pelos pontos vermelhos.

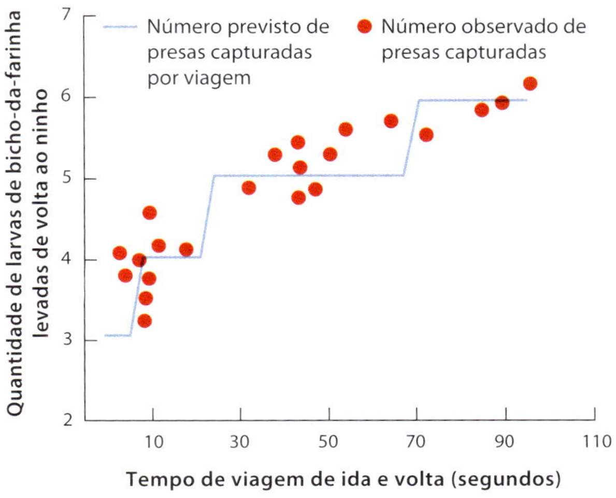

Figura 4.20 Captura de presa prevista *versus* observada por um forrageador de local central. Com base em um modelo de forrageamento ótimo, pesquisadores previram que tempos de viagem mais longos causariam o retorno dos estorninhos aos seus ninhos com maior número de larvas do bicho-da-farinha. Os pesquisadores ofereceram larvas aos estorninhos em mesas que se encontravam a diferentes distâncias dos seus ninhos. O número observado de larvas levadas de volta aos ninhos mostra a concordância com as previsões. Segundo A. Kacelnik, Central place foraging in starlings (*Sturnus vulgaris*), I. Patch residence time, *Journal of Animal Ecology* 53 (1984): 283–299.

FORRAGEAMENTO SENSÍVEL AO RISCO

As previsões sobre como os animais forrageiam presumem que eles estejam simplesmente maximizando a sua taxa de ganho energético. Entretanto, a maioria deles considera outros aspectos, incluindo predadores. Como o ato da alimentação coloca a maior parte dos animais em risco para a predação, eles precisam considerar esse perigo quando decidem sobre o forrageamento. Assim, os que incorporam o risco de predação em suas decisões de forrageamento estão realizando um **forrageamento sensível ao risco**.

O "caboz-riacho" (em inglês, *creek chub*) (*Semotilus atromaculatus*) é um peixe que enfrenta o desafio comum de encontrar o seu almoço em vez de se tornar o almoço de um predador. Os pequenos "cabozes-riacho" se alimentam de vermes do gênero *Tubifex* que vivem no lodo de riachos e, obviamente, preferem alimentar-se em locais que contenham mais vermes. Entretanto, e se os locais que contenham mais vermes também apresentarem mais predadores, incluindo "cabozes-riacho" maiores e canibais? Quanto alimento seria necessário para atrair os pequenos peixes ao local mais arriscado para se alimentar?

Para abordar essas questões, os pesquisadores colocaram alguns deles em um riacho artificial que continha um refúgio contra os predadores em sua parte intermediária. Em uma extremidade do riacho, foi posto um grande "caboz-riacho" e uma baixa densidade de vermes; na outra, dois grandes "cabozes-riacho" e diferentes densidades de vermes. Como se pode ver na Figura 4.21, quando a extremidade oposta do riacho continha dois grandes peixes, os pequenos não se deslocavam para aquele lado até que contivesse o triplo da quantidade de alimento, ou seja, eles equilibram o risco de predação com os benefícios da disponibilidade de alimento e ajustam o seu comportamento fenotípico para tal.

COMPOSIÇÃO DE DIETA ÓTIMA

A maioria dos animais não consome um único item alimentar, mas faz escolhas a partir de uma variedade deles. Por exemplo, considerando as opções alimentares dos coiotes que vivem no oeste dos EUA, em Idaho, eles podem consumir diversas espécies de presas, incluindo as pequenas, como ratos-do-campo (*Microtus montanus*), as médias, como coelhos-de-rabo-de-algodão (*Sylvilagus nuttallii*), e as grandes, como lebres (*Lepus californicus*). As espécies de presas maiores fornecem mais benefícios energéticos para o coiote, mas requerem mais tempo e energia para serem subjugadas e consumidas. Em virtude dessas opções, o coiote precisa decidir quais espécies de presas ele deve perseguir e quais ele deve ignorar.

Para determinar a decisão alimentar ótima, é preciso achar um equilíbrio entre a energia obtida da presa e o **tempo de manuseio**, que é o tempo necessário para subjugar e consumir a presa. Assumindo a mesma quantidade de tempo de manuseio para cada opção, a decisão ótima para o predador dependerá da energia obtida de cada presa e da sua abundância. A decisão ótima poderá mudar se o tempo de manuseio não for igual. Nesse caso, será necessário considerar a quantidade de energia obtida por unidade de tempo para cada espécie de presa, o que pode ser feito dividindo o benefício energético representado por uma presa pelo tempo de manuseio dela. Quando esse cálculo é efetuado, observa-se que, por vezes, a menor presa deve ser consumida, porque, embora forneça menos benefício energético do que uma presa maior, seu baixo tempo de manuseio pode dar ao predador o maior ganho energético por unidade de tempo.

No caso dos coiotes, pesquisadores observaram que, apesar de as lebres requererem mais esforços de captura e consumo do que os coelhos-de-rabo-de-algodão ou os ratos-do-campo, elas também fornecem maior benefício energético, de modo que os coiotes as classificam como o item alimentar mais vantajoso, seguidas pelos coelhos-de-rabo-de-algodão e, depois, pelos ratos-do-campo.

Sabendo como os diferentes itens alimentares são comparados em termos da energia obtida por unidade de tempo de manuseio, é possível realizar várias previsões. Por exemplo, espera-se que o predador sempre consuma a espécie de presa que fornece o mais alto benefício energético; assim, se essa presa for abundante, ela é a única que o predador provavelmente vai consumir. Essa estratégia maximiza o ganho energético do animal. Entretanto, se essa presa com o mais alto teor energético for rara e as necessidades energéticas do predador não forem atendidas, o animal deverá incluir itens menos vantajosos em sua dieta. As espécies de presas de valor energético muito baixo nunca devem ser incluídas, exceto se todas as de maior teor energético forem escassas. No caso do coiote, os pesquisadores descobriram que eles parecem fazer escolhas alimentares ótimas. Eles sempre consumiram as lebres, independentemente da sua abundância; no entanto, quando elas se tornaram menos abundantes, eles aumentaram seu consumo de coelhos-de-rabo-de-algodão e ratos-do-campo.

MISTURA DE DIETA

Alguns forrageadores adotam uma dieta variada porque um tipo de alimento pode não fornecer todos os nutrientes necessários. Os seres humanos, por exemplo, conseguem sintetizar muitos aminoácidos, mas alguns – conhecidos como aminoácidos essenciais – somente podem ser obtidos de alimentos. Uma dieta de apenas arroz ou apenas feijões não apresenta o conjunto completo de aminoácidos essenciais necessários aos humanos; entretanto, uma dieta que combina arroz e feijões contém todos os aminoácidos essenciais necessários, porque cada item contém os aminoácidos essenciais que se encontram ausentes no outro.

Os benefícios de uma dieta mista foram demonstrados com a utilização de ninfas (estágios imaturos) do gafanhoto americano (*Schistocerca americana*). Como pode ser visto na Figura 4.22 A, as ninfas do gafanhoto cresceram mais rápido quando alimentadas com uma mistura de couve, algodão e manjericão do que quando lhes foi oferecida qualquer uma dessas plantas isoladamente. O efeito foi ainda mais pronunciado com plantas naturais de baixa qualidade, como mesquita e amoreira: as ninfas com as dietas mistas cresceram quase 2 vezes mais rapidamente do que as que se alimentaram de qualquer uma dessas espécies isoladamente, como mostrado na Figura 4.22 B.

Forrageamento sensível ao risco Comportamento de forrageamento influenciado pela presença de predadores.

Tempo de manuseio Quantidade de tempo que um predador despende para consumir uma presa capturada.

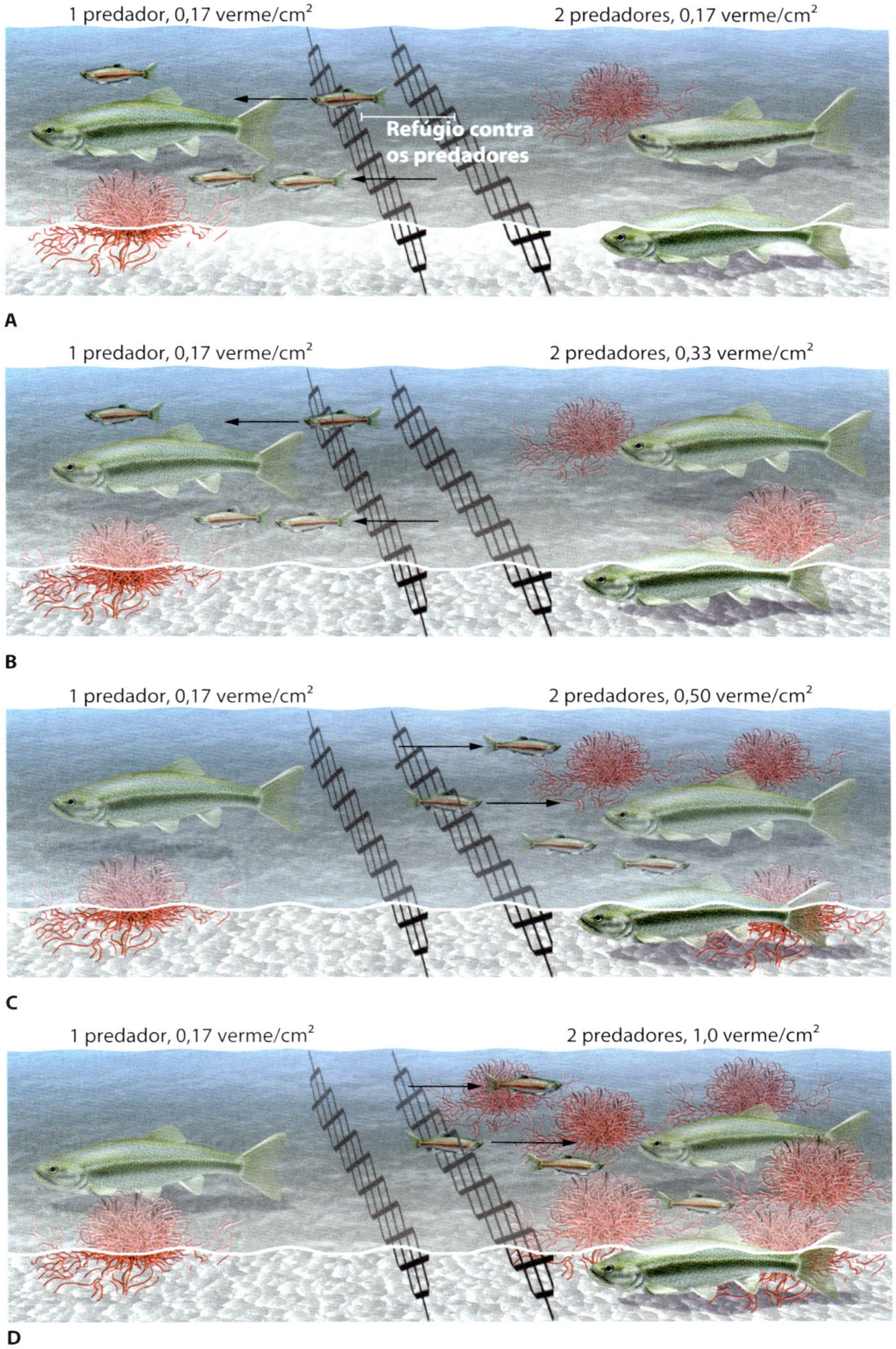

Figura 4.21 Forrageamento sensível ao risco. A sensibilidade dos "cabozes-riacho" (*Semotilus atromaculatus*) jovens à densidade de alimentos e aos predadores foi testada em riachos artificiais. Todos os riachos apresentavam um lado que continha um caboz adulto predador e uma baixa densidade de alimento (0,17 verme/cm^2). **A.** Quando a extremidade à direita do riacho continha dois predadores e a mesma baixa densidade de alimento, os cabozes jovens se deslocavam para o lado esquerdo. **B.** Quando a extremidade direita continha dois predadores e uma densidade intermediária de alimento (0,33 verme/cm^2), eles ainda se deslocavam para o lado esquerdo. Apenas quando o lado com dois predadores continha uma densidade alta (0,50 verme/cm^2) (**C**) ou muito alta (1,0 verme/cm^2) (**D**) de alimento, os cabozes jovens se deslocavam para o lado direito do riacho. Segundo J. F. Gilliam, D. F. Fraser, Habitat selection under predation hazard: Test of a model with foraging minnows, *Ecology* 68 (1987): 1856–1862.

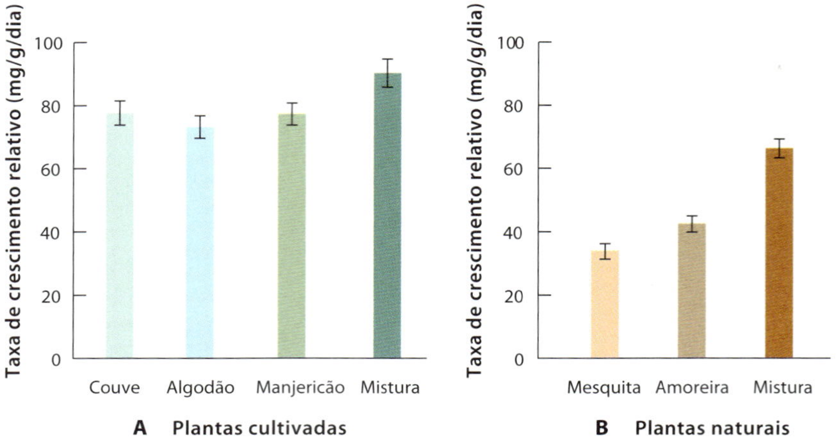

Figura 4.22 Dietas mistas. Gafanhotos jovens crescem mais rapidamente com dietas mistas do que com qualquer dieta simples, independentemente de as comparações terem sido realizadas com a utilização de plantas cultivadas (**A**) ou naturais (**B**). Em geral, as dietas mistas fornecem uma gama mais completa de nutrientes necessários para os animais do que as dietas simples. As barras de erro são os erros padrões. Segundo E. A. Bernays et al., Dietary mixing in a generalist herbivore: Tests of two hypotheses, *Ecology* 75 (1994): 1997–2006.

Com base nesses resultados, é possível prever que, se puderem escolher, esses gafanhotos irão optar por uma dieta mista para aumentar suas aptidões.

Ao longo deste capítulo, observou-se que os organismos frequentemente estão sujeitos às variações espacial e temporal em seu ambiente e que, em resposta a isso, muitos desenvolveram a capacidade de produzir diversos fenótipos a partir de um único genótipo. A estratégia de utilizar diversos fenótipos, incluindo alterações na morfologia, na fisiologia ou no comportamento, é eficaz quando existem compensações, de tal modo que nenhum fenótipo único apresente um bom desempenho em todos os ambientes. A evolução da plasticidade fenotípica é comum em todos os grupos de organismos sobre a Terra, sempre que existirem sinais ambientais confiáveis.

VERIFICAÇÃO DE CONCEITOS

1. Por que o forrageamento ótimo é um exemplo de plasticidade fenotípica?
2. Por que o forrageamento de local central faz com que os animais se desloquem para mais longe a fim de levar de volta quantidades maiores de alimento?
3. Quais são os custos e benefícios que animais precisam considerar durante o forrageamento sensível ao risco?

ECOLOGIA HOJE CORRELAÇÃO DOS CONCEITOS

Resposta à nova variação ambiental

Os ecólogos têm uma boa compreensão sobre as adaptações fenotipicamente plásticas às variações ambientais presentes por centenas de milhares de gerações, tempo suficiente para a evolução de um mecanismo de resposta fenotípica apropriado. Entretanto, como os organismos respondem às variações ambientais mais recentes?

Uma das mudanças mais profundas no ambiente tem sido o aumento global do CO_2 atmosférico.

Em 1958, Charles Keeling começou a registrar as concentrações do CO_2 atmosférico no topo do Mauna Loa, a 3.400 m de altitude, na ilha do Havaí. Keeling queria determinar se as emissões antropogênicas estavam aumentando a concentração de CO_2 na atmosfera. Na época em que ele iniciou seu estudo, os cientistas não tinham medições precisas a longo prazo das concentrações do CO_2 atmosférico.

Em 1958, a concentração do gás era de aproximadamente 316 partes por milhão (ppm; 316 moléculas de CO_2 por milhão de moléculas de ar, principalmente nitrogênio e oxigênio). Durante as décadas subsequentes, a concentração do CO_2 na atmosfera aumentou dramaticamente, subindo para 354 ppm em 1990 e 404 ppm no final de 2016, sem sinais de nivelamento. Outras pesquisas indicam que é a primeira vez que essa concentração do CO_2 ocorre na Terra nos últimos 10.000 anos. À medida que a demanda por energia e terras para a agricultura aumenta, é esperado que a concentração do CO_2 alcance de 500 a 1.000 ppm no ano 2100.

Como os organismos responderão a tal mudança em seu ambiente, considerando que não experimentaram concentrações de CO_2 dessa magnitude nos últimos 10.000 anos? Para abordar essa questão, cientistas começaram a conduzir grandes experimentos ao ar livre na década de 1990, nos quais torres altas emitem o gás sobre florestas, desertos, pântanos e terrenos cultivados, a fim de causar uma elevação que varia de 475 a 600 ppm. Muitos desses experimentos continuam hoje.

Experimento com elevação de CO_2. Torres altas na Duke University Forest vêm emitindo CO_2 na atmosfera durante vários anos, e os pesquisadores têm rastreado os efeitos sobre as plantas. Jeffery S. Pippen, http:people.duke.edu/~jspippen/nature.htm.

Considerando a média entre diversos deles, os pesquisadores descobriram que a elevação do CO_2 causa aumento de 40% na taxa de fotossíntese. Além disso, como as plantas abrem os seus estômatos para obter o CO_2, a elevação das suas concentrações possibilita que elas os mantenham fechados com mais frequência, o que resulta em uma redução de 22% na transpiração da água. Tudo isso se traduz em melhora do crescimento das plantas. Aquelas que experimentaram a elevação do CO_2 apresentaram aumento de 17% no crescimento de suas partes aéreas e de 30% no de suas raízes.

Essas respostas de crescimento representam as médias entre uma diversidade de espécies, mas nem todas responderam do mesmo modo. Por exemplo, o crescimento melhorou em plantas C_3, mas não em plantas C_4. Os pesquisadores acreditam que, em virtude da via C_4 da fotossíntese já bombear altas concentrações de CO_2 para dentro das células da bainha do feixe da folha, quantidades mais altas apresentariam pouco efeito adicional. Como a maioria das espécies de plantas utiliza a via C_3, apresentará crescimento maior, exceto se outros nutrientes se tornarem limitantes, ou se a herbivoria sobre as plantas também aumentar e causar maior perda de seus tecidos. Por outro lado, não se espera que as plantas C_4, que incluem milho, cana-de-açúcar e muitas outras plantações importantes, cresçam tão rapidamente se os seres humanos continuarem a elevar a concentração de CO_2 na atmosfera.

Em 2016, pesquisadores anunciaram que estavam planejando iniciar os primeiros experimentos de emissão de CO_2 em uma floresta tropical, na qual exporiam pequenas áreas de floresta a 600 partes por bilhão (ppb) de CO_2. Isso é importante porque existe a hipótese de que a floresta tropical possa absorver muito CO_2 atmosférico. O projeto, que será sediado em Manaus, no Brasil, enfrenta uma série de desafios, incluindo levantar dezenas de milhões de dólares para financiar a pesquisa e o problema prático de como transportar milhares de toneladas métricas de CO_2 ao longo de uma estrada de terra traiçoeira de 34 km na Amazônia. O projeto deve durar pelo menos 12 anos

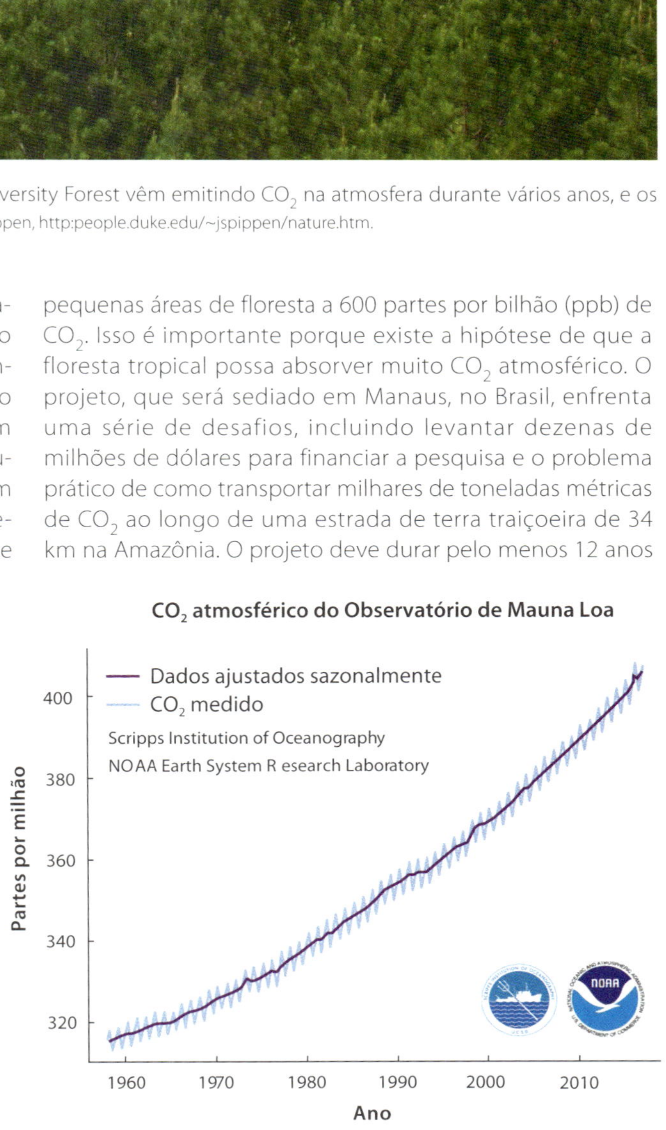

Alterações no CO_2 atmosférico ao longo do tempo. Medições na ilha do Havaí mostraram que as concentrações de CO_2 vêm aumentando continuamente durante os últimos 50 anos. Segundo http://www.esrl.noaa.gov/gmd/ccgg/trends.

e fornecer uma série de esclarecimentos sobre quanto do CO_2 excedente será absorvido pelas plantas e se a floresta responderá com taxas de crescimento maiores.

A mudança nas concentrações de CO_2 é apenas um exemplo das muitas alterações antropogênicas que ocorrem na Terra atualmente. A maioria dos organismos apresenta fenótipos flexíveis, que foram moldados pela seleção natural em resposta às variações ambientais passadas. Assim, aqueles que enfrentam a nova variação ambiental em virtude de causas antropogênicas podem ser capazes de utilizar as adaptações existentes e continuar evoluindo para novos tipos de fenótipos flexíveis. Entretanto, muitos outros tipos de impactos antropogênicos, como a poluição do ar e da água, podem estar muito aquém da amplitude de variação ambiental à qual uma população foi historicamente submetida. Como resultado, as populações podem não apresentar as estratégias fenotipicamente plásticas que possibilitarão um bom desempenho ao enfrentarem esses tipos de impactos antropogênicos.

FONTES:

Grossman, D. 2016. Amazon rainforest to get a growth check. *Science* 353:635–636.

Jaub, D. 2010. Effects of rising atmospheric concentrations of carbon dioxide on plants. *Nature Education Knowledge* 1:21.

Ainsworth, E. A., S. P. Long. 2005. What have we learned from 15 years of free-air CO_2 enrichment (FACE)? A meta-analytic review of the responses of photosynthesis, canopy properties and plant production to rising CO_2. *New Phytologist* 165:351–372.

RESUMO DOS OBJETIVOS DE APRENDIZAGEM

4.1 A variação ambiental favorece a evolução de fenótipos variáveis. A variação temporal ocorre ao longo de uma amplitude de horas a anos, com a variação mais extrema sendo a menos frequente. Também existe variação espacial em virtude de diferenças no clima, na topografia e nos solos. A plasticidade fenotípica – capacidade de produzir fenótipos alternativos – é favorecida quando os organismos experimentam uma variação ambiental, quando sinais confiáveis indicam o atual estado do ambiente e quando nenhum fenótipo único é superior em todos os ambientes. Atributos fenotipicamente plásticos incluem comportamento, fisiologia, morfologia e história de vida. Cada tipo de atributo difere no quão rápido ele pode responder às alterações ambientais e se essas respostas são reversíveis.

Termos-chave: **variação ambiental temporal, tempo, clima, compensação fenotípica, plasticidade fenotípica, aclimatação**

4.2 Muitos organismos desenvolveram adaptações à variação nos inimigos, competidores e parceiros. As respostas aos inimigos incluem: mudanças no comportamento que fazem os indivíduos serem mais dificilmente detectados; defesas morfológicas que tornam as presas mais difíceis de serem capturadas; e defesas químicas que tornam as presas menos palatáveis. As respostas aos competidores incluem: mudanças morfológicas em plantas, que as tornam mais capazes de obter recursos; mudanças morfológicas em animais, que os tornam mais capazes de consumir e digerir alimentos escassos; e estratégias comportamentais em animais, que melhoram a sua capacidade de encontrar alimentos escassos. Os organismos em geral favorecem o acasalamento com outro indivíduo, mas uma escassez de parceiros pode tornar a autofertilização uma alternativa viável para algumas espécies.

Termos-chave: **hermafrodita, depressão endogâmica**

4.3 Muitos organismos desenvolveram adaptações a condições abióticas variáveis. A variação na temperatura favoreceu a evolução de isoenzimas e a habilidade de mudar de micro-hábitats. A variação na disponibilidade de água beneficiou as plantas que conseguem abrir e fechar seus estômatos e alterar suas taxas de raízes por partes aéreas. A variação na salinidade foi vantajosa para a evolução de novas maneiras de ajuste das concentrações de solutos a fim de minimizar o custo da osmorregulação. A variação no oxigênio pode causar aumentos adaptativos em eritrócitos e na hemoglobina para melhorar a captação de oxigênio em grandes altitudes.

Termo-chave: **micro-hábitat**

4.4 Migração, armazenamento e dormência são estratégias para sobreviver às variações ambientais extremas. A migração possibilita que os organismos deixem as áreas com características inadequadas; o armazenamento (de energia) ajuda os organismos a terem um suprimento adicional para superar os períodos adversos; e a dormência torna possível que os organismos diminuam o seu metabolismo até que as condições ambientais adversas tenham cessado.

Termos-chave: **migração, dormência, diapausa, hibernação, torpor, estivação, correlação**

4.5 A variação na qualidade e na quantidade de alimentos é a base da teoria do forrageamento ótimo. O forrageamento de local central prevê que a quantidade de tempo gasto forrageando em um local e a quantidade de alimentos levada de volta a um ninho central dependerá dos benefícios obtidos ao longo do tempo e do tempo de viagem de ida e volta até o local. Os forrageadores sensíveis ao risco consideram não apenas a energia a ser obtida, mas também o risco de predação imposto. Muitos animais também precisam levar em conta uma amplitude de itens alimentares alternativos, a energia e a abundância de cada um e se devem consumir uma mistura deles para atender a todas as suas necessidades nutricionais.

Termos-chave: **teoria do forrageamento ótimo, forrageamento de local central, forrageamento sensível ao risco, tempo de manuseio**

QUESTÕES DE RACIOCÍNIO CRÍTICO

1. Qual a diferença entre o tempo e o clima em termos de variação temporal?

2. Como a heterogeneidade espacial pode ser percebida por um organismo como uma heterogeneidade temporal?

3. Por que é preciso considerar a adequação média em todos os ambientes ao avaliar se a evolução de um genótipo fenotipicamente plástico será favorecida sobre um genótipo não plástico?

4. Como a presença de sinais ambientais não confiáveis afetaria a evolução das respostas fenotipicamente plásticas à variação ambiental?

5. A frequência com a qual uma presa é sujeita a um ambiente com predador *versus* sem predador afetaria a evolução das características fenotípicas plásticas?

6. Se os predadores reduzirem a abundância de presas para níveis muito baixos, como ambientes variáveis em predadores afetarão a evolução das estratégias de acasalamento flexíveis?

7. Se uma planta pode aprimorar a sua capacidade de obter água por meio do crescimento de mais raízes, por que a planta nem sempre induz o crescimento de mais raízes?

8. Como você poderia determinar experimentalmente se as aves migratórias usam a duração do dia ou a temperatura como uma pista ambiental para a migração?

9. Qual é a relação entre correlação e "causa e efeito"?

10. Ao determinar quando se alimentar de presas pequenas, médias ou grandes, por que os predadores avaliam a energia obtida de cada presa, a abundância de cada uma e o tempo gasto com cada uma?

REPRESENTAÇÃO DOS DADOS | COMPORTAMENTO DE FORRAGEAMENTO DE TORDOS-AMERICANOS

Os dados ao lado foram coletados por um cientista que observou o número de minhocas que tordos-americanos (*Turdus migratorius*) conseguiram manter em seu bico à medida que as procuravam em um gramado após uma tempestade de verão. Faça um gráfico com os dados e descreva a relação entre o tempo e a quantidade de minhocas coletadas. Essa correlação representa tanto uma correlação quanto uma relação de causa e efeito?

Tempo (min)	Quantidade média de minhocas coletadas
0	0
1	1,0
2	2,0
3	2,8
4	3,4
5	3,7
6	3,9
7	4,0
8	4,0

5 Climas e Solos

Onde Cresce o seu Jardim?

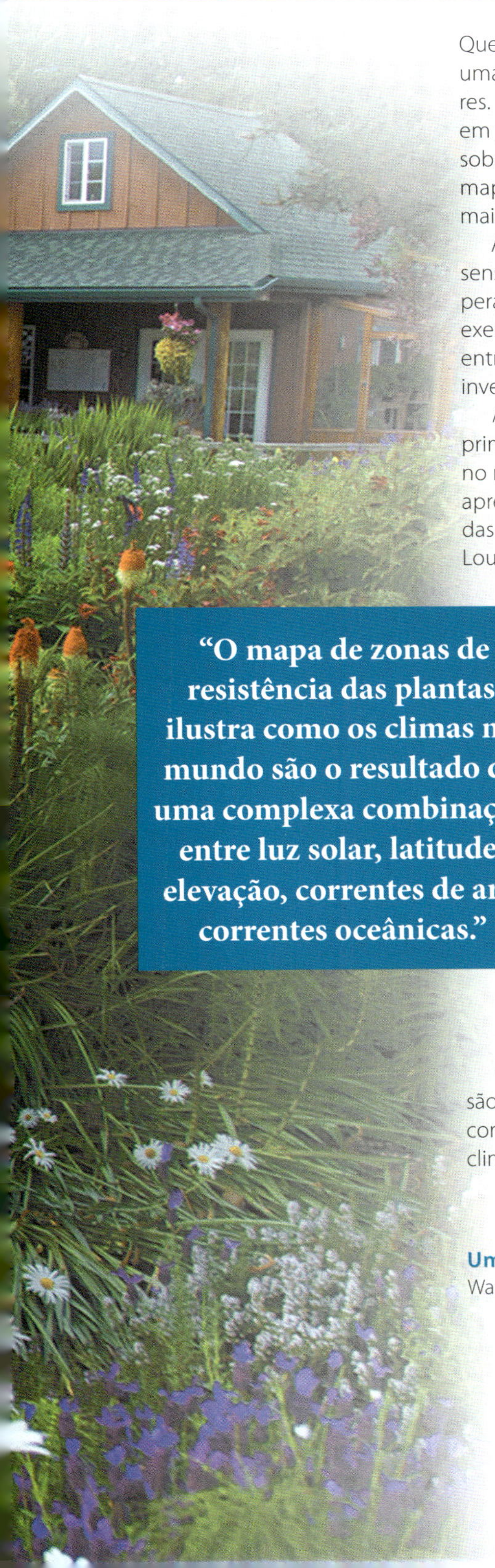

Quem já plantou um jardim sabe que deve tomar uma série de decisões, como escolher entre uma vasta seleção de frutas e vegetais ou uma estonteante coleção de flores, arbustos e árvores. No entanto, embora haja grande número de opções, nem todas as plantas crescem bem em todos os locais. Desse modo, para auxiliar os jardineiros a determinar quais conseguem sobreviver e florescer em cada lugar, o Departamento de Agricultura dos EUA desenvolveu um mapa de zonas de resistência das plantas, as quais levam em consideração as temperaturas mais frias que ocorrem durante o inverno.

As plantas mais resistentes toleram temperaturas muito frias, enquanto outras são muito sensíveis para sobreviver aos invernos rigorosos. As zonas de resistência acompanham a temperatura mínima frequentemente alcançada em locais pela América do Norte. A Zona 10, por exemplo, é encontrada no sul da Flórida, onde a temperatura mínima média no inverno está entre −1 e 4°C. Por outro lado, a Zona 1, com temperatura média mínima inferior a −45°C no inverno, é encontrada no Alasca.

Ao se observar o mapa das zonas de resistência das plantas, surgem diversos padrões. Em primeiro lugar, parece haver uma organização das zonas relacionada à latitude, em particular no meio do continente. Durante o inverno, as latitudes mais altas recebem menos luz solar e apresentam temperaturas mais baixas. Entretanto, um segundo padrão arqueia-se ao longo das faixas litorâneas. Por exemplo, no interior do continente, a Zona 8 abrange estados como Louisiana, Alabama e Geórgia. Ao longo da costa leste, entretanto, a Zona 8 se estende para o norte até a Virgínia. Ao longo da costa oeste, a Zona 8 também se estende em direção ao norte, até o estado de Washington. Esses padrões ocorrem em virtude de as duas costas serem adjacentes aos oceanos, que contêm águas tropicais quentes que circulam do Equador para cima. Essas águas quentes aquecem o ar durante o inverno e tornam o terreno ao longo das costas mais quente do que o interior do continente na mesma latitude. Um terceiro padrão pode ser visto nas elevações: os topos das montanhas têm temperaturas mais frias do que as partes mais baixas.

> **"O mapa de zonas de resistência das plantas ilustra como os climas no mundo são o resultado de uma complexa combinação entre luz solar, latitude, elevação, correntes de ar e correntes oceânicas."**

O mapa das zonas de resistência também mostra que a costa oeste apresenta temperaturas mais quentes no inverno do que a costa leste. Isso possibilita que os fazendeiros na Califórnia cultivem frutas e vegetais durante essa estação. A diferença nas temperaturas entre as costas leste e oeste é causada por ventos predominantes que sopram do oeste para o leste. No inverno, ao logo da costa oeste, os ventos transportam o ar oceânico mais quente em direção à costa, aquecendo-a. Ao longo da costa leste, entretanto, os ventos transportam o ar frio do meio do continente em direção à costa e empurram o ar oceânico quente para longe dela. Como resultado, a costa leste permanece mais fria do que a oeste durante o inverno.

O mapa das zonas de resistência das plantas mostra como os climas ao redor do mundo são o resultado de uma combinação complexa de luz solar, latitude, elevação, correntes de ar e correntes oceânicas. Este capítulo explora como os processos globais afetam a distribuição dos climas sobre a Terra e como os climas afetam os tipos de solo que se formam.

Um belo jardim. Este jardim se localiza em Sequim Gardens, no estado de Washington. Mitch Diamond/Getty Images.

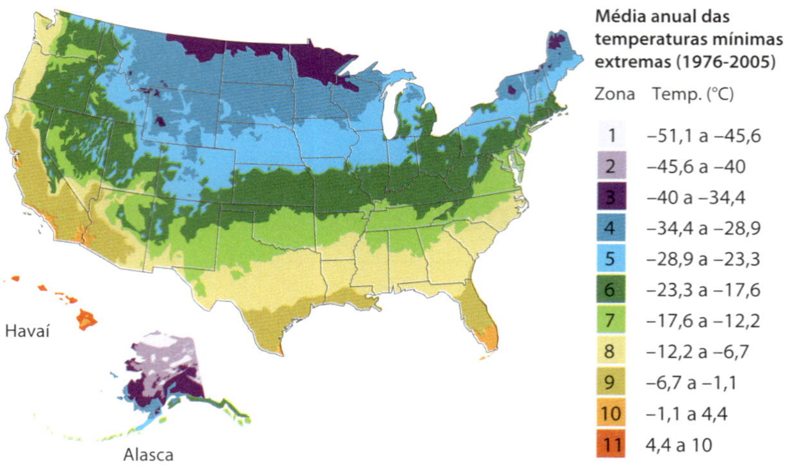

FONTE: USDA Plant Hardiness Zone Map, http://planthardiness.ars.usda.gov/PHZMWeb/.

Zonas de resistência das plantas para a América do Norte. As zonas mais quentes ocorrem no sul dos EUA e ao longo das costas.

OBJETIVOS DE APRENDIZAGEM

Após a leitura deste capítulo, você deverá ser capaz de:

5.1 Descrever como a Terra é aquecida pelo efeito estufa.

5.2 Explicar o aquecimento desigual da Terra pelo Sol.

5.3 Ilustrar como o aquecimento desigual da Terra conduz correntes de ar na atmosfera.

5.4 Demonstrar como as correntes oceânicas também afetam a distribuição de climas.

5.5 Descrever como características geográficas em pequena escala afetam os climas locais e regionais.

5.6 Explicar como o clima e o leito rochoso interagem para criar uma diversidade de solos.

Como visto no Capítulo 3, o clima de uma região na Terra se refere às médias das condições atmosféricas medidas ao longo de muitos anos. Os climas podem variar amplamente, de áreas muito frias próximas dos polos Norte e Sul até desertos quentes e secos próximos das latitudes 30°N e 30°S e áreas quentes e úmidas perto do Equador. Neste capítulo, serão examinados os fatores que determinam a localização dos climas ao redor do mundo; então, com uma compreensão sobre os climas, será observado como os solos são formados. Conforme será abordado nos capítulos seguintes, essas diferenças nos climas e nos solos auxiliam na determinação da distribuição dos organismos ao redor do globo.

Diversos fatores contribuem para os diferentes padrões climáticos, e alguns dos mais importantes são: o efeito estufa, o aquecimento desigual do planeta pela energia solar, as correntes de convecção atmosférica, a rotação da Terra, as correntes oceânicas e as diversas características topográficas em pequena escala.

5.1 A Terra é aquecida pelo efeito estufa

A radiação solar fornece a maior parte da energia que aquece a Terra e que os organismos utilizam; entretanto, isoladamente, ela não é suficiente para aquecer o planeta: os gases na atmosfera também desempenham um papel crítico.

EFEITO ESTUFA

A radiação solar aquece a Terra por meio de uma série de etapas, ilustradas na Figura 5.1. Cerca de um terço da radiação solar emitida em direção à Terra é refletida pela **atmosfera** – camada de ar de 600 km de espessura que circunda o planeta – e volta para o espaço. A radiação solar restante penetra na atmosfera. Uma grande parte da radiação de alta energia, incluindo a ultravioleta, é absorvida na atmosfera, e o restante passa por ela junto com a maior porção da luz visível. Quando essa radiação subsequentemente alcança as nuvens e a superfície da Terra, uma parte é refletida de volta para o espaço e o restante é absorvido. À medida que as nuvens e a superfície do planeta a absorvem, começam a se aquecer e a emitir radiação infravermelha de energia mais baixa. O calor que é sentido irradiando para o ar ao permanecer em pé sobre o asfalto quente de uma estrada é um exemplo dessa radiação infravermelha.

A radiação infravermelha é prontamente absorvida pelos gases na atmosfera, que são aquecidos por ela e, em seguida, a reemitem em todas as direções. Parte dessa energia vai para o espaço e parte volta em direção à superfície do planeta. Esse processo, que descreve a radiação solar atingindo a Terra,

Atmosfera Camada de ar de 600 km de espessura que circunda o planeta.

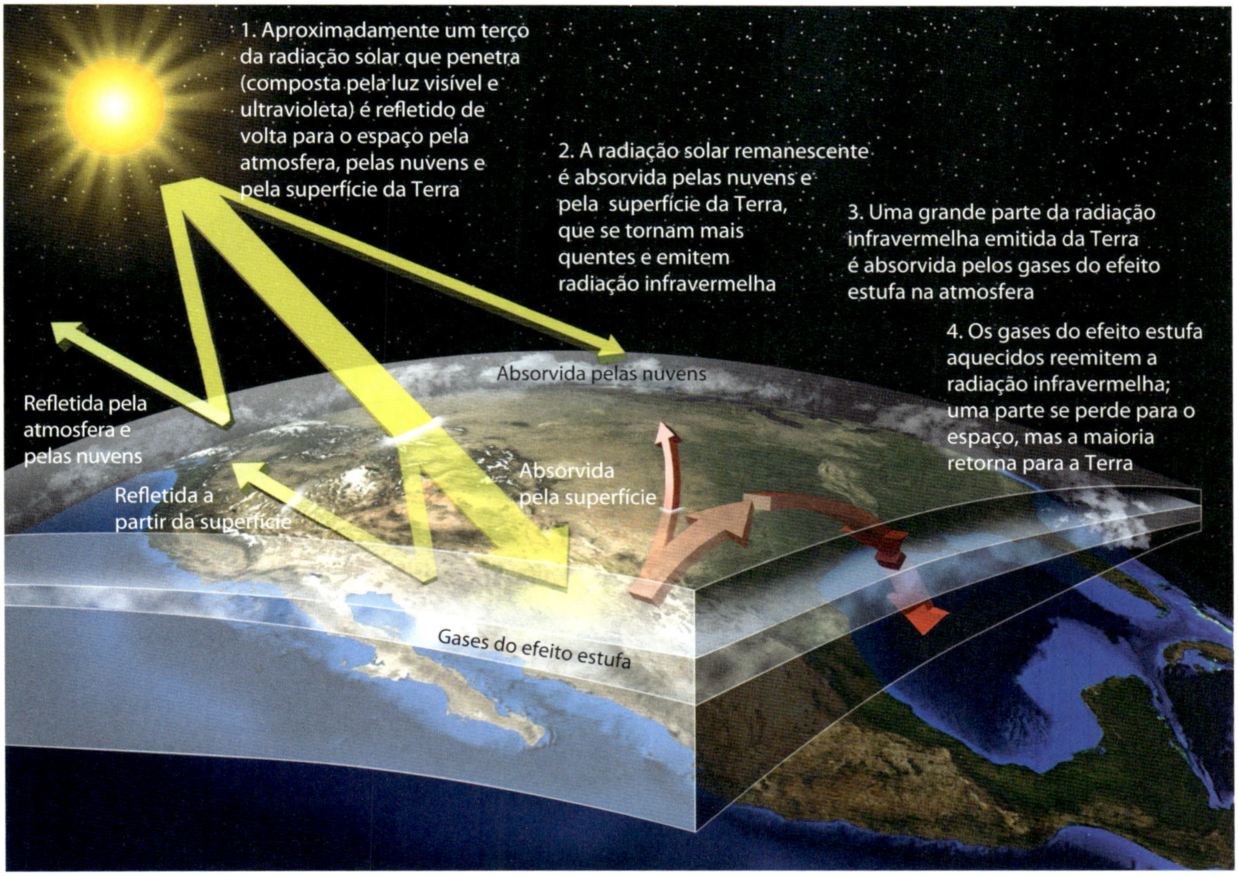

Figura 5.1 Efeito estufa. De toda a radiação solar que atinge a Terra, uma parte é refletida de volta para o espaço e o restante penetra na atmosfera, onde uma grande porção aquece as nuvens e a superfície do planeta. Essas partes aquecidas emitem radiação infravermelha de volta para a atmosfera, onde é absorvida pelos gases do efeito estufa, os quais a reemitem de volta para a Terra, causando um aquecimento adicional da superfície.

sendo convertida em radiação infravermelha e, em seguida, sendo absorvida e irradiada novamente pelos gases atmosféricos de volta ao planeta, é conhecido como **efeito estufa**. O nome se deve ao fato de o efeito se assemelhar a uma estufa de jardinagem com janelas que retêm o calor da radiação solar.

GASES DO EFEITO ESTUFA

Existem muitos gases diferentes na atmosfera, mas apenas aqueles que absorvem e reemitem a radiação infravermelha e contribuem para o efeito estufa são conhecidos como gases do efeito estufa. De fato, se for excluído o vapor de água, 99% dos gases na atmosfera são oxigênio (O_2) e nitrogênio (N_2), e nenhum deles atua como um gás de efeito estufa. Isso significa que os gases de efeito estufa, que desempenham o grande papel de manter o planeta aquecido, compõem apenas uma pequena fração da atmosfera. Isso também significa que mesmo pequenas alterações nas concentrações de gases de efeito estufa podem ter grandes impactos na temperatura da Terra.

Efeito estufa Processo pelo qual a radiação solar que atinge a Terra é convertida em radiação infravermelha, reabsorvida e reemitida pelos gases atmosféricos.

Os dois gases de efeito estufa mais prevalentes são o vapor de água (H_2O) e o dióxido de carbono (CO_2). Entretanto, outros que existem naturalmente incluem o metano (CH_4), o óxido nitroso (N_2O) e o ozônio (O_3). Esses gases têm diversas fontes naturais: o vapor de água advém dos grandes corpos de água e da transpiração das plantas; o CO_2 vem da decomposição, da respiração dos organismos e de erupções vulcânicas; o CH_4 vem da decomposição anaeróbica; o N_2O vem de solos alagados e regiões de corpos de água que apresentam baixo teor de oxigênio; e o O_3 vem da radiação ultravioleta que quebra moléculas de O_2 na atmosfera, fazendo com que cada molécula de O_2 se combine com outra. O efeito estufa de origem natural é bastante benéfico para os organismos na Terra; afinal, sem esse fenômeno, a temperatura média no planeta, que atualmente é de 14°C, seria muito mais fria (cerca de −18°C).

As concentrações dos gases de efeito estufa na atmosfera estão aumentando. Como visto no Capítulo 4, a concentração de CO_2 na atmosfera aumentou significativamente ao longo dos últimos dois séculos por causa do aumento da queima de combustíveis fósseis por automóveis, usinas de energia elétrica e outros processos industriais. Ao mesmo tempo, têm ocorrido elevações no metano e no óxido nitroso provenientes de diversas fontes antropogênicas, que incluem agricultura, aterros e queima de combustíveis fósseis. Finalmente, existem gases que não são produzidos naturalmente, como os clorofluorcarbonos, fabricados para atuar como propulsores em latas de aerossol e refrigerantes em congeladores, refrigeradores e condicionadores de ar. Embora esses compostos criados pelos humanos existam em concentrações muito mais baixas do que o vapor de água ou o CO_2, cada uma de suas moléculas consegue absorver muito mais radiação infravermelha do que estes, além de persistirem na atmosfera por centenas de anos.

Um aumento constante desses gases fabricados ao longo dos últimos dois séculos tem preocupado cientistas, ambientalistas e legisladores. Como os gases de efeito estufa absorvem e reemitem a radiação infravermelha para a Terra e sua atmosfera, é lógico concluir que um aumento na concentração desses gases na atmosfera aumente a temperatura média do planeta, expectativa que tem sido confirmada. Com base em milhares de medições realizadas em todo o mundo, a temperatura média do ar na superfície do planeta aumentou cerca de 1°C de 1880 a 2016. Embora algumas regiões, como a Antártida, tenham se tornado 1 a 2°C mais frias, outras como o norte do Canadá se tornaram até 4°C mais quentes. De fato, ao longo do período de 136 anos de monitoramento das temperaturas ao redor do mundo, 16 dos 17 anos mais quentes ocorreram de 2000 a 2016. Como será visto no final deste capítulo, essas mudanças na temperatura estão alterando os climas globais.

VERIFICAÇÃO DE CONCEITOS

1. Quais são os passos envolvidos no efeito estufa?
2. Como a produção humana de gases de efeito estufa levou ao aquecimento global?
3. Se 99% de todos os gases na atmosfera (excluindo o vapor de água) são nitrogênio e oxigênio, por que os climatologistas não enfocam as alterações de concentração desses gases?

5.2 Existe um aquecimento desigual da Terra pelo Sol

As diferenças na temperatura ao redor do globo são resultado da quantidade de radiação solar que atinge a superfície da Terra em cada lugar. São determinadas pelo ângulo no qual a luz solar chega às diferentes regiões do planeta, pela espessura da atmosfera que a energia percorre e pelas alterações sazonais na posição da Terra em relação ao Sol.

TRAJETÓRIA E ÂNGULO DA LUZ SOLAR

Considere-se a posição do Sol durante os equinócios de março e setembro, quando ele está posicionado diretamente sobre o Equador. Nessas épocas do ano, o Equador recebe a maior quantidade de radiação solar, e os polos recebem a menor. Três fatores ditam esse padrão: a distância que a luz solar deve percorrer através da atmosfera, o ângulo no qual os raios atingem a Terra e a reflectância da superfície do planeta.

Como mostrado na Figura 5.2, antes que cheguem à Terra, os raios do Sol devem viajar através da sua atmosfera; quando fazem isso, os gases absorvem parte da energia solar. Seguindo as trajetórias dos raios, pode-se observar que a distância percorrida através da atmosfera é mais curta no Equador do que nos polos. Isso significa que, no Equador, menos energia solar é removida pela atmosfera antes que ela chegue à Terra.

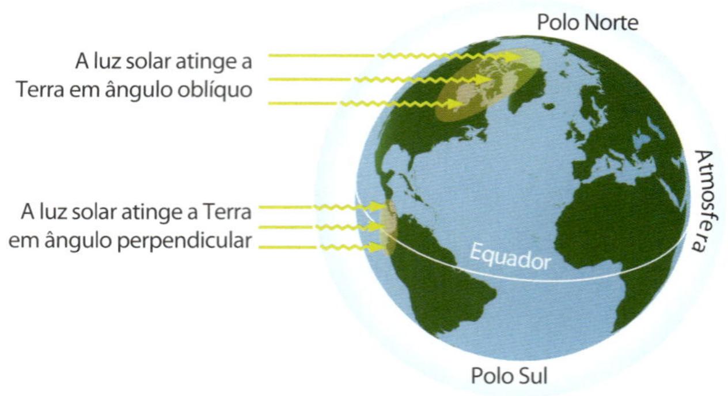

Figura 5.2 Aquecimento desigual da Terra. Quando o Sol está diretamente sobre o Equador, seus raios atravessam menos atmosfera e se espalham sobre uma área menor. Entretanto, próximo aos polos, os raios solares precisam percorrer uma parte maior da atmosfera e se espalham sobre uma área maior.

A intensidade da radiação solar que atinge uma área também depende do ângulo dos raios solares. Analisando novamente a Figura 5.2, pode-se observar que, quando o Sol está posicionado diretamente acima do Equador, seus raios chegam à Terra em ângulo reto. Isso faz com que grande quantidade de energia solar afete uma pequena área. Por outro lado, próximo aos polos, os raios solares atingem a Terra em ângulo oblíquo, fazendo com que a energia solar se espalhe sobre uma área maior. Em consequência, a superfície do planeta recebe mais energia por metro quadrado próximo ao Equador do que próximo aos polos. Essas diferenças na intensidade de luz solar se traduzem em diferenças nas temperaturas de acordo com a latitude, como observado no relato sobre as zonas de resistência de plantas, na abertura deste capítulo.

Finalmente, algumas superfícies do globo refletem mais energia solar do que outras, e objetos com cores claras refletem maior percentual de energia solar do que objetos com cores escuras, que, por sua vez, absorvem mais da energia solar incidente. Por exemplo, o asfalto absorve 90 a 95% da energia solar total que afeta sua superfície, o que explica por que o pavimento asfáltico se torna tão quente em uma tarde de verão ensolarada. Por outro lado, as plantações refletem 10 a 25% da energia solar total que atinge a sua superfície, enquanto a neve fresca reflete 80 a 95%. A fração da energia solar refletida por um objeto é o seu **albedo**. Como se pode ver na Figura 5.3, quanto mais energia solar é refletida, mais alto é o albedo.

O aquecimento desigual da Terra explica o padrão geral de declínio das temperaturas à medida que se caminha do Equador para os polos. No Equador, os raios do Sol perdem menos energia para a atmosfera, a energia solar é espalhada sobre uma área menor e o baixo albedo das florestas de coloração escura causa a absorção de grande parte dessa energia.

Albedo Fração da energia solar refletida por um objeto.

Figura 5.3 Efeito albedo. Os objetos de cores claras, como a neve fresca, refletem alto percentual da energia solar incidente, enquanto objetos de cores escuras refletem bem pouco. O albedo médio da Terra é de 30%.

Entretanto, próximo dos polos, os raios do Sol perdem muito mais da sua energia para a atmosfera, a energia solar é espalhada sobre uma área maior e o alto albedo das terras recobertas pela neve causa a reflexão de grande parte dessa energia. Isso ajuda a explicar por que os números das zonas de resistência das plantas em geral diminuem à medida que se move para as latitudes mais altas.

AQUECIMENTO SAZONAL DA TERRA

A relação entre o Sol e a Terra também causa diferenças sazonais nas temperaturas, porque o eixo do planeta está inclinado em 23,5° em relação à trajetória que segue em sua órbita ao redor do Sol. A Figura 5.4 mostra como essa inclinação afeta o aquecimento sazonal da Terra. Durante o equinócio de março, o Sol está diretamente sobre o Equador; então, à medida que se aproxima o solstício de junho, a órbita e a inclinação da Terra fazem com que o astro esteja diretamente sobre a latitude 23,5° N, que também é conhecida como Trópico de Câncer. Em setembro, o Sol encontra-se mais uma vez diretamente sobre o Equador e, em dezembro, fica diretamente sobre a latitude 23,5° S, também conhecida como Trópico de Capricórnio.

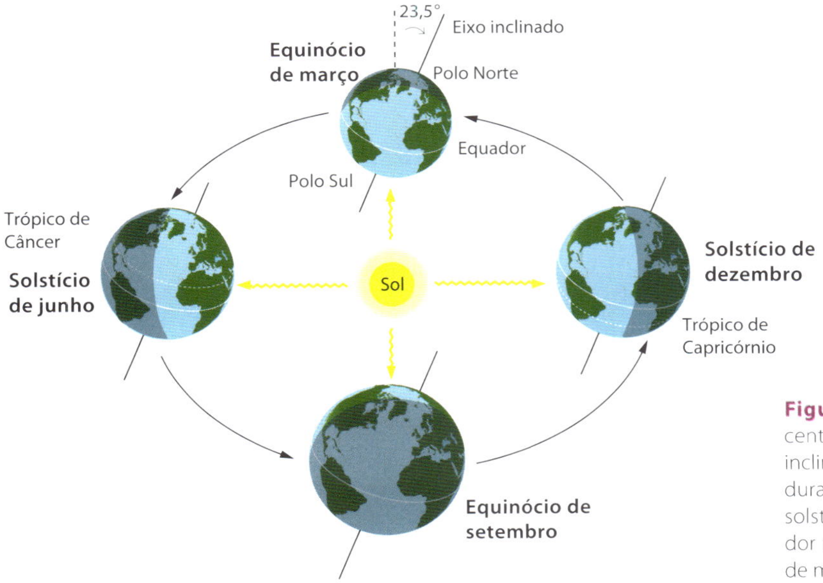

Figura 5.4 Aquecimento sazonal da Terra. O eixo central da Terra está inclinado em 23,5°. Em virtude dessa inclinação, o hemisfério Norte recebe a luz solar mais direta durante o solstício de junho, e o hemisfério Sul, durante o solstício de dezembro. As localizações próximas do Equador recebem a luz solar mais direta durante os equinócios de março e setembro.

A inclinação da Terra, à medida que ela orbita em torno do Sol, faz com que o hemisfério Norte receba mais energia solar entre março e setembro do que o hemisfério Sul. Durante esse tempo, o período diurno no hemisfério Norte é maior que o noturno, e o ângulo do Sol é de 90° em algum ponto do hemisfério Norte. Isso significa que uma radiação solar mais intensa é produzida por unidade de área e durante um período mais longo. Entre o equinócio do outono (em setembro) e o equinócio da primavera (em março), a situação se reverte, e o hemisfério Sul tem dias mais longos e recebe mais energia solar direta do que o hemisfério Norte. A latitude que recebe os raios mais diretos do Sol, conhecida como **equador solar**, muda ao longo do ano – da latitude 23,5° N em junho até a latitude 23,5° S em dezembro. Essas são as latitudes mais quentes na Terra, conhecidas como latitudes tropicais.

As mudanças sazonais na temperatura variam conforme a Terra faz o seu caminho anual ao redor do Sol. Enquanto a média das temperaturas do mês mais quente e do mês mais frio nos trópicos difere somente 2 a 3°C, em altas latitudes no hemisfério Norte, as temperaturas médias mensais variam em média 30°C ao longo do ano, e temperaturas extremas variam mais de 50°C ao ano.

VERIFICAÇÃO DE CONCEITOS

1. Por que a energia solar por unidade de área é mais intensa próximo ao Equador do que perto dos polos?
2. O que é o efeito albedo?
3. O que é o equador solar?

Equador solar Latitude que recebe os raios mais diretos do Sol.

ANÁLISE DE DADOS EM ECOLOGIA

Regressões

Como discutido anteriormente, as latitudes mais próximas do Equador recebem mais radiação solar do que as mais próximas dos polos. Assim, as latitudes mais baixas também devem apresentar temperaturas mais quentes do que as mais altas. De fato, a compreensão sobre a natureza dessa relação ajuda a determinar exatamente o quanto a temperatura muda com a latitude. Quando se deseja saber como uma variável é alterada em relação a outra, utiliza-se uma ferramenta estatística denominada **regressão**. No Capítulo 4, explicou-se que uma correlação determina se existe uma relação entre duas variáveis. Uma regressão determina se existe uma relação e descreve a natureza dessa relação.

Para ajudar a ilustrar essa ideia, podem ser utilizados dados sobre a temperatura média em janeiro, em 56 cidades espalhadas pelos EUA, abrangendo as latitudes dos 48 estados contíguos. Se essa relação entre latitude e temperaturas médias das cidades em janeiro for demonstrada graficamente, será obtido o gráfico a seguir:

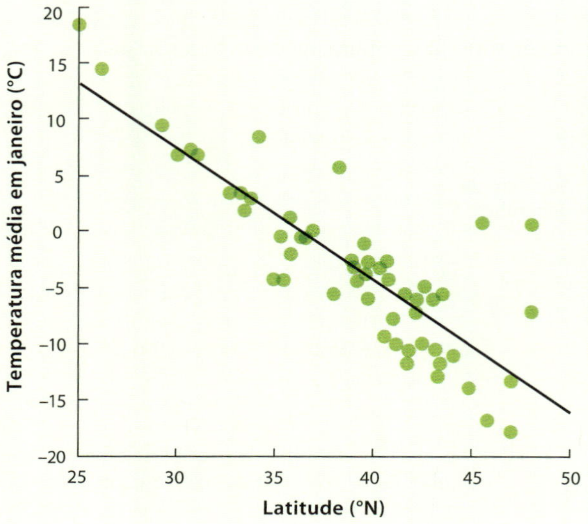

Nesse caso, a relação entre as duas variáveis segue uma linha reta; então, é traçada uma linha que melhor se ajuste à distribuição dos dados. Essa é uma reta de regressão, porque representa a relação entre as duas variáveis. Ela informa a respeito da natureza da relação a partir de sua inclinação e seu intercepto. Para esses dados, a regressão pode ser descrita usando a equação de uma linha reta, em que Y é a variável dependente, X é a independente, m é a inclinação da reta e b é o intercepto da reta no eixo Y correspondente ao ponto em que $X = 0$. Neste exemplo, a inclinação é -1,2 e o intercepto é 43:

$$Y = mX + b$$

$$\text{Temperatura} = -1{,}2 \times \text{latitude} + 43$$

Essa equação de regressão mostra que, para cada 1 grau de aumento na latitude, a temperatura média em janeiro diminui 1,2°C. É possível observar que, enquanto a forma mais simples de uma regressão é uma linha reta, as linhas de regressão também podem ser curvilíneas.

EXERCÍCIO Com base na relação entre latitude e temperatura, utilize a equação de regressão para estimar a temperatura média em janeiro nas latitudes 10, 20 e 30°.

Regressão Ferramenta estatística que determina se existe relação entre duas variáveis e descreve a natureza dessa relação.

5.3 O aquecimento desigual da Terra move as correntes de ar na atmosfera

O aquecimento desigual da Terra auxilia na determinação das **correntes de convecção atmosféricas**, que são as circulações de ar entre a superfície e a atmosfera do planeta. Os padrões de circulação do ar desempenham papel importante na localização das florestas tropicais, dos desertos e das pradarias em todo o mundo. Esta seção explora como a interação do aquecimento desigual da Terra e as propriedades do ar criam correntes de convecção atmosféricas.

PROPRIEDADES DO AR

Quatro propriedades do ar influenciam as correntes de convecção atmosféricas: densidade, ponto de saturação do vapor de água, aquecimento ou resfriamento adiabático e liberação de calor latente.

Densidade do ar

Com relação à densidade, quando o ar é aquecido, ele se expande e se torna menos denso. Como resultado, quando o ar próximo da superfície da Terra se aquece, ele se torna menos denso que o ar acima dele. Isso faz o ar quente próximo à superfície da Terra subir, passo inicial na criação de correntes de convecção.

Ponto de saturação do vapor de água

Conforme a temperatura do ar aumenta, sua capacidade de conter vapor (forma gasosa) de água também aumenta. O gráfico na Figura 5.5 mostra a relação entre a temperatura do ar e a quantidade máxima de vapor de água que o ar é capaz de conter. Embora a capacidade de conter a água aumente a temperaturas mais altas, sempre existe um limite, conhecido como **ponto de saturação**. Quando o teor de vapor de água do ar excede o ponto de saturação a uma dada temperatura, o excesso se condensa e muda para água líquida ou gelo. Quando o conteúdo de vapor de água se encontra abaixo do ponto de saturação, a água líquida ou o gelo podem ser convertidos em vapor de água. Por exemplo, a 30°C o ar pode conter até 30 g de vapor de água por m^3. O ar que contém a quantidade máxima de vapor de água alcançou o seu ponto de saturação. Se o ar a 30°C se resfriar para 10°C, o ponto de saturação do ar diminuirá para 10 g de vapor de água por m^3. Como resultado, o excesso de vapor mudará de fase para água líquida e produzirá nuvens e precipitação. A relação entre temperatura e saturação do vapor de água influencia os padrões de evaporação e precipitação no mundo. Esse fato, em combinação com as correntes de ar, determina a distribuição de ambientes secos e úmidos ao redor do globo.

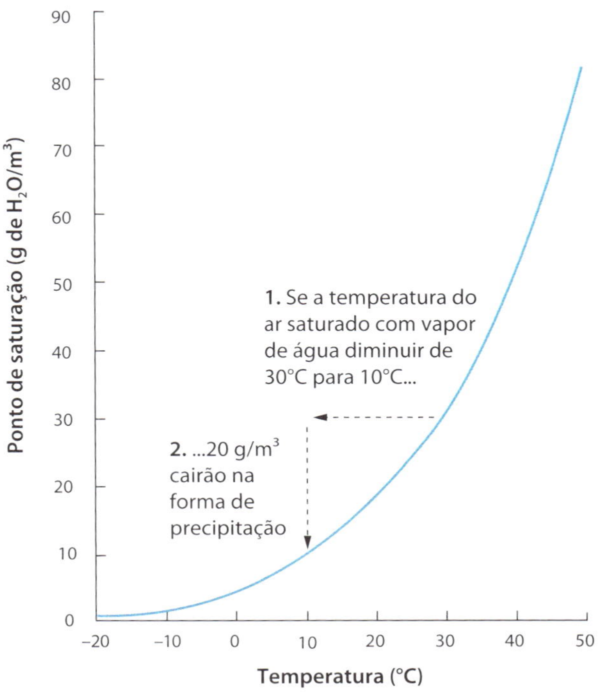

Figura 5.5 Ponto de saturação do vapor de água no ar. À medida que a temperatura do ar aumenta, ele é capaz de conter quantidades maiores de vapor de água.

Liberação de calor latente

A liberação de calor é outra propriedade do ar a ser considerada quando se contemplam as correntes atmosféricas de convecção. No Capítulo 2, na seção dedicada às propriedades térmicas da água, explicou-se que converter água líquida e vapor de água requer grande quantidade de energia. No processo inverso, conhecido como **liberação de calor latente**, o vapor de água convertido de volta em água líquida libera energia na forma de calor. A liberação de calor latente é significativa, pois, sempre que o vapor de água exceder o seu ponto de saturação, a condensação causará liberação de calor, que aquecerá o ar circundante.

Aquecimento e resfriamento adiabáticos

O último fator a ser considerado com respeito às correntes de convecção é o movimento do ar em resposta a mudanças na pressão. Próximo à superfície da Terra, a força gravitacional sobre as moléculas na atmosfera puxa muitas delas para perto da superfície. Assim, na parte superior da atmosfera o ar contém menos moléculas, o que reduz a pressão do ar. Como resultado, quando o ar se move entre a superfície e a atmosfera, sofre mudanças de pressão.

A pressão do ar está relacionada com a frequência das colisões entre suas moléculas, o que também influencia a temperatura. Logo, taxas de colisão mais baixas causam temperaturas mais baixas. Assim, quando o ar se move para cima na atmosfera e sofre uma pressão mais baixa, ele se expande, e a temperatura diminui – um processo conhecido como **resfriamento adiabático**. Por outro lado, quando o ar se move

---

Correntes de convecção atmosféricas Circulação de ar entre a superfície e a atmosfera da Terra.

Ponto de saturação Limite da quantidade de vapor de água que o ar consegue conter.

Liberação de calor latente Quando o vapor de água é convertido novamente em líquido, a água libera energia sob a forma de calor.

Resfriamento adiabático Efeito de resfriamento pela redução da pressão sobre o ar à medida que ele sobe na atmosfera e se expande.

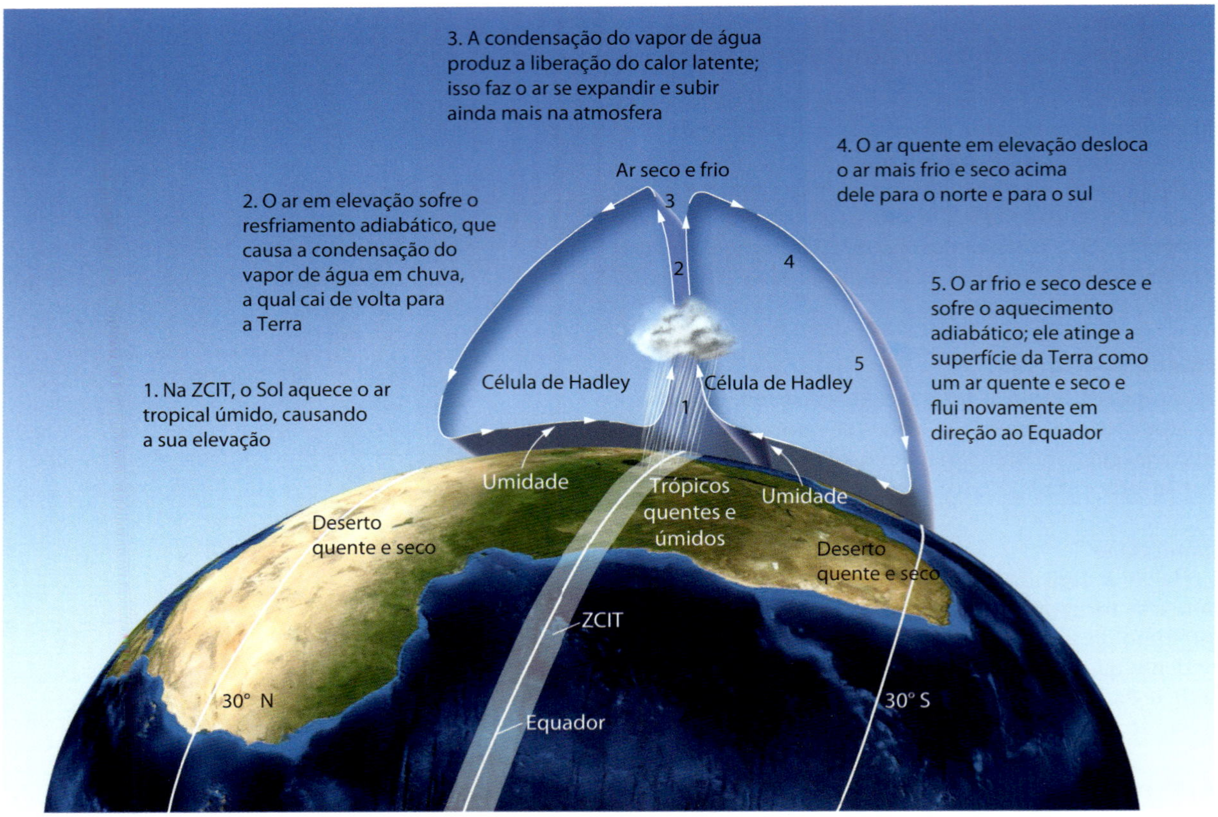

Figura 5.6 Circulação do ar nas células de Hadley. Neste exemplo, o Sol encontra-se diretamente sobre o Equador, o que ocorre durante os equinócios de março e setembro. Na latitude que recebe o Sol mais diretamente, uma coluna de ar quente sobe, e a zona de convergência intertropical (ZCIT) libera a sua precipitação. Após se elevar por mais de 10 km na atmosfera, o ar (agora frio e seco) circula de volta para a Terra nas latitudes 30° N e 30° S, aproximadamente.

para baixo e sofre uma pressão mais alta, ele é comprimido, e a temperatura aumenta, em um processo conhecido como **aquecimento adiabático**.

FORMAÇÃO DE CORRENTES DE CONVECÇÃO ATMOSFÉRICAS

A compreensão das quatro propriedades do ar ajuda a entender como as correntes de convecção atmosféricas são formadas. Observe-se o Equador durante os equinócios de março ou setembro, quando o Sol está diretamente sobre essa região. Como se pode observar na Figura 5.6, a energia solar aquece o ar na superfície da Terra, fazendo-o expandir-se e subir. À medida que o ar sobe para regiões de menor pressão atmosférica, ele se expande, e conforme isso acontece, sua temperatura diminui por meio do mecanismo de resfriamento adiabático. Esse ar resfriado tem capacidade reduzida de conter o vapor de água, de modo que o excesso de vapor se condensa e cai novamente sobre a Terra na forma de chuva. Tal processo, no qual o ar da superfície aquece, sobe e libera excesso de vapor de água na forma de chuva, é o motivo primário pelo qual as latitudes próximas do Equador, em geral, estão sujeitas a grandes quantidades de chuva.

Aquecimento adiabático Efeito de aquecimento pelo aumento da pressão sobre o ar à medida que ele desce em direção à superfície da Terra e se comprime.

Ainda na Figura 5.6, é possível observar que, quando o vapor de água se condensa, há liberação do calor latente, que aquece ainda mais o ar, intensificando seu movimento para cima, bem como a condensação e a chuva. À medida que a pressão do ar continua a cair com o aumento da altitude, a temperatura permanece caindo também. Nas grandes altitudes, o ar frio e seco é continuamente empurrado por baixo pelo ar ascendente e começa a se mover horizontalmente em direção aos polos.

O movimento de subida do ar é a força determinante das correntes de convecção atmosférica, mas ela é apenas a primeira de uma série de etapas no processo. Assim que o ar frio e seco é deslocado horizontalmente em direção aos polos, ele começa a descer de volta em direção à Terra, nas latitudes 30° N e 30° S, aproximadamente. Como a Figura 5.6 mostra, esse ar seco desce em direção ao planeta, onde o aumento da pressão causa a sua compressão. À medida que ele é comprimido, sofre aquecimento adiabático e, quando desce de volta à superfície da Terra, já está quente e seco. Isso explica por que muitos dos principais desertos do mundo – que são caracterizados pelo ar quente e seco – estão localizados aproximadamente nas latitudes 30° N e 30° S.

Após esse ar quente e seco atingir o solo, ele flui de volta em direção ao Equador, completando o ciclo de circulação do ar. As duas células de circulação do ar entre o Equador

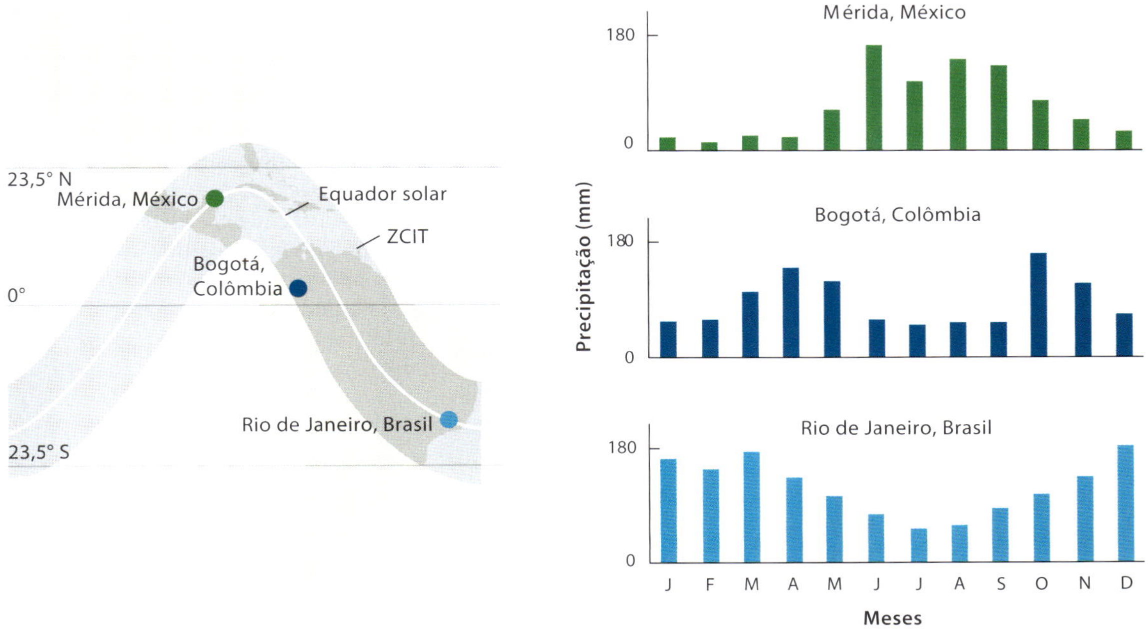

Figura 5.7 Estações chuvosas e zona de convergência intertropical (ZCIT). À medida que o equador solar muda ao longo do ano, a ZCIT também muda. Como resultado, as latitudes ao norte e ao sul do Equador têm uma única estação chuvosa distinta, enquanto aquelas próximas do Equador têm duas estações chuvosas.

e as latitudes 30° N e 30° S são conhecidas como **células de Hadley**, e a área onde elas convergem e causam grandes quantidades de precipitação é conhecida como **zona de convergência intertropical** (ZCIT).

A luz intensa no equador solar determina as células de Hadley e a ZCIT, causando a elevação do ar aquecido e a precipitação na forma de chuva. Como observado na discussão anterior sobre o aquecimento sazonal desigual da Terra, sabe-se que o equador solar se desloca ao longo do ano, desde a latitude 23,5° N em junho até a latitude 23,5° S em dezembro. Como a latitude do equador solar determina a da ZCIT, esta também se desloca durante o ano. Isso significa que o movimento sazonal do equador solar influencia os padrões sazonais de chuva.

É possível perceber o efeito do movimento da ZCIT ao examinar, na Figura 5.7, os padrões de chuva entre três locais no hemisfério ocidental. A cidade de Mérida, no México, encontra-se aproximadamente a 20° N do Equador. A convergência intertropical atinge Mérida apenas em junho, motivo pelo qual esse mês é a estação chuvosa na região. Em comparação, o Rio de Janeiro, no Brasil, encontra-se aproximadamente na latitude 20° S. A convergência intertropical atinge o Rio de Janeiro em dezembro, que é o meio da estação chuvosa para aquela cidade. Próximo ao Equador, em Bogotá, na Colômbia, a ZCIT passa sobre o local duas vezes a cada ano, durante os equinócios de março e setembro. Por isso, Bogotá tem duas estações chuvosas.

O padrão de circulação do ar próximo ao Equador também ocorre perto dos dois polos. Aproximadamente nas latitudes 60° N e 60° S, o ar sobe na atmosfera e a umidade cai. Então, o ar frio e seco se move em direção aos polos e desce de volta à Terra aproximadamente nas latitudes 90° N e 90° S. Em seguida, esse ar se move próximo ao solo na direção das latitudes 60° N e 60° S, quando novamente ascende na atmosfera. As correntes de convecção atmosféricas que transportam o ar entre as latitudes 60° e 90° são denominadas **células polares**.

Entre as células de Hadley e as células polares, aproximadamente das latitudes 30° a 60°, encontra-se uma área de circulação de ar sem correntes de convecção distintas. Nesse intervalo de latitudes no hemisfério Norte, que inclui grande parte de EUA, Canadá, Europa e Ásia Central, parte do ar aquecido das células de Hadley que desce na latitude 30° viaja em direção ao Polo Norte, enquanto parte do ar frio das células polares que está viajando em direção à latitude 60° se move em direção ao Equador. O movimento de ar nessa região também auxilia na redistribuição do ar quente dos trópicos e do ar frio das regiões polares pelas latitudes médias.

A região entre as células de Hadley e as células polares pode apresentar alterações dramáticas na direção do vento e, consequentemente, grandes flutuações na temperatura e na precipitação. Entretanto, os ventos em geral se movem de oeste para leste. Tal direção do vento contribui para condições mais quentes na costa oeste da América do Norte do que na costa leste, como se pode ver nas zonas de resistência das plantas.

Células de Hadley As duas células de circulação do ar entre o Equador e as latitudes 30° N e 30° S.

Zona de convergência intertropical (ZCIT) Área na qual duas células de Hadley convergem, causando grandes quantidades de precipitação.

Células polares Correntes de convecção atmosférica que transportam o ar entre as latitudes 60° e 90° nos hemisférios Norte e Sul.

ROTAÇÃO DA TERRA E EFEITO CORIOLIS

As células de Hadley e as células polares são importantes determinantes da direção dos ventos na Terra; entretanto, a direção do vento também é afetada pela velocidade de rotação do planeta, que muda com a latitude.[1] A Terra completa uma única rotação em 24 horas. Como a circunferência do planeta no Equador é muito maior do que aquela próxima aos polos, a velocidade de rotação é mais rápida no Equador. Conforme mostrado na Figura 5.8, um objeto no Equador gira a 1.670 km/h; a 30° N, o mesmo objeto gira a 1.445 km/h; e a 80° N, a 291 km/h.

As diferentes velocidades de rotação desviam a circulação do ar na superfície nas células de Hadley e células polares, o que pode ser observado ao ficar em pé no Polo Norte e atirar uma bola de beisebol diretamente para o sul em direção ao Equador, como mostrado na Figura 5.9. Enquanto a bola está voando, o planeta continua a girar e, em consequência, a bola não aterrissa diretamente ao sul no Equador, mas, em vez disso, viaja ao longo de uma trajetória que parece se desviar para o oeste. De fato, a bola está percorrendo uma linha reta;[2] porém, como o planeta gira enquanto a bola está em movimento, ela aterrissa a oeste de seu alvo pretendido. Em relação ao planeta, a trajetória da bola aparece defletida. O desvio da trajetória de um objeto em virtude da rotação da Terra é conhecido como **efeito Coriolis**.

A trajetória defletida da bola no exemplo anterior mimetiza o efeito Coriolis no movimento do ar para o norte ou para o sul. Por exemplo, as células de Hadley ao norte do Equador transportam o ar ao longo da superfície do norte para o sul. Como se pode observar na Figura 5.10, o efeito Coriolis faz essa trajetória se desviar, de modo que ela se desloca de nordeste para sudoeste. Esses ventos são conhecidos como *ventos alísios de nordeste*.

Abaixo do Equador, as células de Hadley estão transportando o ar sobre a superfície do sul para o Equador, e o efeito Coriolis faz essa trajetória se desviar de tal modo que ela se move de sudeste para noroeste. Esses ventos são conhecidos como *ventos alísios de sudeste*.

Um fenômeno similar ocorre nas células polares. Nas latitudes entre as células de Hadley e as células polares, a direção do vento pode ser consideravelmente variável; entretanto, esses ventos geralmente se movem para longe do Equador em direção aos polos, sendo desviados pelo efeito Coriolis. Isso causa os ventos conhecidos como *ventos de oeste* (*westerlies*). Portanto, o

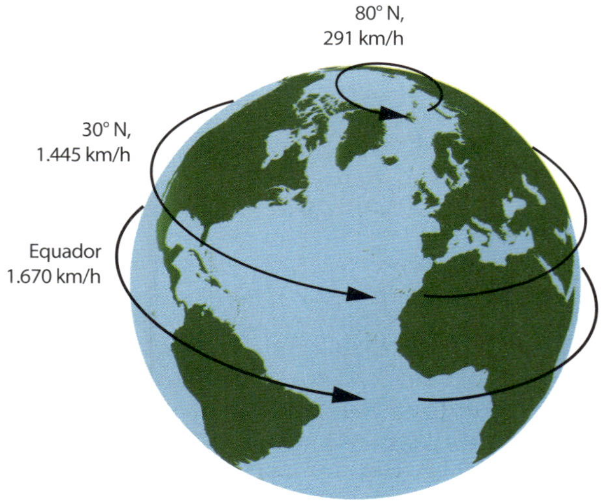

Figura 5.8 Velocidade de rotação da Terra. Para completar uma rotação em 24 horas, um objeto que se situa no Equador viaja a uma velocidade muito maior do que aqueles nas latitudes mais altas.

Efeito Coriolis Deflexão da trajetória de um objeto em virtude da rotação da Terra.

[1]N.R.T.: Na verdade, trata-se da *velocidade linear*, pois a velocidade de rotação é 1 rotação/24 horas, para todo o planeta.
[2]N.R.T.: Para alguém fora da Terra que não esteja girando em relação ao Sol.

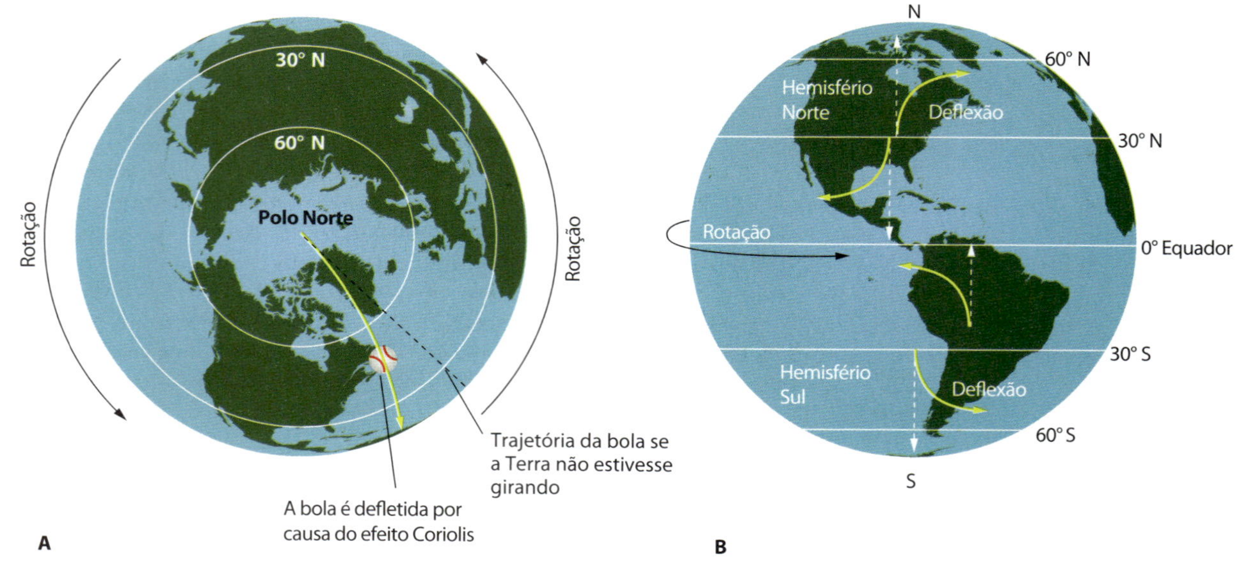

Figura 5.9 Efeito Coriolis. A. Como a Terra gira, a trajetória de qualquer objeto que viaja para o norte ou para o sul é defletida. **B.** Essa deflexão faz com que as correntes de ar predominantes ao longo da superfície da Terra sejam igualmente desviadas.

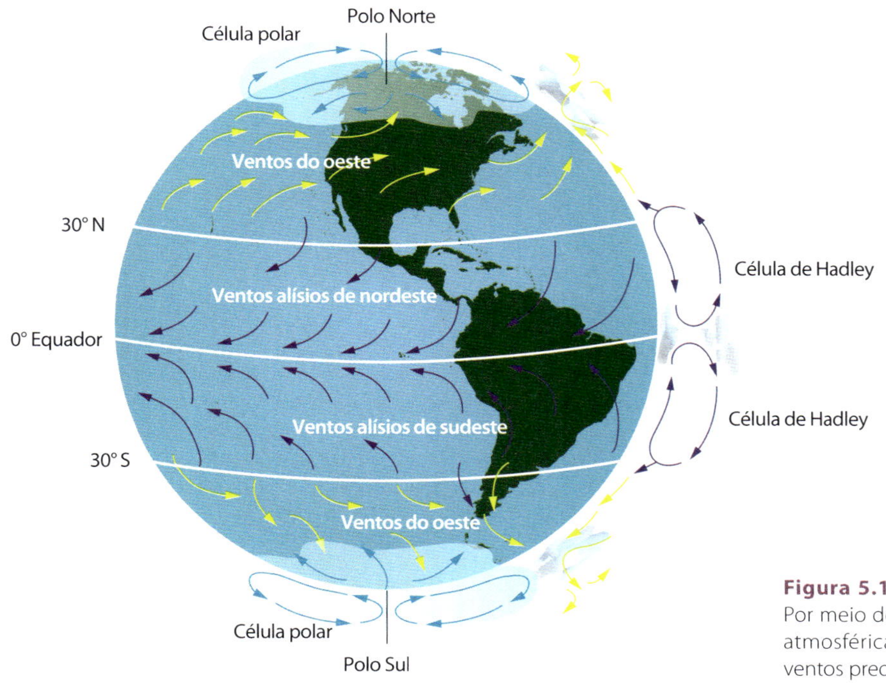

Figura 5.10 Padrões de circulação do ar na Terra. Por meio de uma combinação de correntes de convecção atmosférica e do efeito Coriolis, diferentes latitudes têm ventos predominantes que percorrem direções diferentes.

tempo[3] nas latitudes intermediárias tende a "se mover" de oeste para leste. Ao se considerar o efeito Coriolis, a regra geral é que os ventos de superfície são defletidos para a direita no hemisfério Norte e para a esquerda no hemisfério Sul.

VERIFICAÇÃO DE CONCEITOS

1. Quais são as quatro propriedades do ar que são importantes na determinação das correntes de convecção atmosféricas?
2. Considerando que a posição do equador solar muda ao longo do ano, qual é a implicação dessa alteração na localização da ZCIT ao longo do ano?
3. O que é o efeito Coriolis e como ele afeta as correntes de convecção atmosféricas?

5.4 As correntes oceânicas também afetam a distribuição dos climas

Assim como as correntes de ar, as oceânicas distribuem o aquecimento de maneira desigual pelas águas da Terra e, portanto, influenciam a localização dos diferentes climas. A Figura 5.11 mostra alguns padrões gerais de circulação: no lado oeste das bacias oceânicas, a água tropical quente circula para o norte em direção aos polos; no leste das bacias oceânicas, a água polar fria circula para o sul em direção aos trópicos. Muitos fatores criam essas correntes, incluindo o aquecimento desigual, o efeito Coriolis, as direções dos ventos predominantes, a topografia das bacias oceânicas e as diferenças na salinidade. Esta seção examina os fatores que determinam as principais correntes oceânicas, incluindo os *giros* e a *ressurgência*. Em seguida, investiga como as mudanças naturais nas correntes oceânicas podem ter grandes efeitos sobre os climas globais por meio de um processo conhecido como *El Niño-Oscilação Sul*. Finalmente, explora a circulação oceânica termoalina, uma corrente profunda do oceano que pode levar centenas de anos para concluir uma única trajetória ao redor do globo.

GIROS

Anteriormente, observou-se como as regiões tropicais da Terra recebem mais luz solar direta do que aquelas em latitudes mais altas. Isso faz com que as águas oceânicas próximas do Equador, em geral, sejam mais quentes do que as que se situam em latitudes mais altas. Em virtude do aquecimento desigual, as águas tropicais se expandem à medida que aquecem, e essa expansão faz com que a água próxima do Equador seja aproximadamente 8 cm mais alta do que a água nas latitudes intermediárias. Embora essa diferença possa parecer pequena, ela é suficiente para que a força da gravidade cause um movimento da água para longe do Equador.

Ao redor do globo, os padrões de circulação oceânica também são afetados pelas direções dos ventos predominantes e pelo efeito Coriolis. Ao norte do Equador, por exemplo, os ventos alísios de nordeste empurram a água da superfície do nordeste para o sudoeste; ao mesmo tempo, as forças de Coriolis desviam as correntes oceânicas para a direita. A combinação dessas duas forças leva a água tropical acima do Equador a se deslocar do leste para o oeste.

A topografia das bacias oceânicas, em particular a localização dos continentes, faz as correntes mudarem sua direção. Nas latitudes médias, os ventos de oeste empurram as águas da superfície para o nordeste; então, à medida que isso ocorre, as forças de Coriolis desviam as correntes oceânicas para a direita, fazendo-as deslocarem-se de oeste para leste

[3]N.R.T.: Refere-se às condições atmosféricas.

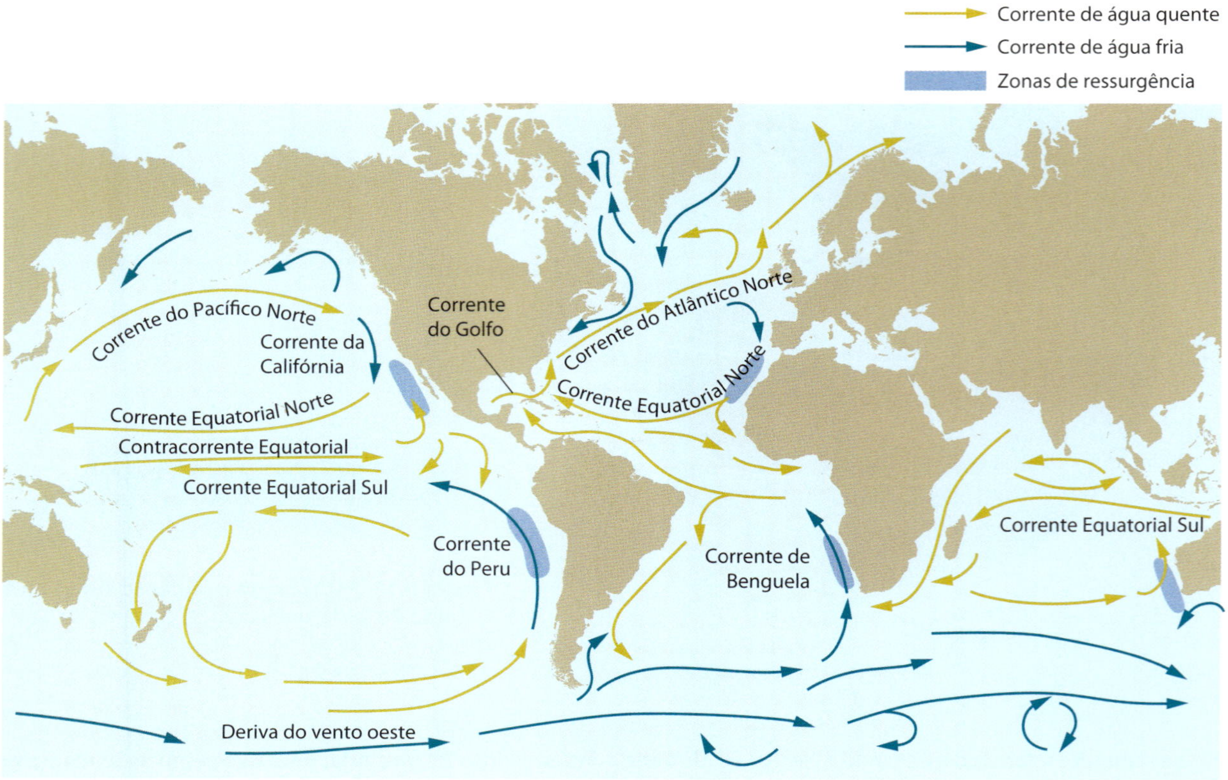

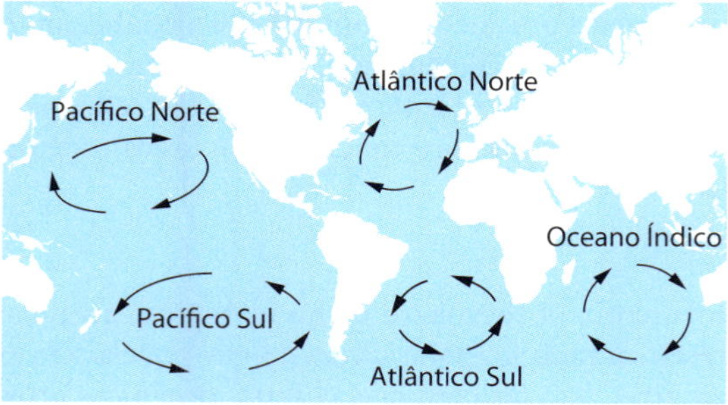

Figura 5.11 Correntes oceânicas. As correntes oceânicas circulam como resultado do aquecimento desigual, do efeito Coriolis, dos ventos predominantes e da topografia das bacias oceânicas. Cada uma das cinco grandes bacias oceânicas contém um giro. Esses giros são determinados pelos ventos alísios nos trópicos e pelos ventos de oeste nas latitudes médias. Isso produz um padrão de circulação em sentido horário no hemisfério Norte e anti-horário no hemisfério Sul. Ao longo da costa oeste de muitos continentes, as correntes divergem e causam a ressurgência da água mais profunda e mais fértil.

nas latitudes médias no hemisfério Norte. Esses padrões de circulação da água em grande escala entre os continentes são denominados **giros**. A direção das deflexões causadas pelas forças de Coriolis depende da latitude; os giros se movimentam em sentido horário no hemisfério Norte e anti-horário no hemisfério Sul.

Os giros redistribuem a energia, transportando tanto as águas oceânicas quentes quanto as frias ao redor do globo. A proximidade dessas águas com os continentes pode torná-los consideravelmente mais quentes ou mais frios e, portanto, influenciar os climas terrestres. É possível ver esse impacto nos padrões costeiros de zonas de resistência de plantas, discutidos no início do capítulo. Por exemplo, Inglaterra e Newfoundland, no Canadá, encontram-se em latitudes similares; entretanto, a Inglaterra está próxima a uma corrente de água quente, a Corrente do Golfo, que se origina no Golfo do México, enquanto Newfoundland está próxima a uma corrente de água fria que desce do lado oeste da Groenlândia e desloca a água mais quente da Corrente do Golfo para longe da costa. Em consequência, a Inglaterra tem temperaturas de inverno que são em média 20°C mais quentes do que as de Newfoundland.

RESSURGÊNCIA

Qualquer movimento da água oceânica para cima é denominado **ressurgência**. Ilustrada em azul-escuro na Figura 5.11, ela ocorre em locais ao longo dos continentes nos quais as correntes de superfície se afastam da costa. À medida que a água de superfície se afasta do continente, a água fria do fundo é puxada para cima. Zonas de ressurgência fortes ocorrem na costa oeste dos continentes, onde os giros movem as correntes de superfície em direção ao Equador e, em seguida, desviam-se dos continentes. À medida que a água da superfície se afasta dos continentes, ela é substituída por águas das

Giro Padrão de circulação da água em grande escala entre os continentes.

Ressurgência Movimento ascendente da água oceânica.

profundezas. Como as águas do fundo tendem a ser ricas em nutrientes, as zonas de ressurgência, com frequência, são regiões de alta produtividade biológica; por isso, os grandes pesqueiros comerciais estão geralmente localizados nessas regiões.

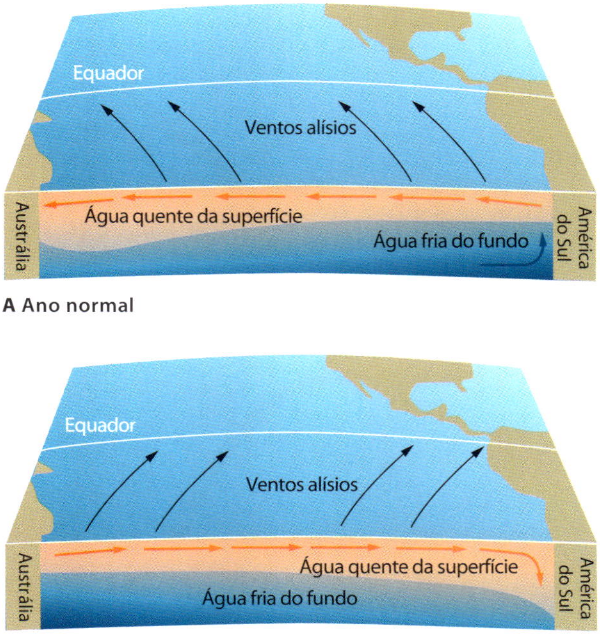

A Ano normal

B Ano com El Niño

Figura 5.12 El Niño-Oscilação Sul (ENOS). As mudanças na força dos ventos alísios perto do Equador podem ter impactos importantes sobre os climas do mundo. **A.** Na maioria dos anos, os ventos alísios fortes empurram as águas de superfície quentes para longe da costa oeste da América do Sul, fazendo com que as águas frias do fundo ressurjam ao longo da costa. **B.** Durante um ano de ENOS, os ventos alísios se enfraquecem ou se invertem, e a água quente da superfície se desloca de oeste para leste. Como resultado, a água quente se acumula ao longo da costa oeste da América do Sul e evita a ressurgência das águas frias do fundo. Essa mudança na circulação oceânica altera os climas ao redor do mundo.

EL NIÑO-OSCILAÇÃO SUL

Por vezes as correntes oceânicas são muito alteradas, o que pode afetar as condições climáticas. Um dos exemplos mais conhecidos é o **El Niño-Oscilação Sul (ENOS)**, no qual mudanças periódicas nos ventos e nas correntes oceânicas do Pacífico Sul causam alterações climáticas em grande parte do mundo. Esse processo é ilustrado na Figura 5.12.

Durante a maioria dos anos, no Oceano Pacífico Sul, os ventos alísios de sudeste e as forças de Coriolis empurram as águas de superfície da Corrente do Peru, fazendo com que fluam para noroeste, ao longo da costa oeste da América do Sul, o que ocasiona a ressurgência da água fria ao longo da região. Os ventos equatoriais, impulsionados pelas altas pressões do ar no Pacífico Leste e pelas baixas pressões do ar no Pacífico Oeste, empurram essas águas de superfície para longe da costa e para oeste pelo Oceano Pacífico, na altura do Equador. Assim, à medida que essa água se move para o oeste, ela se aquece e, uma vez aquecida, causa tempestades no Pacífico Oeste, o que resulta em grandes quantidades de precipitação.

No entanto, a cada 3 a 7 anos, essa série de eventos é alterada. Na atmosfera, a diferença natural nas pressões do ar é invertida, e os ventos equatoriais se enfraquecem. Em alguns anos, eles podem até mesmo inverter sua direção. Essa alteração nas pressões do ar no hemisfério Sul é o elemento da Oscilação Sul do ENOS. Com os ventos equatoriais enfraquecidos ou invertidos, as águas quentes da superfície do Pacífico Oeste se movem para o leste em direção à América do Sul. Como resultado, a ressurgência de nutrientes é interrompida, e a pesca normalmente produtiva na área se torna muito menos produtiva.

A água quente que se acumula também atua como fonte de aumento da precipitação na região. A água incomumente quente é o elemento El Niño ("o menino") do ENOS, assim denominado por ocorrer tipicamente perto da época de Natal.

Como as correntes de ar e água são responsáveis pela distribuição de energia por todo o mundo, os efeitos de um evento ENOS se estendem por grande parte do mundo. Na América do Norte, eles resultam em tempo mais frio e úmido, frequentemente com tempestades no sul dos EUA e norte do México; já no norte dos EUA e sul do Canadá, as condições de tempo ficam quentes e secas. Alguns eventos de ENOS têm sido particularmente fortes. Por exemplo, um forte evento de ENOS em 1982 e 1983 interrompeu a pesca e destruiu os bancos de *kelps* na Califórnia, além de causar danos à reprodução de aves marinhas no Oceano Pacífico central e matar grandes áreas de corais no Panamá. A precipitação também foi drasticamente afetada em muitos ecossistemas terrestres.

Outro evento ENOS de 1991 a 1992 foi acompanhado pela pior seca do século XX na África, o que provocou produção agrícola ruim e fome generalizada. Ele também causou seca extrema em muitas áreas da América do Sul tropical, na Austrália e nas ilhas do Pacífico Sul. O calor e a seca na Austrália reduziram as populações de cangurus-vermelhos para menos da metade de seus níveis pré-ENOS. O evento de El Niño de 1997-1998 foi responsável pela morte de 23.000 pessoas (a maioria em virtude da fome) e por US$ 33 bilhões em prejuízos a plantações e propriedades em todo o mundo.

O mais recente evento ENOS aconteceu em 2015-2016 e foi um dos mais severos das últimas décadas. Ele causou temperaturas 1 a 5°C mais quentes no inverno do Canadá e aumentou a precipitação no norte da Califórnia. Os impactos ao longo do Pacífico foram ainda maiores, com recordes de calor e seca na Tailândia, na Malásia e na Índia.

A porção El Niño do ENOS é normalmente seguida por uma porção La Niña, na qual as condições no sul do Oceano Pacífico oscilam fortemente na direção oposta. Durante a La Niña, ventos equatoriais sopram muito mais fortemente para o oeste, e todos os efeitos do El Niño são revertidos. Assim, regiões que ficam mais quentes e secas durante o El Niño se tornam mais frias e úmidas durante a La Niña. Após o ciclo El Niño e La Niña, normalmente se seguem vários anos de condições de tempo normais.

El Niño-Oscilação Sul (ENOS) Mudanças periódicas nos ventos e nas correntes oceânicas no Pacífico Sul que causam mudanças meteorológicas em grande parte do mundo.

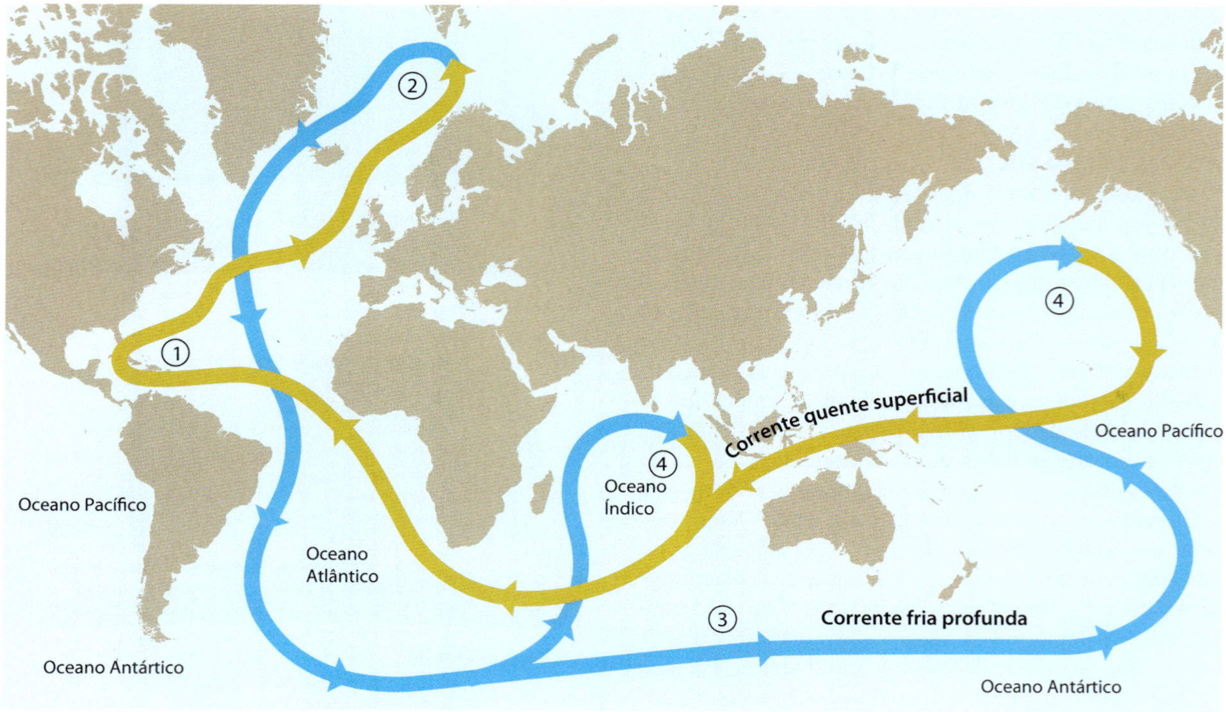

① A água quente flui do Golfo do México para o Atlântico Norte, onde uma parte se congela e evapora

② A água remanescente, agora mais salgada e mais densa, submerge até o fundo do oceano

③ A água fria se move ao longo do assoalho oceânico, conectando os oceanos do mundo

④ A água fria profunda finalmente sobe até a superfície e circula de volta até o Atlântico Norte

Figura 5.13 Circulação termoalina. Esta lenta circulação da água profunda e das águas de superfície é impulsionada pela submersão da água fria e de alta salinidade próximo à Groenlândia e à Islândia.

CIRCULAÇÃO TERMOALINA

As correntes oceânicas também são impulsionadas pela **circulação termoalina**, que é um padrão global de correntes de superfície e profundas que fluem como resultado de variações nas temperaturas e na salinidade e que alteram a densidade da água. A circulação termoalina, mostrada na Figura 5.13, é responsável pelo transporte global de grandes massas de água entre as principais bacias oceânicas.

À medida que as correntes de superfície geradas pelo vento (como a Corrente do Golfo) se movimentam em direção às mais altas latitudes, a água se resfria e se torna mais densa. No extremo norte, em direção à Islândia e à Groenlândia, a superfície do oceano se congela no inverno. Como o gelo não contém sais, a concentração de sal na água adjacente aumenta, o que faz com que a água fria se torne ainda mais densa. Essa água mais densa começa a afundar e atua como a força propulsora por trás de uma corrente de águas profundas no Oceano Atlântico, conhecida como Água Profunda do Atlântico Norte. Correntes descendentes semelhantes são formadas ao redor da costa da Antártida, no Oceano Antártico. Essas águas frias e densas então fluem pelas bacias oceânicas profundas e de volta para as regiões equatoriais, onde finalmente sobem à superfície na forma de correntes de ressurgência. Essas correntes se tornam quentes e começam a trilhar sua trajetória de volta ao Atlântico Norte. Como uma esteira transportadora gigante, a circulação termoalina lentamente redistribui a energia e os nutrientes entre os oceanos do mundo em uma jornada que pode durar centenas de anos.

Circulação termoalina Padrão global de correntes de água de superfície e profundas que fluem como o resultado de variações de temperatura e salinidade que alteram a densidade da água.

VERIFICAÇÃO DE CONCEITOS

1. Onde se localizam os cinco maiores giros do mundo?
2. Por que as áreas de ressurgência oceânicas são importantes para a pesca comercial?
3. Quais são as causas do ENOS?

5.5 Características geográficas em menor escala podem afetar os climas regionais e locais

Como visto anteriormente, os padrões climáticos primários globais são o resultado do aquecimento solar desigual da superfície da Terra. Entretanto, diversos outros fatores apresentam efeitos secundários sobre a temperatura e a precipitação local, tais como a área de terra continental, a proximidade das costas e as sombras de chuva.

ÁREA DE TERRA CONTINENTAL

As posições dos continentes exercem efeitos secundários importantes sobre a temperatura e a precipitação. Por exemplo, os oceanos e os lagos, que são as fontes da maior parte

Figura 5.14 Sombras de chuva. Quando os ventos transportam o ar úmido em direção ao cume de uma montanha, o ar resfria e libera grande parte da sua umidade como precipitação. Após cruzar a montanha, o ar que agora está seco desce, o que faz com que o ambiente daquele lado da montanha fique muito seco.

do vapor de água atmosférico, cobrem 81% do hemisfério Sul, mas apenas 61% do hemisfério Norte; por isso, em uma dada latitude, mais chuvas caem no hemisfério Sul do que no hemisfério Norte. A presença de água tem influência atenuadora sobre as temperaturas terrestres, de modo que no hemisfério Norte elas variam mais do que no hemisfério Sul.

PROXIMIDADE DAS COSTAS

O interior de um continente normalmente tem menos precipitação do que os seus litorais, simplesmente pelo fato de o interior estar mais distante dos oceanos, que são as principais fontes de água atmosférica. Além disso, conforme observado na discussão sobre as zonas de resistência das plantas, os climas costeiros variam menos do que os do interior, porque a capacidade de armazenamento de calor das águas oceânicas reduz as flutuações da temperatura ao longo dos litorais.

O oceano aquece o ar próximo das costas durante o inverno e o resfria durante o verão. Por exemplo, as temperaturas mensais médias mais quentes e mais frias no litoral do Pacífico da América do Norte em Portland, Oregon, diferem em apenas 16°C. Mais para o interior, essa variação aumenta para 23°C em Spokane, Washington; 26°C em Helena, Montana; e 33°C em Bismarck, Dakota do Norte.

SOMBRAS DE CHUVA

As montanhas também desempenham papel secundário na determinação dos climas, como visto na Figura 5.14. Quando os ventos que sopram do oceano para o interior encontram montanhas costeiras, estas forçam a subida do ar, o que causa resfriamento adiabático, condensação e precipitação. O ar, que agora está seco e aquecido pela liberação do calor latente, desce do outro lado da montanha, é aquecido de modo adiabático e viaja pelas planícies, onde cria ambientes relativamente quentes e áridos, denominados **sombras de chuva**. O Deserto da Grande Bacia do oeste dos EUA, por exemplo, encontra-se na sombra de chuva da Serra Nevada e da Cordilheira das Cascatas e cobre uma grande área que inclui quase todo o estado de Nevada e grande parte do oeste de Utah. Os processos envolvidos na criação das sombras de chuva têm muito em comum com os que foram observados nas células de Hadley, incluindo resfriamento e aquecimento adiabáticos e liberação de calor latente.

É possível utilizar o que se aprendeu para desenhar um quadro completo da distribuição climática mundial. Observando a Figura 5.15, verificam-se padrões repetidos, que mostram onde existem climas diferentes. Os **climas tropicais**, caracterizados por temperaturas quentes e alta precipitação, ocorrem em regiões próximas do Equador. Aproximadamente nas latitudes 30° N e 30° S, normalmente se observam os **climas secos**, que têm ampla variação de temperatura, mas não são afetados apenas pela latitude. Muitos climas secos são causados por sombras de chuva, como as extensas regiões que se encontram logo ao leste da Cordilheira dos Andes, no oeste da América do Sul.

Os **climas subtropicais úmidos de latitudes médias** são caracterizados por verões quentes e secos e invernos frios e úmidos. Os **climas continentais úmidos de latitudes médias** existem no interior dos continentes e comumente apresentam verões quentes, invernos frios e quantidades moderadas de precipitação. Finalmente, mais próximo dos polos, são observados os **climas polares**, que apresentam temperaturas muito frias e relativamente pouca precipitação.

Sombra de chuva Região com condições secas encontrada no lado de sotavento de uma cadeia de montanhas, como resultado de ventos úmidos do oceano, que causam precipitação no lado de barlavento.

Clima tropical Clima caracterizado por temperaturas elevadas e alta precipitação; ocorre em regiões próximas ao Equador.

Clima seco Clima caracterizado por baixa precipitação e ampla variação de temperatura, comumente encontrado entre as latitudes 30° N e 30° S, aproximadamente.

Clima subtropical úmido de latitude média Clima caracterizado por verões quentes e secos e invernos frios e úmidos.

Clima continental úmido de latitude média Clima que existe no interior dos continentes e que é caracterizado normalmente por verões quentes, invernos frios e quantidades moderadas de precipitação.

Clima polar Clima que apresenta temperaturas muito frias e relativamente pouca precipitação.

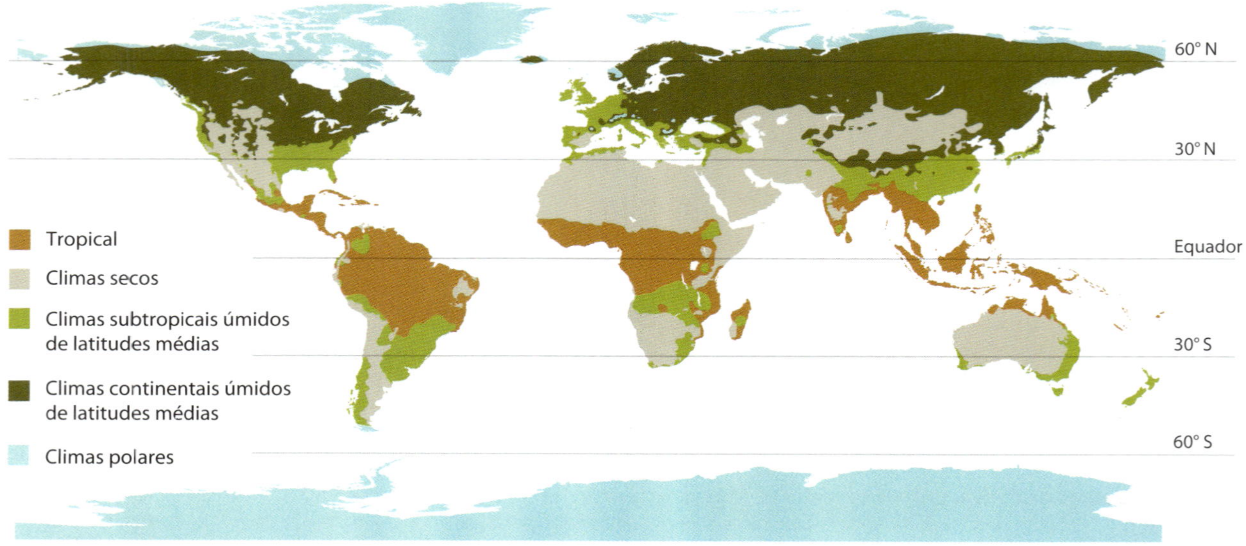

Figura 5.15 Padrões climáticos amplos ao redor do mundo. Próximo dos trópicos, o clima é quente, com altas quantidades de precipitação. Os grandes desertos do mundo encontram-se próximo das latitudes 30° N e 30° S. As regiões polares frias e com neve estão localizadas em latitudes ainda mais altas. Além disso, pode-se observar que as regiões de alta precipitação por vezes ocorrem no lado oeste das montanhas, como no oeste do Canadá, e que os desertos existem nas sombras de chuva das montanhas, como no lado leste da Cordilheira das Cascatas e da Serra Nevada, na América do Norte, bem como na Cordilheira dos Andes, na América do Sul.

Até aqui, foram abordados os processos que são responsáveis pelos diferentes climas ao redor do mundo. Antes de investigar cada tipo de clima individualmente e as plantas que eles favorecem, é preciso saber sobre a formação do solo, que sustenta toda vida.

VERIFICAÇÃO DE CONCEITOS

1. Qual o impacto das massas de terra continentais na quantidade de precipitação no hemisfério Norte *versus* hemisfério Sul?
2. Por que as temperaturas nos litorais continentais normalmente flutuam menos do que aquelas no interior dos continentes?
3. Como as sombras de chuva causam a formação de desertos?

5.6 O clima e o leito rochoso subjacente interagem para criar diversos solos

O clima afeta indiretamente as distribuições das plantas e dos animais por meio da sua influência no desenvolvimento do *solo*, que fornece o substrato para o crescimento das raízes das plantas e no qual muitos animais se abrigam. É difícil propor uma definição simples de **solo**, mas é possível descrevê-lo como a camada de material química e biologicamente alterado que se sobrepõe ao leito rochoso ou a outro material inalterado na superfície da Terra. Como a camada de leito rochoso subjacente aos solos desempenha papel importante na determinação do tipo de solo que se forma sobre ela, os cientistas que estudam os solos a chamam de **rocha matriz**.

FORMAÇÃO DO SOLO

O solo é composto por: minerais derivados da rocha matriz; minerais modificados formados dentro dele; material orgânico de contribuição por parte das plantas, ar e água nos seus interstícios; raízes vivas de plantas; microrganismos; e vermes e artrópodes maiores que fazem do solo o seu lar. Por exemplo, se alguém já viu uma encosta recentemente cortada para a construção de uma estrada, deve ter observado que os solos têm camadas distintas, denominadas **horizontes**, como mostrado na Figura 5.16. Os horizontes do solo são classificados pelos componentes e pelos processos que ocorrem em cada nível.

Os solos existem em um estado dinâmico, e suas características são determinadas pelo clima, pelo material parental, pela vegetação, pela topografia local e, em algum grau, pela idade. A água subterrânea remove algumas substâncias, dissolvendo-as e levando-as para baixo através do solo até as camadas inferiores, processo conhecido como **lixiviação**. Outros materiais entram no solo a partir da vegetação, com a precipitação (como poeira), e da rocha matriz abaixo. Onde há pouca chuva, a rocha matriz se decompõe lentamente, e uma esparsa produção de plantas significa que pouco material orgânico é adicionado ao solo; portanto, os climas secos normalmente têm solos rasos, com a rocha matriz próxima da superfície. Nos locais em que o leito rochoso decomposto e o material orgânico são erodidos tão rapidamente quanto são formados, os solos podem simplesmente não se formar. O desenvolvimento do solo também é interrompido cedo em depósitos aluviais, onde camadas frescas de silte depositadas a cada ano pelas enchentes enterram materiais mais antigos. No

Solo Camada de material química e biologicamente alterado que se sobrepõe à rocha matriz ou a outro material inalterado na superfície da Terra.

Rocha matriz Camada de leito rochoso subjacente ao solo, que desempenha papel importante na determinação do tipo de solo que será formado acima dela.

Horizonte Camada distinta do solo.

Lixiviação Processo no qual a água remove algumas substâncias após dissolvê-las e movê-las para as camadas inferiores do solo.

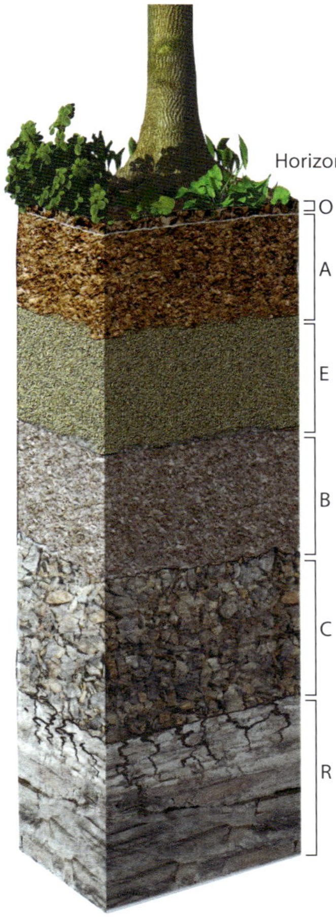

Figura 5.16 Horizontes do solo. Os solos desenvolvem horizontes distintos, que diferem em espessura dependendo dos climas e da rocha matriz.

outro extremo, a formação do solo ocorre rapidamente nos climas tropicais, em que a alteração química da rocha matriz pode estender-se até 100 m de profundidade. A maioria dos solos dos climas de latitudes médias é de profundidade intermediária, estendendo-se, em média, até aproximadamente 1 m.

INTEMPERISMO

Intemperismo é a alteração física e química do material rochoso próximo da superfície da Terra e ocorre sempre que a água superficial penetra na rocha matriz. Nos climas frios, por exemplo, a repetição do congelamento e do descongelamento da água em fendas causa a fragmentação das rochas em pedaços menores e expõe maior área de superfície da rocha a reações químicas. A alteração química inicial da rocha ocorre quando a água dissolve uma parte dos minerais mais solúveis, como cloreto de sódio (NaCl) e sulfato de cálcio ($CaSO_4$). Reações químicas adicionais continuam o processo de construção do solo.

O intemperismo do granito ilustra alguns processos básicos da formação do solo. Os minerais responsáveis pela textura granulada do granito – feldspato, mica e quartzo – são compostos por diversas combinações de óxidos de alumínio, ferro, silício, magnésio, cálcio e potássio. O principal aspecto do processo de intemperismo é o deslocamento de muitos desses elementos por íons hidrogênio, seguido pela reorganização dos minerais remanescentes em novos tipos de minerais. Os íons hidrogênio envolvidos no intemperismo são derivados de duas fontes: o ácido carbônico que se forma quando o dióxido de carbono é dissolvido na água da chuva, como discutido no Capítulo 2, e a decomposição do material orgânico no próprio solo. O metabolismo dos carboidratos, por exemplo, produz dióxido de carbono, que é convertido em ácido carbônico na água, o que dá origem a íons hidrogênio adicionais.

À medida que o granito sofre intemperismo, muitos dos elementos positivamente carregados no feldspato e na mica, como o ferro (Fe^{3+}) e o cálcio (Ca^{2+}), são substituídos por íons hidrogênio para formar novos materiais insolúveis, como as partículas de argila discutidas no Capítulo 3, que são importantes para a capacidade de retenção da água dos solos. Elas acumulam cargas negativas em suas superfícies, que atraem íons positivamente carregados, denominados *cátions*. Estes – incluindo cálcio (Ca^{2+}), magnésio (Mg^{2+}), potássio (K^+) e sódio (Na^+) – são nutrientes importantes para as plantas. A capacidade de um solo reter esses cátions, chamada de

Intemperismo Alteração física e química do material rochoso próximo à superfície da Terra.

capacidade de troca catiônica, fornece o índice de sua fertilidade. Solos jovens apresentam relativamente poucas partículas de argila e pouco material orgânico adicionado, de modo que a baixa capacidade de troca catiônica leva a uma fertilidade relativamente baixa. Solos mais antigos, em geral, apresentam maior capacidade de troca catiônica e, portanto, fertilidade relativamente alta. A fertilidade do solo melhora com o tempo, até determinado ponto; em algum momento, o intemperismo fragmenta as partículas de argila, a capacidade de troca catiônica diminui e, consequentemente, a fertilidade do solo diminui também.

Podzolização

Sob temperaturas amenas e precipitação moderada, os grãos de areia e as partículas de argila resistem ao intemperismo e se tornam componentes estáveis do solo. Isso possibilita que o solo mantenha a fertilidade relativamente alta. Entretanto, nos solos ácidos típicos de regiões frias e úmidas, as partículas de argila se decompõem no horizonte E, e seus íons solúveis são transportados para baixo até o horizonte B. Esse processo, conhecido como **podzolização**, reduz a fertilidade das camadas superiores do solo.

Os solos ácidos são encontrados primariamente em regiões frias, nas quais árvores com acículas, como espruces e abetos, dominam as florestas. A lenta decomposição das acículas de espruces e abetos produz ácidos orgânicos que promovem altas concentrações de íons hidrogênio. Nas regiões úmidas onde ocorre a podzolização, a chuva normalmente excede a evaporação. Como a água se move continuamente para baixo através do perfil do solo, pouco material para a formação da argila é transportado para cima a partir do leito rochoso submetido ao intemperismo.

Na América do Norte, a podzolização é mais avançada sob as florestas de espruces e abetos da Nova Inglaterra, na região dos Grandes Lagos, e ao longo de um grande cinturão do sul e do oeste do Canadá. Um perfil típico de solo altamente podzolizado, mostrado na Figura 5.17, revela faixas notáveis que correspondem às regiões de lixiviação e redeposição.

O horizonte A é escuro e rico em matéria orgânica. Sob ele há um horizonte E de coloração clara, que perdeu a maior parte de sua argila por lixiviação, deixando para trás o material arenoso, que não retém bem a água ou os nutrientes. Normalmente observa-se uma faixa escura imediatamente abaixo do horizonte E. Essa é a camada mais superior do horizonte B, onde óxidos de ferro e alumínio são redepositados. Outros minerais mais móveis podem acumular-se até certo ponto nas partes mais inferiores do horizonte B, que então muda quase imperceptivelmente em um horizonte C e na rocha matriz.

Laterização

Nos climas quentes e úmidos de muitas regiões tropicais e subtropicais, os solos sofrem intemperismo até grandes profundidades. Uma das características mais óbvias desse evento sob tais condições é a quebra das partículas de argila, que causa a lixiviação do silício do solo e deixa óxidos de ferro e alumínio, os quais predominam por todo o perfil do solo – um processo denominado **laterização**. Os óxidos de ferro e alumínio proporcionam aos referidos solos uma coloração avermelhada característica, como mostrado na Figura 5.18. Embora a rápida decomposição do material orgânico nos solos tropicais contribua para uma abundância de íons hidrogênio, as bases formadas por meio da fragmentação das partículas de argila os neutralizam. Consequentemente, solos lateríticos em geral não são ácidos, embora possam sofrer profundo intemperismo. Independentemente da rocha matriz, em solos baixos, como os da Bacia Amazônica, o intemperismo alcança áreas mais profundas, e a laterização progride de maneira extensa. Nesses solos, as camadas de superfície altamente intemperizadas não são erodidas e carreadas para longe, e os perfis do solo são muito antigos.

A laterização faz com que muitos solos tropicais apresentem uma baixa capacidade de troca catiônica. Assim, na ausência de argila e matéria orgânica, os nutrientes minerais são prontamente lixiviados do solo. Onde os solos são profundamente intemperizados, os novos minerais formados pela decomposição da rocha matriz estão simplesmente muito distantes da superfície para contribuir com a fertilidade do solo. Além disso, as fortes precipitações atmosféricas nos trópicos mantêm a infiltração da água através do perfil do solo, impedindo o movimento dos nutrientes para cima. Em geral, quanto mais profundas as fontes de nutrientes no leito rochoso inalterado, mais baixa a fertilidade das camadas de superfície. A alta produtividade das florestas tropicais úmidas depende mais da rápida ciclagem dos nutrientes próximos à superfície do que do conteúdo de nutrientes do próprio solo. Entretanto, o desenvolvimento de solos ricos ocorre em muitas regiões tropicais, em particular em áreas montanhosas, nas quais a erosão remove continuamente as camadas de superfície deplecionadas de nutrientes, e em áreas vulcânicas, onde a rocha matriz composta de cinzas e lava é geralmente rica em nutrientes como potássio.

A partir dessa explicação sobre os solos, é possível observar que a composição deles presente em diversas partes do mundo depende das diferenças no clima, da rocha matriz subjacente e da vegetação. No próximo capítulo, será discutido como essas diferenças regionais no clima e os efeitos correlatos nos solos afetam os tipos de plantas e animais que conseguem viver em cada região.

VERIFICAÇÃO DE CONCEITOS

1. O que são os diferentes horizontes do solo e do que são compostos?
2. Por que a capacidade de troca catiônica é importante na determinação da fertilidade do solo?
3. Por que os solos tropicais são intemperizados até maiores profundidades do que os no norte dos EUA?

Capacidade de troca catiônica Capacidade de um solo reter cátions.

Podzolização Processo que ocorre em solos ácidos típicos de regiões frias e úmidas, no qual as partículas de argila se decompõem no horizonte E, e seus íons solúveis são transportados para baixo até o horizonte B.

Laterização Decomposição das partículas de argila, que resulta na lixiviação de silício do solo, deixando óxidos de ferro e de alumínio predominando por todo o perfil do solo.

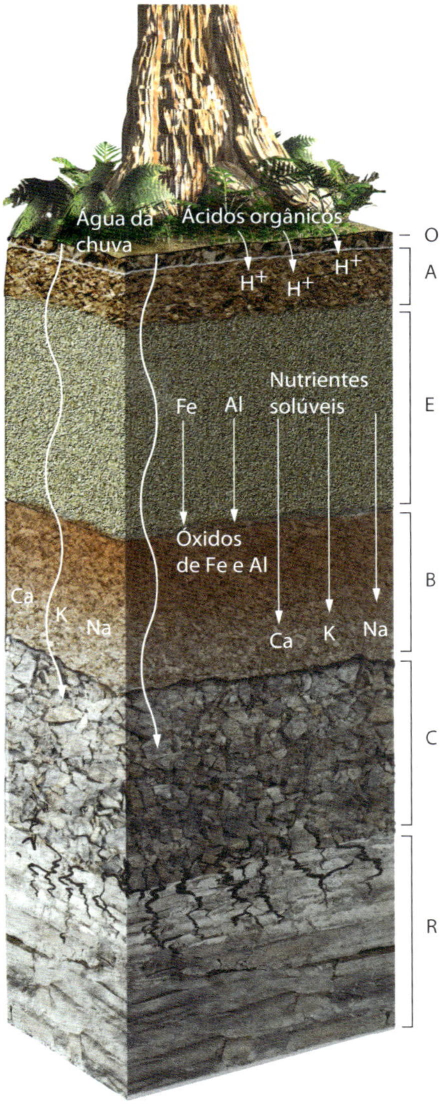

Figura 5.17 Podzolização. Em solos altamente ácidos, presentes em condições frias e úmidas, as partículas de argila normalmente encontradas no horizonte E sofrem intemperismo e são lixiviadas para baixo, deixando uma camada muito arenosa, com pouca capacidade de reter nutrientes para as plantas.

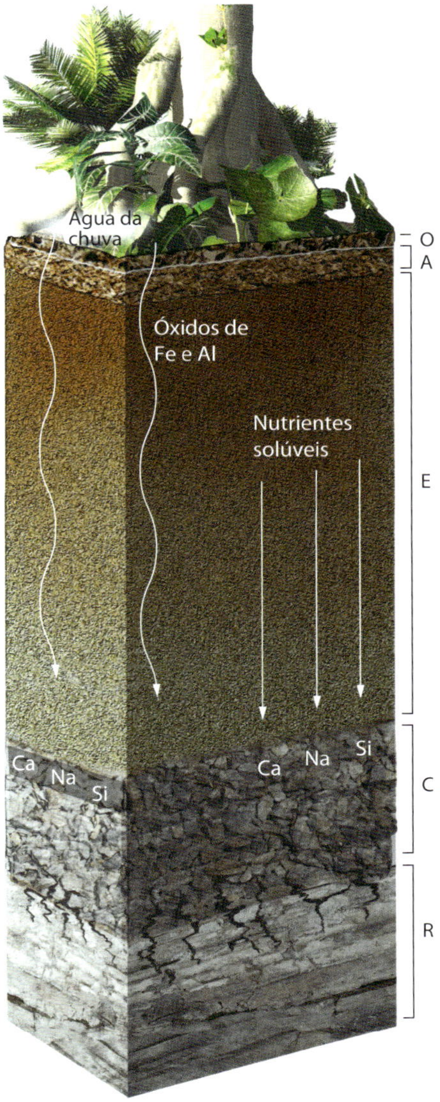

Figura 5.18 Laterização. Em condições de temperaturas quentes e alta precipitação, as partículas de argila são decompostas e deixam para trás um solo que tem baixa capacidade de troca catiônica e baixa fertilidade.

ECOLOGIA HOJE | CORRELAÇÃO DOS CONCEITOS

Mudança climática global

Como abordado neste capítulo, os climas do mundo são determinados por um número substancial de fatores que interagem. O aquecimento desigual da Terra, por exemplo, determina os movimentos do ar e da água, que são ainda mais modificados pelo efeito Coriolis e pela posição dos continentes. Como essas interações são complexas, quaisquer mudanças nesses fatores podem apresentar efeitos de longo alcance sobre todo o sistema, que é o caso do aquecimento global e da **mudança climática global**.

Mudança climática global Fenômeno que se refere às mudanças no clima da Terra, incluindo aquecimento global, modificações na distribuição global de precipitação e temperatura e alterações na intensidade das tempestades e na circulação oceânica.

Urso-polar caçando focas no gelo do Oceano Ártico da Noruega. As tendências de aquecimento ao longo das últimas décadas causaram o derretimento anual precoce do gelo do Ártico. Isso significa que os ursos-polares têm menos tempo para caçar focas, que constituem grande parte da sua dieta. Steven Kazlowski/naturepl.com.

O aquecimento global é o aumento na temperatura média do planeta devido a uma elevação da concentração de gases do efeito estufa na atmosfera. A mudança climática global é um fenômeno muito mais amplo, que se refere às alterações nos climas da Terra e que inclui o aquecimento global, as mudanças na distribuição global da precipitação e da temperatura, as modificações na intensidade das tempestades e a circulação oceânica alterada.

Durante a história da Terra, longos períodos de aquecimento e resfriamento gradual em escala global foram associados a mudanças climáticas globais significativas. Entretanto, durante os últimos dois séculos, as atividades humanas têm causado uma rápida mudança nas condições, fato que tem levado ao aquecimento e à mudança climática global.

O aquecimento global é um forte determinante das alterações atuais nos climas globais, e um impacto direto dele é o aumento nas temperaturas em muitas partes do mundo, em particular nas altas latitudes no hemisfério Norte. A elevação na temperatura nessas regiões tem causado uma variedade de efeitos. Por exemplo, em altas latitudes e altitudes, as camadas inferiores do solo podem estar permanentemente congeladas, um fenômeno conhecido como ***permafrost***. As temperaturas mais quentes causam o descongelamento e o início da decomposição desses solos altamente orgânicos. Como eles são encharcados e anaeróbicos, a decomposição produz metano, um gás de efeito estufa que pode contribuir ainda mais para o aquecimento global.

O aumento global das temperaturas, que influencia mais fortemente as latitudes altas do que as mais baixas, também afeta a quantidade de gelo que derrete em todo o mundo. De 1979 a 2016, a calota de gelo polar que existe entre os EUA, o Canadá, a Europa e a Rússia diminuiu a uma taxa de 13% ao ano, e o gelo remanescente tem se tornado mais fino. Em 2016, que foi o ano mais quente do mundo desde 1880, a calota polar do Ártico derreteu ao ponto de se tornar a segunda menor em área desde que os registros começaram, em 1979.

O gelo da Groenlândia e da Antártida também está derretendo. Cientistas da NASA descobriram que, de 2003 a 2016, as duas regiões perderam em média 412 gigatoneladas (Gt) de gelo por ano, e que a taxa anual de perda de gelo está acelerando. Até 2016, a Groenlândia estava perdendo 350 Gt de gelo por ano. De modo similar, as geleiras estão derretendo em muitas regiões do mundo. No Parque Nacional das Geleiras de Montana, por exemplo, havia 150 delas em 1850, mas hoje restam apenas 25. Todo esse gelo derretido, combinado com o aquecimento dos oceanos e a expansão de seus volumes, causou a elevação dos níveis dos mares em 220 mm desde 1870, e os cientistas preveem que a continuação do derretimento possa elevar os níveis dos mares de 280 a 430 mm adicionais até o ano de 2100. Em 2016, pesquisadores relataram que, com base na estreita correlação entre o aumento das emissões de CO_2 e a perda de gelo na calota polar, uma perda completa de gelo poderia ocorrer em um verão por volta do ano 2050.

Como a natureza complexa do sistema climático global pode dificultar previsões sobre como o clima será alterado nas próximas décadas, os cientistas desenvolveram modelos computacionais que incorporam o melhor conhecimento dos processos que governam o clima, juntamente com as mudanças que estão sendo causadas pelo aumento das concentrações de gases de efeito estufa atmosféricos. Embora modelos diferentes forneçam previsões um tanto distintas, existe uma concordância geral a respeito de diversos aspectos da mudança prevista. Por exemplo, espera-se que o aumento nas temperaturas cause períodos mais longos de tempo quente e menos dias de tempo

---

Permafrost Fenômeno no qual camadas de solo estão permanentemente congeladas.

extremamente frio. Como o calor é o fator determinante da evaporação e da circulação do ar que determinam a precipitação, também se prevê que os padrões de precipitação sejam alterados em todo o globo, com algumas regiões do mundo recebendo maiores quantidades de chuva e neve e outras recebendo menores quantidades. Também se prevê que a intensidade das tempestades, como os furacões, aumente em virtude do aumento no aquecimento dos oceanos.

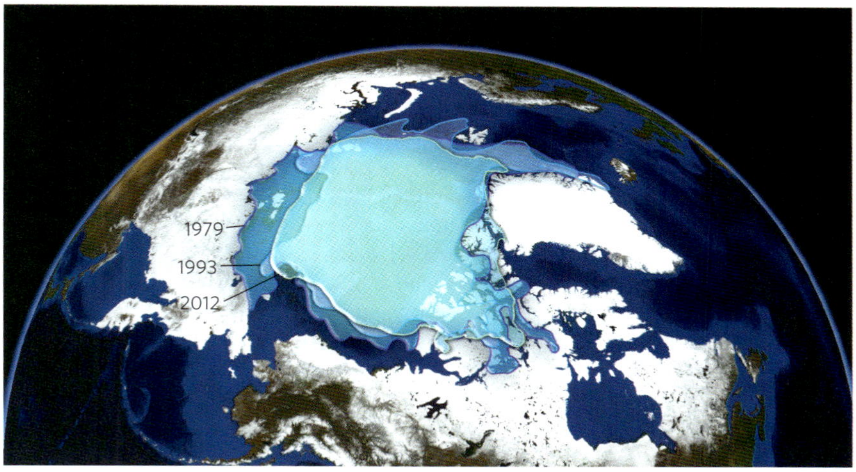

Derretimento da calota de gelo polar. A área coberta pela calota polar Ártica tem diminuído a uma taxa de 13% ao ano.

As correntes oceânicas também podem ser afetadas pelo aquecimento global. Isso porque, conforme discutido anteriormente neste capítulo, elas são formadas pelo aquecimento desigual da Terra e desempenham papel importante na determinação da temperatura dos continentes próximos a elas. Uma preocupação específica é o impacto potencial sobre a circulação termoalina, que é a circulação profunda e lenta da água oceânica ao redor do globo determinada pela água salgada e densa que afunda próximo à Groenlândia. Com o aumento do derretimento da calota de gelo polar e das camadas de gelo da Groenlândia, os cientistas climáticos estão preocupados com a possibilidade de a água no Atlântico Norte não se tornar suficientemente densa para afundar, causando, assim, a paralisação da circulação termoalina. Embora os pesquisadores não tenham uma previsão de quando a circulação termoalina possa parar, o desaparecimento dessa corrente de águas profundas efetivamente interromperia a circulação da água quente do Golfo do México para a Europa e causaria um resfriamento substancial do continente, com consequências possivelmente devastadoras para as pessoas e o ambiente daquela região.

FONTES:

Notz, D., J. stroeve. 2016, November 11. Observed Arctic sea-ice loss directly follows anthropogenic CO_2 emission. *Science* 354, no. 6313:747–750. doi:10.1126/science.aag2345.

Climate Change 2007: Synthesis Report. *Fourth Assessment Report of the Intergovernmental Panel on Climate Change.* http://www.ipcc.ch/pdf/assessment-report/ar4/syr/ar4_syr.pdf.

Global Climate Change Impacts in the United States. 2009. *U.S. Global Change Research Program.* http://downloads.globalchange.gov/usimpacts/pdfs/climate-impacts-report.pdf.

RESUMO DOS OBJETIVOS DE APRENDIZAGEM

5.1 A Terra é aquecida pelo efeito estufa. Uma grande parte da luz ultravioleta e visível emitida pelo Sol passa pela atmosfera e chega às nuvens e à superfície terrestre, as quais começam a aquecer e emitem radiação infravermelha de volta em direção à atmosfera. Os gases na atmosfera absorvem a radiação infravermelha, tornam-se mais quentes, e emitem novamente a radiação infravermelha em direção à Terra. Os gases do efeito estufa possibilitam que o planeta se torne mais quente do que seria possível de qualquer outro modo. O aumento na produção desses gases em virtude das atividades humanas aumenta o efeito e provoca o aquecimento global.

Termos-chave: **atmosfera, efeito estufa**

5.2 Existe um aquecimento desigual da Terra pelo Sol. A cada ano, as regiões de alta latitude do mundo recebem radiação solar menos intensa, em decorrência de uma trajetória mais longa pela atmosfera a um ângulo menos direto, o que causa a propagação da energia solar ao longo de uma área maior. Além disso, o eixo da Terra está inclinado em 23,5°, o que causa alterações sazonais na temperatura.

Termos-chave: **albedo, equador solar, regressão**

5.3 O aquecimento desigual da Terra move as correntes de ar na atmosfera. Em virtude das propriedades do ar, as temperaturas mais quentes próximo do Equador movem as correntes de convecção atmosféricas conhecidas como células de Hadley entre as latitudes aproximadas de 0° a 30° nos hemisférios Norte e Sul. As células polares se encontram em latitudes mais altas, entre aproximadamente 60° e 90°. Essas correntes de convecção de ar causam a distribuição do calor e da precipitação ao redor do globo, e sua trajetória também é influenciada pelas forças de Coriolis criadas pela rotação da Terra.

Termos-chave: **correntes de convecção atmosféricas, ponto de saturação, liberação de calor latente, resfriamento adiabático,**

aquecimento adiabático, células de Hadley, zona de convergência intertropical (ZCIT), células polares, efeito Coriolis

5.4 As correntes oceânicas também afetam a distribuição dos climas. As correntes oceânicas são impulsionadas pelo aquecimento desigual da Terra em combinação com o efeito de Coriolis, com as correntes de convecção atmosféricas e com diferenças na salinidade. Existem giros em ambos os lados do Equador, que auxiliam na distribuição do calor e dos nutrientes para as latitudes mais altas. Os eventos de El Niño-Oscilação Sul (ENOS) representam uma perturbação nas correntes oceânicas normais no Pacífico Sul, e os impactos sobre o clima podem ser sentidos ao redor do mundo. A circulação termoalina é uma circulação profunda e lenta dos oceanos do mundo causada por alterações na concentração de sal nas águas do Atlântico Norte.

Termos-chave: **giro, ressurgência, El Niño-Oscilação Sul (ENOS), circulação termoalina**

5.5 Características geográficas em menor escala podem afetar os climas regionais e locais. O aumento na área dos continentes reduz a quantidade de evaporação possível, o que faz com que o hemisfério Norte apresente menos precipitação do que o hemisfério Sul. A proximidade da costa também pode afetar os climas, de modo que as regiões que se encontram mais distantes das faixas litorâneas geralmente apresentam precipitação mais baixa e maior variação na temperatura. As cordilheiras forçam o ar a se elevar sobre elas, causando precipitação mais alta de um lado da cordilheira e sombras de chuva do lado oposto.

Termos-chave: **sombra de chuva, clima tropical, clima seco, clima subtropical úmido de latitude média, clima continental úmido de latitude média, clima polar**

5.6 O clima e o leito rochoso subjacente interagem para criar diversos solos. Os solos são compostos por horizontes, que contêm diferentes quantidades de matéria orgânica, nutrientes e minerais. Eles podem sofrer intemperismo por meio de processos que incluem o congelamento, o descongelamento e a lixiviação. Em solos ácidos de regiões frias e úmidas, pode ocorrer podzolização, um processo que fragmenta as partículas de argila e reduz a fertilidade. Em climas quentes e úmidos, os solos podem apresentar laterização, um processo que fragmenta as partículas de argila e causa a lixiviação dos nutrientes do solo.

Termos-chave: **solo, rocha matriz, horizonte, lixiviação, intemperismo, capacidade de troca catiônica, podzolização, laterização, mudança climática global, *permafrost***

QUESTÕES DE RACIOCÍNIO CRÍTICO

1. Dentre os diversos gases de efeito estufa, quais provavelmente diminuirão mais rapidamente se a humanidade reduzir sua produção?

2. Algumas fontes de poluição do ar produzem minúsculas partículas negras que podem ser transportadas pelo mundo e se estabelecer em regiões cobertas de neve e gelo. Com base no efeito albedo, como essa poluição do ar pode contribuir para o aumento global das temperaturas, o derretimento das calotas polares e o aumento do nível do mar?

3. Se a Terra não estivesse inclinada em seu eixo, como a sazonalidade da chuva no Equador seria afetada?

4. Que paralelos se podem traçar entre o processo que conduz as células de Hadley e as sombras de chuva?

5. Se não houvesse efeito Coriolis, como as correntes atmosféricas de convecção e as correntes oceânicas seriam afetadas?

6. Como os giros oceânicos afetam o padrão de zonas de resistência de plantas na América do Norte?

7. Por que os eventos El Niño e La Niña causam climas opostos em todo o mundo?

8. Com base no seu conhecimento sobre a circulação termoalina, como o derretimento do gelo no Oceano Ártico pode afetar o clima da Europa?

9. Quais são os processos responsáveis pela localização dos maiores desertos do mundo?

10. Compare e contraste a podzolização e a laterização.

REPRESENTAÇÃO DOS DADOS | PRECIPITAÇÃO NA CIDADE DO MÉXICO, EM QUITO E EM LA PAZ

Conforme observado neste capítulo, as cidades ao redor do mundo com frequência diferem em seu padrão de precipitação mensal. Utilizando os dados fornecidos na tabela, crie um gráfico de barras para cada uma das três cidades.

A. Com base nos gráficos, quantos picos de precipitação cada cidade apresenta?

B. Com base nas suas localizações geográficas, por que a quantidade de picos de precipitação nessas cidades é diferente?

Mês	Cidade do México, México	Quito, Equador	La Paz, Bolívia
Janeiro	10,2	114,3	129,5
Fevereiro	10,2	129,5	104,1
Março	12,7	152,4	71,1
Abril	27,9	175,3	35,6
Maio	58,4	124,5	12,7
Junho	157,5	48,3	5,1
Julho	182,9	20,3	7,6
Agosto	172,7	25,4	15,2
Setembro	144,8	78,7	30,5
Outubro	61,0	127,0	40,6
Novembro	5,1	109,2	50,8
Dezembro	0,8	104,1	94,0

6 Biomas Terrestres e Aquáticos

Mundo do Vinho

A história fascinante da fabricação de vinhos data de milhares de anos atrás. Arqueólogos encontraram sinais da prática em muitas culturas no Mar Mediterrâneo, incluindo aquelas dos antigos egípcios, romanos e gregos. De fato, toda a região do Mediterrâneo tem uma longa tradição de cultivo de videiras, e a produção de vinho desempenhou papel importante no desenvolvimento econômico de muitas sociedades e em rituais religiosos.

Os exploradores europeus difundiram a fabricação de vinhos para outras partes do mundo. No século XVI, exploradores espanhóis levaram videiras para o Chile, a Argentina e a Califórnia; elas também foram levadas pelos holandeses até a África do Sul no século XVII, e pelos britânicos até a Austrália no século XIX.

"Regiões produtoras de vinhos de boa qualidade têm climas semelhantes e paisagens que apresentam plantas com aspecto similar, apesar de estarem separadas por milhares de quilômetros."

Embora as uvas possam ser cultivadas em muitas partes do mundo, condições de crescimento específicas são necessárias para a produção das usadas nos melhores vinhos. Por exemplo, o clima ideal é uma combinação de verões quentes e secos com invernos úmidos e amenos. Isso porque o verão quente e seco possibilita que as uvas desenvolvam o equilíbrio certo entre o açúcar e a acidez, que proporciona os sabores complexos de um bom vinho. Esse clima também evita diversas doenças de plantas que florescem sob condições úmidas.

As uvas domesticadas têm raízes profundas, de modo que são bem adaptadas a paisagens com verões secos. Como as temperaturas inferiores à do congelamento podem danificar as videiras, a ocorrência de invernos úmidos e amenos é igualmente importante. Embora o clima seja importante, o sabor de um bom vinho também é influenciado pelo pH, pela fertilidade e pelo conteúdo de minerais dos solos nos quais as videiras crescem. A composição de um solo influencia o quão bem as uvas crescem e lhes fornece um sabor distinto que caracteriza o vinho feito delas. Em resumo, vinhos de sabores diferentes de todo o mundo são o resultado de combinações únicas de clima e solo.

Dadas as condições necessárias para fabricar um bom vinho, talvez não seja surpresa que a maioria das grandes vinícolas produtoras em todo o mundo tenha o mesmo clima – verões quentes e secos, seguidos por invernos frios e úmidos. Esse é o clima dos países que margeiam a maior parte do Mar Mediterrâneo e é também o da maioria das regiões nas quais as videiras foram introduzidas, incluindo Chile, Argentina, Califórnia, África do Sul e costa sudoeste da Austrália.

Cultivo de uvas para vinho durante o verão quente e seco. No Chateau Corcelles, no sul da França, o clima é ideal para o cultivo de uvas que são utilizadas para vinhos. Robert Paul Van Beets/Shutterstock.

FONTES:
Retallack, G. J., S. F. Burns. 2016. The effects of soil on the taste of wine. *Geological Society of America Today* 26: 4–9. http://www. geosociety.org/gsatoday/archive/26/5/article/i1052-5173-26-5-4.htm.
A brief history of wine. 2007. *New York Times*, November 5. http://www.nytimes.com/2007/11/05/timestopics/topics-winehistory.html.

É interessante verificar que todos esses locais se encontram no lado oeste dos continentes, entre 30° e 50° nos hemisférios Norte e Sul. Regiões produtoras de bons vinhos têm climas semelhantes e paisagens que apresentam plantas com aspecto similar, apesar de estarem separadas por milhares de quilômetros. Por exemplo, enquanto cada região produtora de vinho apresenta grande número de espécies de plantas, estas são parecidas na maneira como crescem. Na França, na Califórnia, no Chile ou na África do Sul, as comunidades de plantas são dominadas por gramíneas adaptadas à seca, flores silvestres e arbustos.

Este capítulo explora como os climas observados em diferentes locais ao redor do mundo estão associados a plantas de aspecto muito semelhante, e como os cientistas usam esses padrões para classificar os ecossistemas terrestres. Também investiga por que os cientistas classificam os ecossistemas aquáticos de modo diferente, com base nas diferenças de salinidade, fluxo e profundidade.

OBJETIVOS DE APRENDIZAGEM

Após a leitura deste capítulo, você deverá ser capaz de:

6.1 Explicar como biomas terrestres são classificados a partir dos modos principais de crescimento das plantas.

6.2 Descrever os nove tipos de biomas terrestres.

6.3 Descrever os vários biomas aquáticos, que são classificados por seus fluxos, sua profundidade e sua salinidade.

Conforme observado no Capítulo 5, os padrões climáticos ao redor do globo são determinados por diversos fatores, incluindo correntes de ar e de água, forças de Coriolis e características geográficas locais. Em conjunto, eles são responsáveis pelos climas que ocorrem nas diferentes regiões do mundo. Climas diferentes proporcionam condições de temperatura e precipitação sazonais únicas, as quais favorecem os diferentes tipos de plantas.

6.1 Os biomas terrestres são classificados pelas principais formas de crescimento de suas plantas

As estratégias de sobrevivência que são bem-sucedidas variam com o clima. Nos desertos do mundo, por exemplo, há plantas bem adaptadas à escassa disponibilidade de água. Nos desertos norte-americanos, muitas espécies de cactos têm camadas externas espessas e cerosas recobertas por pelos e espinhos, que ajudam a reduzir a perda de água. Na África, encontra-se um grupo de plantas denominadas euforbiáceas, que não são parentes próximas dos cactos da América do Norte, mas apresentam muitas características semelhantes às deles (Figura 6.1). Embora esses dois grupos de plantas adaptadas ao deserto sejam descendentes de ancestrais não aparentados, eles têm aparência semelhante porque evoluíram sob forças seletivas similares, fenômeno conhecido como **convergência evolutiva**, a qual pode ser observada em muitos organismos. Os tubarões e os golfinhos, por exemplo,

Convergência evolutiva Fenômeno no qual duas espécies que descendem de ancestrais não aparentados têm aparência semelhante porque evoluíram sob forças seletivas similares.

Figura 6.1 Convergência evolutiva. Condições semelhantes nos desertos do mundo selecionaram formas de vida que conservam a água de maneira semelhante em grupos de plantas não aparentadas. **A.** Cacto "tubo-de-órgão" (*organ pipe, Stenocereus thurberi*) no Monumento Nacional do Cactus Organ Pipe, no Arizona. **B.** Euforbiácea (*Euphorbia virosa*) na Namíbia, África. All Canada Photos/Alamy; Alessandra Sarti/imageBROKER/Newscom.

não são aparentados (um é peixe e o outro é mamífero), ainda que ambos tenham desenvolvido barbatanas, caudas poderosas e corpos hidrodinâmicos. Para um bom desempenho em ambiente aquático, a seleção natural favoreceu esse conjunto de atributos, porque possibilita que ambos os grupos de animais nadem com rapidez.

A convergência evolutiva explica por que se pode reconhecer uma associação entre as formas dos organismos e os ambientes nos quais vivem. Árvores observadas em florestas tropicais têm o mesmo aspecto geral, não importa onde estejam localizadas ou a sua linhagem evolutiva. O mesmo ocorre com arbustos que habitam ambientes sazonais secos; eles tendem a apresentar folhas decíduas pequenas e, com frequência, armam seus caules com espinhos para desencorajar a ingestão por parte de herbívoros.

As regiões geográficas que contêm comunidades compostas por organismos com adaptações similares são denominadas **biomas**. Em virtude da convergência evolutiva, os ecossistemas terrestres podem ser classificados pelas formas das plantas dominantes associadas a padrões distintos de temperatura e precipitação sazonais. Em ecossistemas aquáticos, os principais produtores com frequência não são plantas, mas algas. Como resultado, os biomas aquáticos não são facilmente caracterizados pelas formas de crescimento dos produtores dominantes, mas por padrões distintos de profundidade, fluxo e salinidade.

Os biomas proporcionam pontos de referência convenientes para a comparação dos processos ecológicos ao redor do globo, o que torna o seu conceito uma ferramenta útil para que os ecólogos compreendam a estrutura e o funcionamento de grandes sistemas ecológicos. Assim como em todos os modos de classificação, ocorrem exceções; afinal, os limites entre os biomas podem ser incertos e nem todas as formas de crescimento das plantas correspondem ao clima da mesma maneira. As árvores do eucalipto australiano, por exemplo, formam florestas sob condições climáticas que sustentam apenas arbustos ou campos em outros continentes. Finalmente, as comunidades de plantas refletem outros fatores além da temperatura e da precipitação. A topografia, os solos, o fogo, as variações sazonais no clima e a herbivoria podem todos afetar as comunidades de plantas.

Neste capítulo, a visão geral dos principais biomas terrestres enfatiza as características distintivas do ambiente físico e como elas se refletem na forma das plantas dominantes. Embora os ecólogos usem esse critério para classificar os biomas, em geral existe uma boa associação entre as formas das plantas em um bioma e as dos animais que ali vivem. Por exemplo, os desertos contêm plantas e animais que estão adaptados às condições secas.

Será usado aqui um sistema de classificação que compreende nove biomas terrestres principais, listados na Figura 6.2. Se forem consideradas todas as combinações de temperaturas e precipitação anuais médias, como mostrado na figura, será possível observar que a maioria dos locais na Terra encontra-se localizada dentro de uma área triangular, com cantos

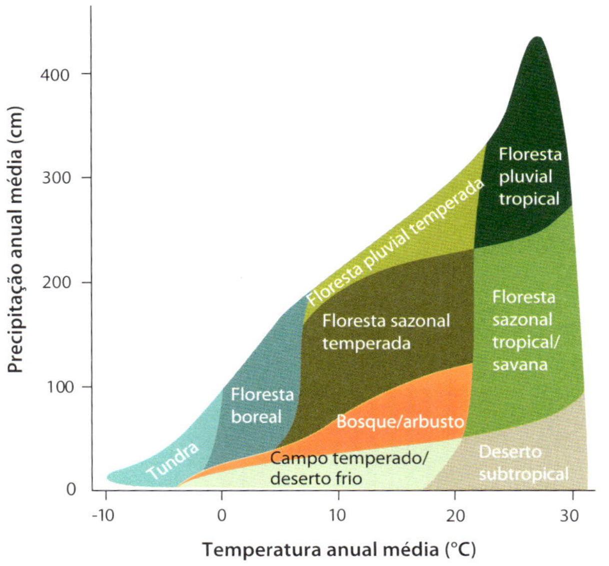

Figura 6.2 Biomas terrestres. Existem formas distintas de plantas em diferentes combinações de precipitação e temperatura anuais médias.

que representam os climas úmido e quente, seco e quente, e seco e frio. As regiões frias com altas precipitações atmosféricas são raras, porque a água não evapora rapidamente em baixas temperaturas, e a atmosfera em regiões frias retém pouco vapor de água.

Os nove biomas se enquadram dentro de três intervalos de temperatura, os quais são referidos com frequência em todo o livro. Os biomas de floresta boreal e tundra apresentam temperaturas anuais médias inferiores a 5°C; os temperados – floresta pluvial temperada, floresta sazonal temperada, bosque/arbusto e campo temperado/deserto frio – são um pouco mais quentes, com temperaturas anuais médias entre 5 e 20°C; já os tropicais – floresta pluvial tropical, floresta sazonal tropical/savana e deserto subtropical – são os mais quentes, com temperaturas anuais médias superiores a 20°C. A distribuição global desses biomas está ilustrada na Figura 6.3, que mostra também como a precipitação anual média em cada uma dessas classes de temperatura pode variar amplamente.

DIAGRAMAS CLIMÁTICOS

Para visualizar os padrões de temperatura e precipitação associados a determinados biomas, os cientistas utilizam **diagramas climáticos**, que são gráficos que mostram temperatura e precipitação médias mensais de um lugar específico na Terra. A Figura 6.4 fornece dois exemplos. Como se pode ver, a área sombreada no eixo *x* indica os meses nos quais a temperatura média excede 0°C. Esses meses são suficientemente quentes para possibilitar o crescimento das plantas e, portanto, representam a **estação de crescimento** do bioma.

Bioma Região geográfica que contém comunidades compostas por organismos com adaptações semelhantes.

Diagrama climático Gráfico que mostra a média mensal de temperatura e precipitação de um lugar específico na Terra.

Estação de crescimento Os meses que são suficientemente quentes para possibilitar o crescimento das plantas em determinada região.

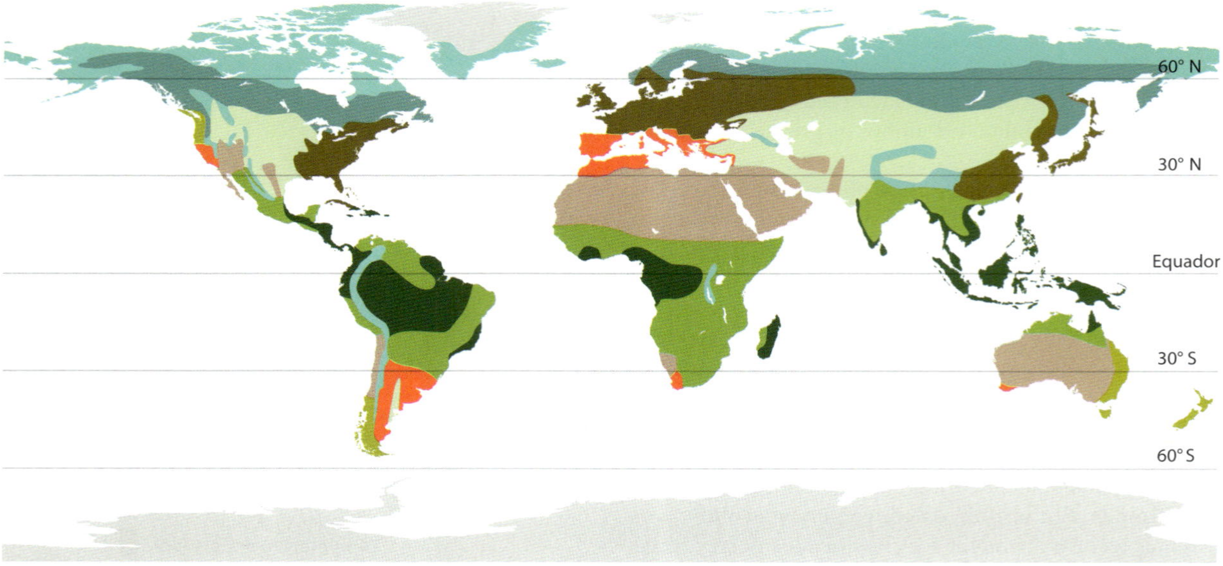

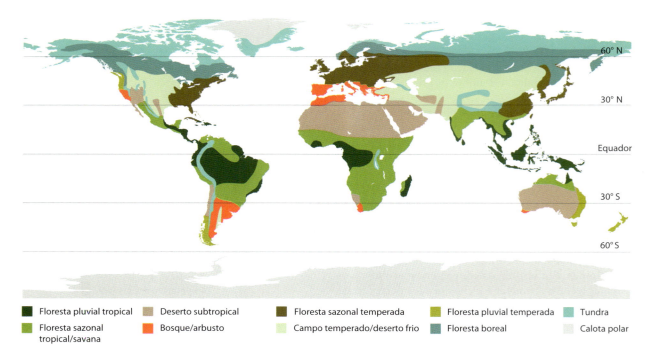

Figura 6.3 Distribuição global dos biomas. Os nove biomas terrestres representam locais com temperaturas e precipitações anuais médias semelhantes e formas similares de crescimento das plantas. Também estão representadas as calotas polares, que não têm plantas e que, portanto, não fazem parte do sistema de classificação dos biomas.

Os diagramas climáticos também podem indicar se o crescimento das plantas é mais limitado pela temperatura ou pela precipitação; afinal, para cada aumento de 10°C, as plantas necessitam de 2 cm adicionais de precipitação mensal para atender ao aumento na necessidade de água.

Os diagramas climáticos estabelecem eixos de temperatura e precipitação, de modo que cada elevação de 10°C na temperatura média mensal corresponde a um aumento de 2 cm na precipitação mensal. Isso significa que, em qualquer mês no qual a linha da precipitação se situe abaixo da linha da temperatura, o crescimento das plantas é limitado pela ausência de precipitação suficiente. Por outro lado, em qualquer mês no qual a linha da temperatura se situe abaixo da linha da precipitação, o crescimento das plantas é limitado pela temperatura. Como o clima é a força primária que determina as formas das plantas dos nove biomas diferentes, os locais ao redor

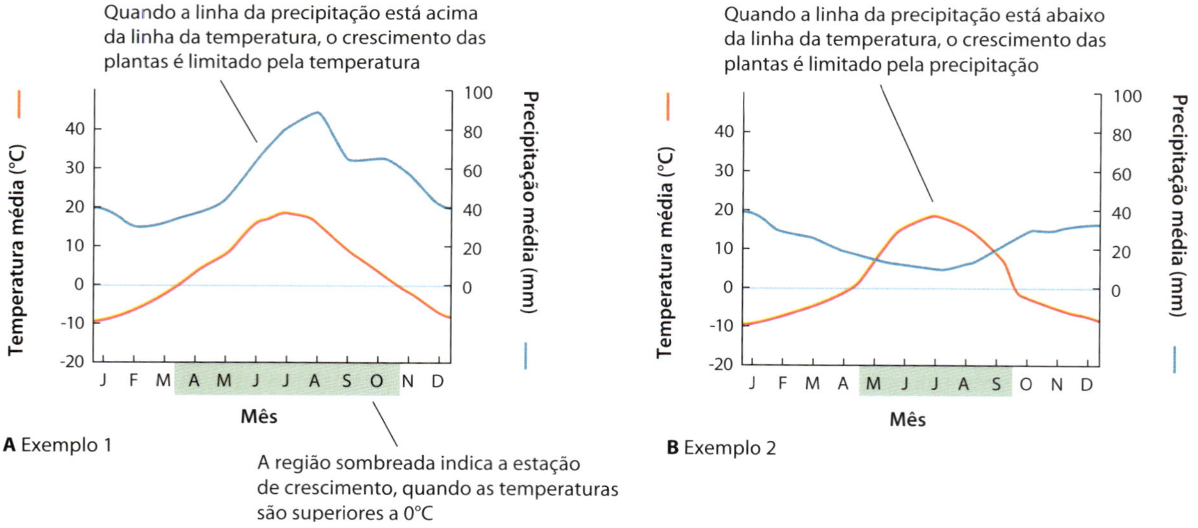

Figura 6.4 Diagramas climáticos. Ao representar graficamente os valores de temperatura e precipitação médias mensais em função do tempo para determinado lugar na Terra, pode-se definir como os climas variam durante todo o ano e a duração da estação de crescimento. **A.** Neste diagrama climático hipotético, há uma estação de crescimento de 7 meses, e o crescimento das plantas é limitado pela temperatura durante todo o ano. **B.** Neste exemplo, há uma estação de crescimento de 5 meses, e o crescimento das plantas é limitado pela precipitação.

ANÁLISE DE DADOS EM ECOLOGIA

Média, mediana e moda

Os diagramas climáticos são um modo útil de transmissão de uma boa quantidade de informações a respeito das mudanças mensais médias na temperatura e na precipitação. Embora o clima de um lugar em particular possa variar ano a ano, os diagramas climáticos mostram as condições típicas com base em diversos anos de coleta de dados, com os quais é possível, em seguida, determinar a temperatura e a precipitação *médias* para um determinado mês.

A média é calculada somando-se todos os dados e dividindo-se o resultado pelo número total deles. O valor médio mostra em que posição o valor intermediário está em um conjunto de dados. Entretanto, assume-se que os dados têm distribuição simétrica, em que metade dos valores está acima da média e metade está abaixo.

Em alguns conjuntos de dados, os valores não estão distribuídos simetricamente em torno de um valor intermediário. Nesses casos, uma estimativa melhor do valor intermediário é a *mediana*.

A mediana é encontrada ordenando-se os dados do menor valor para o maior e encontrando o número que fica no meio. No entanto, se houver um número par de valores, existirão dois números no meio, e a mediana será encontrada por meio da média desses dois números intermediários. Por exemplo, considerem-se os valores:

95, 93, 90, 85, 81, 75, 63, 42, 21

A média será = (95 + 93 + 90 + 85 + 81 + 75 + 63 + 42 + 21) ÷ 9 = 71,7.

Por outro lado, a mediana será = 81.

Para um conjunto de dados que contenha um número par de valores, a mediana é calculada como a média dos dois valores intermediários. Por exemplo, considerem-se os seguintes valores:

95, 93, 90, 85, 81, 79, 75, 63, 42, 21

Há um número par de valores, e dois deles, 79 e 81, são os intermediários. Assim, a mediana é obtida pela média desses dois números = 80.

Às vezes, os cientistas não estão interessados na média ou na mediana de um conjunto de dados; em vez disso, querem saber quais valores ocorrem mais frequentemente. Nesse caso, eles determinam a *moda*, que é o valor encontrado com mais frequência. Por exemplo, considerem-se os valores a seguir:

95, 93, 90, 85, 81, 81, 75, 63, 42, 21

O número 81 aparece com mais frequência do que os outros, de tal forma que a moda é 81. Em geral, a moda é útil apenas para grandes amostras, nas quais a amostragem de cada valor possível é razoavelmente boa.

EXERCÍCIO Em relação ao conjunto de dados a seguir, determine a média, a mediana e a moda.

12, 13, 15, 18, 17, 19, 18, 17, 12, 14, 10, 17, 19, 16, 17

Por que a média desses valores é diferente da mediana e da moda?

do mundo que contêm determinado bioma apresentam diagramas climáticos semelhantes. Com esse conhecimento, na próxima seção serão investigados em detalhe os nove biomas terrestres e seus diagramas climáticos associados.

VERIFICAÇÃO DE CONCEITOS

1. Por que plantas que não são aparentadas frequentemente assumem a mesma forma de crescimento em diferentes partes do mundo?
2. Como se podem dividir os biomas em três categorias amplas de temperatura?
3. Que informações podem ser obtidas sobre um bioma a partir de um diagrama climático?

6.2 Existem nove categorias de biomas terrestres

Os biomas terrestres são tradicionalmente classificados em nove categorias, que serão abordadas nesta seção. De início, serão discutidas as tundras e as florestas boreais, que têm temperaturas anuais médias inferiores a 5°C. Em seguida, serão examinados os biomas em regiões temperadas, com temperaturas médias entre 5 e 20°C. Finalmente, serão explorados os biomas de regiões tropicais, que têm temperaturas anuais médias superiores a 20°C. Conforme será observado, os padrões sazonais e as quantidades de precipitação podem diferir muito dentro de determinada amplitude de temperatura, produzindo diferentes tipos de biomas.

TUNDRAS

A **tundra**, mostrada na Figura 6.5, é o bioma mais frio, caracterizado por uma extensão sem árvores sobre um solo permanentemente congelado, ou *permafrost*, o qual descongela até uma profundidade de 0,5 a 1,0 m durante a breve estação de crescimento do verão. A precipitação anual em geral é inferior e, com frequência, muito inferior a 600 mm; entretanto, nas áreas mais baixas, nas quais o *permafrost* impede a drenagem,

Tundra Bioma mais frio, caracterizado por uma extensão sem árvores sobre um solo permanentemente congelado.

Parque Nacional Denali, Alasca, EUA
Precipitação média anual: 343 mm

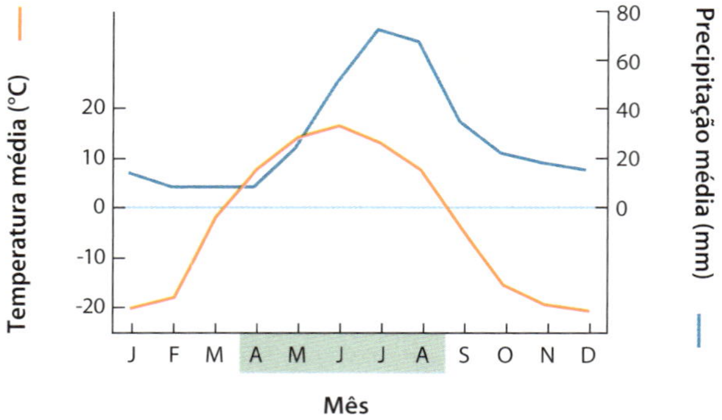

Figura 6.5 Bioma de tundra. O Parque Nacional Denali, no Alasca, é um exemplo de bioma de tundra, caracterizado por ausência de árvores e por um solo permanentemente congelado. Noppawat Tom Charoensinphon/Getty Images.

os solos podem permanecer saturados com água durante a maior parte da estação de crescimento.

Os solos da tundra contêm poucos nutrientes. Eles também tendem a ser ácidos por causa do seu alto conteúdo de matéria orgânica, que é resultado das condições frias que reduzem drasticamente sua decomposição. Nesse ambiente pobre em nutrientes, as plantas retêm suas folhagens durante anos, e a maioria delas se resume a arbustos lenhosos anões que crescem baixos no solo para obter proteção sob o cobertor de neve e gelo do inverno, considerando que qualquer coisa que se projete acima da superfície da neve é arrancada pelo vento de cristais de gelo. Durante a maior parte do ano, a tundra é um ambiente excessivamente rigoroso; porém, durante os dias de verão com 24 horas de luz solar, existe intensa atividade biológica.

A tundra é encontrada nas regiões árticas da Rússia, no Canadá, na Escandinávia e no Alasca, bem como nas regiões antárticas ao longo da fronteira da Antártida e ilhas próximas. Em altas elevações, tanto nas latitudes temperadas como nos trópicos, encontra-se uma vegetação que se assemelha à da tundra ártica, incluindo algumas das mesmas espécies ou seus parentes próximos. Essas áreas de *tundra alpina* acima da linha das árvores existem amplamente nas Montanhas Rochosas da América do Norte, nos Alpes da Europa e, especialmente, no Platô do Tibete, na Ásia central.

Apesar de suas semelhanças, a tundra alpina e a ártica têm diferenças importantes. As áreas de tundra alpina, em geral, têm estações de crescimento mais quentes e mais longas, precipitação mais alta, invernos menos rigorosos, maior produtividade, solos mais bem drenados e maior diversidade de espécies do que a tundra ártica. Ainda assim, as condições do inverno rigoroso em última instância limitam o crescimento das árvores.

FLORESTAS BOREAIS

Estendendo-se por um amplo cinturão centralizado aproximadamente a 50° N na América do Norte e 60° N na Europa e na Ásia, encontra-se a **floresta boreal**. Como mostrado na Figura 6.6, por vezes ela é denominada **taiga**, um bioma densamente ocupado por árvores com acículas, apresentando uma curta estação de crescimento e invernos rigorosos.

A temperatura anual média é inferior a 5°C, e a precipitação anual, em geral, varia entre 40 e 1.000 mm. Em virtude da baixa evaporação, os solos são úmidos durante a maior parte da estação de crescimento. A vegetação é composta por faixas densas e aparentemente intermináveis de árvores altas de acículas perenes, de 10 a 20 m de altura, na maior parte espruces e abetos. Por causa das baixas temperaturas, a serapilheira vegetal se decompõe muito lentamente e se acumula na superfície do solo, formando um dos maiores reservatórios de carbono orgânico sobre a Terra. A serapilheira de acículas produz altos níveis de ácidos orgânicos, de modo que os solos são ácidos, fortemente podzolizados e geralmente de baixa fertilidade.

As estações de crescimento raramente excedem 100 dias e com frequência têm metade dessa duração. A vegetação é extremamente tolerante ao congelamento, levando em consideração que as temperaturas podem chegar a −60°C durante o inverno. Como poucas espécies conseguem sobreviver nessas condições rigorosas, a diversidade de espécies é muito baixa. A floresta boreal não é adequada para a agricultura, mas serve como fonte de produtos como madeira e papel.

FLORESTAS PLUVIAIS TEMPERADAS

Aproximando-se do Equador, encontram-se os quatro biomas temperados: floresta pluvial temperada, floresta sazonal temperada, bosque/arbusto e campo temperado/deserto frio. O bioma de **floresta pluvial temperada**, mostrado na Figura 6.7, é conhecido por temperaturas amenas e precipitação abundante, sendo dominado por florestas perenes. Essas condições

Floresta boreal Bioma densamente ocupado por árvores de acículas perenes, com estação de crescimento curta e invernos rigorosos. Também denominada **taiga**.

Floresta pluvial temperada Bioma conhecido por temperaturas amenas e precipitação abundante, dominado por florestas perenes.

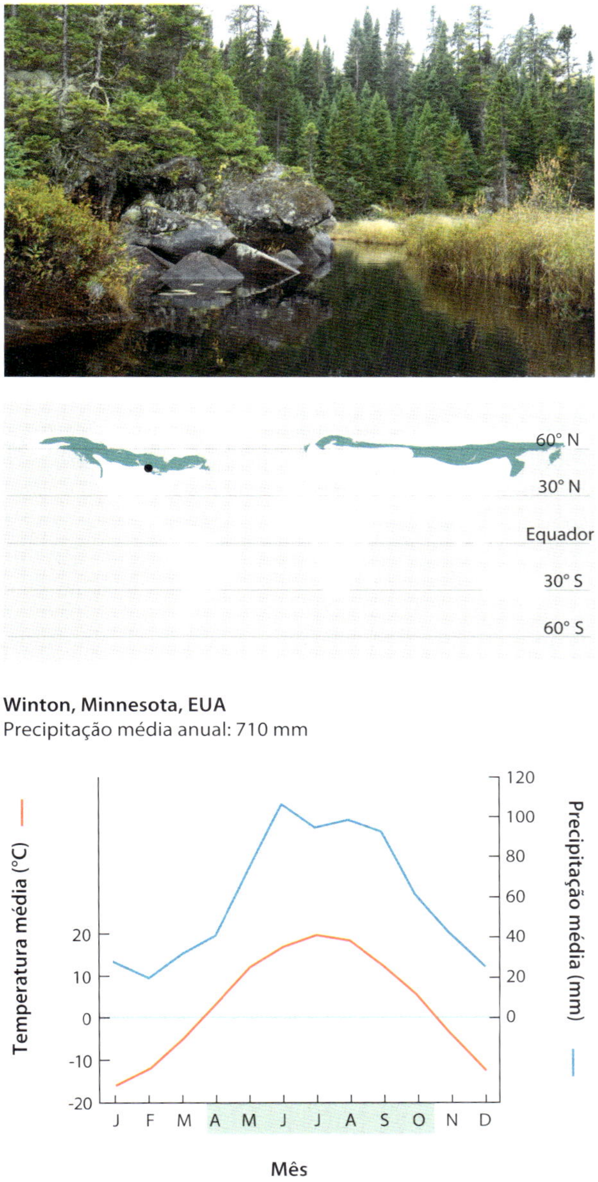

Figura 6.6 Bioma de floresta boreal. As florestas boreais, como esta na Área de Vida Selvagem Boundary Waters Canoe, da Floresta Nacional Superior, em Minnesota, tipicamente apresentam temperaturas frias e são dominadas por árvores perenes, incluindo espruces e abetos. Gary Cook/Alamy.

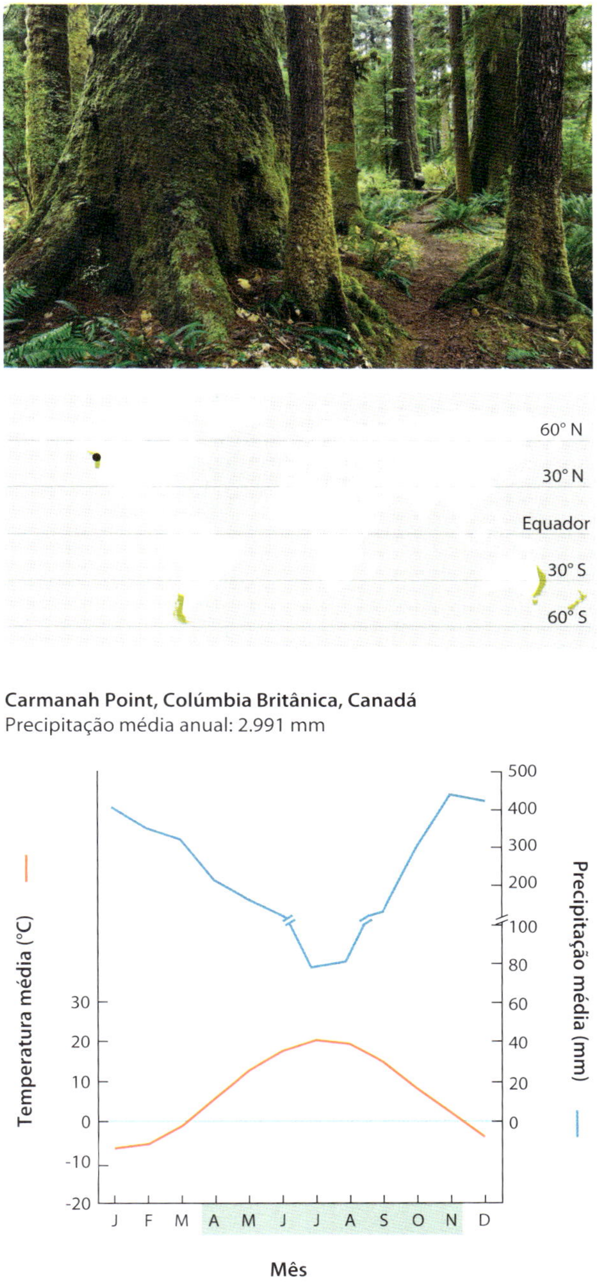

Figura 6.7 Bioma de floresta pluvial temperada. As florestas pluviais temperadas existem ao longo das costas de diversos continentes, incluindo esta floresta de árvores espruce-de-sitka gigantes (*Picea sitchensis*) na Colúmbia Britânica, no Canadá. Elas apresentam temperaturas amenas e altas quantidades de precipitação. Radius Images/Alamy.

decorrem das correntes oceânicas quentes próximas. Esse bioma é mais extenso perto da costa do Pacífico, no noroeste da América do Norte e no sul do Chile, na Nova Zelândia e na Tasmânia. Os invernos amenos e chuvosos e os verões nebulosos criam condições que suportam as florestas perenes. Na América do Norte, essas florestas são dominadas ao sul pela sequoia-vermelha costeira (*Sequoia sempervirens*) e ao norte pelo abeto-de-douglas. Essas árvores têm tipicamente 60 a 70 m de altura e podem crescer até mais de 100 m, o que as torna muito atrativas para a extração de madeira para construção.

O registro fóssil mostra que essas comunidades de plantas são muito antigas e remanescentes de florestas que eram muito mais extensas há 70 milhões de anos. Diferentemente das florestas pluviais tropicais, as temperadas em geral contêm poucas espécies.

FLORESTAS SAZONAIS TEMPERADAS

O bioma de **floresta sazonal temperada**, mostrado na Figura 6.8, ocorre sob condições de temperatura e precipitação

Floresta sazonal temperada Bioma com condições de temperatura e precipitação moderadas, dominado por árvores decíduas.

Bialystok, Podlaskie, Polônia
Precipitação média anual: 580 mm

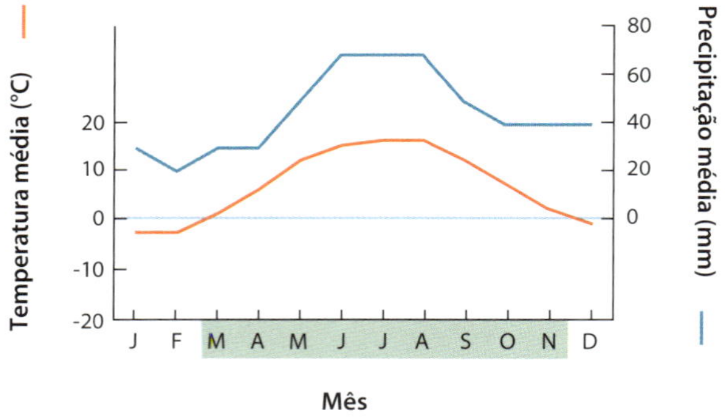

Figura 6.8 Bioma de floresta sazonal temperada. As florestas sazonais temperadas têm verões quentes, invernos frios e uma quantidade moderada de precipitação, o que favorece o crescimento de árvores decíduas. Aqui se encontra ilustrada a floresta de Bialowieza, na Polônia. Aleksander Bolbot/AGE Fotostock.

moderadas e é dominado por árvores decíduas. No inverno, porém, as temperaturas podem ser inferiores ao ponto de congelamento nesse bioma.

Suas condições ambientais flutuam muito mais do que nas florestas pluviais temperadas porque não se beneficiam dos efeitos moderadores das águas oceânicas quentes próximas. Na América do Norte, a forma dominante de crescimento das plantas é a de árvores decíduas, que perdem suas folhas todos os outonos e que incluem o bordo, a faia e o carvalho. Estende-se pelo leste dos EUA e sudeste do Canadá, e também está amplamente distribuído na Europa e no leste da Ásia. Esse bioma não é comum no hemisfério Sul, onde a maior proporção de superfície oceânica em relação à terra modera as temperaturas de inverno em altas altitudes e impede o congelamento.

No hemisfério Norte, a duração da estação de crescimento nesse bioma varia de 130 dias, nas latitudes mais altas, até 180 dias nas mais baixas. A precipitação normalmente excede a evaporação e a transpiração; consequentemente, a água tende a descer através dos solos e é drenada da paisagem como água subterrânea e como riachos e rios de superfície. Os solos, com frequência, são podzolizados, tendem a ser discretamente ácidos e moderadamente lixiviados, e contêm matéria orgânica em abundância. A vegetação frequentemente inclui uma camada de espécies de árvores menores e arbustos debaixo das árvores dominantes, bem como plantas herbáceas no chão da floresta. Muitas dessas herbáceas completam o seu crescimento e florescem no início da primavera, antes que as folhas das árvores tenham brotado totalmente.

As partes mais quentes e mais secas do bioma de floresta sazonal temperada, especialmente onde os solos são arenosos e pobres em nutrientes, tendem a desenvolver florestas de acículas dominadas por pinheiros. O mais importante desses ecossistemas na América do Norte são as florestas de pinheiros das planícies costeiras do Atlântico e do Golfo nos EUA; também existem florestas de pinheiros em elevações mais altas no oeste dos EUA; devido ao clima quente no sudeste do país, ali os solos normalmente são pobres em nutrientes. A baixa disponibilidade de nutrientes e água favorece as árvores de acículas perenes, que resistem à dessecação e perdem nutrientes lentamente, porque retêm suas acículas por vários anos. Os solos nesse bioma tendem a ser secos, e incêndios são frequentes, embora a maioria das espécies seja capaz de resistir aos danos do fogo. A floresta sazonal temperada foi um dos primeiros biomas que os colonizadores europeus na América do Norte usaram para a agricultura.

BOSQUES/ARBUSTOS

O bioma de **bosque/arbusto**, mostrado na Figura 6.9, é caracterizado por verões quentes e secos e invernos amenos e úmidos, uma combinação que favorece o crescimento de gramíneas e arbustos tolerantes às secas. Como esse tipo de clima é encontrado em torno da maior parte do Mar Mediterrâneo, ele é frequentemente denominado clima mediterrâneo, independentemente de onde efetivamente ocorra.

O bioma de bosque/arbusto tem nomes regionais muito diferentes, incluindo: *chaparral*, no sul da Califórnia; *matorral* (em espanhol), na América do Sul; *fynbos*, no sul da África; e *maquis*, na área que circunda o Mar Mediterrâneo.

Como se pode ver no diagrama climático, embora exista uma estação de crescimento de 12 meses, o crescimento das plantas é limitado pelas condições secas no verão e pelas temperaturas baixas no inverno. Por isso, esse bioma sustenta uma vegetação arbustiva perene e densa, de 1 a 3 m de altura, com raízes profundas e folhagem resistente à seca. As folhas pequenas e duradouras das plantas típicas do clima mediterrâneo conferiram a elas o rótulo de vegetação **esclerófila** ("de folhas duras").

Bosque/arbusto Bioma caracterizado por verões quentes e secos e invernos amenos e úmidos, combinação que favorece o crescimento de gramíneas e arbustos tolerantes à seca.

Esclerófila Vegetação que apresenta folhas pequenas e duradouras.

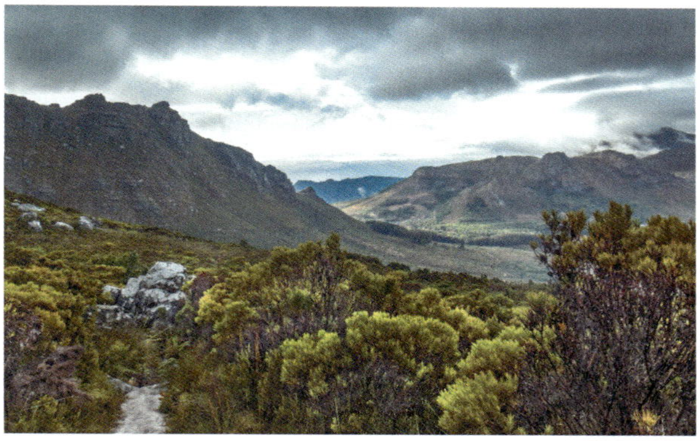

Paso Robles, Califórnia, EUA
Precipitação média anual: 280 mm

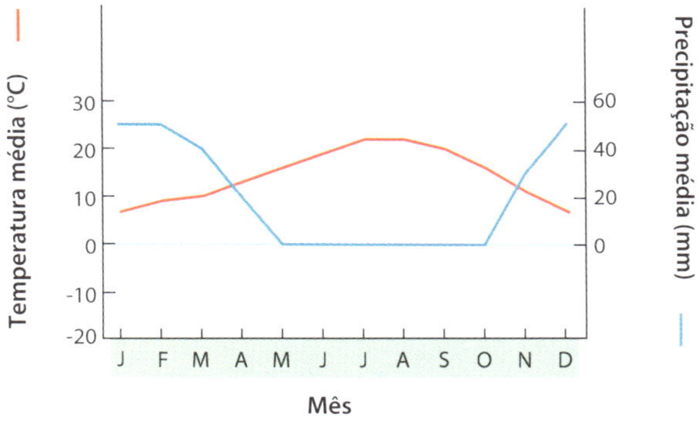

Figura 6.9 Bioma de bosque/arbusto. Este bioma é caracterizado por verões quentes e secos e invernos amenos e úmidos, combinação que favorece o crescimento de gramíneas e arbustos tolerantes à seca. Um exemplo pode ser encontrado em Cidade do Cabo, África do Sul. O diagrama climático é de Paso Robles, Califórnia. Rodger Shagam/Getty Images.

Medora, Dakota do Norte, EUA
Precipitação média anual: 374 mm

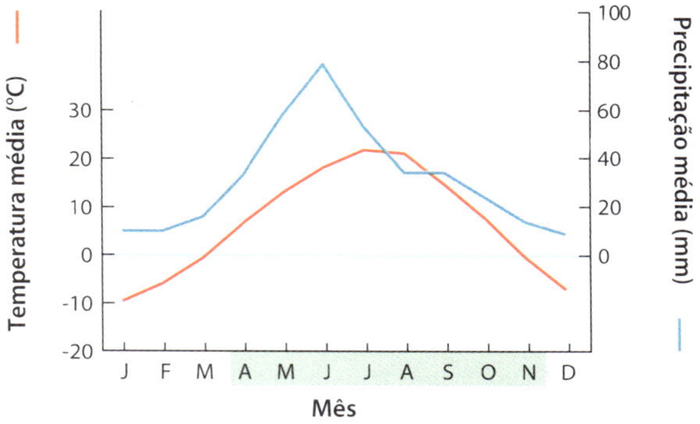

Figura 6.10 Bioma de campo temperado/deserto frio. Os campos, como este no Parque Nacional Theodore Roosevelt, na Dakota do Norte, são caracterizados por verões quentes e secos e invernos muito frios. Onde a umidade é mais abundante, a vegetação dominante é a gramínea; onde a umidade é menos abundante, nas áreas conhecidas como desertos frios, a vegetação dominante é composta por arbustos amplamente dispersos. Thomas & Pat Leeson/Science Source.

Os incêndios são frequentes no bioma de bosque/arbusto, e a maioria das plantas tem sementes ou coroas de raízes resistentes ao fogo, que brotam novamente logo após um incêndio. O uso tradicional desse bioma pelos humanos tem sido para pastagem e plantações com raízes profundas, como as videiras, conforme discutido no início do capítulo.

CAMPOS TEMPERADOS/DESERTOS FRIOS

O bioma de **campo temperado/deserto frio**, mostrado na Figura 6.10, é caracterizado por verões quentes e secos e invernos frios e rigorosos, sendo dominado por gramíneas, plantas florescentes não lenhosas e arbustos adaptados à seca. O crescimento das plantas é limitado pela falta de precipitações no verão e por temperaturas frias no inverno. O bioma também é conhecido por diferentes nomes ao redor do mundo, incluindo *pradarias*, na América do Norte, *pampas*, na América do Sul, e *estepes*, no leste da Europa e na Ásia central.

Campo temperado/deserto frio Bioma caracterizado por verões quentes e secos e invernos frios e rigorosos, dominado por gramíneas e plantas não lenhosas, e com flores e arbustos adaptados à seca.

As formas de plantas dominantes nos campos temperados são gramíneas e espécies não lenhosas com flores, que estão bem adaptadas aos incêndios frequentes. A precipitação varia amplamente nesse bioma. Por exemplo, no limite leste das pradarias norte-americanas, a precipitação anual pode ser de 1.000 mm. Nessas áreas, as gramíneas podem crescer até mais de 2 m de altura e são denominadas *pradarias de gramíneas altas*. Até existe umidade suficiente nessas regiões para sustentar o crescimento de árvores, mas os incêndios frequentes impedem que as árvores se tornem um componente dominante desse bioma. Conforme se move para oeste, a precipitação anual cai para 500 mm ou menos. Nessas áreas, as gramíneas em geral não crescem mais do que 0,5 m e são denominadas *pradarias de gramíneas baixas*. Como a precipitação não é frequente, os detritos orgânicos não se decompõem rapidamente, e isso torna os solos ricos em matéria orgânica. Além disso, a baixa acidez dos solos significa que eles não são fortemente lixiviados e tendem a ser ricos em nutrientes.

Ainda mais a oeste na América do Norte, a precipitação anual cai abaixo de 250 mm, e os campos temperados se transformam em desertos frios, também conhecidos como desertos temperados. Nos EUA, o deserto frio se estende ao longo da maior parte da Grande Bacia, que se situa na sombra de chuva da Serra Nevada e da Cordilheira das Cascatas. Na parte norte da região, a planta dominante é a artemísia, enquanto, em direção ao sul e em solos razoavelmente mais úmidos, predominam juníperos e árvores de pinhão amplamente espaçados, que formam bosques abertos com árvores com menos de 10 m de altura e coberturas esparsas de gramíneas.

Nos desertos frios, a evaporação e a transpiração excedem a precipitação durante a maior parte do ano, de modo que os solos são secos. Incêndios não são frequentes porque o hábitat produz pouca matéria orgânica para a combustão; entretanto, devido à baixa produtividade das comunidades de plantas, o pastejo pode exercer forte pressão sobre a vegetação e até mesmo favorecer a persistência dos arbustos, que não são bons para o forrageio. De fato, muitos campos no oeste dos EUA e em outros locais no mundo foram convertidos em desertos por causa do pastejo excessivo.

FLORESTAS PLUVIAIS TROPICAIS

O último grupo de biomas é encontrado em áreas de temperaturas tropicais e inclui as florestas pluviais tropicais, as florestas sazonais tropicais/savanas e os desertos subtropicais. As **florestas pluviais tropicais**, mostradas na Figura 6.11, situam-se entre 20° N e 20° S a partir do Equador, são quentes e chuvosas e caracterizadas por diversos estratos de vegetação exuberante. Elas têm uma copa contínua de árvores com 30 a 40 m, incluindo emergentes que ocasionalmente alcançam 55 m. Árvores mais baixas e arbustos formam, abaixo da copa, um estrato conhecido como *sub-bosque*, que também é composto de epífitas e trepadeiras em abundância.

A diversidade das espécies é maior nas florestas pluviais tropicais do que em qualquer outro local na Terra. Esse bioma é encontrado em grande parte da América Central, na Bacia Amazônica, no Congo, no sul da África Ocidental, no lado leste de Madagascar, no Sudeste Asiático e na costa nordeste da Austrália. Entretanto, em muitos desses locais, grande parte da floresta pluvial foi destruída para a obtenção de madeira e para abrir espaço para a agricultura.

Floresta pluvial tropical Bioma quente e chuvoso, caracterizado por diversas camadas de vegetação exuberante.

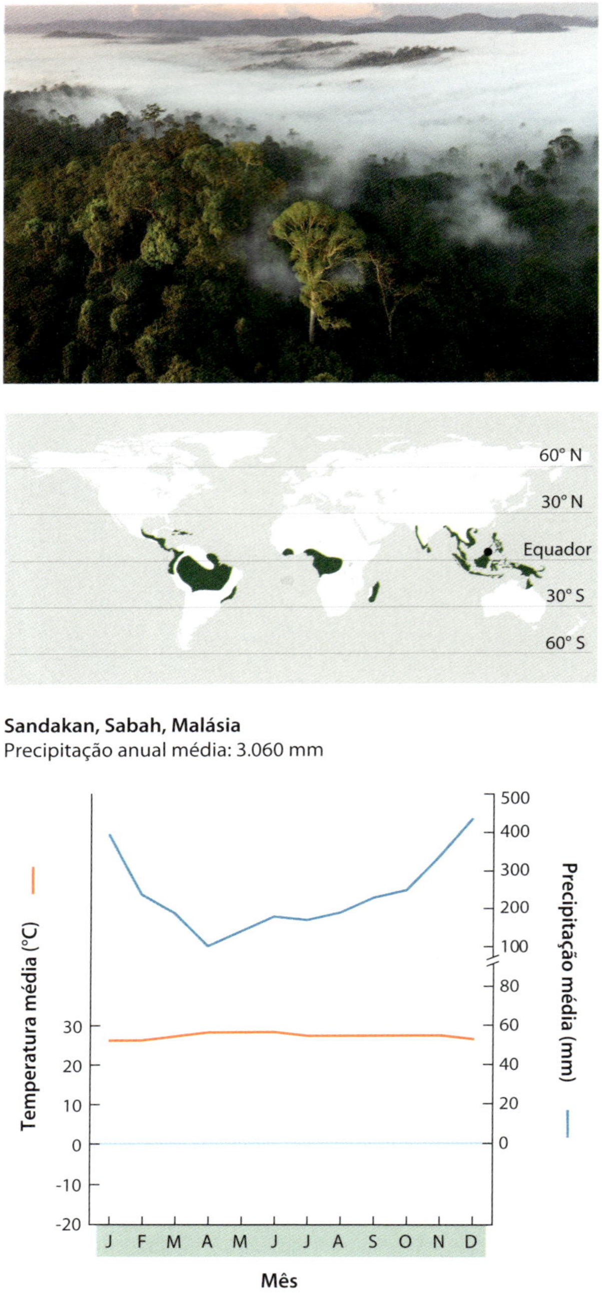

Figura 6.11 Bioma de floresta pluvial tropical. As florestas pluviais tropicais, como esta em Bornéu, apresentam temperaturas muito quentes e quantidades muito altas de precipitação. Como resultado, este bioma apresenta diversas camadas de vegetação exuberante. Nick Garbutt/naturepl.com.

Os climas que sustentam as florestas pluviais tropicais são sempre quentes e recebem no mínimo 2.000 mm de precipitação durante o ano, raramente com menos de 100 mm durante qualquer mês. O clima desse bioma exibe dois picos de precipitação centrados nos equinócios, que correspondem aos períodos em que a zona de convergência intertropical passa sobre o Equador (como discutido no Capítulo 5).

Seus solos são tipicamente antigos e profundamente intemperizados por causa da alta precipitação. Como são relativamente desprovidos de húmus e argila, assumem a coloração avermelhada dos óxidos de alumínio e ferro e retêm poucos nutrientes. Esse é o processo de laterização, também discutido no Capítulo 5. Apesar da inadequada capacidade de esses solos reterem nutrientes, a produtividade biológica por unidade de área das florestas pluviais tropicais excede a de qualquer outro bioma terrestre. Além disso, a biomassa viva é maior que a de todos os outros biomas, com exceção das florestas pluviais temperadas. Esse enorme crescimento é possível porque as altas temperaturas ininterruptas e a umidade abundante causam a rápida decomposição da matéria orgânica, e a vegetação imediatamente assimila os nutrientes liberados.

A rápida ciclagem dos nutrientes sustenta a alta produtividade da floresta pluvial, mas também torna o seu ecossistema extremamente vulnerável a perturbações. Quando as florestas pluviais tropicais são derrubadas e queimadas, muitos dos nutrientes são removidos nos troncos ou sobem na forma de fumaça. Os solos vulneráveis são rapidamente erodidos e preenchem os riachos com silte. Em muitos casos, o ambiente é rapidamente degradado, e a paisagem se torna improdutiva.

FLORESTAS SAZONAIS TROPICAIS/SAVANAS

As **florestas sazonais tropicais**, mostradas na Figura 6.12, estão localizadas, em sua maioria, entre 10° N e 10° S a partir do Equador. Essas regiões apresentam temperaturas quentes e, à medida que a zona de convergência intertropical se move durante o ano, apresentam estações pronunciadamente úmidas ou secas. Como as florestas sazonais tropicais têm preponderância de árvores decíduas que se desfolham durante a estação seca, esse bioma por vezes é denominado *floresta decídua tropical*. Nas áreas em que a estação seca é mais longa e mais severa, a vegetação se torna mais baixa e desenvolve espinhos para proteger as folhas contra os animais pastadores. Quando ocorrem períodos secos ainda mais longos, a vegetação de floresta seca se transforma em floresta espinhosa e, finalmente, em *savanas*, que são paisagens abertas que contêm gramíneas e árvores ocasionais, incluindo acácias e baobás.

O bioma de floresta sazonal tropical/savana ocorre na América Central, na costa do Atlântico da América do Sul, na África Subsaariana, no Sudeste Asiático e no noroeste da Austrália. Incêndios e pastejo desempenham papéis importantes na manutenção das características desse bioma, pois, sob tais condições, as gramíneas conseguem persistir melhor do que outros tipos de vegetação. Desse modo, quando o pastejo e os incêndios são evitados dentro de um hábitat de savana, uma floresta seca frequentemente começa a se desenvolver; então, assim como nos ambientes tropicais mais úmidos, os solos não retêm bem os nutrientes, mas as temperaturas quentes favorecem a rápida decomposição. Isso proporciona uma rápida reciclagem dos nutrientes no solo, os quais as árvores conseguem captar rapidamente e utilizar para o crescimento e a reprodução. Essa rápida ciclagem também torna esse bioma um local atrativo para a agricultura e a criação de gado. Na costa do Pacífico da América Central e na costa do Atlântico da América do Sul, por exemplo, mais de 99% desse bioma foram convertidos em agricultura.

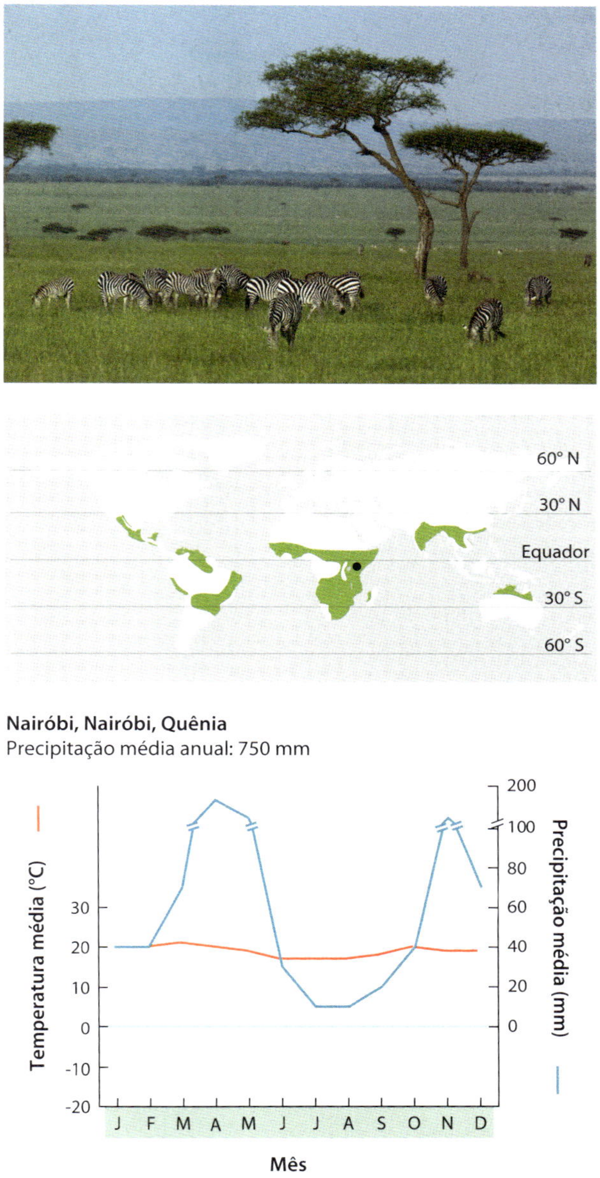

Figura 6.12 Bioma de floresta sazonal tropical/savana. As florestas sazonais tropicais e as savanas apresentam temperaturas quentes, assim como as florestas pluviais tropicais, mas também estações úmida e seca distintas por causa do deslocamento da zona de convergência intertropical. Em consequência, esse bioma tem árvores que desfolham durante a estação seca. Um exemplo desse bioma pode ser observado na Reserva Nacional Masai Mara, do Quênia. Denis-Huot/Newscom/ZUMA Press/Kenya.

DESERTOS SUBTROPICAIS

Os **desertos subtropicais**, mostrados na Figura 6.13, são caracterizados por temperaturas quentes, precipitação escassa, estações de crescimento longas e vegetação esparsa. Também

Floresta sazonal tropical Bioma com temperaturas quentes e estações úmida e seca pronunciadas, dominado por árvores decíduas que desfolham durante a estação seca.

Deserto subtropical Bioma caracterizado por temperaturas quentes, precipitação escassa, longas estações de crescimento (das plantas) e vegetação esparsa.

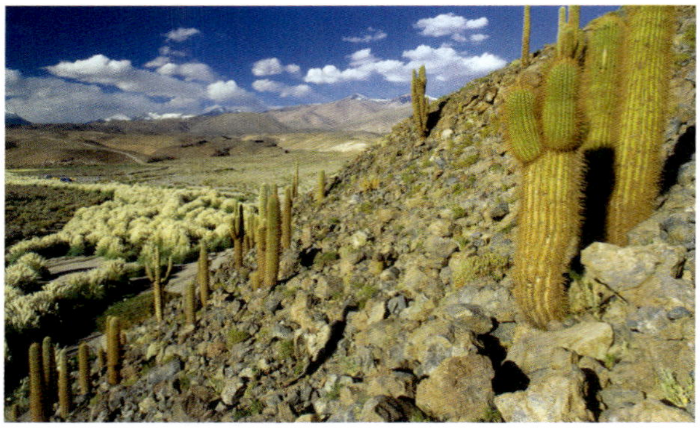

Antofagasta, Antofagasta, Chile
Precipitação média anual: 0 mm

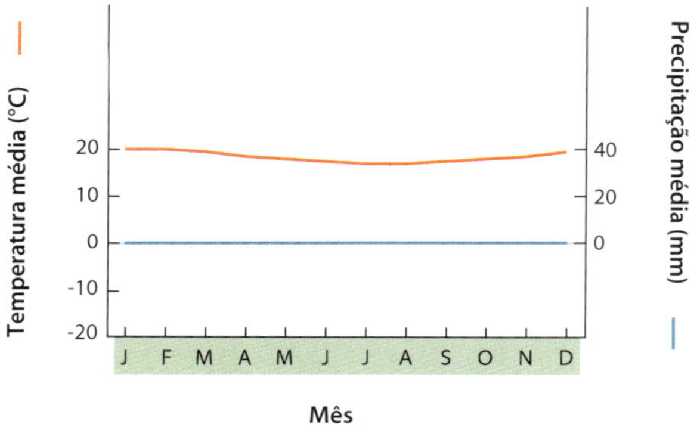

Figura 6.13 Bioma de deserto subtropical. Os desertos subtropicais, como o deserto do Atacama, no Chile, apresentam temperaturas quentes e precipitação escassa. Isso favorece as plantas resistentes às secas, como os cactos, os arbustos creosotos, a mesquita e as euforbiáceas. ImageBROKER/Alamy.

conhecidos como *desertos quentes*, eles se desenvolvem entre 20° e 30° ao norte e ao sul do Equador, em áreas associadas ao ar quente que desce das células de Hadley. Os desertos subtropicais incluem: o Deserto de Mojave, na América do Norte; o Deserto do Saara, na África; o Deserto da Arábia, no Oriente Médio; e o Grande Deserto de Vitória, na Austrália.

Devido à baixa precipitação, os solos dos desertos subtropicais são rasos, com pH neutro e praticamente desprovidos de matéria orgânica. Enquanto as artemísias predominam nos desertos frios da Grande Bacia, os arbustos creosotos (*Larrea tridentata*) dominam os desertos subtropicais das Américas. Locais mais úmidos sustentam uma profusão de cactos suculentos, arbustos e pequenas árvores, como a mesquita e o palo-verde (*Cercidium microphyllum*).

A maioria dos desertos subtropicais recebe chuvas de verão, após as quais muitas plantas herbáceas brotam a partir de sementes dormentes, crescem rapidamente e se reproduzem antes que os solos ressequem novamente. Poucas plantas nos desertos subtropicais são tolerantes ao congelamento, e a diversidade das espécies em geral é muito maior do que em terrenos áridos temperados.

VERIFICAÇÃO DE CONCEITOS

1. Por que o bioma de floresta boreal é encontrado em diferentes continentes, incluindo América do Norte, Europa e Ásia?
2. Que tipos de plantas terrestres são encontrados em cada um dos quatro biomas localizados em latitudes temperadas?
3. Por que florestas pluviais tropicais apresentam dois picos de chuvas?

6.3 Os biomas aquáticos são classificados por fluxo, profundidade e salinidade

Como discutido anteriormente neste capítulo, os ecólogos classificam os biomas aquáticos a partir da utilização de diversos fatores físicos, incluindo profundidade da água, fluxo da água e salinidade. Os principais tipos de biomas aquáticos incluem: riachos e rios, lagos e lagoas, alagados de água doce, charcos salgados, manguezais, zonas entre marés, recifes de corais e oceano aberto.

RIOS E RIACHOS

Como os rios e riachos são caracterizados por água doce corrente, geralmente são denominados sistemas **lóticos**. Embora não exista uma especificação exata para determinar as diferenças na classificação entre um riacho e um rio, em geral, **riachos**, também denominados **córregos**, são canais estreitos de água doce com fluxo rápido, enquanto **rios** são canais largos de água doce com fluxo lento (Figura 6.14). À medida que os riachos descem a partir de suas nascentes, eles se unem a outros riachos e finalmente aumentam o suficiente para que sejam considerados um rio. Riachos e alguns rios normalmente são margeados por uma **zona ripária**, que é uma faixa de vegetação terrestre influenciada por alagamentos sazonais e pela elevação de lençóis freáticos.

À medida que se move rio abaixo, a água flui mais lentamente e se torna mais quente e mais rica em nutrientes. Sob essas condições, os ecossistemas em geral se tornam mais complexos e produtivos.

Em geral, os riachos sustentam menos espécies do que outros biomas aquáticos, e pequenos riachos normalmente são sombreados e pobres em nutrientes, o que limita a produtividade de algas e outros organismos fotossintéticos. Desse

Lótico Ambiente caracterizado por água doce corrente.

Riacho Canal estreito de água doce com fluxo rápido. Também denominado **córrego**.

Rio Canal largo de água doce com fluxo lento.

Zona ripária Faixa de vegetação terrestre ao longo dos rios e riachos que é influenciada por alagamentos sazonais e elevações de lençóis freáticos.

Figura 6.14 Riachos e rios. Riachos e rios são caracterizados pela água doce fluindo. Este exemplo é o Rio Vefsna, na Noruega. © Erwan Balança/Biosphoto.

modo, grande parte do conteúdo orgânico dos ecossistemas de riachos depende de entradas **alóctones** de matéria orgânica, como folhas, que vêm de fora do ecossistema.

Nos grandes rios, uma proporção mais alta das entradas orgânicas é **autóctone**, o que significa que são produzidas dentro do ecossistema por algas e plantas aquáticas. Conforme se afastam da nascente, os rios normalmente se tornam mais largos, se movimentam mais lentamente, apresentam mais nutrientes e são mais expostos à luz solar direta. Eles também acumulam sedimentos que são trazidos da terra e transportados rio abaixo. Nas partes mais baixas dos rios, que contêm muito silte, a alta turbidez causada pelos sedimentos em suspensão pode bloquear a luz e reduzir a produção.

Os sistemas lóticos são extremamente sensíveis à modificação em seu fluxo de água causada pelas represas. Nos EUA, dezenas de milhares delas – construídas para controlar enchentes, proporcionar água para a irrigação ou gerar eletricidade – interrompem o fluxo dos riachos, além de alterarem a temperatura da água e as taxas de sedimentação. Normalmente, a água localizada antes das represas se torna mais quente, e o fundo dos riachos originais fica preenchido por silte, que destrói o hábitat de peixes e outros organismos aquáticos, uma vez que a água das grandes represas liberada rio abaixo normalmente tem baixas concentrações de oxigênio dissolvido. A utilização de represas para o controle de enchentes altera os ciclos sazonais naturais de alagamentos, que são necessários para a manutenção de muitos tipos de hábitats ripários em planícies aluviais. As represas também interrompem o movimento natural dos organismos aquáticos rio acima e rio abaixo, fragmentando os sistemas dos rios e isolando populações.

Alóctone Entrada de matéria orgânica, como folhas, que vêm de fora de um ecossistema.

Autóctone Entrada de matéria orgânica que é produzida por algas e plantas aquáticas dentro do próprio ecossistema.

LAGOAS E LAGOS

Lagoas e **lagos** são biomas aquáticos caracterizados por água doce parada, com no mínimo alguma área de água profunda o bastante para impedir que as plantas se elevem acima da superfície (Figura 6.15 A). Embora não exista uma distinção clara entre lagoas e lagos, as lagoas são menores.[1]

Muitos lagos e lagoas foram formados à medida que as geleiras retrocederam, escavando bacias e deixando para trás depósitos glaciais contendo blocos de gelo que finalmente derreteram. Os Grandes Lagos da América do Norte se formaram em bacias glaciais, preenchidas até 10.000 anos atrás por gelo espesso. Os lagos também são formados em regiões geologicamente ativas, como o Grande Vale do Rift da África, onde o movimento vertical de blocos da crosta terrestre criou bacias nas quais a água se acumula. Grandes vales de rios, como os dos rios Mississippi e Amazonas, têm *lagos chifre de boi*, que são amplas curvas do que já foi outrora um meandro de um rio, interrompido por alterações no canal principal.

Como mostrado na Figura 6.15 B, os lagos podem ser subdivididos em diversas zonas ecológicas, cada uma com condições físicas distintas. A **zona litoral** é a área superficial ao redor das margens de um lago ou de uma lagoa e contém vegetação enraizada, como lírios-d'água e orelhas-de-veado. A água aberta além da zona litoral é a **zona limnética** (ou **pelágica**), na qual os organismos fotossintéticos dominantes são algas flutuantes, ou *fitoplâncton*. Lagos muito profundos também têm uma **zona profunda**, que não recebe luz

Lagoa Bioma aquático menor do que um lago, caracterizado por água doce parada, com uma área profunda o bastante para impedir que as plantas se elevem acima da superfície.

Lago Bioma aquático maior do que uma lagoa, caracterizado por água doce parada, com uma área profunda o bastante para impedir que as plantas se elevem acima da superfície.

Zona litoral Área rasa nas bordas de um lago ou lagoa que contém vegetação enraizada.

Zona limnética Água aberta além da zona litoral, na qual os organismos fotossintéticos dominantes são algas flutuantes. Também denominada **zona pelágica**.

Zona profunda Área em um lago que é muito profunda para receber luz solar.

[1]N.R.T.: Nas áreas temperadas, as lagoas (*ponds*) são menores que os lagos (*lakes*). Essa denominação não se aplica bem aos trópicos, onde grandes extensões de água doce e parada por vezes recebem a denominação de lagoa.

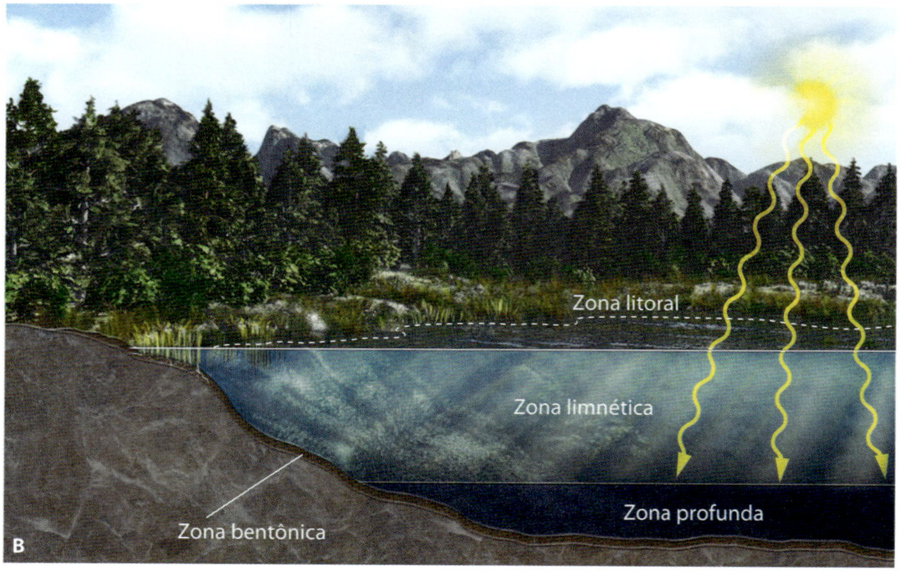

Figura 6.15 Lagoas e lagos. São caracterizados por água doce parada, com áreas profundas para a vegetação emergente. **A.** Lago Red Rock, Colorado. **B.** Os lagos contêm uma diversidade de zonas. A zona litoral existe ao redor das margens do lago e tem plantas enraizadas e emergentes. A zona limnética consiste na "água aberta" no meio do lago, onde os organismos fotossintéticos dominantes são algas flutuantes. Abaixo da zona limnética encontra-se a zona profunda, que é muito funda para a penetração de luz solar suficiente para possibilitar a fotossíntese. A camada de sedimentos no fundo do lago é a zona bentônica. Lee Wilcox.

solar por causa de sua profundidade. A ausência de fotossíntese e a presença de bactérias que decompõem os detritos no fundo do lago fazem com que a zona profunda apresente concentrações muito baixas de oxigênio. Os sedimentos no fundo dos lagos e das lagoas constituem a **zona bentônica** ou **bêntica**, que proporciona hábitat para animais e microrganismos que se enterram.

Circulação em lagoas e lagos

Embora os lagos e as lagoas possam ser divididos em quatro zonas com base na proximidade da margem e na quantidade de penetração de luz, a coluna d'água também pode ser classificada de acordo com a temperatura. Na maioria dos lagos e das lagoas em regiões temperadas e polares, as diferenças de temperatura da água formam camadas.

Zona bentônica Área composta pelos sedimentos no fundo dos lagos, lagoas e oceanos. Também denominada **zona bêntica**.

A água de superfície, conhecida como **epilímnio**, pode apresentar uma temperatura diferente da água mais profunda, conhecida como **hipolímnio**. Entre essas duas regiões de temperatura, encontra-se a **termoclina**, que se localiza em profundidade intermediária e sofre mudança brusca na temperatura ao longo de uma distância relativamente curta em termos de profundidade. A termoclina atua como uma barreira para a mistura entre o epilímnio e o hipolímnio.

A maior parte da produção em um lago ocorre no epilímnio, onde a luz solar é mais intensa. O oxigênio produzido pela fotossíntese e aquele que entra no lago pela interface água/atmosfera mantêm o epilímnio bem aerado e, portanto,

Epilímnio Camada de superfície da água de um lago ou lagoa.

Hipolímnio Camada mais profunda de água em um lago ou lagoa.

Termoclina Profundidade intermediária na água em um lago ou lagoa e que sofre mudança brusca na temperatura ao longo de uma distância relativamente curta em profundidade.

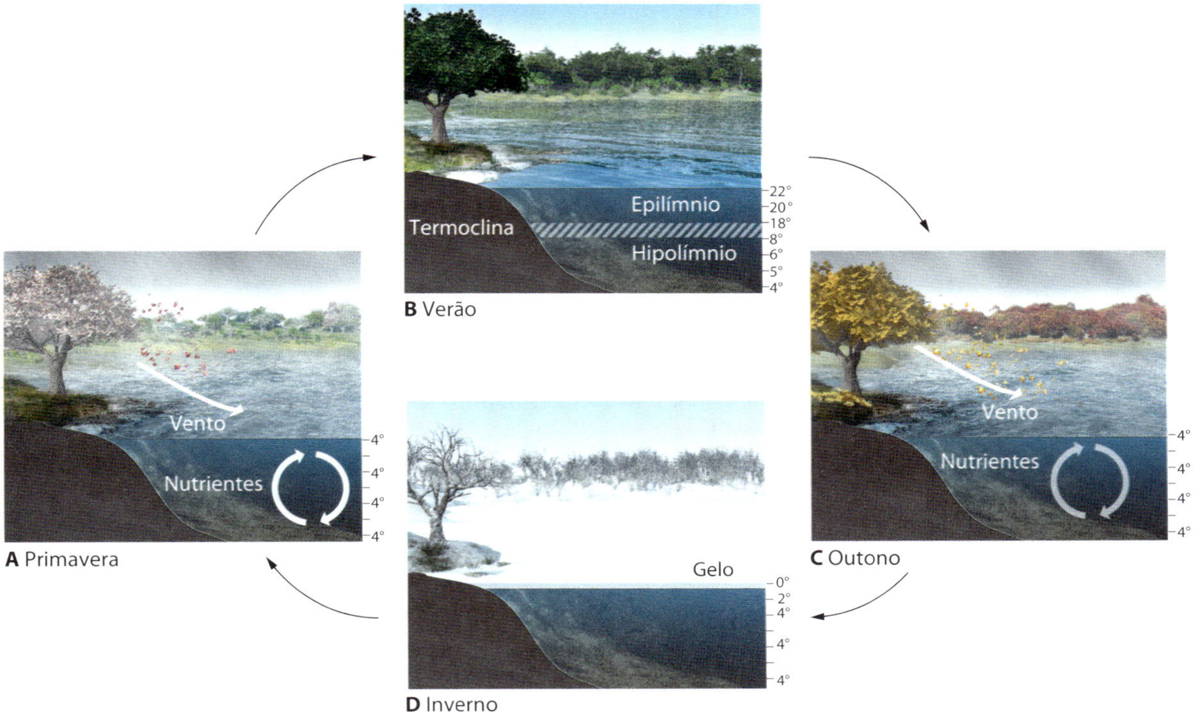

Figura 6.16 Circulação (*turnover*) em lagos temperados. A. Na primavera, os ventos sazonais causam a mistura da água do lago, que leva os nutrientes dos sedimentos até a água de superfície e o oxigênio da água de superfície para baixo, até a mais profunda. **B.** Durante o verão, a água de superfície aquece mais rapidamente do que a profunda, de modo que o lago apresenta uma estratificação térmica. A zona na qual ela muda rapidamente com a profundidade é conhecida como termoclina. **C.** No outono, a água de superfície resfria, a estratificação é rompida e os ventos de outono fazem com que a água de superfície e as águas profundas se misturem mais uma vez. **D.** No inverno, as águas de superfície são expostas a temperaturas congelantes, formando, assim, o gelo na superfície. Como a água a 4°C é a mais densa, o fundo do lago não congela.

adequado à vida animal. Entretanto, durante a estação de crescimento, as plantas e as algas frequentemente esgotam o suprimento de nutrientes minerais dissolvidos no epilímnio, e isso reduz o seu crescimento.

No hipolímnio, que pode incluir a zona limnética inferior e a zona profunda, as bactérias continuam a decompor a matéria orgânica, mas a diminuição da intensidade da luz causa redução na fotossíntese. Como resultado, o oxigênio é utilizado mais rapidamente do que é produzido, e isso leva a condições anaeróbicas. Existe um suprimento particularmente pequeno de oxigênio no fundo de lagos produtivos que geram matéria orgânica abundante no epilímnio.

Lagos na zona temperada sofrem mudanças de temperatura com as estações, as quais provocam alterações na densidade da água, que, por sua vez, ocasionam a mistura da água superficial com a profunda. A Figura 6.16 mostra esse processo. Conforme abordado no Capítulo 2, a água se torna mais densa à medida que se resfria até 4°C e, em seguida, menos densa quando se resfria abaixo de 4°C. Durante o inverno em climas frios, a água mais fria dos lagos (0°C) situa-se na superfície logo abaixo do gelo, enquanto a água ligeiramente mais quente e mais densa (4°C) desce para o fundo. No início da primavera, o Sol aquece gradualmente o lago; assim, à medida que a temperatura da superfície aumenta e se aproxima dos 4°C, a água aquecida pelo Sol afunda para as camadas mais frias imediatamente abaixo e começa a se misturar. Ao mesmo tempo, os ventos provocam correntes de superfície, que fazem a água do fundo subir de modo semelhante às correntes de ressurgência nos oceanos. A mistura vertical da água do lago que ocorre no início da primavera e que é auxiliada pelos ventos que direcionam as correntes de superfície é conhecida como **circulação (*turnover*) de primavera**. Essa mistura leva os nutrientes dos sedimentos no fundo até a superfície e o oxigênio da superfície até as profundezas, resultando em rápido crescimento de fitoplâncton – algas que flutuam pela coluna d'água e são a principal fonte de alimento dos herbívoros.

No final da primavera e no início do verão, as camadas superficiais da água ganham calor mais rapidamente do que as mais profundas. Neste momento, é criada a termoclina. Após ela estar bem estabelecida, as águas de superfície e profundas deixam de se misturar porque a água superficial mais quente e menos densa flutua sobre a mais fria e mais densa abaixo, condição conhecida como **estratificação**. Durante o outono, a temperatura das camadas superficiais do lago diminui; então, à medida que esta água se torna mais densa do que a água subjacente, ela começa a afundar. A mistura vertical que ocorre no outono e que é auxiliada pelos ventos que criam as correntes de superfície é denominada **circulação (*turnover*) de outono**.

Circulação (*turnover*) de primavera Mistura vertical da água dos lagos que ocorre no início da primavera, auxiliada por ventos que criam as correntes de superfície.

Estratificação Condição de um lago ou lagoa na qual a água superficial mais quente e menos densa flutua sobre a água mais fria e densa do fundo.

Circulação (*turnover*) de outono Mistura vertical da água dos lagos que ocorre no outono, auxiliada por ventos que criam as correntes de superfície.

Semelhante à circulação de primavera, a de outono leva o oxigênio até as águas profundas e os nutrientes até a superfície. A infusão dos nutrientes nas águas da superfície durante o outono pode causar uma segunda explosão no crescimento de fitoplâncton. Essa mistura persiste até o final da estação, até que a temperatura na superfície do lago caia abaixo de 4°C e a estratificação de inverno se estabeleça.

A circulação de primavera e de outono são típicas de lagos em regiões de climas temperados porque esses lagos são sujeitos a invernos frios e verões quentes. A sazonalidade da mistura vertical é muito menos drástica nos lagos que não são expostos a mudanças tão intensas de temperatura. Em climas mais quentes, as temperaturas da água não caem abaixo de 4°C; como resultado, esses lagos não se estratificam no inverno, e muitos têm apenas um evento de mistura a cada ano, após a estratificação do verão.

ALAGADOS DE ÁGUA DOCE

Os **alagados de água doce** são biomas aquáticos que contêm água doce parada, ou solos saturados com água doce durante pelo menos uma parte do ano, e que são suficientemente rasos para apresentar uma vegetação emergente em todas as profundidades. A maioria das plantas que crescem nos alagados consegue tolerar baixas concentrações de oxigênio no solo; muitas são especializadas para essas condições anóxicas e não crescem em nenhum outro local.

Os alagados de água doce incluem pântanos (*swamps*), charcos (*marshes*) e pântanos temperados (*bogs*) (Figura 6.17). Os *pântanos* contêm árvores emergentes; alguns dos mais conhecidos são o Pântano de Okefenokee, na Geórgia e na Flórida, e o Pântano Great Dismal, na Virgínia e na Carolina do Norte. Os *charcos* apresentam vegetação não lenhosa emergente, como as tifas; alguns dos maiores no mundo incluem os Everglades, na Flórida, e o Pantanal do Brasil, da Bolívia e do Paraguai. Diferentemente dos pântanos e charcos, os *pântanos temperados* são caracterizados por águas ácidas e contêm uma diversidade de plantas, incluindo musgos esfagno e árvores atrofiadas, que são especialmente adaptadas para essas condições. Alguns dos maiores pântanos temperados são encontrados no Canadá, no norte da Europa e na Rússia.

Os alagados de água doce proporcionam hábitats importantes para uma ampla diversidade de animais, notavelmente aves aquáticas e estágios larvais de muitas espécies de peixes e invertebrados característicos de águas abertas. Os sedimentos dos alagados imobilizam substâncias possivelmente tóxicas ou poluentes dissolvidos na água e, portanto, atuam como um sistema de purificação da água.

CHARCOS SALGADOS/ESTUÁRIOS

Os **charcos salgados** são um bioma de água salgada que contém vegetação emergente não lenhosa. Eles são observados ao longo das costas dos continentes em climas temperados,

Alagado de água doce Bioma aquático que contém água doce parada, ou solos saturados com água doce durante pelo menos uma parte do ano, que é suficientemente raso para apresentar vegetação emergente em todas as profundidades.

Charco salgado Bioma de água salgada que contém vegetação emergente não lenhosa.

Figura 6.17 Alagados de água doce. Este bioma inclui uma diversidade de hábitats aquáticos. **A.** Os pântanos contêm árvores emergentes, como este com ciprestes-calvos (*Taxodium distichum*) no Parque Estadual do Lago Reelfoot, no Tennessee. **B.** Charcos contêm vegetação não lenhosa emergente que inclui tifas, como neste local próximo de Fairfax, na Virgínia. **C.** Pântanos temperados são caracterizados por águas ácidas e plantas bem adaptadas a essas condições, como este no norte de Wisconsin. (A) Byron Jorjorian/Science Source; (B) Corey Hilz/DanitaDelimont.com/Newscom; (C) Lee Wilcox.

Figura 6.18 Charco salgado. Os charcos salgados ocorrem em água salgada e estuários, com vegetação emergente não lenhosa. Um exemplo pode ser observado no Estreito da Ilha Plum, na costa de Massachusetts. Jerry Monkman/naturepl.com.

com frequência dentro de **estuários**, que existem onde a foz dos rios se mistura à água salgada dos oceanos (Figura 6.18). Os estuários são únicos devido à sua mistura de água doce e salgada, além de conterem um suprimento abundante de nutrientes e sedimentos transportados pelos rios.

A rápida troca de nutrientes entre os sedimentos e a superfície em águas rasas de um estuário sustenta uma produtividade biológica extremamente alta. Como os estuários tendem a ser áreas de deposição de sedimentos, com frequência são margeados por extensos "charcos de maré" (*tidal marsh*) nas latitudes temperadas e por manguezais nos trópicos. Com uma combinação de altos níveis de nutrientes e ausência do estresse hídrico, os charcos de maré encontram-se entre os hábitats mais produtivos sobre a terra. Eles contribuem com matéria orgânica para os ecossistemas de estuários, que, por sua vez, sustentam grandes populações de ostras, caranguejos, peixes e animais que se alimentam deles.

MANGUEZAIS

O **manguezal** é um bioma encontrado em água salgada ao longo das costas tropicais e subtropicais e que contém árvores tolerantes ao sal, com raízes submersas em água. Ele pode existir em estuários, nos quais a água doce e a água salgada se misturam (Figura 6.19). A tolerância ao sal é uma importante adaptação das árvores que vivem em manguezais. Ao viver ao longo das costas, elas desempenham papéis importantes ao

Figura 6.19 Manguezais. Manguezais, incluindo este local na costa da Austrália, são biomas de água salgada que contêm árvores tolerantes ao sal ao longo de faixas litorâneas tropicais e subtropicais. © T. & S. Allofs/Biosphoto.

impedir a erosão dos litorais costeiros pela constante entrada de ondas. Os mangues também proporcionam um hábitat vital para muitas espécies de peixes e frutos do mar.

ZONAS ENTREMARÉS

A **zona entremarés** é um bioma composto pela estreita faixa litorânea entre os níveis da maré alta e da maré baixa. À medida que as marés sobem e descem, a zona entremarés apresenta amplas flutuações nas temperaturas e concentrações de sal. Portanto, as espécies que vivem nesse bioma – incluindo caranguejos, cracas, esponjas, mexilhões e algas – precisam ter adaptações que lhes possibilitem tolerar tais condições rigorosas. As zonas entremarés podem ocorrer ao longo de faixas litorâneas rochosas íngremes, como as observadas no Maine, ou em alagadiços de inclinação suave, como a Baía de Cape Cod, em Massachusetts (Figura 6.20).

RECIFES DE CORAIS

Recifes de corais são um bioma marinho encontrado em águas quentes e rasas, que permanecem acima dos 20°C durante todo o ano. Com frequência, eles circundam ilhas vulcânicas, onde se alimentam de nutrientes que se soltam do rico solo vulcânico e que também são levados pelas correntes das águas profundas para a superfície ao longo do perfil da ilha.

Os corais são animais pequenos – parentes da hidra e de outros cnidários – que vivem em uma relação mutualística com as algas. Um coral individual é um tubo oco que secreta um exoesqueleto rígido, composto de carbonato de cálcio. Ele também apresenta tentáculos que levam detritos e plâncton para dentro do tubo. À medida que digere essas partículas, o coral produz CO_2, que pode ser utilizado por suas algas simbióticas na fotossíntese. Alguns dos açúcares e outros compostos orgânicos que as algas produzem extravasam para dentro

Estuário Área ao longo da costa onde rios de água doce deságuam e suas águas se misturam com a água salgada dos oceanos.

Manguezal Bioma encontrado ao longo das costas tropicais e subtropicais e que contém árvores tolerantes ao sal, com raízes submersas em água.

Zona entremarés Bioma composto pela faixa estreita da costa entre os níveis de maré alta e maré baixa.

Recife de coral Bioma marinho encontrado em águas quentes e rasas que permanecem a 20°C durante todo o ano.

Figura 6.20 Zona entremarés. Biomas entremarés são as regiões costeiras ao redor do mundo que existem entre a maré alta e a maré baixa dos oceanos. **A.** Litorais rochosos produzem hábitats entremarés rochosos, como este ao longo da costa do Alasca. **B.** Litorais lamacentos produzem hábitats alagadiços ao redor do mundo, incluindo este em Los Llanos, Venezuela. (A) Mark Conlin/V&W/imagequestmarine.com; (B) Lee Dalton/Alamy.

dos tecidos do coral e sustentam o seu crescimento adicional. Embora um indivíduo de coral seja pequeno, a espécie vive em enormes colônias. À medida que um coral individual morre, os tecidos moles se decompõem, mas os esqueletos externos rígidos permanecem e, ao longo do tempo, acumulam-se e formam recifes de corais maciços.

A estrutura complexa que os corais constroem proporciona uma ampla diversidade de substratos e esconderijos para algas e animais, o que ajuda a tornar os recifes de corais um dos biomas mais diversos da Terra (Figura 6.21). Conforme a discussão sobre os recifes de corais no Capítulo 2, a elevação das temperaturas de superfície dos mares nos trópicos está causando a saída das algas simbiontes dos corais ao longo de grandes áreas – fenômeno conhecido como *branqueamento dos corais*. Como as algas simbiontes são fundamentais para a sobrevivência do coral, a estabilidade desses biomas, atualmente, encontra-se em risco.

OCEANO ABERTO

O oceano aberto é caracterizado como a parte do oceano que se encontra longe da costa e dos recifes de corais e cobre a

Figura 6.21 Recifes de corais. Os exoesqueletos rígidos de milhões de pequenos corais formam recifes de corais maciços no oceano, que atuam como moradia para uma incrível diversidade de organismos. Os recifes de corais podem ser encontrados em águas oceânicas rasas e quentes, como este ao longo da costa das Maldivas. Lea Lee/Getty Images.

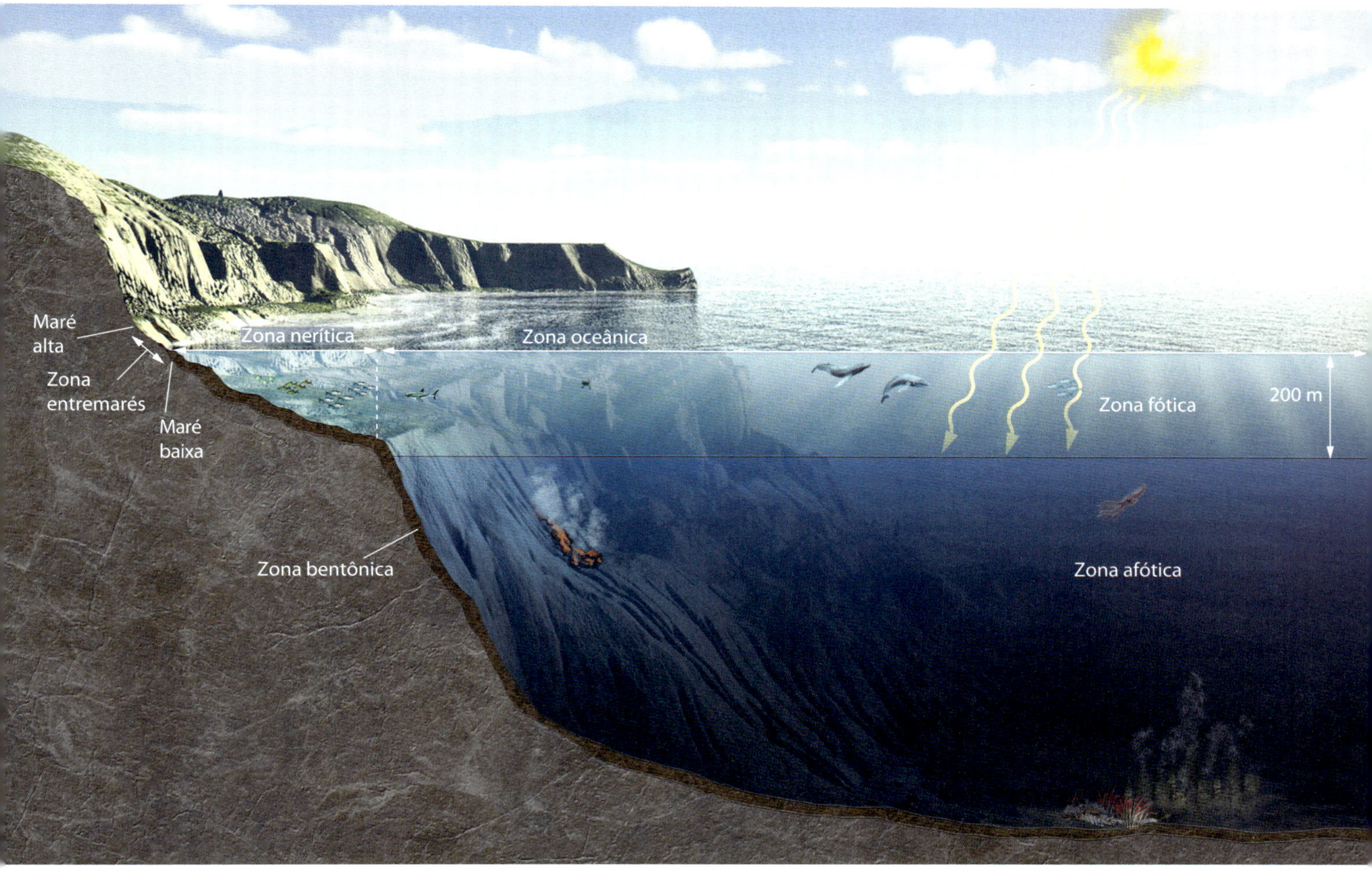

Figura 6.22 Oceano aberto. É representado pela água que se encontra fora da costa e longe de recifes de corais, podendo ser dividido em várias zonas.

maioria da superfície da Terra. Abaixo da superfície, encontra-se um reino imensamente complexo, com grandes variações em temperatura, salinidade, luz, pressão e correntes. Os ecólogos reconhecem diversas zonas no oceano aberto, mostradas na Figura 6.22. Para além do alcance do nível da maré mais baixa, a **zona nerítica** se estende até a profundidade de aproximadamente 200 m, que corresponde ao limite da plataforma continental. Como as ondas fortes deslocam nutrientes dos sedimentos inferiores para as camadas superficiais iluminadas pelo Sol, a zona nerítica geralmente é uma região de alta produtividade. Além dela, o assoalho marinho desce rapidamente até as grandes profundidades da **zona oceânica**, onde os nutrientes são esparsos e a produção é muito limitada. Finalmente, a zona bentônica é composta pelo assoalho marinho subjacente às zonas nerítica e oceânica.

As zonas nerítica e oceânica podem ser subdivididas verticalmente em uma *zona fótica* e uma *zona afótica*. A **zona fótica** é a área das zonas nerítica e oceânica que contém luz suficiente para as algas realizarem fotossíntese. A **zona afótica** é a área das zonas nerítica e oceânica na qual a água é tão profunda que a luz solar não consegue penetrar. Entretanto, como observado no Capítulo 1, as bactérias na zona afótica utilizam a quimiossíntese para converter o carbono inorgânico em açúcares simples. Outros organismos na zona afótica dependem do material orgânico que desce da zona fótica.

Uma das adaptações fascinantes de muitos organismos na zona afótica é a capacidade de gerar sua própria fonte de luz, conhecida como *bioluminescência*, para ajudá-los a encontrar e consumir presas. Diversas espécies de águas-vivas, crustáceos, lulas e peixes desenvolveram essa capacidade de maneira independente.

Este capítulo explorou como as diferenças no clima ao redor do mundo determinam os tipos dominantes de formas de plantas que conseguem persistir em distintas partes do mundo, formando a base da classificação dos biomas terrestres. Em contraste, os biomas aquáticos são classificados por diferenças no fluxo, na profundidade e na salinidade da água. Em todos os casos, existe uma estreita associação

Zona nerítica Zona do oceano para além do alcance do nível da maré mais baixa, que se estende até a profundidade de cerca de 200 m.

Zona oceânica Zona do oceano além da zona nerítica.

Zona fótica Área das zonas nerítica e oceânica que contém luz suficiente para a fotossíntese das algas.

Zona afótica Área das zonas nerítica e oceânica onde a água é tão profunda que a luz do Sol não consegue penetrar.

entre as condições ambientais e as espécies que desenvolveram adaptações para viver sob essas condições. É claro que as adaptações refletem não apenas os fatores físicos no ambiente, mas também as muitas interações com outros organismos. O próximo capítulo examinará o processo de adaptação evolutiva e como ela criou a imensa diversidade de vida sobre a Terra.

VERIFICAÇÃO DE CONCEITOS

1. Como as nascentes dos riachos e os grandes rios diferem no que diz respeito às principais fontes de matéria orgânica?
2. Por que a produtividade no oceano difere entre as zonas fótica e afótica?
3. Quais são os cinco tipos de biomas de água salgada?

ECOLOGIA HOJE | CORRELAÇÃO DOS CONCEITOS

Mudança dos limites do bioma

Mudança climática. Prevê-se que a alteração dos climas ao redor do mundo altere a distribuição de muitos organismos, incluindo plantas do gênero *Banksia*, no bioma de arbustos do sudoeste da Austrália. Essas mudanças também estão afetando a agricultura, inclusive os vinhedos que são plantados nos biomas de arbustos ao redor do mundo. Phil Morley/AGE Fotostock.

Ao longo deste capítulo, observou-se que o clima determina amplamente a localização dos biomas terrestres. As condições climáticas, combinadas com as interações das espécies, definem as bordas dos limites dos biomas. Considerando a compreensão sobre como as fronteiras dos biomas são formadas, o que aconteceria com eles e com as espécies que neles vivem se o clima mudasse?

MUDANÇA GLOBAL Os registros mostram que, durante os últimos 130 anos, as temperaturas na superfície da Terra aumentaram em média 1°C. De fato, de acordo com a NASA, 15 dos 16 anos mais quentes registrados desde 1880 ocorreram a partir de 2001. Esse pequeno aumento médio esconde o fato de que algumas regiões se tornaram de 1 a 2°C mais frias durante esse período, enquanto outras se tornaram até 4°C mais quentes. Os cientistas preveem aumentos ainda maiores na temperatura e grandes mudanças nos padrões de precipitação para o restante do século XXI. Se o clima determina a localização dos biomas e ele está mudando, parece ser razoável prever que as fronteiras dos biomas também vão mudar.

Em alguns casos, os pesquisadores acreditam que o deslocamento das fronteiras dos biomas pode ocorrer com relativa facilidade. Assim, onde nenhuma barreira impede o movimento, as populações de plantas e os animais serão capazes de se deslocar sem muita dificuldade para o Norte ou para o Sul durante as próximas décadas. Entretanto, se esse deslocamento estiver bloqueado, por exemplo, por cadeias de montanhas ou grandes autoestradas, as plantas e os animais poderão não conseguir sobreviver às mudanças das condições.

Por exemplo, o bioma de bosque/arbusto na costa sudoeste da Austrália está localizado em uma área relativamente pequena de terreno costeiro, com um oceano ao Sul e a Oeste e um deserto a Norte e a Leste. Os cientistas preveem que esse bioma irá tornar-se mais quente e mais seco neste século. Se essa previsão estiver correta, os organismos que não conseguem tolerar um aumento na temperatura não terão outro local habitável para ir, considerando que o bioma de deserto vizinho é muito seco para a sua sobrevivência. Os cientistas que examinaram um grupo de plantas do gênero *Banksia*, composto por 100 espécies, concluíram que, ao longo dos próximos 70 anos, 66% delas declinarão em abundância e 25% serão extintas.

As mudanças climáticas também afetam a agricultura. Conforme discutido no início deste capítulo, a maior parte dos vinhos do mundo é produzida no bioma de bosque/arbusto; entretanto, as mudanças no clima já afetaram o cultivo de uvas usadas na fabricação da bebida. Na França, por exemplo, ao longo dos últimos 30 anos, estações de crescimento mais quentes causaram o amadurecimento das uvas 16 dias mais cedo do que anteriormente. Esse clima mais quente altera o conteúdo de açúcar e a acidez da fruta – dois componentes que devem estar em equilíbrio para a produção de um vinho de sabor agradável. Esse problema é tão sério para os vinicultores e consumidores de vinho que, em 2009, os vinicultores da França cobraram dos líderes mundiais medidas imediatas para tentar reverter a mudança climática global.

Por outro lado, lugares em latitudes ligeiramente mais altas, que apresentavam temperaturas historicamente muito frias para o cultivo de uvas para vinhos de qualidade, agora estão relatando aumento das temperaturas no verão, o que possibilitou que produzissem algumas das melhores uvas para a fabricação de vinhos dos últimos anos. Na Inglaterra, por exemplo, a quantidade de terra dedicada à plantação de uvas viníferas aumentou 148% durante a última década. De fato, os pesquisadores, em 2016, previram acréscimo adicional de 2,2°C e aumento de 6% na precipitação até 2100, o que favorecerá ainda mais a produção de uvas viníferas. Essa é uma ótima notícia para vinicultores na Inglaterra, mas devastadora para a França, que tem uma longa história de fabricação de alguns dos melhores vinhos do mundo.

FONTES:

Chaudhuri, S. 2016. Climate change uncorks British wine production. *Wall Street Journal*, December 1. http://www.wsj.com/articles/britains-wine-production-could-be-boosted-by-climate-change-1480619748.

Iverson, J. T. 2009. How global warming could change the winemaking map. *Time Magazine*, December 3.

Fitzpatrick, M. C., Grovem A. D., Sanders N. J., Dunn R. R. 2008. Climate change, plant migration, and range collapse in a global biodiversity hotspot: The *Banksia* (*Proteaceae*) of Western Australia. *Global Change Biology* 14: 1337–1352.

RESUMO DOS OBJETIVOS DE APRENDIZAGEM

6.1 Os biomas terrestres são classificados pelas principais formas de crescimento de suas plantas. Os ecólogos utilizam as formas de plantas dominantes para classificar os ecossistemas em biomas terrestres, porque muitas plantas desenvolveram formas convergentes em resposta a condições climáticas similares. O clima e as formas de plantas dominantes são semelhantes nos biomas.

Termos-chave: **convergência evolutiva, bioma, diagrama climático, estação de crescimento**

6.2 Existem nove categorias de biomas terrestres. Os biomas mais frios são a tundra e as florestas boreais. Nas regiões temperadas, podem-se observar florestas pluviais temperadas, florestas sazonais temperadas, bosques/arbustos e campos temperados/desertos frios. Em latitudes tropicais, os biomas podem ser classificados como florestas pluviais tropicais, florestas sazonais tropicais/savanas e desertos subtropicais.

Termos-chave: **tundra, floresta boreal, floresta pluvial temperada, floresta sazonal temperada, bosque/arbusto, esclerófila, campo temperado/deserto frio, floresta pluvial tropical, floresta sazonal tropical, deserto subtropical**

6.3 Os biomas aquáticos são classificados por fluxo, profundidade e salinidade. Os biomas de água doce incluem riachos e rios, lagoas e lagos e alagados de água doce. Os biomas de água salgada incluem charcos salgados/estuários, manguezais, zonas entremarés, recifes de corais e oceano aberto.

Termos-chave: **lótico, riacho, rio, zona ripária, alóctone, autóctone, lagoa, lago, zona litoral, zona limnética, zona profunda, zona bentônica, epilímnio, hipolímnio, termoclina, circulação (*turnover*) de primavera, estratificação, circulação (*turnover*) de outono, alagado de água doce, charco salgado, estuário, manguezal, zona entremarés, recife de coral, zona nerítica, zona oceânica, zona fótica, zona afótica**

QUESTÕES DE RACIOCÍNIO CRÍTICO

1. Compare e contraste os fatores utilizados para classificar os biomas terrestres com aqueles utilizados para classificar os biomas aquáticos.

2. Como as correntes de convecção atmosféricas discutidas no Capítulo 5 ajudam a determinar a localização das florestas sazonais tropicais?

3. Considerando todos os biomas terrestres, qual é o efeito geral da precipitação sobre a fertilidade do solo?

4. Dado o seu conhecimento sobre os biomas terrestres, por que os solos de florestas sazonais temperadas permanecem mais férteis do que aqueles de florestas pluviais tropicais após a remoção dessas florestas?

5. Como as condições ambientais diferem entre os quatro biomas temperados?

6. Compare e contraste as entradas alóctone e autóctone em córregos e rios.

7. Que paralelo se pode traçar entre as zonas de um lago e as zonas de um oceano?

8. Se as latitudes do norte continuarem a se tornar mais quentes ao longo dos séculos, que efeito isso poderá ter na circulação dos lagos durante a primavera e o outono?

9. Compare e contraste pântanos, charcos e alagados.

10. Como o aumento global das temperaturas ao longo dos próximos séculos provavelmente afetará a distribuição dos biomas no futuro?

REPRESENTAÇÃO DOS DADOS | CRIAÇÃO DE UM DIAGRAMA CLIMÁTICO

Cientistas vêm coletando dados climáticos ao redor do mundo. Com a utilização dos dados de temperatura e precipitação mensais para Miami, Flórida (fornecidos na tabela), crie um diagrama climático. Lembre-se de fazer com que cada aumento de 10°C na temperatura corresponda a uma elevação de 20 mm na precipitação.

Mês	Temperatura (°C)	Precipitação (mm)
Janeiro	2	45
Fevereiro	5	50
Março	9	104
Abril	15	100
Maio	18	120
Junho	23	110
Julho	28	88
Agosto	25	100
Setembro	21	140
Outubro	15	98
Novembro	8	100
Dezembro	3	65

7 Evolução e Adaptação

Favorecimento de Pássaros que Não Voam

Uma das características que distingue as aves é o fato de elas terem penas, que as ajudam a voar. Entretanto, nem todas as espécies têm a habilidade de voar, incluindo os pinguins e um grupo conhecido como ratitas. As ratitas são um grupo bem conhecido de espécies como: os avestruzes da África (*Struthio* spp.), os emus e casuares da Austrália (*Dromaius* spp., *Casuarius* spp.), os quivis da Nova Zelândia (*Apteryx* spp.) e as emas da América do Sul (*Rhea* spp.). Por décadas, os cientistas têm presumido que todas as ratitas compartilham um ancestral comum incapaz de voar e que, após a separação dos continentes, as populações isoladas desse ancestral gradualmente evoluíram para as espécies distintas existentes hoje. No entanto, embora essa seja uma história atraente devido à sua explicação simples, pesquisas realizadas na década passada demonstraram que a evolução das ratitas não voadoras foi muito mais complexa.

O uso de DNA das várias espécies de ratitas e de outras aves possibilitou que os pesquisadores construíssem uma árvore genealógica para determinar quais são estreitamente relacionadas entre si ou não. Descobriu-se, então, que algumas espécies de ratitas são mais ligadas a outros tipos de aves voadoras do que a outras espécies delas mesmas. Isso significa que o ancestral das ratitas era provavelmente uma espécie que podia voar, e que as ratitas não voadoras atuais tornaram-se incapazes de voar devido a muitos eventos evolutivos independentes, em vez de a ausência de voo ter evoluído primeiro e, subsequentemente, as ratitas terem evoluído em espécies separadas.

Em muitos casos, a evolução para a incapacidade de voar em aves ocorre em ilhas onde os predadores são poucos ou completamente ausentes, pois isso reduz os benefícios de voar, uma vez que as aves não precisam do voo como meio de fuga, embora voar certamente sirva para muitos outros propósitos. Isso leva à suposição de que aves que vivem em ilhas podem evoluir para uma redução no investimento em mecanismos de voo, mesmo que não tenham evoluído para serem aves sem capacidade de voo. Para testar essa hipótese, pesquisadores examinaram o tamanho dos músculos de voo e o comprimento das pernas nas espécies de aves que vivem em ilhas e compararam com as que vivem no continente.

Em 2016, eles relataram a descoberta de que espécies de aves voadoras que vivem em ilhas desenvolvem menos os músculos de voo e têm pernas mais longas. Além disso, a magnitude desse efeito foi maior nas ilhas que continham menos predadores. Os pesquisadores interpretaram a evolução das pernas mais longas como uma maneira de saltar mais alto e viabilizar uma decolagem mais lenta e eficiente em termos de energia para as aves, já que elas não precisavam mais decolar rapidamente para evitar predadores, usando principalmente seus músculos de voo. Tais mudanças de características podem representar os passos evolutivos intermediários pelos quais as aves ratitas passaram durante sua evolução.

"Espécies de aves voadoras que vivem em ilhas têm desenvolvido músculos de voo menores e pernas mais longas."

No entanto, a evolução que reduziu os músculos de voo em ilhas sem predadores também significa que essas aves são mais suscetíveis a qualquer predador que for introduzido na ilha; afinal, como foi abordado no capítulo anterior, a introdução não intencional de predadores de aves não nativos, como serpentes, têm reduzido a fauna de aves em muitas ilhas.

Aves ratitas. Fêmea de casuar-do-sul (*Casuarius casuarius*) em uma borda florestal no Moresby Range National Park, em Queensland, na Austrália. Fotografia de blickwinkel/Alamy.

FONTES:
Wright N. A., et al. 2016. Predictable evolution toward flightlessness in Volant island birds. *PNAS* 113: 4765–4770.
Harshman J., et al. 2008. Phylogenomic evidence for multiple losses of flight in ratite birds. *PNAS* 105: 13462–13467.

A pesquisa sobre a capacidade de voo de aves é somente um dos vários exemplos de como os cientistas podem usar a teoria da evolução pela seleção natural para obter conhecimento sobre como essa seleção funciona na natureza. Além disso, pelo estudo sobre como a evolução ocorre em populações silvestres, é possível perceber como a seleção natural pode alterar atributos de espécies e populações ao longo do tempo e, por sua vez, influenciar as interações das espécies. Este capítulo explora de que modo a evolução faz com que populações se tornem geneticamente distintas e como isso leva à origem de novas espécies.

OBJETIVOS DE APRENDIZAGEM

Após a leitura deste capítulo, você deverá ser capaz de:

7.1 Descrever como o processo de evolução depende da variação genética.

7.2 Explicar como a evolução pode ocorrer por um processo aleatório ou por seleção.

7.3 Ilustrar como a microevolução funciona em nível populacional.

7.4 Descrever a maneira pela qual a macroevolução funciona no nível de espécie e em níveis mais altos de organização taxonômica.

A história da perda da capacidade de voar mostra que a evolução modela a forma e a função de organismos de acordo com as propriedades de seus ambientes. Contudo, a evolução depende da variação genética, a qual pode surgir a partir de diversos processos. Com o tempo, populações e espécies podem desenvolver mudanças em atributos, como o tamanho dos músculos responsáveis pelo voo. Essas alterações podem evoluir devido a processos aleatórios ou ao processo não aleatório de seleção. Algumas das mais importantes fontes de seleção natural incluem diferenças nas condições físicas, recursos alimentares e interações com competidores, predadores, patógenos e indivíduos da mesma espécie. Neste capítulo, esses processos serão examinados de modo a explorar como os genes e o ambiente determinam, juntos, a evolução de populações e novas espécies.

7.1 O processo de evolução depende da variação genética

O Capítulo 4 discutiu como atributos expressos por um indivíduo são o resultado da interação de genótipos e ambiente. Quando há variação genética, isso viabiliza a evolução por seleção natural. Esta seção revisa a estrutura do DNA, o processo no qual os genes ajudam a determinar os fenótipos dos organismos e o processo pelo qual a variação nos genes é produzida.

ESTRUTURA DO DNA

A informação genética está contida na molécula de **ácido desoxirribonucleico**, também conhecida como **DNA** – uma molécula composta de duas fitas enroladas em um formato chamado de dupla-hélice. Cada fita é composta de subunidades denominadas *nucleotídios*, e cada nucleotídio é constituído por um açúcar, um grupamento fosfato e uma das quatro bases nitrogenadas diferentes: adenina (A), timina (T), citosina (C) e guanina (G). Assim como uma sequência de letras tem um significado particular ou forma uma palavra, a informação genética é codificada em uma ordem específica de diferentes bases nitrogenadas. Desse modo, fitas longas de DNA enrolam-se ao redor de proteínas, formando estruturas compactas denominadas **cromossomos**.

Ácido desoxirribonucleico (DNA) Molécula composta por duas fitas de nucleotídios enroladas juntas em uma forma conhecida como dupla-hélice.

GENES E ALELOS

Os genes são regiões de DNA que codificam determinadas proteínas, as quais, por sua vez, afetam atributos específicos. Formas diferentes de um gene específico são denominadas **alelos**. Em organismos diploides (que apresentam dois conjuntos de cromossomos), um alelo é oriundo do gameta materno, e o outro, do paterno, recordando-se de que cada gameta é haploide, ou seja, tem apenas um conjunto de cromossomos.

Em muitos casos, uma alteração em alelos pode criar diferenças no fenótipo de um organismo. Os tipos sanguíneos ABO em humanos, por exemplo, são determinados por qual alelo uma pessoa herda de cada um dos pais – A, B ou O.

O alelo é responsável pela produção dos *antígenos* A e B, que são moléculas da superfície das hemácias que interagem com o sistema imunológico (o alelo O não produz antígeno). Indivíduos com tipo sanguíneo A apresentam genótipos AA ou AO; indivíduos com tipo sanguíneo B apresentam genótipos BB ou BO. Todos os outros apresentam genótipos AB ou OO. Nesse caso, a conexão entre o genótipo e o fenótipo é direta e o padrão de herança também. Desse modo, crianças de pai AA e mãe BB sempre terão o genótipo AB.

Enquanto o tipo sanguíneo é determinado por alelos diferentes de um único gene, os atributos **poligênicos** refletem os efeitos de alelos de diversos genes. Por exemplo, a cor dos

Cromossomos Estruturas compactas que consistem em longas fitas de DNA enroladas em volta de proteínas.

Alelos Diferentes formas de um gene específico.

Poligênico Quando um único atributo é afetado por vários genes.

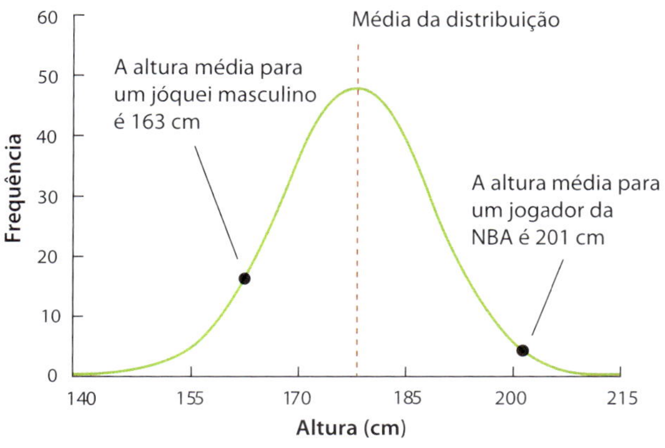

Figura 7.1 Distribuição da frequência de atributos poligênicos. Quando um atributo contínuo é determinado por muitos genes, a distribuição segue uma curva em forma de sino. Para as alturas de homens nos EUA, por exemplo, há uma distribuição simétrica em torno da média. A maioria dos indivíduos expressa um valor de atributo intermediário, enquanto apenas uns poucos, como os jogadores de basquete e os jóqueis, expressam atributos extremos. Dados do Censo EUA 2000.

olhos em humanos é determinada por pelo menos três genes que controlam pigmentos em diferentes partes da íris ocular. Os padrões de herança do fenótipo que dependem de interações de múltiplos alelos podem ser bastante complexos.

Muitos fenótipos em uma população podem variar dentre uma amplitude de valores, devido aos seus atributos poligênicos. O tamanho corporal é um bom exemplo. A maioria das populações apresenta uma distribuição normal, ou em forma de sino, de tamanhos corporais, como mostrado na Figura 7.1. Nessa distribuição, a maior parte dos indivíduos se encontra próximo do meio do intervalo, com menos deles localizados progressivamente em direção aos extremos. Parte dessa variação contínua poderia ser resultado de diferenças ambientais, como a quantidade de recursos disponíveis. Entretanto, grande parte da variação pode ser atribuída às ações de muitos genes, cada um com uma influência relativamente pequena no valor do atributo. Assim, se diversos genes influenciam o tamanho corporal, a estatura de um indivíduo dependerá da mistura de alelos para todos aqueles genes.

A tendência de o tamanho dos indivíduos concentrar-se no centro da distribuição reflete a improbabilidade relativa de alguém herdar muitos alelos que codifiquem tamanho grande ou muitos alelos que codifiquem tamanho pequeno. Para ilustrar isso, pode-se pensar em moedas sendo lançadas. A chance de conseguir 10 coroas consecutivamente (cerca de 1 em 1.000) é muito mais remota do que a de obter 5 caras e 5 coroas (cerca de 1 em 4).

Enquanto alguns genes afetam apenas um único atributo, como o tamanho, outros influenciam múltiplos atributos, um efeito chamado de **pleiotropia**. Por exemplo, galinhas apresentam um gene – conhecido como *frizzle* – que faz as penas se curvarem para fora em vez de ficarem junto ao corpo. Entretanto, ele causa outras variações, incluindo metabolismo acelerado, digestão mais lenta e deposição de ovos menos frequente. Quando um gene tem efeitos pleiotrópicos, quaisquer alterações nele podem apresentar vastos efeitos nos atributos dos organismos.

Em alguns casos, a expressão de um gene pode ser controlada por outros genes. Isso é conhecido como **epistasia**. No caso da cor dos pelos de camundongos, por exemplo, há um gene que determina se o animal produzirá pigmentos de pelos pretos ou marrons. Entretanto, há um segundo gene que determina se um pelo receberá quaisquer pigmentos ou não. Assim, se alelos no segundo gene impedirem a deposição de pigmentos nos pelos, os alelos do primeiro gene irão tornar-se irrelevantes, e o camundongo apresentará uma pelagem branca.

ALELOS DOMINANTES E RECESSIVOS

Todo indivíduo tem duas cópias de cada gene, uma herdada de sua mãe e outra de seu pai; no entanto, exceções a essa regra incluem: genes localizados em cromossomos sexuais, genes de organismos que se reproduzem por autofertilização, organismos haploides e outros, como as plantas que alternam gerações haploides e diploides como parte dos seus ciclos de vida. Um indivíduo com dois alelos diferentes de um gene específico é chamado de **heterozigoto** para aquele gene, como no caso de uma pessoa com tipo sanguíneo AB; já um indivíduo com dois alelos idênticos é **homozigoto**, como, por exemplo, alguém com o tipo sanguíneo AA. Quando um indivíduo é heterozigoto, os dois alelos diferentes podem produzir um fenótipo intermediário, como no caso de uma pessoa com tipo sanguíneo AB que expressa ambos os alelos; quando ambos os alelos contribuem para o fenótipo, são considerados **codominantes**. A codominância é também encontrada na coloração das flores de diversas espécies de plantas (Figura 7.2). Por outro lado, um alelo pode mascarar a expressão de outro; nesse caso, o alelo que é expresso se chama **dominante**, e o que não o é chama-se **recessivo**. Em porcos domésticos, por exemplo, o alelo para cor de pelagem branca é dominante, e o alelo para cor de pelagem preta é recessivo.

Felizmente, a maioria dos alelos prejudiciais é recessiva e, portanto, não se expressa em um indivíduo heterozigoto. Quaisquer alelos prejudiciais dominantes que poderiam surgir se expressam tanto como homozigotos quanto como heterozigotos. Uma vez que reduzem a aptidão (*fitness*), alelos dominantes prejudiciais sofrem forte seleção negativa e são removidos da população ao longo do tempo. Por outro lado, os prejudiciais recessivos se expressam nos homozigotos, mas não nos heterozigotos, podendo persistir em uma população porque não sofrem seleção negativa quando ocorrem em

---

Pleiotropia Quando um único gene afeta múltiplos atributos.

Epistasia Quando a expressão de um gene é controlada por outro gene.

Heterozigoto Quando um indivíduo tem dois alelos diferentes de um gene específico.

Homozigoto Quando um indivíduo tem dois alelos idênticos de um gene específico.

Codominância Quando dois alelos contribuem para o fenótipo.

Alelo dominante Aquele que mascara a expressão do outro alelo de determinado gene.

Alelo recessivo Aquele cuja expressão é mascarada pela presença de outro alelo.

Figura 7.2 Codominância. Nas plantas boca-de-leão, as flores vermelhas e brancas são genótipos homozigotos. A flor cor-de-rosa obtém sua cor de um gene vermelho e de um gene branco, que são codominantes. Fotografia de John Kaprielian/Science Source.

indivíduos heterozigotos. Exemplos de alelos recessivos prejudiciais em humanos incluem os que causam a anemia falciforme e a fibrose cística.

Um ***pool* gênico** consiste em alelos de todos os genes de cada indivíduo em uma população. Os *pools* gênicos da maioria das populações que se reproduzem sexualmente têm variação genética considerável. Com relação ao tipo sanguíneo ABO, por exemplo, a população humana dos EUA inclui 61% de alelos O, 30% de alelos A e 9% de alelos B, e essas proporções variam entre as populações. É o caso das pessoas de ascendência asiática, que tendem a apresentar maior frequência de alelos B, enquanto descendentes de irlandeses exibem maior frequência de alelos O.

FONTES DE VARIAÇÃO GENÉTICA

Uma vez compreendido o papel dos genes e alelos, é preciso rever como se obtém a variação genética nos atributos dos organismos, e uma das maneiras mais comuns é por meio de reprodução sexual. Isso porque, combinando uma célula haploide sexual de um dos pais com a do outro, novas combinações de alelos podem ser produzidas nos muitos cromossomos diferentes da prole.

Os cromossomos em um gameta haploide são uma **combinação aleatória** dos cromossomos nas células diploides parentais. Isso significa que eles podem resultar de qualquer combinação que o organismo parental recebeu de sua mãe ou de seu pai. Quando um indivíduo produz um óvulo, por exemplo, alguns cromossomos nesse óvulo terão vindo do pai, enquanto outros, da mãe. Como será abordado no Capítulo 9, a criação de novas combinações genéticas por reprodução sexual representa uma das principais estratégias para as espécies criarem proles resistentes a patógenos e parasitos que evoluem rapidamente.

Dois meios adicionais pelos quais surge variação genética são por *mutação* e *recombinação*. A **mutação** é uma alteração aleatória na sequência de nucleotídios em regiões do DNA que compreendem um gene ou controlam a sua expressão. As mutações podem ocorrer em qualquer lugar dos cromossomos, apesar de algumas regiões apresentarem maior frequência do que outras. Muitas mutações não têm efeito detectável e, por isso, são chamadas de *silenciosas* ou *sinônimas*; outras podem simplesmente alterar a aparência, a fisiologia ou o comportamento do indivíduo.

Quando mudanças fenotípicas são mais adequadas ao ambiente, tais fenótipos são favorecidos pela seleção natural. Algumas mutações, entretanto, podem causar alterações drásticas e frequentemente letais no fenótipo. Muitas doenças que acometem o ser humano, como a anemia falciforme, a doença de Tay-Sachs, a fibrose cística e o albinismo, assim como tendências para desenvolver certos cânceres e doença de Alzheimer, são causadas por mutações em um só nucleotídio de genes individuais.

Recombinação genética é o rearranjo de genes que pode ocorrer à medida que o DNA é copiado durante a *meiose*, processo que cria gametas haploides a partir de células diploides parentais. Nesse período, pares de *cromossomos homólogos* – cada um sendo proveniente de cada genitor – alinham-se próximos um ao outro. Então, quando não trocam qualquer DNA, terminam com células haploides que apresentam cromossomos inalterados.

***Pool* gênico** Coleção de alelos de todos os indivíduos em uma população.

Combinação aleatória Processo de formação de gametas haploides nos quais a combinação de alelos que são colocados em determinado gameta poderia ser qualquer uma daqueles que o progenitor diploide tem.

Mutação Mudança aleatória na sequência de nucleotídios em regiões do DNA que compreendem um gene ou controlam a sua expressão.

Recombinação Reorganização dos genes que pode ocorrer enquanto o DNA é copiado durante a meiose e os cromossomos trocam material genético.

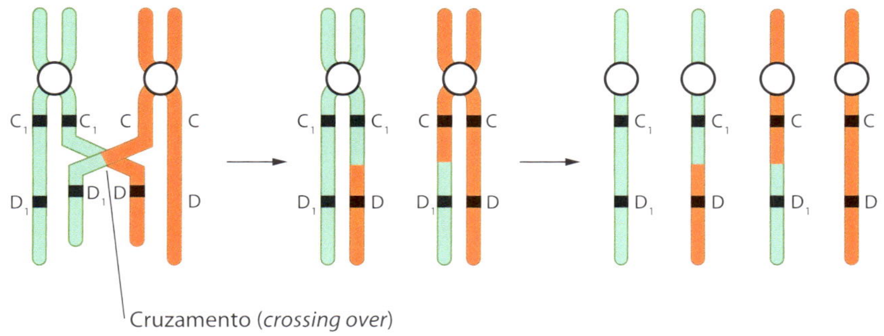

Figura 7.3 Variação genética por meio de recombinação. Durante a meiose em organismos eucarióticos, pares de cromossomos homólogos alinham-se juntos. Quando os cromossomos apresentam *crossing over*, eles trocam DNA, e cada um fica com uma nova combinação de genes.

Entretanto, algumas vezes, ambos os cromossomos no par trocam DNA, em um processo conhecido como *crossing over*, como mostrado na Figura 7.3. Em certos casos, o *crossing over* também pode ocorrer entre cromossomos não homólogos. Em ambas as situações, novos genes não estão sendo criados; porém, novas combinações de alelos são produzidas e têm o potencial de produzir novos fenótipos.

Um dos mais conhecidos exemplos de recombinação envolve o sistema imunológico de vertebrados, os quais enfrentam uma diversidade de patógenos que evoluem continuamente, de modo a se tornarem melhores no ataque aos seus hospedeiros. Para combater esses patógenos em mudança constante, os vertebrados necessitam de um sistema imunológico também em constante alteração, que possa identificar e destruir os patógenos. Assim, a recombinação fornece o mecanismo para criar a alta variação genética no sistema imunológico de que os vertebrados necessitam para contrapor a rápida evolução dos parasitos que os acometem (ver Capítulo 9).

VERIFICAÇÃO DE CONCEITOS

1. Qual é a diferença entre genes e alelos?
2. Por que é essencial para a evolução que os atributos sejam herdados?
3. Quais são as três fontes principais de variação genética?

7.2 A evolução pode ocorrer por processos aleatórios ou por seleção

No oeste do estado de Nova York, existe um bando de veados-de-cauda-branca que tem aparência muito diferente da maioria desses animais: muitos dos que vivem nos 4.300 ha da Base do Exército em Seneca não apresentam as típicas pelagens marrom-avermelhadas; em vez disso, seus pelos são brancos (Figura 7.4). O fenótipo de pelos brancos se deve a uma rara mutação que ocorre em toda a população de veados-de-cauda-branca. Como essa característica pode frequentemente tornar o animal mais visível a predadores, ela não proporciona qualquer benefício de aptidão; por isso, era de se esperar que não persistisse. No entanto, há alta incidência de veados brancos na Base do Exército em Seneca, e isso ocorre porque, quando o depósito foi construído, em 1941, os 4.300 ha de área foram cercados, e várias dezenas de veados ficaram presos em seu interior. Alguns anos depois, dois deles foram observados. Pelo fato de serem atípicos, as autoridades do depósito baniram os caçadores, proibindo a caça dos veados com o fenótipo branco. Ao longo do tempo, a população da espécie cresceu, e o fenótipo branco tornou-se mais frequente. Atualmente, do total de 800 veados vivendo na propriedade, cerca de 200 são brancos.

Nos últimos anos, o Corpo de Engenheiros dos EUA tem tentado vender a terra, uma vez que ela não tem mais utilidade para o governo federal. Desse modo, o futuro dos veados brancos passou a ser incerto, particularmente se a proibição à sua caça for anulada. Em 2016, a terra foi vendida para uma empresa que prometeu alocar parte da terra para a indústria, mas proteger o bando de veados com o fenótipo raro. Como resultado, o fenótipo raro que surgiu devido a processos genéticos aleatórios persistirá.

A história dos veados brancos demonstra como a evolução geralmente ocorre por meio de múltiplos processos. Eventos aleatórios, como as mutações, podem não conferir vantagens de aptidão logo quando surgem, como no caso da maioria das populações de veados na qual a mutação branca surge ocasionalmente. Entretanto, se uma seleção para o fenótipo mutante começar a ocorrer, como aconteceu na Base do Exército em Seneca como resultado da redução da pressão da caça, os mutantes podem tornar-se mais frequentes na população.

Figura 7.4 Veado-de-cauda-branca mutante. Na Base do Exército em Seneca, no oeste do estado de Nova York, uma mutação para pelo branco surgiu na década de 1940. Desde então, o fenótipo branco foi protegido, enquanto o normal, marrom, foi caçado. Nos 70 anos seguintes, o fenótipo branco chegou a compor cerca de 25% da população. Fotografia de Syracuse Newspapers/Dick Blume/The Image Works.

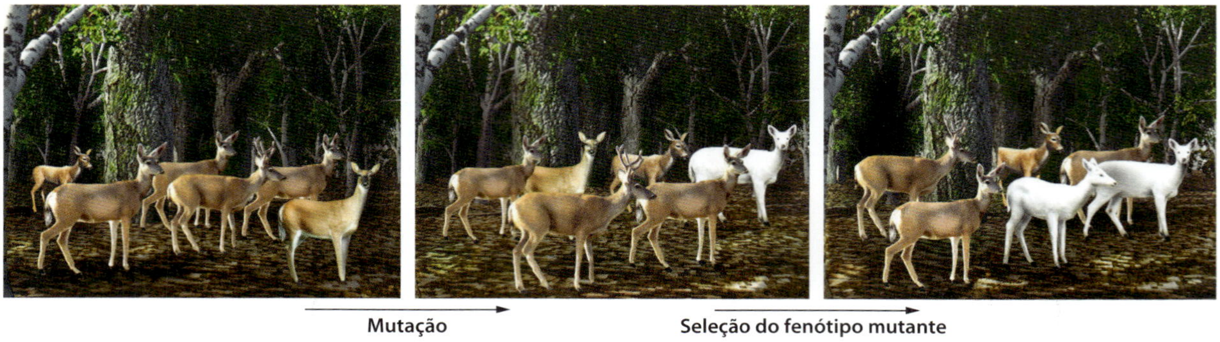

Figura 7.5 Evolução por mutação. Mutações, como a pelagem branca em veados-de-cauda-branca, podem surgir em populações. Se conferir um benefício de aptidão, a mutação pode aumentar em frequência na população ao longo de múltiplas gerações.

EVOLUÇÃO POR MEIO DE PROCESSOS ALEATÓRIOS

Processos aleatórios podem facilitar mudanças evolutivas em uma população. Além da mutação, eles incluem *deriva genética*, *efeito gargalo* e *efeito fundador*.

Mutação

Anteriormente, foi explicado que a mutação é uma das duas principais maneiras pelas quais a variação genética surge em uma população. Em função de os genes geralmente codificarem funções que são vitais para desempenho e aptidão, mutações que afetem negativamente essas funções não são favorecidas pela seleção; entretanto, uma pequena fração de mutações pode ser benéfica. Por exemplo, a Figura 7.5 ilustra o ocorrido com o bando de veados da Base do Exército em Seneca. Em um grupo de veados, surgiu uma mutação para pelagem branca, a qual adicionou uma variação genética à população. Depois disso, a caça aos veados brancos no local foi banida, o que resultou em seleção para o fenótipo branco e aumento de sua frequência.

As taxas de mutação variam consideravelmente em diferentes grupos de organismos; porém, entre os genes que são expressos e que podem ser observados como fenótipos alterados, as taxas de mutação variam de 1 em 100 a 1 em 1.000.000 por gene por geração. Quanto mais genes uma espécie possui, maior a probabilidade de que pelo menos um deles sofra mutação. De modo semelhante, quanto maior o tamanho de uma população, maior a probabilidade de um indivíduo dessa população carregar uma mutação.

Deriva genética

A **deriva genética**, outro processo aleatório, ocorre quando se perde variação genética devido à variação aleatória em acasalamento, mortalidade, fecundidade ou herança. Ela é mais comum em pequenas populações porque eventos aleatórios podem apresentar um efeito desproporcionalmente grande nas frequências de genes na população. Entretanto, como se determina se um fenótipo é resultado de deriva e não de outro processo, tal como a seleção natural? Pesquisas com o peixe-cego-das-cavernas mexicano ou tetra-cego-das-cavernas (*Astyanax mexicanus*) fornecem uma resposta.

O peixe-cego-das-cavernas mexicano é uma espécie composta de algumas populações que vivem em correntes dentro de cavernas e outras que vivem em águas correntes superficiais. Ainda que elas possam cruzar entre si, apresentam aspectos bem diferentes. Assim como vários animais adaptados às cavernas, as populações da caverna têm olhos e pigmentação bastante reduzidos (Figura 7.6 A); contudo, aquelas de águas superficiais têm olhos normais e pigmentação escura. Assim, para determinar se essas mudanças são resultado da seleção natural ou da deriva genética, os pesquisadores criaram indivíduos da população da caverna, da população da superfície e de uma prole de híbridos oriundos do cruzamento entre ambas as populações. Então, examinaram regiões do DNA dos peixes que codificavam para o tamanho dos olhos e a pigmentação, que poderiam conter um ou mais genes. Em 2007, relataram que todas as 12 regiões do DNA que codificavam olhos grandes na população de superfície expressavam olhos pequenos na população da caverna. Os resultados são exibidos na Figura 7.6 B. Isso sugere que a seleção natural favoreceu a evolução de todos os genes para olhos em uma direção semelhante, produzindo tamanhos pequenos. Em contraste, quando examinaram 13 regiões de DNA que codificavam a pigmentação, eles verificaram que cinco delas codificavam para a expressão de maior pigmentação nas populações de caverna, e oito codificavam para menor pigmentação, como mostrado na Figura 7.6 C.

A ausência de um padrão consistente entre as 13 regiões de DNA sugere que a seleção natural não estava envolvida. Em vez disso, as diferenças na pigmentação nas populações de caverna foram provavelmente produzidas por deriva genética. Considerando que pequenas populações tendem a experimentar maior deriva genética do que as grandes, pode ser o caso de a população da caverna ter sido inicialmente muito pequena.

Efeito gargalo

Uma diminuição na variação genética também pode ocorrer devido a uma redução drástica no tamanho populacional, conhecida como **efeito gargalo**. Quando uma população sofre

Deriva genética Processo que ocorre quando a variação genética é perdida por conta da variação aleatória em acasalamento, mortalidade, fecundidade ou herança.

Efeito gargalo Redução da diversidade genética em uma população devido a uma grande diminuição no tamanho da população.

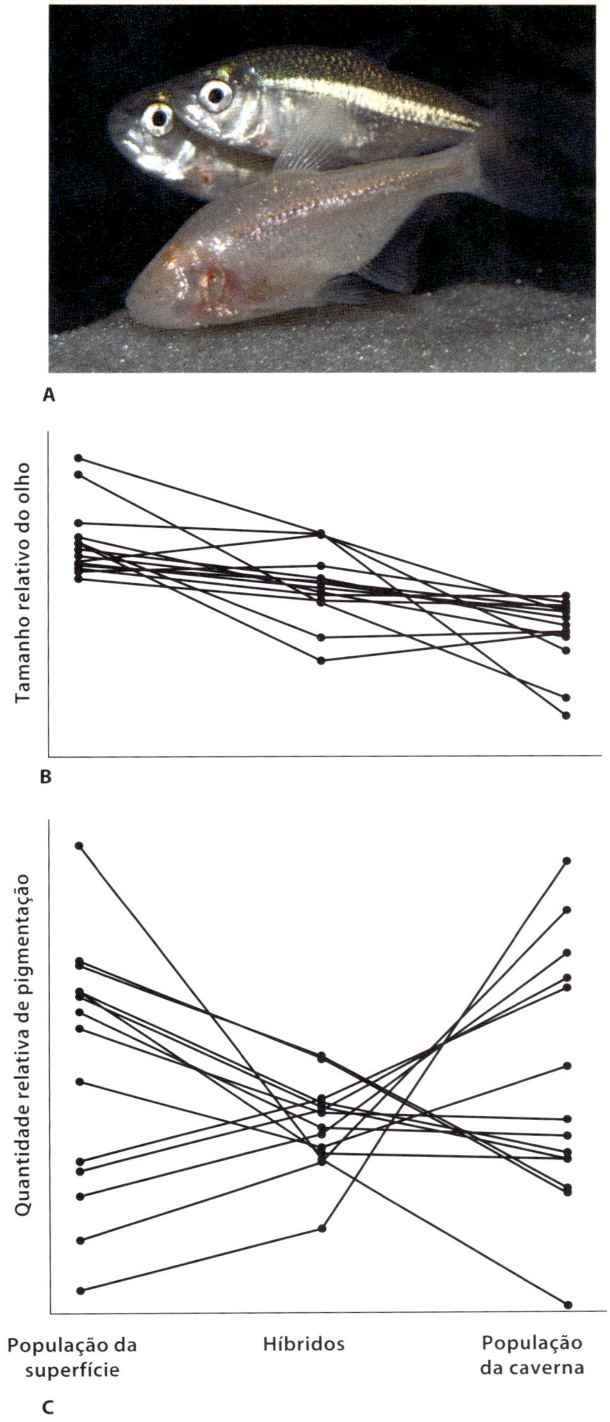

Figura 7.6 Evolução por deriva genética. A. Populações do peixe-cego-das-cavernas mexicano que vivem em correntes superficiais apresentam olhos grandes e pigmentação escura, enquanto as populações que vivem em cavernas têm olhos pequenos e pigmentação reduzida. **B.** Quando os pesquisadores compararam como regiões diferentes de DNA que codificam tamanho de olho mudaram entre populações de superfície e de caverna, descobriram que todas as 12 regiões codificaram para olhos menores na população de caverna do que na população de superfície. Como todas essas regiões mudaram na mesma direção, isso sugere que a seleção natural selecionou olhos menores. **C.** Quando pesquisadores observaram as mudanças nas regiões de DNA que codificam pigmentação, encontraram cinco que codificavam para maior pigmentação e oito para menor pigmentação. Como as 13 regiões não mudaram na mesma direção, isso sugere que as alterações na pigmentação foram decorrentes da deriva genética. Dados de M. Protas et al., Regressive evolution in the Mexican cave tetra, *Astyanax mexicanus*, *Current Biology* 17 (2007): 452–454. Fotografia de cortesia do Dr. Richard Borowsky.

uma grande redução no número de indivíduos, os sobreviventes carregam apenas uma fração da diversidade genética que estava presente na população original maior. Além disso, após ser reduzida a uma pequena quantidade pelo efeito gargalo, tal população pode então sofrer deriva genética.

Reduções populacionais podem ocorrer por causas naturais, como uma seca, que reduz a abundância de alimentos, ou causas antropogênicas, tais como a perda de hábitat devido à construção de residências ou fábricas.

Um exemplo de efeito gargalo é o tetraz-das-pradarias (*Tympanuchus cupido*), uma ave de campos que historicamente viveu por grande parte do centro dos EUA, incluindo Minnesota, Kansas, Nebraska e Illinois. Embora a espécie tenha se mantido abundante em muitos estados, a população em Illinois declinou de aproximadamente 12 milhões em 1860 para apenas 72 em 1990, como ilustrado na Figura 7.7 A. Para determinar se esse drástico declínio na população estava associado à diminuição na diversidade genética, pesquisadores coletaram amostras de DNA de espécimes de museu do tetraz-das-pradarias da década de 1930, quando a população era de 25.000, e da década de 1960, quando a população era de 2.000, definindo o período entre 1930 e 1960 como "pré-gargalo". Eles também compararam a diversidade genética das aves de Illinois antes e depois do gargalo com a diversidade genética nas populações atuais dos tetrazes-das-pradarias em Minnesota, Kansas e Nebraska. Em todos os casos, examinaram o número de alelos que uma população continha para cada um de seis genes distintos.

Como mostrado na Figura 7.7 B, todas as grandes populações dos estados vizinhos e a grande população histórica de Illinois contavam com um número alto de alelos. A população atual de Illinois, entretanto, tem um número menor de alelos, o que reflete o efeito gargalo genético. Desde então, o estado de Illinois adquiriu mais hábitats de pradaria e introduziu centenas dessas aves trazidas dos estados vizinhos para ajudar a fortalecer a população de Illinois e aumentar a sua diversidade genética.

O efeito gargalo é de especial interesse, uma vez que a redução subsequente na diversidade genética pode impedir a população de se adaptar a mudanças ambientais futuras. Isso é especialmente verdadeiro para organismos que se deparam com patógenos letais; afinal, uma incapacidade de evolução contra novas linhagens de um patógeno poderia levar à extinção do organismo hospedeiro. Por exemplo, o guepardo africano (*Acinonyx jubatus*) enfrentou um gargalo populacional há aproximadamente 10.000 anos. Ainda que a causa desse gargalo seja desconhecida, a população atual apresenta baixíssima variação genética, o que a torna mais vulnerável a patógenos, incluindo um letal que causa a doença conhecida como amiloidose AA e mata até 70% dos guepardos mantidos em cativeiro.

Efeito fundador

O **efeito fundador** ocorre quando uma quantidade pequena de indivíduos deixa uma grande população para colonizar uma nova área e leva consigo apenas pouca quantidade

Efeito fundador Ocorre quando uma pequena quantidade de indivíduos deixa uma grande população para colonizar uma nova área e leva consigo apenas pouca quantidade de variação genética.

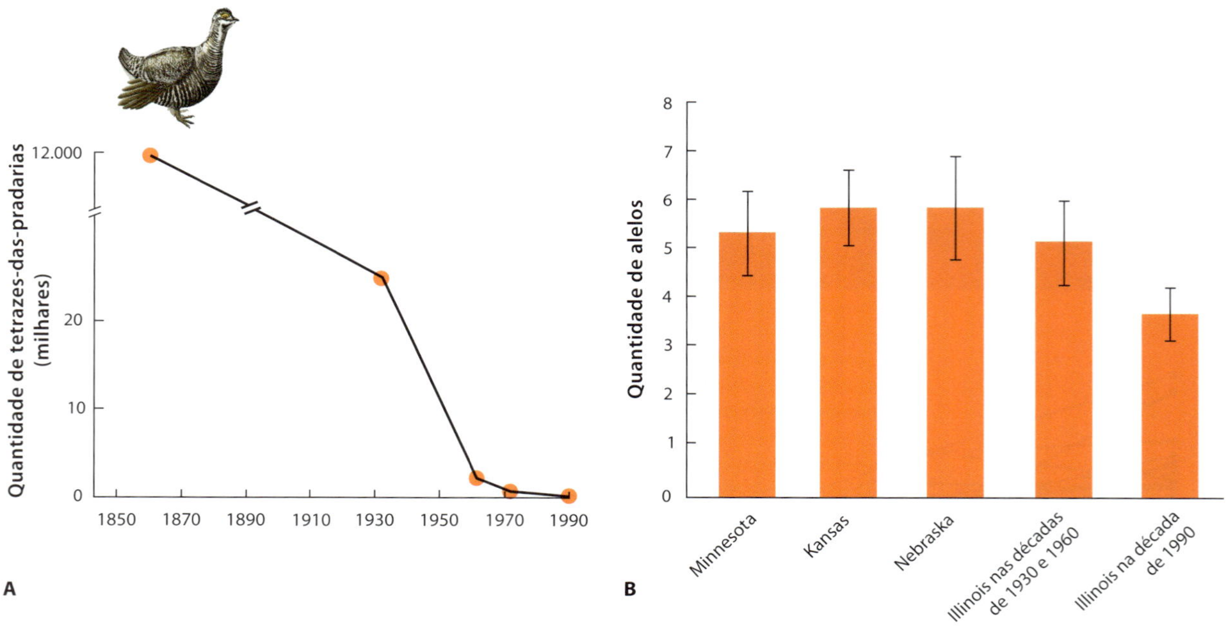

Figura 7.7 Evolução por efeito gargalo. A. A população do tetraz-das-pradarias em Illinois declinou de aproximadamente 12 milhões na década de 1860 para 72 em 1990. **B.** O número médio de alelos, calculado para um total de seis genes distintos, é alto para as aves dos estados vizinhos que ainda têm grandes populações e também para a histórica e maior população de Illinois que existia nas décadas de 1930 e 1960. Na população atual de Illinois, a pequena população está enfrentando um gargalo populacional e tem menor número médio de alelos. Barras de erro representam erros padrões. Dados de J.L. Bouzat et al., The ghost of genetic diversity past: historical DNA analysis of the greater prairie chicken, *American Naturalist* 152 (1998): 1–6.

da variação genética. A partir da fundação dessa população pequena, a deriva genética pode ocasionar reduções adicionais na variação genética, que permanece baixa até que tempo suficiente tenha passado para acumular novas mutações.

O aguapé (*Eichhornia crassipes*), que foi introduzido pelos humanos em várias partes do mundo, é um exemplo do efeito fundador. Trata-se de uma planta aquática nativa da América do Sul, a qual, durante os últimos 150 anos, foi intencional ou acidentalmente introduzida em muitas outras partes do mundo. Uma vez inserida, ela cresce e se espalha muito rapidamente, dominando áreas de águas rasas e substituindo plantas nativas. Atualmente, o aguapé tornou-se uma das plantas mais invasoras no mundo.

MUDANÇA GLOBAL

Como se acredita que a maioria das introduções do aguapé tenha ocorrido a partir de poucos indivíduos, os pesquisadores se perguntaram se a planta apresentaria sinais do efeito fundador naquelas partes do mundo onde não eram nativas. Então, eles coletaram 1.140 amostras de plantas do mundo todo e determinaram seus genótipos. Em 2010, relataram que um único genótipo amplamente difundido ocorria em 71% das plantas analisadas e que ele dominava 75% de todas as populações que se encontravam fora de sua distribuição natural, como mostrado na Figura 7.8. Adicionalmente, 80% das que se encontravam fora de sua distribuição natural eram compostas de um único genótipo, enquanto as populações nas regiões nativas da América do Sul tinham até cinco genótipos diferentes. Esse padrão sugere que foram poucos os fundadores nas regiões invadidas do mundo e que eles continham uma pequena proporção da diversidade genética das populações nativas na América do Sul.

EVOLUÇÃO POR PROCESSO NÃO ALEATÓRIO DE SELEÇÃO

O processo não aleatório de *seleção* também desempenha um papel importante na evolução. A **seleção** é o processo pelo qual certos fenótipos são favorecidos para sobreviverem e se reproduzirem em detrimento de outros. Como observado na história dos pássaros de ilhas no início deste capítulo, a seleção é uma força poderosa que pode alterar os fenótipos (e consequentemente as frequências dos genes) de uma população. Dependendo de como o ambiente varia ao longo do tempo e do espaço, a seleção pode influenciar a distribuição de atributos em uma população de três maneiras: *estabilizadora*, *direcional* e *disruptiva*.

Seleção estabilizadora

Quando indivíduos com fenótipos intermediários obtêm maior sucesso reprodutivo e de sobrevivência do que aqueles com fenótipos extremos, ocorre uma **seleção estabilizadora**. Como mostrado na Figura 7.9 A, essa seleção tem início com uma distribuição relativamente ampla de fenótipos, como ilustrado pela linha laranja. Após a seleção dos genitores com fenótipos intermediários, suas proles apresentam distribuição mais estreita de fenótipos, como ilustrado pela linha azul. Assim, é realizada a manutenção genética em uma população, eliminando variação genética danosa.

Seleção Processo pelo qual certos fenótipos são favorecidos para sobreviverem e se reproduzirem em detrimento de outros.

Seleção estabilizadora Ocorre quando indivíduos com fenótipos intermediários obtêm maior sucesso reprodutivo e de sobrevivência do que aqueles com fenótipos extremos.

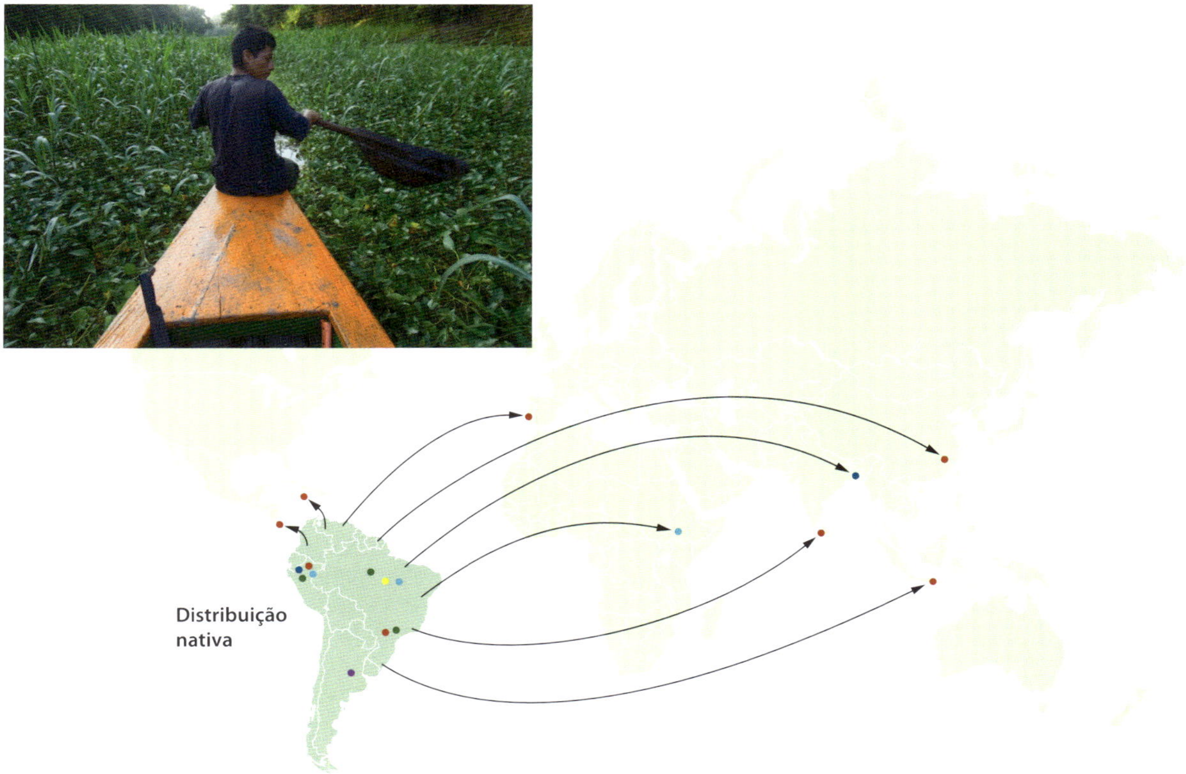

Figura 7.8 Evolução pelo efeito fundador. O jacinto-de-água, ou aguapé, é uma planta aquática nativa da América do Sul, onde existem muitos genótipos diferentes, como indicado pelos pontos coloridos distintos. Acredita-se que as introduções ao redor do mundo ocorreram com quantidades pequenas de fundadores. Atualmente, a maioria das populações fora da América do Sul é representada por um único genótipo. Dados de Y.-Y. Zhang, D.-Y. Zhang, S.C.H. Barrett, Genetic uniformity characterizes the invasive spread of water hyacinth (*Eichhornia crassipes*), a clonal aquatic plant, *Molecular Ecology* 19 (2010): 1774-1786. Fotografia de National Geographic Creative/Alamy.

Um exemplo de seleção estabilizadora pode ser visto na seleção para massa corporal em uma espécie de ave do sul da África do Sul chamada tecelão-social (*Philetairus socius*). Ao longo de 8 anos, pesquisadores marcaram cerca de 1.000 aves adultas e examinaram como a massa corporal estava relacionada com a sua subsequente sobrevivência. Como se pode ver na Figura 7.9 B, a massa dos adultos no estudo segue uma distribuição normal com média de aproximadamente 29 g. Os pesquisadores, então, se perguntaram o quão bem os indivíduos de massas distintas sobrevivem. Quando massa e sobrevivência foram mostradas em um gráfico, como exibido na Figura 7.9 C, eles verificaram que as aves menores e as maiores sobreviviam menos, enquanto aquelas com massa intermediária eram as que mais sobreviviam, ou seja, a seleção favorecia o fenótipo intermediário. Quando o ambiente no qual se encontra uma população é relativamente estável, a seleção estabilizadora é o tipo dominante; afinal, uma vez que o fenótipo médio não se altera, ocorre pouca mudança evolutiva.

Seleção direcional

A **seleção direcional** ocorre quando um fenótipo extremo apresenta maior aptidão do que o fenótipo médio da população, como mostrado na Figura 7.10 A. No tentilhão-de-solo-médio (*Geospiza fortis*), por exemplo, Peter e Rosemary Grant quantificaram a distribuição dos tamanhos (altura) dos bicos na prole nascida em 1976, imediatamente anterior a uma seca. Como se pode ver na Figura 7.10 B, as medidas dos bicos dessa prole apresentavam distribuição normal, com tamanho médio de 8,9 mm. Indivíduos com bicos grandes podem provocar a força necessária para quebrar as maiores sementes, enquanto aqueles com bicos pequenos são melhores na manipulação das sementes menores. Quando a seca se estabeleceu, apesar de todas as sementes terem se tornado menos abundantes, havia proporcionalmente um número maior de sementes grandes remanescentes. Isso porque elas são mais difíceis de quebrar, de modo que as aves com bicos mais espessos eram mais capazes de se alimentar e tinham maior sobrevivência. Por ser um atributo herdável, a prole que nasceu em 1978 tinha bicos mais espessos, como mostrado na Figura 7.10 C.

Seleção disruptiva

Sob algumas circunstâncias, há outro tipo de seleção conhecida como **seleção disruptiva**. Nela, indivíduos com fenótipos extremos em ambas as pontas da distribuição podem apresentar maior aptidão do que aqueles com fenótipos

Seleção direcional Ocorre quando indivíduos com fenótipos extremos apresentam maior aptidão do que o fenótipo médio da população.

Seleção disruptiva Ocorre quando indivíduos com fenótipos extremos são favorecidos, mostrando maior aptidão do que aqueles com fenótipo intermediário.

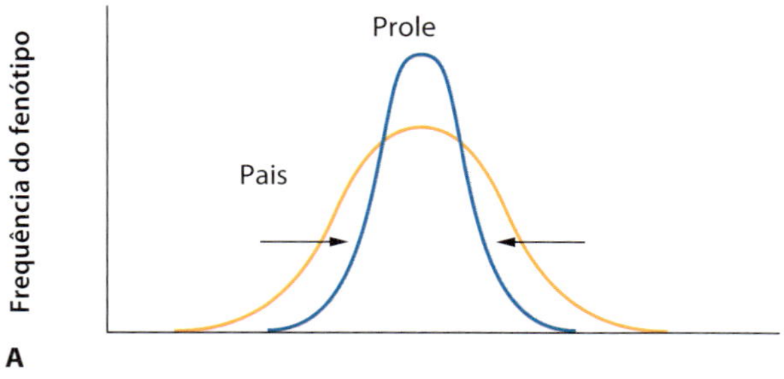

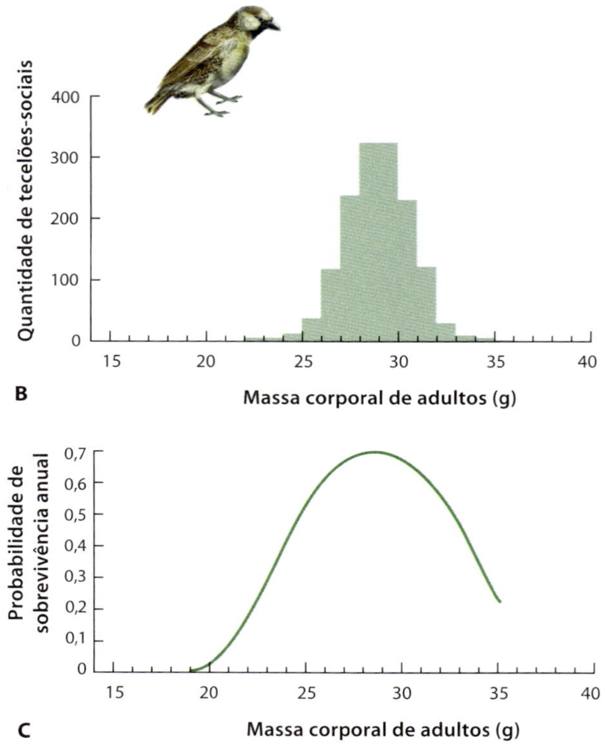

Figura 7.9 Seleção estabilizadora. A. A seleção estabilizadora favorece fenótipos intermediários e elimina ambos os extremos. **B.** No tecelão-social, o tamanho corporal apresenta distribuição normal. **C.** As aves sofrem uma seleção estabilizadora para tamanho corporal porque aquelas com tamanho intermediário têm alta sobrevivência, enquanto as aves com tamanhos pequenos e grandes têm baixa sobrevivência. Essa seleção para os fenótipos intermediários resultaria em distribuição mais estreita de fenótipos na geração seguinte. Dados de R. Covas et al., Stabilizing selection on body mass in the sociable weaver *Philetairus socius*, *Proceedings of the Royal Society of London Series B* 269 (2002): 1905–1909.

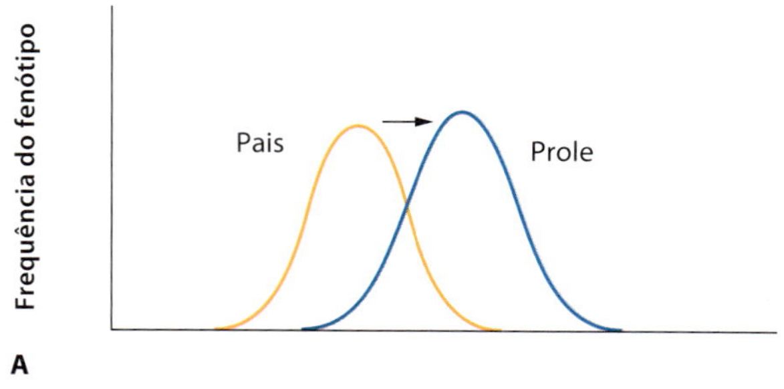

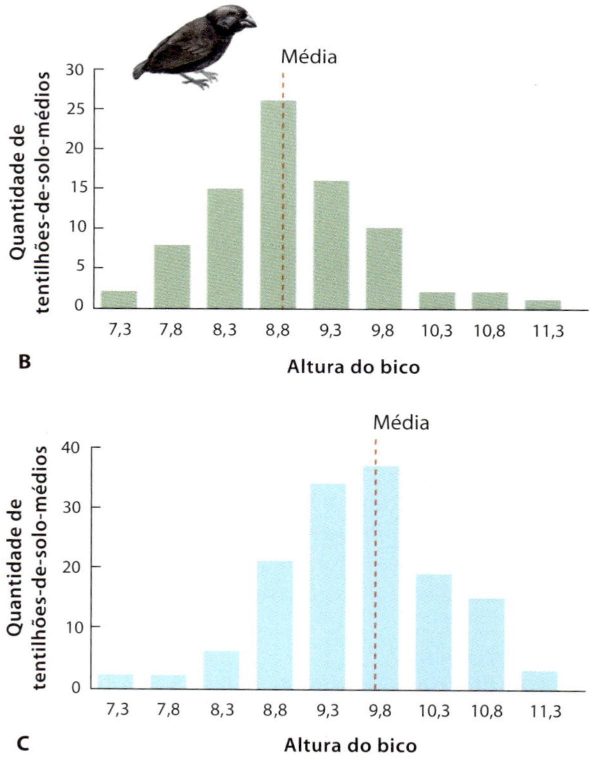

Figura 7.10 Seleção direcional. A. A seleção direcional favorece fenótipos de um extremo e elimina os do outro extremo. **B.** Antes da seca em 1976, o tamanho do bico na prole do tentilhão-de-solo-médio tinha em média 8,9 mm, como indicado pela linha vermelha tracejada. Durante a seca, quando a maioria das sementes disponíveis era grande, as aves com bicos maiores sobreviveram mais. **C.** Dois anos depois, a prole dos tentilhões apresentava tamanho médio de bico de 9,7 mm, confirmando que as sementes maiores causavam seleção direcional para bicos maiores. Dados de R. Grant, P. Grant, What Darwin's finches can teach us about evolutionary origin and regulation of biodiversity, *BioScience* 53 (2003): 965–975.

intermediários. A seleção disruptiva é ilustrada na Figura 7.11 A. Por exemplo, os girinos do sapo-de-unha-negra do Novo México (*Spea multiplicata*) podem expressar uma gama de fenótipos possíveis que está relacionada com o que eles comem. Em um extremo, está o fenótipo onívoro, que tem pequenos músculos na mandíbula, muitos dentes pequenos e um intestino longo que o torna bem adaptado para se alimentar de detritos. No outro extremo, está o fenótipo carnívoro, com grandes músculos mandibulares, poucos dentes maiores e especializados e um intestino curto, o que o torna bem adaptado para se alimentar de camarões de água doce e de indivíduos de sua espécie. Fenótipos intermediários não são bem adaptados para nenhum dos dois tipos de alimentação.

Para testar se os girinos foram sujeitos à seleção disruptiva, os pesquisadores coletaram mais de 500 de uma lagoa de deserto, marcaram-nos para identificar seus fenótipos e os devolveram para a lagoa, coletando amostras 8 dias depois para determinar a sobrevivência dos três fenótipos. Como se pode ver na Figura 7.11 B e C, os fenótipos onívoros e carnívoros sobreviveram relativamente bem, mas os intermediários – que tinham músculos mandibulares, número de dentes e intestino intermediários – sobreviveram menos. Uma vez que a seleção disruptiva remove os fenótipos intermediários, ela aumenta a variação genética e fenotípica em uma população e, ao fazer isso, cria uma distribuição de fenótipos com picos em direção aos extremos da distribuição original.

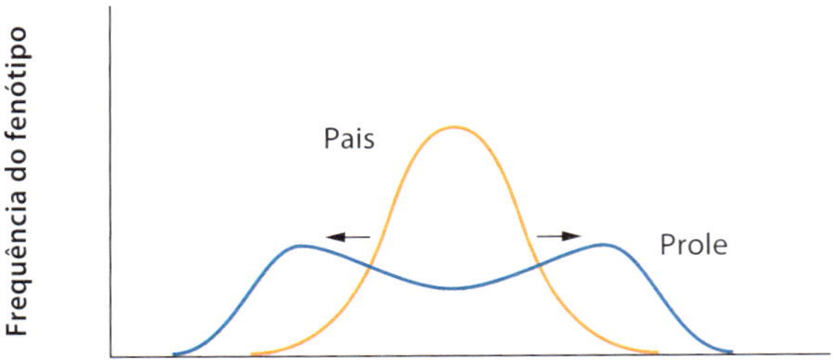

A

B

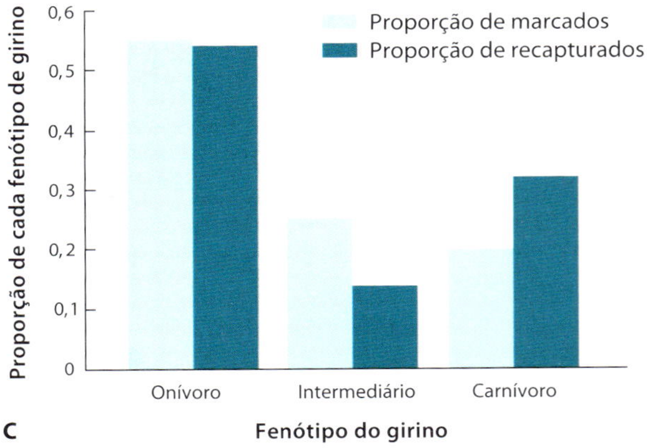

C

Figura 7.11 Seleção disruptiva. A. A seleção disruptiva favorece ambos os fenótipos extremos e elimina os intermediários. **B.** Nos girinos do sapo-de-unha-negra, um indivíduo pode ter partes bucais especializadas para a carnivoria e o canibalismo (mostrado na foto), a onivoria ou um fenótipo intermediário. **C.** Quando mais de 500 girinos de cada fenótipo foram marcados e soltos, cerca de 10% foram recuperados. Destes, os onívoros e carnívoros apresentaram sobrevivência relativamente alta, enquanto os fenótipos intermediários tiveram menor taxa de sobrevivência. Dados de R.A. Martin, D.W. Pfennig, Disruptive selection in natural populations: The roles of ecological specialization and resource competition, *American Naturalist* 174 (2009): 268–281. Fotografia de Thomas Wiewandt/Danita Delimont/Alamy.

ANÁLISE DE DADOS EM ECOLOGIA

Força de seleção, herdabilidade e resposta à seleção

Os pesquisadores, em geral, desejam saber exatamente o quanto a seleção mudará o fenótipo médio em uma população. Por exemplo, se uma criadora de plantas selecionar tomates maiores, poderá desejar saber o quão maior será a próxima produção. De modo semelhante, uma agência governamental que regule a pesca pode desejar saber se coletar somente os indivíduos maiores pode causar a evolução da população em direção a um tamanho menor na próxima geração.

Considerando o caso de seleção direcional, no qual um extremo da distribuição fenotípica é favorecido, se houver seleção para mais fenótipos extremos e o fenótipo tiver uma base genética, a seleção direcional ocasionará a alteração do fenótipo médio. No entanto, é possível determinar exatamente o quanto o fenótipo médio mudará na próxima geração? Para responder a essa questão, é preciso conhecer tanto a *força de seleção* quanto a *herdabilidade* do fenótipo.

A **força de seleção** é a diferença entre a média da distribuição fenotípica antes da seleção e a média após a seleção, medida em unidades de desvios padrões (ver Capítulo 2). Como exemplo, pode-se imaginar que alguém deseje selecionar tomates maiores. O fenótipo (massa do tomate) segue distribuição normal com média de 100 g e desvio padrão de 10 g. Se for selecionado o extremo superior da distribuição, e esses indivíduos forem usados para a próxima produção de tomates, considerando que esse grupo selecionado tenha em média 115 g, ele terá média de 1,5 desvio padrão, diferente da média da população inteira. Assim, a força de seleção será 1,5.

Sabe-se também que os fenótipos são os produtos de genes e do ambiente. Assim, se alguém desejar saber o quanto o fenótipo médio mudará, será necessário determinar qual proporção da variação total do fenótipo é causada pelos genes. Tal proporção é denominada **herdabilidade** e pode variar entre 0 e 1. Se toda a variação fenotípica que se vê em uma distribuição normal for oriunda do ambiente, a herdabilidade será 0; se toda a variação fenotípica for oriunda de variação genética, a herdabilidade será 1. Por convenção, o símbolo para herdabilidade é h^2, mas essa denominação pode ser confusa porque nada está sendo elevado ao quadrado.

Utilizando os conceitos de força de seleção e herdabilidade, pode-se construir uma equação que descreva o quanto uma população responderá à seleção na próxima geração. Como a resposta de uma população à seleção é uma função da força de seleção e da herdabilidade do fenótipo,

$$R = S \times h^2$$

em que R é a resposta à seleção, S é a força de seleção e h^2 é a herdabilidade.

Usando o exemplo anterior, pode-se calcular o quão grandes serão os tomates na próxima produção. Se forem selecionados "pais" que estejam 1,5 desvio padrão acima da média da população e se a herdabilidade for 0,33, então:

$$R = 1{,}5 \times 0{,}33 = 0{,}5$$

Isso significa que o fenótipo médio da próxima produção de tomates será 0,5 desvio padrão (ou 5 g) maior do que a geração parental.

EXERCÍCIO Dados os seguintes valores de força de seleção e herdabilidade para a massa dos tomates, calcule a resposta esperada à seleção em unidades de desvios padrões e gramas:

S	h^2
0,5	0,7
1,0	0,7
1,5	0,7
2,0	0,9
2,0	0,6
2,0	0,3
2,0	0,0

Com base em seus cálculos, como a resposta à seleção é afetada pela força de seleção e pela herdabilidade?

Força de seleção Diferença entre a média da distribuição fenotípica antes da seleção e a média após a seleção, medida em unidades de desvios padrões.

Herdabilidade Proporção da variação fenotípica total que é obtida pela variação genética.

VERIFICAÇÃO DE CONCEITOS

1. Compare e contraste os processos de efeito gargalo e efeito fundador.
2. Como a seleção estabilizadora e a seleção disruptiva afetam a magnitude da variação fenotípica de uma geração para a outra?
3. Como a herdabilidade afeta a resposta à seleção?

7.3 A microevolução opera no nível de população

Os processos aleatórios e não aleatórios que causam a evolução podem atuar em diversos níveis. A evolução de populações, processo bastante comum, é conhecida como **microevolução** e é responsável pela geração de raças distintas de gatos, gado e cães e por originar populações diferentes de organismos selvagens, incluindo salmão, ursos e o vírus da gripe. A microevolução é influenciada tanto por processo aleatório como por seleção, que, no nível de microevolução, pode ser subdividida em *seleção artificial* e *seleção natural*.

Microevolução Evolução no nível de populações.

SELEÇÃO ARTIFICIAL

Em seu livro *A Origem das Espécies*, Charles Darwin examina a ampla variedade de animais domesticados que os humanos criaram com o intuito de obter determinados conjuntos de atributos. No caso dos cães, por exemplo, os humanos começaram por domesticar os lobos cinzentos e, com o tempo, criaram indivíduos que apresentavam atributos específicos, tais como o tamanho corporal, a cor do pelo e a capacidade de caça. Como mostrado na Figura 7.12, apenas alguns séculos de procriação produziram raças de cães com fenótipos bastante divergentes (de São-Bernardos a Chihuahuas); todas elas pertencem à mesma espécie que o lobo e poderiam potencialmente cruzar entre si.

Graças aos criadores de cães, existe um excelente registro de como exatamente as várias raças foram criadas. Esse é um exemplo de **seleção artificial**, na qual os humanos decidem quais indivíduos irão procriar, e a reprodução é realizada com

Seleção artificial Seleção na qual os humanos decidem quais indivíduos irão procriar, e a reprodução é realizada com um objetivo preconcebido em relação aos atributos da população.

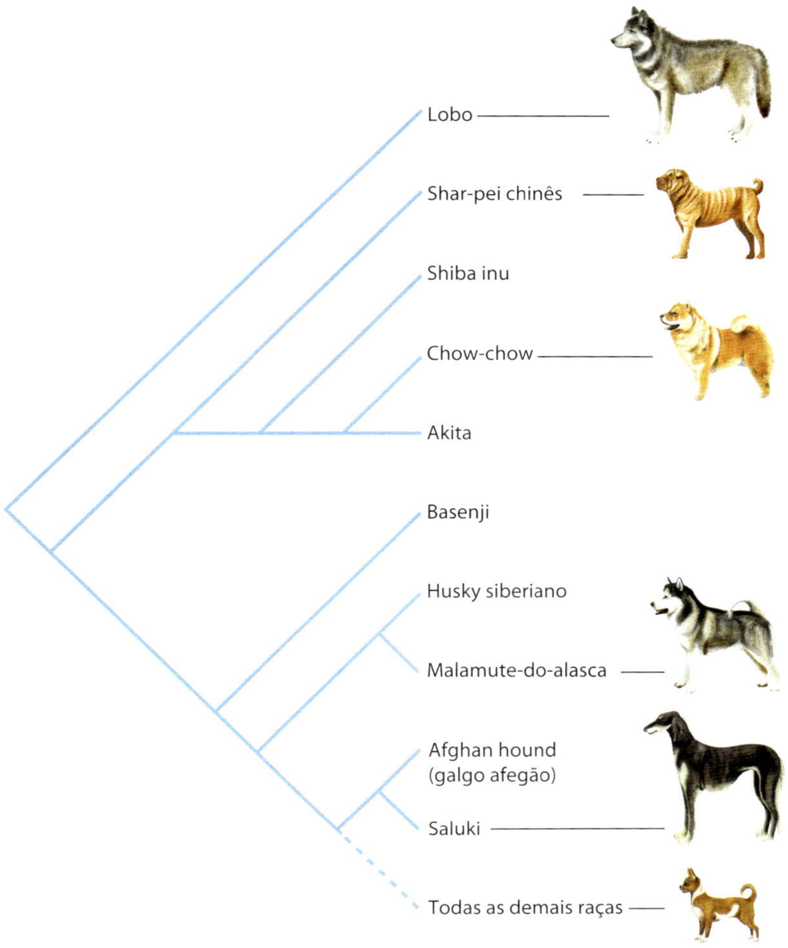

Figura 7.12 Raças de cães domésticos. Tendo iniciado com indivíduos domesticados de lobos cinzentos, os humanos criaram uma ampla diversidade de raças de cães por meio da seleção artificial. Dados de H.G. Parker et al., Genetic structure of the purebred domestic dog, *Science* 304 (2004): 1160–1164.

um objetivo preconcebido de quais serão os atributos desejados na população. Uma seleção artificial semelhante ocorreu para criar diversas raças de outros animais domésticos, incluindo gado, ovelhas, porcos e galinhas.

A seleção artificial também foi aplicada a plantas. Um dos exemplos mais bem conhecidos é a reprodução da mostarda-selvagem (*Brassica oleracea*). Como se pode observar na Figura 7.13, por meio de cruzamentos, a espécie deu origem a uma diversidade de vegetais pela seleção para características particulares de caule, folhas e flores. Atualmente, a mostarda-selvagem pode ser consumida como repolho, couve-de-bruxelas, couve-flor, brócolis, couve e couve-rábano.

MUDANÇA GLOBAL

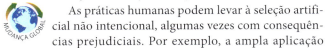

As práticas humanas podem levar à seleção artificial não intencional, algumas vezes com consequências prejudiciais. Por exemplo, a ampla aplicação de pesticidas causou resistência em mais de 500 espécies de pragas que prejudicam a produção de alimentos e a saúde humana. Similarmente, o uso extensivo de antibióticos tem provocado a evolução de resistência a esses medicamentos por parte de muitos patógenos danosos ao ser humano, conforme descrito em "Tuberculose resistente a medicamentos", no fim deste capítulo. Nesses casos, o papel dos mecanismos evolutivos está claro: quando os pesticidas ou antibióticos são direcionados a milhões de organismos, um pequeno número de indivíduos geralmente carrega uma mutação que lhes confere resistência. Como somente os mutantes sobrevivem e a mutação é herdável, a próxima geração torna-se mais resistente.

A tese de Darwin para evolução por seleção natural foi fortalecida por suas observações de como a seleção artificial atuava. Ele argumentou que, se os humanos podiam produzir uma ampla variedade de raças de animais e plantas em alguns séculos por meio de seleção artificial, a seleção natural poderia certamente ter efeitos semelhantes ao longo de milhões de anos.

SELEÇÃO NATURAL

Uma pessoa conduzindo uma seleção artificial normalmente tem um conjunto específico de atributos em mente, como a maior produção de leite em bovinos. Esse não é o caso na seleção natural, que favorece qualquer combinação de atributos que forneça maior aptidão para um indivíduo. Tanto a seleção artificial quanto a natural atuam favorecendo certos atributos em detrimento de outros. Ambas selecionam características que sejam herdáveis; a diferença está em como elas são selecionadas. Pode haver múltiplas maneiras de aprimorar a aptidão de um indivíduo, e todas elas são favorecidas pela seleção natural, independentemente do fenótipo resultante. Por exemplo, uma presa poderia reduzir sua probabilidade de ser consumida se escondendo dos predadores para não ser detectada ou desenvolvendo espinhos que a impedissem de ser consumida. Ambas as estratégias são eficazes em aumentar a aptidão da presa e ambos os atributos poderiam

Figura 7.13 Seleção artificial na mostarda-selvagem. Ao longo dos anos, criadores de plantas produziram uma variedade de vegetais comuns por meio da seleção artificial de diferentes atributos da mostarda-selvagem.

ser favorecidos pela seleção natural. Na seleção artificial, os humanos determinam a aptidão dos atributos e geralmente selecionam aqueles com propósitos específicos, os quais, na verdade, reduziriam a aptidão de indivíduos se eles vivessem em um ambiente natural. Por isso, a maioria dos biólogos evolucionistas concorda que a diversificação de organismos ao longo da história de vida da Terra ocorreu primordialmente por seleção natural.

A seleção natural é um processo ecológico: ocorre devido a diferenças no sucesso reprodutivo entre os indivíduos dotados de diferentes formas ou funções em um ambiente específico. Desse modo, à medida que os indivíduos interagem com seu ambiente (incluindo condições físicas, recursos alimentares, predadores, outros indivíduos da mesma espécie etc.), os atributos que levam a maior aptidão naquele ambiente são passados adiante.

A evolução por seleção natural é um fenômeno comum nas populações; muitos predadores, por exemplo, provocam seleção nos atributos de suas presas. Isso pode ser visto na Figura 7.14, com peixes que se alimentam de anfípodes, uma

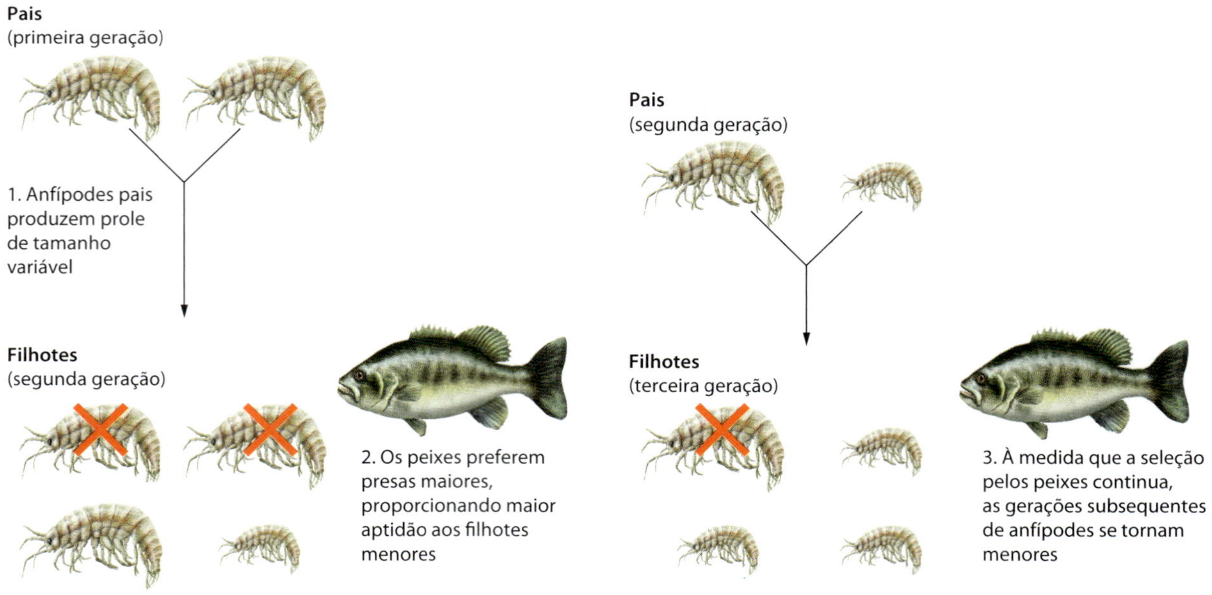

Figura 7.14 Seleção natural por influência de predadores em suas presas. O anfípode, um pequeno crustáceo, produz uma prole abundante com tamanho variável, mas os peixes predadores preferem os anfípodes maiores, ocasionando seleção para corpos menores.

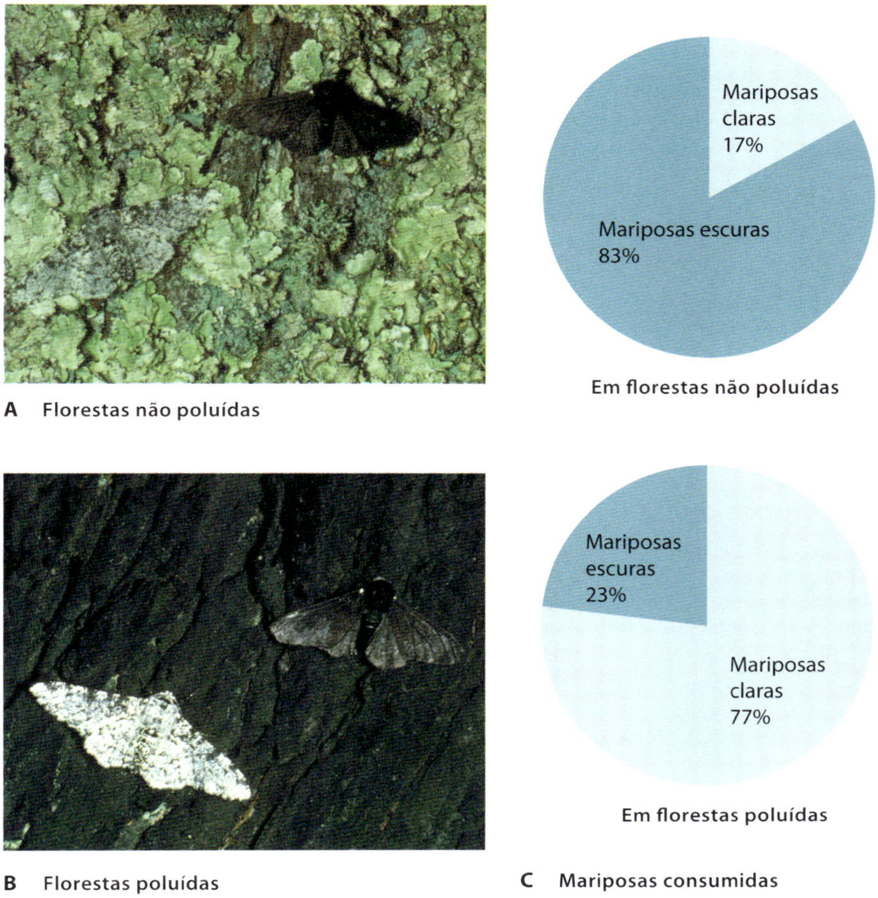

Figura 7.15 Seleção para diferentes fenótipos de mariposa causada pela predação por aves. A. Em florestas não poluídas, as árvores têm casca de cor clara, e as mariposas com o fenótipo claro camuflam-se melhor. **B.** Em florestas poluídas, as árvores apresentam casca de cor escura, e as mariposas com fenótipo escuro camuflam-se melhor. **C.** Quando pesquisadores colocaram ambos os fenótipos de mariposas em árvores poluídas e não poluídas, poucas mariposas claras foram consumidas por aves em árvores não poluídas e poucas mariposas escuras foram consumidas em árvores poluídas. Dados de B. Kettlewell, Further selection experiments on industrial melanism in the Lepidoptera, *Heredity* 10 (1956): 287–301. Fotografias de Michael Willmer Forbes Tweedie/Science Source.

pequena espécie de crustáceo. Os anfípodes parentais produzem uma prole abundante com tamanho variável; contudo, os peixes preferem consumir os maiores, por fornecerem a maior quantidade de energia por unidade de esforço. Assim, os menores anfípodes têm maior chance de sobrevivência, e, desde que o tamanho corporal lhes seja um atributo herdável, as gerações subsequentes desenvolvem corpos menores.

Uma das demonstrações mais notáveis de microevolução é o exemplo da mariposa-salpicada (*Biston betularia*). Durante o início do século XIX na Inglaterra, a maioria dessas mariposas era branca com manchas escuras, mas ocasionalmente havia uma mariposa escura ou *melânica* (Figura 7.15 A). Durante os 100 anos seguintes, os indivíduos escuros tornaram-se mais comuns nas florestas próximas às regiões altamente industrializadas, um fenômeno geralmente conhecido como **melanismo industrial**. Em regiões que não eram industrializadas, o fenótipo claro ainda prevaleceu.

Melanismo industrial Fenômeno pelo qual atividades industriais fazem hábitats se tornarem escurecidos devido à poluição; em consequência, os indivíduos com fenótipos mais escuros são favorecidos pela seleção.

Como o melanismo é um atributo herdável, pareceria razoável supor que o ambiente deve ter sido alterado de modo a fornecer às formas escuras uma vantagem de sobrevivência em relação às formas claras. Assim, o agente específico da seleção foi facilmente identificado. Como as mariposas-salpicadas descansam nas árvores durante o dia, e os cientistas observaram que a poluição do ar em áreas industriais escureceu as árvores com fuligem, como mostrado na Figura 7.15 B, então eles suspeitaram que as aves predadoras poderiam ver as mariposas claras mais facilmente. Como as árvores em regiões não poluídas eram muito mais claras, as mariposas escuras nessas regiões seriam mais visíveis.

Para testar essas hipóteses, números iguais de mariposas claras e escuras foram colocados em troncos de árvores de bosques poluídos e não poluídos. Como se pode ver na Figura 7.15 C, quando ambos os tipos de mariposas foram colocados nas árvores claras em regiões não poluídas, as aves consumiram mais mariposas escuras. Quando ambos os tipos foram colocados em árvores escuras de regiões poluídas, as aves consumiram mais mariposas claras. Isso confirmou que

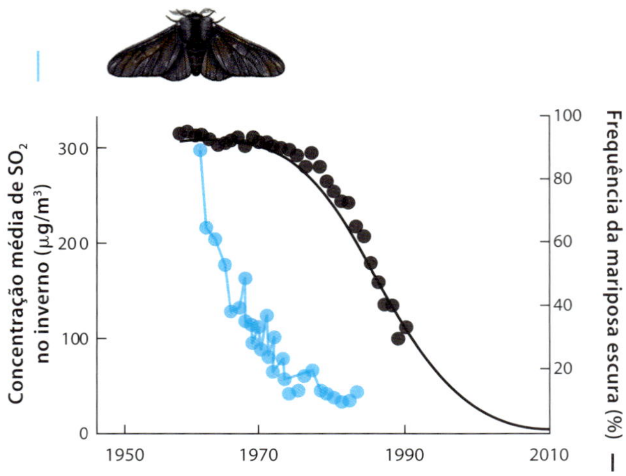

Figura 7.16 Reversão dos efeitos da poluição. À medida que as indústrias ao redor de Kirby, Inglaterra, reduziram a quantidade de poluição por dióxido de enxofre que liberavam na atmosfera, a cor das árvores se tornou mais clara. Após uma década de declínio da poluição, a frequência do tipo escuro da mariposa-salpicada começou a diminuir rapidamente. Dados de C. A. Clarke et al., Evolution in reverse: Clean air and the peppered moth, *Biological Journal of the Linnean Society* 26 (1985): 189–199; G. S. Mani, M. E. N. Majerus, Peppered moth revised: Analysis of recent decreases in melanic frequency and predictions for the future, *Biological Journal of the Linnean Society* 48 (1993): 157–165. Fotografias de Michael Willmer Forbes Tweedie/Science Source.

a alteração nos fenótipos observados ao longo do tempo na Inglaterra refletia a evolução da população em resposta às mudanças nas condições ambientais.

Em anos recentes, à medida que programas de controle de poluição reduziram a quantidade de fuligem no ar e melhoraram as condições nas florestas, as frequências das mariposas melânicas diminuíram, como esperado. A Figura 7.16 exibe dados para a área ao redor do centro industrial de Kirby, no noroeste da Inglaterra. Conforme a quantidade de poluição diminuiu (medida em termos de dióxido de enxofre e representada como uma linha azul), a casca das árvores começou a clarear. Após duas décadas de declínio da poluição, as árvores tornaram-se mais claras, e a frequência dos tipos escuros da mariposa diminuiu de mais de 90% da população em 1970 para cerca de 30% em 1990, como mostrado pela linha preta. A história das mariposas melânicas demonstra como a microevolução pode ocorrer em um período de tempo relativamente curto.

VERIFICAÇÃO DE CONCEITOS

1. Por que a domesticação da mostarda-selvagem é um exemplo de seleção artificial?
2. Quais atributos são favorecidos pela seleção natural?
3. Quais são as quatro condições necessárias para a seleção natural ocorrer?

7.4 A macroevolução opera no nível das espécies e nos níveis mais altos de organização taxonômica

Enquanto a microevolução é um processo que ocorre no nível da população, a **macroevolução** se dá em níveis mais altos de organização, incluindo espécies, gêneros, famílias, ordens e filos. Para os objetivos deste capítulo, a discussão da macroevolução será restrita à evolução de novas espécies, um processo conhecido como **especiação**.

O padrão de especiação ao longo do tempo pode ser ilustrado utilizando-se árvores filogenéticas e pode ocorrer de duas maneiras: *especiação alopátrica* e *especiação simpátrica*.

ÁRVORES FILOGENÉTICAS

Os cientistas podem frequentemente documentar a microevolução, já que ela pode ocorrer em um período relativamente curto. Para isso, em alguns casos, eles monitoraram populações selvagens ao longo do tempo, a fim de rastrear o processo evolutivo; em outros, há documentos históricos que descrevem o desenvolvimento de plantas e animais domesticados. Por exemplo, a maioria das raças modernas de cães é o resultado de seleção artificial durante os últimos três séculos, e os registros demonstram que as raças mais antigas deram origem às mais novas.

No entanto, compreender como a macroevolução ocorreu é um desafio muito maior. Uma vez que não se pode viajar no tempo e não existem registros escritos de milhões de anos atrás, os verdadeiros padrões de evolução nunca serão conhecidos com exatidão, embora os fósseis possam ajudar na análise da evolução dos atributos morfológicos. Diante disso, na ausência de evidências mais diretas, os cientistas trabalham a partir da premissa de que as espécies com o maior número de atributos em comum são aquelas com parentesco mais próximo.

Esses atributos podem incluir formas e tamanhos de estruturas de organismos vivos e fósseis, assim como a ordem das bases nitrogenadas no DNA de diferentes organismos. Para mapear tais relações, os pesquisadores utilizam **árvores filogenéticas**, que são padrões hipotéticos de parentesco entre diferentes grupos, como populações, espécies ou gêneros. Em essência, árvores filogenéticas são tentativas de se compreender a ordem na qual grupos evoluíram de outros grupos. A Figura 7.17 mostra uma árvore filogenética para vários grandes grupos de vertebrados, a partir da qual é possível observar que todos os vertebrados compartilham o mesmo ancestral comum. Ao longo do tempo, esse ancestral deu origem aos peixes, anfíbios, mamíferos e répteis (incluindo as aves).

ESPECIAÇÃO ALOPÁTRICA

Especiação alopátrica é a evolução de novas espécies por meio do processo de isolamento geográfico. Como exemplo, pode-se imaginar o início com uma única grande população de um rato-do-campo, mostrado em seu primeiro estágio na Figura 7.18. Em algum momento, uma parte dessa população é separada do restante. Isso poderia ocorrer quando alguns

Macroevolução Evolução em níveis maiores de organização, incluindo espécies, gêneros, famílias, ordens e filos.

Especiação Evolução de novas espécies.

Árvores filogenéticas Padrões hipotéticos de parentesco entre grupos distintos, como populações, espécies ou gêneros.

Especiação alopátrica Evolução de novas espécies pelo processo de isolamento geográfico.

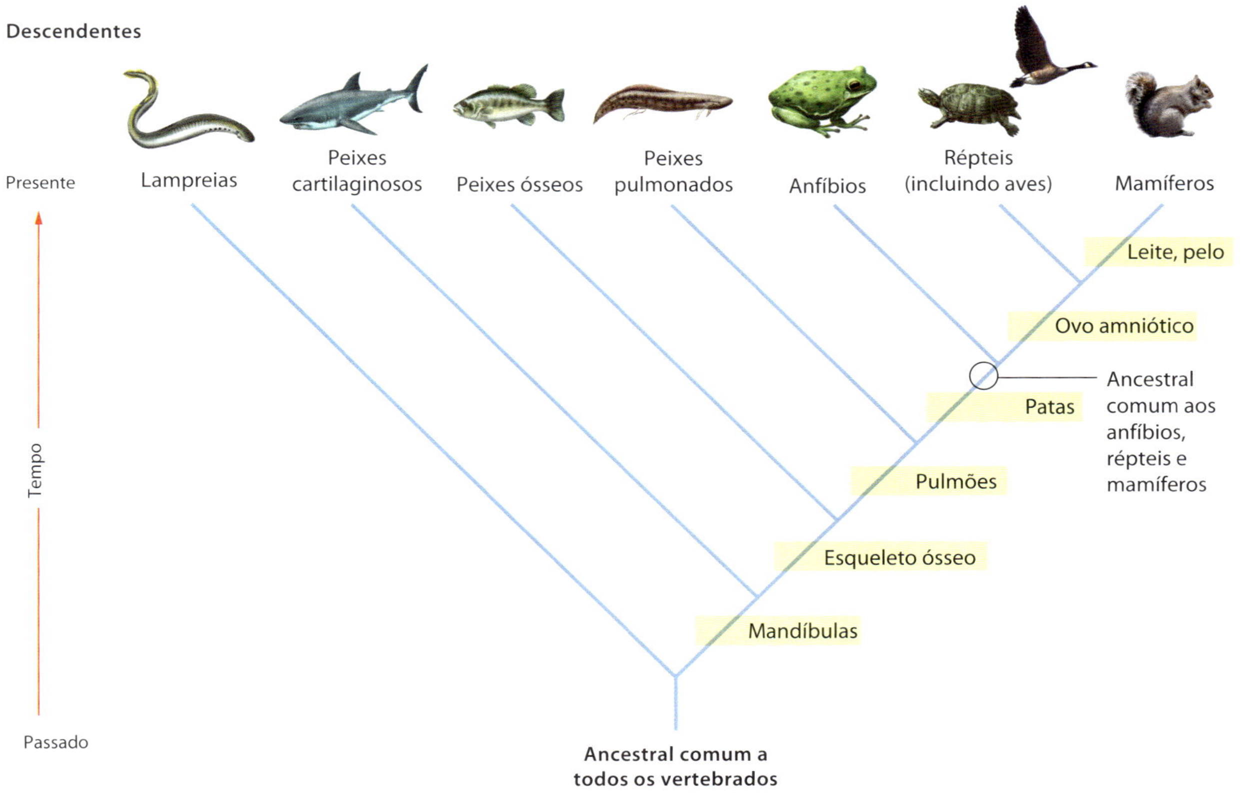

Figura 7.17 Árvore filogenética. Procurando por semelhanças em fenótipos e no DNA, os cientistas podem desenvolver hipóteses sobre a relação entre diferentes grupos de organismos. Nesta árvore filogenética dos maiores grupos de vertebrados, as tarjas amarelas indicam pontos no tempo nos quais novos importantes atributos evoluíram.

indivíduos colonizam uma nova ilha, como os primeiros tentilhões a chegarem às Ilhas Galápagos vindos da América do Sul, o que Charles Darwin descreveu em sua teoria pela seleção natural. Alternativamente, a população poderia ser dividida por uma barreira geográfica, tal como um novo rio que divide um hábitat terrestre, uma cadeia de montanhas que se eleva e não pode ser transpassada, ou um lago que se divide em dois lagos menores. Em qualquer caso, as duas populações são isoladas uma da outra, como mostrado na *Etapa 2* da figura. Devido à separação física, as populações não mais reproduzem entre si, de modo que cada uma evolui independentemente. Assim, se uma ou ambas tiverem poucos indivíduos, efeitos fundadores e deriva genética poderão influenciar fortemente a direção na qual aquela população evoluirá.

Quando as condições ecológicas diferem entre as duas localidades isoladas, a seleção natural faz com que cada população desenvolva adaptações que aumentem sua aptidão de acordo com as condições ambientais locais. Então, ao longo do tempo, como mostrado nas *Etapas 3 a 5*, as populações podem tornar-se tão diferentes que não são mais capazes de reproduzir entre si, mesmo que sejam unidas novamente. Neste momento, elas terão evoluído para espécies diferentes.

Acredita-se que a especiação alopátrica seja o mecanismo mais comum de especiação. A Figura 7.19 ilustra o processo para os tentilhões de Darwin usando uma árvore filogenética. O cientista formulou a hipótese de que a espécie ancestral dos tentilhões que ele encontrou provavelmente veio da América do Sul. Uma vez que ela chegou às Ilhas Galápagos, a população cresceu e, por fim, colonizou muitas das ilhas do arquipélago. Assim, o isolamento e as condições ecológicas únicas presentes em cada ilha favoreceram o processo de especiação alopátrica. Os pesquisadores criaram a hipótese de que tais condições originaram algumas das 14 espécies de tentilhões reconhecidas atualmente nas Ilhas Galápagos, embora outras pareçam ter evoluído por um processo diferente, conhecido como *especiação simpátrica*.

ESPECIAÇÃO SIMPÁTRICA

Diferente da especiação alopátrica, a **especiação simpátrica** origina novas espécies sem isolamento geográfico. Em alguns casos, elas evoluem para uma diversidade de novas espécies dentro de um dado local. Um exemplo disso é o grupo de espécies de peixes ciclídeos que vivem no Lago Tanganyika, no leste da África. Ao longo de milhões de anos, um único peixe ancestral originou mais de 200 espécies, incluindo insetívoras, piscívoras e comedoras de moluscos (Figura 7.20). Essa

Especiação simpátrica Evolução de novas espécies sem o isolamento geográfico.

Figura 7.18 Especiação alopátrica. Quando barreiras geográficas dividem populações, cada uma evolui independentemente. Ao longo do tempo, elas podem se tornar tão diferentes a ponto de não serem mais capazes de se reproduzir entre si. Neste ponto, elas se tornam duas espécies distintas.

especiação massiva parece ter sido facilitada pela presença de muitos hábitats distintos por todo o lago, tais como costões rochosos *versus* costas arenosas. Essa variação de hábitat em pequena escala pode ter favorecido a evolução de diferentes fenótipos, que então levaram à evolução de novas espécies.

Um mecanismo comum pelo qual a especiação simpátrica pode ocorrer em alguns tipos de organismos é por meio de *poliploidia*. Espécies **poliploides**, que apresentam três ou mais conjuntos de cromossomos, surgem quando cromossomos homólogos falham em separar-se corretamente durante a meiose, resultando em gametas diploides em vez de haploides. Se, por exemplo, um óvulo diploide for fertilizado por um espermatozoide haploide, o zigoto resultante apresentará três conjuntos de cromossomos, tornando-se um poliploide. Então, por ter mais de dois grupos de cromossomos, ele será incapaz de se reproduzir com quaisquer indivíduos diploides. Dessa maneira, quando um poliploide é formado, imediatamente se torna uma espécie geneticamente diferente de seus pais. Diversas espécies de insetos, caramujos e salamandras são poliploides, assim como 15% de todas as plantas com flores.

Um exemplo interessante de poliploidia pode ser encontrado em um grupo de salamandras. A salamandra-de-manchas-azuis (*Ambystoma laterale*) e a salamandra-de-jefferson (*A. jeffersonianum*) são espécies diploides. Como ilustrado na Figura 7.21, em algum momento do passado, uma salamandra-de-manchas-azuis sofreu meiose incompleta e, acidentalmente, produziu um gameta diploide. Então, ela acasalou com uma salamandra-de-jefferson, que deu origem a um gameta haploide normal. A prole resultante foi uma salamandra triploide que instantaneamente se tornou uma espécie distinta conhecida como salamandra-de-tremblay (*A. tremblayi*), que é unicamente feminina e produz filhas clones das mães. Por conta disso, elas terão de procriar com outra espécie para estimular a própria reprodução, mas poderão criar filhas sem incorporar DNA de qualquer outra espécie. Além disso, se essas salamandras incorporarem o esperma haploide de um macho de outra espécie, sua prole poderá carregar quatro conjuntos de cromossomos, o que irá torná-las *tetraploides*.

Criadores de plantas desenvolveram técnicas para causar poliploidia intencionalmente e produzir atributos desejados nas plantas. Esse é um tipo de seleção artificial no nível de espécie. Expondo plantas a temperaturas frias repentinas no momento da reprodução, é possível aumentar as chances de elas produzirem gametas diploides em vez de haploides. As poliploides tendem a ser maiores e a produzir flores e frutos também maiores. Muitas flores observadas em uma floricultura são o produto de poliploidia induzida por humanos. Diversas plantas cultivadas para a comercialização em larga escala também são poliploides, incluindo melancias, bananas, morangos e trigo. Como se pode ver na Figura 7.22, os criadores utilizaram uma espécie de trigo que tem dois conjuntos de cromossomos para desenvolver novas espécies com quatro ou seis cromossomos. Isso porque, quanto maior o conjunto de cromossomos no trigo, maiores a planta e as suas sementes.

Poliploide Espécie que contém três ou mais conjuntos de cromossomos.

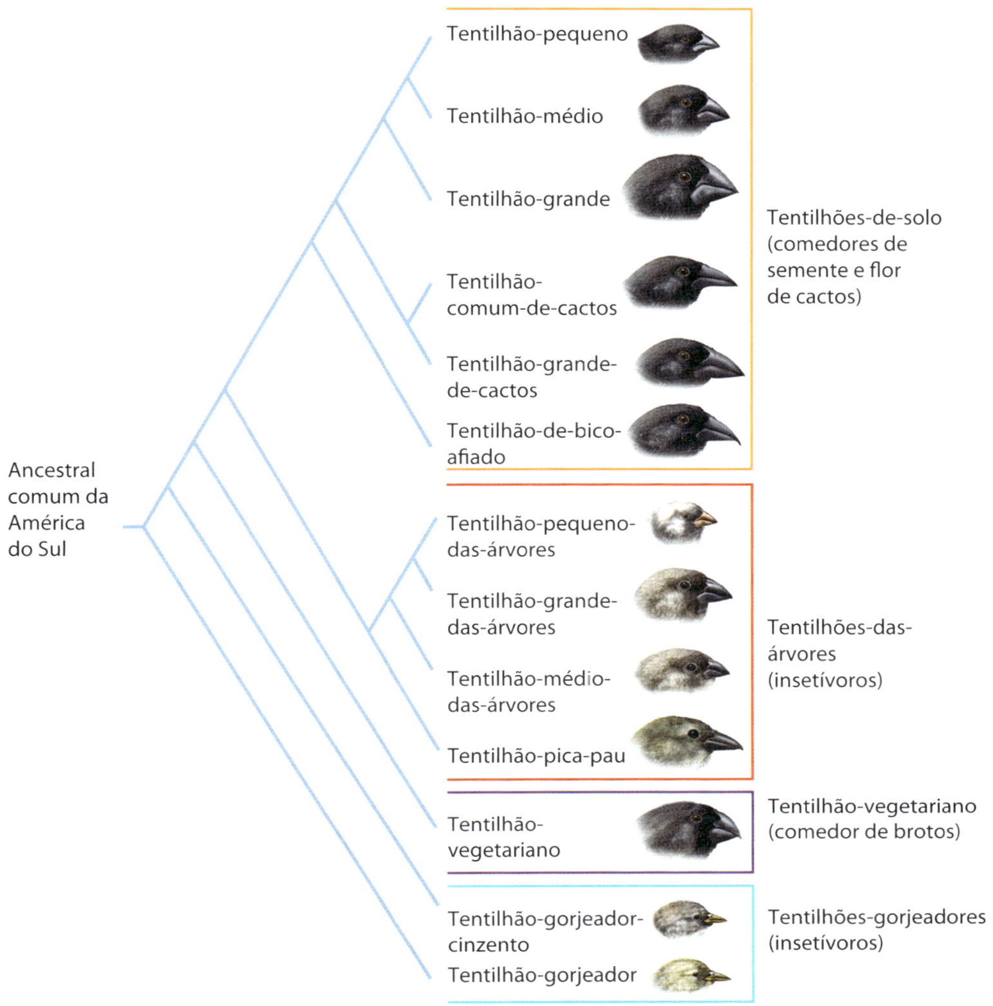

Figura 7.19 Especiação alopátrica nos tentilhões de Darwin. Por meio de especiação alopátrica, uma única espécie ancestral comum da América do Sul evoluiu em 14 espécies diferentes de tentilhões nas Ilhas Galápagos (o estudo filogenético foi feito em apenas 13 das 14 espécies).

Figura 7.20 Especiação simpátrica. Mais de 200 espécies de peixes ciclídeos do Lago Tanganyika evoluíram a partir de um único ancestral.

Fonte: www.uni-graz.at/~sefck.

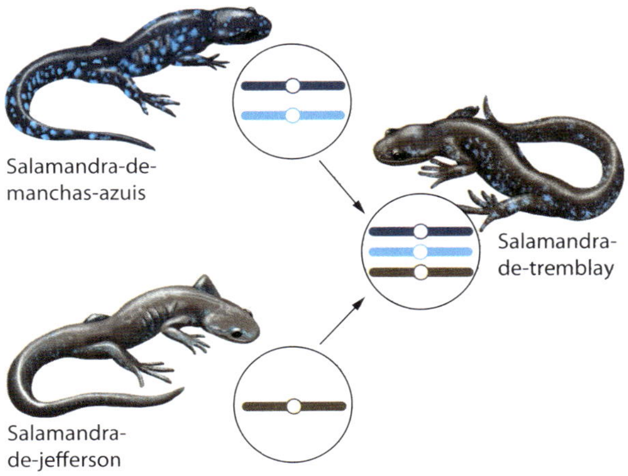

Figura 7.21 Poliploidia em salamandras. Espécies triploides podem surgir quando um indivíduo que passa por meiose incompleta e produz um gameta diploide cruza com outro que passa por meiose normal e produz um gameta haploide. A salamandra-de-tremblay é uma espécie triploide, composta somente por fêmeas, que surgiu por meio de especiação simpátrica a partir do cruzamento da salamandra-de-manchas-azuis com a salamandra-de-jefferson.

A Trigo *einkorn* B Trigo duro (*durum*) C Trigo comum

Figura 7.22 Poliploidia no trigo. A partir de uma espécie diploide de trigo, criadores de plantas produziram uma espécie nova que apresenta quatro ou seis conjuntos de cromossomos. **A.** O trigo ancestral *einkorn* (*Triticum boeoticum*) apresenta dois conjuntos de cromossomos e sementes pequenas. **B.** Trigo duro (*Triticum durum*), que é usado para fazer massas, foi criado para ter quatro conjuntos de cromossomos. Ele apresenta sementes de tamanho médio. **C.** Trigo comum (*Triticum aestivum*), que é usado para pães e outros produtos assados, foi criado para ter seis conjuntos de cromossomos e apresenta as maiores sementes.

VERIFICAÇÃO DE CONCEITOS

1. Qual é o pressuposto utilizado quando se organizam as espécies em uma árvore filogenética?
2. Qual é a condição para a especiação alopátrica ocorrer?
3. Como um evento de poliploidia imediatamente origina novas espécies?

ECOLOGIA HOJE | CORRELAÇÃO DOS CONCEITOS

Tuberculose resistente a medicamentos

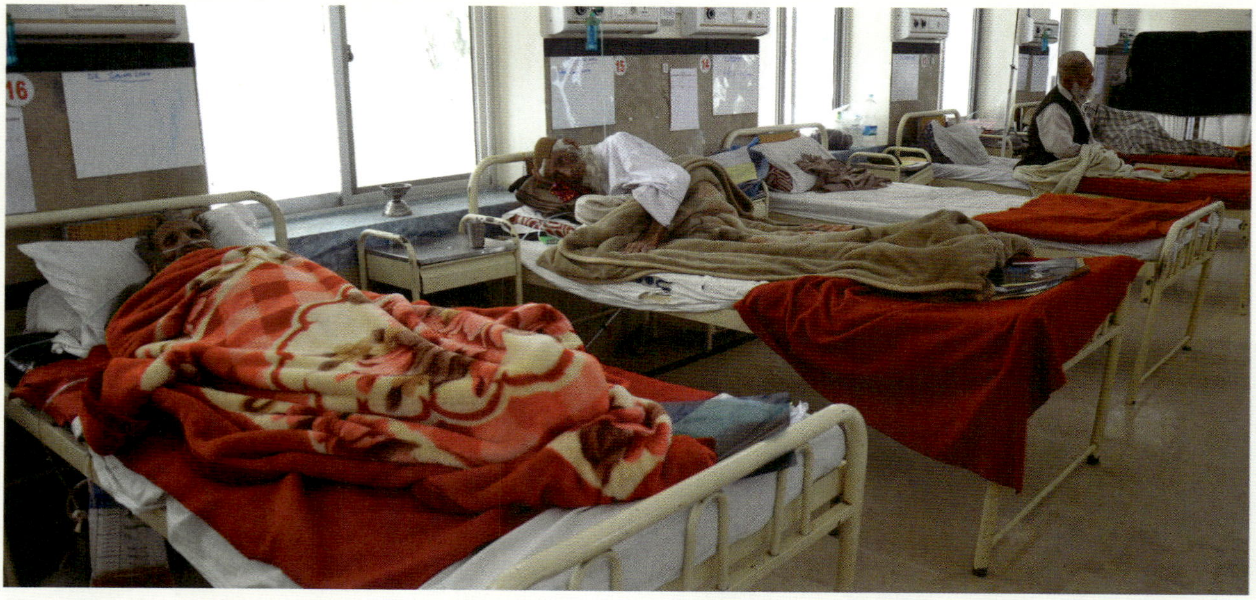

Morte por tuberculose. Pacientes com tuberculose em tratamento em um hospital em Tomsk, Rússia. Fotografia de Xinhua/Alamy.

MUDANÇA GLOBAL

A tuberculose (TB) é uma doença altamente infecciosa causada pela bactéria *Mycobacterium tuberculosis* e causa extensos danos teciduais, fraqueza, suor noturno e sangramentos. É altamente contagiosa, pois, quando um indivíduo infectado tosse ou fala, bactérias são expelidas e podem sobreviver no ar por várias horas, infectando outras pessoas. A TB tem matado indivíduos por milhares de anos. Em 2009, por exemplo, os pesquisadores descobriram que os tecidos preservados de uma mulher que morreu há 2.600 anos e foi mumificada tem marcadores genéticos da bactéria causadora da doença. Atualmente, especialistas estimam que quase um terço da população humana mundial está infectada por *Mycobacterium tuberculosis*, embora ela permaneça inativa e não cause problemas para a maioria dessas pessoas.

Entretanto, a bactéria torna-se ativa em cerca de nove milhões de pessoas a cada ano, e, em todo o mundo, anualmente dois milhões de pessoas morrem de TB, o que a torna a principal causa de mortes por doenças infecciosas em âmbito mundial.

Felizmente, pesquisadores médicos desenvolveram um medicamento de baixo custo para combater a doença;

contudo, apesar de ter sido altamente eficaz na redução do número de pessoas infectadas com a TB, a bactéria começou a desenvolver resistência a ele. Em função disso, a TB resistente a medicamentos é um problema crescente em todo o mundo, particularmente na África, na Rússia e na China. A razão não é um mistério; afinal, as bactérias podem crescer rapidamente e chegar a quantidades incrivelmente altas. Conforme a discussão sobre evolução, populações muito grandes são mais propensas a terem um número substancial de indivíduos com mutações, e, ocasionalmente, uma mutação torna uma bactéria mais resistente. Os antibióticos representam uma poderosa força seletiva que pode matar rapidamente a maioria das bactérias sensíveis, possibilitando, assim, que as resistentes prosperem.

Um dos maiores contribuintes para a evolução da resistência à bactéria causadora da TB é o comportamento dos pacientes contaminados. O tratamento típico da doença requer que o indivíduo tome os remédios diariamente por 1 ano. Embora muitas bactérias sejam mortas logo no início do tratamento, a continuidade da medicação auxilia a eliminação de todos os patógenos. No entanto, às vezes, os pacientes deixam de tomar os remédios porque se sentem melhor após alguns meses ou simplesmente porque não têm recursos financeiros para custear o tratamento pelo ano inteiro. Em ambos os casos, as bactérias mais resistentes sobrevivem no corpo e finalmente se tornam abundantes, tornando o paciente não mais responsivo aos remédios mais baratos contra TB.

A TB resistente a medicamentos está se tornando um grave problema; por isso, pesquisadores desenvolveram novos tipos de fármacos para tentar selecionar diferentes atributos da doença, com a esperança de que, mesmo que o patógeno desenvolva resistência a uma substância, ele ainda seja suscetível a outras. Entretanto, atualmente, existe um aumento de casos de "TB resistente a múltiplos medicamentos", decorrente de uma linhagem de bactéria que desenvolveu resistência a diversos fármacos. Na Rússia, por exemplo, aproximadamente 20% de todas as pessoas infectadas com TB carregam essa linhagem, que é muito mais difícil de matar, demandando medicamentos 10 vezes mais caros do que os tradicionais. Além disso, esses fármacos precisam ser tomados por 2 anos e apresentam mais efeitos colaterais, incluindo a perda de audição.

Em 2016, pesquisadores anunciaram que um novo regime de sete medicações administradas por 9 meses está se tornando altamente eficaz contra a TB resistente a múltiplos medicamentos.

Ainda mais séria é a descoberta do que vem sendo chamado de TB extensivamente resistente. Esse tipo de TB foi detectado em 45 países, incluindo a Rússia. Atualmente, os esquemas farmacológicos são eficazes em apenas 30 a 50% dos pacientes, dependendo da variedade específica de bactérias e do estado do sistema imunológico do indivíduo.

A evolução da resistência da TB é um excelente exemplo de por que é preciso compreender o processo de evolução. Conhecendo as fontes de variação genética e como a seleção atua nessa variação, é possível desenvolver programas de tratamento com substâncias que sejam mais capazes de controlar os patógenos sem produzir linhagens com múltipla resistência a medicamentos.

FONTES:

Coghlan, A. 2016. superfast therapy cracks multidrug-resistant tuberculosis. *New Scientist*, october 26. https://www.newscientist.com/article/2110555-superfast-therapy-cracks-multidrug-resistant-tuberculosis/.

Altman, L. K. 2008. Drug-resistant TB rates soar in former soviet regions. *New York Times*, February 27. http://www.nytimes.com/2008/02/27/health/27tb.html.

Goozner, M. 2008. A report from the Russian front in the global fight against drug-resistant tuberculosis. *Scientific American*, August 25. http://www.scientificamerican.com/article.cfm?id=siberia-drug-resistant-tuberculosis.

RESUMO DOS OBJETIVOS DE APRENDIZAGEM

7.1 O processo de evolução depende da variação genética. Entre populações e dentro delas, a variação genética é causada pela presença de alelos diferentes, que podem ser dominantes, codominantes ou recessivos. A variação genética pode ser causada por mutação ou recombinação.

Termos-chave: **ácido desoxirribonucleico (DNA), cromossomos, alelos, poligênico, pleiotropia, epistasia, heterozigoto, homozigoto, codominância, alelo dominante, alelo recessivo, *pool* gênico, combinação aleatória, mutação, recombinação**

7.2 A evolução pode ocorrer por processos aleatórios ou por seleção. Os quatro processos aleatórios que causam evolução são mutação, deriva genética, efeito gargalo e efeito fundador. A evolução também pode ocorrer por seleção, que pode ser estabilizadora, direcional ou disruptiva. Se a evolução ocorrer por meio de processos aleatórios ou por seleção, os cientistas podem construir árvores filogenéticas utilizando semelhanças em atributos para criar padrões hipotéticos de parentesco entre grupos.

Termos-chave: **deriva genética, efeito gargalo, efeito fundador, seleção, seleção estabilizadora, seleção direcional, seleção disruptiva, força de seleção, herdabilidade**

7.3 A microevolução opera no nível de população. As populações podem evoluir devido à seleção artificial, que produz linhagens de animais e plantas domesticados. As populações também podem evoluir devido à seleção natural, como quando predadores consomem seletivamente suas presas e quando pesticidas e antibióticos matam seletivamente os indivíduos mais sensíveis, permitindo que os mais resistentes sobrevivam e se reproduzam.

Termos-chave: **microevolução, seleção artificial, melanismo industrial**

7.4 A macroevolução opera no nível das espécies e nos níveis mais altos de organização taxonômica. O processo mais comum que causa macroevolução é a especiação alopátrica, na qual populações se tornam isoladas geograficamente e evoluem independentemente em espécies diferentes ao longo do tempo. O processo menos comum é a especiação simpátrica, na qual espécies se tornam isoladas reprodutivamente sem que estejam isoladas geograficamente, em geral pela formação de poliploides.

Termos-chave: **macroevolução, especiação, árvores filogenéticas, especiação alopátrica, especiação simpátrica, poliploide**

QUESTÕES DE RACIOCÍNIO CRÍTICO

1. Uma vez que mutações são raras em populações, como uma mutação se espalha em uma população e se torna comum?

2. Compare e contraste a variação genética causada por distribuição aleatória *versus* recombinação.

3. O inseticida DDT foi amplamente usado para controlar os mosquitos que transmitem a malária. Como você explicaria o fato de muitas populações de mosquitos serem agora resistentes ao DDT?

4. Como a introdução de novos indivíduos em uma população ajuda a compensar os problemas associados à deriva genética?

5. Compare a evolução por seleção artificial com a evolução por seleção natural e diferencie uma da outra.

6. Compare e contraste as seleções estabilizadora, direcional e disruptiva em relação a como cada uma afeta o fenótipo médio da população, bem como a variabilidade no fenótipo.

7. Como a criação de animais domesticados fornece evidências do poder da evolução em diversos fenótipos?

8. Como a poliploidia possibilita observar a evolução de uma nova espécie dentro de uma geração?

9. Diferencie microevolução de macroevolução.

10. Qual a diferença entre os processos envolvidos na especiação alopátrica e os da especiação simpátrica?

REPRESENTAÇÃO DOS DADOS | SELEÇÃO NATURAL DOS BICOS DOS TENTILHÕES

A tabela a seguir lista as distribuições das frequências dos tamanhos dos bicos dos tentilhões, tanto antes quando depois da seleção. Utilizando um gráfico de barras, ilustre as relações entre tamanho do bico e sua frequência. Então, determine quanto o tamanho médio do bico mudou devido à seleção e defina qual tipo de seleção ocorreu.

Tamanho do bico (mm)	Frequência antes da seleção	Frequência após a seleção	*R*
10,00	0,00	0,00	
10,20	0,00	0,00	
10,40	0,02	0,00	
10,60	0,04	0,00	
10,80	0,08	0,00	
11,00	0,16	0,00	
11,20	0,20	0,00	
11,40	0,20	0,00	
11,60	0,16	0,02	
11,80	0,08	0,04	
12,00	0,04	0,08	
12,20	0,02	0,16	
12,40	0,00	0,20	
12,60	0,00	0,20	
12,80	0,00	0,16	
13,00	0,00	0,08	
13,20	0,00	0,04	
13,40	0,00	0,02	
13,60	0,00	0,00	
13,80	0,00	0,00	

8 Histórias de Vida

Diversas Maneiras de se Fazer um Sapo

Quando se pensa na vida de um sapo, frequentemente se imagina um ovo eclodindo em girino, este crescendo e, em última instância, se metamorfoseando em sapo. No entanto, ao longo de sua vida, existe grande variação; algumas espécies de sapos passam até 2 anos como girinos, enquanto outras passam somente 10 dias. Além disso, a quantidade de ovos colocados pode variar de algumas dúzias a dezenas de milhares.

A cronologia da vida de um sapo pode ocorrer por vários caminhos. Enquanto cerca de metade de todas as espécies coloca seus ovos na água e eles eclodem em girinos, outras espécies de sapos desenvolveram soluções bem diferentes. Por exemplo, alguns carregam seus ovos (e os girinos que eclodem) nas costas; já as "rãs de incubação gástrica" (*Rheobatrachus* spp.) levam seus ovos no estômago, o que requer adaptações especializadas, incluindo a interrupção da produção dos ácidos desse órgão. Outras espécies colocam seus ovos em ninhos de espuma em ramos acima da água; assim, quando eclodem, os girinos caem na água para começar a etapa de vida aquática. Em todas essas espécies, os girinos se alimentam sozinhos, ou suas mães lhes provêm com reservas nutritivas na forma de gema, suficientes para que não precisem se alimentar durante a etapa de girino.

Outras espécies de sapos ovipõem na terra e não apresentam o estágio aquático de girino. Em um processo conhecido como desenvolvimento direto, o embrião se desenvolve de ovo a sapo totalmente formado, embora bem pequeno (chamado de *froglet* em inglês). Por décadas, os cientistas achavam que os sapos com desenvolvimento direto provavelmente tinham ancestrais que iniciavam sua vida como o tradicional estágio aquático de girino; porém, ao longo do tempo, eles evoluíram para ter ovos terrestres: larvas que viviam somente de reservas nutritivas e, então, ovos terrestres que pudessem se desenvolver diretamente em sapos.

"A cronologia da vida de um sapo pode seguir diferentes caminhos."

Para testar essa hipótese, em 2012 pesquisadores examinaram os padrões reprodutivos de 720 espécies de sapos de modo a determinar se a hipótese de transição gradual tinha suporte. Usando dados genéticos, eles puderam definir como as espécies eram relacionadas umas às outras e os caminhos que a evolução dos sapos seguiu ao longo de mais de 200 milhões de anos. Quando investigaram os padrões encontrados nos dados, perceberam que muitas espécies de sapos que apresentavam desenvolvimento direto evoluíram passando pela fase de colocar ovos na terra. No entanto, esse padrão foi quase tão comum quanto o que evoluiu a partir de ancestrais com ovos e girinos completamente aquáticos, pulando, portanto, o passo intermediário de apresentar ovos terrestres. Eles também descobriram que espécies de sapos que colocavam ovos na terra normalmente produziam ovos em menos quantidade, porém maiores em diâmetro, o que poderia fornecer espaço para mais água e maior suprimento de energia na forma de gema.

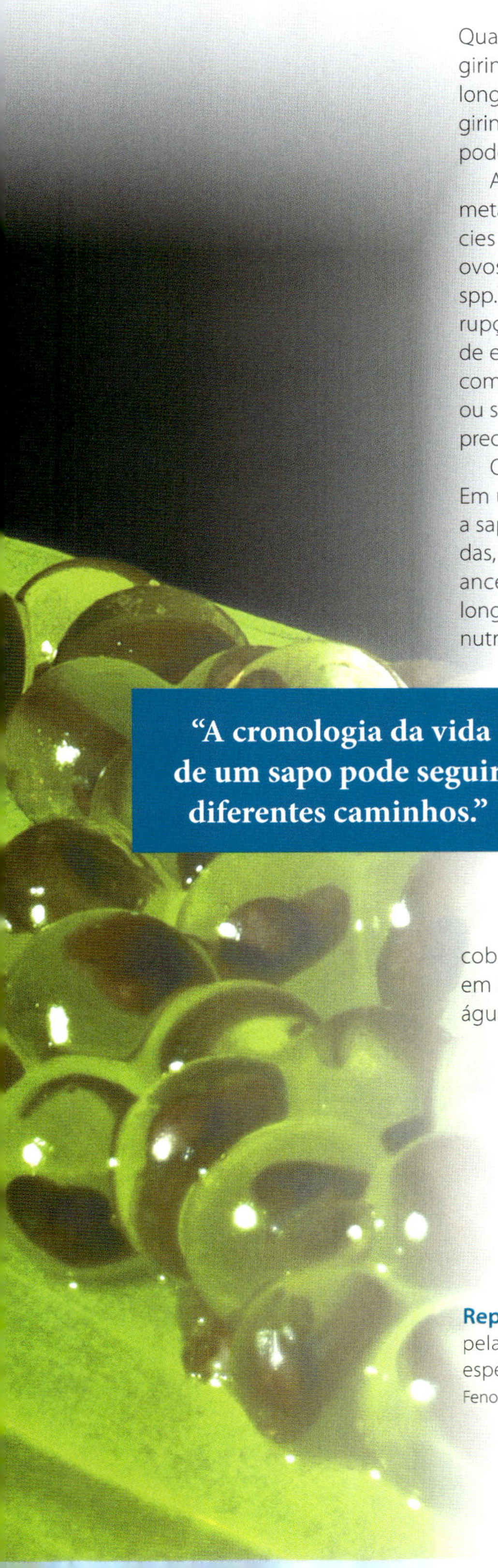

Reprodução em sapos. Enquanto muitos sapos têm uma vida típica caracterizada pela eclosão em girino, que posteriormente se metamorfoseia em sapo, outras espécies pulam esse estágio, eclodindo já em um pequeno sapo. Fotografia de Danté Fenolio/Science Source.

FONTE:
Gomez-Mestre, et al. 2012. Phylogenetic analyses reveal unexpected patterns in the evolution of reproductive modes in frogs. *Evolution* 66: 3687–3700.

A diversidade na reprodução dos sapos ressalta a noção de que espécies na Terra têm desenvolvido grande variedade de estratégias reprodutivas. Como será visto neste capítulo, os organismos têm evoluído ampla variedade de estratégias alternativas de crescimento, desenvolvimento e reprodução, as quais normalmente refletem importantes compensações na aptidão.

OBJETIVOS DE APRENDIZAGEM

Após a leitura deste capítulo, você deverá ser capaz de:

8.1 Descrever atributos da história de vida, como a cronologia da vida de um organismo.

8.2 Explicar como atributos da história de vida são moldados por compensações.

8.3 Reconhecer que os organismos diferem no número de vezes que reproduzem, mas, em última análise, todos se tornam senescentes.

8.4 Explicar como histórias de vida são sensíveis a condições ambientais.

Como visto nos capítulos anteriores, os organismos geralmente são bem adaptados às condições de seus ambientes, e suas formas e funções são influenciadas por fatores físicos e biológicos. Similarmente, as estratégias que os organismos desenvolveram para maturação sexual, reprodução e longevidade também são moldadas pela seleção natural. Este capítulo explora o amplo conjunto de estratégias que as espécies desenvolveram e as compensações entre os diferentes atributos.

8.1 Os atributos da história de vida representam a cronologia da vida de um organismo

A cronologia de crescimento, desenvolvimento, reprodução e sobrevivência de um organismo consiste naquilo que os ecólogos chamam de **história de vida**. Como se pode ver na Figura 8.1, a história de vida de um organismo consiste nos atributos relacionados ao nascimento ou eclosão da prole. Essas características incluem o tempo necessário para alcançar a maturidade sexual; a **fecundidade**, que é o número de filhotes produzido por episódio reprodutivo; a **paridade**, que é a quantidade de episódios de reprodução; o **investimento parental**, que é o quanto de tempo e energia são dedicados à prole; e a **longevidade** ou **expectativa de vida**, que é a duração de vida de um organismo. De maneira geral, os atributos da história de vida descrevem a estratégia de um organismo para obter aptidão evolutiva ao longo de sua vida, além de representarem o efeito combinado de muitas adaptações morfológicas, comportamentais e fisiológicas interagindo com as condições ambientais para afetar a sobrevivência, o crescimento e a reprodução. Esta seção aborda a ampla variedade de atributos de vida que existe na natureza e como eles estão comumente organizados em estratégias que possibilitam aos organismos persistirem sob diferentes condições ecológicas.

História de vida Cronologia de crescimento, desenvolvimento, reprodução e sobrevivência de um organismo.

Fecundidade Quantidade de filhotes gerados por um organismo a cada episódio reprodutivo.

Paridade Quantidade de episódios reprodutivos que um organismo experimenta.

Investimento parental Quantidade de tempo e energia dedicados aos filhotes pelos pais.

Longevidade Duração da vida de um organismo. Também denominada **expectativa de vida**.

CONTÍNUO LENTO-RÁPIDO DE HISTÓRIA DE VIDA

Os atributos da história de vida variam amplamente entre as espécies e entre as populações de uma mesma espécie. Isso porque a história de vida de um organismo representa uma solução para o problema de distribuir tempo e recursos limitados a fim de alcançar o máximo sucesso reprodutivo. Um fato marcante sobre isso é que o resultado é quase sempre o mesmo: em média, somente um dos filhotes da prole que um indivíduo produz sobrevive até se reproduzir, ou seja, cada um substitui apenas a si mesmo. Se não fosse assim, as populações diminuiriam até a extinção, pelo fato de os indivíduos não se substituírem, ou elas aumentariam continuamente.

O modo como os organismos crescem e produzem filhotes varia de todas as maneiras imagináveis. Uma fêmea de salmão-vermelho (*Oncorhynchus nerka*), após nadar até 5.000 km a partir de sua área de forrageamento no Oceano Pacífico até a foz de um rio na costa da Colúmbia Britânica, ainda enfrenta uma jornada rio acima de 1.000 km até a sua área de desova. Lá, ela deposita milhares de ovos e morre em seguida, com seu corpo esgotado pelo esforço. Uma fêmea de elefante africano dá à luz um único filhote em intervalos de vários anos, dedicando um cuidado intenso a seu filhote até que ele tenha idade e tamanho suficientes para se defender por conta própria no mundo dos elefantes. Os tordos, um grupo de aves que inclui o tordo-americano (*Turdus migratorius*), começam a se reproduzir quando alcançam 1 ano de idade, podendo gerar várias ninhadas por ano, cada uma contendo três ou quatro filhotes. Os tordos adultos raramente vivem mais de 3 ou 4 anos. Por outro lado, o painho (*storn petrel*), uma ave marinha com o tamanho aproximado ao dos tordos,

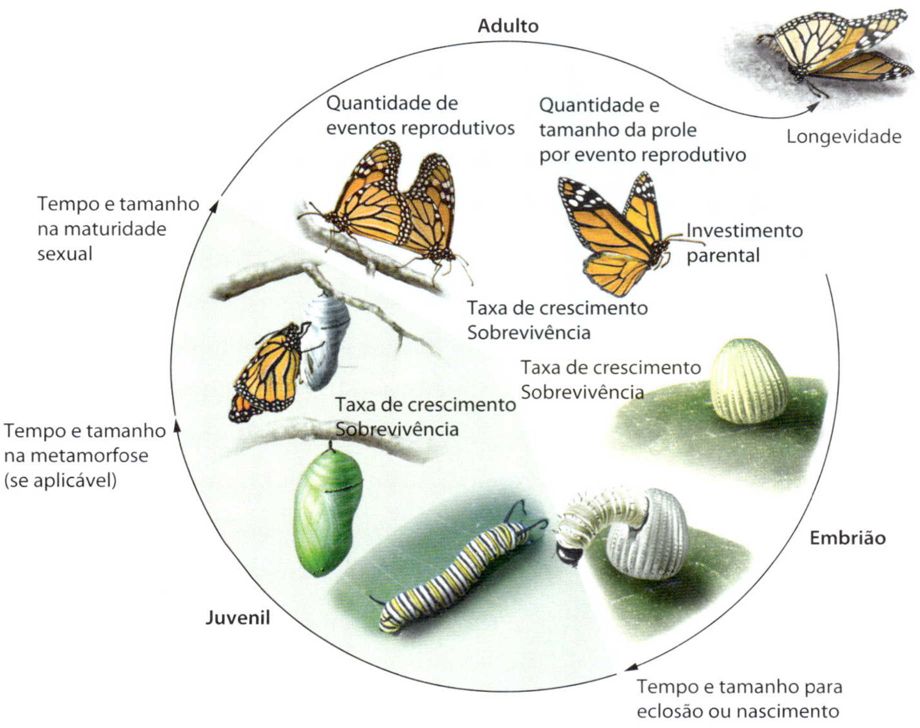

Figura 8.1 Atributos da história de vida. A cronologia da vida de um organismo tem início com o embrião, que eclode ou nasce com um tamanho e em um tempo específicos. Durante o estágio juvenil subsequente, o organismo cresce e, por fim, torna-se um adulto maduro sexualmente. Para alcançar tal estágio, muitas espécies devem primeiramente passar por uma metamorfose. Os adultos podem, então, se reproduzir em um ou mais eventos reprodutivos com um nível específico de fecundidade, investimento parental e longevidade. Em todos os estágios, as espécies alcançam um tamanho específico e determinada probabilidade de sobreviver até o próximo estágio.

não se reproduz até que tenha 4 ou 5 anos de idade e, então, cria um único filhote por ano. Essas aves podem viver por 30 ou 40 anos.

A ampla variação nos atributos da história de vida das espécies atraiu o interesse dos pesquisadores que desejavam compreender as condições ecológicas que favorecem tais respostas evolutivas tão diferentes. Duas considerações podem ser feitas sobre o assunto. Primeiramente, os atributos da história de vida, em geral, variam de modo consistente em relação ao estilo de vida, ao hábitat ou às condições ambientais. O tamanho da semente, por exemplo, é comumente maior nas árvores do que nas gramíneas. Em segundo lugar, a variação em um atributo da história de vida está geralmente correlacionada à variação em outros atributos. Por exemplo, o número de filhotes gerados em um único evento reprodutivo frequentemente está relacionado negativamente com o tamanho deles. Como resultado, as variações em vários atributos podem ser organizadas ao longo de um intervalo de valores contínuos.

Pode-se denominar um extremo como o lado "lento" do espectro. Nesse extremo, os organismos como elefantes, albatrozes, tartarugas-gigantes e carvalhos necessitam de um longo tempo para alcançar a maturidade sexual. Eles geralmente têm vidas longas, poucos filhotes e alto investimento parental em energia dedicada à sua prole, como o cuidado parental, a quantidade de vitelo em um ovo ou a quantidade de energia armazenada em uma semente. No extremo "rápido" do espectro, estão os organismos como as moscas-de-frutas e as pequenas plantas herbáceas, que alcançam a maturidade sexual em períodos curtos e têm muitos filhotes, pouco investimento parental e vida breve.

COMBINAÇÕES DE ATRIBUTOS DAS HISTÓRIAS DE VIDA EM PLANTAS

O ecólogo inglês J. Philip Grime conceituou a relação entre os atributos da história de vida e as condições ambientais na forma de um triângulo, com cada vértice representando uma condição extrema: estresse abiótico, competição e frequência de perturbações (Figura 8.2). Grime propôs que plantas que vivem nos extremos desses três eixos tinham combinações de atributos e poderiam ser categorizadas como *tolerantes ao estresse*, *competidoras* ou *ruderais*. A Tabela 8.1 lista algumas das principais diferenças nas estratégias dessas três plantas.

Como o seu nome sugere, as plantas tolerantes ao estresse vivem sob condições ambientais extremas, como baixíssima disponibilidade de água, temperaturas muito frias ou concentrações salinas altas. Por exemplo, as espécies do bioma tundra, como a erva-lanosa (*Pedicularis dasyantha*), são tipicamente pequenas herbáceas que vivem por muitos anos, crescem bem devagar e alcançam a maturidade sexual relativamente tarde na vida. De modo semelhante, muitas plantas que vivem no deserto, como os cactos, são tolerantes ao estresse porque podem sobreviver por longos períodos em temperaturas altas e sem precipitação. Uma vez que o crescimento a partir de uma semente é muito difícil em ambientes tão estressantes, as plantas tolerantes ao estresse dedicam pouco de sua energia a ela. Em vez disso, dependem da *reprodução vegetativa*, que é um tipo de reprodução assexuada no qual as plantas se desenvolvem a partir de raízes e caules de outras já existentes.

Quando as condições para o crescimento são menos estressantes, as plantas podem desenvolver atributos da história de vida encontrados ao longo de um contínuo, que vai de

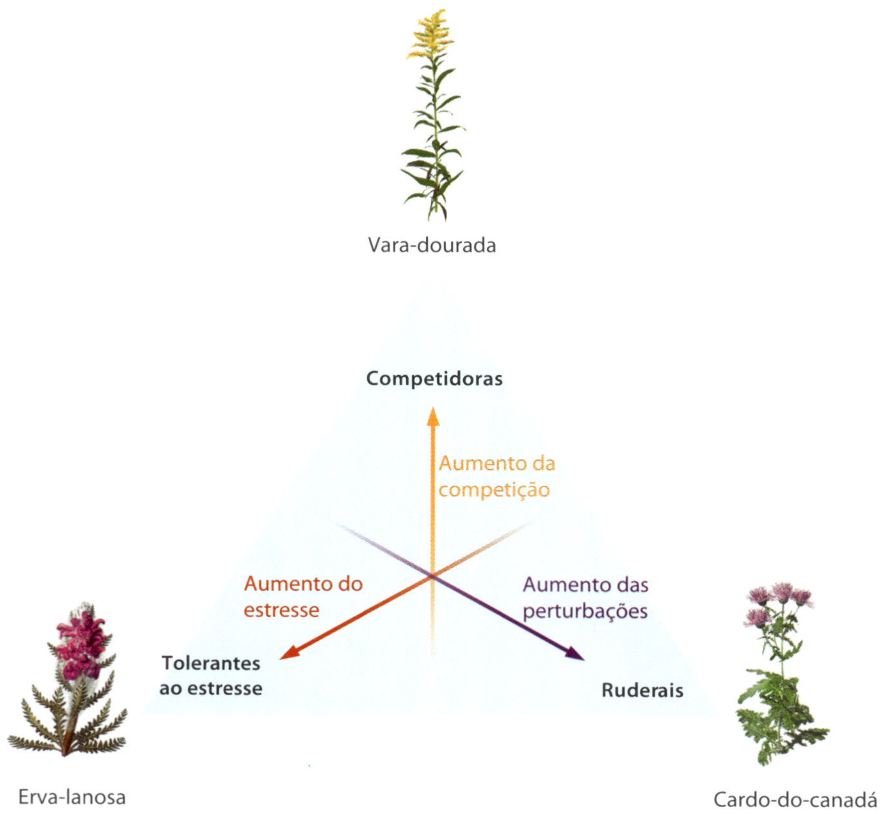

Figura 8.2 Combinações de atributos da história de vida das plantas. As plantas enfrentam os desafios ambientais de competição, perturbação e estresse. As espécies que vivem em cada condição ambiental extrema desenvolveram conjuntos de atributos que as tornam bem adaptadas a tais ambientes. Dados de J. P. Grime, *Plant Strategies and Vegetation Processes* (Wiley, 1979).

competidoras até ruderais. Na ausência dos estressores abióticos representados por altas temperaturas ou falta extrema de água, e sem distúrbios frequentes, as plantas podem crescer rapidamente por longos períodos de tempo, provocando mais competição entre si por nutrientes no solo e por luz. As competidoras podem crescer relativamente rápido, alcançar a maturidade sexual mais cedo e ainda assim investir uma pequena quantidade de sua energia para a produção de semente, porque elas frequentemente se espalham por reprodução vegetativa. Esse tipo também tende a crescer até tamanhos maiores e exibir grande longevidade. Nas florestas, a maioria das espécies arbóreas se encaixa na categoria de competidoras. Em campos abandonados, um competidor forte é o grupo de plantas herbáceas altas conhecidas como "varas-douradas" (*golden rods*).

No outro vértice do triângulo, com baixo estresse e alta frequência de perturbação, encontram-se as ruderais. Essas plantas colonizam manchas perturbadas de hábitats, exibem crescimento rápido e maturação precoce, e utilizam alta proporção de sua energia na formação de sementes. Elas incluem muitas plantas que poderiam ser chamadas de "ervas daninhas" em um jardim, como o dente-de-leão (*Taraxacum officinale*), a ambrósia-comum (*Ambrosia artemisiifolia*) e o cardo-rasteiro (*Cirsium arvense*). Em geral, as ruderais têm sementes que se dispersam facilmente e que conseguem persistir no ambiente por muitos anos enquanto aguardam por condições ambientais favoráveis. Esse conjunto de atributos lhes possibilita que se reproduzam e dispersem suas sementes para outros locais perturbados.

VERIFICAÇÃO DE CONCEITOS

1. Qual a diferença entre fecundidade e paridade?
2. Utilizando a categorização de Grime para atributos da história de vida de plantas, por que ruderais se espalham por meio de sementes facilmente dispersadas, enquanto as plantas tolerantes ao estresse se espalham de maneira vegetativa?
3. Por que se espera que, em média, somente um filhote da prole produzida por um indivíduo sobreviva para reproduzir-se?

TABELA 8.1 Atributos das histórias de vida das plantas nos extremos ambientais de estresse, competição e perturbação.

Atributos da história de vida	Tolerantes ao estresse	Competidoras	Ruderais
Taxa de crescimento potencial	Lenta	Rápida	Rápida
Idade de maturidade sexual	Tardia	Precoce	Precoce
Proporção de energia usada para formar sementes	Pequena	Pequena	Alta
Importância da reprodução vegetativa	Frequentemente importante	Geralmente importante	Raramente importante

8.2 Os atributos da história de vida são moldados por compensações

Se fossem considerados os diversos tipos de atributos da história de vida, seria justo pensar que um organismo poderia ter aptidão muito alta se pudesse crescer rapidamente, alcançar maturidade sexual precocemente, reproduzir-se a altas taxas e ter vida longa. Entretanto, nenhum organismo tem os melhores de todos esses atributos, o que destaca o fato de eles serem obrigados a fazer escolhas, chamadas de compensações.

Quando um atributo da história de vida é favorecido, isso frequentemente impede a adoção de outro que seja vantajoso. Em alguns casos, há restrições físicas, como o tamanho do útero de um mamífero, o que impõe um limite ao volume total da prole que pode ser gerada por vez. Assim, uma fêmea pode gerar diversos filhotes pequenos ou poucos filhotes grandes, mas não muitos filhotes grandes.

Em outros casos, a compensação reflete o conteúdo genético do organismo. Uma vez que alguns genes apresentam múltiplos efeitos, a seleção que favorece genes para um atributo da história de vida pode ocasionar alterações em outros. Por exemplo, na arabeta (*Arabidopsis thaliana*), a seleção artificial em genes para florescimento precoce também resulta na redução da produção de sementes.

Ainda em outros casos, as compensações são o resultado de como um organismo aloca uma quantidade finita de tempo, energia ou nutrientes. Por exemplo, quanto mais tempo uma gazela gasta prestando atenção em predadores nos arredores, menos tempo ela tem para investir na procura e obtenção de alimento.

Esta seção discute o *princípio de alocação* e destaca algumas das compensações observadas mais comumente.

PRINCÍPIO DE ALOCAÇÃO

Frequentemente, os organismos dispõem de tempo, energia e nutrientes limitados. De acordo com o **princípio de alocação**, quando tais recursos são direcionados para a estrutura corporal, a função fisiológica ou o comportamento, eles não podem ser alocados para outro fim. Como resultado, a seleção natural favorece aqueles indivíduos que alocam seus recursos de modo a alcançarem máxima aptidão.

A seleção de atributos da história de vida pode ser complexa; afinal, quando um atributo é alterado, geralmente influencia diversos componentes da sobrevivência e da reprodução. Portanto, a evolução de um atributo específico somente pode ser compreendida considerando o conjunto inteiro das consequências. Por exemplo, um aumento no número de sementes que um carvalho produz pode contribuir para sua maior aptidão; entretanto, se uma quantidade maior de sementes produzidas só é possível se houver redução do tamanho de cada uma, e se sementes menores apresentam menor sobrevivência, então a produção de mais sementes poderá afetar negativamente a aptidão total da árvore. Nesse caso, para alcançar um resultado que maximize a aptidão total, a evolução deve favorecer uma estratégia que equilibre o número de sementes e a sua sobrevivência.

Princípio de alocação Observação de que, quando os recursos são dedicados para uma estrutura corporal, uma função fisiológica ou um comportamento, eles não podem ser alocados para outro fim.

Do ponto de vista evolutivo, os indivíduos existem para produzir o maior número possível de progênies de sucesso. Há, entretanto, muitos problemas de alocação que devem ser considerados, incluindo o momento de maturidade sexual, o número de filhotes gerados por vez e o quanto de cuidado parental é preciso conceder à prole. Uma história de vida otimizada é aquela que representa uma solução para os conflitos entre as demandas competitivas de sobrevivência e reprodução, promovendo a máxima vantagem ao indivíduo, em termos de aptidão. Embora normalmente se acredite que as compensações limitem as combinações específicas de atributos da história de vida que uma espécie pode desenvolver, a demonstração de tal fato é uma tarefa difícil. Em alguns casos, as compensações podem ser comprovadas apenas por meio de manipulações experimentais.

QUANTIDADE *VERSUS* TAMANHO DOS FILHOTES

A maioria dos organismos enfrenta um impasse entre a quantidade e o tamanho de filhotes que pode gerar em cada evento reprodutivo. Assim, como se nota nos mamíferos, o número de filhotes em qualquer gestação só pode aumentar se o tamanho de cada um diminuir. A compensação entre a quantidade e o tamanho dos filhotes em determinado evento reprodutivo também pode ser limitada pela energia e pelos nutrientes. Um exemplo disso pode ser visto na Figura 8.3, que ilustra a relação entre tamanho e quantidade de sementes em plantas do gênero *Solidago*. Nas populações e espécies, existe uma correlação negativa entre tamanho e quantidade de sementes,

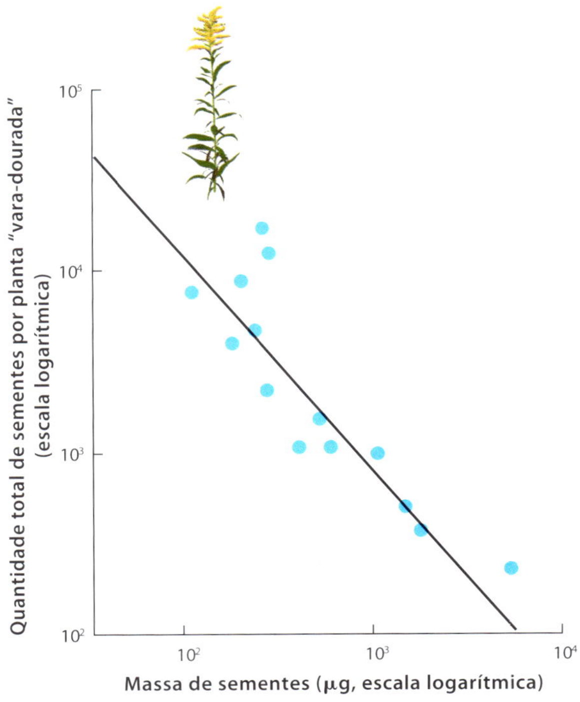

Figura 8.3 Quantidade *versus* tamanho dos filhotes. Em 14 populações e espécies da planta "vara-dourada", indivíduos que produzem mais sementes também produzem sementes menores, demonstrando que uma compensação existe entre os dois atributos da história de vida. Dados de P. A. Werner, W. J. Platt. Ecological relationships of co-occurring goldenrods (*Solidago*: Compositae), *The American Naturalist* 110 (1976): 959–971.

ANÁLISE DE DADOS EM ECOLOGIA

Coeficientes de determinação

Quando procuram por compensações entre atributos da história de vida, os ecólogos geralmente ilustram graficamente um atributo contra o outro e procuram por uma correlação negativa. No exemplo das sementes da "vara-dourada", os pesquisadores usaram uma regressão para demonstrar a compensação entre a quantidade e o tamanho das sementes. Conforme mostrado no Capítulo 5, a regressão é uma descrição matemática da relação entre duas variáveis. Por exemplo, os pontos representando dados que tendem a seguir uma linha reta poderiam ser mais bem descritos com o uso de uma regressão linear, descrita pela seguinte equação:

$$Y = mX + b$$

em que X e Y são variáveis medidas; m é a inclinação, que é negativa no caso da "vara-dourada"; e b é o intercepto.

Embora essa equação informe como uma variável está associada a outra, ela não esclarece o quão fortemente estão relacionadas. Desse modo, seria de grande valia saber se os pontos dos dados se distribuem junto à reta ou se são altamente variáveis em torno da linha. Para responder a essa questão, pode-se usar um conceito estatístico conhecido como **coeficiente de determinação**, abreviado como $\boldsymbol{R^2}$, um índice que informa o quão bem os dados se ajustam a uma reta. Os valores podem variar de 0 a 1, com "0" indicando um ajuste muito pobre dos dados à reta e "1" indicando um ajuste perfeito. Em termos de compensações de histórias de vida, valores maiores de R^2 indicam que a variação em um atributo da história de vida explica grande parte da variação em outro.

Na tabela a seguir, pode-se considerar um conjunto hipotético de dados para sementes de plantas que têm a mesma relação linear entre a massa e a quantidade de sementes, conforme a seguinte equação:

$$\text{Quantidade de sementes} = (-4 \times \text{massa da semente}) + 24$$

Massa da semente (g)	Quantidade de sementes para a população A	Quantidade de sementes para a população B	Quantidade de sementes para a população C
1	21	22	24
1	19	18	16
3	13	14	16
3	11	10	8
5	5	6	7
5	3	2	1
	$\bar{Y} = 12$	$\bar{Y} = 12$	$\bar{Y} = 12$

Para cada conjunto de dados, é possível ilustrar graficamente as relações e incluir a reta de regressão, como mostrado nos gráficos a seguir. Para calcular o R^2, primeiramente é preciso calcular a média dos valores de Y, que, para todas as populações, é o número médio de

Coeficiente de determinação (R^2) Índice que informa o quão bem os dados se ajustam a uma reta.

demostrando que as plantas desse gênero que produzem mais sementes também produzem sementes menores. Embora a compensação entre a quantidade e o tamanho de filhotes possa ser observada em diversas espécies, a compensação esperada frequentemente não ocorre. Em algumas espécies, a quantidade de filhotes pode ser bastante variável entre indivíduos, mas o seu tamanho pode ser relativamente constante. Isso sugere que a seleção, muitas vezes, favorece um tamanho de filhote constante e talvez até ótimo, e que um indivíduo capaz de adquirir energia adicional somente pode utilizá-la na produção de mais filhotes.

QUANTIDADE DE FILHOTES *VERSUS* CUIDADO PARENTAL

A quantidade de filhotes produzida em um evento reprodutivo também pode ocasionar uma compensação no investimento em cuidado parental. Isso porque, à medida que o número de filhotes aumenta, os esforços dos pais em fornecer alimento e proteção para cada um deles diminui gradativamente.

Em um estudo clássico sobre evolução da história de vida, David Lack, da Oxford University, considerou a quantidade de filhotes gerados por aves canoras. Lack observou que as aves canoras que se reproduzem nos trópicos põem menos ovos por vez – em média dois ou três por ninho – do que as que se reproduzem em latitudes maiores, as quais, dependendo da espécie, tipicamente põem quatro a dez ovos. Em 1947, ele propôs que essas diferenças nas estratégias reprodutivas teriam evoluído em resposta às distinções entre os ambientes tropical e temperado. Lack reconheceu que as aves poderiam melhorar o seu sucesso reprodutivo total ao aumentarem o número de ovos em cada evento reprodutivo, contanto que uma quantidade maior de filhotes não causasse redução na sua sobrevivência. Ele, então, formulou a hipótese de que a habilidade dos pais em obter alimento para a prole era limitada e que, se eles não pudessem conseguir o suficiente, a prole ficaria subnutrida e, assim, teria menos chances de sobreviver. Desse modo, deve-se esperar que os pais produzam o número de filhotes que eles possam alimentar com sucesso. Uma diferença entre os trópicos e as latitudes maiores é a quantidade de horas de luz do dia. Lack notou que, em latitudes maiores, os pais tinham mais horas para adquirir comida para alimentar seus filhotes. Assim, assumindo que a taxa de obtenção de comida seja semelhante em latitudes baixas e altas, ele supôs que as aves que se reproduzem em latitudes maiores poderiam criar mais filhotes do que aquelas que se reproduzem nas latitudes menores dos trópicos.

12 sementes. Também é necessário determinar os números esperados de sementes se os dados se ajustassem perfeitamente à reta. Assim, usando a equação da reta e os dados anteriores para massa das sementes, os seis números esperados são 20, 20, 12, 12, 4 e 4.

Em seguida, calcula-se a *soma total dos quadrados*, que é a soma dos quadrados das diferenças entre cada número observado (y_i) e o número médio de sementes ($\bar{Y}$):

$$\Sigma(y_i - \bar{Y})^2$$

Em seguida, devem ser calculados os *erros das somas dos quadrados*, que é o somatório dos quadrados das diferenças entre cada número esperado (f_i) e o número de sementes observado (y_i):

$$\Sigma(y_i - f_i)^2$$

Finalmente, pode-se calcular o valor de R^2 da seguinte maneira:

$$R^2 = 1 - \left(\frac{\Sigma(y_i - f_i)^2}{\Sigma(y_i - \bar{Y})^2}\right)$$

Para a população A, pode-se calcular o valor de R^2 do seguinte modo:

$$R^2 =$$

$$1 - \left(\frac{(21-20)^2+(19-20)^2+(13-12)^2+(11-12)^2+(5-4)^2+(3-4)^2}{(21-12)^2+(19-12)^2+(13-12)^2+(11-12)^2+(5-12)^2+(3-12)^2}\right) =$$

$$1 - \left(\frac{6}{262}\right) = 0{,}98$$

EXERCÍCIO Usando as fórmulas anteriores, calcule o R^2 para as populações B e C. Considerando seus três valores de R^2, qual conjunto de dados se ajusta melhor à reta de regressão? Qual população fornece a maior confiança de que exista uma relação negativa entre o tamanho e a quantidade de sementes?

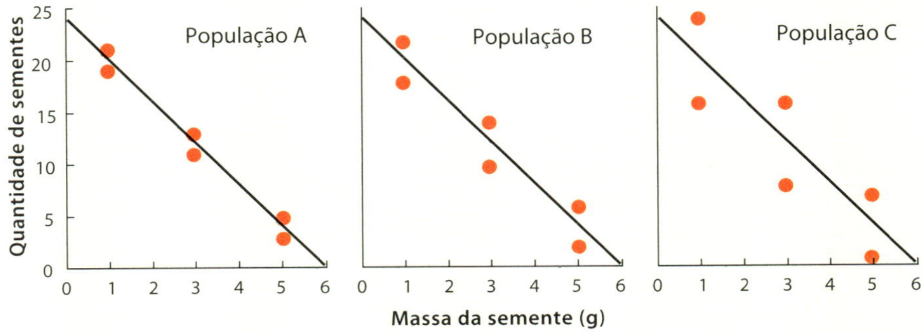

Lack formulou três pontos importantes. Primeiramente, afirmou que os atributos da história de vida, como a quantidade de ovos depositados em um ninho, não apenas contribuem para o sucesso reprodutivo, como também influenciam a aptidão evolutiva. Em segundo lugar, demonstrou que as histórias de vida variam de modo consistente em relação aos fatores ambientais, como a quantidade de horas de luz disponível para obtenção de alimento para os filhotes. Essa observação sugeriu que os atributos da história de vida são moldados pela seleção natural. No terceiro ponto, ele formulou a hipótese de que a quantidade de filhotes que os pais podem criar com sucesso é limitada pelo suprimento de alimentos. Para testar tal ideia, pode-se adicionar ovos a ninhos de modo a criar números artificialmente altos de filhotes. De acordo com a hipótese de Lack, os pais não devem ser capazes de criar ninhadas mais numerosas porque não podem obter o suprimento alimentar necessário.

A hipótese de Lack tem recebido suporte de numerosos experimentos desenvolvidos nas últimas décadas. Por exemplo, a pega-rabuda-europeia (*Pica pica*) normalmente deposita sete ovos em seu ninho. Para determinar se essa é a estratégia mais otimizada para a espécie, os pesquisadores manipularam o número de ovos em seus ninhos, removendo um ou dois de vários ninhos e adicionando-os a outros. Então, a fim de controlar essa perturbação, eles também trocaram ovos entre ninhos sem mudar sua quantidade e aguardaram para ver quantos filhotes poderiam ser criados até o estágio de emplumados, quando a prole pode deixar o ninho. Como mostrado na Figura 8.4, as aves que tiveram menos ou mais de sete ovos acabaram por produzir menos filhotes emplumados, e os ninhos que tiveram ovos removidos produziram menos emplumados, pois começaram com menos filhotes. Em contraste, os ninhos com ovos adicionados geraram menos emplumados, porque os filhotes tiveram de compartilhar o alimento com um número maior de irmãos. Essa competição entre os filhotes fez com que eles crescessem mais lentamente e sofressem taxas de mortalidade mais altas, uma vez que os pais eram incapazes de alimentar tantos filhotes. Como Lack previu, o número de ovos que a pega-rabuda-europeia produz maximiza a quantidade de filhotes que ela pode criar com sucesso.

Apesar do suporte à hipótese de Lack, uma pesquisa realizada em 2015 revelou que a premissa de que pássaros tropicais colocam menos ovos do que os de regiões temperadas porque

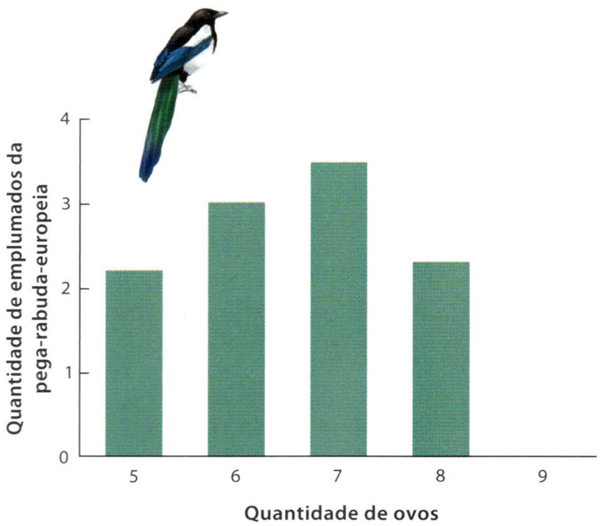

Figura 8.4 Manipulação da quantidade de ovos em um ninho. Na espécie pega-rabuda-europeia, os adultos normalmente depositam sete ovos. Quando os pesquisadores removeram ou adicionaram um ou dois ovos, o número de filhotes que sobreviveram até a fase emplumada diminuiu. Isso sugere que a quantidade típica de ovos postos pode ser o número ótimo para a pega. Dados de G. Högstedt, Evolution of clutch size in birds: Adaptive variation in relation to territory quality, *Science* 210 (1980): 1148–1150.

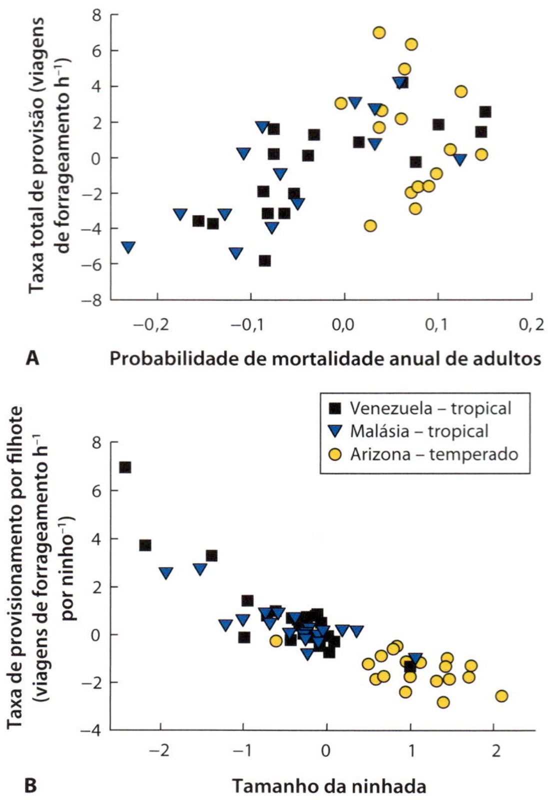

Figura 8.5 Estratégias alternativas da história de vida de aves de regiões temperadas *versus* aves tropicais. Pesquisadores examinaram a taxa de mortalidade relativa e o esforço relativo da alimentação de 72 espécies de aves em regiões temperadas e tropicais do mundo. **A.** As aves de regiões temperadas, que normalmente depositam um ou dois ovos a mais do que as aparentadas em regiões tropicais, mostram taxas mais altas de mortalidade quando adultas e realizam mais viagens de forrageamento para alimentar sua prole total. **B.** Aves tropicais fazem mais viagens para forrageamento por filhote, resultando em maior sobrevivência desses filhotes enquanto no ninho e por toda a sua vida adulta. Em ambos os casos, as taxas relativas são calculadas após o controle numérico de outros fatores, incluindo diferenças na massa da ave. Dados de T. Martin, Age-related mortality explains life history strategies of tropical and temperate songbirds, *Science* 349 (2015): 966-970.

são incapazes de fornecer tanto alimento para seus filhotes é incorreta. Após examinar dezenas de espécies de pássaros pelo Arizona, pela Venezuela e pela Malásia, o estudo mostrou que as espécies tropicais tiveram crescimento mais lento que as temperadas no início da vida como filhotes, mas cresceram rapidamente mais tarde. Além disso, enquanto os pássaros das regiões temperadas fazem mais viagens à procura de alimento para a sua prole, os tropicais fazem mais viagens por filhote, como mostrado na Figura 8.5. Esses fatos sugerem que, ao contrário da hipótese de Lack, os pais de regiões tropicais são bem capazes de encontrar alimento em abundância para a sua prole. Adicionalmente, os filhotes de regiões tropicais crescem até obter asas maiores, e isso faz com que sejam menos suscetíveis a predadores quando comparados aos filhotes de regiões temperadas.

Em resumo, pássaros tropicais geram quantidade menor de filhotes de "alta qualidade", não porque são incapazes de alimentar mais filhotes, mas porque adotam uma estratégia, de maneira geral, diferente. A estratégia dos pássaros tropicais é fornecer mais alimento por filhote como maneira de gerar filhotes com altas taxas de sobrevivência após deixarem os ninhos. Em contraste, a dos pássaros de regiões temperadas é conceber mais filhotes, ao custo de cada um apresentar menor aptidão.

FECUNDIDADE E CUIDADO PARENTAL *VERSUS* SOBREVIVÊNCIA PARENTAL

Anteriormente, explicou-se como a adição de ovos aos ninhos de aves aumentou o esforço dos pais em obter alimento. Consequentemente, pais com proles de tamanho pequeno ou intermediário têm a maior aptidão. Algumas vezes, entretanto, ter mais bocas para alimentar estimula os pais a se esforçarem mais na busca por alimento para seus filhotes. Nesse caso, uma ninhada aumentada artificialmente poderia resultar em maior sucesso reprodutivo a curto prazo, embora o esforço parental adicional pudesse impor um custo aos pais que afetasse sua aptidão mais tarde.

Os peneireiros-vulgares (*Falco tinnunculus*), pequenos falcões que se alimentam de ratos-toupeiras e musaranhos capturados em campos abertos, constituem um exemplo de compensação entre fecundidade e sobrevivência parental. Enquanto o forrageamento requer alta taxa de consumo de energia, esses pequenos mamíferos são tão abundantes que os casais normalmente podem capturar presas suficientes para alimentar suas ninhadas em poucas horas a cada dia, já que põem em média cinco ovos por ninhada.

Em um estudo, quando os filhotes tinham cerca de 1 semana de idade, as ninhadas em uma amostra de ninhos foram submetidas a uma de três manipulações: os cientistas removeram dois filhotes de um ninho, trocaram filhotes entre ninhos sem alterar o tamanho da ninhada, ou adicionaram dois filhotes a um ninho, esperando que os pais das ninhadas artificialmente manipuladas alterassem a quantidade de energia gasta procurando por alimento para os filhotes. Enquanto os pais com menos ovos tiveram, ao final, menos filhotes no estágio de emplumados do que o grupo-controle, os pais com ovos adicionais tiveram mais filhotes emplumados, como mostrado na Figura 8.6. Entretanto, apesar dos esforços de caça adicionais de seus pais, os filhotes das ninhadas mais numerosas eram um pouco subnutridos, e apenas 81% sobreviveram até o estágio emplumado, comparados com a sobrevivência de 98% nos ninhos de controle e naqueles com ovos removidos.

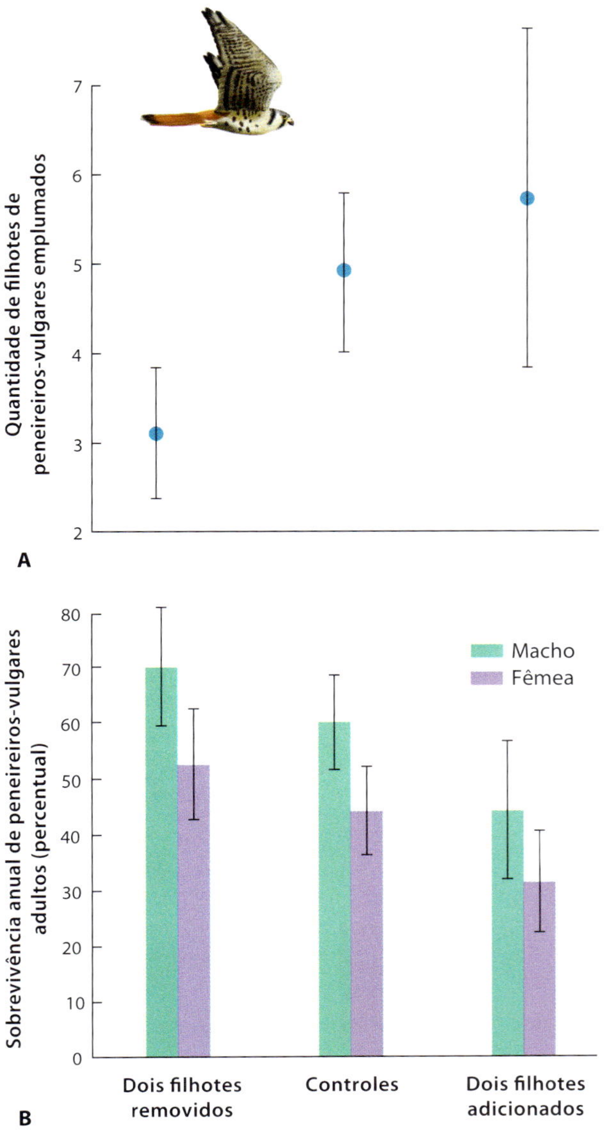

Figura 8.6 Cuidado parental *versus* sobrevivência parental. **A.** Quando pesquisadores removeram ovos dos ninhos dos peneireiros-vulgares, menos filhotes se tornaram emplumados; porém, quando adicionaram ovos, mais filhotes emplumaram. Portanto, ter mais ovos leva a mais filhotes emplumados. As barras de erro são desvios padrões. **B.** Adicionar mais ovos causa uma compensação, pois os pais trabalham mais para alimentar os jovens, fazendo com que os adultos experimentem um decréscimo na sobrevivência. As barras de erro são erros padrões. Dados de C. Dijkstra et al., Brood size manipulations in the kestrel (*Falco tinnunculus*): effects on offspring and parental survival, *Journal of Animal Ecology* 59 (1990): 269–286.

Consequentemente, o esforço de caça extra para alimentar os dois filhotes adicionais forneceu aos pais apenas 0,8 filhote a mais, e tal ganho pode ter sido diminuído pelas mortes posteriores de alguns dos emplumados subnutridos. Além disso, os esforços de caça adicionais resultaram em menor sobrevivência dos adultos até a estação seguinte de reprodução. Isso significa que o aumento no número de filhotes proporciona benefícios decrescentes aos pais em relação à quantidade dos que sobrevivem; simultaneamente, o maior número de filhotes causa mortalidade adulta maior porque os pais têm de gastar mais energia assegurando alimento aos filhotes. Em algum momento, os ganhos obtidos pelo aumento da reprodução atual, que requer grande aumento de cuidado parental, são neutralizados pela maior mortalidade adulta, que reduz a chance de reprodução futura.

CRESCIMENTO *VERSUS* IDADE DE MATURIDADE SEXUAL E TEMPO DE VIDA

Os organismos normalmente também se deparam com uma compensação entre a alocação de energia para o crescimento ou para a reprodução. Na maioria das espécies de aves e mamíferos, as fêmeas crescem até um tamanho específico antes de começarem a se reproduzir. Porém, uma vez que tenham iniciado a reprodução, elas não crescem mais – um fenômeno conhecido como **crescimento determinado**. Por outro lado, diversas plantas e invertebrados, assim como vários peixes, répteis e anfíbios, não apresentam um tamanho adulto característico. Em vez disso, continuam a crescer após iniciar a reprodução, fenômeno conhecido como **crescimento indeterminado**, que, normalmente, ocorre a uma taxa decrescente ao longo do tempo.

Seja o crescimento de uma espécie determinado ou indeterminado, a característica-chave que configura a compensação entre crescimento e reprodução é que as fêmeas maiores geralmente produzem mais filhotes. Uma vez que a produção de filhotes e o crescimento utilizam as mesmas fontes de energia e nutrientes assimilados, o aumento da fecundidade durante 1 ano ocorre ao custo de crescimento adicional naquele ano. Além disso, para indivíduos com crescimento indeterminado, o crescimento reduzido em 1 ano pode causar a redução da fecundidade nos anos subsequentes.

Um organismo com longa expectativa de vida deve favorecer o crescimento em vez da fecundidade durante os anos iniciais de sua vida. Em contraste, aqueles com curta expectativa de vida devem alocar seus recursos em uma produção mais cedo de ovos, em vez de adiarem a reprodução e crescerem mais. Essas previsões podem ser testadas ao se examinarem as relações entre esses atributos da história de vida em muitas espécies diferentes, conduzindo experimentos de manipulação nas espécies na natureza.

Crescimento determinado Padrão de crescimento no qual um indivíduo para de crescer após o início da reprodução.

Crescimento indeterminado Padrão de crescimento no qual um indivíduo continua a crescer após o início da reprodução.

Comparações entre espécies

Quando se observam muitas espécies diferentes, percebe-se que organismos de vida longa normalmente começam a se reproduzir tardiamente em relação àqueles de vida curta. Isso ocorre porque, se um organismo tiver um tempo de vida longo e se o adiamento da maturidade possibilitar-lhe crescer mais e produzir mais filhotes por ano, a seleção natural favorecerá uma idade de maturidade mais avançada nesses organismos.

Uma análise de centenas de populações e espécies de animais ilustra essa relação. Como se pode ver na Figura 8.7, à medida que a idade de maturidade sexual aumenta, ocorre um aumento associado no número de anos que um animal sobrevive após alcançá-la. Adicionalmente, grupos taxonômicos diferentes se ajustam a distintas retas de regressão. Para as espécies cujas expectativas de vida são de 2 anos após a maturidade sexual, as aves e os mamíferos mostram os menores tempos para essa maturidade, enquanto os répteis, peixes e camarões, os maiores. Isso reflete o fato de os animais endotérmicos poderem crescer mais rapidamente do que os ectotérmicos.

Entre as espécies com idade de maturidade de 1 ano, as aves apresentam as maiores expectativas de vida após a maturidade sexual, o que reflete seu risco geralmente menor de predação devido à sua habilidade de voar.

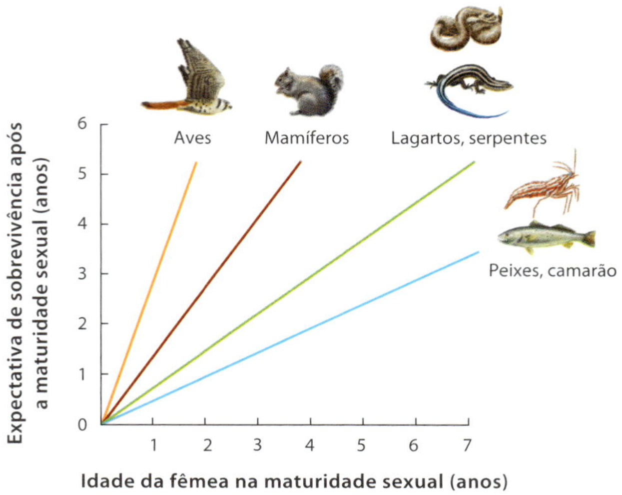

Figura 8.7 Idade de maturidade sexual *versus* tempo de vida. Utilizando centenas de diferentes populações e espécies, pode-se observar que grupos diferentes de animais apresentam relações distintas entre esses dois atributos da história de vida. Dados de E. L. Charnov, D. Berrigan, Dimensionless numbers and life history evolution: age of maturity versus the adult life span, *Evolutionary Ecology* 4 (1990): 273–275.

Experimentos de manipulação

Outra forma de examinar as compensações entre crescimento, idade de maturidade e duração de vida é conduzir um experimento de manipulação. O peixe *guppy*, de Trinidad (*Poecilia reticulata*), por exemplo, vive nos córregos de Trinidad, uma grande ilha ao sul do Mar do Caribe. Nos trechos de baixada desses córregos, eles convivem com um número de espécies de peixes predatórios, incluindo o ciclídeo (*Crenicichla alta*), que caça os *guppies* adultos, e o pequeno *killifish* (*Rivulus hartii*), que caça principalmente jovens *guppies*. Devido a essa predação, esses *guppies* apresentam baixa expectativa de vida.

Entretanto, em altitudes maiores, onde os *guppies* são capazes de subir várias pequenas corredeiras, eles vivem em um ambiente relativamente livre de predadores e têm expectativas de vida mais longas. A Figura 8.8 mostra os atributos da história de vida das populações de *guppy*. Nas populações que enfrentam alto risco de predação e tempo de vida curto, os machos maturam com tamanhos menores. As fêmeas alocam maior proporção de sua massa corporal para a reprodução e produzem mais filhotes que são menores. Como previsto, pesquisadores descobriram que o oposto é verdadeiro para as populações nos trechos acima das corredeiras e sem predadores: os machos maturam com tamanhos maiores, e as fêmeas

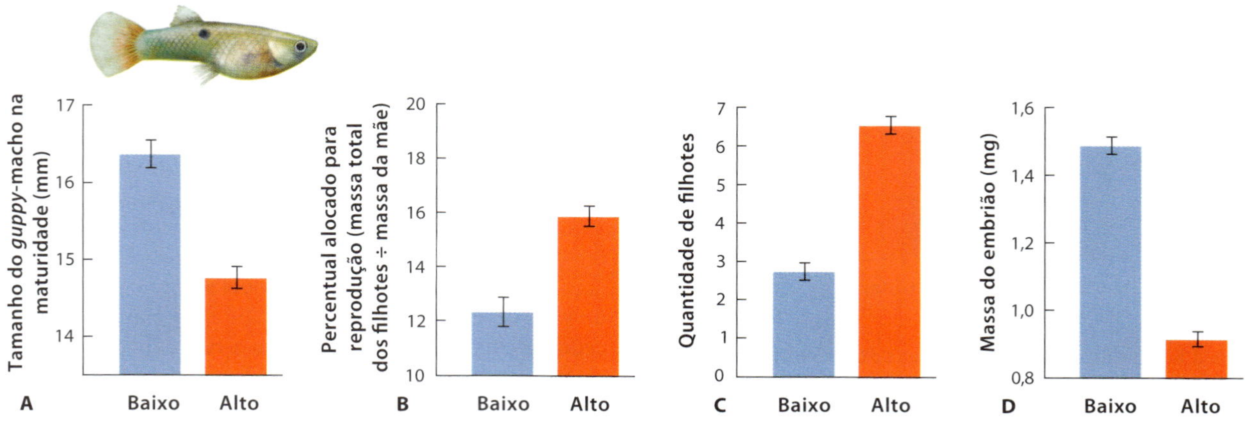

Figura 8.8 Estratégias alternativas da história de vida dos *guppies* em Trinidad. As populações de *guppy* nos cursos de água com alto risco de predação têm vida mais curta, e aquelas em cursos de água com baixo risco de predação têm vida mais longa. Em resposta a tal diferença em longevidade, os peixes que vivem em ambientes com predadores evoluíram para: maturar como machos menores (**A**); alocar maior fração de energia à prole, a qual é quantificada pelo percentual de massa da mãe que é dedicado à produção de seus filhotes (**B**); gerar mais filhotes (**C**); e produzir filhotes menores (**D**). As barras de erro representam desvios padrões. Dados de D. N. Reznick et al., Life history evolution in guppies (*Poecilia reticulata*: Poeciliidae). 4. Convergence in life history phenotypes, *American Naturalist* 147 (1996): 319–338. Fotografias de (A) Joi Ito; (B) Dusty Pixel photography/Getty Images.

alocam menor proporção de sua massa corporal para reprodução e geram menos filhotes que são maiores.

Os pesquisadores conduziram, então, um experimento de manipulação para testar a hipótese de que o aumento da mortalidade por predação era, na verdade, a causa das estratégias de história de vida alteradas das populações locais do *guppy*. Eles transferiram predadores dos trechos inferiores dos rios para as áreas acima das corredeiras, onde historicamente não existiam. Em poucas gerações, as histórias de vida das populações a montante das corredeiras tornaram-se semelhantes às daquelas nos trechos inferiores dos córregos. Essa descoberta não apenas confirmou as ideias básicas sobre a otimização dos padrões de histórias de vida, como também mostrou que a predação é uma notável força seletiva na evolução.

VERIFICAÇÃO DE CONCEITOS

1. Por que as compensações nos atributos da história de vida são observadas com tanta frequência?
2. Por que organismos com baixas taxas de sobrevivência anual começam a se reproduzir mais novos?
3. Por que os organismos estão sujeitos a compensações fundamentais entre crescimento e reprodução?

8.3 Os organismos diferem quanto à quantidade de vezes que se reproduzem, mas, por fim, se tornam senescentes

O número de vezes que um indivíduo se reproduz durante a sua vida varia bastante entre as espécies; contudo, em quase todas elas, os indivíduos acabam por sofrer um declínio na condição corporal, seguido de morte. Nas espécies que se reproduzem apenas uma vez, o declínio fisiológico e a morte se seguem rapidamente; nas que se reproduzem diversas vezes, ele se dá mais gradualmente. Uma exceção interessante é o caso das bactérias, que nem sempre morrem. Em vez disso, sofrem fissão, na qual um organismo unicelular se divide em duas células-filhas. Nesta seção, serão examinadas as estratégias de história de vida de reprodução única *versus* vários eventos de reprodução, além das causas do declínio gradual na fisiologia.

SEMELPARIDADE E ITEROPARIDADE

Os organismos podem evoluir para se reproduzirem uma só vez, fenômeno conhecido como **semelparidade**, ou múltiplas vezes ao longo da vida, fenômeno conhecido como **iteroparidade**. Entretanto, nenhuma das condições informa se a história de vida de um organismo é **anual** (ciclo de vida de 1 ano) ou **perene** (ciclo de vida superior a 1 ano). Desse modo, os organismos que vivem por apenas 1 ano podem realizar mais de um episódio reprodutivo ou ter uma reprodução contínua prolongada durante esse período.

Semelparidade Ocorre quando os organismos se reproduzem apenas uma vez durante a vida.

Iteroparidade Ocorre quando os organismos se reproduzem múltiplas vezes durante a vida.

Anual Organismo com duração de vida de 1 ano.

Perene Organismo com duração de vida de mais de 1 ano.

A iteroparidade é uma estratégia de história de vida comum e ocorre na maioria das espécies de aves, mamíferos, répteis e anfíbios. Ela é relativamente rara nos vertebrados, mas ocorre em insetos e em muitas espécies de plantas, como nas cultivadas, como trigo e milho, em que é uma estratégia comum.

Bambus e agaves

Embora a maioria dos organismos semélparos seja de vida curta, os mais conhecidos casos em plantas ocorrem nos bambus e agaves de vida longa, dois grupos bem diferentes. A maior parte dos bambus são plantas de climas tropicais ou temperados quentes e geralmente formam densas moitas. Sua reprodução não parece demandar preparativos ou recursos substanciais; contudo, eles provavelmente têm poucas oportunidades de sucesso na germinação das sementes. Uma vez que um bambu se estabelece em um hábitat perturbado, ele se espalha durante anos por crescimento vegetativo, formando continuamente novos ramos até que o hábitat no qual ele germinou esteja densamente povoado com os seus brotos (Figura 8.9 A).

Em muitas espécies de bambu, a reprodução é altamente sincronizada em grandes áreas, de modo que todo indivíduo produz flores e sementes no mesmo ano. Após a reprodução, o futuro de toda a população está nas sementes. A reprodução sincronizada pode facilitar a fertilização nesse grupo de plantas polinizadas pelo vento e pode saturar os predadores de sementes, que não podem consumi-las em tanta quantidade. Algumas espécies de bambu, como o bambu-chinês (*Phyllostachys bambusoides*), têm um ciclo de 120 anos, englobando germinação, crescimento e formação de flores e sementes.

Em contraste com os bambus, a maioria dos agaves vive em climas áridos com precipitação esparsa e irregular. Distribuindo-se do sudoeste dos EUA até a América Central, eles crescem como uma roseta de folhas por vários anos, e a duração do crescimento varia entre as espécies.

Quando a planta está pronta para se reproduzir, ela forma uma enorme haste de inflorescência que produz grande quantidade de sementes (Figura 8.9 B). O crescimento da haste é tão rápido que não pode ser totalmente abastecido por sua própria fotossíntese e assimilação de água pelas raízes. Em vez disso, os nutrientes e água necessários para o crescimento da haste são drenados das folhas, que morrem logo após a formação das sementes.

Quando são consideradas todas as plantas e os animais que realizam a semelparidade, percebe-se que ela parece surgir quando uma quantidade maciça de energia é exigida para reprodução, assim como nas longas migrações de salmões e na formação de hastes gigantes de inflorescências de agaves. Essas demandas enormes de energia fazem com que seja difícil a sobrevivência dos indivíduos após o evento reprodutivo.

Salmão

Salmões são um grupo de espécies que variam muito em paridade. O salmão-*coho* (*O. kisutch*), por exemplo, coloca ovos em rios que deságuam no Oceano Pacífico Norte, da Califórnia ao Alasca e leste da Rússia. Após crescer no rio por 1 ano, o peixe nada para o oceano, onde continua a se alimentar e crescer por mais 1 a 3 anos. Quando estão prontos para se

Figura 8.9 Plantas semélparas. Bambus (**A**) e agaves (**B**) são dois grupos de plantas que vivem por muitos anos, se reproduzem uma vez e então morrem. Os bambus em floração são de uma localidade de Kyoto, Japão. O agave em floração é de Sodoma, Arizona. Fotografias de (A) Joi Ito; (B) Dusty Pixel Photography/Getty Images.

reproduzir, migram de volta para o mesmo rio onde nasceram. As fêmeas fazem ninhos no fundo do rio e depositam seus ovos, que os machos então fertilizam com seus espermas. Pouco tempo depois de se reproduzirem pela primeira vez, tanto o macho quanto a fêmea perdem força e habilidades fisiológicas rapidamente e morrem. Diversas espécies proximamente aparentadas, incluindo o salmão-rei (*O. tshawytscha*) e o salmão-vermelho, também migram para o oceano quando jovens, retornando para um único evento de reprodução, e depois morrem.

Em contraste, outras espécies de salmonídeos, como a truta-arco-íris, reproduzem-se várias vezes durante a vida. Algumas populações, conhecidas como trutas-arco-íris residentes, não migram para o oceano, permanecendo nos rios. Outras, chamadas de *steelheads*, migram para o oceano e retornam ao rio para se reproduzirem, da mesma maneira que o salmão-*coho*. No entanto, de modo diferente do *coho*, as trutas-arco-íris migram diversas vezes e cruzam a cada vez que retornam para os rios.

Cigarras

Um dos mais notáveis casos de semelparidade em animais é o ciclo de vida das cigarras periódicas (Figura 8.10). Elas passam a primeira parte de sua vida sob a terra, onde obtêm nutrientes do xilema das raízes das plantas e, após algum tempo, emergem como adultas. Seus cantos de acasalamento nas árvores podem ser ouvidos nos dias de verão em muitas partes do hemisfério Norte.

Algumas espécies apresentam ciclos de vida anuais, enquanto outras passam vários anos sob a terra, com uma fração delas emergindo a cada verão. As cigarras periódicas, contudo, são diferentes, pois vivem como ninfas sob a terra por 13 ou 17 anos e, então, emergem do solo em sincronismo para acasalar. Esse ato de emergir é marcado por um barulho quase ensurdecedor à medida que os machos atraem as fêmeas durante seu breve período de acasalamento.

O ciclo de vida longo fornece às larvas tempo para crescer até a fase adulta, mas com uma dieta de baixa qualidade nutricional. O sincronismo é provavelmente um mecanismo para superar predadores em potencial. A maioria dos indivíduos que ocasionalmente falham em emergir em sincronismo e saem 1 ano antes ou depois é apanhada por predadores, atraídos pelos altos chamados de acasalamento.

Há muito tempo, os cientistas se questionavam como as cigarras periódicas sabiam quando emergir do solo. Eles especularam que elas poderiam contar os anos pelo aquecimento e esfriamento do solo, ou pelos ciclos fisiológicos de seus hospedeiros. Os pesquisadores, então, conduziram um experimento inteligente, criando periodicamente, por 17 anos, cigarras em pessegueiros que haviam sido artificialmente selecionados para perder suas folhas e florescer duas vezes ao ano. Elas emergiram após a passagem de 17 períodos de frutificação, em vez de 17 anos, demonstrando que são sensíveis aos ciclos reprodutivos de seus hospedeiros, e não às mudanças físicas anuais em seus ambientes. No entanto, como elas contaram até 17 permanece um mistério.

SENESCÊNCIA

Alguns organismos semélparos de vida longa morrem imediatamente após a reprodução; porém, os iteróparos passam por uma deterioração gradual de seu funcionamento fisiológico ao longo da vida. Isso leva ao declínio gradual da fecundidade com aumento da probabilidade de morte, um fenômeno conhecido como **senescência**.

Os humanos são um exemplo de organismo que sofre senescência. A maioria das suas funções fisiológicas diminui

---

Senescência Declínio gradual na fecundidade e aumento na probabilidade de morte.

Figura 8.10 Cigarras periódicas. As cigarras de 13 e 17 anos são insetos semélparos. Elas passam muitos anos sob a terra, emergem como adultos para se reproduzirem e morrem logo depois. A fotografia é de uma cigarra-faraó (*Magicicada septendecim*), uma espécie de cigarra de 17 anos. Fotografia de ARS Information Staff.

entre 30 e 85 anos; por exemplo, a taxa de condução pelos nervos e o metabolismo basal são reduzidos de 15 a 20%, o volume de sangue circulando pelos rins sofre redução de 55 a 60%, e a capacidade respiratória máxima diminui de 60 a 65%. Ao longo do tempo, a função do sistema imunológico e de outros mecanismos de reparação também declina.

Usando dados da população dos EUA em 2014, a Figura 8.11 mostra que a incidência de morte por câncer e doenças cardiovasculares aumenta acentuadamente com a idade. Defeitos de nascença nos filhos e infertilidade também ocorrem com maior prevalência em mulheres após 30 anos de idade, e a fertilidade diminui drasticamente em homens após os 60 anos.

Se manter altas sobrevivência e reprodução aumenta a aptidão de um indivíduo em qualquer idade, por que a senescência existe? Estudos sobre o envelhecimento em diversos animais demonstram que ela é uma consequência inevitável do desgaste natural; logo, é impossível construir um corpo que não irá se desgastar eventualmente, assim como é impossível construir um automóvel que não sofrerá desgastes.

A senescência poderia simplesmente refletir o acúmulo de defeitos moleculares que não são reparados. Por exemplo, a radiação ultravioleta e as formas altamente reativas de oxigênio quebram ligações químicas, as macromoléculas são desativadas e o DNA acumula mutações. Contudo, esse desgaste não pode ser a única explicação para os padrões de envelhecimento, pois a longevidade máxima varia bastante mesmo entre espécies de tamanho e fisiologia semelhantes. Por exemplo, muitos pequenos morcegos insetívoros vivem de 10 a 20 anos em cativeiro, enquanto camundongos de tamanho parecido raramente vivem mais de 3 a 5 anos.

A taxa de deterioração pode ser modificada por diversos mecanismos fisiológicos que previnem ou reparam os danos.

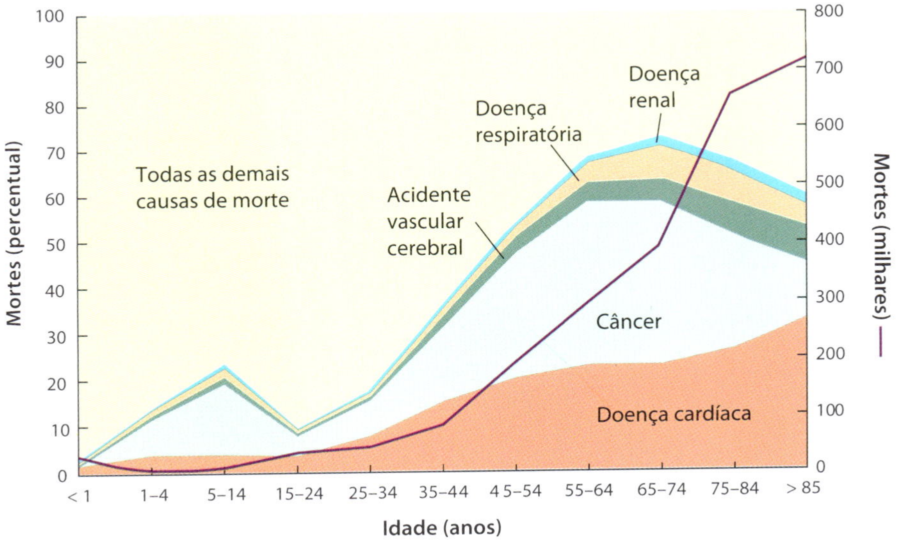

Figura 8.11 Senescência. Ao longo da vida, os humanos sofrem declínio gradual do funcionamento fisiológico e aumento da incidência de câncer e doenças cardiovasculares, que contribuem para uma elevação na probabilidade de morte. Dados de M. Heron, 2014, *National vital statistics reports. Deaths: leading causes for 2014*, U.S Department of Health and Human Services, Centers for Disease Control and Prevention, National Center for Health Statistics.

Uma grande diferença entre grupos que diferem muito na duração de vida são os mecanismos celulares para (1) reduzir a produção de formas altamente reativas de oxigênio e (2) reparar DNA e moléculas proteicas danificadas. Aparentemente, esses mecanismos são mais desenvolvidos nas espécies de animais de vida longa do que nos seus parentes de vida curta. Considerando que tais mecanismos estão sob controle genético, eles podem ser modificados pela evolução.

Os mecanismos de prevenção e reparo demandam investimentos de tempo, energia, nutrientes e tecidos. Assim, a alocação de recursos para esses mecanismos depende da expectativa de vida do indivíduo. Quando uma população apresenta pequena taxa de sobrevivência, a seleção deve favorecer melhoramentos no sucesso reprodutivo em idades precoces, e a seleção para atraso da senescência deve ser fraca. Em uma população com taxa de sobrevivência alta, a seleção para atraso na senescência deve ser forte.

Essa previsão é consistente com observações em populações naturais. Por exemplo, uma vez que morcegos e aves podem voar para escapar de predadores, eles levam vidas mais seguras do que os roedores de tamanho semelhante. Como resultado, os tempos de vida máximos potenciais de aves e morcegos são muito maiores do que os dos roedores. O painho, uma pequena ave marinha, tem tamanho corporal e taxa metabólica semelhantes aos de muitos roedores, mas o painho pode viver mais de 40 anos, enquanto um roedor pode viver apenas 1 ou 2 anos. Desse modo, devido aos seus tempos de vida maiores, aves e morcegos envelhecem mais devagar do que os roedores de tamanho similar.

VERIFICAÇÃO DE CONCEITOS

1. Compare e contraste as estratégias de vida de semelparidade e iteroparidade.
2. Qual é a causa da senescência?
3. Qual é a relação esperada entre longevidade e senescência das espécies?

8.4 Histórias de vida são sensíveis às condições ambientais

Como observado na discussão sobre plasticidade fenotípica no Capítulo 4, muitas características exibem flexibilidade em resposta a diferentes condições ambientais, e os atributos da história de vida não são exceções. Como resultado, os pesquisadores continuam a descobrir uma gama fascinante de atributos que podem ser alterados por mudanças nas condições ambientais.

ESTÍMULOS PARA MUDANÇA

Muitos eventos na história de vida de um organismo são programados para coincidirem com alterações ambientais sazonais. Por isso, a sincronização correta é essencial, de modo que o comportamento e a fisiologia se ajustem às mudanças no ambiente. Por exemplo, as plantas com flores devem florescer quando os polinizadores estiverem presentes, e a maioria das aves deve reproduzir-se quando houver abundância de comida para alimentar os filhotes. Para ajustar corretamente esses períodos, os organismos fazem uso de vários sinais ambientais indiretos.

Praticamente todas as espécies percebem a quantidade de luz que ocorre a cada dia, conhecida como **fotoperíodo**. Muitas, inclusive, podem distinguir se o fotoperíodo está ficando mais curto ou mais longo. Em uma única espécie, as populações podem ser expostas a diversas condições ambientais, e cada uma desenvolve uma resposta específica ao fotoperíodo em seu ambiente. No caso da gramínea *sideoats* (*Bouteloua curtipendula*), as populações do Sul que vivem a 30° N florescem no outono, em resposta a um fotoperíodo de 13 horas por dia. Em contraste, as populações do Norte que vivem a 47° N florescem no verão, em resposta ao fotoperíodo que excede 16 horas por dia. Conforme visto no Capítulo 5, uma vez que os organismos estão sujeitos a dias mais longos nas latitude maiores, cada população responde a um fotoperíodo que é indicativo de verão a uma latitude particular.

Outro exemplo ocorre nas pulgas-de-água do gênero *Daphnia*. Em Michigan, elas entram em diapausa no meio de setembro, quando o fotoperíodo diminui para menos de 12 horas de luz solar; porém, espécies aparentadas no Alasca entram em diapausa no meio de agosto, quando o fotoperíodo diminui para menos de 20 horas de luz. As pulgas-de-água nunca veem dias de 20 horas em Michigan, mas as do Alasca pereceriam no frio se esperassem por dias com 12 horas antes de entrarem em diapausa. A partir disso, observa-se que o estímulo crítico para esses organismos é a alteração das condições ambientais associadas a um fotoperíodo específico que é relevante para uma latitude em particular. A sensibilidade dos indivíduos para esses sinais foi ajustada pela seleção natural, para que a resposta desses indivíduos a um sinal do ambiente coincida com a condição ambiental.

EFEITOS DE RECURSOS

Muitos tipos de organismos passam por mudanças de história de vida drásticas ao longo do seu desenvolvimento. Uma das alterações mais notáveis é o processo de metamorfose, no qual a larva se torna um organismo juvenil ou adulto e que pode ser observado em muitas espécies de insetos e anfíbios, como na transformação de girino em sapo. Os organismos que passam por metamorfose a fazem em diversos momentos específicos, e as condições ambientais que influenciam o momento adequado incluem o total de recursos disponíveis, a temperatura e a presença de inimigos.

Considerando as diferentes opções para o momento da metamorfose e observando as duas curvas de crescimento na Figura 8.12, observa-se que elas representam a mudança na massa de uma "perereca-de-árvore", ou *barking tree frog* (*Hyla gratiosa*), que cresceu sob condições de baixa ou alta disponibilidade de alimento. Em qualquer dia durante o início de sua vida, os indivíduos que cresceram sob condições de alta oferta de alimento adquirem massa maior do que os que cresceram com baixa oferta. Assim, à medida que o tempo avança, um indivíduo com acesso a muita comida consegue passar pela metamorfose com massa relativamente grande e pouca idade; já aquele com acesso a pouca comida não consegue alcançar a mesma combinação de massa e idade, embora possa seguir várias estratégias alternativas.

Fotoperíodo Quantidade de luz que ocorre diariamente.

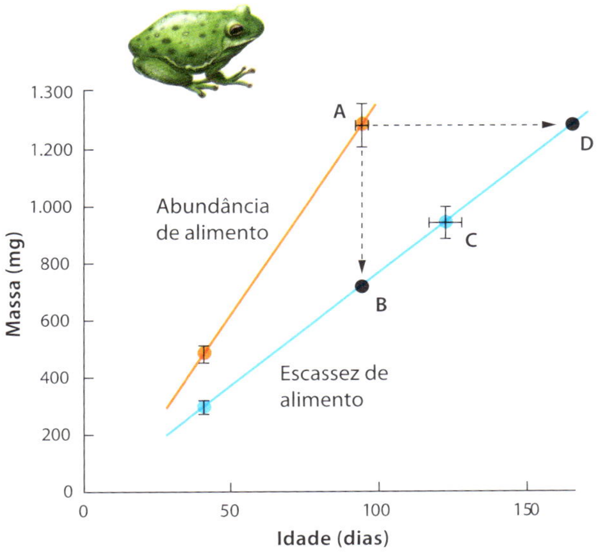

Figura 8.12 Alternativas de curvas de crescimento de um organismo que passa por metamorfose. A quantidade de alimento disponível pode afetar a massa e a idade de um organismo na época de sua metamorfose. Um indivíduo de "perereca-de-árvore" que vive com grande oferta de alimento é capaz de realizar a metamorfose com massa maior e idade menor, representada pelo ponto A. Por outro lado, aquele que vive em condições de baixa oferta de alimentos poderia alcançar a mesma idade na metamorfose se saísse dela com massa menor, como exemplificado no ponto B. Ele poderia alcançar a mesma massa na metamorfose se demorasse mais para realizá-la, como no ponto D. Na realidade, os girinos alcançam um meio-termo e sofrem metamorfose com massa um pouco menor e idade um pouco maior, como indicado pelo ponto C. As barras de erro são desvios padrões. Dados de J. Travis, Anuran size at metamorphosis: Experimental test of a model based on intraspecific competition, *Ecology* 65 (1984): 1155–1160.

Uma das alternativas é esperar para sofrer metamorfose quando alcançar a mesma massa que os indivíduos que cresceram sob condições de alta disponibilidade de alimento, como mostrado no ponto D da figura, embora demore mais para isso e o adiamento da reprodução possa reduzir sua aptidão. Ele pode, também, sofrer metamorfose na mesma idade que os indivíduos que viveram com grande oferta de alimento, ainda que esteja significativamente menor. A desvantagem dessa estratégia é que um tamanho menor no momento da metamorfose o torna mais vulnerável à predação.

Para a maioria dos organismos que sofrem metamorfose, a solução ótima é, em geral, um meio-termo entre as duas estratégias. Assim, um organismo exposto a pouco alimento normalmente sofre metamorfose com idade mais avançada e menor massa, como mostrado pela decisão da "perereca-de-árvore", no ponto C da figura.

EFEITOS DA PREDAÇÃO

O risco de predação também é um importante fator que afeta a história de vida dos organismos. Como visto no Capítulo 4, a predação pode influenciar uma grande variedade de atributos da história de vida, incluindo o tempo e o tamanho para eclosão, metamorfose e maturidade sexual. Um dos efeitos mais notáveis dos predadores é o seu impacto nos embriões de muitas espécies de organismos aquáticos. Em diversos grupos, incluindo os peixes e anfíbios, o embrião que se desenvolve dentro de um ovo pode detectar a presença de um predador de ovos. Muitos embriões sentem os odores químicos que os predadores liberam, enquanto outros podem detectar as vibrações produzidas por eles. Quando predadores são detectados, os embriões podem acelerar seu tempo de eclosão em uma tentativa de abandonar o ovo antes de ser devorado. A "perereca-de-olhos-vermelhos" (*Agalychnis callidryas*), por exemplo, vive na América Central, e os adultos de sua espécie depositam seus ovos em folhas que pairam sobre a água. Quando os embriões se desenvolvem o suficiente, eles eclodem e caem na água. Entretanto, se uma "serpente-olho-de-gato" (*Leptodeira septentrionalis*) aparecer, os embriões da perereca sentem a vibração causada por sua aproximação e começam a eclodir antes do tempo, caindo na água para evitar a predadora (Figura 8.13). Contudo, essa resposta se dá ao custo de eclodir com um tamanho menor, o que pode tornar os girinos mais suscetíveis aos predadores que vivem na água. Desse modo, quando os predadores de ovos não estão presentes, o embrião permanece mais tempo no ovo e eclode com um tamanho maior e mais seguro.

Estudos com animais que sofrem metamorfose também mostram que os predadores geralmente desempenham um papel importante ao afetarem o tamanho e o momento em que a metamorfose acontece. Por exemplo, em vários cursos de água de altitude do oeste do Colorado há trutas, um importante predador das larvas de efemérides (família

Figura 8.13 Eclosão precoce em resposta a predadores. À medida que a "serpente-olho-de-gato" inicia o ataque aos ovos da "perereca-de-olhos-vermelhos", os embriões são estimulados a eclodir precocemente. Nesta imagem, no Parque Nacional Corcovado, na Costa Rica, pode-se notar o girino escapando do ataque da serpente aos ovos. Fotografia de Karen M. Warkentin.

Ephemeridae), enquanto outros cursos não apresentam esse tipo de peixe. As larvas de efemérides que vivem em locais com trutas sofrem metamorfose com tamanho menor e emergem da água mais cedo do que aquelas que vivem em córregos sem trutas. As taxas de crescimento nos dois tipos de córregos são semelhantes, de modo que a diferença no tamanho dos organismos e em quando ocorre a metamorfose se deve inteiramente ao risco de predação.

Os predadores também podem afetar o momento no qual os organismos alcançam a maturidade sexual. Diversas espécies de caramujos de água doce, por exemplo, enfrentam riscos maiores de predação quando são pequenos. Como resultado, quando os predadores estão presentes, um caramujo tem maiores chances de sobreviver se adiar a reprodução e usar a sua energia para crescer até um tamanho maior antes de se reproduzir, como mostrado na Figura 8.14 A e B. Uma vez que tenha crescido até um tamanho mais seguro, ele pode se reproduzir.

Embora tal estratégia possa aumentar a probabilidade de sobrevivência do caramujo na presença de predadores, o custo do adiamento da maturidade sexual pode culminar em fecundidade reduzida. Entretanto, quando os caramujos induzidos pelos predadores iniciam a sua reprodução, eles podem gerar mais ovos a cada evento reprodutivo, pois apresentam corpos maiores e podem viver por mais tempo. Nesses casos, os caramujos podem alcançar a mesma fecundidade no total de sua vida do que aqueles que se desenvolvem sem predadores, como mostrado na Figura 8.14 C.

EFEITOS DO AQUECIMENTO GLOBAL

Até aqui, foi possível aprender como a história de vida dos organismos é influenciada por diferentes condições ambientais encontradas na natureza. Ao longo dos últimos 100 anos, a atividade humana tem causado uma tendência de aquecimento na Terra. Em muitas regiões, a diferença na temperatura é relativamente pequena (um aumento de 1°C ou 2°C); entretanto, mesmo pequenas alterações na temperatura podem ter impacto substancial nos processos fisiológicos de um organismo. Em função disso, durante a última década, os pesquisadores começaram a descobrir que o aumento nas temperaturas globais tem causado alterações nos momentos de reprodução de diversos animais e plantas.

Reprodução animal

MUDANÇA GLOBAL

Os pesquisadores interessados no efeito do aquecimento global sobre as histórias de vida dos animais têm focado nos momentos de reprodução de vários organismos, e uma mudança nas datas de acasalamento tem sido observada em diversas espécies de anfíbios. Na Grã-Bretanha, cientistas monitoraram três espécies de sapos e três de salamandras por 17 anos. Ao final desse período, descobriram que duas das três espécies de sapos monitoradas estavam reproduzindo-se 2 a 3 semanas mais cedo, e que todas as três espécies de salamandras estavam procriando 5 a 7 semanas mais cedo. Tais alterações nos momentos de reprodução estavam relacionadas com as temperaturas máximas médias que ocorreriam imediatamente antes da reprodução, as quais, de maneira geral, aumentaram ao longo dos 17 anos.

Entretanto, um estudo similar desenvolvido com anfíbios da América do Norte não encontrou relação entre as alterações na temperatura máxima média ao longo do tempo e o início da reprodução. Até o momento, os pesquisadores não sabem por que os anfíbios em regiões distintas do planeta apresentam respostas diferentes ao aquecimento global.

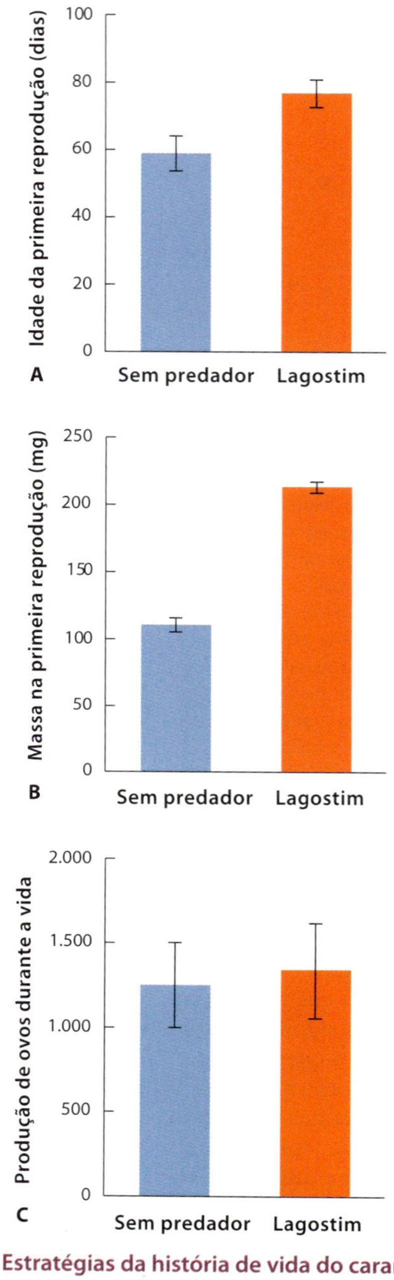

Figura 8.14 Estratégias da história de vida do caramujo alteradas na presença de predadores. Quando os caramujos detectam o cheiro do lagostim predador na água, atrasam a idade da primeira reprodução (**A**) em favor do aumento de sua massa no primeiro evento reprodutivo (**B**). Pelo fato de caramujos que vivem sujeitos ao aroma dos predadores apresentarem longevidade maior, suas produções de descendentes ao longo da vida são semelhantes às dos caramujos que não vivem com predadores (**C**). Dados de J. Auld, R. Relyea, Are there interactive effects of mate avalilability and predation risk on the life history and defence in a simultaneous hermaphrodite?, *Journal of Evolutionary Biology* 21 (2008): 1371–1378.

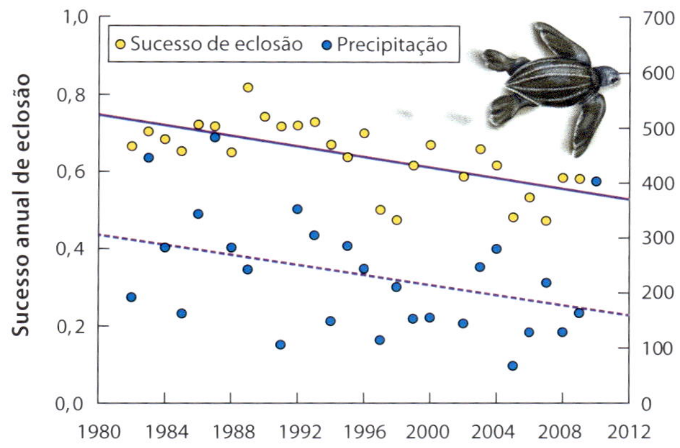

Figura 8.15 Sobrevivência de filhotes de tartarugas-de-couro marinhas. Em um dos quatro locais onde as tartarugas marinhas se reproduzem, as pesquisas monitoraram a precipitação e a proporção de ovos que eclodiram de 1982 a 2010. Dados de P. S. Tomillo et al., Global analysis of the effect of local climate on the hatchling output of leatherback turtles, *Nature Scientific Reports* 5 (2015). doi:10.1038/srep16789.

Embora a mudança climática do planeta inclua o aumento das temperaturas, ela também compreende alterações no padrão de precipitação. Por isso, pesquisadores que estudam a reprodução da tartaruga-de-couro (*Dermochelys coriacea*) investigaram como os filhotes sobrevivem em meio às mudanças dos padrões de precipitação observados em quatro locais ao redor do mundo nas últimas décadas (1982 a 2010). Em alguns deles, não existiu relação entre a precipitação e a proporção de ovos que eclodem; porém, em outros, houve nítido declínio na proporção de ovos que eclodiram (Figura 8.15). Tais dados sugerem que os impactos da mudança climática global podem variar entre diferentes localidades geográficas na Terra.

Florescimento das plantas

MUDANÇA GLOBAL

As plantas também são suscetíveis às mudanças de temperatura, que têm o potencial de alterar o início da produção das flores. Um dos estudos mais longos teve início no século XIX, com o escritor Henry David Thoreau, mais conhecido por ter passado 1 ano em uma pequena cabana no Lago Walden, em Concórdia, Massachusetts, e por seus inúmeros trabalhos sobre o mundo natural. Thoreau coletou dados de mais de 500 espécies de plantas com flores naquela localidade e, entre 1852 e 1858, anotou as datas nas quais cada uma começou a produzir flores.

Após a morte do pesquisador, um comerciante local continuou seu trabalho de observação do momento inicial da floração de mais de 700 espécies. Mais recentemente, dois ecólogos perceberam que esses dados poderiam ajudá-los a determinar se as alterações a longo prazo nas temperaturas globais poderiam estar associadas às mudanças nos momentos iniciais de floração das plantas. Uma vez que o tempo de floração é sensível à temperatura, assim como ao fotoperíodo, eles previram que temperaturas globais maiores provocariam uma floração precoce em relação à época de Thoreau e, para testar essa hipótese, coletaram dados dos momentos de floração em Concórdia entre 2003 e 2006.

Os pesquisadores relataram que, ao longo de um período de 154 anos, de 1852 a 2006, as temperaturas locais em Concórdia aumentaram 2,4°C, o que pode ser observado na Figura 8.16. Eles também verificaram que, nas 43 espécies de plantas mais comuns, o momento da floração atual ocorre, em média, 7 dias mais cedo do que na época de Thoreau. Curiosamente, nem todas as plantas responderam à mudança na temperatura da mesma maneira. Em algumas espécies, o momento do início da floração permaneceu inalterado, talvez porque essas espécies usem a duração do dia como sinal para a floração, e esta não mudou. Outras espécies, como o mirtilo (*Vaccinium corymbosum*) e a *yellow wood sorrel* (*Oxalis europaea*), florescem 3 a 4 semanas mais cedo hoje do que em 1852. Esses dados únicos coletados por um século e meio indicam que uma mudança aparentemente pequena na temperatura média anual está sendo associada a alterações dramáticas no início da floração.

Consequências de eventos reprodutivos alterados

MUDANÇA GLOBAL

As alterações nos períodos reprodutivos de plantas e animais em resposta ao aquecimento global não causam, por si sós, quaisquer problemas às espécies que estão sofrendo essas mudanças. Os problemas podem surgir, contudo, quando uma espécie com um período de reprodução alterado depende do ambiente para obter os recursos necessários. O papa-moscas-preto (*Ficedula hypoleuca*), por exemplo, é uma ave que se reproduz na Europa a cada primavera. Em 1980, pesquisadores na Holanda descobriram que a data de eclosão dos seus ovos começou alguns dias antes do pico de abundância de lagartas, que são uma das presas mais importantes para os filhotes dessas aves. Conforme a temperatura da primavera aumentou nas duas décadas seguintes, as folhas das árvores surgiram 2 semanas mais cedo, bem como o pico de abundância das lagartas. O papa-moscas-preto, entretanto, manteve sua época normal de eclosão dos ovos, que era 2 semanas mais tarde do que o novo período de abundância máxima das lagartas. Como resultado, seus filhotes não tinham mais uma fonte abundante de alimento, e a população da espécie declinou cerca de 90%.

Um fenômeno similar foi observado pelos pesquisadores que reanalisaram as plantas estudadas por Henry David Thoreau. A partir de uma série de estudos conduzidos na área de Boston, eles notaram uma variedade de respostas dos organismos ao aumento das temperaturas. Como se pode ver na Figura 8.17, o tempo médio no qual as árvores perdem suas folhas é, atualmente, 18 dias antes do observado por Thoreau nos anos 1850.

O mesmo grupo também examinou diversas outras respostas dos organismos ao aumento das temperaturas. Borboletas têm sido observadas cerca de 12 dias mais cedo, mas a chegada de aves migratórias tem ocorrido apenas 3 dias antes. Como resultado, têm ocorrido alterações no momento histórico em que aves, insetos e plantas iniciam as suas atividades na primavera, o que tem o potencial de alterar drasticamente como essas espécies interagem no que diz respeito a predação, herbivoria e polinização.

De acordo com a discussão sobre os atributos da história de vida, pode-se concluir que a seleção natural favorece uma grande variedade de estratégias para as histórias de vida

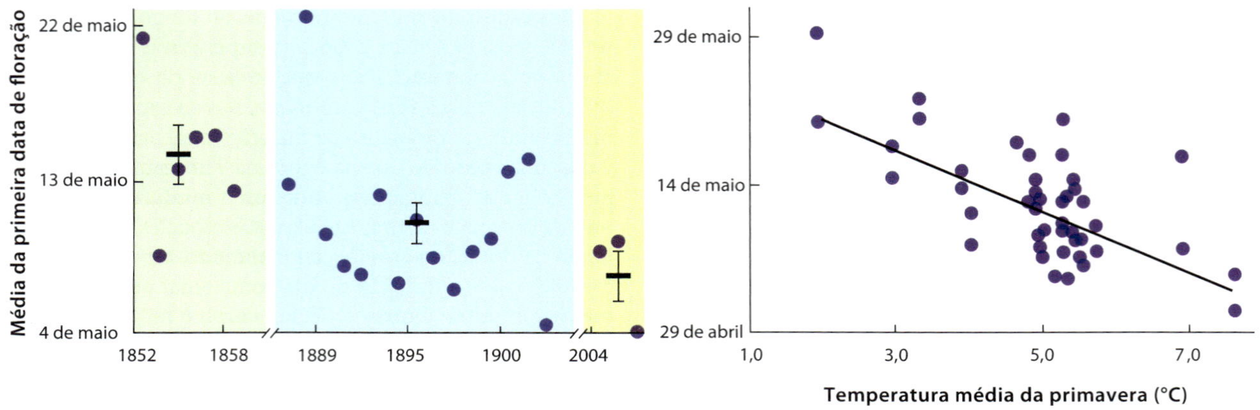

Figura 8.16 Datas das primeiras florações de plantas em Concórdia, Massachusetts. A. O tempo médio da primeira floração hoje é 7 dias mais cedo que em 1850. As barras de erro são erros padrões. **B.** A variação na primeira floração está associada à temperatura média de 1 ou 2 meses que precedem o tempo de floração de cada espécie. Dados de A. J. Miller-Rushing, R. B. Primack, Global warming and flowering times in Thoreaus's Concord: A community perspective, *Ecology* 89 (2008): 332–341.

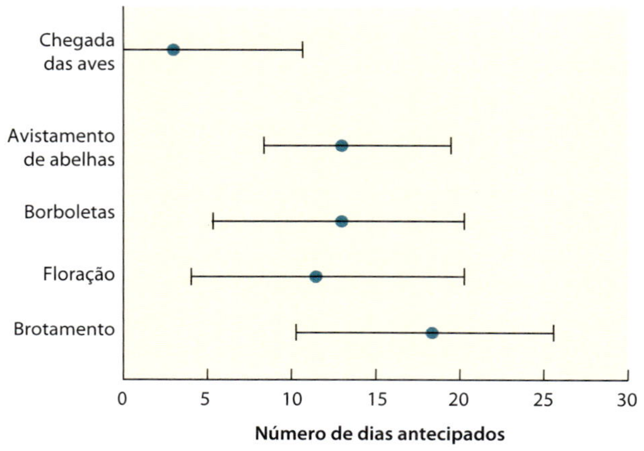

Figura 8.17 Efeitos do aquecimento global em aves, plantas e insetos. Na área de Boston, a chegada de aves, as primeiras observações de abelhas e borboletas, bem como a floração e o brotamento de plantas a partir de seus botões de inverno estão agora ocorrendo mais cedo do que em 1850. As barras de erro são intervalos de confiança de 95%. Dados compilados de R. Primack, Spring budburst in a changing climate, *American Scientist* 104 (2016): 102–109.

das diferentes espécies; afinal, essas histórias evoluem como resultado de diferentes pressões de seleção sobre atributos como mortalidade, fecundidade e longevidade, combinadas com um número considerável de compensações potenciais entre eles. Assim como é verdade para outras características, os genes que codificam esses atributos interagem com os ambientes nos quais os organismos vivem, em última instância, produzindo os atributos das histórias de vida dos indivíduos.

VERIFICAÇÃO DE CONCEITOS

1. Por que é importante que os organismos ajustem o momento de sua história de vida às alterações ambientais?
2. Como diferentes níveis de recursos afetam a decisão sobre quando e com que massa um animal deve metamorfosear?
3. Por que espécies de presas às vezes atrasam o momento da primeira reprodução em favor do aumento de sua massa na primeira reprodução?

ECOLOGIA HOJE CORRELAÇÃO DOS CONCEITOS

Seleção de histórias de vida com pesca comercial

Seleção humana na história de vida dos peixes. Por muitas décadas, os barcos comerciais de pesca, como este no Alasca, pescaram os maiores indivíduos e, desse modo, causaram uma seleção não intencional para peixes menores. Por causa dessa seleção, algumas espécies de peixes agora alcançam a maturidade sexual mais cedo. Fotografia de Design Pics Inc/Alamy.

Ao longo deste capítulo, abordou-se como a seleção natural moldou a evolução de histórias de vida ao favorecer indivíduos mais adaptados aos seus ambientes. Mas e se uma alteração no processo de seleção favorecesse indivíduos com conjuntos distintos de atributos? Isso é precisamente o que acontece com a pesca comercial em diversos locais, pois apenas os maiores indivíduos são capturados. Durante muitos anos, isso pareceu uma maneira inteligente de manejar a exploração de populações selvagens, uma vez que protegia os indivíduos pequenos, permitindo que eles crescessem. Essa também é uma prática comum nas agências estatais que estipulam o tamanho mínimo dos peixes, como o *bass* (ordem Perciformes) e o salmão, que os pescadores podem obter.

Com base na discussão deste capítulo, é possível prever o que vai acontecer com os atributos das espécies que sofrem enorme pressão de pesca, particularmente dos grandes barcos comerciais, que podem capturar milhares de peixes. Quando as espécies menores não são capturadas ou são devolvidas à água, é imposta uma alta taxa de mortalidade aos adultos grandes, o que possibilita que os peixes menores e mais jovens se reproduzam; afinal, uma alta mortalidade de adultos favorece a evolução de tamanhos menores de adultos, além de idade precoce de maturidade, maior fecundidade e tempo de vida mais curto.

Durante as duas últimas décadas, os pesquisadores investigaram se a pesca em larga escala poderia causar uma evolução não intencional nas histórias de vida desses peixes e confirmaram que a modalidade comercial impõe considerável seleção às populações exploradas. Assim, mantendo-se os requisitos para a evolução, há uma herdabilidade suficiente nas populações de peixes para que a seleção cause alguma alteração nas gerações subsequentes. Por exemplo, nas décadas de 1930 e 1940, o bacalhau-do-atlântico (*Gadus morhua*) apresentava idade média de maturidade que variava de 9 a 11 anos. Nas décadas de 1960 e 1970, a idade de maturidade variava entre 7 e 9 anos. Os dados coletados pelos barcos comerciais de pesca normalmente não contêm informação sobre outros atributos da história de vida, como a fecundidade e a longevidade. Entretanto, com base no conhecimento de compensações comuns em histórias de vida, é razoável assumir que o aumento da mortalidade dos adultos e o declínio da idade de maturidade impostos pelas práticas de pesca coincidem com aumentos de fecundidade ajustada ao tamanho e declínios na longevidade.

Um desafio para determinar o efeito da pressão de pesca sobre a história de vida é que ela pode causar outras mudanças significativas, uma vez que as alterações ambientais – como níveis de recursos – podem afetar os atributos da história de vida. Desse modo, a pesca realizada pelos barcos comerciais poderia diminuir a competição entre os peixes remanescentes, o que possibilita idade menor de maturidade sexual.

Em alguns casos, os pesquisadores não puderam diferenciar entre a indução de modificações nas histórias de vida resultantes de menos competição e a evolução das alterações nas histórias de vida. Em outras situações, entretanto, os cientistas foram capazes de documentar que uma população de peixes mantida com poucos indivíduos por várias décadas continua a apresentar mudanças nas histórias de vida ao longo do tempo. Nesses casos, as alterações na história de vida provavelmente são o resultado de evolução por seleção artificial.

Para ajudar a esclarecer o papel da seleção nas histórias de vida sem a interferência de outras alterações ambientais, incluindo competição reduzida, em 2013 pesquisadores relataram os resultados de um experimento no qual selecionaram *guppies* pelo abate dos indivíduos grandes, pelo abate dos indivíduos pequenos e pelos abates aleatórios na população. Depois de apenas três gerações, eles encontraram uma resposta evolutiva para seleção de tamanho corporal. As populações de peixes que experimentaram abate de indivíduos maiores alcançaram a maturidade com tamanho e idade menores. Em contraste, a população que experimentou abate de indivíduos menores alcançou a maturidade com tamanho e idade maiores.

O impacto da seleção humana em populações naturais não está limitado aos peixes, pois alguns impactos semelhantes foram encontrados em mamíferos caçados e algumas plantas. Em todos esses casos, a identificação dos fatores que naturalmente causam a evolução da história de vida e de como vários atributos são compensados por outros auxiliou os gestores de pesca a compreenderem como a exploração de populações selvagens pelos humanos pode ter consequências não intencionais.

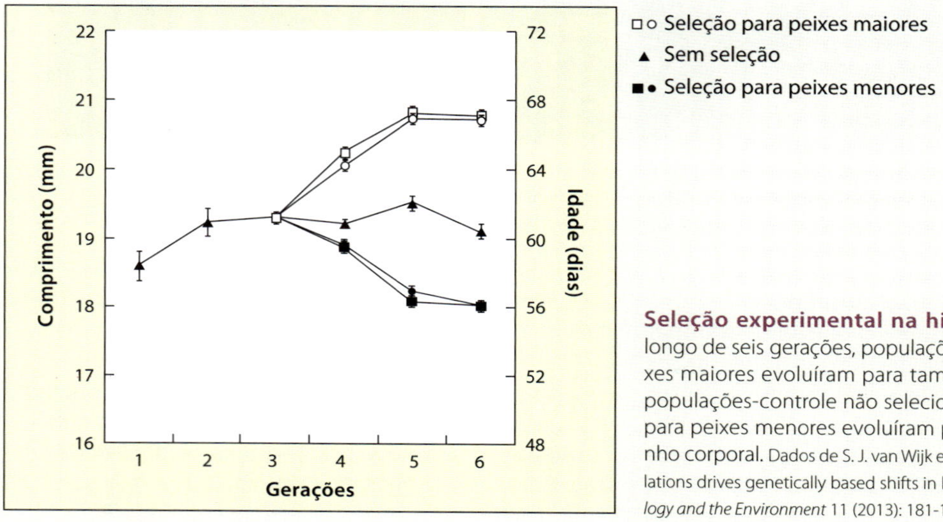

Seleção experimental na história de vida de peixes. Ao longo de seis gerações, populações que sofreram seleção para peixes maiores evoluíram para tamanhos de corpo maiores do que populações-controle não selecionadas, enquanto as selecionadas para peixes menores evoluíram para se tornar menores em tamanho corporal. Dados de S. J. van Wijk et al. Experimental harvesting of fish populations drives genetically based shifts in body size and maturation. *Frontiers in Ecology and the Environment* 11 (2013): 181-187.

FONTES:
van Wijk, S. J., et al. 2013. Experimental harvesting of fish populations drives genetically based shifts in body size and maturation. *Frontiers in Ecology and the Environment* 11: 181–187.
Law, R. 2000. Fishing, selection, and phenotypic evolution. *CIES Journal of Marine Science* 57: 659–668.
Darimont, C. T., et al. 2009. Human predators outpace other agents of trait change in the wild. *Proceedings of the National Academy of Science* 106: 952–954.

RESUMO DOS OBJETIVOS DE APRENDIZAGEM

8.1 Os atributos da história de vida representam a cronologia da vida de um organismo. As espécies diferem em uma ampla variedade de atributos que ajudam a determinar suas aptidões ao longo de sua vida. Esses atributos estão sob a influência da seleção natural e geralmente evoluem em combinações específicas.

Termos-chave: história de vida, fecundidade, paridade, investimento parental, longevidade

8.2 Os atributos da história de vida são moldados por compensações. As compensações podem ocorrer devido a restrições físicas, de tempo ou de energia que afetem a alocação; ou devido a correlações genéticas que causem seleção, favorecendo um atributo em detrimento de outro. Compensações comuns incluem quantidade *versus* tamanho dos filhotes e crescimento *versus* reprodução.

Termos-chave: princípio de alocação, coeficiente de determinação (R^2), crescimento determinado, crescimento indeterminado

8.3 Os organismos diferem quanto à quantidade de vezes que se reproduzem, mas, por fim, se tornam senescentes. Organismos semélparos se reproduzem uma vez na vida, enquanto os iteróparos se reproduzem mais de uma vez. Todos eles, no final, mostram um declínio nas funções fisiológicas seguido de morte. Em organismos semélparos, tal declínio de funcionamento ocorre rapidamente após a reprodução; nos iteróparos, a redução de funcionamento pode ser bastante gradual.

Termos-chave: **semelparidade, iteroparidade, anual, perene, senescência**

8.4 Histórias de vida são sensíveis às condições ambientais. Os atributos da história de vida são os produtos da interação dos genes com o ambiente. Algumas das influências ambientais mais comuns a eles incluem a variação de recursos e predadores, ambos podendo induzir alterações significativas na história de vida dos organismos. Mudanças antropogênicas atuais no ambiente também podem induzir alterações na história de vida.

Termo-chave: **fotoperíodo**

QUESTÕES DE RACIOCÍNIO CRÍTICO

1. Como a seleção para maior longevidade pode afetar o momento em que ocorre a maturidade e o tamanho do indivíduo naquele momento?

2. Compare e diferencie o conceito de uma regressão *versus* um coeficiente de determinação.

3. Que fatores podem favorecer a evolução da semelparidade *versus* iteroparidade em diferentes espécies de salmão?

4. Compare e diferencie os dois principais argumentos a respeito do motivo de espécies de aves de regiões temperadas colocarem um ou dois ovos a mais do que as tropicais aparentadas.

5. Utilizando o seu conhecimento sobre como os predadores e recursos podem afetar atributos da história de vida, especifique como as quatro combinações de muitos recursos, poucos recursos, presença e ausência de predadores afetariam o tamanho de uma espécie de presa na maturidade.

6. Por que a seleção natural pode agir de maneira mais intensa em atributos que aumentam o sucesso reprodutivo mais cedo do que mais tarde na vida?

7. Cite duas razões pelas quais um mamífero como o lobo-cinzento poderia enfrentar uma compensação entre quantidade e tamanho dos filhotes.

8. Qual é o mecanismo pelo qual o cuidado parental pode aumentar a aptidão atual, diminuindo, porém, a aptidão futura?

9. Por que um organismo pode usar sinais como o fotoperíodo para prever o estado futuro de seu ambiente?

10. Em relação aos sinais ambientais, explique por que algumas espécies de plantas florescem mais cedo em associação com temperaturas mais quentes da primavera?

REPRESENTAÇÃO DOS DADOS | QUANTIDADE *VERSUS* MASSA DA PROLE DE LAGARTOS

O lagarto-comum (*Lacerta vivipara*) pode produzir 2 a 15 ovos em um único evento reprodutivo. Usando os dados da tabela a seguir, faça um gráfico de dispersão para ilustrar a relação entre a quantidade de ovos de lagartos e a massa média da sua prole. Você pode rever gráficos de dispersão no apêndice de gráficos. Após fazer o gráfico, descreva a relação por escrito.

Quantidade de ovos	Massa da prole (g)
2	242
3	238
4	230
5	223
6	207
7	200
8	189
9	180
10	173
11	157
12	150
13	142
14	138
15	130

9 Estratégias Reprodutivas

Vida Sexual das Abelhas Melíferas

As abelhas melíferas (*Apis mellifera*) têm uma vida sexual complicada. Elas vivem em colmeias que podem conter dezenas de milhares de abelhas, geralmente todas descendentes de uma mesma mãe, conhecida como *rainha*. Assim como muitos organismos, a abelha-rainha produz filhos e filhas, mas o faz de maneira única. No início de sua vida, ela voa para fora da colmeia e acasala no ar com um grupo de machos. As abelhas-machos, conhecidas como zangões, são menores do que a rainha. Esta acasala com diversos zangões, mas os maiores fornecem mais esperma do que os menores. A rainha armazena o esperma desse único evento de acasalamento em um órgão especial em seu corpo, conhecido como *espermateca*, onde permanece viável por vários anos. Ela usa esse esperma para fertilizar seus ovos e gerar filhas diploides, denominadas *operárias*, mas também cria zangões ao depositar ovos haploides não fertilizados. Os zangões que uma rainha produz raramente se acasalam com ela; porém, em vez disso, cruzam com outras rainhas fora da colmeia. Após o acasalamento, os zangões morrem.

Uma questão-chave para o sucesso de uma colmeia é a razão sexual adequada entre zangões e operárias. Em uma colmeia típica, a abelha-rainha pode produzir algumas dúzias de zangões, mas dezenas de milhares de operárias. Uma vez que elas realizam a maior parte do trabalho em uma colmeia, gerar muito mais operárias do que zangões é mais benéfico para a rainha. Além disso, como elas vivem apenas 4 a 7 semanas, a rainha deve produzir constantemente mais delas.

Em termos genéticos, as abelhas operárias e a rainha são bastante semelhantes. Ambas são fêmeas e surgem de um ovo diploide fertilizado. O que as torna diferentes é o alimento fornecido a elas ainda quando larvas. Nos primeiros dias de vida, todas as larvas se alimentam de geleia real, um líquido produzido pelas abelhas operárias; porém, após esse período, as larvas destinadas a serem operárias têm sua dieta trocada para mel e pólen. Elas não são capazes de acasalar com um zangão, mas podem pôr ovos não fertilizados. As larvas destinadas a serem rainhas continuam a se alimentar de geleia real, o que leva a futura rainha a ficar bem grande. O tamanho da rainha lhe possibilita produzir até 2.000 ovos por dia.

Quando a rainha de uma colmeia entra em decadência, novas larvas de rainhas geralmente já estão em formação para substituí-la. Algumas vezes, entretanto, a morte ou a partida de uma rainha ocorre inesperadamente e não há substitutas. Nesses casos, algumas das operárias põem ovos; porém, como não podem acasalar, seus ovos são haploides e destinados a se tornarem zangões. Sem uma rainha para gerar ovos fertilizados, a colônia acaba morrendo.

Os cientistas descobriram recentemente uma exceção a esse cenário em uma subespécie de abelha conhecida como abelha-do-cabo (*Apis mellifera capensis*), encontrada no sul da África. Suas operárias podem gerar ovos diploides sem nunca terem acasalado, por meio de um tipo de meiose incomum no qual produzem células-ovo haploides e então unem duas delas, formando uma célula diploide. Os pesquisadores descobriram recentemente que múltiplos genes controlam tal habilidade. Como resultado, dependendo de quais alelos as operárias carreguem,

> **"Em uma colmeia típica, a abelha-rainha pode produzir algumas dúzias de zangões, mas dezenas de milhares de operárias."**

Colmeia de abelhas melíferas. Na maioria das populações de abelhas melíferas, uma rainha pode reproduzir-se colocando ovos haploides, que geram machos, ou ovos fertilizados diploides, que originam fêmeas. Fotografia de StockMediaSeller/Shutterstock.

FONTES:
Wallberg, A., C. W. Pirk, M. H. Allsopp, M. T. Webster. 2016. Identification of multiple loci associated with social parasitism in honeybees. *PLoS Genetics* 12: e1006097.
Lattorff, H. M. G., R. F. A. Moritz, S. Fuchs. 2005. A single locus determines thelytokous parthenogenesis of laying honeybee workers (*Apis mellifera capensis*). *Heredity* 94: 533–537.

elas podem colocar ovos haploides que originam zangões, ou diploides que dão origem a operárias. Embora a tarefa de colocar ovos diploides normalmente seja da rainha, a evolução desse comportamento em operárias assegura a persistência de uma colmeia que tenha perdido sua rainha. Ainda mais interessante é que essas operárias podem se infiltrar em outras colmeias, consumir o alimento lá armazenado e colocar seus ovos. Assim, uma operária pode apresentar aptidão ainda maior quando outras colmeias criam sua prole.

A complexidade da reprodução da abelha melífera é um excelente exemplo da variedade de estratégias reprodutivas que evoluíram. Essas opções incluem reproduzir com ou sem um parceiro sexual, escolher o número de parceiros, selecionar as melhores características de um parceiro sexual, variar o modo como o sexo da prole é determinado e controlar a quantidade de machos *versus* fêmeas dessa prole. Este capítulo explora a ampla variedade de estratégias reprodutivas em diversos organismos.

OBJETIVOS DE APRENDIZAGEM

Após a leitura deste capítulo, você deverá ser capaz de:

9.1 Descrever tanto a reprodução sexuada quanto a assexuada.

9.2 Explicar como organismos podem evoluir como sexos separados ou como hermafroditas.

9.3 Descrever como as razões sexuais de proles são normalmente balanceadas, mas podem ser alteradas pela seleção natural.

9.4 Explicar como os sistemas de acasalamento refletem o padrão de acasalamento entre machos e fêmeas.

9.5 Explicar como a seleção sexual favorece atributos que promovem a reprodução.

A evolução de estratégias reprodutivas envolve grande quantidade de fatores diferentes, muitos dos quais influenciados por condições ecológicas. Por exemplo, organismos podem evoluir para reproduzir-se sexuada ou assexuadamente; cada estratégia apresenta custos e benefícios únicos, particularmente quando espécies interagem com parasitos e patógenos. Os organismos podem evoluir para a reprodução como sexos separados ou como hermafroditas, que apresentam órgãos sexuais tanto femininos quanto masculinos. Se eles se reproduzirem como hermafroditas, deverão também desenvolver soluções para os problemas associados à autofertilização. Em muitas espécies, a razão sexual da prole pode ser alterada em resposta a mudanças nas condições ecológicas. Finalmente, encontram-se muitas estratégias de acasalamento distintas para aumentar a aptidão, incluindo o número de cruzamentos e a preferência por certos atributos no sexo oposto. Este capítulo explora como as condições ecológicas afetam a evolução do sexo e as estratégias que os organismos desenvolveram, por meio da evolução, para aumentar suas aptidões.

9.1 A reprodução pode ser sexuada ou assexuada

Todos os organismos se reproduzem, mas eles apresentam uma variedade de modos pelos quais realizam essa tarefa. Em plantas, animais, fungos e protistas, a reprodução pode se dar por meio de *reprodução sexuada* ou *reprodução assexuada*. Esta seção investiga os dois processos e compara seus custos e benefícios.

REPRODUÇÃO SEXUADA

Conforme discutido no Capítulo 7, a função reprodutiva na maioria dos animais e plantas é dividida entre dois sexos. Quando a prole herda o DNA de dois pais, diz-se que é o resultado de **reprodução sexuada**. Nela, células germinativas haploides, chamadas gametas, são produzidas por meiose nos órgãos sexuais denominados gônadas. Cada gameta contém um único conjunto completo de cromossomos.

Em animais, essas células haploides podem atuar imediatamente como gametas; já em plantas e muitos protistas, elas se desenvolvem em estágios haploides multicelulares dos ciclos de vida, que, em última instância, produzem gametas. Quando dois gametas se combinam para formar um descendente, cada um dos pais contribui com um conjunto de cromossomos.

Durante a meiose, a distribuição dos cromossomos para os gametas é geralmente aleatória, e a mistura subsequente dos cromossomos de ambos os pais resulta em novas combinações de genes na prole. Ao final, dois gametas fundem-se no ato da fertilização para produzir um zigoto diploide.

REPRODUÇÃO ASSEXUADA

Diferentemente da reprodução sexuada, a prole produzida por **reprodução assexuada** herda seu DNA de um só genitor. Isso acontece por meio de *reprodução vegetativa* ou *partenogênese*.

Reprodução vegetativa

A **reprodução vegetativa** ocorre quando um indivíduo é produzido por tecidos parentais não sexuais. Muitas plantas podem reproduzir-se desenvolvendo novos brotos, que surgem das folhas, das raízes ou dos rizomas (*i. e.*, brotos subterrâneos). A Figura 9.1 mostra um exemplo disso em uma

Reprodução sexuada Mecanismo de reprodução no qual a progênie herda DNA de dois pais.

Reprodução assexuada Mecanismo de reprodução no qual a progênie herda DNA de um único genitor.

Reprodução vegetativa Modo de reprodução assexuada no qual um indivíduo é produzido a partir de tecidos parentais não sexuais.

Figura 9.1 Reprodução vegetativa. Os organismos que usam a reprodução vegetativa produzem prole a partir de tecidos não sexuais. Esta samambaia gera prole quando os ápices de suas folhas tocam o solo.

samambaia-ambulante (*Asplenium rhizophyllum*), que produz novos brotos quando as pontas das folhas tocam o solo. Se alguém coloca um pedaço de planta em um copo com água e observa o crescimento de raízes formando uma nova planta, certamente testemunha esse tipo de reprodução.

Indivíduos que descendem assexuadamente do mesmo pai e carregam o mesmo genótipo são conhecidos como **clones**. Muitos animais simples, como hidras, corais e seus parentes, também se reproduzem desta maneira, produzindo protuberâncias em seus corpos que se desenvolvem em novos indivíduos. Bactérias e algumas espécies de protistas reproduzem-se duplicando seus genes e, em seguida, dividindo-se em duas células idênticas, um processo conhecido como **fissão binária**.

Partenogênese

Diferentemente da reprodução vegetativa, alguns organismos se reproduzem assexuadamente pela produção de um embrião sem fertilização, em um processo conhecido como **partenogênese**. Na maioria dos casos, a prole gerada por esse mecanismo surge de ovos diploides, que não requerem qualquer contribuição genética do esperma. A partenogênese evoluiu em plantas e diversos grupos de invertebrados, incluindo as pulgas-de-água, os afídios e as abelhas-do-cabo mencionadas no início deste capítulo. Espécies de animais que se reproduzem somente por partenogênese são, em geral, constituídas inteiramente por fêmeas.

A partenogênese é relativamente rara em vertebrados e nunca foi observada como ocorrência natural em mamíferos, mas foi confirmada em algumas espécies de lagartos, anfíbios, aves e peixes. Por muito tempo, acreditou-se que cobras e tubarões não fossem capazes de realizar partenogênese; entretanto, em 2007, pesquisadores confirmaram que uma fêmea virgem de tubarão-martelo (*Sphyrna tiburo*) pariu filhotes fêmeas geneticamente idênticas à mãe. Em 2011, descobriu-se que uma fêmea de jiboia deu à luz duas ninhadas de fêmeas por partenogênese (Figura 9.2). As evidências crescentes

Clones Indivíduos que descendem assexuadamente do mesmo genitor e carregam o mesmo genótipo.

Fissão binária Reprodução por meio de duplicação de genes seguida de divisão da célula em duas outras idênticas.

Partenogênese Modo de reprodução assexuada no qual um embrião é produzido sem fertilização.

Figura 9.2 Jiboia sem pai. Esta fêmea de *Boa constrictor* é um produto de partenogênese. Como resultado, a coloração caramelo recessiva da mãe foi passada adiante para todas as suas filhas clones. Fotografia de Warren Booth.

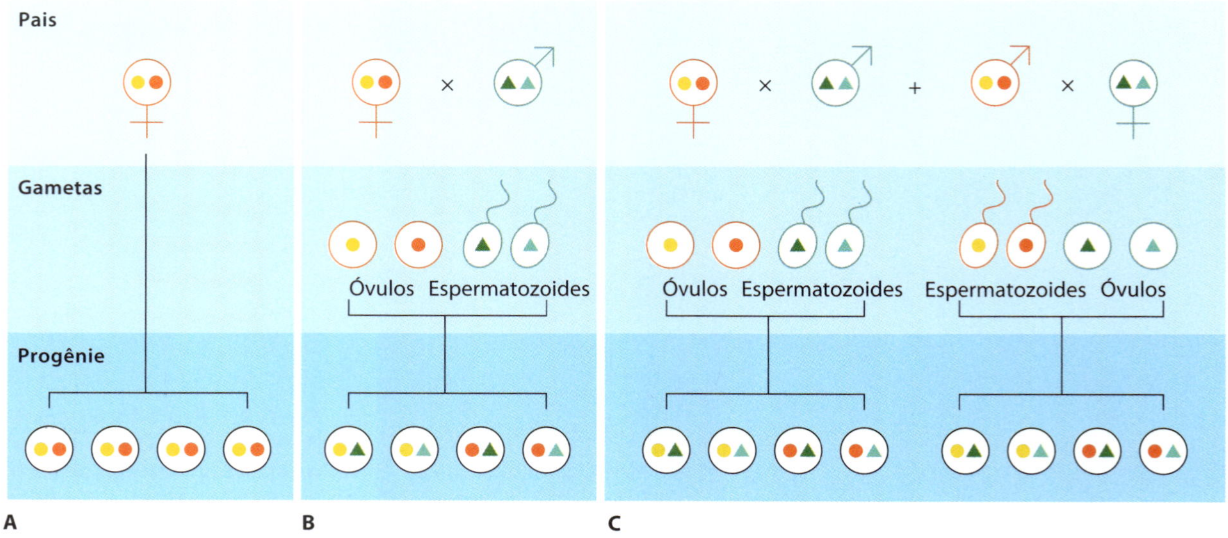

Figura 9.3 Custo da meiose. Se dois organismos femininos hipotéticos podem produzir apenas quatro ovos, então: **A.** A fêmea que realiza reprodução assexuada fornece oito cópias de seus genes. **B.** A fêmea que realiza reprodução sexuada fornece apenas quatro cópias de seus genes. **C.** Um hermafrodita pode passar adiante oito cópias de seus genes ao produzir quatro óvulos que sejam fertilizados pelos espermatozoides de outro indivíduo e quatro cópias de seus genes quando usar seus espermatozoides para fertilizar óvulos de outro indivíduo.

sugerem que a partenogênese possa ser mais comum do que se pensava, e que algumas espécies possam reproduzir-se tanto por reprodução sexuada como por partenogênese.

A partenogênese pode originar filhotes que são clones do genitor ou que são geneticamente variáveis. Os clones são produzidos quando células germinativas se desenvolvem diretamente em ovos sem sofrer meiose. Em contraste, uma prole geneticamente variável é gerada quando células germinativas sofrem meiose parcial ou total. Na meiose parcial, as células germinativas sofrem a primeira divisão meiótica, mas a supressão da segunda divisão resulta em óvulos diploides. Embora não ocorra união sexual, esses óvulos diferem geneticamente uns dos outros devido à recombinação entre pares de cromossomos homólogos e à alocação independente de cromossomos durante a primeira divisão. Quando as células germinativas realizam uma meiose completa, as células formadoras de gametas das fêmeas são haploides e, então, fundem-se para formar um embrião diploide. Um exemplo desse processo é o caso das abelhas-do-cabo.

CUSTOS DA REPRODUÇÃO SEXUADA

Ambas as reproduções, sexuada e assexuada, são estratégias viáveis, mas a primeira ocorre com alto custo para o organismo, já que os órgãos sexuais necessitam de energia considerável e utilizam recursos que poderiam ser alocados a outros propósitos. Além disso, o próprio acasalamento pode representar uma tarefa substancial, pois muitas plantas precisam produzir flores para atrair polinizadores, e a maioria dos animais exibe elaborados rituais de acasalamento para atrair parceiros. Essas atividades demandam tempo e recursos e podem aumentar o risco de herbivoria, predação e parasitismo.

Para os organismos nos quais um indivíduo é macho ou é fêmea, a reprodução sexuada tem um custo adicional de aptidão reduzida. Para compreender isso, é preciso lembrar que o objetivo de todo genitor é maximizar suas aptidões passando quantas cópias de seus genes for possível para a próxima geração, o que maximiza a aptidão parental. No caso de reprodução assexuada, como ilustrado na Figura 9.3 A, um genitor contribui com dois conjuntos de cromossomos para cada um de seus filhotes. No caso de reprodução sexuada, cada genitor fornece apenas um conjunto de cromossomos para cada filhote, pois os gametas produzidos por meiose são haploides, como mostrado na Figura 9.3 B. As fêmeas que se reproduzem por qualquer um dos modos geram o mesmo número de filhotes, mas as que se reproduzem somente por reprodução sexuada deixam para trás a metade das cópias de seus genes quando comparadas às que se reproduzem assexuadamente. Essa redução de 50% devido à reprodução sexuada *versus* assexuada é conhecida como o **custo da meiose**.

O custo da meiose pode ser contrabalançado em hermafroditas (que desempenham a função de macho e fêmea), uma estratégia encontrada na maioria das plantas e em muitos invertebrados. Esses indivíduos podem contribuir para a prole com um conjunto de genes produzido pela função feminina e outro conjunto produzido pela função masculina. Como mostrado na Figura 9.3 C, isso possibilita que um hermafrodita contribua com o dobro de cópias de seus genes para a prole do que seria possível para um indivíduo que pode ser apenas macho ou fêmea.

O custo da meiose também pode ser compensado quando os sexos são separados e o macho ajuda a fêmea a cuidar da prole. Por exemplo, se o cuidado parental de um macho permite que a fêmea cuide do dobro de filhotes que ela conseguiria cuidar sozinha, então o custo da meiose é eliminado.

BENEFÍCIOS DA REPRODUÇÃO SEXUADA

Se a reprodução sexuada é tão onerosa, certamente persiste porque proporciona benefícios substanciais. Essas vantagens

Custo da meiose Redução de 50% na quantidade de genes parentais passados para a próxima geração via reprodução sexuada em comparação à reprodução assexuada.

incluem a eliminação de mutações danosas e a criação de variação genética, que ajuda a prole a lidar com a variação ambiental futura, como a existência de parasitos e patógenos que evoluem rapidamente.

Eliminação de mutações

As mutações ocorrem em todos os organismos, e a maioria delas é prejudicial. Em indivíduos com reprodução assexuada, elas são transmitidas de uma geração à outra, acumulando-se ao longo das gerações, especialmente se os genitores assexuados produzirem prole de clones. Em contraste, durante a distribuição aleatória de genes na meiose em organismos que se reproduzem sexuadamente, mutações deletérias podem não ser transmitidas aos gametas. Além disso, de todos os gametas que são produzidos, aqueles que formam zigotos podem não ter mutações.

Alternativamente, se ambos os progenitores carregarem uma cópia de um gene com mutação deletéria e alguns dos gametas produzidos apresentarem a mutação, então a união de dois desses gametas gerará um homozigoto para a mutação deletéria. Uma prole homozigótica para uma mutação deletéria provavelmente não será viável e não se reproduzirá para passar a mutação à geração seguinte.

Como as espécies que se reproduzem apenas assexuadamente não têm qualquer meio de eliminar mutações, as deletérias se acumulam lentamente ao longo de muitas gerações. Com o tempo, o esperado seria que os indivíduos dessas espécies enfrentassem crescimento, sobrevivência e reprodução inadequados, o que, em última instância, levaria à extinção. No entanto, se essa hipótese estivesse correta, as espécies que se reproduzem assexuadamente provavelmente estariam extintas agora ou teriam adotado tal modo de reprodução apenas recentemente.

Para testar a hipótese de que espécies com reprodução assexuada não persistem na natureza tanto quanto as que se reproduzem sexuadamente, é possível analisar os padrões de reprodução assexuada em uma filogenia. Se a hipótese estiver correta, deve-se observar que a reprodução assexuada evoluiu em uma época relativamente recente. Por exemplo, a maioria das espécies de vertebrados que se reproduzem assexuadamente pertence aos gêneros que têm tanto um ancestral sexuado quanto a maior parte de suas espécies sexuadas, com as assexuadas tendo evoluído apenas recentemente. Tal padrão é observado nas salamandras do gênero *Ambystoma*, nos peixes do gênero *Poeciliopsis* e nos lagartos do gênero *Cnemidophorus*. Essas observações sugerem que espécies unicamente assexuadas normalmente não apresentam histórias evolutivas longas; afinal, se apresentassem, seria esperado ver grandes grupos de espécies aparentadas (tais como espécies em um mesmo gênero) reproduzindo-se assexuadamente. Tal padrão sugeriria que seu ancestral comum se reproduzia assexuadamente. No entanto, a persistência evolutiva a longo prazo de populações assexuadas parece ser baixa, o que condiz com a explicação de que o acúmulo de mutações e a falta de variação genética causa a extinção de espécies que se reproduzem assexuadamente.

Apesar disso, nem todas as espécies assexuadas se encaixam nesse padrão. Os rotíferos bdelóideos, por exemplo, um grupo ancestral com mais de 300 espécies de organismos terrestres e de água doce, são todos assexuados e estritamente fêmeas. De modo semelhante, alguns grupos de protistas têm existido por centenas de milhões de anos e parecem não apresentar reprodução sexuada.

Um modo pelo qual tais espécies poderiam evitar a extinção seria por meio da produção de proles mais rapidamente do que o surgimento de novas mutações deletérias. Nesse caso, alguns indivíduos sempre manteriam o genótipo parental sem mutações e produziriam a próxima geração, um processo conhecido como seleção clonal. No entanto, grupos como esses continuam a desafiar os esforços de compreensão de toda a gama de custos e benefícios que favorecem a evolução da reprodução sexuada ou assexuada.

Variação genética e variação ambiental futura

Um segundo benefício da reprodução sexuada é a produção de prole com maior variabilidade genética. Se o ambiente fosse homogêneo ao longo do tempo e do espaço, os pais bem adaptados ao ambiente poderiam reproduzir-se assexuadamente para gerar filhotes clones também bem adaptados. Contudo, as condições ambientais normalmente mudam no tempo e no espaço. Como resultado, a prole provavelmente encontra condições ambientais diferentes daquelas a que seus pais estavam sujeitos. Uma vez que essas condições variam, a prole com variação genética tem maior probabilidade de apresentar combinações de genes que irão auxiliá-la na adaptação. No entanto, a maioria dos modelos teóricos mostra que maior habilidade para se adaptar a variações espaciais e temporais no ambiente físico não produz vantagem suficientemente grande para compensar o custo da meiose. Entretanto, as variações temporal e espacial no ambiente biótico – particularmente a que ocorre quando há diferentes patógenos – poderia proporcionar grande vantagem à variação genética resultante da reprodução sexuada.

Variação genética e parasitos e patógenos em evolução

Para compreender por que a reprodução sexuada proporciona um benefício evolutivo quando espécies se deparam com a variação tanto nos tipos quanto na abundância de patógenos, primeiramente é preciso entender que patógenos têm ciclos de vida muito mais curtos e populações muito maiores do que a maioria das espécies hospedeiras que eles infectam. Uma vez que apresentam potencial para evoluir a uma taxa muito mais rápida do que seus hospedeiros, os patógenos podem desenvolver maneiras de neutralizar as defesas desses hospedeiros. Então, sem evolução rápida dos hospedeiros, os patógenos poderiam diminuir sua abundância ou até mesmo levá-los à extinção.

Em 1998, pesquisadores descreveram uma espécie de patógeno recém-descoberta que estava causando a morte disseminada de anfíbios na América Central. Trata-se de um tipo de fungo quitrídio (*Batrachochytrium dendrobatidis*), que pode infectar uma ampla variedade de espécies. Em 2012, esse fungo havia sido detectado em todos os continentes habitados por anfíbios. Entretanto, em algumas partes do mundo, incluindo a América Central, o patógeno letal provavelmente foi introduzido recentemente; por isso, muitas espécies de sapos na região não têm adaptações para combatê-lo. Como consequência, aparentemente ele tem causado a extinção de dúzias de espécies.

Os efeitos danosos dos patógenos favorecem os hospedeiros, que desenvolvem novas defesas rapidamente. Como já foi visto, a reprodução sexuada resulta em prole com uma gama maior de combinações genéticas, e algumas delas podem ser mais adequadas para combater o patógeno. Em resumo, existe uma corrida evolutiva entre os hospedeiros, que tentam desenvolver adaptações rápido o suficiente para combater o patógeno, e os patógenos, que tentam desenvolver adaptações rápido o bastante para neutralizar as defesas dos hospedeiros. A hipótese de que a seleção sexual possibilita aos hospedeiros evoluírem a uma taxa suficiente para combater a rápida evolução dos parasitos é denominada **hipótese da Rainha Vermelha**, em homenagem à famosa passagem no livro *Alice Através do Espelho e o que Ela Encontrou por Lá*, de Lewis Carrol, na qual a Rainha Vermelha diz a Alice: "Agora, aqui, você entende, é preciso correr o máximo que se pode para continuar no mesmo lugar."

Teste da hipótese da Rainha Vermelha

Um dos testes mais convincentes da hipótese da Rainha Vermelha concentra-se em uma espécie de caramujo de água doce (*Potamopyrgus antipodarum*), comum em lagos e riachos na Nova Zelândia e que pode ser infectada por parasitos, como os vermes trematódeos do gênero *Microphallus*. O ciclo de vida do patógeno é mostrado na Figura 9.4 e tem início quando o caramujo ingere os ovos do verme, que eclodem em larvas que formam cistos nas gônadas do caramujo, causando sua esterilidade. Então, patos comem os caramujos infectados, e os patógenos maturam sexualmente dentro do intestino, onde produzem ovos assexuadamente. Esses ovos saem dos patos quando eles defecam na água, completando o ciclo. Obviamente, *Microphallus* é mais abundante em águas rasas de lagos onde patos se alimentam.

O modo de reprodução do caramujo depende da profundidade da água onde vive. Em regiões mais rasas dos lagos, onde o verme parasito é mais comum, uma proporção maior dos caramujos se reproduz sexuadamente. Tais populações apresentam cerca de 13% de machos, o suficiente para manter alguma diversidade genética por reprodução sexuada. Em regiões mais profundas, onde o parasito é raro, uma maior proporção de caramujos realiza reprodução assexuada. Embora as populações assexuadas se reproduzam mais rapidamente do que as sexuadas, os clones assexuados não conseguem persistir diante de altas taxas de parasitismo. Como resultado, os caramujos assexuados não sobrevivem bem nas regiões mais rasas do lago, onde são maiores as chances de encontrarem o verme parasito.

Se os vermes parasitos evoluem para se especializarem nos caramujos com os quais coexistem, então os parasitos que vivem em águas rasas devem ser bons em infectar populações de caramujos de águas rasas. De modo semelhante, parasitos de águas profundas devem ser bons em infectar populações de caramujos daquelas regiões.

Os pesquisadores testaram essa hipótese com parasitos e caramujos de vários lagos da Nova Zelândia. Como ilustrado na Figura 9.5, os de águas rasas de diversos lagos diferentes foram infectados mais rapidamente por parasitos de águas rasas, e os de águas profundas, mais rapidamente pelos parasitos de águas profundas. Considerando-se a média entre todas as fontes de parasitos, as taxas de infecção foram relativamente

Hipótese da Rainha Vermelha Hipótese de que a reprodução sexuada possibilita aos hospedeiros evoluírem a uma determinada taxa, de modo que possam se contrapor à rápida evolução de parasitos.

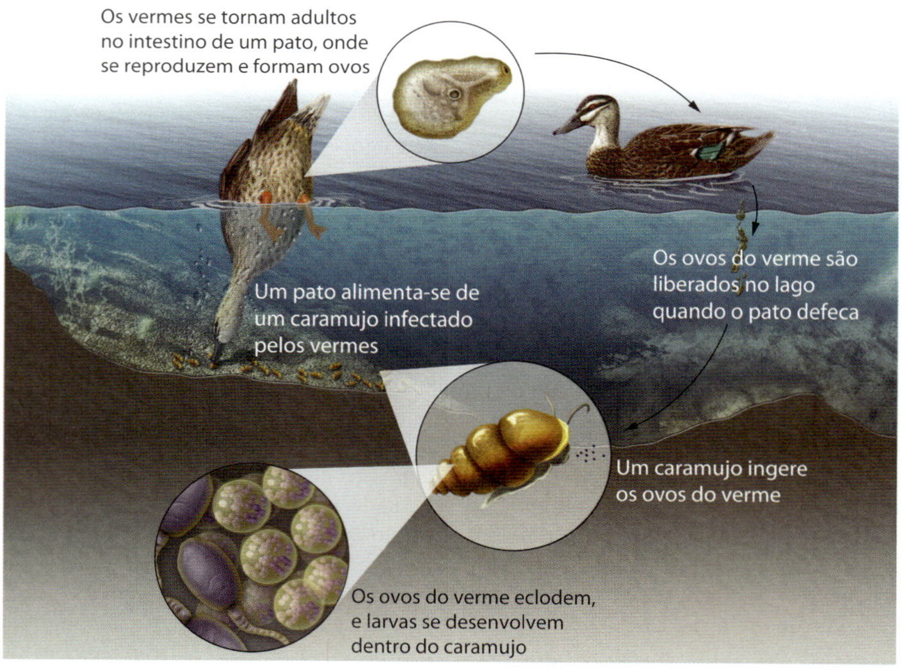

Figura 9.4 Ciclo de vida de um patógeno por meio de caramujos e patos. Ovos do verme patogênico *Microphallus* são consumidos inadvertidamente por caramujos. Esses ovos então eclodem em larvas e formam cistos nos caramujos, causando sua esterilidade. Quando os caramujos são consumidos por patos em águas rasas, o verme desenvolve-se em adulto e se reproduz no intestino dos patos. Quando estes defecam, os ovos são depositados de volta na água.

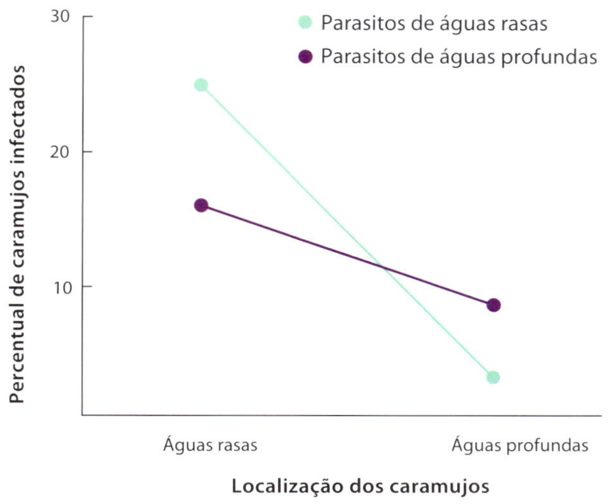

Figura 9.5 Infecção de caramujos por um patógeno. Águas rasas contêm mais parasitos do que águas profundas, porque os patos defecam e liberam ovos de patógenos mais frequentemente em águas rasas. Assim, o grande número de patógenos possibilita uma evolução mais rápida em resposta a quaisquer mudanças nos caramujos. Estes, em águas rasas, precisam desenvolver defesas rapidamente contra os patógenos, que respondem prontamente. Como resultado, um percentual muito maior de caramujos de águas rasas se infecta quando comparado com os de águas profundas. Os patógenos também mostram uma habilidade elevada de infectar as populações de caramujos com as quais coexistem, e os de águas mais rasas são mais capazes de infectar caramujos de águas rasas do que aqueles de maior profundidade. Analogamente, os patógenos de águas profundas são mais capazes de infectar caramujos de águas profundas do que aqueles de águas rasas. Dados de C. M. Lively, J. Jokela, Clinal variation for local adaptation in a host-parasite interaction, *Proceedings of the Royal Society of London B* 263 (1996): 891–897.

baixas em caramujos de águas profundas porque poucos parasitos vivem nessa região; portanto, eles tiveram menos oportunidades para desenvolverem, por evolução, a habilidade de infectar os caramujos de águas profundas. Contudo, uma vez que os hábitats de maior profundidade apresentam poucos parasitos, as linhagens assexuadas de caramujos têm uma vantagem reprodutiva sobre as sexuadas, por causa da sua reprodução mais rápida.

Estudos recentes continuam a respaldar a hipótese da Rainha Vermelha. No nematódeo (*Caenorhabditis elegans*), por exemplo, pesquisadores criaram indivíduos em laboratório que eram geneticamente destinados a se reproduzirem sexuada ou assexuadamente e, então, expuseram populações contendo dois tipos diferentes de vermes a um parasito bacteriano. Quando os cientistas permitiram que a bactéria evoluísse para infectar os vermes, o parasito rapidamente levava os vermes assexuados à extinção, e os sexuados desenvolviam resistência continuamente contra o parasito e persistiam. Assim, quando os pesquisadores impediram que a bactéria evoluísse, os indivíduos assexuados tornaram-se dominantes na população.

VERIFICAÇÃO DE CONCEITOS

1. Quais são os benefícios da reprodução assexuada?
2. Quais são os custos da reprodução sexuada?
3. Como a variação genética ajuda uma população a sobreviver a patógenos?

9.2 Os organismos podem evoluir como sexos separados ou como hermafroditas

As espécies na natureza têm desenvolvido um incrível conjunto de estratégias sexuais para as funções masculina e feminina, como se pode ver na Figura 9.6. A maioria dos vertebrados apresenta sexos separados, enquanto a maioria das plantas é hermafrodita. As plantas hermafroditas, como a flor selvagem conhecida como erva-de-são-joão (*Hypericum perforatum*), apresentam funções masculina e feminina na mesma flor. As flores que têm tanto partes masculinas quanto femininas são conhecidas como **flores perfeitas**. Quando ambas as funções são produzidas ao mesmo tempo, elas são chamadas de **hermafroditas simultâneos**, cujos exemplos incluem muitas espécies de moluscos, vermes e plantas. Quando um indivíduo tem determinada função sexual e então a altera para a outra, é chamado de **hermafrodita sequencial**. Algumas espécies de plantas são hermafroditas sequenciais, bem como alguns moluscos, equinodermos e peixes.

Algumas plantas têm flores masculinas e femininas separadas. As que apresentam essa característica no mesmo indivíduo são conhecidas como **monoicas**. Toda aveleira (*Corylus americana*), por exemplo, conta com flores masculinas e femininas. Quando um indivíduo tem apenas flores masculinas ou femininas, a espécie é conhecida como **dioica**. Por exemplo, a assobios (*Silene latifolia*) é uma flor silvestre composta por alguns indivíduos que produzem apenas flores masculinas e outros que apresentam apenas flores femininas.

Embora hermafroditas com flores perfeitas representem mais de dois terços das espécies de plantas com flores, quase todos os padrões sexuais imagináveis são conhecidos. As populações de algumas espécies de plantas podem ser compostas por uma mistura complexa de indivíduos hermafroditas, masculinos, femininos e monoicos. Em outras espécies, indivíduos de plantas produzem tanto flores perfeitas quanto flores que são apenas masculinas ou femininas.

COMPARAÇÃO DE ESTRATÉGIAS

Seria esperado que a seleção natural favorecesse a estratégia reprodutiva com maior aptidão. Desse modo, em organismos como as plantas com flores, por exemplo, uma planta poderia evoluir para gerar flores masculinas, femininas ou hermafroditas. Para determinar se a evolução deve favorecer sexos separados ou hermafroditas, é preciso comparar o valor de aptidão que um indivíduo ganharia ao investir em reprodução apenas masculina e apenas feminina *versus* o valor de aptidão que ganharia ao investir tanto em reprodução masculina quanto em feminina. Como ilustrado na Figura 9.7, se um indivíduo masculino puder investir em função feminina e obter grande

Flores perfeitas Flores que contêm partes tanto masculinas quanto femininas.

Hermafrodita simultâneo Indivíduo que tem funções reprodutivas masculina e feminina ao mesmo tempo.

Hermafrodita sequencial Indivíduo com função reprodutiva masculina ou feminina, mas que depois muda de uma para a outra.

Monoicas Plantas com flores masculinas e femininas separadas no mesmo indivíduo.

Dioicas Plantas somente com flores masculinas ou femininas em um único indivíduo.

Figura 9.6 Estratégias de reprodução em plantas. Plantas hermafroditas, como a erva-de-são-joão, apresentam flores perfeitas que contêm estruturas masculinas e femininas em uma única flor. As plantas monoicas, como os arbustos das avelãs, têm flores masculinas e femininas separadas, mas cada planta tem ambos os tipos de flores. As plantas dioicas, como a *Silene latifolia*, são compostas por alguns indivíduos com apenas flores masculinas e outros somente com flores femininas.

aptidão feminina enquanto perde pouca aptidão masculina, a seleção favorecerá a evolução de hermafroditas. Um cenário semelhante pode ser considerado para um indivíduo feminino que acrescente função masculina. Isso ocorre porque a aptidão total como hermafrodita por meio da função masculina acrescida da feminina excede a aptidão de ser apenas masculino ou feminino. No caso das flores, a estrutura floral básica e a forma de exposição necessárias para a atração dos polinizadores – para aquelas espécies que dependem deles – já estão prontas nas flores masculinas e femininas. Esse fato provavelmente faz com que o custo de adição de uma função sexual seja relativamente pequeno, ao mesmo tempo que fornece grandes benefícios de aptidão. Como visto anteriormente, cerca de dois terços de todas as espécies de plantas com flores são hermafroditas.

Em alguns casos, o custo de aptidão ao se investir em uma segunda função sexual é muito alto para ser compensado pelos benefícios de ser hermafrodita. A Figura 9.8 evidencia que uma redução da função feminina pode permitir um investimento na função masculina, mas a aptidão total é menor do que a que machos e fêmeas teriam se mantivessem uma única função sexual. A função sexual em animais complexos, por exemplo, exige gônadas, ductos e outras estruturas para transmissão dos gametas. Além disso, em muitos animais, ser macho requer enormes gastos de tempo e energia para a

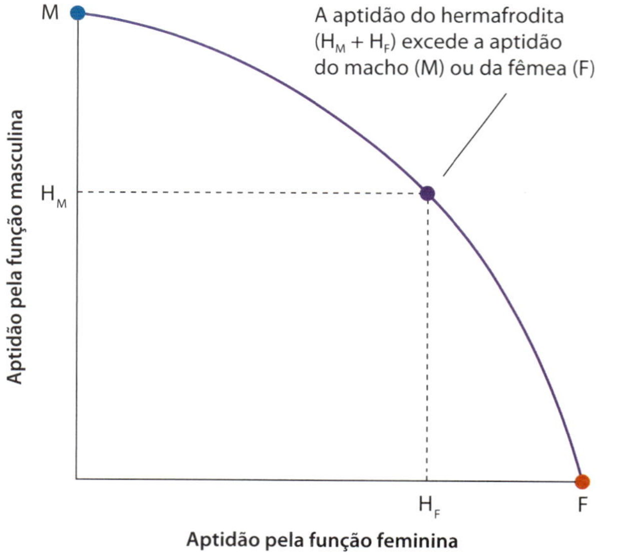

Figura 9.7 Hermafroditas têm vantagem de aptidão sobre sexos separados. Quando indivíduos masculinos ou femininos podem adicionar a outra função sexual com pequeno declínio da sua função original, é possível alcançarem uma aptidão total maior ao serem hermafroditas do que sendo apenas macho ou fêmea. Neste exemplo, a aptidão de um hermafrodita se iguala à aptidão derivada da função masculina (H_M) somada à aptidão oriunda da função feminina (H_F).

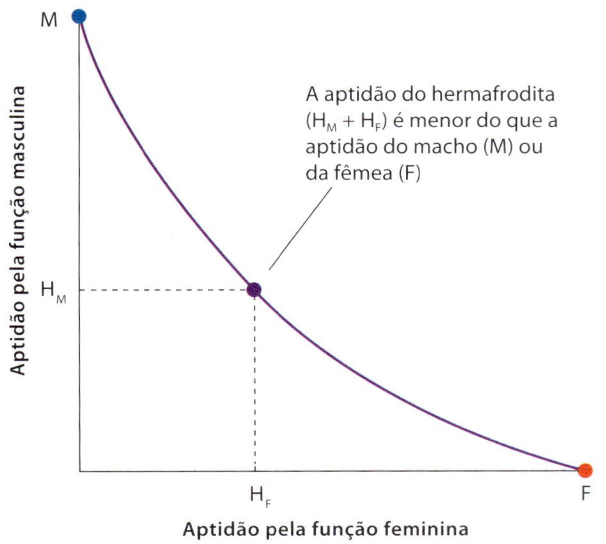

Figura 9.8 Sexos separados têm vantagem de aptidão sobre os hermafroditas. Quando indivíduos masculinos ou femininos adicionam a outra função sexual e sofrem uma grande redução da sua função sexual original, podem alcançar uma aptidão total maior ao permanecerem com sexos separados em vez de se tornarem hermafroditas. Neste exemplo, a aptidão de um hermafrodita se iguala à aptidão derivada da função masculina (H_M) somada à aptidão oriunda da função feminina (H_F).

atração de parceiras e luta com outros machos, enquanto ser fêmea demanda especializações para a produção de ovos ou tempo e energia para cuidar da prole. Uma vez que tais custos podem ser bastante elevados, seria possível prever que o hermafroditismo ocorre apenas raramente nas espécies de animais que ativamente buscam companheiros e se dedicam ao cuidado da prole. Também seria viável pensar que o hermafroditismo ocorre comumente em animais aquáticos sedentários que se reproduzem simplesmente pela dispersão de seus gametas na água. Pesquisadores encontraram evidências que sustentam ambas as previsões.

AUTOFERTILIZAÇÃO *VERSUS* FERTILIZAÇÃO CRUZADA EM HERMAFRODITAS

Um dos desafios para indivíduos que têm tanto a função masculina quanto a feminina é o problema da autofertilização, também conhecida como *selfing*, que ocorre quando um indivíduo usa seus gametas masculinos para fertilizar os próprios gametas femininos. Como discutido no Capítulo 4, a autofertilização impõe um custo de aptidão devido à depressão por endogamia. Desse modo, a seleção deve favorecer indivíduos que não usem esse mecanismo quando tiverem oportunidade de procriar com outros, uma estratégia conhecida como fertilização cruzada.

Algumas espécies evitam os problemas da autofertilização por serem hermafroditas sequenciais. Por exemplo, o gudião-azul (*Thalassoma bifasciatum*), uma espécie de peixe comum em recifes de corais, pode ser funcionalmente feminino quando é um adulto pequeno; porém, quando cresce, torna-se funcionalmente masculino. De modo semelhante, se uma planta liberar os grãos de pólen de suas anteras antes de o estigma estar receptivo ao pólen, a flor não será capaz de se autopolinizar.

Outras espécies apresentam genes de autoincompatibilidade. Indivíduos com o mesmo genótipo autoincompatível, como um que cruza consigo mesmo, não podem gerar prole.

ESTRATÉGIAS MISTAS DE ACASALAMENTO

Alguns hermafroditas utilizam uma combinação de estratégias de cruzamento: quando um parceiro pode ser encontrado, o indivíduo prefere procriar por fertilização cruzada para evitar os custos da endogamia; quando o parceiro desejado não pode ser encontrado, o indivíduo se autofertiliza. A autofertilização não fornece tanta prole viável quanto a fertilização cruzada, mas é melhor do que não se reproduzir.

Em alguns casos, utilizar uma combinação de fertilização cruzada e autofertilização é uma resposta à falta de recursos; afinal, a atração de parceiros pode ser dispendiosa em termos energéticos, como é o caso de plantas que produzem néctar para atrair polinizadores. Por exemplo, nas plantas do gênero *Impatiens*, a produção de flores por fertilização cruzada é mais cara energeticamente do que com autofertilização, já que não é preciso investir em néctar para atrair polinizadores. Plantas sujeitas à herbivoria de suas folhas têm menos energia para produzir flores com fecundação cruzada. Como resultado, elas geram maior quantidade de flores com autofertilização, como ilustrado pelos dados da *Impatiens* na Figura 9.9.

VERIFICAÇÃO DE CONCEITOS

1. Qual a diferença entre hermafroditismo simultâneo e sequencial?
2. Quando o incremento na aptidão por aumento da função masculina resulta em maior custo de aptidão da função feminina, uma população evoluiria para sexos separados em vez de hermafroditismo?
3. Quando o incremento na aptidão por aumento da função masculina resulta em um pequeno custo de aptidão da função feminina, uma população evoluiria para o hermafroditismo?

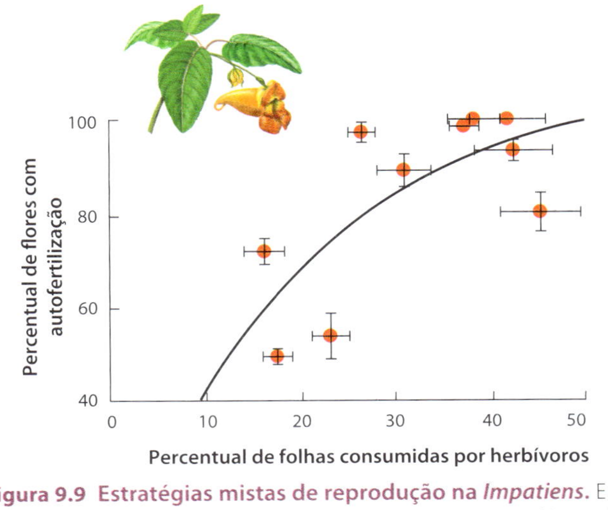

Figura 9.9 Estratégias mistas de reprodução na *Impatiens*. Em um levantamento de populações, aquelas com maior incidência de herbivoria produziram maior proporção de flores com autofertilização e, assim, menor proporção de flores com fertilização cruzada. As barras de erro são erros padrões. Dados de A. A. Steets, T. L. Ashman, Herbivory alters the expression of a mixed-mating system, *American Journal of Botany* 91 (2004): 1046–1051.

9.3 Razões sexuais da prole são normalmente equilibradas, mas podem ser modificadas pela seleção natural

Em organismos com sexos separados, a razão sexual entre filhotes machos e fêmeas é frequentemente de um para um. As exceções fornecem uma percepção interessante sobre as forças evolutivas que favorecem razões sexuais específicas na prole de um indivíduo. Esta seção examina os mecanismos que determinam se um filhote será macho ou fêmea. Em seguida, investiga as razões subjacentes para a ampla variedade de razões sexuais observadas na natureza.

MECANISMOS DE DETERMINAÇÃO DO SEXO

Nos capítulos anteriores, foi explicado que os fenótipos de organismos são determinados tanto por fatores genéticos quanto ambientais. Com o sexo da prole não é diferente, embora a influência da genética e do ambiente no sexo da progênie seja diferente entre as espécies.

Determinação genética do sexo

Em mamíferos, aves e muitos outros organismos, o sexo é determinado por herança dos cromossomos sexuais específicos. Na maioria dos mamíferos, as fêmeas têm dois cromossomos X, enquanto os machos têm um cromossomo X e um Y. As aves têm o padrão oposto de determinação sexual genética: os machos apresentam duas cópias do cromossomo Z, enquanto as fêmeas têm um Z e um W. Em ambos os casos, o sexo que apresenta dois cromossomos diferentes – machos de mamíferos e fêmeas de aves – produz uma quantidade de gametas aproximadamente igual com cada um dos cromossomos sexuais. Em média, metade da progênie nessas populações será fêmea e metade será macho.

Em insetos, a determinação genética do sexo ocorre de maneiras variadas. Em gafanhotos e grilos, por exemplo, todos os indivíduos são diploides, mas as fêmeas têm dois cromossomos sexuais, enquanto os machos, apenas um. Em abelhas melíferas e outros membros de sua ordem, incluindo outras abelhas, formigas e vespas, o sexo é determinado se um óvulo for fecundado. Os óvulos fertilizados, que recebem dois conjuntos de cromossomos, tornam-se fêmeas, enquanto os não fertilizados se tornam machos.

Determinação ambiental do sexo

Em algumas espécies, o sexo é amplamente determinado pelo ambiente, em um processo conhecido como **determinação ambiental do sexo**. Nos répteis, incluindo diversas espécies de tartarugas, lagartos e jacarés, ela ocorre pela temperatura na qual o ovo se desenvolve. Em tartarugas, os embriões incubados em temperaturas baixas normalmente geram machos, enquanto aqueles incubados em temperaturas mais altas produzem fêmeas. O inverso é geralmente verdadeiro em jacarés e lagartos.

Esse tipo de determinação ambiental do sexo é conhecido como *determinação sexual dependente da temperatura*. Uma vez que o genótipo tem a habilidade de produzir múltiplos fenótipos, a determinação sexual dependente da temperatura é um tipo de plasticidade fenotípica.

Durante décadas, os biólogos têm se questionado se a determinação sexual dependente da temperatura seria adaptativa. Ora, se as temperaturas que fazem os ovos se tornarem machos produzem os machos mais aptos, e se as temperaturas que fazem os ovos se tornarem fêmeas produzem as fêmeas mais adaptadas, então a determinação sexual dependente da temperatura seria adaptativa. Para testar essa hipótese, seria necessária a geração de prole feminina e masculina de ovos incubados ao longo de diferentes temperaturas. Entretanto, como a temperatura é o fator que determina seu sexo, não se pode produzir naturalmente machos e fêmeas em cada temperatura e comparar seus desempenhos.

Esse problema foi solucionado em 2008, em um estudo com o lagarto *Jacky dragon* (*Amphibolurus muricatus*). Nessa espécie, da Austrália, as fêmeas são geradas quando os ovos são incubados em temperaturas baixas e altas, enquanto tanto machos quanto fêmeas são produzidos quando incubados em temperaturas intermediárias. Por causa desse padrão, os pesquisadores podiam produzir fêmeas nas três temperaturas facilmente. Para gerar machos nas temperaturas mais altas e mais baixas, eles injetaram um hormônio inibidor que impedia os embriões de se tornarem fêmeas, anulando a resposta normal aos efeitos da temperatura. Essa manipulação possibilitou a produção de lagartos-machos e fêmeas em todas as três temperaturas. Logo que os filhotes eclodiam, eram separados em cercados por 3 anos; ao final desse tempo, os pesquisadores determinaram a quantidade de indivíduos produzidos pelos adultos que tinham sido incubados como ovos em diferentes temperaturas. Como mostrado na Figura 9.10, os machos incubados em temperatura intermediária produziram subsequentemente mais filhotes do que aqueles incubados em temperaturas altas e baixas. As

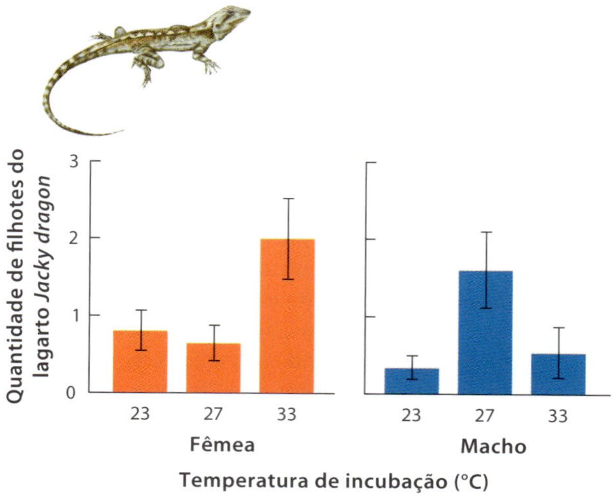

Figura 9.10 Determinação ambiental do sexo no lagarto *Jacky dragon*. Em condições naturais, os ovos do lagarto tornam-se fêmeas sob temperaturas altas e baixas, mas se tornam tanto fêmeas quanto machos em temperaturas intermediárias. A aptidão da fêmea é maior nas que foram incubadas em temperaturas altas; a aptidão do macho é maior naqueles incubados em temperaturas intermediárias. As barras de erro são erros padrões. Dados de D. A. Warner, R. Shine, The adaptive significance of temperature-dependent sex determination in a reptile, *Nature* 451 (2008): 566–569.

Determinação ambiental do sexo Processo no qual o sexo é determinado majoritariamente pelo ambiente.

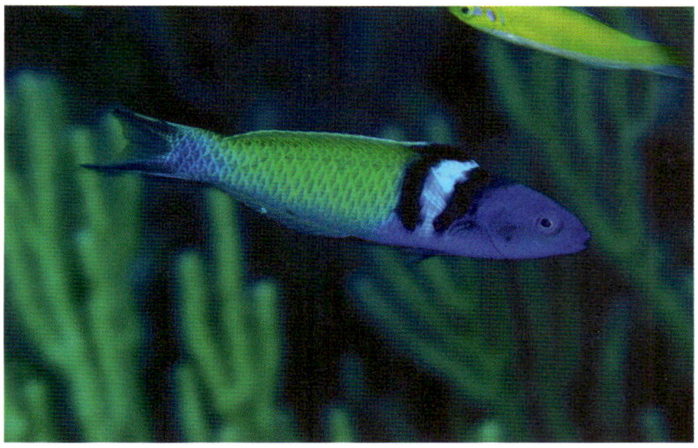

Figura 9.11 Gudião-azul. Os peixes jovens são normalmente fêmeas e vivem em cardumes com um macho dominante. Se o macho deixar o grupo ou morrer, a maior fêmea irá transformar-se em um novo macho dominante. Fotografia de Steve Simonsen/Getty Images.

fêmeas que foram incubadas em temperatura alta subsequentemente depositaram mais ovos do que aquelas incubadas em temperaturas intermediárias, embora as incubadas em baixas temperaturas tenham depositado um número semelhante de ovos ao das fêmeas incubadas em temperaturas intermediárias. Esse foi um dos primeiros estudos em répteis que demonstrou que a determinação do sexo dependente da temperatura parece ser adaptativa.

Nem todos os casos de determinação ambiental do sexo são causados pela temperatura. Em algumas espécies, a determinação sexual é consequência do ambiente social no qual um indivíduo vive. Conforme mencionado na discussão sobre hermafroditas sequenciais, o gudião-azul é um peixe de recife de coral capaz de mudar de fêmea para macho à medida que envelhece (Figura 9.11). A espécie normalmente começa sua vida como fêmea e vive em grandes cardumes com um ou dois machos dominantes. Se o macho dominante deixa o grupo ou morre, a maior fêmea muda de sexo e se torna o novo macho dominante. Ser grande é importante para os machos, pois eles têm de defender o território de outros machos que tentem cruzar com as fêmeas do cardume.

RAZÃO SEXUAL DA PROLE

Uma vez compreendidos os mecanismos que ajudam a determinar o sexo da prole, é possível considerar os fatores que favorecem razões sexuais específicas da progênie. Os biólogos percebem, cada vez mais, que uma fêmea pode ter grande influência nas razões sexuais de sua prole. Nas espécies cujos machos apresentam dois tipos diferentes de cromossomos sexuais, como nos mamíferos, os pesquisadores têm descoberto que as fêmeas de algumas espécies podem controlar se um espermatozoide com o cromossomo X ou com o cromossomo Y pode fertilizar seus óvulos. Nas espécies cujas fêmeas apresentam dois tipos diferentes de cromossomos sexuais, como em aves, algumas podem determinar a razão sexual de sua prole controlando a fração dos óvulos que recebem o cromossomo Z *versus* o cromossomo W durante a meiose. Em insetos himenópteros – abelhas, vespas e formigas –, a fêmea determina o sexo de sua prole ao fertilizar ou não seus óvulos.

Uma abordagem diferente para controlar a razão sexual da prole é por meio de aborto seletivo. No veado-vermelho (*Cervus elaphus*), por exemplo, as fêmeas adultas reproduzem no início do outono e dão à luz na primavera seguinte. Os filhotes machos são geralmente maiores quando nascem e necessitam de mais leite materno do que as fêmeas. Como resultado, os filhos exigem um investimento maior da mãe do que as filhas.

Pesquisadores da Espanha analisaram os fetos de 221 veados-vermelhos caçados para determinar se a sua razão sexual era afetada pela idade da mãe – classificada como adulta, subadulta ou jovem – e se a razão sexual mudava durante o período da gestação. Como ilustrado na Figura 9.12 A, as mães adultas produziram prole com razão sexual aproximadamente equilibrada. Por outro lado, mães jovens, que são menores e têm menos energia, tinham chance muito maior de gerar filhas, que requerem um custo energético menor. Em média, ao longo de todos os meses de caça aos veados, as mães jovens carregaram cerca de 25% de fetos machos e 75% de fetos fêmeas.

Para determinar como as mães jovens tinham essa razão sexual desbalanceada, os pesquisadores examinaram algumas que foram caçadas em meses diferentes ao longo do inverno, conforme ilustrado na Figura 9.12 B. Eles verificaram que as mães jovens, inicialmente, tinham uma prole com razão sexual quase equilibrada; porém, à medida que o inverno avançava, a proporção de fetos machos diminuía consideravelmente, sugerindo que as mães jovens seriam capazes de abortar seletivamente os fetos machos mais caros energeticamente à medida que a gestação prosseguia. Esse fenômeno não está restrito ao veado-vermelho; ele também é observado em outros mamíferos, como ratos e camundongos.

Independentemente de como a razão sexual é controlada, na maioria das espécies, a de macho para fêmeas na prole é aproximadamente equilibrada. Entretanto, essa é uma razão sexual padrão, ou existem justificativas adaptativas para tal? Para responder a essa questão, podem-se comparar as condições que favoreçam uma razão sexual de um para um com as condições que favoreçam um desvio dessa razão.

Seleção dependente da frequência

Para entender como a seleção natural normalmente resulta em uma razão sexual de um para um na maioria das espécies, é necessário considerar como ela favoreceria a razão sexual da prole que um indivíduo produz quando a população se desvia de uma razão sexual de um para um. Pode-se imaginar, por exemplo, que uma população tivesse mais fêmeas do que machos e que cada macho cruzasse com apenas uma fêmea. Nessa situação, algumas fêmeas permaneceriam sem cruzar. Um genitor que produzisse somente filhos teria maior aptidão do que um que gerasse uma quantidade equilibrada de filhos e filhas, pois algumas dessas filhas poderiam não encontrar parceiros sexuais. De modo semelhante, se uma população tivesse um excedente de machos e um macho cruzasse com apenas uma fêmea, um genitor que produzisse somente filhas teria maior aptidão do que aquele que gerasse uma quantidade equilibrada de filhos e filhas, pois alguns dos filhos poderiam não encontrar parceiras. No exemplo anterior, indivíduos do sexo menos abundante apresentam maior sucesso reprodutivo porque competem com poucos do mesmo sexo para se reproduzirem. Assim, sempre que a população tiver abundância de

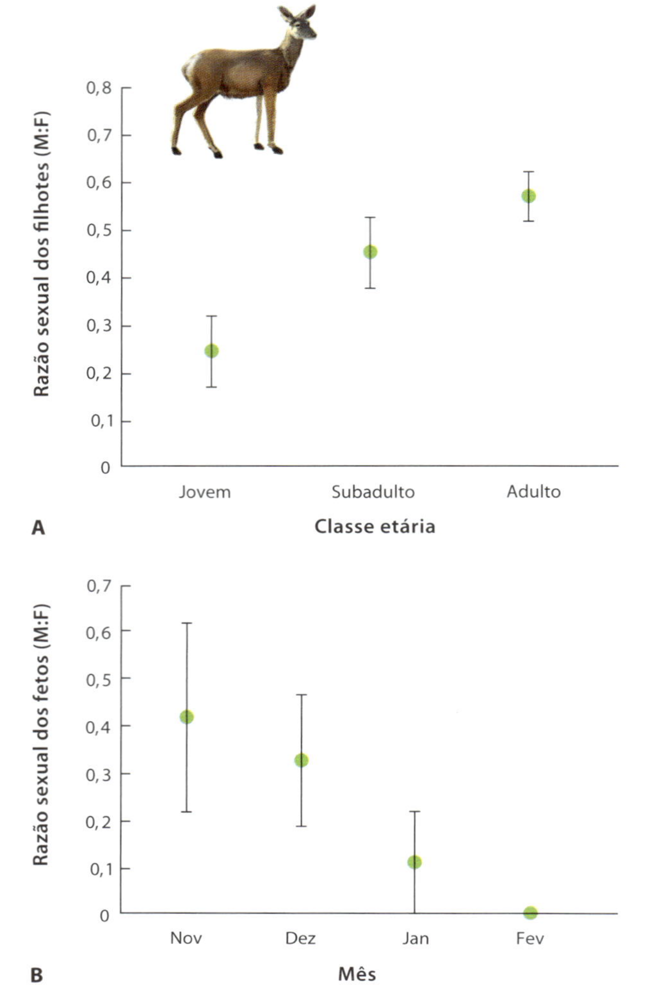

Figura 9.12 Razões sexuais da prole do veado-vermelho. A. Fêmea jovem produz pequena proporção de machos, que aumenta em veados mais velhos. **B.** Dentre as fêmeas jovens, a proporção de fetos machos é inicialmente alta, mas diminui à medida que a gestação avança ao longo do inverno e a fêmea seletivamente aborta os fetos machos. As barras de erro são erros padrões. Dados de T. Landete-Castillejos et al., Age-related foetal sex ratio bias in Iberian red deer (*Cervus elaphus hispanicus*): Are male calves too expensive for growing mothers? *Behavioral Ecology and Sociobiology* 56 (2004): 1–8.

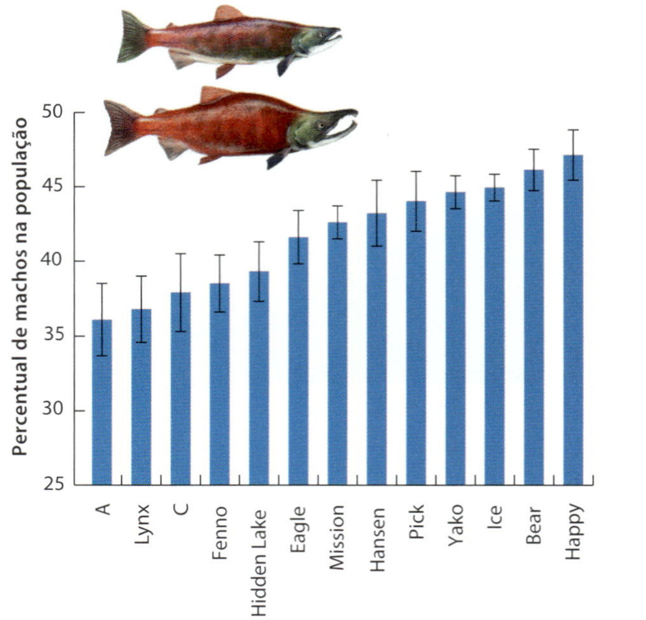

Figura 9.13 Razão sexual em populações de salmão-vermelho. Entre as populações de salmão-vermelho no sudoeste do Alasca, aquelas com muito mais machos do que fêmeas estão passando por declínios nas proporções de machos para fêmeas, devido aos regulamentos que exigem a pesca dos tamanhos maiores. Dados de N. W. Kendall, T. P. Quinn, Size-selective fishing affects sex ratios and the opportunity for sexual selection in Alaskan sockeye salmon *Oncorhyncus nerka*, *Oikos* 122 (2012): 411–420.

um sexo, a seleção natural favorecerá quaisquer genitores que produzam filhotes do sexo menos abundante. Com o tempo, à medida que o menos abundante se torna mais comum e o comum se torna menos abundante, as populações tendem a se equilibrar em uma razão aproximadamente de um para um. Desse modo, a melhor estratégia de razão sexual para os pais depende das frequências de machos e fêmeas em uma população. A evolução da razão sexual é denominada como o produto da **seleção dependente da frequência**, que ocorre quando a seleção natural favorece o fenótipo mais raro em uma população.

Seleção dependente da frequência Ocorre quando o fenótipo mais raro em uma população é favorecido pela seleção natural.

MUDANÇA GLOBAL

Os pesquisadores começaram a entender que as atividades humanas podem causar alterações não naturais nas razões sexuais. Por exemplo, no sudoeste do Alasca, os machos do salmão-vermelho (*Oncorhynchus nerka*) são normalmente maiores do que as fêmeas, mas a magnitude na diferença de tamanho entre os sexos varia naturalmente entre as populações. Considerando que a regulação da pesca do salmão requer que os pescadores pesquem somente os peixes maiores, isso faz com que, inadvertidamente, eles pesquem mais machos do que fêmeas. Em 2012, os pesquisadores relataram que as razões sexuais entre as diferentes populações variavam de 36 a 47% de machos em decorrência dos efeitos a longo prazo da pesca, como ilustrado na Figura 9.13.

Razões sexuais altamente desviadas

A seleção natural favorece uma razão sexual de um para um; entretanto, em alguns casos, é possível observar razões sexuais altamente desviadas. As vespas-do-figo (*Pegoscapus assuetus*) constituem um bom exemplo desse fenômeno. A fêmea dessa vespa pousa na inflorescência de uma figueira, carregando o pólen de outra figueira. Ela rasteja por uma pequena cavidade na inflorescência e então poliniza as flores. Uma vez lá dentro, a fêmea deposita seus ovos nos frutos em desenvolvimento e morre em seguida. Seus ovos podem ser compostos por até 90% de fêmeas. De modo semelhante às abelhas mencionadas no início deste capítulo, as vespas podem facilmente ajustar a razão sexual de sua prole porque os ovos fertilizados se tornam fêmeas, enquanto os não fertilizados se tornam machos. Uma vez que os ovos eclodem, as larvas se alimentam do fruto

ANÁLISE DE DADOS EM ECOLOGIA

Seleção dependente da frequência

É possível compreender melhor a seleção dependente da frequência se for usado um exemplo com números reais. O urubu-de-cabeça-preta (*Coragyps atratus*) é uma ave grande que se alimenta de carcaças de animais por quase toda a América do Norte e América do Sul. A fêmea normalmente deposita dois ovos no seu ninho.

Se uma população for composta de cinco fêmeas e dois machos, presumindo que um macho possa cruzar com mais de uma fêmea, quantas cópias de genes, em média, cada macho e fêmea fornecem para a próxima geração?

Quantidade total de ovos = 10

Aptidão média da fêmea = 10 cópias de genes de fêmea ÷ 5 fêmeas = 2 cópias de genes/fêmea

Aptidão média do macho = 10 cópias de genes de macho ÷ 2 machos = 5 cópias de genes/macho

Se uma população for composta de cinco fêmeas e oito machos, quantas cópias de genes, em média, cada macho e fêmea fornecem à próxima geração?

Quantidade total de ovos = 10

Aptidão média da fêmea = 10 cópias de genes de fêmea ÷ 5 fêmeas = 2 cópias de genes/fêmea

Aptidão média do macho = 10 cópias de genes de macho ÷ 8 machos = 1,25 cópia de genes/macho

Nesse exemplo, pode-se observar que, quando machos representam o sexo menos abundante, apresentam a maior aptidão; quando as fêmeas representam o sexo menos abundante, ficam com a maior aptidão.

EXERCÍCIO Usando as mesmas suposições anteriores, calcule o número de cópias de genes por macho e por fêmea sob os dois cenários a seguir:

1. Quatro machos e cinco fêmeas
2. Seis machos e cinco fêmeas

Considerando os quatro cenários explorados, qual a razão sexual será favorecida pela seleção natural a longo prazo?

e das sementes. As larvas então passam por metamorfose para vespas adultas e cruzam com seus irmãos enquanto ainda estão dentro da inflorescência. Os jovens machos cruzam com as fêmeas jovens, cavam um buraco na lateral da inflorescência e morrem em seguida. As fêmeas jovens fertilizadas escapam através da abertura e voam para polinizar novas flores.

A alta proporção de filhas entre as vespas-do-figo ocorre porque a competição entre os machos pelas fêmeas se dá entre irmãos. Esse fenômeno, conhecido como **competição local por acasalamentos**, acontece quando o fato se dá em uma área limitada e apenas alguns machos são necessários para fertilizar todas as fêmeas. Quando somente uma mãe fertilizada entra em uma inflorescência de figueira, os únicos machos disponíveis para fertilizar suas filhas são seus filhos; do ponto de vista da mãe, não importa qual filho vai passar adiante seus genes para seus netos. Além disso, um filho pode fertilizar diversas filhas, o que significa que não há benefício na aptidão em ter vários filhos. A aptidão da mãe, portanto, depende de quantos ovos podem ser produzidos por suas filhas, de modo que é de maior interesse por parte da mãe gerar muitas filhas e apenas o suficiente de filhos para fecundá-las.

Como se pode observar na Figura 9.14, quando as opções de acasalamento são restritas, de modo que os únicos parceiros disponíveis para as filhas são seus irmãos, as mães que produzem maior proporção de filhas do que de filhos têm mais netos e, portanto, maior aptidão evolutiva.

Competição local por acasalamentos Ocorre quando a competição por parceiros se dá em uma área muito limitada e somente uns poucos machos são necessários para fertilizar todas as fêmeas.

Algumas vezes, entretanto, duas ou mais fêmeas depositam seus ovos na mesma inflorescência. Nessa situação, os filhos machos de uma mãe podem cruzar tanto com suas irmãs quanto com as filhas de outras mães. Quando isso ocorre, uma mãe vai obter maior aptidão se produzir filhos extras, de modo que tenha o suficiente para fertilizar todas as fêmeas naquela inflorescência. Como esperado, os pesquisadores observam que, quando uma inflorescência de figueira conta com mais de uma mãe, elas depositam maior quantidade de ovos masculinos.

VERIFICAÇÃO DE CONCEITOS

1. Qual a diferença entre determinação ambiental e genética do sexo?
2. Quando uma população é composta de dois sexos, por que o mais raro tem vantagem adaptativa?
3. Como a competição local por acasalamento favorece a produção de razão sexual desviada para fêmeas na prole?

9.4 Os sistemas de acasalamento descrevem o padrão de acasalamento entre machos e fêmeas

Embora muitas espécies de algas e fungos tenham gametas com tamanhos semelhantes, os animais e as plantas produzem esperma que é uma fração do tamanho dos óvulos e necessita de muito menos energia para ser produzido do que um óvulo. Por causa dessa diferença, o sucesso reprodutivo de uma fêmea depende tanto do número de óvulos que pode gerar quanto da qualidade de parceiros que pode encontrar.

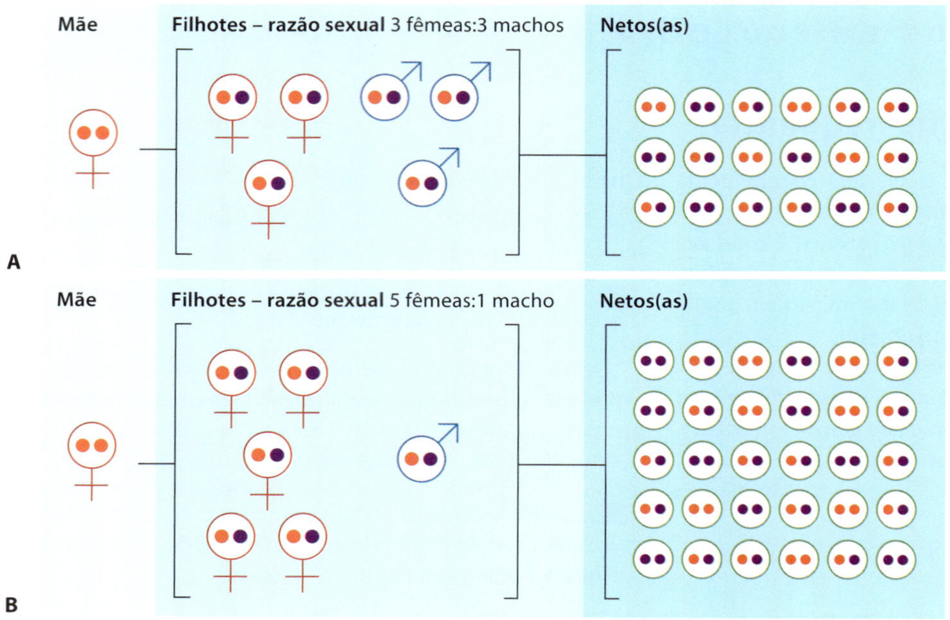

Figura 9.14 Efeito de diferentes razões sexuais na aptidão materna. Quando um filho pode cruzar com várias filhas em uma população isolada, a razão sexual da prole materna afetará o número de neto(as) que podem ser produzidos. Neste exemplo, presumiu-se que cada fêmea pode gerar seis filhotes. **A.** Se a mãe produz três filhas e três filhos, 18 netos(as) podem ser produzidos. **B.** Se a mãe produz cinco filhas e um filho, 30 netos(as) podem ser produzidos.

Uma vez que a maioria dos machos pode produzir milhões de espermatozoides, o sucesso reprodutivo de um macho geralmente depende de quantas fêmeas ele pode fertilizar. Esta seção discute o **sistema de acasalamento** das espécies, que descreve o número de parceiros que cada indivíduo tem e a duração da relação entre eles.

Assim como as razões sexuais, o sistema de acasalamento de uma população está sujeito à seleção natural. Consequentemente, ele é, com frequência, um produto das condições ecológicas sob as quais as espécies vivem. A Figura 9.15 ilustra os quatro sistemas de acasalamento: promiscuidade, poliandria, poliginia e monogamia.

PROMISCUIDADE

A **promiscuidade** é um sistema de acasalamento no qual os indivíduos copulam com múltiplos parceiros e não criam um vínculo social duradouro. Entre os táxons de animais como um todo, é certamente o modo de acasalamento mais comum. A promiscuidade é universal entre plantas com fertilização cruzada porque elas enviam pólen para fertilizar os óvulos de vários indivíduos e recebem pólen também de diversos indivíduos.

Quando os animais liberam óvulos e esperma diretamente na água, ou quando pólen é liberado ao vento, muito da variação no sucesso do acasalamento é aleatório. Se dado espermatozoide é o primeiro a encontrar um óvulo, isso é, em grande parte, devido ao acaso. Contudo, quando machos atraem ou competem por parceiras, o sucesso reprodutivo pode ser influenciado por fatores como o tamanho corporal e a qualidade da exibição do corte. Mesmo quando a fertilização é aleatória, os machos que produzem a maior parte do esperma ou pólen e os que produzem o esperma ou pólen mais competitivo estão destinados a gerar a maioria da prole.

POLIGAMIA

Poligamia é um sistema de acasalamento no qual um único indivíduo de um sexo forma vínculos sociais duradouros com mais de um do sexo oposto. Mais frequentemente, um macho acasala com mais de uma fêmea, o que é chamado de **poliginia**.

Em algumas espécies, a poliginia desenvolve-se quando machos competem por fêmeas e todas elas preferem apenas poucos machos melhores. Nesse caso, os machos maiores e mais saudáveis podem acasalar com a ampla maioria das fêmeas. A poliginia também pode se desenvolver quando um macho é capaz de defender um grupo de fêmeas de outros machos ou quando pode defender um recurso distribuído de maneira desigual no ambiente e que é atrativo a várias fêmeas. Como exemplo, pode-se considerar o caso do guanaco (mostrado na abertura do Capítulo 3), que é um parente do camelo que vive na região da Patagônia, na América do Sul. O solo na Patagônia é geralmente seco, com fragmentos de hábitat úmido onde crescem plantas nutritivas que os guanacos preferem comer. Quando um macho protege um fragmento úmido de outros machos, ele se torna capaz de acasalar com muitas das fêmeas que vão até a região para se alimentar das plantas.

O oposto da poliginia é a **poliandria**, um sistema de acasalamento no qual uma única fêmea cruza com vários machos. O caso da abelha-rainha, mencionada no início deste capítulo, é um exemplo de poliandria, pois ela cruza com diversos zangões.

Sistema de acasalamento Quantidade de parceiros que cada indivíduo tem e persistência desse relacionamento.

Promiscuidade Sistema de acasalamento no qual os machos copulam com várias fêmeas e as fêmeas copulam com vários machos, não criando vínculo social duradouro.

Poligamia Sistema de acasalamento no qual um único indivíduo forma vínculos sociais a longo prazo com mais de um indivíduo do sexo oposto.

Poliginia Sistema de acasalamento no qual um macho cruza com mais de uma fêmea.

Poliandria Sistema de acasalamento no qual uma fêmea cruza com mais de um macho.

Figura 9.15 Sistemas de acasalamento. A promiscuidade ocorre nas espécies de plantas com fertilização cruzada, como o "girassol-de-pradaria" (*Helianthus petiolaris*). A poliginia existe quando um macho acasala com diversas fêmeas, como no alce (*Cervus canadensis*). A poliandria ocorre quando uma fêmea acasala com diversos machos, como o sapo ocidental (*Anaxyrus boreas*). Sempre se acreditou que a monogamia fosse a regra em 90% de todas as aves, como o grou-das-dunas (*Grus canadensis*). Entretanto, análises genéticas recentes confirmaram que a maioria das espécies de aves na verdade realiza cópulas extrapar.

A poliandria normalmente ocorre quando a fêmea está em busca de esperma geneticamente superior ou recebe benefícios materiais de cada macho com quem acasala. Por exemplo, em algumas espécies de insetos, incluindo algumas borboletas, a fêmea recebe um pacote nutricional de alimento – conhecido como *espermatóforo* – de um macho. Ela utiliza a proteína do espermatóforo para gerar seus ovos; assim, em espécies poliândricas, quanto mais espermatóforos a fêmea puder coletar de múltiplos machos, mais ovos ela poderá produzir.

MONOGAMIA

A **monogamia** é um sistema de acasalamento no qual o vínculo social entre um macho e uma fêmea persiste ao longo do tempo necessário para criar a prole, podendo, em alguns casos, durar até a morte de um dos parceiros. A monogamia é favorecida quando os machos contribuem significativamente para a criação da prole. Ela ocorre em 90% das espécies de aves porque os machos podem oferecer praticamente o mesmo tipo de cuidado à prole que as fêmeas, tais como incubar os ovos, coletar alimento para os filhotes e protegê-los de predadores. A ajuda de uma ave macho possibilita que seus filhotes cresçam e sobrevivam muito melhor do que fariam sem tal ajuda. Desse modo, seu cuidado parental aumenta sua aptidão.

Nos mamíferos, no entanto, menos de 10% das espécies têm um vínculo social com apenas um indivíduo. Como os mamíferos machos não podem fornecer o mesmo cuidado parental que as fêmeas, particularmente devido à lactação, o crescimento e a sobrevivência dos filhotes de mamíferos são menos dependentes da presença do macho.

Apesar de a maioria das fêmeas formar um único vínculo social com um parceiro macho, a análise de DNA da prole no ninho revelou que os filhotes frequentemente têm pais diferentes, significando que a mãe copulou com outros machos. Assim, embora ela tivesse um vínculo social com apenas um macho, estava, na verdade, cruzando com outros, um comportamento conhecido como **cópula extrapar**. Em algumas espécies monogâmicas, um terço ou mais das ninhadas contém filhotes gerados por outro macho – normalmente de um território vizinho. Uma vez que os machos vizinhos também têm um vínculo social com as próprias parceiras, tanto os machos quanto as fêmeas realizam cópulas extrapar. Graças à análise do DNA, agora se sabe que 90% das espécies de aves que se acreditava serem monogâmicas se envolvem em cópulas extrapar.

As cópulas extrapar certamente aumentam a aptidão dos machos vizinhos; entretanto, como esse comportamento aumenta a aptidão da fêmea? Uma maneira justificável seria se

Monogamia Sistema de acasalamento no qual o vínculo social entre um macho e uma fêmea persiste pelo período necessário para criarem a prole.

Cópula extrapar Ocorre quando um indivíduo que tem vínculo social com um parceiro também copula com outros.

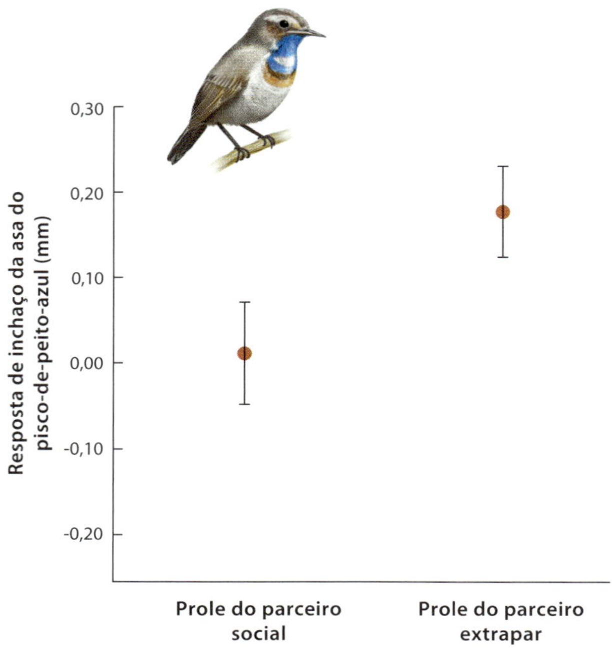

Figura 9.16 Benefícios para a fêmea com cópulas extrapar. Em piscos-de-peito-azul, a força do sistema imune pode ser medida em termos de inchaço na asa, quando um derivado químico das plantas é injetado nela. Inchaços maiores indicam respostas de sistemas imunes mais fortes. As barras de erro são desvios padrões. Dados de A. Johnsen et al., Female bluethroats enhance offspring immunocompetence through extra-pair copulations, *Nature* 406 (2000): 296–299.

o seu sucesso reprodutivo fosse aumentado pela maior variabilidade genética entre seus filhotes, de modo que ao menos um deles pudesse ser mais bem adaptado às condições ambientais futuras. Ela também poderia se beneficiar se os machos vizinhos tivessem genótipos melhores do que seu parceiro. Na ave conhecida como pisco-de-peito-azul (*Luscinia svecica*), por exemplo, as cópulas extrapar são comuns. Pesquisadores da Noruega analisaram a resposta imune dos filhotes do parceiro social da fêmea *versus* do seu parceiro extrapar. Para tal, eles injetaram pequena quantidade de material exógeno (extraído do feijão comum) na asa de uma ave e, em seguida, mediram o grau de inchaço no local da injeção; afinal, quanto maior o inchaço, mais forte é a resposta imunológica da ave. Como se pode observar na Figura 9.16, o tamanho do inchaço na asa foi maior na prole gerada por cópulas extrapar, o que demonstra que esses filhotes tiveram resposta imune mais forte. Isso sugere que as fêmeas buscam cópulas extrapar de modo a obter genótipos superiores de outro macho e gerar filhotes com sistemas imunológicos superiores.

A participação de um macho em um vínculo social monogâmico não oferece benefícios se sua parceira cruzar com outros machos. Assim, a ameaça da participação da fêmea em cópulas extrapar causou a seleção de uma "**guarda de parceiro**", um comportamento no qual um parceiro impede que o outro realize cópulas extrapar.

Uma variedade de condutas nesse sentido se desenvolveu. Em algumas espécies, um indivíduo simplesmente fica próximo de seu parceiro e afasta outros potenciais pretendentes, enquanto, em outras ocasiões, o parceiro faz com que cruzamentos futuros sejam fisicamente impossíveis. Por exemplo, pesquisadores descobriram que a aranha *Argiope aurantia* insere seus apêndices de transferência de esperma nas duas aberturas do sistema reprodutivo feminino. Em poucos minutos após a transferência do esperma, o coração do macho para, e ele morre com seus apêndices ainda presos dentro da fêmea, tornando impossível que ela acasale novamente. Tais adaptações são eficientes em reduzir a probabilidade de um parceiro cruzar com outro.

Os diversos sistemas de acasalamento são um produto da seleção natural e são moldados pelas condições ecológicas nas quais cada espécie vive. Uma vez que esses meios frequentemente envolvem a atração de um parceiro ou a defesa contra outros membros do mesmo sexo, a seleção natural também causou a evolução de muitos atributos específicos do sexo, como será abordado na próxima seção.

VERIFICAÇÃO DE CONCEITOS

1. Sob quais condições a seleção natural favoreceria a evolução da poliginia?
2. Sob quais condições a seleção natural favoreceria a evolução da poliandria?
3. Qual comportamento um parceiro pode adotar para impor a monogamia?

9.5 A seleção sexual favorece atributos que facilitam a reprodução

Anteriormente, foi explicado que o sucesso reprodutivo de um macho é normalmente determinado pela quantidade de fêmeas com as quais ele pode cruzar, enquanto o sucesso reprodutivo de uma fêmea é geralmente definido pela qualidade de machos que podem fertilizar seu número limitado de óvulos. Isso significa que as fêmeas é que deveriam escolher o parceiro sexual. Contudo, o que exatamente ela deve escolher? Em linhas gerais, as fêmeas devem selecionar os machos que aumentem a sua aptidão ao máximo, podendo ser aquele com o melhor genótipo ou aquele com mais recursos para ela e sua prole.

Como as fêmeas são exigentes, os machos devem competir fortemente entre si pela oportunidade de cruzar. Essa competição intensa entre machos por parceiras resultou na evolução de atributos masculinos que são usados ou para atrair fêmeas ou em combates e disputas entre machos. A seleção natural para atributos específicos de sexo relacionados com a reprodução é denominada **seleção sexual**. Esta seção explora como machos e fêmeas desenvolveram diferentes atributos como resultado da seleção sexual, quais deles elas preferem em seus parceiros e como os interesses de aptidão de machos e fêmeas podem causar conflitos entre os sexos.

Guarda de parceiro Comportamento no qual um parceiro impede que o outro realize cópulas extrapar.

Seleção sexual Seleção natural para atributos sexuais específicos relacionados com a reprodução.

Figura 9.17 Diferenças sexuais de tamanho. Na aranha-de-teia-amarela (*Nephila clavipes*), as fêmeas são muito maiores do que os machos. Fotografia de Millard H. Sharp/Science Source.

DIMORFISMO SEXUAL

Um resultado da seleção sexual é o **dimorfismo sexual**, que é uma diferença no fenótipo entre machos e fêmeas da mesma espécie. Ele está presente nas abelhas melíferas e no salmão-vermelho, discutidos anteriormente neste capítulo, e inclui diferenças de tamanho corporal, ornamentação, cor e comportamento de corte. Os atributos relacionados com a fertilização – como as gônadas – são chamados de **características sexuais primárias**, enquanto aqueles associados a diferenças de tamanho corporal, ornamentações, coloração e corte são conhecidos como **características sexuais secundárias**.

O dimorfismo sexual pode evoluir devido a diferenças na história de vida entre os sexos, disputas entre machos ou escolha de parceiros pelas fêmeas. As distinções de tamanho corporal são comuns entre os sexos de muitos animais porque houve seleção para maior quantidade de gametas produzidos ou para aumento do cuidado parental por um dos sexos. Em peixes e aranhas, por exemplo, a formação dos ovos está diretamente relacionada com o tamanho corporal. Essa seleção para produção maior de gametas nas fêmeas, sem a seleção simultânea por uma produção maior de esperma nos machos, poderia ser a causa subjacente do maior tamanho das fêmeas em relação aos machos em muitas espécies de peixes e aranhas (Figura 9.17).

O dimorfismo sexual também pode ocorrer quando os machos competem por parceiras. Nesse caso, a seleção favorecerá a evolução de armas para o combate, as quais incluem os chifres do alce-macho, os cornos dos carneiros das montanhas e as esporas nas pernas de galos e perus. Quando a habilidade para lutar também é melhorada por um corpo maior, as disputas entre machos também podem favorecer a evolução de corpos maiores neles (Figura 9.18). Além disso, os machos que ganham esses combates têm chances maiores de se aproximar das fêmeas.

Dimorfismo sexual Diferença nos fenótipos de machos e fêmeas da mesma espécie.

Características sexuais primárias Atributos relacionados com a fertilização.

Características sexuais secundárias Atributos relacionados com as diferenças entre os sexos em termos de tamanho corporal, ornamentações, coloração e corte.

Figura 9.18 Armas masculinas. Em algumas espécies, como estes alces em Alberta, Canadá, os machos lutam uns com os outros pelo direito de acasalar com as fêmeas. Disputas repetidas causam a seleção de armas maiores, como estes grandes chifres. Fotografia de Robert Harding Picture Library/Newscom.

O dimorfismo sexual também surge quando um sexo, normalmente as fêmeas, é exigente na seleção de um parceiro sexual. Nesse caso, a seleção de machos com atributos específicos pode causar a seleção sexual de atributos extremos por fêmeas.

MUDANÇA GLOBAL

Atividades humanas também podem afetar o dimorfismo sexual. Em espécies que são caçadas, por exemplo, os caçadores preferem (ou são obrigados a) caçar somente os machos maiores, o que é avaliado pelo número de pontas nos chifres do veado ou alce ou pelo comprimento do corno curvado de espécies de carneiros selvagens. Assim, quando somente os machos maiores são abatidos, criamos uma situação de seleção artificial que é o oposto do que ocorreria naturalmente pela seleção sexual. Em 2016, pesquisadores relataram a alteração no tamanho do corno do carneiro-de-stone (*Ovis dalli stonei*) baseando-se em diferenças no número de carneiros caçados ao longo de um período de 37 anos em localidades da Colúmbia Britânica. Considerando que o tamanho do corno é hereditário no carneiro-de-stone, o maior número de abates representa uma seleção mais forte, o que então poderia causar uma resposta evolutiva mais forte, como discutido no Capítulo 7. Na região com alta pressão de caça, havia 2,7 vezes mais caçadores por unidade de área e 2,6 vezes mais carneiros caçados do que na região de baixa pressão. Ao longo de 37 anos, a taxa de crescimento do corno diminuiu 12% na região de alta pressão de caça, mas não se alterou na região de baixa pressão. Em resumo, o aumento na caça causou uma seleção artificial para cornos de menor tamanho.

EVOLUÇÃO DA ESCOLHA FEMININA

A preferência de uma fêmea por atributos masculinos específicos deve estar relacionada com características que aumentem a sua aptidão. Em termos gerais, podem ser considerados dois tipos de preferências femininas: *benefícios materiais* e *benefícios não materiais*.

Os benefícios materiais são aqueles itens físicos que um macho pode fornecer à fêmea, como um local para criar os filhotes, um território de alta qualidade ou alimento em abundância. Nesses casos, a vantagem para a fêmea é clara – um local para criar a prole e recursos para produzir ovos e alimentar os filhotes devem aumentar a aptidão de uma fêmea.

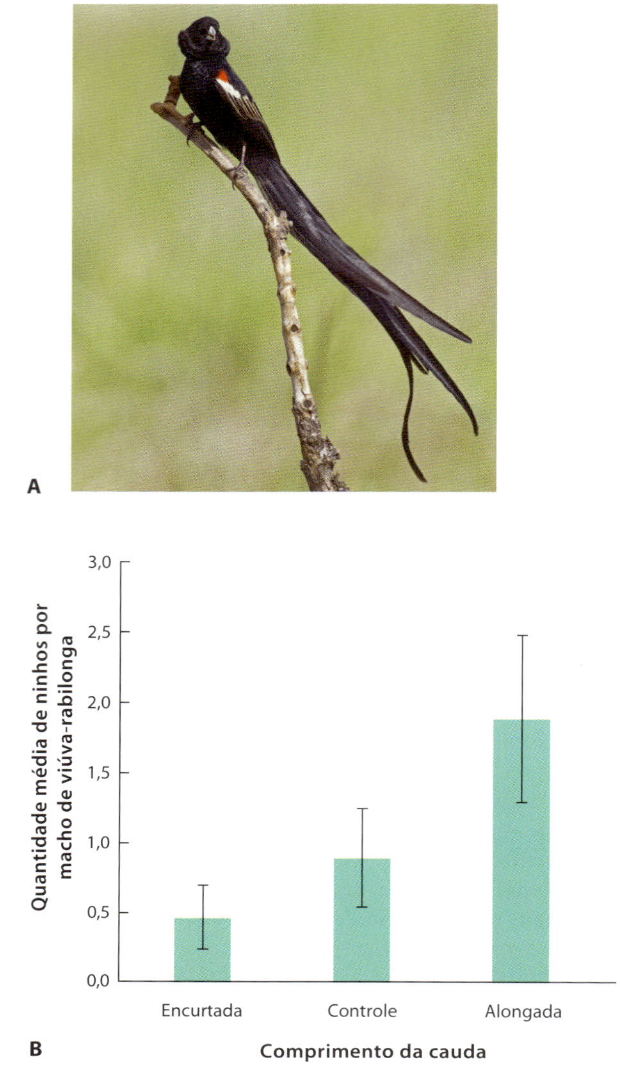

Figura 9.19 Viúva-rabilonga. A. Durante a estação reprodutiva, os machos apresentam caudas excepcionalmente longas. **B.** Quando os pesquisadores encurtaram, aumentaram ou mantiveram o tamanho das caudas dos machos, as fêmeas preferiram aqueles com caudas mais longas. As barras de erro são desvios padrões. Fotografia de FLPA/Dickie Duckett/age fotostock. Dados de M. Andersson, Female choice selects for extreme tail length in a widowbird, *Nature* 299 (1982): 818–820.

Tem sido um desafio maior para os cientistas entender as escolhas femininas quando elas não recebem nenhum benefício material dos machos; afinal, se a opção da fêmea é uma adaptação, então deve haver algum benefício. Uma das primeiras demonstrações de escolha feminina que não fornecia benefícios materiais veio de um estudo do comprimento da cauda dos machos da ave viúva-rabilonga (*Euplectes progne*), uma pequena espécie poligínica que habita os campos abertos da África central. As fêmeas têm pintas marrons, cauda curta e cor castanho-clara; em contraste, durante a estação reprodutiva, os machos são negros, com uma mancha vermelha na altura dos "ombros" e apresentam uma cauda de meio metro de comprimento que é exibida de maneira notável em voos de corte (Figura 9.19 A). Os machos de maior sucesso podem atrair até meia dúzia de fêmeas para nidificar em seu território, mas não proporcionam cuidado parental à sua prole.

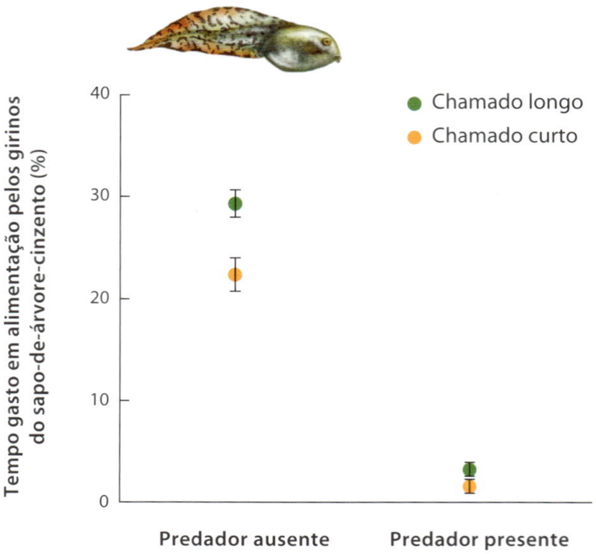

Figura 9.20 Bons genes. No sapo-de-árvore-cinzento, as fêmeas que escolheram os machos com chamados longos produziram uma prole que gastou mais tempo se alimentando do que aquela dos machos de chamados breves, independentemente da presença ou não de predadores. As barras de erro são desvios padrões. Dados de G. V. Doty, A. M. Welch, Advertisement call duration indicates good genes for offspring feeding rate in gray treefrogs, *Behavioral Ecology and Sociobiology* 49 (2001): 150–156.

Para determinar o que as fêmeas escolhem, os pesquisadores cortaram as penas da cauda de alguns machos a fim de diminuí-las e as colaram às extremidades das penas das caudas de outros machos para aumentá-las. Como se pode observar na Figura 9.19 B, os machos com caudas artificialmente alongadas atraíram significativamente mais fêmeas do que aqueles com caudas encurtadas ou inalteradas.

Por que as fêmeas escolheriam um macho com base em um atributo como o comprimento da cauda? De acordo com a **hipótese dos bons genes**, um indivíduo escolhe um parceiro que tem um genótipo superior. No sapo-de-árvore-cinzento, por exemplo, as fêmeas preferem os machos que podem produzir os chamados de acasalamento mais duradouros, os quais só podem ser realizados por sapos maiores e mais saudáveis. Se o tamanho e a saúde do macho tiverem um componente genético significativo, a escolha desse atributo poderá beneficiar os filhotes da fêmea.

De fato, quando os pesquisadores fizeram as fêmeas cruzarem com machos tanto de chamados duradouros quanto de chamados breves, a prole dos primeiros cresceu mais rapidamente do que a dos outros. Uma pesquisa subsequente, ilustrada na Figura 9.20, mostrou que filhotes de machos com chamados duradouros cresceram mais rápido porque gastam mais tempo se alimentando em comparação com os filhotes de machos com chamados breves.

De acordo com uma segunda hipótese, conhecida como **hipótese da boa saúde**, os indivíduos escolhem os parceiros mais saudáveis. Contudo, uma boa saúde poderia ser o

Hipótese dos bons genes Hipótese de que um indivíduo escolhe um parceiro com genótipo superior.

Hipótese da boa saúde Hipótese de que um indivíduo escolhe os parceiros mais saudáveis.

resultado tanto de um perfil genético superior como de uma criação com recursos abundantes. Desse modo, a hipótese dos bons genes e a da boa saúde não são mutuamente excludentes: as fêmeas podem preferir machos saudáveis porque é possível que sejam geneticamente superiores ou representem menor risco de transmissão de diversos parasitos e doenças.

SELEÇÃO SEXUAL DESENFREADA (*RUNAWAY*)

Uma vez que a preferência da fêmea por um atributo masculino tenha se desenvolvido, ele pode continuar a evoluir ao longo do tempo. Por exemplo, se as fêmeas preferirem caudas mais longas em seus parceiros e houver variabilidade genética disponível para ser selecionada, caudas mais longas continuarão a se desenvolver nos machos. Desse modo, quando a seleção pela preferência de um atributo sexual e a seleção por aquele atributo continuam a se reforçar, o resultado pode ser uma **seleção sexual desenfreada (*runaway*)**. Acredita-se que essa seleção tenha favorecido a evolução de atributos extremos como as caudas de meio metro dos machos da viúva-rabilonga, as penas gigantes da cauda do pavão e outros ornamentos masculinos grandes como cornos, presas e chifres. A seleção desenfreada continua até que os machos não tenham mais variabilidade genética para o atributo ou até que os custos de aptidão de ter atributos extremos comecem a prevalecer sobre os benefícios reprodutivos.

PRINCÍPIO DO *HANDICAP*

Se características selecionadas sexualmente indicarem atributos intrínsecos à qualidade do macho (ao menos inicialmente, antes que a seleção sexual desenfreada ocorra), enfrenta-se um paradoxo. Presumivelmente, atributos extremos sobrecarregam os machos pela necessidade de energia e recursos para mantê-los, e por tornarem os machos mais visíveis aos predadores. Se for esse o caso, é difícil imaginar como características extremas indicariam maior qualidade do macho.

Uma possibilidade intrigante é a de que as características sexuais secundárias elaboradas dos machos funcionem como desvantagens. Assim, se um macho puder sobreviver com os atributos sexuais que requeiram energia extra para serem formados ou que aumentem o risco de predação, tais características poderão sinalizar um genótipo superior. Essa ideia, conhecida como **princípio do *handicap***, argumenta que, quanto maior a desvantagem que um indivíduo carrega, maior deve ser sua capacidade de compensar aquela desvantagem com outras qualidades superiores.

Um fator que poderia atrair as fêmeas para certos machos é uma alta resistência, de base genética, a parasitos e patógenos. Como se sabe, os parasitos evoluem rapidamente, impondo de maneira contínua uma seleção para resistência genética do hospedeiro. Como os parasitos e patógenos podem prejudicar o desenvolvimento de características sexuais secundárias, uma ave macho que tenha uma plumagem elaborada e chamativa poderia ser um indicativo para as fêmeas de que ele é capaz de resistir a parasitos e patógenos, já que dispõe da energia necessária para formar penas elaboradas. Se essa resistência puder ser herdada pela prole dos machos, então as características sexuais secundárias serão *sinais honestos* da superioridade genética dos machos e indicarão que apenas indivíduos com genes superiores podem resistir a parasitos e manter uma plumagem brilhante e vistosa.

Seleção sexual desenfreada (*runaway*) Ocorre quando a seleção para a preferência de um atributo sexual e a seleção de tal atributo continuam a se reforçar.

Princípio do *handicap* Princípio de que, quanto maior a desvantagem que um indivíduo carrega, maior deve ser sua capacidade de compensar essa deficiência.

Figura 9.21 Efeito de ácaros em pombos. Os pombos *à esquerda* foram criados em ninhos fumigados para reduzir a população de ácaros. Os pombos *à direita* foram criados durante o mesmo período, mas em ninhos que não foram fumigados e com populações maiores de ácaros. As infestações causaram sobrevivência menor, crescimento mais lento e partes do corpo sem penas. Fotografia de Dale H. Clayton.

Diversos estudos verificaram que parasitos e patógenos afetam a atratividade dos machos. Nos pombos-comuns (*Columba livia*), conhecidos simplesmente como pombos, as aves recém-nascidas podem ser infestadas por ácaros (*Dermanyssus gallinae*) que vivem no ninho. Para determinar o efeito dos ácaros nos pombos jovens, pesquisadores fumigaram ninhos infestados para eliminar os patógenos, mas não o fizeram com um segundo conjunto de ninhos infestados. Os filhotes de ninhos com ácaros apresentaram menor sobrevivência e crescimento mais lento (Figura 9.21).

Outros pesquisadores que examinaram os efeitos de piolhos nessa espécie de pombo descobriram que as fêmeas preferem machos sem piolhos a machos infestados, com uma razão de preferência de três para um. Nos faisões-de-pescoço-anelado (*Phasianus colchicus*), as fêmeas preferem machos com esporões maiores em suas pernas. Essa característica está relacionada geneticamente com os genes do complexo principal de histocompatibilidade (MHC), que influenciam a suscetibilidade à doença. Os machos com esporões maiores apresentam alelos MHC que estão ligados a maior expectativa de vida. Assim, as fêmeas que escolhem se acasalar com os machos de esporões maiores devem produzir uma prole com maior probabilidade de sobreviver até se reproduzir quando adulta.

CONFLITO SEXUAL

Acreditava-se que decisões de acasalamento serviam ao interesse mútuo de ambos os participantes. Porém, mais recentemente, cientistas passaram a considerar que os parceiros sexuais geralmente se comportam de acordo com os próprios interesses. Nos leões, por exemplo, quando um novo macho dominante assume o grupo, ele comumente mata os filhotes recém-nascidos que foram gerados pelo macho dominante anterior, de modo que a fêmea perde todo o seu esforço reprodutivo. Assim, o macho obtém um benefício de aptidão porque as fêmeas sem filhotes recém-nascidos voltam à condição de acasalamento mais rapidamente, possibilitando que o novo macho dominante gere prole mais cedo.

Um dos exemplos mais dramáticos de conflito sexual ocorre em percevejos-de-cama (*Cimex lectularius*). O macho apresenta um apêndice afilado para transferência do esperma e fertiliza a fêmea perfurando-a com seu apêndice e injetando o esperma em seu sistema circulatório (Figura 9.22), de modo que os espermatozoides conseguem achar o caminho até o ovário. Como resultado, os machos conseguem mais fêmeas para reproduzir, mas as fêmeas fertilizadas por vários machos têm vida mais curta e depositam menos ovos. Diante disso, formulou-se a hipótese de que tal comportamento agressivo se desenvolveu porque as fêmeas do percevejo resistiam às tentativas de acasalamento dos machos. Exemplos como esses demonstram que as interações sexuais podem refletir decisões diferentes para o interesse próprio de machos e fêmeas.

Neste capítulo, foram exploradas as condições ecológicas que favorecem a reprodução sexuada *versus* a assexuada, assim como os fatores que beneficiam razões sexuais equilibradas *versus* desviadas. Também abordou-se como os diferentes investimentos em óvulos e espermatozoides, bem como a necessidade de cuidado parental com a prole, determinaram a evolução de diversos sistemas de acasalamento e de características sexuais secundárias. A evolução do sexo permanece uma área ativa de pesquisa e ainda há muito a ser compreendido.

VERIFICAÇÃO DE CONCEITOS

1. Que fatores favorecem o dimorfismo sexual?
2. Que atributos as fêmeas podem preferir em um macho quando estão selecionando um parceiro?
3. Como uma característica sexual secundária exagerada em machos demonstraria um genótipo superior para as fêmeas?

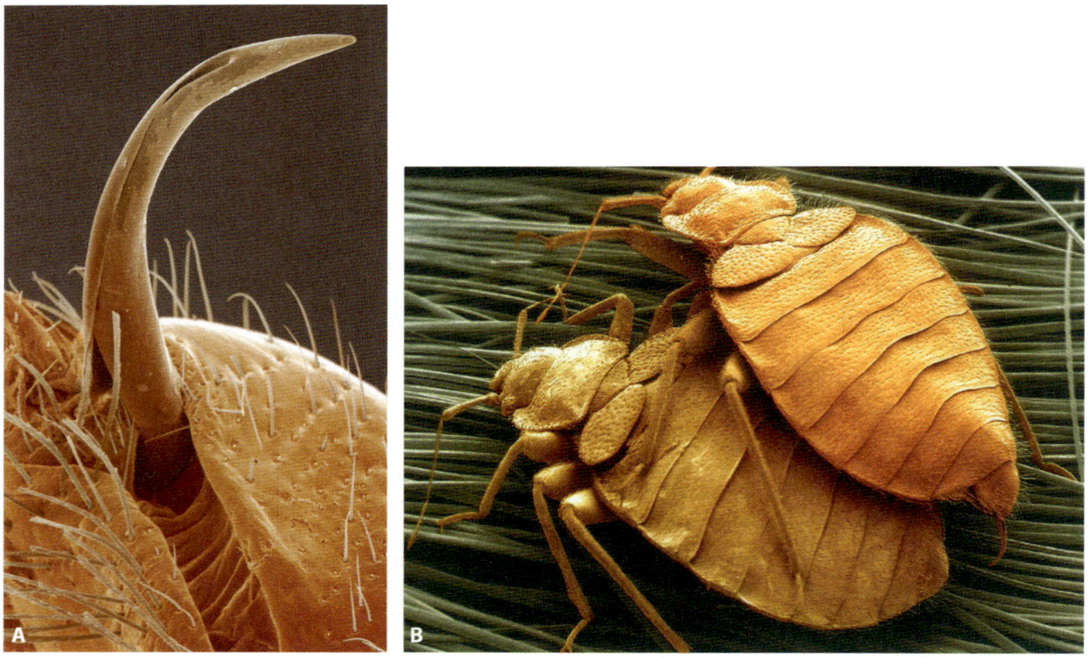

Figura 9.22 Conflito sexual em percevejos-de-cama. A. O macho do percevejo-de-cama tem um apêndice afilado que utiliza para perfurar o abdome das fêmeas em um local específico e transferir seu esperma. **B.** Ao usar esse apêndice, localizado na região distal de seu abdome, os machos podem montar nas fêmeas e perfurá-las repetidamente. Isso faz com que elas tenham menos tempo de vida e depositem menos ovos.
Fotografias de Andrew Syred/Science Source.

ECOLOGIA HOJE CORRELAÇÃO DOS CONCEITOS

Micróbios que evitam machos

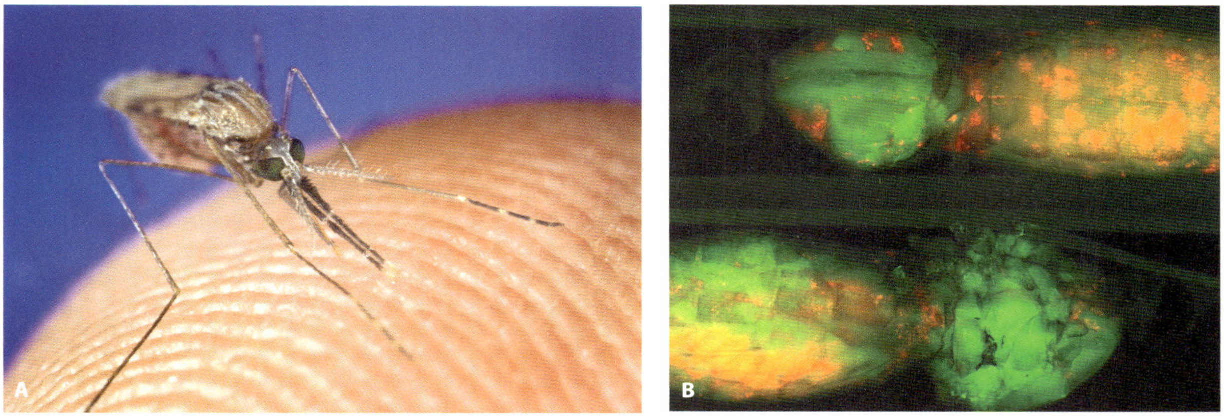

Infectados com *Wolbachia*. A bactéria *Wolbachia* pode infectar diversas espécies de insetos, como este mosquito (*Anopheles gambiae*). **A.** O mosquito é visto em luz normal. **B.** Quando ele e a bactéria são tratados para brilhar em cores diferentes, as células bacterianas aparecem como pontos vermelhos dentro do seu corpo. Fotografias de (A) CDC/Jim Gathany; (B) Hughes GL Koga R, Xue P, Fukatsu T, Rasgon J L (2011) Wolbachia infections are virulent and inhibit the human malaria parasite Plasmodium falciparum in Anopheles gambiae. Plos Pathog 7(5): e1002043. doi: 10.1371/journal.ppat.1002043. Cortesia de Jason Rasgon e Ryuchi Koga.

Ao longo deste capítulo, foram consideradas as diferentes estratégias de acasalamento como resultado dos genes do indivíduo e do seu ambiente. Contudo, existe uma percepção crescente de que as bactérias e outros microrganismos que vivem dentro de um organismo podem controlar as estratégias reprodutivas destes.

Um dos grupos mais dispersos de bactérias que alteram o sexo de insetos pertence ao gênero *Wolbachia*. Embora tenha sido descoberta há quase um século em mosquitos, foi somente em 1990 que os cientistas perceberam que ela podia mudar fundamentalmente as estratégias reprodutivas de um indivíduo. A *Wolbachia* infecta uma ampla variedade de invertebrados, como aranhas, crustáceos, nematódeos e insetos. Na verdade, estima-se atualmente que 70% de todas as espécies de insetos sofram infecções por essa bactéria, que pode viver nos tecidos de seus hospedeiros. Em 2007, pesquisadores descobriram que o genoma inteiro do parasito foi até mesmo incorporado ao genoma da mosca-de-fruta tropical (*Drosophila ananassae*). Um aspecto importante da história de vida da *Wolbachia* é que ela só é transmitida para a prole pelo óvulo materno infectado. Portanto, do ponto de vista do micróbio, os filhotes da fêmea hospedeira são importantes para melhorar a aptidão do micróbio, enquanto os dos machos hospedeiros são inúteis.

Para melhorar sua aptidão, a *Wolbachia* desenvolveu maneiras de explorar ou eliminar esses machos inúteis. Nos mosquitos, ela altera o esperma para impedir que eles fecundem óvulos de fêmeas não infectadas, o que garante que as gerações subsequentes sejam dominadas pela prole que carrega a bactéria, proveniente de fêmeas infectadas.

Em vespas, a *Wolbachia* causa partenogênese e impede algumas espécies de produzir machos. Os pesquisadores descobriram esse fato quando trataram algumas vespas infectadas com um antibiótico para matar a *Wolbachia*; quando as bactérias foram eliminadas, as vespas não mais realizaram partenogênese. Os cientistas se questionam agora se a partenogênese em outras espécies poderia ser também causada por uma bactéria semelhante, em vez de uma estratégia adaptativa.

Em tatuzinhos-de-jardim (*Armadillidium vulgare*), a *Wolbachia* converte os machos em fêmeas ao suprimir hormônios masculinos. Essa capacidade dos hormônios na determinação sexual nos embriões é semelhante aos efeitos de manipulação hormonal por cientistas que investigaram a definição sexual dependente da temperatura no lagarto *Jacky dragon*, abordado anteriormente. Em outras espécies de invertebrados, a bactéria simplesmente mata os machos jovens e impede que eles componham a população adulta. Nas espécies com adultos de ambos os sexos, como a borboleta de Uganda (*Acraea encedon*), o aumento de fêmeas em relação aos machos causou uma reversão nos papéis típicos dos sexos: agora elas cortejam os machos e competem com outras por oportunidades de acasalamento. Todos esses mecanismos de determinação do sexo, mudanças na razão sexual da prole ou sistemas de acasalamento são do interesse da bactéria, não do hospedeiro.

A *Wolbachia* não é única bactéria com esses efeitos. As do gênero *Rickettsia* são bem conhecidas por causarem doenças como o tifo e a febre maculosa das Montanhas Rochosas, mas outras espécies desse gênero existem comumente em invertebrados sem causar doenças. Em 2011, pesquisadores encontraram uma espécie de *Rickettsia* na mosca-branca da batata-doce (*Bemisia tabaci*). No sudoeste dos EUA, as taxas de infecção aumentaram de 1% em 2000 para quase 100% em 2009. Essa dispersão incrivelmente rápida da bactéria ocorreu porque moscas-fêmeas infectadas quase dobraram seu rendimento reprodutivo, a taxa de sobrevivência de sua prole aumentou e a razão sexual dos filhotes foi alterada de 50% para aproximadamente 85% de filhas. Esse fato é interessante do ponto de vista das interações parasito-hospedeiro e da evolução de estratégias reprodutivas, além de ser importante para a agricultura. A mosca-branca da batata-doce é uma praga que suga a seiva das folhas de muitas plantas cultivadas, como algodão, vegetais e espécies ornamentais. Os cientistas estão preocupados que o aumento maciço das taxas de infecção por *Rickettsia* leve a uma elevação significativa da população dessa praga.

Infecções por bactérias que são transmitidas de mãe para filha às vezes são benéficas para os seres humanos. Em 2016, pesquisadores relataram que infectaram mosquitos (*Aedes aegypti*) com *Wolbachia pipientis*, uma espécie de *Wolbachia* que não infecta naturalmente essa espécie. Depois de causarem a infecção, eles testaram se a bactéria afetaria a capacidade de o mosquito transmitir patógenos humanos nocivos, incluindo o vírus da febre amarela e o da Zika.

Surpreendentemente, os mosquitos infectados por *Wolbachia* eram menos propensos a serem infectados e transmitirem os vírus. Com base nessa descoberta, estão sendo feitos planos para a liberação de grande número de mosquitos infectados pela *Wolbachia* em áreas afetadas pela febre amarela e pela Zika.

Em conjunto, esses estudos sugerem que existe muito mais sobre a evolução do sexo do que se sabe atualmente e que a compreensão da evolução sexual nesses organismos pode ter implicações importantes para os humanos, incluindo o número de pragas atacando o suprimento de alimentos.

FONTES:

Aliota, M. T. Aliota, S. A. Peinado, I. D. Velez, J. E. Osorio. 2016. The wMel strain of *Wolbachia* reduces transmission of Zika virus by *Aedes aegypti*. *Scientific Reports* 6: 28792.

Himler, A. G., et al. 2011. Rapid spread of a bacterial symbiont in an invasive whitefly is driven by fitness benefits and female bias. *Science* 332: 254–256.

Knight, J. 2011. Meet the Herod bug. *Nature* 412: 12–14.

RESUMO DOS OBJETIVOS DE APRENDIZAGEM

9.1 A reprodução pode ser sexuada ou assexuada. A reprodução assexuada pode ser por reprodução vegetativa ou partenogênese. Comparada com a reprodução assexuada, a sexuada resulta em poucas cópias dos genes parentais na geração seguinte. Isso pode ser compensado pela adoção de uma estratégia sexual hermafrodita ou por um cuidado parental que resulte na criação do dobro de filhotes. Os benefícios da reprodução sexuada incluem a eliminação de mutações danosas e a criação de variação genética para auxiliar a prole a enfrentar variação ambiental futura.

Termos-chave: **reprodução sexuada, reprodução assexuada, reprodução vegetativa, clones, fissão binária, partenogênese, custo da meiose, hipótese da Rainha Vermelha**

9.2 Os organismos podem evoluir como sexos separados ou como hermafroditas. Se um indivíduo com função apenas masculina ou apenas feminina puder adicionar grande parte da outra função sexual e perder apenas pequena quantidade da função original, a seleção favorecerá a evolução de hermafroditas. Se não, beneficiará a evolução de sexos separados. Para evitar a depressão por endogamia, os hermafroditas desenvolveram adaptações a fim de impedir estratégias de autofertilização e estratégias mistas para quando a autofertilização for a melhor opção.

Termos-chave: **flores perfeitas, hermafrodita simultâneo, hermafrodita sequencial, monoicas, dioicas**

9.3 Razões sexuais da prole são normalmente equilibradas, mas podem ser modificadas pela seleção natural. Dependendo da espécie, o sexo pode ser amplamente determinado pelo perfil genético ou pelo ambiente. Em muitas espécies as fêmeas têm a habilidade de manipular a razão sexual ao controlar qual espermatozoide será usado para fertilizar os óvulos ou quais cromossomos sexuais serão transmitidos aos óvulos, ou, ainda, por aborto seletivo dos embriões fertilizados. Na maioria dos organismos, a razão sexual é aproximadamente de um para um devido à seleção dependente da frequência. Quando a prole está isolada do resto da população e sujeita à competição local por acasalamentos, razões sexuais da prole altamente desviadas podem ser adaptativas.

Termos-chave: **determinação ambiental do sexo, seleção dependente da frequência, competição local por acasalamentos**

9.4 Os sistemas de acasalamento descrevem o padrão de acasalamento entre machos e fêmeas. Embora muitas espécies sejam socialmente monogâmicas, estudos recentes têm demonstrado que muitos indivíduos realizam cópulas extrapar. Como resultado dessa infidelidade, as espécies desenvolveram uma variedade de comportamentos de guarda do parceiro para impedir uma redução de suas aptidões.

Termos-chave: **sistema de acasalamento, promiscuidade, poligamia, poliginia, poliandria, monogamia, cópula extrapar, guarda de parceiro**

9.5 A seleção sexual favorece atributos que facilitam a reprodução. A diferença entre os custos energéticos dos gametas e os custos de cuidado parental normalmente fazem com que a aptidão feminina seja função da qualidade do parceiro e a aptidão masculina seja função da quantidade de parceiras. Em consequência, as fêmeas são normalmente seletivas na escolha dos parceiros, enquanto os machos competem fortemente uns com os outros para se acasalarem o máximo possível. A competição masculina por parceiras favoreceu a evolução de atributos sexuais dimórficos, incluindo o tamanho, as ornamentações, a coloração e o comportamento de corte. As fêmeas escolhem determinados machos para obter vantagens materiais, tais como locais de ninho ou de alimento, ou, ainda, por vantagens não materiais, como bons genes ou boa saúde. Entretanto, as melhores escolhas reprodutivas de machos e fêmeas não são geralmente recíprocas, o que pode causar conflitos entre os sexos.

Termos-chave: seleção sexual, dimorfismo sexual, características sexuais primárias, características sexuais secundárias, hipótese dos bons genes, hipótese da boa saúde, seleção sexual desenfreada (*runaway*), princípio do *handicap*

QUESTÕES DE RACIOCÍNIO CRÍTICO

1. Compare e diferencie os custos e benefícios associados à reprodução sexuada *versus* assexuada.

2. Como a hipótese da Rainha Vermelha ajuda a compreender os benefícios de aptidão da reprodução sexuada?

3. Caramujos de água doce exibem reprodução sexuada e assexuada. Por que a seleção natural pode favorecer uma estratégia mista de reprodução?

4. Uma vez que a autofertilização leva à depressão por endogamia, sob que condição um hermafrodita deveria usá-la?

5. Que estratégias as plantas monoicas utilizam para evitar possíveis efeitos negativos da endogamia?

6. Além de afetar as razões sexuais, que outras características podem ser afetadas pela seleção artificial causada pela intensa pesca?

7. Os embriões de tartaruga incubados a temperaturas mais baixas normalmente produzem machos, enquanto aqueles incubados a temperaturas mais altas produzem fêmeas. Diante do aquecimento global, como as tartarugas poderiam evoluir para mudar seu comportamento de postura a fim de manter uma razão sexual?

8. Compare e diferencie monogamia, poliginia, poliandria e promiscuidade.

9. Explique como as cópulas extrapar têm favorecido a evolução da guarda de parceiros.

10. Por que características sexuais secundárias exageradas em machos poderiam demonstrar um genótipo superior às fêmeas?

REPRESENTAÇÃO DOS DADOS | SELEÇÃO DEPENDENTE DA FREQUÊNCIA

Na maioria dos organismos com sexos separados, a proporção de machos e fêmeas muda com o tempo. Faça um gráfico linear com a proporção de zebras-machos e fêmeas em uma população ao longo de 10 anos. Com base nesses dados, o que acontece sempre que um dos sexos se torna raro ou comum?

Ano	Machos (%)	Fêmeas (%)
1	45	55
2	48	52
3	52	48
4	55	45
5	53	47
6	47	53
7	44	56
8	49	51
9	55	45
10	45	55

10 Comportamentos Sociais

A Vida de uma Fazendeira de Fungo

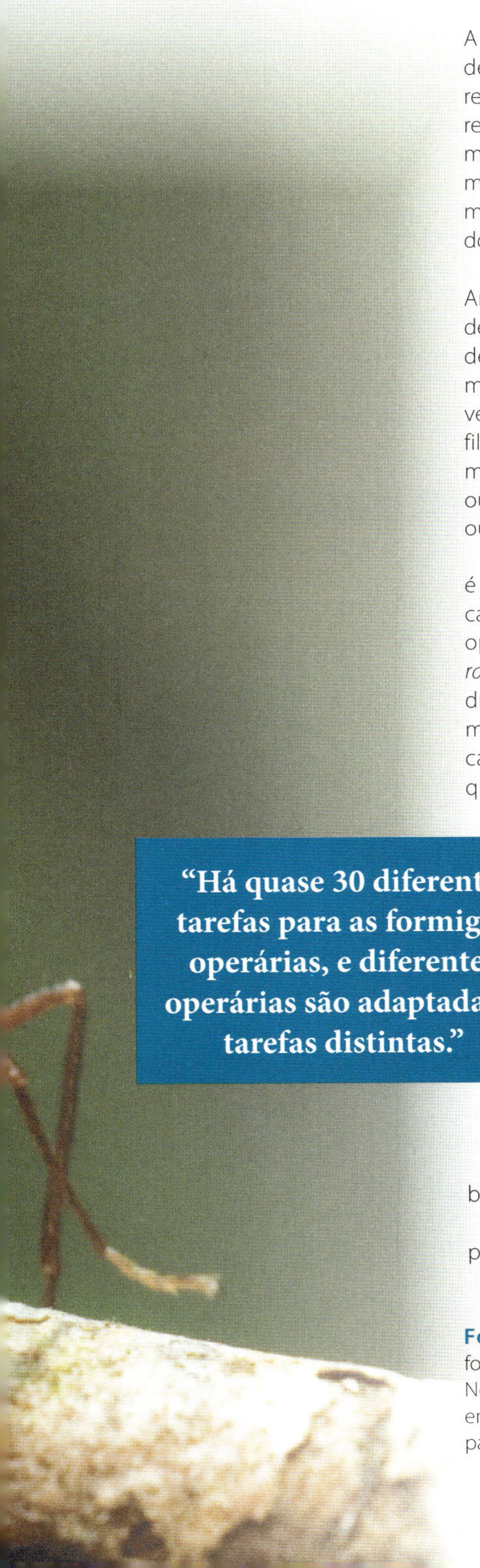

A formiga-cortadeira é uma fazendeira extraordinária. Vivendo em colônias de vários milhões de indivíduos, essas formigas deixam o grupo diariamente para colher folhas da floresta ao redor e, usando suas mandíbulas afiadas, recortam as folhas para retirar pedaços muito maiores do que elas mesmas. Então, carregam os pedaços para o ninho, que pode se erguer vários metros acima do chão, bem como se estender até dezenas de metros de profundidade e por mais de 100 metros de largura. De volta ao ninho, as formigas consomem a seiva das folhas, mas não as comem. Em vez disso, usam-nas para cultivar uma espécie especializada de fungo do qual se alimentam.

Há mais de 40 espécies de formigas-cortadeiras, que vivem principalmente no México e nas Américas Central e do Sul. Assim como as abelhas melíferas, elas formam enormes sociedades de indivíduos cooperativos, e uma colônia normalmente tem uma única rainha, que pode viver de 10 a 20 anos. No início de sua vida, a rainha participa de um voo de acasalamento com machos. Os espermatozoides que ela recebe são guardados em seu corpo e permanecem viáveis pelo resto de sua vida. Ela, então, utiliza-os aos poucos para fertilizar seus óvulos e gerar filhas; em algumas espécies, libera apenas um ou dois espermatozoides por óvulo. Ocasionalmente, a rainha deposita ovos não fertilizados para criar filhos cuja única função é acasalar com outras rainhas. Os milhões de indivíduos no ninho são filhas da mesma rainha e irmãs umas das outras. Todas renunciam à reprodução.

Nessa sociedade de formigas, as filhas são as operárias, e a divisão do trabalho entre elas é surpreendentemente complexa. Os cientistas estimam que haja quase 30 tarefas diversificadas; eles verificaram que operárias diferentes são adaptadas a tarefas distintas. A casta das operárias é composta por diversas subcastas, conhecidas como *jardineiras* (*mimims*), *forrageiras* (*minors*), *generalistas* (*midiae*) e *soldados* (*majors*). As formigas de cada subcasta diferem drasticamente em tamanho e forma. As maiores operárias, os soldados, podem ter 200 vezes mais massa do que as menores, que são as jardineiras. Acredita-se que as diferenças nas subcastas sejam uma resposta de plasticidade fenotípica a diferentes dietas que elas recebem quando larvas.

"Há quase 30 diferentes tarefas para as formigas operárias, e diferentes operárias são adaptadas a tarefas distintas."

Além das diferenças no tamanho e na forma, as tarefas de uma operária também podem mudar ao longo de sua vida. Por exemplo, quando elas ainda são jovens, ficam a maior parte do seu tempo dentro do formigueiro, onde constroem túneis, refrescam o formigueiro e criam as larvas. Quando pedaços grandes de folhas chegam aos ninhos, outro grupo de operárias os corta em pedaços menores, e então um terceiro grupo os tritura em pedaços minúsculos.

As operárias menores levam uma linhagem de fungo a esses fragmentos de folhas e cuidam dos jardins de fungos, uma tarefa que inclui a remoção de outras espécies patogênicas de fungos, que podem prejudicar a colônia. Em 2016, os pesquisadores descobriram que, em uma espécie de formiga-cortadeira (*Mycocepurus smithii*), as operárias até ajustam a mistura de nutrientes fornecida ao fungo. Uma vez que as formigas preferem se alimentar dos filamentos do fungo e não dos cogumelos reprodutivos que ele produz, as operárias ajustam a quantidade de carboidratos e proteínas que são fornecidos ao fungo para impedir que ele forme os cogumelos.

As formigas mais velhas e maiores atuam como soldados e ficam do lado de fora do ninho para colher folhas. O processo de coleta é complexo: algumas formigas escalam as árvores e

Formigas-cortadeiras. Por meio de uma extensa divisão de tarefas, as formigas-cortadeiras trabalham em conjunto para levar pedaços de folhas à colônia. Nesta fotografia, uma grande operária carrega um pedaço cortado de uma folha enquanto outra muito menor viaja em cima para desencorajar o ataque de moscas parasitoides à formiga grande. Fotografia de Mark Bowler/Science Source.

cortam pedaços grandes de folhas que caem no solo, enquanto outras levam os pedaços de volta à colônia. Quando as operárias começam com a função de cortar as folhas, elas apresentam mandíbulas afiadas como navalhas, bastante eficientes para cortar folhas duras. Entretanto, os pesquisadores descobriram recentemente que essas mandíbulas ficam menos afiadas com o tempo, fazendo com que as operárias mais velhas levem o dobro do tempo para cortar uma folha. Quando o desempenho para cortar diminui, a formiga muda de função e passa a carregar as folhas. Essa mudança de tarefa possibilita que os indivíduos mais velhos continuem a contribuir para a sociedade de formigas. Além disso, a divisão de tarefas também ajuda o grupo a manter uma alta eficiência de forrageamento.

Embora as formigas se beneficiem por viver em um grupo muito grande, as grandes colônias e o comportamento de forrageamento evidente as tornam bastante detectáveis aos seus inimigos. Por exemplo, uma espécie de mosca parasitoide especializada na caça de grandes formigas-cortadeiras deposita seus ovos nos pescoços das formigas-forrageiras. Assim, para reduzir o risco de tais ataques, as formigas desenvolveram uma série de táticas.

Os indivíduos menores, que são menos atraentes para as moscas, forrageiam durante o dia. À noite, quando as moscas não caçam, as formigas maiores e mais eficientes saem para colher folhas. As pequenas operárias também protegem as formigas maiores mantendo-se em cima das folhas que estas carregam. Desse modo, quando uma mosca se aproxima, essas pequeninas "guardas" impedem que ela coloque seus ovos no pescoço da formiga maior que está carregando a folha. Adicionalmente, quando não estão repelindo ataques, esses "caronas" limpam a folha de microrganismos indesejáveis.

As formigas-cortadeiras ilustram um caso extremo de comportamento social e vida em grupo. Como será visto neste capítulo, grupos sociais são comuns no mundo animal, e há tanto custos quanto benefícios por se viver socialmente, os quais variam com as condições ecológicas nas quais uma espécie vive.

FONTES:
Shik, J. Z., E. B. Gomez, P. W. Kooij, J. C. Santos, W. T. Wcislo, J. J. Boomsma. 2016. Nutrition mediates the expression of cultivar–farmer conflict in a fungus-growing ant. *Proceedings of the National Academy of Sciences* 113:10121–10126.
Hölldobler, B., E. O. Wilson. 2011. *The Leafcutter Ants*. Norton.
Schofield, R. M. S., et al. 2011. Leafcutter ants with worn mandibles CUT half as fast, spend twice the energy, and tend to carry instead of cut. *Behavioral Ecology and Sociobiology* 65:969–982.

OBJETIVOS DE APRENDIZAGEM

Após a leitura deste capítulo, você deverá ser capaz de:

10.1 Explicar como a vida em grupo tem custos e benefícios.

10.2 Ilustrar os quatro tipos de interações sociais.

10.3 Descrever como espécies eussociais levam as interações sociais ao extremo.

Ao longo de sua vida, um indivíduo normalmente interage com muitos membros de sua espécie. As interações com parceiros, prole, outros parentes e indivíduos não aparentados em uma espécie são conhecidas como **comportamentos sociais**. Como a maioria dos comportamentos, os sociais têm uma base genética e estão, portanto, sujeitos à seleção natural. Como resultado, muitos tipos de comportamentos sociais evoluíram para favorecer a coesão de grupos familiares e populações. Como mencionado em capítulos anteriores, uma vez que os comportamentos sociais são atributos, eles também são afetados pelo ambiente no qual os indivíduos vivem.

Embora o estudo do comportamento social normalmente foque em animais, muitos outros organismos interagem com coespecíficos de modos que poderiam ser considerados como sociais. Por exemplo, as bactérias e os protistas podem perceber a presença de indivíduos da mesma espécie, em geral por meio de secreções químicas, e reagir de modo "amigável" ou "agressivo". Durante partes de seus ciclos de vida, os micetozoários de vida livre (*slime molds*) respondem aos outros quando se agregam para formar grandes corpos de frutificação. Até mesmo plantas se comunicam entre si. Quando uma planta é atacada por herbívoros, libera compostos voláteis; outras, então, detectam essas substâncias e respondem produzindo defesas químicas ou estruturais contra ataques futuros de herbívoros.

Comportamentos sociais Interações com membros da mesma espécie, incluindo parceiros, prole e outros indivíduos aparentados ou não.

Este capítulo terá enfoque nos comportamentos sociais de animais em níveis individual, populacional, de comunidades e de ecossistemas. Serão exploradas também algumas das implicações da interação nos grupos sociais, com a descrição de diversas maneiras pelas quais os indivíduos lidam com relações sociais. Além disso, será examinado como diferentes condições ecológicas afetam a evolução dos comportamentos sociais.

10.1 Viver em grupo tem custos e benefícios

Os animais são sociais por diversas razões. Em alguns casos, os filhotes não dispersam, permanecendo com seus pais para formar grupos familiares. Em outros, os indivíduos são mutuamente atraídos para se reproduzirem, além de poderem agregar-se porque são atraídos independentemente para o mesmo hábitat ou recurso. Por exemplo, abutres se aglomeram ao redor de uma carcaça e moscas o fazem sobre fezes de gado. Esta seção examina os custos e benefícios de se viver em grupos sociais e, em seguida, como os animais usam *territórios* e *hierarquias de dominância* em interações sociais.

Figura 10.1 Defesa de grupo. Bois-almiscarados adultos (*Ovibos moschatus*), como estes da Ilha Vitória, no Canadá, formam um círculo, mantêm suas cabeças viradas para fora e colocam os filhotes dentro deles, onde ficam seguros de predadores que se aproximam. Fotografia de Eric Pierre/NHPA/Science Source.

BENEFÍCIOS DE SE VIVER EM GRUPOS

Geralmente, os animais formam grupos para aumentar sua sobrevivência, frequência de alimentação ou sucesso em encontrar parceiros.

Sobrevivência

Embora um indivíduo possa não ser capaz de enfrentar o ataque de um predador sozinho, um grupo pode ser bastante eficiente (Figura 10.1). Além disso, outro mecanismo de sobrevivência disponível para grupos sociais é um fenômeno conhecido como **efeito de diluição**. Trata-se da probabilidade reduzida, ou diluída, de predação de um único animal quando ele está em um grupo. Assim, em uma agregação de presas, o predador tem muitas opções de escolha, de maneira que o indivíduo vivendo em um grupo tem probabilidade menor de ser capturado. O efeito de diluição é um benefício importante de grupos grandes, tais como rebanhos de mamíferos, bandos de aves e cardumes de peixes.

A menor probabilidade de predação também possibilita que animais que são presas gastem menos tempo vigiando predadores quando estão em grupo. Como exemplo, pode-se considerar o caso do pintassilgo-europeu (*Carduelis carduelis*), uma pequena ave que se alimenta de sementes de plantas de campos abertos e cercas vivas. Observando atentamente a ave enquanto se alimenta, percebe-se que ela levanta a cabeça e olha em volta, vigiando contra predadores. O total de vezes que o grupo ergue a cabeça aumenta conforme o seu tamanho; assim, como se pode ver na Figura 10.2 A, quanto maior o grupo, mais olhos existem para vigiar contra predadores. Além disso, à medida que o grupo aumenta, *cada indivíduo* pode levantar sua cabeça menos vezes, como exibido na Figura 10.2 B. Uma vez que se gasta menos tempo vigiando contra predadores, cada um pode investir mais tempo se alimentando. Os dados na Figura 10.2 C mostram que, quando um pintassilgo gasta menos tempo vigiando contra predadores, ele pode descascar uma semente muito mais rápido e, assim, consumi-la mais rapidamente.

Efeito de diluição Probabilidade reduzida, ou diluída, de predação para um único animal quando ele está em grupo.

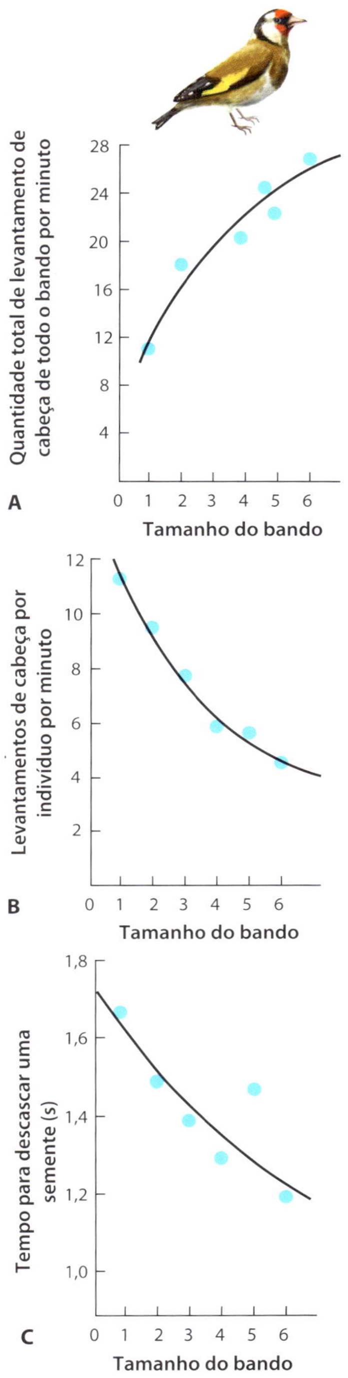

Figura 10.2 Vigilância aumentada por viver em um grupo. No pintassilgo-europeu, um aumento no tamanho do bando resulta em: aumento do número total de vezes que o bando como um todo levanta a cabeça (**A**); diminuição na quantidade total de vezes que cada indivíduo levanta a cabeça (**B**); e redução no tempo necessário para descascar uma semente (**C**). Dados de E. Glück, Benefits and costs of social foraging and optimal flock size in goldfinches (*Carduelis carduelis*), *Ethology* 74 (1987): 65-79.

Alimentação

A vida em grupo também pode ajudar os animais a localizar e consumir recursos; afinal, ter muitos indivíduos da mesma espécie procurando por alimento significa que existem muitos pares de olhos que podem encontrar suprimento quando este é escasso. Além disso, embora seja possível que animais encontrem sua presa facilmente, eles podem ter dificuldade em capturá-la e matá-la quando estão sozinhos. Nos leões, por exemplo, uma fêmea solitária tem probabilidade baixa de capturar e matar uma zebra; porém, se ela caçar com muitas outras leoas, a chance de captura aumenta consideravelmente.

Acasalamento

A socialização também pode proporcionar benefícios no acasalamento, uma vez que esse comportamento torna mais fácil encontrar parceiros em potencial. Um exemplo extremo de socialização para esse fim ocorre quando animais se juntam em grupos grandes para atrair membros do sexo oposto por meio de sons ou exibições que capturem a atenção dos potenciais parceiros. O local de reunião, conhecido como **arena**, é usado apenas para exibição e não tem qualquer outro valor para o sexo que se exibe ou o que é atraído. Por exemplo, os machos do combatente (*Philomachus pugnax*) – uma ave pernalta de tamanho médio que vive ao norte da Europa e Ásia – encontram-se em uma arena e participam de exibições com o intuito de atrair fêmeas para acasalar. Na Ilha de Gotland, na Suécia, os pesquisadores observaram arenas de combatentes para determinar se o tamanho do local de exibição afetava o acasalamento. Como se pode ver na Figura 10.3 A, machos em arenas maiores tiveram mais sucesso na atração de fêmeas. Adicionalmente, como ilustrado na Figura 10.3 B, os machos em arenas maiores apresentaram maior proporção de cópulas com fêmeas, o que confirma que a formação de grupos sociais fornece benefícios de aptidão aos machos dessas aves.

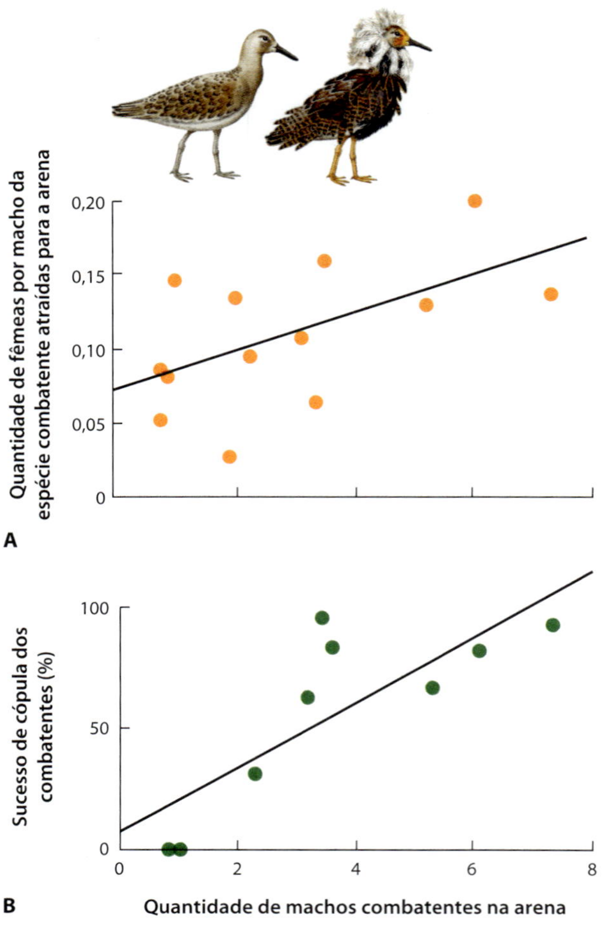

Figura 10.3 Benefícios reprodutivos em uma arena. Dentre os machos da espécie combatente (*Philomachus pugnax*) que estão se exibindo, aqueles que o fazem para fêmeas em grupos maiores têm maior probabilidade de atraí-las (**A**) e de copular com sucesso (**B**). Dados de J. Högland, R. Montgomerie, F. Widemo, Costs and consequences of variation in the size of ruff leks, *Behavioral Ecology and Sociobiology* 32 (1993): 31-39.

CUSTOS DE VIVER EM GRUPOS

Os benefícios da vida em grupo certamente são substanciais para muitas espécies, mas ela pode também acarretar custos, que incluem a predação e a competição.

Predação

Grupos de animais são muito mais conspícuos aos predadores do que indivíduos isolados. Em um campo, por exemplo, é mais fácil para um predador localizar um bando de antílopes do que apenas um. No entanto, considerando a tendência de esses animais viverem em bandos, o custo de ser detectado é compensado pelos benefícios do efeito de diluição e pelo número maior de olhos para detectar predadores em aproximação.

O risco de parasitos e patógenos também pode aumentar quando se vive com coespecíficos, pois muitas espécies passam de um hospedeiro para outro. Desse modo, uma densidade populacional alta pode aumentar a taxa com que a doença se espalha, levando a epidemias. Por exemplo, recifes de coral que sofrem pressão de pesca geralmente apresentam menos peixes quando comparados com os protegidos contra a prática. Para evidenciar isso, pesquisadores investigaram os parasitos dos peixes de uma área de recifes de coral protegida e de outra sem proteção no Oceano Pacífico central. Como mostrado na Figura 10.4, eles descobriram que os peixes do recife protegido estavam infestados com uma quantidade maior de espécies de parasitos do que as mesmas espécies de peixes que viviam no recife não protegido. Adicionalmente, os que viviam no recife protegido frequentemente carregavam números maiores de cada espécie de parasito.

Os custos causados por parasitos e doenças às espécies que vivem em grupo também podem ser facilmente observados em instalações de aquacultura moderna, onde espécies aquáticas são criadas para consumo humano. Essas instalações são utilizadas para criar ostras, salmão, peixe-gato, camarão e outras espécies comestíveis em densidades muito altas. Sob tais condições, um único indivíduo infectado pode espalhar rapidamente parasitos e patógenos para o resto do grupo.

O aumento da transmissão de parasitos e doenças para grupos que vivem em altas densidades faz com que seja indesejável o consumo humano de animais selvagens como o veado. Quando existe uma fonte de alimento estável e facilmente disponível, o veado forma grandes agregações ao redor do alimento. Esse comportamento de agregação aumenta as chances de os animais vivenciarem epidemias de parasitos quando comparados àqueles que vivem em grupos familiares menores.

Preocupações semelhantes existem com atividades na pecuária, nas quais os animais são criados sob condições de densidades muito altas. Nessa situação, as doenças podem

Arena Local onde animais se agregam para se exibir e atrair o sexo oposto.

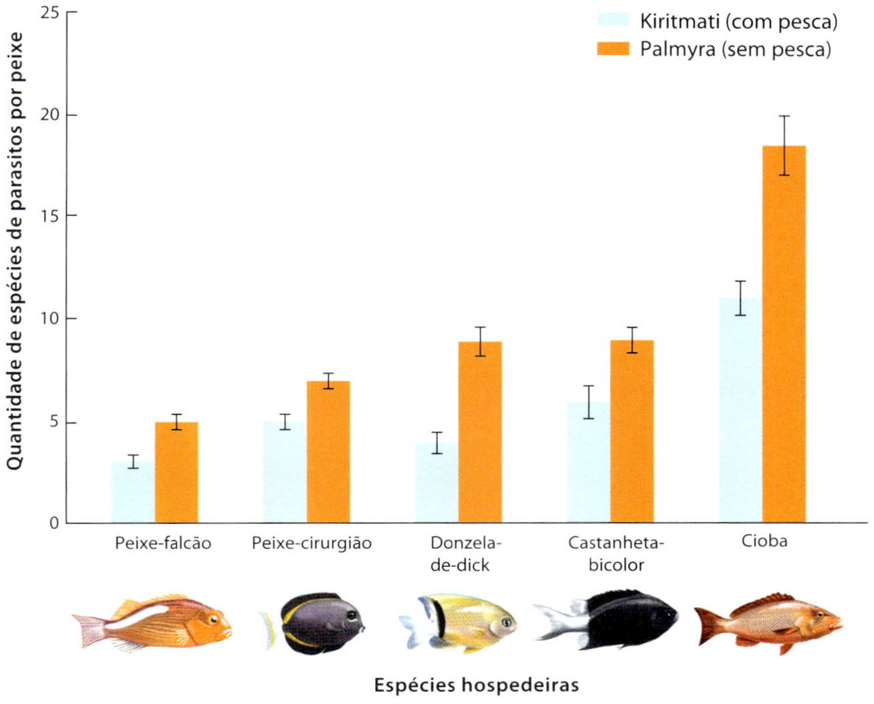

Figura 10.4 Existência de parasitos em peixes de recife de coral. Recifes de coral protegidos da pesca têm densidades maiores de peixes. Um estudo com cinco espécies diferentes verificou que os peixes que vivem em um recife sujeito à pressão de pesca continham menos espécies de parasitos do que as mesmas espécies vivendo em um recife protegido. As barras de erro representam o intervalo de confiança de 95%. Dados de K. D. Lafferty, J. C. Shaw, A. M. Kuris, Reef fishes have higher parasite richness at unfished Palmyra Atoll compared to fished Kiritmati Island, *EcoHealth* 5 (2008): 338-345.

passar para populações silvestres e causar efeitos dramáticos, como a peste bovina, a gripe aviária e o vírus da febre do Nilo Ocidental.

Competição

Outro custo considerável da vida em grupos é a competição por alimento. Isso porque, embora grupos grandes sejam melhores em localizar comida, em seguida ela deve ser compartilhada entre todos os indivíduos. Voltando ao exemplo do pintassilgo-europeu, que é beneficiado por viver em grupos grandes, a Figura 10.5 mostra uma consequência da divisão do alimento. Bandos maiores consomem as sementes de uma área muito mais rapidamente do que bandos pequenos, de modo que aqueles precisam gastar mais tempo voando entre trechos que dispõem de sementes. Isso faz com que cada ave gaste mais tempo e energia procurando por alimento.

Cada espécie que evoluiu para viver em grupo enfrenta diferentes custos e benefícios que dependem das condições ecológicas sob as quais vive. Supondo que cada comportamento social apresente um componente genético, espera-se que a seleção natural favoreça a evolução de tamanhos de grupos que equilibrem os custos e benefícios para cada espécie. Um bom exemplo de tamanho de grupo ótimo pode ser encontrado no babuíno-amarelo (*Papio cynocephalus*). Em 2015, pesquisadores relataram suas observações de 11 anos no leste da África (Figura 10.6). Embora grupos de babuínos possam variar de 20 a 100 indivíduos, os de tamanho médio, com 50 a 75, apresentam os menores níveis de estresse (o qual prejudica a saúde e a sobrevivência de um indivíduo), o que pode ser medido por meio de níveis de hormônios encontrados nas fezes desses animais. Isso ocorre porque eles se deslocam menos do que grupos pequenos ou grupos grandes. Estes últimos precisam se deslocar mais à procura de alimento, já que têm mais bocas para alimentar, enquanto grupos pequenos

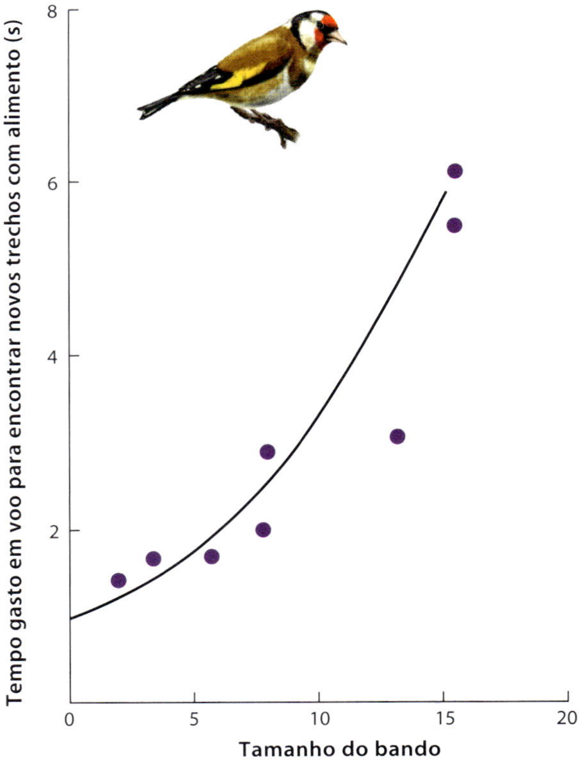

Figura 10.5 Grupos grandes sujeitos à competição por alimento. No caso do pintassilgo-europeu, bandos maiores acabam mais rapidamente com sua comida e, por isso, têm de gastar mais tempo e energia voando para encontrar novos trechos com alimento. Dados de E. Glück, Benefits and costs of social foraging and optimal flock size in goldfinches (*Carduelis carduelis*), *Ethology* 74 (1987): 65-79.

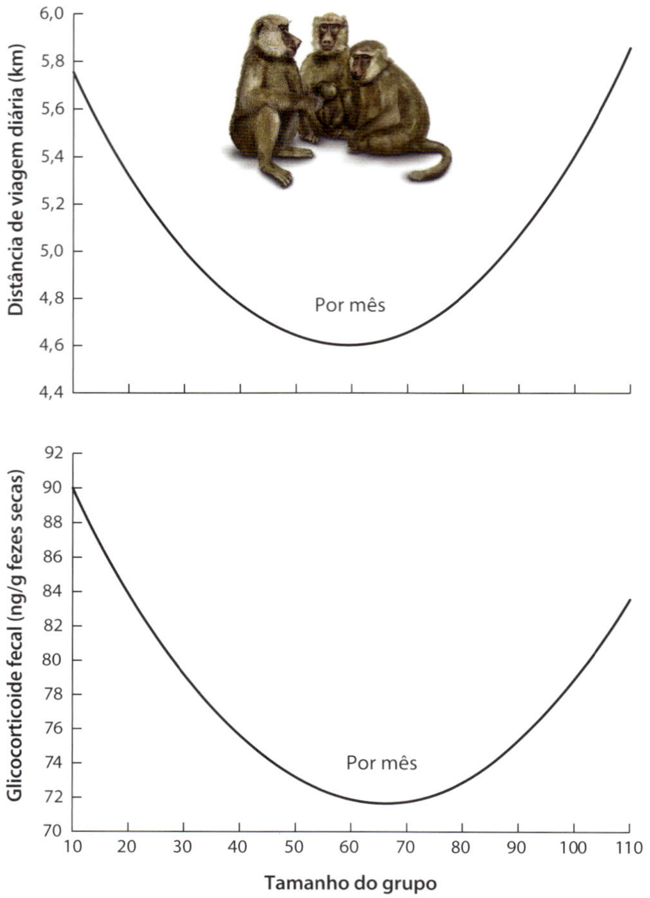

Figura 10.6 Tamanho ideal do grupo em babuínos-amarelos. Grupos de tamanho intermediário têm os menores níveis de estresse e percorrem as distâncias mais curtas em busca de alimento. Dados de A. C. Markham, L. R. Gesquiere, S. C. Alberts, J. Altmann, Optimal group size in a highly social mammal, *Proceeding of the National Academy of Sciences* 112 (2015): 14882-14887.

necessitam deslocar-se para mais longe porque são expulsos de áreas pelos grupos grandes e por predadores.

TERRITÓRIOS

Muitas espécies de animais evoluíram para viabilizar a vida perto de outros coespecíficos ao estabelecerem um *território* ou uma *hierarquia de dominância*. Um **território** é qualquer área defendida por um ou mais indivíduos contra a invasão de outros. Os territórios podem ser transitórios ou relativamente permanentes, dependendo da estabilidade dos recursos no local e de quanto tempo um indivíduo precisa desses recursos. Por exemplo, muitas espécies migratórias estabelecem territórios para reprodução no verão e os defendem por vários meses. A defesa de um território de alta qualidade geralmente assegura mais recursos, tais como abundância de alimentos ou locais para ninhos. Isso normalmente aumenta a atratividade do detentor do território como parceiro e, assim, a sua aptidão. Quando a reprodução é concluída naquela estação, as espécies migratórias mudam para suas áreas de inverno, onde estabelecem novos

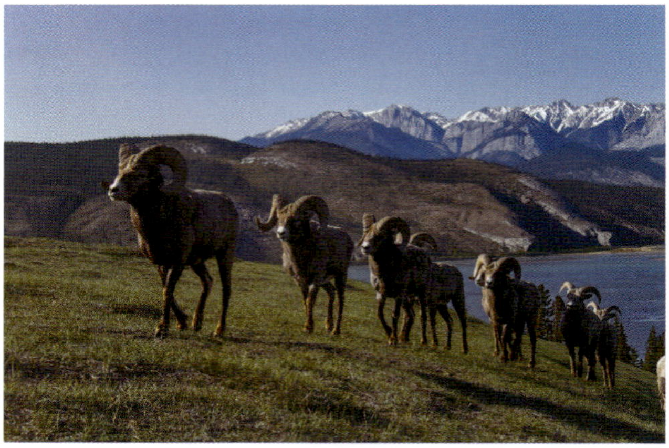

Figura 10.7 Hierarquia de dominância. O carneiro-selvagem estabelece uma hierarquia de dominância. Nesta imagem de Alberta, Canadá, o macho dominante é seguido pelos machos subordinados. Fotografia de Mark Newman/Getty Images.

territórios. As aves costeiras que param em diversos pontos ao longo de sua longa migração defendem áreas de alimentação por algumas horas ou dias e então continuam a sua viagem migratória. Os beija-flores e outras aves nectarívoras defendem arbustos floridos individuais e os abandonam quando cessa a produção de flores. Enquanto um recurso puder ser defendido e os benefícios de sua defesa compensarem os custos, os animais provavelmente manterão os territórios.

HIERARQUIAS DE DOMINÂNCIA

Em algumas situações, a defesa de um território é inviável, o que pode ocorrer quando um indivíduo está cercado por tantos coespecíficos que se torna impraticável defender um território contra todos eles. Quando os recursos estão disponíveis apenas por curtos períodos de tempo ou os benefícios de se viver em grupo ultrapassam as vantagens da defesa de um território, os indivíduos de muitas espécies formam **hierarquias de dominância**, o que corresponde a uma classificação social entre os indivíduos de um grupo, normalmente determinada por meio de luta ou outros combates de força ou habilidade (Figura 10.7). Quando os indivíduos se organizam em uma hierarquia de dominância, os combates subsequentes entre eles são resolvidos rapidamente em favor dos indivíduos de posição social mais alta. Em uma hierarquia linear, o membro no topo das classes sociais domina todos os outros, o segundo domina todos, exceto o primeiro, e assim sucessivamente até o indivíduo de mais baixa hierarquia, que não domina ninguém no grupo.

VERIFICAÇÃO DE CONCEITOS

1. Como o efeito de diluição pode ser um benefício para quem vive em grupo?
2. Por que os tamanhos de grupo ótimos frequentemente são o resultado de um balanço entre custos e benefícios oriundos do tamanho do grupo?
3. Como o tamanho de um grupo afeta a transmissão de doenças?

Território Qualquer área defendida por um ou mais indivíduos contra a invasão de outros.

Hierarquia de dominância Classificação social entre os indivíduos de um grupo, normalmente determinada por meio de disputas, como luta ou outros combates de força ou habilidade.

10.2 Há muitos tipos de interações sociais

A maioria das interações sociais pode ser considerada como uma ação por um indivíduo, o **doador** do comportamento, direcionada a outro indivíduo, o **receptor** do comportamento. Assim, um entrega alimento e o outro recebe; um ataca e o outro é atacado. Quando o atacado responde (defendendo seu espaço ou fugindo), torna-se o doador desse comportamento subsequente.

Toda interação de dois indivíduos tem potencial para afetar a aptidão de ambos, seja de maneira positiva ou negativa. Para entender como as interações afetam ambos os participantes, pode ser útil categorizá-las. Nesta seção, serão explorados os quatro tipos de interações sociais entre doadores e receptores, examinando-se as condições que levam um doador a ajudar ou prejudicar um receptor.

TIPOS DE INTERAÇÕES SOCIAIS

Os comportamentos sociais podem ser classificados em quatro categorias, como ilustrado na Figura 10.8: *cooperação*, *egoísmo*, *malignidade* e *altruísmo*. Quando tanto o doador quanto o receptor sofrem aumento na aptidão pela interação, ocorre a **cooperação**. No caso de um leão que ajuda outro a matar uma gazela, por exemplo, ambos experimentam um ganho de aptidão. Quando o doador experimenta um aumento na aptidão, e o receptor, uma redução, há o **egoísmo**. Trata-se de uma interação comum entre coespecíficos que competem por um mesmo recurso (p. ex., alimento), como quando uma águia-americana ataca outra para roubar um peixe capturado. O vencedor da competição recebe ganho de aptidão, enquanto o derrotado tem perda de aptidão. A **malignidade** ocorre quando uma interação social reduz a aptidão tanto do doador quanto do receptor. Esse comportamento não pode ser favorecido pela seleção natural sob nenhuma circunstância, uma vez que ambos os participantes passam a apresentar menor aptidão. O quarto tipo de interação, o **altruísmo**, aumenta a aptidão do receptor, mas reduz a do doador. A explicação sobre como o altruísmo evolui representa um desafio sem igual porque requer que a seleção natural favoreça indivíduos que melhorem a aptidão de outros enquanto reduzem a própria. Esse desafio será explorado na próxima seção.

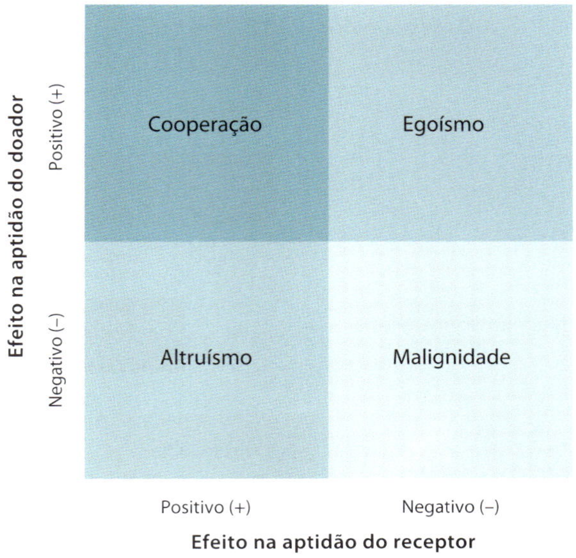

Figura 10.8 Os quatro tipos de interações sociais. A cooperação ocorre quando o doador e o receptor de um comportamento obtêm um efeito positivo na aptidão. O egoísmo ocorre quando o doador obtém um efeito positivo na aptidão, embora o receptor sofra um efeito negativo. O altruísmo ocorre quando o doador obtém efeito negativo na aptidão, e o receptor ganha um efeito positivo. A malignidade ocorre quando tanto o doador como o receptor sofrem efeito negativo na aptidão.

ALTRUÍSMO E SELEÇÃO DE PARENTESCO

O altruísmo é um comportamento evolutivo importante porque não leva a um aumento na **aptidão direta**, que é aquela que um indivíduo ganha ao passar adiante cópias de seus genes para a sua prole. O esperado seria que os indivíduos egoístas prevalecessem sobre os altruístas, uma vez que o egoísmo aumenta diretamente a aptidão do doador, enquanto o altruísmo, não. No entanto, o altruísmo se desenvolveu em muitas espécies. Alguns dos casos mais extremos de altruísmo ocorrem em espécies coloniais, como as formigas-cortadeiras e as abelhas melíferas, nas quais as operárias renunciam à reprodução individual para criar a prole da fêmea dominante.

É possível explicar o comportamento altruísta investigando além da aptidão direta. Quando um indivíduo tem uma interação altruísta com um parente, ele aumenta a aptidão desse parente, porque ambos compartilham alguns genes devido ao fato de terem um ancestral comum. Assim, quando um indivíduo ajuda um parente a aumentar a aptidão dele, indiretamente passa adiante uma ou mais cópias de seus genes, o que lhe concede uma **aptidão indireta**. A chave para entender a evolução do altruísmo é considerar a **aptidão inclusiva** de um indivíduo, que consiste na soma de suas aptidões direta e indireta. Quando se considera a maneira como a seleção atua, diz-se que a aptidão direta é favorecida pela **seleção direta**. A aptidão indireta por intermédio dos parentes é favorecida pela **seleção indireta**, também conhecida como **seleção de parentesco**.

Doador Indivíduo que direciona um comportamento a outro indivíduo (receptor) como parte de uma interação social.

Receptor Indivíduo que sofre o efeito do comportamento de outro indivíduo (doador) em uma interação social.

Cooperação Ocorre quando o doador e o receptor do comportamento social obtêm ganhos de aptidão pela interação.

Egoísmo Ocorre quando o doador do comportamento social obtém ganho de aptidão, enquanto o receptor sofre redução.

Malignidade Ocorre quando uma interação social reduz a aptidão do doador e do receptor.

Altruísmo Interação social que aumenta a aptidão do receptor e diminui a do doador.

Aptidão direta Aptidão que um indivíduo ganha ao passar adiante cópias de seus genes para sua prole.

Aptidão indireta Aptidão que um indivíduo ganha por auxiliar seus parentes a passarem adiante cópias de seus genes.

Aptidão inclusiva Soma das aptidões direta e indireta.

Seleção direta Seleção que favorece a aptidão direta.

Seleção indireta Seleção que favorece a aptidão indireta. Também denominada **seleção de parentesco**.

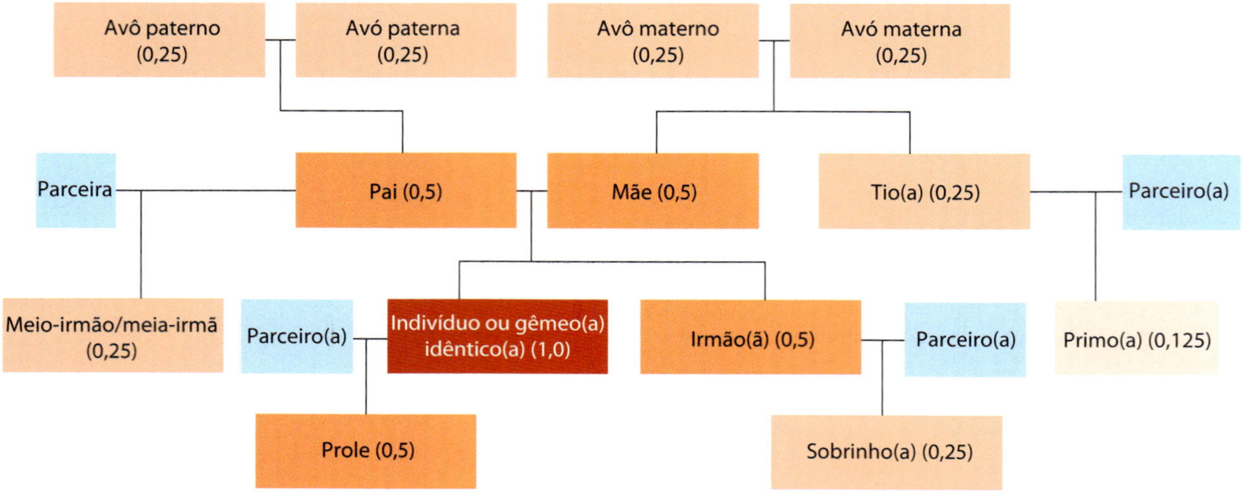

Figura 10.9 Coeficientes de parentesco. O coeficiente de parentesco é a probabilidade de um indivíduo ter a mesma cópia de um gene que outro indivíduo tem por meio de um parente em comum. Nesta árvore genealógica, o indivíduo da caixa vermelha tem um coeficiente de parentesco 0,5 com seus pais, irmãos e filhotes. Parentes mais distantes têm coeficientes de parentesco menores, como indicado pelas caixas com tons mais claros de vermelho. Os coeficientes de parentesco são pautados no pressuposto de que nenhum dos parceiros seja parente do indivíduo em destaque.

A seleção indireta ou de parentesco ocorre porque um indivíduo e seus parentes carregam cópias de alguns dos mesmos genes herdados de um ancestral comum. A probabilidade de que as cópias de um gene em particular sejam compartilhadas por parentes é conhecida como **coeficiente de parentesco**. Como ilustrado na Figura 10.9, seu valor para organismos diploides depende do grau de parentesco entre dois indivíduos. Se o foco estiver no indivíduo na caixa vermelha da árvore genealógica, o coeficiente entre ele e sua prole será de 0,5, porque o indivíduo tem dois conjuntos de genes, mas fornece apenas um à prole. Como resultado, os pais e sua prole apresentam apenas metade de seus genes em comum. Isso também significa que o coeficiente de parentesco entre os indivíduos citados e seus parentes é de 0,5.

Considerando o indivíduo citado e seus irmãos, percebe-se que estes têm uma probabilidade de 0,5 de receber cópias do mesmo gene de um genitor. No caso de dois primos, a probabilidade de herdar cópias do mesmo gene de um de seus avós, que são os ancestrais mais próximos em comum, cai para 0,125 (uma em oito). Usando esses coeficientes de parentesco, pode-se calcular a aptidão indireta como o benefício fornecido a um parente receptor (B) multiplicado pelo coeficiente de parentesco entre o doador e o receptor (r):

$$\text{Benefício de aptidão indireta} = B \times r$$

No caso de indivíduos não aparentados, existe uma probabilidade igual a zero de que um deles carregue os mesmos genes de um ancestral comum recente. Ao examinarem-se esses diferentes coeficientes de parentesco, percebe-se que um indivíduo tem probabilidade maior de deixar mais cópias de seus genes para a próxima geração quando fomenta a aptidão de seus parentes mais próximos e não ganha nada ao promover a aptidão de indivíduos não aparentados.

Coeficiente de parentesco Probabilidade numérica de que um indivíduo e seus parentes carreguem cópias dos mesmos genes de um ancestral comum recente.

A compreensão do papel da seleção de parentesco e os coeficientes de parentesco ajudam a entender como as interações sociais altruístas podem se desenvolver. Embora as interações egoístas propiciem benefícios de aptidão direta ao doador, as altruístas fornecem benefícios indiretos, ponderados pelo coeficiente de parentesco entre o doador e o receptor. Se a aptidão inclusiva dos comportamentos altruístas exceder a aptidão inclusiva dos egoístas, então o altruísmo será favorecido pela seleção natural.

A evolução do comportamento altruísta se torna clara quando se investigam os custos e benefícios em uma equação. Os genes para o comportamento altruísta serão favorecidos em uma população quando o benefício para o receptor (B) multiplicado pelo coeficiente de parentesco do receptor com o doador (r) for maior do que o custo da aptidão direta para o doador (C):

$$B \times r > C$$

Se houver um rearranjo dessa equação, será possível mostrar que, para o altruísmo se desenvolver, a razão custo-benefício deverá ser menor do que o coeficiente de parentesco entre o doador e o receptor:

$$C/B < r$$

A Figura 10.10 mostra essa relação graficamente. Com base nessa equação e na figura, pode-se perceber que o altruísmo é favorecido quando o custo para o doador é baixo, o benefício para o parente é alto e o doador e seu parente são próximos no grau de parentesco.

Um estudo com perus-selvagens (*Meleagris gallopavo*) na Califórnia mostrou como o comportamento altruísta pode ser mantido por seleção de parentesco. Os machos de perus se exibem nas arenas abrindo suas penas e andando para a

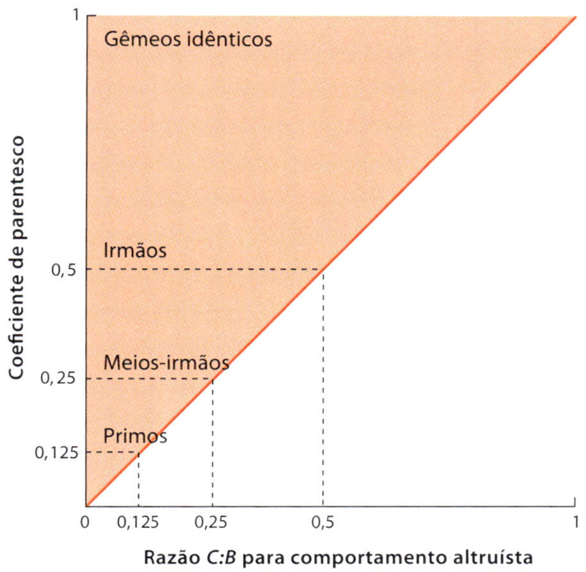

Figura 10.10 Condições que favorecem a evolução de comportamentos altruístas. Um comportamento altruísta desenvolve-se quando a razão entre os custos do doador e os benefícios do receptor (*C/B*) é menor do que o coeficiente de parentesco entre doador e receptor. A região em vermelho indica as condições que favorecem a evolução de comportamentos altruístas.

Figura 10.11 Coalizão de perus selvagens. Quando dois ou mais perus-machos se exibem em conjunto para atrair uma fêmea, apenas o dominante gera filhotes. Estes indivíduos vivem no Texas. Fotografia de © Larry Ditto/AGE Fotostock.

frente e para trás a fim de atrair fêmeas, podendo exibir-se sozinhos ou com outro macho (Figura 10.11). Quando um par de machos se exibe juntos, somente o dominante copula com as fêmeas atraídas. Isso levanta a questão sobre o motivo de machos subordinados em um par gastarem tempo e energia se exibindo, já que não terão chance de produzir qualquer filhote com uma fêmea. Os pesquisadores obtiveram a primeira pista ao usarem dados genéticos. Os machos em uma aliança eram parentes mais próximos do que aqueles escolhidos aleatoriamente na população. De fato, o coeficiente de parentesco médio entre grupos de machos em exibição era de 0,42, o que sugere que machos pareados representem uma mistura de irmãos ($r = 0{,}5$) e meios-irmãos ($r = 0{,}25$).

Os pesquisadores, então, determinaram o número médio de filhotes gerados pelos diferentes tipos de machos: os dominantes em uma aliança geraram em média 6,1 filhotes; os subordinados produziram 0 filhote; e os que se exibiram sozinhos geraram 0,9 filhote em média. Com esses dados, pode-se avaliar a aptidão do macho subordinado na aliança. Por ser parte de uma coalizão, ele renuncia à reprodução como um macho sozinho, o que teria possibilitado que ele gerasse 0,9 filhote - seu custo de altruísmo. Ao ajudar seu irmão ou meio-irmão a ter grande sucesso na atração de fêmeas, ele ajuda seu irmão a gerar 6,1 filhotes. Como o coeficiente de parentesco médio do macho subordinado ao seu irmão é de 0,42, o benefício de aptidão indireta dele pode ser calculado como:

$$\text{Benefício de aptidão indireta} = B \times r = 6{,}1 \times 0{,}42 = 2{,}6$$

Isso significa que um macho subordinado obtém maior aptidão inclusiva ao auxiliar seu irmão do que ao atrair fêmeas por conta própria.

O conceito de seleção de parentesco tem propiciado aos ecólogos melhor compreensão das razões evolutivas por trás da ampla variedade de comportamentos altruístas e egoístas em animais. Na próxima seção, será explorada a evolução de um tipo extremo de comportamento altruísta no qual indivíduos renunciam completamente à reprodução para auxiliar outros.

VERIFICAÇÃO DE CONCEITOS

1. Por que o altruísmo não pode ser explicado somente por aptidão direta?
2. Na explicação de seleção de parentesco para a evolução do altruísmo, por que o benefício para o receptor é ponderado pelo seu coeficiente de parentesco com o doador?
3. Como a aptidão direta e a aptidão inclusiva diferem entre si?

10.3 Espécies eussociais levam as interações sociais ao extremo

Muitos animais são sociais e interagem com indivíduos da mesma espécie de diversas maneiras. No entanto, alguns deles o são ao extremo e são chamados de **eussociais**. Essas espécies se distinguem por quatro características:

1. Diversos adultos vivendo juntos em um grupo
2. Gerações sobrepostas de pais e filhotes vivendo juntos no mesmo grupo
3. Cooperação na construção do ninho e cuidado parental
4. Dominância reprodutiva por um ou poucos indivíduos e presença de indivíduos estéreis.

Dentre os insetos, as espécies eussociais estão limitadas à ordem Hymenoptera, que inclui abelhas, formigas e vespas, e à ordem Isoptera, que inclui os cupins (Figura 10.12). Essas espécies não apenas despertam um interesse em termos evolutivos, mas também são atores importantes em processos

Eussocial Tipo de animal social que vive em grandes grupos com gerações sobrepostas, cooperação na construção de ninhos, cuidado parental e dominância reprodutiva por um ou poucos indivíduos.

ANÁLISE DE DADOS EM ECOLOGIA

Cálculo da aptidão inclusiva

No caso do martim-pescador (*Ceryle rudis*), uma ave da África e da Ásia que se alimenta de peixes, os machos adultos geralmente renunciam à própria reprodução para ajudar seus pais a criar a prole. Os pesquisadores identificaram *ajudantes primários* e *ajudantes secundários*. Os primários são filhos dos pais e trabalham duro a fim de proteger o ninho e levar comida para os filhotes. Em alguns casos, um dos pais desaparece, sendo substituído por um parceiro não aparentado, de modo que o filho acaba ajudando um genitor e o substituto. Os ajudantes secundários – que são machos de outras famílias e sem parceiras – não são parentes dos genitores e não trabalham tão arduamente para alimentar e proteger a prole. Após ajudarem por 1 ano, ambos os tipos de ajudantes estabelecem seus próprios ninhos no ano seguinte. Um terceiro grupo de machos, conhecido como *postergadores*, não ajuda; ele simplesmente atrasa a reprodução até o seu segundo ano.

Os pesquisadores acompanharam diversos ninhos de martim-pescador e determinaram quanto cada ajudante aumentou a aptidão dos pais no primeiro ano (B_1), a probabilidade de sobreviver e encontrar uma parceira no ano seguinte (*Psm*) e a aptidão do ajudante quando ele reproduziu independentemente no segundo ano (B_2). Eles também quantificaram os coeficientes de parentesco entre os ajudantes e os pais auxiliados no primeiro ano (r_1) e entre os ajudantes e os próprios filhotes gerados no segundo ano (r_2). O coeficiente de parentesco para os ajudantes primários foi 0,32 no ano 1. Esse foi o resultado de alguns ninhos com ambos os pais do ajudante (r = 0,5) e outros ninhos com um genitor do ajudante mais um substituto (r = 0,25).

Com base nesses dados, os pesquisadores calcularam a aptidão inclusiva dos ajudantes primários, secundários e postergadores.

Como se pode ver, o ajudante primário teve uma aptidão inclusiva um pouco maior após 2 anos, já que obteve cerca de metade dela ao ajudar seus pais a criarem seus irmãos no ano 1 e a outra metade ao ter seus filhotes no ano 2. Por outro lado, os secundários não obtiveram qualquer aptidão indireta no ano 1, mas uma probabilidade maior de sobreviver e encontrar uma parceira no ano 2, o que aumentou sua aptidão direta. Os postergadores não obtiveram aptidão indireta no ano 1 e tiveram baixa capacidade de atrair parceiras no ano 2, resultando em uma aptidão inclusiva baixa.

EXERCÍCIO Use a tabela a seguir para calcular a alteração na aptidão inclusiva quando os ajudantes primários aumentam a aptidão de seus pais para 1,0 em vez de 1,8. Nesse cenário, qual estratégia de ajuda seria mais favorecida pela seleção natural?

	Ano 1						Ano 2								
Papel do macho	B_1		r_1		**Aptidão indireta**	B_2		r_2		P_{sm}		**Aptidão direta**	**Aptidão inclusiva**
Ajudante primário	1,8	×	0,32	=	0,58	2,5	×	0,5	×	0,32	=	0,41	0,58 + 0,41 = 0,99
Ajudante secundário	1,3	×	0,00	=	0,00	2,5	×	0,5	×	0,67	=	0,84	0,00 + 0,84 = 0,84
Postergador	0,0	×	0,00	=	0,00	2,5	×	0,5	×	0,23	=	0,29	0,00 + 0,29 = 0,29

Fonte: Dados de H.-U. Reyer, Investment and relatedness: a cost/benefit approach of breeding and helping in the pied kingfisher, *Animal Behaviour* 32 (1984): 1163–1178.

ecossistêmicos, uma vez que polinizam as plantas, consomem plantas e animais em ampla escala e reciclam madeira e detritos orgânicos. Sua dominância no mundo é, em grande parte, decorrente do imenso sucesso da eussociabilidade.

Além dos insetos, os únicos animais reconhecidos como eussociais são duas espécies de mamíferos que vivem em túneis subterrâneos na África: o rato-toupeira-pelado (*Heterocephalus glaber*) e o rato-toupeira-da-namíbia (*Fukomys damarensis*).

As espécies eussociais são fascinantes para os ecólogos porque a maioria dos indivíduos em um grupo eussocial renuncia à maturação sexual e à reprodução, especializando-se em tarefas que incluem defender o grupo, forragear para o grupo ou cuidar da prole subsequente de seus pais. Por isso, eles são conhecidos como *castas* estéreis. Uma **casta** consiste em indivíduos em um grupo social que compartilham um tipo especializado de comportamento. Por exemplo, no Capítulo 9 foi explicado que abelhas melíferas operárias são uma casta que trabalha para a colmeia, mas normalmente não se reproduzem. Similarmente, as operárias de formigas-cortadeiras apresentam uma variedade de castas que realizam diferentes tarefas, mas também não se reproduzem.

Diante disso, como a seleção natural pode produzir indivíduos sem qualquer resultado reprodutivo e, portanto, sem qualquer aptidão direta? Para ajudar a responder a essa questão, serão examinados os hábitos únicos de reprodução dos insetos himenópteros.

Casta Indivíduos dentro de um grupo social compartilhando um tipo especializado de comportamento.

EUSSOCIABILIDADE EM FORMIGAS, ABELHAS E VESPAS

No Capítulo 9, abordou-se o comportamento reprodutivo singular dos insetos himenópteros, grupo de insetos que gera filhos ao colocar ovos não fertilizados e filhas ao colocar ovos

Figura 10.12 Espécies eussociais. Estas formigas-cortadeiras do Texas (*Atta texana*) são uma das muitas espécies altamente sociais. Exibida na imagem está uma rainha e suas filhas jovens cultivando um jardim de fungo dentro de seu ninho subterrâneo. Fotografia de Alexander Wild.

fertilizados. Esse método de reprodução está detalhado na Figura 10.13. Uma vez que um sexo é haploide e outro é diploide, os himenópteros apresentam um sistema de determinação sexual **haplodiploide**. Como será visto, esse sistema de determinação sexual ajuda a favorecer a evolução da eussociabilidade.

Haplodiploide Sistema de determinação sexual no qual um sexo é haploide e o outro é diploide.

Organização social

As sociedades de insetos eussociais são dominadas por uma ou algumas fêmeas que depositam ovos, chamadas de **rainhas**. Nas colônias de formigas, abelhas e vespas, elas se acasalam somente uma vez durante a vida e armazenam espermatozoides suficientes para produzir todos os seus filhos – até um milhão ou mais em um período de 10 a 15 anos em algumas espécies de formigas. A progênie não reprodutiva de uma rainha obtém alimento e cuida do desenvolvimento de seus irmãos e irmãs, alguns dos quais se tornam sexualmente maduros, deixando a colônia para se acasalar e estabelecer novas colônias.

Conforme discutido no Capítulo 9, as sociedades das abelhas melíferas têm uma organização simples: a prole de uma rainha é dividida entre uma casta de operárias, que são todas fêmeas, e uma casta reprodutiva, que consiste em zangões e futuras rainhas. A transformação de um indivíduo em uma operária estéril ou uma fêmea fértil é determinada pelo tempo em que a larva é alimentada com geleia real. Como resultado, a casta operária representa um estágio interrompido no desenvolvimento das fêmeas reprodutivas, que param de se desenvolver antes da maturidade sexual. O comportamento eussocial ocorre em grande quantidade de espécies de himenópteros.

Coeficientes de parentesco

A haplodiploidia é importante para a evolução dos animais eussociais, pois cria fortes assimetrias nos coeficientes de

Rainha Fêmea dominante que coloca ovos em sociedades eussociais.

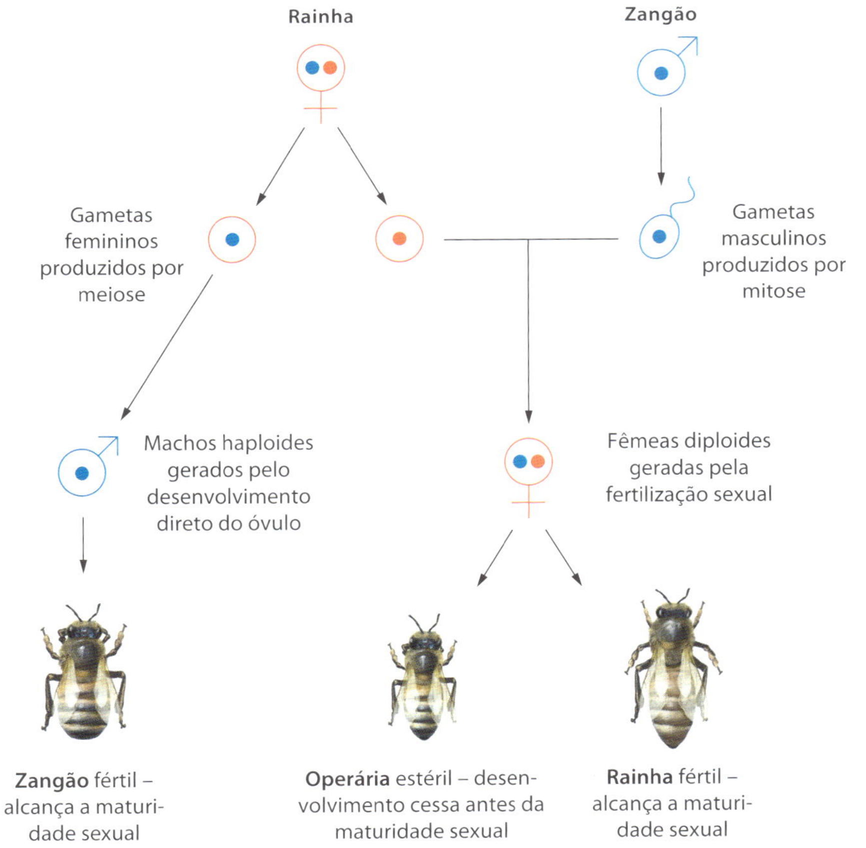

Figura 10.13 Sistema haplodiploide dos insetos himenópteros. Nas formigas, abelhas e vespas, os filhos são produzidos quando um gameta haploide da rainha não é fertilizado e se desenvolve em um filho haploide. As filhas são produzidas quando um gameta haploide da rainha é fertilizado por um gameta haploide do zangão e desenvolve-se em uma filha diploide.

parentesco. A rainha tem a mesma relação genética com os filhos e com as filhas ($r = 0{,}50$), de modo que ela pode ser relativamente indiferente ao sexo de sua prole reprodutiva – os zangões e as novas rainhas que deixam o ninho –, especialmente quando a razão sexual entre os indivíduos reprodutivos em outras colmeias locais for quase igual. Entretanto, o parentesco entre irmãos é único nos himenópteros. Assim, se uma rainha tiver acasalado com um único zangão, todas as fêmeas terão o mesmo conjunto de genes de seu pai haploide e 50% de probabilidade de apresentar os mesmos genes que sua mãe. Como resultado, o coeficiente de parentesco entre determinada fêmea e suas irmãs é de 0,75 no sistema de acasalamento haplodiploide. Isso faz com que as fêmeas sejam mais relacionadas entre si do que seriam em um típico sistema de acasalamento diploide, no qual o coeficiente é de somente 0,50. Em contraste, seus irmãos são haploides e, por isso, não têm quaisquer genes do zangão, mas apresentam uma probabilidade de 50% de ter os mesmos genes de sua mãe. Como resultado, o coeficiente de parentesco médio entre uma fêmea em particular e seus irmãos é de 0,25. Tal assimetria no parentesco favorece a evolução de grupos eussociais.

Para compreender como a haplodiploidia favorece a eussociabilidade, pode-se comparar as diferentes opções para a obtenção de aptidão nesses organismos. Por exemplo, uma fêmea operária que crie uma irmã fértil recebe o benefício de aptidão daquele indivíduo multiplicado pelo coeficiente de parentesco ($r = 0{,}75$). Quando uma fêmea cria sua própria prole, ela recebe o mesmo benefício de aptidão multiplicado pelo coeficiente de parentesco entre uma mãe e sua filha ($r = 0{,}50$). Isso significa que a aptidão indireta obtida do cuidado com uma irmã excede a que poderia ser obtida do cuidado com uma filha. Assim, é mais provável que a cooperação seja maior entre as castas compostas somente de fêmeas do que entre as castas de machos ou, especialmente, do que entre as castas mistas. Isso explicaria por que as operárias em sociedades de himenópteros são todas fêmeas.

O fato de as operárias serem 3 vezes mais próximas geneticamente de suas irmãs do que de seus irmãos também explicaria por que ninhadas de indivíduos reprodutivos normalmente têm 3 vezes mais fêmeas do que machos, em uma base ponderada, apesar da indiferença da rainha à razão sexual. Quando uma operária fêmea pode ajudar a criar mais fêmeas do que machos reprodutivos, sua própria aptidão inclusiva pode, na verdade, ser maior do que seria se ela criasse uma linhagem própria com uma quantidade igual de machos e fêmeas. Sob tais circunstâncias, não é surpresa que as castas estéreis tenham evoluído.

EUSSOCIABILIDADE EM OUTRAS ESPÉCIES

Embora os himenópteros estejam entre os mais conhecidos insetos eussociais, existem outras espécies que também têm eussociabilidade, como os cupins e um grupo de mamíferos conhecido como ratos-toupeiras-pelados. Diferentemente dos himenópteros haplodiploides, esses dois grupos são diploides, o que é um desafio no entendimento das condições que favorecem a eussociabilidade nessas espécies.

Cupins

As colônias de cupins podem ser estruturas imensas, dominadas por um par de parceiros chamados de rei e rainha (Figura 10.14 A). Uma vez que a função da rainha é quase totalmente limitada à produção de ovos, seu abdome é grandemente distendido para possibilitar que ela produza milhares de ovos (Figura 10.14 B).

O rei e a rainha geram filhos e filhas por reprodução sexuada. Com algumas poucas exceções, essa prole pode atuar como operária na sociedade de cupins, mas também pode tornar-se sexualmente madura se o rei ou a rainha morrerem. Muitas espécies de cupins apresentam ainda uma segunda casta de indivíduos não reprodutivos, conhecidos como *soldados*, os quais, como o nome sugere, auxiliam na defesa do ninho contra intrusos como as formigas. Os soldados normalmente apresentam uma cabeça muito grande, que pode ser usada para bloquear as aberturas do ninho e impedir a entrada de formigas.

Ratos-toupeira

Existem dúzias de espécies de ratos-toupeira, mas apenas duas são conhecidas por serem eussociais: o rato-toupeira-pelado e o rato-toupeira-da-namíbia. Esses roedores vivem em túneis subterrâneos nas savanas africanas, em colônias de até 200 indivíduos. Nos ratos-toupeiras-pelados, uma única rainha e diversos reis são responsáveis por toda a reprodução da colônia, e todos os indivíduos são diploides (Figura 10.15). Embora os operários do grupo sejam capazes de se reproduzir, eles renunciam à reprodução em favor do cuidado com os irmãos mais jovens e com a colônia.

Uma pesquisa atual sugere que machos e fêmeas subordinados não fazem isso voluntariamente. Em vez disso, a fêmea dominante os assedia, fazendo com que fiquem estressados. O estresse reduz os níveis de hormônios sexuais nos subordinados e os torna menos motivados a cruzarem.

ORIGENS DA EUSSOCIABILIDADE

A partir de sua distribuição por uma ampla variedade de espécies distantes, abrangendo desde himenópteros até mamíferos, está claro que a eussociabilidade evoluiu independentemente muitas vezes e, mesmo nos himenópteros, ela parece ter evoluído diversas vezes. É tentador concluir que a eussociabilidade seja causada por um sistema de determinação sexual haplodiploide; entretanto, muitas espécies haplodiploides não são eussociais, e algumas que são, como os cupins e os ratos-toupeiras, não são haplodiploides. Com base nessas observações, conclui-se que, embora a haplodiploidia pareça favorecer a evolução do comportamento eussocial, proporcionando grandes efeitos na aptidão indireta quando os operários renunciam à reprodução para ajudar seus irmãos, ela não é necessária para a evolução do comportamento eussocial.

Ao longo da discussão deste capítulo, o enfoque tem sido a importância do coeficiente de parentesco, com a ideia de que ele precisa ser relativamente alto para favorecer a eussociabilidade. Entretanto, essa equação também poderia ser satisfeita se o custo da renúncia individual à reprodução fosse muito baixo. Assim, se indivíduos que escolhessem deixar uma colônia tivessem uma baixíssima chance de sobrevivência e de

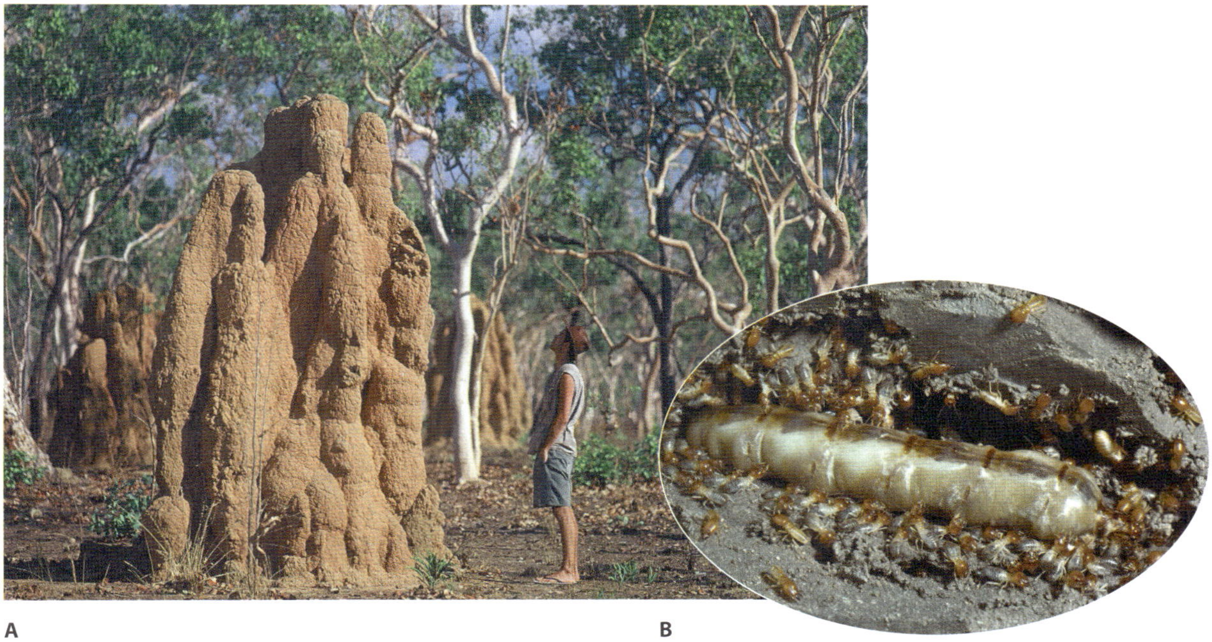

A B

Figura 10.14 Colônias de cupins. A. Imensa colônia de cupins localizada no Território Norte, Austrália. **B.** Rainha de cupim (*Macrotermes gilvus*) vivendo na parte profunda de uma colônia, cercada por soldados. Uma vez que sua função primária é a produção de ovos, seu abdome é muito maior do que o dos soldados e operários. Fotografias de (A) Thomas P. Widmann/Newscom; (B) Anthony Bannister/NHPA/Science Source.

estabelecimento de uma nova colônia, então a aptidão direta seria muito baixa.

Nos ratos-toupeiras-pelados, por exemplo, alguns indivíduos deixam a colônia natal para formar novas colônias, mas a maioria delas não persiste por mais de 1 ano. Como resultado, o custo da renúncia à reprodução, em termos de aptidão direta perdida, seria muito pequeno. Quando essa é a realidade, um grande coeficiente de parentesco não é mais necessário para favorecer o comportamento eussocial.

As origens do comportamento eussocial ainda são debatidas ativamente. Muitos pesquisadores argumentaram que ele foi favorecido pela aptidão inclusiva da prole estéril e altruísta, e outros defendem que ele evoluiu para aumentar a aptidão direta dos pais que forçam a prole a renunciar à reprodução. Assim como muitas questões biológicas, a pesquisa incessante provavelmente fornecerá novas percepções que ajudarão a compreender as sociedades eussociais.

Figura 10.15 Ratos-toupeiras-pelados. O rato-toupeira-pelado é uma das duas espécies de mamíferos que são eussociais. Nesta fotografia, uma rainha está descansando em cima de operários. Fotografia de © Raymond Mendez/Animals Animals/Earth Scenes.

As relações comportamentais nos insetos sociais representam um extremo no contínuo de organização social, desde animais que vivem sozinhos (exceto quando se reproduzem) até aqueles que se agregam em grandes grupos organizados por comportamentos complexos. Independentemente de sua complexidade, todos os comportamentos sociais equilibram os custos e benefícios para o indivíduo, e a magnitude desses custos e benefícios é frequentemente determinada por condições ecológicas nas quais esses comportamentos existem.

Assim como a morfologia e a fisiologia, o comportamento é fortemente influenciado por fatores genéticos e, portanto, está sujeito a modificações evolutivas pela seleção natural. No entanto, a evolução do comportamento torna-se complicada quando os indivíduos interagem dentro de um ambiente social e os interesses deles em uma população podem ser coincidentes ou conflitantes. A compreensão da resolução evolutiva do conflito social em sociedades animais continua a ser uma das questões mais desafiadoras e importantes da biologia.

VERIFICAÇÃO DE CONCEITOS

1. Quais são as quatro características de uma espécie eussocial?
2. Como o sistema de determinação haplodiploide do sexo favorece a evolução da eussociabilidade?
3. Como uma baixa probabilidade de sucesso de começar uma nova colônia favorece a evolução do comportamento eussocial em ratos-toupeiras-pelados?

ECOLOGIA HOJE CORRELAÇÃO DOS CONCEITOS

Galinhas intimidadas

Galinhas-domésticas. A sobrevivência de galinhas e a produção de ovos dependem não só dos atributos de cada uma delas, mas também da maneira como cada uma interage com as outras em sua gaiola. Fotografia de Phillip Hayson/Science Source.

O comportamento social de animais na natureza é inerentemente interessante, mas a sua compreensão também apresenta aplicações práticas para animais domésticos. Por exemplo, há custos e benefícios de se criarem animais domesticados em grandes grupos sociais. Ter animais como porcos e galinhas em altas densidades é mais eficiente porque requer menos espaço; no entanto, viver em altas densidades tem desvantagens que incluem o aumento do risco de transmissão de doenças, bem como de competição e de brigas. Para os criadores de animais domésticos, criá-los em alta densidade significa menos animais saudáveis e lucros menores. Contudo, durante as duas últimas décadas, os pesquisadores com conhecimento mais aprofundado sobre a vida em grupo têm contribuído para a criação de animais domésticos mais produtivos. Algumas dessas pesquisas pioneiras foram feitas com galinhas (*Gallus gallus*), que são bem conhecidas por brigarem quando criadas em altas densidades. Por exemplo, se uma delas sofrer alguma pequena lesão que cause uma mancha de sangue em suas penas, outras galinhas começarão a bicar aquele ponto, aumentando a lesão e, frequentemente, levando à morte por canibalismo. Durante esse processo, algumas vão ficar manchadas com sangue, e outras, por sua vez, também vão bicá-las. Esse comportamento incessante é a origem da expressão inglesa "*hen-pecked*".[1]

As brigas entre galinhas podem reduzir a saúde geral e a produção de ovos, podendo até causar a morte delas. De fato, esse comportamento pode ocasionar tanta perda nos lucros de produtores de aves que existe uma prática de longa data de se cortar as pontas dos bicos para reduzir as lesões. Contudo, apesar de a medida ser eficiente na redução de brigas e canibalismo, é uma prática controversa que foi recentemente banida de diversos países. Tal fato tem motivado os produtores de animais a encontrar alternativas para reduzir brigas entre animais domésticos criados em altas densidades.

---

[1]N.T.: Traduzida literalmente como "bicado por galinha", esta gíria se refere a um indivíduo controlado ou intimidado por alguém, especialmente um marido por sua esposa.

O método tradicional de criação de animais tem sido selecionar os indivíduos com melhor crescimento, sobrevivência ou outros atributos, tais como maior produção de ovos. Assim, após décadas de seleção dessas características, a variação genética diminui e se torna bem baixa, o que dificulta a realização de seleção adicional.

Em meados da década de 1990, entretanto, pesquisadores descobriram que poderiam produzir respostas significativas à seleção se escolhessem grupos de galinhas com melhor desempenho social, em vez de indivíduos com melhor sucesso reprodutivo. Então, grupos de galinhas foram engaioladas juntas, e as gaiolas com a maior sobrevivência foram usadas para a prole da próxima geração. No início do experimento, a mortalidade anual de galinhas foi de 68%. Após seis gerações de seleção dos grupos com melhor sobrevivência, a mortalidade de galinhas caiu para 9%, semelhante à de galinhas criadas isoladamente e sem oportunidade para brigar. Além disso, a produção de ovos ao longo da vida aumentou consideravelmente, de 91 por galinha na primeira geração para 237 por galinha na sexta geração, o que foi possível graças ao aumento da expectativa de vida das galinhas e à melhor condição física. Esses dados sugerem que selecionar os melhores grupos sociais pode reduzir as brigas a um nível que eliminaria a necessidade de cortar os bicos das galinhas.

Durante os últimos 5 anos, os pesquisadores começaram a entender por que a seleção de grupos sociais de animais pode causar aumentos tão intensos na produção. Tradicionalmente, os biólogos têm focado somente na herdabilidade dos atributos de um indivíduo isolado. No entanto, o desempenho de um indivíduo não depende só dele, mas também da maneira como interage com os outros. Por exemplo, se um indivíduo for particularmente agressivo e viver em um grupo com outros indivíduos agressivos, o grupo gastará mais tempo brigando, e mais mortes vão ocorrer. Por outro lado, um grupo social com indivíduos que briguem menos uns com os outros terá menos estresse, melhor saúde e taxa de mortalidade reduzida. Considerando que animais sociais interagem com coespecíficos, é preciso considerar a herdabilidade de atributos não só quando um indivíduo vive sozinho, mas também quando ele vive em um grupo social. Nas galinhas, por exemplo, a herdabilidade da sobrevivência de um indivíduo pode ser bastante baixa; porém, a herdabilidade do atributo quando as interações sociais são incluídas pode ser 2 a 3 vezes maior, porque as interações sociais afetam a sobrevivência. Resultados semelhantes foram observados em outras criações, incluindo porcos domésticos (*Sus scrofa*) e mexilhões (*Mytilus galloprovincialis*). Tudo isso sugere que, ao se considerarem as interações sociais dos animais, é possível aperfeiçoar a produção agrícola das espécies domésticas.

FONTES:

Muir, W. M. 1996. Group selection for adaptation to multiple-hen cages: Selection program and direct responses. *Poultry Science* 75: 447–458.

Wade, M. J., et al. 2010. Group selection and social evolution in domesticated animals. *Evolutionary Applications* 3: 453–465.

RESUMO DOS OBJETIVOS DE APRENDIZAGEM

10.1 Viver em grupo tem custos e benefícios. Os benefícios da vida social incluem o efeito de diluição, no qual grupos grandes de presas têm probabilidade reduzida de serem mortos por um predador, necessidade diminuída de vigilância individual e capacidade ampliada para encontrar alimentos e parceiros. Os custos incluem aumento na visibilidade por predadores, risco elevado de transmissão de parasitos e patógenos e aumento na competição por alimentos. Em resposta à vida social, muitas espécies desenvolveram a habilidade de estabelecer territórios e hierarquias de dominação para lidarem com as interações individuais.

Termos-chave: **comportamentos sociais, efeito de diluição, arena, território, hierarquia de dominância**

10.2 Há muitos tipos de interações sociais. Quando se estudam interações em termos de doadores e receptores, podem-se identificar quatro tipos de interações sociais: cooperação, egoísmo, malignidade e altruísmo. A cooperação e o egoísmo de doadores devem ser favorecidos pela seleção natural, enquanto a malignidade, não. O altruísmo pode ser favorecido quando o receptor de uma ação altruísta for um parente próximo do doador, como medido pelo coeficiente de parentesco. Como resultado, o altruísmo evolui, porque os indivíduos sofrem um aumento na aptidão inclusiva, que é a soma das aptidões direta e indireta.

Termos-chave: **doador, receptor, cooperação, egoísmo, malignidade, altruísmo, aptidão direta, aptidão indireta, aptidão inclusiva, seleção direta, seleção indireta, coeficiente de parentesco**

10.3 Espécies eussociais levam as interações sociais ao extremo. Os animais eussociais consistem em muitos indivíduos vivendo juntos, com os dominantes se reproduzindo e subordinando os outros, de modo a renunciarem à reprodução. Os animais eussociais são comuns entre as espécies haplodiploides de abelhas, formigas e vespas, mas também existem em espécies diploides de cupins e em pelo menos duas espécies de mamíferos. Um alto coeficiente de parentesco favorece a evolução do comportamento eussocial, mas não é um requerimento para tal. Igualmente importante seria o menor custo de aptidão perdida por espécies com baixa probabilidade de deixar o grupo e se reproduzir por conta própria.

Termos-chave: **eussocial, casta, haplodiploide, rainha**

QUESTÕES DE RACIOCÍNIO CRÍTICO

1. Se viver em grupos grandes tem custos e benefícios, sob quais condições a seleção natural favoreceria a vida em grupo?

2. Por que indivíduos poderiam desistir de defender territórios se a densidade de sua população aumentasse?

3. Explique os custos e benefícios que poderiam influenciar o tamanho ótimo do bando em aves.

4. Compare e contraste as condições sob as quais a seleção natural pode favorecer o comportamento cooperativo *versus* altruísta.

5. Como a aptidão de um ajudante pode melhorar quando ele auxilia na criação dos filhos de outro casal com o qual não tem relação de parentesco?

6. Por que os comportamentos egoístas são menos favorecidos quando o doador e o receptor são parentes?

7. Compare o coeficiente de parentesco entre irmãos e irmãs em organismos diploides com aqueles de organismos haplodiploides.

8. Considerando que os cupins são diploides, o que se pode prever sobre os custos e benefícios de um operário que renuncia à reprodução, favorecendo, assim, a evolução da eussociabilidade?

9. Que evidência existe de que um sistema de determinação sexual haplodiploide não é necessário para a evolução da eussociabilidade?

10. Por que a seleção com base em grupos de cabras domesticadas pode resultar em maior produção de carne do que a seleção em cabras individuais?

REPRESENTAÇÃO DOS DADOS | COMO A VIDA EM GRUPOS AFETA O RISCO DE PREDAÇÃO

Conforme discutido anteriormente, a vida em grupos apresenta diversos custos e benefícios potenciais. Para determinar se viver em cardumes proporcionou um benefício antipredação para o vairão (peixe fluvial), os pesquisadores colocaram diferentes quantidades deles em aquários e determinaram quantas vezes predadores de uma espécie maior se aproximavam de cardumes de tamanhos diferentes. Usando os dados da tabela e seu conhecimento sobre o cálculo de desvios padrões amostrais do Capítulo 2, calcule as médias e os desvios padrões para o número de aproximações de um predador por minuto em função de tamanhos diferentes de cardumes. Em seguida, faça um gráfico linear com as médias e os desvios padrões da amostra.

Com base nesses dados, o que você pode concluir sobre o efeito do tamanho do cardume na probabilidade de predação por espécies maiores de peixes?

Teste	Tamanho do cardume dos vairões				
	3	5	10	15	20
1	0,9	0,7	0,4	0,4	0,1
2	0,8	0,8	0,5	0,5	0,1
3	0,7	0,9	0,6	0,3	0,2
4	1,1	0,6	0,8	0,2	0,3
5	1,0	1,0	0,7	0,6	0,3
Quantidade média de aproximações/minuto					
Desvio padrão					

11 Distribuições Populacionais

Retorno do Lagarto-de-Colar

Quando Alan Templeton era um escoteiro em 1960, encontrou seus primeiros lagartos-de-colar (*Crotaphytus collaris*), também conhecidos como "berrantes da montanha", nas Montanhas de Ozark, no Missouri. Ele ficou impressionado com os machos de cores vivas que corriam pelas clareiras da floresta e pontilhavam as montanhas. Duas décadas depois, como um professor de biologia na Washington University, em St. Louis, ele retornou às Montanhas de Ozark e ficou chocado ao descobrir que a maioria dos lagartos havia desaparecido. Então, iniciou uma série de pesquisas para identificar as causas do declínio e determinar as etapas que poderiam restaurar a população da espécie.

O lagarto-de-colar é um animal fascinante que se alimenta de insetos como os gafanhotos. Ele prefere viver em áreas secas e abertas e tem uma abrangência geográfica que se estende do Kansas até o México; o Missouri encontra-se na fronteira leste dessa abrangência. Embora grande parte das Montanhas de Ozark contenha florestas, existem aberturas nessas florestas, ou clareiras, que contêm rochas expostas com condições quentes e secas que proporcionavam um hábitat adequado para os lagartos. Esses hábitats pequenos e fragmentados no passado eram circundados por savanas e florestas com sub-bosques abertos. Ao longo do tempo, porém, eles começaram a mudar.

Nas Montanhas de Ozark, incêndios florestais eram historicamente comuns e removiam as pequenas árvores do sub-bosque e as folhas que se acumulavam pelo chão da floresta. Eles também eram importantes para manter clareiras abertas e ensolaradas. Entretanto, na década de 1940, a implementação de uma campanha nacional para diminuir os incêndios florestais causou a invasão das clareiras por árvores de cedros-vermelhos (*Juniperus virginiana*). Os cedros sombrearam as clareiras e as tornaram mais frias, o que não ajuda o crescimento de um ectotérmico como o lagarto-de-colar. A sombra também reduziu a quantidade de insetos, que são suas presas, incluindo os gafanhotos. Com o tempo, somente algumas clareiras continuaram a sustentar populações de lagartos, e a sua abrangência geográfica diminuiu. Além disso, aparentemente não havia movimentação de lagartos entre as clareiras adequadas e ocupadas e as clareiras adequadas e desocupadas.

"O grande sucesso na recuperação do lagarto-de-colar exigiu que os pesquisadores compreendessem seus requerimentos de hábitat e reconhecessem que a população regional era, na verdade, composta de várias pequenas populações interconectadas em uma grande área."

Templeton e seus colegas iniciaram sua pesquisa em 1979 e descobriram que muitas clareiras anteriormente ocupadas não tinham mais populações do lagarto. Assim, os pesquisadores implementaram diversas etapas para recuperar aquelas populações. Primeiramente, cortaram os cedros em diversas clareiras para tornar o hábitat mais adequado; em seguida, reintroduziram 28 lagartos em três locais. Eles marcaram os animais para estimar a abundância e a densidade de cada população e para determinar se os lagartos que foram introduzidos se dispersariam e colonizariam clareiras vizinhas. Os eventos de dispersão foram raros, e nenhuma das clareiras vizinhas foi colonizada, apesar de algumas delas estarem somente a 50 m de distância. Embora os cedros tenham sido retirados de diversas clareiras, as condições ainda não eram adequadas. O denso sub-bosque da floresta e o acúmulo de serapilheira sombrearam a maior parte do solo, o que tornou a floresta mais fria e causou a redução da abundância de insetos. Nesse ponto, os pesquisadores perceberam que tinham duas tarefas. Eles precisavam melhorar tanto o hábitat das clareiras onde os lagartos passavam a maior parte do seu tempo quanto o hábitat de floresta entre as clareiras, onde os lagartos transitavam quando dispersavam de uma clareira para outra.

Em cooperação com o Departamento de Conservação do Missouri, a equipe começou a utilizar incêndios controlados para queimar os cedros em diversas clareiras, bem como as

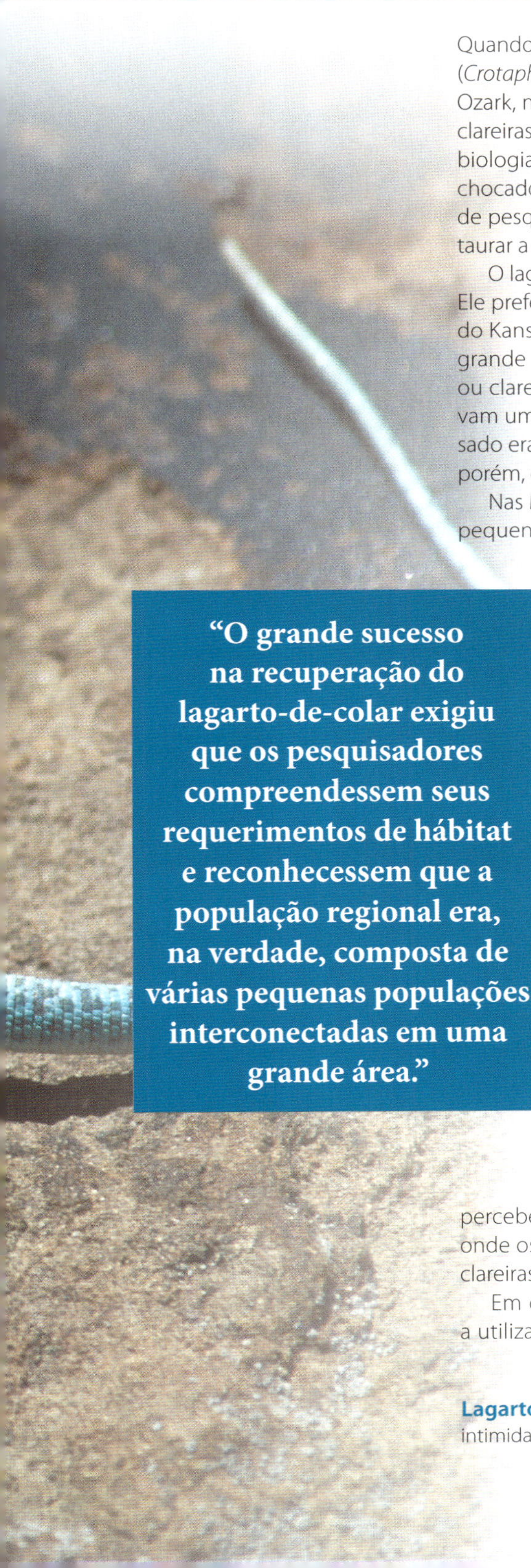

Lagarto-de-colar-macho. Os machos dessa espécie apresentam um pescoço laranja brilhante, que intimida outros machos e atrai fêmeas. Fotografia de François Gohier/Science Source.

Clareira em Ozark. Fotografia de Alan Templeton/Department of Biology, Washington University.

pequenas árvores de sub-bosque e folhas no hábitat da floresta entre as clareiras. Os lagartos responderam tão bem que, em apenas 2 meses após a queimada, começaram a colonizar novas clareiras. Duas décadas depois, Templeton e seus colaboradores relataram que, a partir das três clareiras originais nas quais os lagartos foram reintroduzidos, mais de 500 se espalharam para mais de 140 clareiras. A queima do hábitat florestado possibilitou a entrada de mais luz solar e aumentou dramaticamente a quantidade de gafanhotos para os lagartos comerem enquanto transitavam entre as clareiras.

O aumento da população e da abrangência geográfica também melhorou a diversidade genética dos lagartos. Anteriormente às queimadas controladas das clareiras, as populações permaneciam pequenas e restritas, e sua diversidade genética permanecia baixa devido ao efeito fundador e à deriva genética, que foram discutidos no Capítulo 7. No entanto, atualmente, o futuro do lagarto-de-colar parece favorável em Missouri, uma vez que a prática de queimadas controladas tem recuperado o hábitat necessário, a diversidade genética está maior, e a dispersão entre clareiras possibilita que qualquer população local que seja extinta possa ser recolonizada por novos dispersores.

O grande sucesso na recuperação do lagarto-de-colar exigiu que os pesquisadores compreendessem as suas necessidades de hábitat e reconhecessem que a população regional de fato era composta por muitas pequenas populações interconectadas em uma grande área geográfica. Neste capítulo, será explorado como a distribuição espacial e a movimentação de indivíduos entre os hábitats influenciam a persistência das espécies em um longo prazo.

FONTES:
Neuwald, J. L., A. R. Templeton. 2013. Genetic restoration in the eastern collared lizard under prescribed woodland burning. *Molecular Ecology* 22:3666–3479.
Templeton, A. R. 2011. The transition from isolated patches to a metapopulation in the eastern collared lizard in response to prescribed fires. *Ecology* 92:1736–1747.
Restoration as science: The case of the collared lizard. 2011. *Science Daily*, August 22. http://www.sciencedaily.com/releases/2011/08/110822091918.htm.

OBJETIVOS DE APRENDIZAGEM

Após a leitura deste capítulo, você deverá ser capaz de:

11.1 Explicar por que a distribuição das populações é limitada a hábitats ecologicamente adequados.

11.2 Fornecer as cinco características importantes das distribuições populacionais.

11.3 Descrever como as propriedades das distribuições das populações podem ser estimadas.

11.4 Reconhecer que a abundância e a densidade da população são relacionadas à abrangência geográfica e ao tamanho de corpo do adulto.

11.5 Explicar por que a dispersão é essencial para a colonização de novas áreas.

11.6 Descrever como populações normalmente existem em manchas distintas de hábitat.

A história do lagarto-de-colar demonstra que estudar ecologia no nível populacional é fascinante e pode resultar em aplicações no mundo real, da mesma maneira que os capítulos anteriores de ecologia no nível de indivíduo mostraram. Este capítulo terá enfoque na **estrutura espacial** das populações, que é definida como o padrão de densidade e espaçamento entre os indivíduos. De início, será examinado como a distribuição do hábitat adequado afeta a distribuição das populações e serão discutidas as

Estrutura espacial Padrão de densidade e espaçamento dos indivíduos em uma população.

muitas propriedades das distribuições populacionais, examinando como elas são estimadas. Em seguida, será investigada a importância da movimentação dos indivíduos entre as manchas de hábitat e, finalmente, como a criação de faixas de hábitat favorável pode facilitar o deslocamento dos indivíduos entre hábitats, ajudando a assegurar a persistência das populações ao longo do tempo.

11.1 A distribuição das populações é limitada aos hábitats ecologicamente adequados

No início deste capítulo, observou-se que os lagartos-de-colar viviam em manchas de hábitats, chamadas de clareiras, entremeadas por floresta. No entanto, conforme elas foram invadidas por cedros, tornaram-se menos adequadas para a espécie. Nesta seção, será explicado como os ecólogos determinam a adequação dos hábitats e quão importante é compreender isso para entender onde uma espécie é capaz de viver e até que ponto ela pode expandir sua distribuição geográfica.

Figura 11.1 Abrangência geográfica do bordo-de-açúcar. A distribuição é limitada ao norte pelas baixas temperaturas de inverno, ao sul pelas altas temperaturas de verão e a oeste pelas secas.

DETERMINAÇÃO DE HÁBITATS ADEQUADOS

No Capítulo 1, mencionou-se que o nicho de uma espécie inclui o intervalo de condições abióticas e bióticas que ela consegue tolerar. Nesta seção, esse assunto será detalhado.

Para explorar o conceito de nicho, os cientistas consideram útil diferenciar *nicho fundamental* de *nicho realizado* de uma espécie. O **nicho fundamental** é o intervalo de condições abióticas sob as quais a espécie consegue persistir. Isso inclui o intervalo de condições de temperatura, umidade e salinidade que possibilitam a uma população sobreviver, crescer e se reproduzir.

Embora uma espécie possa viver considerando somente as condições do seu nicho fundamental, muitos locais favoráveis podem permanecer desocupados em virtude de outras espécies ali presentes. Por exemplo, a presença de competidores, predadores e patógenos com frequência pode impedir a persistência de uma população em uma área, apesar da existência de condições abióticas favoráveis.

O intervalo de condições abióticas e bióticas sob as quais uma espécie persiste é o seu **nicho realizado**, que determina a *abrangência geográfica* de uma espécie ou de diversas populações que compõem uma espécie. A **abrangência geográfica** é uma medida da área total abrangida por uma população. Por exemplo, a castanheira-americana (*Castanea dentata*) já foi uma árvore muito comum nas florestas do leste dos EUA, pois crescia e se reproduzia bem sob as condições abióticas e bióticas que existiam naquela região por milhares de anos. Entretanto, por volta de 1900, um fungo (*Cryphonectria parasitica*) oriundo da Ásia causou uma doença mortal conhecida como ferrugem-da-castanheira, espalhando-se rapidamente por todas as florestas do leste e matando bilhões de árvores. Como resultado dessa interação biótica das castanheiras com o fungo, restam poucos locais onde as árvores adultas podem persistir. Em resumo, o fungo causou uma grande redução no nicho realizado da castanheira-americana.

Quando se pensa na abrangência geográfica de uma espécie ou de uma população, é preciso entender que os indivíduos frequentemente não ocupam todos os locais dentro dela. Isso acontece porque o clima, a topografia, os solos, a estrutura da vegetação e outros fatores influenciam a abundância de indivíduos. Considerando o caso da árvore do bordo-de-açúcar, conforme demonstrado na Figura 11.1, sua abrangência geográfica inclui o nordeste dos EUA e o sudeste do Canadá. Sua distribuição é limitada pelas temperaturas frias de inverno na fronteira norte de sua abrangência, pelas secas de verão na fronteira oeste e pelas temperaturas quentes de verão na fronteira ao sul. Entretanto, o bordo-de-açúcar não ocupa toda a área correspondente à sua distribuição, pois ele não consegue viver em pântanos, dunas de areia recém-formadas, áreas recentemente queimadas e diversos outros hábitats situados fora do seu nicho fundamental. Como consequência, a distribuição geográfica do bordo-de-açúcar é, na verdade, composta por um mosaico de áreas menores ocupadas e desocupadas.

A distribuição de um arbusto conhecido como "flor-de-couro-de-fremont" (*Clematis fremontii*) fornece um excelente exemplo de como uma variação em pequena escala no ambiente pode criar abrangências geográficas que são compostas por pequenas manchas de hábitats adequados. Conforme ilustrado na Figura 11.2, a abrangência geográfica da planta inclui apenas três condados no estado do Missouri. Acredita-se que essa pequena abrangência seja resultado de

Nicho fundamental Intervalo de condições abióticas sob as quais as espécies podem persistir.

Nicho realizado Intervalo de condições abióticas e bióticas sob as quais uma espécie persiste.

Abrangência geográfica Medida da área total ocupada por uma população.

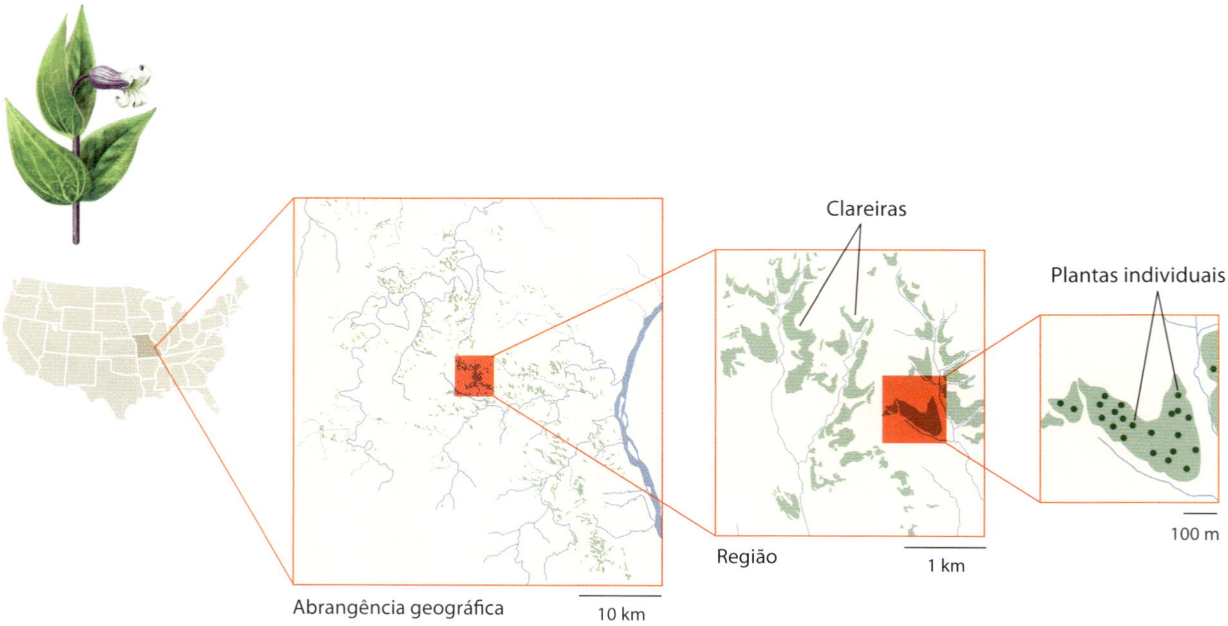

Figura 11.2 Abrangência geográfica da "flor-de-couro-de-fremont". Uma pesquisa em 1945 descobriu que esta espécie de arbusto era encontrada apenas em três condados no estado do Missouri. Dentro dessa abrangência, os indivíduos foram encontrados vivendo apenas em afloramentos de calcário, conhecidos como clareiras. Dados de R. O. Erickson, The *Clematis fremontii* var. *Reihlii* population in the Ozarks, *Annals of the Missouri Botanical Garden* 32 (1945): 413-460.

condições climáticas e interações competitivas com plantas ecologicamente similares. Nela, a planta está restrita a solos secos e rochosos em afloramentos de calcário, conhecidos como *clareiras de calcário*, que são similares às clareiras frequentadas pelo lagarto-de-colar, abordadas no início deste capítulo. Em cada clareira de calcário, pequenas variações na elevação e na qualidade do solo restringem ainda mais as plantas a locais com estrutura de solo, umidade e nutrientes adequados. Agrupamentos que existem em cada um desses locais são compostos por indivíduos que estão homogeneamente distribuídos no espaço. Em outras palavras, embora a flor-de-couro-de-fremont tenha uma abrangência geográfica que inclui três condados, sua distribuição é irregular nesta região em virtude das suas exigências especiais de hábitat.

Embora os padrões de distribuição possam sugerir que apenas determinados hábitats são adequados, pode-se testar se esse é o caso. Considerando duas espécies de plantas silvestres que vivem em elevações distintas na Serra Nevada da Califórnia, uma delas, conhecida como flor-de-macaco-rosa (*Mimulus lewisii*), vive em altitudes maiores, e a outra, conhecida como flor-de-macaco-vermelha (*Mimulus cardinalis*), vive em altitudes menores. Ambas as espécies existem em altitudes intermediárias. Para determinar se as condições ambientais causavam essas distribuições diferentes das espécies, os pesquisadores plantaram ambas em locais dentro e fora das altitudes onde crescem naturalmente. Os resultados desse experimento são mostrados na Figura 11.3. Se a sobrevivência das plantas for examinada, será possível observar que a flor-de-macaco-rosa sobrevive bem em altitudes maiores, mas precariamente em altitudes menores. O oposto é verdadeiro em relação à flor-de-macaco-vermelha. Ao se examinar o crescimento das plantas, surge um padrão similar: a flor-de-macaco-rosa cresce melhor à medida que a altitude aumenta, embora o crescimento decline sob as condições extremas dos locais mais altos; já a flor-de-macaco-vermelha cresce melhor em locais mais baixos, e seu crescimento declina a cada aumento na altitude. Para cada espécie, a sobrevivência e o crescimento das populações transplantadas foram mais altos quando elas cresceram dentro de sua abrangência de altitude natural. Quando cresceram fora dela, ambas as espécies tiveram uma sobrevivência menor e um crescimento mais lento.

MODELAGEM DE NICHO ECOLÓGICO

Como regra geral, quanto mais adequado o hábitat, mais a população pode crescer, uma relação fundamental que possibilita aos ecólogos preverem as distribuições reais ou potenciais das espécies. Essa capacidade de previsão tem diversas aplicações importantes. Por exemplo, para se impedir que espécies à beira da extinção desapareçam, é preciso conhecer as condições de hábitat que elas requerem. Tal conhecimento é utilizado para determinar os locais que podem oferecer a mais alta probabilidade de reintroduções bem-sucedidas. Similarmente, se uma nova espécie de praga for introduzida acidentalmente em um continente, seus hábitats adequados precisarão ser avaliados para se prever a área na qual ela poderá propagar-se e a extensão dos danos que poderá causar.

Prever a abrangência geográfica potencial de uma ou de todas as populações de determinada espécie é um grande desafio quando existem poucos indivíduos vivendo na natureza; entretanto, pode-se superá-lo usando dados históricos sobre as distribuições das populações, os quais estão

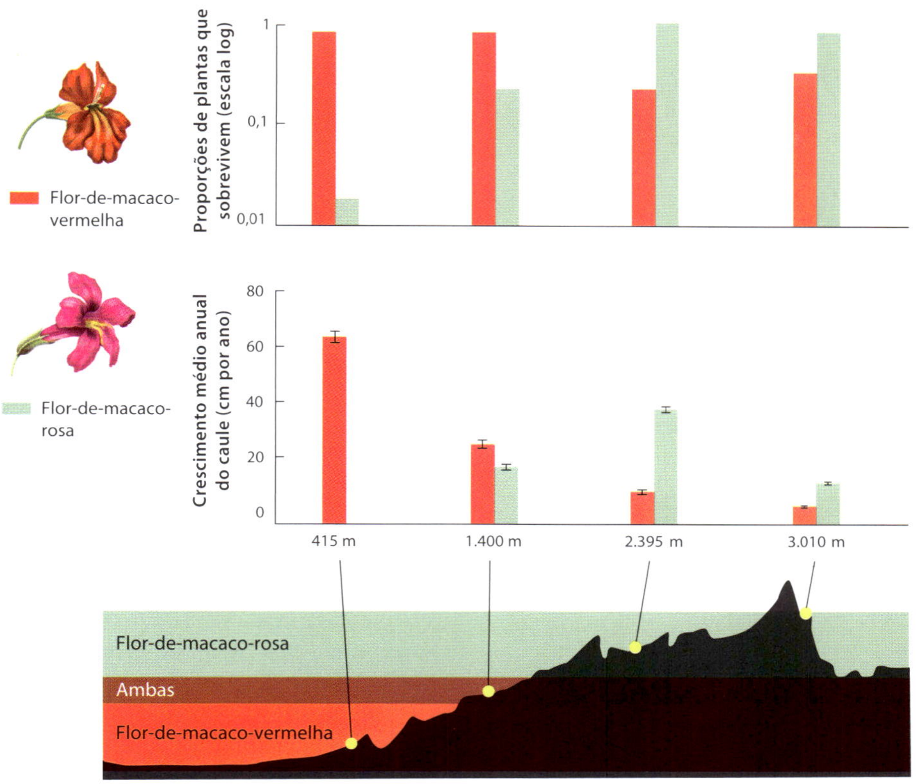

Figura 11.3 Distribuição das duas espécies de flor-de-macaco. A flor-de-macaco-vermelha é encontrada em lugares de baixa elevação, enquanto a flor-de-macaco-rosa cresce em lugares de alta elevação, conforme mostrado no perfil da montanha. Quando transplantada para jardins em diferentes altitudes, a flor-de-macaco-vermelha sobrevive melhor em lugares baixos, enquanto a flor-de-macaco-rosa sobrevive melhor em lugares altos. Padrões similares ocorrem em relação ao crescimento das plantas. As barras de erro são erros padrões. Dados de A. L. Angert, D. W. Schemske, The evolution of species' distributions: Reciprocal transplants across the elevation ranges of *Mimulus cardinalis* and *M. lewisii*, *Evolution* 59 (2005): 1671-1684.

geralmente disponíveis em coleções de organismos preservados nos museus e herbários. Além disso, quando espécies foram introduzidas de outros continentes, os pesquisadores podem tentar determinar as condições de hábitat adequado observadas no continente de origem.

O processo de determinar as condições de hábitat adequado para uma espécie é conhecido como **modelagem de nicho ecológico**. Considerando que a temperatura e a precipitação têm uma influência dominante na distribuição dos biomas, os pesquisadores geralmente começam mapeando os locais conhecidos de uma espécie e, em seguida, quantificam as condições ecológicas nos locais onde ela foi registrada. Eles podem, ainda, incluir muitas variáveis adicionais, como diferentes tipos de solo e presença de possíveis predadores, competidores e patógenos que poderiam limitar a distribuição da população.

O intervalo de condições ecológicas previstas como adequadas para uma espécie é o **envelope ecológico** da espécie. Seu conceito é similar ao do nicho realizado, mas este último inclui as condições sob as quais uma espécie vive atualmente, enquanto o envelope ecológico é uma previsão de onde uma espécie poderia viver.

Modelagem de nicho ecológico Processo de determinar as condições de hábitat adequado para uma espécie.

Envelope ecológico Amplitude de condições ecológicas previstas como adequadas para uma espécie.

Modelagem da dispersão de espécies invasoras

A modelagem de nicho ecológico pode ser um modo útil de prever a expansão de espécies de praga introduzidas em um continente no qual elas não viviam anteriormente. Um exemplo é a lespedeza-chinesa (*Lespedeza cuneata*), uma planta nativa do leste da Ásia. No final dos anos 1800, ela foi levada para a Carolina do Norte a fim de auxiliar no controle da erosão, recuperar a terra que havia sofrido com a mineração e fornecer alimento para o gado. Entretanto, ao longo do tempo, a espécie se espalhou rapidamente até o Parque Nacional Great Smoky Mountains e pelas pastagens dos EUA, onde eliminou plantas nativas. Para determinar a provável abrangência da sua futura propagação, os ecólogos reuniram dados sobre as condições ambientais sob as quais a lespedeza vivia em 28 locais na Ásia. Conforme ilustrado na Figura 11.4 A, eles quantificaram o envelope ecológico da planta para fazer uma projeção de toda a abrangência geográfica na Ásia e usaram os dados obtidos para prever com sucesso a potencial abrangência na América do Norte. Conforme pode ser observado na Figura 11.4 B, eles previram com êxito todos os locais que a lespedeza já havia ocupado, e o modelo também previu que ela tem potencial para viver em muitos outros locais, com amplos efeitos negativos nas comunidades de plantas. A ausência da lespedeza-chinesa nessas áreas sugere que fatores ecológicos adicionais

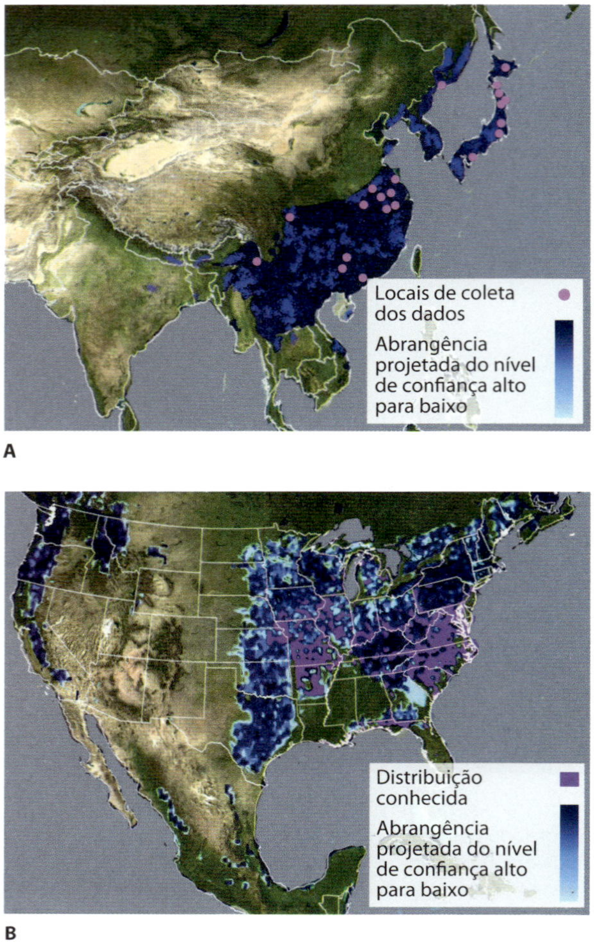

Figura 11.4 Modelagem ecológica de uma espécie invasora. **A.** Pesquisadores coletaram dados sobre as condições ambientais nas quais a lespedeza-chinesa vive na Ásia e utilizaram esses dados para prever toda a abrangência nativa da planta no continente. **B.** Eles utilizaram os dados para fazer uma projeção da futura abrangência geográfica da lespedeza-chinesa na América do Norte, onde a planta foi introduzida há 100 anos e continua a se dispersar lentamente. Dados de A. T. Peterson et al., Predicting the potential invasive distributions of four alien plant species in North America, *Weed Science* 51 (2003): 863-868.

importantes não foram incluídos no modelo ou que a planta simplesmente não teve tempo suficiente de dispersar para essas áreas distantes.

ADEQUABILIDADE DO HÁBITAT E AQUECIMENTO GLOBAL

O conhecimento sobre as condições ambientais que tornam um hábitat adequado também pode ser utilizado para compreender a alteração nas abrangências geográficas das espécies à medida que as características ambientais mundiais mudam. Durante o século passado, por exemplo, a temperatura média da Terra aumentou em 0,9°C; algumas regiões do mundo, como o Alasca e o norte do Canadá, aqueceram-se até 4°C. No relativamente raso Mar do Norte, situado entre o Reino Unido e a Noruega, as temperaturas nas águas do fundo aumentaram mais de 2°C desde a década de 1970, conforme mostrado na Figura 11.5 A. Considerando que a maioria das espécies de peixes tem amplitude de temperaturas ótimas, pode-se prever que o aquecimento das águas dos oceanos pode fazer com que as do sul, que vivem em águas mais quentes, se desloquem para o norte.

Durante o mesmo período no qual as temperaturas no Mar do Norte estavam sendo monitoradas, o Conselho Internacional de Exploração do Mar (ICES; do inglês, International Council for the Exploration of the Sea) compilou dados sobre as distribuições de peixes arrastando grandes redes (denominadas "redes de arrasto") pelo fundo do oceano. De 1985 a 2006, cientistas de seis países trabalharam em conjunto para amostrar o fundo do oceano em 300 locais distribuídos por todo o Mar do Norte. Com base em 7.000 amostras de arrastos, os pesquisadores relataram que a riqueza de espécies de peixes no local havia aumentado constantemente ao longo de 22 anos. Como pode ser observado na Figura 11.5 B, havia cerca de 60 espécies em meados da década de 1980, que aumentaram para quase 90 duas décadas depois. Essa lista incluía dúzias de espécies mais do sul, que haviam expandido as suas abrangências para o norte.

O aumento na riqueza de espécies estava correlacionado positivamente à elevação nas temperaturas das águas profundas no Mar do Norte. Essa correlação, mostrada na Figura 11.5 C, sugere que temperaturas mais quentes são mais receptivas a maior variedade de espécies, e que o aquecimento do Mar do Norte possibilitou que espécies do sul expandissem suas fronteiras ao norte até aquela área. Portanto, trata-se de um caso de aquecimento global aumentando a diversidade de espécies em uma região.

O aumento na diversidade das espécies no Mar do Norte não apenas está alterando dramaticamente a comunidade de peixes, como também pode afetar a importante pesca comercial que depende dessa comunidade. Por exemplo, as três espécies cujas abrangências se reduziram à medida que o Mar do Norte se tornou mais quente – o peixe-lobo (*Anarhichas lupus*), o cação-bagre (*Squalus acanthias*) e o maruca (*Molva molva*) – são todas comercialmente importantes, enquanto mais da metade das espécies do sul com abrangências expandidas apresentam pouco ou nenhum valor comercial. Consequentemente, embora as alterações nas distribuições das espécies com as temperaturas em elevação possam aumentar a diversidade de peixes, elas podem, na verdade, reduzir o valor da pesca comercial no Mar do Norte.

VERIFICAÇÃO DE CONCEITOS

1. O que é o nicho realizado de uma espécie?
2. Por que nem todos os locais na abrangência geográfica de uma espécie são ocupados por ela?
3. Quais são os dois fatores ambientais comumente usados quando se modela o nicho de uma espécie terrestre?

11.2 As distribuições populacionais têm cinco características importantes

Para estudar a distribuição de uma população como a do lagarto-de-colar nas Montanhas de Ozark, é preciso considerar diversas características da população, incluindo *abrangência*

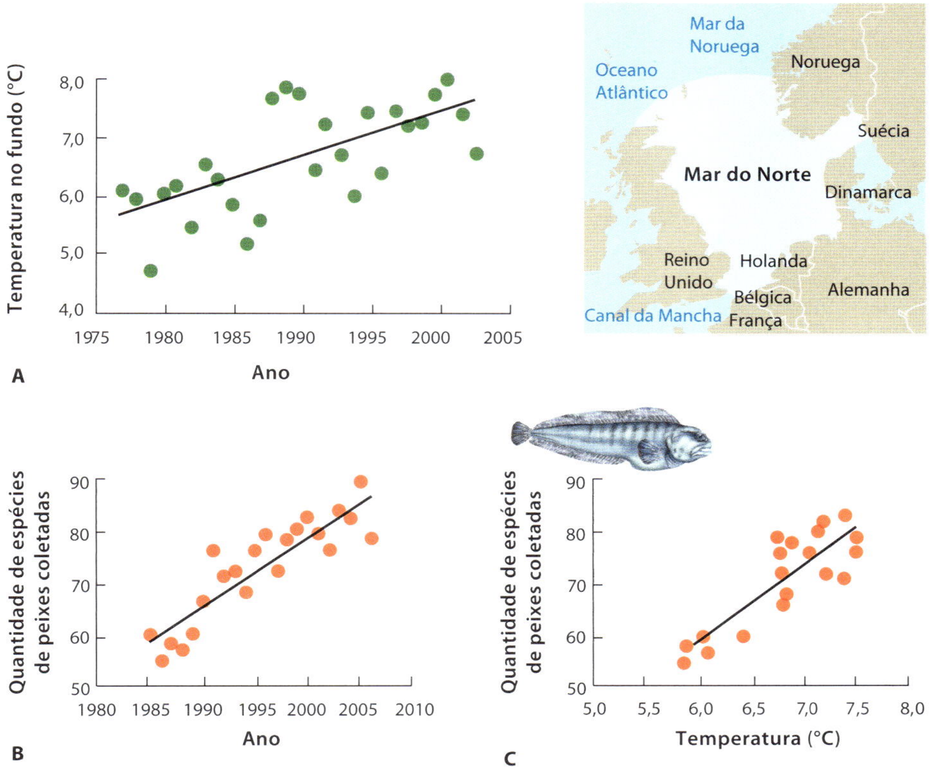

Figura 11.5 Mudanças na distribuição dos peixes no Mar do Norte. A. De 1977 até 2003, a temperatura da água no fundo do Mar do Norte aumentou 2°C. **B.** Amostras de peixes em rede de arrasto de 1985 até 2006 revelaram que o número total de espécies coletadas por ano no Mar do Norte aumentou de 60 para aproximadamente 90. **C.** A quantidade total de espécies de peixes coletada por ano estava correlacionada positivamente à média das temperaturas marinhas durante os 5 anos anteriores. Dados de J. G. Hiddink, R. ter Hofstede, Climate induced increases in species richness of marine fishes, *Global Change Biology* 14 (2008): 453-460.

geográfica, *abundância*, *densidade*, *distribuição* e *dispersão*. Cada uma dessas propriedades representa algo importante a respeito de como os indivíduos estão distribuídos.

ABRANGÊNCIA GEOGRÁFICA

A abrangência geográfica de uma espécie inclui todas as áreas que seus membros ocupam durante a vida. Por exemplo, a distribuição do salmão-vermelho engloba não apenas os rios do oeste da América do Norte e do leste Asiático, que são seus locais de desova, como também vastas áreas do norte do Oceano Pacífico, onde os indivíduos crescem até a maturidade antes de realizarem a longa migração de volta até o seu local de nascimento. A abrangência geográfica é uma medida importante porque diz o quão grande é a área que uma população ocupa. Assim, se uma população estiver restrita a uma pequena área, ela poderá ser muito suscetível a um desastre natural, tal como um furacão ou um incêndio que possa eliminá-la. Esse é um sério desafio para as espécies **endêmicas**, que vivem em um local único e frequentemente isolado, como os tentilhões-de-galápagos nas ilhas ao largo da costa da América do Sul. As populações com maior abrangência geográfica são menos vulneráveis a tais eventos porque grande parte delas não seria afetada. Aquelas com abrangências geográficas muito grandes, que podem incluir diversos continentes, são conhecidas como espécies **cosmopolitas**. Um exemplo de abrangência geográfica foi abordado na discussão sobre a árvore do bordo-de-açúcar (ver Figura 11.1).

Endêmica Espécie que vive em um único local, muitas vezes isolado.

ABUNDÂNCIA

A **abundância** de uma população é a quantidade total de indivíduos que existe em uma área definida, como, por exemplo, o número total de lagartos em uma montanha, a quantidade de peixes-lua em um lago ou a de coqueiros em uma ilha. A abundância total de uma população é importante porque é uma medida que mostra se uma população está prosperando ou à beira da extinção.

DENSIDADE

A **densidade** de uma população é o número de indivíduos por unidade de área ou volume. Sabendo a abundância de uma população em determinada área e o tamanho dessa área, é possível calcular a densidade dividindo a abundância pela área. Exemplos de densidade incluem o número de ursos por

Cosmopolita Espécie com abrangência geográfica muito grande, que pode se estender por vários continentes.

Abundância Quantidade total de indivíduos em uma população que existe em uma área definida.

Densidade Quantidade de indivíduos por unidade de área ou volume em uma população.

quilômetro quadrado no Alasca, o de taboas (*Thypha latifolia*) por metro quadrado em uma lagoa ou o de bactérias por mililitro de água. A densidade é uma medida valiosa porque informa aos ecólogos quantos indivíduos estão contidos em determinada área. Assim, se um hábitat consegue suportar uma densidade mais alta do que a atualmente existente, a população pode continuar a crescer na área. Se a densidade populacional for superior àquela que o hábitat consegue suportar, alguns indivíduos terão de deixar a área, ou a população sofrerá crescimento e sobrevivência mais baixos.

Embora os indivíduos vivam apenas em hábitats adequados, nem todos os lugares são iguais em qualidade, já que o ambiente é inerentemente variável. Algumas manchas de hábitat apresentam recursos abundantes que suportam grande quantidade de indivíduos, enquanto outras dispõem de recursos escassos e podem sustentar apenas alguns poucos indivíduos. Em uma área geográfica grande, as mais altas concentrações de indivíduos normalmente estão próximas do centro da abrangência geográfica de uma população. Então, à medida que se movem mais para perto das fronteiras, as condições bióticas e abióticas se tornam menos ideais e sustentam menos indivíduos. Considerando, por exemplo, a abrangência geográfica do papa-capim-americano (*Spiza americana*), uma pequena ave canora que é parente do cardeal e encontrada nas pradarias e campos norte-americanos, conforme ilustrado na Figura 11.6, ela apresenta as maiores densidades no centro de sua abrangência geográfica e as menores próximo à periferia. Entretanto, uma vez que as condições ambientais não variam gradualmente, o padrão do hábitat preferido do papa-capim-americano é altamente irregular.

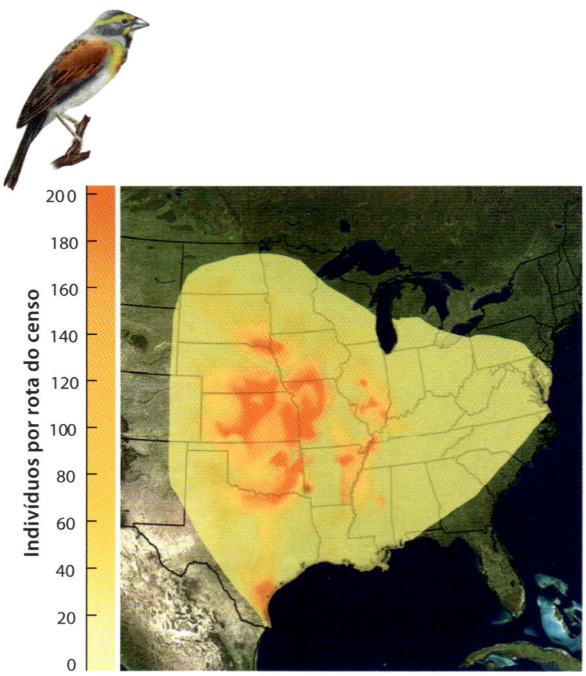

Figura 11.6 Densidades ao longo da abrangência geográfica. Na ave papa-capim-americano, um parente do cardeal, as mais altas densidades estão próximas do centro de sua abrangência geográfica, e as mais baixas são próximas da periferia. Dados de B. McGill, C. Collins, A unified theory for macroecology based on spatial patterns of abundance, *Evolutionary Ecology Research* 5 (2003): 469-492.

DISTRIBUIÇÃO

A **distribuição** de uma população descreve o espaçamento entre os indivíduos na abrangência geográfica de uma população. Conforme mostrado na Figura 11.7, os padrões de distribuição podem ser *agregados*, *uniformes* ou *aleatórios*.

Distribuição agregada

Na **distribuição agregada**, os indivíduos estão reunidos em grupos discretos. Algumas distribuições agregadas resultam de espécies que vivem em grupos sociais, como discutido no Capítulo 10. Por exemplo, algumas aves vivem em bandos e alguns peixes vivem em cardumes. Outras distribuições agregadas ocorrem porque os indivíduos são atraídos por recursos agrupados. É o caso das salamandras e dos tatuzinhos, que se agregam sob troncos porque os indivíduos de ambas as espécies são atraídos para lugares escuros e úmidos. Outra causa das distribuições agregadas é a progênie que permanece próxima de seus pais. Algumas espécies de árvores, como o álamo-tremedor, formam agrupamentos de troncos porque uma árvore-mãe dá origem à progênie ao enviar novas hastes a partir de suas raízes, o que representa um tipo de reprodução vegetativa. Consequentemente, em geral, observam-se agrupamentos de álamos que são compostos por uma árvore-mãe circundada pela sua progênie, nos quais os troncos tendem a ficar *uniformemente espaçados*. Como resultado, uma população pode exibir um padrão de distribuição em uma escala maior, mas um padrão diferente em uma escala menor.

Distribuição uniforme

Na **distribuição uniforme**, os indivíduos mantêm a mesma distância entre si. Em ambientes agrícolas, pode-se observar um espaçamento uniforme em plantações de milho ou macieiras, tendo em vista que os fazendeiros desejam que cada planta tenha recursos suficientes para maximizar a produção. Em ambientes naturais, o espaçamento uniforme resulta mais comumente das interações diretas dos indivíduos. Por exemplo, plantas posicionadas muito próximo a vizinhas maiores sofrem com sombreamento e competição das raízes. Além disso, algumas podem expelir substâncias químicas de suas folhas e raízes que inibem o crescimento de outras ao redor delas. À medida que esses indivíduos aglomerados morrem, os remanescentes tornam-se mais uniformemente espaçados.

Também é possível observar distribuições uniformes em animais que defendem territórios, tais como aves e lagartos. Uma vez que o tamanho do território normalmente depende

Distribuição Espaçamento entre indivíduos dentro da abrangência geográfica de uma população.

Distribuição agregada Padrão de dispersão populacional em que os indivíduos são agregados em grupos discretos.

Distribuição uniforme Padrão de distribuição de uma população na qual cada indivíduo mantém uma distância uniforme entre si e seus vizinhos.

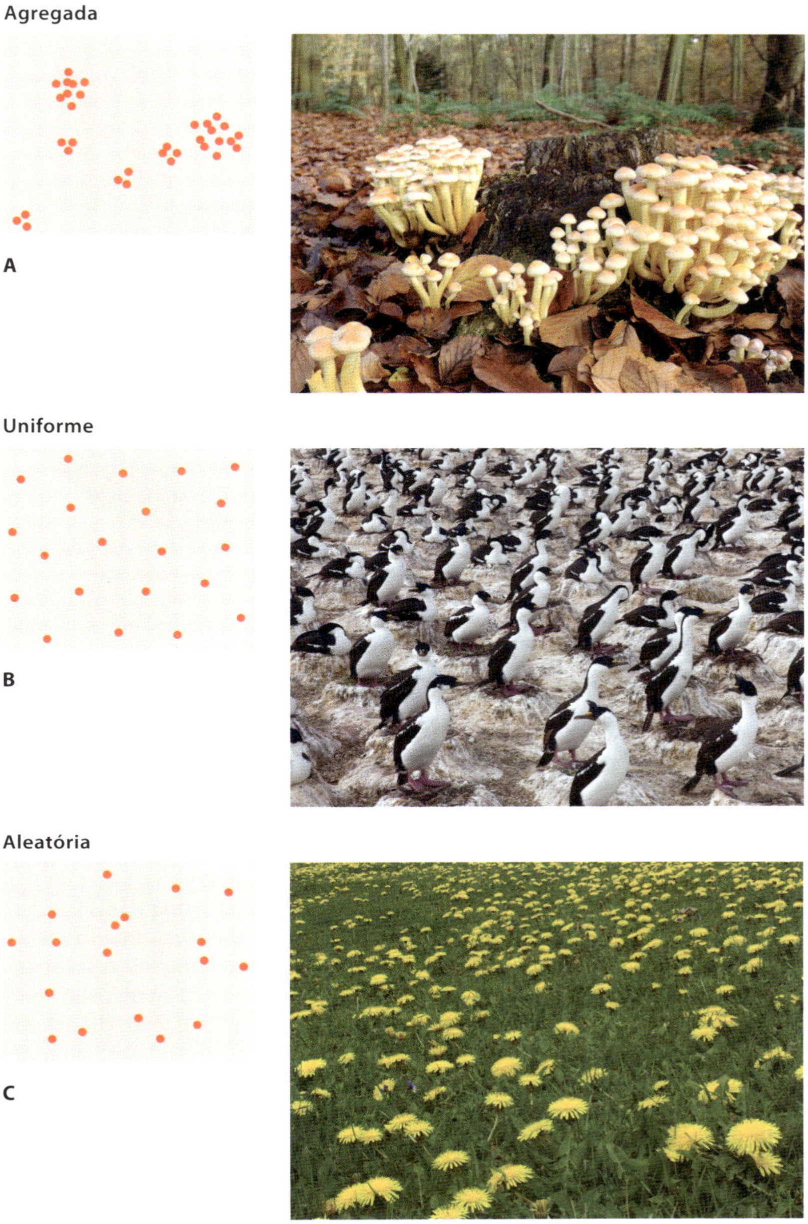

Figura 11.7 Três tipos de padrões de distribuição. A. A distribuição agregada é caracterizada por indivíduos que estão agrupados. Por exemplo, o fungo "tufo-de-enxofre" (*Hypholoma fasciculare*) cresce em agrupamentos em qualquer lugar no qual exista um tronco em apodrecimento, como neste local no Reino Unido. **B.** A distribuição uniformemente espaçada (distribuição uniforme) é caracterizada pela manutenção, por cada indivíduo, de uma distância mínima entre si, como no caso destes cormorões-imperiais (*Phalacrocorax atriceps*) aninhados na Patagônia, Argentina. **C.** A distribuição aleatória é caracterizada pelo posicionamento de cada indivíduo independentemente da localização dos outros, como nestes dentes-de-leão que crescem em um pasto na Bulgária. Fotografias de (A) Gary K. Smith/naturepl.com; (B) Juan Carlos Munoz/naturepl.com; (C) FLPA/Bob Gibbons/AGE Fotostock.

da quantidade de recursos disponível, detentores de territórios vizinhos comumente defendem áreas que são de tamanho similar, o que faz com que fiquem espaçados uniformemente.

Distribuição aleatória

Na **distribuição aleatória**, a posição de cada indivíduo é independente da posição dos outros da população. As distribuições aleatórias não são comuns na natureza, principalmente porque as condições abióticas, os recursos e as interações com outras espécies não têm uma distribuição aleatória. Entretanto, para saber se o padrão de distribuição de uma população é agregado ou uniforme, seria necessário demonstrar estatisticamente que ela foi, de modo significativo, diferente de uma distribuição aleatória.

DISPERSÃO

A **dispersão** é o movimento de indivíduos de uma área para outra. Ela é diferente da migração, que é o deslocamento sazonal de ida e volta entre hábitats, como o das aves que voam para o Norte e para o Sul com a mudança das estações. Diferentemente, a dispersão envolve o indivíduo deixando o seu hábitat de origem – onde uma semente foi produzida ou onde um filhote nasceu – e comumente não retornando a ele. Conforme mencionado no início deste capítulo, a dispersão é de grande interesse para os ecólogos porque é o mecanismo por

Distribuição aleatória Padrão de dispersão de uma população em que a posição de cada indivíduo é independente da posição dos outros indivíduos da população.

Dispersão Movimento de indivíduos de uma área para outra.

A B C

Figura 11.8 Estimativa de abundância, densidade e distribuição populacional. A. Levantamentos com base na área contam o número de indivíduos em uma região fixa, como esta pesquisadora trabalhando na Reserva Natural Nacional de Dendles, Inglaterra. **B.** Levantamentos por transecto linear, incluindo este na Grande Barreira de Corais na Austrália, contam o número de indivíduos observados ao longo de uma reta predefinida. **C.** Levantamentos por marcação e recaptura coletam uma amostra da população, marcam-na e, em seguida, soltam-na. Por exemplo, caranguejos-ferradura (*Limulus polyphemus*) em Delaware são marcados com pequenas etiquetas circulares; pouco tempo depois, uma segunda amostra é coletada para determinar a proporção de animais marcados na população, o que pode ser usado para estimar o tamanho da população total. Fotografias de (A) Paul Glendell/Alamy; (B) Suzanne Long/Alamy; (C) Patrick W. Grace/Science Source.

meio do qual os indivíduos podem se movimentar entre os hábitats adequados e, em alguns casos, colonizar aqueles que ainda não estão ocupados pela espécie. A dispersão também pode ser uma maneira de evitar áreas de alta competição ou alto risco de predação. Por exemplo, quando um peixe chega a uma parte de um córrego, grande parte dos insetos aquáticos se dispersa flutuando córrego abaixo à noite, para evitar que sejam comidos.

VERIFICAÇÃO DE CONCEITOS

1. Que mecanismos poderiam fazer com que os indivíduos em uma população se distribuíssem uniformemente ou agregados no espaço?
2. Por que espécies endêmicas têm alto risco de extinção?
3. Qual a diferença entre dispersão e distribuição?

11.3 As propriedades de distribuição das populações podem ser estimadas

Até agora, o foco deste capítulo foi a base conceitual das cinco propriedades – abundância, densidade, abrangência geográfica, distribuição e dispersão. No entanto, para uma compreensão mais completa sobre como populações são distribuídas, medidas quantitativas precisam ser consideradas.

QUANTIFICAÇÃO DA LOCALIZAÇÃO E DOS INDIVÍDUOS

Um modo de determinar a quantidade de indivíduos em uma área é conduzir um **censo**, que significa contar todos os indivíduos de uma população. A cada 10 anos, por exemplo, o governo dos EUA realiza um censo com o objetivo de contar todas as pessoas que vivem no país. Para a maioria das espécies, entretanto, não é possível contar todos os indivíduos na população; por isso, os cientistas devem conduzir um **levantamento**, no qual contam um subconjunto. Então, utilizando essas amostras, eles estimam abundância, densidade, abrangência geográfica e distribuição. Os cientistas desenvolveram diversos modos para realizar essas estimativas, incluindo *levantamentos com base em área e volume*, *transecto linear* e *marcação e recaptura* (Figura 11.8).

Levantamento com base em área e volume

Os **levantamentos com base em área e volume** definem os limites de uma área ou de um volume e, em seguida, contam todos os indivíduos naquele espaço. O tamanho do espaço definido normalmente está relacionado com a abundância e a densidade da população. Por exemplo, os pesquisadores que desejam conhecer a quantidade de bactérias no solo poderiam coletar amostras de apenas alguns poucos centímetros cúbicos de volume. Em contraste, os que almejam conhecer o número de corais individuais em um recife poderiam amostrar áreas de 1 m^2. No caso mais extremo, os pesquisadores que desejam estimar a abundância, a densidade e a distribuição de grandes mamíferos poderiam contar o número de indivíduos em fotos aéreas que cobrissem centenas de metros quadrados. Ao

Censo Contagem de todos os indivíduos em uma população.

Levantamento Contagem do subconjunto de uma população.

Levantamento com base em área e volume Levantamento que define os limites de uma área ou volume e, em seguida, conta todos os indivíduos no espaço.

obterem múltiplas amostras, os cientistas podem determinar quantos indivíduos estão presentes em uma amostra média de área de terra ou volume de solo ou de água.

Levantamentos por transecto linear

Os **levantamentos por transecto linear** contam o número de indivíduos observados conforme se movem ao longo de uma linha; entretanto, existem muitas variações dessa técnica. Os pesquisadores que examinam pequenas plantas em um campo ou uma floresta podem amarrar um longo fio entre dois pontos fixos e contar o número de indivíduos encontrados nessa trajetória. A partir disso, eles podem determinar a abundância em uma dada distância linear. Alternativamente, é possível contar todos os indivíduos observados em uma distância fixa da linha, como a quantidade de árvores em uma savana localizadas dentro de 100 m, o que forneceria uma estimativa da abundância em determinada área.

Uma abordagem similar foi utilizada em levantamentos de anfíbios. Nesse caso, os observadores contam o número de rãs que podem ser ouvidas ao longo de uma rota predeterminada. Então, se for possível saber o quão longe em média uma pessoa pode ouvir o coaxar de uma rã, pode-se estimar o número das que coaxam em uma área que inclui ambos os lados da rota. Os dados do referido transecto linear podem ser convertidos em estimativas da área.

Um dos estudos mais famosos por transecto linear é a contagem anual de aves no Natal. Ela teve início em 1900, quando 27 voluntários da Sociedade de Audubon se posicionaram em diferentes locais na América do Norte e contaram todas as aves que viram em um dia. Atualmente, dezenas de milhares de voluntários saem durante as férias de inverno e seguem uma rota predeterminada que cobre um círculo de 24 km. Ao longo do dia, eles contam o número de indivíduos de cada espécie de ave que podem ver ou ouvir neste círculo. Esse levantamento a longo prazo das aves na América do Norte forneceu dados incrivelmente valiosos que têm auxiliado os cientistas a determinar quais espécies apresentam populações que estão aumentando, estão estáveis ou estão declinando.

Levantamentos por marcação e recaptura

Os estudos com base em área e volume e os por transecto linear são muito úteis para organismos que não se movem (como plantas e corais) ou para animais que não são facilmente perturbados (como os caracóis) e, portanto, são menos prováveis de fugir da área durante a amostragem. Algumas espécies, no entanto, são muito sensíveis à presença de pesquisadores e deixam a área, enquanto outras ficam bem camufladas e são difíceis de serem notadas. Ambas as situações podem causar uma subestimativa do número de indivíduos em uma população. Nessas situações, é preciso um tipo diferente de técnica de amostragem, e um método eficaz é o uso dos **levantamentos por marcação e recaptura**.

Como o nome sugere, esses levantamentos coletam a quantidade de indivíduos de uma população e os marcam, devolvendo-os à população. Quando decorre tempo suficiente para que os indivíduos marcados se misturem na população, é realizada a coleta de uma segunda amostra. Desse modo, com base no número de indivíduos originalmente marcados, na quantidade total de indivíduos coletados na segunda vez e na quantidade de indivíduos encontrados marcados na segunda amostra, pode-se estimar o tamanho da população. Os levantamentos por marcação e recaptura são comumente conduzidos com aves, peixes, mamíferos e invertebrados altamente móveis. Os cálculos reais para a obtenção dessa estimativa são discutidos no boxe "Análise de dados em ecologia | Levantamentos por marcação e recaptura".

QUANTIFICAÇÃO DA DISPERSÃO DE INDIVÍDUOS

A quantificação da dispersão de indivíduos de uma população requer a identificação da fonte original dos indivíduos. Isso pode ser feito assegurando que exista somente uma fonte possível de indivíduos e determinando o quão longe os indivíduos se dispersam a partir desse único local. Em outros casos, eles são marcados e, em seguida, observados ou recapturados em oportunidade posterior, para determinar o quanto se afastaram do local onde foram marcados (Figura 11.9).

Em estudos com animais, possíveis marcas incluem etiquetas nas orelhas, radiotransmissores ou anilhas nas pernas. Em estudos com plantas, os pesquisadores podem marcar o pólen com pós fluorescentes e, em seguida, examinar as flores adjacentes para determinar o quão longe os grãos de pólen foram levados, seja pelo vento ou por polinizadores.

Uma medida comum da dispersão é a **distância de dispersão durante a vida**, que é a distância média que um indivíduo se desloca de onde nasceu até o lugar em que se reproduz. Ao se obter essa informação, é possível estimar o quão rapidamente uma população pode aumentar a sua abrangência geográfica. Por exemplo, quando pesquisadores marcaram oito espécies de aves canoras com anilhas nas pernas, descobriram que as distâncias de dispersão durante a vida estavam, em média, entre 344 e 1.681 m. A medida de cerca de 1 km por geração, portanto, não é incomum para populações de aves canoras.

Esses cálculos sugerem que uma espécie de ave canora levaria mais de mil gerações dispersando até que cruzasse um continente inteiro. Entretanto, isso de fato pode ocorrer muito mais rápido porque alguns poucos indivíduos em uma população podem ir muito mais longe do que um normal. Um excelente exemplo disso ocorreu após a introdução do estorninho europeu nos EUA. Em 1890 e 1891, 160 estorninhos europeus foram libertados nos arredores da cidade de Nova York. Em 60 anos, a população havia avançado por mais de 4.000 km, de Nova York até a Califórnia, a uma taxa média de aproximadamente 67 km anuais. Essa rápida propagação de estorninhos pode ser observada na Figura 11.10.

A expansão ocorreu rapidamente porque uns poucos indivíduos se dispersaram a distâncias muito maiores do que a média e estabeleceram novas populações além do limite da

Levantamento por transecto linear Levantamento que conta o número de indivíduos observados à medida que se movem ao longo de uma linha reta.

Levantamento por marcação e recaptura Método de estimativa populacional no qual os pesquisadores capturam e marcam um subconjunto de indivíduos de uma população em uma área, devolvem-nos e então capturam uma segunda amostra após algum tempo.

Distância de dispersão durante a vida Distância média que um indivíduo percorre de onde nasceu até o lugar em que se reproduz.

ANÁLISE DE DADOS EM ECOLOGIA

Levantamentos por marcação e recaptura

Para estimar o número de indivíduos em uma população com a utilização de levantamentos por marcação e recaptura, é preciso saber quantos deles foram inicialmente amostrados e marcados. Por exemplo, pesquisadores coletaram 20 lagostins em um trecho de córrego de 300 m² e os marcaram com um ponto de esmalte vermelho. Após a secagem do esmalte, os animais foram devolvidos ao córrego e, depois de esperarem por 1 dia para que os lagostins se distribuíssem pelo córrego, os pesquisadores coletaram outra amostra. Nesta, eles capturaram 30 lagostins, 12 dos quais estavam marcados. Com base nesses dados, para descobrir quantos lagostins havia nos 300 m² de córrego, pode-se utilizar uma equação que considera quantos indivíduos estão marcados e, após a liberação dos indivíduos marcados, a proporção entre o total deles e os marcados na população inteira.

O tamanho da população é estimado da seguinte maneira: primeiramente, é capturada e marcada a quantidade de indivíduos (M) de uma população inteira, cujo tamanho é definido como N. Portanto, a fração dos indivíduos marcados em toda a população é $\frac{M}{N}$. Quando os indivíduos são capturados na segunda vez, registram-se a quantidade deles na segunda captura (C) e a de marcados que são recapturados (R). A fração dos indivíduos marcados na população recapturada é $\frac{R}{C}$.

As frações $\frac{R}{C}$ e $\frac{M}{N}$, na verdade, representam a mesma fração, que é a proporção de indivíduos marcados em uma amostra. Considerando que ambas devem representar o mesmo valor, é possível igualar as duas proporções e solucionar a variável desconhecida (N), que é o tamanho total da população.

$$\frac{M}{N} = \frac{R}{C}$$

$$N = M \times C \div R$$

Aplicando essa equação aos dados dos lagostins, o número estimado no córrego é

$$N = 20 \times 30 \div 12$$

$$N = 50$$

EXERCÍCIO Qual seria o tamanho estimado da população de lagostins se a segunda amostra coletada fosse de 48 indivíduos e o número de recapturados (marcados) fosse 24? Com base na sua estimativa da abundância de lagostins e nos dados fornecidos sobre a área do córrego, qual é a sua estimativa da densidade de lagostins?

abrangência geográfica da espécie. Embora os poucos que conseguem se deslocar por distâncias tão grandes sejam raros, eles podem ter grandes impactos nas distribuições populacionais. Atualmente, o estorninho vive por quase todos os EUA.

Figura 11.9 Medição da dispersão. Este condor da Califórnia (*Gymnogyps californianus*), capturado no Parque Nacional do Grand Canyon, no Arizona, foi marcado na asa com a utilização de uma fita, que tem um número único para identificar onde nasceu e o quanto ele se dispersou. Fotografia de Thomas & Pat Leeson/Science Source.

VERIFICAÇÃO DE CONCEITOS

1. Por que os levantamentos, em vez dos censos, são utilizados para quantificar a abundância de muitos animais?
2. Como um levantamento por transecto linear pode ser usado para estimar a quantidade de animais por unidade de área?
3. Por que a distância média de dispersão é uma estimativa enganosa do quão rapidamente uma população pode deslocar-se por grandes distâncias ao longo do tempo?

11.4 A abundância e a densidade populacionais estão relacionadas com a abrangência geográfica e o tamanho corporal adulto

Considerando as cinco propriedades das distribuições populacionais, todas elas podendo apresentar uma ampla gama de valores, os ecólogos frequentemente procuram por relações que possam explicar as causas subjacentes da variação nesses valores. Padrões comuns incluem a relação entre abundância populacional e abrangência geográfica e a relação entre densidade populacional e o tamanho corporal adulto.

ABUNDÂNCIA POPULACIONAL E ABRANGÊNCIA GEOGRÁFICA

Os ecólogos têm consistentemente observado que as populações com alta abundância também apresentam uma grande

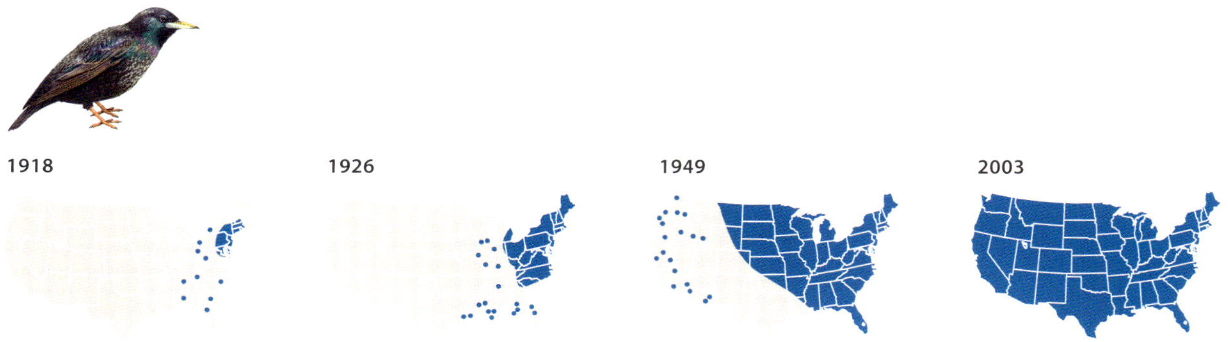

Figura 11.10 Rápida dispersão dos estorninhos europeus pelos EUA. Após ser introduzida próximo à cidade de Nova York em 1890 e 1891, a ave se propagou rapidamente pelos EUA ao longo de um período de 60 anos. A área sombreada em azul representa a abrangência das populações que se reproduzem. Os pontos azuis indicam detecções de estorninhos que apresentaram uma dispersão anormalmente grande, facilitando a rápida propagação da espécie. Atualmente, a população de estorninhos abrange mais de 7 milhões de km^2 da América do Norte, de costa a costa. Dados de B. Kessel, Distribution and migration of the european starling in North America, *Condor* 55 (1953): 49-67; U.S. Geological Survey, 2003, http://www.mbrpwrc.usgs.gov/bbs/htm03/ra2003_red/ra04930.htm.

abrangência geográfica. Esse padrão tem sido observado em plantas, mamíferos, aves e protistas. Considerando os dados sobre as aves da América do Norte na Figura 11.11, pode-se observar uma relação positiva: espécies com as mais altas abundâncias são também as com as maiores abrangências. Esse mesmo padrão foi observado nos lagartos-de-colar; à medida que a sua abundância declinava, menos clareiras eram ocupadas, e a abrangência geográfica da população diminuía. Entretanto, nos dados sobre as aves, existe uma grande variação em torno da reta de regressão. Se o coeficiente de determinação fosse quantificado, o resultado seria que a abundância das populações explicou somente 13% da variação nas abrangências geográficas das populações. Para revisar o conceito de coeficiente de determinação, ver "Análise de dados em ecologia | Coeficientes de determinação", no Capítulo 8.

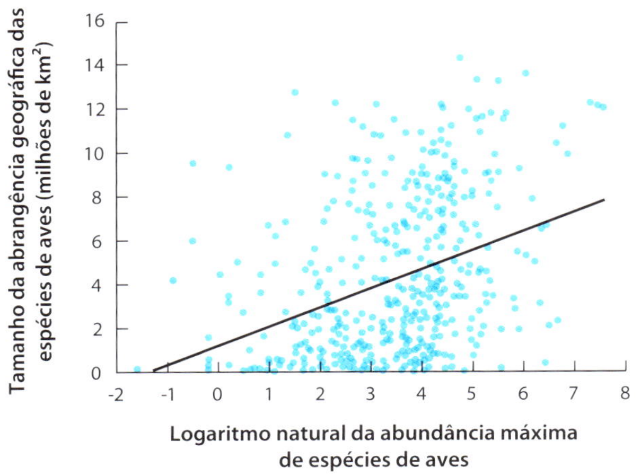

Figura 11.11 Abundância e variação do tamanho das aves. Os dados de 457 espécies de aves norte-americanas mostram que aquelas com as mais altas abundâncias, em geral, são as mais amplamente distribuídas. Entretanto, essa relação contém muita variação em torno da reta de melhor ajuste aos dados, em parte devido às variações anuais na abundância e nas abrangências geográficas. Dados de B. McGill, C. Collis, A unified theory for macroecology based on spatial patterns of abundance, *Evolutionary Ecology Research* 5 (2003): 469-492.

As causas da relação entre abrangência e abundância ainda são amplamente debatidas, mas existe um consenso de que a disponibilidade de recursos desempenha papel importante. Por exemplo, se uma espécie depende de recursos que se encontram disponíveis apenas em uma pequena área geográfica, ela ocupará somente uma pequena abrangência geográfica. Se, porém, os recursos forem abundantes ao longo de uma grande área geográfica, será esperado que a espécie ocupe uma grande abrangência geográfica e seja abundante. Em resumo, a distribuição dos recursos deve causar uma relação positiva entre a abundância e a abrangência geográfica.

Embora se observe essa relação positiva, é necessário ponderar sobre toda a variação inexplicada na relação demonstrada na Figura 11.11. Em alguns casos, podem ser observadas flutuações em uma abrangência geográfica. Por exemplo, os indivíduos podem se dispersar para hábitats mais fronteiriços durante os anos que favorecem significativamente uma alta reprodução e sobrevivência. Em seguida, a abrangência diminuiria durante os anos em que houvesse baixas reprodução e sobrevivência. Essas flutuações anuais podem causar uma grande variação nos dados sobre a abundância e a abrangência geográfica de uma população, o que pode ser responsável por parte da variabilidade observada.

A relação entre a abundância e a distribuição populacionais sugere que a redução da abrangência geográfica de uma população, pela conversão do hábitat para fins agrícolas ou para ocupação, por exemplo, também reduzirá o tamanho da população. De modo similar, os fatores que diminuem o tamanho geral da população reduzirão simultaneamente sua abrangência geográfica, considerando que hábitats fronteiriços não receberão mais tantos indivíduos em dispersão.

DENSIDADE POPULACIONAL E TAMANHO CORPORAL ADULTO

Outro padrão comum entre as espécies é a relação entre a densidade populacional e o tamanho corporal; em geral, uma está negativamente correlacionada à outra. A Figura 11.12 mostra que, em animais herbívoros, as espécies menores (como camundongos) têm densidades mais altas, e as espécies

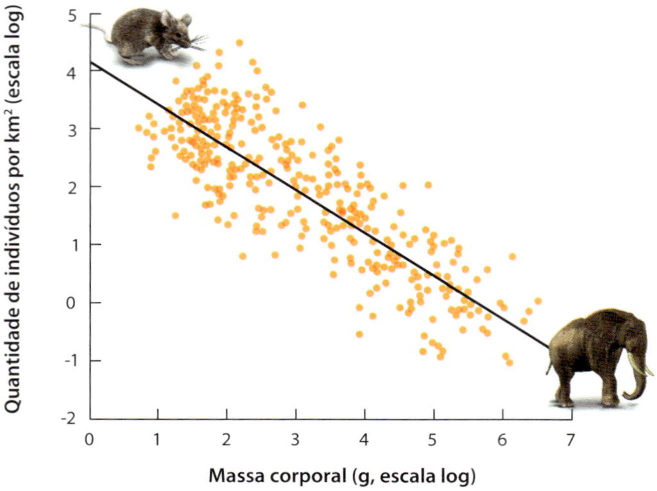

Figura 11.12 Massa corporal e densidade populacional. Entre 200 espécies de mamíferos herbívoros, a densidade populacional declina em função da massa corporal adulta. Dados de J. Damuth, Interspecific allometry of population density in mammals and other animals: the independence of body mass and population energy-use, *Biological Journal of the Linnean Society* 31 (1987): 193-246.

maiores (como elefantes) têm densidades mais baixas. Parte dessa relação é uma questão de tamanho corporal em relação ao espaço. Um metro quadrado de solo abriga centenas de milhares de pequenos artrópodes, enquanto um único elefante simplesmente não caberia nesse espaço. Mesmo que o animal pudesse ser espremido, um metro quadrado de solo não produziria alimento suficiente para mantê-lo; afinal, um indivíduo grande necessita de mais alimento e outros recursos do que um pequeno. Como resultado, espera-se que determinada fração de hábitat sustente menos indivíduos grandes do que indivíduos pequenos.

VERIFICAÇÃO DE CONCEITOS

1. Qual é a relação entre abundância populacional e abrangência geográfica em muitas espécies?
2. Qual é a relação entre densidade populacional e tamanho corporal adulto em muitas espécies?

11.5 A dispersão é essencial para a colonização de novas áreas

Conforme mencionado anteriormente, a dispersão desempenha um papel-chave ao possibilitar que os indivíduos se movam entre manchas de hábitat e colonizem lugares adequados ainda não habitados. Nesta seção, será discutido como os hábitats adequados podem permanecer desocupados em virtude da *limitação de dispersão*, além de como os *corredores de hábitat* podem desempenhar um papel importante na facilitação da dispersão.

LIMITAÇÃO DE DISPERSÃO

Em alguns casos, conforme observado com a lespedeza-chinesa, não decorreu tempo suficiente desde a introdução de uma espécie para que os indivíduos se dispersassem para todos os hábitats adequados. Em outras situações, como na dos lagartos-de-colar, podem existir barreiras substanciais que impeçam a dispersão. Uma barreira comum é a presença de grandes extensões de hábitat inóspito que um organismo não consegue ultrapassar, como um oceano que uma semente de planta não consegue cruzar, ou um grande deserto pelo qual um anfíbio não consegue passar. O bordo-de-açúcar, por exemplo, apresenta um intervalo preferido de temperaturas e precipitação que favorece a sua presença nas florestas temperadas ao norte da América do Norte. Embora não existam outras áreas apropriadas ao crescimento dessa planta na região, há uma abundância de hábitats adequados na Europa e na Ásia, e de fato, diversas outras espécies do gênero do bordo (*Acer*) vivem em locais que podem ser adequados para o bordo-de-açúcar. No entanto, a planta não existe na Europa e na Ásia porque suas sementes não são capazes de se dispersarem desde a América do Norte, através dos oceanos, até essas regiões.

Por vezes, o hábitat inóspito não é particularmente vasto, mas ainda assim atua como uma barreira efetiva, como no caso das florestas incendiadas em volta das clareiras, que impediram a dispersão do lagarto-de-colar. A ausência de uma população em um hábitat adequado causada por barreiras à dispersão é denominada **limitação de dispersão**.

Ocasionalmente, os indivíduos cruzam barreiras formidáveis e se dispersam por longas distâncias sem a assistência de seres humanos. Sabe-se disso porque muitas espécies de plantas e animais colonizaram ilhas remotas, como as ilhas do Havaí, antes da chegada dos seres humanos no local. Entretanto, eles têm afetado a dispersão de muitas espécies, haja vista que atividades humanas, como a construção de rodovias e a derrubada de florestas, têm criado barreiras à dispersão para algumas espécies.

Apesar disso, os humanos têm auxiliado na dispersão de plantas e animais durante milhares de anos. Populações aborígenes levaram cães para a Austrália, e polinésios distribuíram porcos e ratos por todas as pequenas ilhas do Pacífico. Mais recentemente, silvicultores transplantaram árvores de eucalipto de crescimento rápido da Austrália e pinheiros da Califórnia em locais ao redor do mundo para a produção de madeira e uso como combustível.

Outras espécies têm sido transferidas intencionalmente para proporcionar sua dispersão através de barreiras criadas pelos humanos, como as estradas. Além disso, algumas têm sido acidentalmente transferidas por grandes distâncias ao serem transportadas juntamente com a água de lastro de navios cargueiros, ou ao aderirem ao casco de embarcações.

Na maioria dos casos, os indivíduos são introduzidos em uma nova área, mas não estabelecem uma população viável. Entretanto, em algumas situações, eles são capazes de desenvolver uma população que pode crescer e expandir sua abrangência geográfica ao longo do tempo. O sucesso em muitos locais fora das suas abrangências nativas enfatiza o papel das barreiras à dispersão na limitação das distribuições das espécies.

Limitação de dispersão Ausência de uma população em um hábitat adequado causada por barreiras à dispersão.

Figura 11.13 Manipulação de corredores de hábitat. Os pesquisadores abriram clareiras nas florestas de pinheiros na Carolina do Sul. Com a utilização de grupos de cinco clareiras, a central atuou como uma fonte de dispersores. As externas incluíam uma que estava conectada à central por meio de um corredor aberto entre elas, enquanto as outras três não estavam conectadas. Uma clareira isolada era um retângulo simples, e as outras duas tinham corredores abertos com "asas", mas que não estavam conectadas a nenhuma outra clareira. Fotografia de Ellen Damschen.

CORREDORES DE HÁBITATS

Em algumas paisagens, a dispersão é facilitada por faixas estreitas de hábitat favorável conhecidas como **corredores de hábitats**, que estão localizados entre grandes manchas. Por exemplo, duas florestas podem estar separadas por um campo aberto com um riacho que apresenta uma estreita faixa de árvores ao longo de suas margens. Essa estreita faixa de árvores ao longo do riacho pode atuar como um corredor de hábitat adequado entre as florestas e possibilitar que os indivíduos se dispersem facilmente por elas.

Nos últimos anos, grandes experimentos de manipulação têm testado a importância dos corredores de hábitat. Nas florestas de pinheiros da Carolina do Sul, tempestades e incêndios com frequência criam clareiras, que são um hábitat adequado para muitas espécies de plantas e animais de sub-bosque. Para testar a importância dos corredores de hábitat na facilitação da dispersão entre essas clareiras, os pesquisadores limparam grandes manchas de floresta (1,375 ha). Uma entre cinco delas, chamada de clareira central, foi a fonte de dispersores. Das quatro remanescentes, uma foi conectada à clareira central por meio de um caminho aberto que poderia atuar como um corredor. As outras três externas incluíam uma clareira com forma retangular e duas com "asas", significando que elas eram clareiras com corredores que não se conectavam a outras clareiras (Figura 11.13). Os pesquisadores replicaram esse desenho experimental 8 vezes.

Diversos métodos foram utilizados para medir a dispersão. Os movimentos da borboleta conhecida como castanheira (*Junonia coenia*) foram mapeados por meio da marcação dos indivíduos na clareira central e na recaptura nas quatro clareiras externas. Para rastrear o movimento de pólen, os investigadores plantaram oito plantas-machos de azevinho (*Ilex verticillata*) em cada clareira central e, em seguida, três plantas-fêmeas maduras em cada uma das quatro clareiras externas. As flores fertilizadas produzindo frutos nas clareiras externas indicariam que o pólen havia se movimentado a partir da clareira central.

Corredor de hábitat Faixa de hábitat favorável localizada entre duas grandes manchas de hábitat e que facilita a dispersão.

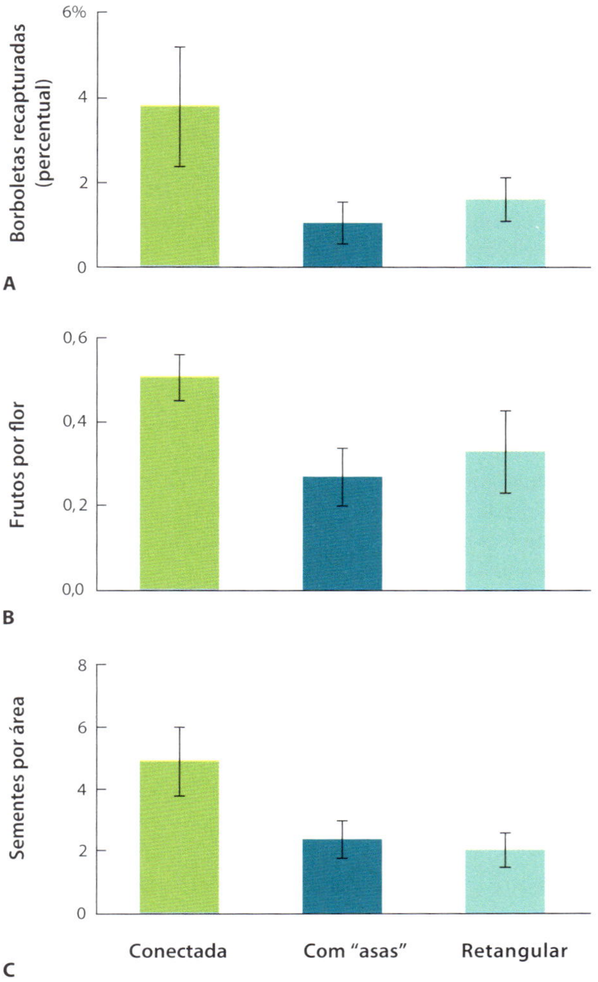

Figura 11.14 Efeitos de corredores manipulados sobre a dispersão. Em comparação às clareiras isoladas que tinham "asas" ou eram retangulares, as conectadas por um corredor apresentaram um número maior de borboletas recapturadas (**A**), maior polinização das plantas, o que levou a mais frutos por flor (**B**), e maior dispersão de sementes pelas aves (**C**). As barras de erro são erros padrões. Dados de J. J. Tewksbury et al., Corridors affect plants, animals, and their interactions in fragmented landscapes, *Proceedings of the National Academy of Sciences USA* 99 (2002): 12923-12926.

Para rastrear os movimentos de sementes e frutos, indivíduos de uma baga-de-natal (*Ilex vomitoria*) e de uma árvore-de-cera (*Myrica cerifera*) foram plantados na clareira central. Em alguns casos, os frutos na clareira central foram cobertos com um pó fluorescente colorido. Os pesquisadores coletaram amostras de excrementos de aves em armadilhas posicionadas sob poleiros artificiais em cada clareira externa; assim, a matéria fecal que ficou fluorescente sob luz ultravioleta indicou que as aves haviam consumido frutos na clareira central, e os dispersados, nas clareiras externas.

Os resultados desses experimentos estão mostrados na Figura 11.14. A clareira externa conectada por um corredor de hábitat apresentou muito mais dispersão originada da clareira central, incluindo mais dispersão por borboletas, mais movimentação por insetos polinizadores – que causaram a produção de mais frutos – e maior transferência de frutos e sementes encontrados nas fezes das aves. De fato, esta última foi tão frequente que o número de espécies de ervas e arbustos aumentou mais rapidamente nas clareiras conectadas.

Experimentos como esses confirmam a importância dos corredores de hábitat, e os esforços de conservação estão considerando cada vez mais a preservação deles. Ao longo do Rio Grande, no Texas, biólogos estaduais e federais, em colaboração com organizações conservacionistas, têm exercido pressão em favor da proteção dos hábitats à margem do rio que possibilitariam a movimentação das espécies mais facilmente entre grandes remanescentes de terra protegida. Conforme pode ser observado na Figura 11.15, nos EUA essa terra inclui o Parque Nacional do Big Bend, o Parque Estadual da Fazenda do Big Bend e a Área de Manejo Selvagem de Black Gap. Ao longo do rio no México, as terras protegidas incluem a Área de Proteção da Fauna e da Flora do Cañon de Santa Elena, a Área de Proteção da Fauna e da Flora de Ocampo e a Área de Proteção da Fauna e da Flora de Maderas Del Carmen.

VERIFICAÇÃO DE CONCEITOS

1. Por que muitas espécies estão ausentes de continentes que contêm hábitats adequados?
2. Como os corredores de hábitat facilitam a dispersão?

11.6 Muitas populações vivem em manchas distintas de hábitat

Na discussão sobre o lagarto-de-colar, foi mencionado que os indivíduos na região vivem em muitas pequenas populações, com cada grupo restrito a uma clareira em particular. Os lagartos também se movem entre os hábitats, mas esse movimento depende da qualidade do local florestado que conecta as clareiras. Quando se deseja entender o deslocamento de indivíduos entre manchas de hábitat e como ele afeta a abundância de animais em cada mancha, é preciso considerar a qualidade do lugar. Também se deve levar em conta a dificuldade em alcançá-lo, o que é determinado pela distância até o hábitat e a dificuldade em se cruzar a área entre as manchas. Esta seção explora como a qualidade do hábitat afeta a distribuição dos indivíduos e como os ecólogos descrevem a distribuição e a movimentação entre manchas adequadas de hábitat.

DISTRIBUIÇÃO LIVRE IDEAL ENTRE OS HÁBITATS

Quando os hábitats diferem em qualidade e os indivíduos conseguem se movimentar facilmente entre eles, a seleção natural deve favorecer aqueles que escolhem o hábitat que lhes fornece mais energia, pois isso irá melhorar sua aptidão. Se todos os indivíduos forem capazes de diferenciar entre hábitats de alta e baixa qualidade e avaliar o benefício de viver em

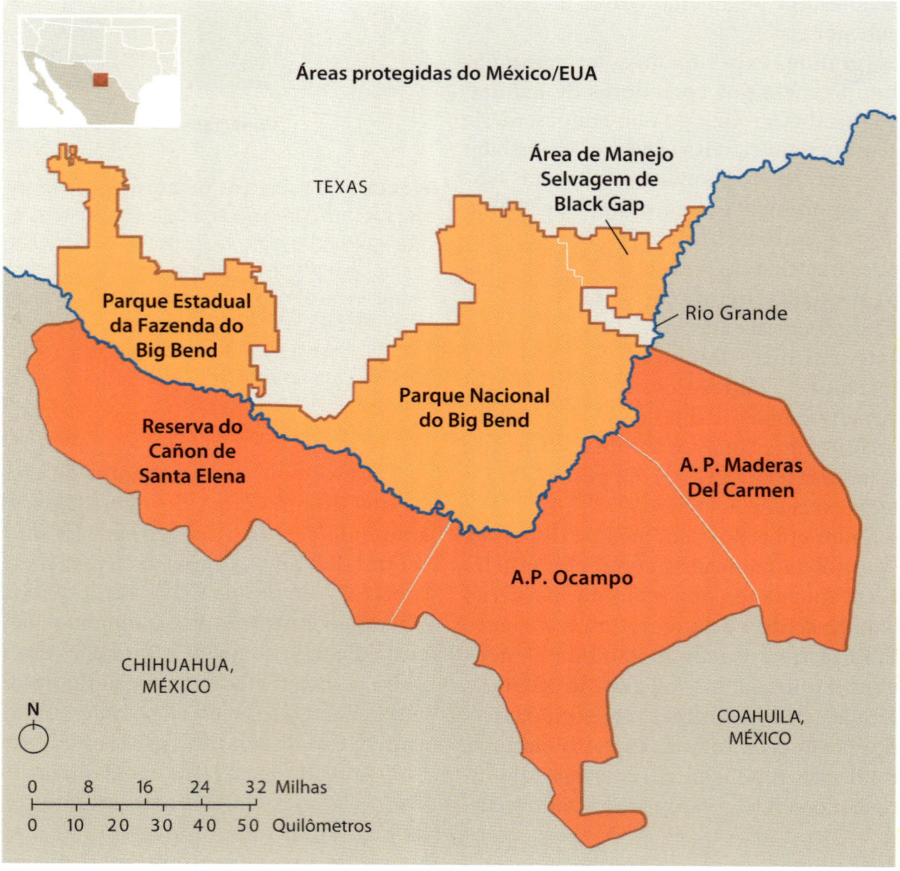

Figura 11.15 Conservação de corredores de hábitat. Na fronteira do Texas e do México, os governos estaduais e nacionais têm protegido um corredor maciço de mais de 1,3 milhão de hectares de terreno ao longo do Rio Grande.

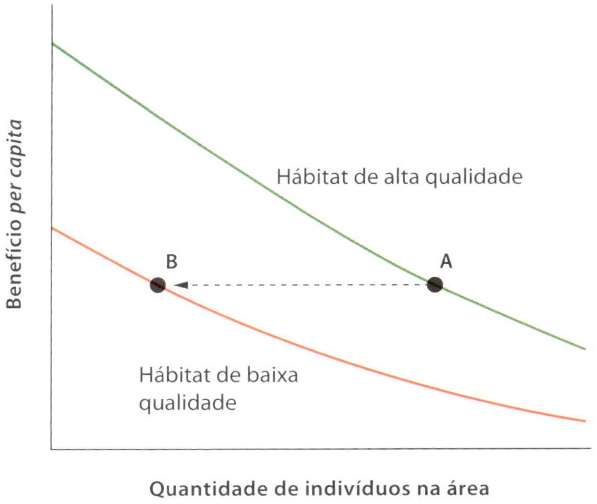

Figura 11.16 Distribuição livre ideal. Em virtude da existência de hábitats de alta e baixa qualidade, o primeiro indivíduo a chegar deve selecionar o hábitat de alta qualidade. Entretanto, à medida que mais indivíduos escolhem esse hábitat, o benefício *per capita* do hábitat declina. Em algum momento (*ponto A*), é igualmente benéfico para um indivíduo se deslocar para o hábitat de baixa qualidade (*ponto B*), porque o benefício *per capita* se iguala àquele experimentado no hábitat de alta qualidade. Embora o hábitat de baixa qualidade fique com menos indivíduos do que o de alta qualidade, todos experimentarão os mesmos benefícios *per capita*.

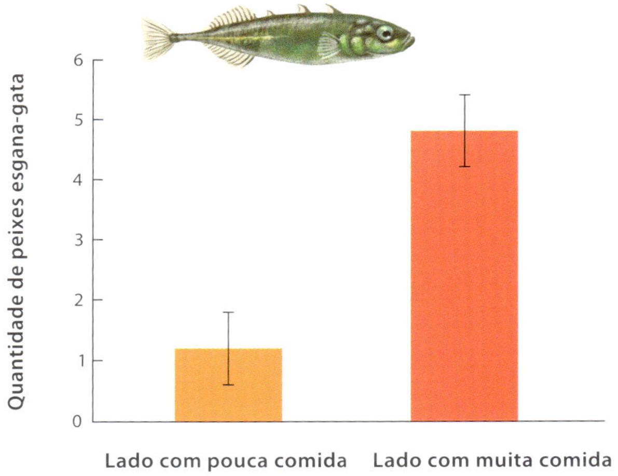

Figura 11.17 Distribuição livre ideal no peixe esgana-gata. Quando seis peixes foram colocados em um aquário com as duas extremidades recebendo uma diferença de 5:1 nas taxas de suprimento de alimentos, eles se distribuíram a uma razão de 4:1. Como resultado, cada peixe recebeu uma quantidade similar de alimento *per capita*. As barras de erro são desvios padrões. Dados de M. Milinski, An evolutionary stable feeding strategy in sticklebacks, *Zeitschrift für Tierpsychologie* 51 (1979): 36-40.

um hábitat particular, então todos deverão deslocar-se para os de alta qualidade, que são representados pela linha verde na Figura 11.16. Entretanto, conforme mais e mais indivíduos escolhem o hábitat de alta qualidade, os recursos disponíveis devem ser divididos entre muitos deles, o que reduz a quantidade de recursos disponível para cada um, também conhecida como *benefício per capita*. Em determinado momento, o benefício *per capita* no hábitat de alta qualidade cai tanto que um indivíduo ficaria melhor se saísse dali e se dirigisse para o de baixa qualidade, que é indicado pela linha laranja na Figura 11.16. Aumentos duradouros no tamanho da população continuariam a adicionar indivíduos aos hábitats de alta e baixa qualidade, de modo que em ambos os hábitats eles teriam o mesmo benefício *per capita*. Quando todos os indivíduos têm conhecimento completo sobre a variação do hábitat e se distribuem de modo que lhes seja possibilitado ter o mesmo benefício *per capita*, ocorre o que se denomina **distribuição livre ideal**.

Um exemplo de indivíduos que apresentam uma distribuição livre ideal pode ser observado em um experimento no qual peixes esgana-gata (*Gasterosteus aculeatus*) foram expostos a hábitats de alta e baixa qualidade. Pesquisadores colocaram diferentes números de pulgas-d'água (*Daphnia magna*), que são um tipo de plâncton consumido por esses peixes, nas extremidades opostas de um aquário, criando hábitats de diferentes qualidades em cada lado dele. Quando os primeiros peixes foram colocados no aquário sem a presença de pulgas-d'água, ficaram igualmente distribuídos entre as duas metades do aquário. Então, os pesquisadores adicionaram 30 pulgas-d'água por minuto a uma extremidade e 6 pulgas-d'água por minuto à outra, o que representa uma proporção de 5:1. Os resultados desse experimento são apresentados na Figura 11.17. Em 5 minutos, os peixes haviam se distribuído entre as duas metades em uma razão de aproximadamente 4:1, que é próxima à proporção de 5:1 prevista pela distribuição livre ideal. Quando a proporção de provisões foi alterada, isto é, as áreas de alta e baixa qualidade foram trocadas entre as extremidades do aquário, os peixes rapidamente ajustaram a sua proporção de distribuição. Não foi determinado como os peixes alcançaram essa distribuição livre ideal, mas eles podem ter utilizado a taxa na qual encontravam alimento, ou talvez o número de outros peixes próximos, como dicas da qualidade da área.

A distribuição livre ideal estabelece como os indivíduos devem distribuir-se entre os hábitats de diferentes qualidades, mas, na natureza, eles raramente correspondem às expectativas ideais. Em alguns casos, os indivíduos podem não saber que existem outros hábitats; além disso, a aptidão de um indivíduo não é determinada somente pela maximização de seus recursos. Outros fatores que influenciam como um indivíduo utiliza um hábitat em particular incluem a presença de predadores ou de um detentor de território que impeça a movimentação até um hábitat de alta qualidade.

Quando o sucesso reprodutivo é medido no campo, os ecólogos normalmente verificam que os indivíduos que vivem em hábitats de alta qualidade apresentam um sucesso reprodutivo mais alto, enquanto aqueles nos hábitats mais pobres não produzem prole suficiente para substituí-los. Como consequência, as populações que vivem nos hábitats de alta qualidade são uma fonte de filhotes que dispersam para os de baixa qualidade, o que faz com que populações em hábitats de baixa qualidade persistam.

Distribuição livre ideal Quando os indivíduos se distribuem entre os diferentes hábitats, recebendo o mesmo benefício *per capita*.

Um estudo do chapim-azul (*Parus caeruleus*), uma pequena ave canora do sul da Europa, ajuda a ilustrar isso. Ele se reproduz em dois tipos de hábitat de floresta, um dominado pelo carvalho-negral decíduo (*Quercus pubescens*) e outro pelo carvalho-verde perene (*Quercus ilex*). Estudos a longo prazo no sul da França revelaram que o hábitat do carvalho decíduo produz mais lagartas, um importante item alimentar para os chapins-azuis. Essa diferença na disponibilidade de lagartas é refletida nas densidades populacionais das aves.

Conforme pode ser observado na Figura 11.18, a floresta de carvalho decíduo sustenta mais de 6 vezes o número de casais reprodutores que a floresta de carvalho perene. Além disso, cada par em reprodução produz aproximadamente 60% mais filhotes por ano na floresta de carvalho decíduo do que na floresta de carvalho perene. Caso se presuma que a sobrevivência dos juvenis é de 20% no primeiro ano e que a sobrevivência anual dos adultos é de 50% (valores típicos de aves canoras de áreas temperadas), a população no hábitat de carvalho decíduo apresentaria um crescimento anual de 9% se os indivíduos excedentes não se dispersassem para fora do hábitat. Ao mesmo tempo, a população no hábitat de carvalho perene que é de baixa qualidade apresentaria um declínio anual de 13% se nenhuma ave emigrasse do hábitat de alta qualidade. Isso causaria a rápida extinção da população no hábitat de baixa qualidade. Na verdade, as populações persistem ao longo do tempo porque o hábitat de baixa qualidade recebe indivíduos excedentes do hábitat de alta qualidade.

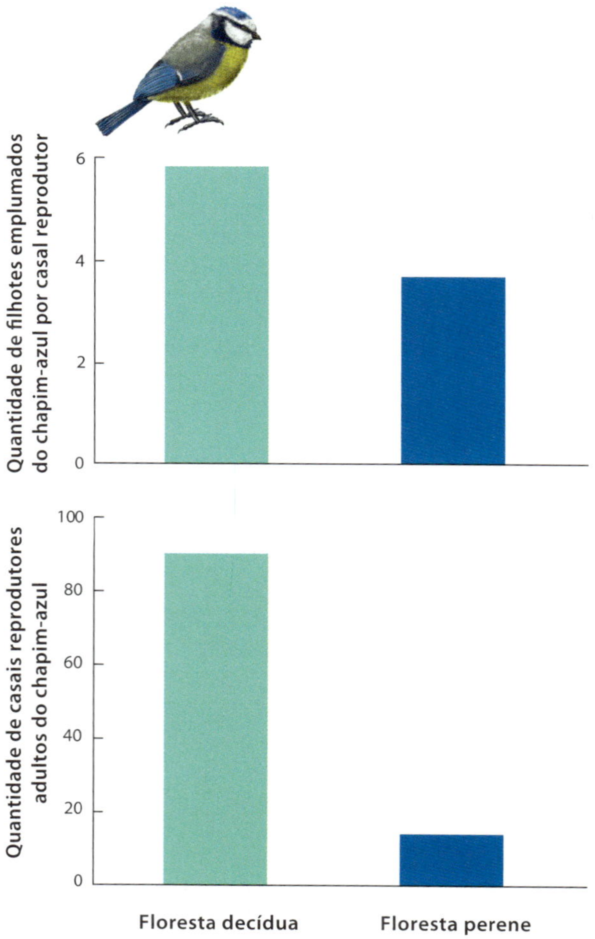

Figura 11.18 Efeitos da qualidade do hábitat. As florestas de carvalhos decíduos sustentam muito mais casais adultos reprodutores de aves canoras chapim-azul do que as florestas de carvalho perenes. Além disso, as aves que vivem na floresta decídua de carvalho produzem aproximadamente 60% mais filhotes por ninho. Dados de J. Blondel, Hábitat heterogeneity and life-history variation of Mediterranean blue tits (*Parus caeruleus*), *The Auk* 110 (1993): 511-520.

MODELOS CONCEITUAIS DE ESTRUTURA ESPACIAL

A distribuição livre ideal descreve como os indivíduos devem distribuir-se quando conhecem a qualidade dos diferentes hábitats e podem mover-se livremente entre eles. Como mencionado, no entanto, em muitos casos não é fácil se deslocar de uma mancha de hábitat até outra. Nesses cenários, a maioria dos indivíduos de uma mancha permanece nela, dispersando-se somente de modo ocasional para outras manchas. Como resultado, a população maior é dividida em grupos menores de coespecíficos que vivem em áreas isoladas, os quais são denominados **subpopulações**.

Quando os indivíduos se dispersam com frequência entre as subpopulações, a população inteira atua como uma estrutura única, e todas aumentam e diminuem em abundância de modo sincronizado. Entretanto, quando a dispersão não é frequente, a abundância dos indivíduos em cada subpopulação pode flutuar independentemente uma da outra.

Considerando a estrutura espacial das subpopulações, os ecólogos a dividiram em três modelos: *modelo básico de metapopulação, modelo de metapopulação fonte-sumidouro* e *modelo de metapopulação de paisagem*. Eles serão explorados detalhadamente no Capítulo 13.

Modelo básico de metapopulação

O **modelo básico de metapopulação** descreve um cenário no qual existem manchas de hábitat adequado inseridas em uma matriz de hábitat inadequado. Presume-se que todas as manchas adequadas sejam de qualidade igual; algumas são ocupadas, enquanto outras não, embora as desocupadas possam ser colonizadas por dispersores vindos daquelas ocupadas. Os modelos básicos de metapopulação enfatizam como os eventos de colonização e extinção podem afetar a proporção de hábitats adequados totais ocupados.

Modelo de metapopulação fonte-sumidouro

O **modelo de metapopulação fonte-sumidouro** é pautado no modelo de metapopulação básico, embora seja mais realista, na medida em que diferentes manchas de hábitat adequado não são de qualidade igual. Conforme observado no estudo dos chapins-azuis, é comum que os ocupantes de hábitats de

---

Subpopulações Quando uma população maior é subdividida em grupos menores que vivem em manchas isoladas.

Modelo básico de metapopulação Modelo que descreve um cenário em que há manchas de hábitat adequado inseridas em uma matriz de hábitat inadequado.

Modelo de metapopulação fonte-sumidouro Modelo de população que é construído sobre o modelo básico de metapopulação, mas considera o fato de que nem todas as manchas de hábitat adequado são de igual qualidade.

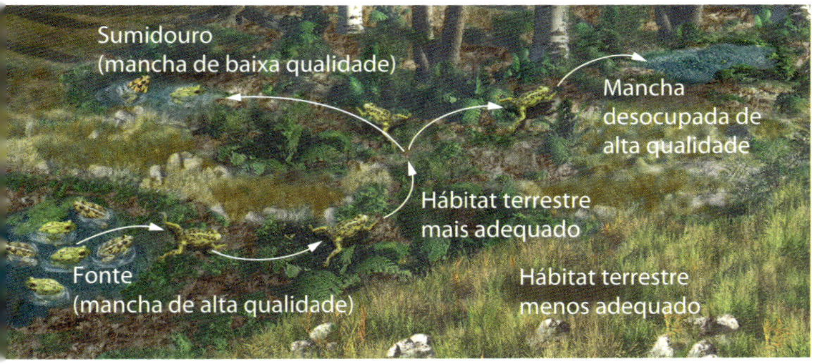

Figura 11.19 Modelo de metapopulação de paisagem. O modelo de paisagem contém as condições mais realistas de manchas de hábitat que diferem em qualidade e uma matriz circundante que varia em adequabilidade tanto para a dispersão como para a presença de barreiras à dispersão.

alta qualidade atuem como uma fonte de dispersores. Essas populações são denominadas **subpopulações fonte**. Ao mesmo tempo, podem existir hábitats de baixa qualidade que raramente produzem filhotes suficientes para que haja dispersores, os quais dependem de dispersores externos para manter a subpopulação. Tais subpopulações são conhecidas como **subpopulações sumidouro**.

Modelo de metapopulação de paisagem

O **modelo de metapopulação de paisagem** é ainda mais realista do que o anterior, porque considera as diferenças tanto na qualidade das manchas adequadas quanto na qualidade da matriz circundante. Como discutido anteriormente, o hábitat na matriz circundante pode variar em qualidade para os organismos dispersores. Por exemplo, para que uma população regional de lagartos-de-colar persista e aumente, é preciso que existam tanto clareiras de hábitats de alta qualidade como matriz de alta qualidade composta de florestas abertas que possibilitem a dispersão. De maneira similar, considerando o desafio que rãs se metamorfoseando enfrentam quando deixam seu lago de origem, elas têm de lidar com os riscos da predação e da desidratação. Assim, atravessar um campo gramado impõe um risco muito mais alto de predação e desidratação do que atravessar uma floresta úmida. Embora nem o campo nem a floresta sejam um hábitat adequado para a rã se reproduzir, cada um é uma barreira à dispersão. O modelo de paisagem ilustrado na Figura 11.19 representa o mais realista da estrutura espacial das populações, embora também seja o mais complexo.

Por todo este capítulo, foi examinada a estrutura espacial das populações ao se considerarem as características de abundância, densidade e abrangência geográfica. Também foi ressaltada a importância de hábitats adequados e da dispersão, bem como a maneira pela qual a modelagem de nicho ecológico pode ajudar a prever as distribuições das populações no futuro. Ao fazer isso, no entanto, em grande parte ignorou-se o fato de que as populações aumentam e diminuem em abundância; o próximo capítulo explorará mais a fundo como as populações crescem e como esse crescimento é regulado.

Subpopulações fonte Em hábitats de alta qualidade, são as subpopulações que atuam como fonte de dispersores dentro de uma metapopulação.

Subpopulações sumidouro Em hábitats de baixa qualidade, são as subpopulações que dependem de dispersores externos para manter a subpopulação dentro de uma metapopulação.

Modelo de metapopulação de paisagem Modelo de população que considera diferenças tanto na qualidade das manchas adequadas quanto na qualidade da matriz circundante.

VERIFICAÇÃO DE CONCEITOS

1. Por que muitas espécies fracassam em exibir uma distribuição livre ideal?
2. Que realismo o modelo de metapopulação fonte-sumidouro tem e que não é encontrado no modelo básico de metapopulação?
3. Que realismo o modelo de metapopulação inclui e que o de fonte-sumidouro não apresenta?

ECOLOGIA HOJE | CORRELAÇÃO DOS CONCEITOS

Invasão da broca cinza-esmeralda

Em 2002, um belo besouro verde, a broca cinza-esmeralda (*Agrilus planipennis*), foi observado pela primeira vez na América do Norte. Nativo da Ásia oriental, ele nunca tinha vivido na América do Norte e era desconhecido para a maioria das pessoas. Ao longo da década seguinte, sua população cresceu, e a broca cinza-esmeralda se tornou uma das pragas invasoras mais numerosas no continente.

A vastidão dos oceanos inóspitos havia anteriormente evitado a dispersão da espécie até a América do Norte. Os pesquisadores suspeitam de que o inseto tenha chegado na década de 1990 da Ásia, ao ser acidentalmente transportado dentro de caixotes de madeira que foram embarcados da Ásia para Detroit, Michigan. Após a sua chegada ao local, eles encontraram um suprimento abundante de seu alimento favorito: as árvores de freixos. O inseto adulto causa pouco dano aos freixos, mas ovipõe nas frestas da casca da árvore. Quando os ovos eclodem, as larvas apresentam distribuições agregadas e consomem o câmbio e o floema subjacentes aos troncos das árvores. Considerando que o câmbio é essencial para o crescimento das árvores e que o floema é fundamental para o transporte de nutrientes,

Broca cinza-esmeralda. Após ser acidentalmente introduzido nos EUA na década de 1990, o inseto dizimou as populações de freixos. Fotografia de David Cappaert, Bugwood.org.

o consumo desses tecidos pelas larvas causa a morte de um freixo dentro de 2 a 3 anos. Então, as larvas maduras se metamorfoseiam em besouros adultos, e o ciclo se reinicia.

As florestas do meio-oeste apresentam freixos em abundância, e a população de besouros cresceu rapidamente em apenas alguns poucos anos. Entretanto, o besouro apresenta uma distância de dispersão razoavelmente curta, raramente movimentando-se por mais de 100 m de onde emerge pela primeira vez como um adulto, de modo que seria esperado que a abrangência geográfica dessa praga se expandisse lentamente em virtude de sua dispersão limitada.

Contudo, a abrangência do besouro expandiu-se rapidamente por meio da ajuda humana não intencional, pois, à medida que os freixos morriam, muitos deles eram cortados para lenha. Grande quantidade dessa lenha foi transportada por longas distâncias para eventos como viagens de acampamento, o que possibilitou ao besouro colonizar novas subpopulações. Em resposta, muitos estados estão exigindo agora que a lenha não seja deslocada por longas distâncias.

Freixo americano. As larvas da broca cinza-esmeralda consomem o câmbio e o floema subjacente das árvores, causando a sua morte. Fotografia de Art Wagner, Washington State Department of Agriculture, Bugwood.org.

O impacto dessa dispersão assistida tem sido dramático. Em 2012, apenas 10 anos desde a sua descoberta, a broca cinza-esmeralda já cobria uma extensão desde Ontário e Quebec até o Missouri e o Tennessee, e de Wisconsin e Iowa até Virginia e Pensilvânia. Em 2017, o besouro já havia se espalhado de Quebec e Ontário até a Flórida e se dispersado para o Oeste, chegando até Texas, Colorado e Minnesota. Em todos esses estados e províncias, os biólogos estabeleceram armadilhas contendo atrativos sexuais para os besouros, com o intuito de estimar a abundância e a densidade dos insetos na área.

A broca cinza-esmeralda já matou dezenas de milhões de freixos, e o impacto financeiro é de dezenas de bilhões de dólares. Como resultado, biólogos na América do Norte estão trabalhando rapidamente para determinar o quão longe o inseto pode propagar-se e como ele pode ser controlado. As estimativas da sua propagação estão sendo realizadas com a utilização da modelagem de nicho ecológico, com base nos ambientes que o inseto habita na Ásia. Infelizmente, os modelos atuais, pautados no nicho fundamental dessa praga, preveem que o besouro será capaz de viver ao longo de uma abrangência geográfica muito grande, que inclui a maior parte da América do Norte.

Entretanto, há diversos esforços para reduzir essa abrangência por meio da introdução de inimigos naturais do besouro na Ásia, incluindo uma vespa parasitoide e um fungo patogênico. A esperança é de que esses inimigos do inseto obtenham sucesso na redução da sua abrangência até um nicho realizado muito menor. A invasão da broca cinza-esmeralda provavelmente permanecerá um dos mais importantes eliminadores de freixos na América do Norte por muitos anos, mas uma compreensão sobre a sua estrutura populacional tem ajudado os biólogos a preverem a sua propagação e desenvolverem estratégias para reduzir o seu futuro impacto sobre a floresta.

FONTES:

Kovacs, K. F., et al. 2011. The influence of satellite populations of emerald ash borer on projected economic costs in U.S. communities, 2010–2020. *Journal of Environmental Management* 92: 2170–2181.

Emerald Ash borer Information Network: http://www.emeraldashborer.info/index.cfm.

RESUMO DOS OBJETIVOS DE APRENDIZAGEM

11.1 A distribuição das populações é limitada aos hábitats ecologicamente adequados. O intervalo de variação de condições abióticas adequadas nas quais os indivíduos conseguem persistir representa o nicho fundamental de uma espécie. O subconjunto de condições no qual uma espécie de fato persiste devido às interações bióticas é conhecido como nicho realizado. Com uma compreensão desse nicho, os ecólogos conseguem usar a modelagem de nicho ecológico para prever as áreas nas quais uma espécie poderia persistir se fosse introduzida.

Termos-chave: **estrutura espacial, nicho fundamental, nicho realizado, abrangência geográfica, modelagem de nicho ecológico, envelope ecológico**

11.2 As distribuições populacionais têm cinco características importantes. A abrangência geográfica de uma população é uma medida da área total que ela ocupa. A abundância de uma população é a quantidade total de indivíduos que existe em uma área definida. A densidade de uma população é o número de indivíduos por unidade de área ou volume. A distribuição de uma população descreve o espaçamento entre os indivíduos. A dispersão é o movimento de indivíduos de uma área para outra.

Termos-chave: **endêmica, cosmopolita, abundância, densidade, distribuição, distribuição agregada, distribuição uniforme, distribuição aleatória, dispersão**

11.3 As propriedades de distribuição das populações podem ser estimadas. Essas propriedades são normalmente medidas usando diversas técnicas de levantamento, incluindo estudos com base em área e volume, por transecto linear e por marcação e recaptura.

Termos-chave: **censo, levantamento, levantamento com base em área e volume, levantamento por transecto linear, levantamento por marcação e recaptura, distância de dispersão durante a vida**

11.4 A abundância e a densidade populacionais estão relacionadas com a abrangência geográfica e o tamanho corporal adulto. Em geral, existe uma relação positiva entre a abundância de uma população e o tamanho da sua abrangência geográfica, embora muitos outros fatores bióticos e abióticos tenham um papel na determinação do tamanho da abrangência geográfica. Normalmente, existe uma relação negativa entre o tamanho corporal adulto e a densidade de uma população porque indivíduos maiores necessitam de mais energia.

11.5 A dispersão é essencial para a colonização de novas áreas. Muitas populações não ocupam hábitats adequados porque existem limitações à sua dispersão. Um dos principais modos de facilitar a dispersão é por meio da criação de corredores de hábitat.

Termos-chave: **limitação de dispersão, corredor de hábitat**

11.6 Muitas populações vivem em manchas distintas de hábitat. A distribuição livre ideal faz previsões de como os indivíduos devem distribuir-se caso desejem equalizar os benefícios *per capita*, embora isso raramente seja observado na natureza em virtude da importância de outros fatores, como predadores e territorialidade. Os ecólogos têm utilizado três tipos de modelos de estrutura populacional: o de metapopulação, o de fonte-sumidouro e o de paisagem.

Termos-chave: **distribuição livre ideal, subpopulações, modelo básico de metapopulação, modelo de metapopulação fonte-sumidouro, subpopulações fonte, subpopulações sumidouro, modelo de metapopulação de paisagem**

QUESTÕES DE RACIOCÍNIO CRÍTICO

1. Por que o nicho realizado é considerado um subconjunto do nicho fundamental?

2. Como a modelagem de nicho ecológico pode ser utilizada para prever a invasão futura da broca cinza-esmeralda (*Agrilus planipennis*)?

3. A rã-touro americana é nativa do leste da América do Norte, mas foi transportada pelos seres humanos e, atualmente, prospera no oeste da América do Norte. O que isso sugere a respeito da causa da abrangência geográfica histórica da rã-touro?

4. Com a continuidade do aquecimento global, que barreiras de dispersão podem surgir para répteis que tentem se mover para latitudes mais altas?

5. Por que árvores jovens de bordo-de-açúcar podem exibir um padrão de dispersão agrupado em uma floresta?

6. Suponha que 100 bois fossem deixados pastando em qualquer um de dois pastos. Se a grama fosse 3 vezes mais produtiva no pasto A do que no pasto B, quantos bois haveria em cada um caso eles seguissem uma distribuição livre ideal? O que poderia impedir a ocorrência dessa distribuição?

7. Como o conhecimento do modelo de metapopulação da paisagem fornece orientação sobre como é preciso preservar o hábitat das espécies?

8. Você recolhe uma amostra de 20 caranguejos-ferradura, marca-os e, em seguida, os libera. Se você retornar na semana seguinte e coletar 30 caranguejos-ferradura, seis deles com marcas, qual será a estimativa da população de caranguejos?

9. Por que as aves apresentam suas mais altas densidades próximo ao centro de suas abrangências geográficas?

10. Por que se espera encontrar uma correlação negativa entre o tamanho corporal adulto e a densidade populacional em peixes?

REPRESENTAÇÃO DOS DADOS | DISTRIBUIÇÃO LIVRE IDEAL

Com a utilização dos dados de hábitats de alta e baixa qualidade, crie um gráfico que represente como o benefício *per capita* é alterado em função do número de indivíduos na mancha.

Com base nesses dados, quantos indivíduos devem se dirigir para a área de alta qualidade antes que algum se desloque para a área de baixa qualidade? Se houvesse 12 indivíduos e eles seguissem uma distribuição livre ideal, quantos aproximadamente seriam encontrados em cada hábitat?

Quantidade de indivíduos	Benefício *per capita* da área de alta qualidade	Benefício *per capita* da área de baixa qualidade
1	10,0	5,0
2	7,9	4,3
3	6,5	3,7
4	5,4	3,2
5	4,5	2,9
6	3,9	2,6
7	3,4	2,4
8	3,0	2,2
9	2,7	2,0
10	2,4	1,9

12 Crescimento e Regulação da População

Como Pôr a Natureza em Controle de Natalidade

Frequentemente se escuta sobre o declínio de espécies ao redor do mundo devido a atividades humanas, embora algumas espécies estejam muito bem. Em particular, as populações de muitos grandes herbívoros têm alcançado números nunca vistos. Há centenas de anos, o veado-de-cauda-branca vivia em densidades relativamente baixas no leste dos EUA, quando a maioria dos hábitats era de floresta e os predadores de topo, como lobos e leões-da-montanha, andavam pela região. No entanto, nos últimos dois séculos, grande parte dos hábitats florestais deu espaço a fazendas, muitas das quais vêm sendo subsequentemente convertidas em conjuntos habitacionais com uma variedade de vegetações que o veado gosta de comer. Ao mesmo tempo, houve um esforço para exterminar os predadores de topo na maior parte do leste dos EUA. Desse modo, com mais alimento e menos inimigos, atualmente os veados vivem em densidades aproximadamente 20 vezes maiores do que as de antes de os colonizadores europeus chegarem, o que causa pastejo exacerbado de plantas, consumo aumentado de plantações, 1,5 milhão de colisões com veículos e 150 mortes de pessoas ao ano.

A história do veado-de-cauda-branca se repete em muitas outras espécies ao redor do mundo. Por exemplo, o veado sika (*Cervus nippon*), em Nara, Japão, vive em uma região protegida por ser um monumento da Segunda Guerra Mundial. Turistas alimentam os veados, e o lobo nativo está extinto; tudo isso contribuiu para que esses veados sofressem uma explosão populacional ao ponto de descascarem os pinheiros e destruírem a floresta.

Na Austrália, o canguru-cinza-oriental (*Macropus giganteus*) também tem sofrido um aumento populacional dramático com a extinção do lobo-da-tasmânia (*Thylacinus cynocephalus*) e agora tem consumido as plantações e os campos de golfe. Em alguns casos, as populações de herbívoros que estão aumentando não são nativas, como o cavalo-selvagem (*Equus ferus*), que foi introduzido no Oeste Americano, e os porcos russo e europeu (*Sus crofa*), que foram inseridos no sul dos EUA como domesticados. Particularmente, os porcos vêm se espalhando rapidamente pelos 39 estados nos últimos 30 anos, e os atos de revolver o solo com o focinho e consumir as plantações está causando um dano estimado de 1,5 bilhão de dólares. Em todos os casos citados, o desafio atual consiste em como controlar as populações que estão sofrendo explosão populacional não natural e impactando negativamente ecossistemas e atividades humanas.

"O desafio atual consiste em como controlar as populações que estão sofrendo explosão populacional não natural e impactando negativamente ecossistemas e atividades humanas."

Diversas estratégias diferentes têm sido propostas para controlar populações selvagens superabundantes. Localmente, eliminar a alimentação dos animais pode ajudar; em grandes regiões, algumas das espécies superabundantes são caçadas em um esforço de substituir o papel histórico dos predadores de topo. No entanto, em muitos lugares do mundo, a quantidade de caçadores tem diminuído ao longo das décadas, e algumas pessoas não apoiam a caça como método de controle populacional. Diante disso, seria mais aceitável à população o desenvolvimento de métodos de contracepção animal.

A pesquisa sobre controle de natalidade em animais selvagens tem sido um tema de interesse por décadas, mas apenas recentemente se tornou uma opção mais viável. No caso de cães e gatos, há um histórico de esterilização cirúrgica, mas essa raramente é uma opção para animais selvagens na natureza; então, os pesquisadores têm focado na contracepção não cirúrgica.

Superpopulação animal. Com o declínio dos principais predadores e o aumento da quantidade de hábitats adequados, muitos herbívoros de grande porte se tornaram abundantes a ponto de afetarem negativamente plantas, outros animais selvagens e seres humanos. Nesta imagem, uma superabundância de cangurus pasta em um campo de golfe na Austrália. Fotografia de Bill Bachman/Alamy.

FONTES:
Klein, A. 2016. Cont-roo-ception: Hormone implants bring kangaroos under control. *New Scientist*, June 20. https://www.newscientist.com/article/2094401-cont-roo-ceptionhormone-implants-bring-kangaroosunder-control/.
Nordstrum, A. 2014. Can wild pigs ravaging the u.s. be stopped? *Scientific American*, October 21. https://www.scientificamerican.com/article/can-wild-pigs-ravagingthe-u-s-be-stopped/.
Gammon, K. 2011. Approved for use: The first birth control for wildlife. *Popular Science*, September 22. http://www.popsci.com/science/article/2011-08/birth-control-wildlife.

Abordagens atuais para o controle de cangurus focam no tratamento com hormônios para que não ovulem. Para veados, cavalos e elefantes, pesquisadores têm se concentrado em injetar uma proteína de ovário de porco (zona pelúcida porcina [pZP]) nas fêmeas, o que faz com que elas produzam anticorpos que se anexam ao óvulo, impedindo que os espermatozoides o fertilizem. Os cientistas usaram uma arma de dardos para injetar a pZP nos animais e observaram que um alto percentual das fêmeas não engravidou no ano seguinte.

À primeira vista, a utilização do controle de natalidade para controlar populações de animais selvagens parece uma excelente opção, dada a falta de suporte do público ao abate por meio da caça. No entanto, alguns dos métodos contraceptivos permanecem efetivos somente por 1 ano, e o ato de localizar os indivíduos e ministrar a injeção neles pode custar de 200 a 1.000 dólares por animal, sendo que a quantidade de animais que precisam ser tratados para reduzir a população regional pode ser de milhares de indivíduos.

Em função disso, atualmente, pesquisadores estão trabalhando para desenvolver um método contraceptivo de longa duração e novas maneiras de ministrá-lo, incluindo a utilização de pontos de alimentação conectados a sistemas de reconhecimento facial para evitar dar o medicamento ao animal errado. Esses esforços de pesquisa estão cada vez mais fornecendo meios de minimizar o problema da superpopulação animal.

OBJETIVOS DE APRENDIZAGEM

Após a leitura deste capítulo, você deverá ser capaz de:

12.1 Explicar como populações podem crescer rapidamente sob condições ideais.

12.2 Explicar por que populações têm limites de crescimento.

12.3 Descrever como os fatores de idade, tamanho e história de vida influenciam o crescimento populacional.

No capítulo anterior, foi examinada a distribuição espacial das populações. Neste capítulo, serão abordadas as alterações no tamanho populacional, conhecidas como dinâmicas populacionais. Além disso, será estudado como as populações crescem e os fatores que regulam o seu crescimento.

Historicamente, os estudos de crescimento populacional se concentravam nas populações humanas. Embora as estimativas sejam obviamente grosseiras, os especialistas acreditam que, há milhões de anos, os ancestrais dos seres humanos modernos somassem 1 milhão de indivíduos. Com o advento da agricultura, há 10.000 anos, a maior produção de alimentos possibilitou um crescimento populacional adicional, de maneira que, no ano de 1700, a população humana tinha aumentado para cerca de 600 milhões de pessoas.

Durante a Revolução Industrial, o aumento da prosperidade proporcionou melhor nutrição, higienização e aperfeiçoamento nos tratamentos médicos. Como resultado, a taxa de mortalidade infantil caiu, e a expectativa de vida dos adultos aumentou. Assim, um aumento exponencial no crescimento populacional ocorreu após esses incrementos.

De acordo com as Nações Unidas, a população mundial chegou a 1 bilhão em 1804. Embora tenha levado mais de 1 milhão de anos para se chegar a esse número, levou somente 123 anos para alcançar o marco de 2 bilhões de pessoas, em 1927. Nas décadas recentes, 1 bilhão de pessoas têm sido adicionadas ao planeta a cada 12 a 13 anos, e a população tem dobrado em apenas 40 anos. Em 2017, o planeta contava com 7,5 bilhões de pessoas.

O rápido crescimento demográfico no passado levou muitos cientistas a preverem o tamanho das populações no futuro. No século XVIII, por exemplo, o economista britânico Thomas Malthus examinou os dados sobre o crescimento populacional humano e concluiu que a rápida elevação da taxa de crescimento faria com que a quantidade de pessoas superasse a capacidade de produção de alimento. Esse conhecimento influenciou os pesquisadores do século XIX, incluindo Charles Darwin, que percebeu que tal raciocínio poderia ser aplicado a cada organismo na Terra.

Compreender o crescimento e a regulação populacional é importante porque possibilita prever o crescimento populacional futuro. Essa capacidade de previsão ajuda a gerenciar os tamanhos das populações: das espécies utilizadas pelos humanos, das que estão declinando e precisam ser salvas da extinção, e das espécies de pragas que invadem novas regiões e precisam ser controladas. O estudo das populações é conhecido como **demografia**. Neste capítulo, serão explorados os principais modelos demográficos de como as populações crescem.

12.1 Sob condições ideais, as populações podem crescer rapidamente

As populações de quaisquer espécies podem crescer a uma velocidade incrivelmente alta, dadas as condições certas. Nesta seção, serão apresentados dois modelos matemáticos de crescimento populacional.

Demografia Estudo das populações.

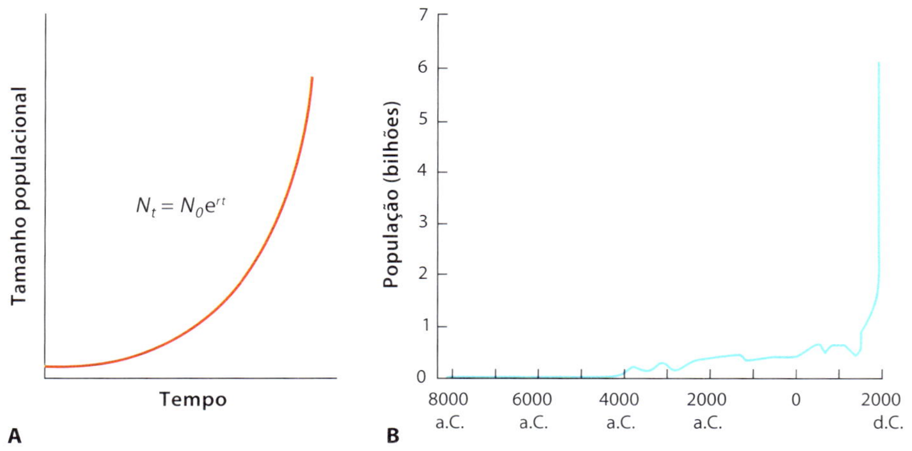

Figura 12.1 Modelo de crescimento exponencial. A. Ao longo do tempo, uma população que vive sob condições ideais pode passar por um rápido aumento no seu tamanho. Isso produz uma curva em forma de J. **B.** O crescimento populacional humano é um excelente exemplo de uma curva em forma de J. Dados de http://www2.uvawise.edu/pww8y/Supplement/ConceptsSup/PopulationSup/ChartWldPopGro.html.

MODELO DE CRESCIMENTO EXPONENCIAL

Para compreender como as populações crescem, primeiramente é preciso entender o conceito de **taxa de crescimento** populacional, que diz respeito ao número de novos indivíduos que são produzidos em um dado intervalo de tempo menos o número de indivíduos que morrem. Normalmente, essa taxa é considerada com base em um indivíduo, ou seja, *per capita*.

Sob condições ideais, como quando há recursos abundantes, parceiros disponíveis e condições abióticas favoráveis, os indivíduos podem apresentar taxas reprodutivas máximas e taxas de mortalidade mínimas. Quando isso acontece, uma população alcança a sua mais alta taxa de crescimento *per capita* possível, que é denominada **taxa intrínseca de crescimento**, indicada como ***r***. Por exemplo, recursos abundantes possibilitam que um veado-de-cauda-branca tenha gêmeos, um mosquito-do-oeste (*Aedes sierrensis*) deposite até 200 ovos em uma única ninhada e um carvalho-branco (*Quercus alba*) produza mais de 20.000 nozes em uma única estação reprodutiva. Condições ideais também diminuem as taxas de mortalidade porque estresses, como fome e doença, diminuem.

Uma vez que se conheça a taxa intrínseca de crescimento de uma população, é possível estimar como ela aumentará ao longo do tempo sob condições ideais. Para isso, pode-se utilizar o **modelo de crescimento exponencial**, assim denominado porque presume que o crescimento é exponencial sob condições ideais:

$$N_t = N_0e^{rt}$$

em que "e" é a base do logaritmo natural (e = 2,72). Essa equação mostra que, quando as condições são ideais, o tamanho da população no futuro (N_t) depende do seu tamanho atual (N_0), da taxa intrínseca de crescimento (r) e do intervalo de tempo no qual a população cresce (t). Populações com altas taxas intrínsecas de crescimento ou grande quantidade de indivíduos reprodutivos vão mostrar uma taxa de crescimento maior no tamanho populacional.

É possível perceber como o modelo exponencial se comporta a partir de um exemplo utilizando camundongos. Se, de início, houver 100 camundongos e sua taxa intrínseca de crescimento for 0,4, será possível prever que a população desses animais aumentará para 739 em 5 anos:

$$N_t = N_0e^{rt}$$

$$N_5 = 100e^{0,4\times5}$$

$$N_5 = 100e^2$$

$$N_5 = 100 \times 7,39$$

$$N_5 = 739$$

O modelo de crescimento exponencial produz uma **curva em forma de J**, conforme ilustrado na Figura 12.1 A. Como um exemplo, a Figura 12.1 B mostra que a população humana tem crescido exponencialmente durante os últimos 300 anos.

Com a utilização do modelo exponencial, também é possível determinar a taxa de crescimento em qualquer momento no tempo, calculando a derivada da equação crescimento exponencial, como mostrado a seguir:

$$\frac{dN}{dt} = rN$$

em que $\frac{dN}{dt}$ representa a mudança no tamanho populacional por unidade de tempo. Colocando em palavras, essa equação mostra que a taxa de mudança no tamanho da população em qualquer instante depende da sua taxa intrínseca de crescimento e do tamanho da população naquele instante. Outra maneira de pensar sobre essa equação é que ela evidencia a

---

Taxa de crescimento Quantidade de novos indivíduos produzidos em uma população em dado intervalo de tempo menos a quantidade de indivíduos que morrem.

Taxa intrínseca de crescimento (*r*) A mais alta taxa de crescimento *per capita* possível de uma população.

Modelo de crescimento exponencial Modelo de crescimento populacional no qual a população aumenta continuamente a uma taxa exponencial.

Curva em forma de J Forma do crescimento exponencial quando mostrada em um gráfico.

inclinação da reta que relaciona o tamanho da população com o tempo em qualquer instante. Olhando os gráficos da Figura 12.1, por exemplo, a inclinação da reta é bem pequena no início e se torna muito maior mais para frente no tempo. Isso confirma que a população, inicialmente, cresce de modo mais lento porque existe uma quantidade pequena de indivíduos reproduzindo-se, mas em seguida cresce muito mais rápido, à medida que esse número aumenta.

O modelo de crescimento exponencial para uma população se assemelha ao modo como o dinheiro aumenta quando está rendendo lucros em uma conta bancária. Pode-se considerar um indivíduo que tenha R$ 1.000,00 na conta e receba 5% de lucro anual, sem nunca depositar ou sacar nenhum valor e com qualquer lucro ganho sendo depositado diretamente naquela conta ao fim de cada ano. Após 1 ano, o saldo será de R$ 1.050,00, o que equivale a um crescimento anual de R$ 50,00. Depois do segundo ano, será de R$ 1.102,50 – um crescimento anual de R$ 52,50. No décimo ano, será de R$ 77,57 e, no vigésimo, de R$ 126,35. Conforme se pode perceber, uma taxa de lucro constante resulta em um saldo sempre crescente. Similarmente, uma taxa intrínseca de crescimento constante resulta em números sempre crescentes de indivíduos em uma população, resultando em um crescimento exponencial.

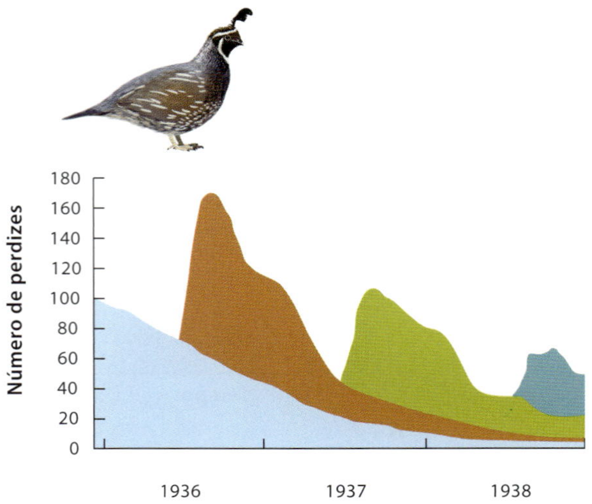

Figura 12.2 Eventos reprodutivos distintos da perdiz-da-califórnia. Cada geração de novas perdizes produzida a cada primavera é representada por uma cor diferente. Considerando que os nascimentos ocorrem somente nessa estação, o crescimento da espécie é mais bem modelado como um crescimento geométrico do que por um modelo de crescimento exponencial. Dados de J. T. Emlen Jr., Sex and age ratios in survival of California quail, *Journal of Wildlife Management* 4 (1940): 92-99.

MODELO DE CRESCIMENTO GEOMÉTRICO

O modelo de crescimento exponencial pode ser aplicado às espécies que se reproduzem ao longo do ano, como os humanos. Entretanto, a maioria das espécies de plantas e animais apresentam épocas de reprodução distintas. Por exemplo, a maior parte das aves e dos mamíferos se reproduz na primavera e no verão, quando existem recursos abundantes disponíveis para seus filhotes. É o caso da perdiz-da-califórnia (*Callipepla californica*), uma ave do oeste da América do Norte que produz uma ou duas ninhadas na primavera. A população de perdizes apresenta um grande aumento durante essa estação, mas declina lentamente durante o verão, outono e inverno, em virtude de mortes. As mudanças nos tamanhos populacionais podem ser observadas na Figura 12.2, na qual cada cor representa a nova geração de perdizes jovens que é gerada a cada primavera. Quando se examina o padrão da abundância populacional ao longo de diversos anos, observa-se que o modelo de crescimento exponencial, que presume nascimentos e mortes contínuos durante todo o ano, não descreve as populações de animais como a perdiz, que têm um período de reprodução distinto. Para essas espécies, os ecólogos usam o **modelo de crescimento geométrico**, tendo em vista que ele compara os tamanhos populacionais em intervalos de tempo regulares. No caso da perdiz-da-califórnia, por exemplo, o modelo de crescimento geométrico possibilita a comparação dos tamanhos populacionais em intervalos anuais.

O modelo de crescimento geométrico é expresso como uma proporção do tamanho de uma população em 1 ano em relação ao ano anterior (ou algum outro intervalo de tempo). A esse valor é atribuído o símbolo λ, que é a letra grega minúscula *lambda*. Um valor de λ maior do que 1 significa que o tamanho populacional cresceu de um ano ao seguinte porque houve mais nascimentos do que mortes. Quando λ é menor do que 1, o tamanho populacional diminuiu de um ano ao outro porque houve mais mortes do que nascimentos. Como não pode haver um número negativo de indivíduos, o valor de λ é sempre positivo.

Se N_0 é o tamanho da população no tempo 0, então o seu tamanho em um intervalo de tempo seguinte seria:

$$N_1 = N_0\lambda$$

Em seguida, pode-se prever o tamanho populacional após mais de um intervalo de tempo. Por exemplo, se o objetivo fosse estimar o tamanho populacional após dois intervalos de tempo, seria usada a fórmula:

$$N_2 = (N_0\lambda)\lambda$$

que pode ser rearranjada para:

$$N_2 = N_0\lambda^2$$

Em termos mais gerais, pode-se expressar o modelo de crescimento geométrico como:

$$N_t = N_0\lambda^t$$

em que *t* representa tempo.

Se uma população fosse iniciada com 100 perdizes e uma taxa de crescimento anual de λ = 1,5, após 5 anos, o tamanho da população seria:

$$N_5 = N_0 \times \lambda^5$$

$$N_5 = 100 \times 1{,}5^5$$

$$N_5 = 759$$

Modelo de crescimento geométrico Modelo de crescimento populacional que compara o tamanho da população em intervalos de tempo regulares.

COMPARAÇÃO ENTRE OS MODELOS DE CRESCIMENTO EXPONENCIAL E GEOMÉTRICO

A equação para o crescimento exponencial é idêntica à do crescimento geométrico, exceto pelo fato de que e^r substitui λ. Assim, ambos estão relacionados por:

$$\lambda = e^r$$

que pode ser rearranjado para:

$$\log_e \lambda = r$$

A partir dessa relação, percebe-se que λ e r estão diretamente associados um ao outro. De fato, se o crescimento das populações ao longo do tempo fosse representado graficamente com a utilização de ambos os modelos e estabelecendo $\lambda = e^r$, seriam encontradas curvas de crescimento idênticas, o que é observado na Figura 12.3. Embora o modelo exponencial contenha dados contínuos enquanto o geométrico contém dados distintos, ambos apresentam o mesmo padrão de crescimento populacional. A Figura 12.4 compara as relações entre λ e r examinando os seus valores quando as populações diminuem, permanecem constantes ou crescem. Quando uma população está diminuindo, $\lambda < 1$ e $r < 0$; quando é constante, $\lambda = 1$ e $r = 0$; e quando está aumentando, $\lambda > 1$ e $r > 0$.

TEMPO DE DUPLICAÇÃO DA POPULAÇÃO

É possível verificar a capacidade de crescimento de uma população ao se observar o rápido aumento da quantidade de organismos introduzidos em uma nova região com ambiente adequado. Em 1937, por exemplo, dois machos e seis fêmeas de faisão foram libertados na Ilha Protection, em Washington. Em 5 anos, sua população aumentou para 1.325 aves adultas, o que significa que apresentou uma taxa de crescimento anual de $\lambda = 2{,}78$. Em outras palavras, em média, a população quase triplicou a cada ano.

As populações mantidas sob condições ideais em laboratório podem apresentar taxas de crescimento muito altas. Sob condições ideais, o valor de λ pode ser tão alto quanto 24 para o rato-do-campo (*Microtus agrestis*), um pequeno mamífero similar a um camundongo, 10 bilhões (10^{10}) para o besouro-da-farinha e 10^{30} para pulgas-d'água. Um modo de verificar a taxa de crescimento potencial das populações é estimar o tempo necessário para que uma população duplique em abundância, que é conhecido como **tempo de duplicação**. Para compreender como determiná-lo, pode-se começar rearrumando a equação de crescimento logístico:

$$N_t = N_0 e^{rt}$$

$$e^{rt} = N_t \div N_0$$

Quando uma população duplica, seu tamanho é o dobro do tamanho inicial no tempo 0. Como resultado, pode-se substituir $(N_t \div N_0)$ pelo valor 2 e determinar o tempo necessário (t_2) para que uma população duplique em tamanho:

$$e^{rt} = 2$$

$$rt = \log_e 2$$

$$t = \log_e 2 \div r$$

Para o modelo geométrico, a equação é quase a mesma, exceto que r é substituído por $\log_e \lambda$:

$$t_2 = \log_e 2 \div \log_e \lambda$$

Dado que o valor de $\log_e 2$ é 0,69, o tempo de duplicação para o faisão, que apresenta uma taxa de crescimento anual de $\lambda = 2{,}78$, pode ser calculado como:

$$t_2 = 0{,}69 \div \log_e 2{,}78$$

$$t_2 = 0{,}67 \text{ ano}$$

$$t_2 = 246 \text{ dias}$$

Tempo de duplicação Tempo necessário para uma população dobrar de tamanho.

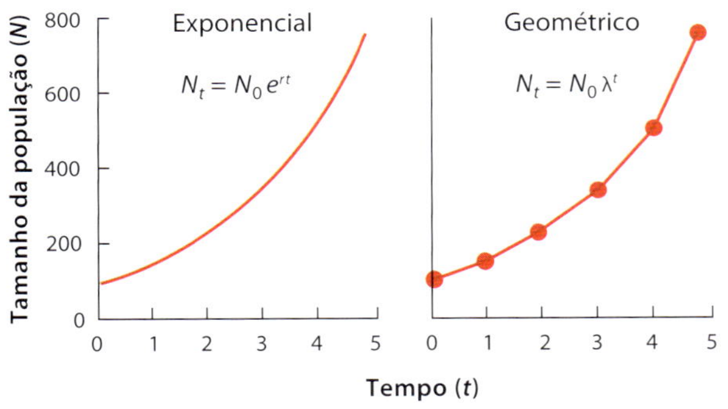

Figura 12.3 Comparação do crescimento das populações usando os modelos exponencial e geométrico. O modelo exponencial utiliza dados contínuos, enquanto o geométrico usa dados distintos que são calculados a cada ponto no tempo. Entretanto, ambos revelam o mesmo aumento no tamanho da população ao longo do tempo.

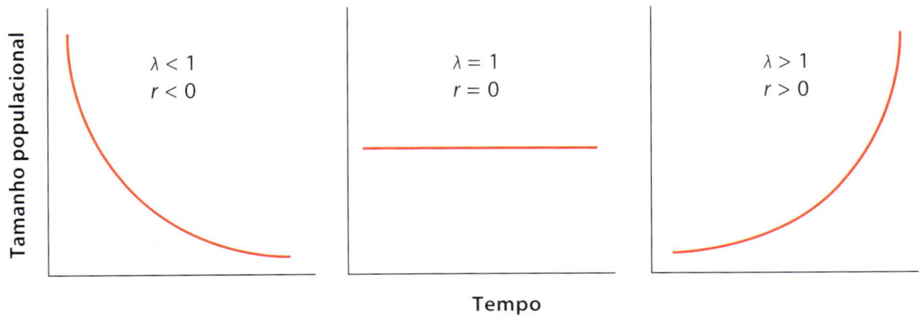

Figura 12.4 Comparação dos valores de λ e *r* quando as populações estão diminuindo, permanecem constantes ou estão aumentando. Quando a população está diminuindo, $\lambda < 1$ e $r < 0$; quando é constante, $\lambda = 1$ e $r = 0$; quando está aumentando, $\lambda > 1$ e $r > 0$.

O mesmo cálculo fornece tempos de duplicação de 79 dias para o rato-do-campo, 11 dias para o besouro-da-farinha e apenas 3,6 dias para a pulga-d'água. Com a utilização dessa equação, os demógrafos determinaram que o tempo de duplicação para a população humana, atualmente, é de 40 anos.

Os modelos de crescimento exponencial e geométrico são excelentes pontos de partida para compreender como as populações crescem. Existem abundantes evidências de que populações reais de fato crescem rapidamente no início, exatamente como esses modelos sugerem. Entretanto, conforme será visto na próxima seção, nenhuma população pode manter o crescimento exponencial infinitamente. À medida que as populações se tornam maiores, elas passam a ser limitadas por outros fatores, como competição, predação e patógenos.

VERIFICAÇÃO DE CONCEITOS

1. Por que o gráfico de crescimento populacional produz uma curva em forma de "J" embora a taxa intrínseca seja constante?
2. Em que situações se deve usar o modelo geométrico de crescimento populacional?
3. Usando o modelo exponencial de crescimento, qual equação pode ser aplicada para estimar o tempo de duplicação da população?

12.2 As populações apresentam limites de crescimento

Na natureza, comumente se observam limites no tamanho que uma população pode alcançar com o seu crescimento; os ecólogos classificam-nos como *independentes da densidade* ou *dependentes da densidade*. Esta seção revisa esses dois tipos de limites de crescimento populacional e discute como é possível incorporá-los aos modelos estudados.

FATORES INDEPENDENTES DA DENSIDADE

Como o nome sugere, os **fatores independentes da densidade** limitam o tamanho da população a despeito de sua densidade. Alguns deles incluem desastres naturais como tornados, furacões, enchentes e incêndios. No entanto, outras alterações menos dramáticas no ambiente, incluindo temperaturas e secas extremas, também podem limitar as populações. Em todos esses casos, o impacto *não* está relacionado com a quantidade de indivíduos. Considerando, por exemplo, o que acontece quando um furacão atinge uma floresta costeira, o número de árvores que sobrevivem a ele é independente do número que havia antes da sua chegada.

Um estudo clássico sobre os efeitos independentes da densidade foi conduzido por James Davidson e Herbert Andrewartha, na Austrália. O tripes-da-maçã (*Thrips imaginis*) é um inseto que era uma praga comum na Austrália e que ocasionalmente aumentava muito em número e devastava as macieiras e roseiras por grandes regiões do país. De 1932 a 1946, os pesquisadores fizeram o levantamento das populações de tripes em flores de roseiras como uma tentativa de compreender as causas das grandes variações no tamanho populacional. Eles suspeitavam que essas mudanças no tamanho fossem resultantes de fatores independentes da densidade, como a variação sazonal na temperatura e as chuvas, e então incluíram esses fatores nos modelos de crescimento populacional.

A Figura 12.5 mostra os tamanhos populacionais que os pesquisadores previram e os que observaram. Conforme pode ser visto, as mudanças previstas na abundância de tripes se aproximaram bem do número real de insetos que eles encontraram nos levantamentos.

A compreensão do papel dos fatores independentes da densidade permanece como um importante objetivo dos ecólogos atualmente, em especial por causa do impacto da mudança global. Por exemplo, em 2011 os pesquisadores do Serviço Florestal dos EUA e do Serviço Florestal Canadense relataram os impactos de besouros-de-casca-de-árvore no oeste da América do Norte. Eles são insetos nativos que consomem os tecidos do floema da árvore, causando a sua morte. Durante as últimas décadas, os besouros mataram bilhões de árvores coníferas que cobriam milhões de hectares desde o México até o Alasca (Figura 12.6). Sob temperaturas mais quentes, os besouros-de-casca-de-árvore se desenvolvem mais rapidamente e têm mais gerações por ano, mas podem ser mortos por temperaturas atipicamente frias. Como resultado, a temperatura é um dos principais determinantes do tamanho da população, e seus efeitos são independentes da densidade.

Preocupados com a possível ação da mudança climática na população desses insetos, os pesquisadores usaram as previsões futuras de aquecimento global e o conhecimento sobre a ecologia dos besouros para projetar o crescimento futuro da espécie. Eles concluíram que, no futuro, as populações de besouros-de-casca-de-árvore provavelmente aumentarão dramaticamente e causarão mais danos às árvores coníferas.

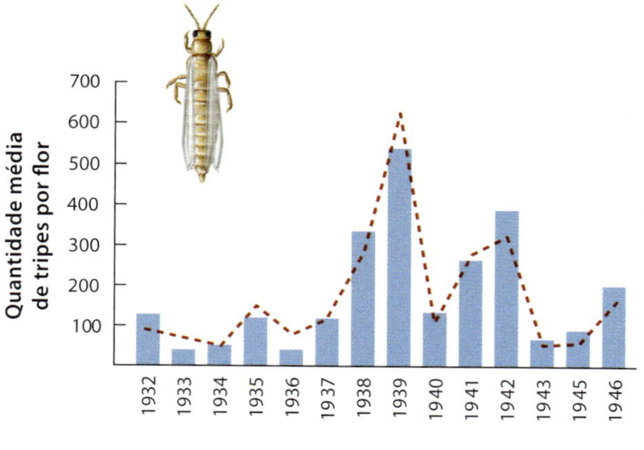

Figura 12.5 Previsão do crescimento independente da densidade do tripes-da-maçã. Os cientistas levantaram as populações dessa espécie nas flores de roseiras entre 1932 e 1946. A linha tracejada representa o número previsto de tripes em cada ano com base em um modelo que incluiu as variáveis temperatura e precipitação atmosférica, que causam efeitos independentes da densidade no inseto. As barras representam o número de indivíduos observados a cada ano. Dados de J. Davidson, H. G. Andrewartha, The influence of rainfall, evaporation and atmospheric temperature on fluctuations in the size of a natural population of *Thrips imaginis* (Thysanoptera), *Journal of Animal Ecology* 17 (1948): 200-222.

Fatores independentes da densidade Fatores que limitam o tamanho populacional a despeito da densidade da população.

Figura 12.6 Besouros-de-casca-de-árvore. Muitos destes pinheiros *lodgepole* na Colúmbia Britânica central, no Canadá, foram gravemente danificados por besouros-de-casca-de-árvore, que consomem os tecidos do floema dos pinheiros. O besouro-do-pinheiro (*Dendroctonus ponderosae*) é uma das diversas espécies de besouros-de-casca-de-árvore previstos para se tornarem mais abundantes no futuro, em decorrência do aquecimento global. Fotografias de Tom Nevesely/AGE Fotostock, Keith Douglas/AGE Fotostock (detalhe).

FATORES DEPENDENTES DA DENSIDADE

Os **fatores dependentes da densidade** afetam o tamanho populacional de acordo com a densidade. É útil dividi-los em duas categorias: a **dependência da densidade negativa** ocorre quando a taxa de crescimento populacional diminui à medida que a densidade aumenta; e a **dependência da densidade positiva**, também conhecida como **dependência da densidade inversa**, ocorre quando a taxa de crescimento populacional aumenta à medida que sua densidade aumenta. Considerando que a dependência da densidade positiva foi proposta pela primeira vez pelo ecólogo Warder Allee em 1931, ela também é conhecida como o **efeito Allee**.

Alguns dos fatores dependentes da densidade negativos mais comuns incluem um suprimento limitado de recursos, como alimentos, locais para nidificação e espaço físico. Quando uma população é pequena, existem recursos em abundância para todos os indivíduos; porém, à medida que ela aumenta, esses recursos são divididos entre mais indivíduos. Como resultado, a quantidade de suprimentos *per capita* diminui e, em algum momento, alcança um nível no qual é difícil para a espécie crescer, se reproduzir e sobreviver.

Essa foi a preocupação que Malthus expressou no século XVIII a respeito do rápido crescimento demográfico humano. Isso porque populações com altas densidades também mostram níveis altos de estresse e taxas maiores de transmissão de doenças, além de atraírem a atenção de predadores. Todos esses fatores contribuem para desacelerar e parar o crescimento da população.

Dependência da densidade negativa em animais

Em uma pesquisa clássica em que se investigou a dependência da densidade negativa, Raymond Pearl criou casais de mosca-da-fruta (*Drosophila melanogaster*) sob diferentes densidades em frascos de laboratório contendo quantidades idênticas de alimento. À medida que a quantidade de indivíduos nos frascos aumentava, a competição pelo alimento se tornava mais intensa, e o número de filhotes produzidos por casal diminuía, conforme mostra a Figura 12.7. Adicionalmente, a duração de vida dos adultos também declinou bruscamente.

Embora a dependência da densidade negativa seja facilmente demonstrada em laboratório, diversos experimentos naturais confirmaram a existência do fenômeno na natureza. Por exemplo, o trinta-réis-boreal (*Sterna hirundo*) é uma ave que constrói ninhos nas praias. Na década de 1970, sua população na costa leste da América do Norte começou a se expandir para uma área conhecida como Baía de Buzzards, em Massachusetts. Elas colonizaram primeiramente a Ilha Bird, onde seus números aumentaram rapidamente de cerca de 200 para 1.800 indivíduos em 1990, como mostrado na Figura 12.8. Para essas aves, o fator limitante do crescimento populacional parece ser a disponibilidade de locais adequados à construção de ninhos. Em 1991, na Ilha Bird, eles estavam ocupados; por isso, a população se estabilizou. No ano seguinte, as aves começaram a colonizar a Ilha Ram, onde a população aumentou para pouco mais de 2.000 aves e então se estabilizou por volta do ano 2000. Aproximadamente nessa época, o animal começou a colonizar a Ilha Penikese. Esses dados demonstram que, embora os trinta-réis-boreais apresentem uma alta taxa intrínseca de crescimento, um número limitado de locais

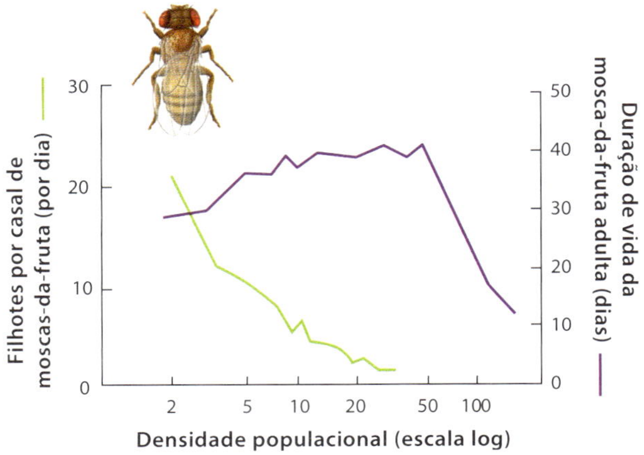

Figura 12.7 Limites no crescimento populacional. Populações maiores causam aumento da competição. Este gráfico mostra que, à medida que a competição entre as moscas-da-fruta aumenta, elas sofrem um declínio na quantidade de filhotes produzidos ao dia por casal reprodutivo. O aumento da competição também causa um declínio na duração de vida das moscas adultas. Dados de R. Pearl, The growth of populations, *Quarterly Review of Biology* 2 (1927): 532-548.

Fatores dependentes da densidade Fatores que afetam o tamanho da população em relação à sua densidade.

Dependência da densidade negativa Ocorre quando a taxa de crescimento populacional diminui à medida que a densidade populacional aumenta.

Dependência da densidade positiva Ocorre quando a taxa de crescimento populacional aumenta à medida que a densidade populacional aumenta. Também denominada **dependência da densidade inversa** ou **efeito Allee**.

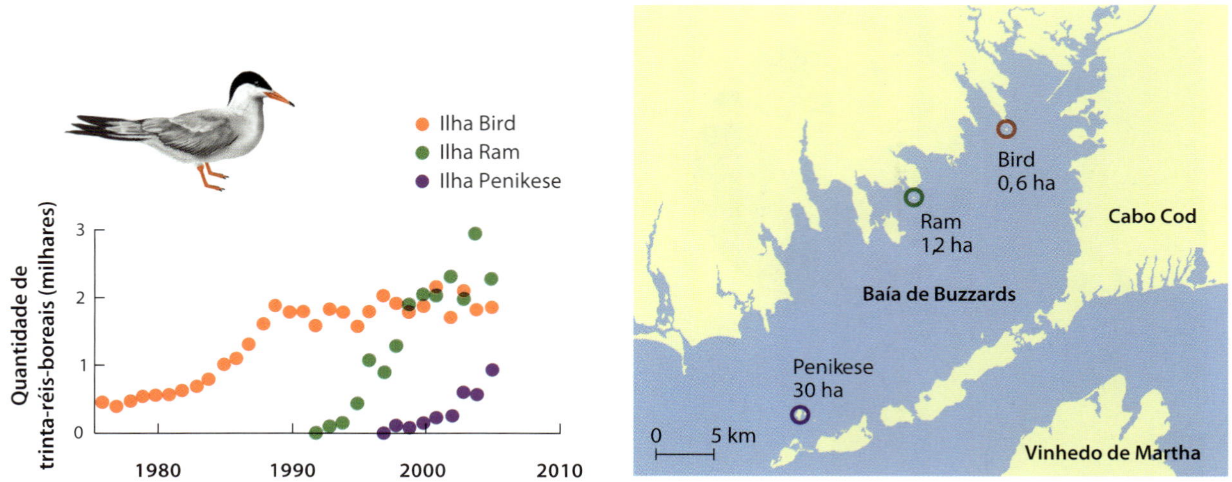

Figura 12.8 Dependência da densidade negativa no trinta-réis-boreal. À medida que a população da ave se expandia na Baía de Buzzards, em Massachusetts, eles colonizavam a Ilha Bird. O rápido crescimento da população preencheu a maioria dos locais disponíveis para nidificação, então as aves colonizaram a Ilha Ram. Mais uma vez, a quantidade de indivíduos cresceu e ocupou a maioria dos locais para a construção de ninhos. Em seguida, os trinta-réis-boreais colonizaram a Ilha Penikese. Cortesia de Ian C. T. Nisbet.

para nidificação limita o tamanho da população em última instância.

Dependência da densidade negativa em plantas

A sobrevivência, o crescimento e a reprodução das plantas também são limitados em altas densidades. Isso porque, quando elas são cultivadas densamente, cada uma tem acesso a menos recursos, como luz solar, água e nutrientes do solo. Pode-se observar esse resultado em um estudo do linho (*Linum usitatissimum*), que foi cultivado em densidades amplamente variadas e, em seguida, desidratado para determinar a sua massa. Os dados desse experimento estão mostrados na Figura 12.9.

Quando as sementes foram plantadas a uma densidade de 60 unidades por metro quadrado, o peso seco médio dos indivíduos ficou entre 0,5 e 1,0 g; quando elas foram plantadas em densidades de 1.440 a 3.600 por metro quadrado, a maioria dos indivíduos pesou menos de 0,5 g. Plantas com crescimento reduzido normalmente apresentam diminuição da fecundidade. Consequentemente, a competição causada

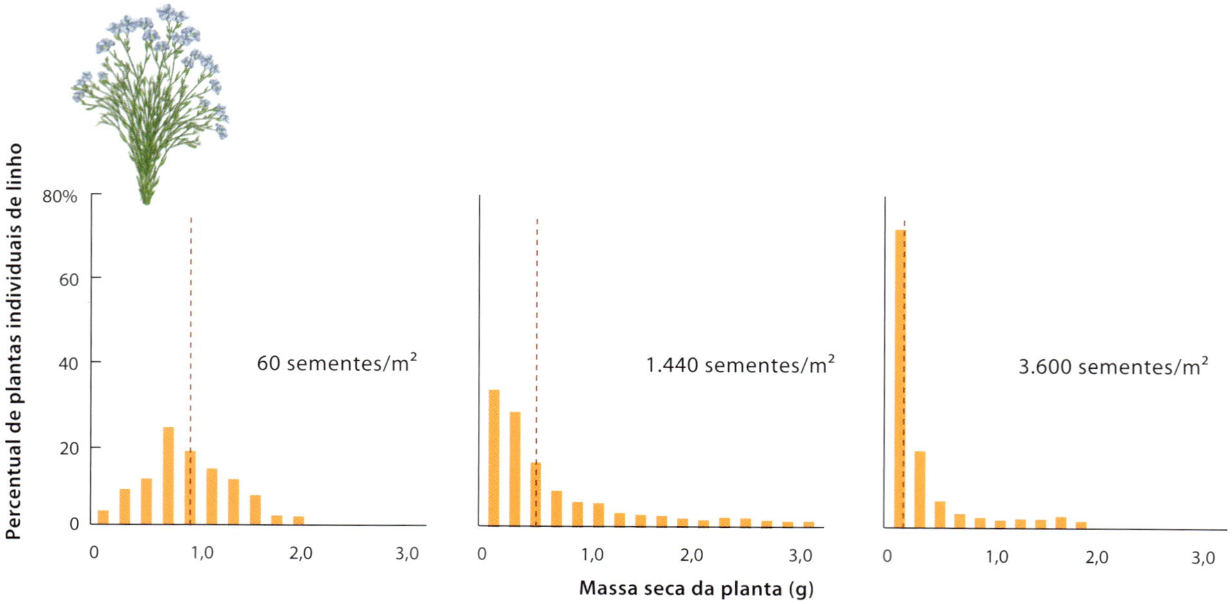

Figura 12.9 Dependência da densidade negativa no linho. Quando sementes de linho são plantadas em densidades mais altas, as plantas, em média, se tornam menores. Plantas menores são menos férteis, de modo que altas densidades causam o aumento das populações em uma velocidade mais lenta. A linha vermelha tracejada em cada gráfico representa a massa seca média. Dados de J. Harper, A Darwinian approach to plant ecology, *Journal of Ecology* 55 (1967): 247-270.

pelas altas densidades de plantas faz com que a população de linhos cresça mais devagar.

Em densidades muito altas, a competição entre coespecíficos pode causar a morte das plantas. Em um experimento com a utilização de buvas (*Erigeron canadensis*), as sementes foram plantadas a uma densidade de 100.000/m². Ao longo do tempo, a competição entre as pequenas plântulas se tornou intensa, como pode ser observado na Figura 12.10 A, e, ao longo de um período de 8 meses, a maioria delas morreu. Os dois eixos *y* na figura revelam que houve uma diminuição de 100 vezes na densidade populacional, mas um aumento de 1.000 vezes na massa média dos indivíduos sobreviventes. Como resultado, a massa total das plantas aumentou 10 vezes ao longo do tempo.

A Figura 12.10 B mostra os mesmos dados, mas agora com a densidade de plantas sobreviventes mudando ao longo do tempo *versus* a alteração na média de massa seca por planta ao longo do tempo, usando uma escala logarítmica. Ao mostrar graficamente esses dados, observa-se que eles caem sobre uma reta com uma inclinação negativa. Essa relação é chamada de **curva de autoafinamento**, uma relação gráfica que mostra como a diminuição na densidade populacional ao longo do tempo resulta em aumento na massa de cada indivíduo. Esse fenômeno tem sido observado em uma ampla variedade de espécies. As conclusões que emergem da curva de autoafinamento apresentam diversas utilidades práticas. Ela pode, por exemplo, ser utilizada para prever a sobrevivência e o crescimento de plantas cultivadas com diferentes densidades em campos agrícolas, ou o crescimento e a sobrevivência de mudas de árvores que são cultivadas com densidades distintas no plantio de florestas.

Em plantas, animais e em outros grupos taxonômicos, a dependência da densidade negativa tende a controlar as populações e manter seus níveis próximos ao número máximo que pode ser suportado pelo ambiente. Em muitos casos, elas são afetadas por ambos os fatores, dependentes e independentes. Em seguida, considera-se o fascinante processo da dependência da densidade positiva.

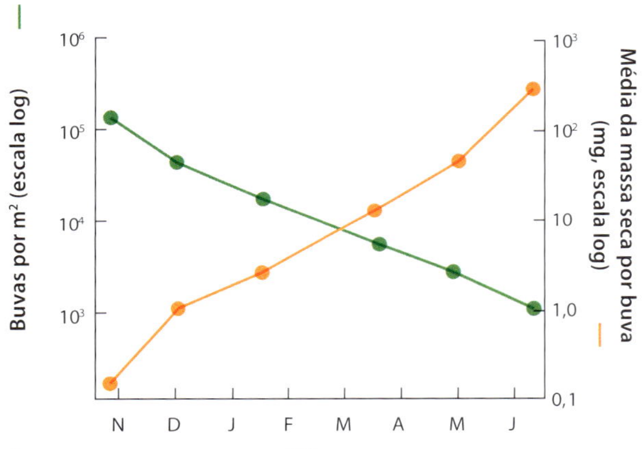

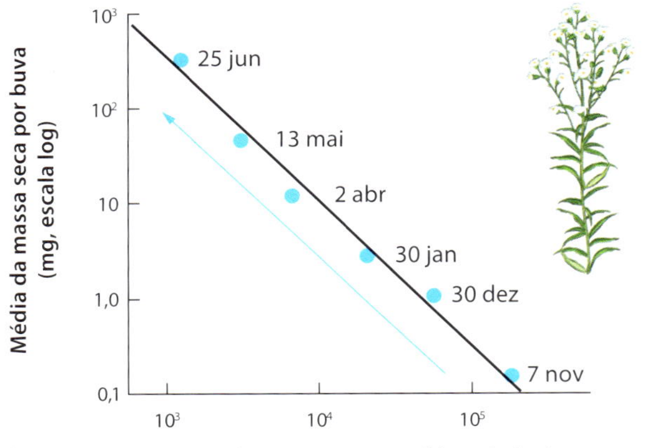

Figura 12.10 Curva de autoafinamento. Sementes de buva foram plantadas a uma densidade de 100.000 por m². **A.** Ao longo do tempo, o número de sobreviventes declinou em 100, enquanto a massa média das plantas que sobreviveram aumentou em 1.000. **B.** Quando se mostra, em um gráfico, a densidade das plantas contra a média da massa por planta em escalas logarítmicas, observa-se que ela segue uma reta com inclinação negativa. Dados de J. Harper, A Darwinian approach to plant ecology, *Journal of Ecology* 55 (1967): 247-270.

DEPENDÊNCIA DA DENSIDADE POSITIVA

Enquanto a dependência da densidade negativa causa a diminuição do crescimento populacional conforme a densidade aumenta, a positiva faz o crescimento populacional aumentar à medida que a densidade aumenta. Normalmente ela ocorre quando as densidades populacionais são muito baixas, podendo ser causada por diversos mecanismos. Por exemplo, densidades muito baixas fazem com que seja difícil para os organismos encontrar parceiros reprodutivos ou, no caso de plantas com flor, obter pólen, o que pode reduzir o sucesso reprodutivo e desacelerar o crescimento populacional. Como resultado, um pequeno aumento na densidade pode ter um efeito positivo no crescimento.

Densidades muito baixas também podem levar aos efeitos prejudiciais da endogamia, conforme discutido no Capítulo 4, e problemas com populações pequenas que por acaso apresentem proporções sexuais desiguais também podem ocorrer. Além disso, pequenas populações com baixa proporção de fêmeas podem ter reduzidas taxas de crescimento populacional, e os indivíduos que vivem em populações menores podem enfrentar um risco mais alto de predação do que os que vivem em grandes populações, conforme explicado no Capítulo 10. Em resumo, enquanto a dependência da densidade negativa reduz o crescimento populacional devido ao grande número de indivíduos, a positiva diminui o crescimento populacional devido à escassez de indivíduos.

A dependência da densidade positiva foi demonstrada para uma grande diversidade de espécies. Muitos tipos de plantas, por exemplo, evitam os custos da endogamia por meio de diversos mecanismos que evitam a autofertilização. Elas dependem de receber pólen de outras plantas, mas isso pode ser difícil quando os indivíduos vivem em baixas densidades e estão amplamente dispersos em uma área.

Curva de autoafinamento Relação gráfica que mostra como diminuições na densidade populacional ao longo do tempo levam a um aumento no tamanho de cada indivíduo.

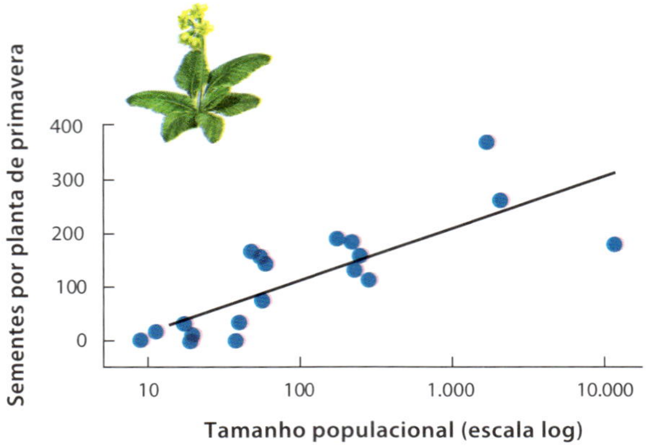

Figura 12.11 Dependência da densidade positiva em primaveras. Em baixas densidades, as plantas parecem ser limitadas por polinização, o que as faz produzir menos sementes. Em densidades mais altas, cada planta produz muito mais sementes. Dados de M. Kéry et al., Reduced fecundity and offspring performance in small populations of the declining grassland plants *Primula veris* and *Gentiana lutea*, *Journal of Ecology* 88 (2000): 17-30.

Figura 12.12 Dependência da densidade positiva e negativa. Quando as populações são muito pequenas, um aumento na densidade pode causar elevação na taxa de crescimento *per capita*. No entanto, quando elas são grandes e os recursos começam a se tornar limitantes, aumentos adicionais na densidade podem causar uma diminuição na taxa de crescimento *per capita*.

Em um estudo de primaveras (*Primula veris*), uma planta dos campos europeus, os pesquisadores estavam interessados em determinar por que muitas das populações menores estavam declinando. Quando observaram a reprodução em populações de diferentes tamanhos, eles descobriram que aquelas com menos de 100 indivíduos produziam menos sementes por planta, como mostrado na Figura 12.11. Isso provavelmente ocorreu porque as populações pequenas não eram tão boas em atrair polinizadores. Como resultado, as plantas em populações com baixa densidade recebiam menos pólen e, portanto, tinham menos flores fertilizadas e produziam menos sementes.

A dependência da densidade positiva também ocorre em parasitos. Em 2012, pesquisadores da Colúmbia Britânica estudaram a reprodução do piolho-do-salmão (*Lepeophtheirus salmonis*), que se alimenta da pele desse peixe. Eles contaram a quantidade de pares reprodutivos em cada peixe e descobriram que a probabilidade de um indivíduo formar um par reprodutivo estava positivamente correlacionada ao número de piolhos do sexo oposto. Os indivíduos que vivem em densidades baixas têm mais dificuldade para encontrar um parceiro do que os que vivem em densidades mais altas; portanto, os piolhos apresentaram dependência da densidade positiva.

Embora frequentemente se pense sobre a dependência da densidade positiva e a negativa como fenômenos isolados, as populações podem ser reguladas por ambos os processos, como mostrado na Figura 12.12. Conforme se passa das densidades baixas para as intermediárias, os efeitos da dependência positiva podem desempenhar um importante papel; afinal, densidades elevadas proporcionam mais indivíduos para a reprodução, e a taxa de crescimento pode aumentar. Acima de determinada densidade intermediária, os recursos começam a se tornar limitantes, e a dependência da densidade negativa começa a desempenhar um papel. Conforme as densidades continuam a aumentar, a dependência da densidade negativa continua a retardar o crescimento populacional; então, a taxa de crescimento populacional cai para zero.

Um exemplo da dinâmica entre os efeitos positivo e negativo da densidade no crescimento populacional pode ser observado em uma população de arenques (*Clupea harengus*) que desova perto da Islândia. Conforme a Figura 12.13, o arenque apresenta dependência da densidade positiva quando a população tem baixa abundância e negativa quando em alta abundância populacional.

A existência da dependência da densidade positiva na população de arenques preocupa os administradores de pesca porque indica que, se a espécie fosse levada a baixas densidades pela atividade pesqueira, seria difícil recuperar-se novamente. De fato, as populações poderiam apresentar taxas de crescimento negativas e se extinguir. Felizmente, a maioria delas não parece sofrer uma dependência positiva da densidade.

O estudo dos arenques destaca o porquê de aqueles que manejam as populações na vida selvagem precisarem compreender a dependência da densidade positiva. Desse modo, quando uma espécie cai para números muito baixos e se deseja melhorá-los, as estratégias de manejo devem considerar como evitar o endocruzamento e assegurar que cada fêmea possa encontrar uma quantidade suficiente de parceiros para fertilizar todos os seus ovos. O conceito de dependência da densidade positiva também oferece uma oportunidade para os ecólogos ajudarem a controlar espécies de pragas indesejáveis. Por exemplo, diversas pragas de insetos têm sido controladas pela liberação de machos estéreis na população. Isso distorce a razão sexual e faz as fêmeas cruzarem com machos estéreis, reduzindo a taxa de crescimento na população da praga. Em outros casos, os pesquisadores simplesmente diminuíram o tamanho de uma população indesejável até o ponto em que os indivíduos têm dificuldade de encontrar parceiros.

MODELO DE CRESCIMENTO LOGÍSTICO

Embora ambas as dependências da densidade, positiva e negativa, ocorram na natureza, os pesquisadores que

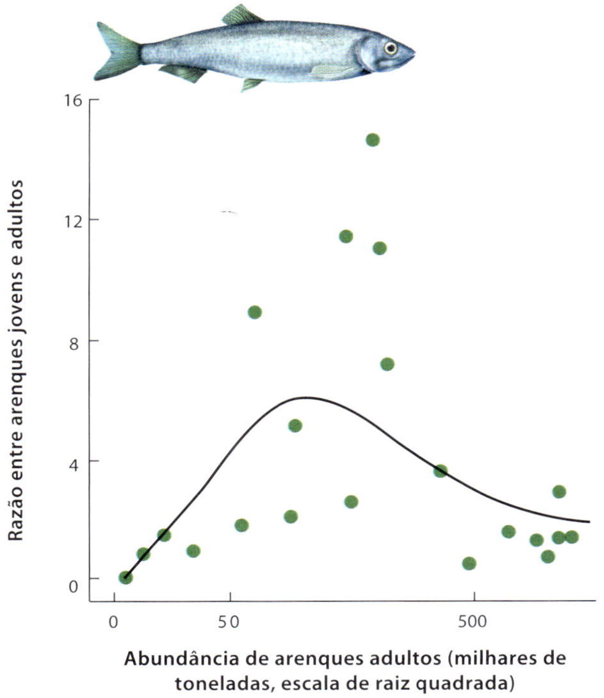

Figura 12.13 Dependência da densidade positiva e negativa no arenque. O crescimento populacional máximo é mensurado como uma razão entre o número de peixes jovens e o de peixes adultos. A taxa de crescimento máxima da população ocorre nas densidades intermediárias. Há dependência da densidade positiva em abundâncias baixas de arenque, mas dependência da densidade negativa em altas abundâncias. Dados de R. A. Myers et al., Population dynamics of exploited fish stocks at low population levels, *Science* 269 (1995): 1106-1108.

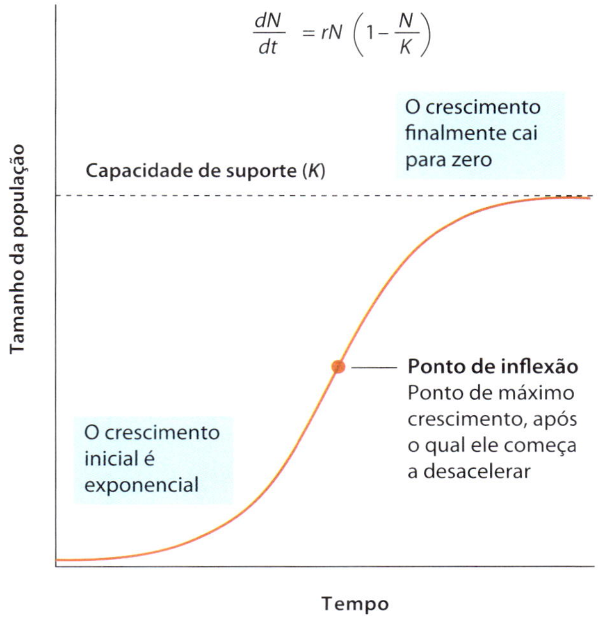

Figura 12.14 Modelo de crescimento logístico. Quando a população é pequena, o crescimento é exponencial, e quando ela é grande, o crescimento se reduz. O ponto de inflexão indica quando a população apresenta a sua taxa de crescimento máxima; acima dele, o crescimento começa a desacelerar. Quando a população alcança a sua capacidade de suporte (*K*), o crescimento torna-se zero. Como resultado desse padrão, o modelo de crescimento logístico é representado por uma curva em forma de S.

trabalham com modelagem de populações têm focado mais nos efeitos do tipo negativo. Como resultado, eles têm desenvolvido modelos de crescimento populacional que imitam o comportamento de muitas populações naturais: rápido crescimento inicial seguido por crescimento mais lento à medida que as populações crescem em direção ao seu tamanho máximo.

O tamanho máximo da população que pode ser suportado pelo ambiente é conhecido como **capacidade de suporte** da população, indicada como ***K***.

Para a modelagem de crescimento populacional desacelerado em altas densidades, utiliza-se o **modelo de crescimento logístico**. Ele é construído com base no modelo de crescimento exponencial, mas com a adição de um termo $(1 - N/K)$, que causa uma redução na taxa de crescimento à medida que a população se aproxima da sua capacidade de suporte:

$$\frac{dN}{dt} = rN\left(1 - \frac{N}{K}\right)$$

Quando o número de indivíduos na população é pequeno em relação à capacidade de suporte, a fração $\frac{N}{K}$ está próxima de 0, e o termo dentro dos parênteses se aproxima de 1. Quando isso ocorre, a equação se torna quase idêntica à do modelo de crescimento exponencial. Entretanto, quando a quantidade de indivíduos na população se aproxima da capacidade de suporte, o termo dentro dos parênteses se aproxima de 0. Como resultado, a taxa de crescimento se aproxima de 0. Quando se representa em um gráfico o crescimento de uma população ao longo do tempo usando a curva de crescimento logístico, obtém-se uma *sigmoide*, ou **curva em forma de S**, mostrada na Figura 12.14. O ponto médio na curva, onde a população tem sua taxa de crescimento máxima, é conhecido como **ponto de inflexão**, acima do qual a velocidade do crescimento da população começa a diminuir.

Pode-se compreender melhor como o modelo de crescimento logístico se comporta examinando o efeito do tamanho da população sobre sua taxa de crescimento $\left(\frac{dN}{dt}\right)$. Como mostrado na Figura 12.15 A, conforme a população aumenta a partir de um tamanho muito pequeno, a taxa de crescimento se eleva, porque o número de indivíduos que se reproduzem fica maior. Após alcançar metade da capacidade de suporte,

Capacidade de suporte (*K*) Tamanho populacional máximo que pode ser suportado pelo ambiente.

Modelo de crescimento logístico Modelo que descreve o crescimento mais lento de populações em altas densidades.

Curva em forma de S Formato da curva quando o tamanho de uma população em função do tempo é representado graficamente, usando o modelo de crescimento logístico.

Ponto de inflexão Ponto em uma curva de crescimento sigmoide no qual a população alcança sua taxa de crescimento máxima.

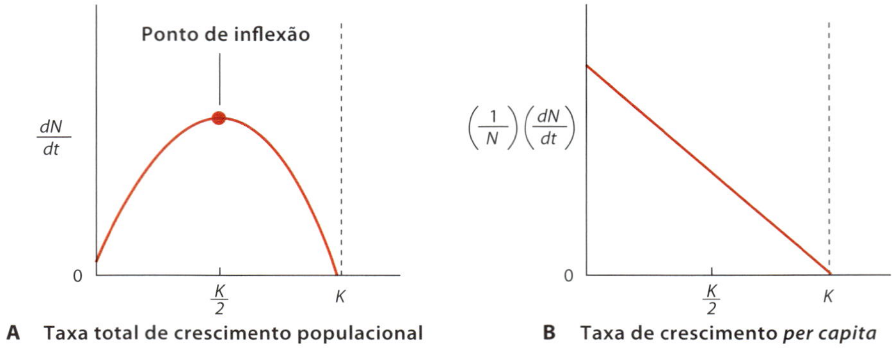

Figura 12.15 Efeito do tamanho da população sobre a taxa de crescimento total e a taxa de crescimento *per capita*. A. À medida que as populações crescem de um número pequeno até a sua capacidade de suporte, a taxa de crescimento aumenta até o ponto de inflexão, após o qual ela diminui. **B.** Em uma base *per capita*, a taxa de aumento declina continuamente.

que corresponde ao ponto de inflexão da curva S, a taxa de aumento começa a diminuir, porque cada indivíduo reprodutivo está obtendo menos recursos.

Também é possível investigar como o tamanho populacional afeta a taxa de crescimento *per capita* com o cálculo a seguir:

$$\left(\frac{1}{N}\right)\left(\frac{dN}{dt}\right)$$

Como se pode ver na Figura 12.15 B, os indivíduos sofrem uma redução contínua na sua capacidade de contribuir para o crescimento da população. Portanto, a curva de crescimento logístico mostra rápido aumento inicial devido à quantidade crescente de indivíduos na população, seguido de uma taxa decrescente de crescimento à medida que um número grande de indivíduos compartilha uma quantidade de recursos *per capita* limitada.

A equação logística descreve o crescimento de muitas populações. Um dos estudos clássicos foi conduzido pelo biólogo russo Georgyi Gause em 1934. Gause cultivou duas espécies de protistas, *Paramecium aurelia* e *Paramecium caudatum*, em tubos de ensaio e adicionou uma quantidade fixa de alimento a cada dia. Ambas as espécies inicialmente apresentaram um crescimento exponencial que, em seguida, ficou mais lento até alcançarem a capacidade de suporte. Como as duas espécies diferem de muitos modos, suas populações estabilizaram em diferentes capacidades de suporte, ilustradas pelas linhas azuis na Figura 12.16. Gause suspeitou de que a causa desse tamanho de população máximo fosse a quantidade de alimento disponível. Então, para testar essa hipótese, ele conduziu novamente o experimento, mas desta vez duplicou a quantidade de alimento. Conforme pode ser observado a partir da linha laranja em cada gráfico, as duas espécies novamente apresentaram um rápido crescimento inicial, seguido de um mais lento que por fim se estabilizou. No entanto, com o dobro de alimento disponível, as duas espécies se estabilizaram em tamanhos de população que tinham o dobro daquele do primeiro experimento. Esse teste inicial confirmou que o crescimento logístico pode ocorrer em organismos reais e que a maior disponibilidade de um recurso limitante pode aumentar a capacidade de suporte de uma população.

PREVISÃO DO CRESCIMENTO POPULACIONAL HUMANO COM A EQUAÇÃO LOGÍSTICA

O modelo de crescimento logístico foi desenvolvido pela primeira vez em 1838, pelo matemático belga Pierre François Verhulst. Ele havia lido o trabalho de 1798 de Thomas

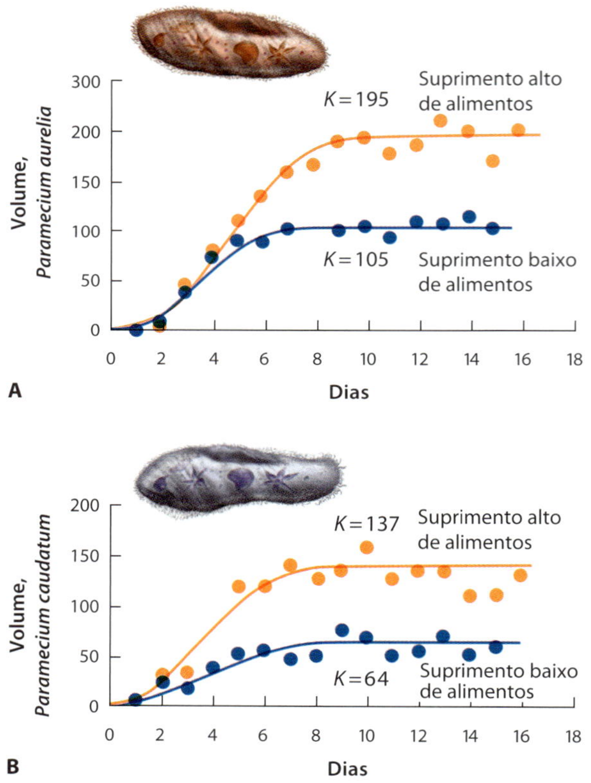

Figura 12.16 Crescimento logístico em duas espécies de *Paramecium*. A. Quando o *Paramecium aurelia* foi cultivado com baixo ou alto suprimento de alimentos, o tamanho populacional – medido em termos do volume total de células protistas – primeiramente cresceu rápido e depois se tornou mais lento à medida que alcançou sua capacidade de suporte. Quando foi fornecido o dobro de alimento, as espécies chegaram a um tamanho populacional que tinha o dobro do anterior. **B.** Um padrão similar foi observado em relação à outra espécie de protista, *Paramecium caudatum*. Dados de G. Gause, *The struggle for existence* (Zoological Institute of the University of Moscow, 1934.

Malthus e, por isso, buscou formular uma lei natural que regesse o crescimento das populações. Quase um século depois, em 1920, Raymond Pearl e Lowell Reed confirmaram de modo independente o modelo logístico quando examinaram o crescimento populacional humano.

MUDANÇA GLOBAL Usando dados do Serviço de Censo dos EUA (U.S. Census Bureau), que são coletados a cada 10 anos, Pearl e Reed confirmaram a observação de Malthus de que a população no país inicialmente crescera exponencialmente de 1790 a 1910. Eles observaram, no entanto, que esse crescimento começou a cair em 1910, conforme ilustrado na Figura 12.17, e que a sua taxa de crescimento pareceu estar diminuindo com o tempo. Pearl e Reed aplicaram sua equação de crescimento logístico aos dados do censo e previram que a população dos EUA, que era de 91 milhões em 1910, apresentava uma capacidade de suporte de 197 milhões. No entanto, eles foram cuidadosos ao observarem que essa previsão dependia de a população sustentar-se apenas com a utilização do território dos EUA.

Conforme se pode ver na figura, a população dos EUA excedeu em muito a previsão; em 2017, ela era superior a 325 milhões de pessoas. Há vários motivos para isso, e um considerado importante é que os avanços tecnológicos possibilitaram que os fazendeiros do país produzissem alimentos de modo muito mais eficiente. Ademais, uma quantidade substancial do que é consumido pela população tem origem em outras regiões do mundo. Além do aumento na quantidade de alimentos disponíveis, houve melhorias importantes na saúde pública e no tratamento médico, fatores que têm aumentado substancialmente as taxas de sobrevivência, particularmente de bebês e crianças. Finalmente, a equação logística não incorporava os milhões de imigrantes que chegaram aos EUA depois de 1910.

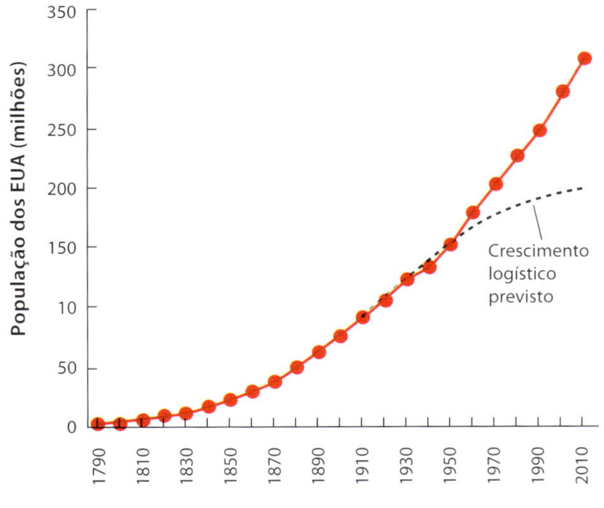

Figura 12.17 População humana em crescimento nos EUA. Um censo conduzido a cada 10 anos de 1790 a 1910 indicou que a população dos EUA continuava a crescer. Entretanto, a taxa de crescimento começou a cair em 1910. Com base nesses dados, Pearl e Reed previram que a população alcançaria um máximo de 197 milhões de pessoas; porém, na realidade, ela continuou a crescer. Dados de R. Pearl, L. J. Reed, On the rate of growth of the population of the United States since 1970 and its mathematical representation, *Proceedings of the National Academy of Sciences* 6 (1920): 275-288; U.S. Census Bureau (http://2010.census.gov/2010 census/data/apportionment-pop-text.php).

VERIFICAÇÃO DE CONCEITOS

1. Como os efeitos independentes da densidade alteram os tamanhos populacionais?
2. Qual é a ligação entre a dependência da densidade negativa e a regra de autoafinamento em plantas?
3. Em qual amplitude de densidades normalmente se observa a dependência da densidade positiva?

12.3 A taxa de crescimento populacional é influenciada pelas proporções de indivíduos em diferentes classes de idade, tamanho e história de vida

Na discussão sobre os modelos populacionais até aqui, presumiu-se que todos os indivíduos na população apresentem uma taxa intrínseca de crescimento idêntica, isto é, eles têm as mesmas taxas de natalidade e mortalidade. Embora essa premissa seja útil para produzir modelos de crescimento populacional simples, sabe-se que a sobrevivência e a fecundidade geralmente variam com a idade, o tamanho ou o estágio da história de vida de um indivíduo.

Em termos de idade, não é possível se reproduzir até que ocorra a maturidade reprodutiva. Com relação ao tamanho individual, indivíduos com massas maiores normalmente têm fecundidade maior (ver Capítulo 8). Quanto aos estágios de história de vida, sabe-se que organismos diferentes apresentam taxas de fecundidade distintas durante cada estágio. Assim, girinos apresentam baixa taxa de sobrevivência e ausência de fecundidade, enquanto, mais tarde, na forma de rãs, têm alta sobrevivência e alta fecundidade. Muitas plantas perenes alternam entre anos nos quais se reproduzem e anos nos quais não se reproduzem. Esta seção examina como as alterações na sobrevivência e na fecundidade entre as diferentes classes de uma população afetam o crescimento populacional. Ao fazer isso, enfoca as classes etárias, considerando, porém, que os mesmos princípios se aplicam às classes de tamanho e às de história de vida.

ESTRUTURA ETÁRIA

A **estrutura etária** de uma população é a proporção de indivíduos em diferentes classes etárias, que pode fornecer muitas informações a respeito do crescimento anterior e seu potencial de crescimento futuro. Considerando os diferentes padrões de estrutura etária entre as populações humanas em 2017, que são mostrados na Figura 12.18 e são conhecidos como *pirâmide etária*, observa-se que as nações da Índia, dos EUA e da Alemanha apresentam um declínio na quantidade de pessoas após os 50 anos de idade, em virtude da senescência. No entanto, cada uma dessas nações tem uma forma de pirâmide abaixo dos 50 anos de idade bem diferente uma da outra. As pirâmides etárias com bases largas refletem populações

Estrutura etária Proporção de indivíduos em uma população em diferentes classes etárias.

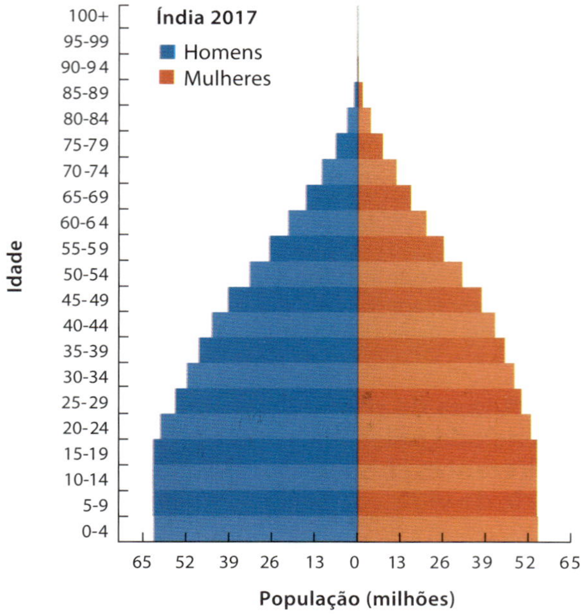

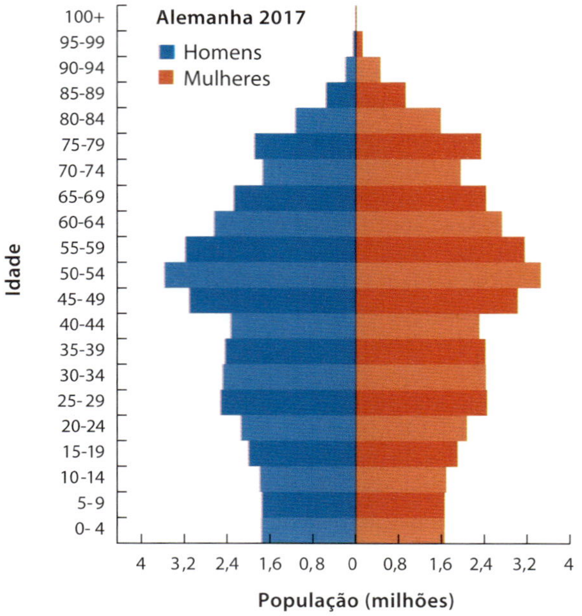

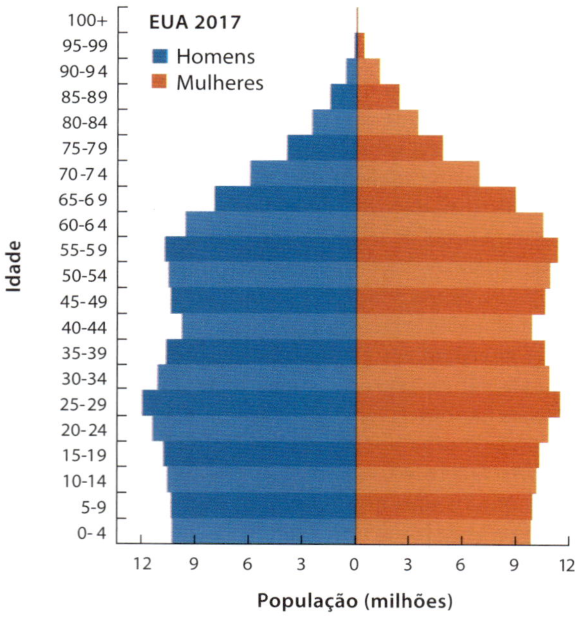

Figura 12.18 Estrutura etária das populações humanas na Índia, nos EUA e na Alemanha em 2017. A estrutura etária da Índia apresenta uma alta proporção de pessoas jovens, o que indica uma população em crescimento. A estrutura etária dos EUA tem quantidades muito similares de pessoas de 0 a 50 anos de idade, o que indica uma população estável. A estrutura etária da Alemanha mostra menos pessoas jovens do que de meia-idade, uma indicação de que a sua população está declinando. Dados de http://www.census.gov/population/international/data/idb/informationGateway.php.

crescentes; as com lados retos, populações estáveis; e as com bases estreitas, populações em declínio.

No caso da Índia, a quantidade de pessoas nas classes etárias mais jovens supera muito aquela nas classes etárias intermediárias. Desse modo, se as primeiras tiverem boa nutrição e cuidados de saúde, as pessoas sobreviverão bem, e o número de indivíduos reprodutivos daqui a duas décadas será muito maior do que é atualmente, o que fará com que a população cresça.

Isso pode ser contrastado com a pirâmide etária dos EUA, na qual a quantidade de pessoas nas classes etárias jovens é muito similar àquela das intermediárias. Nesse caso, a previsão seria que, daqui a duas décadas, haveria um número semelhante de indivíduos reprodutivos, de maneira que a população permaneceria relativamente estável.

O outro extremo é representado pela Alemanha, onde as atuais classes etárias reprodutivas têm sofrido uma diminuição na reprodução, de modo que o número de pessoas nas classes etárias mais jovens é inferior ao das classes intermediárias. Se fosse realizada uma projeção para duas décadas no futuro, seriam previstos menos indivíduos reprodutivos e, como consequência, o declínio da população alemã.

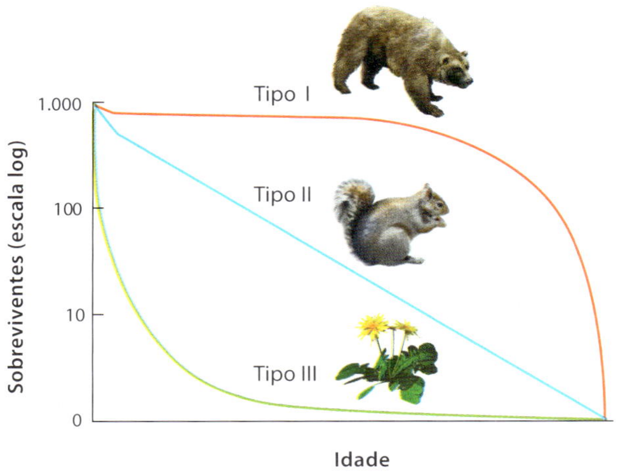

Figura 12.19 Curvas de sobrevivência. Os indivíduos que têm uma curva do tipo I apresentam alta sobrevivência até idades mais avançadas. Indivíduos com uma curva do tipo II sofrem um declínio contínuo na sobrevivência durante toda a vida. Indivíduos com uma curva do tipo III apresentam baixa sobrevivência quando jovens e alta quando mais velhos.

CURVAS DE SOBREVIVÊNCIA

Para compreender as diferenças na sobrevivência entre classes etárias distintas, pode-se mostrar graficamente a sobrevivência em função do tempo, conforme ilustrado na Figura 12.19. As curvas podem ser classificadas como tipos I, II ou III. Uma curva de sobrevivência do tipo I representa indivíduos de uma população que sofrem pouca mortalidade no início da vida e alta mortalidade mais tarde. Exemplos desse tipo incluem humanos, elefantes e baleias. Uma curva de sobrevivência do tipo II ocorre quando indivíduos de uma população sofrem mortalidade relativamente constante ao longo de toda a sua vida, como esquilos, corais e algumas espécies de aves canoras. Uma curva de sobrevivência do tipo III representa indivíduos de uma população com alta mortalidade no início da vida e alta sobrevivência mais tarde, padrão comum em muitas espécies de insetos e plantas como dente-de-leão e carvalho, que produzem centenas ou milhares de sementes. Na realidade, a maioria das populações tem curvas de sobrevivência com características dos tipos I e III, com alta mortalidade no início e mais para o final da vida dos indivíduos.

TABELAS DE VIDA

Uma vez que as taxas de natalidade e mortalidade podem diferir entre as classes etárias, de tamanho e de história de vida, é preciso incorporar essas informações nas estimativas de crescimento populacional de alguma maneira; assim, será possível prever melhor como uma população mudará de tamanho ao longo do tempo, o que é importante para o manejo das populações que os humanos consomem, das populações de espécies que se deseja conservar e das populações de pragas que se almeja controlar. Entretanto, esse objetivo poderá ser alcançado se forem conhecidas as proporções de indivíduos nas diferentes classes etárias e as taxas de natalidade e mortalidade de cada uma delas. Em conjunto, tais dados podem informar se é esperado que uma população aumente, diminua ou permaneça inalterada.

TABELA 12.1 População hipotética de 100 indivíduos com taxas de sobrevivência e fecundidade específicas por idade.

Idade (x)	Número de indivíduos (n_x)	Taxa de sobrevivência (s_x)	Fecundidade (b_x)
0	20	0,5	0
1	10	0,8	1
2	40	0,5	3
3	30	0,0	2
4	0	–	–
Total	**100**		

Para determinar como as classes de idade, de tamanho ou de história de vida afetam o crescimento de uma população, usam-se **tabelas de vida**, que compilam dados de sobrevivência e fecundidade específicos para cada classe. Considerando que pode ser difícil assegurar a paternidade em muitas espécies, as tabelas de vida normalmente se baseiam nas fêmeas, e a fecundidade é definida como o número de filhotes fêmeas por fêmea reprodutiva. Para algumas populações que apresentam proporções sexuais altamente distorcidas ou sistemas de acasalamento incomuns (ver Capítulo 9), o uso somente de fêmeas pode causar problemas; entretanto, na maioria dos casos, as tabelas de vida com base nas fêmeas proporcionam um modelo útil de crescimento populacional.

Para demonstrar o uso de tabelas de vida, pode-se considerar uma população hipotética composta por 100 indivíduos distribuídos em diferentes classes etárias, conforme ilustrado na Tabela 12.1. Nela, as classes etárias são indicadas por x, e o número de indivíduos em cada classe é indicado por n_x. O valor de n_x representa quantos indivíduos estão presentes imediatamente após a população ter produzido filhotes. Na tabela, a taxa de sobrevivência de uma classe etária para a seguinte é denotada por s_x (porque "s" é a letra inicial de "sobrevivência").

Nesse exemplo, a coluna rotulada de s_x indica que os novos filhotes têm uma taxa de sobrevivência de 50%; os de 1 ano de idade têm uma taxa de sobrevivência de 80%; os de 2 anos, 50%; e nenhum de 3 anos sobrevive até os 4 anos de idade. A fecundidade de cada classe etária é denotada por b_x (do inglês *birth*, "nascimento"). Na tabela, a coluna denotada como b_x indica que a nova prole não pode se reproduzir, mas indivíduos com 1 ano de idade podem gerar um filhote cada um; aqueles com 2 anos, três filhotes cada um; e os de 3 anos podem produzir dois filhotes cada um.

Os dados nessa tabela de vida possibilitam calcular o tamanho esperado da população após 1 ano, e a Tabela 12.2 mostra os cálculos para a população da Tabela 12.1. Para calcular a quantidade dos que sobrevivem até a classe etária seguinte, multiplica-se o número de indivíduos de uma classe de idade pela taxa de sobrevivência anual daquela classe, como mostrado na região sombreada de vermelho da tabela. Por exemplo, se no início houver indivíduos de 20 anos de idade e com

Tabela de vida Tabela que contém dados de sobrevivência e fecundidade específicos das classes.

TABELA 12.2 Quantidade de sobreviventes e de novos filhotes após 1 ano para a população hipotética da Tabela 12.1.

Idade (x)	Número de indivíduos (n_x)	Taxa de sobrevivência (s_x)	Número de sobreviventes até a classe etária seguinte (n_x) × (s_x)	Fecundidade (b_x)	Número de novos filhotes gerados (n_x) × (s_x) × (b_x)	Censo da população 1 ano depois
0	20 ×	0,5 =		0	0	74
1	10	0,8	10 ×	1 =	10	10
2	40	0,5	8	3	24	8
3	30	0,0	20	2	40	20
4	0		0			0
Total	N_0 = 100		38	+	74 =	N_1 = 112

taxa de sobrevivência de 50%, pode-se calcular a quantidade daqueles de 1 ano de idade que existirão no próximo ano:

Número de indivíduos que sobreviverão até a classe etária seguinte = $(n_x) \times (s_x)$

Número de indivíduos que sobreviverão até a classe etária seguinte = $20 \times 0{,}5$

Número de indivíduos que sobreviverão até a classe etária seguinte = 10

Para determinar o número de novos filhotes que serão gerados no ano seguinte, multiplica-se a quantidade de indivíduos que sobrevivem até a próxima classe etária – conforme mostrado na região sombreada de laranja – pela fecundidade dela. Por exemplo, se 10 indivíduos sobreviverem até 1 ano de idade e cada um deles puder gerar um filhote, pode-se calcular o número de novos filhotes que essa classe produzirá, como mostrado na região sombreada de amarelo na tabela:

Número de novos filhotes gerados = $(n_x) \times (s_x) \times (b_x)$

Número de novos filhotes gerados = $20 \times 0{,}5 \times 1$

Número de novos filhotes gerados = 10

Se forem feitos esses cálculos para cada classe etária, será possível observar que, no ano seguinte, haverá um total de 74 novos filhotes. Além disso, existirão 10 indivíduos que agora têm 1 ano de idade, 8 que têm 2 anos e 20 que agora têm 3 anos. Um resumo disso pode ser observado na Tabela 12.3.

Quando todas as classes etárias são somadas, descobre-se que suas taxas de sobrevivência e fecundidade fizeram a população crescer de um total de 100 para 112 indivíduos em 1 ano. Como resultado, a taxa de crescimento geométrico da população é:

$$\lambda = \frac{N_1}{N_0} = \frac{112}{100} = 1{,}12$$

É possível, ainda, continuar esses cálculos para estimar o tamanho da população por muitos anos no futuro; na Tabela 12.4, estão os resultados dos mesmos cálculos para 8 anos no futuro. Também se pode calcular a taxa de crescimento geométrico da população para cada ano. Examinando os valores de λ, observa-se que eles inicialmente variam muito entre 1,05 e 1,69; no entanto, conforme os anos passam, eles se estabilizam em 1,49. Assumindo que a sobrevivência e a fecundidade de cada classe permaneçam constantes no tempo, λ irá estabilizar-se em um valor específico, e a proporção de indivíduos em cada classe etária também ficará estável. Quando essa proporção não muda com o tempo, diz-se que ela apresenta uma **distribuição etária estável**. No entanto, se as taxas de sobrevivência e fecundidade mudassem, o valor de λ e a proporção de indivíduos em cada classe etária também se alterariam.

TABELA 12.3 Tamanho populacional inicial e 1 ano depois com base na população hipotética da Tabela 12.1.

Idade (x)	Número de indivíduos (n_x)	Número de indivíduos 1 ano depois ($n_x + 1$)
0	20	74
1	10	10
2	40	8
3	30	20
4	0	0
Total	**N_0 = 100**	**N_1 = 112**

Cálculo da sobrevivência

Até aqui as tabelas de vida foram analisadas usando a taxa de sobrevivência (s_x) de uma classe etária para a seguinte. Entretanto, outra medida útil é a probabilidade de sobreviver desde o nascimento até determinada classe etária posterior, o que se denomina *sobrevivência* e se denota como l_x (do inglês *living*, "vivo"). A sobrevivência na primeira classe etária é sempre definida como 1 porque todos os indivíduos na população estão inicialmente vivos. A sobrevivência em qualquer classe etária é o produto da sobrevivência no ano anterior pela respectiva taxa de sobrevivência. Por exemplo, a sobrevivência para o segundo ano é calculada como:

$$l_2 = l_1 s_1$$

A sobrevivência para o terceiro ano é calculada como:

$$l_3 = l_2 s_2$$

As sobrevivências na população hipotética da Tabela 12.1 são mostradas na Tabela 12.5.

Distribuição etária estável Quando a estrutura etária de uma população não muda com o tempo.

TABELA 12.4 Projeção do crescimento populacional por 8 anos com base na população hipotética da Tabela 12.1.

	Ano 0	Ano 1	Ano 2	Ano 3	Ano 4	Ano 5	Ano 6	Ano 7	Ano 8
n_0	20	74	69	132	175	274	399	599	889
n_1	10	10	37	34	61	87	137	199	299
n_2	40	8	8	30	28	53	70	110	160
n_3	30	20	4	4	15	14	26	35	55
N	**100**	**112**	**118**	**200**	**279**	**428**	**632**	**943**	**1.403**
λ	1,12	1,05	1,69	1,40	1,53	1,48	1,49	1,49	

TABELA 12.5 Cálculo da sobrevivência (l_x) da população hipotética da Tabela 12.1.

Idade (x)	Número de indivíduos (n_x)	Taxa de sobrevivência (s_x)	Sobrevivência (l_x)
0	20	0,5	1,0
1	10	0,8	0,5
2	40	0,5	0,4
3	30	0,0	0,2
4	0	–	0,0
Total	**100**		

Cálculo da taxa líquida de reprodução

A **taxa líquida de reprodução** é a quantidade total esperada de filhotes fêmeas que uma fêmea normal irá gerar ao longo de sua vida. Se esse valor for superior a 1, cada fêmea mais do que substituirá a si mesma na população, e a população crescerá. A taxa líquida de reprodução, denominada R_0, é calculada em duas etapas. Primeiramente, multiplica-se a probabilidade de sobreviver em cada uma das classes de idade (l_x) pela fecundidade delas (b_x). Em segundo lugar, somam-se esses produtos, conforme mostrado na equação a seguir:

$$R_0 = \Sigma\, l_x b_x$$

Um exemplo para a população hipotética utilizada aqui é mostrado na Tabela 12.6. Nesse caso, a taxa líquida de reprodução é 2,1, o que significa que cada fêmea está produzindo 2,1 filhas em média, de modo que a população crescerá.

TABELA 12.6 Cálculo da taxa líquida de reprodução com base na população hipotética da Tabela 12.1.

Idade (x)	Taxa de sobrevivência (s_x)	Sobrevivência (l_x)	Fecundidade (b_x)	(l_x) × (b_x)
0	0,5	1,0	0	
1	0,8	0,5	1	0,5
2	0,5	0,4	3	1,2
3	0,0	0,2	2	0,4
4	–	0,0	–	0,0

Taxa líquida de reprodução (R_0) = $\Sigma\, l_x b_x$ = 2,1

Cálculo do tempo de geração

As tabelas de vida também podem ser utilizadas para calcular o **tempo de geração (*T*)** de uma população, que é o período médio entre o nascimento de um indivíduo e o de seus filhotes. Para esse cálculo, devem ser realizados três conjuntos de cálculos, conforme mostrado na Tabela 12.7. Primeiramente, em cada classe etária, multiplicam-se a idade (x), a sobrevivência (l_x) e a fecundidade (b_x). Em segundo lugar, somam-se esses produtos. Isso fornece o número esperado de nascimentos para uma fêmea, ponderado pelas idades nas quais ela gerou filhotes.

Usando esses cálculos, pode-se calcular o tempo de geração como:

$$T = \frac{\Sigma x l_x b_x}{l_x b_x}$$

$$T = \frac{4{,}1}{2{,}1}$$

$$T = 1{,}95 \text{ ano}$$

O tempo de geração informa que, na população hipotética utilizada, o tempo médio entre o nascimento de um indivíduo e o de seus filhotes é de aproximadamente 2 anos.

Cálculo da taxa intrínseca de crescimento

É possível fazer conexões entre as tabelas de vida e os modelos de crescimento populacional anteriores utilizando os dados daquelas para estimar a taxa intrínseca de crescimento da população (λ ou r). Quando uma taxa intrínseca de crescimento é estimada a partir de uma tabela de vida, assume-se que esta apresenta uma distribuição etária estável; entretanto, distribuições etárias estáveis raramente ocorrem na natureza porque o ambiente varia de ano para ano de maneiras que podem afetar a sobrevivência e a fecundidade. Como resultado, qualquer aproximação de λ ou r fica necessariamente restrita ao conjunto de condições ambientais nas quais a população vive. Existem equações complicadas para se estimarem λ e r. No entanto, é possível fornecer estimativas próximas, denotadas por λ_a e r_a (em que a letra "a" indica uma aproximação), com base nas estimativas da taxa líquida de reprodução (R_0) e do tempo de geração (T).

$$\lambda_a = R_0^{\frac{1}{T}}$$

Taxa líquida de reprodução Quantidade total esperada de filhotes fêmeas que uma fêmea média irá gerar ao longo de sua vida.

Tempo de geração (*T*) Tempo médio entre o nascimento de um indivíduo e o nascimento de seus descendentes.

TABELA 12.7 Cálculo do tempo de geração (T) da população hipotética da Tabela 12.1.

Idade (x)	Taxa de sobrevivência (s_x)	Sobrevivência (l_x)	Fecundidade (b_x)	$(l_x) \times (b_x)$	$(x) \times (l_x) \times (b_x)$
0	0,5	1,0	0		0,0
1	0,8	0,5	1	0,5	0,5
2	0,5	0,4	3	1,2	2,4
3	0,0	0,2	2	0,4	1,2
4	–	0,0	–	0,0	0,0
				$(R_0) = \Sigma l_x b_x = 2,1$	$\Sigma x l_x b_x = 4,1$

Considerando os cálculos anteriores, a fórmula é simplificada para:

$$\lambda_a = 2,1^{\frac{1}{1,95}}$$
$$\lambda_a = 1,46$$

O valor de 1,46 está próximo da taxa λ observada, de cerca de 1,49, após a população ter alcançado uma distribuição etária estável (ver Tabela 12.3). Se o objetivo fosse calcular r_a, poderia ser utilizada a equação a seguir:

$$r_a = \frac{\log_e R_0}{T}$$
$$r_a = \frac{\log_e 2,1}{1,95}$$
$$r_a = 0,38$$

Pode-se observar que a taxa intrínseca de crescimento de uma população depende tanto da taxa líquida de reprodução (R_0) quanto do tempo de geração (T): quanto maior for R_0 e menor T, mais alta será a taxa intrínseca. Uma população cresce quando R_0 excede 1, pois este valor representa o nível de reprodução que resulta na reposição da população. Em contraste, ela declina quando $R_0 < 1$. A taxa na qual uma população pode ser alterada aumenta com tempos de geração mais curtos.

COLETA DE DADOS PARA AS TABELAS DE VIDA

Para determinar a estrutura etária de uma população e prever seu crescimento futuro, é preciso coletar dados ou organismos de diferentes idades. Esse objetivo pode ser alcançado construindo-se tanto uma *tabela de vida de coorte* como uma *tabela de vida estática*. Em uma **tabela de vida de coorte**, um grupo de indivíduos nascidos ao mesmo tempo é acompanhado desde o nascimento até a morte do último deles. Já uma **tabela de vida estática** quantifica a sobrevivência e a fecundidade de todos os indivíduos em uma população durante um único intervalo de tempo. Ambos os tipos são utilizados em diferentes situações e apresentam vantagens e desvantagens distintas.

Tabelas de vida de coorte

As tabelas de vida de coorte são facilmente aplicadas a populações de plantas e animais sésseis, nas quais indivíduos marcados podem ser rastreados continuamente ao longo de toda a sua vida. No entanto, elas não funcionam bem para as espécies altamente móveis ou para aquelas com duração de vida muito longa, como as árvores. Um dos problemas na utilização de uma tabela de vida de coorte é que uma mudança no ambiente durante um ano pode afetar a sobrevivência e a fecundidade dos indivíduos que compõem a coorte naquele ano. Isso dificulta a separação entre os efeitos da idade e aqueles causados pelas mudanças ambientais. Por exemplo, pode-se imaginar a marcação de uma população de plantas que vive por diversos anos e, no meio da vida, sofre uma seca severa, que causa reduções bruscas na sobrevivência e na fecundidade. Se o ano seguinte for úmido, o que causa alta sobrevivência e fecundidade, quando a tabela de vida for construída, não será possível determinar se as alterações na sobrevivência e na fecundidade em cada idade foram ocasionadas por uma mudança na idade ou no ambiente.

Um excelente exemplo de uma tabela de vida de coorte vem do trabalho de Peter e Rosemary Grant, que estudaram diversas espécies de tentilhões-de-solo nas Ilhas Galápagos, ao largo da costa do Equador. Na pequena ilha de Daphne Maior, os Grants conseguiram capturar todas as aves da ilha e marcá-las com anilhas plásticas coloridas nas pernas. Como essa ilha está muito isolada, poucas aves deixaram o lugar ou chegaram a ele vindas de outro local.

Com a utilização de 210 tentilhões-de-cacto (*Geospiza scandens*) que desenvolveram plumas em 1978, os pesquisadores construíram uma tabela de vida de coorte para a população. Na Figura 12.20, pode ser observada a taxa de sobrevivência anual para essas aves. Como é o caso de muitas espécies, ela foi baixa no primeiro ano da população, mas permaneceu alta por diversos anos subsequentes. Entretanto, a sobrevivência foi muito variável durante toda a vida das aves, o que reflete a variação no ambiente em virtude de alterações climáticas durante os anos de El Niño (ver Capítulo 5). Como o período de El Niño é úmido, a vegetação produz alimento abundante para os tentilhões, o que resulta em alta sobrevivência. Aos anos de El Niño seguem-se vários anos secos, durante os quais o alimento se torna escasso para a espécie, culminando em baixa sobrevivência. Esses dados enfatizam uma desvantagem das tabelas de vida de coorte; afinal, conforme mencionado anteriormente, é difícil determinar se a baixa sobrevivência em uma idade específica é causada pela idade dos indivíduos ou pelas condições ambientais daquele ano.

Tabelas de vida estáticas

A utilização de uma tabela de vida estática evita muitos dos problemas da tabela de vida de coorte. Isso porque, ao

Tabela de vida de coorte Acompanha um grupo de indivíduos nascidos ao mesmo tempo desde o nascimento até a morte do último deles.

Tabela de vida estática Quantifica a sobrevivência e a fecundidade de todos os indivíduos em uma população durante um único intervalo de tempo.

ANÁLISE DE DADOS EM ECOLOGIA

Cálculo dos valores da tabela de vida

Dados da tabela de vida são coletados para muitas espécies diferentes. Por exemplo, um grupo de pesquisadores acompanhou durante uma década uma população de esquilos-cinzentos (*Sciurus carolinensis*) na Carolina do Norte, para quantificar a sobrevivência e a fecundidade deles. A seguir se encontra uma tabela de sobrevivência e fecundidade específicas da idade.

EXERCÍCIO Com a utilização dos dados da tabela, calcule a taxa líquida de reprodução (R_0), o tempo de geração (T) e a taxa intrínseca de crescimento (λ).

TABELA DE VIDA DO ESQUILO-CINZENTO

(x)	(n_x)	(l_x)	(b_x)	$(l_x) \times (b_x)$	$(x) \times (l_x) \times (b_x)$
0	530	1,000	0,05		
1	134	0,253	1,28		
2	56	0,116	2,28		
3	39	0,089	2,28		
4	23	0,058	2,28		
5	12	0,039	2,28		
6	5	0,025	2,28		
7	2	0,022	2,28		

Fonte: Dados de F. S. Barkalow, The vital statistics of an unexploited gray squirrel population, *Journal of Wildlife Management* 34 (1970): 489-500.

considerar a sobrevivência e a fecundidade dos indivíduos de todas as idades durante um único intervalo de tempo, as diferenças entre as classes etárias são quantificadas sob as mesmas condições ambientais, de modo que idade não é confundida com tempo. Além disso, as tabelas de vida estáticas possibilitam a observação da sobrevivência e da fecundidade de todos os indivíduos durante um momento no tempo, o que significa que é possível examinar as espécies altamente móveis, bem como as que apresentam durações de vida longas.

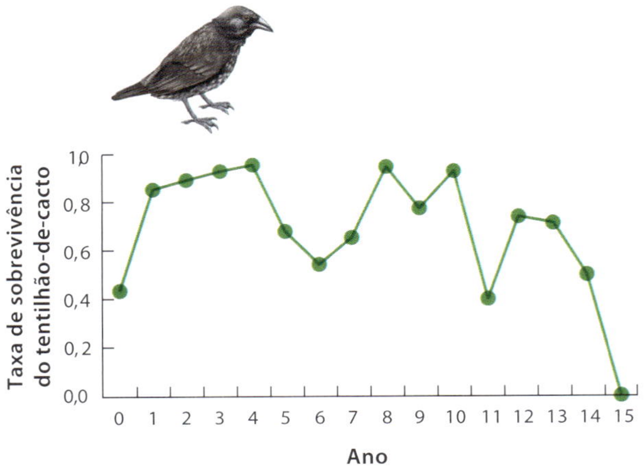

Figura 12.20 Taxa de sobrevivência anual dos tentilhões-de-cacto. Usando uma coorte de tentilhões-de-cacto, pesquisadores puderam calcular a sobrevivência anual durante um período de 15 anos. Dados de P. R. Grant, B. R. Grant, Demography and the genetically effective sizes of two populations of Darwin's finches, *Ecology* 73 (1992): 766-784.

Para construir uma tabela de vida estática, é preciso determinar a idade de todos os indivíduos, uma vez que eles não são marcados quando nascem. Para isso, diversas técnicas estão disponíveis. Por exemplo, podem-se contar os anéis de crescimento anual nos troncos das árvores, nos dentes dos mamíferos e nos ossos do ouvido dos peixes. Uma importante preocupação ao utilizar as tabelas de vida estáticas é que os dados específicos da idade sobre a sobrevivência e a fecundidade aplicam-se somente às condições ambientais que existiam na ocasião em que as informações foram coletadas. Considerando que a tabela de vida pode não ser representativa dos anos nos quais as condições ambientais são bastante diferentes, é útil construir tabelas de vida estáticas para vários anos e, assim, avaliar o quanto a variação ambiental afeta o crescimento populacional previsto.

Um estudo clássico que utilizou uma tabela de vida estática foi conduzido por Olaus Murie, que examinou a sobrevivência do carneiro-de-dall (*Ovis dalli*) em um local no Alasca durante a década de 1930. Murie sabia que os chifres do carneiro continham anéis de crescimento anual que podiam ser utilizados para determinar a idade do animal. Ele também sabia que o acompanhamento de uma coorte de carneiros altamente móveis por 15 anos no Alasca não era viável e, por isso, adotou uma abordagem estática, ao conduzir uma busca por todos os esqueletos do animal na área. O pesquisador encontrou um total de 608 esqueletos de carneiros que haviam morrido nos últimos anos e atribuiu uma idade a cada indivíduo com base em seus chifres. Utilizando essas estimativas,

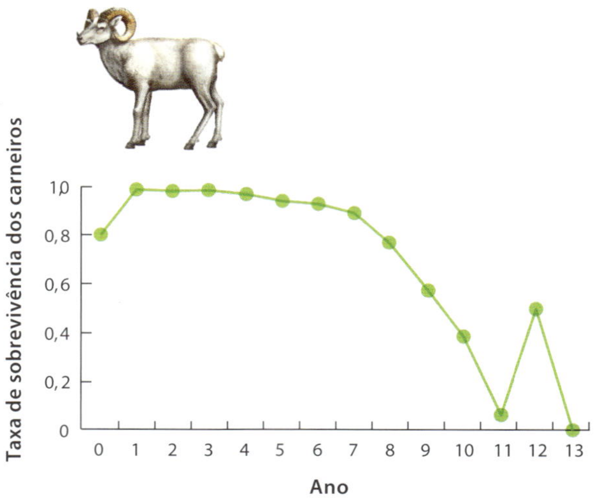

x	n_x	s_x	l_x
0	608	0,801	1,00
1	487	0,986	0,801
2	480	0,983	0,789
3	472	0,985	0,776
4	465	0,961	0,765
5	447	0,937	0,735
6	419	0,931	0,689
7	390	0,892	0,641
8	348	0,770	0,572
9	268	0,575	0,441
10	154	0,383	0,253
11	59	0,068	0,097
12	4	0,500	0,007
13	2	0,000	0,003
14	0		0,000

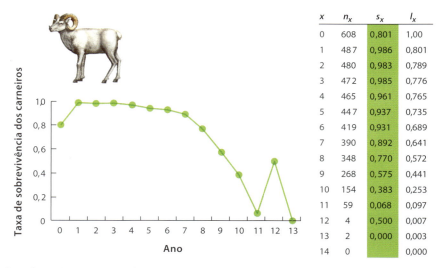

Figura 12.21 Tabela de vida estática e curva da taxa de sobrevivência para carneiros-de-dall. Usando as idades de esqueletos de carneiros-de-dall encontrados no Alasca, pesquisadores calcularam a taxa de sobrevivência dos indivíduos e da população para diferentes classes etárias. Quando mostrados graficamente, esses dados indicam que a taxa de sobrevivência dos carneiros permanece bastante alta nos sete primeiros anos e, em seguida, declina rapidamente. Havia apenas quatro animais na classe etária de 12 anos de idade, e isso resultou em uma estimativa alta e não confiável. Com base nos dados de O. Murie, *The Wolves of Mt. McKinley* (U.S. Department of the Interior, National Park Service, Fauna Series No. 5, Washington, D.C., 1944), citado por E. S. Deevey Jr., Life tables of natural populations of animals. *Quarterly Review of Biology* 22 (1947): 223-314.

ele determinou quantos dos 608 carneiros originais morreram em cada classe etária. Seus resultados, representados na Figura 12.21, mostram uma baixa taxa de sobrevivência durante o primeiro ano, seguida por elevação durante os 7 anos seguintes. Após os 7 anos de idade, a taxa de sobrevivência anual começou a cair, exceto para os carneiros com 12 anos. No entanto, apenas quatro animais chegaram a essa idade, o que fornece uma estimativa pobre da taxa de sobrevivência típica para carneiros de 12 anos. Uma vez que esses dados foram obtidos a partir dos esqueletos que presumivelmente haviam morrido ao longo de um período relativamente curto, não foi observada a grande variação na taxa de sobrevivência que se observou na tabela de vida de coorte do tentilhão-de-cacto.

Atualmente, pesquisadores continuam a estudar tabelas de vida para espécies, e alguns dados são obtidos de fontes inesperadas. Por exemplo, por décadas, paleontólogos têm escavado ossos fossilizados de dinossauros em Montana, incluindo a tíbia, ou osso da canela, de uma espécie conhecida como "boa mãe dinossauro" (*Maiasaura peeblesorum*). É um evento raro encontrar os ossos fossilizados de um único indivíduo de qualquer espécie de dinossauro, mas os pesquisadores acharam o surpreendente número de 50 fósseis da mesma espécie. Eles também perceberam que poderiam determinar a idade daqueles ossos com base no tamanho e nas estruturas da tíbia, e isso também poderia fornecer dados para uma tabela de vida estática. Em 2015, os pesquisadores publicaram seus dados na forma de uma curva de sobrevivência, que é mostrada na Figura 12.22. De modo semelhante a uma curva de sobrevivência tipo I, os indivíduos da classe etária mais jovem tiveram altas taxas de morte, os de idades intermediárias tiveram altas taxas de sobrevivência, e os de classes de idade mais avançadas tiveram altas taxas de morte.

Ao longo deste capítulo, foram examinados os modelos matemáticos que imitam os padrões naturais de crescimento populacional. Embora as populações comumente cresçam rapidamente em baixas densidades, elas se tornam limitadas à medida que ficam maiores. Os modelos populacionais mais simples são úteis como um ponto de partida, mas não são

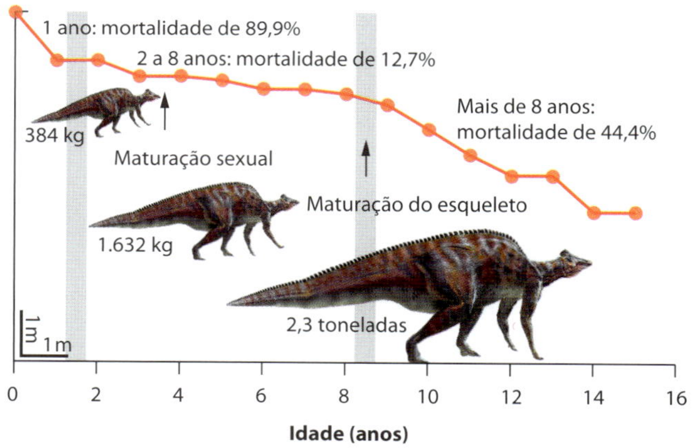

Figura 12.22 Curva da taxa de sobrevivência para a "boa mãe dinossauro". Com base nos tamanhos e características da tíbia de 50 fósseis, pesquisadores estimaram quantos indivíduos estavam em cada classe de idade. A partir desses dados da tabela de vida estática, eles produziram uma curva de sobrevivência para a espécie.[1] Com base nos dados de H. N. Woodward et al., *Maiasaura*, a model organism for extinct vertebrate population biology: a large sample statistical assessment of growth dynamics and survivorship, *Paleobiology* (2015), doi:10.1017/pab.2015.19.

[1]N.R.T.: As barras verticais em cinza separam visualmente as três taxas de mortalidade para as faixas de idade.

suficientemente adequados para a maioria das espécies que apresentam taxas de sobrevivência e fecundidade que variam com idade, tamanho ou estágio da história de vida. O uso de tabelas de vida ajuda a incorporar essa complexidade. No boxe "Ecologia hoje | Correlação dos conceitos", será possível observar que a análise das tabelas de vida pode ser muito útil para estabelecer prioridades nas estratégias de manejo destinadas a salvar espécies da extinção.

VERIFICAÇÃO DE CONCEITOS

1. Por que um modelo com estrutura etária representaria o crescimento populacional de maneira mais realista do que um modelo que não tem tal estrutura?
2. Como a sobrevivência dos indivíduos varia com a idade nos três tipos de curva de sobrevivência?
3. Como você descreveria o tempo de geração de uma população?

ECOLOGIA HOJE CORRELAÇÃO DOS CONCEITOS

Salvamento das tartarugas marinhas

MUDANÇA GLOBAL

Sob a cobertura da escuridão, as nadadoras chegam à costa. Após passarem 1 ano no oceano, as tartarugas marinhas fêmeas arrastam-se até a costa e cavam um ninho para pôr seus ovos. Após cerca de 2 meses, esses ovos eclodirão, e os filhotes irão arrastar-se em direção ao oceano, onde enfrentarão o desafio dos predadores. Se sobreviverem, necessitarão de 2 ou 3 décadas para se tornarem reprodutivas. Elas podem viver por 80 anos.

Há pouco tempo, muito mais fêmeas chegavam à costa; contudo, das seis espécies de tartarugas marinhas, todas declinaram ao longo dos últimos séculos. Os cientistas estimam que já houve 91 milhões de tartarugas-verdes (*Chelonia mydas*) no Caribe; porém, atualmente, existem aproximadamente 300.000, o que representa uma diminuição de mais de 99%.

As tartarugas marinhas, que vivem em águas temperadas e tropicais, estão declinando em todo o mundo. Historicamente, as pessoas as caçavam para alimentação e usavam seus cascos para decoração; mais recentemente, a ocupação das terras causou a perda do hábitat de praia utilizado para a deposição de ovos. Além disso, operações de pesca comerciais capturam acidentalmente as tartarugas. Dentre as seis espécies, mais de 300.000 foram capturadas ao longo da costa norte-americana na década de 1980, e mais de 70.000 delas morreram antes de serem devolvidas ao mar. Aproximadamente 98% dessas capturas acidentais foram causadas por barcos de pesca de camarão que puxavam grandes redes de arrastão pela água.

As tentativas de se reverter o declínio das tartarugas marinhas têm ocorrido por muitos anos. Uma delas consistiu na

Tartarugas marinhas. Os modelos populacionais identificaram os estágios na vida que requerem mais proteção para possibilitar que as populações de tartarugas se recuperem. Esses modelos são relevantes para todas as espécies de tartarugas marinhas, incluindo esta tartaruga-verde (*Chelonia mydas*) na costa do Havaí. Fotografia de Masa Ushioda/Image Quest Marine.

proteção das áreas de nidificação e na incubação artificial de grandes quantidades de ovos, de modo que os filhotes eram liberados nos oceanos para melhorar sua probabilidade de sobrevivência. No entanto, após despender uma grande quantidade de tempo e dinheiro nesses esforços, os pesquisadores que trabalhavam com modelagem populacional fizeram uma descoberta interessante. Quando começaram a construir tabelas de vida para as tartarugas – o que é um verdadeiro desafio, considerando que elas passam quase toda a sua vida no oceano –, descobriram que a melhora na sobrevivência dos filhotes teria pouco impacto positivo sobre o crescimento da população. Isso porque, como na natureza pouquíssimos filhotes sobrevivem até a idade adulta, a adição de até mesmo milhares deles apresentaria pouco impacto. Em vez disso, as tabelas de vida indicaram que a melhora da sobrevivência total das tartarugas adultas era a chave para o crescimento da população.

Essa descoberta mudou completamente a ênfase da conservação das tartarugas marinhas, e o enfoque foi alterado para as operações de pesca comercial que estavam matando acidentalmente os indivíduos adultos. Então, foi imposta pressão sobre os pescadores comerciais de camarões para que instalassem dispositivos de exclusão de tartarugas em suas redes de arrastão. Esses dispositivos atuam como uma peneira; os pequenos camarões passam por ela e são capturados na rede, enquanto as tartarugas marinhas, que são muito grandes para passar, são liberadas da rede. A instalação dessa medida tem sido um grande sucesso. Em 2011, pesquisadores relataram que a quantidade de tartarugas marinhas que haviam sido capturadas acidentalmente em redes foi reduzida em 60% e que o número de tartarugas mortas caiu 94%.

Apesar disso, pesquisadores que trabalham com tartarugas continuam a explorar maneiras de reduzir capturas acidentais em redes de pesca. Em 2016, eles relataram um experimento em que penduraram luzes verdes de baixo custo em redes de pesca de 500 m para ver se isso iria torná-las mais visíveis para as tartarugas, de maneira que elas pudessem desviar. Eles também implantaram pares de redes; em cada par, uma delas tinha luzes verdes anexadas, enquanto a outra não. Após vários ensaios experimentais, os pesquisadores observaram que as redes com luzes capturavam a mesma quantidade de peixes, mas metade das tartarugas marinhas. Considerando esse resultado encorajador, eles examinarão diferentes cores de luzes para determinar quais cores são as mais eficazes para repelir as tartarugas.

Os cientistas também continuam a trabalhar a fim de obterem taxas de sobrevivência específicas por idade para as seis espécies de tartarugas marinhas, o que ainda é um desafio, uma vez que os animais podem migrar por milhares de milhas e os machos não retornam às praias de desova. De fato, os modelos populacionais mais recentes indicam que a melhora da sobrevivência dos filhotes apresenta um efeito positivo pequeno sobre a população, enquanto melhorar a sobrevivência dos animais mais velhos continua a ter um efeito muito maior. A história da tartaruga marinha torna claro que a possibilidade de modelar o crescimento populacional pode ser uma etapa crítica para salvar espécies que estão à beira da extinção.

FONTES:

Ortiz, N., et al. 2016. Reducing green turtle by-catch in small-scale fisheries using illuminated gillnets: The cost of saving a sea turtle. *Marine Ecology Progress Series* 545: 251-259.

Finkbeiner, E. M., et al. 2011. Cumulative estimates of sea turtle bycatch and mortality in USA fisheries between 1990 and 2007. *Biological Conservation* 144: 2719–2727.

Marzaris, A. D., et al. 2006. An individual based model of a sea turtle population to analyze effects of age dependent mortality. *Ecological Modelling* 198: 174–182.

RESUMO DOS OBJETIVOS DE APRENDIZAGEM

12.1 Sob condições ideais, as populações podem crescer rapidamente. Quando as populações aumentam seguindo a sua taxa intrínseca de crescimento, inicialmente as taxas são exponenciais, podendo ser modeladas com a utilização do modelo de crescimento exponencial ou do modelo de crescimento geométrico.

Termos-chave: **demografia, taxa de crescimento, taxa intrínseca de crescimento (*r*), modelo de crescimento exponencial, curva em forma de J, modelo de crescimento geométrico, tempo de duplicação**

12.2 As populações apresentam limites de crescimento. Os limites podem ocorrer em virtude de fatores independentes da densidade, que regulam os tamanhos populacionais a despeito da densidade da população. Eles também podem ocorrer em função de fatores dependentes da densidade, que afetam o crescimento populacional de um modo que está relacionado com a densidade da população. A dependência da densidade negativa faz as populações crescerem mais lentamente à medida que se tornam maiores, enquanto a dependência da densidade positiva causa o crescimento mais rápido das populações à medida que se tornam maiores. Os ecólogos utilizam o modelo de crescimento logístico para demonstrar a dependência da densidade negativa. Esse modelo imita o rápido crescimento da população quando ela é pequena e o lento crescimento quando ela se aproxima da sua capacidade de suporte. O modelo de crescimento logístico tem sido utilizado para prever o crescimento populacional humano, mas as populações humanas excederam as previsões em virtude de melhorias na produção de alimentos, no comércio internacional e na saúde pública.

Termos-chave: **fatores independentes da densidade, fatores dependentes da densidade, dependência da densidade negativa, dependência da densidade positiva, curva de autoafinamento, capacidade de suporte (*K*), modelo de crescimento logístico, curva em forma de S, ponto de inflexão**

12.3 A taxa de crescimento populacional é influenciada pelas proporções de indivíduos em diferentes classes de idade, tamanho e história de vida. A maioria dos organismos apresenta taxas de sobrevivência e fecundidade que são alteradas ao longo de seu período de vida, conforme ilustrado pelas curvas de sobrevivência. As tabelas de vida foram desenvolvidas para incorporar as taxas de sobrevivência e fecundidade específicas da idade, do tamanho ou da história de vida. Com a utilização dessas tabelas, é possível determinar a sobrevivência (l_x), as taxas líquidas de reprodução (R_0), os tempos de geração (T) e as aproximações das taxas intrínsecas de crescimento (r_a e λ_a). Os dados necessários para as tabelas de vida podem ser coletados por meio do acompanhamento de uma coorte e da construção de uma tabela de vida de coorte, ou por meio do exame de todos os indivíduos durante um instante no tempo e do desenvolvimento de tabelas de vida estáticas.

Termos-chave: estrutura etária, tabela de vida, distribuição etária estável, taxa líquida de reprodução, tempo de geração (*T*), tabela de vida de coorte, tabela de vida estática

QUESTÕES DE RACIOCÍNIO CRÍTICO

1. Compare e contraste as abordagens do modelo de crescimento geométrico e do modelo de crescimento exponencial.

2. Dada a relação entre λ e r nas equações de crescimento geométrico e exponencial, você é capaz de demonstrar matematicamente por que λ deve ser 1 quando r é 0?

3. Uma vez que os veados-de-cauda-branca dão à luz filhotes a cada primavera, qual modelo de crescimento populacional seria o mais adequado e por quê?

4. Contraste os conceitos de uma população estável e uma distribuição etária estável.

5. Se uma tabela de vida projeta um tamanho populacional de 100 fêmeas e a razão sexual da população é 1:1, qual o tamanho de toda a população?

6. Em uma tabela de vida, qual é a diferença fundamental entre a taxa de sobrevivência (s_x) e a sobrevivência (l_x), em palavras e em termos de cálculos?

7. Compare e contraste uma tabela de vida de coorte e uma tabela de vida estática.

8. Qual é a relação entre o tempo de geração e a taxa de crescimento populacional?

9. Ao usar o modelo logístico, quais são as diferentes causas para o crescimento populacional lento quando o tamanho da população está baixo *versus* quando está alto?

10. De quais evidências você necessitaria para determinar se uma população apresenta dependência da densidade negativa ou dependência da densidade positiva?

REPRESENTAÇÃO DOS DADOS | CURVAS DE SOBREVIVÊNCIA

Os dados de sobrevivência são coletados para uma ampla variedade de organismos. Em um centro de pesquisas norte-americano no estado da Geórgia, os pesquisadores examinaram a sobrevivência de duas plantas: "vermiculária-elfo" (em inglês, *elf orpine*) (*Sedum smaliii*) e "morugem-de-uma-flor" (em inglês, *oneflower stitchwort*) (*Minuartia uniflora*). Para os dados a seguir, represente graficamente as curvas de sobrevivência total com a utilização de uma escala logarítmica no eixo *y*.

DADOS DE SOBREVIVÊNCIA EM DUAS ESPÉCIES DE PLANTAS

Mês	Vermiculária-elfo	Morugem-de-uma-flor
1	1,00	1,00
5	0,81	0,37
7	0,09	0,05
8	0,03	0,02
10	0,02	0,01
12	0,01	0,01
13	0,00	0,00

Fonte: Dados estimados de R. R. Sharitz, J. F. McCormick, Population dynamics of two competing annual plant species. *Ecology* 54 (1973): 723-740.

13 Dinâmica Populacional no Espaço e no Tempo

Monitoramento de Alces no Michigan

A Ilha Royale, que é uma parte do estado de Michigan e está localizada na costa norte do Lago Superior, há muito tempo tem servido como um laboratório natural para os ecólogos. No início do século XX, ela foi colonizada por alces do continente, uma façanha improvável que talvez tenha ocorrido durante o inverno, quando o lago estava congelado e os alces conseguiriam percorrer os 40 km que separam a ilha da província de Ontário, no Canadá. Os animais encontraram abundância de alimentos na ilha e, por isso, durante as décadas subsequentes, sua população cresceu rapidamente.

Por mais de 100 anos, os ecólogos têm observado a quantidade de alces flutuar amplamente em virtude das variações em alimentos, predadores e patógenos. As primeiras mudanças no tamanho da população foram causadas por alterações na abundância de alimentos. Houve um crescimento de até cerca de 3.000 animais no início da década de 1930; porém, em 1934, quando finalmente a população excedeu a capacidade de suporte da ilha, os alces sofreram com a fome, e muitos morreram. Em 1936, a ilha sofreu extensos incêndios florestais, que estimularam o crescimento de novas plantas; como resultado, a população de alces voltou a aumentar. No fim da década de 1940, eles excederam novamente a capacidade local de suporte e sofreram outro declínio devido à fome.

A população da espécie provavelmente teria continuado esse ciclo de crescimento e declínio; contudo, em algum momento no fim da década de 1940, os lobos-cinzentos (*Canis lupus*) chegaram à Ilha Royale depois de cruzarem o gelo durante o inverno. A partir de 1958, o ecólogo David Mech e seus colegas começaram a estimar a quantidade de alces e de lobos na ilha, uma oportunidade única para pesquisas. Como tanto a imigração quanto a emigração de lobos e alces eram extremamente raras, os pesquisadores puderam observar a dinâmica das duas populações ao longo do tempo. Então, eles estimaram as populações de lobos e alces a cada ano desde 1958 e continuaram a fazer novas descobertas.

Durante a década de 1960 e início da década de 1970, havia aproximadamente 24 lobos na ilha, e a população de alces aumentou de cerca de 600 para 1.500. Na década de 1970, houve uma série de invernos com fortes nevascas, que dificultaram o movimento dos alces e a localização de alimento. Naquela ocasião, a população de lobos aumentou para 50 animais. Esses dois fatores causaram uma queda brusca na população de alces.

Em 1981, um vírus letal (parvovírus canino) chegou à ilha, provavelmente transportado pelo cão doméstico de um visitante. Ele fez com que a população de lobos sofresse um grande declínio, caindo de aproximadamente 50 para 14 animais. Com menos lobos na ilha, a população de alces se recuperou e continuou a crescer. Em 1996, eles novamente ultrapassaram a capacidade local de suporte e sofreram com uma fome generalizada, o que resultou em uma queda de cerca de 2.400 para 500 indivíduos. De 1997 até 2011, a quantidade de alces flutuou entre 500 e 1.000, enquanto a de lobos ficou entre 15 e 30. Em 2016, havia somente dois lobos.

"Tem havido um enorme debate público sobre o que fazer acerca do rápido declínio da população de lobos na Ilha Royale."

MUDANÇA GLOBAL

Durante os últimos anos, tem havido um enorme debate público sobre o que fazer acerca do rápido declínio da população de lobos na Ilha Royale. Algumas pessoas têm defendido que é preciso deixar a natureza seguir seu curso, argumentando

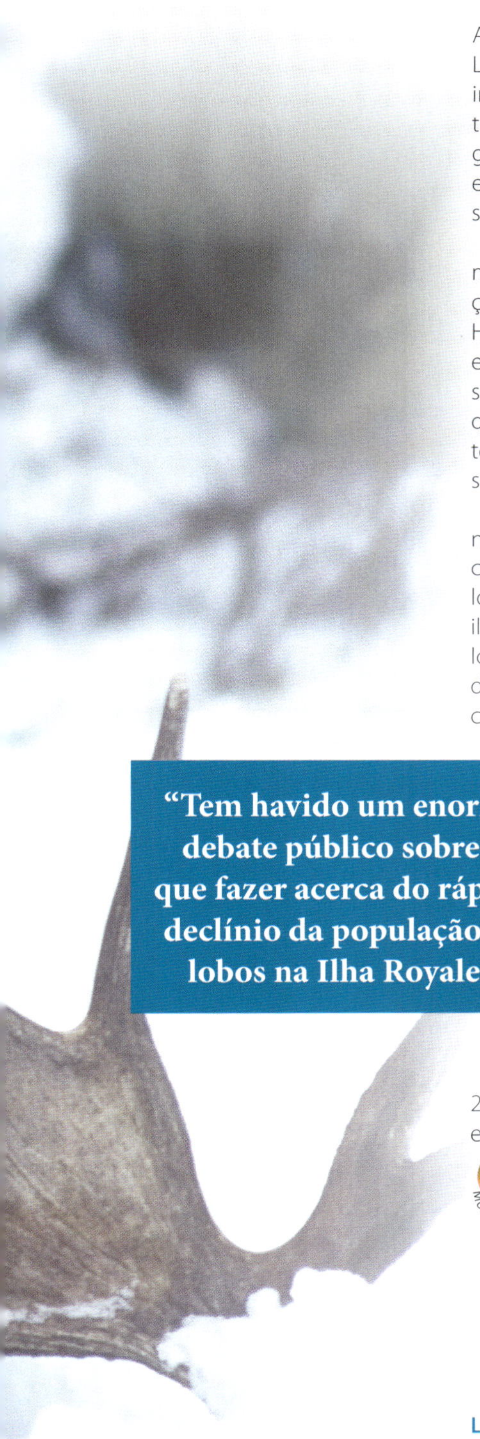

Lobos e alces da Ilha Royale, no Lago Superior. Por mais de 50 anos, os pesquisadores acompanharam grandes variações nos tamanhos das populações de alces e lobos. Fotografia de Steven J. Kazlowski/Alamy.

FONTES:
Daley, J. 2016, Park Service may boost wolf pack on Isle Royale. *Smithsonian*, December 23. http://www.smithsonianmag.com/smartnews/park-service-may-boost-wolf-packisle-royale-180961562/.
Peterson, R. O. 1999. Wolf-moose interaction on Isle Royale: The end of natural regulation? *Ecological Applications* 9: 10–16.
Vucetich, J. A., R. O. Peterson. 2004. The influence of top-down, bottomup and abiotic factors on the moose (*Alces alces*) population of Isle Royale. *Proceedings of the Royal Society of London*-Series B 271: 183–189.
Vucetich, J. A., R. O. Peterson. 2011. *Ecological Studies of Wolves on Isle Royale: Annual Report 2010–2011*, School of Forest Resources and Environmental Science, Michigan Technological University.

que os lobos não estavam originalmente na ilha; por isso, é aceitável que sejam extintos dela. Outros argumentam que o aquecimento global tem feito com que o gelo se forme com menos frequência entre o continente e a ilha, de maneira que há menor probabilidade de os lobos a recolonizarem naturalmente. Esse grupo de pessoas acredita que, uma vez que o problema foi causado pelos humanos, eles deveriam resolvê-lo, introduzindo mais lobos no local. Ainda outros argumentam que a atenção deve ser voltada para todo o ecossistema, pois a introdução de mais lobos ajudará a manter a população de alces controlada, prevenindo que dizimem as plantas da ilha. Após considerar todos esses argumentos, o Serviço Nacional de Parques, que é responsável pelo manejo da ilha, anunciou em 2016 que introduziria entre 20 e 30 lobos na ilha em um período de 3 anos.

A história das populações de alces e lobos na Ilha Royale durante os últimos 100 anos enfatiza o fato de que, na natureza, as populações geralmente apresentam fortes flutuações em seu tamanho, as quais podem apresentar diferentes causas que operam separadamente ou em conjunto. Neste capítulo, será examinado como as populações flutuam no espaço e no tempo. A compreensão das causas de tais flutuações naturais dos organismos na natureza possibilita a previsão dos tamanhos das populações e das espécies com as quais interagem.

OBJETIVOS DE APRENDIZAGEM

Após a leitura deste capítulo, você deverá ser capaz de:

13.1 Reconhecer que o tamanho populacional flutua ao longo do tempo.

13.2 Explicar como a dependência da densidade com atraso no tempo pode fazer com que o tamanho populacional se torne inerentemente cíclico.

13.3 Descrever como eventos aleatórios podem causar a extinção de pequenas populações.

13.4 Ilustrar como as metapopulações são compostas de subpopulações que apresentam dinâmicas independentes no espaço.

No capítulo anterior, foi ensinado que as populações podem ser reguladas por fatores dependentes e independentes da densidade. Neste capítulo, serão investigadas as causas da variação no tamanho populacional, uma questão que tem se tornado cada vez mais relevante conforme muitas espécies declinam em direção à extinção e as atividades humanas fragmentam os hábitats em remanescentes cada vez menores e mais isolados. Uma vez que essas flutuações incluem alterações tanto aleatórias quanto cíclicas no tempo, elas serão incorporadas nos modelos populacionais. Além disso, será examinado como as flutuações podem tornar as populações pequenas mais propensas à extinção. Com essa compreensão sobre a variação populacional ao longo do tempo, será possível prosseguir com a análise das flutuações no espaço, desenvolvendo a discussão do Capítulo 11 sobre as metapopulações, para incluir modelos e pesquisas atuais sobre o assunto.

13.1 As populações flutuam naturalmente ao longo do tempo

Todas as populações apresentam flutuações no seu tamanho ao longo do tempo, e existem muitos motivos para isso, como mudanças na disponibilidade de alimentos e de locais para a construção de ninhos, predação, competição, doenças, parasitos, tempo e clima. Apesar dessas variações, algumas populações tendem a permanecer relativamente estáveis durante longos períodos, como no caso dos veados-vermelhos (um parente próximo do uapiti norte-americano) na Ilha de Rum, na Escócia, cuja flutuação ocorre por mais de 30 anos. Durante esse período, a população permaneceu relativamente estável, flutuando entre cerca de 200 e 400 indivíduos, como mostrado na Figura 13.1.

Outras populações exibem flutuações muito mais amplas. No Lago Erie, por exemplo, pesquisadores monitoraram a quantidade de células de algas aquáticas, conhecidas como fitoplâncton, durante todo o ano. Como pode ser observado na Figura 13.2, as algas flutuaram amplamente de quase 0 célula por cm^3 em junho até mais de 7.000 células por cm^3 em setembro. Essas amplas variações ocorreram nas escalas de dias, semanas e meses.

As populações de veados-vermelhos são inerentemente mais estáveis do que as de algas, o que pode ser explicado observando as diferenças no tamanho corporal, no tempo de resposta da população e na sensibilidade às mudanças ambientais. Organismos pequenos como algas podem se reproduzir em uma questão de horas, o que significa que as suas populações respondem muito rapidamente a condições ambientais favoráveis ou desfavoráveis. Seus pequenos corpos

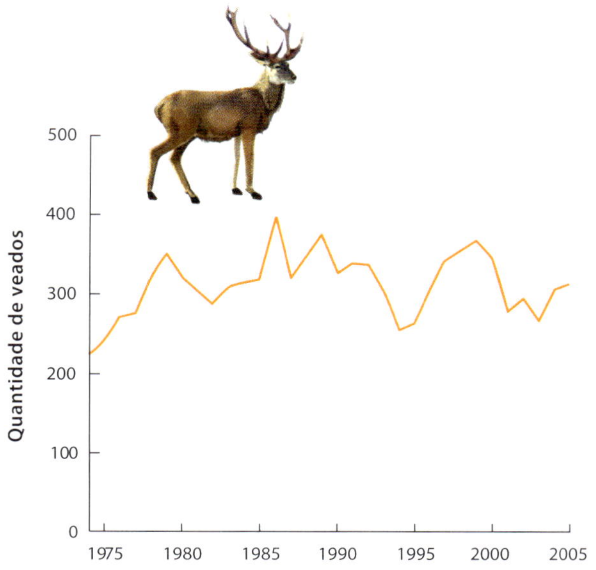

Figura 13.1 Flutuações populacionais no veado-vermelho na Ilha de Rum. De 1974 até 2005, a população de veados estava relativamente estável, variando de aproximadamente 200 até 400 indivíduos. Dados de F. Pelletier et al., Decomposing variation in population growth into contributions from environment and phenotypes in an age-structured population, *Proceedings of the Royal Society Series B* 279 (2012): 94-401.

e a consequente alta razão entre área de superfície e volume fazem com que sejam muito mais afetados por mudanças ambientais desfavoráveis, incluindo fatores abióticos, como a temperatura. Consequentemente, suas taxas de sobrevivência e reprodução podem cair rapidamente.

No caso de animais maiores que vivem por diversos anos e têm tempos de geração mais longos, uma população em dada ocasião inclui indivíduos nascidos no decorrer de um período longo, o que tende a igualar os efeitos das flutuações a curto prazo na taxa de natalidade. Além disso, organismos grandes podem manter a homeostase frente às mudanças ambientais desfavoráveis e, portanto, apresentar taxas de sobrevivência maiores.

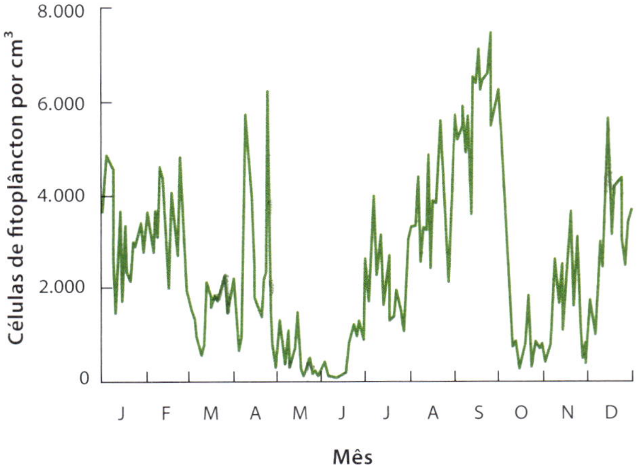

Figura 13.2 Flutuações populacionais nas algas do Lago Erie. A quantidade de células de algas aquáticas flutuou fortemente com o tempo. As populações de algas verdes e de diatomáceas que compõem o fitoplâncton variaram em diversas ordens de grandeza, em uma escala de dias, semanas e meses. Dados de C. C. Davis, Evidence for the eutrophication of Lake Erie from phytoplankton records, *Limnology and Oceanography* 9 (1964): 275-283.

FLUTUAÇÕES NA ESTRUTURA ETÁRIA

As flutuações populacionais ao longo do tempo foram investigadas ao se examinarem pesquisas sobre o tamanho populacional. Entretanto, em alguns casos, é possível detectá-las no tempo analisando a estrutura etária de uma população. Isso porque, quando determinada faixa etária contém uma quantidade excepcionalmente alta ou baixa de indivíduos, é sinal de que a população sofreu taxas de natalidade ou mortalidade excepcionalmente altas no passado.

Um exemplo clássico da estrutura etária como indicação de flutuações populacionais advém dos dados da pesca comercial do peixe-branco (*Coregonus clupeaformis*) no Lago Erie de 1945 a 1951. Os biólogos determinaram a idade de cada peixe pescado examinando suas escamas. Como pode ser observado na Figura 13.3, em 1947 houve

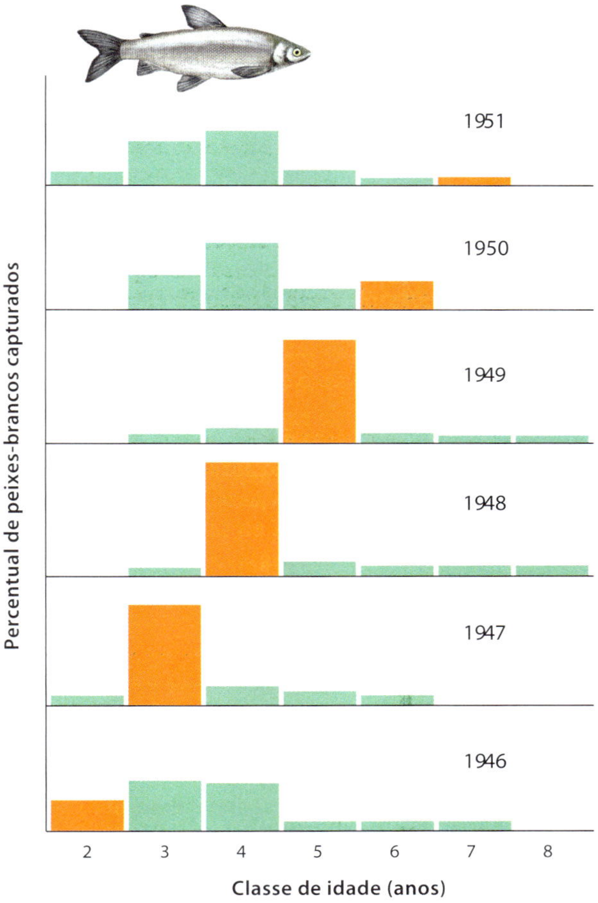

Figura 13.3 Estrutura etária do peixe-branco. A população de peixes-brancos no Lago Erie apresentou um valor excepcionalmente alto de reprodução em 1944. Entretanto, peixes jovens não são capturados pelas redes de pesca até que tenham 2 anos de idade, de modo que a grande coorte de 1944 não foi detectada até 1946. Esse grande evento de reprodução levou a estruturas etárias que foram dominadas por aquela coorte de peixes nos anos subsequentes. Dados de G. H. Lawler, Fluctuations in the success of year-classes of whitefish populations with special reference to Lake Erie, *Journal of the Fisheries Research Board Canada* 22 (1965): 1197-1227.

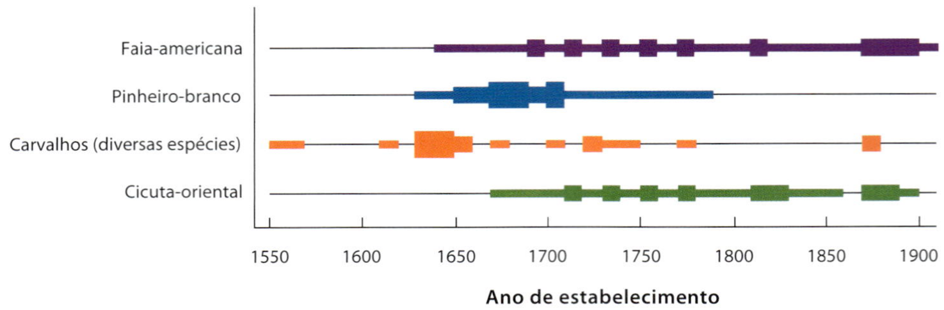

Figura 13.4 Estrutura etária em uma floresta antiga. Ao datar as idades das árvores existentes em uma floresta antiga na Pensilvânia, pesquisadores puderam determinar os anos nos quais indivíduos foram adicionados à população. Por simplicidade, nem todas as espécies de árvores estão demonstradas. A espessura das barras indica a abundância relativa de cada espécie. Dados de A. F. Hough, R. D. Forbes, The Ecology and silvics of forests in the plateaus of Pennsylvania, *Ecological Monographs* 13 (1943): 299-320.

um número particularmente grande de peixes-brancos de 3 anos de idade. Isso sugere que, em 1944, a população de peixes-brancos apresentou uma taxa de reprodução muito alta. Essa coorte continuou a dominar a estrutura etária nos anos subsequentes, com uma grande quantidade de peixes de 4 anos em 1948 e de 5 anos em 1949. Mesmo em 1950, a classe etária de 6 anos continha mais indivíduos do que havia sido observado nos anos anteriores. A partir desses dados, pode-se perceber que um ano com muitos nascimentos ou poucas mortes continua a mostrar-se na forma de uma classe etária numerosa por muitos anos.

A estrutura etária de uma floresta também é facilmente analisada. A idade de uma árvore pode ser determinada contando-se a quantidade de anéis em seu tronco; na maioria das circunstâncias, um anel é adicionado a cada ano. Desse modo, para examinar como as flutuações afetam a estrutura etária de populações de florestas, os pesquisadores trabalham em locais que não foram desmatados, visto que o corte altera a estrutura etária da população atual de árvores. Em um desses estudos, uma pequena área de floresta antiga na Pensilvânia, chamada de *Hearts Content*, tem sido protegida do desmatamento por mais de 400 anos. Os pesquisadores perfuraram os troncos das árvores para remover amostras de madeira que continham três anéis. Então, utilizando essas amostras, eles determinaram a idade de cada árvore e, portanto, a ocasião em que cada uma iniciou a sua vida. Os dados desse levantamento estão ilustrados na Figura 13.4.

Os pesquisadores observaram que, no século XVI, a floresta era amplamente composta por diversas espécies de carvalhos, mas um incêndio e uma seca na metade do século XVII criaram aberturas em muitas partes dela. Após o incêndio, plântulas de carvalhos se restabeleceram na floresta, embora também tenha ocorrido um aumento na proporção de novos pinheiros-brancos (*Pinus strobis*), que crescem bem sob condições de pouca sombra. Entretanto, à medida que os pinheiros-brancos se tornavam maiores, eles faziam tanta sombra que as suas novas plântulas tinham dificuldade de sobreviver, causando um declínio no recrutamento do pinheiro-branco durante o fim do século XVIII. Consequentemente, a maioria dos pinheiros-brancos na floresta atual datava do fim do século XVII e início do século XVIII.

Em contraste, a faia-americana (*Fagus grandifolia*) e a cicuta-oriental (*Tsuga canadensis*) são muito tolerantes aos ambientes com muita sombra; novos indivíduos dessas espécies começaram a crescer à medida que os pinheiros-brancos se tornavam dominantes e sombreavam a floresta. Essas duas espécies continuaram a recrutar novos indivíduos ao longo do tempo, o que fez com que apresentassem uma estrutura etária com distribuição mais uniforme do que a do pinheiro-branco.

EXTRAPOLAÇÕES (*OVERSHOOTS*) E COLAPSOS (*DIE-OFFS*)

No Capítulo 12, foi explicado que as populações que mostram dependência da densidade inicialmente crescem bem rápido, mas depois a taxa de crescimento se torna mais lenta conforme a população alcança a sua capacidade de suporte. Entretanto, as populações na natureza raramente se aproximam de suas capacidades de suporte de maneira suave; em muitos casos, elas crescem além desse limite, um fenômeno denominado ***overshoot*** (em português, o termo se refere a um evento que ultrapassa determinado limite e pode ser traduzido como **extrapolação**). Um *overshoot* pode ocorrer quando a capacidade de suporte de um hábitat diminui de um ano para o outro. Por exemplo, se em um ano houver chuvas abundantes e no seguinte ocorrer uma seca, o hábitat sustentará menos biomassa de plantas no segundo ano. Como resultado, a capacidade de suporte para os herbívoros que dependem das plantas para a alimentação será reduzida.

Uma população que ultrapassa a sua capacidade de suporte está vivendo em uma densidade que não pode ser sustentada pelo hábitat. Então, ela sofre um **colapso** (em inglês, ***die-off***), que é um declínio substancial na densidade populacional, normalmente bem abaixo da sua capacidade de suporte. A Figura 13.5 ilustra um *overshoot* e um *die-off* em uma população de um organismo hipotético. A população começa pequena, mas cresce a uma taxa tão rápida que ultrapassa sua capacidade de suporte. Quando isso ocorre, a população sofre um colapso até um ponto bem abaixo do seu limite. Observa-se um exemplo disso no relato sobre lobos e alces na Ilha Royale, no início deste capítulo. Ao longo do tempo, os alces excederam a

Extrapolação (*overshoot*) Ocorre quando uma população cresce além da sua capacidade de suporte.

Colapso (*die-off*) Declínio substancial na densidade, que normalmente cai bem abaixo da capacidade de suporte.

sua capacidade de suporte, e a população sofreu mortandades maciças em virtude da fome. Esses dados podem ser observados na Figura 13.6.

Um experimento natural com renas no Alasca consiste em outro bom exemplo de extrapolações e colapsos. Em 1911, o governo dos EUA introduziu 25 renas na Ilha Saint-Paul, no Alasca, para fornecer uma fonte de carne para a população local. A ilha não continha predadores desses animais e, por isso, eles começaram a se reproduzir rapidamente. As renas alimentavam-se de uma diversidade de itens durante a primavera, o verão e o outono, mas dependiam dos liquens para atravessar o inverno. Em 1938, a população de renas havia crescido para mais de 2.000 indivíduos. Conforme pode ser observado na Figura 13.7, essa taxa de crescimento seguiu uma curva em formato de J, que indica crescimento exponencial. Isso porque, conforme a população crescia nos primeiros anos, os liquens que ela consumia no inverno permaneciam abundantes. Entretanto, com o contínuo crescimento populacional, os liquens tornaram-se escassos, o que sugere que as renas haviam excedido em muito a capacidade de suporte da ilha. Após um pico em 1938, a população começou a sofrer um colapso, provavelmente em virtude de uma combinação de alimentos escassos no inverno e invernos excepcionalmente frios. Em 1940 e 1941, o governo abateu centenas de renas em uma tentativa de diminuir o tamanho do rebanho e torná-lo mais próximo da capacidade de suporte da ilha, que, naquele momento, era bastante reduzida. Apesar desse esforço, a população continuou a declinar e, em 1950, havia somente oito indivíduos remanescentes. Em 1951, 31 novas renas foram levadas à ilha para suplementar a população, que, desde 1980, tem sido manejada pelo Governo Tribal de St. Paul, que preserva a população em apenas algumas poucas centenas de animais. Em 2017, a quantidade foi estimada em 400 renas. Mantidas agora em um tamanho populacional sustentável, elas podem continuar a fornecer uma carne valiosa e acessível para os residentes locais.

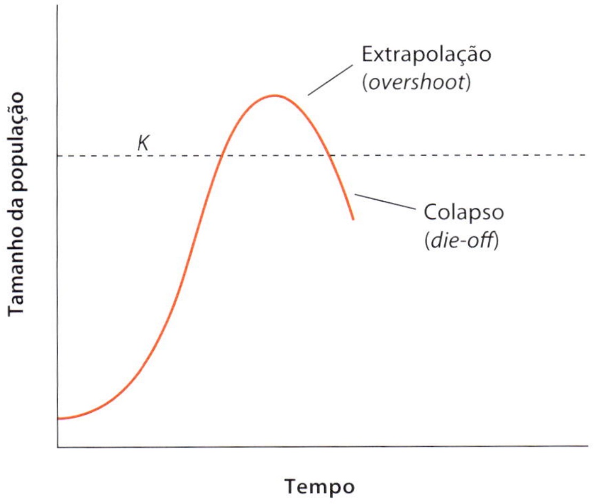

Figura 13.5 Extrapolações (*overshoots*) e colapsos (*die-offs*) populacionais. Algumas populações podem crescer além dos limites da sua capacidade de suporte, seja porque a capacidade de suporte diminuiu ou porque a população é capaz de crescer muito em uma única estação reprodutiva. As populações que extrapolam o limite da sua capacidade de suporte subsequentemente apresentam um colapso, que causa um rápido declínio na população.

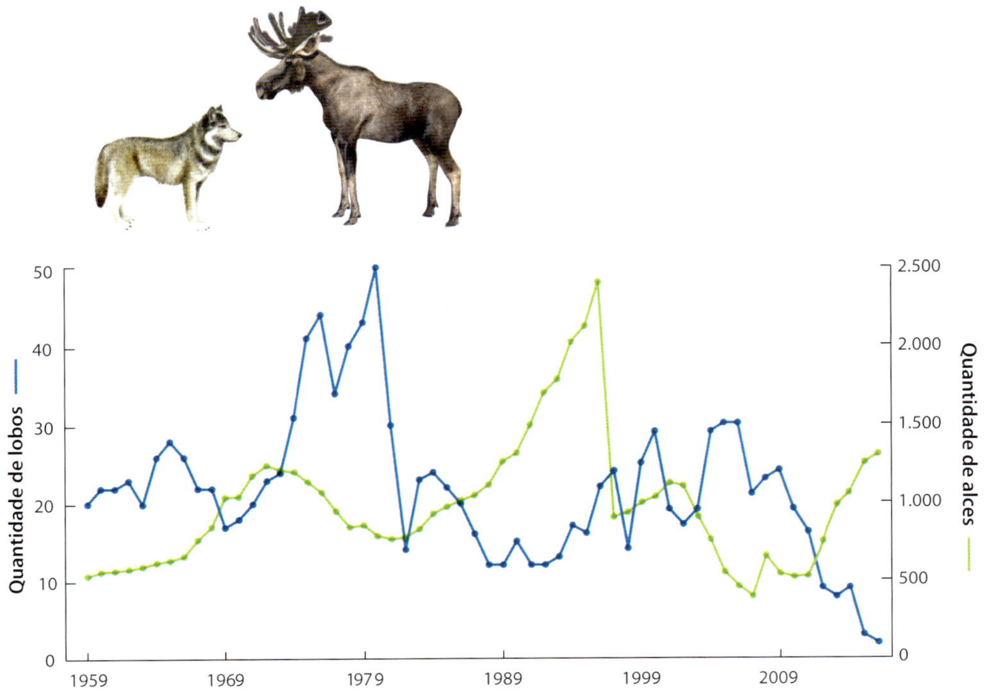

Figura 13.6 Dinâmica populacional de lobos e alces na Ilha Royale. As estimativas populacionais de 1959 a 2016 indicam que as populações de alces e de lobos sofreram grandes flutuações. Dados de R. O. Peterson, J. A. Vucetich, *Ecological studies of wolves on Isle Royale: annual report 2015-2016*, School of Forest Resources and Environmental Science, Michigan Technological University.

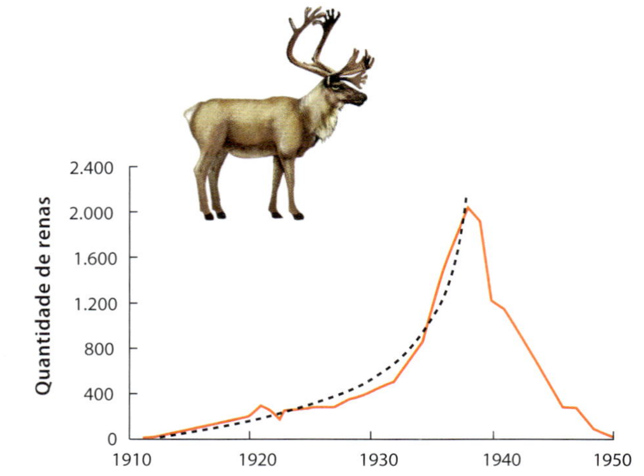

Figura 13.7 Extrapolação (*overshoot*) e colapso (*die-off*) de uma população de renas. Um grupo de 25 renas foi introduzido na ilha Saint-Paul, no Alasca, em 1911. A população apresentou um rápido aumento no tamanho que se aproxima de uma curva de crescimento exponencial em formato de J, mostrada pela linha pontilhada preta. Após crescer até cerca de 2.000 animais em 1938, ela entrou em colapso, provavelmente devido ao esgotamento dos alimentos pelos animais. Dados de V. B. Scheffer, The rise and fall of a reindeer herd, *Scientific Monthly* 73 (1951): 356-362.

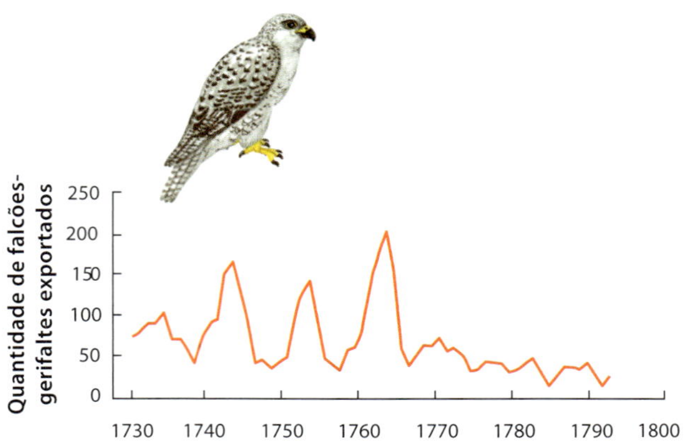

Figura 13.8 Flutuações cíclicas no tamanho populacional de falcões-gerifaltes. De 1730 a 1770, a falcoaria era popular na Dinamarca, e a quantidade de falcões capturados e exportados da Islândia apresentava ciclos regulares, que ocorriam aproximadamente a cada 10 anos. Depois de 1770, a popularidade da falcoaria diminuiu, e a baixa demanda por falcões poderia ser atendida até mesmo em anos de baixa população. Fonte: Nielsen OK, Pétursson G. Population fluctuations of gyrfalcon and rock ptarmigan: Analysis of export figures from Iceland. *Wildlife Biology*. 1995; 1:65-71.

VERIFICAÇÃO DE CONCEITOS

1. Qual a relação entre a duração de vida de uma espécie e o grau com que o tamanho de suas populações flutua ao longo do tempo?
2. Que conhecimentos sobre dinâmicas populacionais nós podemos obter quando investigamos flutuações na estrutura etária?
3. Quais são as causas das extrapolações e dos colapsos populacionais?

13.2 Dependência da densidade com atrasos de tempo pode causar tamanho populacional inerentemente cíclico

Conforme observado anteriormente, as populações podem apresentar grandes flutuações ao longo do tempo, incluindo extrapolações e colapsos. No entanto, padrões regulares conhecidos como **ciclos populacionais** podem ser observados em algumas populações estudadas ao longo de várias décadas.

Um exemplo interessante de um ciclo populacional vem dos registros a longo prazo do falcão-gerifalte. A falcoaria era um passatempo popular entre os nobres europeus nos séculos XVII e XVIII, e o falcão-gerifalte era especialmente apreciado por ser um dos maiores e mais belos do gênero. Durante aquela época, a realeza dinamarquesa importou a espécie dos territórios dinamarqueses na Islândia, onde os falcões eram capturados e transportados até Copenhague. A realeza dinamarquesa, então, apresentava os animais como presentes diplomáticos para as cortes reais da Europa. O governador da Islândia emitia as permissões de exportação, que fornecem um registro histórico detalhado das exportações de falcões-gerifaltes por diversas décadas. Como mostrado na Figura 13.8, a quantidade transportada da Islândia entre 1731 e 1793 revela ciclos de abundância de 10 anos, que refletem flutuações naturais na abundância desses animais na natureza. Depois de 1770, a falcoaria tornou-se menos popular, e as exportações diminuíram para níveis muito baixos e independentes da abundância dessa ave na natureza.

Em alguns casos, as flutuações populacionais cíclicas ocorrem entre as espécies e em grandes áreas geográficas. Na Finlândia, por exemplo, biólogos conduziram pesquisas anuais em 11 províncias para determinar a abundância de três espécies de tetrazes: o tetraz-grande (*Tetrao urogallus*), o tetraz-lira (*Tetrao tetrix*) e a galinha-do-mato (*Bonasa bonasia*). Após monitorar as aves por 20 anos e representar os dados em um gráfico, conforme mostrado na Figura 13.9, eles observaram que as três espécies apresentaram ciclos populacionais com 6 a 7 anos. Além disso, elas parecem exibir populações altas e baixas ao mesmo tempo e em todas as províncias. Isso sugere que os fatores que causam ciclos populacionais podem ocorrer em grandes áreas.

Esses exemplos demonstram que algumas populações podem exibir flutuações notavelmente regulares. A causa desses ciclos e suas sincronias são uma questão interessante e persistente na ecologia. Esta seção investiga o comportamento inerentemente cíclico de populações que pode ser causado por variações nos recursos. Com isso, será possível aplicar uma versão modificada da equação de crescimento logístico. Nos capítulos subsequentes, será observado como as interações das espécies também influenciam os ciclos populacionais.

COMPORTAMENTO CÍCLICO E CAPACIDADE DE SUPORTE

Como visto anteriormente, as populações apresentam uma periodicidade própria e tendem a flutuar para cima e para

---

Ciclos populacionais Oscilação regular de uma população durante um período muito longo.

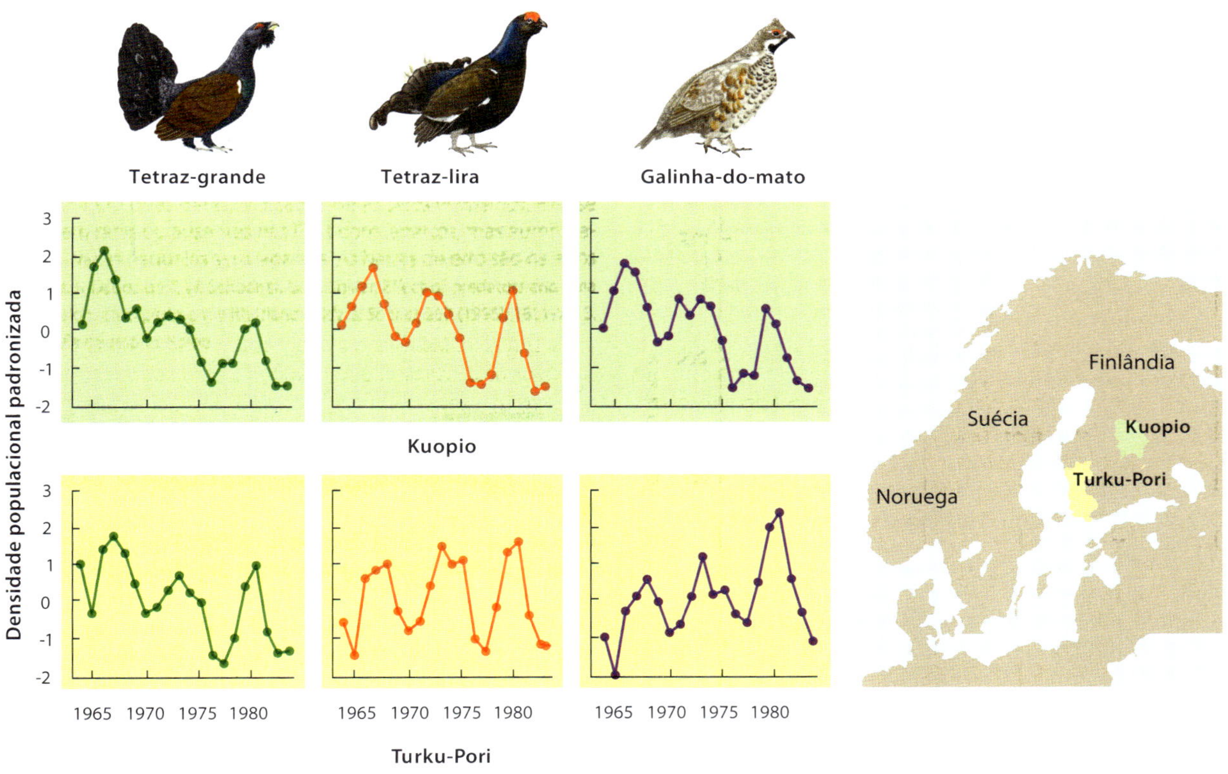

Figura 13.9 Flutuações cíclicas no tamanho populacional de espécies de tetrazes em duas províncias diferentes da Finlândia. As três espécies de tetrazes apresentam ciclos de 6 a 7 anos e parecem flutuar em sincronia entre si e entre as províncias. Dados de J. Lindström et al., The clockwork of Finnish tetraonid population dynamic, *Oikos* 74 (1995): 185-194.

baixo, embora o tempo necessário para completar um ciclo difira entre espécies. Para ajudar no entendimento desse comportamento, pode-se pensar em uma população como um pêndulo balançando. Sabe-se que um pêndulo está estável quando pendurado em sua posição vertical central e direcionado para baixo. Se ele for movido para a esquerda ou para a direita, a força da gravidade irá puxá-lo de volta para o centro; entretanto, tendo em vista que esse movimento de volta para o centro tem impulso, o pêndulo ultrapassa a posição central estável e segue para o outro lado. A gravidade então o puxa de volta para o centro, onde seu impulso uma vez mais o faz ultrapassar a posição central estável.

As populações comportam-se como o pêndulo, cujo impulso de aumentos e diminuições causa a sua oscilação. No entanto, elas são estáveis quanto à capacidade de suporte. Assim, quando ocorrem reduções no seu tamanho, em virtude de predação, doenças ou um evento independente da densidade, elas respondem crescendo.

Se o crescimento for suficientemente rápido, a população pode crescer além de sua capacidade de suporte, um fenômeno observado quando há um atraso entre o início da reprodução e o momento em que os filhotes são acrescentados à população. As populações que ultrapassam sua capacidade de suporte subsequentemente sofrem um colapso, o que causa a oscilação da população de volta em direção à sua capacidade de suporte. Uma vez que as taxas de mortalidade são altas e as de natalidade são baixas, a população pode apresentar uma grande redução e cair abaixo da sua capacidade de suporte.

DEPENDÊNCIA DA DENSIDADE ATRASADA

É possível descrever os ciclos populacionais por meio de modelos de crescimento, começando com o logístico, introduzido no Capítulo 12. Esse modelo incorpora a dependência da densidade, o que reduz as taxas de crescimento populacional à medida que a população aumenta de tamanho. Quando a dependência da densidade ocorre com base em uma densidade populacional em algum momento no passado, ela é chamada de **dependência da densidade atrasada**. A chave para modelar o ciclo das populações dependentes da densidade é incorporar um atraso entre uma mudança nas condições ambientais e o momento em que a população se reproduz.

A dependência da densidade atrasada pode ser causada por um ou mais fatores. Por exemplo, herbívoros grandes, como os alces, normalmente se reproduzem no outono, mas não ocorre nenhum nascimento até a primavera seguinte. Se o alimento for abundante no outono, a capacidade de suporte é alta, mas na ocasião em que os filhotes nascerem na primavera, a capacidade de suporte do hábitat poderá ser muito mais baixa. Os filhotes ainda continuarão a nascer, mas a população agora excederá a capacidade de suporte do hábitat, já que o total da reprodução se baseou nas condições ambientais anteriores.

Também se pode pensar nos atrasos de tempo para os predadores, uma vez que, quando eles vivenciam um aumento de

Dependência da densidade atrasada Quando a dependência da densidade ocorre com base na densidade de algum ponto do passado.

presas, sua capacidade de suporte aumenta. Entretanto, pode demorar semanas ou meses até que os predadores convertam a abundância de presas em taxas reprodutivas mais altas. Neste momento, as presas podem não ser mais abundantes. A ausência de presas fará a capacidade de suporte dos predadores declinar exatamente no momento em que sua população estiver crescendo. Em ambos os cenários, a população sofre um atraso de tempo na sua dependência da densidade.

Modelagem da dependência da densidade atrasada

Pode-se modificar o modelo de crescimento logístico para demonstrar a dependência da densidade atrasada. O modelo logístico utiliza a equação a seguir:

$$\frac{dN}{dt} = rN\left(1 - \frac{N_t}{K}\right)$$

em que $\frac{dN}{dt}$ é a taxa de variação do tamanho populacional, r é a taxa intrínseca de crescimento, N é o tamanho atual da população no tempo t e K é a capacidade de suporte.

Para incorporar um atraso de tempo, inicia-se definindo a quantidade de atraso de tempo como τ, que é a letra grega tau. Em seguida, pode-se reescrever a equação de crescimento logístico fazendo com que a parte dependente da densidade da equação (*i. e.*, a porção entre parênteses) se baseie no tamanho da população ($N_{t-\tau}$) em τ unidades de tempo no passado:

$$\frac{dN}{dt} = rN\left(1 - \frac{N_{t-\tau}}{K}\right)$$

Colocando em palavras, essa equação mostra que a população reduz seu crescimento quando o seu tamanho, em τ unidades de tempo no passado, se aproxima da capacidade de suporte.

A maneira como a população cicla em torno da capacidade de suporte dependerá tanto da magnitude do atraso de tempo quanto da sua taxa intrínseca de crescimento. À medida que o atraso de tempo aumenta, também aumenta a dependência da densidade, tornando a população mais propensa a ultrapassar a capacidade de suporte e cair abaixo dela. Além disso, a ocorrência de uma alta taxa intrínseca de crescimento possibilita que uma população cresça mais rapidamente em um dado intervalo de tempo, tornando mais provável a extrapolação (*overshoot*) da capacidade de suporte.

Os pesquisadores que trabalham com modelagem populacional determinaram que a quantidade de ciclos que uma população com dependência da densidade atrasada apresenta depende do produto da multiplicação entre r e τ, como mostrado na Figura 13.10. Como pode ser visto na Figura 13.10 A, quando esse produto é baixo ($r\tau < 0{,}37$), a população se aproxima da capacidade de suporte sem quaisquer oscilações. Se esse produto for um valor intermediário ($0{,}37 < r\tau < 1{,}57$), como mostrado na Figura 13.10 B, a população inicialmente oscila, mas a magnitude das oscilações declina com o tempo, em um padrão chamado de **oscilações amortecidas**. Quando o produto é um valor alto ($r\tau > 1{,}57$), como mostrado na Figura 13.10 C, a população continua a apresentar grandes oscilações ao longo do tempo, em um padrão conhecido como **ciclo de limite estável**.

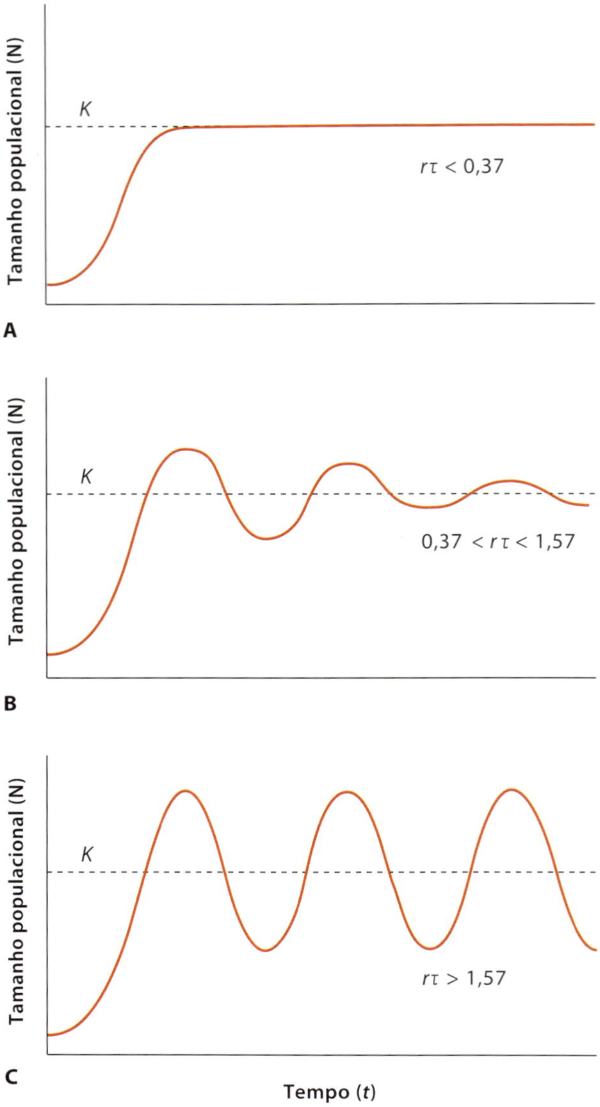

Figura 13.10 Ciclos populacionais em modelos que contêm dependência da densidade atrasada. A. Em modelos populacionais nos quais o produto de $r\tau$ é um valor baixo ($r\tau < 0{,}37$), a população se aproxima da capacidade de suporte sem oscilações. **B.** Quando o produto de $r\tau$ é um valor intermediário ($0{,}37 < r\tau < 1{,}57$), a população apresenta oscilações amortecidas. **C.** Quando o produto é um valor alto ($r\tau > 1{,}57$), a população oscila ao longo do tempo como um ciclo de limite estável.

CICLOS EM POPULAÇÕES DE LABORATÓRIO

Os modelos populacionais que incorporam a dependência da densidade atrasada ajudam a compreender como os atrasos de tempo fazem as populações oscilarem em ciclos regulares. Embora os modelos não identifiquem os mecanismos

Oscilações amortecidas Padrão de crescimento populacional no qual a população inicialmente oscila, mas a magnitude das oscilações declina ao longo do tempo.

Ciclo de limite estável Padrão de crescimento populacional no qual a população continua a exibir grandes oscilações ao longo do tempo.

específicos por meio dos quais ocorrem os atrasos de tempo, os ecólogos investigaram populações reais utilizando experimentos laboratoriais, nos quais é mais fácil observar os ciclos e identificar os mecanismos subjacentes que os geram.

Em alguns casos, a dependência da densidade atrasada ocorre porque o organismo consegue armazenar reservas de energia e nutrientes. A pulga-d'água *Daphnia galeata*, por exemplo, é uma pequenina espécie de zooplâncton que vive em lagos por todo o hemisfério Norte. Em experimentos de laboratório, quando a população da pulga-d'água está baixa e existe abundância de alimentos, os indivíduos conseguem armazenar o excesso de energia na forma de partículas de lipídios. Então, à medida que a população cresce até a capacidade de suporte e o alimento se torna escasso, os adultos com energia armazenada conseguem continuar a se reproduzir. As *Daphnia* mães também conseguem transferir algumas dessas partículas de lipídios para seus ovos, possibilitando que seus filhotes se desenvolvam bem, mesmo quando a capacidade de suporte do lago é ultrapassada. Finalmente, a energia armazenada acaba e a população de *Daphnia* cai drasticamente. Quando a população está baixa, os alimentos podem novamente se tornar abundantes, e o ciclo tem início mais uma vez. Essas oscilações podem ser observadas na Figura 13.11 A.

A história da pulga-d'água *Daphnia* pode ser contrastada com a de outra espécie de pulga-d'água, *Bosmina longirostris*. Esta não armazena tantas partículas de lipídios quanto aquela,

ANÁLISE DE DADOS EM ECOLOGIA

Dependência da densidade atrasada na erva-sofia

A erva-sofia (*Descurainia sophia*) é uma erva nativa da Europa, mas que foi introduzida na América do Norte. Os pesquisadores que a estudaram observaram que a quantidade de plantas por m² de solo flutua de modo cíclico ao longo do tempo: a população cresce de acordo com um modelo de dependência da densidade atrasada em que $K = 100$, $r = 1{,}1$, e $\tau = 1$.

A partir do levantamento das plantas, sabe-se que havia 10 por m² no ano 1 e 20 no ano 2. Com base nesses dados,

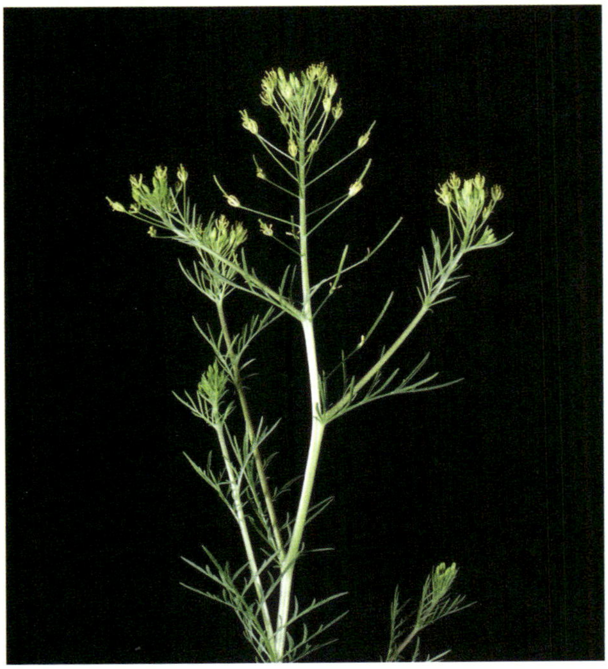

Erva-sofia, uma planta comum na Europa e na América do Norte. Fotografia de Nigel Cattlin/Alamy.

pode-se calcular a alteração esperada no tamanho populacional no ano 3:

$$\frac{dN}{dt} = rN_2\left(1 - \frac{N_1}{K}\right)$$

$$\frac{dN}{dt} = (1{,}1)(20)\left(1 - \frac{10}{100}\right)$$

$$\frac{dN}{dt} = 20$$

Arredondando para o número inteiro seguinte, a erva-sofia adicionará 20 indivíduos à população no ano 3. Considerando que no ano 2 há 20 indivíduos, a adição de mais 20 no ano 3 resultará em um tamanho de população total de 40 indivíduos.

Ainda é possível continuar os cálculos para determinar o tamanho populacional no ano 4:

$$\frac{dN}{dt} = rN_3\left(1 - \frac{N_2}{K}\right)$$

$$\frac{dN}{dt} = (1{,}1)(40)\left(1 - \frac{20}{100}\right)$$

$$\frac{dN}{dt} = 35$$

Conforme se pode observar, a população de erva-sofia aumentará em outros 35 indivíduos no ano 4, resultando em um tamanho populacional total de 75 indivíduos.

EXERCÍCIO Utilizando os dados fornecidos, calcule os tamanhos populacionais da planta a partir do ano 5 até o ano 15. Com base no produto de $r\tau$, qual tipo de oscilação você espera observar nessa população mesmo antes de fazer os cálculos? Mostre os resultados na forma de um gráfico para confirmar a sua previsão.

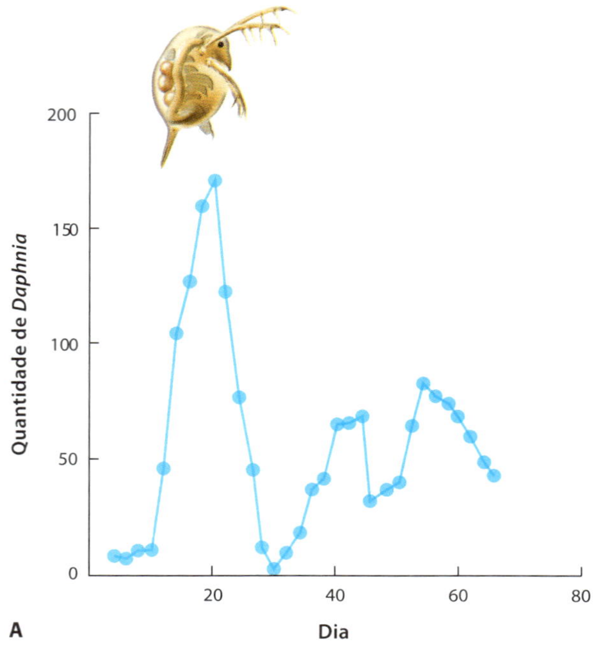

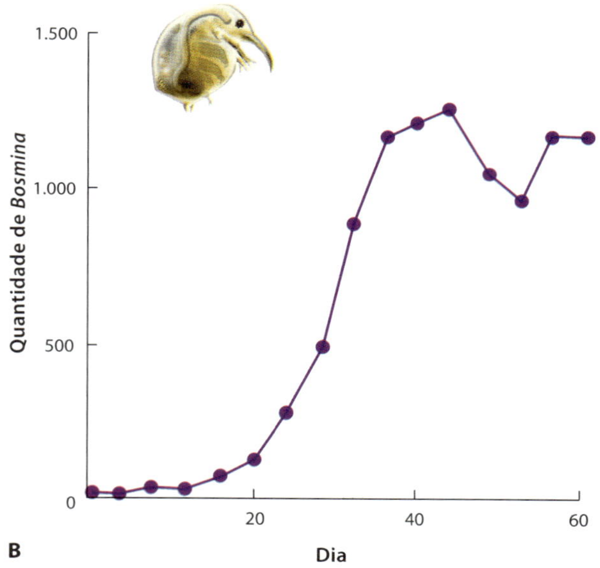

Figura 13.11 Importância das reservas de energia na geração de ciclo populacional. A. As pulgas-d'água *Daphnia galeata* conseguem armazenar altas quantidades de energia, possibilitando que elas sobrevivam e se reproduzam até mesmo depois de alcançarem a capacidade de suporte. Quando suas reservas são esgotadas, a população cai drasticamente e, em seguida, se recupera, continuando a oscilar. **B.** As pulgas-d'água *Bosmina longirostris* conseguem armazenar apenas uma pequena quantidade de energia. Assim, quando a população se aproxima da capacidade de suporte, sofre a redução da sobrevivência e da reprodução. Como resultado, a população permanece próxima da sua capacidade de suporte e oscila muito menos. Dados de C. E. Goulden, L. L. Hornig, Population oscillations and energy reserves in planktonic cladocera and their consequences to competition, *Proceedings of the National Academy of Sciences* 77 (1980): 1716-1720.

de modo que, quando a sua população se aproxima da capacidade de suporte do lago, dispõe de pouca energia para compensar a redução nos alimentos. Como resultado, as populações de *Bosmina* não exibem grandes oscilações; em vez disso, conforme ilustrado na Figura 13.11 B, elas crescem até a sua capacidade de suporte e ali permanecem.

A dependência da densidade atrasada também pode ocorrer quando existe um atraso de tempo no desenvolvimento de um estágio de vida para outro. Em um estudo clássico de atrasos de desenvolvimento, A. J. Nicholson investigou o efeito desses atrasos entre os estágios larval e adulto da mosca-varejeira-de-ovelhas (*Lucilia cuprina*), um inseto que se alimenta da carne da ovelha doméstica.

Em seu primeiro experimento de laboratório, Nicholson alimentou as larvas com uma quantidade fixa de alimento (estabelecendo, assim, uma capacidade de suporte para as larvas), mas deu às adultas uma quantidade ilimitada. No início do experimento, as larvas começaram a realizar o primeiro conjunto de metamorfose para adultos, como mostrado na linha laranja na Figura 13.12 A. Em seguida, as moscas adultas colocaram ovos que eclodiram em mais larvas, as quais finalmente se tornaram adultas. A população de moscas adultas cresceu rapidamente para mais de 4.000 indivíduos.

À medida que a população de adultos aumentou, o suprimento ilimitado de alimentos possibilitou que as moscas continuassem a colocar ovos. A grande quantidade de ovos eclodiu em uma grande quantidade de larvas; porém, como elas tinham um suprimento alimentar limitado, não cresceram suficientemente bem para realizar a metamorfose para a fase adulta. Então, as larvas morreram, e não foram produzidos novos adultos. Finalmente, a população de adultos entrou em colapso.

Entretanto, antes que as últimas poucas moscas adultas morressem, elas puseram uma pequena quantidade de ovos. Quando eles eclodiram, o suprimento fixo de alimentos proporcionou uma abundância de suprimento para a baixa quantidade de larvas. Consequentemente, elas apresentaram uma alta taxa de sobrevivência, e a maioria realizou a metamorfose para adultos. Em seguida, as moscas adultas puseram uma grande quantidade de ovos, e o ciclo se iniciou novamente. Em resumo, houve um atraso entre a ocasião na qual as moscas adultas produziram uma grande quantidade de ovos e aquela em que os ovos eclodiram em larvas, morreram em virtude da alta competição larval e falharam em produzir novos adultos. Esse atraso de tempo aparentemente causou os ciclos populacionais nos adultos.

Nicholson, então, concluiu que, se o alimento limitado para a prole causou o atraso de tempo, fazer o mesmo com o adulto deveria eliminar o atraso de tempo e reduzir as flutuações extremas na população adulta. Para testar essa hipótese, ele fez o experimento novamente, começando com alimento ilimitado e reduzindo na metade do processo para os adultos. Nessas condições, os adultos apresentaram dependência da densidade sem atraso de tempo. Como pode ser observado na Figura 13.12 B, embora a abundância da população de adultos ainda tenha flutuado, ela deixou de exibir ciclos regulares. Esses estudos em laboratório confirmaram que os atrasos de tempo entre os estágios da vida causam os ciclos populacionais.

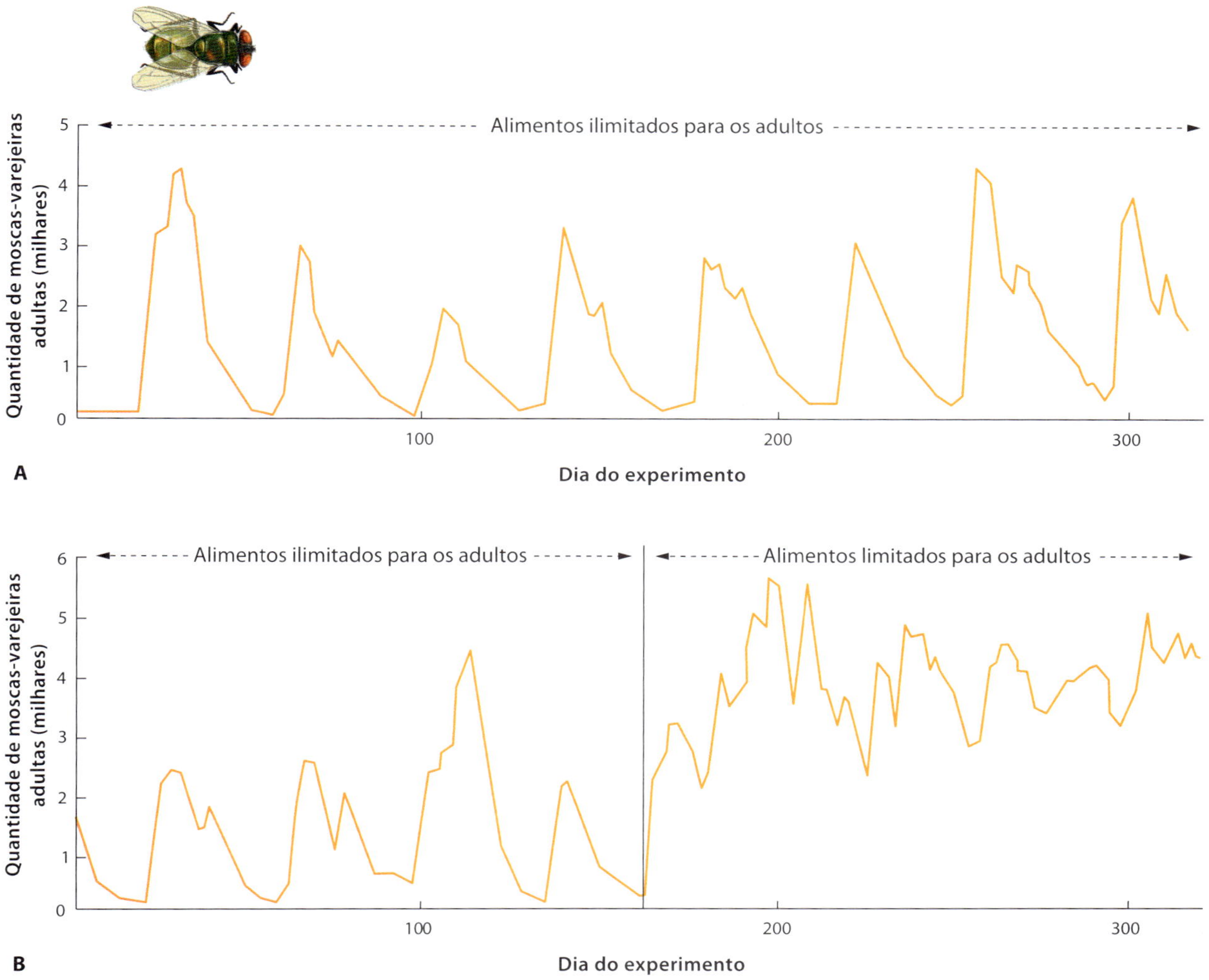

Figura 13.12 Ciclo populacional em moscas-varejeiras-de-ovelhas. A. Quando os pesquisadores limitaram os alimentos para as larvas, mas não para as adultas, observaram um atraso entre a ocasião na qual as adultas produziram uma grande quantidade de ovos e o momento em que esses ovos eclodiram em larvas, morreram em virtude da alta competição larval e falharam em produzir novos adultos. Como resultado, a população de adultos apresentou ciclos regulares. **B.** Quando os adultos foram criados inicialmente com alimentos ilimitados, mas na metade do experimento passaram a receber uma quantidade limitada, a população começou a apresentar dependência da densidade sem atraso de tempo. Como resultado, a população de adultos continuou a apresentar flutuações, mas deixou de ter ciclos regulares. Dados de A. J. Nicholson, The self-adjustment of populations to change, *Cold Spring Harbor Symposia on Quantitative Biology* 22 (1958): 153-173.

VERIFICAÇÃO DE CONCEITOS

1. Por que a dependência da densidade atrasada faz com que a população cicle?
2. Como ajustamos o modelo de crescimento populacional de maneira que considere a dependência da densidade atrasada?
3. Por que a habilidade de estocar grandes quantidades de reservas energéticas resulta em dependência da densidade atrasada?

13.3 Eventos aleatórios podem fazer pequenas populações se extinguirem

Nos modelos de crescimento populacional, observou-se que, quando as populações são grandes, os fatores dependentes da densidade desaceleram o crescimento e, quando são pequenas, eles o aceleram. Considerando esses resultados, é difícil entender como as populações poderiam ser extintas, embora se saiba que a extinção de fato ocorre em populações reais na natureza. Esta seção explora a relação entre o tamanho populacional e sua probabilidade de extinção. Em seguida, examina as causas subjacentes dessa relação.

EXTINÇÃO EM POPULAÇÕES PEQUENAS

Na natureza, observa-se que as populações menores são mais vulneráveis à extinção do que as maiores. Para estudar esse fenômeno, biólogos realizaram levantamentos de aves nas Ilhas Canal, que se localizam ao largo da costa da Califórnia e que variam em tamanho de 2,6 a 249 km^2. Em diferentes ocasiões durante um período de aproximadamente 80 anos, os pesquisadores estudaram o número de casais reprodutores de diferentes espécies e as taxas de extinção das populações em determinadas ilhas. Eles contaram a quantidade de casais que reproduziam e então determinaram a probabilidade de extinção para as populações. Como mostrado na Figura 13.13, as populações menores apresentaram a mais alta probabilidade de extinção, enquanto as maiores tiveram a mais baixa. Padrões similares foram observados em muitos outros grupos de animais, incluindo mamíferos, répteis e anfíbios.

A taxa de extinção maior de populações pequenas também é observada em plantas. Por exemplo, pesquisadores na Alemanha examinaram a persistência de 359 populações de oito espécies diferentes. Em 1986, eles contaram o número de indivíduos em cada população e 10 anos mais tarde descobriram que 27% haviam sido extintas. Conforme pode ser observado na Figura 13.14, quando os pesquisadores dividiram as populações em seis classes diferentes de tamanhos e obtiveram a média das taxas de extinção entre as oito espécies, descobriram que a probabilidade de extinção era alta para as populações menores e baixa para as maiores.

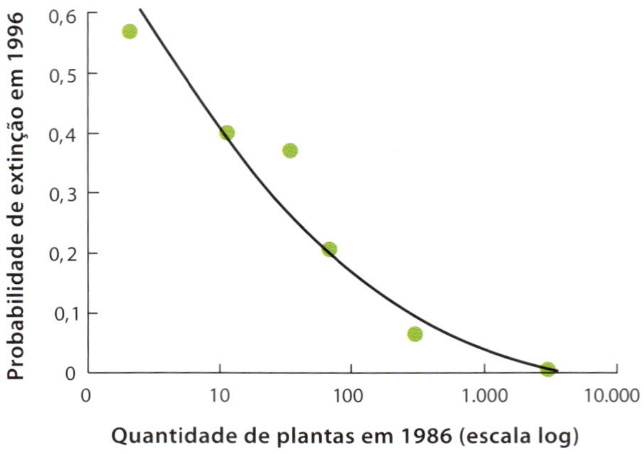

Figura 13.14 Probabilidade de extinção de populações de plantas. Pesquisadores analisaram 359 populações de plantas na Alemanha em 1986 e novamente em 1996. Em seguida, classificaram-nas em seis categorias e calcularam a taxa média de extinção para as oito espécies estudadas. Foi observado que aquelas com as mais baixas quantidades de indivíduos apresentaram as maiores probabilidades de extinção ao longo de um período de 10 anos. Dados de D. Matthies et al., Population size and the risk of local extinction: empirical evidence from rare plants, *Oikos* 105 (2004): 481-488.

EXTINÇÃO DEVIDO À VARIAÇÃO NAS TAXAS DE CRESCIMENTO POPULACIONAL

Conforme mencionado anteriormente, há maior probabilidade de extinção das populações quando elas são pequenas. Entretanto, os modelos populacionais dependentes da densidade examinados mostram que as populações pequenas têm taxas de crescimento maiores do que as grandes. Isso sugere que uma população pequena deve recuperar-se rapidamente e crescer até se tornar maior. Diante desse raciocínio, as populações pequenas deveriam ser resistentes à extinção. No entanto, como se resolve a diferença fundamental entre esses modelos e as observações das populações reais?

Os modelos estudados até este ponto presumiram uma única taxa de natalidade e mortalidade para cada indivíduo na população. Quando um modelo é projetado para prever um resultado sem levar em conta a variação aleatória na taxa de crescimento populacional, diz-se que é um **modelo determinístico**. Embora seja mais fácil trabalhar com esse tipo, nem todo indivíduo no mundo real tem a mesma taxa de natalidade ou a mesma probabilidade de morrer. Alternativamente, uma vez que se observa variação aleatória entre os indivíduos em uma população, a taxa de crescimento não é constante, podendo variar ao longo do tempo.

Modelo determinístico Modelo que é projetado para prever um resultado sem considerar a variação aleatória da taxa de crescimento populacional.

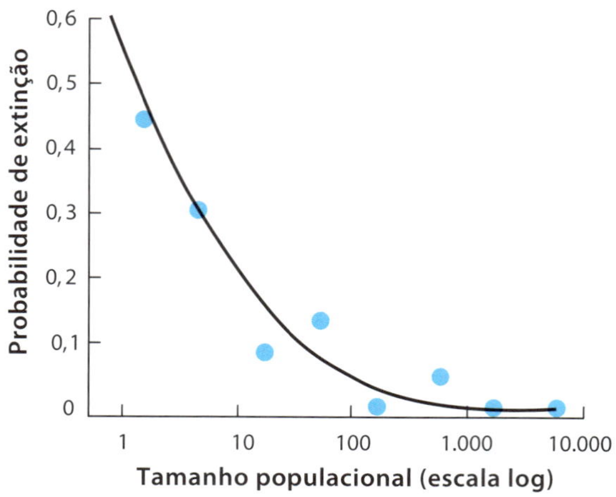

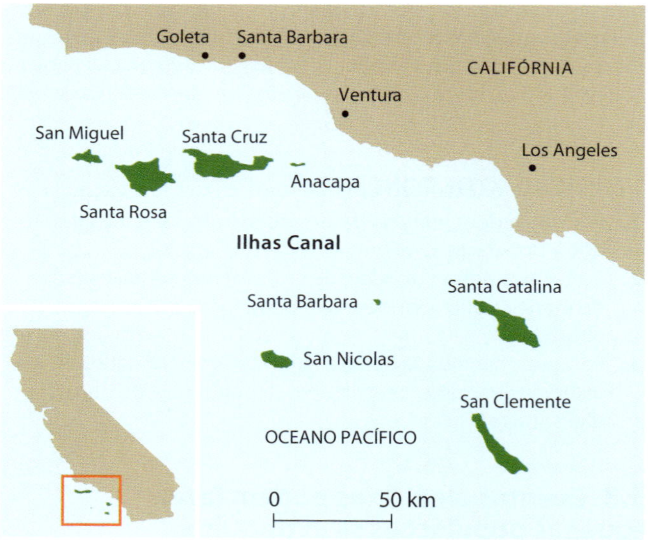

Figura 13.13 Populações menores e probabilidade de extinção. Populações de aves nas Ilhas Canal, na costa da Califórnia, foram medidas em termos de número de casais reprodutores. Aquelas com tamanhos populacionais maiores apresentaram probabilidade reduzida de extinção ao longo de um período de 80 anos. Dados de H. L. Jones, J. M. Diamond, Short-time-based studies of turnover in breeding bird populations on the California Channel Islands, *Condor* 78 (1976): 526-549.

Os modelos que incorporam a variação aleatória na taxa de crescimento populacional são conhecidos como **modelos estocásticos**. Quando essa variação ocorre devido a diferenças entre os indivíduos em vez de alterações no ambiente, ela é denominada **estocasticidade demográfica**. Em contraste, quando é decorrente de mudanças nas condições ambientais, ela é chamada de **estocasticidade ambiental**. Exemplos desta última incluem alterações no clima, que podem causar pequenas variações na taxa de crescimento de uma população, e desastres naturais, que podem provocar grandes alterações na mesma.

Quando são utilizados os modelos estocásticos, existe uma taxa de crescimento média, com alguma variação em torno dessa média. Todavia, a taxa de crescimento real apresentada pela população modelada pode apresentar quaisquer valores dentro do intervalo dessa variação; como resultado, ela pode estar acima ou abaixo da taxa média. Se uma população apresentar taxas de crescimento acima da média durante vários anos seguidos, terá um crescimento mais rápido; se apresentar taxas de crescimento abaixo da média em vários anos seguidos, terá um crescimento mais lento. O resultado, na verdade, é determinado estritamente pelo acaso.

É possível criar um modelo com crescimento populacional estocástico modificando o modelo de crescimento exponencial discutido no Capítulo 12. Por exemplo, pode-se estabelecer a taxa de natalidade e a de mortalidade como 0,5, que é um valor razoável para a mortalidade adulta e o recrutamento em uma população de vertebrados terrestres. Pode-se também deixar os valores médios dessas taxas variarem aleatoriamente. Quando uma população passa por anos de baixas taxas de natalidade ou altas de mortalidade aleatoriamente, é mais provável que ela se extinga, e uma série seguida de anos ruins pode levar a uma extinção mais rápida em populações pequenas do que em populações grandes. Além disso, à medida que o tempo passa, há um aumento na probabilidade de que uma população com determinado tamanho passe uma série de anos de crescimento baixo e se extinga.

É possível observar o efeito do tamanho populacional e do tempo sobre a probabilidade média de extinção na Figura 13.15. Por exemplo, em uma população com 10 indivíduos, a probabilidade média de extinção em 10 anos é 0,16; a probabilidade média de extinção em 100 anos é 0,82; e a extinção torna-se praticamente certa (0,98) em 1.000 anos. Em contraste, uma população com tamanho inicial de 1.000 apresenta uma probabilidade média de extinção de apenas 0,18 em 1.000 anos. Ao adicionar a realidade da estocasticidade aos modelos populacionais, observa-se que, embora populações de qualquer tamanho possam, em última instância, apresentar alguma chance de extinção, as menores enfrentam o maior risco.

Modelo estocástico Modelo que incorpora a variação aleatória na taxa de crescimento populacional.

Estocasticidade demográfica Variação nas taxas de natalidade e mortalidade devido a diferenças aleatórias entre indivíduos.

Estocasticidade ambiental Variação nas taxas de natalidade e mortalidade devido a mudanças aleatórias nas condições ambientais.

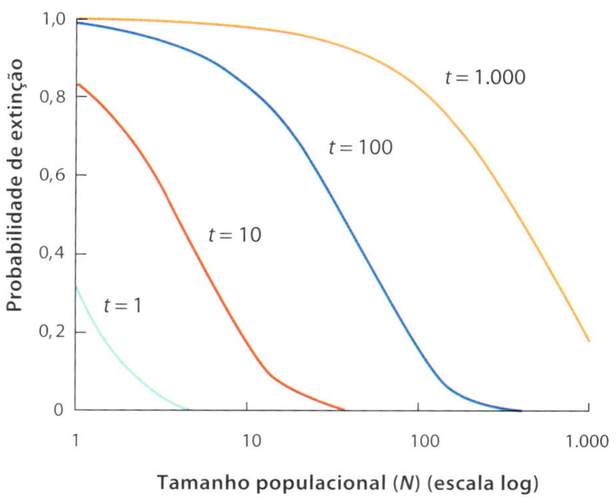

Figura 13.15 Modelos populacionais preveem a probabilidade de extinção. Utilizando um modelo de crescimento exponencial e taxas estocásticas de natalidade e mortalidade, a probabilidade média de extinção aumenta com a diminuição dos tamanhos populacionais (*N*) e períodos de tempo mais longos no futuro (*t*).

VERIFICAÇÃO DE CONCEITOS

1. Qual é a relação entre tamanho populacional e probabilidade de extinção?
2. Qual a diferença de abordagem entre modelos de crescimento populacionais determinísticos e estocásticos?
3. Qual a diferença entre a estocasticidade demográfica e a ambiental?

13.4 As metapopulações são compostas por subpopulações que podem apresentar dinâmicas populacionais independentes no espaço

Até aqui, foi considerada a dinâmica populacional ao longo do tempo, mas ela também ocorre no espaço. Seja na terra ou na água, as espécies que apresentam determinada abrangência geográfica são normalmente subdivididas em subpopulações menores. Isso ocorre porque o hábitat preferido não é contínuo, mas se dá como manchas de hábitat adequado circundadas por uma matriz de hábitat inadequado. Assim, quando os indivíduos conseguem se movimentar entre as manchas, considera-se o conjunto de subpopulações como uma metapopulação – conceito introduzido pela primeira vez no Capítulo 11. O exemplo dos lagartos-de-colar, no Capítulo 11, envolveu uma metapopulação que não vivia por toda a floresta, mas sim em clareiras, onde era sujeita a temperaturas mais favoráveis e a um suprimento de alimentos mais abundante. Esta seção examina por que as populações são divididas em metapopulações, além de revisar os três tipos de modelos de metapopulação. Em seguida, analisa os estudos de metapopulações reais na natureza.

NATUREZA FRAGMENTADA DOS HÁBITATS

As metapopulações se formam quando um hábitat é fragmentado. Um bom exemplo disso são os alagados espalhados na paisagem de muitas partes da América do Norte (Figura 13.16): cada um contém populações de muitas espécies diferentes de

Figura 13.16 Alagados em uma paisagem terrestre. Em muitas regiões do mundo, como neste local na Dakota do Norte, os alagados proporcionam manchas de hábitat que são hospitaleiros para organismos aquáticos, como anfíbios, crustáceos, caracóis e plantas aquáticas. Entretanto, o hábitat terrestre entre os alagados frequentemente é inóspito para esses organismos. Fotografia de Thomas & Pat Leeson/Science Source.

anfíbios, crustáceos, caracóis e plantas aquáticas. O hábitat terrestre localizado entre esses alagados, em geral, é inóspito para esses organismos, ainda que os indivíduos de muitas espécies sejam capazes de se dispersar através dessas regiões para chegar até outro alagado. Como se pode imaginar, a intensidade de movimentação entre esses ambientes depende da distância entre os alagados vizinhos e do quão longe e rápido um indivíduo consegue se movimentar.

MUDANÇA GLOBAL

As metapopulações também se formam em consequência de atividades humanas, como desmatamento, drenagem de alagados e construção de estradas, casas e propriedades comerciais. Todos esses fatores contribuem para a fragmentação dos grandes hábitats em diversos menores (Figura 13.17). Quando os hábitats pequenos representam apenas fragmentos do original, esse processo é denominado **fragmentação de hábitat**. Hábitats pequenos normalmente suportam populações pequenas que, conforme observado, são mais propensas à extinção. No entanto, um grupo de pequenas populações interconectadas pela dispersão ocasional de indivíduos apresenta uma dinâmica particular, porque dispersores podem formar novas subpopulações. Este balanço entre extinções e colonizações possibilita que a metapopulação persista ao longo do tempo.

No Capítulo 11, três tipos diferentes de modelos de metapopulação foram investigados. O *básico* pressupõe que todas as manchas de hábitat são iguais em qualidade e que a matriz do hábitat entre as manchas é inóspita. O de *fonte-sumidouro* é construído a partir do modelo básico, mas incorpora o fato de que as manchas de hábitat diferem em qualidade. As manchas de alta qualidade são conhecidas como *fontes*, considerando que apresentam altas quantidades de indivíduos que conseguem se dispersar para outras manchas. As de baixa qualidade são conhecidas como *sumidouros* porque apresentam poucos indivíduos e dependem da chegada de dispersores de outras manchas para evitar que a subpopulação se extinga. O modelo de *paisagem* é ainda mais realista, porque considera que tanto as manchas como a matriz de hábitat podem variar em qualidade.

Fragmentação de hábitat Processo de dividir hábitats grandes em diversos menores.

Figura 13.17 Fragmentação do hábitat em virtude de atividades humanas. Atividades como construção, corte de madeira e agricultura criaram hábitats fragmentados por todo o mundo. Por exemplo, a paisagem originalmente florestada neste local em Exmoor, Inglaterra, é atualmente composta por campos abertos intercalados por fragmentos florestais. Fotografia de Adam Burton/AGE Fotostock.

A dinâmica de uma metapopulação pode resultar em diversos cenários. Se as subpopulações raramente trocarem indivíduos, as flutuações na abundância delas serão independentes; algumas aumentarão ao longo de um período de tempo, enquanto outras diminuirão ou permanecerão relativamente constantes. No outro extremo, se as subpopulações estiverem altamente conectadas por indivíduos que frequentemente se movimentam entre as manchas de hábitat, elas irão comportar-se como uma grande população, com todas apresentando as mesmas flutuações. Entre esses dois extremos, há o cenário no qual indivíduos ocasionalmente se movimentam entre as manchas de hábitat, tal como quando animais jovens se dispersam para longe de suas famílias a fim de encontrar um parceiro. Nesse caso, as flutuações na abundância de uma subpopulação podem influenciar a abundância de outras subpopulações.

MODELO BÁSICO DE DINÂMICA DE METAPOPULAÇÃO

Após a revisão sobre a estrutura espacial das metapopulações, é possível examinar a dinâmica populacional que ocorre nelas. De início, será abordado o modelo de metapopulação básico, que contém diversas premissas simples, as quais, embora não sejam realistas, podem ajudar a compreender a dinâmica básica de uma metapopulação.

No modelo básico, inicia-se a explanação com uma população dividida em diversas subpopulações, cada uma ocupando uma mancha de hábitat distinta. Presume-se, então, que essas manchas sejam de mesma qualidade e que cada uma que é ocupada tenha o mesmo tamanho de subpopulação e forneça a mesma quantidade de dispersores para as outras manchas.

Para todo o conjunto de manchas de hábitat que existem, supõe-se que alguma fração delas se encontre ocupada, o que será indicado por p. Também se imagina que exista uma probabilidade fixa de cada mancha se tornar desocupada (extinguir-se) em um dado período de tempo, o que será indicado por e. Finalmente, supõe-se que exista uma probabilidade fixa de que cada mancha desocupada possa ser colonizada, o que será indicado por c. Usando essas variáveis, a proporção de manchas ocupadas quando a colonização e a extinção alcançarem um equilíbrio, conforme indicado por $\hat{p}$, é dada pela equação a seguir:

$$\hat{p} = 1 - \frac{e}{c}$$

Esse modelo básico indica como a quantidade de manchas de hábitat ocupadas poderia aumentar, o que elevaria o número total de indivíduos na metapopulação (supondo que cada mancha ocupada tenha o mesmo número de indivíduos). Uma maneira viável para isso seria estabelecer corredores entre as populações vizinhas, aumentando a taxa de colonização, conforme se observa no caso dos lagartos-de-colar. Um segundo modo de aumentar a quantidade de manchas de hábitat ocupadas seria diminuir as taxas de extinção por meio da minimização das principais causas do declínio populacional nas subpopulações.

O conceito da metapopulação é importante para a conservação das espécies no mundo, na medida em que os humanos continuam a fragmentar os hábitats terrestres e aquáticos. Os modelos e as pesquisas empíricas informam que um fator-chave para preservar as populações é manter grandes fragmentos de hábitat sempre que possível, uma vez que as populações nesses grandes hábitats apresentam menor probabilidade de extinção. Quando só é possível preservar fragmentos pequenos, deve-se assegurar que os indivíduos possam dispersar-se entre eles, de tal modo que possam ser colonizados. Isso ajudará a impedir que subpopulações pequenas e em declínio sejam extintas.

OBSERVAÇÃO DA DINÂMICA DAS METAPOPULAÇÕES NA NATUREZA

O modelo básico mostra que uma metapopulação persiste em virtude do equilíbrio entre a extinção de subpopulações de algumas manchas de hábitat e a colonização de outras. No entanto, embora essas sejam as previsões do modelo, é preciso verificar se tais processos ocorrem na natureza.

Um dos estudos mais extensos sobre metapopulações foi conduzido com a borboleta fritilária-de-glanville (*Melitaea cinxia*), pelo ecólogo Illka Hanski e seus colegas. Nas Ilhas Åland da Finlândia, essa espécie vive em manchas isoladas de pradarias secas (Figura 13.18). Os pesquisadores encontraram 1.600 pradarias adequadas nas ilhas, mas descobriram que somente 12 a 39% delas estavam ocupadas em determinado ano. Ao longo de um período de 9 anos, eles observaram que mais de 100 das manchas ocupadas passaram por extinção a cada ano e mais de 100 das não ocupadas apresentaram colonização. Com base em suas observações, tornou-se claro que nenhuma mancha única estava a salvo da extinção, mas que a metapopulação persistia porque as extinções eram compensadas pelas contínuas colonizações de manchas.

IMPORTÂNCIA DO TAMANHO DA MANCHA E SEU GRAU DE ISOLAMENTO

O modelo básico de dinâmica de metapopulação não considera as variações naturais. Por exemplo, as manchas de hábitat raramente têm a mesma qualidade; algumas são maiores ou contêm uma densidade maior de recursos necessários. No sul

Figura 13.18 Dinâmica da metapopulação de uma borboleta. A borboleta fritilária-de-glanville vive em pradarias isoladas nas Ilhas Åland da Finlândia. Nessa região, a espécie existe como metapopulação. Fotografia de Robert Thompson/naturepl.com.

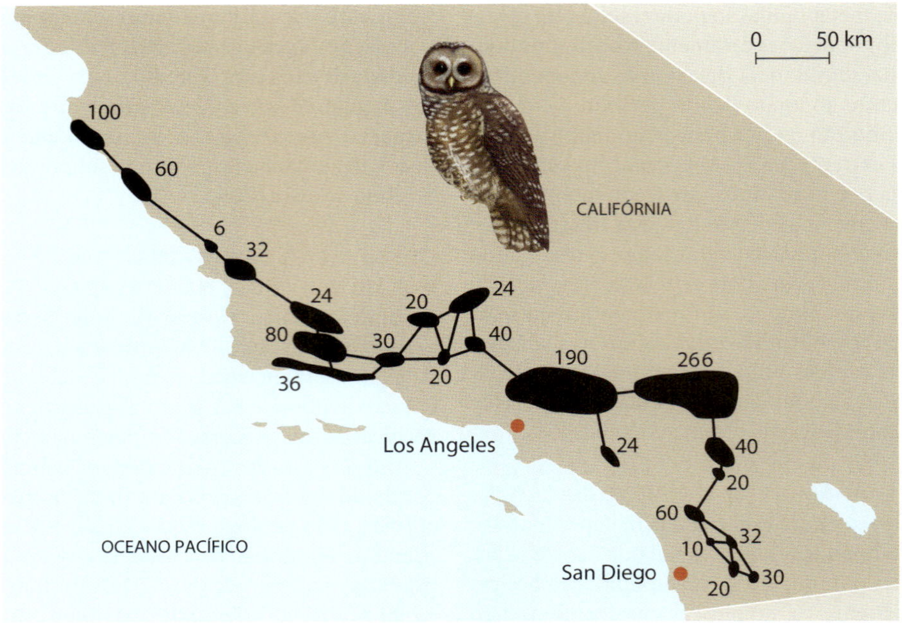

Figura 13.19 Metapopulação da coruja-pintada-da-califórnia. Ao longo da costa do sul da Califórnia, a coruja vive em pequenos fragmentos de hábitat florestado, conforme indicado pelas regiões em preto. As linhas que conectam as manchas de hábitat indicam possíveis vias de dispersão das corujas entre as áreas de floresta. Os números próximos de cada mancha indicam as estimativas dos pesquisadores de quantas corujas poderiam viver em cada mancha. Dados de W. S. Lahaye et al., Spotted owl metapopulation dynamics in Southern California, *Journal of Animal Ecology* 63 (1994): 775-785; W. D. Shuford, T. Gardali (eds.), *California bird species of special concern: a ranked assessment of species, subspecies, and distinct populations of birds of immediate conservation concern in California, Studies of Western Birds: Vol. 1*, Western Field Ornithologists, Camarillo, California, California Department of Fish and Game, Sacramento, 2008.

da Califórnia, a coruja-pintada-da-califórnia (*Strix occidentalis occidentalis*) vive ao longo da costa em pequenos fragmentos de hábitat, os quais, como mostrado na Figura 13.19, têm tamanhos muito diferentes. As estimativas de quantas corujas cada um poderia abrigar variam de 6 a 266. Além disso, nem todas as manchas estão igualmente distantes de todas as outras.

Quando cada mancha em uma metapopulação sustenta uma quantidade diferente de indivíduos, espera-se que todas as pequenas apresentem taxas de extinção mais altas. Como consequência, elas têm menor probabilidade de serem ocupadas do que as grandes. Ao mesmo tempo, também seria possível prever que manchas mais distantes terão probabilidade mais baixa de serem ocupadas do que as mais próximas. Isso porque o sucesso da dispersão varia em função da distância que um indivíduo precisa percorrer. Portanto, manchas não ocupadas que estão próximas das ocupadas apresentam maior chance de colonização. Além disso, subpopulações à beira da extinção podem ser suplementadas pela chegada de dispersores de outras subpopulações. O fenômeno no qual dispersores suplementam uma subpopulação em declínio, impedindo-a de ser extinta, é denominado **efeito de resgate**. Esses dois mecanismos de colonização e o efeito de resgate devem fazer com que manchas menos isoladas apresentem uma probabilidade mais alta de serem ocupadas.

Efeito de resgate Quando dispersores suplementam uma subpopulação em declínio, impedindo-a de ser extinta.

O efeito que o tamanho e o isolamento da mancha exercem sobre a sua colonização foi testado em um estudo de populações do musaranho-comum (*Sorex araneus*) em diversas ilhas em dois lagos da Finlândia. As ilhas têm tamanhos que variam de aproximadamente 0,1 a 1.000 ha e isolamento de menos de 0,1 a mais de 2 km em relação a outras ilhas ou à margem do lago. Como mostrado na Figura 13.20, os pesquisadores descobriram que os musaranhos apresentavam probabilidade muito menor de ocupar as ilhas menores e aquelas mais isoladas.

Padrões similares foram observados em outras espécies e em outras partes do mundo. Na Grã-Bretanha, por exemplo, as borboletas *skipper* (*Hesperia comma*) preferem viver em campos calcáreos, que são intensamente consumidos por coelhos. As manchas de campo tinham tamanhos que variavam de aproximadamente 0,01 a 10 ha, e as distâncias entre elas eram de 0,02 a 100 km.

Como mostrado na Figura 13.21, os pesquisadores observaram que as manchas maiores e menos isoladas estavam ocupadas, enquanto as menores e mais isoladas não estavam. Conforme será estudado no Capítulo 22, o tamanho e o isolamento da mancha não são importantes apenas para a metapopulação de uma espécie, mas também para a quantidade total de espécies encontradas em ilhas de hábitat.

Ao longo deste capítulo, explicou-se como as populações variam no tempo e no espaço. As flutuações ao longo do tempo são bastante comuns na natureza, e algumas dessas flutuações apresentam padrões cíclicos devido à dependência da densidade atrasada. Todas as populações têm alguma

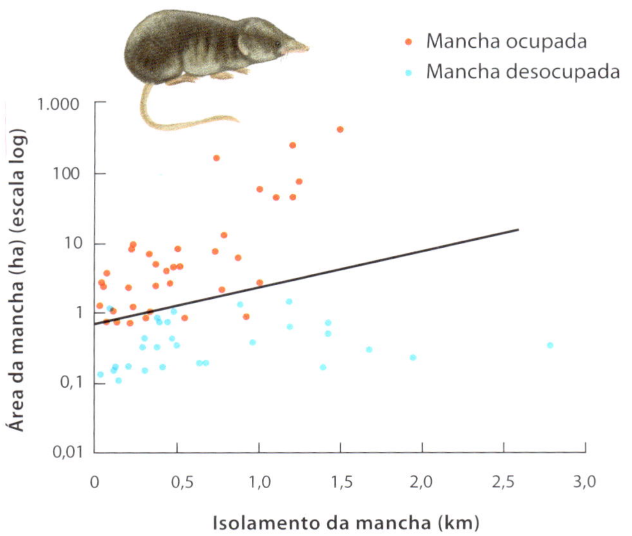

Figura 13.20 Efeitos do tamanho e do isolamento na ocupação de manchas de hábitat pelo musaranho-comum. Essa espécie apresentou probabilidade muito menor de ocupar as manchas pequenas e mais isoladas. Dados de A. Peltonen, I. Hanski, Patterns of island occupancy explained by colonization and extinction rates in shrews, *Ecology* 72 (1991): 1698-1708.

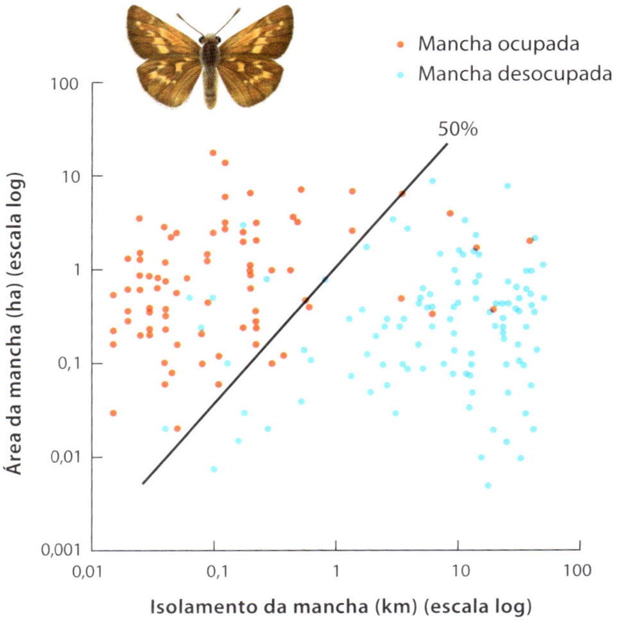

Figura 13.21 Ocupação por borboletas de manchas de hábitat que diferem em tamanho e isolamento. A borboleta *skipper*, na Grã-Bretanha, ocupa as manchas de campo maiores e menos isoladas. A reta indica as combinações de área e isolamento de manchas que correspondem à probabilidade de 50% de ocupação. Dados de C. D. Thomas, T. M. Jones, Partial recovery of a skipper butterfly (*Hesperia comma*) from population refuges: lessons for conservation in a fragmented landscape, *Journal of Animal Ecology* 62 (1993): 472-481.

chance de se tornar extintas quando é proporcionado tempo suficiente, mas as menores enfrentam um risco muito mais alto em virtude das estocasticidades demográfica e ambiental. A dinâmica populacional ao longo do tempo pode ser compensada pela dinâmica populacional no espaço, conforme observado em metapopulações nas quais fragmentos de hábitat podem passar por extinções e colonizações, de modo que possibilite a persistência de toda a metapopulação. No Boxe "Ecologia hoje | Recuperação do furão-de-pés-pretos", a compreensão da relação entre a dinâmica populacional ao longo do tempo e do espaço pode ser decisiva para recuperar espécies que estão à beira da extinção.

VERIFICAÇÃO DE CONCEITOS

1. Como as atividades humanas estão causando a fragmentação de grandes populações em metapopulações?
2. Por que a proporção de manchas ocupadas em uma metapopulação em equilíbrio é determinada pelas taxas de colonização e extinção?
3. Como a distância entre manchas habitáveis afeta a sua taxa de colonização?

ECOLOGIA HOJE CORRELAÇÃO DOS CONCEITOS

Recuperação do furão-de-pés-pretos

Furões-de-pés-pretos. A compreensão sobre como as populações flutuam no tempo e no espaço possibilitou aos cientistas auxiliarem na recuperação do furão-de-pés-pretos. Fotografia de Shattil & Rozinski/naturepl.com.

O furão-de-pés-pretos (*Mustela nigripes*) é um animal furtivo do oeste americano e, como um predador noturno e membro da família das doninhas, alimenta-se quase totalmente de cães-da-pradaria[1] (um furão médio pode consumir de 125 a 150 cães-da-pradaria ao ano).

A vida desse animal está conectada de modo tão próximo aos cães-da-pradaria que este vive em antigas tocas daqueles roedores, dentro de túneis denominados "cidades de cães-da-pradaria". Historicamente, acredita-se que o furão tinha uma abrangência geográfica que ia do Texas ao Arizona e para o norte até a fronteira canadense. Não existem dados de históricos populacionais, mas seus números provavelmente eram da ordem de dezenas de milhares e variavam em relação às abundâncias também flutuantes dos cães-da-pradaria. Na década de 1980, entretanto, acreditava-se que o furão estivesse extinto na vida selvagem.

MUDANÇA GLOBAL

O declínio do furão-de-pés-pretos ocorreu ao longo de um período de mais de um século. Com a ocupação do oeste na década de 1800, os fazendeiros converteram uma grande parte do terreno ocupado pelos cães-da-pradaria em terras cultiváveis. Essa perda do hábitat reduziu substancialmente a capacidade de suporte das terras para os cães-da-pradaria, o que, por sua vez, causou um grande declínio na capacidade de suporte dos furões. Na década de 1920, uma campanha de envenenamento das cidades dos cães-da-pradaria foi iniciada para reduzir seu número, porque se pensava que eles competiam com o gado e as ovelhas pela vegetação. No entanto, os venenos também mataram os furões, que igualmente morreram em virtude de cinomose canina e peste silvestre.

A cinomose é uma doença viral nativa da América do Norte e mortal para os membros da família das doninhas. A peste silvestre é uma doença introduzida na América do Norte a partir da Ásia em 1900 e é altamente letal para os furões. Uma combinação de perda do hábitat, envenenamento e doenças causou o rápido declínio das populações de cães-da-pradaria e furões.

A situação do furão começou a receber atenção na década de 1960, quando uma única pequena população foi descoberta na Dakota do Sul. Em um movimento para salvar a espécie da extinção, ela foi classificada como ameaçada em 1967, o que significava que seria feito um esforço para promover sua recuperação. Então, nove animais foram levados ao cativeiro para um programa de reprodução.

Essa tentativa inicial de reprodução em cativeiro não obteve muito sucesso: poucos filhotes nasceram, mas nenhum sobreviveu mais do que alguns poucos dias. Ao

[1]N.T.: Apesar do nome, esses animais são roedores do gênero *Cynomys*.

mesmo tempo, o hábitat da Dakota do Sul continuou a se tornar mais fragmentado. Desse modo, à medida que as populações do furão se tornaram menores, a espécie enfrentou um risco mais alto de extinção devido a fatores estocásticos. De fato, a pequena população de furões na natureza foi extinta em 1974, e o último em cativeiro morreu em 1979. Todos acreditavam que ele estivesse extinto.

Dois anos depois, um relato de que o cão de um fazendeiro havia matado um furão perto da cidade de Meeteetse, em Wyoming, ocasionou a descoberta de uma população de mais de 120 furões vivendo em uma cidade de cães-da-pradaria próxima. Entretanto, em 1985, essa população foi infectada pela cinomose canina e pela peste silvestre, e teve início um rápido declínio. Considerando que populações pequenas são propensas à extinção devido a fatores estocásticos, os biólogos capturaram os 24 furões remanescentes e os levaram para um novo programa de reprodução em cativeiro no Wyoming. Embora apenas 18 deles tenham sobrevivido, desta vez a iniciativa obteve tanto sucesso que programas adicionais foram iniciados em outros locais, os quais incluíram diversos zoológicos, para a garantia contra uma catástrofe estocástica na instalação do Wyoming.

Seis anos após levarem os furões ao cativeiro, os biólogos começaram a reintroduzi-los na vida selvagem, onde os cães-da-pradaria eram abundantes. Nessa ocasião, uma vez que o conceito de metapopulação era muito mais bem compreendido, eles optaram por conduzir diversas reintroduções por todo o oeste da América do Norte. Essa estratégia considerou a possibilidade de que, se algumas subpopulações fossem extintas em virtude da perda do hábitat, de doenças ou de outros fatores estocásticos, outras poderiam persistir e servir como fontes futuras de novas reintroduções.

O programa de recuperação tem sido um sucesso incrível. Desde 2016, furões têm sido introduzidos em 28 locais nos EUA, no Canadá e no México. De fato, o 28º local de reintrodução foi em Meeteetse, Wyoming, onde a última população remanescente foi descoberta. Ao longo de sua distribuição nativa, a quantidade de furões cresceu de 18 indivíduos originais que sobreviveram em cativeiro para centenas deles atualmente. Os animais ainda enfrentam desafios representados por anos de seca, que causam diminuição nos alimentos, e anos úmidos, que provocam aumentos nas pulgas que carregam a letal praga silvestre. Contudo, o sucesso do programa de reintrodução reflete um enorme esforço por parte dos cientistas que trabalharam para identificar e melhorar os fatores que determinam a abundância da população de furões ao longo do tempo e no espaço.

FONTES:
Robbins, J. 2008. Efforts on 2 fronts to save a population of ferrets. *New York Times*, July 15.
Black-footed ferret recovery program. http://blackfootedferret.org/.
Roelle, J. E., et al. (Eds.). 2006. Recovery of the black-footed ferret–progress and continuing challenges. U.S.G.S. Scientific Investigations Report 2005–5293.
Rogers, N. 2016. Black-footed ferret recovery comes full circle. http://wildlife.org/black-footed-ferret-recovery-comesfull-circle/.

RESUMO DOS OBJETIVOS DE APRENDIZAGEM

13.1 As populações flutuam naturalmente ao longo do tempo. Isso ocorre porque fatores dependentes e independentes da densidade podem sofrer alteração de um ano para o outro e de um local para outro. Com frequência, as magnitudes das flutuações estão relacionadas com a capacidade de uma espécie resistir às mudanças no ambiente e às diferenças em suas histórias de vida, incluindo taxas reprodutivas e duração de vida. Em algumas espécies, a população pode superar sua capacidade de suporte (*overshoot*) e, em seguida, apresentar uma rápida queda (*die-off*). Em populações que apresentam uma estrutura etária, as flutuações no tamanho populacional ao longo do tempo podem ser detectadas por números desproporcionais de indivíduos em determinadas classes etárias. Muitas espécies apresentam flutuações cíclicas no tamanho populacional.

Termos-chave: **extrapolação (*overshoot*), colapso (*die-off*)**

13.2 Dependência da densidade com atrasos de tempo pode causar tamanho populacional inerentemente cíclico. A dependência da densidade atrasada faz com que as populações flutuem acima e abaixo da sua capacidade de suporte; porém, ela pode ser incorporada nos modelos populacionais ao tornar a taxa de crescimento da população dependente da densidade populacional que ocorreu em algum momento no passado. Com a utilização desses modelos, observa-se que a magnitude das flutuações depende do produto da taxa intrínseca de crescimento (r) e do atraso de tempo (τ). O aumento do produto dessa multiplicação faz a população passar de uma fase sem oscilações para outra com oscilações amortecidas até um ciclo de limite estável. Experimentos confirmaram que os atrasos de tempo devido a reservas de energia ou períodos de desenvolvimento entre os estágios da vida podem causar flutuações cíclicas.

Termos-chave: **ciclos populacionais, dependência da densidade atrasada, oscilações amortecidas, ciclo de limite estável**

13.3 Eventos aleatórios podem fazer pequenas populações se extinguirem. Populações menores são mais propensas à extinção do que as maiores, em função das estocasticidades demográfica e ambiental.

Termos-chave: **modelo determinístico, modelo estocástico, estocasticidade demográfica, estocasticidade ambiental**

13.4 As metapopulações são compostas por subpopulações que podem apresentar dinâmicas populacionais independentes no espaço. As metapopulações se formam quando um hábitat se divide em pequenos fragmentos, seja naturalmente ou em virtude de atividades humanas. O modelo básico informa que as metapopulações persistem devido a um equilíbrio entre extinções em algumas manchas de hábitat e colonizações em outras. Embora o modelo básico assuma que todas as manchas sejam iguais, na verdade, em geral, as maiores contêm subpopulações maiores e as menos isoladas apresentam maior probabilidade de serem ocupadas, em consequência do efeito de resgate e das taxas de recolonização mais altas.

Termos-chave: **fragmentação de hábitat, efeito de resgate**

QUESTÕES DE RACIOCÍNIO CRÍTICO

1. Considere um grande número de espécies similares que diferem em relação a quanto cada uma armazena de energia. Qual seria a provável associação identificada no fato de a quantidade de energia armazenada e a probabilidade de o crescimento populacional das espécies exibirem dependência da densidade atrasada?

2. Como o conhecimento sobre pequenas populações insulares e a importância do efeito de resgate ajuda a explicar a probabilidade de extinção dos lobos na Ilha Royale?

3. Em modelos de dependência da densidade atrasada, por que o r e o τ trabalham juntos para determinar a magnitude das oscilações populacionais?

4. Quando ocorrem os ciclos populacionais de predadores e presas, quais são as prováveis causas dos ciclos populacionais da presa *versus* os do predador?

5. Como a probabilidade de extinção devido a processos estocásticos varia com o tamanho da população na coruja-pintada-da-califórnia?

6. Quais são as diferenças entre estocasticidade demográfica e ambiental?

7. Considerando o que você sabe sobre o declínio das populações de lobo na Ilha Royale, formule argumentos a favor e contra a sua reintrodução.

8. Em uma metapopulação do lagarto-de-colar, discutida no Capítulo 11, como a redução da distância entre fragmentos de hábitat pode afetar a sincronia de flutuação entre subpopulações?

9. Se você estivesse tentando salvar uma espécie ameaçada que vive em uma metapopulação, como tentaria aumentar a proporção de manchas ocupadas?

10. No modelo básico de dinâmica de metapopulação, como o efeito de resgate pode alterar as probabilidades de colonização e extinção?

REPRESENTAÇÃO DOS DADOS | EXPLORANDO O EQUILÍBRIO DO MODELO BÁSICO DE METAPOPULAÇÃO

Foi observado que o modelo básico de metapopulação possibilita calcular a proporção de manchas ocupadas com base nas probabilidades de extinção (*e*) e de colonização (*c*).

1. Com base nas probabilidades de extinção e colonização fornecidas na tabela a seguir, calcule as taxas de extinção e colonização.

2. Use um gráfico linear para mostrar a relação entre a proporção de manchas ocupadas e a taxa de extinção.

3. No mesmo gráfico, mostre a relação entre a proporção de manchas ocupadas e a taxa de colonização.

4. Com base nos dois gráficos lineares, em que ponto as taxas de extinção e as taxas de colonização entram em equilíbrio?

VALORES DOS PARÂMETROS DO MODELO BÁSICO DE METAPOPULAÇÃO

Proporção de manchas ocupadas p	Probabilidade de extinção e	Taxa de extinção $e \times p$	Probabilidade de colonização c	Taxa de colonização $(c \times p) \times (1 - p)$
0,1	0,25		0,50	
0,2	0,25		0,50	
0,3	0,25		0,50	
0,4	0,25		0,50	
0,5	0,25		0,50	
0,6	0,25		0,50	
0,7	0,25		0,50	
0,8	0,25		0,50	
0,9	0,25		0,50	
1,0	0,25		0,50	

14 Predação e Herbivoria

Mistério Secular do Lince e da Lebre

Durante séculos, naturalistas, caçadores e aqueles que capturam animais com o uso de armadilhas observaram que as populações de muitas espécies, com frequência, apresentam grandes flutuações e que algumas flutuam em intervalos regulares. Em 1924, o ecólogo Charles Elton percebeu flutuações populacionais regulares em muitas espécies de animais de altas latitudes no Canadá, na Escandinávia e na Sibéria. Ele focou particularmente nas lebres-da-neve (*Lepus americanus*) e no lince-canadense (*Lynx canadensis*), examinando os dados que haviam sido compilados da Companhia Hudson's Bay, uma empresa canadense que comprava peles de caçadores havia mais de 70 anos. O pesquisador presumiu que a quantidade de peles adquiridas ao longo do tempo refletia a abundância das duas espécies e, junto com seus colegas ecólogos, ficou fascinado com os ciclos regulares de alta e baixa densidade que ocorriam aproximadamente a cada 10 anos nas populações de linces e lebres. Esses ciclos, na verdade, eram claros, mas os mecanismos responsáveis por eles têm sido debatidos por quase um século.

Numerosas hipóteses têm sido levantadas para esses ciclos de 10 anos. Quando Elton escreveu seu artigo clássico, alguns biólogos formularam a hipótese de que os animais tinham um "ritmo fisiológico" que fazia com que os linces e as lebres se reproduzissem de modo abundante em alguns anos e pouco em outros. Entretanto, o ecólogo rejeitou essa hipótese porque era muito improvável que tal ritmo estivesse sincronizado em todos os indivíduos de diferentes idades e ao longo de vastas regiões. Em vez disso, ele preferiu uma explicação relacionada com o ciclo de 9 a 13 anos de manchas solares, que são períodos de intensificação da atividade solar. Se o ciclo das manchas solares pudesse afetar substancialmente o clima e, portanto, as condições de crescimento das plantas que as lebres consumiam, isso poderia explicar os ciclos das lebres. Quanto ao ciclo do lince, que ocorria aproximadamente 2 anos depois do ciclo da lebre, acreditava-se que refletisse o fato de o animal consumir principalmente lebres. Logo, quando estas estão abundantes, ele tem mais alimento e, portanto, se reproduz mais nos anos subsequentes; porém, quando as lebres são raras, os linces se reproduzem pouco, e muitos deles sofrem de inanição, o que causa o declínio da população da espécie.

Desde o trabalho original de Elton, ecólogos determinaram que, embora o ciclo de manchas solares apresentasse duração similar à do ciclo das lebres, um nunca havia correspondido muito bem à ocorrência do outro. Eles também não puderam encontrar um mecanismo direcionado pelo clima que conectasse o ciclo das manchas solares ao das lebres. Então, com a eliminação dessas hipóteses, os pesquisadores voltaram a sua atenção para a competição e a predação.

"Os ciclos de 10 anos na abundância de linces e lebres eram claros, mas os mecanismos responsáveis por eles têm sido debatidos por quase um século."

Durante muitas décadas, um debate intenso se concentrou na possibilidade de que os ciclos das lebres fossem causados pelo fato de elas excederem a sua capacidade de suporte, o que poderia explicar a observação de que sua reprodução declina à medida que sua população cresce. Outra hipótese sugeria que a predação pelos linces causava os ciclos; assim, quando eles ficavam raros, elas sobreviviam melhor, e conforme eles se tornavam mais numerosos, começavam a consumi-las mais rapidamente do que elas conseguiam se reproduzir, causando o declínio da população de lebres.

Parecia impossível determinar a resposta sem conduzir alguns experimentos. Então, de 1976 a 1985, manipulou-se a presença ou ausência de suplemento alimentar para as lebres como parte de um grande experimento. Embora um suplemento de alimento aumentasse a capacidade de suporte para a população, ela ainda apresentava ciclos em sincronia com as populações que não eram suplementadas. Isso indicou que a população de lebres não

Lince-canadense e lebre-da-neve. Durante quase 100 anos, ecólogos têm examinado as flutuações regulares nas populações destas espécies para determinar as suas causas. Fotografia de Tom & Pat Leeson/ AGE Fotostock.

declina em função da ausência de alimento. Entretanto, se as lebres não sofrem com isso, por que a sua taxa de reprodução diminui em densidades mais altas?

Em um experimento subsequente, pesquisadores construíram grandes cercas, de modo que pudessem manipular a presença ou ausência de suplemento alimentar e de predação pelo lince. Então, quando os predadores eram excluídos e o alimento era adicionado ao mesmo tempo, o tamanho populacional máximo das lebres aumentava, mas as populações ainda apresentavam ciclos. No entanto, a cerca que excluía o lince não o fazia com outros predadores, como corujas e falcões, que podiam voar para as áreas cercadas e continuar a matar as lebres. Dentre as que morreram, mais de 90% foram devido à predação, enquanto poucas mortes foram atribuídas à fome, o que confirmou ainda mais que a predação – e não a disponibilidade de alimento – era o que contribuía para o declínio cíclico das lebres.

Uma nova ideia surgiu em 2009, quando pesquisadores descobriram que o declínio da taxa de reprodução das lebres sob altas densidades é causado por altas densidades de predadores, que induzem níveis elevados de estresse nas lebres. Então, o estresse da ameaça de predação se torna tão intenso que elas sofrem uma redução da reprodução. Além disso, quanto mais rápido a população de lebres declina devido aos predadores, maior é o estresse que os sobreviventes sofrem. Após esse declínio, há bem poucos predadores, de modo que o nível de estresse é fortemente reduzido, e sua reprodução retorna a um nível alto. No entanto, se as lebres sofrem taxas de predação particularmente altas, o alto estresse associado pode afetá-las por várias gerações e fazer com que a sua população permaneça baixa em abundância por um tempo maior. Em resumo, embora a abundância de alimentos possa afetar a quantidade de lebres na população, os ciclos populacionais de linces e lebres aparentemente podem ser atribuídos a uma combinação de predação direta e efeitos indiretos do estresse causado por predadores, que ocasiona redução na reprodução das lebres.

A investigação secular dos ciclos lince-lebre ilustra que os consumidores e os recursos que eles consomem podem interagir de modos complexos e interessantes. Este capítulo examina como os predadores e os herbívoros podem afetar as populações das espécies que consomem, incluindo como a abundância de populações de predadores e de presas pode apresentar ciclos ao longo do tempo, como os consumidores capturam suas presas e como as presas se defendem deles.

FONTES:
Elton, C. S. 1924. Periodic fluctuations in the numbers of animals: Their causes and effects, *British Journal of Experimental Biology* 2: 119-163.
Scheriff, M. J. 2009. The sensitive hare: Sublethal effects of predator stress on reproduction in snowshoe hares, *Journal of Animal Ecology* 78: 1249-1258.
Krebs, C. J. 2011. Of lemmings and snowshoe hares: The ecology of northern Canada, *Proceedings of the Royal Society B*. 278: 481-489.
Scheriff, M. J., et al. 2015. Predator-induced maternal stress and population demography in snowshoe hares: The more severe the risk, the longer the generational effect. *Journal of Zoology* 296: 305-310.

OBJETIVOS DE APRENDIZAGEM

Após a leitura deste capítulo, você deverá ser capaz de:

14.1 Demonstrar como predadores e herbívoros podem limitar a abundância de populações.

14.2 Ilustrar como as populações de consumidores e as consumidas flutuam em ciclos regulares.

14.3 Explicar como predação e herbivoria favorecem a evolução de defesas.

A maioria das espécies atua consumindo recursos e, ao mesmo tempo, servindo para o consumo por outras espécies. Por exemplo, plantas e algas consomem nutrientes, água e luz, recursos que lhes possibilitam realizar a fotossíntese e crescer. Enquanto as plantas e algas estão vivas, no entanto, são consumidas por herbívoros, parasitos e patógenos. Após a sua morte, esses produtores são consumidos por detritívoros e decompositores.

De modo similar, os animais consomem uma ampla diversidade de outros organismos, ao mesmo tempo que estão sujeitos à ingestão por carnívoros, parasitos e patógenos. Após a sua morte, são consumidos por necrófagos, detritívoros e decompositores. Como pode ser observado, grande número de interações ocorre entre as espécies na natureza. Essas interações, que são essenciais para a composição das espécies em diferentes comunidades, são o assunto dos próximos quatro capítulos.

Este capítulo aborda as interações de predadores com suas presas e de herbívoros com produtores, examinando-se as condições sob as quais os predadores e herbívoros podem limitar os tamanhos populacionais das espécies que consomem. Também investiga modelos de predadores e herbívoros para ajudar a compreender como as populações desses consumidores flutuam em relação às das espécies que eles consomem. Finalmente, explora como os predadores e os herbívoros favoreceram a evolução das defesas em presas e plantas.

14.1 Predadores e herbívoros podem limitar a abundância das populações

As populações são limitadas primordialmente pelo que consomem ou pelo que as consome? Estudos sobre a predação e a herbivoria tentam responder a essa questão ao observar se predadores e herbívoros reduzem ou não o tamanho das

Figura 14.1 Predação de aranhas pelos lagartos. A. Nas Bahamas, pesquisadores introduziram um total de 20 aranhas em cada uma das cinco pequenas ilhas com lagartos predadores e em cinco ilhas sem lagartos. **B.** As aranhas foram inseridas em cada ilha em duas datas, indicadas pelas *setas vermelhas*. Elas se tornaram raras ou ausentes nas ilhas com lagartos, mas aumentaram 10 vezes naquelas sem lagartos. As barras de erro são os erros padrões. Dados de T. W. Schoener, D. A. Spiller, Effect of predators and area on invasion: an experiment with island spiders, *Science* 267 (1995): 1811-1813. Fotografia de Jason J. Kolbe.

A

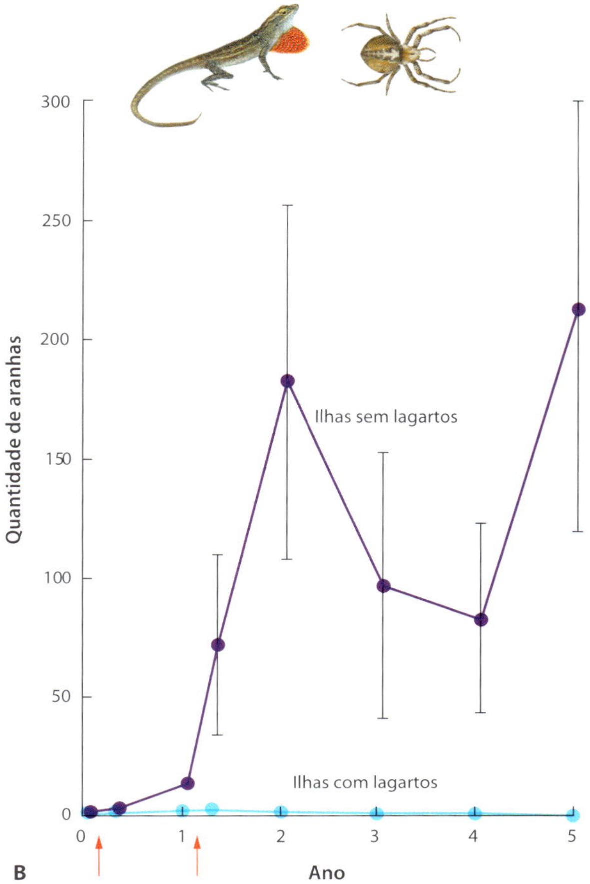

B

populações de presas e de produtores até abaixo das capacidades de suporte estabelecidas pelos recursos. A compreensão dessas relações é de grande importância prática para os interessados no manejo de pragas das plantações, populações de caça e espécies ameaçadas, além de também ter extensas implicações nas interações de espécies que compartilham recursos – conhecimento que ajuda a compreender a estrutura das comunidades ecológicas.

PREDADORES

Como observado com os linces e as lebres no início deste capítulo, há muito tempo ecólogos ficam fascinados com as interações de predador e presa, tanto na natureza quanto em experimentos de manipulação. Por exemplo, um levantamento de 93 ilhas caribenhas revelou que as menores continham aranhas, enquanto as maiores continham aranhas e lagartos, que são predadores das aranhas. Quando os pesquisadores compararam a densidade das aranhas nas ilhas com e sem os lagartos predadores, descobriram que elas eram quase 10 vezes mais abundantes onde não havia lagartos.

Embora essas observações indiquem que os lagartos predadores têm um importante papel no controle das populações de aranhas, um teste experimental forneceria evidências mais definitivas disso. Para testar a hipótese, os pesquisadores conduziram um experimento de manipulação nas Bahamas, em ilhas que variavam, em tamanho, de aproximadamente 200 a 4.000 m^2. Eles selecionaram cinco ilhas com lagartos-marrons (*Anolis sagrei*) e cinco sem lagartos e nelas introduziram uma espécie de aranha tecedeira de teia circular (*Metepeira datona*) como uma presa que originalmente não se encontrava presente nas ilhas. As aranhas foram inseridas em duas ocasiões até se obter um total de 20 aranhas por ilha. Em seguida, os pesquisadores fizeram um levantamento das populações de aranhas 4 dias após cada introdução e detectaram densidades mais baixas nas ilhas que continham lagartos. Isso sugeriu que a predação por esses animais já tinha começado a afetar a população de aranhas.

Ao longo dos 5 anos subsequentes, as populações de aranhas que viviam em ilhas sem lagartos se tornaram 10 vezes maiores, como pode ser observado na Figura 14.1. Em contraste, as que viviam com os lagartos se tornaram raras ou extintas, confirmando que os lagartos predadores reduzem as densidades das aranhas.

MUDANÇA GLOBAL

Por vezes, a introdução de um predador é o resultado de um acidente. Quando uma espécie é introduzida em uma região do mundo onde não existia historicamente, diz-se que ela é uma **espécie introduzida**, **exótica** ou **não nativa**. Se a espécie introduzida se propaga rápido e afeta negativamente outras espécies, diz-se que ela é **invasora**. Na ilha de Guam, por exemplo, muitas espécies de

Espécie introduzida Espécie que é inserida em uma região do mundo onde historicamente nunca existiu. Também denominada **exótica** ou **não nativa**.

Espécie invasora Espécie introduzida que se espalha rapidamente e tem efeitos negativos sobre outras espécies ou sobre a recreação e as economias humanas.

A B

Figura 14.2 Introdução da cobra-arbórea-marrom. A. A introdução dessa cobra na ilha de Guam levou ao declínio e à extinção local de aves, morcegos e lagartos. **B.** Exemplo das tiras de tecido contendo paracetamol que foram presas a camundongos mortos para envenenar as cobras invasoras. Fotografias de (A) John Mitchell/Science Source; (B) USDA Photo.

aves, morcegos e lagartos viviam na ausência de cobras predadoras havia milhares de anos. Entretanto, em alguma ocasião após a Segunda Guerra Mundial, a cobra-arbórea-marrom (*Boiga irregularis*) foi acidentalmente introduzida em Guam por navios que transportavam suprimentos (Figura 14.2 A). Embora ela fosse nativa do Pacífico Sul, os animais de Guam não tinham uma história evolutiva de vida com cobras e, por isso, muitos não apresentavam defesas contra elas. Nos 20 anos seguintes, conforme a população das cobras-arbóreas-marrons crescia exponencialmente, um efeito significativo e devastador foi causado por elas na fauna da ilha: Guam apresentou declínios bruscos ou extinções em nove espécies de aves florestais, nas três espécies de morcegos e em diversas espécies de lagartos.

Vários esforços têm sido realizados para reduzir a população de cobras, incluindo o uso de armadilhas e cães para detectá-las. Em um experimento recente muito criativo, foi injetado paracetamol (o composto ativo do Tylenol®, que é tóxico para as cobras, mas não para outros animais) em milhares de camundongos mortos, os quais foram presos a tiras de tecido, que agem como paraquedas (Figura 14.2 B). Esses apetrechos com camundongos mortos foram lançados e espalhados pela ilha de um helicóptero. A expectativa é de que as cobras encontrem os camundongos pendendo das árvores, consumam as presas e então morram por causa do composto.

Como mencionado no Capítulo 1, os parasitoides são um tipo particular de predador que vive dentro dos tecidos de um hospedeiro vivo, consumindo-os e, por fim, matando o hospedeiro. Assim como muitos outros predadores, os parasitoides também podem limitar a abundância de suas presas, o que pode ser observado em um exemplo de vespas e cochonilhas. A cochonilha-pinta-vermelha da Califórnia (*Aonidiella aurantii*) é uma praga mundial em cultivos de cítricos. Ela se alimenta das folhas e dos frutos das árvores, o que causa muitos prejuízos e torna a fruta não comercializável. Felizmente, uma pequena espécie de vespa parasitoide (*Aphytis melinus*) é capaz de controlar a abundância da cochonilha-pinta-vermelha ao ovipor dentro desses insetos de carapaças, em última instância matando-os.

Para demonstrar a magnitude desse controle, pesquisadores na Califórnia mimetizaram um "surto" de insetos ao adicionar grandes quantidades de cochonilhas em quatro árvores. Dez outras árvores com números normalmente baixos de cochonilhas atuaram como controles. Os resultados desse experimento podem ser observados na Figura 14.3.

Logo após a adição de grandes quantidades de cochonilhas, houve um aumento significativo no número de vespas jovens e adultas. Conforme as vespas se tornaram mais abundantes, a população de cochonilhas iniciou um rápido declínio. Em alguns poucos meses, a grande população de cochonilhas foi reduzida até o mesmo nível observado nas árvores que nunca haviam recebido uma adição experimental da espécie. Embora as vespas não tenham sido capazes de eliminá-las completamente, elas mantiveram a população de cochonilhas em uma quantidade que afetava minimamente as plantações de cítricos.

MESOPREDADORES

MUDANÇA GLOBAL

Frequentemente, existem dois níveis de predadores nas comunidades ecológicas: *mesopredadores* e *predadores de topo*. Os **mesopredadores**, como coiotes, doninhas e gatos ferais, são carnívoros relativamente pequenos que consomem herbívoros. Em contraste, os **predadores de topo**, como lobos, leões-da-montanha e tubarões, normalmente se alimentam de herbívoros e mesopredadores. Ao longo da história, os predadores de topo interferiram nas atividades humanas, como pecuária, agricultura, caça e pesca. Então, para proteger os meios de subsistência, eles foram reduzidos ou eliminados no mundo, o que causou consequências

Mesopredadores Carnívoros relativamente pequenos que consomem herbívoros.

Predadores de topo Predadores que tipicamente consomem herbívoros e mesopredadores.

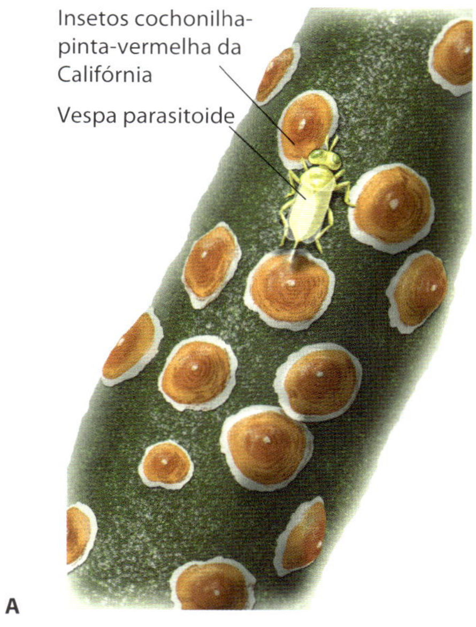

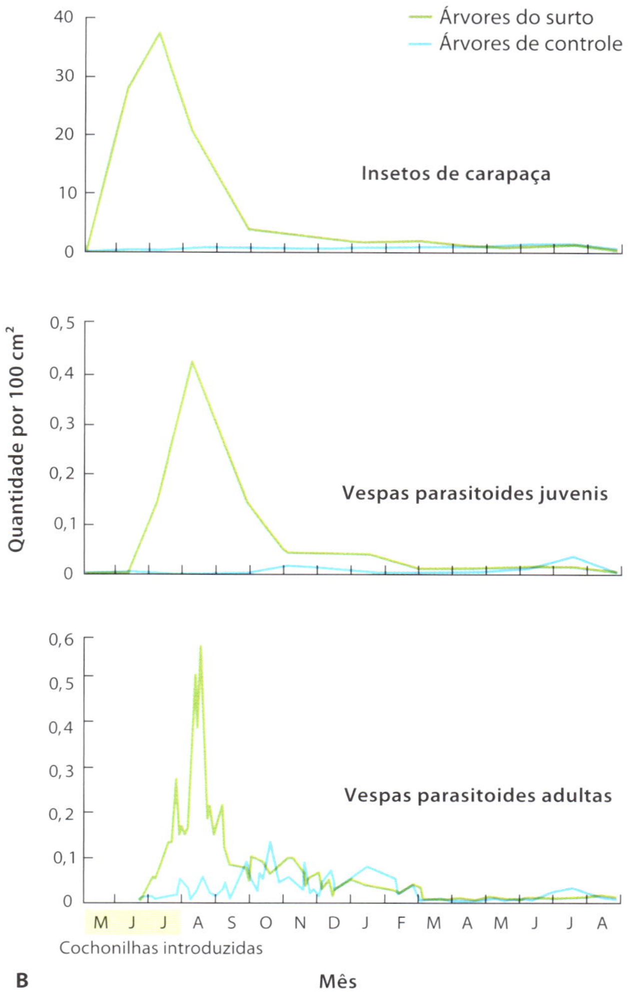

Figura 14.3 Efeitos de um parasitoide sobre as populações de cochonilhas-pinta-vermelha. A. A cochonilha-pinta-vermelha da Califórnia, um pequeno inseto com uma carapaça dura, alimenta-se da seiva de árvores cítricas e outras plantas. A vespa parasitoide deposita seus ovos sob a carapaça dura do inseto; então, quando eles eclodem, as larvas lentamente consomem o inseto. **B.** Após a introdução de grandes quantidades de cochonilhas nas árvores – durante os meses indicados pelo *sombreado amarelo* no eixo *x* –, sua população cresceu rapidamente, e o número de vespas parasitoides juvenis e adultas começou a aumentar de modo rápido. Esse aumento nas vespas parasitoides causou um rápido declínio subsequente nas cochonilhas. Dados de W. Murdoch et al., Host suppression and stability in a parasitoid-host system: Experimental demonstration, *Science* 309 (2005): 610-613.

não intencionais. Estima-se que o declínio dos predadores de topo na América do Norte tenha feito com que 60% de todos os mesopredadores expandissem suas abrangências geográficas.

A expansão na abrangência e abundância de mesopredadores causou efeitos dramáticos sobre as presas que eles consomem. Por exemplo, a redução das populações de tubarões no Oceano Atlântico, em virtude da sobrepesca, levou a um aumento na arraia gavião-do-mar (*Rhinoptera bonasus*), um mesopredador importante que consome vieiras-das-baías (*Argopecten irradians*). Isso acarretou uma grande redução nas vieiras-das-baías.

Em alguns casos, pesquisadores descobriram que os benefícios para os humanos em virtude da remoção de um predador de topo são muito menores do que o prejuízo imposto por um mesopredador que se torna mais abundante após o declínio do predador de topo. Na Austrália, por exemplo, há muito tempo existe uma campanha para remover os dingos e os cães ferais porque eles matam ovelhas. Entretanto, a remoção desses predadores de topo causou um aumento nas raposas-vermelhas (*Vulpes vulpes*), que também comem ovelhas. Esse fato provocou uma perda três vezes maior de ovelhas do que a que ocorria quando os dingos e os cães ferais ajudavam a controlar a população de raposas-vermelhas.

HERBÍVOROS

MUDANÇA GLOBAL

Assim como os predadores, os herbívoros podem apresentar efeitos substanciais sobre as espécies que consomem. Um dos exemplos clássicos é o controle do cacto-de-pera-espinhosa na Austrália, um grupo composto por diversas espécies nativas das Américas do Norte e do Sul. No século XIX, muitas dessas espécies foram levadas para a Austrália por diversas razões, incluindo a utilização como plantas ornamentais e como cercas vivas para as pastagens. Os cactos se propagaram rapidamente por todo o continente, até o ponto em que dominaram milhares de hectares de pastagens. Para combater essa propagação, biólogos na década de 1920 coletaram mariposas-do-cacto (*Cactoblastis cactorum*) na América do Sul e as introduziram na Austrália. Elas são herbívoros naturais do cacto: seu estágio de lagarta consome uma parte da planta, e os danos causados possibilitam que patógenos a infectem. Como pode ser observado nas fotografias "antes" e "depois" na Figura 14.4, as mariposas reduziram rapidamente o cacto até abundâncias muito baixas; embora não tenham erradicado completamente a planta, porque ela é capaz de se dispersar até áreas livres de mariposas, atualmente o cacto-de-pera-espinhosa existe apenas em pequenas áreas na Austrália.

A B C

Figura 14.4 Controle do cacto-de-pera-espinhosa na Austrália. Após a importação do cacto da América do Sul para a Austrália, suas quantidades aumentaram dramaticamente. **A.** Para reduzir sua abundância, a mariposa-do-cacto foi introduzida na Austrália, oriunda da América do Sul. **B.** Um local em Queensland, Austrália, em 1926, antes da introdução da mariposa. **C.** O mesmo local 3 anos após a introdução da mariposa. Cortesia de (A) USDA/ARS, fotógrafa Peggy Greb; (B e C) Department of Fisheries and Forestry; Queensland.

MUDANÇA GLOBAL

Os insetos herbívoros têm sido utilizados de modo similar na América do Norte. Na Califórnia, uma planta conhecida como erva-de-são-joão (*Hypericum perforatum*), que é tóxica para animais de criação, foi acidentalmente introduzida da Europa no início do século XIX e, em 1944, já havia se propagado ao longo de quase um milhão de hectares de terras de pastagem em 30 condados. Na década de 1950, biólogos decidiram introduzir um besouro comedor de folhas (*Chrysolina quadrigemina*) que consumia a erva-de-são-joão na Europa. Depois disso, a erva daninha declinou rapidamente em abundância, como pode ser observado na Figura 14.5. Biólogos estimam que o besouro atualmente tenha eliminado 99% da população de erva-de-são-joão na América do Norte.

Os efeitos dos herbívoros são facilmente observados. Por exemplo, quando animais domésticos, como gado ou ovelhas, são criados em densidades muito altas, poucas plantas sobrevivem. De modo similar, cervos e gansos podem consumir grandes quantidades de plantas. O impacto disso pode ser demonstrado a partir do cercamento de áreas para excluir animais e impedir o pastejo, as quais normalmente apresentam maior massa total, ou *biomassa*, de plantas e maior composição das que são preferidas pelos herbívoros (Figura 14.6). As espécies de plantas que permanecem nas áreas onde ocorre o pastejo são aquelas que os herbívoros preferem não consumir.

Os efeitos dos herbívoros também ocorrem em hábitats aquáticos. Em comunidades de costões rochosos, por exemplo, ouriços-do-mar controlam as populações de algas. Assim, quando eles são removidos de uma área, a biomassa de algas aumenta rapidamente, e a composição das suas espécies também é alterada. Na presença de ouriços-do-mar, as algas remanescentes são compostas principalmente pelas espécies que os ouriços-do-mar não apreciam e por aquelas que conseguem suportar o intenso pastejo.

Entretanto, quando os ouriços-do-mar são removidos, espécies mais palatáveis, como as grandes algas-marrons, tornam-se mais abundantes e conseguem sobrepor-se às outras espécies de algas. Os referidos estudos demonstram que a influência dos herbívoros sobre a abundância de produtores afeta a composição das espécies de toda a comunidade.

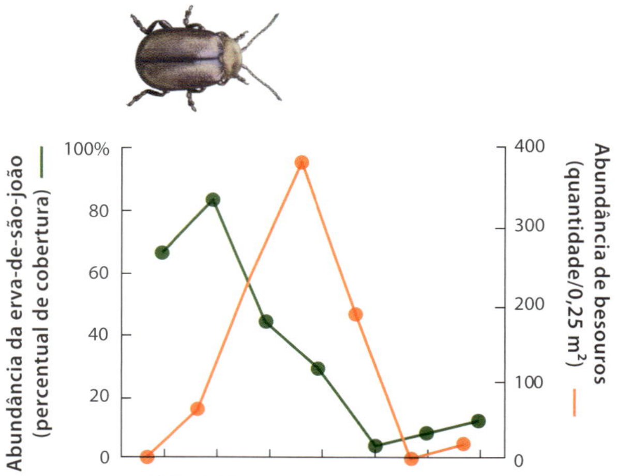

Figura 14.5 Herbivoria por besouro na erva-de-são-joão. Após a introdução de besouros que se alimentam de folhas, sua população inicialmente aumentou, e a da planta iniciou um rápido declínio. Após o declínio da população da erva daninha, a de besouros também diminuiu. Dados de C. B. Huffaker, C. E. Kennett, A ten-year study of vegetational changes associated with biological control of Klamath weed, *Journal of Range Management* 12 (1959): 69-82.

Figura 14.6 Exclusão de veados por cercamento. Nesta área fechada aos veados na Reserva do Parque Nacional de Gwaii Haanas, Haida Gwaii, BC, Canadá, o cercamento a longo prazo para evitar a herbivoria causada pelos veados possibilitou uma abundância muito maior de plantas. Fotografia de Jean-Louis Martin RGIS/CEFE-CNRS.

VERIFICAÇÃO DE CONCEITOS

1. Que evidência existe de que predadores possam controlar a abundância de presas?
2. Como a redução de predadores de topo tem provocado consequências não planejadas na abundância de presas?
3. Que evidência existe de que herbívoros possam controlar a abundância de plantas?

14.2 Populações de consumidores e populações consumidas flutuam em ciclos regulares

No capítulo anterior, foi discutido como as populações podem flutuar ao longo do tempo e no espaço, e observou-se que algumas delas ciclam. No início deste capítulo, foi introduzido um estudo de ciclos populacionais para os linces e as lebres-da-neve, cujos dados podem ser observados na Figura 14.7. Ambas as populações, de linces e de lebres, apresentaram ciclos de 9 a 10 anos, com os dos linces mostrando defasagem de cerca de 2 anos em relação aos das lebres.

Outros grandes herbívoros nas regiões boreais e de tundras do Canadá – como ratos-almiscarados, tetrazes-de-colar e lagópodes-brancos – também apresentam ciclos populacionais de 9 a 10 anos. Herbívoros menores, como ratos-do-campo, camundongos e lemingues, tendem a apresentar ciclos de 4 anos. Os estudos de predadores nessas regiões revelaram que alguns deles, incluindo raposas-vermelhas, martas, visões, açores e corujas-de-chifre, alimentam-se de herbívoros maiores e apresentam ciclos populacionais longos. Em contraste, outros predadores, como raposas-do-ártico (*Vulpes lagopus*), búteo-calçado (*Buteo lagopus*) e coruja-das-neves (*Bubo scandiacus*), consomem pequenos herbívoros e apresentam ciclos populacionais curtos. A sincronia próxima dos ciclos populacionais entre consumidores e as populações que eles consomem sugere que essas oscilações sejam o resultado de interações delas.

Para compreender os mecanismos por trás dos ciclos de predadores e presas, é útil examiná-los no contexto dos modelos populacionais.

CRIAÇÃO DE CICLOS PREDADOR-PRESA EM LABORATÓRIO

Durante o início do século XX, biólogos se interessaram pela utilização de predadores e patógenos para controlar populações de pragas de plantações e florestas. Um dos pesquisadores líderes nesse esforço foi Carl Huffaker, um biólogo da University of California em Berkeley que foi pioneiro no controle biológico de pragas da agricultura. Huffaker buscou compreender as condições que causam a flutuação das populações de predadores e presas e escolheu duas espécies de ácaros que viviam em árvores cítricas: o ácaro-de-seis-manchas

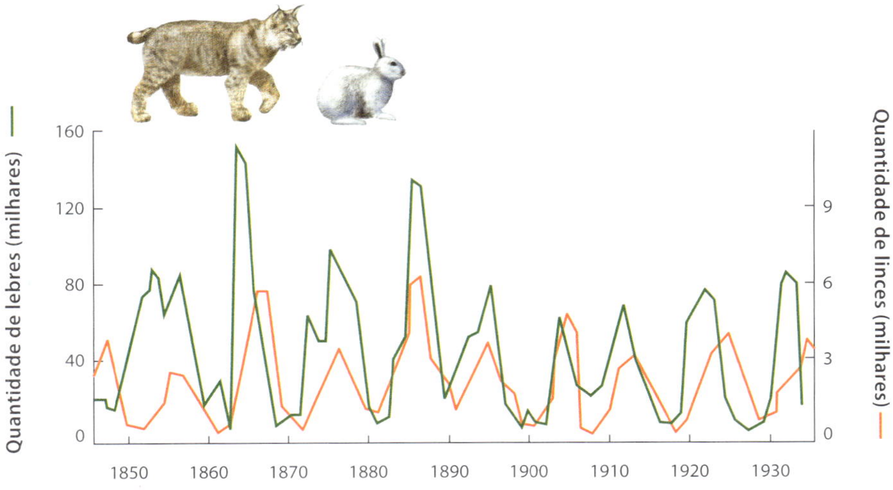

Figura 14.7 Flutuações cíclicas nas populações de lebres-das-neves e linces. Registros da Companhia Hudson's Bay de peles adquiridas de caçadores demonstram que as populações de lebres e linces passaram por ciclos aproximadamente a cada 10 anos. Dados de D. A. MacLulich, *Fluctuations in the number of the varying hare (Lepus americanus)*, University of Toronto Studies, Biological Series No. 43 (1937).

(*Eotetranychus sexmaculatus*) era a presa, e o ácaro-predador-ocidental (*Typhlodromus occidentalis*) era o predador. Em uma série de experimentos, ele estabeleceu populações em grandes bandejas que continham laranjas (que eram tanto hábitat quanto alimento para a presa) com bolas de borracha entremeadas entre as frutas, como ilustrado na Figura 14.8. Em cada bandeja, ele variou o número e a distribuição das laranjas.

Na maioria dos experimentos, Huffaker adicionou inicialmente 20 fêmeas de presas por bandeja e então introduziu duas predadoras fêmeas 11 dias depois; como ambas as espécies se reproduzem partenogeneticamente, não foram adicionados machos. Quando as presas foram introduzidas nas bandejas sem predadores, sua população se estabilizou entre 5.500 e 8.000 ácaros; quando os predadores foram adicionados, ela aumentou rapidamente e logo exterminou a população de presas. Entretanto, sem presas para a sua alimentação, os predadores rapidamente foram extintos. Contudo, demorou mais tempo para que eles e as presas fossem extintos quando as laranjas foram posicionadas distantes umas das outras, pois mais tempo foi gasto para que os predadores localizassem as presas. Sob essas condições experimentais, predadores e presas não conseguiram coexistir ao longo do tempo.

Huffaker concluiu que, se a dispersão dos predadores pudesse ser impedida mais ainda, as duas espécies poderiam ser capazes de coexistir. Para tanto, ele introduziu barreiras à dispersão dos predadores. Os ácaros predadores se dispersam caminhando, mas os ácaros presas utilizam uma linha de seda que tecem para flutuar nas correntes de vento. Baseando-se nessas diferenças, Huffaker modificou suas bandejas para proporcionar às presas uma vantagem de dispersão, posicionando um padrão semelhante a um labirinto de barreiras de vaselina entre as laranjas para retardar a dispersão dos predadores que caminham. Ele também inseriu estacas verticais de madeira por todas as bandejas para que os ácaros-de-seis-manchas as utilizassem como pontos para saltos. Esse arranjo produziu uma série de três ciclos populacionais durante o experimento de 8 meses, como ilustrado na Figura 14.9. A distribuição dos predadores e das presas nas bandejas mudou continuamente conforme as presas, que estavam se extinguindo de uma laranja, recolonizavam outra laranja e se mantinham um passo à frente de seus predadores. Em resumo, Huffaker criou uma metapopulação em laboratório.

O experimento de Huffaker demonstrou que predadores e presas não conseguiram coexistir na ausência de refúgios adequados para as presas. No entanto, as populações de predadores e presas puderam coexistir ao longo do tempo em um mosaico espacial de hábitats adequados, que proporcionavam uma vantagem na dispersão para a presa. Dois tipos de atraso de tempo causaram os ciclos populacionais: um foi o resultado da dispersão mais lenta dos predadores entre as áreas de alimento do que de suas presas, e o outro foi o resultado do tempo necessário para que o número de predadores aumentasse por meio da reprodução. A partir disso, pode-se concluir que ciclos populacionais estáveis podem ser alcançados quando o ambiente é complexo o suficiente para que os predadores não consigam encontrar as escassas presas com facilidade.

MODELOS MATEMÁTICOS DE CICLOS PREDADOR-PRESA

Mesmo antes dos experimentos de Huffaker em laboratório sobre os ciclos predador-presa, os matemáticos Alfred Lotka

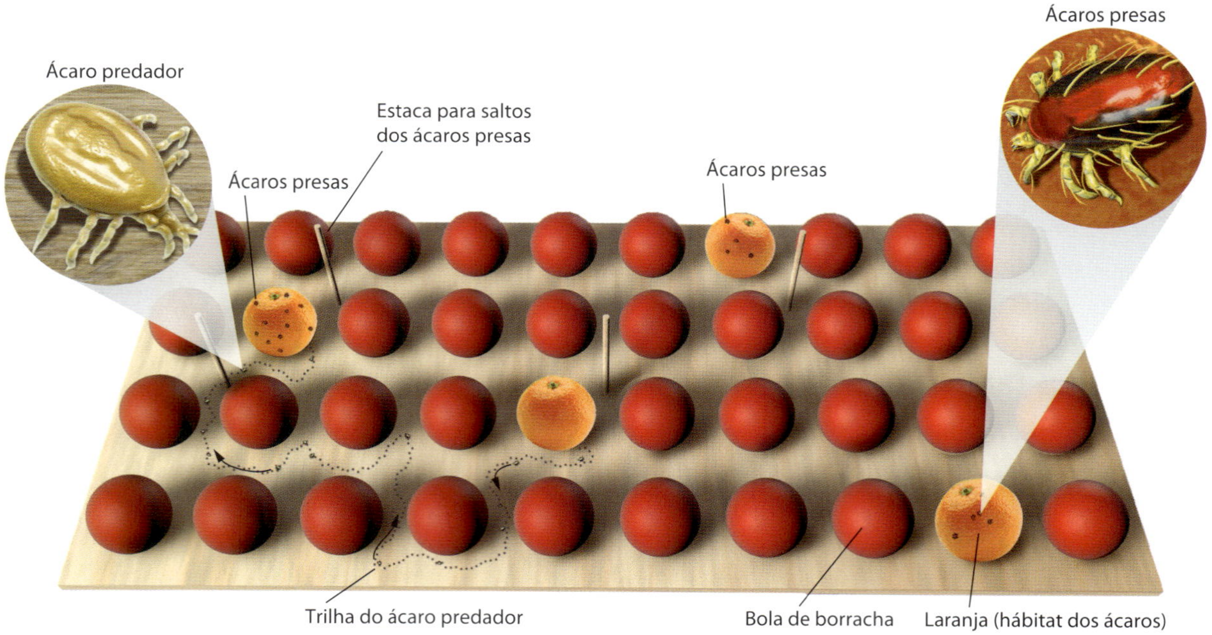

Figura 14.8 Experimento predador-presa de Huffaker em laboratório. Para determinar os fatores que causam os ciclos de predadores e presas, Huffaker manipulou o número e a distribuição de laranjas em uma bandeja cheia delas e de bolas de borracha. Ele também adicionou estacas nas quais apenas a espécie de presa conseguia subir. As presas saltavam das estacas para colonizar novas laranjas. Como os predadores precisavam caminhar de uma laranja até a outra e evitar as barreiras de vaselina, as presas permaneciam um passo à frente dos predadores.

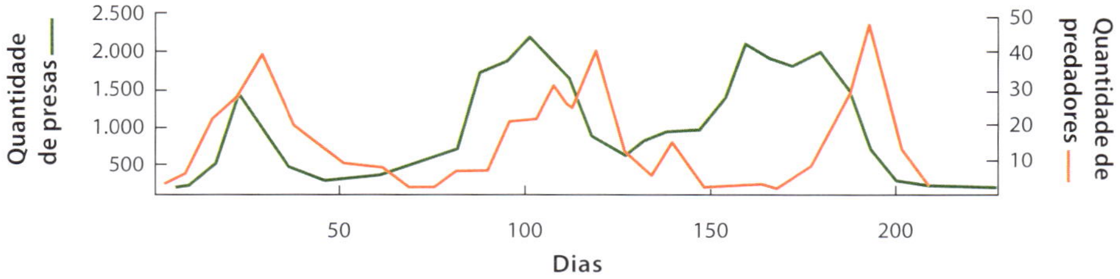

Figura 14.9 Ciclos predador-presa em ácaros no laboratório. Quando foi proporcionada à espécie de presas uma vantagem na dispersão, ela pôde colonizar laranjas livres de predadores e evitar a sua extinção. O ciclo da população de predadores ficou atrasado em relação ao da população de presas porque eles precisavam de mais tempo para se dispersar para as laranjas que continham presas e necessitavam de tempo para se reproduzir após encontrá-las. Dados de C. B. Huffaker, Experimental studies on predation: Dispersion factors and predator-prey oscillations, *Hilgardia* 27 (1958): 343-383.

e Vito Volterra estavam desenvolvendo modelos de interações de predadores e presas. O **modelo de Lotka-Volterra** incorpora as oscilações nas abundâncias de predadores e presas e mostra que a quantidade de predadores tem uma defasagem em relação à de suas presas. O modelo mostra isso ao calcular a taxa de variação na população de presas e na de predadores.

Começando com a população de presas e seguindo a mesma notação dos modelos populacionais do Capítulo 12, o número de presas será definido como N, e o de predadores como P. Colocando em palavras, a taxa de crescimento da população de presas depende da taxa de indivíduos adicionados à população menos a taxa de indivíduos mortos pelos predadores:

$$\frac{dN}{dt} = rN - cNP$$

O primeiro termo nessa equação (rN) representa o crescimento exponencial de uma população de presas com base na taxa intrínseca de crescimento (r), como observado no Capítulo 12. Por simplificação, esse termo não inclui dependência da densidade. O segundo termo (cNP) representa a perda de indivíduos em virtude da predação. O modelo presume que a taxa de predação é determinada pela probabilidade de um encontro aleatório entre predadores e presas (NP) e pela possibilidade de tal encontro resultar na captura da presa (c) (deve-se pensar em c como a "eficiência da captura").

Em seguida, foca-se na população de predadores. A equação para eles é similar àquela para a população de presas, no sentido de que apresenta dois termos, um que representa a taxa de natalidade e outro que representa a taxa de mortalidade:

$$\frac{dP}{dt} = acNP - mP$$

O primeiro termo na equação ($acNP$) representa a taxa de natalidade da população de predadores. Ele é determinado pelo número de presas consumidas por população de predadores (cNP) multiplicado pela eficiência de conversão de presas consumidas em prole pelos predadores (a). O segundo termo (mP) representa a taxa de mortalidade da população de predadores e é determinado pela taxa de mortalidade *per capita* de predadores (m) multiplicada pelo número de predadores (P).

Modelo de Lotka-Volterra Modelo de interações predador-presa que incorpora oscilações nas abundâncias das populações de predadores e presas e que mostra as oscilações defasadas na quantidade de predadores em relação às suas presas.

Alterações nas populações de presas

É possível utilizar as equações de Lotka-Volterra para determinar as condições que possibilitam que a população de presas se torne estável. Por definição, uma população está estável quando a sua taxa de variação é zero, o que pode ser expresso como:

$$0 = rN - cNP$$

A equação pode ser rearranjada da seguinte maneira:

$$rN = cNP$$

Isso indica que a população de presas se torna estável quando a adição de presas (rN) é igual ao consumo de presas (cNP). Pode-se simplificar ainda mais essa equação:

$$P = r \div c$$

Em outras palavras, a população de presas ficará estável quando o número de predadores se igualar à razão entre a taxa de crescimento das presas e a eficiência de captura dos predadores.

Conhecendo o que torna a população de presas estável, também é possível explorar as condições que causam o seu aumento ou a sua diminuição. Ela aumentará quando a adição de presas (rN) exceder o consumo de presas (cNP), o que pode ser expresso como:

$$rN > cNP$$

Essa desigualdade pode ser rearranjada como:

$$P < r \div c$$

A equação representa a quantidade de predadores que a população de presas pode suportar e ainda assim crescer. Esse número é mais alto quando o potencial de crescimento da população de presas (r) é mais alto, ou quando os predadores são menos eficientes na captura delas (c). Com a utilização da mesma lógica, a população de presas diminuirá sempre que:

$$P > r + c$$

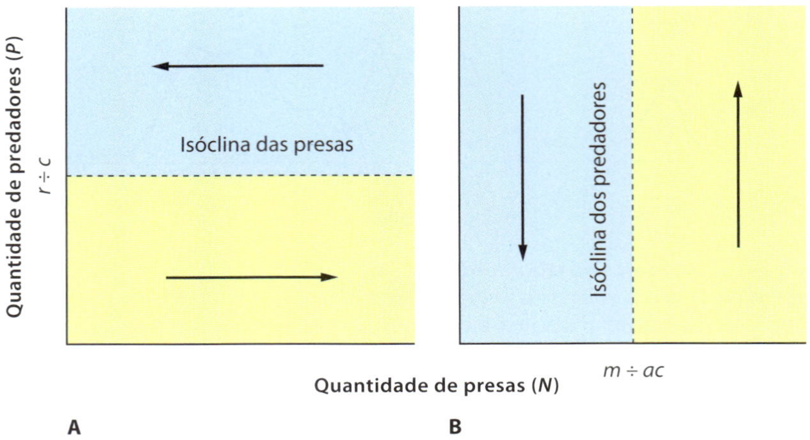

Figura 14.10 Isóclinas de equilíbrio para as populações de presas e predadores. A. A população de presas está estável quando a quantidade de predadores é igual a $r \div c$. Um número maior de predadores faz a população de presas diminuir, enquanto um número menor faz a população de presas aumentar. **B.** A população de predadores está estável quando a quantidade de presas é igual a $m \div ac$. Um número maior de presas faz a população de predadores aumentar, enquanto um número menor a diminui. Em ambas as figuras, a redução da população ocorre na área sombreada de amarelo, enquanto o seu aumento, na área sombreada de azul.

Variações na população de predadores

Essas equações também podem ser utilizadas para compreender as condições que fazem com que a população de predadores permaneça estável, aumente ou diminua. Ela ficará estável quando a taxa de mudança for zero:

$$0 = acNP - mP$$

Rearranjando a equação, tem-se:

$$acNP = mP$$

Isso indica que a população se torna estável quando a adição de predadores ($acNP$) for igual à mortalidade dos predadores existentes (mP). A equação pode ser ainda mais simplificada:

$$N = m \div ac$$

Considerando que essa é a condição necessária para que uma população de predadores seja estável, pode-se prever que ela aumentará quando a produção de novos predadores exceder a mortalidade daqueles já existentes, o que é expresso como:

$$acNP > mP$$

Rearranjando a equação, tem-se:

$$N > m \div ac$$

Essa desigualdade representa a quantidade necessária de presas para suportar o crescimento da população de predadores. Esse número será maior quando a taxa de mortalidade (m) for maior, e será menor quando os predadores forem mais eficientes na captura (c) e na conversão de presas em filhotes (a). Utilizando a mesma lógica, a população de predadores diminuirá sempre que:

$$N < m \div ac$$

Trajetórias das populações de predadores e presas

O conhecimento das condições sob as quais as populações de predadores e presas aumentam, diminuem ou permanecem estáveis ajuda a compreender por que elas, por vezes, apresentam ciclos. A Figura 14.10 A representa graficamente a abundância de ambas as populações, com uma linha horizontal no ponto em que $P = r \div c$, que é a quantidade de predadores correspondente a uma população estável de presas. Essa linha é denominada **isóclina de equilíbrio**, ou **isóclina de crescimento zero** em relação às presas, porque indica os pontos nos quais uma população está estável. Em qualquer combinação de números de predadores e presas na região abaixo dela, existem relativamente poucos predadores, e a população de presas aumenta. Na região acima dessa linha, a quantidade de presas diminui, já que os predadores as removem mais rapidamente do que elas conseguem se reproduzir.

Também é possível mostrar graficamente a isóclina de equilíbrio em relação à população de predadores, como mostrado na Figura 14.10 B. No gráfico, foi traçada uma linha vertical no ponto em que $N = m \div ac$, que corresponde à quantidade de presas que estabiliza a população de predadores. Qualquer combinação de números de predadores e presas que se encontre na região à direita dessa linha possibilita que a população de predadores aumente porque há um aumento na abundância de presas a serem consumidas. Na região à esquerda, a população de predadores diminui porque não há presas suficientes disponíveis.

A compreensão sobre como as populações de predadores e presas mudam em abundância ao se considerar a trajetória de ambas simultaneamente denomina-se **trajetória populacional conjunta**.

Isóclina de equilíbrio Tamanho da população de uma espécie que faz com que a de outra espécie fique estável. Também denominada **isóclina de crescimento zero**.

Trajetória populacional conjunta Trajetória simultânea das populações de predadores e presas.

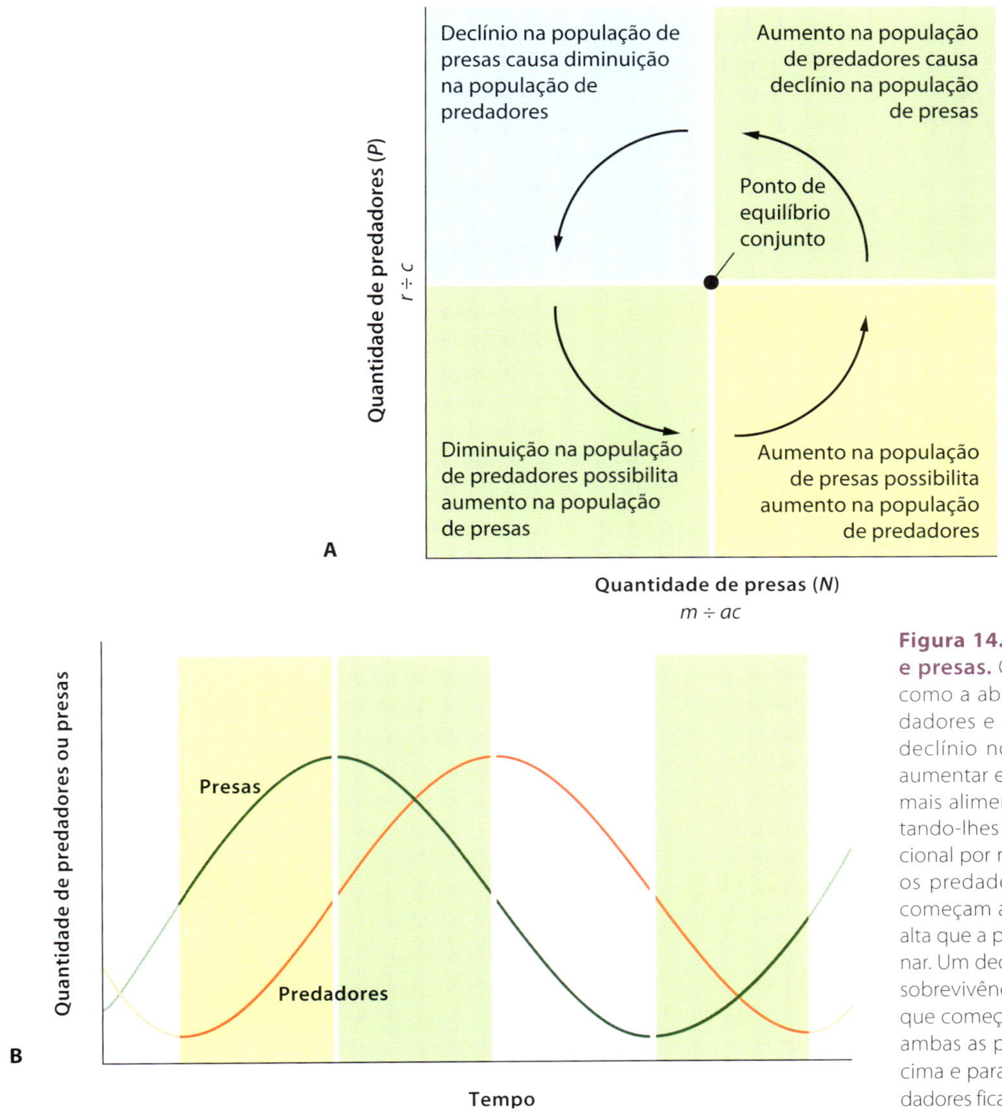

Figura 14.11 Oscilações de predadores e presas. O modelo de Lotka-Volterra ilustra como a abundância das populações de predadores e presas apresenta ciclos. Com um declínio nos predadores, as presas podem aumentar em abundância, o que proporciona mais alimentos para os predadores, possibilitando-lhes aumentar o seu tamanho populacional por meio da reprodução. À medida que os predadores se tornam mais numerosos, começam a matar as presas em uma taxa tão alta que a população de presas começa a declinar. Um declínio nas presas disponíveis reduz a sobrevivência e a reprodução dos predadores, que começam a diminuir. Ao longo do tempo, ambas as populações apresentam ciclos para cima e para baixo, com a abundância dos predadores ficando atrás da abundância das presas.

A Figura 14.11 A traça a trajetória populacional conjunta. Iniciando com a região direita inferior, predadores e presas aumentam, e sua trajetória conjunta se movimenta para cima e para a direita. Na região superior à direita, as presas ainda são suficientemente abundantes para que os predadores possam aumentar, mas a quantidade crescente de predadores faz a população de presas diminuir. Analogamente, a trajetória populacional conjunta se move para cima e para a esquerda. Na região superior à esquerda, o declínio contínuo nas presas causa a redução da população de predadores, de modo que a trajetória se movimenta para baixo e para a esquerda. Na parte esquerda inferior, o declínio contínuo nos predadores possibilita que a população de presas comece a aumentar, o que faz a trajetória se mover para baixo e para a direita e completar o ciclo. Em conjunto, as trajetórias nas quatro regiões definem um ciclo anti-horário das populações de predadores e presas.

No centro da Figura 14.11 A, pode ser observado o **ponto de equilíbrio conjunto**, no qual as isóclinas de equilíbrio para as populações de predadores e presas se cruzam. Ele representa a combinação dos tamanhos populacionais de predadores e presas que se situam exatamente nesse ponto e que não vão se alterar ao longo do tempo. Se qualquer uma das populações se desviar do ponto de equilíbrio conjunto, oscilarão em torno dele, em vez de retornar a ele.

Com base na trajetória populacional conjunta do modelo de Lotka-Volterra, pode-se representar graficamente as mudanças nos tamanhos das duas populações ao longo do tempo, como mostrado na Figura 14.11 B. O gráfico mostra visualmente como ambas ciclam e revela que a população de presas permanece um quarto de uma fase à frente da população de predadores. Embora algumas populações apresentem ciclos em virtude de atrasos de tempo, como discutido no Capítulo 13, as equações predador-presa não se enquadram nesse padrão, uma vez que são contínuas, nas quais as variações populacionais são imediatas. Nesse caso, os ciclos são o resultado de cada população respondendo a mudanças no tamanho da outra. Esse padrão é reminiscente da população do lince mencionada no início deste capítulo, que segue as flutuações na população da lebre.

Ponto de equilíbrio conjunto Ponto no qual as isóclinas de equilíbrio das populações de predadores e presas se cruzam.

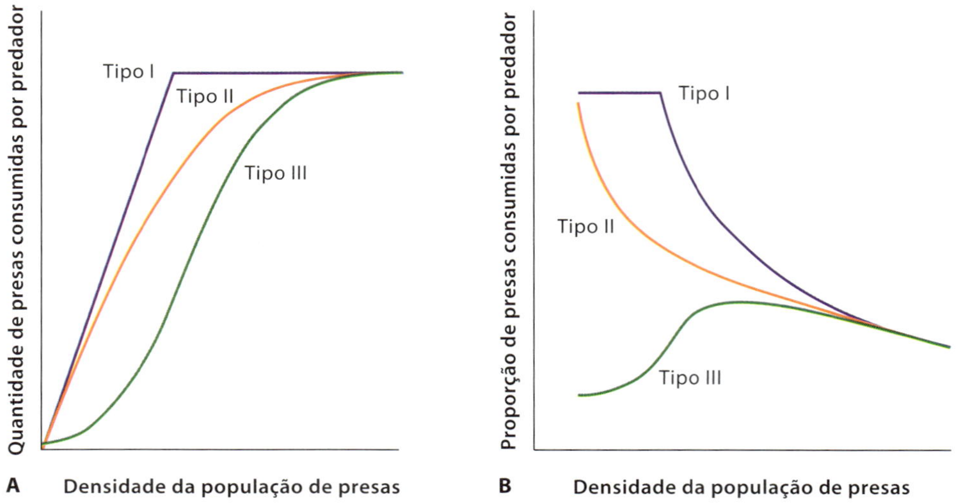

Figura 14.12 Respostas funcionais dos predadores. A. Quando se considera o número de presas consumidas por predador, percebe-se que uma resposta do tipo I mostra a relação linear entre a densidade da população de presas e a quantidade que um predador consome até que finalmente esteja saciado. Em contraste, uma resposta do tipo II mostra a diminuição da taxa de consumo de presas à medida que sua densidade aumenta, o que ocorre em virtude de um aumento no tempo gasto com a manipulação das presas adicionais. Finalmente, o predador alcança a saciedade. Uma resposta do tipo III também mostra uma redução da taxa de consumo quando a densidade de presas é alta. Porém, adicionalmente, essa resposta reflete o efeito do predador aprendendo a formar uma imagem de busca das presas à medida que a densidade delas aumenta ao longo da extensão mais baixa da curva **B.** Quando se considera a proporção de presas consumidas, observa-se que a resposta do tipo I resulta em uma proporção constante de presas sendo consumidas – antes da saciedade – à medida que a sua densidade aumenta. Uma resposta do tipo II resulta em uma diminuição da proporção de presas que são consumidas. Finalmente, uma resposta do tipo III inicialmente causa um aumento na proporção de presas consumidas, seguida de uma diminuição.

RESPOSTAS FUNCIONAIS E NUMÉRICAS

O modelo de Lotka-Volterra fornece uma explicação para os ciclos populacionais que depende de uma versão muito simplificada da natureza. Como já abordado, ele não inclui atrasos de tempo nem dependência da densidade e não incorpora o real comportamento de busca por alimentos da maioria dos predadores. Desse modo, para se obter um cenário mais realista das relações entre predadores e presas, é preciso considerar a *resposta funcional* e a *resposta numérica* dos predadores, as quais ajudarão a estabilizar os ciclos das populações de predadores e presas.

Resposta funcional

A relação entre a densidade da população de presas e a taxa de consumo alimentar de um predador individual é conhecida como **resposta funcional** do predador. Existem três categorias de respostas funcionais potenciais, como ilustrado na Figura 14.12. Para cada uma delas, pode-se examinar o *número de presas* consumidas por cada predador, conforme a Figura 14.12 A, ou a *proporção de presas* consumidas por cada predador, mostrada na Figura 14.12 B. Um ponto importante a ser relembrado é que, sempre que a densidade da população de presas aumenta e um predador pode consumir uma quantidade maior, ele apresenta a capacidade de regular o crescimento da população de presas.

Uma **resposta funcional do tipo I**, indicada pela linha roxa, ocorre quando a taxa de consumo de presas de um predador se eleva de modo linear com o aumento na densidade das presas, até que ele esteja saciado. Como demonstrado na Figura 14.12 A, o aumento na densidade das presas resulta em um número sempre crescente de presas consumidas por um predador até o ponto em que ele se torne saciado e não consiga consumir presas adicionais. Algumas espécies de predadores, como aranhas tecedeiras, que aprisionam uma quantidade crescente de presas à medida que a densidade delas aumenta, exibem uma resposta funcional do tipo I. Como pode ser observado na Figura 14.12 B, isso significa que, conforme a densidade das presas aumenta, cada predador continua a consumir uma proporção constante até o ponto de saciedade. Uma vez que população de presas tenha se tornado tão densa que promova a saciedade dos predadores, estes passam a consumir uma quantidade continuamente decrescente. Essa é a resposta funcional utilizada pelo modelo de Lotka-Volterra.

A **resposta funcional do tipo II**, mostrada pela linha laranja, ocorre quando a quantidade de presas consumidas diminui conforme a sua densidade populacional aumenta e então alcança um platô no momento da saciedade. O número de presas consumidas diminui porque, à medida que os predadores consomem mais, eles devem gastar mais tempo manipulando-as. Por exemplo, quando um pelicano captura um peixe, ele necessita de tempo para manipulá-lo em sua boca e posicioná-lo de modo que siga para baixo pela sua garganta. Quanto mais peixes o pelicano captura, mais tempo

Resposta funcional Relação entre a densidade de presas e a taxa de consumo alimentar de um indivíduo predador.

Resposta funcional do tipo I Resposta funcional na qual a taxa de consumo de presas por um predador se eleva de modo linear com o aumento da densidade de presas, até que a saciedade ocorra.

Resposta funcional do tipo II Resposta funcional na qual a taxa de consumo de presas por um predador começa a diminuir à medida que a sua densidade aumenta e, em seguida, alcança um platô no momento da saciedade.

ele precisa gastar com a manipulação, fazendo com que sobre menos tempo disponível para a captura. No final, já que o predador está gastando tanto tempo manipulando grandes números de peixes e tem menos tempo sobrando para capturá-los, sua taxa de predação se estabiliza. Na Figura 14.12 B, pode-se observar que, em uma resposta funcional do tipo II, a diminuição na taxa de consumo de presas ocasiona um declínio na proporção consumida por cada predador.

Em uma **resposta funcional do tipo III**, ilustrada pela linha verde na Figura 14.12 A, o consumo de presas é baixo quando a sua densidade é baixa, é rápido quando a densidade é moderada, e diminui sob altas densidades de presas. A Figura 14.12 B mostra como esse tipo de resposta funcional afeta a proporção de presas consumidas. Conforme a densidade de presas aumenta, há um aumento inicial na proporção consumida. No entanto, à medida os predadores gastam mais tempo manipulando as presas e se tornam saciados, essa proporção diminui, como observado na resposta do tipo II.

O baixo consumo em baixas densidades de presas pode ser o resultado de três fatores. Primeiro, em densidades de presas muito baixas, as presas podem se esconder em refúgios nos quais estão a salvo dos predadores. Um predador consegue consumir presas apenas após elas se tornarem tão numerosas que alguns indivíduos não são capazes de encontrar um refúgio.

Em segundo lugar, em baixas densidades de presas, os predadores têm menos prática para localizá-las e capturá-las e, portanto, são relativamente ineficientes nisso. Entretanto, à medida que as densidades das presas aumentam, os predadores aprendem a localizar e identificar uma espécie em particular, um fenômeno conhecido como **imagem de busca**. Trata-se de uma imagem mental aprendida que ajuda o predador a localizar e capturar alimento, da mesma maneira como uma pessoa consegue encontrar uma lata de refrigerante em um mercado procurando por um cilindro pequeno e vermelho.

Um terceiro fator que pode causar um consumo de presas relativamente baixo em baixas densidades populacionais é o fenômeno de substituição de presas. Isso ocorre quando uma espécie de presa é rara e um predador altera a sua preferência para outra mais abundante. Contudo, se a densidade populacional da primeira espécie aumentar, o predador pode voltar a capturá-la novamente.

Muitos estudos de laboratório e de campo têm demonstrado as respostas funcionais do tipo III. Por exemplo, pesquisadores examinaram as preferências alimentares de um inseto predador conhecido como nadador (*Notonecta glauca*). A Figura 14.13 mostra o que ocorreu quando eles o apresentaram a dois tipos de presas – isópodes (*Asellus aquaticus*) e larvas de efeméridas (*Cloeon dipterum*) – e manipularam as proporções de cada espécie. Se o predador não pudesse criar uma imagem de busca, ele consumiria as duas proporcionalmente às suas disponibilidades; porém, se ele pudesse criar uma imagem de busca, consumiria menos do que o esperado da presa rara e mais da presa abundante. Como previsto, quando as efeméridas eram raras, o nadador consumia menos do que o esperado. Por outro lado, quando elas eram abundantes, eles consumiam mais do que o esperado, considerando a sua abundância.

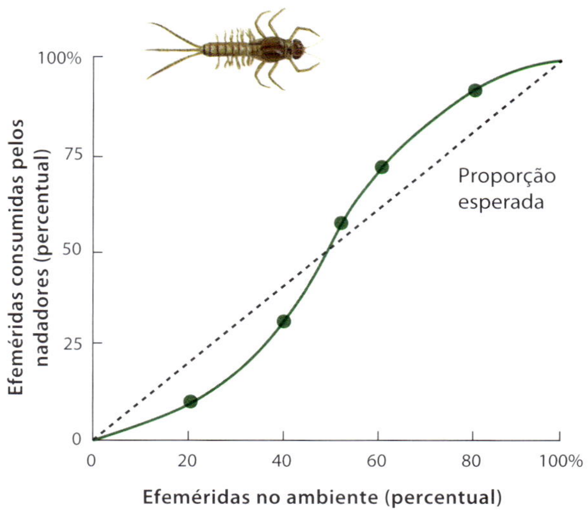

Figura 14.13 Resposta funcional do tipo III. Utilizando insetos predadores conhecidos como nadadores, os pesquisadores manipularam a proporção das presas disponíveis: larvas de efeméridas (mostrada no gráfico) e isópodes. A *linha preta pontilhada* indica a proporção esperada de efeméridas consumidas se a preferência do predador não fosse afetada pela abundância proporcional da presa. Quando elas eram raras, ele consumia menos do que o esperado ao acaso; porém, quando elas eram comuns, o predador consumia mais do que o esperado ao acaso. Dados de M. Begon, M. Mortimer, *Population Ecology*, 2nd ed. (Blackwell Scientific Publications, 1981), segundo J. H. Lawton, J. R. Beddington, R. Bonser In M. B. Ushe, M. H. Williamson (eds.), *Ecological Stability*, (Chapman & Hall, 1974), pp. 141–158.

O predador mudou para a presa mais abundante porque a sua taxa de sucesso foi maior com ela. Assim, quando as larvas de efeméridas eram raras, os ataques dos predadores foram bem-sucedidos menos de 10% das vezes; quando elas eram comuns, os ataques tiveram sucesso em aproximadamente 30% das ocasiões. Os pesquisadores atribuíram a melhora da taxa de captura à prática; afinal, o nadador se tornou mais proficiente em capturar as efeméridas quando teve mais oportunidades para capturá-las. O predador não exibiu preferência inata por qualquer espécie de presa, apenas por aquela que era mais abundante.

Resposta numérica

Conforme observado, a resposta funcional considera as variações na quantidade de presas consumidas por cada predador. A resposta funcional de um predador mostra quantas presas podem ser consumidas por ele e, portanto, as condições sob as quais consegue regular as populações de presas.

A **resposta numérica** é uma mudança no número de predadores por meio do crescimento ou movimento populacional devido a imigração ou emigração. As populações da

Resposta funcional do tipo III Resposta funcional na qual um predador exibe baixo consumo sob baixas densidades de suas presas, rápido consumo sob densidades moderadas e diminuição no consumo sob altas densidades.

Imagem de busca Imagem mental aprendida que ajuda o predador a localizar e capturar alimentos.

Resposta numérica Variação na quantidade de predadores mediante crescimento ou deslocamento populacional devido a imigração ou emigração.

maioria dos predadores normalmente crescem lentamente em relação às de suas presas, embora o movimento de predadores das áreas adjacentes possa ocorrer rapidamente quando a densidade de presas é alterada.

Um exemplo de resposta numérica ocorre em populações locais da mariquita-de-peito-castanho (*Dendroica castanea*), uma pequena ave insetívora do leste da América do Norte. Durante surtos de traças-do-abeto, as populações da mariquita aumentam dramaticamente e, na maioria dos anos, elas vivem em densidades de aproximadamente 25 pares reprodutivos por km^2. Entretanto, durante os anos de surto, as mariquitas se agregam em áreas nas quais a traça-do-abeto está vivendo em altas densidades; então, a quantidade de mariquitas pode alcançar 300 pares reprodutivos por km^2. Como resultado dessa resposta numérica rápida, o predador apresenta o potencial de reduzir rapidamente as densidades das presas e regular a sua abundância.

VERIFICAÇÃO DE CONCEITOS

1. Como a habilidade de uma população de presas em dispersar possibilita que ela persista na presença de predadores?
2. Com base nas equações populacionais de predador-presa, por que a população de presas é estável quando $rN = cNP$?
3. O que causa a diferença entre um predador que exibe uma resposta funcional tipo II e um que exibe uma resposta tipo III?

14.3 A predação e a herbivoria favorecem a evolução de defesas

Considerando os grandes efeitos que os predadores podem apresentam sobre suas presas e os herbívoros sobre os produtores, não é novidade que muitas espécies tenham desenvolvido estratégias para se defenderem. Esta seção revisa os tipos de defesa que evoluíram em presas e como alguns predadores e herbívoros desenvolveram contradefesas.

DEFESAS CONTRA PREDADORES

Para compreender as defesas que as presas utilizam contra os predadores, primeiramente é preciso compreender as estratégias de caça dos predadores, que podem ser categorizadas como *caça ativa* ou *caça com emboscada*, também conhecida como *caça com método de senta e espera*. Um predador que utiliza a caça ativa gasta a maior parte do seu tempo movimentando-se e procurando possíveis presas, como os melros americanos, que caçam ativamente quando se movimentam por um gramado buscando minhocas. Em contraste, um predador que utiliza a caça com emboscada se senta enquanto espera pela passagem de uma presa. Camaleões, por exemplo, conseguem sentar-se imóveis à espera de um inseto. Quando este está suficientemente próximo, o camaleão dispara sua longa língua com extremidade pegajosa e preênsil, a qual aprisiona a presa despreparada.

Independentemente do modo de caça, pode-se pensar na execução da caça pelos predadores como uma série de eventos: detectar, perseguir, capturar, manipular e consumir a presa. Diante disso, as presas desenvolveram defesas contra o predador em diferentes pontos nessa série de eventos.

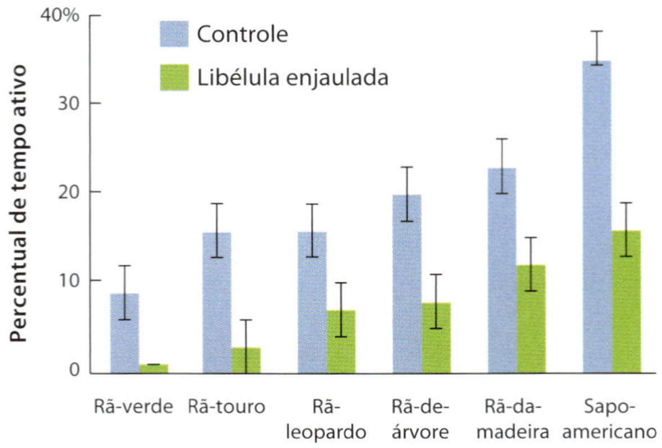

Figura 14.14 Defesas comportamentais. Os girinos normalmente evitam a predação ao se tornarem menos ativos, o que é medido como a fração do dia que gastam se movimentando. O fato de estarem menos ativos reduz a probabilidade de serem detectados por um predador. As barras de erro são erros padrões. Dados de R. A. Relyea, The relationship between predation risk and antipredator responses in larval anurans, *Ecology* 82 (2001): 541–544.

Defesas comportamentais

Algumas das defesas comportamentais mais comuns contra os predadores incluem chamada de alarme, evasão e redução de atividade. A chamada de alarme é utilizada por muitas espécies de aves e mamíferos para alertar seus parentes de que predadores estão se aproximando; as presas que utilizam a evasão se movem para longe do predador; e as que seguem uma estratégia de redução de atividade a executam quando um predador é detectado, apresentando, assim, menor probabilidade de entrar em contato com ele.

Em um estudo de seis espécies de girinos, os animais foram colocados em banheiras d'água com duas áreas separadas. O primeiro tratamento continha um predador enjaulado que não conseguia matar os girinos, mas que conseguia emitir sinais químicos que eles podiam detectar. O segundo tratamento era um controle, que consistia em uma gaiola vazia. Após o estabelecimento do experimento, os girinos foram observados para determinar seu nível de atividade, que foi definido como o percentual de tempo que os animais gastaram se movimentando. Como mostrado na Figura 14.14, cada espécie exibiu um nível de atividade diferente quando os predadores estavam ausentes, e todas reduziram o seu nível de atividade na presença deles.

Cripsia

Outro modo de reduzir a probabilidade de serem detectados por um predador é por meio da camuflagem que combina com o ambiente ou que fragmenta o contorno de um indivíduo para melhor harmonização com o ambiente de fundo, um fenômeno conhecido como **cripsia**. Diversos animais se assemelham a gravetos, folhas, partes de flores ou até mesmo

Cripsia Camuflagem que possibilita a um indivíduo se confundir com o ambiente de fundo ou modificar a aparência de seus contornos de modo a se parecer melhor com o ambiente de fundo.

excrementos de aves. Esses organismos não ficam muito escondidos, mas são confundidos com objetos não comestíveis, e os predadores passam diretamente por eles. Espécies comuns que utilizam a cripsia incluem bichos-pau, esperanças e lagartos-de-chifre (Figura 14.15). Algumas apresentam um padrão fixo de cores que auxilia na cripsia, enquanto outras, como o polvo, são capazes de mudar de cor rapidamente, de modo que possam combinar com seu substrato.

Defesas estruturais

Embora algumas espécies utilizem o comportamento e a cripsia para evitar a sua detecção, outras empregam defesas mecânicas que reduzem a capacidade de captura, ataque ou manuseio de presas por parte dos predadores. Um dos mais conhecidos exemplos de uma defesa mecânica é o espinho do porco-espinho; mais de 30.000 espinhos recobrem o corpo do animal, os quais conseguem penetrar a carne de um predador.

Em outras espécies, as defesas estruturais são fenotipicamente plásticas e, portanto, induzidas apenas quando a presa detecta um predador no ambiente. Por exemplo, as pulgas-d'água – pequenos crustáceos de água fresca –, que detectam sinais químicos dos predadores quando são jovens, podem desenvolver espinhos ao longo de diferentes partes do seu corpo para evitar que os inimigos as consumam.

Outras defesas mecânicas envolvem alterações na forma do corpo. Por exemplo, quando a carpa-cruciana (*Carassius carasius*), uma espécie de peixe que vive na Europa e na Ásia, detecta o odor de um peixe predador na água, ela desenvolve um corpo em forma de corcova ao longo de um período de muitas semanas. Como pode ser observado na Figura 14.16, a carpa com corcova apresenta maior massa muscular e consegue maior aceleração quando nada para longe de um predador.

Defesas químicas

As presas também podem utilizar defesas químicas para desencorajar um predador. Os gambás, muito conhecidos pela utilização dessa estratégia, borrifam em possíveis ameaças substâncias químicas de odor fétido a partir de suas glândulas posteriores. Muitos insetos também utilizam defesas

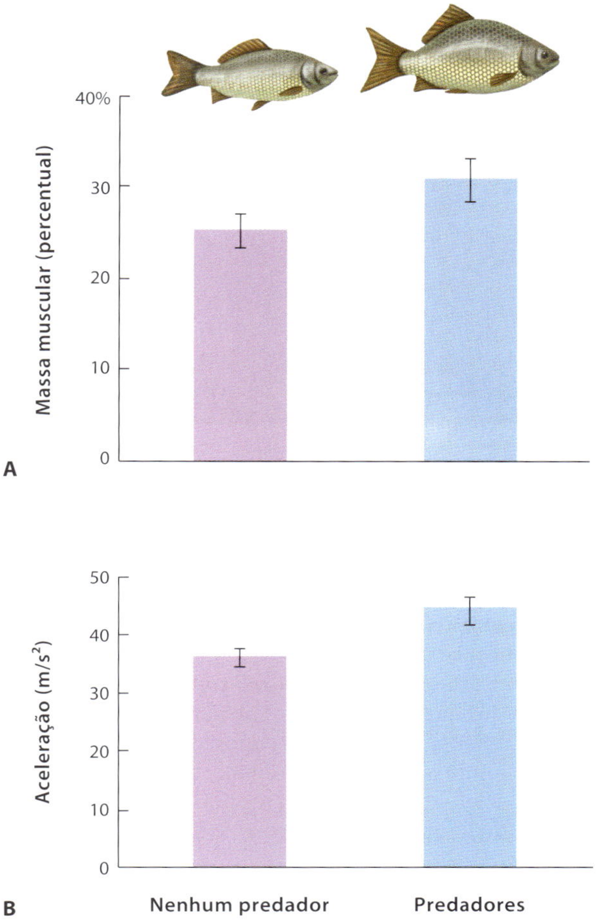

Figura 14.16 Defesas estruturais. Na carpa-cruciana, os indivíduos que vivem com peixes predadores desenvolvem um corpo com formato de corcova que possibilita que a carpa escape da predação. Esses peixes induzidos pelos predadores apresentam maior massa muscular (**A**), que promove maior aceleração enquanto nadam para longe dos predadores (**B**). As barras de erro são erros padrões. Dados de P. Domenici et al., Predator-induced morphology enhances escape locomotion in crucian carp, *Proceedings of the Royal Society B* 275 (2008): 195–201.

A

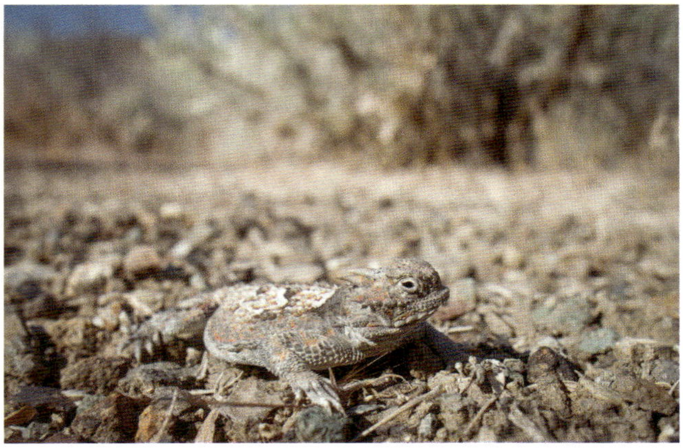

B

Figura 14.15 Presas crípticas. Algumas presas evitam a detecção ao se misturarem com o ambiente. A cripsia é uma estratégia utilizada por uma diversidade de animais, incluindo estes mostrados aqui: uma esperança (**A**) e um lagarto-de-chifres (*Phrynosoma platyrhinos*) (**B**). Fotografias de (A) George Grall/National Geographic Creative; (B) Jason Bazzano/Alamy.

Figura 14.17 Defesas químicas. O besouro-bombardeiro (*Stenaptinus insignis*) mistura duas substâncias químicas dentro de seu abdome, as quais reagem para liberar o fluido fervente e deter os predadores.

químicas. Quando as lagartas da borboleta-monarca se alimentam de seiva, armazenam uma parte das toxinas em seu corpo, o que faz com que fiquem extremamente não palatáveis para as aves predadoras. Besouros-bombardeiros adotam uma abordagem diferente. Seu abdome contém duas glândulas, cada uma das quais fabrica uma substância química distinta. Quando agitado, ele mistura as duas substâncias químicas, causando uma reação que faz com que o líquido se aproxime de 100°C. Eles, então, atiram o líquido quente e fervilhante para fora do abdome, causando dor ou morte em pequenos predadores, como ilustrado na Figura 14.17.

Embora as defesas químicas com frequência sejam efetivas para desencorajar a predação, elas são ainda mais efetivas quando a presa pode mostrar o quão não palatáveis são antes de um ataque. Em muitas espécies, a característica de ser desagradável ao paladar evoluiu em associação a cores e padrões muito conspícuos, uma estratégia conhecida como **coloração de advertência** ou **aposematismo**. Assim, os predadores aprendem rapidamente a evitar marcas como as faixas pretas e laranja das borboletas-monarca; o inseto tem sabor tão amargo que uma única experiência é bem lembrada. Combinações notáveis de preto, vermelho e amarelo adornam diversos animais, como besouros-bombardeiros, vespas jaqueta-amarela e cobras-corais. Essas associações de cores advertem quanto à nocividade de modo consistente. Alguns predadores, no entanto, têm aversão inata a presas assim e, portanto, não precisam passar pelo processo de aprendizado para evitá-las.

Coloração de advertência Estratégia na qual a não palatabilidade evolui em associação com cores e padrões muito notáveis. Também denominada **aposematismo** (coloração críptica).

Mimetismo das defesas químicas

Quando predadores evitam espécies aposemáticas, quaisquer indivíduos de espécies palatáveis que se assemelhem às aposemáticas não palatáveis também são favorecidos pela seleção. Ao longo de gerações, as espécies palatáveis podem evoluir para se assemelhar mais às aposemáticas, um fenômeno chamado de **mimetismo batesiano**, em homenagem a Henry Bates, o naturalista inglês do século XIX que o descreveu pela primeira vez. Em suas viagens à região amazônica, na América do Sul, Bates encontrou diversos casos de insetos palatáveis que não detinham os padrões crípticos de seus parentes próximos, mas, em vez disso, evoluíram para se assemelharem às espécies não palatáveis de cores vivas (Figura 14.18).

Estudos experimentais demonstraram que o mimetismo confere uma vantagem ao mímico. Por exemplo, sapos que consumiam abelhas vivas e recebiam uma ferroada na língua subsequentemente evitavam moscas-varejeiras palatáveis que mimetizam a aparência das abelhas. Em contraste, quando sapos inexperientes comiam abelhas mortas com seus ferrões removidos, eles consumiam as abelhas e as moscas-varejeiras. Esse resultado mostra que os sapos aprenderam a associar os padrões de cores conspícuos e característicos das abelhas vivas a uma experiência desagradável.

Outro tipo de mimetismo, denominado **mimetismo mülleriano**, ocorre quando diversas espécies não palatáveis

Mimetismo batesiano Quando espécies palatáveis desenvolvem coloração de advertência que se assemelha à de espécies não palatáveis.

Mimetismo mülleriano Quando diversas espécies não palatáveis desenvolvem um padrão similar de coloração de advertência.

Figura 14.18 Mimetismo batesiano. A. A vespa comum (*Vespula vulgaris*) tem coloração aposemática como um alerta para os predadores de que um ataque pode resultar em ferroada e injeção com substâncias químicas dolorosas. Outras espécies inofensivas, que não apresentam qualquer capacidade de ferroar, evoluíram até se assemelharem aos padrões de cor da vespa, como a mosca-das-flores (*Helophilus pendulus*) (**B**) e a mariposa-vespa (*Sesia apiformis*) (**C**). Sua semelhança com a vespa reduz o risco de predação. Fotografias de (A) Nick Upton/naturepl.com; (B) Geoff Dore/naturepl.com; (C) FLPA/Gianpiero Ferrar/AGE Fotostock.

desenvolvem um padrão similar de coloração de advertência e recebe esse nome em homenagem ao seu descobridor, o zoólogo alemão do século XIX Fritz Müller.

Quando diversas espécies de presas apresentam padrões de cores conspícuas e todas são não palatáveis, um predador que aprende a evitar uma espécie de presa posteriormente evitará todas as outras com aspecto similar. Por exemplo, a maioria das mamangabas e vespas que convivem em pradarias montanhosas compartilha um padrão de faixas pretas e amarelas, e todas apresentam a capacidade de ferroar um predador. De modo similar, no Peru, diversas espécies de sapos venenosos, todos do gênero *Ranitomeya*, se parecem bastante. Em quatro regiões daquele país, pesquisadores observaram três espécies que variam em coloração de acordo com o local, incluindo uma (*R. variabilis*) que é bem diferente em dois locais. Uma quarta espécie, *R. imitator*, também não é palatável e apresenta populações em cada um desses quatro locais que se assemelham bastante à da outra espécie presente (Figura 14.19).

Custos das defesas contra os predadores

Como discutido no texto sobre as defesas induzidas por predadores e herbívoros no Capítulo 4, muitos tipos de defesas contra predadores podem ser custosos. Por exemplo, as comportamentais, como evasão, podem resultar em redução da atividade alimentar ou aumento de agrupamentos à medida que as presas se deslocam para locais longe de predadores. Nesses casos, as defesas frequentemente estão associadas ao custo de redução de crescimento e desenvolvimento. Similarmente, a maioria das defesas mecânicas, tais como os 30.000 espinhos de um porco-espinho, são energeticamente dispendiosas. Quando os custos da defesa são tão altos que reduzem o crescimento e a reprodução, a presença de predadores pode levar a menores tamanhos populacionais de presas, mesmo quando eles não as consomem.

Pouco se sabe a respeito dos custos das defesas químicas nas presas, mas estudos recentes sugerem que elas também sejam de produção energeticamente dispendiosa. Em joaninhas, que tecnicamente são conhecidas como besouros-joaninhas, muitas espécies são vermelhas com pontos pretos. Essas cores de advertência comunicam aos predadores que as joaninhas têm sabor desagradável devido a substâncias químicas em seu corpo, conhecidas como alcaloides. No entanto, há uma grande quantidade de variação na concentração de alcaloides que cada joaninha pode produzir. Em 2012, pesquisadores relataram que apenas os besouros que consumiam grandes quantidades de alimentos apresentavam energia suficiente para produzir altas concentrações de carotenoides, que proporcionam às joaninhas uma cor vermelha mais intensa, como mostrado na Figura 14.20 A. Além disso, como ilustrado na Figura 14.20 B, besouros que produziam mais carotenoides também produziam concentrações mais altas de alcaloides. Como resultado, joaninhas com dietas mais energéticas podem advertir melhor os predadores sobre seu nível de toxicidade e, assim, reduzir suas chances de serem atacadas.

Adaptações de contra-ataque dos predadores

Se a predação pode selecionar o desenvolvimento de uma ampla variedade de defesas em presas, então as defesas devem favorecer a seleção de contra-adaptações nos predadores. Desse modo, predadores e presas estão sujeitos a uma corrida

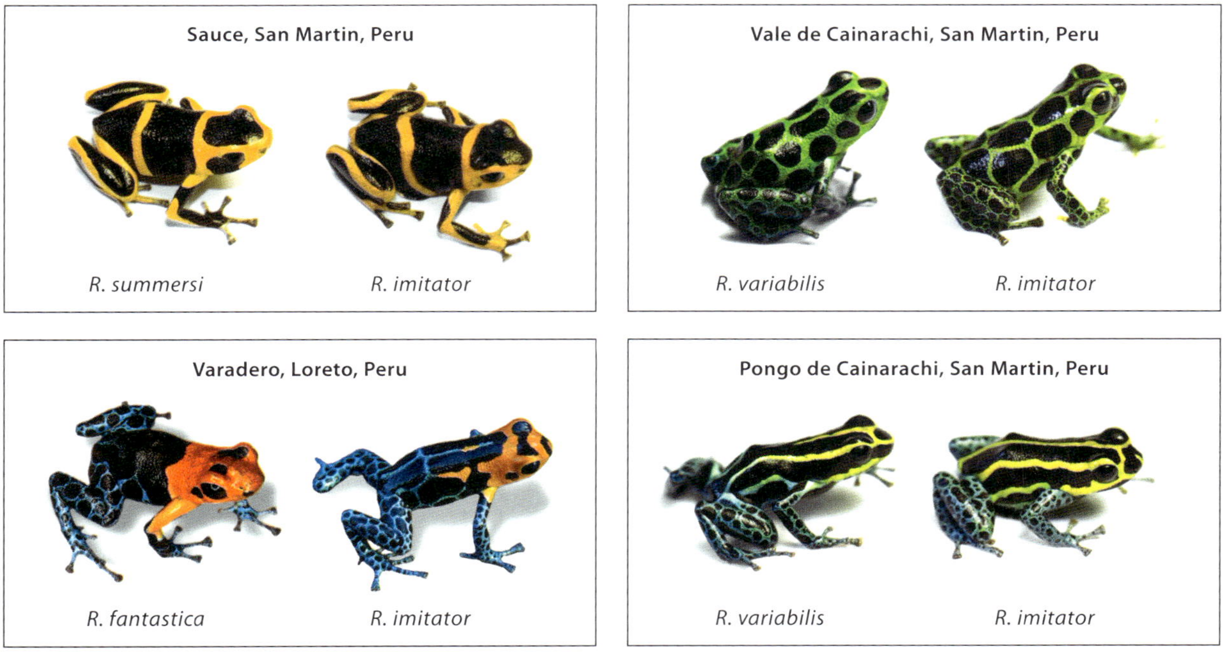

Figura 14.19 Mimetismo mülleriano. Os mímicos müllerianos constituem um conjunto de espécies não palatáveis que compartilham um mesmo padrão de coloração de advertência. A partir de quatro locais no Peru, pesquisadores observaram pares de espécies de sapos venenosos que são não palatáveis e que se assemelham bastante uns aos outros. Para cada local, o sapo à esquerda é uma espécie particular de sapo não palatável. Em todos os quatro locais, o sapo à direita é o não palatável, *R. imitator*, assim denominado porque evoluiu para imitar a coloração do outro sapo em cada local. Dados de M. Chouteau et al., Advergence in Mullerian mimicry: the case of poison dart frogs of Northern Peru revised, *Biology* Letters 7 (2011): 796–900. Fotografias de Evan Twomey, East Carolina University.

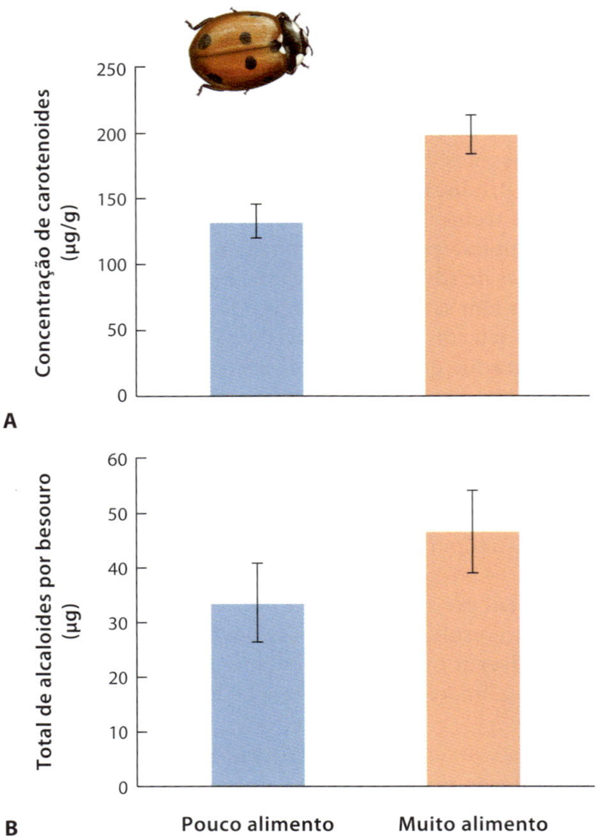

Figura 14.20 Defesas químicas custosas em joaninhas. Em joaninhas-machos, os indivíduos que receberam uma alta quantidade de alimentos produziram uma concentração mais elevada de carotenoides, que faz com que o corpo da joaninha tenha cor vermelha mais intensa (**A**), e uma quantidade maior de substâncias químicas alcaloides defensoras (**B**). As barras de erro são erros padrões. Dados de J. D. Blount et al., How the ladybird got its spots: effects of resource limitation on the honesty of aposematic signals, *Functional Ecology* 26 (2012): 334–342.

evolutiva armamentista entre as defesas das presas e os ataques dos predadores.

Quando duas ou mais espécies afetam a evolução uma da outra, denomina-se **coevolução**. No caso do porco-espinho, por exemplo, os espinhos desencorajam a maioria dos predadores. Entretanto, os linces (*Lynx rufus*) e os carcajus (*Gulo gulo*) apresentam uma solução eficaz. Quando eles encontram um porco-espinho, viram o porco-espinho de costas e atacam a barriga, que não tem espinhos. Outras adaptações comuns dos predadores incluem locomoção em alta velocidade para capturar suas presas e camuflagem que lhes possibilita uma emboscada para as suas presas.

Alguns predadores também podem evoluir para lidar com as substâncias químicas tóxicas produzidas pelas presas. É o caso do sapo-cururu (*Bufo marinus*, atualmente chamado de *Rhinella marina*), uma espécie que foi introduzida na Austrália em 1935. Assim como outras espécies de sapos, o sapo-cururu contém toxinas na sua pele que podem causar doença ou morte nos predadores. Como resultado, os predadores presentes na abrangência nativa dos sapos-cururus não os atacam, embora consumam regularmente outras espécies de anfíbios.

Quando os sapos foram introduzidos na Austrália, os predadores de anfíbios, como as cobras-negras (*Pseudechis porphyriacus*), não tinham experiência evolutiva com os sapos-cururus. Então, quando eles ingeriam os sapos, a maioria das cobras não tinha resistência contra as toxinas e morria. Entretanto, em 2006, pesquisadores relataram que algumas populações de cobras-negras estavam consumindo sapos-cururus, o que sugere que, embora a maioria delas tenha morrido, algumas devem ter apresentado resistência às toxinas do sapo e sobrevivido. Ao longo do tempo, a seleção para resistência a essas toxinas deve ter resultado na evolução de populações de cobras resistentes.

Para testar essa hipótese, os pesquisadores alimentaram as cobras com amostras de pele de sapo de diferentes populações da Austrália. Então, examinaram o quanto a pele do sapo reduziu a velocidade de nado de cada cobra, o que possibilitou aos pesquisadores determinar a suscetibilidade de cada cobra às toxinas. Como pode ser observado na Figura 14.21, as populações de cobras que coexistiram com sapos-cururus por mais tempo desenvolveram a menor suscetibilidade às toxinas. Essa evolução teria ocorrido em menos de 70 anos, um tempo notavelmente curto.

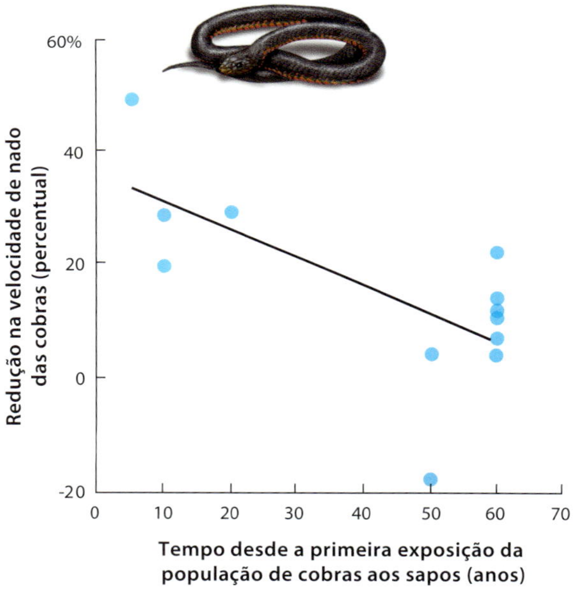

Figura 14.21 Contra-adaptações dos predadores às defesas químicas das presas. Pesquisadores mediram a velocidade de nado das cobras-negras antes e após a sua alimentação com a pele de sapos-cururu, que contém toxinas. Eles descobriram que as populações de cobras que coexistiram com o sapo durante períodos de tempo mais prolongados apresentaram a menor suscetibilidade às toxinas. Dados de B. L. Phillips, R. Shine, An invasive species induces rapid change in a native predator: Cane toads and black snakes in Australia, *Proceedings of the Royal Society B* 273 (2006): 1545–1550.

Coevolução Quando duas (ou mais) espécies afetam a evolução uma da outra.

ANÁLISE DE DADOS EM ECOLOGIA

Para entender a significância estatística

Ao examinar as adaptações das presas, as contra-adaptações dos predadores ou quaisquer outras medidas ecológicas, com frequência consideram-se exemplos nos quais os pesquisadores descobrem diferenças nos resultados dos experimentos de manipulação. Entretanto, até agora, não foi explorado como os ecólogos avaliam quando essas diferenças são significativas *versus* quando elas ocorrem em virtude do acaso.

Para qualquer grupo de medidas, como a concentração de toxinas em joaninhas alimentadas com quantidades altas e baixas de alimentos, haverá uma variação entre os indivíduos de cada grupo. Se fossem coletadas amostras aleatórias de joaninhas a partir do tratamento com quantidades altas e baixas de alimentos, seria perceptível que a concentração média de toxinas é mais alta no tratamento com grande quantidade de alimento. Entretanto, as medidas de alguns dos indivíduos tratados com muito alimento poderiam coincidir com as de alguns daqueles tratados com pouca quantidade de alimentos. Quando as médias são similares e a distribuição dos dados de ambos os grupos se sobrepõe quase totalmente, deve-se concluir que os dois grupos são quase idênticos, independentemente do que estiver sendo medido, como mostrado na figura a seguir.

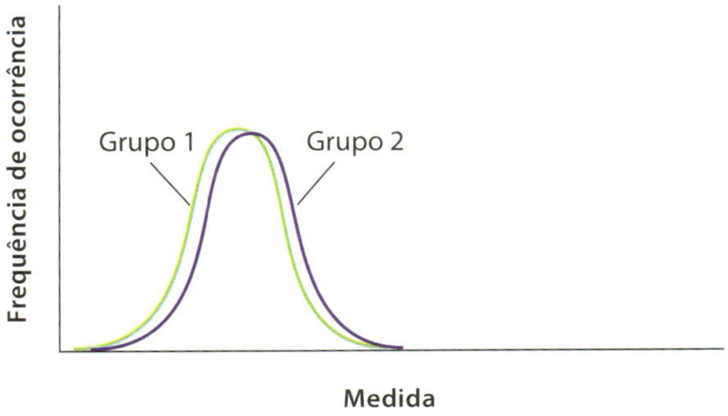

Em contraste, quando as médias são muito diferentes entre si e a distribuição dos dados não exibe sobreposição, como no caso a seguir, haveria a confiança de que os dois grupos de indivíduos são completamente diferentes em relação ao que está sendo medido.

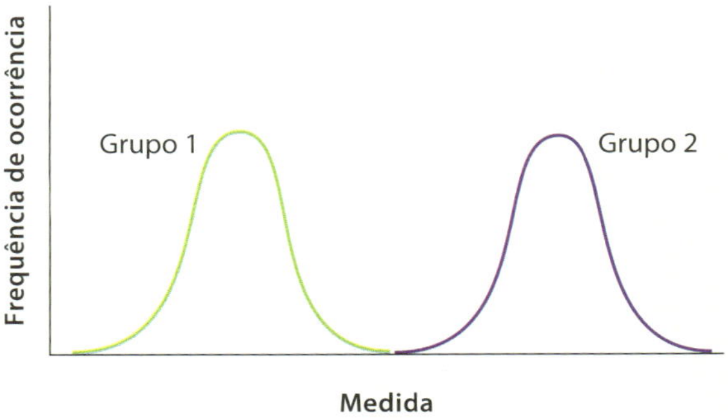

Embora essas duas alternativas extremas demonstrem quando dois grupos têm distribuições completamente sobrepostas ou não sobrepostas, é preciso saber quanta sobreposição entre ambos é aceitável para se concluir que eles são diferentes um do outro no que diz respeito à variável que está sendo medida.

Os cientistas concordam que duas distribuições podem ser consideradas "significativamente diferentes" se puderem ser amostradas muitas vezes, observando-se que as médias se sobrepõem em menos de 5% do tempo. Esse valor de corte um tanto arbitrário, mas amplamente aceito, é conhecido como alfa (α). Portanto, considera-se que o limite em relação à significância estatística é $\alpha < 0,05$. Determinar que algo tem significância estatística não é o mesmo que declarar que uma diferença entre duas médias é grande, substancial ou importante. Em outras palavras, o uso cotidiano de "significativo" não é sinônimo da utilização científica de "significativamente diferente".

EXERCÍCIO No Capítulo 2, em "Análise de dados em ecologia | Desvio padrão e erro padrão", mencionou-se que, quando os dados têm distribuição normal, cerca de 68% se situam dentro de um desvio padrão da média, 95% estão dentro de dois desvios padrões da média e 99,7%, dentro de três desvios padrões da média. Com base nessas informações, se alguém tivesse dois grupos de dados com formatos de distribuição idênticos, aproximadamente quantos desvios padrões de distância seria necessário apresentar para que os dois grupos fossem considerados significativamente diferentes?

DEFESAS CONTRA HERBÍVOROS

Do mesmo modo que a pressão seletiva dos predadores causa a evolução de defesas nas presas, a contínua pressão seletiva dos herbívoros provoca a evolução de defesas contra a herbivoria. Em alguns casos, essas defesas são induzidas por um ataque herbívoro e, portanto, são fenotipicamente plásticas; em outros, elas são fixas e, assim, agem independentemente de um herbívoro ter atacado ou não a planta. Em ambas as situações, algumas espécies de herbívoros desenvolveram contra-adaptações por evolução e, de fato, são tão especializadas em contra-atacar as defesas de uma espécie particular de planta que não consomem quaisquer outras.

Defesas estruturais

No que se refere às defesas estruturais, as plantas desenvolveram uma diversidade de atributos para deter os herbívoros contra o consumo de suas folhas, caules, flores ou frutos. Algumas, como cactos, rosas e amoras-pretas, apresentam espinhos afiados e espículas que causam dor na boca dos herbívoros; outras desenvolvem uma camada de pelos lanosos sobre a superfície de suas folhas para dificultar que insetos herbívoros penetrem nelas.

Defesas químicas

Uma ampla diversidade de defesas químicas evoluiu em plantas, incluindo substâncias como resinas pegajosas e compostos de látex, que são de difícil consumo. Algumas também produzem alcaloides, como cafeína, nicotina e morfina, que apresentam uma grande variedade de efeitos tóxicos. Outras substâncias químicas nas plantas, como taninos, são de difícil digestão para os herbívoros. Em geral, acredita-se que as substâncias químicas produzidas pelas plantas sejam subprodutos fisiológicos delas.

Para algumas dessas defesas químicas, uma ou mais espécies de herbívoros desenvolveram tolerância. Por exemplo, na Polinésia, um arbusto chamado noni-do-taiti (*Morinda citrifolia*) produz uma substância química tóxica com odor tão fétido que passou a ser conhecido como "fruta-do-vômito" (Figura 14.22). A maioria das espécies de moscas-da-fruta evitam a planta, porque, se pousarem nela, podem morrer. Contudo, uma espécie da mosca (*Drosophila sechellia*) evoluiu na capacidade de tolerar as substâncias químicas de defesa. Assim, ela põe seus ovos na flor da planta, com a vantagem de não concorrer com outras espécies de moscas-da-fruta.

Uma situação similar existe em relação à borboleta-monarca. Como mencionado na discussão sobre as defesas das presas, a lagarta da monarca é especializada no consumo de plantas leitosas, que produzem substâncias tóxicas. Ela se alimenta facilmente dessas plantas porque evoluiu para resistir aos efeitos de um grupo de substâncias químicas conhecidas como *glicosídeos cardíacos*, que podem causar parada cardíaca em muitos outros herbívoros. Ela também sequestra algumas das substâncias químicas para utilizá-las como defesa contra seus próprios predadores. Em 2012, pesquisadores fizeram uma descoberta surpreendente a respeito da evolução da capacidade de os insetos consumirem plantas que contêm glicosídeos cardíacos. Eles descobriram que diversos insetos de diferentes ordens – incluindo moscas, besouros, hemípteros e borboletas – evoluíram independentemente das mesmas alterações em um gene que oferece resistência contra os efeitos da toxina. Em resumo, os diferentes grupos de insetos apresentaram evolução convergente.

Figura 14.22 Defesas químicas das plantas e contra-adaptações de herbívoros especializados. O noni-do-taiti, também conhecido como fruta-do-vômito, é um arbusto que produz odor tão fétido que a maioria das espécies de moscas-da-fruta o evita. Entretanto, houve a evolução de uma espécie que tolera as substâncias químicas e que, portanto, põe seus ovos sobre a planta. Fotografia de US National Park Service/Bryan Harry.

Tolerância para ser consumido

Algumas plantas que não desenvolveram amplas defesas contra herbívoros adotam uma estratégia alternativa para tolerar a herbivoria, tornando-se capazes de originar novos tecidos rapidamente para repor aqueles que são consumidos. Por exemplo, com frequência herbívoros consomem o meristema apical da planta, que é a região onde ocorre a maior parte do seu crescimento. Quando esse meristema é removido, os meristemas dos caules inferiores começam a mostrar taxas de crescimento mais elevadas, possibilitando que a planta ainda apresente aptidão relativamente alta, apesar de ter sido parcialmente consumida por um herbívoro.

Custos das defesas dos herbívoros

Durante décadas, pesquisadores investigaram se as defesas das plantas resultam em custo na forma de redução da aptidão. Quando os atributos de defesa são fenotipicamente plásticos, eles podem comparar a aptidão dos indivíduos com defesas induzidas à aptidão dos indivíduos não induzidos. Por exemplo, as plantas de tabaco (*Nicotiana sylvestris*) respondem à herbivoria produzindo defesas químicas, incluindo nicotina.

Nesse sentido, pesquisadores danificaram um grupo de plantas de tabaco para induzir um aumento nas defesas químicas. Como um controle, eles também danificaram um segundo grupo de plantas e, em seguida, trataram as áreas danificadas com um hormônio de plantas que impede a resposta das defesas químicas. Quando posteriormente eles contaram o número de sementes produzidas pelos dois grupos, descobriram que o grupo com aumento das defesas químicas produziu menos sementes, como pode ser observado na Figura 14.23.

Uma segunda abordagem para a quantificação dos custos das defesas contra os herbívoros é tornar os genes responsáveis pelas defesas não funcionais. Por exemplo, pesquisadores examinaram o crescimento de diferentes genótipos de arabeta, uma pequena planta que é nativa da Europa e da Ásia. Eles relataram que os indivíduos com genes de defesa intactos normalmente cresciam mais lentamente do que aqueles com genes de defesa não funcionais. Isso confirmou que as plantas têm um custo pelas defesas contra os herbívoros.

VERIFICAÇÃO DE CONCEITOS

1. Quais são as quatro estratégias que presas desenvolveram, com a evolução, para reduzir os riscos de serem mortas por predadores?
2. Por que a seleção natural favorece contra-adaptações às defesas de presas?
3. Quais são as três estratégias que plantas desenvolveram, com a evolução, para reduzir seus riscos de serem mortas por herbívoros?

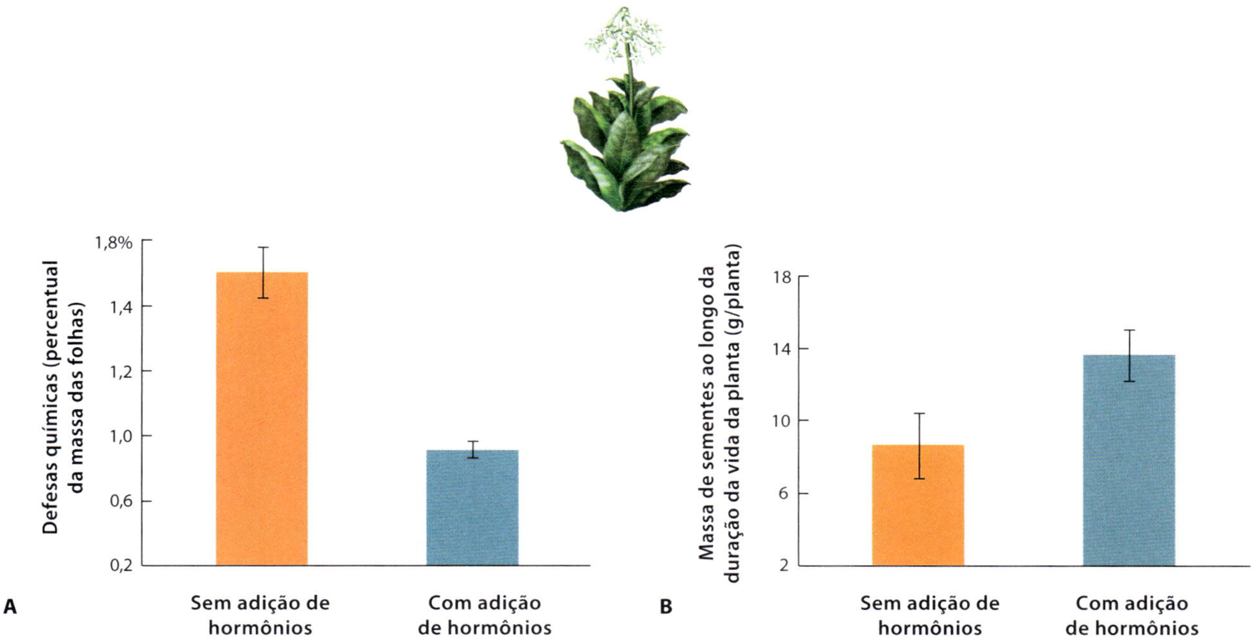

Figura 14.23 Custos das defesas contra herbívoros em plantas de tabaco. Pesquisadores danificaram plantas de tabaco para simular o ato da herbivoria. Em seguida, eles impediram uma resposta química em alguns indivíduos por meio da aplicação de hormônios de plantas nas áreas danificadas das folhas. **A.** Plantas danificadas tratadas com o hormônio produziram uma quantidade menor de defesas químicas do que as não tratadas. **B.** Plantas danificadas tratadas com o hormônio de plantas também apresentaram aptidão mais alta ao longo da vida, medida pela massa de sementes produzidas. As barras de erro são erros padrões. Dados de I. T. Baldwin et al., The reproductive consequences associated with inducible alkaloid responses in wild tobacco, *Ecology* 71 (1990): 252–262.

ECOLOGIA HOJE **CORRELAÇÃO DOS CONCEITOS**

O problema com gatos e coelhos

MUDANÇA GLOBAL

Ilhas em todo o mundo com frequência contêm uma diversidade de espécies endêmicas que evoluíram juntas por milhões de anos. Por isso, como observado neste capítulo, novas espécies que são introduzidas nesses locais podem causar efeitos devastadores sobre as plantas e os animais nativos. Como as populações nativas não compartilham uma história evolutiva com as espécies introduzidas, elas não desenvolveram defesas contra os predadores e os herbívoros inseridos.

Essas introduções ocorrem comumente em ilhas. Como resposta, frequentemente tenta-se remover os intrusos e, assim, reverter os efeitos prejudiciais, embora os reais resultados desses esforços possam levar a consequências não planejadas.

Um exemplo disso ocorreu na pequena Ilha Macquarie, localizada na metade do caminho entre a Austrália e a Antártida. As plantas e os animais locais já existiam juntos havia eras em um bioma de tundra que continha uma grande quantidade de aves marinhas e terrestres, bem como uma diversidade de plantas, que incluíam gramíneas altas. Os humanos começaram a visitar a ilha no século XIX e levaram consigo diversas espécies de animais.

No início do século XIX, a ilha foi utilizada por caçadores de focas como um local para repousar e reabastecer seus navios. Esses visitantes introduziram gatos domésticos (*Felis catus*), que logo se tornaram ferais. Embora não existam dados sobre o impacto dos gatos ferais, em geral presume-se que eles tenham atuado como um mesopredador e tenham predado as abundantes aves da ilha. Em 1878, os caçadores de focas introduziram coelhos europeus (*Oryctolagus cuniculus*) para atuarem como uma fonte de alimento sempre que os navegantes retornassem a ela. Apesar do fato de os gatos ferais terem se alimentado dos coelhos, com o tempo a população de coelhos cresceu muito. Os dados coletados desde a década de 1950 até a de 1970 sugerem que a população de coelhos apresentou grandes flutuações aproximadamente a cada 10 anos, similares àquelas observadas em lebres e outros animais que vivem em altas latitudes ao norte. Como as plantas na ilha não tinham uma história evolutiva com os coelhos, os períodos de altas quantidades de coelhos causaram efeitos devastadores sobre a abundância de espécies de plantas palatáveis; então, quando a população de coelhos apresentava grandes declínios, a vegetação se recuperava.

Espécie introduzida na ilha Macquarie. Coelhos introduzidos causaram efeitos devastadores sobre as plantas da ilha, que não tinham uma história evolutiva de convivência com coelhos. Então, tentativas de reduzir as populações desse animal fizeram com que os gatos ferais substituíssem o consumo de coelhos pelo de aves nativas da ilha. Fotografia de James Doust, cortesia de Australian Antartic Division.

Como os períodos de altas populações de coelhos causavam efeitos muito adversos sobre a vegetação da ilha, os cientistas introduziram a pulga do coelho europeu (*Spilopsyllus cuniculi*) em 1968. Elas podem transmitir o vírus *Myxoma*, que causa a mixomatose, doença fatal para os coelhos. Os cientistas rapidamente verificaram que o vírus não persistia bem na ilha, de modo que, em 1978, iniciaram sua reintrodução em todos os anos. O vírus, então, apresentou o efeito desejado e fez a população de coelhos despencar de 130.000 indivíduos em 1978 para menos de 20.000 na década de 1980. Com esse declínio, a vegetação da ilha começou a se recuperar. Entretanto, as alterações na comunidade da ilha não acabaram ali.

Com a rápida redução da quantidade de coelhos, os gatos da ilha exibiram um comportamento de substituição de presas (descrito na discussão sobre as respostas funcionais dos predadores) e adicionaram mais aves à sua dieta. Desse modo, eles consumiram um número estimado de 60.000 aves marinhas por ano e causaram a extinção de duas espécies terrestres endêmicas. Para ajudar a salvar as aves indefesas da ilha, oficiais do governo decidiram erradicar todos os gatos do local.

Com início em 1985, os cientistas removeram entre 100 e 200 gatos da ilha a cada ano. Uma análise do estômago deles em 1997 indicou que, embora estivessem matando as aves, ainda estavam consumindo aproximadamente 4.000 coelhos ao ano, de modo que, em combinação com o vírus *Myxoma*, eles provavelmente ainda estavam regulando a população de coelhos.

Quando o último gato foi removido, em 2000, a comunidade da ilha respondeu rapidamente. Assim, cinco espécies de aves marinhas, por exemplo, começaram a se reproduzir, algumas das quais não haviam se reproduzido ali por mais de 80 anos. Os coelhos também reagiram. De 1985 a 2000, sua população aumentou de aproximadamente 10.000 para mais de 100.000 indivíduos. Esse aumento provavelmente foi causado por uma combinação de menos gatos predadores, uma recuperação da abundância das plantas e um declínio na quantidade de vírus distribuída a cada ano. Em 2006, havia 130.000 coelhos; esses herbívoros haviam consumido tanta vegetação que partes da ilha se assemelhavam a um gramado bem aparado.

Essas mudanças na ilha ressaltaram a importância de se compreenderem todas as interações que as espécies introduzidas podem ter em uma comunidade, incluindo entre elas mesmas. No caso da Ilha Macquarie, ficou claro para os cientistas que a remoção dos gatos introduzidos não foi suficiente para retornar a comunidade da ilha à sua condição original, pois os coelhos introduzidos também deveriam ser removidos. Como resultado, o governo australiano concordou em gastar US$ 24 milhões para retirá-los, bem como diversos outros mamíferos introduzidos, incluindo camundongos e ratos. Em 2011, grãos contendo veneno foram distribuídos pela ilha de helicóptero, promovendo

Remoção de espécies introduzidas na Ilha Macquarie. A. Em 2011, houve intensa degradação da vegetação na ilha, resultado da introdução de populações de coelhos. **B.** O problema foi corrigido com a remoção de todos os mamíferos não nativos remanescentes. Em 2014, tais esforços foram declarados um sucesso, com todos os coelhos e ratos removidos da ilha, e rápida melhora na vegetação e na quantidade de aves nativas e invertebrados que dependem da vegetação. Fotografias de Ivor Harris/Australian Antarctic Division.

sucesso na eliminação da maioria das espécies de mamíferos introduzidos.

De 2012 a 2013, caçadores com cães treinados foram levados à ilha para eliminar os poucos coelhos, camundongos e ratos remanescentes. Estima-se que eles percorreram um total de 92.000 km na procura por cada mamífero não nativo que havia restado na ilha. Em 2014, esse esforço foi declarado um sucesso, com cada coelho e camundongo removido e melhora rápida na vegetação e na quantidade de aves nativas e de diversos invertebrados nativos que dependem da vegetação.

FONTES:

Success on Macquarie Island. 2014. *Macquarie Island Pest Eradication Project Newsletter*, Issue 14, July. http://www.parks.tas.gov.au/file.aspx?id=36472.

Bergstrom, D. M. et al. 2009. Indirect effects of invasive species removal devastate World Heritage Island. *Journal of Applied Ecology* 46: 83–81.

Dowding, J. E. et al. 2009. Cats, rabbits, *Myxoma* virus, and vegetation on Macquarie Island: A comment on Bergstrom et al. (2009). *Journal of Applied Ecology* 46: 1129–1132.

Bergstrom, D. M. et al. 2009. Management implications of the Macquarie Island trophic cascade revisited: A reply to Dowding et al. (2009). *Journal of Applied Ecology* 46: 1133–1136. http://www.abc.net.au/news/2012-04-19/rabbit-hunters-head-to-macquarie-island/3961270.

RESUMO DOS OBJETIVOS DE APRENDIZAGEM

14.1 Predadores e herbívoros podem limitar a abundância das populações. Utilizando observações na natureza e experimentos de manipulação, ecólogos perceberam que os predadores normalmente limitam a abundância das presas e que os herbívoros comumente limitam a abundância dos produtores.

Termos-chave: **espécie introduzida, espécie invasora, mesopredadores, predadores de topo**

14.2 Populações de consumidores e populações consumidas flutuam em ciclos regulares. As populações que apresentam ciclos têm sido observadas com frequência na natureza e recriadas em experimentos laboratoriais. Atrasos nos tempos de resposta de movimentação e reprodução dos predadores, ligados às alterações na abundância das presas, causam esses ciclos. Foram desenvolvidos modelos matemáticos para simular os ciclos das populações de predadores e presas.

Termos-chave: **modelo de Lotka-Volterra, isóclina de equilíbrio, trajetória populacional conjunta, ponto de equilíbrio conjunto, resposta funcional, resposta funcional do tipo I, resposta funcional do tipo II, resposta funcional do tipo III, imagem de busca, resposta numérica**

14.3 A predação e a herbivoria favorecem a evolução de defesas. As presas desenvolveram uma ampla diversidade de defesas, incluindo comportamentais, mecânicas, químicas, cripsia e mimetismo. Produtores desenvolveram defesas contra os herbívoros, incluindo mecânicas, químicas e tolerância. As defesas desenvolvidas são normalmente custosas e podem, às vezes, ser rebatidas por adaptações subsequentes nos predadores.

Termos-chave: **cripsia, coloração de advertência, aposematismo, mimetismo batesiano, mimetismo mülleriano, coevolução**

QUESTÕES DE RACIOCÍNIO CRÍTICO

1. Como você testaria experimentalmente se grupos de antílopes africanos afetam a abundância das plantas das quais se alimentam?

2. Explique por que um herbívoro que consome muitas espécies diferentes de plantas pode obter menos sucesso na regulação da abundância de uma espécie com defesas eficazes em comparação a um herbívoro que é especializado no consumo de uma única espécie.

3. De que maneira os resultados do experimento clássico de C. F. Huffaker com ácaros e laranjas nos ensinam sobre como populações de predadores e presas são capazes de persistir na natureza?

4. Em termos evolutivos, explique como espécies introduzidas frequentemente podem ter efeitos prejudiciais em nativas, mas também podem ser controladas por um inimigo proveniente da região originária da espécie introduzida.

5. Utilizando a interação lince-lebre, explique por extenso as equações do modelo de Lotka-Volterra para as mudanças nos tamanhos populacionais de presas e predadores.

6. De acordo com o modelo de interações predador-presa de Lotka-Volterra, por que populações de raposas e roedores mostram ciclos?

7. Compare e contraste a resposta numérica com a reposta funcional de predadores.

8. Como uma resposta funcional do tipo II impede que um predador controle uma grande população de presas?

9. Quais são as causas de uma corrida "armamentista" entre os consumidores e as espécies que consomem?

10. Para cada um dos cinco estágios em um evento de predação, como a presa pode evoluir uma defesa contra predadores?

REPRESENTAÇÃO DOS DADOS | RESPOSTA FUNCIONAL DE LOBOS

No Gates of the Arctic National Park and Preserve, no Alasca, pesquisadores monitoraram as densidades de lobos e de suas principais presas, incluindo o caribu (*Rangifer tarandus*). Para compreender se os lobos poderiam regular o crescimento da população de caribus, os pesquisadores queriam saber a forma da resposta funcional dos lobos. Isso poderia ser feito determinando o número de caribus mortos pelos lobos em diferentes áreas e em distintas ocasiões do ano.

Usando os dados desse estudo, mostre graficamente a relação entre a densidade de caribus e a quantidade de caribus mortos por lobo. Em seguida, mostre graficamente a relação entre a densidade de caribus e a proporção de caribus mortos por lobo. Baseando-se em seus gráficos, qual tipo de resposta funcional os lobos apresentam?

DADOS DE LOBOS E CARIBUS

Densidade de caribus (quantidade/km^2)	Quantidade de caribus mortos por lobo (por dia)	Proporção de caribus mortos por lobo (por dia)
0,1	0,50	1,80
0,2	0,70	0,90
0,3	0,90	0,50
0,4	0,95	0,30
0,5	0,98	0,22
1,0	1,00	0,15
1,5	1,01	0,10
2,0	1,02	0,07
2,5	1,03	0,05
3,0	1,03	0,04

15 Parasitismo e Doenças Infecciosas

A Vida dos Zumbis

Os filmes sobre zumbis assustam porque os representam como mortos-vivos em busca de vítimas que transformarão em mais zumbis. Algo semelhante ocorre comumente na natureza: algumas espécies de parasitos infectam um hospedeiro e assumem o controle da sua vida em seu próprio benefício.

O caracol âmbar (*Succinea putris*), da Europa, vive ao longo das margens de riachos e lagos e normalmente passa o seu tempo na sombra da vegetação terrestre, onde mastiga folhas e permanece escondido dos olhos de aves predadoras. Ocasionalmente, ele consumirá fezes de aves, que por vezes contêm ovos de um parasito platelminto (*Leucochloridium paradoxum*). Esses ovos eclodem dentro do caracol e crescem; porém, para se reproduzirem, os parasitos devem passar o estágio seguinte da sua vida dentro de uma ave. Para conquistar esse objetivo, as larvas lentamente percorrem o trajeto por dentro até os pedúnculos oculares do caracol. Esses pedúnculos normalmente são pálidos e finos, mas a infecção parasitária faz com que eles se tornem maiores e apresentem faixas coloridas que pulsam de modo semelhante a uma lagarta em movimento. Os parasitos também assumem o controle do cérebro do caracol e o forçam a subir pelo caule de uma planta, o que um caracol âmbar normalmente não faz. Os caracóis que sobem nos caules são percebidos com mais facilidade pelas aves predadoras; então, como os pedúnculos oculares se assemelham a lagartas, as aves consomem os animais infectados. O parasito, assim, completa o segundo estágio de sua vida dentro da ave, e o ciclo continua. O platelminto se reproduz, seus ovos deixam a ave por meio das fezes, e os caracóis os consomem.

Os parasitos podem controlar o comportamento de muitos animais diferentes. Na Tailândia, por exemplo, formigas-carpinteiras (*Camponotus leonardi*) normalmente passam seu tempo vivendo em ninhos na copa da floresta tropical quente e seca. Ocasionalmente, elas se movimentam da copa até o chão, onde podem ficar expostas aos esporos do fungo *Ophiocordyceps*

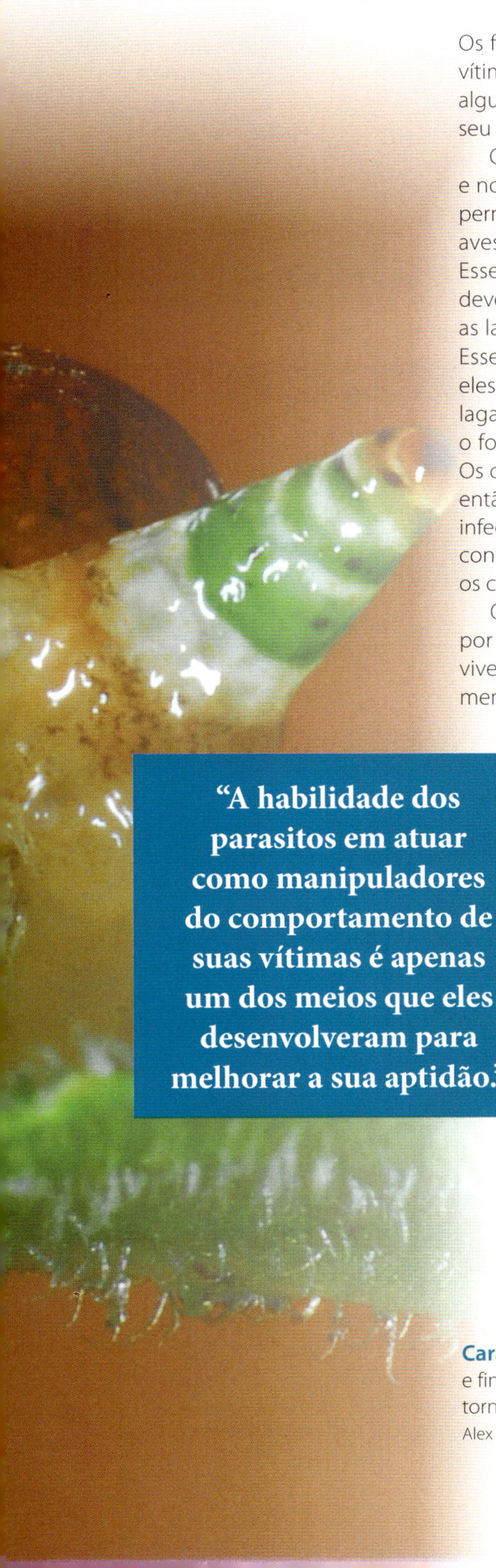

"A habilidade dos parasitos em atuar como manipuladores do comportamento de suas vítimas é apenas um dos meios que eles desenvolveram para melhorar a sua aptidão."

Formiga-carpinteira infectada. Na Tailândia, as formigas-carpinteiras que são infectadas por um fungo descem rastejando das copas, aderem ao lado inferior de uma folha ao morder a sua nervura e, em seguida, morrem. Após a morte, uma haste produtora de esporos cresce para fora da cabeça da formiga e libera seus esporos no ambiente. Fotografia de David Hughes/Penn State University.

Caracol âmbar parasitado. O caracol à direta apresenta um pedúnculo ocular normal, que é pálido e fino, e outro que está infectado por um parasito platelminto, que faz com que o pedúnculo ocular se torne maior e colorido. Ele também pulsa de um modo que é atrativo para aves predadoras. Fotografia de Alex Teo Khek Teck via Flickr.

FONTES:
Andersen, S. B., et al. 2009. The life of a dead ant: The expression of an adaptive extended phenotype. *American Naturalist* 174: 424–433.
Hughes, D. P., et al. 2011. Behavioral mechanisms and morphological symptoms of zombie ants dying from fungal infection. *BMC Ecology* 11: 13.
Lefevre, T., and F. Thomas. 2008. Behind the scene, something else is pulling the strings: Emphasizing parasitic manipulation in vector-borne diseases. *Infection, Genetics and Evolution* 8: 504–519.
Wesolowska, W., and T. Wesolowski. 2014. Do Leucochloridium sporocysts manipulate the behavior of their snail hosts? *Journal of Zoology* 292: 151–155.

unilateralis, denominado fungo das formigas-zumbi, antes de voltarem para os seus ninhos. Uma formiga que é infectada em seguida se move para baixo, até a vegetação úmida de sub-bosque, parando a aproximadamente 25 cm do chão, em um local até o qual muitas formigas anteriormente infectadas também se deslocaram, conhecido pelos pesquisadores como "cemitério de formigas". Lá, ela morde uma nervura no lado inferior de uma folha e ali se mantém até morrer. Após a morte da formiga, o fungo desenvolve uma estrutura produtora de esporos que sai da cabeça da formiga e libera seus esporos no ambiente.

Esse comportamento incomum da formiga não a beneficia, mas beneficia muito o fungo. Isso porque a umidade mais alta encontrada na parte inferior da floresta tropical é mais adequada para o crescimento do fungo do que as condições mais secas no alto, nas copas. Além disso, se a formiga infectada morresse no seu ninho na copa, suas colegas de ninho removeriam o corpo antes que o fungo pudesse desenvolver o crescimento da estrutura produtora de esporos, que é crítica para a sua reprodução.

A capacidade dos parasitos em atuar como manipuladores do comportamento de suas vítimas é apenas um dos meios que eles desenvolveram para melhorar a sua aptidão. Como será mostrado neste capítulo, os parasitos apresentam uma grande diversidade de formas, e seus efeitos sobre os hospedeiros podem variar de brandos a letais. As adaptações que possibilitam que os parasitos infectem os hospedeiros e as que ajudam os hospedeiros a resistir às infecções por parasitos oferecem percepções intrigantes a respeito das estratégias das interações de parasitos e hospedeiros.

OBJETIVOS DE APRENDIZAGEM

Após a leitura deste capítulo, você deverá ser capaz de:

15.1 Identificar os muitos tipos diferentes de parasitos que afetam a abundância de espécies hospedeiras.

15.2 Descrever como as dinâmicas entre parasitos e hospedeiros são determinadas pela habilidade do parasito de infectar o hospedeiro.

15.3 Ilustrar como populações de parasitos e hospedeiros normalmente flutuam em ciclos regulares.

15.4 Explicar o processo de evolução de estratégias ofensivas em parasitos, enquanto hospedeiros desenvolvem estratégias defensivas.

A luta entre os parasitos e os hospedeiros produziu muitos exemplos fascinantes de interações ecológicas e adaptações evolutivas. No Capítulo 1, o parasito foi definido como um organismo que vive dentro de ou sobre outro organismo, denominado hospedeiro, e que causa efeitos prejudiciais conforme consome os recursos deste. Estima-se que aproximadamente metade de todas as espécies da Terra seja de parasitos.

Alguns hospedeiros têm **resistência à infecção**, que é a capacidade de evitar que o parasito cause uma infecção, enquanto outros têm **tolerância à infecção**, que é a capacidade de minimizar o prejuízo causado por uma infecção, uma vez que ela tenha ocorrido. A quantidade de parasitos de determinada espécie que um indivíduo hospedeiro consegue abrigar é denominada **carga parasitária** do hospedeiro. Normalmente, um parasito tem somente uma ou poucas espécies de hospedeiros, enquanto um hospedeiro pode conter dúzias de espécies de parasitos.

Resistência à infecção Capacidade de um hospedeiro de impedir a ocorrência de infecção.

Tolerância à infecção Capacidade de um hospedeiro de minimizar o dano que uma infecção pode causar.

Carga parasitária Quantidade de parasitos de determinada espécie que um hospedeiro individual pode abrigar.

Parasitos que podem causar uma doença infecciosa são chamados de *patógenos*. Entretanto, a infecção por um patógeno nem sempre resulta em uma doença. Por exemplo, os humanos podem ser infectados pelo vírus da imunodeficiência humana (HIV), mas podem nunca apresentar os sintomas da doença, conhecida como síndrome da imunodeficiência adquirida (AIDS). Em muitos casos, não se sabe o que causa a transição entre a infecção por um patógeno e a apresentação da doença por um hospedeiro.

As doenças infecciosas implicam muitos gastos para as pessoas; a Organização Mundial da Saúde (OMS) estima que mais de 25% de todas as mortes humanas sejam causadas por esse tipo de enfermidade. Ressalte-se que apenas as doenças infecciosas são causadas por patógenos, e existem muitas doenças não infecciosas nas quais os patógenos não desempenham um papel, como muitas cardiopatias.

Neste capítulo, o enfoque será na interação dos parasitos com seus hospedeiros; nos capítulos posteriores, será discutido o papel maior que os parasitos podem desempenhar nas comunidades e nos ecossistemas. De início, serão observados os muitos tipos diferentes de parasitos que existem, incluindo os que causam grandes efeitos em plantações, animais domesticados e na saúde humana. Em seguida, serão examinados os fatores que determinam se os parasitos podem infectar hospedeiros, propagar-se rapidamente por uma população e causar efeitos prejudiciais generalizados. Como os modelos matemáticos podem ajudar a compreender a dinâmica populacional de espécies que interagem, também serão discutidos os modelos parasito-hospedeiro. Finalmente, será considerado como os parasitos evoluíram para aumentar suas chances de infectar os hospedeiros, e como estes evoluíram para combater o risco de infecções.

15.1 Muitos tipos diferentes de parasitos afetam a abundância das espécies de hospedeiros

Os parasitos normalmente têm necessidades peculiares de hábitats e, como resultado, vivem em locais específicos do organismo de um hospedeiro. Nos humanos, por exemplo, eles buscam determinadas partes do corpo que são hábitats altamente adequados. Como ilustrado na Figura 15.1, os piolhos vivem nos cabelos; certos trematódeos – que são platelmintos – residem no fígado; o fungo que causa o pé-de-atleta reside nos pés; e assim por diante.

Pode-se classificar a ampla diversidade de parasitos como *ectoparasitos* ou *endoparasitos*, ambos comuns em plantas e animais. Os **ectoparasitos** vivem no exterior dos organismos, enquanto os **endoparasitos** vivem dentro deles. Cada estilo de vida apresenta vantagens e desvantagens, como resumido na Tabela 15.1. Por exemplo, pelo fato de os ectoparasitos viverem no exterior de seus hospedeiros, não precisam combater seu sistema imunológico e podem mover-se facilmente para a superfície ou para fora do hospedeiro. Entretanto, como

Ectoparasito Parasito que vive na parte externa de um organismo.

Endoparasito Parasito que vive dentro de um organismo.

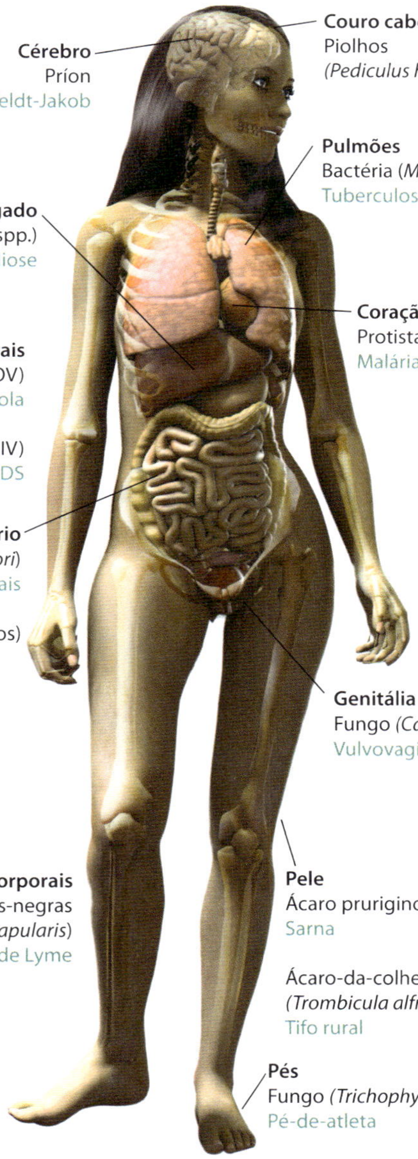

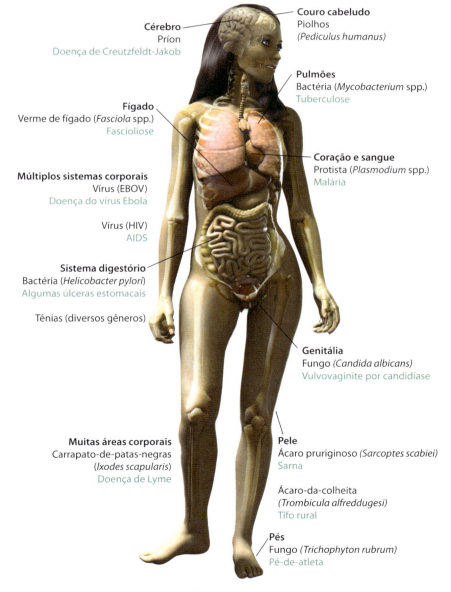

Figura 15.1 Hábitats preferidos. Os parasitos têm hábitats preferidos em seus hospedeiros. O corpo humano, por exemplo, oferece uma ampla diversidade de hábitats para os parasitos.

TABELA 15.1 Comparação das consequências dos estilos de vida de endoparasitos e ectoparasitos.

Fator	Ectoparasitos	Endoparasitos
Exposição aos inimigos naturais	Alta	Baixa
Exposição ao ambiente externo	Alta	Baixa
Dificuldade de entrar e sair do hospedeiro, para o parasito ou sua prole	Baixa	Alta
Exposição ao sistema imunológico do hospedeiro	Baixa	Alta
Facilidade em se alimentar no hospedeiro	Baixa	Alta

desvantagem, eles são expostos a condições variáveis do meio externo, incluindo inimigos naturais, e muitos precisam encontrar uma maneira de perfurar o corpo de seus hospedeiros para se alimentar.

Em contrapartida, como os endoparasitos vivem dentro de seus hospedeiros, precisam combater o sistema imunológico e podem ter dificuldades para entrar e sair daquele corpo. Porém, contam com a vantagem de estarem protegidos contra o ambiente externo e, portanto, não estão expostos à maioria de seus inimigos. Além disso, viver dentro do hospedeiro proporciona aos endoparasitos um fácil acesso aos seus fluidos corporais, dos quais se alimentam.

Nesta seção, serão discutidos alguns dos tipos mais comuns de ectoparasitos e endoparasitos e os efeitos que têm sobre seus hospedeiros.

ECTOPARASITOS

Diversos organismos vivem como ectoparasitos, como mostrado na Figura 15.2. A maioria dos que atacam animais são artrópodes, incluindo dois grupos de aracnídeos (carrapatos e ácaros), piolhos e pulgas. Existem muitos outros conjuntos de ectoparasitos, como sanguessugas e algumas espécies de peixes lampreia. Cada um desses animais se fixa em um hospedeiro e consome o seu sangue e outros fluidos corporais.

As plantas também têm ectoparasitos, mas eles normalmente são nematódeos – também conhecidos como vermes cilíndricos – ou outras espécies de plantas. Nematódeos que são ectoparasitos de plantas vivem no solo e se alimentam das raízes das plantas. Os vermes, de 1 mm de comprimento, aderem à raiz de uma planta, injetam enzimas digestórias que decompõem as células da raiz e, em seguida, consomem a suspensão resultante. Esse comportamento parasitário pode reduzir o crescimento, a reprodução e a sobrevivência da planta.

Aproximadamente 4.000 espécies de plantas vivem como ectoparasitos em outras plantas. Os viscos, por exemplo, inserem órgãos semelhantes a raízes nos ramos de árvores e arbustos. Como essas plantas têm suas raízes dentro do hospedeiro e seus brotos fora do hospedeiro, por vezes são classificadas como *hemiparasitos*. As folhas do visco realizam a fotossíntese, mas a planta obtém água e minerais da planta hospedeira. Algumas espécies, como os viscos-anões (do gênero *Arceuthobium*) causam morte em coníferas – em particular sob condições secas – ao extrair muito da água e dos nutrientes do hospedeiro. Em algumas espécies de visco, a fruta da planta é consumida por aves, que inadvertidamente dispersam as sementes quando defecam sobre os ramos de outras árvores e arbustos. Outras espécies de viscos são capazes de lançar as sementes lateralmente por até 15 m.

ENDOPARASITOS

Os endoparasitos podem ser classificados como *intracelulares* ou *intercelulares*. Como o nome diz, os parasitos intracelulares vivem dentro das células de um hospedeiro, enquanto os intercelulares, nos espaços entre elas, inclusive as cavidades do corpo. Os parasitos intracelulares são muito pequenos, e alguns exemplos incluem vírus, pequenos fragmentos

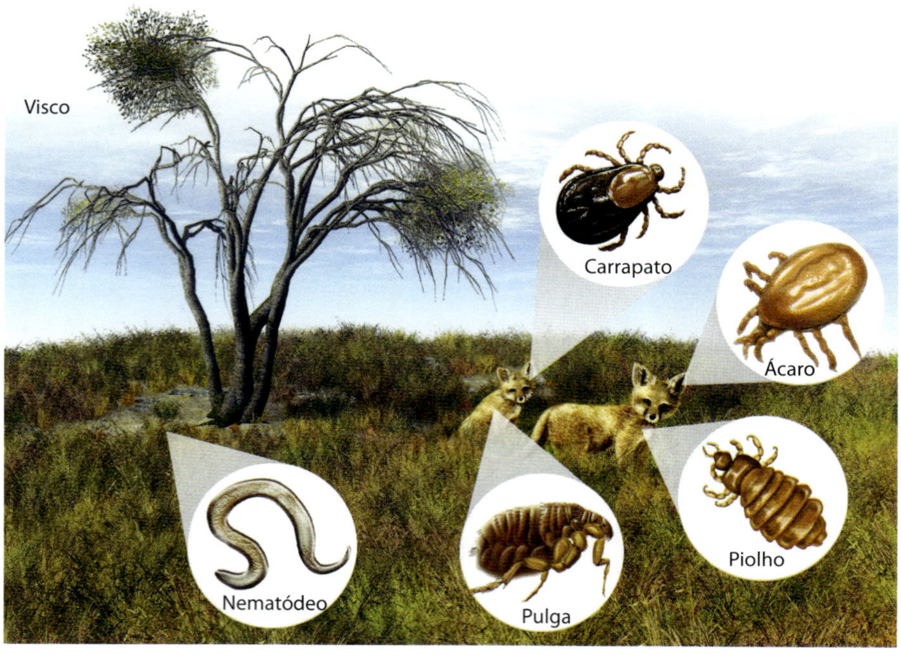

Figura 15.2 Ectoparasitos. São parasitos que vivem aderidos ao exterior de seu hospedeiro. Ectoparasitos comuns incluem carrapatos, pulgas, piolhos, ácaros, viscos e nematódeos.

proteicos conhecidos como *príons* e alguns tipos de bactérias e protistas. Os intercelulares, por sua vez, são muito maiores e incluem alguns tipos de protozoários e bactérias, fungos e um grupo de vermes conhecidos como *helmintos*, que incluem os nematódeos. Cada um desses grupos pode causar efeitos substanciais sobre a sobrevivência, o crescimento e a reprodução de seu hospedeiro. Como os endoparasitos geralmente provocam doenças, eles podem alterar a abundância das espécies de hospedeiros e a composição das comunidades ecológicas.

Vírus

No fim do século XIX, os pesquisadores lutaram para encontrar a causa de uma doença que atacava as plantas de tabaco e perceberam que o patógeno era muito pequeno para ser uma bactéria. Após muitos anos de pesquisa, eles conseguiram identificá-lo como um vírus, que denominaram vírus do mosaico do tabaco. As plantas infectadas apresentam um mosaico de cores em suas folhas e podem ter protuberâncias que se assemelham a bolhas (Figura 15.3). Embora esse vírus tenha sido descoberto pela primeira vez no tabaco, atualmente se sabe que ele pode infectar mais de 150 espécies de plantas. Os vírus que infectam plantas podem apresentar um efeito devastador sobre a produção de alimentos, o que faz com que seja uma questão de grande preocupação para fazendeiros e consumidores.

MUDANÇA GLOBAL

Os animais também podem ser infectados por muitos vírus patogênicos diferentes. Por exemplo, existem gêneros distintos do poxvírus que podem infectar os mamíferos: a varíola bovina no gado, a varíola dos macacos em primatas e roedores e a varíola em humanos. Animais ungulados, como os cervos, os bovinos e os ovinos, são suscetíveis ao vírus da língua azul, que pode causar altas taxas de mortalidade. De maneira similar, o vírus do oeste do Nilo – assim chamado devido ao primeiro caso humano conhecido ter sido na região do oeste do Nilo em Uganda, em 1937 – pode ser altamente letal para algumas espécies de aves. Os mosquitos que carregam esse vírus normalmente transmitem a doença para as aves, mas ocasionalmente transmitem para cavalos e humanos, os quais podem morrer pela infecção.

O vírus chegou aos EUA em 1999 e se propagou rapidamente. Diversas espécies de aves norte-americanas apresentaram altas taxas de mortalidade, incluindo os gaios-azuis (*Cyanocitta cristata*), os melros americanos e os corvos americanos (*Corvus brachyrhynchos*). Ao mesmo tempo, cavalos e humanos começaram a ser infectados. Na década seguinte à introdução do vírus nos EUA, mais de 1.000 pessoas morreram; como resultado, os agentes de saúde pública do país fizeram grandes esforços para reduzir as populações dos mosquitos que propagavam a doença. Esses esforços, possivelmente combinados com a evolução da redução da virulência do patógeno, causaram o declínio do número de infecções e mortes de modo dramático de 2003 a 2011, como ilustrado na Figura 15.4. Entretanto, em 2012, houve novamente um aumento brusco na quantidade de infecções e mortes nos EUA. Acredita-se que isso tenha ocorrido devido a condições excepcionalmente quentes e úmidas combinadas com a chuva abundante, o que criou uma grande quantidade de águas paradas, nas quais os mosquitos puderam se reproduzir e, subsequentemente, criar uma grande população adulta. Nos anos seguintes, o número de infecções e mortes diminuiu.

MUDANÇA GLOBAL

Tanto os mamíferos quanto as aves são suscetíveis às cepas do vírus da gripe. Uma cepa de gripe conhecida como *gripe espanhola*, por exemplo, é causada pelo vírus H1N1, que normalmente infecta apenas aves, mas em 1918 também infectou humanos. Os pesquisadores formulam a hipótese de que o vírus sofreu uma mutação que lhe possibilitou sobreviver em humanos e infectar outros humanos de modo direto. Eles acreditam que, inicialmente, a doença foi contraída ao manusear patos domesticados e galinhas. No entanto, uma vez tendo infectado humanos, o vírus H1N1 se propagou rapidamente por todo o mundo e matou

Figura 15.3 Vírus do mosaico do tabaco. As plantas infectadas com o vírus do mosaico do tabaco, como esta planta do tabaco, desenvolvem bolhas e áreas claras em suas folhas. Esses efeitos podem causar reduções substanciais no crescimento da planta. Fotografia de Nigel Cattlin/Science Source.

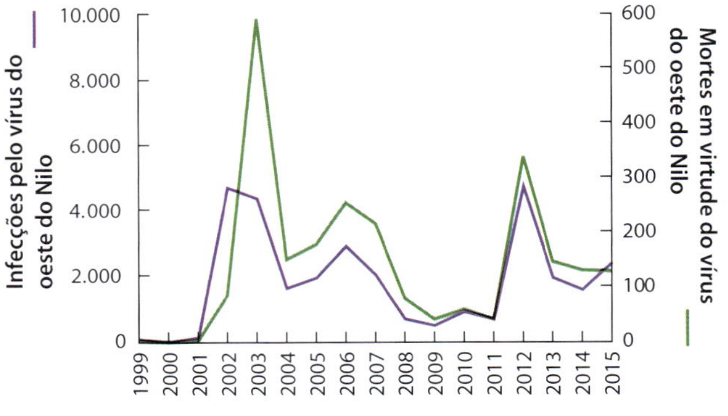

Figura 15.4 Infecções e mortes humanas em virtude do vírus do oeste do Nilo nos EUA. Após a introdução do vírus nos EUA, em 1999, a quantidade de infecções em humanos e mortes aumentou rapidamente até 2003. Esforços para controlar as populações de mosquitos que carregam o vírus causaram um declínio abrupto desses efeitos nas pessoas ao longo do ano de 2011. Entretanto, em 2012, temperaturas excepcionalmente quentes, aliadas à alta precipitação em algumas regiões do país, resultaram em grandes populações de mosquitos e em um novo surto de infecções e mortes pelo vírus. Depois de 2012, infecções e mortes declinaram substancialmente. Os dois eixos *y* têm escalas diferentes. Dados de https://www.cdc.gov/westnile/resources/pdfs/data/1-WNV-Disease-Cases-by-Year_1999-2015_07072016.pdf.

até 100 milhões de pessoas. Mais recentemente, ele foi encontrado em fazendas de porcos, motivo pelo qual o patógeno também apresenta o nome *gripe suína*.

Em 2006, uma cepa similar de vírus, conhecida como *gripe aviária*, ou H5N1, infectou e matou grande quantidade de aves e também passou das aves domésticas para os humanos. Assim, centenas de milhares dessas aves foram mortas em uma tentativa de interromper a propagação do vírus (Figura 15.5). Em 2017, a OMS relatou que 856 pessoas haviam sido infectadas pela gripe aviária e que mais da metade delas havia morrido.

A capacidade de os patógenos serem transmitidos a partir dos hospedeiros tradicionais para hospedeiros humanos, como será discutido na próxima seção, causa grandes preocupações em relação à saúde humana no futuro.

Príons

Os príons são uma categoria de parasitos patogênicos recentemente descoberta. Todos os príons têm início como uma proteína benéfica no cérebro de um animal, mas ocasionalmente ela se dobra em um formato incorreto e se torna patogênica. Os príons não contêm qualquer RNA ou DNA; em vez disso, replicam-se ao entrar em contato com as proteínas normais e causam o seu dobramento de modo incorreto, com o primeiro príon atuando como um modelo. Como a quantidade de príons aumenta no corpo, eles matam células e danificam tecidos.

Uma das doenças mais conhecidas causada por príons é a encefalopatia espongiforme bovina, comumente conhecida como doença da vaca louca. Ela é sempre fatal e foi assim denominada em virtude do modo como as vacas (e ovelhas) infectadas perdem o controle de seu corpo, como se estivessem loucas. Embora as vacas não possam transmitir os príons entre si, na década de 1980 era uma prática comum alimentá-las com os restos moídos de outras vacas. Assim, as que consumiram os príons mutados do gado morto se infectaram e finalmente passaram a infecção adiante, para os humanos.

A doença da vaca louca foi mais prevalente no Reino Unido, durante os anos de 1990, onde houve mais de 180.000 casos de animais infectados. Ao redor do mundo, mais de 220 pessoas morreram pela doença. Atualmente, novas regras proíbem a alimentação de bovinos e ovinos com outros bovinos e ovinos mortos. Como resultado, a incidência de gado e ovinos infectados é agora rara, e a doença da vaca louca em bovinos, ovinos e humanos declinou.

A doença debilitante crônica é causada por um príon mais comum. Ela infecta membros da família dos veados, incluindo o veado-de-cauda-branca, o veado-mula (*Odocoileus hemionus*), os alces e o alce americano. Os indivíduos acometidos por essa doença excretam príons, que depois são consumidos por outros inadvertidamente. Então, os infectados começam a perder peso e morrem (Figura 15.6). Atualmente, a doença debilitante crônica está concentrada no Colorado e no Wyoming, embora um pequeno número de veados infectados tenha sido descoberto em outras regiões dos EUA e do Canadá.

Figura 15.5 Controle da propagação da gripe aviária. Como uma tentativa de interromper a propagação da gripe aviária, milhões de aves domesticadas na Ásia foram mortas, e seus corpos foram queimados. Dados de http://www.cdc.gov/ncidod/dvbid/westnile/surv&control.htm#maps. Fotografia de Sonny Tumbelaka/Getty Images.

Figura 15.6 Doença debilitante crônica. Cervo infectado por príons que causam a doença debilitante crônica perdem peso e morrem. Cortesia de Game Warden de Mike D. Hopper, Kansas Dept. of Wildlife, Parks & Tourism.

Protozoários

Os protozoários são um grupo de parasitos que podem causar diversas doenças, como diarreia em humanos e em outros animais. Eles também são a fonte da malária em humanos e aves. Essa doença é transmitida por mosquitos que adquirem os protistas quando se alimentam em um indivíduo infectado e subsequentemente os transferem para outros não infectados quando neles se alimentam. No Havaí, bem como em algumas outras partes do mundo, não existe a presença histórica da malária aviária, de modo que as aves das ilhas do Havaí não desenvolveram defesas contra os protistas. Mosquitos foram introduzidos acidentalmente no Havaí no início do século XIX; no início do século XX, os protistas que causam a malária aviária também chegaram, o que contribuiu para o declínio e a extinção de muitas espécies de aves nativas nessas ilhas.

Bactérias

Os parasitos bacterianos podem causar uma ampla diversidade de doenças em plantas e animais. Nas plantas, as infecções bacterianas podem ocasionar manchas nas folhas, caules murchos, superfícies descamadas e grandes crescimentos de tecidos anormais, conhecidos como *galhas* (Figura 15.7). Como as bactérias precisam entrar em uma planta através de uma lesão nos seus tecidos, normalmente elas precisam da ajuda de herbívoros, que perfuram esses tecidos.

A infecção bacteriana em animais também pode ser bastante prejudicial para o hospedeiro. Uma das primeiras espécies de bactérias mortais descobertas foi o antraz (*Bacillus anthracis*), que, originalmente isolado em vacas e ovelhas, também é altamente letal para os humanos. Após um período de incubação de aproximadamente 1 semana, a população bacteriana crescente começa a liberar compostos tóxicos que causam sangramento interno, o que com frequência provoca uma morte rápida. Outros patógenos bacterianos comuns incluem aqueles que causam a peste, a pneumonia, a salmonela, a hanseníase e muitas doenças sexualmente transmissíveis, as quais ocorrem em grande diversidade de animais.

Fungos

Os fungos parasitos têm grandes impactos ecológicos sobre uma ampla diversidade de plantas e animais. As doenças fúngicas devastaram muitas espécies de plantas dominantes, incluindo fontes de alimento críticas para os humanos. Diversas espécies de árvores na América do Norte sofreram enormes declínios causados por fungos patogênicos que foram introduzidos da Europa e da Ásia.

A castanheira-americana foi, no passado, uma das espécies de árvores mais altas nas florestas temperadas do leste dos EUA e compunha até 50% de todas as árvores na localidade. Também era uma das mais apreciadas devido à madeira e às bolotas comestíveis que ela produzia em todos os outonos. Por volta de 1900, entretanto, espécies de castanheiras asiáticas que foram importadas para Nova York inadvertidamente carregavam um fungo (*Cryphonectria parasitica*) e, embora tivessem uma longa história evolutiva com o fungo e, portanto, fossem resistentes aos seus efeitos danosos, as castanheiras-americanas não tinham esse mesmo histórico. Como consequência, a castanheira-americana rapidamente sucumbiu à doença causada pelo fungo, conhecida como "ferrugem da castanha".

O declínio das castanheiras provavelmente também apresentou efeitos generalizados sobre muitas espécies de animais que dependiam das grandes safras de bolotas para alimentação. Atualmente, a castanheira-americana é bastante rara; plântulas podem surgir das sementes, mas ao final se tornam infectadas pelo fungo e morrem precocemente. Como resposta, pesquisadores estão criando, por cruzamento, variedades mais resistentes, e espera-se que sejam plantadas algum dia nas florestas do leste dos EUA.

Problemas similares ocorreram com outras árvores, incluindo o olmo-americano (*Ulmus americana*). Ele era muito plantado ao longo das ruas norte-americanas, em virtude de seus ramos arqueados e atraentes que proporcionavam sombra (Figura 15.8 A). No entanto, na década de 1930, um fungo da Ásia foi introduzido

A **B**

Figura 15.7 Doença bacteriana em plantas. Doenças comuns de plantas que são causadas por bactérias incluem a "buraco-de-bala", como esta *Pseudomonas syringae mors-prunorum* em uma cerejeira (**A**), e a vesícula-coroada (*Rhizobium radiobacter*), mostrada em uma bétula na Inglaterra (**B**). Fotografias de (A) Nigel Cattlin/Science Source; (B) Caroline Morgan.

A B

Figura 15.8 Declínio das árvores na América do Norte. A introdução de um fungo que causa a doença do olmo-holandês matou muitos olmos-americanos, que eram comuns ao longo das ruas norte-americanas. **A.** Uma rua em Detroit, Michigan, em 1974, antes da doença. **B.** A mesma rua em 1981, após a doença ter matado todos os olmos. Fotografias de Jack H. Barger, U.S. Forest Service.

na Europa e na América do Norte, o que causou um rápido declínio nos olmos. Como a doença fúngica foi descrita pela primeira vez por pesquisadores na Holanda, ela é conhecida como doença do olmo-holandês. O olmo-americano não apresentava histórico evolutivo com o fungo asiático; por isso, 95% deles em toda a América do Norte sucumbiram (Figura 15.8 B). A pequena quantidade de árvores remanescentes parece ser resistente à doença; assim, os pesquisadores atualmente estão trabalhando para reintroduzir esses genótipos resistentes de volta nas florestas do leste.

Alguns fungos parasitos também danificam as plantações. Um dos exemplos mais conhecidos é um grupo que causa uma doença conhecida como *ferrugem*. Ao longo da história da humanidade, a ferrugem afetou muitas das plantações mais importantes, incluindo trigo, milho, arroz, café e maçãs. Os efeitos da ferrugem podem variar desde a redução da produção de alimento até uma perda completa da plantação, acarretando milhões de dólares de prejuízo. As infecções generalizadas pela ferrugem, como a ferrugem do trigo, causaram fome em milhões de pessoas e animais domesticados ao longo dos últimos dois séculos.

MUDANÇA GLOBAL

Os animais também podem ser infectados por fungos. Uma doença que tem atraído muita atenção é causada por uma espécie de fungo quitrídio que afeta anfíbios (*Batrachochytrium dendrobatidis*). Durante a década de 1990, cientistas trabalhando na América Central começaram a notar mortes maciças de anfíbios e, subsequentemente, determinaram que os animais mortos estavam infectados pelo fungo. Ele vive nas camadas externas da pele dos anfíbios e causa um desequilíbrio iônico no corpo, que leva à parada cardíaca.

Por duas décadas, pesquisadores fizeram levantamentos de anfíbios da Costa Rica até o Panamá e descobriram que o fungo estava se deslocando do Noroeste para o Sudeste, como mostrado na Figura 15.9 A. Entre 2000 e julho de 2004, em uma área em El Copé, Panamá, mais de 1.500 anfíbios foram amostrados antes do aparecimento do fungo, e nenhum indivíduo apresentou teste positivo. Entretanto, em outubro de 2004, 21 de 27 espécies amostradas estavam infectadas em pelo menos 10% de suas populações, e em dezembro de 2004, 40 espécies apresentaram teste positivo para o fungo.

Os tamanhos das populações de anfíbios em El Copé também foram estimados utilizando-se levantamentos por meio de transectos; os animais amostrados eram aqueles ativos durante o dia ou a noite. Após a chegada do fungo em 2004, o número de anfíbios vivos declinou bruscamente (Figura 15.9 B), e os mortos incluíam 38 espécies diferentes de rãs. Além disso, 99% dos 318 indivíduos mortos coletados apresentavam infecções por quitrídios que variavam de moderadas a graves.

Em 2010, pesquisadores relataram que das 63 espécies de anfíbios que se encontravam presentes na área antes da chegada do fungo, 30 haviam desaparecido, e até 2016, muitas delas não tinham sido vistas desde a chegada do fungo quitrídio. Sabe-se relativamente pouco a respeito desse fungo, embora as mortes maciças sugiram que os anfíbios tenham poucas defesas contra ele, o que indica que pode ter sido introduzido na América Central. Atualmente, suspeita-se que o fungo tenha causado a extinção de dúzias de espécies de anfíbios por todo o mundo.

Helmintos

Os helmintos incluem diversos grupos de vermes cilíndricos e achatados que podem causar sérias doenças. Já foi discutido o impacto dos nematódeos como ectoparasitos nas raízes das plantas; porém, eles também podem viver como endoparasitos dentro dos tecidos das plantas, onde prejudicam seu crescimento, sua reprodução e sua sobrevivência. Em animais, os helmintos que causam doenças incluem: nematódeos da família Ancylostomatidae, que se alimentam do sangue dos intestinos, nematódeos parasitos de pulmão da ordem Strongylida e vermes equinóstomos que vivem nos rins.

Em criações de animais, a infecção por fascíolas tem sido um problema há séculos. Isso porque eles consomem inadvertidamente os parasitos quando bebem água que contém caracóis infectados pela fascíola ou quando ingerem grama com um estágio do parasito que é excretado pelos caracóis.

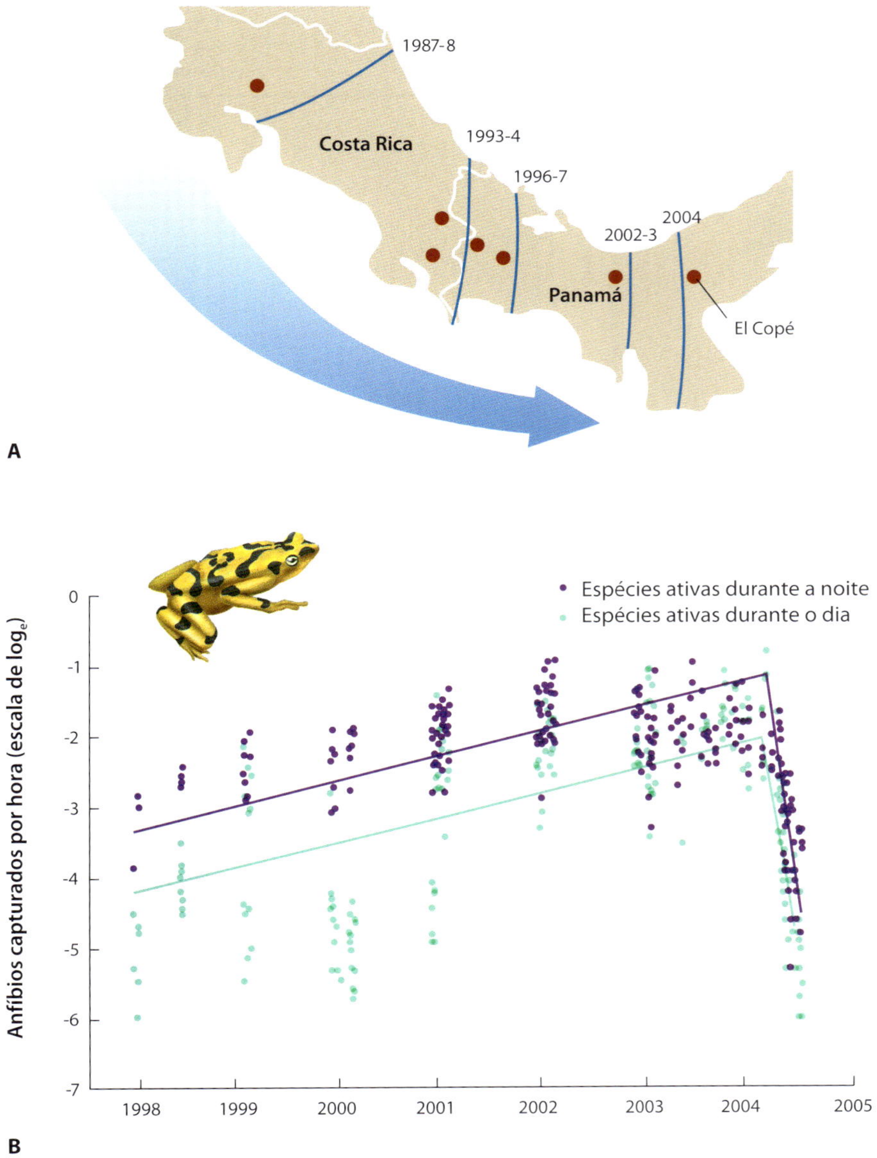

Figura 15.9 O mortal fungo quitrídio na América Central. A. Levantamentos de anfíbios na América Central demonstraram que o fungo estava se propagando do Noroeste para o Sudeste. **B.** Levantamentos de anfíbios em uma área em El Copé detectaram um declínio brusco tanto de espécies diurnas quanto de espécies noturnas de anfíbios. Dados de K. Lips et al., Emerging infectious disease and the loss of biodiversity in a Neotropical amphibian community, *Proceedings of the National Academy of Sciences*, USA 103 (2006): 3165–3170.

Fascíolas são particularmente um problema em ovinos, nos quais provocam lesão hepática, hemorragia e morte súbita. Se não forem combatidas, as fascíolas podem matar até 10% de uma população de ovinos; porém, felizmente, fármacos podem curar os animais infectados.

DOENÇAS INFECCIOSAS EMERGENTES

Muitas doenças infecciosas têm acometido hospedeiros há milhares de anos, enquanto outras surgiram apenas recentemente. Quando uma nova doença é descoberta ou uma doença anteriormente comum que havia se tornado rara subitamente aumenta em ocorrência, ela é denominada uma **doença infecciosa emergente**. Novas doenças normalmente surgem quando uma mutação possibilita que um patógeno seja transmitido para uma nova espécie de hospedeiro. Já foram mencionadas diversas doenças infecciosas emergentes, incluindo o fungo quitrídio, que dizimou anfíbios por todo o mundo; a gripe aviária H5N1, que foi transmitida das aves para os humanos; e a doença da vaca louca, que infectou bovinos, ovinos e humanos. Desde a década de 1970, a média de uma nova doença infecciosa emergente surge no mundo a cada ano.

Em 2006, pesquisadores identificaram uma doença emergente que infecta morcegos em uma caverna perto de Albany, em Nova York. Os morcegos do local tinham um fungo de coloração branca (*Geomyces destructans*) que crescia em seu nariz e estavam morrendo em grandes quantidades (Figura 15.10). Os estudiosos denominaram a doença como síndrome do nariz branco e hipotetizaram que o fungo faz com que morcegos que hibernam em cavernas saiam do seu torpor normal e utilizem todas as suas reservas de gordura até que definhem e morram. Em 2016, o fungo havia se propagado para 25 estados e 5 províncias canadenses,

Doença infecciosa emergente Doença recentemente descoberta, ou que costumava ser rara, mas que subitamente aumenta em ocorrência.

Figura 15.10 Fungo causador da síndrome do nariz branco em morcegos. Esta espécie, conhecida como morcego-marrom-pequeno, está infectada pelo fungo *Geomyces destructans*. Um sintoma da infecção é que o nariz do morcego se torna branco. Quando uma colônia de morcegos se torna infectada, uma grande proporção desses animais morre. Cortesia de Ryan von Linden/New York Department of Environmental Conservation.

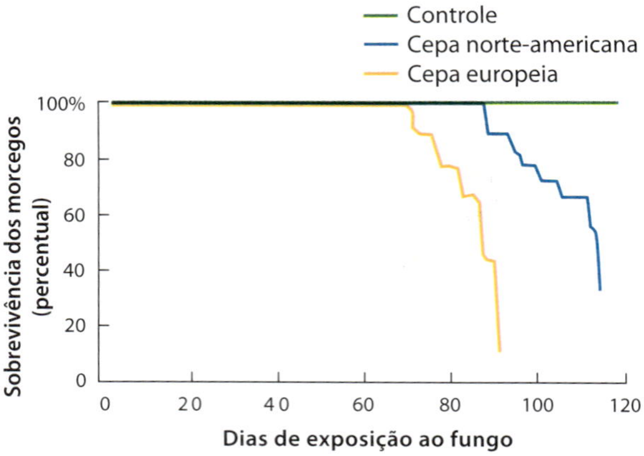

Figura 15.11 Teste da cepa norte-americana contra a europeia do fungo causador da síndrome do nariz branco. Morcegos expostos ao tratamento-controle não morreram. Em contraste, os que foram expostos à cepa norte-americana ou à cepa europeia do fungo morreram em grandes quantidades. Entretanto, os animais morreram mais rapidamente quando expostos à cepa europeia do que à cepa americana. Dados de L. Wernicke et al., Inoculation of bats with European *Geomyces destructans* supports the novel pathogen hypothesis for the origin of white-nose syndrome, *PNAS* 109 (2012): 6999–7003.

matando mais de 5 milhões de morcegos. Em cavernas que têm animais infectados, a taxa de mortalidade pode alcançar 100%. Isso é importante porque os morcegos prestam muitos serviços relevantes, incluindo o consumo de grande número de insetos. Portanto, é plausível que a morte de tantos deles tenha efeitos substanciais sobre muitas comunidades e ecossistemas.

Um detalhe interessante na história da síndrome do nariz branco é que morcegos na Europa também carregam o fungo, mas não sofrem morte generalizada. Isso levanta a hipótese de que o fungo seja nativo da Europa e que tenha sido introduzido apenas recentemente na América do Norte. Alternativamente, é possível que ele sempre tenha existido na América do Norte, mas tenha mutado recentemente para se tornar muito mais letal.

A fim de testar essas hipóteses alternativas, pesquisadores isolaram cepas do fungo de morcegos europeus e norte-americanos. Em seguida, expuseram o morcego-marrom-pequeno (*Myotis lucifugus*), uma espécie da América do Norte, a esporos do fungo da cepa europeia, a esporos da cepa norte-americana ou a um tratamento que não continha esporos (controle). Após as exposições, eles monitoraram a sobrevivência dos morcegos por 120 dias.

Em 2012, os pesquisadores relataram seus resultados, que podem ser vistos na Figura 15.11. No grupo de controle, nenhum morcego morreu, mas aqueles que foram expostos a cada uma das cepas do fungo apresentaram altas taxas de mortalidade, o que sugere que se trate de um fungo recém-chegado da Europa, e não um nativo norte-americano que sofreu mutação. Além disso, os morcegos morreram mais lentamente quando foram expostos à cepa norte-americana do fungo do que à cepa europeia, o que pode sugerir que os morcegos norte-americanos já tenham começado a desenvolver algum nível de resistência à cepa do fungo local. Infelizmente, hoje não existe tratamento para impedir a persistência de mortes de morcegos em virtude da síndrome do nariz branco.

VERIFICAÇÃO DE CONCEITOS

1. Quais são as vantagens e desvantagens de ser um ectoparasito?
2. Quais são os principais grupos de ectoparasitos?
3. Quais são os principais grupos de endoparasitos?

15.2 A dinâmica entre parasitos e hospedeiros é determinada pela capacidade de os parasitos infectarem os hospedeiros

Os parasitos e seus hospedeiros têm populações que flutuam ao longo do tempo, semelhantemente à dinâmica das populações de predadores e presas, discutida no Capítulo 14. Entretanto, de modo diferente dos predadores, os parasitos em geral têm taxa reprodutiva mais alta do que seus hospedeiros e com frequência não os matam. Se fosse conhecida a causa das flutuações nas populações de parasitos e hospedeiros, seria possível prever quando o parasitismo será prevalente em uma população. Isso possibilitaria a previsão de alterações populacionais nos hospedeiros e, em alguns casos, a intervenção e a redução dos efeitos prejudiciais de um parasito em uma espécie de interesse.

A probabilidade de um hospedeiro se tornar infectado por um parasito depende de diversos fatores, que incluem: mecanismo de transmissão, modo de entrada no corpo de um hospedeiro, capacidade de passar de uma espécie para outra, existência de espécies-reservatório e resposta do sistema imune do hospedeiro.

MECANISMOS DE TRANSMISSÃO DE PARASITOS

O primeiro fator que determina o risco de infecção por um parasito é o mecanismo de transmissão; como ilustrado na Figura 15.12, existem muitos diferentes. Os parasitos podem se transferir entre os hospedeiros por *transmissão horizontal*

Figura 15.12 Mecanismos de transmissão de parasitos. Os parasitos podem ser transmitidos vertical ou horizontalmente. Quando a transmissão é horizontal, o parasito pode ser transmitido por um vetor, como um mosquito; diretamente entre dois coespecíficos; ou para outras espécies. Quando a transmissão é vertical, um hospedeiro genitor transmite o parasito para a sua prole, como quando uma ave-mãe transmite piolhos para seus filhotes no ninho.

ou *transmissão vertical*. A **transmissão horizontal** ocorre quando um parasito se transfere entre quaisquer indivíduos que não sejam genitores e sua prole, como quando helmintos são transmitidos de caracóis para rãs e das rãs para as aves. Ela também pode ocorrer entre coespecíficos, como no caso da gripe aviária de uma ave para outra.

Alguns parasitos, como os príons, que causam a doença da vaca louca, não podem ser transmitidos naturalmente de um indivíduo para outro, pois o risco de transmissão é essencialmente zero nesse caso. No entanto, como foi observado anteriormente, vacas mortas infectadas serviram de alimento para outras, o que elevou significativamente o risco de infecção.

No outro extremo da transmissão encontram-se os vírus da gripe, que passam facilmente entre os indivíduos. Pessoas estão sujeitas a uma rápida transmissão quando um membro da família contrai a doença, e não é raro que outros membros da família sejam de fato infectados rapidamente. Para a maioria dos hospedeiros, o risco de se tornar infectado por um parasito, em geral, aumenta com a densidade populacional do hospedeiro; afinal, isso significa que os indivíduos provavelmente entrarão em contato mais frequentemente com o parasito ou com indivíduos infectados.

Alguns parasitos precisam que outro organismo, conhecido como **vetor**, os transmita de um hospedeiro a outro. Por exemplo, o vírus do oeste do Nilo é transmitido de um indivíduo para outro por um mosquito que o adquire de uma ave infectada e o transmite para uma não infectada ou outro animal que seja picado. Nesse caso, o mosquito atua como o vetor.

Além disso, outros parasitos precisam passar por diversas espécies de hospedeiro para completar o seu ciclo de vida, conforme se observa na história do caracol âmbar. Algumas espécies de helmintos, por exemplo, passam o primeiro estágio de sua vida em um caracol, o segundo estágio em um anfíbio e o estágio final em uma ave. Essa necessidade de diversos hospedeiros impõe um desafio substancial para o parasito, que precisa encontrar todos os hospedeiros necessários durante o seu período de vida.

A **transmissão vertical** ocorre quando um parasito é transmitido de um genitor para a sua prole. Nesse caso, o parasito deve desenvolver-se de tal modo que não cause a morte do seu hospedeiro, pelo menos até que o hospedeiro tenha se reproduzido e transmitido o parasito para seus filhotes. Muitas doenças sexualmente transmissíveis podem ser transmitidas por meio da transmissão vertical. Por exemplo, a clamídia é uma doença causada por diversas espécies diferentes de bactérias pertencentes a dois gêneros, *Chlamydia* e *Chlamydophila*, que infectam mamíferos, aves e répteis. Em humanos, a doença causa inflamação da uretra e do colo do útero, mas normalmente não é letal. Embora a bactéria normalmente seja transmitida horizontalmente entre os indivíduos, ela também pode ser transmitida verticalmente da mãe infectada para o seu feto. Quando isso ocorre em humanos, o bebê recém-nascido pode sofrer de infecções oculares e pneumonia.

Transmissão horizontal Ocorre quando um parasito passa entre hospedeiros que não são genitores e prole.

Vetor Organismo que um parasito utiliza para se dispersar de um hospedeiro a outro.

Transmissão vertical Ocorre quando um parasito é transmitido de um genitor para seus descendentes.

Os pesquisadores continuam a aprender sobre a ampla diversidade de vias que os parasitos podem adotar para infectar um hospedeiro. A existência da transmissão vertical e de vários métodos de transmissão horizontal pode tornar muito desafiador prever e controlar a propagação de doenças infecciosas em humanos, plantações, animais domésticos e organismos selvagens.

MODOS DE ENTRADA NO HOSPEDEIRO

O modo de entrada no corpo do hospedeiro também afeta a capacidade de o parasito infectá-lo. Conforme discutido anteriormente, algumas espécies de parasitos, como as sanguessugas, são capazes de perfurar os tecidos do hospedeiro. Já outras, como alguns vírus, bactérias e protistas, dependem de outro organismo para penetrar no hospedeiro e utilizar o tecido lesionado como um ponto de entrada. O protista que causa a malária aviária, por exemplo, depende de um mosquito para entrar no corpo de uma ave após o protista concluir um estágio de vida crítico dentro do corpo do mosquito. Sem ele, o ciclo de vida da doença não pode ser concluído. Naturalmente, outro modo de entrada em um hospedeiro ocorre quando o patógeno é acidentalmente consumido, como visto no caso dos patos comendo caramujos infectados no Capítulo 8.

TRANSFERÊNCIA ENTRE ESPÉCIES

Se um parasito se especializa em apenas uma espécie de hospedeiro e é capaz de causar uma doença letal somente nela, então ele pode finalmente esgotar os hospedeiros e enfrentar a extinção. Diante disso, uma solução por vezes favorecida pela seleção natural é o fato de o parasito não ser letal para o hospedeiro, possibilitando que uma população de hospedeiros persista. Alternativamente, o parasito pode desenvolver a capacidade de infectar outras espécies. Um exemplo disso foi observado com a gripe aviária, que infectou diversas espécies de aves antes que ocorresse uma mutação que possibilitasse que o vírus infectasse humanos.

Um cenário similar ocorreu com o vírus da imunodeficiência humana (HIV). Por muitos anos, formulou-se a hipótese de que o HIV teria sua origem nos chimpanzés, e em 2006, pesquisadores identificaram uma população desses animais em Camarões, no oeste da África, que carregava uma cepa do vírus geneticamente semelhante. Desse modo, eles suspeitam que o vírus tenha passado dos chimpanzés para os humanos quando os caçadores locais consumiram os animais como alimento.

Outros exemplos de parasitos se transferindo entre espécies incluem o fungo quitrídio, que pode se transferir entre anfíbios, e o parvovírus canino, que pode passar de gatos para cães.

ESPÉCIES-RESERVATÓRIO

Um modo pelo qual as populações de parasitos persistem na natureza é usando **espécies-reservatório**, que transmitem um parasito, mas não sucumbem à doença que ele causa em outras espécies. Assim, como elas não morrem em virtude da infecção, atuam como fonte contínua de parasitos à medida que outras espécies de hospedeiros suscetíveis se tornam raras. Por exemplo, algumas aves podem estar infectadas pelo protista que causa a malária aviária, mas ser resistentes ao desenvolvimento da doença. Entretanto, mosquitos que se alimentam nessas espécies resistentes de aves podem adquirir o protista e transferi-lo para outras espécies suscetíveis, que se tornam infectadas e morrem. Em algumas espécies, como os apapanes (Figura 15.13), os indivíduos que são infectados pela malária aviária, mas sobrevivem por meio de imunidade adquirida, podem tornar-se um reservatório para o patógeno. Desse modo, as espécies-reservatório e os indivíduos imunes favorecem a persistência da população de parasitos ao longo do tempo.

Espécie-reservatório Espécie que consegue transmitir um parasito, mas não sucumbe à doença que ele causa em outras espécies.

SISTEMA IMUNE DO HOSPEDEIRO

O sistema imune de um hospedeiro pode desempenhar um papel no combate contra uma infecção por endoparasitos. Como resultado, alguns parasitos desenvolveram a capacidade de escapar do sistema imune ao se tornarem indetectáveis. Por exemplo, quando o HIV entra em uma célula humana, pode esconder-se do sistema imune do hospedeiro vivendo no citoplasma ou se incorporando aos cromossomos da célula. Como o sistema imune do corpo procura por infecções no exterior das células, não consegue detectar o vírus.

Outros parasitos desenvolveram estratégias adicionais para escapar do sistema imune. É o caso dos vermes parasitos conhecidos como esquistossomos, que produzem uma camada exterior protetora ao redor de seu corpo, a qual impede sua detecção pelo sistema imune do hospedeiro. Ainda outros, como os protistas que causam a doença do sono africana, são capazes de alterar continuamente os compostos presentes na sua superfície exterior, de modo que se tornam um alvo móvel que permanece um passo à frente do sistema imune à medida que este tenta responder à infecção.

VERIFICAÇÃO DE CONCEITOS

1. Quais são os diferentes meios pelos quais parasitos podem ser transmitidos entre hospedeiros?
2. Qual é o processo que possibilita que um parasito passe para uma nova espécie?
3. Como uma espécie-reservatório ajuda uma população de parasito a persistir ao longo do tempo?

Figura 15.13 Espécies-reservatório. Muitas espécies de aves, como a apapane (*Himatione sanguinea*), uma espécie de ave endêmica do Havaí, podem sobreviver à infecção e, subsequentemente, servir como reservatório da malária aviária, que pode se espalhar para outras aves por meio de picadas de mosquitos. Fotografia de Jack Jeffey Photography.

15.3 Populações de parasitos e hospedeiros normalmente flutuam em ciclos regulares

Na discussão sobre predadores e presas no Capítulo 14, observou-se que as flutuações populacionais são comuns e, por vezes, ocorrem em ciclos regulares. Como os parasitos e os hospedeiros representam consumidores e recursos, eles apresentam uma dinâmica populacional similar. Esta seção examina como eles flutuam ao longo do tempo, além de abordar um modelo matemático que ajuda a descrever e compreender o comportamento de patógenos infecciosos e hospedeiros.

FLUTUAÇÕES POPULACIONAIS NA NATUREZA

Conforme discutido no capítulo anterior, a densidade dos hospedeiros pode afetar o quão facilmente os parasitos são transmitidos de um hospedeiro para outro. Um excelente exemplo disso pode ser observado na dinâmica entre a "lagarta-de-tenda" (*Malacosoma disstria*) – um importante herbívoro de árvores de folhas largas nos EUA e no Canadá – e um grupo de vírus que pode infectá-la e matá-la. A lagarta-de-tenda consegue desfolhar as árvores ao longo de milhares de quilômetros quadrados e, em anos de sua alta densidade, remove a maioria das folhas de uma árvore, que tem seu crescimento reduzido em até 90%.

Pesquisadores canadenses relataram que as populações de lagartas tinham ciclos com duração de 10 a 15 anos e que essas flutuações estavam razoavelmente sincronizadas em grandes áreas geográficas. Em três locais diferentes na província de Ontário, as flutuações nas populações de lagartas apresentam o mesmo padrão de crescimento e declínio ao longo do tempo, como mostrado na Figura 15.14.

Embora a lagarta seja suscetível a predadores e parasitoides, os vírus têm uma capacidade maior de reduzir sua abundância. Quando a população de lagartas-de-tenda é alta, o vírus é disseminado mais facilmente de um hospedeiro para outro, de maneira que cada lagarta tem maior probabilidade de adquiri-lo. Sob essas condições, grande quantidade de lagartas morre. Conforme a densidade populacional dos hospedeiros diminui, torna-se mais difícil para os vírus encontrarem um novo hospedeiro, e a prevalência da doença declina. Como menos lagartas se tornam infectadas e morrem, sua população começa a aumentar novamente. Esses padrões são similares aos dos ciclos de predador-presa, que foram discutidos no capítulo anterior.

As flutuações nas populações de parasitos e hospedeiros também podem ser causadas por alterações na proporção populacional do hospedeiro que adquiriu imunidade. Isso porque, quando uma espécie tem a capacidade de se tornar imune a um parasito após uma infecção inicial, a infecção continuada na população causa um aumento na proporção de indivíduos com imunidade. Assim, quando grande proporção da população deixa de ser suscetível ao parasito, sua propagação se torna mais lenta. O sarampo, por exemplo, é uma doença viral altamente contagiosa que estimula a imunidade vitalícia em humanos. Em populações não vacinadas, a doença normalmente produz epidemias em intervalos de 2 anos; então, após a maioria da população ser infectada e desenvolver imunidade, o número de novos casos declina abruptamente. Entretanto, à medida que os humanos continuam a se reproduzir, existem novas crianças nascidas sem imunidade suficiente para iniciar outro surto de sarampo após 2 anos. A quantidade de casos em Londres, na Inglaterra,

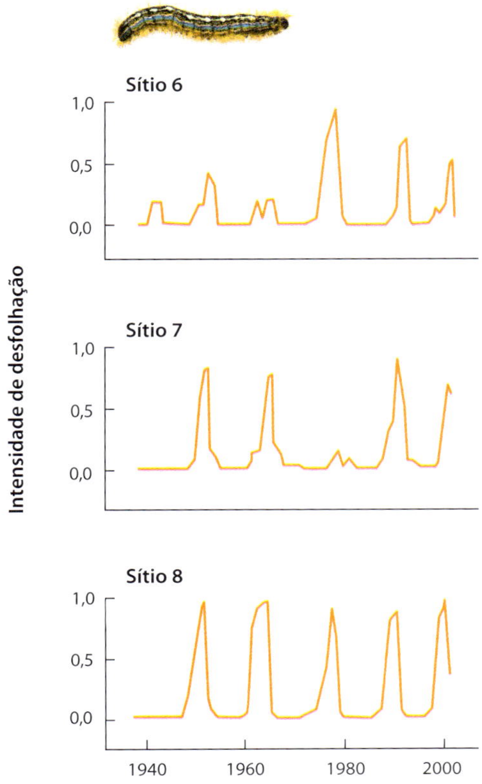

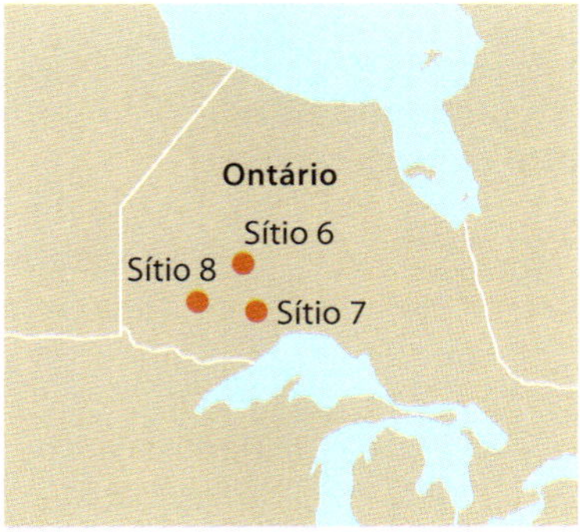

Figura 15.14 Flutuações populacionais cíclicas da "lagarta-de-tenda". Em três sítios na província de Ontário, pesquisadores quantificaram os tamanhos populacionais de "lagartas-de-tenda" medindo a intensidade da remoção de folhas nas árvores. Ao longo de um período de 60 anos, as lagartas exibiram grandes flutuações populacionais a cada 10 a 15 anos. As populações em rápido crescimento finalmente sucumbem a um surto de infecção por um vírus e morrem rapidamente. Dados de B. J. Cooke et al., The dynamics of forest tent caterpillar outbreaks across east-central Canada, *Ecography* 35 (2012): 422-435.

desde 1944 até 1968 – antes que as vacinações fossem disponibilizadas – mostra um padrão distinto de ciclos de 2 anos, como se pode ver na Figura 15.15. No período em que as vacinações se tornaram disponíveis e uma proporção maior de indivíduos suscetíveis foi imunizada, o número de novos casos diminuiu bruscamente, e as flutuações declinaram e finalmente desapareceram.

USO DE MODELOS EM POPULAÇÕES DE PARASITOS E HOSPEDEIROS

Em relação aos parasitos patogênicos, pode-se compreender a dinâmica entre parasitos e hospedeiros usando modelos similares ao de predador-presa de Lotka-Volterra. Entretanto, o modelo parasito-hospedeiro difere do modelo predador-presa de duas maneiras importantes. Ao contrário dos predadores, os parasitos nem sempre removem os hospedeiros de uma população, de modo que estes podem desenvolver respostas imunes que tornam alguns indivíduos resistentes ao patógeno.

O modelo mais simples de transmissão de doença infecciosa que incorpora a imunidade é o **modelo suscetível-infectado-resistente (S-I-R)**. Nele, todos os indivíduos começam como suscetíveis a um patógeno (S), mas uns se tornam infectados (I), dos quais alguns desenvolvem resistência por meio da imunidade (R). Esse modelo pode ser usado para examinar as condições que favorecem uma epidemia em comparação com os fatores que causam o declínio da doença. As proporções de indivíduos S, I e R em uma população são determinadas pelas taxas de transmissão da doença e de aquisição de imunidade, bem como pelo nascimento de novos indivíduos suscetíveis.

Em uma população de hospedeiros, o primeiro indivíduo a ser infectado por um patógeno é conhecido como *caso primário* da doença. Quaisquer indivíduos infectados a partir do primeiro indivíduo são chamados de *casos secundários*. A taxa na qual o patógeno se propaga pela população depende de dois fatores opostos. Um deles é o índice de transmissão entre os indivíduos (b), que inclui a taxa de contato dos indivíduos suscetíveis com um infeccioso e a probabilidade de infecção quando ocorre o contato. O outro fator é a taxa de recuperação (g), que determina o período de tempo desde que o indivíduo é infectado e pode transmitir a infecção até quando o seu sistema imune a elimina e se torna resistente a qualquer infecção futura.

Modelo suscetível-infectado-resistente (S-I-R) Modelo mais simples de transmissão de doenças infecciosas que incorpora a imunidade.

A taxa de infecção e a taxa de recuperação podem ser utilizadas para determinar se uma doença infecciosa irá propagar-se por uma população, o que acontecerá sempre que a quantidade de novos infectados for maior que a de indivíduos recuperados. Para determinar o número de novos infectados, é preciso conhecer a probabilidade de um indivíduo infectado e um suscetível entrarem em contato um com o outro. Se for presumido que os indivíduos na população se movam aleatoriamente, a probabilidade de contato é o produto das suas proporções na população:

Probabilidade de contato entre indivíduos suscetíveis e infectados $= S \times I$

Após o contato entre os indivíduos infectados e os suscetíveis, também se deve considerar a taxa de infecção entre eles (b):

Taxa de infecção entre indivíduos suscetíveis e infectados $= S \times I \times b$

Em seguida, determinam-se quantos indivíduos estão se recuperando da infecção, conhecendo a proporção de indivíduos infectados (I) e a taxa de recuperação de uma infecção (g):

Taxa de recuperação de indivíduos infectados $= I \times g$

Depois disso, é possível definir se uma infecção irá propagar-se por uma população. Para tal, calcula-se a taxa reprodutiva da infecção (R_0), que é o número de casos secundários produzidos por um caso primário durante o seu período de infecciosidade. A taxa reprodutiva é a razão entre novas infecções e recuperações:

$$R_0 = (S \times I \times b) \div (I \times g)$$

$$R_0 = S \times (b \div g)$$

Se $R_0 > 1$, a infecção continuará a propagar-se pela população, acarretando uma epidemia. Isso ocorre porque cada indivíduo infectado afeta mais do que um outro indivíduo antes

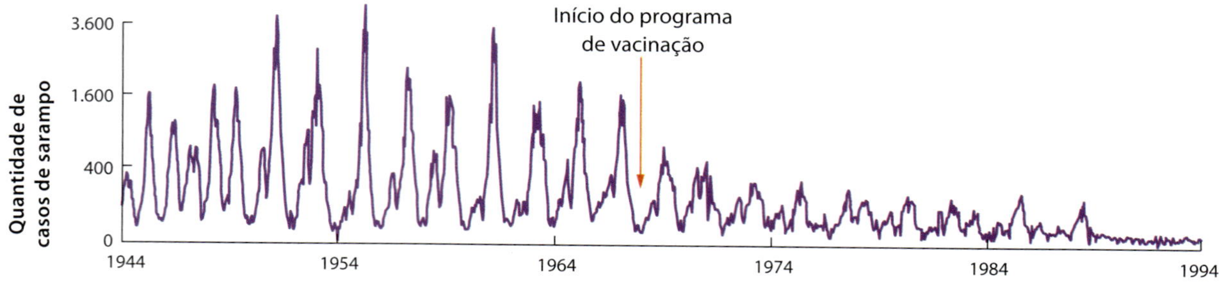

Figura 15.15 Ocorrência cíclica de sarampo em uma população humana. Antes que as vacinações se tornassem disponíveis, em 1968, a população humana em Londres, na Inglaterra, apresentava ciclos de sarampo a cada 2 anos. Após a disponibilização da vacinação e o aumento da quantidade de pessoas vacinadas, o número de casos da doença declinou, e as flutuações deixaram de ocorrer. Dados de P. Rohani et al., Opposite patterns of synchrony in sympatric disease metapopulations, *Science* 286 (1999): 968–971.

de se recuperar da doença e se tornar resistente. Quando R_0 < 1, a infecção não consegue dominar a população de hospedeiros, já que, em média, cada indivíduo infectado falha em infectar pelo menos um outro indivíduo antes de se recuperar e se tornar resistente.

A Figura 15.16 ilustra a dinâmica de uma doença típica. Considerando uma população composta totalmente por indivíduos não infectados, quando uma doença infecciosa ocorre, inicialmente existe um rápido aumento na quantidade de indivíduos acometidos; porém, ao longo do tempo, eles se recuperam e se tornam resistentes (R). Neste ponto, o número de indivíduos suscetíveis (S) se reduz, de modo que o valor de R_0 diminui. Quando R_0 cai até < 1, a epidemia deixa de se sustentar; como consequência, a quantidade de infectados alcança um pico na abundância e, em seguida, declina.

Com a compreensão sobre como R_0 afeta a propagação das doenças, é possível observar os valores de R_0 em relação a diferentes enfermidades causadas por parasitos. O HIV, por exemplo, é transmitido por mecanismos bastante limitados, incluindo o contato sexual direto, a transfusão de sangue ou a transmissão perinatal da mãe para o filho. Esse vírus apresenta uma variação de valores de R_0 relativamente baixa, de 2 a 5. Os valores típicos para R_0 nas doenças da infância de humanos (sarampo, catapora e caxumba, entre outras) variam de 5 a 18 na ocasião em que uma população é inicialmente infectada. No extremo, a malária, que é transmitida por mosquitos, apresenta um valor de R_0 superior a 100 em populações humanas com altas densidades. Isso ocorre porque os mosquitos são excelentes vetores para transmitir o parasito, e pessoas infectadas permanecem doentes por longos períodos de tempo.

Premissas do modelo S-I-R

O modelo S-I-R básico tem diversas premissas importantes. Ele presume, por exemplo, que não existam nascimentos de novos indivíduos suscetíveis e que os indivíduos mantenham qualquer resistência que desenvolvam. Em um modelo como esse, o resultado é uma epidemia que segue o seu curso até que todos da população tenham se tornado resistentes ou existam poucos suscetíveis remanescentes para continuar a propagação da doença. Alguns patógenos, como os vírus da gripe, se encaixam nessa premissa.

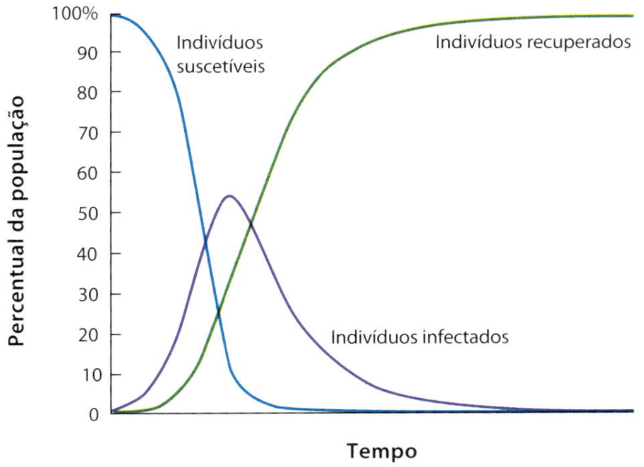

Figura 15.16 Dinâmica de uma infecção ao longo do tempo. No modelo S-I-R básico, todos os indivíduos em uma população são inicialmente suscetíveis. Então, quando a infecção começa, no início do período de tempo ocorre um rápido crescimento na quantidade de infectados. À medida que alguns deles se recuperam e se tornam resistentes, existem menos indivíduos suscetíveis remanescentes para serem infectados, de modo que o número de indivíduos infectados declina.

O modelo básico também explica por que as vacinas retardam ou interrompem a propagação de doenças como a gripe: ao vacinar os indivíduos, reduz-se o tamanho da população suscetível (S), que diminui o valor de R_0. Isso dificulta que uma epidemia se sustente.

Outros fatores podem ser adicionados ao modelo, incluindo: nascimento de crianças suscetíveis, atrasos de tempo entre o momento em que um indivíduo é infectado e o que ele se torna infeccioso para outros, mortalidade do hospedeiro, dinâmica populacional do hospedeiro e transmissão da doença dos pais para os filhos. Esses fatores adicionais podem apresentar efeitos substanciais sobre as previsões do modelo. Por exemplo, o nascimento de novos indivíduos suscetíveis pode causar flutuações cíclicas no modelo, como observado no caso dos dados de sarampo em Londres (ver Figura 15.15).

Se um patógeno puder matar o hospedeiro, ele deverá aumentar em abundância até que os hospedeiros comecem a morrer. Isso porque, à medida que a população de hospedeiros declina, a de patógenos diminui subsequentemente e, conforme isso acontece, a população de hospedeiros recupera-se em seguida. Tal ciclo é análogo aos dos predadores-presas, discutido no Capítulo 14; no entanto, alguns patógenos não seguem essa dinâmica porque não atacam unicamente uma espécie de hospedeiro. O fungo quitrídio, por exemplo, infecta dúzias de espécies de anfíbios. Uma espécie de hospedeiro pode declinar até a extinção, mas, ainda assim, o fungo não diminui em abundância porque pode afetar outras espécies de anfíbios. Então, algumas das recém-infectadas adoecerão e morrerão, enquanto outras nunca desenvolverão a doença e atuarão como reservatórios para ela. Quando um patógeno não é restrito a uma única espécie de hospedeiro, apresenta a capacidade de persistir e se propagar até mesmo após ter causado a extinção de um de seus hospedeiros.

VERIFICAÇÃO DE CONCEITOS

1. Como parasitos letais fazem com que a população de hospedeiros cicle?
2. Qual é o efeito da imunidade do hospedeiro nas populações de parasitos?
3. Por que se deseja saber a taxa reprodutiva de um parasito?

15.4 Os parasitos desenvolvem estratégias de ataque enquanto os hospedeiros desenvolvem estratégias de defesa

Os parasitos ganham aptidão quando encontram um hospedeiro adequado e se reproduzem. Já os hospedeiros adquirem maior aptidão ao evitarem ser parasitados. Portanto, a seleção natural favorece a evolução dos ataques dos parasitos e das defesas dos hospedeiros. Esta seção examina algumas dessas estratégias, bem como as relações evolutivas entre parasitos e hospedeiros.

ADAPTAÇÕES DOS PARASITOS

Como foi observado no início do capítulo, os parasitos desenvolveram uma ampla diversidade de estratégias para encontrar e infectar hospedeiros. Alguns dos exemplos mais fascinantes de adaptação envolvem estratégias que aumentam a probabilidade de transmissão parasitária. Por exemplo, o fungo patogênico *Entomorpha muscae* infecta tanto moscas-domésticas (*Musca domestica*) quanto moscas-de-estrume-amarelas (*Scatophaga stercoraria*); contudo, para melhorar as chances de transmitir seus esporos, ele adota duas estratégias diferentes.

Quando o fungo infecta e mata moscas-domésticas-fêmeas, os corpos se tornam atraentes para os machos em busca de uma parceira. Embora não esteja claro quais sinais atrativos o fungo produz, quando uma mosca-doméstica-macho tenta acasalar com uma fêmea morta, os esporos são transferidos para o corpo do macho.

Quando o mesmo fungo infecta a mosca-de-estrume-amarela, ela sobe na vegetação próxima, move-se para o lado da planta exposto ao vento e se pendura de cabeça para baixo no lado inferior de uma folha. Em seguida, a mosca movimenta suas asas em direção à folha e movimenta seu abdome – que está inchado com esporos fúngicos – para longe da folha. Quando assume essa posição, a mosca-de-estrume morre, e os esporos fúngicos escapam de seu abdome. Depois, os esporos em erupção podem infectar moscas-de-estrume que passam por baixo deles, como ilustrado na Figura 15.17.

Quando os pesquisadores compararam o comportamento das moscas-de-estrume infectadas ao das moscas não infectadas, observaram que estas se penduravam nas plantas mais baixas, e nunca na parte de baixo da planta. Esses dados podem ser observados na Figura 15.18.

Para os parasitos que necessitam de uma série de diferentes hospedeiros para concluir seus estágios de vida, é desafiador encontrar um modo de ser transmitido de um hospedeiro a outro. Alguns, como os trematódeos que infectam primeiramente caracóis e depois girinos, desenvolveram uma estratégia simples de deixar o corpo do primeiro hospedeiro e, em seguida, buscar o segundo. Outros criaram maneiras de manipular o comportamento do primeiro hospedeiro, para assegurar que o segundo os consumisse. Um exemplo disso é observado com o caracol âmbar, discutido no início do capítulo.

Existem muitos casos de parasitos que assumem o controle do comportamento do hospedeiro. Por exemplo, os camundongos podem consumir acidentalmente um protista parasito, o *Toxoplasma gondii*, quando se alimentam próximo de fezes de gatos. Uma vez infectados, eles não evitam mais uma área marcada pelo odor da urina do lince (*Lynx rufus*), passando a ser levemente atraídos pelo cheiro. Como resultado, os roedores apresentam maior probabilidade de serem ingeridos pelo lince, o que é vantajoso para o protista, já que ele somente consegue se reproduzir no intestino de um gato.

De maneira similar, pequenos crustáceos conhecidos como isópodes (*Caecidotea intermedius*) normalmente se escondem de peixes predadores em refúgios. Entretanto, se eles estiverem infectados por um verme parasito (*Acanthocephalus dirus*), passam menos tempo no refúgio e mais tempo em ambientes abertos, onde há maior probabilidade de serem notados pelos peixes, como pode ser visto na Figura 15.19. Essa manipulação

Figura 15.17 Transmissão de esporos fúngicos na mosca-de-estrume-amarela. As moscas infectadas sobem em uma planta, posicionam-se de cabeça para baixo no lado inferior de uma folha e morrem à medida que os esporos saem de seu abdome. Em contraste, as não infectadas se posicionam nas plantas mais baixas e pousam em posição ereta sobre os lados superiores das folhas. Com base em D. P. Maitland, A parasitic fungus infecting yellow dungflies manipulates host perching behavior, *Proceedings of the Royal Society of London* Series B 258 (1994): 187–193. Fotografias de Biosphoto/Julien Boisard (acima); Tierfotoagentur/S. Ott/AGE Fotostock (abaixo).

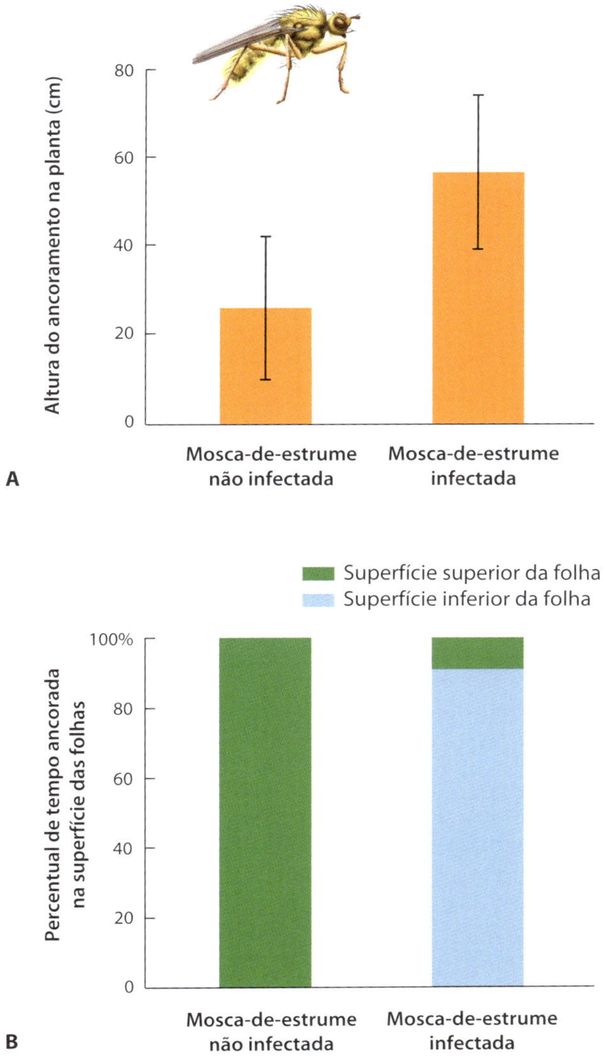

Figura 15.18 Controle fúngico do comportamento de se prender na mosca-de-estrume-amarela. A. Em comparação às moscas-de-estrume não infectadas, as infectadas se prendem mais alto nas plantas. As barras de erro representam 1 desvio padrão. **B.** As moscas-de-estrume não infectadas nunca se prendem no lado inferior de uma folha, enquanto as infectadas o fazem 91% do tempo. Dados de D. P. Maitland, A parasitic fungus infecting yellow dungflies manipulates host perching behavior, *Proceedings of the Royal Society of London* Series B 258 (1994): 187–193.

do comportamento do isópode é benéfica para o parasito porque os peixes atuam como seu segundo hospedeiro.

ADAPTAÇÕES DOS HOSPEDEIROS

Os diversos hospedeiros desenvolveram várias defesas para combater os parasitos invasores. Algumas espécies de plantas e animais conseguem produzir substâncias químicas antibacterianas e antifúngicas que matam bactérias e fungos parasitos. Muitas espécies de anfíbios, por exemplo, liberam naturalmente peptídios antimicrobianos sobre a sua pele, que inibem o crescimento do fungo quitrídio mortal.

Em alguns casos, espécies de hospedeiros também desenvolveram defesas mecânicas e bioquímicas para combater os parasitos, o que pode ser observado nos chimpanzés que

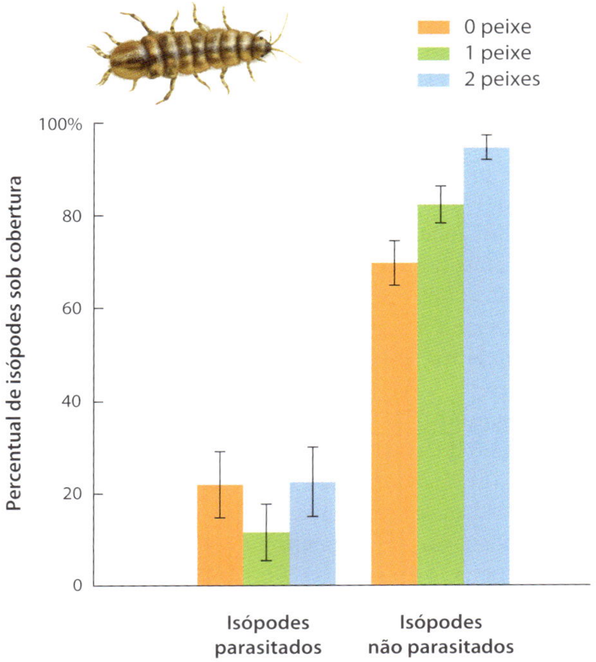

Figura 15.19 Alterações induzidas no comportamento de isópodes pelo parasito. Quando os isópodes não estão infectados por parasitos, em geral permanecem sob alguma cobertura, independentemente da presença de peixes. Quando estão infectados, eles se movimentam e saem da proteção da cobertura, o que os torna suscetíveis a peixes predadores. As barras de erro são erros padrões. Dados de L. J. Hetchel et al., Modification of antipredator behavior of *Caecidotea intermedius* by its parasite *Acanthocephalus dirus*, Ecology 74 (1993): 710–713.

vivem na Tanzânia e que se infectam com vermes intestinais. Em vez de ingerir sua dieta alimentar normal, os chimpanzés que estão doentes com os vermes intestinais colhem algumas poucas folhas de plantas do gênero *Aspilia* e as engolem inteiras (Figura 15.20). As folhas dessas plantas são cobertas

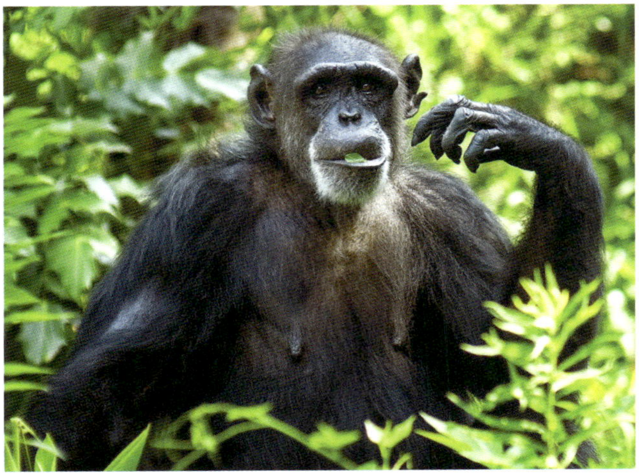

Figura 15.20 Chimpanzés se automedicando. Quando os chimpanzés ficam doentes por causa de parasitos intestinais, eles engolem folhas inteiras e mastigam gravetos amargos que normalmente não fazem parte de sua dieta. Tais folhas e gravetos reduzem a quantidade de parasitos em seu corpo e os ajudam a se recuperar. Fotografia de LMPphoto/Shutterstock.

ANÁLISE DE DADOS EM ECOLOGIA

Comparação de dois grupos com o teste *t*

Quando os pesquisadores das moscas-de-estrume examinaram a altura de ancoramento das infectadas e não infectadas, concluíram que as primeiras se prendiam significativamente mais alto na vegetação. Eles chegaram a tal conclusão comparando as alturas médias de ancoramento para as moscas infectadas e não infectadas e utilizaram um teste estatístico para determinar se as duas médias eram diferentes.

O Capítulo 14 explicou que os cientistas normalmente consideram duas médias como sendo diferentes se for possível amostrar as suas distribuições muitas vezes e observar que as médias daquelas distribuições amostradas se sobrepõem menos de 5% do tempo. Comumente esse limite crítico é chamado de *alfa* (α). Portanto, diz-se que o limite crítico é $\alpha = 0{,}05$. Para determinar se as médias dos dois grupos são significativamente diferentes, é preciso obter três dados sobre cada grupo: a média, a variância e o tamanho da amostra. Com esses três parâmetros, pode-se realizar o **teste *t***, que determina se as distribuições dos dados de dois grupos são significativamente diferentes. Uma premissa importante do teste *t* é que os valores de ambos os grupos apresentem distribuição normal.

Inicia-se calculando as *diferenças entre as médias* dos dois grupos:

$$\bar{X}_1 - \bar{X}_2$$

em que $\bar{X}_1$ é a média do grupo 1 e $\bar{X}_2$ é a média do grupo 2.

Em seguida, calcula-se o *erro padrão da diferença nas duas médias*:

$$\sqrt{\frac{S_1^2}{n_1} + \frac{S_2^2}{n_2}}$$

em que s_1^2 é a variância amostral do grupo 1, s_2^2 é a variância amostral do grupo 2, n_1 é o tamanho da amostra do grupo 1, e n_2 é o tamanho amostral do grupo 2 (o conceito de variâncias da amostra pode ser revisado no Capítulo 2).

O passo seguinte é dividir o primeiro valor calculado pelo segundo:

$$t = \frac{\bar{X}_1 - \bar{X}_2}{\sqrt{\frac{S_1^2}{n_1} + \frac{S_2^2}{n_2}}}$$

Como se pode ver na equação, o valor de *t* se torna maior à medida que a diferença entre as médias se torna maior ou o erro padrão da diferença nas médias se torna menor. Como exemplo, pode-se considerar dois grupos de dados com os parâmetros a seguir:

Grupo	Média	Variância da amostra	Tamanho da amostra
1	20	10	5
2	10	10	5

Nesse caso:

$$t = \frac{20 - 10}{\sqrt{\frac{10}{5} + \frac{10}{5}}} = \frac{10}{\sqrt{2 + 2}} = 5$$

O último cálculo necessário é conhecido como grau de liberdade, que é definido como a soma dos dois tamanhos de amostra menos 2. No exemplo anterior, o número de graus de liberdade é:

$$5 + 5 - 2 = 8$$

Com o valor de *t* calculado, pode-se determinar se o valor encontrado excede um nível crítico de *t* e, portanto, definir se as médias são significativamente diferentes. O valor crítico de *t* pode ser estabelecido a partir de uma tabela estatística. Observando a tabela de *t* no apêndice *Tabelas Estatísticas*, ao final deste livro, haverá a coluna que utiliza um valor α de 0,05 e então a linha que contém 8 graus de liberdade. O valor crítico de *t* é o número encontrado no cruzamento dessa linha com a coluna, que, nesse caso, é 2,3. Como o valor *t* calculado excede o valor *t* crítico, pode-se concluir que as duas médias diferem significativamente.

EXERCÍCIO Em relação aos dados a seguir, calcule o valor *t*.

Grupo	Média	Variância da amostra	Tamanho da amostra
1	10	4	8
2	5	4	8

Em seguida, calcule os graus de liberdade.

Com base no seu valor *t* calculado e no valor crítico de *t* usando $\alpha = 0{,}05$, determine se os dois grupos são significativamente diferentes.

Teste *t* Teste estatístico que determina se a distribuição dos dados de dois grupos são significativamente diferentes.

por pequenos ganchos, os quais, à medida que as folhas passam pelo sistema digestório do chimpanzé, puxam os parasitos nematódeos (*Oesophagostomum stephanostomum*) para fora do trato digestório, de modo que podem ser expelidos do corpo do animal com as fezes. Os chimpanzés infectados também mastigam galhos amargos da planta *Vernonia*, algo que os saudáveis não fazem. Os doentes se curam em 24 horas porque os galhos contêm substâncias químicas que matam uma variedade de parasitos diferentes. Essas plantas também são consumidas por pessoas na região quando elas apresentam sintomas de infecções parasitárias. Em resumo, tanto chimpanzés quanto humanos utilizam plantas para se medicarem contra infecções parasitárias.

COEVOLUÇÃO

Quando se consideram as forças evolutivas que afetam as adaptações dos parasitos e dos hospedeiros, geralmente se observa que, à medida que uma espécie na interação se adapta, a outra responde se adaptando também. Conforme discutido no Capítulo 14, quando duas ou mais espécies continuam a evoluir em resposta à evolução uma da outra, ocorre uma *coevolução*, e quando todas as espécies envolvidas em uma interação coevoluem em conjunto, provavelmente nenhuma delas terá vantagem. Por exemplo, quando um parasito desenvolve uma vantagem que o torna mais eficaz na infecção de hospedeiros, estes estarão sob uma seleção mais forte para desenvolver defesas contra aquele parasito.

MUDANÇA GLOBAL

Um exemplo de coevolução entre parasitos e hospedeiros pode ser observado no caso dos coelhos na Austrália. No século XIX, coelhos europeus foram introduzidos em muitas regiões do mundo onde não existiam originalmente. Na Austrália, eles foram inseridos pela primeira vez a partir da Inglaterra, em 1859. Em poucos anos, os fazendeiros locais estavam levantando cercas para mantê-los do lado de fora e organizando caçadas para ajudar a controlar o tamanho da sua população. Ao final, centenas de milhões de coelhos se espalharam pela maior parte do continente, destruindo as pastagens dos ovinos e, assim, ameaçando a produção de lã (Figura 15.21). Diante disso, o governo australiano tentou usar venenos, predadores e outras medidas de controle, todas sem sucesso.

Em 1950, o governo australiano fez uma tentativa com nova abordagem. Um vírus, conhecido como *Myxoma* (que era transmitido por mosquitos e causava uma doença conhecida como mixomatose), havia sido descoberto em coelhos sul-americanos. A doença apresentava efeitos modestos sobre eles, mas demonstrou ser altamente letal para os coelhos europeus; um animal infectado morria dentro de 48 horas.

O governo australiano introduziu o vírus, que inicialmente apresentou ação devastadora sobre os coelhos. Dentre os infectados, 99,8% morreram, e a população declinou para números muito baixos. Entretanto, 0,2% dos coelhos acometidos pelo vírus mostraram ser resistentes e passaram seus genes para seus filhotes. Assim, antes da introdução do vírus *Myxoma*, alguns poucos coelhos apresentavam genes resistentes, mas nunca haviam sido favorecidos. Em um segundo surto da doença, apenas 90% dos coelhos infectados morreram; e na ocasião do terceiro surto, apenas 40 a 60% dos indivíduos morreram, e a população de coelhos da Austrália começou a aumentar. A diminuição na mortalidade de coelhos ao longo do tempo pode ser observada na Figura 15.22.

A diminuição na mortalidade de coelhos foi parcialmente ocasionada pela evolução do aumento da resistência ao vírus na população; porém, como a quantidade de animais que morreram inicialmente foi muito grande, essa queda rápida na população do hospedeiro também favoreceu quaisquer cepas de vírus que infectaram os coelhos sem matá-los. Coelhos mortos representam o fim de linha para o vírus, especialmente se o animal morre antes que tenha sido picado por um mosquito, que é o único modo de o vírus ser transmitido.

Figura 15.21 População crescente de coelhos na Austrália. Após terem sido introduzidos na Austrália em 1859, a população de coelhos explodiu e consumiu quase toda a vegetação que era necessária para que os fazendeiros criassem ovelhas. Fotografia de John Carnemolla/Getty Images.

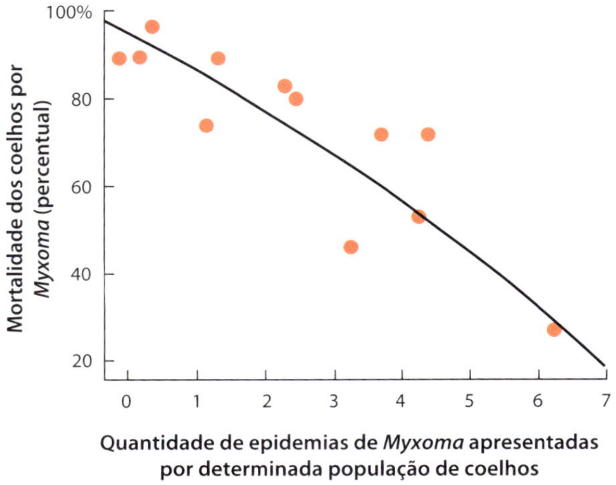

Figura 15.22 Coevolução dos coelhos australianos e do vírus *Myxoma*. Nas populações de coelhos que nunca haviam sido expostas ao vírus, quase todos os infectados morreram. Entretanto, um pequeno percentual sobreviveu e transmitiu seus genes resistentes para a geração seguinte. Ao mesmo tempo, a seleção favoreceu cepas de vírus menos letais, que poderiam se reproduzir e ser transmitidas por mosquitos que se alimentam apenas em coelhos vivos. Como o animal desenvolveu uma resistência maior e os vírus evoluíram para serem menos letais, as populações que sofreram mais epidemias da doença apresentaram menos mortalidade. Dados de F. Fenner, F. N. Ratcliffe, *Myxomatosis* (Cambridge University Press, 1965).

Com o tempo, a interação dos coelhos com o vírus *Myxoma* resultou em uma população de hospedeiros mais resistentes e um patógeno menos letal. Isso possibilitou a recuperação da população de coelhos e a persistência do vírus. Essa dinâmica provavelmente é o que os pesquisadores observaram na América do Sul, onde a população de coelhos e o vírus *Myxoma* persistiram juntos por um longo período de tempo.

Para alcançar o objetivo do governo de controlar a população de coelhos na Austrália, cientistas continuam a introduzir novas cepas altamente letais da América do Sul em coelhos australianos, porque novas cepas não têm histórico de coevolução com os eles. Desse modo, os pesquisadores mantêm a eficácia do vírus *Myxoma* como um agente de controle da praga.

VERIFICAÇÃO DE CONCEITOS

1. Dê um exemplo de uma adaptação do parasito que ajude a promover a sua transmissão de um hospedeiro para outro.
2. Dê um exemplo de uma adaptação do hospedeiro que o ajude a combater parasitos.
3. Qual é o processo de coevolução de adaptações de parasitos e hospedeiros?

ECOLOGIA HOJE | CORRELAÇÃO DOS CONCEITOS

Sobre carrapatos e homens... e a doença de Lyme

Carrapato-de-patas-negras. O carrapato, também conhecido como carrapato-do-cervo, é o vetor da bactéria que causa a doença de Lyme em humanos. Fotografia de Scott Bauer/USDA-ARS.

MUDANÇA GLOBAL

Na década de 1970, diversas crianças em uma comunidade de Connecticut apresentaram uma série de sintomas misteriosos. Muitas tinham uma erupção com formato de olho de boi na pele, seguida por sintomas similares aos da gripe, que evoluíram para outros sintomas semelhantes aos da artrite, e diversos distúrbios neurológicos. Os médicos, então, descobriram que as crianças haviam sido infectadas por uma bactéria patogênica (*Borrelia burgdorferi*). Devido a essa comunidade se encontrar na cidade de Lyme, em Connecticut, a doença passou a ser conhecida como doença de Lyme.

O parasito que causa essa enfermidade é transmitido por carrapatos que se alimentam de animais selvagens, os quais, ocasionalmente, picam pessoas e transmitem o parasito. Na América do Norte, o vetor primário é o carrapato-de-patas-negras (*Ixodes scapularis*), também conhecido como carrapato-do-cervo. Os carrapatos e o parasito provavelmente existiam na América do Norte milhares de anos antes que a doença fosse identificada.

De acordo com o Centro de Prevenção e Controle de Doenças dos EUA (CDC), atualmente ocorrem de 20.000 a 30.000 casos da doença de Lyme por ano no país. A maioria

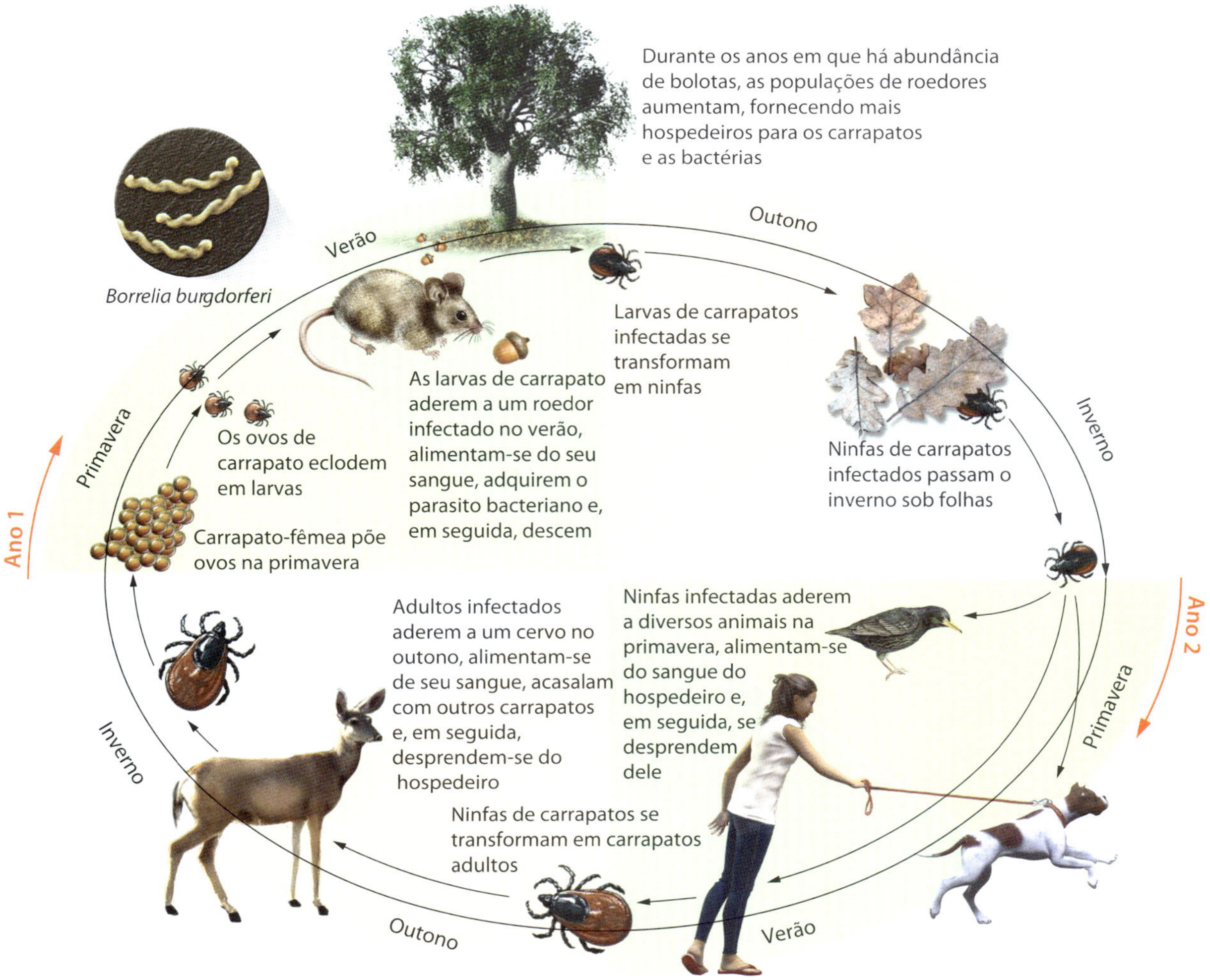

Ciclo da doença de Lyme. Um conjunto de diversas espécies afeta a prevalência da bactéria que causa a doença de Lyme. O ciclo tem início quando os carrapatos se aderem e picam roedores infectados e se tornam infectados com a bactéria. Após se soltarem dos roedores, transformam-se em ninfas e passam o inverno sob folhas. Na primavera, as ninfas aderem aos hospedeiros novamente e, em seguida, se soltam e se tornam adultos. Como tais, a maioria dos carrapatos adere a cervos, busca por parceiros e coloca seus ovos. Durante os anos de alta produção de bolotas pelos carvalhos, existe uma abundância de alimentos para os roedores, o que resulta em grandes populações de roedores. Isso leva a grandes populações de carrapatos, que podem infectar uma diversidade de animais, incluindo cervos e humanos.

dos casos ocorre no Nordeste, embora a quantidade tenha aumentado no Centro-Oeste.

Ao longo de quatro décadas, os ecólogos e os médicos pesquisadores determinaram que, para compreender a doença de Lyme, é necessário um conhecimento a respeito da comunidade ecológica na qual o parasito vive. Primeiramente, eles precisaram definir como os carrapatos adquirem o parasito e descobriram que 99% dos recém-eclodidos não carregam o parasito, de modo que a transmissão vertical não é provável. Em vez disso, os carrapatos adquirem o parasito de hospedeiros infectados. Porém, como o carrapato-de-patas-negras pode viver em uma ampla diversidade de hospedeiros, os pesquisadores precisaram determinar quais afetavam a abundância dos carrapatos infectados. Assim, ao examinarem os padrões de abundância na natureza e conduzir experimentos de manipulação, eles puderam determinar o ciclo de vida dos carrapatos-de-patas-negras.

Os carrapatos são predominantemente criaturas da floresta, e suas larvas eclodem dos ovos em todos os verões. Entretanto, como elas não conseguem subir em vegetações muito altas, infectam somente pequenos animais que vivem próximo ao solo, como aves e roedores, dos quais os mais comumente infectados são esquilos (*Tamias striatus*) e camundongos-de-pés-brancos (*Peromyscus leucopus*). Essas duas espécies podem ser infectadas sem apresentar quaisquer sinais da doença, de modo que atuam como espécies-reservatório, que sustentam a população de bactérias. Após se alimentarem nos roedores durante alguns poucos dias, os carrapatos se soltam de seus hospedeiros e se transformam em ninfas.

Como ninfas, os carrapatos passam o inverno sob as folhas no solo da floresta. Na primavera seguinte, sobem uma curta distância na vegetação e esperam que outro hospedeiro passe por eles. Normalmente se fixam a aves, pequenos mamíferos e quaisquer humanos que possam estar caminhando pela floresta ou jardim. Após aderirem a um hospedeiro e se tornarem ingurgitados com sangue, os carrapatos se desprendem novamente e se transformam em adultos no outono. Carrapatos adultos conseguem subir mais alto na vegetação, o que possibilita que alcancem mamíferos maiores, como o veado-de-cauda-branca. O corpo do cervo não somente oferece uma refeição de sangue, como também atua como um local para que carrapatos-machos e fêmeas adultos se encontrem e acasalem. Dali, eles descem do cervo e põem seus ovos no solo da floresta em todos os outonos. Toda essa movimentação dos carrapatos entre diversos hospedeiros resulta em muitas oportunidades para que a bactéria seja transmitida.

De fato, pesquisadores observaram que a frequência de infecção pela bactéria é de 25 a 35% para ninfas e 50 a 70% para adultos. Com base nessa pesquisa, tornou-se claro que cervos, camundongos e esquilos eram essenciais para o ciclo de vida do carrapato. Contudo, foi necessário saber o que afeta as abundâncias das espécies. Os pesquisadores, então, descobriram um ator importante a mais: os carvalhos. Eles produzem quantidades maciças de bolotas em poucos anos, que são um item alimentar importante para cervos, esquilos e camundongos. Em anos com muitas bolotas, os cervos que transportam os carrapatos se reúnem sob os carvalhos, o que causa uma agregação de carrapatos em reprodução, que colocam seus ovos sob as árvores. Esquilos e camundongos também são atraídos pelas bolotas, porque o alimento abundante possibilita maior sobrevivência e aumento da reprodução. Mais roedores e aumento da densidade de ovos de carrapato promovem crescimento na quantidade de roedores infectados no verão seguinte. Em anos de poucas bolotas, quando cervos e roedores passam mais tempo nas florestas de bordo, a prevalência dos carrapatos infectados muda das florestas de carvalhos.

Para examinar quais medidas podem ser adotadas para reduzir o risco de doença de Lyme em humanos, pesquisadores também usaram modelos matemáticos que incluíam todas as espécies importantes. Esses modelos sugeriram que, embora reduções nas densidades de cervos tivessem pouco efeito sobre a população de carrapatos infectados (exceto se a população de cervos fosse completamente erradicada), reduções na população de roedores causariam grande diminuição na quantidade de carrapatos infectados.

Com o tremendo aumento nos casos da doença de Lyme, pesquisadores investigaram o passado para determinar por quanto tempo as bactérias têm estado por perto. Em 2012, elas foram encontradas nos tecidos de uma múmia congelada que foi descoberta nos Alpes entre a Áustria e a Itália. Uma vez que a múmia data de 5.300 anos atrás, sugere-se que a doença de Lyme tem infectado humanos há milhares de anos, apesar do fato de os médicos só recentemente terem identificado a doença.

A história da doença de Lyme é um excelente exemplo de como a compreensão sobre a ecologia dos parasitos possibilita prever quando e onde eles impõem maior risco para os organismos selvagens e humanos.

FONTES:
Keller, A., et al. 2012. New insights into the Tyrolean Iceman's origin and phenotype as inferred by whole-genome sequencing. *Nature Communications* 3: 698.
Ostfeld, R. 1997. The ecology of Lyme-disease risk. *American Scientist* 85: 338–346.
Ostfeld, R., et al. 2006. Climate, deer, rodents, and acorns as determinants of variation in Lyme-disease risk. PLOS Biology 4: 1058–1068.

RESUMO DOS OBJETIVOS DE APRENDIZAGEM

15.1 Muitos tipos diferentes de parasitos afetam a abundância das espécies de hospedeiros. Os ectoparasitos vivem no exterior dos hospedeiros, enquanto os endoparasitos vivem dentro do organismo dos hospedeiros. Os parasitos são um grupo de ampla diversidade de espécies que incluem plantas, fungos, protozoários, helmintos, bactérias, vírus e príons. Entre os que causam enfermidades, conhecidos como patógenos, aqueles que recentemente se tornaram abundantes causam doenças infecciosas emergentes.

Termos-chave: resistência à infecção, tolerância à infecção, carga parasitária, ectoparasito, endoparasito, doença infecciosa emergente

15.2 A dinâmica entre parasitos e hospedeiros é determinada pela capacidade de os parasitos infectarem os hospedeiros. A transmissão de parasitos pode ser horizontal (por transmissão direta ou por meio de um vetor) ou vertical, de pais para filhos. A capacidade de infectar um hospedeiro também depende do modo de entrada do parasito, da sua capacidade de infectar as espécies-reservatório, da sua habilidade de se transferir para novas espécies e do seu potencial de evitar o sistema imune do hospedeiro.

Termos-chave: transmissão horizontal, vetor, transmissão vertical, espécie-reservatório

15.3 Populações de parasitos e hospedeiros normalmente flutuam em ciclos regulares. Essas flutuações ocorrem porque a transmissão aumenta com a densidade do hospedeiro, mas diminui conforme uma proporção crescente da população de hospedeiros desenvolve imunidade. Essas flutuações podem ser modeladas usando o modelo S-I-R.

Termo-chave: modelo suscetível-infectado-resistente (S-I-R)

15.4 Os parasitos desenvolvem estratégias de ataque enquanto os hospedeiros desenvolvem estratégias de defesa. A seleção natural favorece os parasitos que possam melhorar a sua probabilidade de transmissão, inclusive por meio de manipulações do comportamento do hospedeiro. Os hospedeiros desenvolveram tanto respostas imunes específicas quanto respostas imunes gerais para combater a infecção. Eles também podem empregar defesas mecânicas e bioquímicas contra os parasitos. A coevolução ocorre quando os parasitos e o hospedeiro se desenvolvem continuamente um em resposta ao outro.

Termo-chave: Teste *t*

QUESTÕES DE RACIOCÍNIO CRÍTICO

1. Compare e contraste as vantagens e desvantagens da vida como um ectoparasito *versus* como um endoparasito.

2. Por que os parasitos com frequência não são muito prejudiciais para os hospedeiros em sua abrangência nativa, mas altamente prejudiciais para os hospedeiros em uma região onde foram introduzidos?

3. Se um parasito tem uma espécie de hospedeiro reservatório, como efetivamente a população de parasitos é controlada pela imunização de uma espécie hospedeira suscetível?

4. Dado que atualmente não há cura para a doença da vaca louca, qual é a ação mais eficaz para reduzir sua transmissão?

5. Por que continuamos a descobrir novas doenças infecciosas emergentes?

6. Compare e contraste a transmissão horizontal com a transmissão vertical de um parasito.

7. Usando o modelo S-I-R básico da dinâmica de parasitos e hospedeiros, explique por que a proporção de indivíduos infectados na população declina ao longo do tempo.

8. No modelo S-I-R da dinâmica de parasitos e hospedeiros, como o resultado será alterado se permitirmos que novos indivíduos suscetíveis nasçam dentro da população?

9. Quando usamos um teste *t*, quais são os fatores que tornam mais provável encontrar uma diferença significativa?

10. Explique por que a doença do olmo-holandês pode se tornar menos letal para seus hospedeiros ao longo do tempo.

REPRESENTAÇÃO DOS DADOS | SÉRIES TEMPORAIS DE DADOS

Conforme observado em "Ecologia hoje | Correlação dos conceitos", ao final deste capítulo, o número de carrapatos-de-patas-negras infectados pela bactéria que causa a doença de Lyme é determinado pela quantidade de roedores, que, por sua vez, é afetada pela produção de bolotas. Ao realizar essas conexões, os pesquisadores sabiam a abundância das diferentes espécies ao longo do tempo. Usando os dados fornecidos na tabela a seguir, faça um gráfico linear mostrando a densidade de bolotas, esquilos e carrapatos ao longo do tempo.

Baseando-se no seu gráfico, quais padrões você observa quando alterações na densidade de bolotas afetam a densidade de esquilos e quando alterações na densidade de esquilos afetam a densidade de carrapatos?

DENSIDADES DE BOLOTAS, ESQUILOS E CARRAPATOS AO LONGO DO TEMPO

Ano	Bolotas/m^2	Esquilos/grade de 2,25 ha	Carrapatos/100 m^2
2002	5	1	1
2003	40	3	4
2004	3	70	5
2005	4	10	38
2006	30	5	4
2007	20	50	7
2008	1	15	35
2009	35	8	5
2010	7	62	4
2011	5	18	33
2012	3	10	5

16 Competição

Tentativa de Recuperar a Erva-Alheira

"A erva-alheira é uma competidora altamente eficaz porque tem uma nova arma."

A erva-alheira é um poderoso inimigo da floresta. Ela foi introduzida nos EUA proveniente da Europa 150 anos atrás e, desde então, tem se espalhado pelas florestas do leste e centro-oeste do país. A erva não somente se espalha, mas também é uma competidora dominante sobre espécies de plantas nativas; assim, onde ela é encontrada, frequentemente há poucas outras plantas herbáceas de floresta. Nas últimas duas décadas, os pesquisadores determinaram que a planta é uma competidora dominante porque dispõe de uma nova arma.

Como mencionado no Capítulo 1, muitas espécies de plantas nativas dependem de relações mutualísticas com fungos do solo para obter minerais, já que, sem eles, elas não crescem bem. A nova arma da erva-alheira é a produção de sinigrina, um composto químico que ela libera no solo através de suas raízes e que é tóxico para os fungos. Uma vez que a erva não depende dos fungos do solo para o seu crescimento, ela apresenta uma vantagem imediata sobre muitas espécies de plantas nativas.

Embora a produção de sinigrina auxilie a erva-alheira a sobreviver e crescer, pesquisadores supuseram que isso fosse custoso à planta. Eles também conjecturaram que, em florestas onde a erva tem estado presente por décadas e ganhado a competição com a maioria das outras plantas, a seleção natural deveria favorecer a redução na produção de sinigrina, porque seus custos não viriam mais acompanhados de benefícios.

Para testar essa hipótese, eles coletaram sementes de localidades que a erva-alheira tinha invadido havia pouco tempo e outras onde ela tem se mostrado presente por até 50 anos. No total, eles cultivaram sementes de 44 lugares diferentes e descobriram que populações de erva-alheira com uma história mais longa de presença em determinada área produziam menos do composto químico tóxico. Além disso, eles guardaram amostras de solo de cada uma das 44 localidades e, em seguida, cultivaram três espécies nativas de árvores nesses solos. Todas as três espécies de árvores cresceram melhor nos solos que continham populações mais velhas de erva-alheira do que em solos com populações mais jovens. Esse fato confirmou que essa planta evoluiu para ser menos tóxica aos fungos do solo e, consequentemente, para ser um competidor menos dominante.

Os pesquisadores também notaram que plantas nativas estavam começando a se tornar mais abundantes em florestas com invasões mais antigas pela erva-alheira, o que é compatível com a evolução da redução na produção de sinigrina. No entanto, também é possível que as espécies nativas de plantas estivessem simultaneamente evoluindo maior tolerância à competição com a erva-alheira.

Para testar essa hipótese, eles coletaram uma planta herbácea típica de floresta e nativa de seis florestas que diferiam na concentração de sinigrina. Então, cultivaram as populações de herbáceas no solo do qual cada uma era oriunda e determinaram o quão bem cada uma foi capaz de competir contra a erva-alheira. Os pesquisadores descobriram que as populações de herbáceas que derivaram de solos com altas concentrações de sinigrina foram mais capazes de competir com a erva, o que demonstra que as plantas nativas estavam evoluindo para tolerar o invasor.

Após uma década de experimentos, ficou claro que a erva-alheira é uma competidora altamente eficaz porque tem uma nova arma. No entanto, sua vantagem competitiva continua a evoluir conforme ela sofre alterações na intensidade da competição com espécies nativas, enquanto estas continuam a coevoluir para combater a invasora.

FONTES:

Evans, J. A., et al. 2016. Soil-mediated eco-evolutionary feedbacks in the invasive plant *Alliaria petiolata*. *Functional Ecology* 30: 1053–1061.

Lankau, R. A. 2012. Coevolution between invasive and native plants driven by chemical competition and soil biota. *PNAS* 109: 11240–11245.

Lankau, R. A., et al. 2009. Evolutionary limits ameliorate the negative impacts of na invasive plant. *PNAS* 106: 15362–15367.

A erva-alheira é uma espécie invasora que se espalhou por todo o leste e o centro-oeste dos EUA. A erva invasora tem uma vantagem competitiva porque produz uma toxina que prejudica as plantas nativas.

OBJETIVOS DE APRENDIZAGEM

Após a leitura deste capítulo, você deverá ser capaz de:

16.1 Afirmar que a competição ocorre quando indivíduos são sujeitos a recursos limitantes.

16.2 Explicar a teoria da competição como uma extensão dos modelos de crescimento logístico.

16.3 Descrever como o resultado da competição pode ser alterado por condições abióticas, distúrbios e interações com outras espécies.

16.4 Diferenciar competição por exploração, competição por interferência e competição aparente.

No Capítulo 1, a competição foi definida como uma interação negativa de duas espécies que dependem do mesmo recurso limitante para sobreviver, crescer e se reproduzir. Ela pode ajudar a definir onde uma espécie pode viver na natureza e o quão abundante uma população pode se tornar, além de ser possível entre muitos grupos de organismos, incluindo predadores, herbívoros e parasitos.

Neste capítulo, serão explorados os diferentes tipos de competição e os recursos pelos quais as espécies competem. Em seguida, serão examinados os modelos de competição, que se estendem aos modelos de Lotka-Volterra apresentados no Capítulo 14. Os modelos de competição possibilitam prever as condições que determinam quando uma espécie vencerá uma interação competitiva.

Saber como as espécies competem por um recurso é importante, mas também é preciso considerar como outras interações podem alterar ou até mesmo reverter os resultados esperados da competição, incluindo efeitos abióticos, perturbações e interações com outras espécies. No final do capítulo, há uma diversidade de casos que aparentam descrever a competição, mas que, de fato, refletem outros processos, incluindo predação e herbivoria.

16.1 A competição ocorre quando indivíduos estão sujeitos a recursos limitados

Quando se estuda sobre a competição, é necessário diferenciar a **competição intraespecífica**, que ocorre entre indivíduos da mesma espécie, da **competição interespecífica**, que se dá entre indivíduos de espécies diferentes. A competição intraespecífica foi abordada na discussão sobre a dependência da densidade negativa, no Capítulo 12, em que se observou que o aumento na densidade de uma população diminui sua taxa de crescimento. Entretanto, a competição interespecífica foi bem menos discutida, embora ela possa causar o declínio e a extinção da população de qualquer uma das espécies. Ambas desempenham papéis substanciais na determinação da distribuição e da abundância das espécies na Terra.

Esta seção examina como a competição por um recurso limitado pode fazer uma espécie prevalecer sobre a outra, além de explorar a ampla diversidade de recursos disponíveis para os organismos, incluindo os que não variam em abundância e aqueles que são renováveis. Com a compreensão sobre os recursos, será possível investigar a importância do recurso mais limitante em uma população e os padrões de competição entre espécies que são parentes próximas e que são parentes distantes.

PAPEL DOS RECURSOS

Um **recurso** é qualquer item que um organismo consuma ou utilize e que cause um aumento na taxa de crescimento de uma população quando a sua disponibilidade aumenta. Em relação às plantas, os recursos geralmente incluem luz solar, água e nutrientes no solo, como o nitrogênio e o fósforo. Cada um é utilizado pela maioria das plantas e desempenha um papel no crescimento de suas populações.

Em relação aos animais, os recursos geralmente incluem alimento, água e espaço. Por exemplo, animais como mexilhões e cracas passam a maior parte de suas vidas aderidos às rochas na zona entremarés ao longo das costas oceânicas (Figura 16.1). O espaço aberto é um recurso crítico para eles porque, à medida que as rochas se tornam mais populosas, existe menos espaço para o seu crescimento. Com menos espaço, o crescimento e a fecundidade de mexilhões e cracas adultas diminuem, e há menos espaços nas rochas para a prole se estabelecer.

De modo similar, muitas aves podem competir por uma quantidade limitada de locais ou cavidades para a construção dos ninhos, e muitas espécies de presas competem por um número limitado de buracos e fendas onde possam se esconder dos predadores. Em cada um desses casos, as populações conseguem aumentar quando mais espaço se torna disponível.

Fatores ecológicos que não podem ser consumidos ou utilizados não são considerados recursos. A temperatura, por exemplo, desempenha um papel importante no crescimento e na reprodução de organismos na natureza, mas não é um recurso porque não é consumida ou utilizada. O mesmo vale para outros fatores abióticos, incluindo o pH e a salinidade.

Recursos renováveis versus não renováveis

Os recursos podem ser classificados como *renováveis* ou *não renováveis*. Os **recursos renováveis** são constantemente

---

Competição intraespecífica Competição entre indivíduos da mesma espécie.

Competição interespecífica Competição entre indivíduos de espécies diferentes.

Recurso Qualquer item que um organismo consuma ou utilize e que cause aumento na taxa de crescimento de uma população quando se torna mais disponível.

Recursos renováveis Recursos que são constantemente regenerados.

Figura 16.1 Competição por espaço. Organismos sésseis que vivem no bioma rochoso entremarés competem pelo espaço aberto nas rochas para aderirem. Esta fotografia do Olympic National Park, em Washington, mostra diversos organismos sésseis na maré baixa, incluindo mexilhões, anêmonas-verdes-gigantes marinhas (*Anthopleura xanthogrammica*), cracas-pedunculadas (*Lepas anserifera*) e estrelas-do-mar-ocres (*Pisaster ochraceus*). Fotografia de Gary Luhm/Danita Delimont Stock Photography.

regenerados. Por exemplo, os roedores e as formigas com frequência competem por sementes, e a cada ano novas plantas crescem e renovam o suprimento de sementes. De modo semelhante, a luz solar é gerada continuamente pelo Sol. Em contraste, os **recursos não renováveis** não são regenerados, como no caso do espaço, que normalmente apresenta disponibilidade fixa. No hábitat rochoso entremarés, por exemplo, existe uma quantidade fixa de rochas às quais algas e animais podem aderir; assim, o espaço se torna disponível apenas quando um competidor o deixa ou morre.

Os recursos renováveis podem originar-se dentro ou fora do ecossistema no qual os competidores vivem. Por exemplo, folhas mortas que caem em riachos vindas da floresta adjacente atuam como alimento para os insetos do riacho. Entretanto, como esses recursos vêm de fora do ecossistema, a competição pode reduzir a sua abundância, mas não afetar sua taxa de fornecimento. Além disso, os recursos de fora do sistema não respondem à taxa de consumo requerida; a luz solar atinge continuamente a superfície da Terra, independentemente do quanto as plantas e algas a consumam, e a quantidade de precipitação local é bastante independente da taxa de utilização da água pelas plantas.

Os competidores podem afetar o suprimento e a demanda de recursos que têm origem dentro do ecossistema. Quando herbívoros competidores ou predadores competidores consomem outra espécie, eles reduzem o suprimento das espécies que consomem. Entretanto, ao diminuir a abundância de uma espécie consumida, eles também afetam o fornecimento futuro daquele recurso. Por exemplo, quando roedores consomem continuamente sementes de plantas fartas, a abundância delas diminui ao longo de vários anos.

Em alguns casos, a taxa de provisão de um recurso renovável produzido em um ecossistema é afetada apenas de modo indireto pelos competidores, como no caso das plantas, que absorvem o nitrato do solo e o usam para o crescimento. Os herbívoros competidores que as consomem retornam grandes quantidades de compostos nitrogenados para o solo quando defecam e quando morrem, e seus corpos se decompõem. Esses compostos nitrogenados são decompostos por microrganismos, que liberam o nitrogênio na forma de nitrato, de modo que as plantas conseguem utilizar. Os herbívoros podem afetar a taxa de provisão de nitrato para as plantas; porém, a cadeia de eventos apresenta muitas conexões e leva tanto tempo que eles não exercem um efeito imediato sobre o tamanho populacional futuro da planta por meio dessa via indireta.

Lei do Mínimo de Liebig

Embora os consumidores possam reduzir a abundância de recursos renováveis e não renováveis, nem todos os recursos limitam as populações consumidoras. Por exemplo, todos os animais terrestres necessitam de oxigênio, mas um aumento na população de uma espécie não deprime a concentração de oxigênio na atmosfera até o ponto em que o crescimento populacional seja limitado. Na verdade, muito antes que a concentração de oxigênio possa se tornar limitante, algum outro recurso, tal como o suprimento de alimento, declinará em abundância até o ponto em que ele limitará o crescimento da população.

Em 1840, Justus Von Liebig, um químico alemão, propôs que as populações fossem limitadas pelo único recurso mais escasso em relação à demanda. Essa ideia é hoje conhecida como **Lei do Mínimo de Liebig**, a qual determina que uma população aumenta até que o suprimento do recurso mais limitante impeça o seu crescimento adicional.

A quantidade de um recurso que limita o crescimento de uma população depende do próprio recurso. Por exemplo, as algas microscópicas com carapaças de vidro, conhecidas como diatomáceas, necessitam de sílica (SiO_2) e fosfato para crescer e se reproduzir. Quando uma espécie de diatomácea, *Cyclotella*

Recursos não renováveis Recursos que não são regenerados.

Lei do Mínimo de Liebig Lei que estabelece que uma população aumenta até que o suprimento do recurso mais limitante impeça o seu crescimento adicional.

meneghiniana, é cultivada sob diferentes concentrações de cada elemento, o crescimento populacional cessa sempre que a quantidade de sílica é reduzida até 0,6 micromolar (μM) ou sempre que a de fosfato é diminuída para menos de 0,2 μM. De acordo com a Lei do Mínimo de Liebig, qualquer recurso que alcance o seu valor limitante primeiro será o recurso que regulará o crescimento da população de diatomáceas.

Se a quantidade mínima de um recurso necessário para o crescimento das populações for conhecida, provavelmente será possível prever qual espécie é a melhor competidora pelo recurso. Um experimento com duas espécies de diatomáceas (*Asterionella formosa* e *Synedra ulna*), mostrado na Figura 16.2, demonstra como a competição pela sílica reduz a sua disponibilidade e afeta o resultado da competição. Quando ambas são cultivadas separadamente, apresentam um rápido crescimento populacional seguido de uma estabilização conforme alcançam a sua capacidade de suporte, mostrada nas Figuras 16.2 A e 16.2 B. Quando *Asterionella formosa* alcança a sua capacidade de suporte, diminui a abundância de sílica para 1 μM. No entanto, quando a *Synedra ulna* alcança a sua capacidade de suporte, diminui a quantidade de sílica para 0,4 μM, que não é suficiente para suportar a população da outra diatomácea. Como resultado, a *Synedra ulna* deve ganhar a competição contra *Asterionella formosa*. Quando um pesquisador pôs as duas espécies juntas, foi exatamente isso o que ocorreu. Como ilustrado na Figura 16.2 C, ambas diminuíram a abundância de sílica até um nível que possibilitou a persistência de *Synedra ulna*, mas que causou o declínio de *Asterionella formosa* até a sua extinção. O resultado da competição entre essas duas diatomáceas é comumente observado na natureza: quando duas espécies competem por um único recurso limitante, a que persiste é aquela que consegue diminuir a sua abundância até o nível mais baixo sem ser extinta.

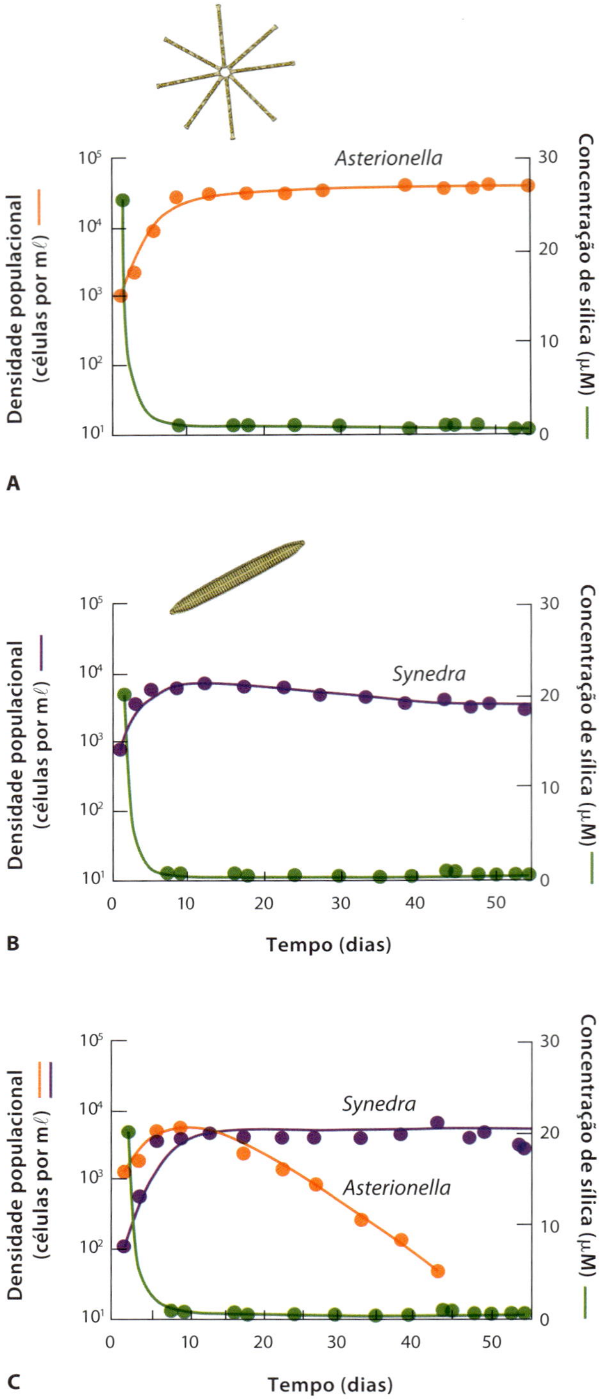

Figura 16.2 Competição pelo recurso mais limitante. A e **B.** Quando cultivadas separadamente, as diatomáceas *Asterionella* e *Synedra* crescem rapidamente e, em seguida, persistem com tamanhos populacionais próximos da sua capacidade de suporte. Na sua capacidade de suporte, ambas as espécies reduzem drasticamente a abundância de sílica, embora a *Synedra* o faça em níveis abaixo da abundância necessária à *Asterionella*. **C.** Quando combinadas, as duas espécies novamente reduzem a abundância da sílica até um nível que ainda permite atender às necessidades mínimas da população de *Synedra*, mas não o suficiente para a de *Asterionella*. Como resultado, a população de *Asterionella* declina. Dados de D. Tilman et al., Competition and nutrient kinetics along a temperature gradient: An experimental test of a mechanistic approach to niche theory, *Limnology and Oceanography* 26 (1981): 1020–1033.

Interações dos recursos

A Lei do Mínimo de Liebig presume que cada recurso tem um efeito independente sobre o crescimento de uma população. Em outras palavras, ela supõe que, se determinado recurso limita o crescimento de indivíduos e populações, o aumento da disponibilidade de outros recursos não melhorará esse crescimento. Entretanto, esse nem sempre é o caso, como observado na pesquisa sobre o pequeno bálsamo (*Impatients parviflora*), uma planta que é comum nos bosques ingleses. Pesquisadores queriam saber se o aumento da abundância de um recurso poderia fazer com que a planta logo se tornasse limitada por um segundo recurso. Então, eles plantaram sementes em potes preenchidos com solo. Os potes de controle receberam apenas água, enquanto os fertilizados receberam uma solução contendo água e fertilizante. Em seguida, esses dois grupos de potes foram cultivados sob uma de quatro diferentes intensidades de luz por 5 semanas.

Como se pode ver na Figura 16.3, as plantas cultivadas em solo com baixo teor de nutrientes tiveram somente um pequeno aumento no crescimento quando a quantidade de luz foi aumentada. De maneira similar, as que foram cultivadas sob uma intensidade baixa de luz apresentaram um pequeno aumento no crescimento quando os nutrientes do solo foram aumentados. No entanto, as plantas cultivadas sob alta fertilidade do solo e alta intensidade da luz apresentaram um

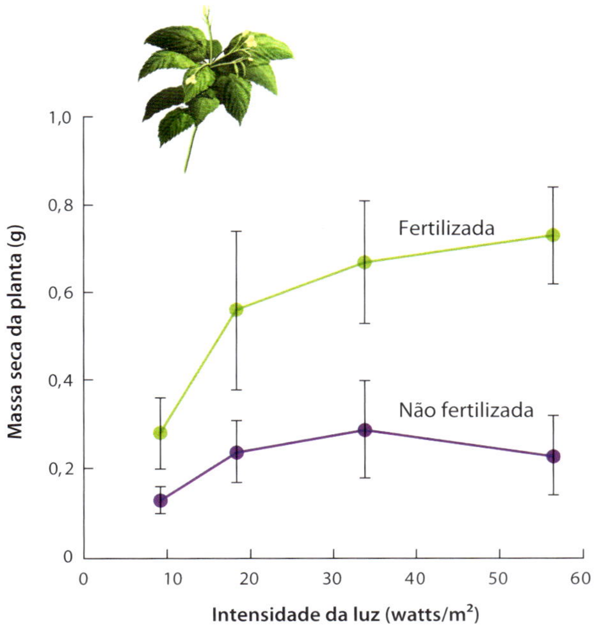

Figura 16.3 Interações dos recursos. O pequeno bálsamo apresentou pouco crescimento quando a intensidade da luz foi elevada sob baixa fertilidade do solo. Entretanto, quando a intensidade da luz e a fertilidade foram aumentadas, o crescimento que se seguiu foi muito maior do que a soma dos efeitos em separado. As barras de erro são os intervalos de confiança de 95%. Dados de W. J. H. Peace, P. J. Grubb, Interaction of light and mineral nutrient supply in the growth of *Impatients parviflora*, *New Phytologist* 90 (1982): 127–150.

aumento no crescimento muito maior do que a soma dos efeitos da fertilidade do solo e da intensidade da luz em separado. Isso significa que, quando as plantas receberam mais nutrientes, logo ficaram limitadas pela luz, enquanto as que receberam mais luz logo se tornaram limitadas por nutrientes.

PRINCÍPIO DA EXCLUSÃO COMPETITIVA

Um estudo clássico de competição entre espécies foi conduzido pelo biólogo russo Georgyi Gause na década de 1930. Como se pode relembrar do Capítulo 12, Gause conduziu experimentos laboratoriais que exploraram como as populações de protistas do gênero *Paramecium* cresciam quando viviam isoladamente ou em conjunto com recursos limitados. Ele iniciou cultivando duas espécies – *P. aurelia* e *P. caudatum* – separadamente em tubos de ensaio, os quais continham uma quantidade fixa de alimento – a bactéria *Bacillus pyocyaneus*.

Quando cultivada em separado, a população de cada espécie de *Paramecium* inicialmente sofria um rápido crescimento e, em seguida, começava a estabilizar-se à medida que alcançava sua capacidade de suporte, o que pode ser observado nos dois primeiros gráficos da Figura 16.4. No entanto, quando as duas espécies foram cultivadas juntas no tubo de ensaio, Gause observou um resultado diferente. Como se pode observar na Figura 16.4 C, a população de *P. aurelia* persistiu no tubo de ensaio, mas a de *P. caudatum* declinou até níveis muito baixos no fim do experimento. Resumindo, *P. aurelia* foi o competidor superior, presumivelmente causando a diminuição da abundância da bactéria até um nível tão baixo que o *P. caudatum* não pôde persistir.

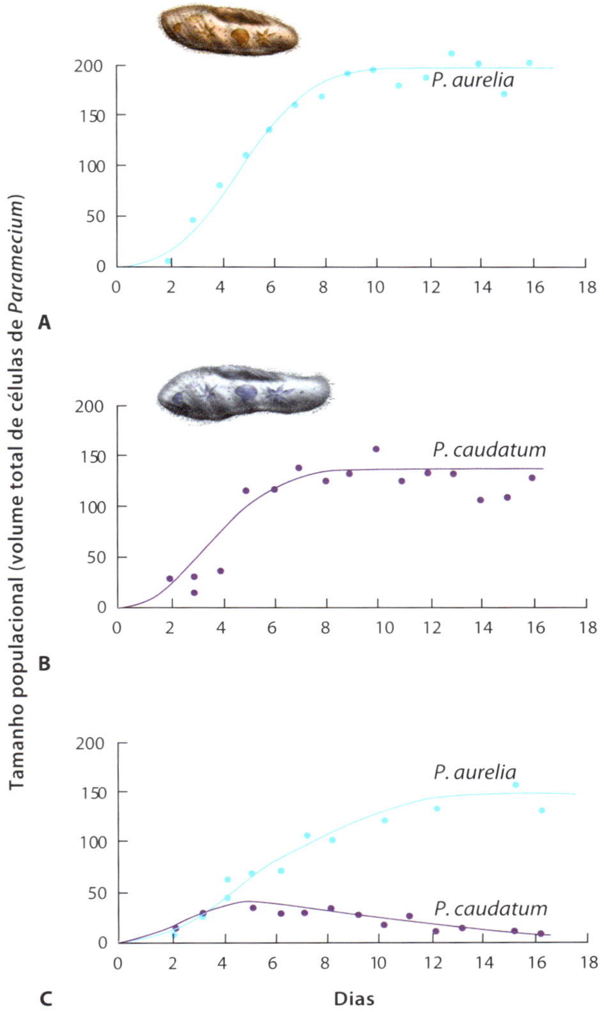

Figura 16.4 Competição entre duas espécies de protistas. Gause cultivou diferentes espécies de protistas e mediu as populações em termos do volume total de células no recipiente. **A** e **B.** Quando ele cultivou cada uma das espécies em separado com uma ração diária fixa de bactérias, as populações de *P. aurelia* e *P. caudatum* cresceram rapidamente até alcançarem suas capacidades de suporte. **C.** Quando as duas espécies foram cultivadas juntas, *P. aurelia* continuou a crescer bem, mas *P. caudatum* foi reduzida para uma densidade populacional muito baixa. Como *P. caudatum* ainda se encontrava presente em baixas quantidades, *P. aurelia* não obteve o mesmo tamanho populacional como quando foi cultivado isoladamente. Dados de G. F. Gause, *The struggle for existence* (Williams & Wilkins, 1934).

Experimentos similares de competição foram conduzidos centenas de vezes com o uso de uma ampla diversidade de organismos e, com frequência, eles produziram o mesmo resultado: uma espécie persiste e a outra morre. Esse padrão comum levou ao desenvolvimento do **princípio da exclusão competitiva**, o qual estabelece que duas espécies não podem coexistir indefinidamente quando ambas são limitadas pelo

Princípio da exclusão competitiva Estabelece que duas espécies não podem coexistir indefinidamente quando ambas são limitadas pelo mesmo recurso.

mesmo recurso. Isso porque os pesquisadores frequentemente observam que, quando duas espécies são limitadas pelo mesmo recurso, uma é melhor na obtenção dele ou consegue sobreviver melhor quando ele é escasso.

Competição entre espécies com parentesco próximo[1]

Embora a competição possa ocorrer entre organismos de parentesco próximo e de parentesco distante, Charles Darwin acreditava que ela fosse mais intensa entre espécies mais aparentadas. Ele argumentou que espécies com parentesco próximo têm características muito semelhantes e provavelmente consomem recursos similares. Como resultado, elas potencialmente competem fortemente.

Considerando as predições de Darwin, naturalistas observaram que espécies com parentesco próximo que vivem na mesma região com frequência crescem em hábitats diferentes. Eles hipotetizaram que, como essas espécies competiriam fortemente pelos mesmos recursos, a seleção natural favoreceria diferenças no uso do hábitat. Essas diferenças possibilitariam que cada espécie tivesse uma vantagem competitiva no seu hábitat preferido e uma desvantagem competitiva em hábitats preferidos por espécies proximamente aparentadas.

O primeiro teste experimental dessa hipótese foi conduzido em 1917 pelo botânico britânico Arthur Tansley, que trabalhou com duas espécies de pequenas plantas perenes conhecidas como garança. A garança-do-brejo (*Galium saxatile*) normalmente vive em solos ácidos, enquanto a garança-branca (*G. sylvestre*), em solos alcalinos. Para determinar se cada espécie competia melhor sob as condições nas quais viviam naturalmente, Tansley e seus colegas plantaram-nas tanto separadamente quanto juntas em caixas profundas contendo solos ácidos ou alcalinos, como ilustrado na Figura 16.5. Como as caixas estavam localizadas em um único local, o Jardim Botânico em Cambridge, na Inglaterra, quaisquer diferenças no crescimento ocorreriam em virtude dos tipos de solos nos quais a garança havia sido plantada.

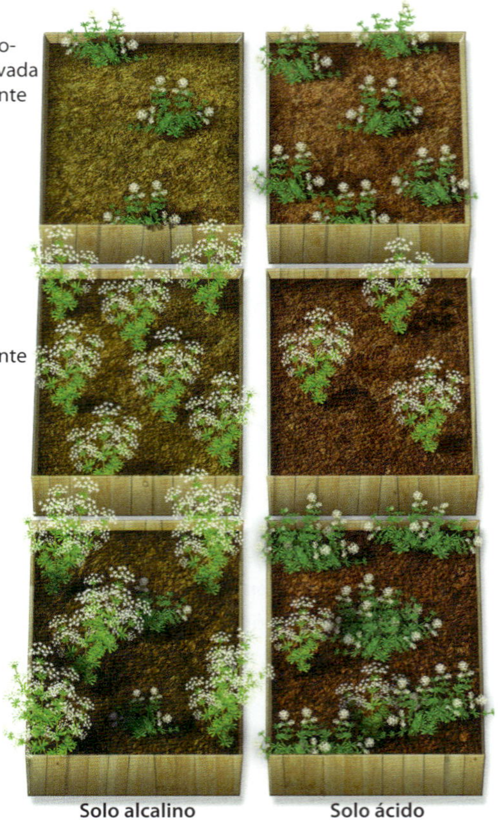

Figura 16.5 Experimento de Tansley com garanças. A garança-branca vive naturalmente em solos alcalinos, e a garança-do-brejo, em solos ácidos. Cada espécie foi plantada em seu solo preferido ou no solo preferido da outra espécie, e cada uma cresceu e sobreviveu melhor em seu próprio solo de preferência. Esse experimento mostrou que, embora espécies muito aparentadas possam ser competidoras intensas, a competição é reduzida quando os competidores evoluem para um melhor desempenho em hábitats diferentes.

Quando cultivadas em separado, cada espécie germinou e cresceu em ambos os tipos de solo; entretanto, cada uma apresentou germinação e crescimento mais vigorosos no tipo de solo característico de seu hábitat natural. Quando cultivadas juntas em solos alcalinos, a garança-branca cresceu mais e sombreou a garança-do-brejo. Quando cultivadas juntas em solos ácidos, a garança-do-brejo superou a garança-branca. Tansley concluiu que, embora ambas as espécies sejam capazes de viver em ambos os tipos de solo quando são cultivadas separadamente, a competição intensa de uma parente próxima restringe as suas distribuições na natureza ao tipo de solo que dá a elas uma vantagem competitiva.

Centenas de estudos inspirados pelo trabalho de Tansley confirmaram esse achado de que muitas espécies proximamente aparentadas que vivem na mesma região são competidoras intensas e, portanto, distribuídas em hábitats diferentes, de modo que reduzam a sobreposição e, consequentemente, a competição de uma com a outra.

Competição entre espécies com parentesco distante

Embora a competição possa ser bastante intensa entre parentes próximos, ela também pode ser intensa entre parentes distantes que consomem um recurso comum. Como observado na Figura 16.1, o espaço aberto nas rochas no bioma entremarés é um recurso utilizado por diversas espécies pouco aparentadas, como cracas, mexilhões, algas, esponjas e outras, as quais competem intensamente por esse espaço limitado. Como será abordado posteriormente neste capítulo, o resultado da competição entre tantos competidores depende das suas habilidades para tal, bem como da sua capacidade de tolerar as diferentes condições abióticas e a predação.

Outro exemplo de competição entre espécies diferentes ocorre entre animais que se alimentam de *krill* (*Euphausia superba*). *Krills* são crustáceos similares ao camarão que vivem nos oceanos que circundam a Antártica e são consumidos virtualmente por todos os tipos de animais marinhos grandes, incluindo peixes, lulas, pinguins, focas e baleias. A exploração comercial no hemisfério Sul causou um declínio nas populações de baleias, enquanto as de pinguins e focas aumentaram. Isso sugere que a redução da quantidade de baleias facilitou a competição pelo *krill* e possibilitou o crescimento das populações de pinguins e focas.

---

[1]N.T.: Ao longo deste capítulo, os termos referentes a parentesco referem-se a parentesco filogenético.

Uma intensa competição também pode ocorrer entre espécies pouco aparentadas em ecossistemas terrestres. No solo da floresta, aranhas, besouros de solo, salamandras e aves consomem os invertebrados que vivem na serapilheira. Em ecossistemas de desertos, aves e lagartos comem muitos insetos das mesmas espécies; além disso, formigas e roedores do deserto competem por sementes de diversas plantas. Quando se examinam os padrões dos tamanhos de sementes consumidas por formigas e roedores, como mostrado na Figura 16.6, pode-se observar que os dois grupos consomem uma ampla variedade de tamanhos de sementes, mas as formigas tendem a consumir mais sementes pequenas, enquanto os roedores tendem a consumir mais sementes grandes.

VERIFICAÇÃO DE CONCEITOS

1. Que fatores afetam o crescimento populacional, mas não os recursos que podem ser consumidos?
2. Por que podemos esperar que espécies que são parentes próximas mostrem competição mais forte entre si do que as pouco aparentadas?
3. O que o princípio da exclusão competitiva prevê sobre o resultado de duas espécies competindo pelo(s) mesmo(s) recurso(s)?

16.2 A teoria da competição é uma extensão dos modelos de crescimento logístico

Conforme abordado no Capítulo 12, o crescimento e a regulação populacional podem ser modelados com o uso da equação

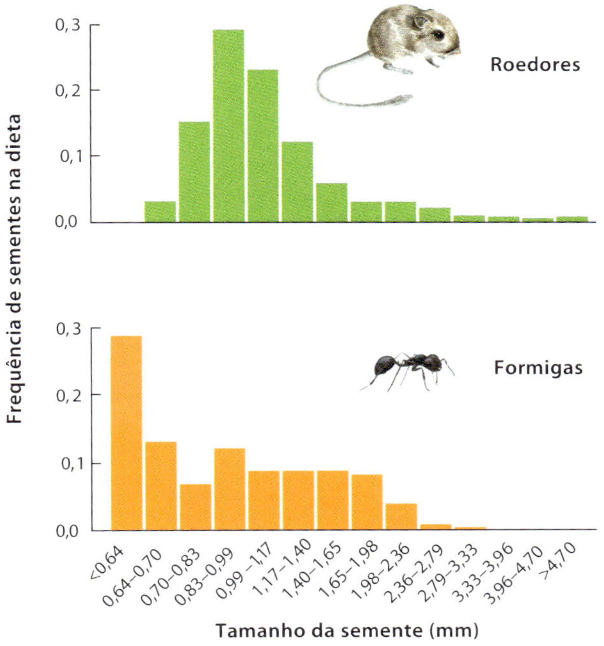

Figura 16.6 Competição pelo tamanho da semente em roedores e formigas. Os dois grupos de herbívoros nos desertos do Arizona consomem sementes de tamanho similar, embora os roedores prefiram as razoavelmente maiores, e as formigas prefiram as razoavelmente menores. Essa sobreposição no consumo de sementes significa que essas duas espécies pouco aparentadas podem competir entre si. Dados de J. H. Brown, D. W. Davidson, Competition between seed-eating rodents and ants in desert ecosystems, *Science* 196 (1977): 880–882.

de crescimento logístico. Porém, extensões dessa equação podem ajudar a compreender a dinâmica populacional de duas espécies que estejam competindo entre si. Esta seção inicialmente examina os modelos de competição de Lotka-Volterra quando existe um único recurso limitante; em seguida, expande a perspectiva, considerando modelos que incluem diversos recursos limitantes. Embora esses modelos representem versões simplificadas do que ocorre na natureza, eles fornecem um alicerce útil para a exploração das interações competitivas e das condições sob as quais as espécies podem coexistir.

COMPETIÇÃO POR UM ÚNICO RECURSO

Para compreender como as populações de duas espécies competem por um único recurso, inicia-se com a equação de crescimento logístico apresentada no Capítulo 12:

$$\frac{dN}{dt} = rN\left(1 - \frac{N}{K}\right)$$

A parte da equação entre parênteses representa a competição intraespecífica pelos recursos. Conforme o tamanho da população (N) se aproxima da capacidade de suporte do ambiente (K), o termo entre parênteses fica próximo de zero. Neste ponto, a taxa de crescimento populacional é zero, o que significa que a população alcançou um equilíbrio estável.

Se houver o desejo de utilizar essa equação para modelar a competição entre duas espécies que competem por um único recurso, será preciso considerar a capacidade de suporte do ambiente em relação à quantidade de indivíduos de ambas as espécies que estejam sendo sustentadas. Por exemplo, imaginando um ambiente que apresente capacidade de suporte de 100 coelhos e presumindo que o alimento necessário para suportar 100 coelhos possa, em vez disso, sustentar 200 esquilos, o ambiente também poderá suportar muitas combinações diferentes de coelhos e esquilos, como 90 coelhos e 20 esquilos ou 80 coelhos e 40 esquilos.

Para incluir uma segunda espécie na equação, adicionam-se duas informações: o número de indivíduos da segunda espécie e quanto cada um deles afeta a capacidade de suporte da primeira espécie. Por exemplo, se o objetivo é saber a taxa de crescimento de uma população de coelhos, é necessário conhecer a quantidade de coelhos e esquilos na área e, em termos de consumo de recursos, quantos esquilos equivalem a um coelho. Como se deseja modelar as alterações na população em relação às duas espécies, será utilizada uma equação para cada uma. Nessas equações, as espécies 1 e 2 são indicadas com o uso dos números subscritos 1 e 2, respectivamente.

$$\frac{dN_1}{dt} = r_1N_1\left(1 - \frac{N_1 + \alpha N_2}{K_1}\right)$$

$$\frac{dN_2}{dt} = r_2N_2\left(1 - \frac{N_2 + \beta N_1}{K_2}\right)$$

A primeira equação informa que a taxa de variação na população da espécie 1 depende de sua taxa intrínseca de crescimento (r), da quantidade de indivíduos da espécie 1 presente (N_1) e – entre parênteses – dos efeitos combinados da espécie 1 e da espécie 2 no consumo do recurso em relação à capacidade de suporte. A segunda equação informa o mesmo em relação à espécie 2.

Nessas equações, utilizam-se duas variáveis que são denominadas **coeficientes de competição**: os termos α e β. Trata-se de variáveis que realizam a conversão entre o número de indivíduos de uma espécie e o número de indivíduos da outra espécie. Nas equações anteriores, α converte os indivíduos da espécie 2 no número equivalente de indivíduos da espécie 1. De modo similar, β converte os indivíduos da espécie 1 no número equivalente de indivíduos da espécie 2.

No exemplo de coelhos e esquilos que competem por um recurso alimentar comum, os coelhos podem ser definidos como a espécie 1, e os esquilos, como a espécie 2. No caso, o valor de α seria 0,5 porque um esquilo é equivalente a 0,5 coelho. De modo similar, o valor de β seria 2,0 porque um coelho é equivalente a dois esquilos.

Com o uso das duas equações, é possível criar gráficos que ajudam a compreender quando cada uma das populações alcançará o ponto no qual deixará de aumentar ou diminuir – o ponto de equilíbrio da população. Pode-se começar determinando as condições sob as quais a espécie 1 apresentará uma população em equilíbrio. Isso ocorrerá sempre que a alteração no tamanho populacional por unidade de tempo for zero:

$$\frac{dN_1}{dt} = r_1 N_1 \left(1 - \frac{N_1 + \alpha N_2}{K_1}\right) = 0$$

$$r_1 N_1 \left(1 - \frac{N_1 + \alpha N_2}{K_1}\right) = 0$$

A equação indica que existem duas condições que podem fazer com que o crescimento populacional alcance um equilíbrio. Uma condição ocorre quando $N_1 = 0$; não é surpresa que, se não há indivíduos da espécie 1, não há crescimento dessa espécie. A segunda se dá quando N_1 não é zero; pode-se encontrar o equilíbrio ao rearranjar a equação:

$$r_1 N_1 \left(1 - \frac{N_1 + \alpha N_2}{K_1}\right) = 0$$

$$\left(1 - \frac{N_1 + \alpha N_2}{K_1}\right) = 1$$

$$\frac{N_1 + \alpha N_2}{K_1} = 1$$

$$N_1 + \alpha N_2 = K_1$$

$$N_1 = K_1 - \alpha N_2$$

Colocando em palavras, essa equação informa que o número de indivíduos N_1 depende da capacidade de suporte total em relação à espécie 1, menos a quantidade de recursos consumidos por algum número de indivíduos N_2. Com base nessa equação, pode-se traçar uma reta que representa todas as combinações de N_1 e N_2 que existiriam quando a população N_1 estivesse em equilíbrio. Essa reta pode ser mostrada em um gráfico que tem N_1 no eixo *x* e N_2 no eixo *y*, conforme a Figura 16.7 A. Para traçar essa reta, é preciso identificar as interseções *x* e *y* no gráfico.

A interseção *x* pode ser encontrada estabelecendo N_2 igual a zero. Se isso for feito, a equação será simplificada para:

$$N_1 = K_1 - \alpha(0)$$

$$N_1 = K_1$$

Como pode ser observado a partir dessa equação, quando não existem indivíduos N_2, a população N_1 alcança o equilíbrio quando chega à sua capacidade de suporte K_1.

A interseção *y* pode ser encontrada estabelecendo N_1 igual a zero. Se isso for feito, a equação será simplificada para:

$$0 = K_1 - \alpha N_2$$

$$\alpha N_2 = K_1$$

$$N_2 = K_1 \div \alpha$$

A partir dessa equação, quando não existem indivíduos N_1, o equilíbrio ocorre no momento em que a população N_2 alcança $K_1 \div \alpha$ indivíduos. No exemplo de esquilos e coelhos, isso significaria que, na ausência de qualquer coelho, o hábitat suportaria 200 esquilos.

Uma vez identificados os interceptos *x* e *y*, pode-se construir no gráfico a reta que representa todas as combinações de N_1 e N_2 que fazem com que a população de N_1 esteja em equilíbrio, como ilustrado pela reta verde na Figura 16.7 A. Nela, conforme se aumenta N_2, a população de equilíbrio N_1 se torna menor, já que a espécie 2 agora está consumindo alguns dos recursos de que a espécie 1 necessita. Como essa equação de uma linha reta representa tamanhos populacionais nos quais uma população apresenta crescimento zero, ela é denominada **isóclina de crescimento populacional zero**.

A isóclina de crescimento populacional zero para a espécie 1 representa os valores de N_1 que estão em equilíbrio ao longo de uma variação de valores de N_2. Como resultado, quando a população N_1 está à esquerda da isóclina, como indicado pela região azul, ela apresenta crescimento populacional e se movimenta para a direita até que alcance a isóclina. Em contraste, quando a população N_1 está à direita da isóclina, como indicado pela região verde, ela apresenta um declínio populacional, movimentando-se para a esquerda até que alcance a isóclina.

Depois de representar graficamente a isóclina de crescimento populacional zero para a espécie 1, é preciso fazer o mesmo em relação à espécie 2. Para tal, a segunda equação é estabelecida como igual a zero e, em seguida, rearranjada da seguinte maneira:

$$\frac{dN_2}{dt} = r_2 N_2 \left(1 - \frac{N_2 + \beta N_1}{K_2}\right) = 0$$

$$r_2 N_2 \left(1 - \frac{N_2 + \beta N_1}{K_2}\right) = 0$$

$$1 \; \frac{N_2 + \beta N_1}{K_2} = 0$$

$$\frac{N_2 + \beta N_1}{K_2} = 0$$

$$N_2 + \beta N_1 = K_2$$

$$N_2 = K_2 - \beta N_1$$

Coeficientes de competição Variáveis que convertem entre o número de indivíduos de uma espécie e o número de indivíduos da outra espécie.

Isóclina de crescimento populacional zero Tamanhos populacionais nos quais uma população apresenta crescimento zero.

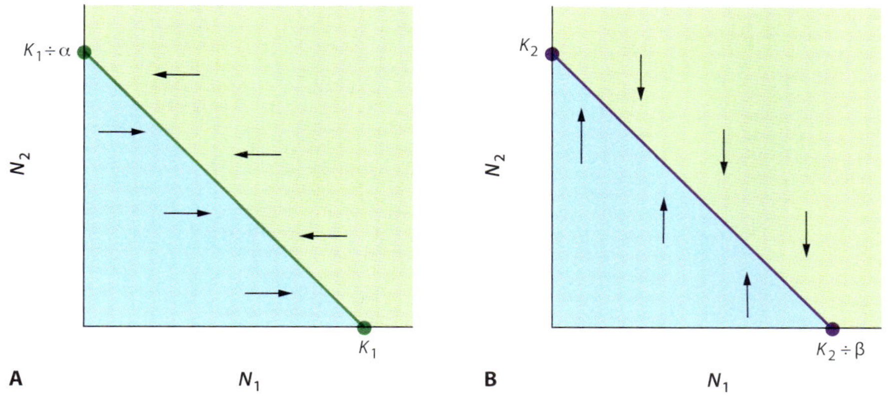

Figura 16.7 Tamanhos populacionais de duas espécies em equilíbrio. A. A isóclina de equilíbrio para a espécie 1, ilustrada como uma *reta verde*, representa todas as combinações de tamanhos populacionais da espécie 1 (N_1) e da espécie 2 (N_2) que causam o crescimento zero da espécie 1. Quando a espécie 2 tiver uma abundância zero, a espécie 1 terá uma abundância K_1, que é a sua capacidade de suporte. **B.** A isóclina de equilíbrio para a espécie 2, demonstrada como uma *reta roxa*, representa todas as combinações de tamanhos populacionais da espécie 1 (N_1) e da espécie 2 (N_2) que causam o crescimento zero da espécie 2. Quando a espécie 1 tiver uma abundância zero, a espécie 2 terá uma abundância K_2, que é a sua capacidade de suporte. As *setas* indicam como cada população aumenta ou diminui à medida que se movimenta para longe da reta de equilíbrio.

É possível perceber que essa equação parece semelhante à que foi derivada para N_1. Assim, para determinar os interceptos x e y para a reta de equilíbrio da espécie 2, realizam-se as mesmas etapas matemáticas utilizadas para a espécie 1. Por exemplo, quando se tem $N_1 = 0$, o equilíbrio ocorre para a espécie 2 quando ela alcança a sua capacidade de suporte:

$$N_2 = K_2 - \beta(0)$$
$$N_2 = K_2$$

Se, em seguida, for definido $N_2 = 0$, o equilíbrio ocorrerá quando:

$$0 = K_2 - \beta N_1$$
$$\beta N_1 = K_2$$
$$N_1 = K_2 \div \beta$$

Utilizando esses dois interceptos, pode-se mostrar graficamente uma isóclina de crescimento populacional zero para a espécie 2, como ilustrado pela reta roxa na Figura 16.7 B. Como pode ser observado nessa figura, conforme N_1 aumenta, o tamanho populacional de equilíbrio de N_2 diminui, porque a espécie 1 está consumindo o recurso de que a espécie 2 necessita. Como essa é uma isóclina de crescimento populacional zero para a espécie 2, quando a população N_2 está acima da isóclina, como indicado pela região verde, ela apresenta um declínio populacional até alcançá-la. Por outro lado, quando a população está abaixo da isóclina, como indicado pela *região azul*, ela tem crescimento populacional até chegar à isóclina.

Traçando essas isóclinas populacionais, observa-se que as taxas de crescimento das duas populações (r_1 e r_2) não afetam a posição da isóclina. Embora essas taxas determinem o quão rapidamente uma população pode alcançar o equilíbrio, elas não afetam a localização do ponto de equilíbrio.

Previsão do resultado da competição

Uma vez conhecidas as condições sob as quais cada uma das espécies alcança um tamanho populacional em equilíbrio, é possível determinar se uma delas vencerá a interação competitiva ou se ambas coexistirão. Isso é feito sobrepondo as duas isóclinas de crescimento populacional zero da espécie 1 e da espécie 2. Conforme ilustrado na Figura 16.8, a sobreposição das duas retas pode ter quatro resultados possíveis, e em todos eles, quando as espécies começam com tamanhos populacionais pequenos, como indicado pela região em amarelo, ambas apresentam crescimento populacional. Em contraste, quando elas iniciam com tamanhos populacionais grandes, como indicado pela região em verde, ambas apresentam um declínio populacional. Entretanto, é no ponto entre esses dois extremos que se pode determinar o resultado da competição.

Na Figura 16.8 A, a isóclina da espécie 1 se encontra mais longe da isóclina da espécie 2. Como resultado, qualquer combinação dos números das duas espécies que caia dentro da região em azul significa que a espécie 1 está abaixo da sua isóclina e que a sua população crescerá, enquanto a espécie 2 encontra-se acima da sua isóclina e a sua população declinará. O efeito líquido da movimentação da espécie 1 para a direita e da movimentação da espécie 2 para baixo (ambas indicadas pelas setas finas) é que a combinação das duas espécies se movimenta para baixo e para a direita, como indicado pela seta espessa. Essa combinação continuará a se movimentar até que finalmente alcance um equilíbrio, que é indicado pelo círculo sem cor. Neste ponto, N_1 alcança a sua capacidade de suporte e N_2 é extinta.

Na Figura 16.8 B, observa-se a situação oposta: a isóclina da espécie 2 encontra-se mais longe do que a isóclina da espécie 1. Nesse caso, qualquer combinação de ambas que caia dentro da região em azul significa que a espécie 1 se encontra acima da sua isóclina e sua população declinará, enquanto a espécie 2 se encontra abaixo da sua isóclina e sua população crescerá. Com o deslocamento da espécie 1 para a esquerda e o da espécie 2 para cima, o efeito resultante é que a combinação das duas espécies se desloca para cima e para a esquerda. À medida que esse processo continuar, a combinação alcançará um equilíbrio, que é novamente indicado pelo círculo

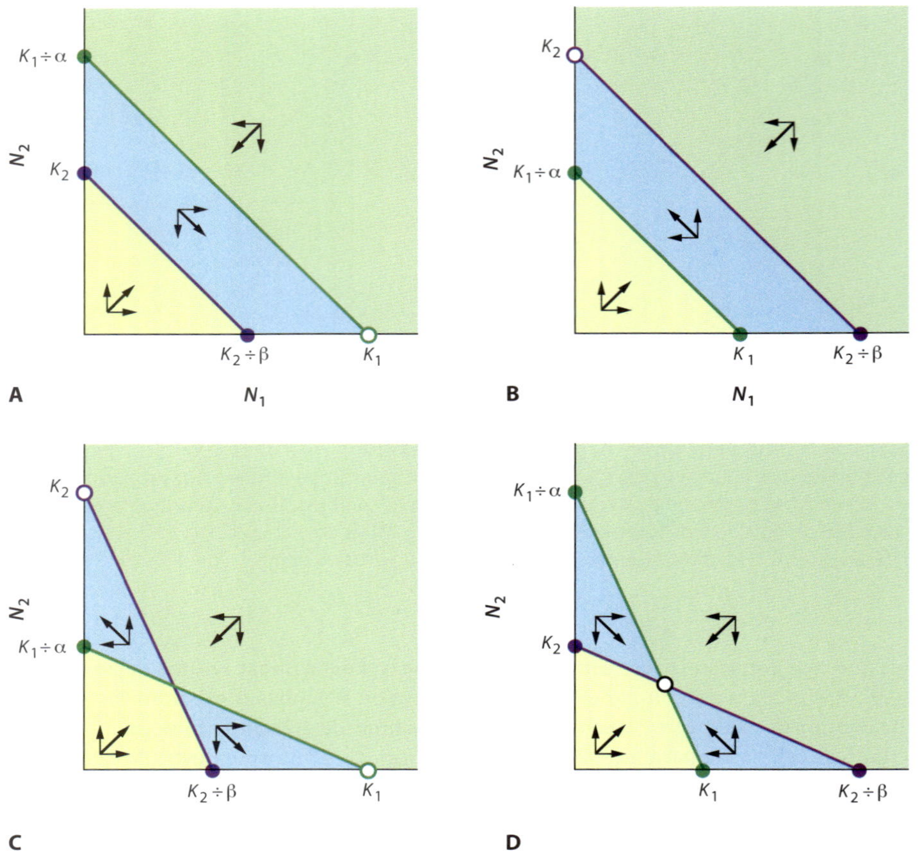

Figura 16.8 Previsão do resultado da competição por um único recurso. De acordo com as equações de Lotka-Volterra, existem quatro resultados possíveis da competição. **A.** Se a isóclina de crescimento populacional zero da espécie 1 estiver mais longe do que a da espécie 2, a primeira aumentará até a sua capacidade de suporte, e a segunda será extinta. **B.** Se a isóclina da espécie 2 estiver mais longe do que a da espécie 1, esta será extinta, e aquela aumentará até a sua capacidade de suporte. **C.** Se as isóclinas se cruzarem e as duas capacidades de suporte forem os pontos mais externos nos dois eixos, o vencedor dependerá da quantidade inicial de cada espécie. **D.** Se as isóclinas se cruzarem e as duas capacidades de suporte forem os pontos mais internos nos dois eixos, então as duas espécies coexistirão. Assim como na Figura 16.7, a *reta verde* representa a isóclina populacional da espécie 1, e a *roxa*, a isóclina da espécie 2. As *setas pretas finas* apontam aumentos e diminuições nos tamanhos populacionais para cada espécie, enquanto as *espessas* indicam os efeitos líquidos das alterações populacionais em ambas as espécies. Os ciclos sem cor representam equilíbrio estável, que é o resultado da competição.

sem cor. Neste ponto, N_2 alcança a sua capacidade de suporte e N_1 é extinta.

Na Figura 16.8 C, as duas isóclinas se cruzam, com K_1 e K_2 como os pontos mais extremos nos eixos. Nesse cenário, existem dois equilíbrios possíveis, como indicado pelos dois círculos sem cor. Se a combinação das duas espécies estiver situada na região azul, o resultado da competição dependerá da combinação de N_1 e N_2 que se encontre presente. Se ela estiver na região superior esquerda azul, o deslocamento resultante será em direção a K_2; assim, a espécie 2 vencerá a interação competitiva. Se a combinação de N_1 e N_2 cair na região inferior direita azul, o deslocamento resultante ocorrerá em direção a K_1, e a espécie 1 vencerá.

Na Figura 16.8 D, as duas isóclinas também se cruzam, mas dessa vez com K_1 e K_2 como os dois pontos mais internos nos eixos. Nesse cenário, o deslocamento de cada população relativa à sua isóclina causa um movimento resultante em direção a um ponto de equilíbrio único onde as duas retas se cruzam. Isso significa que as duas espécies competidoras coexistirão, mas uma não superará a outra.

Em geral, essas equações informam que a coexistência de duas espécies competidoras é mais provável quando a competição interespecífica é mais fraca do que a intraespecífica, ou seja, quando os coeficientes de competição α e β são menores que 1. Em outras palavras, a coexistência de duas espécies competidoras ocorre quando os indivíduos de cada espécie competem mais fortemente entre si (coespecíficos) do que com os da outra espécie (heteroespecíficos).

COMPETIÇÃO POR MÚLTIPLOS RECURSOS

Embora seja mais simples pensar a respeito de duas espécies que competem por um recurso, na realidade, na natureza a competição é por múltiplos recursos. Por exemplo, plantas de campos podem competir simultaneamente por água, nitrogênio e luz solar.

Considerando duas espécies competindo por dois recursos diferentes, se a espécie 1 for mais capaz de se sustentar em níveis mais baixos de ambos os recursos do que a espécie 2, ela vencerá a interação competitiva. Entretanto, o resultado é alterado quando a espécie 1 persiste melhor em um nível baixo de um recurso, mas a espécie 2 persiste melhor em um nível baixo do outro recurso. Nesse caso, como nenhuma das espécies pode levar a outra à extinção, as duas devem coexistir.

Esse princípio foi demonstrado pela primeira vez por David Tilman em uma série de experimentos conduzidos com duas espécies de diatomáceas: *Asterionella formosa* e *Cyclotella meneghiniana*, que foram abordadas quando da discussão sobre a Lei do Mínimo de Liebig. Ambas as espécies necessitam de silicato (SiO_2) para produzir as suas carapaças exteriores vítreas e de fósforo (P) para as suas atividades metabólicas. Entretanto, cada uma difere no quanto necessita de cada recurso. A *Cyclotella* utiliza silicato mais eficientemente, de modo que sua população consegue sobreviver com baixa abundância de silicato. Por outro lado, a *Asterionella* utiliza o fósforo de modo mais eficiente, e sua população consegue sobreviver com baixa abundância de fósforo. Com base nessas diferenças, Tilman previu que, se as diatomáceas fossem cultivadas sob uma baixa razão SiO_2/P, a *Cyclotella* dominaria a interação competitiva, porque o silicato estaria com estoque baixo; porém, se ambas fossem cultivadas com uma alta razão SiO_2/P, a *Asterionella* dominaria a interação competitiva, porque o fósforo estaria com estoque baixo. Ele também previu que, em razões intermediárias de SiO_2/P, as duas espécies coexistiriam, porque cada uma seria limitada por um recurso diferente.

Para testar essa hipótese, Tilman cultivou as duas espécies em separado e juntas, sob um intervalo de diferentes razões SiO_2/P em recipientes laboratoriais, como mostrado na Figura 16.9. Quando cultivadas separadamente, ambas foram capazes de sobreviver sob todas as razões SiO_2/P. No entanto, a *Cyclotella* dominou os recipientes quando foram cultivadas juntas sob uma baixa razão SiO_2/P de 0,6, enquanto a *Asterionella* dominou os recipientes quando foram cultivadas sob uma alta razão Si/P de 455, como mostrado na Figura 16.9 C. Por outro lado, quando foram cultivadas em uma razão intermediária Si/P de 38, as duas espécies coexistiram, e nenhuma se tornou dominante. Esses foram os primeiros resultados para demonstrar que espécies competidoras conseguem coexistir quando existem diversos recursos, e cada uma é limitada por um recurso diferente.

VERIFICAÇÃO DE CONCEITOS

1. Que termos matemáticos precisam ser adicionados à equação de crescimento logístico para criar a equação de competição de crescimento populacional?
2. Na equação de crescimento populacional que inclui competição, por que precisamos incluir coeficientes de competição?
3. Sob quais condições podemos esperar a coexistência estável de duas espécies competindo por recursos?

16.3 O resultado da competição pode ser alterado por condições abióticas, distúrbios e interações com outras espécies

Até aqui, foi considerado o que ocorre quando duas espécies competem por recursos compartilhados. Entretanto, na natureza, a competição se dá no contexto de diversas condições ambientais variáveis e com outros tipos de interações das espécies, incluindo predação e herbivoria. Esta seção examina como os resultados da competição podem ser alterados por condições abióticas, distúrbios e interações com outras espécies.

CONDIÇÕES ABIÓTICAS

A capacidade de persistir quando os recursos são escassos é importante para vencer em uma situação de competição, mas ela pode ser menos importante do que a capacidade de persistir sob condições abióticas rigorosas. Um exemplo disso pode ser observado em um estudo clássico sobre cracas, conduzido por Joseph Connell na Grã-Bretanha. As cracas iniciam a vida na forma de larvas que flutuam nas correntes oceânicas e então se estabelecem em espaços rochosos abertos de zonas entremarés costeiras. Elas passam o resto de sua existência

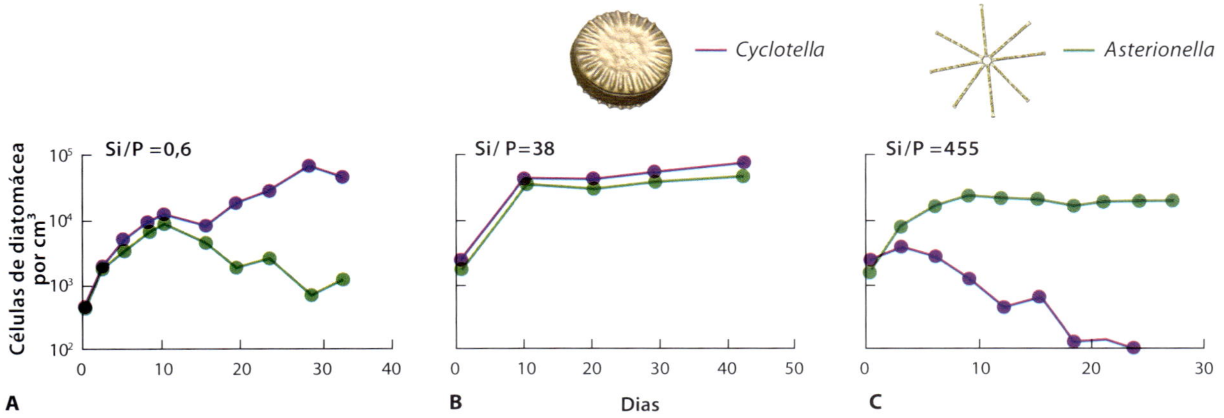

Figura 16.9 Espécies competindo por múltiplos recursos. No experimento, duas espécies de diatomáceas competem pelo silicato e pelo fósforo. A *Cyclotella* é mais limitada por uma baixa abundância de fósforo, enquanto *Asterionella*, por uma baixa abundância de silicato. **A.** Quando cultivadas sob uma baixa razão Si/P, a *Cyclotella* domina a interação competitiva. **B.** Quando cultivadas sob uma razão intermediária Si/P, nenhuma domina; em vez disso, as duas espécies coexistem. **C.** Quando cultivadas sob uma alta razão Si/P, *Asterionella* domina a interação competitiva. Dados de D. Tilman, Resource competition between planktonic algae: An experimental and theoretical approach, *Ecology* 58 (1977): 338–348.

como adultos sésseis, normalmente vivendo em densos grupos e se alimentando do plâncton que filtram da água que as banha. O plâncton não é um recurso limitante porque as cracas não conseguem reduzir significativamente a grande quantidade de plâncton que existe nas águas costeiras; entretanto, elas geralmente são limitadas por espaços abertos nas rochas no hábitat entremarés.

Joseph Connell observou que as larvas de duas espécies de cracas na costa da Escócia estavam amplamente distribuídas ao longo das zonas entremarés superior e inferior; entretanto, os indivíduos adultos estavam distribuídos em duas regiões separadas. As "cracas-estreladas-de-poli" (*Chthamalus stellatus*) vivem na zona entremarés superior, enquanto as bolotas-do-mar (*Semibalanus balanoides*, anteriormente *Balanus balanoides*) vivem na zona entremarés inferior. As duas espécies apresentam apenas uma pequena sobreposição em suas distribuições, como mostrado na Figura 16.10.

Para compreender o motivo dessa distribuição, Connell conduziu uma série de experimentos nos quais removeu uma ou outra espécie. Quando retirou manualmente as bolota-do-mar da parte inferior da zona entremarés, as cracas-estreladas rapidamente desceram e prosperaram. No entanto, quando removeu as cracas-estreladas das rochas na parte superior da zona entremarés, as bolotas-do-mar não subiram porque não conseguiram sobreviver à dessecação que ocorre naquela região. As cracas-estreladas conseguiam viver na zona entremarés superior porque são resistentes à dessecação que ocorre durante períodos de maré baixa. Embora elas pudessem viver na zona entremarés inferior, a competição da bolota-do-mar não permitia isso.

A bolota-do-mar apresenta uma rápida taxa de crescimento e uma carapaça mais pesada do que a craca-estrelada, o que lhe possibilita expandir em tamanho, remover a craca-estrelada da rocha e tomar conta do espaço recém-aberto. Resumindo, a distribuição das duas espécies é o resultado de um balanço a que muitas delas estão sujeitas – entre a habilidade competitiva e a capacidade de tolerar outro fator abiótico desafiador.

DISTÚRBIOS

As interações competitivas das espécies também podem ser alteradas por distúrbios. Por exemplo, no sudeste dos EUA, mais de 36 milhões de hectares de floresta chegaram a ser dominados por pinheiros de folhas longas (*Pinus palustris*), com um sub-bosque gramíneo muito aberto. Muitas das plantas que vivem nessa floresta dependem do fogo para persistir (Figura 16.11); de fato, algumas espécies, como a aristida (*Aristida beyrichiana*), conseguem reproduzir-se somente após um incêndio. Ao longo do século XX, a ocorrência de incêndios naturais foi suprimida na maior parte da floresta de pinheiros de folhas longas, o que fez com que outras plantas lenhosas aumentassem e superassem as plantas adaptadas ao fogo. Desse modo, a supressão dos incêndios alterou o resultado da competição entre as plantas na floresta porque possibilitou que competidores superiores anteriormente removidos pelos incêndios persistissem.

PREDAÇÃO E HERBIVORIA

O resultado da competição também pode ser alterado pela presença de predadores e herbívoros, haja vista que frequentemente se observa uma compensação entre a habilidade competitiva e a resistência a eles. As plantas mais competitivas, com frequência, são as mais suscetíveis aos herbívoros, e os animais mais competitivos normalmente são os mais vulneráveis aos predadores. Além disso, embora muitos bons competidores apresentem altas taxas de alimentação porque se movimentam muito em busca de alimento, essa atividade

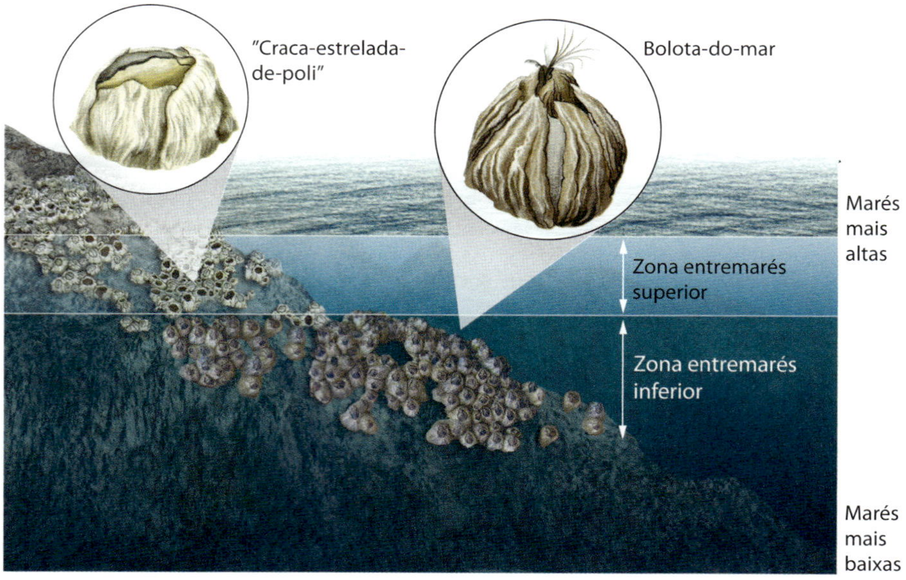

Figura 16.10 Competição entre cracas. Na Grã-Bretanha, a "craca-estrelada-de-poli" (em inglês, *Poli's stellate barnacles*, *Chthamalus stellatus*) vive na zona entremarés superior porque é mais resistente à dessecação e não consegue competir com sucesso na zona inferior. Por outro lado, a bolota-do-mar vive na zona entremarés inferior porque é o competidor superior, mas não é resistente ao ambiente dessecante da zona superior.

Figura 16.11 Incêndio em uma floresta de pinheiros de folhas longas. Incêndios de baixa intensidade, como este na Geórgia, EUA, removem muitas espécies de árvores e favorecem o crescimento de árvores e gramíneas adaptadas ao fogo. Fotografia de National Geographic Creative/Alamy.

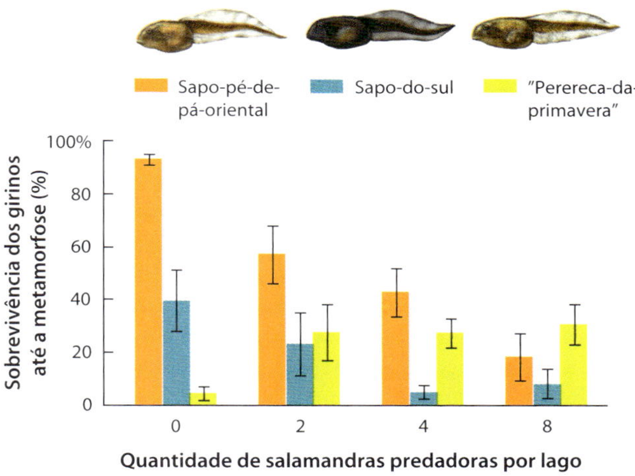

Figura 16.12 Alteração da competição com predadores. Na ausência de salamandras predadoras, os sapos-pé-de-pá-orientais e os sapos-do-sul sobrevivem melhor porque são competidores superiores. No entanto, com a inclusão de salamandras predadoras, a sobrevivência das duas espécies de sapo diminui, enquanto a das "pererecas-da-primavera" aumenta. As barras de erro são erros padrões. Dados de P. J. Morin, Predatory salamanders reverse the outcome of competition among three species of anuran tadpoles, *Science* 212 (1981): 1284–1286.

faz com que sejam mais visíveis a predadores e, portanto, mais prováveis de serem mortos por eles.

Os estudos de comunidades aquáticas mostraram que os predadores podem reverter o resultado da competição. Por exemplo, pesquisadores conduziram um experimento de competição com o uso de grandes tanques externos para simular lagos. Em cada lago foram colocados 200 girinos do sapo-pé-de-pá-oriental (*Scaphiopus holbrooki*), 300 girinos da "perereca-da-primavera" (em inglês, *spring peeper*, *Pseudacris crucifer*) e 300 girinos do sapo-do-sul (*Anaxyrus terrestris*). Após o estabelecimento de uma série de tanques idênticos, cada um recebeu aleatoriamente um tratamento com zero, duas, quatro ou oito salamandras predadoras (*Notophthalmus viridescens*),

na ausência das quais a capacidade competitiva superior do sapo-pé-de-pá-oriental foi evidente.

Como mostrado na Figura 16.12, a sobrevivência foi alta para os girinos do sapo-pé-de-pá-oriental, moderada para os do sapo-do-sul e baixa para os da "perereca-da-primavera". Os do sapo-pé-de-pá-oriental apresentaram alta taxa de sobrevivência porque são muito ativos e consomem rapidamente qualquer alga que esteja disponível. Por outro lado, os do sapo-do-sul são, de certo modo, menos ativos, e da "perereca-da-primavera" são muito inativos e, portanto, crescem lentamente.

Quando as salamandras predadoras foram adicionadas, o resultado mudou drasticamente. Isso porque, conforme sua quantidade aumentava, a sobrevivência dos girinos dos sapos-pé-de-pá-oriental diminuiu de modo abrupto, e a dos sapos-do-sul caiu moderadamente, o que é condizente com os mais altos níveis de atividade do sapo-do-sul. Em comparação com o grupo-controle, a adição de oito salamandras reduziu a sobrevivência dos sapos-pé-de-pá-oriental em 75% e a dos girinos do sapo-do-sul em 32%; no entanto, a das "pererecas-da-primavera" cresceu 26%. A razão para o aumento da sobrevivência das "pererecas-da-primavera" é que se trata de uma espécie cujos girinos são muito inativos. Essa baixa atividade os leva a serem menos percebidos pelos predadores, mas tem um custo na forma de baixa habilidade competitiva. Assim, quando salamandras são abundantes e consomem os competidores superiores, a fraca competidora "perereca-da-primavera" se sai muito melhor, e o resultado da competição entre as três espécies de girinos é invertido.

Os herbívoros podem ter um efeito semelhante sobre a competição. Por exemplo, diversas espécies de vara-dourada dominam campos não cultivados pelo nordeste dos EUA e podem crescer até mais de 1 metro de altura e produzir sombras sobre seus competidores mais baixos. Uma espécie de besouro (*Microrhopala vittata*) é especializada no consumo dessas plantas e, a cada 5 a 15 anos, sua população alcança densidades muito altas, chamadas de surto de insetos, durante o qual os besouros consomem grandes quantidades das varas-douradas.

O impacto desses insetos sobre a comunidade de plantas foi determinado em um experimento de uma década, no qual algumas parcelas foram borrifadas com um inseticida para matar os besouros que consomem a vara-dourada e impedir um surto, enquanto outras parcelas não foram borrifadas. Os resultados foram dramáticos (Figura 16.13). Nas parcelas borrifadas que continham poucos besouros herbívoros, mostradas no lado direito da foto, as varas-douradas ficaram altas, sombrearam outras espécies de plantas e dominaram a comunidade, como resultado de sua habilidade competitiva superior. Nas parcelas não borrifadas, mostradas no lado esquerdo da foto, os besouros mostraram um grande aumento populacional no meio do desenvolvimento do estudo e consumiram a maior parte das varas-douradas; as que permaneceram eram significativamente menores e, portanto, faziam menos sombra nas competidoras inferiores. Com a menor presença de varas-douradas grandes, as competidoras inferiores se tornaram muito mais abundantes. Com base nesses resultados, os pesquisadores confirmaram que o consumo de competidores superiores pelo besouro herbívoro causou a inversão do resultado da competição entre plantas.

VERIFICAÇÃO DE CONCEITOS

1. Como condições abióticas alteram o resultado da competição?
2. Como distúrbios alteram o resultado da competição?
3. Qual é a compensação subjacente que possibilita que predadores e herbívoros invertam o resultado da competição?

Figura 16.13 Alteração da competição com herbívoros. Ao longo de um período de 10 anos, a parcela à direita foi borrifada com um inseticida para evitar que besouros consumissem as varas-douradas (as plantas altas, com flores amarelas), enquanto a parcela à esquerda não foi borrifada. A parcela não borrifada sofreu um surto de besouros e isso reduziu muito a densidade e a altura das varas-douradas. Como resultado, muitas espécies de plantas que são competidoras inferiores se tornaram mais numerosas. Fotografia de W. Carson. W.P. Carson, R. B. Root, Herbivory and plant species coexistence: Community regulations by an outbreaking phytophagous insect, *Ecological Monographs* 70 (2000): 73–99.

16.4 A competição pode ocorrer por meio de exploração ou interferência direta, ou pode ser uma competição aparente

A competição pode ser classificada de diversos modos. Observam-se, por exemplo, vários exemplos de **competição por exploração**, na qual os indivíduos consomem e reduzem a abundância de um recurso até um ponto no qual outros indivíduos não conseguem persistir. É o caso de diferentes espécies de diatomáceas, que competem por silicato e fósforo, consumindo esses recursos e diminuindo sua abundância.

Por vezes, os competidores não consomem imediatamente os recursos, mas os defendem, um tipo de competição conhecida como **competição por interferência**. Enquanto esta é uma interação direta de dois indivíduos, a competição por exploração é considerada indireta, porque opera por meio de um recurso compartilhado.

Finalmente, duas espécies podem parecer competir por um recurso compartilhado, mas na verdade causam um efeito negativo uma na outra por mecanismos que não são competição; nesse caso, diz-se que elas sofrem *competição aparente*. Nesta seção, serão explorados os conceitos de competição por interferência e competição aparente.

COMPETIÇÃO POR INTERFERÊNCIA | INTERAÇÕES AGRESSIVAS

As interações agressivas são um modo eficaz de competição por interferência que ocorre entre espécies de animais. Por exemplo, nos desertos do Novo México, duas espécies de formigas – formigas-de-patas-longas (*Novomessor cockerelli*) e formigas-coletadeiras-vermelhas (*Pogonomyrmex barbatus*) – competem por sementes e por quaisquer insetos que possam capturar e subjugar. Entretanto, as formigas-de-patas-longas têm um método único de competição. Cedo, pela manhã, elas surgem de seus ninhos, encontram os ninhos das formigas-coletadeiras-vermelhas e bloqueiam as entradas com pedras e solo. Como pode ser observado na Figura 16.14, quando os pesquisadores examinaram os efeitos dessa agressão, observaram que as coletadeiras com entradas bloqueadas necessitavam de muitas horas para desbloquear seus ninhos antes que pudessem começar a buscar as sementes. Essa agressão direta das formigas-de-patas-longas possibilita que elas forrageiem por várias horas pela manhã com competição mínima com as formigas-coletadeiras.

COMPETIÇÃO POR INTERFERÊNCIA | ALELOPATIA

Outro tipo de interferência, conhecido como **alelopatia**, ocorre quando organismos utilizam substâncias químicas para interferir em seus competidores. Um exemplo disso foi observado na história da erva-alheira, mostrada anteriormente. Um segundo exemplo são as nogueiras-negras (*Juglans nigra*),

---

Competição por exploração Competição na qual os indivíduos consomem e reduzem a abundância de um recurso até um ponto no qual outros indivíduos não conseguem persistir.

Competição por interferência Quando os competidores não consomem imediatamente os recursos, mas os defendem.

Alelopatia Tipo de interferência que ocorre quando organismos usam substâncias químicas para desfavorecer seus competidores.

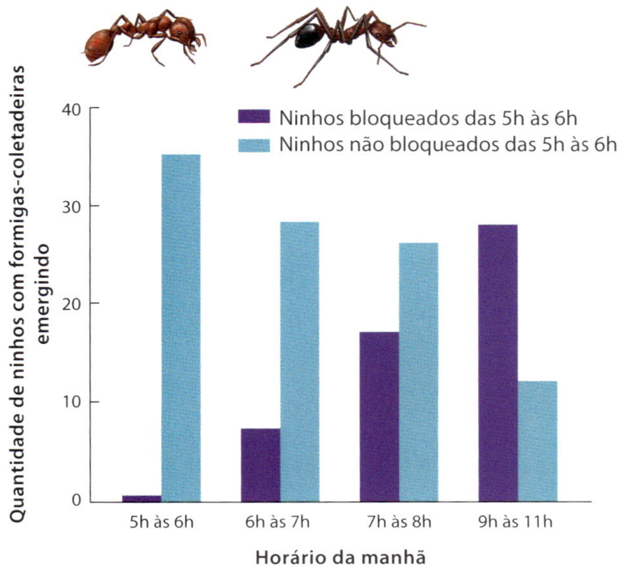

Figura 16.14 Competição por interferência em formigas. As formigas-coletadeiras-vermelhas e as formigas-de-patas-longas competem por sementes e insetos. Quando o ninho da formiga-coletadeira não está bloqueado pela formiga-de-patas-longas, uma grande quantidade de colônias surge às 6h da manhã. Entretanto, se as entradas do ninho estiverem bloqueadas pela formiga-de-patas-longas, pode demorar diversas horas até que as formigas-coletadeiras liberem as aberturas e iniciem o forrageamento. Dados de D. M. Gordon, Nest-plugging: Interference competition in desert ants (*Novomessor cockerelli* and *Pogonomyrmex barbatus*), *Oecologia* 75 (1988): 114–118.

que produzem *juglone*, um composto orgânico aromático que inibe determinadas enzimas em outras plantas. O composto – encontrado em folhas, cascas, raízes e palhas de sementes da nogueira-negra – dificulta que a maioria das outras espécies de plantas germine e cresça sob uma nogueira.

A alelopatia também pode ser uma estratégia efetiva para plantas invasoras, que invadem e dominam uma comunidade. Por exemplo, a planta de alagado conhecida como caniço (*Phragmites australis*) é encontrada em todo o mundo (Figura 16.15); entretanto, na América do Norte, algumas linhagens genéticas são nativas e outras foram introduzidas da Europa. Na região dos Grandes Lagos da América do Norte, a linhagem introduzida está se propagando rapidamente e tem desalojado diversas outras espécies de plantas de alagado nativas.

Durante muitos anos, pesquisadores formularam a hipótese de que o caniço obtinha mais sucesso na propagação em virtude da alelopatia, mas não havia evidências. Recentemente, porém, descobriu-se que a raiz do caniço produz uma substância química conhecida como *ácido gálico*, que é altamente tóxico para as raízes de muitas outras plantas. Desse modo, ao danificar as raízes de outras espécies, o caniço é capaz de comprometer o crescimento de seus competidores interespecíficos.

Os pesquisadores também descobriram que as substâncias químicas produzidas pelas linhagens introduzidas do caniço eram muito mais letais para algumas plantas do que as produzidas pela linhagem nativa, como mostrado na Figura 16.16. Esse resultado é consistente com a observação de que as linhagens introduzidas do caniço são capazes de invadir um alagado e se propagar muito mais rapidamente do que as nativas.

Figura 16.15 Caniço. O caniço, uma planta de alagado, pode ser encontrado em muitos lugares ao redor do mundo, incluindo neste local em Cape Code, Massachusetts. Na América do Norte, algumas linhagens genéticas são nativas, enquanto outras foram introduzidas da Europa. Fotografia de Ken Wiedemann/Getty Images.

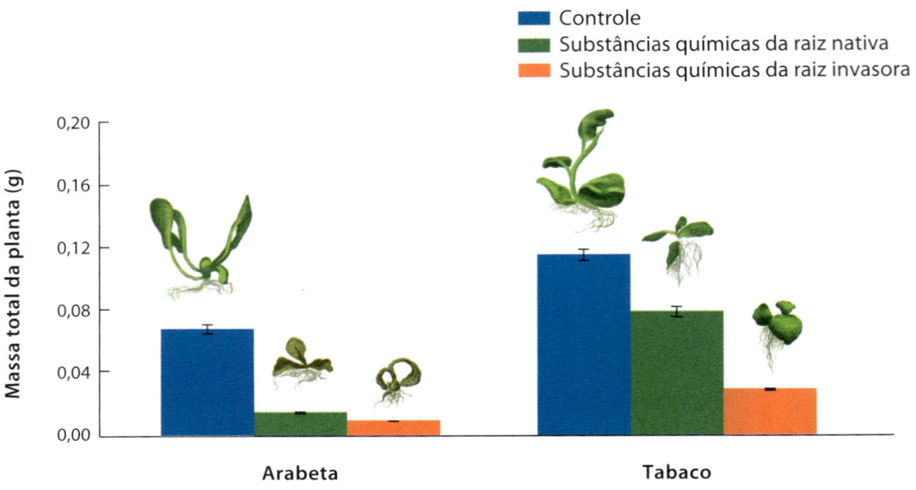

Figura 16.16 Alelopatia no caniço. As substâncias químicas das raízes de linhagens nativas ou invasoras do caniço foram extraídas e, em seguida, adicionadas a potes de arabeta ou plantas do tabaco. A adição das substâncias químicas das raízes causou o crescimento inadequado de ambas as espécies de plantas em comparação ao controle. No caso da planta do tabaco, as substâncias químicas da linhagem invasora do caniço inibiram o crescimento mais do que a linhagem nativa. As barras de erro são desvios padrões. Dados de T. Rudrappa et al., Root-secreted allelochemical in the noxious weed *Phragmites australis* deploys a reactive oxygen species response and microtubule assembly disruption to execute rhizotoxicity, *Journal of Chemical Ecology* 33 (2007): 1898–1918.

A alelopatia nem sempre ocorre na forma de efeitos tóxicos sobre competidores interespecíficos. Na Austrália, por exemplo, óleos inflamáveis nas folhas de alguns eucaliptos podem ser uma adaptação que promove incêndios frequentes na serapilheira do solo da floresta, o que mata plântulas de competidores. Independentemente de os organismos usarem interações agressivas diretas ou substâncias químicas alelopáticas, está claro que a competição por interferência pode ser um mecanismo importante na determinação da abundância e da distribuição das espécies.

COMPETIÇÃO APARENTE

Ao longo deste capítulo, a competição foi definida como uma interação negativa de dois indivíduos por um recurso limitado. Entretanto, por vezes, duas espécies podem compartilhar um recurso e apresentar efeitos negativos uma sobre a outra sem competir por ele. Quando uma espécie tem ação negativa sobre outra mediante um inimigo, que pode ser um predador, parasito ou herbívoro, denomina-se **competição aparente**. Como o seu nome sugere, ela tem um resultado que parece ser uma competição, mas o mecanismo subjacente é diferente.

A competição aparente pode ser observada em uma diversidade de comunidades. Por exemplo, o faisão-de-coleira e a perdiz-cinzenta (*Perdix perdix*) vivem em muitos dos mesmos hábitats no Reino Unido. Durante 50 anos, um grande declínio na quantidade de perdizes-cinzentas foi atribuído ao aumento da agricultura, embora os pesquisadores suspeitassem que um nematódeo parasito (*Heterakis gallinarum*) também pudesse ter desempenhado esse papel. Os faisões infectados sofrem poucos efeitos prejudiciais do parasito, mas as perdizes infectadas podem ter perda de peso, redução da fecundidade e morte.

Competição aparente Quando uma espécie tem efeito negativo sobre outra mediante um inimigo, que pode ser um predador, parasito ou herbívoro.

Para determinar a suscetibilidade de cada espécie à infecção pelos parasitos no ambiente, os pesquisadores permitiram que ambas se alimentassem em recintos com ovos de parasitos espalhados pelo solo ou em locais sem os ovos. Eles observaram que as duas espécies continham baixas infecções parasitárias após 50 dias de vida nos recintos sem a adição de ovos de parasito, como mostrado na Figura 16.17. No entanto, nos locais onde ovos de parasitos haviam sido adicionados, os faisões se infectaram com taxas mais de 20 vezes acima da taxa de infecção das perdizes. Além disso, quando ambas as aves foram alimentadas com a mesma quantidade de ovos de nematódeo ao longo de um período de 100 dias, os faisões excretaram acima de 80 vezes mais ovos de nematódeos do que as perdizes.

Em resumo, os faisões podem ter grande quantidade de parasitos sem serem prejudicados e excretam muitos deles, que, subsequentemente, infectam e prejudicam as perdizes. Além disso, a presença de faisões está associada a perdizes que ganham menos peso e têm uma baixa taxa de sobrevivência. Assim, a relação entre as aves parece ser a de competidores por um mesmo recurso, mas a causa real do declínio de perdizes é um parasito compartilhado.

Há muitos exemplos de competição aparente envolvendo parasitos. Quando os europeus colonizaram outros continentes, em particular as Américas do Norte e do Sul, levaram consigo doenças como a varíola. Os europeus conseguiam tolerar muitas dessas doenças porque tinham um longo histórico evolutivo de convivência com elas, mas os nativos americanos não tinham esse histórico, e as doenças introduzidas devastaram suas populações. Embora os europeus aparentassem causar competição, a redução da população nativa americana ocorreu principalmente porque novos patógenos foram levados para o hemisfério ocidental.

Em alguns casos, a competição aparente ocorre não em virtude de um inimigo compartilhado, mas porque uma espécie favorece o inimigo da outra. Por exemplo, na costa da

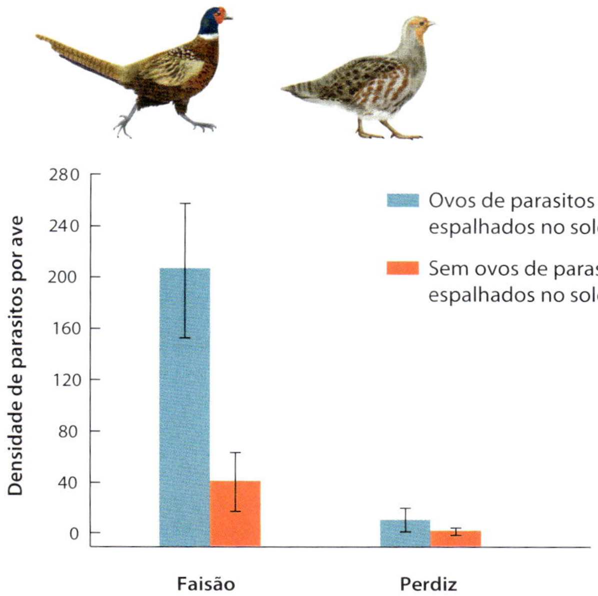

Figura 16.17 Competição aparente em faisões e perdizes. Faisões (*à esquerda*) e perdizes (*à direita*) foram mantidos em recintos sem ovos de parasitos ou com ovos de nematódeos espalhados no solo. Na ausência dos ovos, algumas aves exibiram um baixo nível de infecção; na presença de ovos, os faisões apresentaram um número muito mais alto de parasitos em seu corpo após 50 dias. Os faisões não são prejudicados pelos parasitos, mas atuam como um importante reservatório de novos ovos, os quais excretam sobre o solo. As perdizes, que sofrem os efeitos prejudiciais do parasito, apresentaram um baixo número de parasitos e, portanto, excretaram poucos ovos deles no ambiente. A presença de faisões causa competição aparente porque eles liberam grandes quantidades de ovos de parasitos, o que leva a um declínio das perdizes. As barras de erro são erros padrões. Dados de D. M. Tompkins et al., The role of shared parasites in the exclusion of wildlife hosts: *Heterakis gallinarum* in the ring-necked pheasant and the grey partridge, *Journal of Animal Ecology* 69 (2000): 829–840.

Califórnia, diversas espécies de arbustos normalmente apresentam uma zona de solo nu ao seu redor imediato, seguida por uma zona com diversas gramíneas (Figura 16.18 A). Os pesquisadores inicialmente propuseram que o solo nu fosse causado por substâncias químicas alelopáticas produzidas pelos arbustos, o que fazia sentido porque algumas das espécies sabidamente produziam substâncias químicas que inibiam o crescimento de outras plantas quando se encontravam em altas concentrações no solo. No entanto, como nem todas as espécies de arbustos produziam essas substâncias, a hipótese de alelopatia não era muito bem apoiada.

Investigações adicionais sobre o crescimento dos arbustos revelaram que o que parecia ser o resultado de competição por interferência não era realmente competição. Em um experimento, quando sementes foram colocadas no solo nu e na área com capins, 86% foram consumidas na zona nua, mas apenas 12%, na zona com capins. Quando armadilhas para pequenos mamíferos foram colocadas em ambas as áreas, 28 camundongos foram capturados na zona nua, mas apenas um na área com capim. Finalmente, dois tipos de cercado foram colocados na zona nua: alguns abertos, que possibilitavam que os camundongos entrassem ou saíssem, e outros fechados, que excluíam os roedores. Um ano depois, ainda havia pouca vegetação nos cercados abertos, mas quase 20 vezes mais nos cercados fechados, como mostrado na Figura 16.18 B. Em conjunto, esses resultados demonstram que a zona nua, que

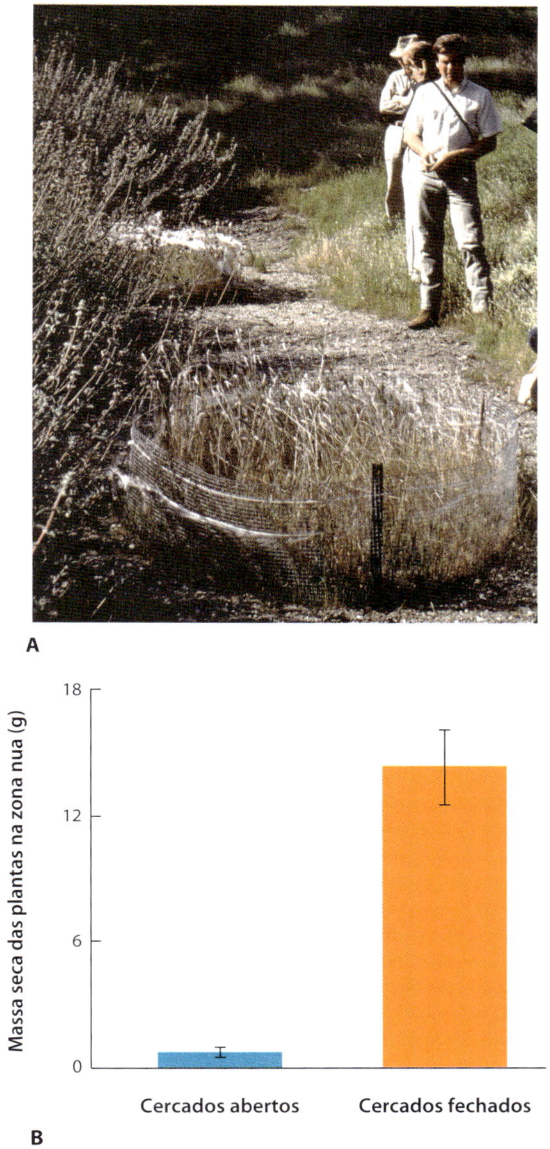

Figura 16.18 Competição aparente entre sálvia e gramíneas na Califórnia. A. Os pesquisadores inicialmente formularam a hipótese de que o solo nu em volta dos arbustos de sálvia-roxa (*Salvia leucophylla*) ocorria por causa de substâncias químicas alelopáticas que eles produziam. No entanto, pesquisas subsequentes descobriram que herbívoros utilizavam os arbustos como um refúgio e se alimentavam apenas de capins que se encontravam próximo da segurança do arbusto. Para demonstrar que o efeito ocorria em virtude de camundongos que consumiam as plantas ao redor dos arbustos de sálvia, os pesquisadores colocaram cercados com laterais abertas e fechadas no solo nu, como mostrado aqui, em uma foto dos pesquisadores no Vale de Santa Ynez, na Califórnia, em 1968. **B.** Um ano depois, eles observaram quase 20 vezes mais vegetação crescendo nos cercados fechados, o que confirmou que herbívoros estavam causando a zona nua de vegetação ao redor dos arbustos. As barras de erro são erros padrões. Cortesia de Richard W. Halsey. Dados de B. Bartholomew, Bare zone between California shrub and grassland communities: the role of animals, *Science* 170 (1970): 1210–1212.

parecia ser o resultado de competição por alelopatia, na verdade ocorria porque os arbustos eram um local seguro para os camundongos contra os predadores.

Os camundongos se alimentavam de sementes apenas até uma pequena distância dos arbustos e então corriam de volta para o arbusto sempre que um predador aparecia. Como resultado, existiam bem poucas sementes sobrevivendo próximo aos arbustos, resultando na zona nua que foi criada por herbivoria em vez de alelopatia.

Ao longo deste capítulo, foi explicado que a competição pode ser uma força importante que afeta a distribuição e a abundância dos organismos, podendo ocorrer por exploração ou interferência e entre espécies muito ou pouco aparentadas. Como será visto em "Ecologia hoje | A floresta nas samambaias", a compreensão sobre o papel da competição e como ela interage com o distúrbio, a herbivoria e a competição aparente é importante para se entender como o mundo natural funciona, incluindo os biomas que fornecem aos humanos valiosos recursos naturais.

VERIFICAÇÃO DE CONCEITOS

1. Como a interferência é um modo de competição?
2. Por que a alelopatia é considerada um modo de competição por interferência?
3. Para que tipos de dados utiliza-se o teste do qui-quadrado?

ANÁLISE DE DADOS EM ECOLOGIA

Teste do qui-quadrado

Quando os pesquisadores na Califórnia tentaram determinar as causas da zona nua ao redor dos arbustos costeiros, capturaram 28 camundongos na zona nua próxima dos arbustos e 1 camundongo na área com capins. Embora essa seja uma diferença substancial, como saber se ela é estatisticamente significativa? No Capítulo 14, foi discutida a importância do teste das hipóteses com o uso de um critério de $\alpha < 0{,}05$ para a significância estatística. No Capítulo 15, foi abordado o teste das hipóteses com o uso de teste *t*, quando existem estimativas da média e do desvio padrão. Algumas vezes, no entanto, os dados não consistem em médias e desvios padrões, mas em indivíduos que são contados, como a quantidade de camundongos na zona nua *versus* na área de capins.

Quando os dados consistem em contagens, pode-se testar se são significativamente diferentes de uma distribuição esperada com o uso de um *teste do qui-quadrado*. O **teste do qui-quadrado** é um teste estatístico que determina se a quantidade de eventos observados em classes distintas difere de um número esperado de eventos com base em uma hipótese específica. No caso dos camundongos, os pesquisadores amostraram ambos os hábitats igualmente e capturaram um total de 29 espécimes de ambas as áreas. Se todos eles não exibissem preferência de hábitat, o esperado seria encontrar 14,5 camundongos na zona nua e 14,5 na área com capins. Como resultado, deseja-se comparar estatisticamente a distribuição observada de camundongos – 28 na zona nua e 1 na grama – com uma distribuição uniforme entre os dois hábitats.

Uma vez conhecendo a distribuição observada e a distribuição esperada de camundongos que não exibiam preferência, pode-se criar uma pequena tabela e conduzir o teste do qui-quadrado.

	Observado	Esperado
Zona nua	28	14,5
Capim	1	14,5

Para calcular o valor de qui-quadrado (χ^2), utiliza-se uma equação que inclui os valores observados (O) e esperados (E).

$$\chi^2 = \sum_{i=1}^{n} \frac{(O_i - E_i)^2}{(E_i)}$$

$$\chi^2 = \frac{(28 - 14{,}5)^2 + (1 - 14{,}5)^2}{14{,}5}$$

$$\chi^2 = 25{,}1$$

Assim como no caso do teste *t* no Capítulo 15, é preciso comparar o valor calculado com uma tabela de valores, para determinar se a distribuição observada é significativamente diferente da esperada. A primeira etapa nesse processo é determinar os graus de liberdade:

Graus de liberdade = (número de classes observadas – 1)
= (2 – 1) = 1

Em seguida, pode-se examinar a tabela de qui-quadrado fornecida nas tabelas estatísticas do Apêndice. Usando-as, é possível comparar o valor calculado (25,1) ao valor de qui-quadrado crítico quando se tem 1 grau de liberdade, com $\alpha = 0{,}05$. Nesse caso, o valor de qui-quadrado crítico é 3,841. Como o valor calculado é maior que o valor crítico, pode-se concluir que a distribuição de camundongos observada diferia significativamente de uma distribuição igual de camundongos entre os dois hábitats.

EXERCÍCIO Usando o teste do qui-quadrado, determine se uma distribuição observada de 12 camundongos na zona nua e 8 na área com capins difere significativamente de uma distribuição esperada de 10 camundongos na zona nua e 10 na área com capins.

Teste do qui-quadrado Teste estatístico que determina se a quantidade de eventos observados em classes distintas difere de um número esperado de eventos com base em uma hipótese específica.

ECOLOGIA HOJE CORRELAÇÃO DOS CONCEITOS

A floresta nas samambaias

Floresta temperada madura acarpetada por samambaias com aroma de feno. A densa camada de samambaias está associada a uma baixa quantidade de plântulas, como evidenciado pela ausência de crescimento de pequenas árvores no sub-bosque desta floresta no Parque Nacional de Shenandoah, na Virgínia. Fotografia de Greg Dale/National Geographic Creative.

Em florestas por todo o mundo, árvores adultas dão origem a proles que podem se tornar a próxima geração de árvores. Por muito tempo, presumiu-se que a composição das árvores na geração seguinte seria determinada pela composição das plântulas produzidas por árvores adultas, pela quantidade de sombra e pela habilidade de as plântulas de cada espécie tolerarem sombra. Por exemplo, como as plântulas de álamos-tremedor (*Populus tremuloides*) não conseguem tolerar a sombra das árvores adultas, eles se regeneram apenas quando existem grandes aberturas na floresta, as quais possibilitam que grandes quantidades de luz solar cheguem ao solo. Por outro lado, plântulas de faias-americanas são altamente tolerantes à sombra e conseguem crescer em florestas até mesmo sob uma densa copa de folhas. Enquanto clareiras de luz na floresta e variações na tolerância à sombra de diferentes espécies de árvores são importantes determinantes da composição da próxima geração de floresta, pesquisas recentes descobriram que os efeitos de clareiras e da tolerância à sombra podem ser superados pela herbivoria.

Um excelente exemplo desse fenômeno ocorreu nas florestas decíduas do leste dos EUA, que, historicamente, tinham uma variedade de árvores maduras que chegavam ao dossel superior e outras mais jovens no sub-bosque, além de baixas quantidades de veados-de-cauda-branca e ocasionais incêndios naturais. Por mais de um século, as florestas foram derrubadas, os incêndios foram suprimidos e os predadores de topo, como leões-da-montanha e lobos, foram removidos. A remoção dos predadores de topo causou um significativo aumento na população dos veados-de-cauda-branca, os quais consumiram muitas plântulas de árvores. Embora o corte das árvores aumentasse a quantidade de luz solar que atingia o solo e promovesse a germinação e o crescimento de novas plântulas, os veados se tornaram tão abundantes que reduziram a sobrevivência de muitas espécies de plântulas. Contudo, agora se sabe que o impacto dos veados nas plântulas é só uma parte da história.

Isso porque, quando os veados consomem plantas, preferem as espécies mais palatáveis e deixam as outras ilesas. Nas florestas da Pensilvânia, por exemplo, eles não comem a planta não palatável conhecida como "samambaia com aroma de feno" (*Dennstaedtia punctilobula*). Embora, historicamente, essa espécie constituísse menos de 3% da vegetação de sub-bosque, atualmente ela é a planta dominante de sub-bosque em mais de um terço das florestas da Pensilvânia. Essa é uma mudança importante na floresta porque poucas plântulas de árvores podem emergir da densa camada de samambaias. Como resultado, agora há muitas árvores grandes nas florestas, mas poucas jovens para formar a nova geração.

Por muitos anos, os silvicultores tinham certeza de que poucas plântulas emergiam da camada de samambaias porque as samambaias sombreavam muito as plântulas. A exclusão competitiva entre essas espécies pouco aparentadas fazia muito sentido. Recentemente, no entanto, uma explicação alternativa tem sido proposta: talvez a camada de samambaias não esteja competindo, mas proporcionando um refúgio para roedores contra falcões e corujas predadoras, e esse refúgio talvez possibilite que roedores consumam mais sementes e plântulas de árvores.

Pesquisadores relataram os resultados de um experimento para determinar qual das duas hipóteses estava correta: se o efeito negativo das samambaias era causado pela competição por recursos ou pela competição aparente por meio do favorecimento dos roedores. Eles começaram selecionando parcelas de samambaias dentro de uma floresta, cada uma com uma área de 4 m^2. Para cada parcela, eles cercaram os roedores no exterior ou deixaram que vagassem pelo local e removeram as samambaias ou as deixaram no local. Após conduzirem as quatro manipulações diferentes, os pesquisadores investigaram quantos roedores foram capturados em cada tipo de parcela. As espécies de roedores mais comuns foram o rato-veadeiro, esquilos e ratos-do-campo-de-costas-vermelhas (*Myodes gapperi*). Roedores raramente entraram nas parcelas cercadas, independentemente da cobertura das samambaias. Entretanto, eles foram capturados com frequência nas partes não cercadas, e mais do que o dobro deles foram capturados quando as samambaias foram mantidas no local.

Quando sementes de faia foram adicionadas às parcelas, apenas um pequeno percentual foi removido nas parcelas cercadas (independentemente da cobertura pelas samambaias), como mostrado na parte A do gráfico. Entretanto, um grande percentual de sementes foi removido das parcelas não cercadas e ainda mais sementes foram removidas das parcelas com samambaias. Resultados similares foram observados em relação a muitas outras espécies de sementes, incluindo as de cerejeira-negra (*Prunus serotina*) e bordo-de-açúcar (*Acer saccharum*).

Quando os pesquisadores retiraram as plântulas do bordo-de-açúcar, observaram baixa taxa de mortalidade nas parcelas cercadas, independentemente da remoção das samambaias, como mostrado na parte B do gráfico. Entretanto, nas parcelas não cercadas, a mortalidade das plântulas foi mais alta, mas apenas quando as samambaias estavam presentes. Esses resultados confirmaram que o efeito primário das samambaias sobre as plântulas de árvores não era o de um competidor pela luz; em vez disso, as samambaias atuavam como um refúgio para roedores que se alimentavam das sementes e plântulas da faia, da cerejeira-negra e do bordo-de-açúcar. Os resultados confirmaram que a ação da samambaia na faia-americana, na cerejeira-negra e no bordo-de-açúcar era decorrente da competição aparente mediada pela proteção de roedores proporcionada pelas plantas.

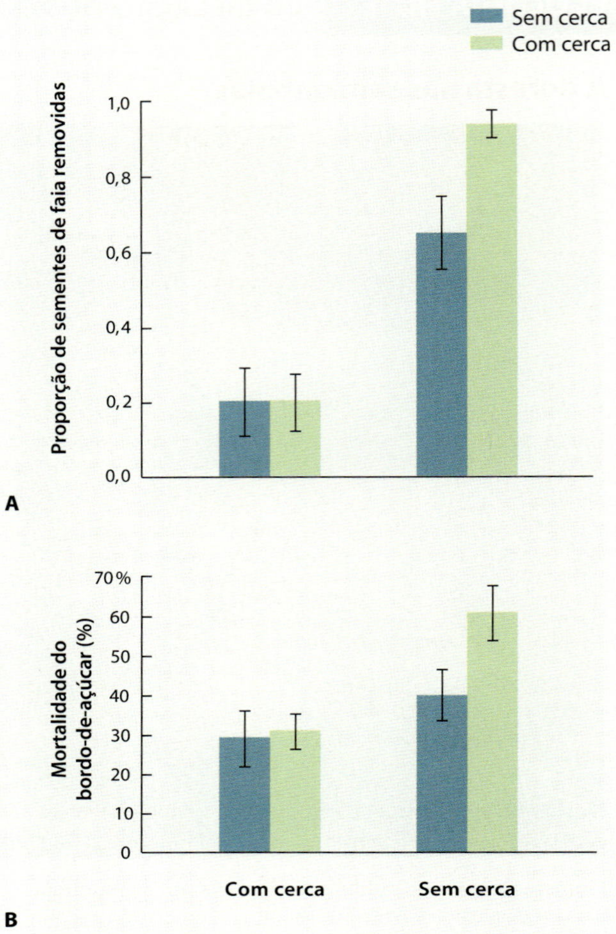

Competição aparente das samambaias em uma floresta. Para determinar se o efeito das samambaias ocorria em virtude de competição ou competição aparente, os pesquisadores utilizaram cercamento de modo a excluir roedores e manipularam a presença das plantas. **A.** Poucas sementes de faia foram removidas das parcelas cercadas, mas muitas foram retiradas das parcelas não cercadas, especialmente quando as samambaias estavam presentes. **B.** De modo similar, as plântulas de bordo-de-açúcar sofreram baixas taxas de mortalidade nas parcelas cercadas, mas altas taxas nas parcelas não cercadas em que as samambaias estavam presentes. As barras de erro são erros padrões. Dados de A. Royo, W. C. Carson, Direct and indirect effects of a dense understory on tree seedling recruitment in temperate forests: Habitat-mediated predation versus competition, *Canadian Journal of Forest Research* 38 (2008): 1634–1645.

Esses experimentos esclareceram que a regeneração das florestas é complexa, com múltiplos processos acontecendo simultaneamente. O sucesso de novas plântulas depende da competição por luz, mas também depende diretamente da herbivoria causada por grandes mamíferos e, indiretamente, da alteração na composição das espécies no sub-bosque da floresta ocasionada pela herbivoria por roedores. Os sub-bosques alterados, por sua vez, podem parecer determinar resultados por meio de competição, mas na verdade provocam uma competição aparente ao fornecer refúgios para roedores.

FONTES:

Nuttle, T et al. 2013. Historic disturbance regimes promote tree diversity only under low browsing regimes in the eastern deciduous Forest. *Ecological Monographs* 83: 3–17.

Royo, A., e W. C. Carson. 2006. On the formation of dense understory layers in forests worldwide: Consequences and implications for forest dynamics, biodiversity, and succession. *Canadian Journal of Forest Research* 36: 1345–1362.

Royo, A., e W. C. Carson. 2008. Direct and indirect effects of a dense understory on tree seedling recruitment in temperate forests: habitat-mediated predation *versus* competition. *Canadian Journal of Forest Research* 38: 1634–1645.

RESUMO DOS OBJETIVOS DE APRENDIZAGEM

16.1 A competição ocorre quando indivíduos estão sujeitos a recursos limitados. A competição pode ser intraespecífica ou interespecífica e ocorre quando existe um recurso limitado. Os recursos podem ser renováveis ou não renováveis e podem ser produzidos dentro ou fora do ecossistema. A Lei do Mínimo de Liebig estabelece que uma população aumentará até que o recurso mais limitante impeça o crescimento adicional, embora atualmente se reconheça que diferentes recursos podem apresentar efeitos interativos sobre o crescimento populacional. O princípio da exclusão competitiva estabelece que duas espécies não conseguem coexistir indefinidamente quando ambas são limitadas pelo mesmo recurso.

Termos-chave: **competição intraespecífica, competição interespecífica, recurso, recursos renováveis, recursos não renováveis, Lei do Mínimo de Liebig, princípio da exclusão competitiva**

16.2 A teoria da competição é uma extensão dos modelos de crescimento logístico. Os modelos mais simples consideram a competição por um único recurso e as isóclinas de crescimento populacional zero de duas espécies competidoras. Com o uso desses modelos, é possível fazer previsões a respeito das condições sob as quais duas espécies podem vencer um resultado competitivo ou coexistir. Sob a situação mais realista de diversos recursos limitantes, pode haver a coexistência de diversas espécies de competidores quando cada uma é limitada por um recurso diferente.

Termos-chave: **coeficientes de competição, isóclina de crescimento populacional zero**

16.3 O resultado da competição pode ser alterado por condições abióticas, distúrbios e interações com outras espécies. Se uma espécie for competitivamente superior, mas não tolerar condições abióticas extremas, não será capaz de dominar áreas que apresentam as referidas condições. De modo similar, espécies competitivamente superiores que não conseguem persistir com distúrbios frequentes, como incêndios, não poderão dominar os competidores inferiores. Do mesmo modo, competidores superiores que são mais vulneráveis a herbívoros ou predadores não conseguirão superar competidores inferiores porque são preferencialmente prejudicados ou mortos.

16.4 A competição pode ocorrer por meio de exploração ou interferência direta, ou pode ser uma competição aparente. A competição por exploração ocorre quando uma espécie consome um recurso suficiente para que outra não consiga mais persistir. Em contraste, a competição por interferência ocorre quando uma espécie defende um recurso e evita que outros indivíduos o consumam. Ela inclui interações agressivas das espécies e alelopatia. Algumas vezes, espécies parecem estar competindo porque a presença de uma espécie exerce um efeito negativo sobre a população da outra. Em casos de competição aparente, o mecanismo subjacente não é a competição, mas outro tipo de interação, como a predação, a herbivoria ou o parasitismo.

Termos-chave: **competição por exploração, competição por interferência, alelopatia, competição aparente, teste do qui-quadrado**

QUESTÕES DE RACIOCÍNIO CRÍTICO

1. Compare e contraste recursos renováveis e não renováveis.

2. Como a Lei do Mínimo de Liebig explica a maneira pela qual o silicato controla o crescimento das populações de diatomáceas?

3. Se duas espécies necessitam do mesmo recurso limitante, que situação promoveria a coexistência delas?

4. Por que as taxas de crescimento populacional são zero quando duas espécies estão em equilíbrio?

5. Sob quais condições espécies pouco aparentadas competiriam?

6. Se incêndios naturais e herbivoria podem reduzir a abundância de plantas competitivamente superiores, como isso pode afetar a quantidade de outras espécies que podem persistir em uma comunidade?

7. Por que é essencial incluir os coeficientes de competição nas equações de Lotka-Volterra?

8. Por que a alelopatia é considerada um tipo de competição por exploração?

9. Sob quais condições duas espécies que competem por dois recursos podem não coexistir?

10. Explique a diferença entre competição e competição aparente.

REPRESENTAÇÃO DOS DADOS | COMPETIÇÃO POR UM RECURSO COMPARTILHADO

O resultado da competição entre duas espécies por um recurso comum pode ser compreendido se houver conhecimento sobre algo a respeito da capacidade de suporte e dos coeficientes de competição de cada espécie. Com o uso dos dados a seguir, faça o gráfico das isóclinas de crescimento populacional zero para cada espécie. Com base no seu gráfico, qual é o resultado previsto da competição entre essas duas espécies?

Espécie 1: $K_1 = 100$, $\alpha = 0{,}4$

Espécie 2: $K_2 = 50$, $\beta = 0{,}3$

17 Mutualismo

Banheiros com Benefícios

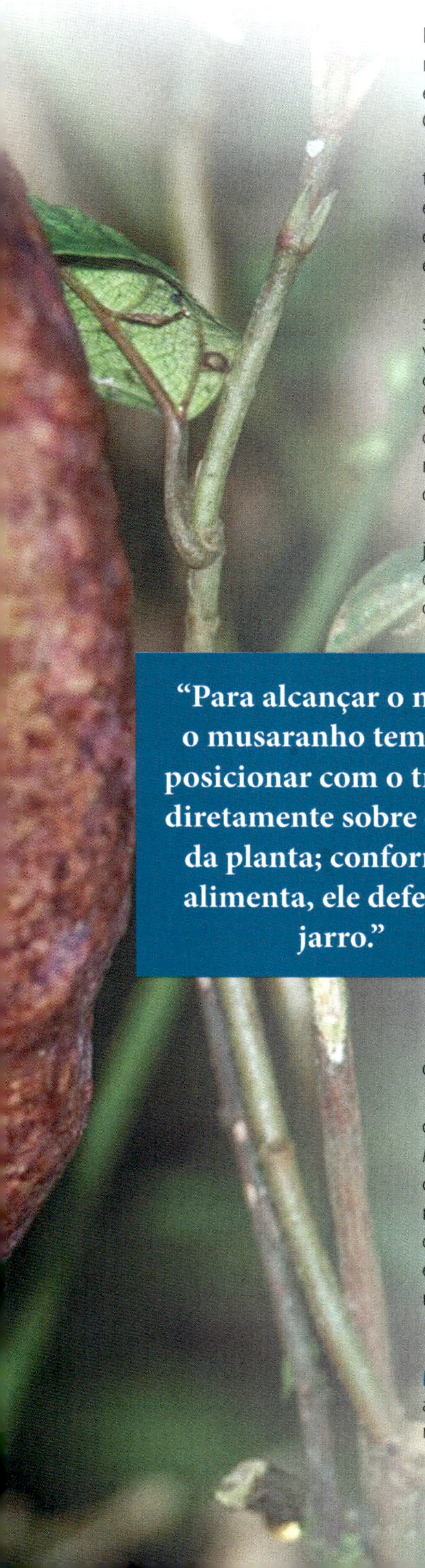

Plantas carnívoras em forma de jarro são famosas por aprisionar insetos, que são atraídos pelo cheiro e néctar produzidos por elas. Infelizmente para os insetos, o jarro em forma de cálice tem uma margem escorregadia, fazendo com que, uma vez dentro da planta, seja quase impossível para eles escaparem. Como resultado, os insetos morrem e são subsequentemente digeridos pela planta.

Por meio dessa relação predador-presa, plantas carnívoras obtêm o nitrogênio de que necessitam para crescer e se reproduzir, o que é essencial, considerando que frequentemente elas vivem em hábitats onde o gás é um tanto limitante no solo. Sabendo disso, pode-se imaginar a surpresa dos pesquisadores quando descobriram que uma dessas plantas em florestas tropicais da Ásia estava sendo usada como privada pelos musaranhos-arborícolas do local.

A planta carnívora (*Nepenthes lowii*) é endêmica da Ilha de Bornéo, no Sudeste Asiático. As que são imaturas vivem próximas ao chão e capturam formigas e outros insetos, enquanto as maduras vivem no alto das árvores. Nestas, pesquisadores perceberam que raramente havia qualquer inseto capturado, mas notaram a existência de fezes de um pequeno mamífero. Para determinar a identidade do mamífero, instalaram câmeras de vídeo ao redor das plantas carnívoras maduras durante o dia. Então, quando checaram as câmeras mais tarde, descobriram que o musaranho-arborícola-da-montanha (*Tupaia montana*) estava visitando as plantas carnívoras e lambendo o néctar abundante que elas produzem na tampa que pende de seu jarro.

Para alcançar o néctar, o musaranho tem de se posicionar com o traseiro diretamente sobre o jarro; conforme se alimenta, ele defeca dentro do jarro da planta, que pode então digerir as fezes do musaranho e obter nitrogênio. Na verdade, a planta pode obter todo o seu nitrogênio das fezes do musaranho. Isso é muito benéfico para a planta, considerando que ela vive nas montanhas de Bornéo, onde insetos não são particularmente abundantes. Para encorajar as visitas pelo musaranho, a planta evoluiu de modo a produzir grandes quantidades de néctar, que é importante para o musaranho, uma vez que outras fontes de néctar são escassas. Além disso, em vez de desenvolver um cálice escorregadio para aprisionar insetos, a margem do jarro de plantas maduras pode ser facilmente agarrada, e os cálices são estruturalmente reforçados para aguentar o peso do musaranho. Em resumo, os musaranhos e a planta carnívora estão envolvidos em um mutualismo altamente incomum.

"Para alcançar o néctar, o musaranho tem de se posicionar com o traseiro diretamente sobre o jarro da planta; conforme se alimenta, ele defeca no jarro."

A descoberta inicial a respeito dos musaranhos se alimentando e defecando em uma espécie de planta carnívora em 2009 inspirou muito mais pesquisas. Em 2010, pesquisadores descobriram que outras duas espécies de grandes plantas carnívoras (*N. rajah* e *N. macrophyla*) também eram visitadas por musaranhos-arborícolas-das-montanhas e tinham muitas das mesmas características da primeira espécie. No ano seguinte, outros pesquisadores descobriram que as plantas que eram visitadas pelos musaranhos durante o dia também recebiam visitas de ratos-da-cimeira (*Rattus baluensis*) durante a noite, os quais também deixavam suas fezes lá.

Outro grupo de pesquisadores que trabalhava em Bornéo observou que uma pequenina espécie de morcego (*Kerivoula hardwickii*) estava usando uma planta carnívora aparentada (*N. hemsleyana*) como local de alojamento. Não se sabia que morcegos podiam utilizar plantas carnívoras como alojamento, mas a estrutura desta espécie de planta carnívora possibilitava que um ou dois morcegos se escondessem dentro de seu cálice durante o dia e se mantivessem acima do nível do fluido dentro do cálice. Assim, em troca de fornecer aos morcegos um lugar seguro para se esconderem, a planta obtinha quase um terço de sua demanda por nitrogênio das fezes que os morcegos deixavam lá.

Musaranho-arborícola se alimentando de uma planta carnívora no Bornéo. O musaranho-arborícola consome néctar da planta e então defeca dentro dela, o que fornece nutrientes ricos em nitrogênio para a mesma. Fotografia de © Christian Loader/Scubazoo.com.

A pesquisa sobre as plantas carnívoras em Bornéo deixou claro que ainda há muito o que aprender sobre como as espécies têm originado mutualismos por coevolução na natureza. Esse trabalho também ressalta o fato de mutualismos provavelmente serem muito mais comuns do que se pensava e de muitas espécies dependerem umas das outras para garantirem seu crescimento e reprodução.

FONTES:
Clarke, C. M., et al. 2009. Tree shrew lavatories: A novel nitrogen sequestration strategy n a tropical pitcher plant. *Biology Letters* 5: 632–635.
Chin, L. et al. 2010. Trap geometry in three giant montane pitcher plant species from Borneo is a function of tree shrew body size. *New Phytologist* 186: 461–470.
Wells, K. et al. 2011. Pitchers of *Nepenthes rajah* collect faecal droppings from both diurnal and nocturnal small mammals and emit fruity odour. *Journal of Tropical Ecology* 27: 347–353.
Grafe, T. U. 2011. A novel resource-service mutualism between bats and pitcher plants. *Biology Letters* 7: 436–439.

OBJETIVOS DE APRENDIZAGEM

Após a leitura deste capítulo, você deverá ser capaz de:

17.1 Descrever como mutualismos podem fornecer água, nutrientes e um local para viver.

17.2 Explicar como mutualismos podem contribuir para a defesa contra inimigos.

17.3 Ilustrar o papel que mutualismos desempenham na facilitação da polinização e dispersão de sementes.

17.4 Descrever como mutualismos podem mudar quando condições se alteram.

17.5 Explicar como mutualismos podem afetar a distribuição de espécies, comunidades e ecossistemas.

No Capítulo 1, o mutualismo foi definido como uma interação positiva de duas espécies, na qual cada uma recebe benefícios que apenas a outra pode proporcionar. Mutualismos são comuns na natureza: os corais vivem com suas algas simbióticas; musaranhos e plantas carnívoras trocam nutrientes; e formigas-cortadeiras cultivam um fungo. Este capítulo aborda como as espécies evoluíram para participar de interações mutualísticas e obter uma ampla diversidade de benefícios.

Algumas espécies se beneficiam ao obterem recursos, enquanto outras se beneficiam ao conseguirem um local para viver, além de auxílio na defesa e ajuda na polinização ou dispersão de sementes. Quando se consideram as relações mutualísticas, é tentador pensar que cada espécie esteja tentando ajudar a outra; no entanto, conforme explicado no Capítulo 1, a seleção favorece qualquer estratégia que aumente a aptidão do indivíduo. Independentemente do benefício específico, existem exigências para a evolução de interações mutualísticas e condições sob as quais uma relação positiva e mutualística pode se tornar uma interação neutra ou negativa. Finalmente, existe um interesse nos mutualismos não apenas por serem uma interação comum na natureza, mas também porque podem afetar a abundância das populações, a distribuição das espécies, a diversidade das comunidades e o funcionamento dos ecossistemas.

17.1 Mutualismos podem melhorar a aquisição de água, nutrientes e lugares para se viver

Os mutualismos podem ser classificados de diversas maneiras. Alguns mutualistas são **generalistas**, o que significa que uma espécie interage com muitas outras. Outros são **especialistas**, ou seja, uma espécie interage somente com uma outra ou com algumas poucas muito aparentadas. Quando duas espécies proporcionam benefícios de aptidão uma à outra e necessitam uma da outra para sobreviver, são chamadas de **mutualistas obrigatórias**. Um exemplo disso foi observado no Capítulo 1, na abordagem sobre os vermes tubulares e as bactérias quimiossintéticas que vivem juntos perto das chaminés hidrotérmicas do oceano profundo. Os vermes tubulares proporcionam um local para as bactérias viverem, as quais, por sua vez, fornecem alimento para os vermes tubulares; assim, nenhuma das duas espécies pode sobreviver sem a outra.

Por outro lado, os **mutualistas facultativos** proporcionam benefícios de aptidão um ao outro, mas a interação não é fundamental para a sobrevivência de qualquer uma das espécies. Por exemplo, um grupo de pequenos insetos conhecido como pulgões suga a seiva das plantas e produz uma gotícula rica em carboidratos, que é consumida por diversas espécies de formigas. Estas, então, ganham uma fonte de alimento e, em troca, protegem os pulgões dos predadores. Embora ambos os grupos se beneficiem, esse é um mutualismo facultativo, já que cada um consegue sobreviver sem o outro. Um mutualismo entre duas espécies pode ser composto por dois mutualistas

Generalista Espécie que interage com muitas outras espécies.

Especialista Espécie que interage com uma única espécie diferente ou com poucas espécies muito aparentadas.

Mutualistas obrigatórios Duas espécies que proporcionam mutuamente benefícios de aptidão e que necessitam uma da outra para se manterem.

Mutualistas facultativos Duas espécies que proporcionam mutuamente benefícios de aptidão, mas cuja interação não é crítica para a persistência de nenhuma delas.

obrigatórios, um obrigatório e um facultativo, ou dois facultativos.

Uma das funções mais comuns dos mutualismos é ajudar as espécies a adquirirem os recursos de que necessitam, como água, nutrientes e um local para viver. Nos capítulos anteriores, foram discutidos alguns poucos exemplos desses mutualismos. No Capítulo 1, foi mencionado que os liquens são compostos de um fungo que vive com células de algas verdes ou cianobactérias (ver Figura 1.13, no Capítulo 1). Esse fungo proporciona às algas CO_2 da respiração fúngica, água e nutrientes; em troca, as algas fornecem a ele carboidratos da fotossíntese. De modo similar, no Capítulo 2, foi descrito como os corais proporcionam um lar para as algas fotossintéticas conhecidas como zooxantelas. Como se pode ver na Figura 17.1, o coral captura partículas de alimentos com seus tentáculos e, durante a digestão, emite CO_2, que as algas utilizam durante a fotossíntese. Em seguida, elas produzem açúcares e O_2, uma parte dos quais pode ser consumida pelo coral. Outros animais também incorporam algas simbióticas em seu corpo.

No Capítulo 2, também foi explicado como os ovos de salamandras-pintadas incorporam algas nos tecidos do embrião. Analogamente, quando a lesma-do-mar (*Elysia chlorotica*) consome algas, armazena os cloroplastos delas em seus tecidos e, assim, obtém a maior parte de sua energia da fotossíntese (Figura 17.2). Esta seção revisa como diversas espécies de plantas, animais, fungos e bactérias interagem em mutualismos para obter água, nutrientes e locais para viver.

Figura 17.2 Lesma-do-mar verde. Quando a lesma eclode de um ovo, ela é marrom. Entretanto, à medida que começa a se alimentar de algas, ela armazena os cloroplastos das plantas em seus próprios tecidos. Desse modo, acumula grande quantidade de cloroplastos, seu corpo se torna verde, e ela se torna capaz de adquirir a maior parte da sua energia pela fotossíntese, em vez de pela herbivoria. Fotografia de Lynn Wu/Jim & Lynn Photography.

OBTENÇÃO DE RECURSOS EM PLANTAS

Embora as plantas obtenham água e minerais do solo a partir de seu sistema radicular, os ecólogos aprenderam que muitas delas também dependem de mutualismos com fungos e bactérias para ajudar na obtenção dos nutrientes.

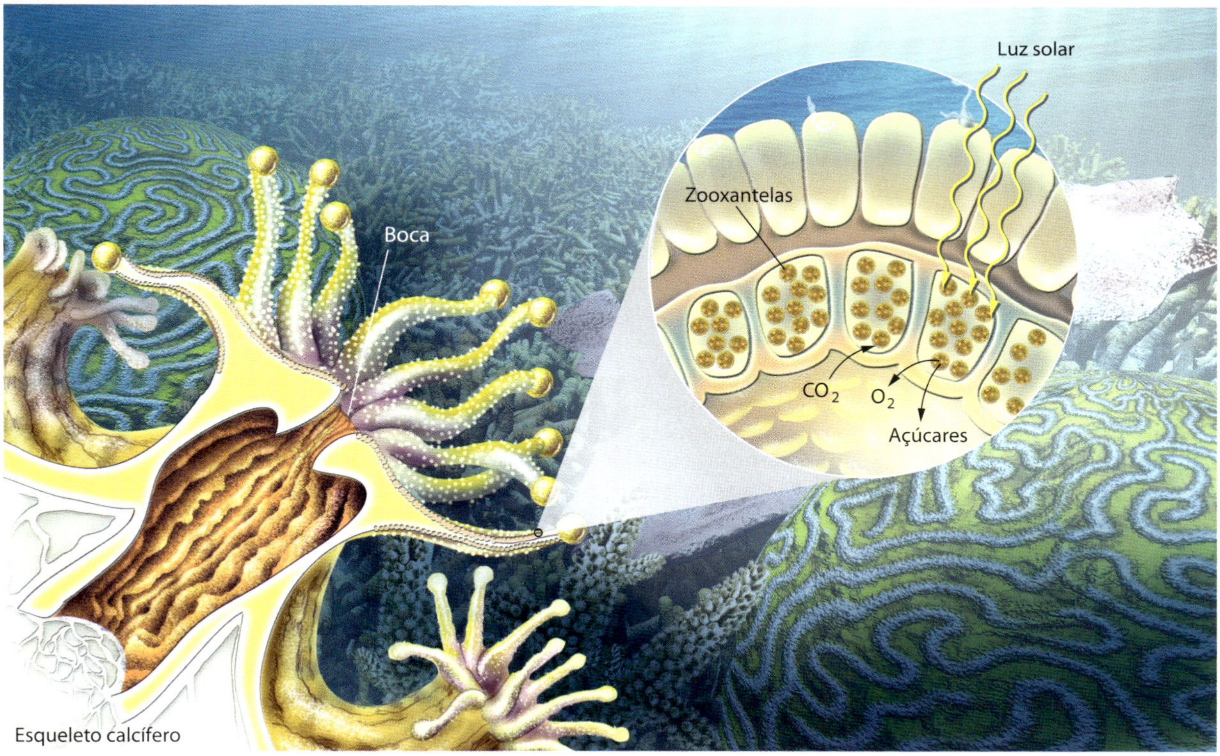

Figura 17.1 Mutualismo entre corais e zooxantelas. Um coral captura o alimento com seus tentáculos, que contêm células espiculadas, e puxa o alimento para dentro de sua boca. As algas zooxantelas vivem ao longo da superfície dos tentáculos de um coral, onde obtêm luz solar para a fotossíntese, e os corais proporcionam um local para as algas viverem e emitem CO_2, que elas utilizam na fotossíntese. À medida que as algas realizam fotossíntese, proporcionam açúcares e O_2, que os corais consomem.

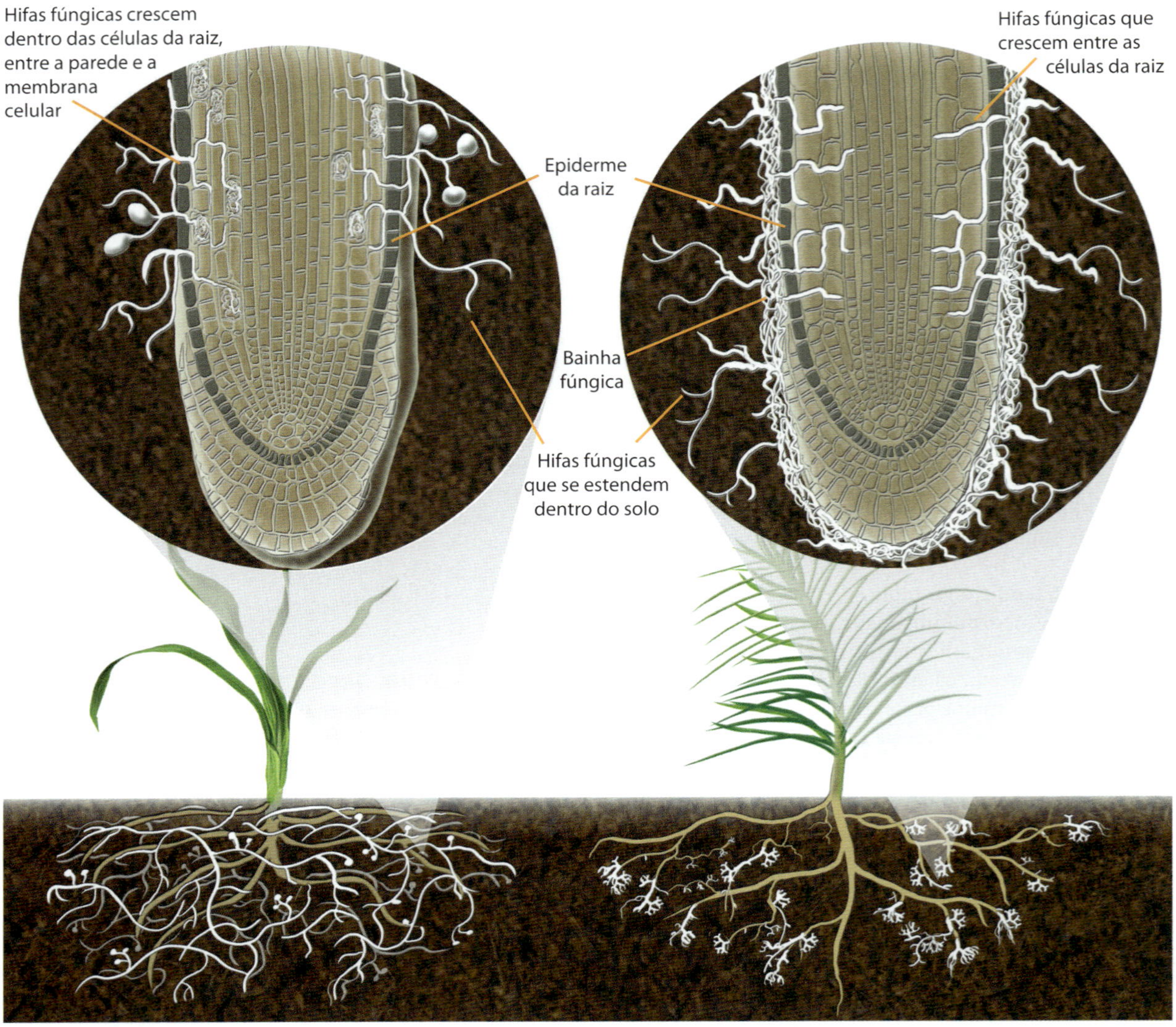

Figura 17.3 Fungos micorrízicos. Os fungos micorrízicos podem ser classificados como endomicorrízicos ou ectomicorrízicos. **A.** Os fungos endomicorrízicos têm hifas que penetram nas células da raiz das plantas e que residem entre a parede e a membrana celular. **B.** Os fungos ectomicorrízicos têm hifas que não penetram nas células da raiz; em vez disso, crescem entre as células da raiz das plantas.

Plantas e fungos

Os fungos que circundam as raízes das plantas e as auxiliam na obtenção de água e minerais são conhecidos como **fungos micorrízicos**. A rede de hifas fúngicas fornece às plantas minerais como nitrogênio e fósforo, além da água do solo adjacente. As plantas fornecem aos fungos os açúcares produzidos pela fotossíntese. Como os fungos podem aumentar a quantidade de mineral obtida pelas plantas, eles são capazes de aumentar a tolerância das plantas ao estresse da seca e do sal, podendo também ajudá-las no combate a infecções por patógenos.

Os fungos micorrízicos podem ser divididos em *endomicorrízicos* ou *ectomicorrízicos*. Os **fungos endomicorrízicos** são caracterizados por filamentos hifais que se estendem para longe e para dentro do solo e que penetram nas células da raiz entre a parede e a membrana celulares (Figura 17.3 A). Uma espécie de fungo normalmente consegue infectar diversas espécies de plantas.

Existem diversos tipos de fungos endomicorrízicos. O mais comum é o **fungo micorrízico arbuscular**, que infecta grande número plantas, incluindo gramíneas e macieiras, pereiras e plantas de café. Os arbúsculos são estruturas hifais ramificadas encontradas dentro das células das plantas, que ajudam o fungo a fornecer nutrientes para elas.

Os **fungos ectomicorrízicos**, ilustrados na Figura 17.3 B, são caracterizados por hifas que circundam as raízes das plantas e se estabelecem entre as células das raízes, mas raramente

Fungos micorrízicos Fungos que cercam as raízes das plantas e as ajudam na obtenção de água e minerais.

Fungos endomicorrízicos São caracterizados por filamentos de hifas que se estendem para longe e para dentro do solo e que penetram nas células da raiz entre a parede e a membrana celulares.

Fungos micorrízicos arbusculares Tipo de fungo micorrízico que infecta diversas plantas, incluindo macieiras, pessegueiros, pés de café e gramíneas.

Fungos ectomicorrízicos São caracterizados por hifas que circundam as raízes das plantas e se estabelecem entre as células da raiz, mas raramente penetram entre a parede celular e a membrana da célula.

penetram entre a parede celular e a membrana da célula. Sabe-se, atualmente, que esses fungos vivem apenas em relações mutualísticas com árvores e arbustos. As espécies de ectomicorrízicos também tendem a formar relações mutualísticas com menos tipos de plantas do que os endomicorrízicos.

A relação mutualística entre as plantas e os fungos micorrízicos existe há mais de 450 milhões de anos, quando as plantas evoluíram pela primeira vez para viver na terra. Essa interação ancestral das plantas com os fungos provavelmente explica por que tantas espécies modernas de plantas e fungos continuam a interagir como mutualistas. Atualmente, pesquisadores estimam que o mutualismo entre as plantas e os fungos envolva mais de 6.000 espécies de fungos micorrízicos e 200.000 espécies de plantas, o que corresponde a aproximadamente dois terços de todas elas.

Plantas e bactérias

Em alguns casos, as interações mutualísticas entre plantas e bactérias convertem formas inúteis dos minerais em formas úteis. Um dos exemplos mais conhecidos é o grupo de bactérias do gênero *Rhizobium*, que vivem em uma relação mutualística com diversas espécies de leguminosas, incluindo cultivos importantes, como feijões, ervilhas (*Pisum sativum*) e alfafa (*Medicago sativa*). Quando os legumes detectam a presença das bactérias *Rhizobium* no solo, ou quando elas penetram na planta por uma abertura na raiz, a planta desenvolve pequenos nódulos que envolvem as bactérias nas raízes e lhes proporcionam um local para viver (Figura 17.4). As plantas também fornecem às bactérias os produtos da fotossíntese; em troca, as bactérias realizam algo que a planta não consegue fazer: convertem o nitrogênio atmosférico, que as plantas não podem usar, em amônia, que elas conseguem utilizar prontamente. Esse mutualismo pode ser bastante valioso para as plantas, especialmente quando elas vivem em áreas de baixa fertilidade do solo. Esse fenômeno será discutido em mais detalhes no Capítulo 21.

Figura 17.4 Nódulos radiculares que contêm as bactérias *Rhizobium*. Leguminosas, como este feijoeiro, podem entrar em uma relação mutualística com as bactérias *Rhizobium*. A planta fornece à bactéria os açúcares da fotossíntese e um nódulo radicular no qual as bactérias podem crescer. Em troca, as bactérias convertem o nitrogênio atmosférico em amônia, uma forma de nitrogênio que a planta consegue utilizar. Fotografia de Nigel Cattlin/Science Source.

OBTENÇÃO DE RECURSOS EM ANIMAIS

Os animais também utilizam diversos organismos para auxiliar na obtenção de alimento, água e hábitat. Essas interações incluem desde protozoários que vivem em animais até mutualismos entre animais.

Animais e protozoários

Os cupins são um grupo de insetos que consome madeira, que é difícil de digerir porque é composta principalmente por lignina e celulose. Para auxiliar nesse esforço, as espécies de protozoários que são capazes de consumir lignina e celulose vivem nos intestinos dos cupins. Os protozoários recebem um lar no intestino do cupim, com uma fonte constante de alimentos vindos da madeira que o inseto consome; em troca, o cupim recebe os nutrientes dos produtos residuais da digestão do protozoário.

Muitos outros animais também possuem microrganismos em seu sistema digestório. Os humanos, por exemplo, hospedam centenas de espécies de microrganismos – bactérias, fungos e protozoários – que, em grande parte, aparentam ser bastante benéficos. De fato, o sistema digestório de uma pessoa contém 10 vezes mais células bacterianas (de mais de 500 espécies) do que a quantidade total de células no corpo.

Mutualismo entre animais

Os mutualismos para a aquisição de recursos também podem ocorrer entre duas espécies de animais. Um exemplo fascinante ocorre entre humanos e uma ave conhecida como indicador-grande (*Indicator indicator*). Durante séculos, populações na África têm consumido o mel produzido pelas abelhas, mas localizar as colmeias é um desafio. Embora o indicador-grande aprecie ingerir larvas e cera de abelhas, ele tem dificuldade de penetrar nas colmeias. Diante disso, as populações locais e o indicador-grande obtêm recursos ao trabalharem em conjunto.

Ao longo do tempo, as populações locais aprenderam a utilizar chamados para atrair a atenção da ave e, em seguida, acompanhá-la até a colmeia. Entretanto, ao longo do caminho, a ave para e se empoleira nas árvores próximas e, à medida que chega mais perto da colmeia, voa por distâncias mais curtas e empoleira-se nas partes mais baixas das árvores, como mostrado na Figura 17.5. Desse modo, as populações locais aprenderam como interpretar esse comportamento e, assim, seguem o indicador-grande até a colmeia. Então, quando a encontram, retiram o mel e deixam pedaços do favo com cera e larvas de abelha sobre o solo para que a ave consuma. Acredita-se que o indicador-grande possa ter originalmente desenvolvido esse comportamento como um mutualismo com outros mamíferos que consomem mel, como o texugo-do-mel (*Mellivora capensis*).

Alguns animais proporcionam um hábitat para outros em troca de benefícios recíprocos, como no caso das plantas carnívoras e dos morcegos. Os camarões alfeídeos vivem no oceano e têm uma visão muito ruim; então, eles escavam a areia e permitem que um grupo de peixes conhecidos como *gobies* vivam em suas tocas. Ao contrário dos camarões, os *gobies* têm excelente visão e são capazes de enxergar predadores de

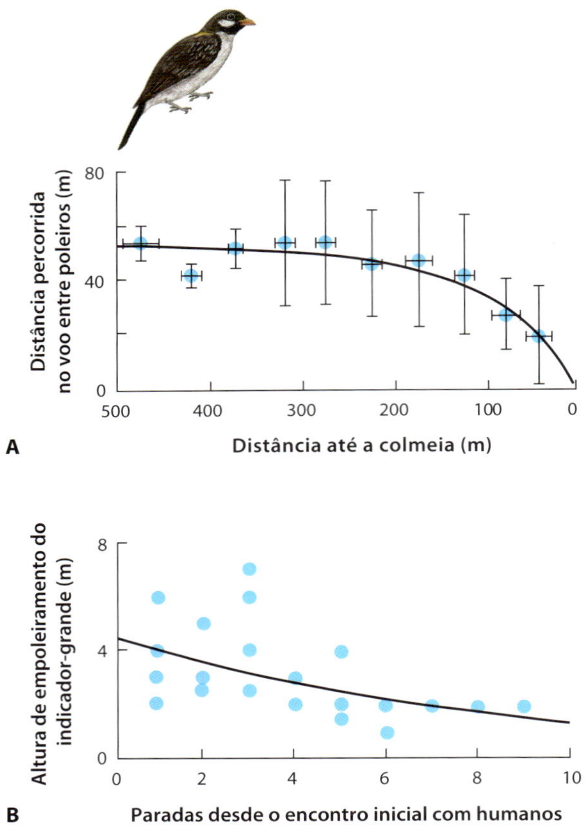

Figura 17.5 Indicador-grande. Quando o indicador-grande leva os humanos ou outros mamíferos que consomem mel até uma colmeia, ele se beneficia ao consumir as colmeias descartadas que contêm cera e larvas de abelha. Os humanos aprenderam que, à medida que a ave se aproxima de uma colmeia, ela voa por distâncias mais curtas entre as paradas (**A**), e a cada parada, empoleira-se mais abaixo nas árvores (**B**). As barras de erro são desvios padrões. Dados de H. A. Isack, H. U. Reyer, Honeyguides and honey gatherers: Interspecific communication in a symbiotic relationship, *Science* 243 (1989): 1343–1346.

camarões. Assim, em troca de receber um lar, um *goby* permite que um camarão permaneça em contato próximo e posicione uma antena sobre ele quando deixa a toca. Desse modo, se o *goby* visualiza um predador, adverte o camarão com um espasmo. O camarão detecta a contração por meio da sua antena e se dirige de volta à toca para se proteger (Figura 17.6).

VERIFICAÇÃO DE CONCEITOS

1. Se mutualistas facultativos não requerem outra espécie para ajudá-los, por que se engajam em mutualismo?
2. Quais benefícios os fungos micorrízicos fornecem para as plantas?
3. Por que cupins requerem mutualismo com protistas intestinais?

17.2 Mutualismos podem auxiliar na defesa contra inimigos

Conforme observado com o camarão alfeídeo, os mutualismos podem ajudar uma espécie a se defender contra inimigos. Porém, para obter o benefício de defesa de um parceiro mutualista, um organismo deve proporcionar algum tipo de vantagem em troca. Esta seção examina os diversos meios que os mutualismos desenvolveram para beneficiar tanto as espécies que estão sendo defendidas quanto as que proporcionam a defesa.

DEFESA DAS PLANTAS

As plantas estão envolvidas em uma diversidade de mutualismos que ajudam na sua defesa contra os inimigos. Dois exemplos bem conhecidos são aqueles entre as formigas e as acácias e aqueles entre fungos e plantas.

As árvores da acácia são encontradas em florestas tropicais por todo o mundo; elas enfrentam diversos herbívoros e numerosos competidores, incluindo as videiras, que tentam se envolver ao redor dos ramos das acácias. Na América Central, os pés de acácia normalmente são habitados por formigas do gênero

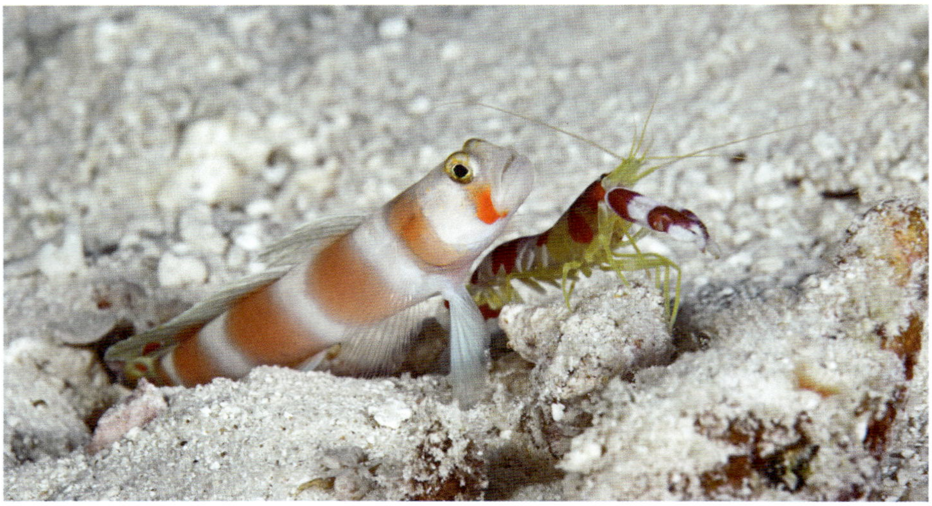

Figura 17.6 Mutualista de hábitat. O camarão alfeídeo (*Alpheus randalli*) cava uma toca, que compartilha com um peixe conhecido como *goby*-aurora (*Amblyeleotris aurora*) nas águas da Indonésia. Em troca desse hábitat, o *goby* permite que o camarão posicione uma antena sobre o seu corpo, de modo que o camarão consegue sentir a contração do *goby* quando ele visualiza um predador que se aproxima. Fotografia por Jim Greenfield/imagequestmarine.com.

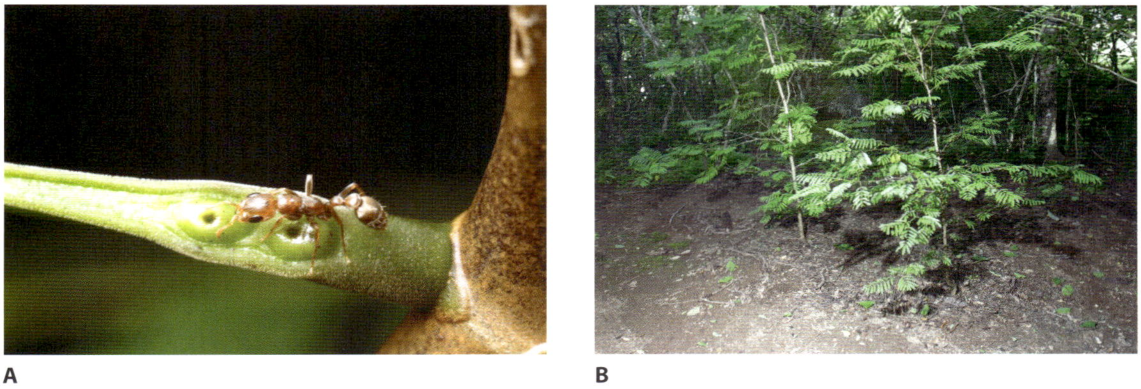

Figura 17.7 Mutualismo entre formigas e árvores de acácia. A. As árvores de acácia, como esta com espinhos dilatados no Panamá, têm grandes espinhos marrons, que as formigas conseguem escavar para construir ninhos onde podem criar suas larvas. As plantas também têm nectários verdes que fornecem néctar para as formigas consumirem. Em troca desses benefícios, as formigas atacam os herbívoros que tentam se alimentar da acácia e atacam as videiras e outras plantas que crescem próximo à árvore. **B.** Como as formigas atacam as plantas invasoras, as árvores de acácia com formigas são normalmente circundadas por solo nu. Fotografias de Alex Wild Photography.

Pseudomyrmex, que patrulham constantemente os ramos da árvore, a qual tem grandes espinhos com centros pulposos que as formigas escavam e convertem em ninhos. As árvores também contêm nectários, que produzem o néctar que as formigas consomem (Figura 17.7 A), as quais, em troca, mordem e picam quaisquer herbívoros que tentem consumir as folhas, desde pequenos insetos até grandes mamíferos. As formigas também eliminam as plantas que tentam crescer próximo de seus lares, mastigando-as até que morram (Figura 17.7 B).

Em um estudo clássico, Dan Janzen comparou as árvores de acácia com formigas vivendo nelas com aquelas das quais removeu as formigas. Como se pode ver na Figura 17.8 A, as árvores com formigas apresentavam um percentual mais baixo de insetos herbívoros do que aquelas sem formigas. Além disso, as árvores com formigas cresceram até se tornarem 14 vezes mais pesadas do que as sem formigas. Quando Janzen monitorou as árvores ao longo de um período de 10 meses, descobriu que aquelas com formigas tinham taxas de sobrevivência muito mais altas do que as outras, como mostrado na Figura 17.8 B. Em resumo, Janzen demonstrou que as formigas são essenciais para a sobrevivência e o crescimento das árvores de acácia.

Mais recentemente, pesquisadores descobriram que o mutualismo de formigas e acácias apresenta benefícios adicionais. Em 2010, foi observado que as substâncias químicas nos nectários contêm diversas proteínas com propriedades antibacterianas. Para determinar se as formigas ajudavam na distribuição dessas substâncias sobre as folhas, os pesquisadores utilizaram dois conjuntos de árvores: um grupo com formigas e o outro com as formigas removidas por 2 semanas. Eles também examinaram o efeito de uma espécie de formiga que atuava como um mutualista (*P. ferrugineus*) e o de outra que não atuava como mutualista (*P. gracilis*).

Quando a *P. ferrugineus* estava presente, as folhas das plantas ficavam quase sem bactérias, mas, quando a *P. gracilis* estava presente, não havia redução significativa nas bactérias. Os pesquisadores ainda não sabem como a *P. ferrugineus* causa diminuição das bactérias nas folhas, mas parece provável que ela distribua uma parte do néctar antibacteriano para as folhas, enquanto a *P. gracilis*, não. Esses resultados

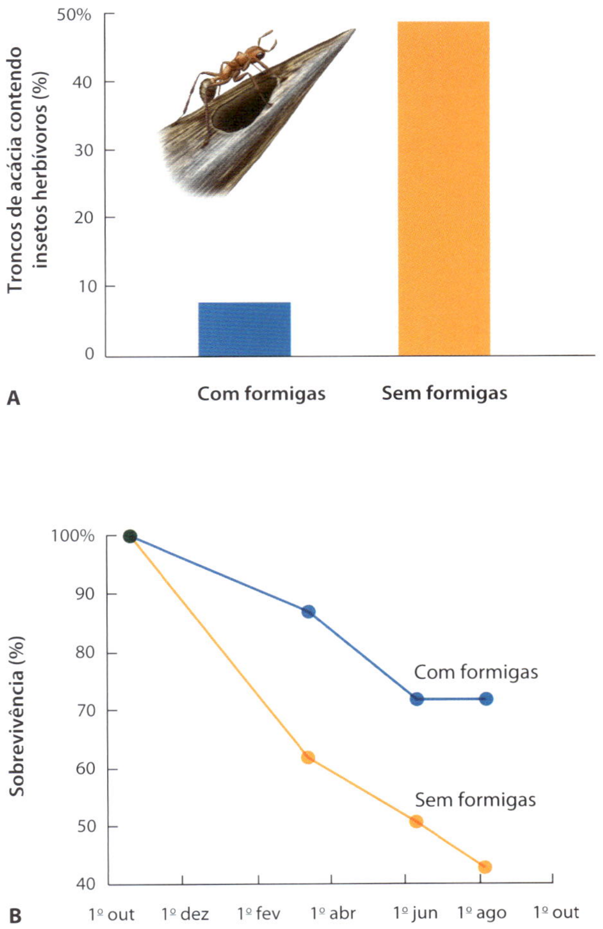

Figura 17.8 Efeito das formigas sobre as árvores de acácia. A. Quando as formigas foram removidas das acácias, as árvores apresentaram um grande aumento na quantidade de insetos herbívoros que se alimentam delas. **B.** Como resultado, a remoção das formigas causou uma taxa de sobrevivência muito mais baixa das acácias. Dados de D. H. Janzen, Coevolution of mutualism between ants and acacias in Central America, *Evolution* 20 (1966): 249–275.

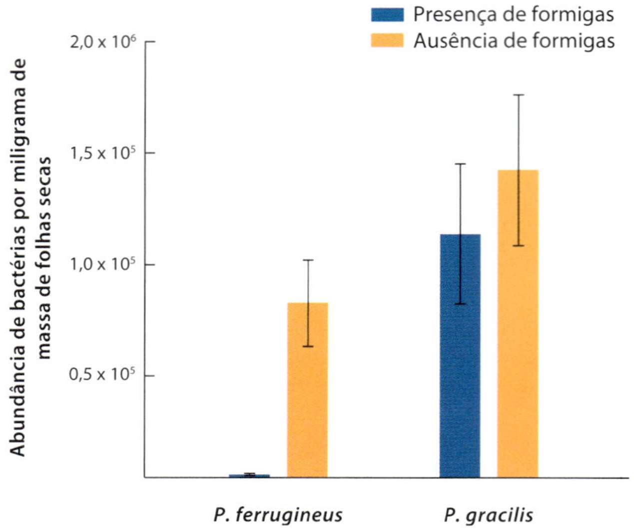

Figura 17.9 Redução das bactérias por formigas mutualistas. A presença da formiga mutualista (*P. ferrugineus*) causa grande redução na abundância de bactérias sobre as folhas da acácia. Por outro lado, a presença de uma formiga não mutualista (*P. gracilis*) não tem nenhuma ação do tipo. As barras de erro são erros padrões. Dados de M. González e M. Heil, *Pseudomyrmex* ants and *Acacia* host plants join efforts to protect their mutualism from microbial threats, *Plant Signaling and Behavior* 5 (2010): 890–892.

demonstraram que as formigas em uma relação mutualística com as árvores não apenas defendem a planta contra herbívoros e competidores, mas aparentemente também a defendem contra as bactérias que agem como patógenos. Os resultados do experimento podem ser vistos na Figura 17.9.

Algumas plantas conseguem se defender contra os herbívoros por meio de mutualismos com fungos conhecidos como **fungos endofíticos**, que vivem dentro dos tecidos das plantas. Esses fungos produzem substâncias químicas que conseguem repelir insetos herbívoros e proporcionar resistência contra secas por meio do aumento da concentração de minerais nos tecidos das plantas, o que aumenta a capacidade de elas absorverem e reterem a água do solo, fornecendo aos fungos, em troca, os produtos da fotossíntese.

Embora os fungos endofíticos possam ser benéficos para as plantas, algumas das substâncias químicas que produzem podem ser bastante danosas aos herbívoros. Por exemplo, quando a gramínea conhecida como festuca-alta (*Festuca arundinacea*) contém fungos endofíticos, eles produzem substâncias químicas que são altamente tóxicas para gado, ovelhas, cabras e cavalos. As pesquisas atualmente focam na identificação de cepas alternativas de fungos que possam proporcionar defesa contra insetos herbívoros e resistência contra seca sem a toxicidade para os animais de criação.

DEFESA ANIMAL

Os animais também participam de mutualismos que ajudam na sua defesa. Um exemplo excelente ocorre em um grupo de peixes conhecidos como bodiões-limpadores, os quais passam a vida consumindo ectoparasitos que se encontram aderidos a outros peixes muito maiores (Figura 17.10). Conforme o bodião-limpador se aproxima, o peixe maior abre a sua boca e infla suas guelras para possibilitar o acesso aos muitos parasitos que se encontram aderidos ao seu corpo. O número de parasitos removidos pode ser significativo; um único bodião-limpador pode consumir mais de 1.200 por dia. Assim, o bodião-limpador se beneficia de uma grande fonte de alimento, e o peixe maior, por ter menos parasitos.

Uma situação semelhante existe para os grandes animais terrestres da África. Duas espécies de aves, o pica-boi-de-bico-vermelho (*Buphagus erythrorhynchus*) e o pica-boi-de-bico-amarelo (*B. africanus*), empoleiram-se sobre as costas de animais pastadores, como rinocerontes e antílopes (Figura 17.11). As aves consomem os carrapatos que se encontram

Figura 17.10 Bodião-limpador. Ao largo da costa do Havaí, o bodião-limpador remove os parasitos de salmonete-vanicolense (*Mulloidichthys vanicolensis*). Fotografia de Seapics.com.

Figura 17.11 Pica-bois. Na savana africana, os pica-bois, como este pica-boi-bico-vermelho no Parque Nacional Kruger, na África do Sul, removem os carrapatos de diversos mamíferos pastadores, como esta impala (*Aepyceros melampus*). Fotografia de robertharding/Superstock.

Fungos endofíticos Fungos que vivem dentro dos tecidos de uma planta.

aderidos às costas dos mamíferos. No entanto, como as aves também bicam os ferimentos causados pelos carrapatos, cientistas questionaram se elas eram mutualistas ou parasitos. Isso porque, se os pica-bois atuassem primariamente como mutualistas, as suas preferências por determinadas espécies de mamíferos pastadores deveriam estar relacionadas com a quantidade de carrapatos transportados por cada espécie. Por outro lado, se as aves atuassem primariamente como parasitos que procuram bicar a carne dos mamíferos, deveriam preferir aqueles com uma pele mais fina, em que seu bico pudesse penetrar mais facilmente.

Um estudo recente investigou essas relações em ambas as espécies de pica-bois com a utilização de até 15 espécies de mamíferos pastadores na África. Os pesquisadores quantificaram as preferências dos pica-bois em relação às diferentes espécies de mamíferos ao observar os mamíferos pastadores de diversas espécies e dividir o número de pica-bois em uma dada espécie pelo número total de espécies pastadoras. Em seguida, eles quantificaram a abundância de carrapatos em um indivíduo de cada espécie de mamífero. Embora não tenham descoberto qualquer relação entre as preferências das espécies de pica-bois e a espessura da pele dos animais, eles observaram correlações positivas entre as preferências das espécies de pica-bois e a abundância de carrapatos, como se pode ver na Figura 17.12. Esses resultados sugerem que as aves atuam primariamente como mutualistas, cujas preferências estão voltadas para o consumo de carrapatos. Assim, os benefícios da remoção de carrapatos para os mamíferos pastadores provavelmente superam os custos de terem sua carne bicada pelos pássaros.

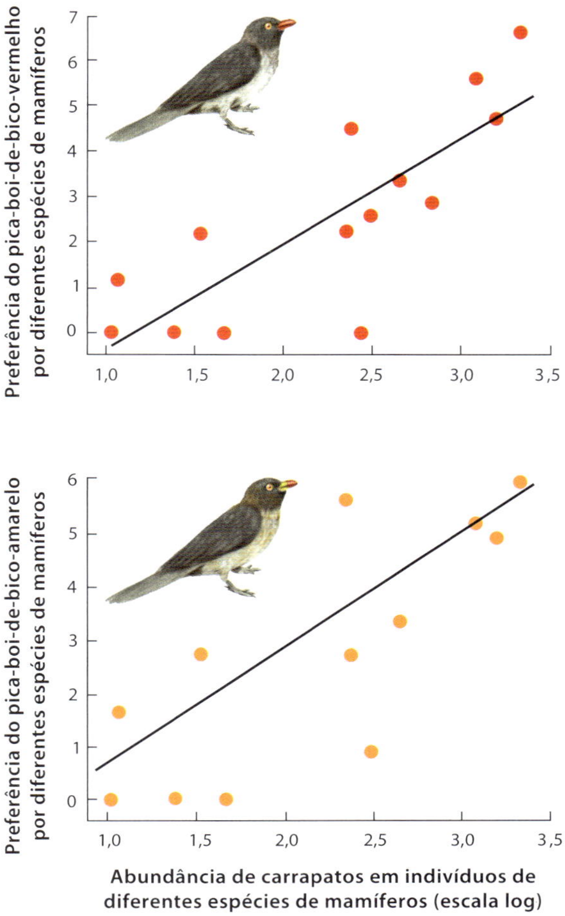

Figura 17.12 Preferências dos pica-bois por diferentes espécies de mamíferos. As preferências dos pica-bois-de-bico-vermelho e dos pica-bois-de-bico-amarelo estão positivamente correlacionadas à abundância de carrapatos nos diferentes mamíferos. Nenhuma ave mostrou preferência por mamíferos com peles finas. Esses dados sugerem que os pica-bois buscam espécies de mamíferos em particular primariamente para ingerir os carrapatos como um mutualista, e não para consumir pedaços de carne de mamífero como um parasito. Dados de C. L. Nunn et al., Mutualism or parasitism? Using a phylogenetic approach to characterize the oxpecker-ungulate relationship, *Evolution* 65 (2011): 1297–1304.

VERIFICAÇÃO DE CONCEITOS

1. Que benefícios de defesa as formigas oferecem às árvores de acácias?
2. Como fungos endofíticos ajudam a defender plantas contra herbívoros?
3. Qual é a evidência de que os pica-bois agem como mutualistas e não como parasitos de grandes animais pastadores?

17.3 Mutualismos podem facilitar a polinização e a dispersão de sementes

Além de proporcionar recursos e defesa, os mutualismos também podem prestar os valiosos serviços de polinização e dispersão das sementes de plantas, sem os quais muitas espécies não poderiam se reproduzir ou colonizar áreas por toda a sua abrangência geográfica. Esta seção examina os diversos mutualismos que atuam nessas funções.

POLINIZAÇÃO

Para fazer as sementes, as plantas com flores necessitam de pólen para fertilizar seus óvulos. Algumas plantas, como as gramíneas, normalmente dependem do vento para soprar o pólen de uma planta até outra; outras precisam de animais para transportá-lo. Ao longo do tempo evolutivo, as plantas desenvolveram diversos mecanismos de recompensa para atrair os polinizadores a visitarem as suas flores. Por exemplo, a abelha-melífera-comum visita flores que oferecem néctar e pólen. As abelhas consomem ambos os itens, mas também transferem inadvertidamente uma parte do pólen que se encontra aderido a seu corpo conforme se movem de flor em flor.

Muitas plantas parecem ter desenvolvido flores que são especializadas em atrair um tipo de polinizador em particular. É o caso das flores polinizadas por beija-flores, que tendem a ser vermelhas – uma cor que esses pássaros preferem. As plantas polinizadas por beija-flores também tendem a ter longas flores tubulares inacessíveis para a maioria dos insetos. Entretanto, como os beija-flores têm longas línguas, eles conseguem alcançar facilmente o néctar no interior das flores. De modo similar, muitas flores polinizadas por morcegos são grandes, com frequência abrem apenas à noite e contêm grandes volumes de néctar para atrair os grandes polinizadores. Em algumas espécies de plantas, o volume de néctar aumenta durante a noite, quando é mais provável que os morcegos estejam forrageando (Figura 17.13).

Embora as flores de muitas espécies de plantas possam ser polinizadas por diversas espécies diferentes de polinizadores, algumas plantas, como o grupo conhecido como iúcas, desenvolveram mutualismos muito específicos com seus polinizadores. De fato, a maioria das espécies de iúca depende de uma única espécie de mariposa para a polinização. Diferentemente da maior parte dos polinizadores, no entanto, uma visita da mariposa-da-iúca não é uma questão simples, já que a fêmea chega a uma flor de iúca e deposita os ovos em seu ovário (Figura 17.14).

Para assegurar que a flor fabrique sementes para seus filhotes se alimentarem, a mariposa-fêmea sobe até o topo da flor e adiciona grãos de pólen no seu estigma. Esses grãos de pólen produzem longos tubos que crescem para baixo através do estilete e para dentro do ovário, onde depositam gametas masculinos que se fundem aos femininos para produzir as sementes. Os ovos da mariposa eclodem em lagartas que se alimentam das sementes que a flor forma. Como resultado, a planta ganha um polinizador muito eficaz ao custo de algumas poucas sementes.

Figura 17.13 Polinização por morcegos. Flores que são polinizadas por morcegos são normalmente grandes e contêm muitas recompensas de néctar para atrair a visita dos morcegos. Nesta imagem há um morcego-de-nariz-longo (*Leptonycteris curasoae*) polinizando uma flor do cacto-saguaro (*Carnegiea gigantea*). Fotografia de Dr. Merlin D. Tuttle/ Science Source.

Figura 17.14 Polinização pela mariposa-da-iúca. Uma mariposa-fêmea transfere pólen para o estilete de uma flor da iúca depois de depositar seus ovos no ovário da flor. Fotografia de Robert e Linda Mitchell.

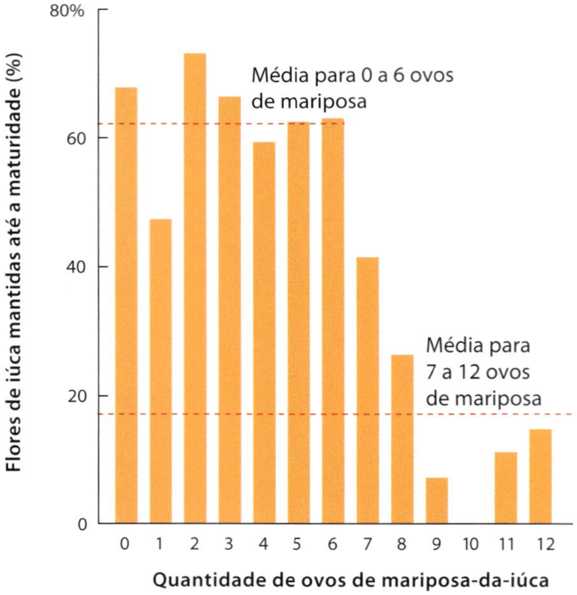

Figura 17.15 Controle do consumo de sementes de iúca por lagartas da mariposa-da-iúca. Quando mariposas-fêmeas depositam entre 0 e 6 ovos em uma flor de iúca, a planta desenvolve, em média, 62% de suas flores até a maturidade. Se uma mariposa depositar de 7 a 12 ovos, a planta desenvolve, em média, apenas 17% de suas flores até a maturidade, e o restante é seletivamente abortado. Essa resposta favorece as mariposas-da-iúca que depositam menos ovos. Dados de O. Pellmyr, C. J. Huth, Evolutionary stability of mutualism between yuccas and yucca moths, *Nature* 372 (1994): 257–260.

Apesar do consumo de sementes pelas lagartas, uma quantidade suficiente permanece para a iúca se reproduzir. Durante muitos anos, os pesquisadores imaginaram o que impediria que as mariposas-fêmeas depositassem muitos ovos para que todas as sementes fossem consumidas, deixando a flor sem aptidão nenhuma. Após cuidadosas observações, descobriram que a planta tolera até seis ovos de mariposa por flor. Sob essas condições, a planta desenvolve 62% de suas flores até a maturidade.

No entanto, se houver mais de seis ovos por flor, algumas espécies de iúca abortam seletivamente a maioria das suas flores e retêm apenas 17% delas até a maturidade, como mostrado na Figura 17.15. Quando uma flor é abortada, todos os ovos e larvas de mariposa dentro da flor morrem. Ao abortar as flores sempre que as lagartas depositam mais de seis ovos, a planta favorece as mariposas que não depositam muitos ovos em uma única flor.

DISPERSÃO DE SEMENTES

As sementes e os frutos produzidos pelas plantas abrangem uma ampla variedade de tamanhos, desde pequenas sementes de dente-de-leão que flutuam ao vento até frutas pesadas, como os cocos. Muitas sementes menores são facilmente dispersadas pelo vento, mas as maiores são normalmente dispersas por animais mutualistas, que atuam nesse papel se recebem um benefício em troca. A vantagem mais comum é o alimento na forma de sementes ou frutos nutritivos que envolvem as sementes. Quando os animais consomem os frutos das plantas, as sementes normalmente passam pelo sistema digestório sem serem danificadas e são viáveis após serem excretadas. Entretanto, quando os animais consomem as sementes das plantas, as sementes são digeridas e deixam de ser viáveis.

Pode parecer uma contradição o fato de as plantas dependerem de animais que consomem suas sementes para dispersarem-nas; afinal, se elas são consumidas, não existem mais a serem dispersas. Entretanto, na maioria dos casos, as plantas produzem grandes quantidades de sementes e nem todas que são transportadas para longe são consumidas. Muitas delas são armazenadas no solo, o que significa que são plantadas e capazes de germinar se não forem consumidas. Por exemplo, esquilos armazenam nozes de carvalho em diversos locais, e algumas dessas nozes nunca são recuperadas. De modo similar, um único quebra-nozes-de-clark (*Nucifraga columbiana*) – uma ave especializada nas sementes do pinheiro-de-casca-branca (*Pinus albicaulis*) – coleta aproximadamente 32.000 sementes de pinheiro em uma estação e as armazena em milhares de locais diferentes. Como essa quantidade de sementes é de 3 a 5 vezes maior do que aquela de que a ave necessita para atender às suas necessidades energéticas, muitas que são armazenadas nunca são consumidas; em vez disso, germinam, dando origem a novos pinheiros em locais distantes da árvore genitora.

Algumas espécies de plantas atraem os animais para dispersarem suas sementes, quando as envolvem com um fruto que contém nutrientes em considerável quantidade. Por exemplo, muitas ervas florestais, incluindo o trílio-pintado (*Trillium undulatum*), produzem sementes que têm um envoltório rico em lipídios e proteínas, conhecido como *elaiossomo*, unido à semente (Figura 17.16). Formigas coletam as sementes e as levam de volta aos seus ninhos; então, após consumirem os elaiossomos, elas descartam as sementes para fora do ninho. Esse processo dispersa as sementes para longe da planta genitora. Assim, as formigas recebem nutrição, e as plantas recebem a dispersão das suas sementes.

Quando as plantas envolvem suas sementes com um grande fruto, ele pode atuar como recompensa substancial para os dispersores animais. Se as sementes dentro do fruto consumido tiverem um revestimento rígido que resista à digestão, elas passam pelo sistema digestório do animal e ainda são capazes de germinar. Um dos exemplos mais notáveis é a árvore africana *Omphalocarpum procerum*. Ela produz frutos tão grandes quanto a cabeça de uma pessoa, e apenas o elefante africano consegue abri-los. Além disso, as sementes não conseguem germinar no solo, a menos que tenham passado pelo sistema digestório de um elefante. A árvore é altamente dependente dos elefantes para o consumo e a dispersão de suas sementes; desse modo, conforme as populações desses animais diminuem, a árvore perde seu dispersor de sementes.

Um elemento-chave para essa estratégia de dispersão das sementes é permanecer não comestível ou escondido até que elas estejam totalmente desenvolvidas. Como resultado, muitos frutos são verdes e razoavelmente camuflados, enquanto as sementes estão em desenvolvimento. Nesse estágio, em geral, o fruto é totalmente não palatável; entretanto, após as sementes se desenvolverem por completo, ele se torna maduro, seus tecidos ficam palatáveis, e comumente ele muda de cor para ser altamente visível aos dispersores animais.

VERIFICAÇÃO DE CONCEITOS

1. Por que algumas espécies de plantas evoluíram para ter flores de tamanhos e formas particulares?
2. Como um animal que estoca grande quantidade de sementes pode formar um mutualismo com a planta?
3. Como o consumo de fruto por um animal resulta no aumento da dispersão de sementes de uma planta?

Figura 17.16 Formigas comendo elaiossoma. Algumas ervas florestais produzem sementes com um pacote de tecido rico em lipídios e proteínas, conhecido como elaiossoma. Aqui são mostradas as sementes da raiz-de-sangue (*Sanguinaria canadensis*). As formigas carregam essas sementes para o ninho, consumindo o elaiossoma e descartando as sementes fora do ninho, onde subsequentemente germinam. Fotografia de Alex Wild Photography.

17.4 Mutualismos podem ser alterados quando as condições mudam

Embora os indivíduos de duas ou mais espécies possam interagir de modo que recebam benefícios de aptidão, é preciso reconhecer que cada um participa no mutualismo para melhorar a própria aptidão, e não a de seu parceiro. Portanto, quando as condições mudam os custos e os benefícios para cada espécie, a interação pode ser alterada para algo que deixa de ser um mutualismo.

SUBSTITUIÇÃO DO MUTUALISMO POR INTERAÇÕES NEGATIVAS

Quando, em uma relação, uma espécie proporciona um benefício para outra a algum custo, mas deixa de receber um benefício em troca, a interação pode mudar de uma interação mutualista positiva para uma interação negativa, como herbivoria, predação ou parasitismo. Por exemplo, foi discutido o papel que os fungos micorrízicos desempenham ao auxiliarem as plantas na obtenção de nutrientes. Tal mutualismo deve ser importante para elas quando os nutrientes são raros, mas não quando são abundantes.

Em um experimento com árvores cítricas em solos altamente férteis, pesquisadores examinaram o efeito da eliminação dos fungos micorrízicos tratando o solo com um fungicida e observaram que a eliminação do fungo causou o crescimento das árvores até 17% mais rápido. Como o solo era fértil, as árvores cítricas podiam crescer bem coletando os nutrientes por si mesmas; porém, quando os fungos ainda existiam no solo, as árvores ainda proporcionavam a eles os produtos da fotossíntese. A relação normalmente mutualística havia mudado para uma interação parasítica.

Uma situação semelhante existe para o peixe-limpador. Deve-se lembrar que ele remove ectoparasitos de peixes maiores; por isso, ambas as espécies se beneficiam, uma interação de mutualismo. Entretanto, o peixe-limpador também gosta de consumir o muco e as escamas dos peixes maiores, o que é prejudicial para estes últimos, já que o muco e as escamas são de produção custosa e podem oferecer proteção contra infecções.

Pesquisadores que trabalham em recifes de corais no Caribe examinaram se as decisões de alimentação de um peixe-limpador, o *goby*-limpador-do-caribe (*Elacatinus evelynae*), eram alteradas quando havia diferenças no número de ectoparasitos transportados pelo peixe-donzela-de-nadadeira-longa (*Stegastes diencaeus*). Eles amostraram o número de ectoparasitos do peixe-donzela ao longo da costa de seis ilhas diferentes e, em seguida, avaliaram o peixe-limpador para determinar o percentual de muco e escamas em sua dieta. Os dados podem ser observados na Figura 17.17. Quando as populações de peixes-donzela apresentavam alta quantidade de parasitos, o peixe-limpador ingeria uma pequena quantidade de muco e escamas; no entanto, quando o peixe-donzela apresentava poucos parasitos, o peixe-limpador ingeria um percentual muito maior de muco e escamas. Portanto, quando os parasitos são raros no peixe-donzela, o peixe-limpador é forçado a mudar de mutualista para predatório e consome mais muco e escamas.

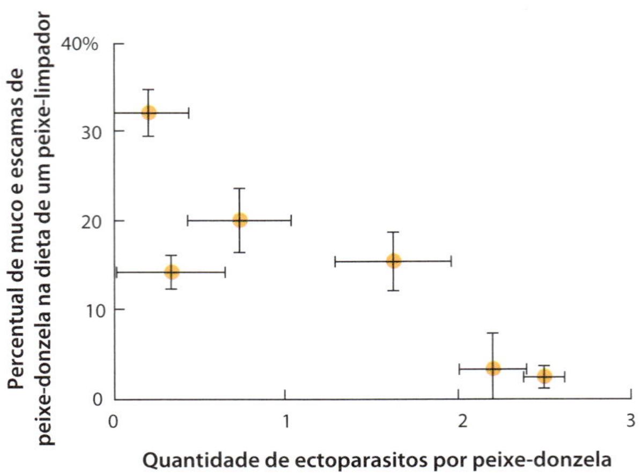

Figura 17.17 Troca de mutualista para predador. Em populações de peixe-donzela nas quais os ectoparasitos são abundantes, o peixe-limpador primariamente consome os parasitos do peixe-donzela e muito pouco de seu muco e escamas. Essa é uma interação mutualista. Em populações de peixes-donzela nas quais os ectoparasitos não são abundantes, a dieta do peixe-limpador inclui um percentual substancial de muco e escamas do peixe-donzela. Isso se torna mais uma interação predatória. As barras de erro são erros padrões. Dados de K. L. Cheney, I. M Côté, Mutualism or parasitism? The variable outcome of cleaning symbioses, *Biology Letters* 1 (2005): 162–165.

COMO LIDAR COM TRAPACEIROS NO MUTUALISMO

Quando uma relação mutualista muda para outra na qual uma espécie recebe um benefício, mas não proporciona algum em troca, a seleção natural deve favorecer mecanismos que possibilitem que os organismos se defendam. Um exemplo disso foi visto com as iúcas e as mariposas-da-iúca. Quando uma mariposa deposita ovos demais, de modo que as larvas que eclodem possam consumir todas as sementes em desenvolvimento, algumas espécies de iúca podem responder abortando a flor e matando, assim, as larvas da mariposa. Desse modo, a iúca pune as mariposas que atuam como trapaceiras no mutualismo.

Uma situação semelhante existe nas relações entre as plantas e os fungos micorrízicos. Quando eles atuam como mutualistas, ambas as espécies proporcionam benefício com algum custo. Porém, se um fungo reduz o benefício que proporciona a uma planta, ela deve responder proporcionando um benefício menor para o fungo. Em 2009, pesquisadores conduziram um estudo para verificar se uma planta poderia diferenciar fungos e enviar os produtos da fotossíntese para o fungo mutualista mais benéfico. Para testar essa tese, eles plantaram alho-da-vinha (*Allium vineale*) individualmente em dois recipientes: metade das raízes da planta foi colocada em um pote de solo contendo uma espécie de fungo que proporciona grandes benefícios para a planta, e a outra metade foi posta em um segundo pote contendo uma espécie que não oferece benefícios para a planta. Esse experimento está ilustrado na Figura 17.18 A. Após o crescimento das raízes da planta alho-da-vinha por 9 semanas, os pesquisadores mediram quanto de produto fotossintético ela estava enviando para cada um dos fungos. Isso foi feito colocando um saco em volta de cada planta e bombeando uma forma especial de CO_2 que continha um isótopo raro de carbono, conhecido como ^{14}C. Com o uso desse carbono radioativo, os pesquisadores

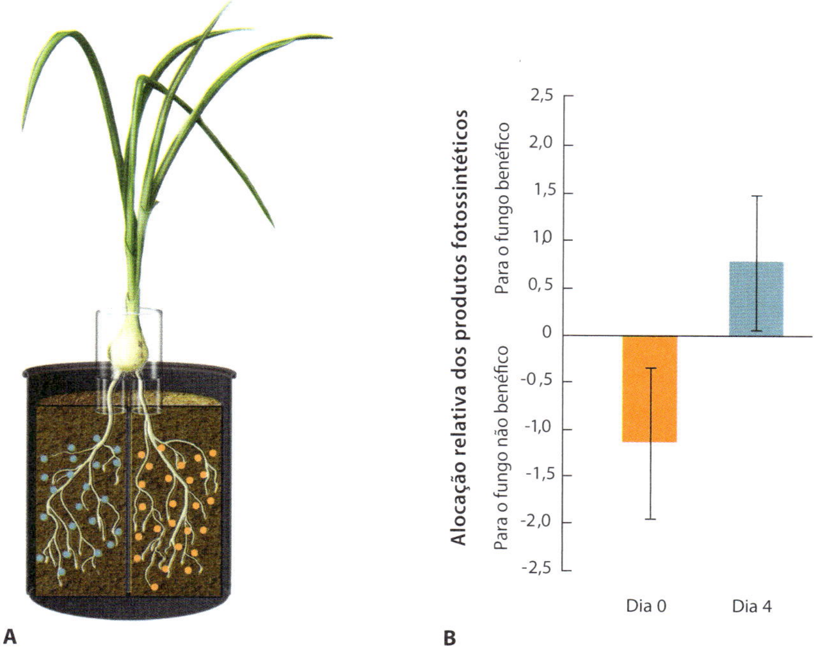

Figura 17.18 Favorecimento do parceiro mais benéfico. A. Em um experimento, a planta da alho-da-vinha foi cultivada com as suas raízes em dois recipientes separados: um continha um fungo micorrízico benéfico, e o outro, um fungo micorrízico não benéfico. Após 9 semanas de crescimento, os pesquisadores puderam determinar se a planta aloca mais de seus produtos fotossintéticos para o fungo benéfico ou não benéfico. **B.** Considerando que a planta consegue distinguir entre as duas espécies de fungo, ela é capaz de alocar mais de seus produtos fotossintéticos para o fungo mais benéfico. As barras de erro são erros padrões. Dados de J. D. Bever et al., Preferential allocation to beneficial symbiont with spatial structure maintains mycorrhizal mutualism, *Ecology Letters* 12 (2009): 13–21.

puderam rastrear o movimento do carbono de uma planta para cada uma das espécies de fungo e descobriram que as plantas da alho-da-vinha enviavam mais produtos fotossintéticos para o fungo benéfico, como se pode ver na Figura 17.18 B. Isso significa que elas conseguem discriminar os fungos e proporcionar preferencialmente maiores benefícios para os fungos mais benéficos.

VERIFICAÇÃO DE CONCEITOS

1. Como um aumento nos nutrientes do solo altera o mutualismo entre plantas e fungos micorrízicos?
2. Com base no mutualismo entre peixes-limpadores e os peixes maiores que eles limpam, o que você imaginaria sobre a preferência do peixe-limpador por parasitos em comparação com uma dieta de escamas e muco de peixe?
3. Qual a evidência de que plantas podem detectar espécies não benéficas de fungos micorrízicos e responder a eles apropriadamente?

17.5 Mutualismos podem afetar a distribuição de espécies, comunidades e ecossistemas

Quando se pensa em mutualismos, frequentemente há um enfoque em como a relação ajuda cada uma das espécies que interagem; afinal, ela geralmente melhora a aptidão e a abundância de cada participante. Por exemplo, os corais não conseguem sobreviver sem as zooxantelas, e muitas plantas não conseguem produzir filhotes sem polinizadores. Além de afetar a abundância, os mutualismos também podem afetar outros níveis ecológicos. Esta seção examina como os mutualismos e a sua interrupção podem alterar as distribuições das espécies, a diversidade das comunidades e o funcionamento dos ecossistemas.

EFEITOS SOBRE AS DISTRIBUIÇÕES DAS ESPÉCIES

Considerando os benefícios dos mutualismos, pode-se esperar que a seleção natural favoreça as relações mutualísticas entre as espécies e que expanda a distribuição das espécies envolvidas em mutualismos. Por outro lado, seria esperado, também, que o rompimento de um mutualismo causasse declínio das espécies envolvidas e redução na sua distribuição. Um exemplo disso pode ser observado na planta conhecida como erva-alheira (*Alliaria petiolata*), um membro da família da mostarda com folhas com um odor que se assemelha ao do alho quando esmagado. Ela foi introduzida na América do Norte há mais de um século a partir da Europa e da Ásia, onde é nativa. Quando cresce nas florestas norte-americanas, a erva-alheira provoca um crescimento fraco de árvores jovens e faz com que elas apresentem menor probabilidade de alcançar o tamanho adulto.

Durante muitos anos, pesquisadores tentaram compreender o mecanismo subjacente dos efeitos prejudiciais da erva-alheira e, em 2006, descobriram que ela estava interferindo no mutualismo entre as árvores da floresta e os fungos micorrízicos arbusculares no solo. Para demonstrar essa conexão, eles examinaram o quão bem três espécies de árvores cresciam quando cultivadas no solo onde a erva-alheira havia invadido e no solo no qual ela não havia invadido. Como se pode ver na Figura 17.19 A, os aumentos na biomassa das árvores

ANÁLISE DE DADOS EM ECOLOGIA

Comparação de dois grupos que não têm distribuições normais

Conforme observado no caso do peixe-limpador, os pesquisadores que estudam os mutualismos, com frequência, precisam testar se a interação mutualística realmente proporciona um benefício para cada espécie na interação. Para tal, eles precisam realizar testes estatísticos que comparam como cada espécie se comporta com e sem a presença de outra. No Capítulo 15, foi discutido o uso de testes *t* para comparar as médias de dois grupos. Esses testes exigem que os dados coletados sigam uma distribuição normal, que são as curvas com formato de sino apresentadas no Capítulo 2. Em alguns casos, no entanto, os dados de dois grupos não apresentam distribuições normais, de modo que não é possível utilizar o teste *t*. Nessas situações, é preciso utilizar o teste de soma de postos de Mann-Whitney, que recebe o nome dos estatísticos que o desenvolveram.

O teste de soma de postos de Mann-Whitney tem início com a classificação dos dados em postos – do menor para o maior – e, em seguida, com a obtenção da soma desses postos. Por exemplo, considerando o conjunto de dados a seguir para a quantidade de espécies que existem em oito recifes de coral dos quais os pesquisadores removeram o peixe-limpador e em oito recifes de coral nos quais eles o deixaram, se os 16 números fossem considerados e colocados em ordem, do valor mais baixo ao valor mais alto, poderia ser atribuída a cada valor uma classificação de 1 a 16. Sempre que houver mais de uma ocorrência do mesmo valor, será atribuída a eles a classificação média.

Quantidade de espécies observadas sem peixe-limpador	Classificações (postos)	Quantidade de espécies observadas com peixe-limpador	Classificações (postos)
(Grupo 1)	(Grupo 1)	(Grupo 2)	(Grupo 2)
3	1	7	6,5
4	2	8	8,5
5	3	9	10,5
6	4,5	10	12,5
6	4,5	10	12,5
7	6,5	11	14
8	8,5	12	15
9	10,5	14	16

O próximo passo é somar as classificações em relação ao grupo 1 (indicado como R_1) e ao grupo 2 (indicado como R_2).

$$R_1 = 1 + 2 + 3 + 4{,}5 + 4{,}5 + 6{,}5 + 8{,}5 + 10{,}5 = 40{,}5$$

$$R_2 = 6{,}5 + 8{,}5 + 10{,}5 + 12{,}5 + 12{,}5 + 14 + 15 + 16 = 95{,}5$$

Em seguida, pode-se utilizar qualquer valor de *R* para calcular um teste estatístico conhecido como *U*. Será utilizado R_2:

$$U = R_2 - [n_2 \times (n_2 + 1) \div 2]$$

em que n_1 é o número de observações no grupo 1 e n_2 é o número de observações no grupo 2. Usando essa fórmula, tem-se:

$$U = 95{,}5 - [8 \times (8 + 1) \div 2] = 59{,}5$$

Agora que se conhece o valor de *U*, calculam-se a média e o desvio padrão de *U* para o conjunto inteiro de dados de ambos os grupos. O valor médio de *U* é:

$$m_U = (n_1\, n_2) \div 2$$

$$m_U = (8 \times 8) \div 2 = 32$$

O desvio padrão de *U* é:

$$\sigma_U = \sqrt{\frac{n_1 n_2 \times (n_1 + n_2 + 1)}{12}}$$

$$\sigma_U = \sqrt{\frac{8 \times 8 \times (8 + 8 + 1)}{12}} = 9{,}52$$

Com a utilização dos valores calculados de *U*, m_U e σ_U, pode-se calcular *z*, que é definido como:

$$z = \frac{U - m_U}{\sigma_U}$$

$$z = \frac{59{,}5 - 32}{9{,}52} = 2{,}89$$

É possível procurar esse valor em uma tabela de valores de *z* no apêndice de Tabelas Estatísticas, onde o valor da probabilidade é 0,002. Como esta probabilidade é inferior a 0,05, conclui-se que os grupos são significativamente diferentes entre si. Isso significa que a remoção do peixe-limpador causa uma diminuição significativa na quantidade de espécies de peixes que vivem em um recife de coral.

EXERCÍCIO Quando calculamos o valor de *z*, na verdade usamos o seu valor absoluto. Para se ter certeza de que não importa se utilizamos R_1 ou R_2, refaça os cálculos anteriores com base na fórmula para *U* ao utilizar R_1:

$$U = R_1 - [n_1 \times (n_1 + 1) \div 2]$$

de bordo-de-açúcar, bordo-vermelho e freixo-branco foram muitas vezes maiores quando cultivadas no solo que não havia sido invadido pela erva-alheira. Além disso, quando os pesquisadores examinaram o percentual de raízes das árvores colonizadas por fungos micorrízicos, observaram que o solo coletado das florestas com a erva-alheira tinha pouca ou nenhuma colonização pelos micorrízicos, como ilustrado na Figura 17.19 B. Como as espécies de árvores dependem do mutualismo fúngico em diferentes graus, a erva-alheira tem o maior efeito negativo sobre aquelas espécies de árvores com a maior dependência dos fungos. Isso porque, uma vez que a erva-alheira rompe os mutualismos vitais, ela tem potencial de alterar a distribuição de uma grande quantidade de outras espécies à medida que se espalha pela América do Norte.

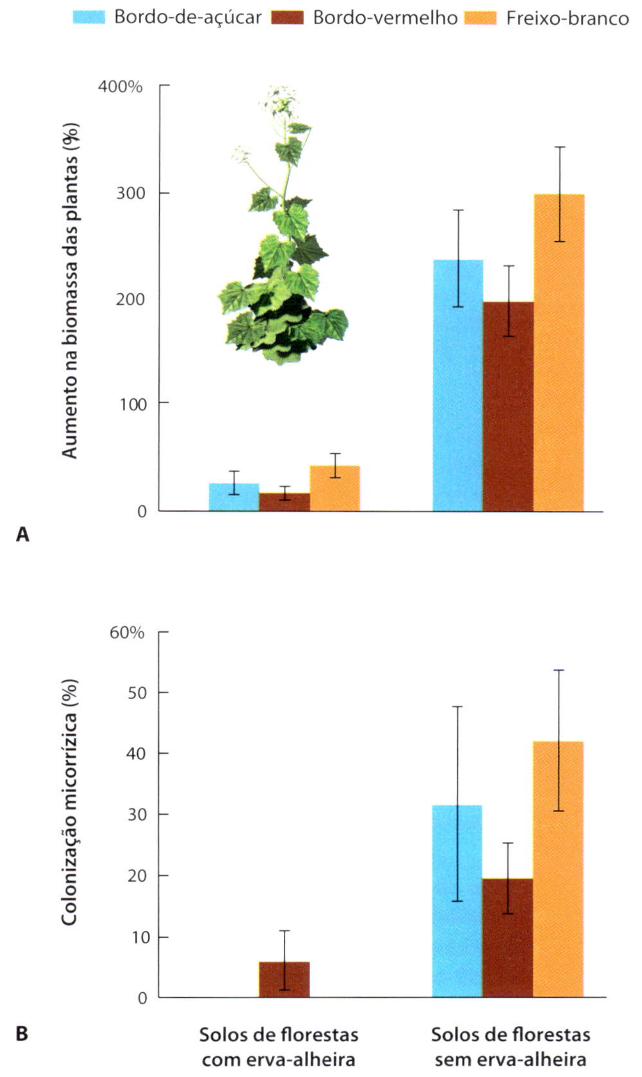

Figura 17.19 Rompimento de um mutualismo com a erva-alheira. Quando pesquisadores cultivaram três espécies de árvores em solos de florestas com e sem erva-alheira, observaram que aqueles solos com a planta causaram aumentos muito menores na biomassa (**A**) e pouca ou nenhuma colonização por fungos micorrízicos (**B**). As barras de erro são erros padrões. Dados de K. A. Stinson et al., Invasive plant suppresses the growth of native tree seedlings by disrupting belowground mutualisms, *PLOS Biology* 4 (2006): 727–731.

EFEITOS DO MUTUALISMO SOBRE AS COMUNIDADES

Os mutualismos que alteram a abundância e a distribuição de uma ou mais espécies podem apresentar efeitos amplos sobre o restante da comunidade. Uma comunidade pode ser afetada de diversos modos. O mutualismo pode causar uma alteração na diversidade da espécie ou alterar a abundância dos indivíduos dentro das espécies na comunidade.

Alteração na diversidade das espécies

Uma espécie mutualista generalista interage com muitas outras e oferece amplos benefícios. No caso do peixe-limpador, uma espécie em particular pode remover os parasitos de muitas espécies diferentes de peixes maiores. Desse modo, se tal comportamento ajuda as espécies a persistir em um recife de corais, então a remoção do peixe-limpador deve causar um declínio na quantidade total de peixes grandes e no número de espécies.

Pesquisadores que atuam em recifes de corais na Austrália testaram essa tese ao remover uma espécie de peixe-limpador (*Labroides dimidiatus*) de nove pequenos recifes, designando outros nove como grupo-controle. Após 18 meses, eles contaram o número de peixes individuais e o de espécies de peixes em cada recife. Como se pode ver na Figura 17.20, a remoção do peixe-limpador causou um declínio de aproximadamente

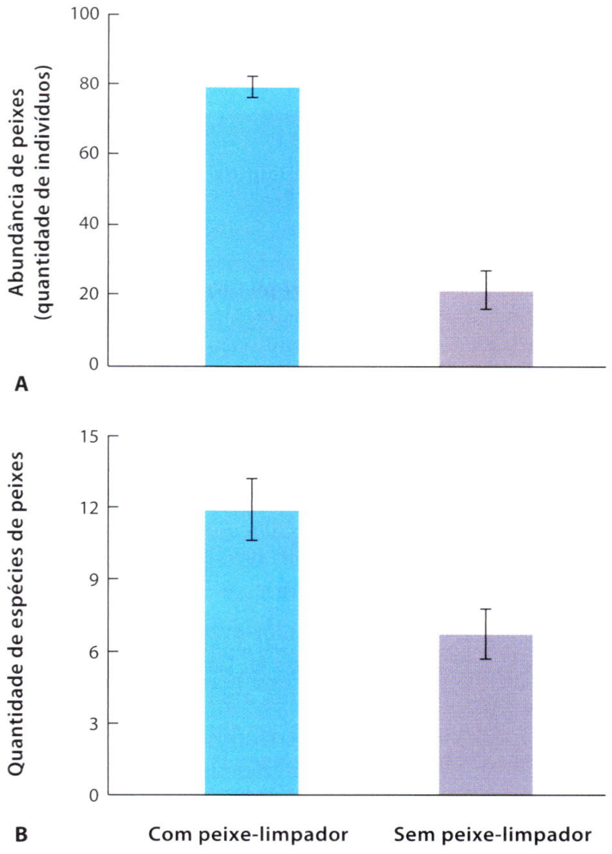

Figura 17.20 Efeitos de mutualistas sobre a abundância e a diversidade de uma comunidade de peixes de recife de corais. Após 18 meses da remoção de peixes-limpadores, a abundância de peixes individuais declinou em aproximadamente três quartos (**A**), e o número de espécies diminuiu quase à metade (**B**). As barras de erro são erros padrões. Dados de A. S. Grutter et al., Cleaner fish drives local fish diversity on coral reefs, *Current Biology* 13 (2003): 64–67.

três quartos na quantidade de peixes individuais e reduziu o número de espécies pela metade, o que sugere que o peixe-limpador desempenha um papel essencial na manutenção das populações de peixes de recifes.

Início de uma cadeia de interações

Em alguns casos, a comunidade não perde espécies quando um mutualismo é perturbado, mas a abundância de muitas delas é alterada devido a uma cadeia de interações. Anteriormente, neste capítulo, foi destacado o papel das formigas na defesa das árvores de acácia contra herbívoros, observando-se que as formigas reduzem a herbivoria na acácia, o que melhora a sobrevivência das árvores. Em troca, as formigas se beneficiam por terem um local para construir ninhos e uma fonte de alimento nos nectários. Entretanto, o que aconteceria se muito da herbivoria fosse removido, fazendo com que as formigas não fornecessem mais um benefício para as árvores?

Os pesquisadores examinaram essa questão na região da savana do Quênia. Eles separaram 12 parcelas de 4 hectares cada; metade das parcelas foi cercada para excluir todos os grandes herbívoros, enquanto a outra metade foi deixada como controles não cercados. As parcelas continham árvores de acácia (*Acacia drepanolobum*) de 40 a 70 anos de idade. Após 10 anos, os pesquisadores examinaram como o cercamento das parcelas afetou o mutualismo formiga-acácia e o restante da comunidade, dados que podem ser vistos na Figura 17.21. Nas parcelas cercadas que não continham grandes herbívoros, as árvores produziram menos espinhos dilatados e nectários do que aquelas nas parcelas de controle, como mostrado na Figura 17.21 A e B.

As alterações nas árvores de acácia causaram variações subsequentes nas abundâncias das formigas mutualistas. A espécie *Crematogaster mimosa*, por exemplo, depende fortemente dos espinhos dilatados para construir seus ninhos e criar sua prole. Assim, a redução dos espinhos dilatados nas parcelas cercadas causou uma diminuição de 30% na proporção de árvores ocupadas por essa formiga, como ilustrado na Figura 17.21 C. Além disso, daquelas árvores que foram ocupadas, o tamanho médio das colônias de *C. mimosa* foi 47% menor do que nas parcelas-controle.

Outra espécie de formiga, *C. sjostedti*, não utiliza os espinhos dilatados para fazer ninhos; em vez disso, ela os constrói nas cavidades que são escavadas nas árvores de acácia por besouros-de-chifres-longos. Como a *C. sjostedti* não necessita de espinhos dilatados, o declínio de *C. mimosa* nas parcelas cercadas possibilitou que *C. sjostedti* duplicasse a proporção de árvores que ocupava. Entretanto, esse aumento em *C. sjostedti* teve efeitos adicionais sobre a comunidade. Ao contrário de *C. mimosa*, que atua para eliminar os insetos herbívoros, a *C. sjostedti* possibilita que besouros-de-chifres-longos vivam nas árvores e escavem orifícios no tronco conforme as consomem lentamente. O besouro recebe um benefício alimentar, e *C. sjostedti* ganha um benefício na forma de ninhos, de modo que as duas espécies representam outro mutualismo na comunidade.

No entanto, a escavação pelos besouros causa um crescimento mais lento das árvores de acácia e o dobro da taxa de mortalidade quando comparado às árvores que são cuidadas por *C. mimosa*. Como consequência, embora os herbívoros

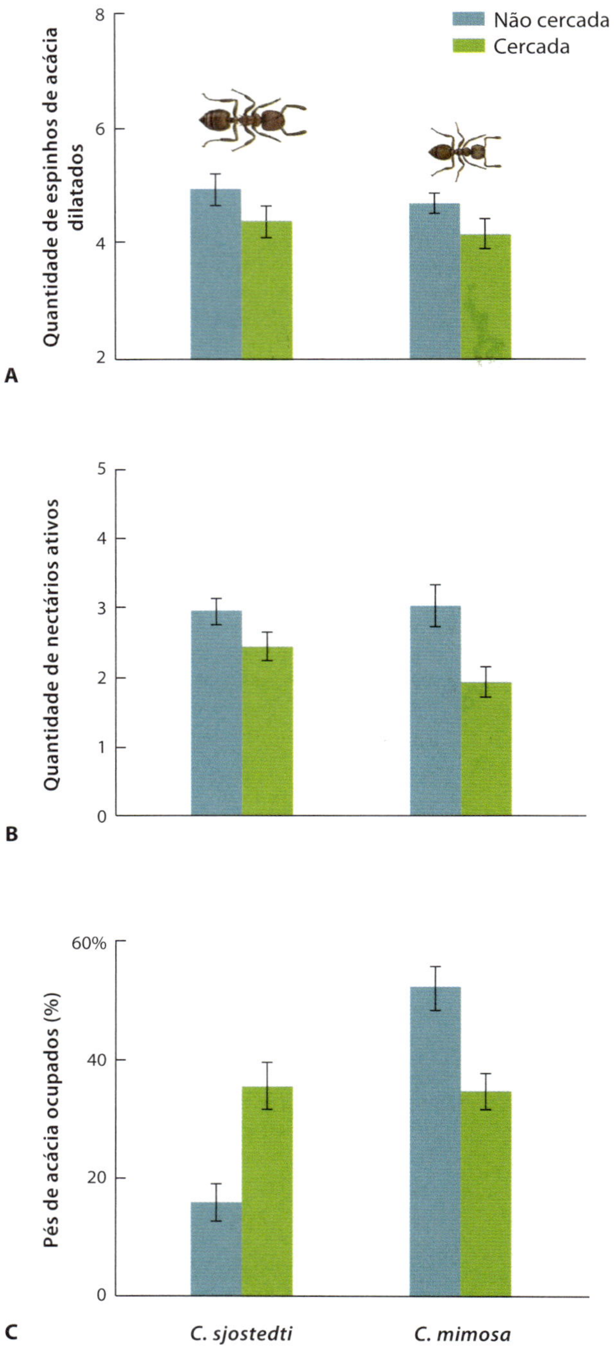

Figura 17.21 Efeitos do mutualismo sobre a comunidade. Os efeitos do mutualismo no nível de comunidade foram descobertos quando pesquisadores cercaram áreas de árvores de acácia e, assim, excluíram grandes herbívoros mamíferos. **A** e **B.** As árvores cercadas que foram cuidadas por *C. sjostedti* ou *C. mimosa* começaram a produzir menos espinhos dilatados e menos nectários. **C.** Em resposta às alterações nas árvores, *C. sjostedti* começou a ocupar muito mais árvores de acácia, enquanto *C. mimosa* ocupou menos árvores. As barras de erro são erros padrões. Dados de T. M. Palmer et al., Breakdown of an ant-plant mutualism follows the loss of large herbivores from an African savanna, *Science* 319 (2008): 192–195.

mamíferos maiores possam alimentar-se das árvores de acácia e ocasionar efeitos negativos sobre o crescimento delas, a exclusão de grandes herbívoros acaba tendo ação negativa muito maior sobre as árvores, uma vez que elas deixam de ser defendidas contra competidores ou besouros-de-chifres-longos. Como demonstra esse exemplo, os mutualismos afetam mais do que as espécies envolvidas nas interações; eles podem apresentar efeitos de longo alcance por toda a comunidade.

EFEITOS DO MUTUALISMO SOBRE A FUNÇÃO DO ECOSSISTEMA

Os mutualismos também podem apresentar efeitos ecológicos no nível do ecossistema. Como discutido no Capítulo 1, pesquisadores que trabalham com ecossistemas examinam o movimento de energia e matéria entre muitas fontes, incluindo os domínios bióticos e abióticos. Por exemplo, aqueles que trabalham com fungos micorrízicos arbusculares investigaram como um ecossistema de campo composto por 15 espécies responderia a diferentes quantidades de espécies de fungo no solo. Quando eles pesquisaram a quantidade total de fósforo que as plantas assimilaram do solo, descobriram que as plantas que vivem em solos contendo mais espécies de fungo assimilaram uma quantidade maior de fósforo, como mostrado na Figura 17.22 A. Eles também quantificaram a biomassa total de raízes no solo e de brotos acima dele, evidenciando que um número maior de espécies de fungo no solo causava aumentos substanciais na biomassa das raízes e dos brotos no ecossistema. Esses dados podem ser vistos na Figura 17.22 B e C. Como ilustrado nesse exemplo, os mutualismos não afetam somente determinadas espécies, mas podem também ter grandes efeitos sobre o funcionamento dos ecossistemas.

Ao longo deste capítulo, observou-se como as espécies podem interagir em uma diversidade de mutualismos. Essas interações atendem a uma ampla variedade de necessidades, incluindo aquisição de recursos, locais para viver, defesa, polinização e dispersão. Elas podem apresentar efeitos importantes sobre as comunidades e os ecossistemas, além de até mesmo apresentar implicações importantes para a conservação, como será observado no boxe "Ecologia hoje | Correlação dos conceitos" a seguir.

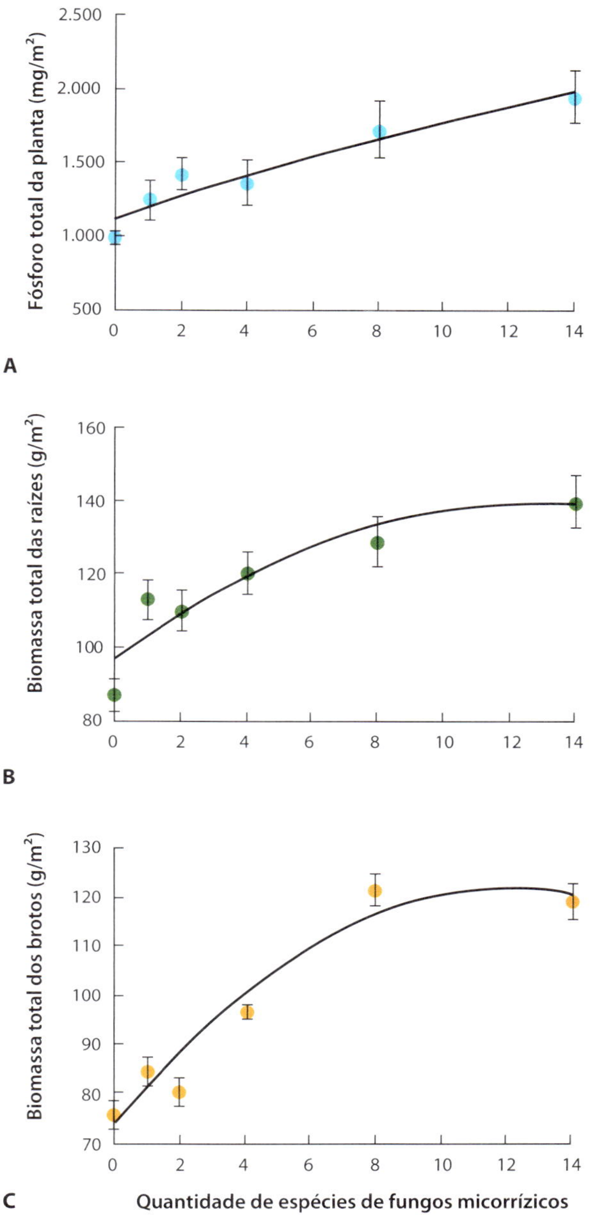

Figura 17.22 Efeitos da diversidade de fungos no ecossistema. Quando pesquisadores manipularam aumentos na diversidade das espécies de fungos micorrízicos, observaram uma elevação na quantidade total de fósforo nas plantas (**A**), na biomassa total das raízes (**B**) e na biomassa total dos brotos (**C**). As barras de erro são erros padrões. Dados de A. G. A van der Heijden et al., Mycorrhizal fungal diversity determines plant biodiversity, ecosystem variability, and productivity, *Nature* 396 (1998): 69–72.

VERIFICAÇÃO DE CONCEITOS

1. Como a invasão pela erva-alheira está alterando a distribuição de espécies de árvores?
2. Por que as árvores de acácia que não sofrem mais herbivoria pelos grandes mamíferos fornecem menos recompensas para as formigas mutualistas?
3. Por que o aumento da diversidade de fungos micorrízicos confere maior produtividade à planta?

ECOLOGIA HOJE | **CORRELAÇÃO DOS CONCEITOS**

Como lidar com a morte de dispersores

Mutualista substituto. As tartarugas-de-aldabra foram introduzidas em uma pequena ilha na República de Maurício para atuar como um dispersor de sementes para uma população de árvores de ébano criticamente ameaçada. Fotografia de Olivier Naud.

MUDANÇA GLOBAL

A República de Maurício é um bom exemplo do quão importante os mutualismos podem ser para a persistência das espécies na natureza. As Maurício, um grupo de ilhas localizado no Oceano Índico, a sudeste do continente africano, é o único local na Terra no qual a ave dodô (*Raphus cucullatus*) chegou a viver. Trata-se de uma ave grande e não voadora, que era uma fonte fácil de alimento para os navegantes que visitavam as ilhas, mas que também foi prejudicada pela introdução de muitas espécies não nativas.

No fim do século XVII, cerca de 200 anos após os humanos terem pisado pela primeira vez nas Maurício, o dodô foi extinto. Diversas outras espécies únicas das Ilhas Maurício também foram levadas à extinção, incluindo duas espécies de tartarugas gigantes: a "tartaruga-gigante-de-carapaça" (em inglês, *high-backed tortoise*) (*Cylindraspis triserrata*) e a "tartaruga-gigante-de-maurício" (em inglês, *domed tortoise*) (*C. inepta*). Assim, as ilhas não apenas não têm essas espécies, mas também não contam mais com os serviços que elas prestavam.

Durante os séculos seguintes, à medida que os humanos se estabeleciam nas ilhas, eles cortavam grandes faixas de floresta tropical para produzir madeira, lenha e espaço para campos de cana-de-açúcar. Hoje, somente cerca de 2% da floresta original permanece, e algumas das espécies de árvores continuam a declinar. A *Syzygium mamillatum*, por exemplo, é uma espécie de árvore criticamente ameaçada com apenas pouco mais de 100 indivíduos.

Cientistas que estudam esse problema perceberam que muitas espécies de árvores em declínio provavelmente dependiam dos dodôs e das tartarugas para a dispersão das sementes. Isso porque eles consumiam os frutos, e as sementes eram liberadas após passarem pelo sistema digestório dos animais. Desse modo, quando eles defecavam, normalmente longe das árvores que produziam os frutos, as sementes estavam prontas para germinar. Com a extinção desses mutualistas, menos frutos foram consumidos, e quaisquer sementes liberadas permaneciam próximo da árvore-mãe. As sementes que germinam perto da árvore-mãe competem com ela, e existem altas taxas de doença entre árvores coespecíficas concentradas no mesmo lugar. Assim, sem os dispersores, as sementes das árvores raras não conseguem se dispersar e recolonizar as áreas abertas que foram cortadas.

Pesquisadores imaginaram se era possível levar de volta às ilhas o processo de dispersão das sementes mesmo sem os animais que originalmente o realizavam. Então, eles apresentaram uma ideia radical: a hipótese de que talvez espécies não nativas pudessem ser introduzidas para preencher o papel dos mutualistas perdidos e ajudar a salvar as árvores ameaçadas. Para desempenhar o papel do dodô, os pesquisadores levaram perus domésticos (*Meleagris gallopavo*), que, à semelhança dos dodôs, apresentam uma grande moela que mói os frutos que deglutem. A ideia era de que, quando o dodô consumia os frutos, a moagem pela moela os fragmentava e liberava as sementes, mas mantinha a viabilidade das sementes conforme elas passavam pelo sistema digestório da ave. Para desempenhar o papel das duas espécies de tartarugas extintas, eles inseriram as tartarugas-gigantes-de-aldabra (*Aldabrachelys gigantea*) das Ilhas Seychelles, próximo dali.

Para testar o potencial dessas espécies como substitutas dos dispersores de sementes, os pesquisadores alimentaram os perus e as tartarugas-de-aldabra com frutos da árvore *S. mamillatum*. Então, as grandes moelas dos perus não apenas fragmentaram o fruto, como também moeram as sementes em pequenos pedaços, o que significava que os perus não eram substitutos adequados para os dodôs. No entanto, quando os frutos da árvore foram fornecidos às tartarugas-de-aldabra, os pesquisadores observaram que 16% das sementes dentro dos frutos permaneciam íntegras nas fezes das tartarugas. Embora essas sementes tivessem sucesso germinativo inferior ao das que não passaram pelo intestino das tartarugas, elas produziam plântulas que ficavam mais altas e tinham mais folhas. Isso significava que as tartarugas-de-aldabra poderiam atuar como um dispersor substituto eficaz.

Em um estudo de acompanhamento, os pesquisadores testaram se as tartarugas poderiam atuar como um novo mutualista para as árvores criticamente ameaçadas se fossem liberadas no ambiente selvagem. Para testar essa ideia, eles decidiram introduzir as tartarugas-de-aldabra em uma pequena ilha de 25 hectares que faz parte da República de Maurício. Essa ilha contém outra espécie de árvore rara, a árvore do ébano (*Diospyros egrettarum*), que chegou a ser abundante e produz grandes frutos de 16 g. O corte para lenha tornou essa árvore rara na ilha, e grandes áreas não continham novas plântulas de árvores de ébano. Sem os dispersores, os frutos caíam perto da árvore genitora e lá permaneciam. Em 2000, após a introdução das tartarugas em cercados, os pesquisadores confirmaram que elas não apresentavam efeitos negativos sobre a comunidade de plantas. Em 2005, foi possibilitado que 11 tartarugas vagassem livremente por toda a ilha. Em 2011, os pesquisadores relataram alguns resultados extraordinários. Poucos frutos eram encontrados perto das árvores genitoras porque as tartarugas estavam consumindo a maioria deles e, como as sementes eram eliminadas quando elas defecavam, as sementes foram realocadas para muitas outras áreas ao redor da ilha. Novas plântulas surgiram em todos os locais, incluindo áreas abertas nas quais a árvore não existia há muitas décadas. Além disso, sementes de ébano que passaram pelo intestino da tartaruga germinaram melhor do que as não consumidas.

Em 2013, pesquisadores relataram os resultados de liberar tartarugas em *Round Island*, outra pequena ilha ao largo da costa das Ilhas Maurício. Coelhos e cabras introduzidos viveram nesse local até serem eliminados na década de 1970. A ilha também tinha várias espécies de plantas introduzidas que superavam as nativas. O trabalho manual necessário para remover as plantas introduzidas era caro; então, os pesquisadores propuseram o uso de tartarugas como um substituto ecológico para as tartarugas extintas que teriam se alimentado de muitas das plantas. Inicialmente, eles introduziram a tartaruga-de-aldabra e a tartaruga-radiada (*Astrochelys radiata*) de Madagascar em cercados por cerca de 1 ano para determinar seus impactos de pastejo nas plantas. Em seguida, permitiram que as tartarugas andassem livremente pela ilha e comessem plantas. Em ambas as situações, as dietas das tartarugas eram compostas de 81 a 93% de plantas não nativas. Além disso, o custo de introduzir as tartarugas a longo prazo foi menor que o de pagar as pessoas para controlar as plantas não nativas.

Depois de mais de uma década de pesquisas, esses resultados sugerem que, embora não se possam recuperar as espécies extintas, é possível substituir algumas para trazer de volta os mutualismos, de modo que as extinções originais não causem extinções subsequentes de seus parceiros mutualistas.

Tartarugas dispersoras de sementes. Ao consumir os grandes frutos do ébano e dispersar as sementes por meio de suas fezes, as tartarugas as espalharam por toda a ilha. Elas podem representar a melhor esperança para recuperar a árvore do ébano da beira da extinção. Fotografia de Dennis Hansen.

FONTES:

Griffiths, C. J. et al., 2011. Resurrecting extinct interactions with extant substitutes. *Current Biology* 21: 1–4.

Griffiths, C. J. et al., 2013. Assessing the potential to restore historic grazing ecosystems with tortoise ecological replacements. *Conservation Biology* 27:690–700.

Hansen, D. M. et al., 2008. Seed dispersal and establishment of endangered plants on oceanic islands. The Janzen-Connell model, and the use of ecological analogues. *PLOS One* 3: 1–13.

Seddon, P. J. et al., 2014. Reversing defaunation: Restoring species in a changing world. *Science* 345:406–411.

RESUMO DOS OBJETIVOS DE APRENDIZAGEM

17.1 Mutualismos podem melhorar a aquisição de água, nutrientes e lugares para se viver. Os mutualistas podem ser classificados como generalistas, que interagem com muitas espécies, ou especialistas, que interagem com poucas outras espécies. Quando ambas as espécies necessitam uma da outra para persistir, elas são mutualistas obrigatórias. Quando a interação é benéfica, porém não essencial para a persistência das espécies envolvidas, elas são mutualistas facultativas. Os mutualismos por recursos incluem as algas e os fungos que compõem os liquens e os corais e as zooxantelas que constroem os recifes de corais. As plantas também participam nesse tipo de mutualismo ao interagirem com fungos endomicorrízicos, fungos ectomicorrízicos e bactérias *Rhizobium*. Na maioria dos animais, os protistas conseguem desempenhar um papel importante na digestão dos alimentos; porém, alguns constroem hábitats que compartilham com outras espécies em troca de outros benefícios.

Termos-chave: **generalista, especialista, mutualistas obrigatórios, mutualistas facultativos, fungos micorrízicos, fungos endomicorrízicos, fungos micorrízicos arbusculares, fungos ectomicorrízicos**

17.2 Mutualismos podem auxiliar na defesa contra inimigos. As plantas fazem uso dos mutualismos defensivos de diversos modos, incluindo com insetos agressivos, como formigas, e com fungos endofíticos que produzem substâncias químicas prejudiciais aos herbívoros. Os animais que interagem como mutualistas para a defesa contra inimigos incluem peixes-limpadores, que removem parasitos de peixes grandes, e aves pica-bois, que removem carrapatos de mamíferos.

Termo-chave: **fungos endofíticos**

17.3 Mutualismos podem facilitar a polinização e a dispersão de sementes. Os polinizadores possibilitam que muitas espécies de plantas sejam fertilizadas e algumas desenvolvam atributos que favoreçam um tipo específico de polinizador. Quando isso ocorre, as plantas e os polinizadores conseguem coevoluir. Diversas plantas também dependem do mutualismo para dispersar as suas sementes. Em alguns casos, as sementes são dispersas como resultado de animais que as estocam longe da árvore-mãe; em outros, os animais consomem o fruto das plantas, e as sementes são dispersas após passarem pelo seu sistema digestório.

17.4 Mutualismos podem ser alterados quando as condições mudam. Embora os mutualismos beneficiem todas as espécies na interação, um mutualismo positivo pode ser alterado para uma interação neutra ou negativa quando as condições mudam. Em alguns casos, as espécies podem responder a trapaceiros em um mutualismo, ao recompensarem apenas os indivíduos que, em troca, fornecem benefícios.

17.5 Mutualismos podem afetar a distribuição de espécies, comunidades e ecossistemas. Os mutualismos podem aumentar ou diminuir a abundância das espécies participantes. A ausência de um mutualista pode causar a eliminação completa de outra espécie, afetando, assim, sua distribuição. Os mutualistas também podem afetar as comunidades, seja alterando diretamente o número de espécies ou iniciando uma cadeia de interações na comunidade. No nível do ecossistema, os mutualistas também podem exercer efeitos adicionais, como o movimento de nutrientes e o aumento da biomassa total de produtores.

QUESTÕES DE RACIOCÍNIO CRÍTICO

1. Compare e contraste os mutualistas obrigatórios e os mutualistas facultativos.

2. Se a erva-alheira for utilizada para reduzir fungos micorrízicos arbusculares em um pomar de macieiras, que efeito isso poderia ter sobre o pomar?

3. Se o musaranho-arborícola-da-montanha e o rato-da-cimeira-de-bornéu fossem extintos, o que provavelmente aconteceria com a planta carnívora que atualmente vive em um mutualismo com esses dois mamíferos?

4. Se uma espécie fornece um hábitat como parte de uma relação mutualística, qual é o provável efeito sobre a abundância e a distribuição da outra espécie?

5. Como você responderia a alguém que afirma que um mutualismo é favorecido pela seleção natural porque cada espécie está tentando aumentar a aptidão das outras?

6. Se peixes-limpadores consomem parasitos e escamas de peixes maiores, o que determinaria se a interação é mais bem classificada como mutualismo ou parasitismo?

7. Para uma árvore que usa um animal mutualista facultativo para dispersar suas sementes, qual seria o impacto de o animal ser extinto?

8. Por que morangos silvestres, que têm sementes dispersas por animais, não fazem seus frutos muito coloridos e doces até que as sementes estejam totalmente desenvolvidas?

9. O que pode impedir que um fungo endofítico obtenha os benefícios de uma gramínea sem fornecer um benefício em troca?

10. Quando introduzimos um herbívoro não nativo para substituir um extinto que já serviu como mutualista, que fatores provavelmente são importantes para determinar o sucesso no nível da comunidade?

REPRESENTAÇÃO DOS DADOS | FUNÇÃO ECOSSISTÊMICA DOS FUNGOS

A manipulação do número de espécies de fungos micorrízicos causa diversos efeitos no ecossistema, incluindo um aumento no fósforo total que se acumula nas plantas (ver Figura 17.22). Utilizando os dados da tabela a seguir, calcule as médias e os erros padrões para a quantidade de fósforo remanescente que os pesquisadores encontraram no solo para cada um dos cinco tratamentos de fungos. Usando esses dados, mostre em um gráfico a relação entre a quantidade de espécies de fungos e a de fósforo no solo.

Quantidade de espécies de fungos	Fósforo remanescente no solo (mg de P/kg de solo)
0	16
0	15
0	17
2	11
2	10
2	12
4	9
4	10
4	8
8	4
8	6
8	5
14	4
14	3
14	5

18 Estrutura da Comunidade

Polinização do "Alimento dos Deuses"

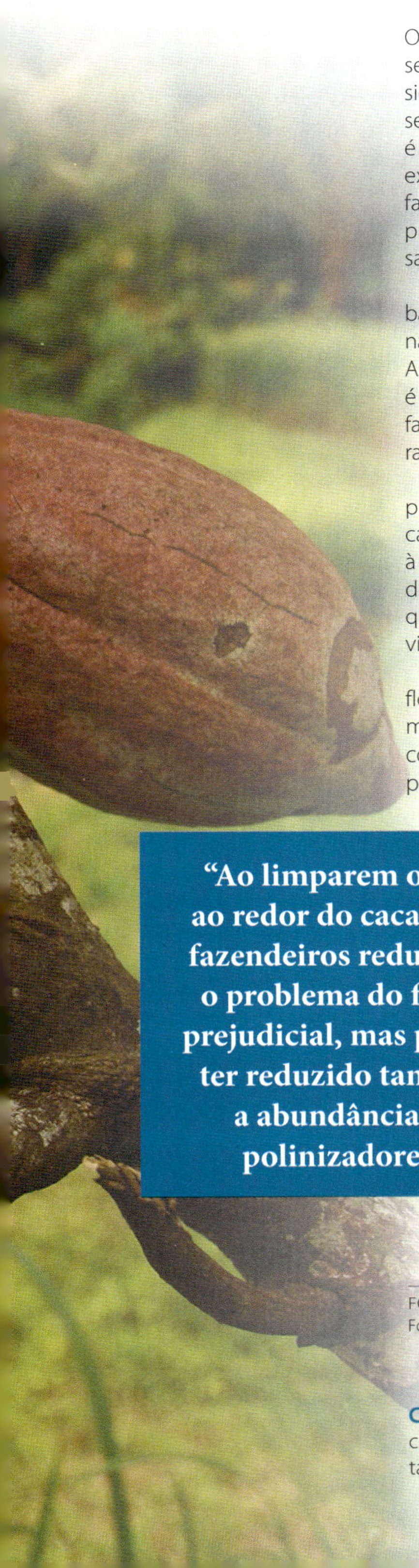

O chocolate é um dos ingredientes mais populares na cozinha moderna. Ele é proveniente das sementes da árvore de cacau (*Theobroma cacao*), que é originária das Américas do Sul e Central. Considerando que os povos antigos o utilizavam em cerimônias religiosas como presentes para seus deuses, o gênero da planta, *Theobroma*, é traduzido como "alimento dos deuses". Hoje em dia, o cacaueiro é cultivado em regiões tropicais ao redor do mundo, incluindo Américas, África e Ásia. No entanto, existe um problema muito difundido: apenas cerca de 10% das flores de cacau são polinizadas nas fazendas modernas. Isso resulta em menos sementes de cacau produzidas por cada planta e menos produção de cacau para os fazendeiros e consumidores. Como consequência, os fazendeiros precisam polinizar as flores à mão para aumentar o rendimento de suas plantações.

Fazendeiros e ecólogos têm se perguntado por que os cacaueiros estão sujeitos a um sucesso tão baixo de polinização. Em plantações modernas, mantém-se o solo limpo ao redor do cacaueiro para que não haja decomposição de cascas de frutos velhos, o que pode atrair um fungo que pode ser prejudicial. Assim, a remoção de cascas velhas reduz esse perigo. No entanto, a matéria em decomposição da planta é também o hábitat para o estágio larval do principal polinizador do cacaueiro, que são mosquinhas da família Ceratopogonidae. Desse modo, ao limparem o solo ao redor do cacaueiro, os fazendeiros reduziram o problema do fungo prejudicial, mas podem ter reduzido também a abundância de polinizadores.

Para testar essa hipótese, pesquisadores na Austrália conduziram um experimento no qual manipularam a presença ou ausência de cascas de frutos velhos de cacau ao redor de grupos de oito cacaueiros. Dentro de cada grupo, eles também manipularam a presença ou ausência de polinização à mão. Ao longo de 7 meses, os pesquisadores documentaram as quantidades de flores e frutos produzidos e a massa dos frutos produzidos por cada árvore. Adicionalmente, registraram a presença de qualquer aranha predadora ou lagartos da família Scincidae, que poderiam ser atraídos pelos insetos vivendo nas cascas em decomposição.

Em 2017, os pesquisadores relataram que a adição de cascas velhas resultou na produção de mais flores pelos cacaueiros, provavelmente como resultado da decomposição das cascas, que forneceram mais nutrientes ou água para as plantas. Após ajustarem a diferença no número total de flores, eles descobriram que a adição de cascas velhas aumentou dramaticamente a quantidade de flores que foram polinizadas pelas mosquinhas. Além disso, quando analisaram os frutos na maturidade, observaram que o aumento no número de flores polinizadas em decorrência da adição de cascas velhas foi quase tão alto quanto o ocorrido quando utilizaram polinização à mão. A massa total do fruto em cada árvore seguiu um padrão similar. Ademais, os pesquisadores viram que a adição de cascas atraiu mais aranhas predadoras e lagartos da família Scincidae, mas esses predadores não pareciam prejudicar as mosquinhas.

"Ao limparem o solo ao redor do cacaueiro, fazendeiros reduziram o problema do fungo prejudicial, mas podem ter reduzido também a abundância de polinizadores."

Em conjunto, esses resultados mostram que as cascas em decomposição dos frutos do cacaueiro oferecem um hábitat essencial para ovos e larvas das mosquinhas e outros insetos, o que, por sua vez, melhora a polinização das flores do cacaueiro e fornece presas na forma de insetos para diversas espécies de predadores. Uma vez que as cascas em decomposição também servem como hábitat para fungos patógenos que são prejudiciais aos cacaueiros, os pesquisadores sugerem que outra fonte de matéria vegetal em decomposição, tal como caules de bananeiras velhas, possa ser uma maneira melhor de fornecer hábitats para as mosquinhas e, ao mesmo tempo, reduzir a prevalência de fungos patógenos. Essa pesquisa esclarece como comunidades ecológicas são formadas por espécies interconectadas e que essas conexões têm um importante impacto nas comunidades naturais e agrícolas.

FONTE:
Forbes, J. F., T. D. Northfield. 2017. Increased pollinator habitat enhances cacao fruit set and predator conservation. *Ecological Applications* 27: 887–899.

Cacaueiros produzem frutos que contêm as sementes de cacau. Quando cascas de frutos velhos são colocadas ao redor das árvores, elas fornecem um hábitat para os ovos e larvas das mosquinhas, que mais tarde se tornam moscas adultas que polinizam as flores do cacaueiro. Fotografia de urf/Getty Images.

OBJETIVOS DE APRENDIZAGEM

Após a leitura deste capítulo, você deverá ser capaz de:

18.1 Ilustrar como comunidades podem ter limites graduais ou definidos.

18.2 Explicar por que a diversidade de uma comunidade inclui tanto a quantidade de espécies quanto a sua abundância relativa.

18.3 Descrever os meios pelos quais a diversidade de espécies é afetada pela disponibilidade de recursos, variedade de hábitats, espécies-chaves e distúrbios.

18.4 Explicar por que comunidades são organizadas em teias alimentares.

18.5 Descrever como comunidades respondem a distúrbios com resistência, resiliência ou mudando entre estados estáveis alternativos.

No Capítulo 1, comunidade foi definida como um conjunto de espécies que vivem juntas em uma área específica. Também foi discutido como os ecólogos trabalhando no nível da comunidade focam em uma variedade de interações de espécies e como essas interações afetam a quantidade de espécies e o tamanho populacional relativo de cada uma. Nos Capítulos 14 a 17, foram abordados os principais tipos de interações de espécies.

A partir deste capítulo, a compreensão das comunidades nas quais essas interações acontecem será expandida. Neste primeiro momento, será examinada a estrutura da comunidade, o que inclui a sua composição de espécies, a abundância relativa de cada uma e as relações entre elas. De início, o foco será em um debate clássico sobre se as comunidades são entidades distintas ou não, passando a como os ecólogos quantificam os padrões de diversidade de espécie nas comunidades com base na quantidade e na abundância relativa de cada uma na comunidade. Todas essas espécies funcionam como produtores e consumidores em uma *teia alimentar*, que ajuda a determinar o número de espécies, sua abundância relativa e a estabilidade da comunidade.

18.1 As comunidades podem ter fronteiras definidas ou graduais

O primeiro passo é considerar como comunidades mudam ao longo da paisagem e como são classificadas. Considerando que muitas espécies se deslocam entre elas, a definição de fronteiras em torno de uma comunidade pode ser difícil. Por exemplo, muitas aves migram toda primavera e todo outono; os anfíbios passam sua vida larval nas comunidades aquáticas e sua vida adulta nas terrestres. Esta seção discute as fronteiras das comunidades e investiga como elas são afetadas quando suas fronteiras são definidas ou graduais.

ZONAÇÃO DA COMUNIDADE

Uma das características mais notáveis das comunidades é que a composição das espécies muda ao longo da paisagem. Com a alteração nas condições ambientais, algumas espécies se tornam mais capazes de sobreviver e competir. Por exemplo, se alguém caminhasse da base até o cume de uma das Montanhas de Santa Catalina, no Arizona, observaria mudanças notáveis na vegetação, como ilustrado na Figura 18.1. Na base

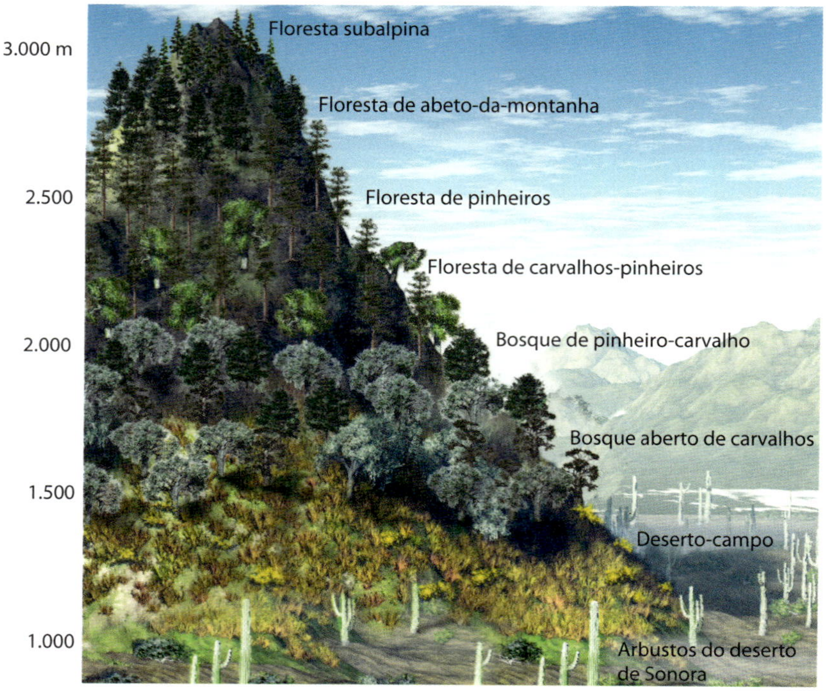

Figura 18.1 Zonas nas comunidades terrestres. À medida que alguém sobe as Montanhas de Santa Catalina, no Arizona, vê a vegetação mudar de deserto arbustivo para grandes árvores.

das montanhas, primeiramente seriam encontradas plantas adaptadas ao deserto, incluindo o "arbusto-de-coelho" *Franseria deltoidea* e o arbusto creosoto. À medida que se começasse a subir a montanha, haveria gramíneas, alguns arbustos como o "arbusto-dourado" (*Haplopappus laricifolius*) e uns poucos carvalhos dispersos. Então, conforme se aproximasse do cume da montanha, chegaria em uma floresta de pinheiros-ponderosa e pinheiros-brancos-do-sudoeste (*Pinus strobiformis*), seguida por uma floresta contendo o abeto-de-engelmann (*Picea engelmannii*), o abeto-branco (*Abies concolor*) e o abeto-subalpino.

As zonas nas quais cada espécie prospera refletem os intervalos de tolerâncias distintas para temperatura e umidade disponíveis, assim como diferentes capacidades para competir com outras espécies. Há mudanças semelhantes nos animais que vivem em diferentes altitudes nas montanhas. As mudanças nas plantas e nos animais em diferentes altitudes criam alterações contínuas na composição da comunidade, desde a base das montanhas até os picos mais altos.

A zonação também ocorre em comunidades aquáticas, como mostrado na Figura 18.2. Um exemplo disso foi visto no Capítulo 16, na abordagem sobre a competição entre espécies de cracas nos costões rochosos da Grã-Bretanha. Devido à combinação de competição e resistência à dessecação, cracas-estreladas vivem na zona entremarés superior, e as bolotas-do-mar, na zona entremarés inferior. Como um outro exemplo, as florestas de *kelps* ocupam a área abaixo da zona entremarés, e diversas variedades de algas, mexilhões, anêmonas, cracas rochosas e caranguejos-ermitões ocupam as zonas entremarés inferior e média. Na zona entremarés superior, há lapas, que são um tipo de gastrópode, e cracas-estreladas. Mais acima na costa, uma área conhecida como zona de respingos (em inglês, *splash*) é lar para mais lapas e um tipo de caracol conhecido como caramujo (*Littorina littorea*). A distribuição de espécies nas diferentes zonas da costa reflete uma combinação de tolerância às mudanças nas condições abióticas e o resultado das interações de espécies que incluem competição, predação e herbivoria.

CLASSIFICAÇÃO DAS COMUNIDADES

Os ecólogos geralmente classificam as comunidades da mesma maneira como fazem com os biomas – pelos seus organismos dominantes ou pelas suas condições físicas que afetam a distribuição de espécies. Na América do Norte, por exemplo, podem ser examinadas uma comunidade de floresta de fagáceas e bordos em Ontário, uma comunidade de savana de pinheiros na Virgínia, ou uma comunidade de arbustos no Wyoming. Cada uma delas é denominada pelas plantas dominantes ali presentes. Nos sistemas aquáticos, é possível focar nas características físicas – como uma comunidade de riacho, de lago ou de alagados – ou no grupo dominante de organismos naquele sistema, como uma comunidade de recifes de coral.

Uma vez que não é prático estudar todas as espécies em uma comunidade, que podem chegar a centenas ou milhares,

Figura 18.2 Zonação das comunidades ao longo das costas oceânicas. À medida que alguém se move das águas profundas para as rasas na costa rochosa do nordeste da Inglaterra, vê a composição das espécies das comunidades mudar drasticamente.

Figura 18.3 Ecótonos. Os ecótonos são regiões onde duas comunidades se juntam em uma fronteira relativamente definida, indicada por uma rápida substituição de espécies. Este ecótono, no Greater Sudbury, Ontário, Canadá, ocorre onde uma floresta e um campo se encontram. Fotografia de Don Johnston/AGE Fotostock.

normalmente se foca em um subconjunto de espécies que vivem em determinada área.

Por exemplo, pesquisadores estudando uma comunidade de alagado poderiam analisar somente as bactérias, as algas, os caracóis, os crustáceos, os insetos, os anfíbios ou os peixes. Porém, diversos desses grupos podem ser estudados simultaneamente.

ECÓTONOS

Quando se tenta classificar as comunidades, fica evidente que algumas delas têm fronteiras definidas naturalmente ou construídas por humanos. Por exemplo, o limite natural entre uma comunidade de lago e uma de floresta pode ser claramente delineado pela margem da água. Essa fronteira existe porque há uma mudança abrupta nas condições ambientais à medida que se sai de uma comunidade e se entra na outra. Alterações bruscas semelhantes nas condições ambientais ocorrem, por exemplo, quando há uma súbita modificação no tipo de solo devido à geologia subjacente de uma área ou quando um indivíduo se move da face norte para as encostas da face sul das montanhas, as quais apresentam grandes diferenças de temperatura e umidade.

Os humanos também podem criar fronteiras definidas de comunidades. Por exemplo, uma área de floresta que foi desmatada para agricultura cria uma fronteira nítida entre a comunidade de campo e a de floresta. Mudanças súbitas nas condições ambientais em uma distância relativamente curta, acompanhadas por uma grande alteração na composição das espécies, criam uma fronteira conhecida como **ecótono** (Figura 18.3). Embora algumas espécies se movimentem entre as comunidades adjacentes que se unem para formar o ecótono, a maioria delas vive em uma das comunidades e se espalha para dentro do ecótono. Como consequência, essas regiões comumente sustentam uma grande quantidade de espécies, incluindo aquelas dos hábitats adjacentes e as adaptadas às condições especiais do ecótono.

Ecótono Fronteira criada por mudanças súbitas nas condições ambientais em uma distância relativamente curta, acompanhadas por grandes alterações na composição de espécies.

Figura 18.4 Solos serpentinos. Nas áreas onde rochas serpentinas emergem até a superfície, os solos contêm baixas concentrações de nutrientes e altas concentrações de metais como o níquel, o cromo e o magnésio. Neste local no norte da Califórnia, a floresta termina abruptamente onde os solos serpentinos começam porque as árvores não são capazes de sobreviver neles. Fotografia de Julie Kierstead Nelson.

Um modo de documentar a existência de um ecótono é utilizar uma amostragem por transecto linear (ver Capítulo 11) para determinar as abundâncias das diferentes espécies ao longo de um gradiente ambiental. Quando um ecótono está presente, espera-se observar mudanças súbitas na distribuição das espécies à medida que se deixa uma comunidade e se entra na adjacente. Um exemplo pode ser encontrado nas comunidades de plantas sobre solos serpentinos, que são derivados da rocha subjacente que contém metais pesados como o níquel, o cromo e o magnésio. Esses metais pesados são tóxicos para muitas plantas. Os solos serpentinos existem em pequenas manchas na paisagem em muitas partes diferentes do mundo e são tipicamente pobres em nutrientes como o nitrogênio e o fósforo. Devido às condições inóspitas, a maioria das espécies de plantas não consegue sobreviver nos solos serpentinos; no entanto, algumas desenvolveram a capacidade de tolerá-los. Assim, uma pequena porção das espécies de comunidades adjacentes também habita o ecótono (Figura 18.4).

Em um estudo no sul do Oregon, pesquisadores conduziram um levantamento por transectos que se estendeu de solos não serpentinos até os serpentinos. Eles mediram as concentrações de diversos metais e quantificaram a presença de inúmeras plantas. As concentrações de cromo, níquel e magnésio aumentaram na passagem dos solos não serpentinos para os serpentinos, como se pode ver na metade inferior da Figura 18.5. Quando examinaram a distribuição das plantas, como mostrado na metade superior da figura, descobriram que espécies como o carvalho-negro (*Quercus kelloggii*) e o carvalho-venenoso (*Rhus diversiloba*) não cresceram no solo serpentino, enquanto o "carvalho-vivo-do-cânion" (*Quercus chrysolepis*) e a "tasna" (*Senecio integerrimus*) foram encontrados quase inteiramente no ecótono onde os dois solos se juntam, e as espécies como a "erva-de-fogo" (*Epilobium minutum*) e a "erva-de-bicho" (*Polygonum douglasii*) foram observadas somente nos solos serpentinos. Essas espécies apresentam fronteiras definidas à medida que há movimentação através do gradiente de solos dos não serpentinos para os serpentinos. Como se pode ver nos dados do transecto, umas poucas espécies como as hierácias (*Hieracium albiflorum*) e a festuca (*Festuca californica*) foram encontradas ao longo de todo o gradiente. Desses dados pode-se concluir que, enquanto algumas espécies são fortemente restritas aos solos serpentinos ou não serpentinos, a maior quantidade está dentro do ecótono.

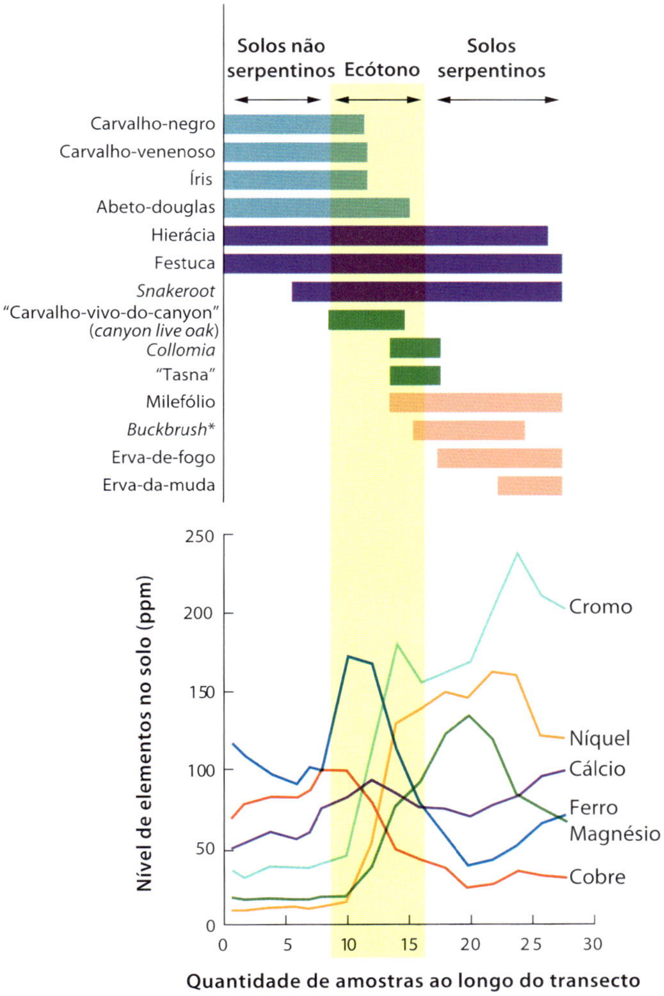

Figura 18.5 Linha de transecto de solos serpentinos e não serpentinos. À medida que há movimentação ao longo do transecto, a concentração de metais no solo apresenta um aumento repentino no meio do caminho. A presença de espécies de plantas ao longo do gradiente, como indicado pelas barras, demonstra que algumas espécies vivem principalmente em solos não serpentinos (*em azul*); umas poucas, principalmente no ecótono (*em verde*); e diversas vivem principalmente nos serpentinos (*em rosa*). Três dessas espécies são capazes de viver ao longo de todo o transecto (*em roxo*). *N.T.: Arbustos de que os cervos se alimentam, encontrados na América do Norte. Dados de C. D. White, "Vegetation-soil chemistry correlations in serpentine ecosystems" (PhD dissertation, University of Oregon, 1971).

COMUNIDADES COM INTERDEPENDÊNCIA *VERSUS* DISTRIBUIÇÕES DE ESPÉCIES INDEPENDENTES

Como se tem notado, uma comunidade é frequentemente descrita pela espécie dominante que vive nela. Embora se saiba que as espécies interagem umas com as outras, por muitos anos os ecólogos se questionaram se, em uma comunidade, elas são encontradas juntas porque dependem umas das outras ou porque têm necessidades de hábitats semelhantes.

As **comunidades interdependentes** são aquelas nas quais as espécies dependem umas das outras para existir. No início do século XX, o ecólogo de plantas Frederic Clements propôs que a maioria das comunidades funciona de modo interdependente e como um *superorganismo*. Ele comparou cada espécie com as diferentes partes do corpo de um organismo, as quais precisam umas das outras para sobreviver.

As **comunidades independentes** são aquelas nas quais as espécies não dependem umas das outras para existir. Elas são compostas de espécies que vivem no mesmo lugar porque têm adaptações e requerimentos de hábitats semelhantes.

Embora cada espécie tenha um intervalo um tanto quanto diferente de condições sob as quais pode viver, tanto comunidades interdependentes como dependentes refletem a sobreposição de intervalos das espécies que nela vivem. Em outras palavras, os requisitos de hábitats semelhantes acabam por colocar diversas espécies no mesmo lugar e ao mesmo tempo. O ecólogo de plantas Henry Gleason rejeitou a metáfora do superorganismo de Clements e propôs que a maioria das comunidades consiste em espécies com distribuições independentes.

Diferenças entre distribuições de espécies interdependentes e independentes

Como é possível determinar se uma comunidade é composta de um grupo de espécies interdependentes ou independentes? Uma abordagem tem sido o uso de estudos de transectos lineares. Se as distribuições de espécies forem interdependentes, deve ser possível observar conjuntos de espécies aparecendo e desaparecendo juntos ao longo do transecto linear. Porém, se a distribuição das espécies for independente, devem-se observar mudanças graduais na composição de espécies ao longo do transecto. Cada espécie aparecerá e desaparecerá em pontos diferentes ao longo do transecto por causa dos requisitos únicos de hábitat de cada uma.

Um estudo clássico usando essa abordagem foi conduzido durante a década de 1950 por Robert Whittaker, que fez o levantamento das distribuições de espécies de plantas nas Great Smoky Mountains, na fronteira entre o Tennessee e a Carolina do Norte (Figura 18.6 A). Em diferentes altitudes que variam em temperatura e umidade, ele calculou o número de talos presentes para cada espécie de planta. Como se pode ver na Figura 18.6 B, espécies distintas aparecem e desaparecem em diversos pontos ao longo do gradiente de umidade, e cada uma alcança seu pico de abundância em pontos diferentes. Esse estudo e outros de

Comunidades interdependentes Comunidades nas quais as espécies dependem umas das outras para existir.

Comunidades independentes Comunidades nas quais as espécies não dependem umas das outras para existir.

Whittaker proporcionaram uma forte evidência de que, quando as condições ambientais mudam gradualmente ao longo de um gradiente, as espécies na comunidade normalmente apresentam mudanças graduais na abundância que são independentes umas das outras.

A observação da distribuição de espécies ao longo de gradientes ambientais é um modo de testar a independência dessas distribuições. Contudo, mesmo quando há mudanças repentinas nessas distribuições, não se pode ter certeza de que as espécies em uma comunidade são independentes ou interdependentes. Uma transição abrupta pode refletir uma mudança brusca nas condições abióticas, que faz com que muitas espécies simplesmente não consigam existir sob as condições modificadas. Por exemplo, os peixes e outros organismos aquáticos não estão restritos a viver em um lago porque são necessariamente interdependentes; na verdade, eles estão restritos ao lago porque não têm adaptações para viver na terra.

A interdependência pode ser determinada monitorando-se os resultados da remoção de uma ou mais espécies da comunidade. Se as espécies dependerem umas das outras para persistir, então a remoção de uma delas pode fazer com que outra decline. Em contrapartida, se elas não precisarem umas das outras para persistir, então a remoção de uma delas não deve afetar as outras, mas deve até mesmo melhorar a aptidão das restantes, no caso de elas competirem com a que é removida.

A

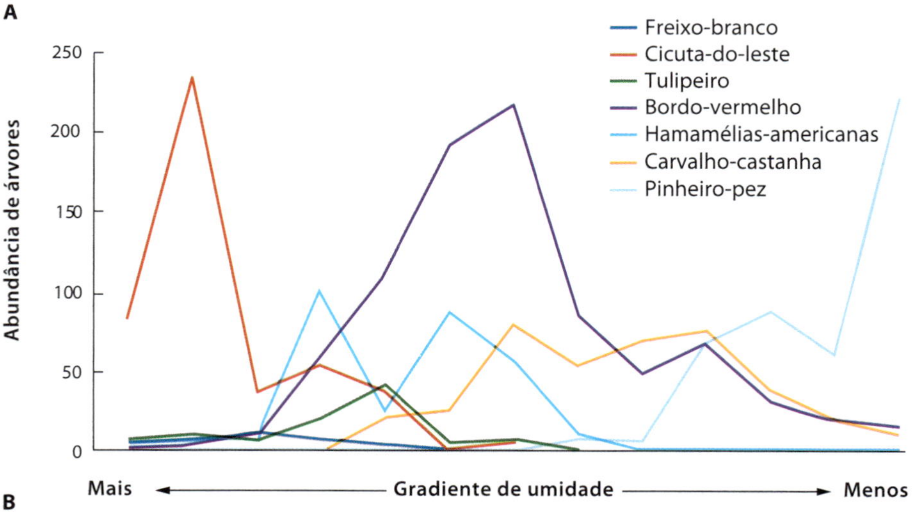

B

Figura 18.6 Distribuição de espécies independentes. A. As Great Smoky Mountains apresentam mudança na composição das espécies de plantas com a variação na elevação e a umidade do solo. **B.** Quando um levantamento de árvores foi conduzido ao longo do gradiente de umidade em um intervalo de altitude entre 1.067 e 1.372 m, os pesquisadores descobriram que cada espécie tem sua abundância máxima em pontos diferentes ao longo do gradiente. Além disso, cada espécie aparece e desaparece em pontos diferentes ao longo do gradiente de umidade. Isso levou os pesquisadores a rejeitarem a hipótese de que as comunidades de plantas sejam entidades distintas nas quais a existência de uma espécie dependa da presença de uma outra ou mais espécies. Dados de R. H. Whittaker. Vegetation of the Great Smoky Mountains. *Ecological Monographs*. 26 (1956): 1–80. Fotografia de Chuck Summers/Contemplative Images.

Espécies interdependentes em condições ambientais severas
Estudos recentes têm evidenciado que algumas espécies dependem umas das outras para persistir, particularmente nas comunidades que estão sujeitas a condições ambientais severas, como temperaturas ou umidades extremamente altas ou baixas. Por exemplo, em um grande experimento conduzido em 11 lugares no mundo, os pesquisadores examinaram como 115 espécies de plantas que crescem em altitudes elevadas ou baixas nos biomas da tundra alpina respondiam quando uma espécie vizinha era removida. Eles mediram o percentual de plantas que sobreviveu, bem como o percentual que produziu flores. A remoção de plantas vizinhas em locais de baixa altitude causou um aumento na sobrevivência das plantas remanescentes, como mostrado na Figura 18.7 A, e no percentual de plantas que produziam flores ou frutos, o que se pode ver na Figura 18.7 B. Por outro lado, a remoção de plantas vizinhas em locais de altitudes elevadas provocou um decréscimo tanto na sobrevivência das plantas remanescentes quanto no percentual das que produziam flores.

As plantas vivendo sob as condições mais severas, de maior altitude, foram beneficiadas pela presença das espécies vizinhas porque elas reduziam os ventos fortes, proporcionavam sombra ou ofereciam proteção contra herbívoros. Esses experimentos ensinaram aos ecólogos que, embora a maioria das comunidades pareça ser composta por espécies com distribuições independentes, aquelas vivendo sob condições ambientais severas frequentemente dependem umas das outras.

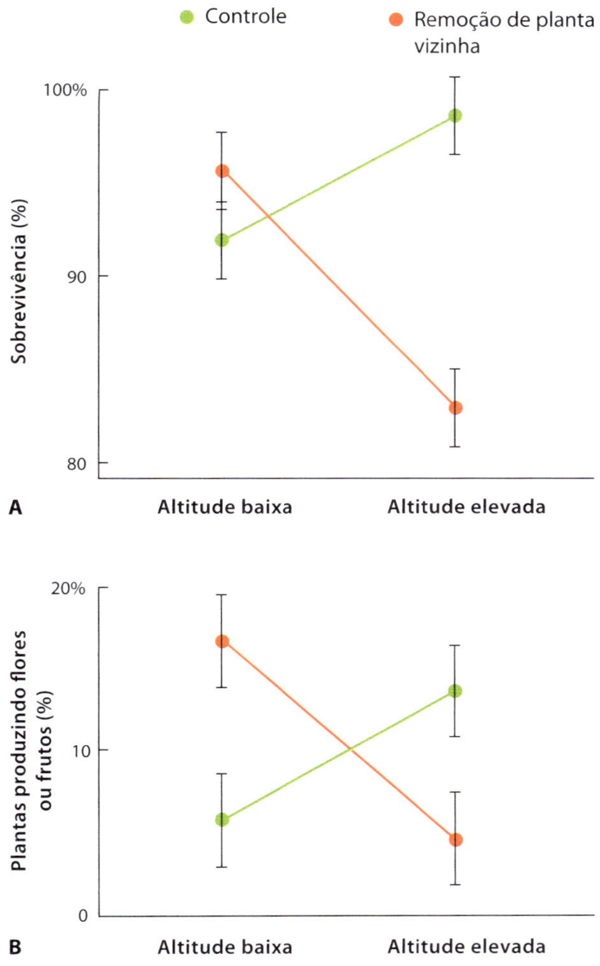

Figura 18.7 Interdependência de espécies sob condições ambientais extremas. Em biomas de tundra alpina no mundo, os pesquisadores mediram como as plantas em altitudes baixas e elevadas responderam à remoção de plantas vizinhas em termos de sobrevivência (**A**) e percentual de plantas que produzia flores (**B**). Nas altitudes baixas, a remoção de vizinhas fez com que as plantas sobrevivessem melhor e produzissem mais flores ou frutos, o que sugere que elas estejam competindo. Nas altitudes elevadas, a remoção de vizinhas fez as plantas sofrerem redução da sobrevivência e produção de flores, o que sugere que as plantas naquela comunidade funcionam como facilitadoras umas para as outras. As barras de erro são erros padrões. Dados de R. M. Callaway et al., Positive interactions among alpine plants increase with stress. *Nature* 417 (2002): 844–848.

VERIFICAÇÃO DE CONCEITOS

1. Por que frequentemente observamos mais espécies vivendo em um ecótono do que dentro de qualquer uma das comunidades adjacentes?
2. Quais são as causas subjacentes da zonação da distribuição das espécies em comunidades?
3. Como determinamos se a composição de espécies em uma comunidade é interdependente ou independente?

18.2 A diversidade de uma comunidade inclui tanto a quantidade de espécies quanto sua abundância relativa

Para compreender os processos que influenciam a estrutura e o funcionamento das comunidades, é preciso analisar como elas diferem de um lugar para o outro. Esta seção examina os padrões de **riqueza de espécies**, que se refere ao número de espécies em uma comunidade. Também serão abordados os padrões de abundância de indivíduos para cada espécie e quantificada a diversidade de espécies em uma comunidade em termos de riqueza e abundância. Essas são questões importantes porque os ecólogos frequentemente querem comparar as diversidades de espécies entre as comunidades ou avaliar os efeitos das atividades humanas sobre a abundância de cada espécie e a diversidade de espécies de uma comunidade.

PADRÕES DE ABUNDÂNCIA ENTRE ESPÉCIES

A abundância pode ser examinada em termos absolutos ou relativos. A **abundância relativa** é a proporção de indivíduos em uma comunidade representada por cada espécie. Quando os ecólogos contam esse número, geralmente descobrem que somente umas poucas espécies têm baixa ou alta abundância, enquanto a maioria tem abundância intermediária. Frank Preston desenvolveu um meio para visualizar esse padrão em uma série de artigos clássicos, nos quais examinou a variação na abundância de diferentes espécies. Ele fez isso com espécies de aves próximo a Westerville, Ohio, e mostrou graficamente suas abundâncias, como visto na Figura 18.8 A. Preston descobriu que somente umas poucas espécies de aves na

Riqueza de espécies Quantidade de espécies em uma comunidade.

Abundância relativa Proporção de indivíduos em uma comunidade representada por cada espécie.

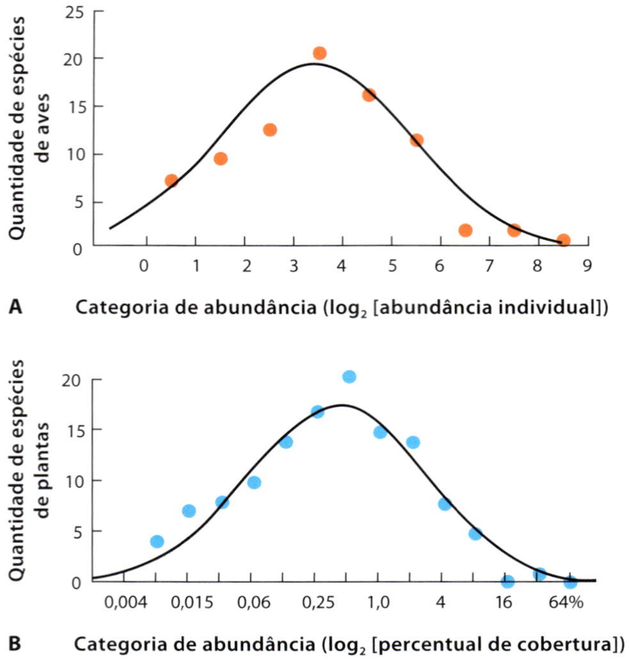

Figura 18.8 Distribuições log-normal da abundância de espécies. As distribuições log-normal são encontradas quando são inseridas no gráfico as categorias de abundância de cada espécie em uma escala $\log_2$ e, em seguida, o número de espécies que contém cada categoria de abundância. **A.** Um levantamento de 10 anos de aves em Westerville, Ohio, mostrou que poucas espécies têm abundâncias extremamente baixas ou altas; a maioria tem abundâncias intermediárias. **B.** Um levantamento das plantas do deserto no Arizona mediu a abundância usando o percentual de cobertura de cada espécie, em vez do número de indivíduos, e descobriu uma distribuição log-normal similar. Dados de (A) F. W. Preston, The canonical distribution of commonness and rarity. Part I, Ecology 43 (1962): 185-215; (B) R. H. Whitaker, Dominance and diversity in land plant communities. *Science* 147 (1965): 250–260.

comunidade tinham menos de 2 indivíduos ou mais de 100; a maioria tinha de 4 a 64 indivíduos.

Para criar esses gráficos, Preston usou o eixo *y* para representar o número de espécies e o eixo *x* para representar o número de indivíduos que formam cada espécie. A chave para visualizar os padrões de abundância nas comunidades foi usar categorias de abundância, como < 2, de 2 a < 4, de 4 a < 8, de 8 a < 16 e assim por diante. Quando essas categorias foram mostradas em uma escala $\log_2$ no gráfico, o primeiro valor de cada uma se transformou em 0, 1, 2, 3 etc. Desse modo, os dados mostrados produzem uma distribuição normal, ou seja, uma curva em forma de sino, tal que umas poucas espécies têm alta abundância, muitas têm abundância moderada e poucas têm baixa abundância. Uma distribuição normal que usa uma escala logarítmica no eixo *x* é uma **distribuição log-normal**.

As distribuições log-normais de abundância de espécies podem ser encontradas em uma ampla variedade de comunidades e grupos taxonômicos. Por exemplo, Robert Whittaker fez o levantamento das plantas do deserto e mediu a abundância de cada uma por meio da quantificação do percentual de cobertura de vegetação que cada uma proporcionava. Quando mostrou graficamente a cobertura percentual em uma escala $\log_2$, o que pode ser visto na Figura 18.8 B, ele também descobriu uma distribuição log-normal de abundância. Muitos estudos desde o trabalho clássico de Preston também têm observado distribuições log-normais das abundâncias das espécies.

CURVAS DE ABUNDÂNCIA RANQUEADA

Outra maneira de visualizar a relação entre a quantidade de espécies e a abundância relativa de cada uma é usar **curvas de abundância ranqueada**. Elas mostram a abundância relativa de cada espécie em uma comunidade em uma ordem de classificação da mais abundante até a menos abundante. As curvas de abundância ranqueada são particularmente úteis quando se deseja ilustrar como as comunidades diferem na riqueza e na **uniformidade de espécies**, que é uma comparação da abundância relativa de cada uma delas na comunidade. A maior uniformidade ocorre quando todas as espécies têm abundância igual; e a menor, quando uma espécie é abundante e todas as outras são raras. Para mostrar uma curva de abundância ranqueada em um gráfico, cada espécie foi classificada em termos de sua abundância: a espécie mais abundante recebeu nota 1, a mais abundante depois dela recebeu nota 2, e assim por diante.

Serão consideradas aqui duas comunidades hipotéticas. A comunidade A tem cinco espécies com abundâncias relativas de 0,5; 0,3; 0,1; 0,06; e 0,04. A comunidade B tem cinco espécies com abundâncias relativas de 0,2; 0,2; 0,2; 0,2; e 0,2. Com base nesses números, percebe-se que as duas têm a mesma riqueza de espécies, mas a comunidade A tem uma uniformidade de espécies menor do que a B. As curvas de abundância ranqueada desses dados são mostradas na Figura 18.9 A, ambas se estendendo igualmente para a direita, o que confirma que têm a mesma riqueza de espécies. Contudo, a inclinação da curva da comunidade A é consideravelmente maior do que a da comunidade B, porque as cinco espécies na primeira variam de uma abundância relativa muito alta até uma muito baixa. Por outro lado, todas as cinco espécies na comunidade B têm iguais abundâncias relativas, o que faz com que produzam uma linha reta e plana no gráfico. As curvas de abundância ranqueada possibilitam determinar rapidamente quais comunidades têm maior riqueza e uniformidade de espécies.

As curvas de abundância ranqueada são bons indicadores de como as comunidades diferem em riqueza e uniformidade. Por exemplo, pesquisadores no Brasil recentemente examinaram essas curvas para lagartos ao longo de diferentes hábitats florestais e determinaram a abundância de todas as espécies que puderam encontrar em suas buscas durante o dia. Eles ordenaram cada uma com base na abundância e fizeram um gráfico com as classificações contra a abundância relativa de cada espécie, como mostrado na Figura 18.9 B. Como se pode

---

Distribuição log-normal Distribuição normal, ou em forma de sino, que usa uma escala logarítmica no eixo *x*.

Curva de abundância ranqueada Curva em um gráfico que mostra a abundância relativa de cada espécie em uma comunidade, ordenada da espécie mais abundante para a menos abundante.

Uniformidade de espécies Comparação da abundância relativa de cada espécie em uma comunidade.

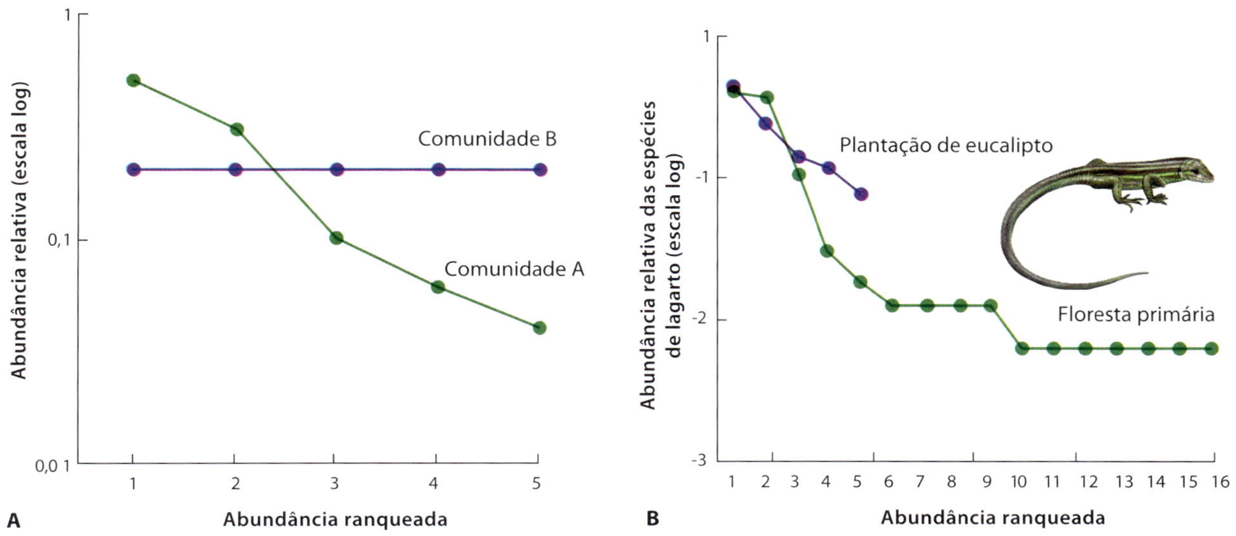

Figura 18.9 Curvas de abundância ranqueada. A. Estas curvas de abundância ranqueada representam duas comunidades hipotéticas com riquezas de espécies idênticas iguais a cinco espécies; no entanto, ambas diferem na uniformidade de espécies. A comunidade A tem uma espécie com a abundância relativa alta e outras espécies que têm abundância de moderada a baixa, o que significa que essa comunidade tem baixa uniformidade de espécies. Por outro lado, a comunidade B possui cinco espécies que são todas igualmente abundantes; portanto, a uniformidade é alta. **B.** Estas curvas de abundância de espécies para os lagartos que vivem no Brasil mostram que a floresta primária tem uma riqueza de espécies mais alta e uma uniformidade mais baixa do que a plantação de eucalipto. Dados de M. A. Ribeiro-Júnior et al. Evaluating the affectiveness of herpfofaunal sampling techiniques across a gradiente of habitat change in a tropical forest landscape, *Journal of Herpetology*, 42 (2008): 733–749.

ver na figura, a curva de abundância ranqueada para a floresta primária se estende bem mais longe para a direita do que a curva para os lagartos na plantação de eucalipto, o que indica que a floresta primária contém muito mais espécies de lagartos do que a plantação de eucalipto. Além disso, se forem consideradas as inclinações das curvas ao longo da ordenação de espécies que as duas comunidades têm em comum – das classes 1 a 5 –, será possível observar que a floresta primária tem uma inclinação maior do que a curva para a plantação de eucalipto. Isso indica que a comunidade de lagartos na floresta primária tem uma uniformidade menor do que a da plantação de eucalipto.

VERIFICAÇÃO DE CONCEITOS

1. O que a distribuição de espécies log-normal nos diz sobre a abundância do conjunto inteiro de espécies em uma comunidade?
2. O que a inclinação de uma curva de abundância ranqueada nos informa sobre a abundância relativa de espécies em uma comunidade?
3. Quais as duas medidas de diversidade de espécies que são consideradas quando calculamos índices de diversidade de espécies?

18.3 A diversidade de espécies é afetada por recursos, variedade de hábitat, espécies-chave e distúrbios

Até aqui se esclareceu que as comunidades diferem na quantidade de espécies que contêm, mas ainda não foi respondida a questão mais fundamental: por que elas diferem. Em uma escala global, há uma grande variação no número de espécies encontradas em lugares diferentes. Por exemplo, os naturalistas sabem por séculos que mais espécies vivem nas regiões tropicais do que nas temperadas ou boreais. Os padrões globais de riqueza serão discutidos em capítulos posteriores, além dos efeitos dos processos a longo prazo, como a deriva continental, o tempo passado desde a glaciação, a emergência de novas ilhas, a dispersão de espécies e o surgimento de novas espécies. Esta seção enfoca como a riqueza de espécies das comunidades dentro de qualquer região do mundo é afetada pela quantidade de recursos disponíveis, a variedade de hábitat, a presença de *espécies-chave* e a frequência e a magnitude de distúrbios.

RECURSOS

O número de espécies em uma comunidade pode ser afetado pela quantidade de recursos disponíveis. Por isso, os pesquisadores têm examinado os efeitos dos recursos sobre a diversidade de espécies, determinando correlações entre a produtividade e a riqueza de espécies na natureza. Eles também têm investigado como a riqueza de espécies muda quando a produtividade de uma comunidade é manipulada experimentalmente.

Padrões naturais de produtividade e riqueza de espécies

Por décadas, os ecólogos examinaram como a produtividade biológica se correlaciona ao número de espécies nas comunidades. Para fazer isso, eles normalmente medem a produtividade em termos de biomassa de produtores ou consumidores que é produzida ao longo do tempo. Entre centenas de estudos que têm sidos conduzidos sobre animais e plantas, tanto nos ambientes aquáticos quanto terrestres, os pesquisadores

ANÁLISE DE DADOS EM ECOLOGIA

Como calcular a diversidade de espécies

Os ecólogos concordam que as comunidades com mais espécies e maior uniformidade têm maior diversidade de espécies. Embora as curvas de abundância ranqueada sejam uma maneira útil de visualizar as diferenças de riqueza e uniformidade entre as comunidades, elas não geram um valor específico para a diversidade de espécies em uma comunidade. Ao longo dos anos, diversos índices de diversidade de espécies têm sido criados, e os dois mais comuns e igualmente válidos são o *índice de Simpson* e o *índice de Shannon*. Ambos incorporam a riqueza de espécies, abreviada como *S*, e a uniformidade; contudo, fazem isso de modos diferentes.

Para entender como se calcula a diversidade de espécies com cada um dos índices, pode-se começar com os dados de três comunidades para as quais existe uma abundância absoluta de cada espécie. A partir desses dados, é possível calcular a abundância relativa para as cinco espécies na comunidade, que é denotada por p_i. Com a abundância relativa, pode-se calcular tanto o índice de Simpson quanto o de Shannon.

ABUNDÂNCIA DE ESPÉCIES DIFERENTES DE MAMÍFEROS EM TRÊS COMUNIDADES

	Comunidade A		Comunidade B		Comunidade C	
Espécies	Abundância absoluta	Abundância relativa (p_i)	Abundância absoluta	Abundância relativa (p_i)	Abundância absoluta	Abundância relativa (p_i)
Rato	24	0,24	20	0,20	24[1]	0,25
Tâmia	16	0,16	20	0,20	24[1]	0,25
Esquilo	8	0,08	20	0,20	24[1]	0,25
Musaranho	34	0,34	20	0,20	24[1]	0,25
Rato-do-campo	18	0,18	20	0,20	0	0,00
Abundância total	**100**	**1,0**	**100**	**1,0**	**100**	**1,0**
S	5	5	5	5	4	4

[1]N.R.T.: Neste caso, o valor correto seria 25.

O **índice de Simpson**, uma medida da diversidade de espécie, é dado pela seguinte fórmula:

$$\frac{1}{\sum_{i=1}^{s}(p_i)^2}$$

Colocando em palavras, essa fórmula significa que cada um dos valores de abundância relativa é elevado ao quadrado; em seguida, somam-se esses números e calcula-se o inverso dessa soma. Por exemplo, para a comunidade A, o índice de diversidade de espécies de Simpson é:

$$\frac{1}{(0{,}24)^2 + (0{,}16)^2 + (0{,}08)^2 + (0{,}34)^2 + (0{,}18)^2}$$

$$= \frac{1}{0{,}24} = 4{,}21$$

O índice de Simpson pode variar de um valor mínimo de 1, que ocorre quando uma comunidade contém somente uma espécie, até um valor máximo igual ao número de espécies na comunidade, o qual somente ocorre quando todas as espécies na comunidade têm abundâncias iguais.

O **índice de Shannon (*H'*)**, também denominado **índice de Shannon-Wiener**, é outra medida da diversidade de espécies, definida pela seguinte fórmula:

$$H' = -\sum_{i=1}^{s}(p_i)(\ln p_i)$$

Colocando em palavras, essa fórmula significa que cada um dos valores de abundância relativa é multiplicado pelo logaritmo natural dos valores de abundância relativa, e os produtos são somados para se obter o negativo dessa soma. Por exemplo, na comunidade A, o índice de Shannon é:

$$-[(0{,}24)(\ln 0{,}24) + (0{,}16)(\ln 0{,}16) + (0{,}08)(\ln 0{,}08) + (0{,}34)(\ln 0{,}34) + (0{,}18)(\ln 0{,}18)]$$

$$-[(-0{,}34) + (-0{,}29) + (-0{,}20) + (-0{,}37) + (-0{,}31)] = 1{,}51$$

O índice de Shannon pode variar de um valor mínimo de 0, que representa uma comunidade com uma só espécie, até um valor máximo que é o logaritmo natural da quantidade de espécies na comunidade. Como foi visto com o índice de Simpson, o valor máximo de diversidade de espécies ocorre quando todas as espécies na comunidade têm a mesma abundância relativa.

EXERCÍCIO Calcule o índice de Simpson e o índice de Shannon para as comunidades B e C. Com base em seus cálculos, como a uniformidade e a riqueza de espécies afeta os valores de cada índice?

Índice de Simpson Medida da diversidade de espécies definida pela fórmula:

$$\frac{1}{\sum_{i=1}^{s}(p_i)^2}$$

Índice de Shannon (*H'*) Também denominado **índice de Shannon-Wiener**, é uma medida da diversidade de espécies definida pela fórmula:

$$H' = -\sum_{i=1}^{s}(p_i)(\ln p_i)$$

descobriram uma ampla variedade de padrões, como ilustrado na Figura 18.10 A. Em raros casos, foi observada uma curva em forma de U, na qual o aumento da produtividade é associado a um decréscimo inicial na riqueza de espécies, seguido por um aumento na riqueza de espécies.

Em alguns estudos conduzidos em diferentes biomas e partes do mundo, a diversidade diminuiu com o aumento da produtividade. Em outros casos, a correlação é positiva: aumentos na produtividade estão associados a aumentos na riqueza de espécies. Ainda em outros estudos, não há relação entre produtividade e riqueza; porém, em alguns estudos, a relação é mais bem descrita com uma curva em forma de U invertido. Elevações iniciais na produtividade estão ligadas a aumento na riqueza de espécies, mas as subsequentes estão associadas a decréscimo.

Para entender melhor a relação entre produtividade e riqueza de espécies, um grupo de pesquisadores compilou dados de centenas de estudos, de modo a determinar o tipo mais comum de correlação. Os resultados podem ser vistos na Figura 18.10 B. Dentre as pesquisas sobre vertebrados, uma curva em forma de U invertido foi a relação mais comumente observada nos sistemas aquáticos, embora relações positivas e em forma de U invertido venham sendo evidenciadas com frequência semelhante em sistemas terrestres. Para os invertebrados aquáticos e terrestres e para as plantas, a relação mais comumente observada foi uma curva em forma de U invertido. Isso reflete o fato de as comunidades mais produtivas serem frequentemente dominadas por um pequeno número de competidores dominantes. Em resumo, embora diversas relações tenham sido observadas em estudos específicos, a mais comum em todos os estudos é uma curva em forma de U invertido. Isso significa que um local com uma produtividade média tem riqueza maior de espécies do que um com produtividade baixa ou alta.

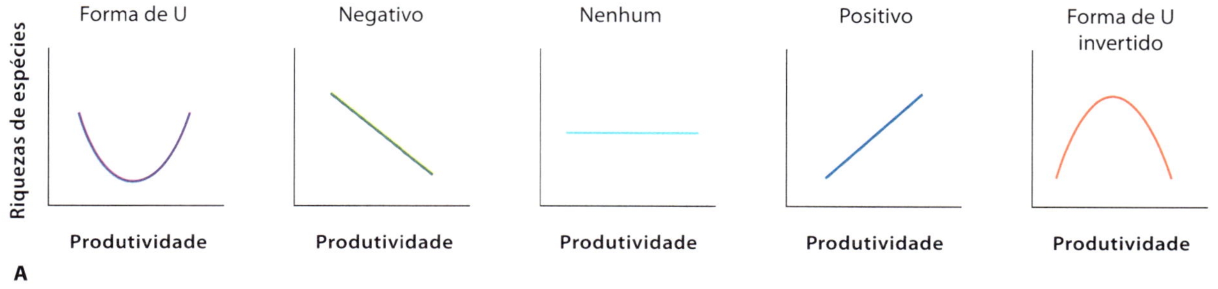

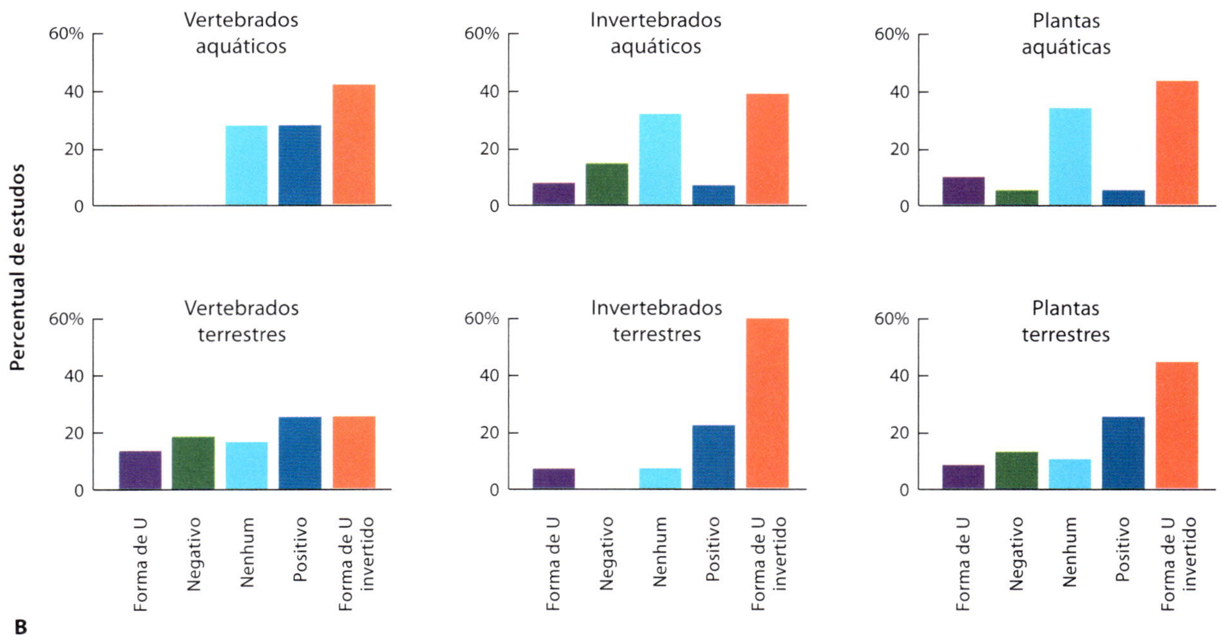

Figura 18.10 Padrões naturais de produtividade e riqueza de espécies. A. A relação entre produtividade e riqueza de espécies pode ser descrita por um de cinco tipos de curvas. **B.** Entre seis categorias de organismos, uma curva em forma de U invertido é a relação mais comumente observada entre a produtividade e a riqueza de espécies para os vertebrados aquáticos, os invertebrados aquáticos e terrestres e as plantas aquáticas e terrestres. Dados de G. G. Mittelbach et al. What is the observed relationship between species richness and productivity?, *Ecology* 82 (2001): 2381–2396.

Manipulações de produtividade e riqueza de espécies

Como a maioria das comunidades tem uma relação representada por uma curva em forma de U invertido entre a produtividade e a riqueza de espécies, devemos ser capazes de prever como essa riqueza será afetada se as comunidades sofrerem um aumento de produtividade. Numerosos experimentos foram conduzidos em comunidades de plantas, nas quais a produtividade foi manipulada pela adição de nutrientes no solo, como o nitrogênio e o fósforo. Como previsto pela curva em forma de U invertido, a observação mais comum é a de que a diversidade de espécies diminui com o tempo em locais com altos níveis de produtividade.

Em um estudo clássico que aconteceu na Inglaterra, conhecido como Experimento do Parque Grass, os pesquisadores, em 1856, começaram adicionando diferentes tipos de fertilizantes a distintas parcelas de gramíneas a cada ano, ao mesmo tempo que deixavam outras parcelas como controles não fertilizados (Figura 18.11 A). Dentro de 2 anos após o início do experimento, a riqueza de espécies nas parcelas fertilizadas começou a diminuir. Esse declínio continuou por várias décadas, e os pesquisadores determinaram que a sua intensidade estava relacionada com o número de nutrientes diferentes que foram adicionados, como mostrado na Figura 18.11 B. A adição anual de nutrientes continua até hoje, por mais de 150 anos, o que torna o Experimento do Parque Grass um dos mais longos no mundo. Embora o experimento original contivesse tratamentos que não eram replicados, os subsequentes com tratamentos replicados têm sustentado as conclusões do Experimento do Parque Grass.

MUDANÇA GLOBAL

O Experimento do Parque Grass e outros como ele demonstraram que fertilidade adicionada normalmente causa um declínio na riqueza de espécies de produtores como as plantas e as algas. Isso porque, em geral, a biomassa total de produtores aumenta quando um fertilizante é adicionado, mas este faz com que poucas espécies dominem a comunidade, enquanto espécies raras, que com frequência são competitivamente inferiores, começam a diminuir até desaparecerem da comunidade. Essa observação tem consequências globais complicadas e importantes porque os humanos continuam a adicionar nutrientes às comunidades aquáticas e terrestres inadvertidamente, via escoamento superficial de fertilizantes e poluição atmosférica.

Embora se saiba que a riqueza de espécies diminui com o aumento da fertilidade no hábitat, as razões para isso não são claras. No caso das comunidades de plantas, os ecólogos acreditam que o aumento nos nutrientes fez com que as plantas competitivamente dominantes lancem mais sombras sobre as plantas competitivamente inferiores. Em um experimento, quatro manipulações foram utilizadas, como mostrado na Figura 18.12: uma comunidade-controle, uma que recebeu nutrientes adicionais, uma que ganhou luz adicional no sub-bosque das plantas e uma que obteve nutrientes e luz adicionais no sub-bosque. Como mostra a Figura 18.12, embora a adição somente de nutrientes causasse um declínio na riqueza de espécies, como esperado pelos resultados dos experimentos anteriores, adicionar apenas luz não causou nenhum efeito. Contudo, adicionar nutrientes aos solos e luz ao sub-bosque reverteu o declínio na riqueza de espécies que tinha sido observado com a adição de nutrientes apenas. Esses resultados confirmam que a fertilidade do solo diminuiu a riqueza de espécies porque ela promove o crescimento das plantas mais altas e competitivamente superiores, as quais lançam sombra sobre as menos competitivas.

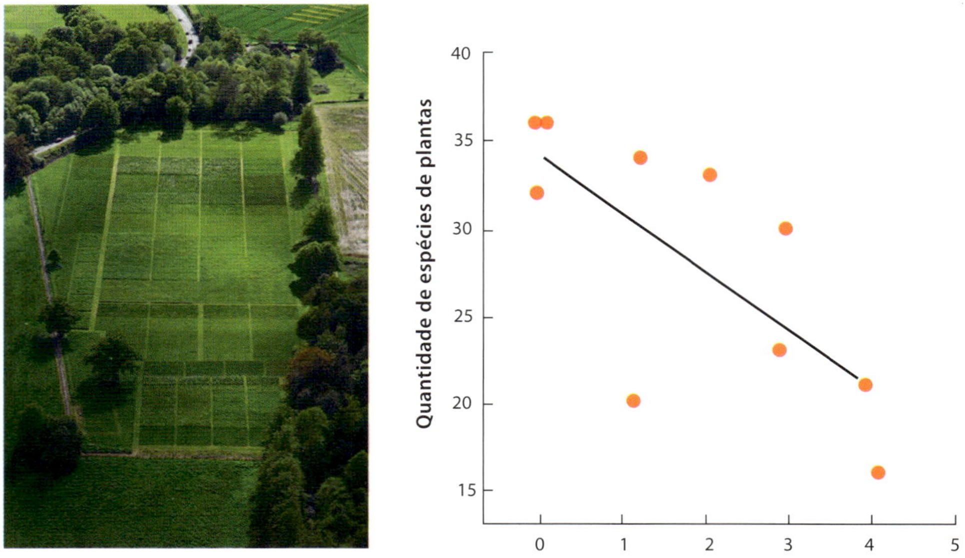

A B Quantidade de recursos adicionados

Figura 18.11 Efeitos da fertilidade sobre a riqueza de espécies. A. Os pesquisadores do Experimento do Parque Grass têm manipulado a adição de diferentes tipos de nutrientes em parcelas de campo ao longo do tempo e observam as mudanças na riqueza de espécies. **B.** As parcelas que receberam mais tipos de recursos – como nitrogênio, fósforo e micronutrientes – sofreram um declínio maior na riqueza de espécies. Dados de W. S. Harpole, D. Tilman, Grassland species loss resulting from reduced niche dimension, *Nature* 446 (2007): 791–793. Fotografia de Centre for Bioimaging/Rothamsted Research/Science Source.

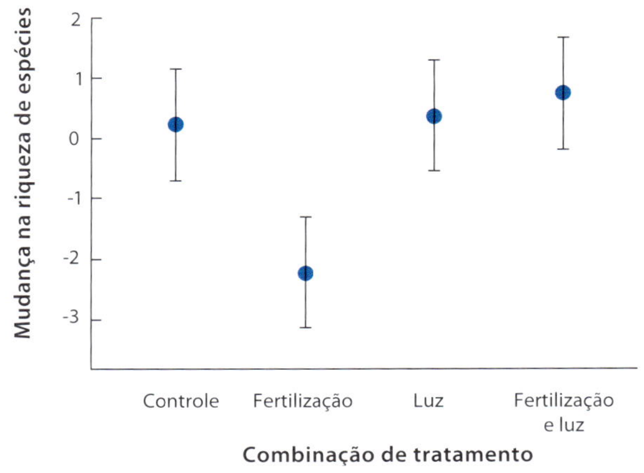

Figura 18.12 Reversão dos efeitos de adição de nutrientes na riqueza de espécies. Quando um fertilizante sozinho é adicionado a uma comunidade de campo, a riqueza de espécies declina. Quando luz é adicionada sob o dossel das gramíneas, a riqueza de espécies não é afetada. Contudo, quando o fertilizante é adicionado em combinação com luz sob o dossel, não há declínio na riqueza. Esses resultados sugerem que adicionar fertilizantes faz com que a riqueza decline porque o aumento do fertilizante favorece as plantas altas e competitivamente dominantes, que, por sua vez, sombreiam as plantas competitivamente inferiores. As barras de erro são intervalos de confiança de 95%. Dados de Y. Hautier et al. Competition for light causes plant biodiversity loss after eutrophication, *Science* 324 (2009): 636–638.

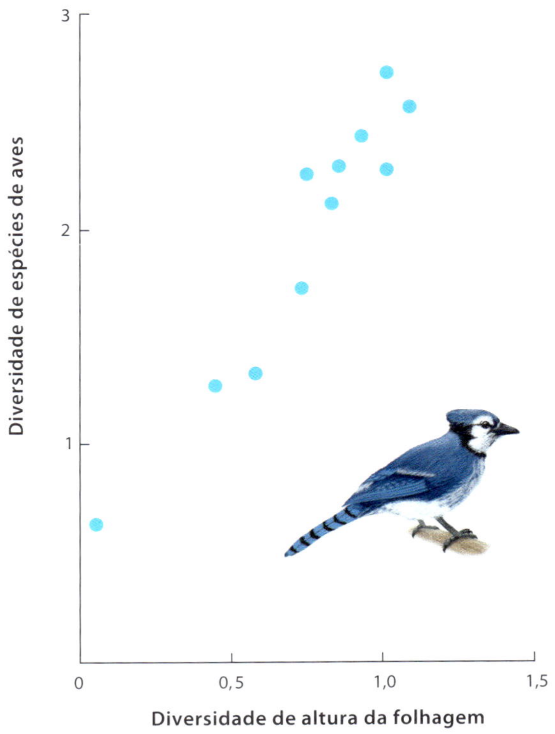

Figura 18.13 Diversidade de hábitats e espécies. Usando o índice de Shannon, os pesquisadores quantificaram a variação de altura da folhagem e a diversidade de espécies de aves em diferentes locais nos EUA e no Panamá. Eles descobriram que hábitats mais diversos continham maior diversidade de aves. Dados de R. H. MacArthur, J. W. MacArthur, On bird species diversity. *Ecology* 42 (1961): 594–598.

DIVERSIDADE DE HÁBITAT

O número de espécies em uma comunidade pode também ser afetado pela diversidade do hábitat. Como hábitats diferentes proporcionam locais para alimentação e reprodução para espécies distintas, parece razoável que comunidades com uma diversidade maior – que devem oferecer mais nichos em potencial – tenham também maior variedade de espécies.

Em um estudo clássico que investigou o papel da diversidade do hábitat, Robert e John MacArthur investigaram se havia relação entre ela e as diferentes regiões do EUA e do Panamá, bem como a variedade de aves em cada um dos locais. Para tal, eles mediram a densidade de folhagem em diferentes alturas acima do solo nessas regiões de 0,2 a 18,3 m e calcularam a variação da altura da folhagem utilizando o índice de Shannon. Em seguida, contaram o número de espécies de aves se reproduzindo em cada área e calcularam a diversidade de aves, mais uma vez usando o índice de Shannon. Quando mostraram graficamente a relação entre os dois conjuntos de dados, como visto na Figura 18.13, descobriram que os hábitats com maior variação de altura da folhagem sustentavam uma diversidade maior de espécies de aves.

ESPÉCIES-CHAVE

Todas as espécies desempenham um papel em uma comunidade, mas algumas, conhecidas como **espécies-chave**, afetam significativamente a estrutura das comunidades, a despeito do fato de que os indivíduos daquela espécie não sejam particularmente numerosos. O conceito de espécie-chave é uma metáfora que vem do campo da arquitetura. Nos arcos construídos de pedra, a pedra central é conhecida como "pedra-chave" (Figura 18.14). Ela contém pouco da massa do arco, mas sem ela o arco colapsaria. Analogamente, remover uma espécie-chave pode fazer com que uma comunidade entre em colapso.

As espécies-chave afetam as comunidades de diversas maneiras e podem ser predadores, parasitos, herbívoros ou competidores. Um exemplo de herbívoros atuando como uma espécie-chave foi visto no Capítulo 16, quando se abordou um experimento no qual os pesquisadores borrifaram diversas parcelas de campo com um inseticida e deixaram outras parcelas não borrifadas (ver Figura 16.13, no Capítulo 16). Nas parcelas não borrifadas, os besouros consumiram as varas-douradas competitivamente superiores, e as plantas competitivamente inferiores sobreviveram e cresceram melhor; já nas parcelas borrifadas, os besouros permaneceram raros, possibilitando que as varas-douradas dominassem a comunidade. Nessa comunidade, o besouro foi uma espécie-chave, porque sua presença alterou completamente a estrutura daquela comunidade de campo.

Um cenário semelhante pode ser visto nas comunidades entremarés ao longo da costa do estado de Washington.

Espécie-chave Espécie que afeta significativamente a estrutura das comunidades, embora os indivíduos daquela espécie não sejam particularmente numerosos.

Figura 18.14 Pedra-chave. A pedra-chave em um arco é a pedra final que é inserida para impedir que o arco colapse. Analogamente, uma espécie-chave é aquela cuja remoção causa uma mudança dramática na comunidade, apesar do fato de não ser particularmente abundante. Fotografia de Nick Hawkes/Alamy.

Em um experimento clássico, Robert Paine construiu gaiolas na zona entremarés para impedir que as estrelas-do-mar predadoras (*Pisaster ochraceus*) se alimentassem de diversos herbívoros, incluindo mexilhões, cracas, lapas e caracóis. As parcelas adjacentes de tamanho semelhante foram deixadas sem gaiolas como controles. Como se pode ver na Figura 18.15 A, as parcelas do controle sofreram pouca mudança na composição de espécies entre 1963 e 1973. Nas parcelas "engaioladas", contudo, cerca de 20 espécies declinaram até o ponto em que foram eliminadas da área. Em seu lugar, uma única espécie de mexilhão (*Mytilus californianus*) passou a dominar a superfície rochosa. Como os mexilhões são competidores superiores por espaço nas rochas, eles dominaram a comunidade quando as estrelas-do-mar estavam ausentes (Figura 18.15 B); porém, quando elas estavam presentes, consumiam um grande número de mexilhões, criando áreas abertas de rocha que muitas espécies de competidores inferiores puderam colonizar (Figura 18.15 C). Em resumo, a estrela-do-mar é uma espécie-chave na comunidade de entremarés.

As espécies-chave podem também afetar comunidades influenciando a estrutura de um hábitat. Nesses casos, as espécies-chave são, às vezes, chamadas de *engenheiros de ecossistema*. Um dos mais bem conhecidos é o castor, que constrói represas em riachos, as quais bloqueiam o fluxo de água, criando verdadeiros lagos (Figura 18.16). Como o fluxo da corrente é convertido em um lago parado, uma comunidade diferente de plantas e animais o coloniza e persiste mais em lagos feitos por castores do que em riachos. De maneira similar, jacarés criam grandes depressões em alagados, conhecidas como *buracos de jacarés*, que muitas outras espécies usam, incluindo peixes, insetos, crustáceos, aves e mamíferos. Embora os jacarés e os castores não sejam particularmente numerosos, cada uma dessas espécies têm um efeito importante sobre a sua comunidade, o que as torna espécies-chave.

DISTÚRBIOS

Conforme discutido em capítulos anteriores, algumas espécies são bem adaptadas aos ambientes que sofrem frequentes e grandes perturbações, como furacões, incêndios ou herbivoria intensa. Quando esses locais são raramente perturbados ou os distúrbios têm baixa intensidade, as populações podem continuar a crescer, os recursos se tornam menos abundantes, e a habilidade de competir se torna mais importante para a persistência de uma espécie. Inversamente, os hábitats frequentemente perturbados normalmente sustentam espécies que são adaptadas aos distúrbios. Contudo, quando sofrem perturbações com uma frequência intermediária, ambos os tipos de espécies podem persistir, e sua quantidade total pode ser maior do que seria em qualquer dos casos extremos.

A **hipótese do distúrbio intermediário** estabelece que mais espécies estão presentes em uma comunidade que sofre perturbações ocasionais do que em uma que sofre perturbações frequentes ou raras. Como mostrado na Figura 18.17 A, quando os distúrbios em uma comunidade são de baixa frequência ou intensidade, a riqueza de espécies é relativamente baixa. No entanto, quando são moderados em frequência ou intensidade, a riqueza de espécies é relativamente alta. Quando as perturbações são altas em frequência ou intensidade, a riqueza de espécies diminui.

A hipótese do distúrbio intermediário tem sido observada em muitas comunidades diferentes. Um estudo clássico foi conduzido por Jane Lubchenco, que manipulou a densidade de caracóis herbívoros em poças formadas pela maré para determinar como um aumento na magnitude de uma perturbação causada por herbivoria afetaria a riqueza de espécies das algas nas poças. Seus dados, mostrados na Figura 18.17 B, revelam baixa riqueza de espécies de algas em baixas densidades de caracóis, alta riqueza de espécies de algas em densidades moderadas de caracóis e baixa riqueza de espécies de algas em altas densidades de caracóis. Muitos tipos semelhantes de estudos têm sidos conduzidos ao longo de diversas décadas, e uma análise desses estudos realizada em 2012 mostrou uma forte sustentação para a hipótese de distúrbio intermediário em relação à riqueza de espécies.

Hipótese do distúrbio intermediário Hipótese de que mais espécies estão presentes em uma comunidade que sofre perturbações ocasionais do que em uma que sofre perturbações frequentes ou raras.

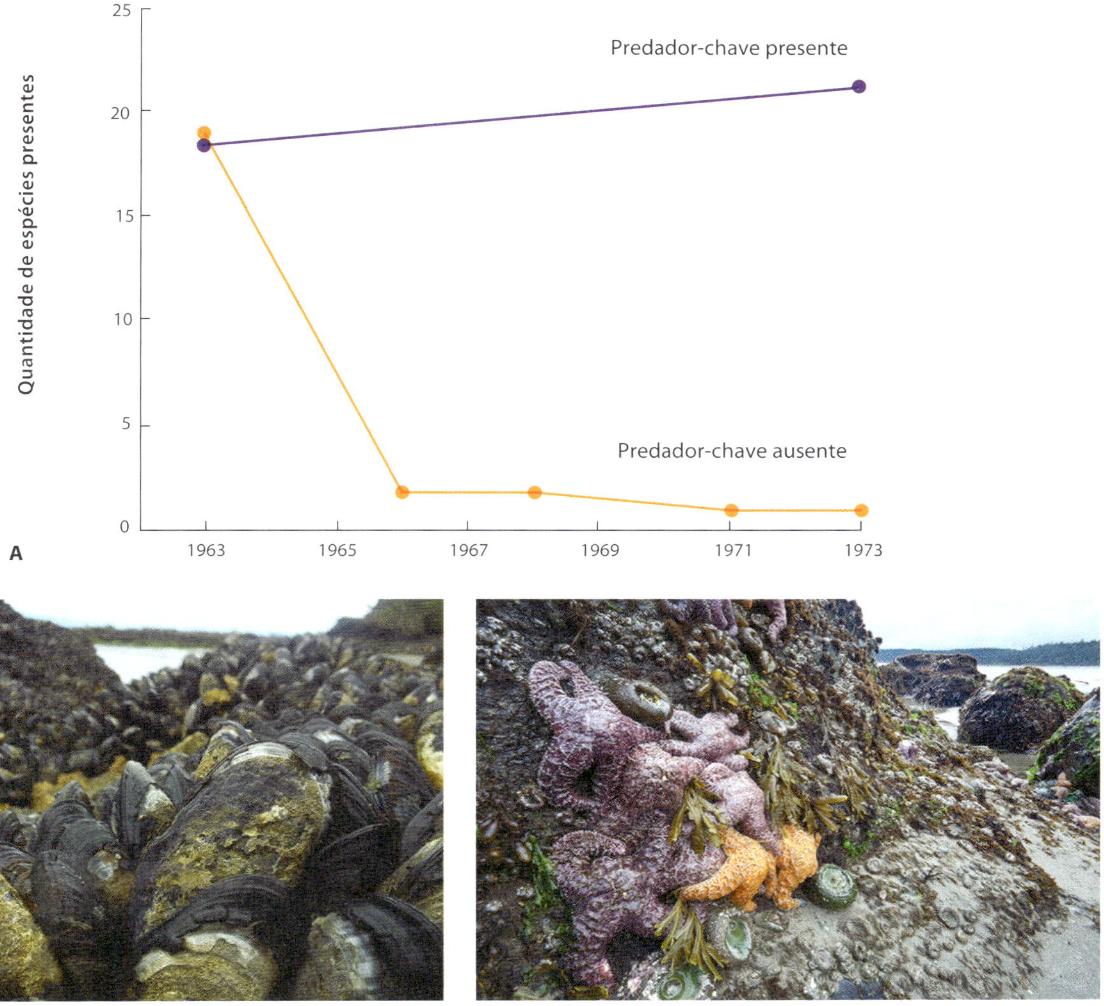

Figura 18.15 Estrelas-do-mar, uma espécie-chave. A. Embora não sejam abundantes, as estrelas-do-mar agem como espécies-chave em comunidades entremarés ao longo da costa do estado de Washington, porque removem os mexilhões competitivamente dominantes. **B.** Nas áreas onde as estrelas-do-mar foram removidas, os mexilhões competitivamente superiores passaram a dominar a comunidade e causaram um declínio na diversidade das espécies competitivamente inferiores. **C.** Nas áreas onde as estrelas-do-mar permaneceram, a comunidade reteve uma alta diversidade de espécies de entremarés. Dados de R. T. Paine, Intertidal community structure. Experimental studies on the relationship between a dominant competitor and principal predator, *Oecologia* 15 (1974): 93–120. Fotografias de (B) Jonáthan Hucke; (C) Gary Luhn/DanitaDelimont/Newscom.

VERIFICAÇÃO DE CONCEITOS

1. Como um aumento de nutrientes normalmente leva a uma diminuição da diversidade de espécies de plantas?
2. Qual é a relação entre a diversidade de hábitat e a diversidade de espécies?
3. Por que estrelas-do-mar são consideradas espécies-chave nas comunidades de entremarés?

18.4 As comunidades são organizadas em teias alimentares

Mesmo as comunidades mais simples são compostas por grande número de espécies; por isso, para compreender as relações entre elas, os ecólogos descobriram ser útil classificá-las em cadeias e teias alimentares. As **cadeias alimentares** são representações lineares de como as espécies em uma comunidade consomem umas às outras e, portanto, como transferem energia e nutrientes de um grupo para o outro em um ecossistema. As cadeias alimentares simplificam bastante as interações de espécies em uma comunidade. Por outro lado, as **teias alimentares** são representações complexas e realistas de como as espécies se alimentam umas das outras em uma comunidade e incluem conexões entre muitas espécies de produtores, consumidores, detritívoros, carniceiros e decompositores.

Cadeia alimentar Representação linear de como diferentes espécies em uma comunidade se alimentam umas das outras.

Teia alimentar Representação complexa e realista de como as espécies se alimentam umas das outras em uma comunidade.

Figura 18.16 Engenheiros de ecossistema. Embora os castores não sejam muito abundantes, as represas que eles constroem, como esta no Parque Nacional de Grand Teton, Wyoming, têm um grande efeito na estrutura da comunidade. As represas de castores inundam comunidades terrestres, o que liquida a maioria das plantas terrestres. Além disso, a comunidade aquática muda de espécies que vivem em águas correntes para aquelas que vivem em águas paradas. Fotografias de (*esquerda*) Copyright © Braud, Dominique/Animals Animals – Todos os direitos reservados; (*direita*) Malcolm Schuyl/FLPA/Newscom.

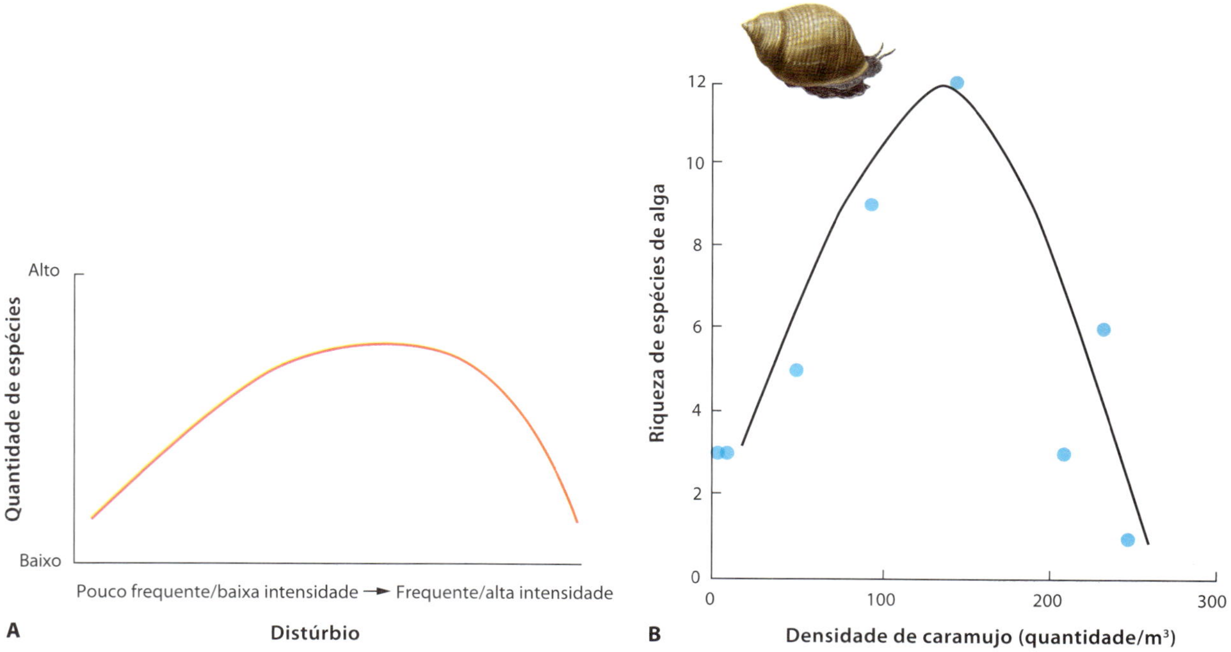

Figura 18.17 Hipótese do distúrbio intermediário. A. Quando os distúrbios são frequentes ou de alta intensidade, somente as espécies adaptadas a essas condições conseguem persistir. Quando as perturbações são raras ou de baixa intensidade, a competição se torna mais intensa, e somente as espécies que estão bem adaptadas para competir conseguem persistir. Nos níveis intermediários de distúrbio, as espécies de ambos os extremos conseguem persistir, o que resulta em maior riqueza de espécies. **B.** Em um estudo que manipulou a densidade de caracóis para criar diferentes intensidades de perturbação por herbivoria, houve uma forte sustentação para a hipótese de distúrbio intermediário. Dados de J. Lubchenco. Plant species diversity in a marine intertidal community: importance of herbivore food preference and algal competitive abilities, *American Naturalist* 112 (1978): 23–39.

Figura 18.18 Teias alimentares. As teias alimentares capturam a completa diversidade de espécies e interações delas em uma comunidade. Neste lago norte-americano, os grandes produtores são as plantas ao longo da linha da costa e o fitoplâncton na água. Esses produtores são comidos por diversos consumidores primários, como indicado pelas *setas*, que ilustram o fluxo de energia de um organismo para a espécie que o consome. Essa teia alimentar também inclui consumidores secundários, tais como o peixe-lua, consumidores terciários, como a grande garça-real-azul, e decompositores, como as bactérias.

Ao construírem teias alimentares, os ecólogos desenham setas para indicar o consumo – e, portanto, o movimento da energia e dos nutrientes – de um grupo para o outro. Um exemplo de teia alimentar pode ser visto na Figura 18.18.

As teias alimentares descrevem as relações de alimentação nas comunidades ecológicas, o que é importante porque ajuda a determinar se uma espécie poderá existir em uma comunidade e se será rara ou abundante. A riqueza de espécies em uma teia alimentar frequentemente pode ser bastante alta, o que torna um desafio compreender como a abundância de uma espécie é afetada pelas outras na comunidade. Para simplificar esse desafio, os ecólogos as classificam em *níveis tróficos*.

NÍVEIS TRÓFICOS

Os conceitos de *produtor* e *consumidor*, abordados na discussão sobre os conceitos ecológicos básicos do Capítulo 1, representam categorias amplas dos **níveis tróficos**, que são os níveis em uma cadeia alimentar ou teia alimentar de um ecossistema.

Nível trófico Nível em uma cadeia alimentar ou teia alimentar de um ecossistema.

Todos os organismos em determinado nível trófico obtêm sua energia de modo semelhante. Os produtores são autótrofos, incluindo as algas como o fitoplâncton e as plantas que convertem a energia da luz e do CO_2 em carboidratos por meio da fotossíntese. Eles formam o primeiro nível trófico de uma teia alimentar. Já os consumidores podem ser subdivididos em *consumidores primários*, *secundários* e *terciários*.

Os **consumidores primários** são as espécies que comem os produtores. Na teia alimentar aquática retratada na Figura 18.18, os consumidores primários incluem o zooplâncton, que come as algas, e os caracóis, que comem as plantas. Os **consumidores secundários** são as espécies que se alimentam dos consumidores primários. Na teia alimentar do lago, esses consumidores secundários incluem pequenos peixes, que comem o zooplâncton, e patos, que consomem os caracóis. Algumas comunidades sustentam **consumidores terciários**,

Consumidor primário Espécie que come produtores.

Consumidor secundário Espécie que se alimenta de consumidores primários.

Consumidor terciário Espécie que se alimenta de consumidores secundários.

que comem os consumidores secundários. Por exemplo, peixes grandes em um lago são consumidores terciários porque consomem os peixes pequenos. Além dos produtores e consumidores, as teias alimentares também incluem os consumidores de matéria orgânica morta, tais como os carniceiros, os detritívoros e os decompositores.

Um dos desafios de classificar as espécies em níveis tróficos específicos é que muitas delas são **onívoras** e, portanto, podem alimentar-se em diversos níveis tróficos. Por exemplo, os caranguejos consomem as algas, o que os torna consumidores primários; entretanto, eles também se alimentam de insetos e detritos, o que os coloca como consumidores secundários e detritívoros.

Dentro de determinado nível trófico, é possível agrupar espécies que se alimentam de itens semelhantes em **guildas**. Por exemplo, um campo pode apresentar grande variedade de consumidores primários que se alimentam de plantas de diferentes formas; esses consumidores podem ser classificados em guildas de comedores de folhas, perfuradores de caules, mastigadores de raízes, sugadores de néctar ou cortadores de brotos. Os membros de uma guilda se alimentam de itens semelhantes, mas não precisam ser muito aparentados filogeneticamente. No Capítulo 16, por exemplo, foi discutido como as formigas e os roedores nos desertos do sudoeste dos EUA competem por sementes do mesmo tamanho. Embora ambos não sejam parentes próximos, a competição pelas mesmas sementes os coloca na mesma guilda.

EFEITOS DIRETOS *VERSUS* INDIRETOS

Como foi visto, mudanças na abundância de qualquer espécie podem afetar a abundância de outras. A maneira mais simples pela qual isso pode acontecer é com um **efeito direto**, que ocorre quando duas espécies interagem sem envolver outras. Diversos efeitos diretos foram abordados em capítulos sobre predação, parasitismo, competição e mutualismo.

Como tantas espécies estão interconectadas em uma teia alimentar, os efeitos diretos de uma sobre a outra frequentemente disparam uma cadeia de eventos que continua a afetar também outras espécies na comunidade. Quando duas espécies interagem de um modo que envolve uma ou mais espécies intermediárias, ocorre um **efeito indireto**. Quando os efeitos indiretos são iniciados por um predador, são chamados de **cascata trófica**.

Os efeitos indiretos estão amplamente presentes nas comunidades ecológicas. Por exemplo, no Capítulo 14, foi explicado como o vírus *Myxoma* foi introduzido na Ilha Macquarie para ajudar a reduzir uma população de coelhos europeus que havia sido inserida por marinheiros no século XIX. Como o vírus matou os coelhos, havia poucos coelhos remanescentes para consumir as plantas, o que resultou em um aumento da vegetação na ilha. Em resumo, o vírus causou um efeito indireto sobre a vegetação.

À primeira vista, a competição por exploração entre dois animais poderia parecer um efeito direto, porque cada espécie tem um efeito negativo sobre a outra. Contudo, na verdade é um efeito indireto, porque os dois competidores estão interagindo um com o outro ao se alimentarem de um recurso comum. No caso de formigas e roedores do sudoeste dos EUA, por exemplo, a presença das formigas causa redução na disponibilidade de sementes, o que, por sua vez, provoca o declínio da população de roedores. Em resumo, o efeito negativo da um competidor sobre o outro é mediado pela abundância de uma terceira espécie, que é o recurso compartilhado. Como resultado, a competição por exploração é um efeito negativo indireto.

Os efeitos indiretos são comuns nas comunidades, mas às vezes podem ocorrer entre comunidades adjacentes. Por exemplo, os peixes predam os insetos aquáticos, incluindo as larvas aquáticas das libélulas. Como consequência, os lagos contendo peixes normalmente têm menos larvas de libélulas. As larvas de libélulas se metamorfoseiam em libélulas adultas, que consomem abelhas e moscas, as quais são polinizadoras comuns das plantas. Essa teia alimentar pode ser vista na Figura 18.19 A.

Quando os pesquisadores examinaram as populações de libélulas de lagos com peixes e sem peixes, confirmaram que aqueles que não apresentavam peixes tinham mais larvas de libélulas e mais libélulas adultas. Por causa dessa alta abundância das libélulas, os lagos sem peixes também tinham menos abelhas e moscas visitando as plantas florescentes ao longo de sua margem, como mostrado na Figura 18.19 B. A escassez de abelhas e moscas reduziu a produção potencial de sementes em pelo menos uma espécie de planta. Assim, um efeito direto entre peixes e libélulas causou uma cascata de efeitos indiretos na comunidade terrestre adjacente.

Tradicionalmente, os ecólogos assumiam que os efeitos indiretos ocorriam somente quando mudanças em uma espécie alteravam a densidade de outra, tal como uma cascata trófica causada por predadores. Contudo, pesquisas mais recentes têm mostrado que cascatas tróficas podem também ser iniciadas quando uma espécie provoca mudanças nos atributos de outra.

Efeitos indiretos mediados pela densidade

Efeitos indiretos que são causados por mudanças na densidade de uma espécie intermediária são chamados de **efeitos indiretos mediados pela densidade**. Por exemplo, as densidades elevadas de estrelas-do-mar nas comunidades entremarés causam um declínio nos mexilhões, o que possibilita que outras espécies como os caracóis ocupem o limitado espaço aberto nas rochas. O efeito indireto positivo das estrelas-do-mar sobre os caracóis ocorre porque elas reduzem a densidade dos mexilhões. De maneira similar, a introdução do vírus *Myxoma* reduziu a densidade de coelhos na Ilha Macquarie, o que aumentou o crescimento das populações de plantas que os coelhos comiam.

Onívoro Espécie que se alimenta em diversos níveis tróficos.

Guilda Em determinado nível trófico, grupo de espécies que se alimenta de itens semelhantes.

Efeito direto Interação de duas espécies que não envolve outras espécies.

Efeito indireto Interação de duas ou mais espécies que envolve uma ou mais espécies intermediárias.

Cascata trófica Efeitos indiretos em uma comunidade que são iniciados por um predador.

Efeito indireto mediado pela densidade Efeito indireto causado por mudanças na densidade de uma espécie intermediária.

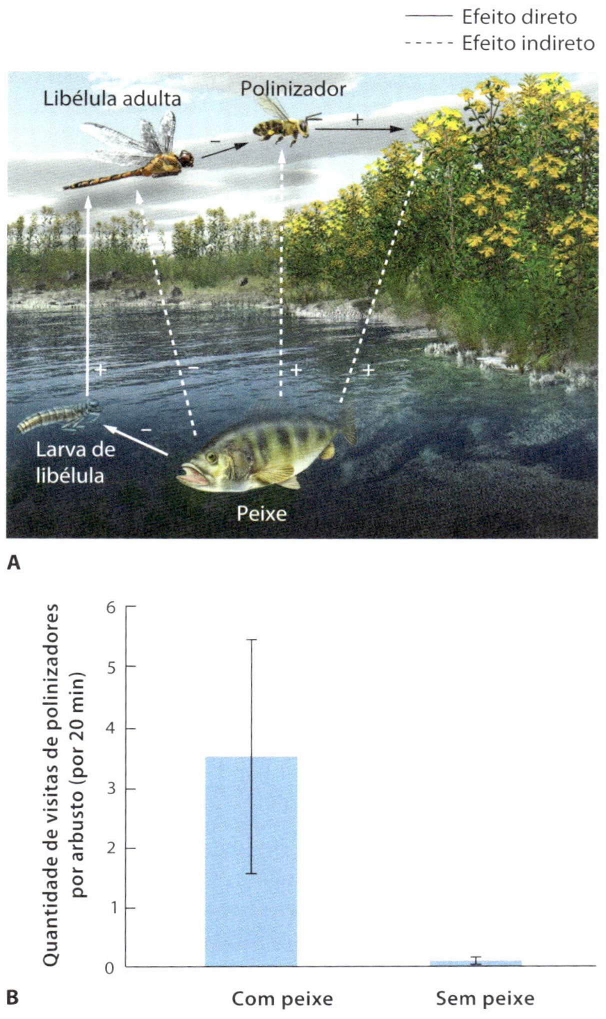

Figura 18.19 Efeitos indiretos entre comunidades. A. Uma teia alimentar de espécies de comunidades aquáticas e terrestres inclui os peixes que consomem as larvas de libélulas, as larvas de libélulas adultas que consomem polinizadores e polinizadores que polinizam as plantas. As *linhas sólidas* representam os efeitos diretos; as *linhas tracejadas com um sinal negativo* representam um efeito negativo indireto; e as *linhas tracejadas com um sinal positivo*, um efeito indireto positivo. **B.** Os pesquisadores descobriram que os lagos sem peixes continham populações maiores de libélulas, o que reduzia o número de polinizadores disponíveis para visitar as plantas florescentes na margem circundante. As barras de erro são erros padrões. Dados de T. M. Knight et al. Trophic cascades across ecosystems, *Nature* 237(2005): 880–883.

Efeitos indiretos mediados pelo atributo

Mais recentemente, os ecólogos têm observado que as comunidades podem também sofrer experiências de **efeitos indiretos mediados pelo atributo**, que são aqueles causados por mudanças nos atributos de uma espécie intermediária. Isso acontece normalmente quando um predador provoca uma mudança no comportamento alimentar da presa, o que, por sua vez, altera a quantidade de alimento consumido pela presa.

Efeito indireto mediado pelo atributo Efeito indireto causado por mudanças nos atributos de uma espécie intermediária.

Por exemplo, a reintrodução dos lobos no Parque Nacional de Yellowstone fez com que os alces se alimentassem em áreas mais protegidas. Esse comportamento alterou a quantidade de planta consumida nessas áreas, não porque a densidade de alces mudou, mas porque o comportamento do alce mudou.

Um efeito semelhante pode ser encontrado em uma comunidade de aranhas, gafanhotos e gramíneas. Os gafanhotos são insetos que prontamente consomem gramíneas e servem como presas para algumas espécies de aranhas. Há mais gramíneas presentes quando existem aranhas na comunidade. O aumento na gramínea poderia ocorrer porque as aranhas comem os gafanhotos e, portanto, reduzem a densidade deles, ou porque as aranhas assustam os gafanhotos, fazendo com que se escondam mais e gastem menos tempo se alimentando. Para determinar qual processo ocorre, pesquisadores conduziram um experimento no qual colocaram grades em volta de pequenas áreas de gramíneas em um campo e então executaram uma de quatro manipulações, adicionando: (1) nenhum animal (o controle), (2) gafanhotos, (3) gafanhotos e aranhas letais e (4) gafanhotos e aranhas não letais. Embora as aranhas não letais não matassem os gafanhotos porque suas quelíceras tinham sido coladas, os gafanhotos ainda as reconheciam como predadores potenciais, o que poderia fazê-los reduzir seu tempo de alimentação.

Quando as aranhas letais forma adicionadas, a gramínea sofreu menos herbivoria, como pode ser visto na Figura 18.20 A. À primeira vista, isso parece ser um efeito indireto mediado pela densidade, porque as aranhas matam gafanhotos. Contudo, os pesquisadores descobriram que a densidade de gafanhotos não era afetada pela presença das aranhas letais, provavelmente porque a reprodução dos gafanhotos contrabalanceava a predação pelas aranhas. Quando os pesquisadores adicionaram aranhas não letais com quelíceras coladas, o número de gafanhotos foi idêntico ao que havia quando aranhas letais foram adicionadas e a herbivoria permanecia reduzida. Em resumo, as aranhas não letais, que podem alterar os atributos comportamentais dos gafanhotos, mas não a sua densidade, tinham o mesmo efeito indireto positivo sobre as gramíneas que as aranhas letais, que alteram tanto a densidade quanto os atributos dos gafanhotos. Esses resultados ilustraram que a mera presença de aranhas podia alterar os atributos comportamentais dos gafanhotos e iniciar um efeito indireto mediado pelo atributo.

Os efeitos mediados por atributos podem ser extensos. Em 2012, por exemplo, pesquisadores relataram que gafanhotos que são expostos à ameaça da predação por aranhas não apenas se alimentam menos, mas seus corpos também contêm menos nitrogênio. Como este é geralmente um recurso limitado em solos, conforme discutido no Capítulo 3, os pesquisadores suspeitaram que a quantidade de nitrogênio nos corpos dos gafanhotos afetaria a taxa de decomposição do solo quando os insetos morressem e se tornassem parte do detrito. Para testar essa hipótese, os cientistas novamente criaram gafanhotos sem aranhas e com aranhas com quelíceras coladas. Após expostos aos dois tratamentos, os insetos foram mortos, e suas carcaças foram misturadas com gramíneas mortas. Quando os pesquisadores mediram a taxa de decomposição da gramínea, descobriram que era cerca de 3 vezes maior com gafanhotos que tinham sido criados sem aranhas

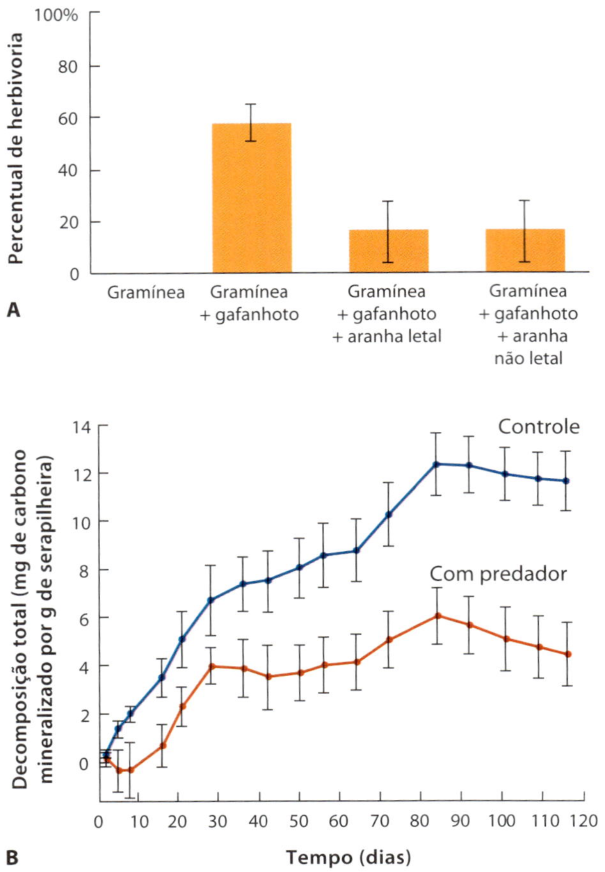

Figura 18.20 Efeitos indiretos mediados pelo atributo. A. Quando os pesquisadores criaram comunidades simplificadas somente com gramíneas e gafanhotos, a quantidade de danos às gramíneas foi relativamente alta. Quando aranhas letais foram adicionadas, os gafanhotos causaram menos danos às gramíneas, o que indica que as aranhas tinham um efeito positivo indireto sobre as gramíneas. Quando aranhas com quelíceras coladas foram adicionadas, houve uma redução semelhante na herbivoria porque os gafanhotos gastaram menos tempo se alimentando. Esses dados confirmam que o efeito indireto não é mediado pelas reduções na densidade de gafanhotos, mas por mudanças nos seus atributos. **B.** Após os gafanhotos morrerem, os corpos daqueles criados com predadores tinham baixo teor de nitrogênio, o que fez com que a decomposição da gramínea morta circundante ocorresse a uma taxa mais baixa. As barras de erro são erros padrões. Dados de A. P. Beckerman, M. Uriarte, O. J. Schmitz, Experimental evidence for a behavior-mediated trophic cascade in a terrestrial food chain, *Proceedings of National Academy of Science* 94 (1997): 10735–10738; D. Hawlena et al., Fear of predation slows plant-litter decomposition, *Science* 336 (2012): 1434–1438.

do que com aqueles criados com as aranhas, como mostrado na Figura 18.20 B. Esses resultados demonstram que os efeitos mediados pelo atributo podem ter um alcance bastante grande nas comunidades.

EFEITOS TOPO-BASE E BASE-TOPO

A quantidade de recursos disponíveis, bem como a de predação e parasitismo que uma espécie sofre, pode afetar a sua abundância. O mesmo pode ser dito para grupos tróficos inteiros. Quando as abundâncias de grupos tróficos na natureza são determinadas pela quantidade de energia disponível a partir de produtores em uma comunidade, há um **controle base-topo** (***bottom-up***) da comunidade. Quando a abundância dos grupos tróficos é determinada pela existência de predadores no topo da teia alimentar, há um **controle topo-base** (***top-down***) da comunidade. Ambos os conceitos estão ilustrados na Figura 18.21. Voltando ao exemplo do lago e considerando quatro grupos tróficos – peixes grandes, peixes pequenos, zooplâncton e fitoplâncton –, se um aumento no fitoplâncton causa um aumento do zooplâncton, nos peixes pequenos e nos peixes grandes, a abundância dos grupos tróficos sofre um controle base-topo. Se um aumento na abundância dos peixes grandes causa uma diminuição nos peixes pequenos, um aumento no zooplâncton dos quais os peixes pequenos se alimentam e um decréscimo no fitoplâncton, a abundância dos grupos tróficos sofre um controle topo-base.

Por muitos anos, os ecólogos debateram se as comunidades estão sujeitas a controles topo-base ou base-topo. Se as teias alimentares forem pensadas com três amplos níveis tróficos, o controle topo-base pelos predadores reduzirá a abundância de herbívoros, e isso resultará em uma abundância de vegetação.

Em um artigo clássico publicado em 1960, Nelson Hairston, Frederick Smith e Lawrence Slobodkin sugeriram que, como a maioria das comunidades contêm uma certa abundância de vegetação, os grupos tróficos devem ser controlados a partir do topo da teia alimentar. Suas hipóteses causaram um grande debate entre os ecólogos e inspiraram muitos estudos sobre efeitos topo-base e base-topo. Por exemplo, quando os pesquisadores levantaram a abundância do zooplâncton e do fitoplâncton, descobriram que os lagos com mais fitoplâncton também tinham mais zooplâncton, o que sugeriu que a abundância de zooplâncton é controlada de baixo para o topo. Contudo, quando conduziram experimentos de manipulação nos quais adicionaram pequenos peixes para comer o zooplâncton, sua abundância diminuiu, o que causou uma cascata trófica que possibilitou o aumento do fitoplâncton. Isso apontou que a abundância de espécies na comunidade era controlada do topo para baixo.

Ao longo das últimas duas décadas, ficou claro que muitas comunidades são simultaneamente controladas tanto de cima para baixo pelos predadores quanto de baixo para cima pelos recursos. Por exemplo, o número de zooplânctons em um lago pode ser influenciado tanto pela quantidade de fitoplâncton disponível para consumo quanto pelo número de pequenos peixes disponíveis para consumir o zooplâncton.

VERIFICAÇÃO DE CONCEITOS

1. O que são os níveis tróficos de uma comunidade?
2. Por que a competição por exploração é considerada um efeito indireto entre duas espécies que competem?
3. Como predadores podem causar efeitos indiretos mediados por atributos?

Controle base-topo (*bottom-up*) Quando a abundância de grupos tróficos na natureza é determinada pela quantidade de energia disponível a partir dos produtores em uma comunidade.

Controle topo-base (*top-down*) Quando a abundância dos grupos tróficos é determinada pela existência de predadores no topo da teia alimentar.

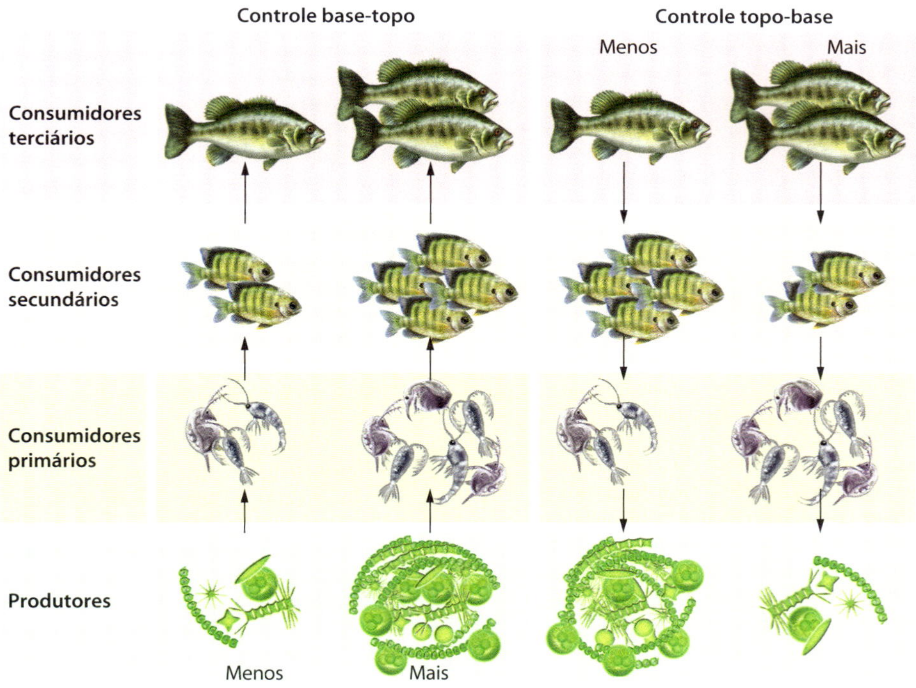

Figura 18.21 Controles topo-base e base-topo das comunidades. Quando as comunidades são controladas de baixo para cima na cadeia alimentar, um aumento na abundância dos produtores resulta em um aumento da abundância dos níveis tróficos mais altos. Quando as comunidades são controladas de cima para baixo, uma cascata trófica ocorre do topo para a base; então, o nível trófico exatamente abaixo do predador de topo diminui em abundância, e o nível trófico seguinte aumenta em abundância.

18.5 As comunidades respondem aos distúrbios com resistência, resiliência ou mudando entre estados estáveis alternativos

As comunidades normalmente sofrem distúrbios tanto de causas naturais quanto de causas humanas. Entretanto, seja qual for a razão por trás do problema, a questão-chave é se a comunidade será afetada e, caso seja, se retornará à sua condição original ou irá tornar-se substancialmente diferente. Para responder a essa questão, é preciso considerar os conceitos de *estabilidade da comunidade* e *estados estáveis alternativos*.

ESTABILIDADE DA COMUNIDADE

As comunidades podem sofrer grandes mudanças quando as abundâncias de determinadas espécies mudam; no entanto, dado um tempo suficiente, a maioria das que são alteradas pode retornar à condição original e se assemelhar à sua estrutura original de riqueza de espécies, composição e abundância relativa. A capacidade de uma comunidade manter uma estrutura específica é conhecida como **estabilidade da comunidade**.

Há dois aspectos da estabilidade da comunidade: a *resistência da comunidade* e a *resiliência da comunidade*. A **resistência da comunidade** é a medida de o quanto uma comunidade muda quando é afetada por alguma perturbação, como a adição ou remoção de uma espécie. Por exemplo, seria possível medir a resistência da comunidade após um predador ser removido, procurando o quanto a abundância de herbívoros aumenta. Quando o impacto causa somente uma pequena mudança na comunidade, diz-se que ela é resistente aos distúrbios. A **resiliência da comunidade** é o tempo que ela leva após uma perturbação para retornar ao seu estado original.

Uma questão de importância prática é se a maior variedade de espécies ajuda as comunidades a se recuperarem mais rapidamente dos distúrbios. Um estudo que investigou essa questão foi conduzido em campos onde os pesquisadores manipularam a diversidade de espécies de plantas em um ecossistema de pradaria em Minnesota, estabelecendo parcelas com 1, 2, 4, 8 ou 16 espécies. Por 11 anos eles monitoraram as abundâncias de mais de 700 espécies de invertebrados herbívoros, predadores e parasitoides.

Durante o experimento, o ambiente variou consideravelmente, possibilitando que os pesquisadores investigassem se o aumento da diversidade de plantas proporcionava maior estabilidade da comunidade. Nesse estudo, a estabilidade da comunidade foi definida como a quantidade de variação de ano para ano na abundância e na riqueza de espécies de herbívoros e predadores.

Os pesquisadores descobriram que aumentar o número de espécies de plantas proporcionava uma elevação da estabilidade das comunidades, como se pode ver na Figura 18.22. Quando examinaram os herbívoros, mostrados na Figura 18.22 A, eles evidenciaram que um aumento na riqueza

Estabilidade da comunidade Capacidade de uma comunidade manter uma estrutura determinada.

Resistência da comunidade Quanto uma comunidade muda ao ser afetada por alguma perturbação, tal como a adição ou remoção de uma espécie.

Resiliência da comunidade Tempo que leva após uma perturbação para uma comunidade voltar ao seu estado original.

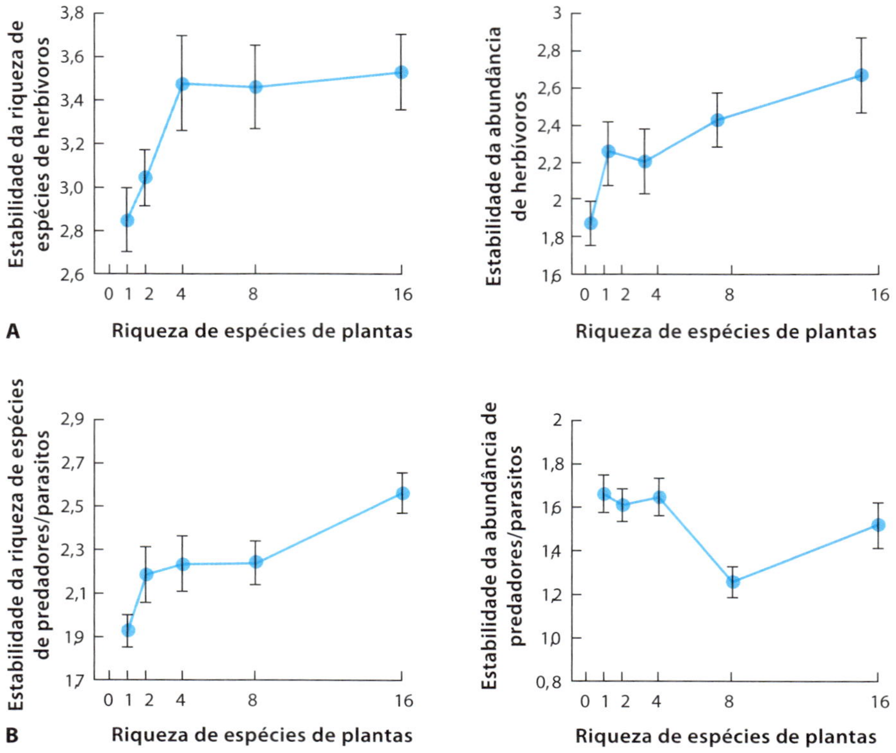

Figura 18.22 Riqueza de espécies e estabilidade da comunidade. Os pesquisadores manipularam a riqueza de espécies de plantas e então monitoraram a estabilidade da abundância e a riqueza de espécies de invertebrados herbívoros, predadores e parasitoides. **A.** Um aumento na diversidade de plantas causou maior estabilidade de riqueza e abundância de herbívoros. **B.** Um aumento na diversidade de plantas também causou maior estabilidade da riqueza de predadores e parasitoides, mas não teve efeito sobre a estabilidade da abundância. Em todos os casos, a estabilidade é definida como o inverso do coeficiente de variação, que é o desvio padrão dividido pela média. As barras de erro são erros padrões.
Dados de N. M. Haddad, Plant diversity and the stability of foodwebs, *Ecology Letters* 14 (2010): 42–46.

de espécies de plantas causava elevação na estabilidade da riqueza e da abundância dos herbívoros. Quando examinaram os predadores e parasitoides, mostrados na Figura 18.22 B, descobriram que um aumento na riqueza de espécies de plantas causava um aumento na estabilidade da riqueza de predadores e parasitoides, mas que não havia nenhum efeito sobre a estabilidade da abundância desses invertebrados.

A razão de a diversidade de plantas ter provocado maior estabilidade dos níveis tróficos mais altos foi que as comunidades com alta diversidade de plantas proporcionavam uma disponibilidade mais constante de alimento e hábitat para os herbívoros, predadores e parasitoides.

ESTADOS ESTÁVEIS ALTERNATIVOS

Às vezes, quando uma comunidade é perturbada, ela não volta a seu estado original. Isso porque ela pode sofrer tanta perturbação que a composição de espécies e a abundância relativa das populações mudam. A nova estrutura da comunidade é chamada de **estado estável alternativo**. Para uma comunidade sair de um estado estável para um estado estável alternativo, geralmente é necessária uma grande perturbação, como a remoção de uma espécie-chave ou uma mudança dramática no ambiente.

Estado estável alternativo Quando uma comunidade é perturbada a tal ponto que a composição das espécies e a abundância relativa de populações na comunidade mudam, e a nova estrutura da comunidade é resistente a mudanças adicionais.

Mudar entre estados estáveis alternativos é algo que normalmente acontece onde biomas de pradaria e floresta se encontram, no meio-oeste dos EUA. Durante os anos de chuvas abundantes, o fogo é suprimido, e as árvores avançam para dentro da pradaria. Uma vez tendo se estabelecido, as árvores sombreiam muitas das gramíneas, cujas espécies têm pouca chance de reaparecer. Além disso, a sombra das árvores retém a umidade do solo, o que reduz ainda mais a probabilidade de um futuro incêndio. Durante os anos de seca, contudo, os incêndios são mais comuns, e grandes queimadas podem matar árvores, o que favorece a dispersão das gramíneas onde as árvores antes se encontravam. Uma vez que as gramíneas se estabelecem, é difícil para as árvores se espalharem para dentro da pradaria, já que as plantas são bem adaptadas para rebrotarem após os incêndios, enquanto as árvores não são.

Os estados estáveis alternativos também ocorrem nos ambientes aquáticos. Por exemplo, as comunidades entremarés na costa de Maine são normalmente dominadas pela alga-marrom *Ascophyllum nodosum*. Durante o inverno, contudo, a ação abrasiva do gelo pode raspar áreas com essa alga-marrom, que passam a ser dominadas por outra alga-marrom conhecida como alga-vesiculosa (*Fucus vesiculosus*). Nesse caso, os maiores distúrbios ocorrem quando regiões maiores são raspadas pela ação do gelo.

Para determinar se a raspagem de grandes áreas resulta em comunidades que passam a estados estáveis alternativos, os pesquisadores simularam a raspagem do gelo sobre a costa limpando áreas de 1, 2, 4, e 8 m^2. Como mostrado na Figura 18.23, raspar áreas pequenas não causou mudança para comunidades dominadas pela alga-vesiculosa, mas raspar grandes áreas sim. Além disso, a alga-vesiculosa continuou a dominar os locais por pelo menos 20 anos. A mudança para estados alternativos ocorreu porque a alga-marrom é um dispersor ruim, que demora mais a chegar a locais recentemente raspados quando comparada à alga-vesiculosa. No entanto, a alga-marrom é um competidor superior por espaço e, portanto, com o tempo vai dominar a comunidade perturbada.

Neste capítulo, viu-se que as comunidades são compostas por grandes quantidades de espécies que interagem e atuam em teias alimentares. Essa natureza interconectada das teias alimentares significa que mudanças na abundância de uma espécie podem potencialmente afetar muitas outras espécies na comunidade. Em "Ecologia hoje | Correlação dos conceitos", será explicado que compreender a conectividade das espécies foi essencial para descobrir os efeitos da poluição sobre os anfíbios.

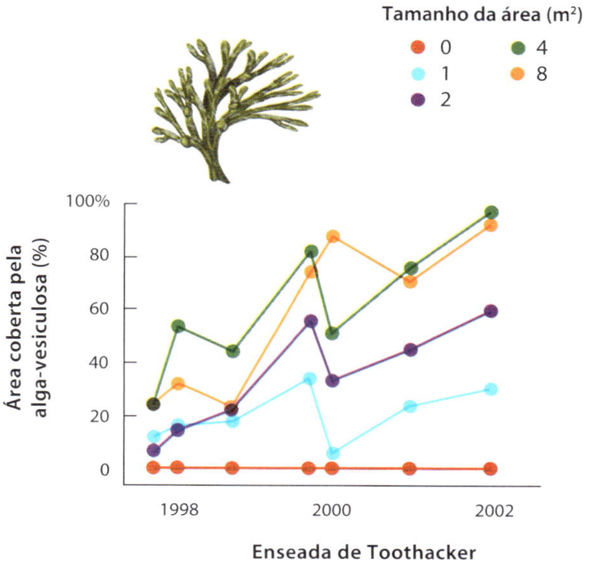

Figura 18.23 Estados estáveis alternativos. As comunidades entremarés do Maine são normalmente dominadas por uma alga-marrom. Quando os pesquisadores rasparam áreas de diferentes tamanhos em 1996 e então monitoraram a colonização dessas regiões, descobriram que as maiores áreas raspadas mudaram para estados estáveis alternativos, nos quais a comunidade passou a ser dominada por uma espécie diferente de alga-marrom conhecida como alga-vesiculosa. Esta é um dispersor superior para novos lugares abertos disponíveis, mas é um competidor inferior quando a alga-marrom está presente. Dados de P. S. Petraitis, S. R. Dudgeon. Divergent succession and implications for alternative states on rocky intertidal shores. *Journal of Experimental Marine Biology and Ecology* 326 (2005): 14–26.

VERIFICAÇÃO DE CONCEITOS

1. Por que uma grande diversidade de espécies de plantas estabiliza a quantidade de espécies de herbívoros com o tempo?
2. Como a resiliência da comunidade difere da resistência da comunidade?
3. Como incêndios que ocorrem na transição entre campos e florestas promovem estados estáveis alternativos?

ECOLOGIA HOJE | CORRELAÇÃO DOS CONCEITOS

Efeitos letais em concentrações não letais de pesticidas

Rã-leopardo. Baixas concentrações de um inseticida que não pode matar os girinos da rã-leopardo podem matar outras espécies na comunidade. Isso dispara uma cadeia de eventos que altera a teia alimentar e, indiretamente, impede que as rãs-leopardo cheguem à metamorfose. Fotografia de Lee Wilcox.

Apreciar a conectividade das espécies em uma teia alimentar pode ajudar a compreender alguns dos efeitos que certas atividades têm sobre as comunidades ecológicas. Os pesticidas, por exemplo, proporcionam importantes benefícios, ao proteger as plantações e, assim, melhorar a saúde humana; por isso, seu uso disseminado tem se tornado comum nas comunidades ecológicas. Manter as concentrações de pesticidas abaixo de níveis letais para os organismos que não são pragas é a chave para assegurar que os pesticidas causem danos somente às pragas, mas não às outras espécies. Os pesticidas são testados em diversas espécies no laboratório para determinar as concentrações que causam morte. Contudo, esses testes não consideram o fato de as espécies serem parte de uma teia alimentar. Portanto, a questão é saber se um pesticida que não é diretamente letal para determinada espécie pode, no entanto, ter impactos indiretos que causem mortalidade.

Alguns dos pesticidas mais bem estudados são aqueles usados para controlar insetos terrestres que danificam plantações, assim como mosquitos que transmitem doenças infecciosas. Dentre esses inseticidas, o mais comumente aplicado é malation, que debilita o sistema nervoso dos animais e é altamente letal para insetos e outros invertebrados. Baseando-se em testes com uma única espécie em laboratório, os cientistas imaginaram que as concentrações encontradas na natureza não seriam letais para os animais vertebrados.

Os pesquisadores examinaram os efeitos de malation em grandes tanques externos que continham muitos dos componentes dos pântanos naturais, incluindo algas, zooplâncton e girinos (ver Figura 1.18 B, no Capítulo 1). Há muito tempo, sabe-se que os inseticidas como o malation são altamente tóxicos para o zooplâncton, que são pequeninos crustáceos, mas pouco se sabia sobre o quanto reduções grandes no zooplâncton poderiam afetar outras espécies na cadeia alimentar.

Em um desses experimentos, os pesquisadores adicionaram girinos de rãs-da-madeira e rãs-leopardo (*R. pipiens*) a tanques e então manipularam o malation de quatro maneiras diferentes: nenhum malation para servir como um controle, 50 partes por bilhão (ppb) no início do experimento, 250 ppb no início do experimento ou 10 ppb 1 vez/semana. Essas manipulações possibilitaram aos pesquisadores investigarem se uma única aplicação, grandes aplicações e múltiplas pequenas aplicações poderiam alterar a teia alimentar de modo que pudesse afetar também os anfíbios.

Logo após a aplicação do malation, as populações de zooplâncton declinaram para números muito baixos em todos os tanques tratados com o inseticida. Esse declínio não causou surpresa, dado que o zooplâncton é conhecido como muito sensível aos inseticidas; contudo, isso disparou uma cadeia de eventos que, em última instância, afetou os anfíbios. Isso porque o zooplâncton se alimenta do fitoplâncton. Então, quando o malation foi adicionado e o zooplâncton morreu, as populações de fitoplâncton

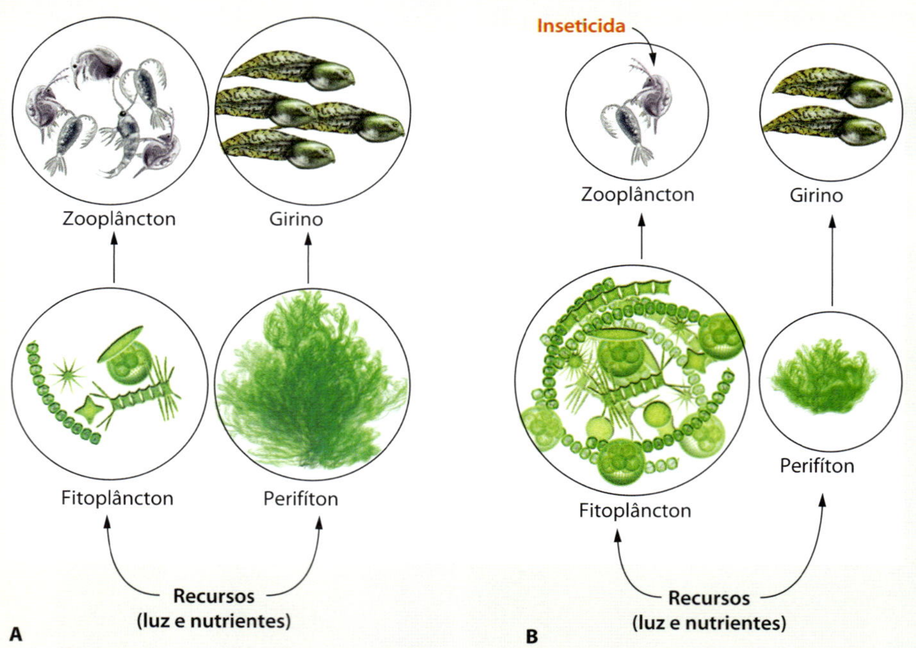

Efeitos de um inseticida sobre uma comunidade aquática. A. Na ausência de um inseticida, o zooplâncton é abundante e consome fitoplâncton, o que mantém a água relativamente clara e possibilita que a luz solar chegue ao fundo de um pântano, onde o perifíton cresce e serve como alimento para os girinos. **B.** Quando um inseticida é adicionado, as populações de zooplâncton são dramaticamente reduzidas, o que causa um aumento no fitoplâncton, cuja abundância faz com que a água fique verde e impeça que a luz do Sol alcance o perifíton no fundo do pântano. Com menos luz disponível, o perifíton cresce pouco, o que limita o crescimento dos girinos. A quantidade de indivíduos retratados em cada grupo indica a mudança relativa da biomassa.

rapidamente cresceram dentro de poucas semanas. Esse rápido crescimento, conhecido como floração algal, fez com que a água se tornasse verde-ervilha. Quando isso acontece, a luz do Sol não pode mais chegar ao fundo da coluna de água, onde outro grupo de algas, conhecido como *perifíton*, cresce aderido a substratos como solo e folhas. O perifíton não pode crescer muito bem com menos luz disponível; por isso, dentro de poucas semanas após o início da floração do fitoplâncton, o perifíton declinou em abundância, especialmente naquelas comunidades que receberam 10 ppb de malation a cada semana. Nesse tratamento, as populações dizimadas de zooplâncton não poderiam apresentar qualquer resiliência porque as adições semanais de malation continuamente reduziam as populações em recuperação.

O perifíton é uma fonte primária de alimento para os anfíbios; sem ele, esses animais não podem crescer e se metamorfosear. Felizmente, as "rãs-da-madeira" se desenvolvem rapidamente. No experimento, elas se metamorfosearam somente após 5 semanas, ou seja, antes que a floração de fitoplâncton causasse um declínio no seu recurso alimentar de perifíton. Como resultado, o crescimento e a sobrevivência das "rãs-da-madeira" não foram afetados pelo inseticida.

As rãs-leopardo, contudo, não foram tão afortunadas. Como elas precisam de 7 a 10 semanas de crescimento antes que os girinos possam se metamorfosear, elas sofreram o efeito total do declínio do perifíton quando o inseticida estava presente. Na verdade, as rãs-leopardo tiveram um crescimento tão atrofiado nos tanques com a adição semanal de 10 ppb de malation que quase metade delas não conseguiu se metamorfosear antes que seu ambiente aquático secasse no fim do verão.

Essa pesquisa demonstrou pela primeira vez que uma concentração baixa de inseticida que não é diretamente letal aos anfíbios pode ser indiretamente letal. O inseticida iniciou uma cadeia de eventos que se propagou ao longo da teia alimentar e causou a morte de praticamente metade das rãs-leopardo. Além disso, sua aplicação em menor quantidade, que ocorreu a cada semana, tinha um efeito muito maior sobre as rãs-leopardo do que aplicações únicas contendo 25 vezes mais inseticida. Por meio da quantificação dos efeitos diretos dos inseticidas nos anfíbios, foi sugerido que os animais não seriam prejudicados, mas testes que incorporaram uma abordagem de cadeia alimentar com efeitos indiretos descobriram que o inseticida poderia matar quase metade dos animais.

Experimentos subsequentes têm demonstrado que esses resultados são comuns em uma ampla gama de comunidades de áreas pantanosas contendo zooplâncton, algas e anfíbios. Entretanto, uma nova compreensão surgiu quando pesquisadores também incorporaram plantas aquáticas nos experimentos. Elas estão presentes em muitos alagados, embora não em pântanos florestais que recebem pouca luz solar devido ao sombreamento pelas copas das árvores. Quando os pesquisadores examinaram o efeito da adição das plantas aquáticas, descobriram que elas podem tornar a água contaminada por malation segura para o zooplâncton, elevando o pH da água via fotossíntese, o que causa a decomposição do pesticida muito mais rapidamente (*i. e.*, dentro de horas em vez de dias). Como resultado, o zooplâncton não morre, e a sequência letal de eventos pela cadeia alimentar não mais ocorre.

Esses resultados ressaltam a importância de se compreender a ecologia no nível da comunidade. Com a compreensão dos efeitos diretos e indiretos na cadeia alimentar, pode-se entender melhor e predizer os impactos das atividades humanas nas comunidades ecológicas.

FONTES:

Brogan III, W. R., R. A. Relyea. 2017. Multiple mitigation mechanisms: effects of submerged plants on the toxicity of nine insecticides to aquatic animals macrophytes. *Environmental Pollution* 220: 668–695.

Hua, J., R. A. Relyea. 2012. East Cost versus West Coast: effect of an insecticide in communities containing different amphibian assemblages. *Freshwater Science* 21: 787–799.

Relyea, R. A., N. Diecks. 2008. An unexpected chain of events: lethal effects of pesticides on frogs at sublethal concentrations. *Ecological Applications* 18: 1728–1742.

RESUMO DOS OBJETIVOS DE APRENDIZAGEM

18.1 As comunidades podem ter fronteiras definidas ou graduais. As comunidades frequentemente existem em zonas que refletem mudanças nas condições bióticas e abióticas. Com base nos grupos de espécies, os ecólogos as classificam em termos das condições biológicas ou físicas dominantes. Embora algumas comunidades tenham fronteiras definidas como resultado de mudanças bruscas nas condições ambientais, a maioria delas contém espécies com abrangências geográficas que são independentes umas das outras, o que produz mudanças graduais na composição das comunidades à medida que alguém se move pela paisagem.

Termos-chave: **ecótono, comunidades interdependentes, comunidades independentes**

18.2 A diversidade de uma comunidade inclui tanto a quantidade de espécies quanto sua abundância relativa. A riqueza de espécies diz respeito à sua quantidade em uma comunidade, enquanto a uniformidade de espécies é a similaridade da abundância relativa entre elas em uma comunidade. As curvas de abundância ranqueada são representações gráficas da riqueza e da uniformidade. Quando as classes individuais de abundância contra a quantidade de espécies que se enquadram em cada classe são mostradas em um gráfico, as comunidades normalmente apresentam uma distribuição log-normal, o que significa que poucas espécies têm muitos ou poucos indivíduos, e que a maioria tem um número intermediário.

Termos-chave: **riqueza de espécies, abundância relativa, distribuição log-normal, curva de abundância ranqueada, uniformidade de espécies**

18.3 A diversidade de espécies é afetada por recursos, variedade de hábitat, espécies-chave e distúrbios. Aumentos na abundância e na quantidade de diferentes recursos podem alterar a diversidade de espécies. Elevações na variedade de hábitat oferecem maior diversidade de nichos, o que favorece uma diversidade maior de espécies. As espécies-chave podem alterar a composição de espécies em uma comunidade porque elas têm grandes efeitos, mesmo que não sejam particularmente numerosas. Os distúrbios também afetam a diversidade de espécies das comunidades, com as maiores diversidades ocorrendo nas comunidades que sofrem distúrbios que são intermediários em frequência ou intensidade.

Termos-chave: **índice de Simpson, índice de Shannon (*H'*), espécie-chave, hipótese do distúrbio intermediário**

18.4 As comunidades são organizadas em teias alimentares. As cadeias alimentares são representações lineares de como diferentes espécies em uma comunidade se alimentam umas das outras, enquanto as teias alimentares são representações mais complexas e realistas. As espécies em uma teia alimentar podem ser classificadas em níveis tróficos e guildas, de acordo com o modo como obtêm sua energia como produtores, consumidores primários, consumidores secundários e consumidores terciários. Como as espécies existem em teias alimentares, a abundância de cada uma é afetada não apenas por efeitos diretos, mas também por efeitos indiretos mediados por densidade e por atributo. Por causa desses efeitos indiretos, as comunidades podem sofrer cascatas tróficas do topo da cadeia alimentar para baixo, bem como de baixo para o topo.

Termos-chave: **cadeia alimentar, teia alimentar, nível trófico, consumidor primário, consumidor secundário, consumidor terciário, onívoro, guilda, efeito direto, efeito indireto, cascata trófica, efeito indireto mediado pela densidade, efeito indireto mediado pelo atributo, controle base-topo (*bottom-up*), controle topo-base (*top-down*)**

18.5 As comunidades respondem aos distúrbios com resistência, resiliência ou mudando entre estados estáveis alternativos. Comunidades resistentes mostram pouca ou nenhuma resposta a um distúrbio. Comunidades resilientes, por sua vez, podem ser afetadas pela perturbação, mas retornam aos seus estados originais de maneira relativamente rápida. Algumas comunidades respondem a grandes perturbações mudando para estados estáveis alternativos nos quais a comunidade persiste com uma composição de espécies diferente por um tempo relativamente longo.

Termos-chave: **estabilidade da comunidade, resistência da comunidade, resiliência da comunidade, estado estável alternativo**

QUESTÕES DE RACIOCÍNIO CRÍTICO

1. Em um bioma de deserto, como você poderia determinar se a distribuição de espécies de plantas indica se a comunidade é interdependente ou independente?

2. Dado que as distribuições de muitos animais são determinadas pela composição de espécies da comunidade de plantas, o que você poderia prever sobre a diversidade de animais em um ecótono, comparado a cada hábitat adjacente?

3. Se você observa zonas de diferentes espécies de plantas à medida que se move morro acima a partir da margem de uma lagoa, quais processos ecológicos você acha que estejam causando essas distribuições de plantas?

4. Por que os ecólogos consideram tanto a riqueza de espécies quanto a uniformidade de espécies para quantificar sua diversidade?

5. Compare e contraste as distribuições de abundância log-normal e as curvas de abundância ranqueada.

6. Por que um aumento nos recursos totais ou na quantidade de recursos adicionados normalmente pode levar a declínios na diversidade de espécies em um lago?

7. Em áreas com distúrbios intermediários, como a riqueza e a uniformidade de espécies se comparam às de áreas sem distúrbios?

8. Os coelhos na Austrália foram superabundantes no passado e dizimaram a vegetação. Por que eles não são exemplo de uma espécie-chave?

9. Compare e contraste os efeitos indiretos mediados pela densidade com os mediados pelos atributos.

10. Qual evidência poderia convencê-lo de que um campo estaria sujeito a controle topo-base *versus* controle base-topo?

REPRESENTAÇÃO DOS DADOS | DISTRIBUIÇÕES LOG-NORMAL E CURVAS DE ABUNDÂNCIA RANQUEADA

Você foi solicitado a avaliar a diversidade de espécies em uma parcela de campo e encontrou 16 espécies que variam em abundância relativa. Usando os dados da tabela, crie uma curva de abundância ranqueada e uma de distribuição log-normal.

Classificação (posto) da espécie	Abundância absoluta	Abundância relativa	Categoria log-normal
1	308	0,385	≥ 128
2	121	0,151	64 a < 128
3	65	0,081	64 a < 128
4	62	0,078	32 a < 64
5	51	0,064	32 a < 64
6	41	0,051	32 a < 64
7	31	0,039	16 a < 32
8	30	0,038	16 a < 32
9	27	0,034	16 a < 32
10	18	0,023	16 a < 32
11	15	0,019	4 a < 8
12	13	0,016	4 a < 8
13	8	0,010	4 a < 8
14	5	0,006	2 a < 4
15	4	0,005	2 a < 4
16	1	0,001	< 2
TOTAL =	**800**		

19 Sucessão da Comunidade

Geleiras em Retração no Alasca

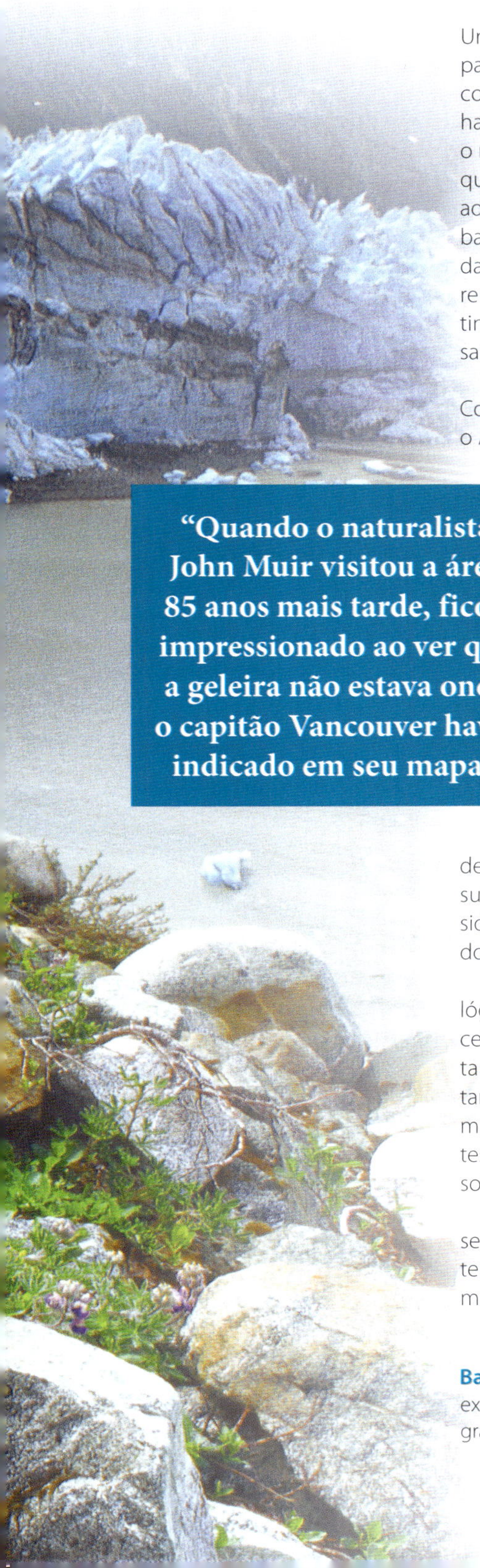

Um trecho localizado na estreita faixa de terra que se estende próximo a Juneau, no Alasca, tem passado por incríveis mudanças durante os últimos 200 anos. Em 1794, o capitão George Vancouver descobriu uma entrada no mar que levava à Juneau de hoje; para o norte da entrada, havia uma geleira maciça que media mais de 1 km de espessura e 32 km de largura. Quando o naturalista John Muir visitou a área da geleira 85 anos mais tarde, ficou impressionado ao ver que ela não estava onde o capitão Vancouver havia indicado em seu mapa e que tinha recuado aproximadamente 80 km e formado uma grande baía. Além disso, enquanto a maioria das baías no Alasca era coberta por florestas, as costas dessa nova baía eram relativamente desnudas. Conforme Muir explorava, ele descobria diversos lugares com grandes troncos que eram remanescentes de cicuta, álamo-negro (*Populus trichocarpa*) e árvores espruce-de-sitka que tinham sido arrancadas pela geleira conforme ela avançava séculos atrás. Ele não tinha como saber que estava olhando para uma das geleiras de mais rápido derretimento do mundo.

Os escritos de John Muir sobre o mundo natural foram amplamente lidos. Em 1916, William Cooper, um ecólogo que estava particularmente intrigado pelas histórias do naturalista sobre o Alasca, fez a primeira de várias expedições à área, que passou a ser conhecida como Baía da Geleira. Nessas expedições, ele fez o levantamento das plantas que cresciam em vários locais ao longo da costa da baía, incluindo onde a geleira existiu durante a visita de Vancouver e onde ela havia retrocedido apenas recentemente. Ele também montou parcelas no entorno da baía para registrar as mudanças na vegetação em vários locais que planejava examinar quando retornasse em expedições subsequentes.

"Quando o naturalista John Muir visitou a área 85 anos mais tarde, ficou impressionado ao ver que a geleira não estava onde o capitão Vancouver havia indicado em seu mapa."

Cooper concluiu que os locais expostos por um período maior teriam tido mais tempo para retornar ao tipo de floresta que eram anteriormente às geleiras terem avançado séculos antes. Por outro lado, ele esperava que os locais recentemente expostos se apresentassem como rocha nua e cascalho, representando os primeiros estágios de uma floresta em desenvolvimento. Nesses locais recentemente expostos, o ecólogo encontrou musgos, liquens, herbáceas e pequenos arbustos. Os locais que haviam sido expostos entre 35 e 45 anos antes tinham espécies altas de arbustos de salgueiro e amieiro e árvores de álamo-negro. As regiões com mais de 100 anos tinham árvores de espruce-de-sitka, e as com mais de 160 anos tinham cicuta no sub-bosque. Ao examinar as mudanças nas comunidades de plantas nos locais que haviam sido expostos por diferentes períodos de tempo, ele pôde conjecturar sobre como as florestas do Alasca responderam à maciça perturbação de uma geleira avançando e retrocedendo.

As observações de Vancouver, Muir e Cooper consolidaram o caminho para pesquisas ecológicas subsequentes na Baía da Geleira que duraram mais de um século. Na verdade, as parcelas terrestres originais montadas por Cooper são ainda monitoradas nos dias de hoje, como também os córregos locais que foram criados pela geleira em derretimento. Pesquisadores também estão investigando os solos e descobrindo que, conforme as comunidades de plantas mudam de musgos para arbustos e depois para árvores, o solo se torna mais rico em nutrientes. Como resultado, eles descobriram que plantas herbáceas e gramíneas crescem melhor em solos com mais nutrientes.

Como será visto neste capítulo, mudanças a longo prazo nas comunidades ecológicas seguem padrões previsíveis, que são importantes para se compreender como as comunidades terrestres e aquáticas mudam ao longo do tempo, bem como os processos subjacentes a essas mudanças.

Baía da Geleira, Alasca. Em 1794, uma geleira que tinha mais de 1.200 m de espessura cobria tudo, exceto a entrada da baía. Desde então, as geleiras têm derretido e retrocedido, resultando em uma grande extensão de água. Fotografia de Accent Alaska.com/Alamy.

Taxa de retração da geleira. As observações históricas do capitão George Vancouver, de John Muir, William Cooper e os pesquisadores atuais indicam que a geleira na Baía da Geleira tem retrocedido rapidamente durante os últimos 200 anos.

FONTES:
Castle, C., et al. 2016. Soil biotic and aiotic controls on plant perfrmance during primary succession in a glacial landscape. *Journal of Ecology* 104: 1555–1565.
Cooper, W. S. 1923. The recent ecological history of Glacier Bay. Alaska II: The present vegetation cycle. *Ecology* 4: 223–246.
Fastie, C. L. 1995 Causes and ecosystem consequences of multiple pathways of primary succession at Gtacier Bay. *Alaska, Ecology* 76: 1899–1916.

OBJETIVOS DE APRENDIZAGEM

Após a leitura deste capítulo, você deverá ser capaz de:

19.1 Discutir como a sucessão ocorre em uma comunidade.

19.2 Descrever os diversos mecanismos pelos quais a sucessão ocorre.

19.3 Explicar as maneiras pelas quais a sucessão nem sempre produz uma única comunidade clímax.

Como a maioria das comunidades ecológicas normalmente sofre pouca mudança ao longo de semanas ou meses, é tentador pensar nelas como coleções estáticas de espécies. Contudo, as comunidades, em geral, sofrem alterações na composição e na abundância relativa de espécies durante períodos longos de tempo, as quais são especialmente evidentes quando há grande perturbação, como a geleira retrocedendo na Baía da Geleira. Outros exemplos incluem um campo que tenha sido arado, uma floresta que tenha passado por um intenso incêndio ou um lago que tenha secado durante uma seca, mas subsequentemente enchido novamente. Nesses casos, a comunidade lentamente se reconstrói e, dado tempo suficiente, ela geralmente se assemelha à comunidade original que existia antes do distúrbio.

Este capítulo explora como a composição de espécies nas comunidades muda ao longo do tempo. Discute também as evidências que os cientistas têm usado para quantificar essas mudanças tanto nas comunidades terrestres quanto nas aquáticas, além de como os estudos modernos têm alterado hipóteses originais. Compreender essas mudanças é essencial para os cientistas que tentam prever como as comunidades podem responder a futuras perturbações ambientais, como furacões e incêndios, ou às atividades antrópicas, como a mineração e a exploração de madeira. Tal compreensão é também essencial para os cientistas que tentam prever os impactos de distúrbios maiores, como a mudança climática global.

19.1 A sucessão ocorre em uma comunidade quando as espécies substituem umas às outras ao longo do tempo

O processo de **sucessão** em uma comunidade é a mudança na composição de espécies com o tempo. Por exemplo, quando um campo é arado, mas não cultivado, ele logo é colonizado por gramíneas e flores silvestres. Entretanto, nos climas com suficiente precipitação, essas plantas serão, em algum momento, substituídas por arbustos e então por árvores grandes. Cada estágio da mudança da comunidade durante o processo de sucessão é conhecido como **estágio seral**, e

Sucessão Processo pelo qual a composição de espécies de uma comunidade muda com o tempo.

Estágio seral Cada estágio de mudança da comunidade durante o processo de sucessão.

as primeiras espécies a chegarem a um local são conhecidas como **espécies pioneiras**. Em geral, elas têm a capacidade de se dispersar por longas distâncias e alcançar rapidamente um local perturbado. O estágio seral final nesse processo de sucessão é conhecido como **comunidade clímax**, que geralmente é composta pelo grupo de organismos que dominam determinado bioma. Como será explicado, uma comunidade clímax pode ser obtida por meio de diversas sequências diferentes ao longo do tempo e pode também continuar a passar por mudanças.

Esta seção terá início considerando que a sucessão pode ser observada direta ou indiretamente. Em seguida, será investigado como essas técnicas ajudam os cientistas a examinarem os padrões sucessionais em diversos ambientes terrestres e aquáticos. Embora a maioria dos estudos de sucessão foque em mudanças nas comunidades de plantas, há também modificações associadas nas espécies de animais que dependem de plantas para alimento e hábitat. Muito menos estudada é a sucessão que ocorre sobre a matéria orgânica morta, como troncos podres e carcaças de animais.

OBSERVAÇÃO DA SUCESSÃO

A observação da sucessão em uma comunidade pode ter durações diferentes, dependendo das histórias de vida das espécies envolvidas. Por exemplo, a sucessão dos decompositores em um animal morto pode acontecer em questão de semanas ou meses. Por outro lado, a sucessão de uma floresta pode levar centenas de anos. Quando a sucessão ocorre ao longo de períodos de tempo extensos, os cientistas da atualidade podem, por vezes, voltar aos locais que foram estudados por outros cientistas décadas ou mesmo séculos atrás e observar como a composição de espécies de uma área se modificou com o tempo. Em outros casos, quando não há dados históricos disponíveis para uma área, métodos mais indiretos são utilizados a fim de se estimar o padrão de sucessão. Como será observado, o uso das abordagens direta e indireta para estudar a sucessão proporciona um quadro mais completo de como as comunidades mudam com o tempo.

Espécie pioneira Primeira espécie a chegar a um local.

Comunidade clímax Estágio seral final no processo de sucessão.

Observações diretas

A maneira mais clara de documentar a sucessão em uma comunidade é pela observação direta das mudanças ao longo do tempo. Já foi descrita a pesquisa da Baía da Geleira, um exemplo bem conhecido de sucessão observada diretamente. Outro exemplo vem da pequena ilha de Krakatoa, Indonésia.

Em 1883, uma erupção vulcânica maciça em Krakatoa lançou pelos ares cerca de três quartos da ilha, como representado na Figura 19.1 A. A parte remanescente foi coberta com uma camada de cinza vulcânica que eliminou toda forma de vida. Pesquisadores começaram a visitar a ilha após a erupção para documentar como e quando as diversas espécies retornariam e se a comunidade em desenvolvimento em algum momento seria semelhante àquela que existia antes da erupção. Em 1886, os pesquisadores observaram que 24 espécies de plantas tinham recolonizado Krakatoa, como se pode ver na Figura 19.1 B. Dez dessas espécies eram plantas que se

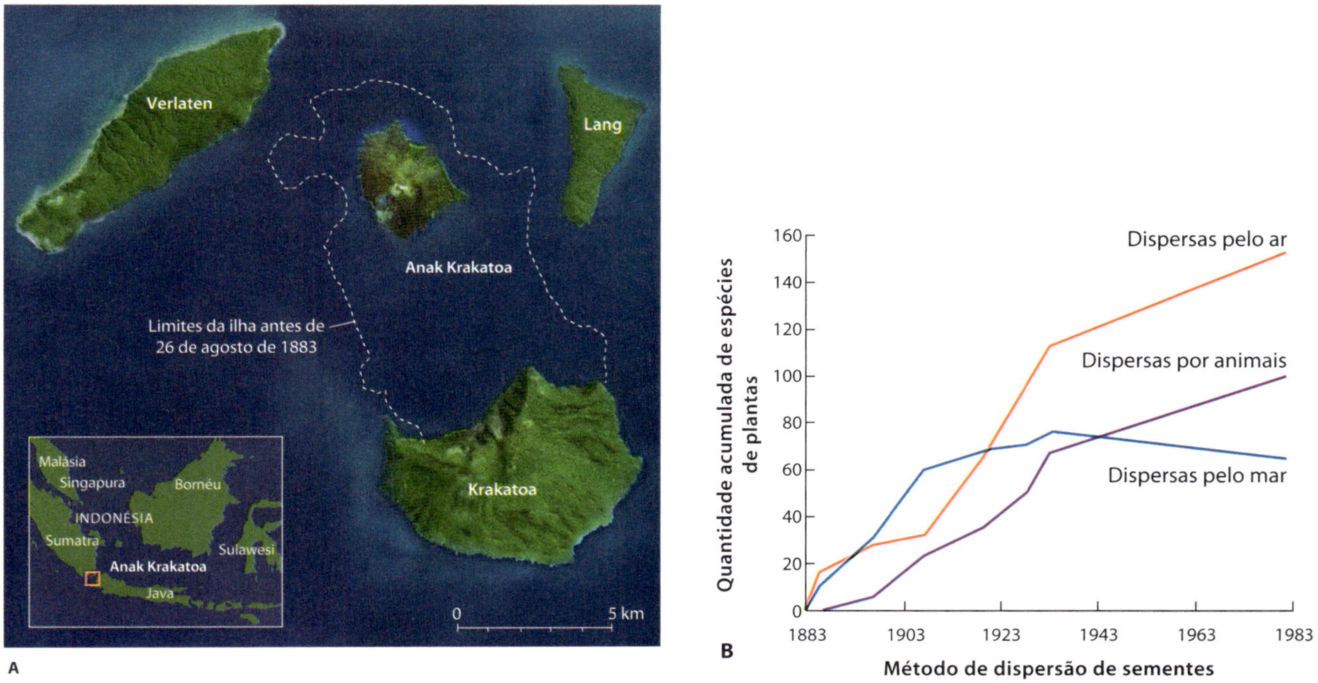

Figura 19.1 Observações diretas da sucessão. A. A ilha de Krakatoa, na Indonésia, sofreu uma erupção vulcânica maciça em 1883, que explodiu grande parte da ilha original e eliminou toda forma de vida. **B.** Desde então, pesquisadores vêm documentando a colonização de novas espécies na ilha ao longo do tempo. Inicialmente, a maioria das plantas que colonizaram a ilha era dispersa pelo mar e pelo vento. À medida que as florestas se desenvolveram, aves e morcegos que chegavam ao local levavam sementes de muitas outras espécies de plantas. Dados de R. J. Whittaker et al., Plant recolonization and vegetation succession on the Krakatau islands, Indonesia, *Ecological Monographs* 59 (1989): 59–123.

dispersam pelo mar e que são comuns em costas tropicais naquela região. Muitas das outras plantas eram gramíneas e samambaias dispersas pelo vento, cujas respectivas sementes e esporos chegaram flutuando no ar a partir de ilhas das redondezas. Após mais um tempo, as sementes das árvores chegaram. Em 1920, a maior parte da ilha tinha dado origem a uma comunidade de floresta.

A presença de hábitats de floresta tornou a ilha mais hospitaleira para muitas espécies de aves e morcegos; as frugívoras levaram diversas sementes com elas em seus sistemas digestórios, muitas das quais foram excretadas na ilha e subsequentemente germinaram. Atualmente, por meio de observações diretas, pesquisadores continuam a monitorar como a sucessão na ilha é afetada por distúrbios adicionais, tais como erupções vulcânicas, erosão de depósitos de cinzas pelas ondas do oceano e fortes tempestades que passam pela região.

É muito mais fácil observar a sucessão quando ela ocorre ao longo de pequenas escalas de tempo, tal como a sucessão de espécies em organismos que estão em decomposição. Por exemplo, quando um mamífero morre, os tecidos mortos são rapidamente colonizados por bactérias e fungos. Dentro de poucos minutos, insetos também começam a localizar a carcaça, frequentemente atraídos por odores que são emitidos pelo animal morto. Um dos primeiros grupos de insetos a aparecer são as moscas-varejeiras; elas colocam seus ovos na carcaça, e estes eclodem em larvas (Figura 19.2). Considerando que insetos são ectotérmicos, a taxa na qual as larvas crescem, se desenvolvem e consomem a carcaça depende da temperatura ambiental. Com o tempo, muitas espécies de moscas chegam, bem como diversas espécies de besouros e predadores. Uma vez que os tecidos são consumidos e somente ossos e pelos permanecem, o número de insetos cai drasticamente, e a taxa de decomposição desacelera.

Por séculos, cientistas têm observado diretamente essas sucessões; hoje em dia, esse conhecimento também é utilizado para se estimar o tempo desde a morte de um humano, com base nos insetos encontrados em um corpo e a temperatura ambiental. Tais observações têm estabelecido a base de um campo conhecido como entomologia forense.

Observações indiretas

Como é difícil observar diretamente a sucessão em muitos tipos de comunidades, os pesquisadores pensaram em maneiras de determinar indiretamente os padrões de sucessão. Os dois métodos mais comuns tentam voltar no tempo a partir do presente. Uma abordagem examina as comunidades regionais que iniciaram a sucessão em diferentes épocas. Por exemplo, a pesquisa clássica de Henry Cowles no fim do século XIX examinou a sucessão de dunas de areia em Indiana ao longo da costa sul do Lago Michigan. Cowles sabia que o nível da água no lago Michigan havia diminuído desde a última glaciação e que novas dunas de areia tinham se formado ao longo da costa em retração. No tempo em que Cowles visitou o Lago Michigan, ele era rodeado por múltiplas dunas de areia, e as mais antigas estavam bem longe da atual linha da costa, enquanto as mais novas estavam próximo à costa. Nessas dunas mais jovens, ele descobriu plantas esparsas, como as "gramíneas-da-praia" (*Ammophila breviligulata*) e as "gramíneas-de-caule-azul" (em inglês, *bluestem grasses*), que representavam os estágios iniciais da sucessão, muito semelhantes às gramíneas dispersas pelo vento que apareceram em Krakatoa durante os primeiros anos da sucessão. Mais afastadas da água, as dunas mais velhas continham plantas maiores e mais abundantes, que incluíam herbáceas e diversas espécies de arbustos. Para além dessas plantas, nas dunas ainda mais velhas, havia pinheiros, enquanto as dunas mais antigas continham árvores de faia, carvalho, bordo e cicuta (Figura 19.3). Essas observações levaram Cowles a definir uma

Figura 19.2 Mosca-varejeira. A mosca *Lucilia sericata* é uma espécie de mosca-varejeira que está entre os primeiros grupos de insetos a chegarem quando um animal morre. Fotografia de Howard Marsh/Alamy.

Figura 19.3 Cronossequências. As dunas do "Lago Superior" (em inglês, *Lake Superior*) são mais velhas quanto mais longe estão da água. Com base nessa relação, os pesquisadores examinaram a vida vegetal nas dunas de diferentes idades como uma forma de se estimar como a sucessão prossegue ao longo do tempo. Fotografia de BambiG/Getty Images.

técnica chamada de cronossequenciamento, que é utilizada para criar um modelo da sequência de comunidades que existem ao longo do tempo em um dado local. O modelo, chamado de **cronossequência**, ajuda os ecólogos a compreenderem como a sucessão progride com o tempo em determinada área. Muitos outros ecólogos, subsequentemente, usaram cronossequenciamento, incluindo William Cooper, um estudante de pós-graduação de Cowles que examinou as cronossequências na Baía da Geleira.

Também é possível olhar para o passado examinando o pólen e outras partes de plantas preservadas em camadas distintas de sedimentos de lagos e lagoas. As plantas com flores produzem grãos de pólen com tamanhos e formas distintas. Quando esses grãos de pólen viajam através do ar e da terra até a superfície de um lago, eles aí afundam e, com o tempo, ficam preservados em camadas de sedimentos no fundo do lago. Os pesquisadores podem determinar a idade de cada uma dessas camadas retirando uma amostra de sedimento que penetra através de muitas camadas de lama no fundo do lago e usam uma técnica conhecida como *datação por carbono*, que identifica a idade do pólen em cada camada. A datação do pólen os ajuda a determinar as alterações nas espécies de plantas em torno do lago por períodos de centenas ou até mesmo milhares de anos.

SUCESSÃO EM AMBIENTES TERRESTRES

Pesquisadores que investigam ambientes terrestres têm focado principalmente na sucessão de comunidades de plantas. Nesses locais, a sucessão pode ser classificada em dois tipos, que se baseiam nas condições iniciais: *sucessão primária* e *sucessão secundária*. Em ambos os casos, será discutida uma versão simplificada da sucessão terrestre, que é representada por uma progressão ordenada ao longo do tempo. Mais adiante nesta seção, será evidenciado que a sucessão em comunidades terrestres pode ser muito mais complexa.

Sucessão primária

A **sucessão primária** é o desenvolvimento de comunidades em hábitats inicialmente desprovidos de plantas e solo orgânico, tais como dunas de areia, fluxos de lava e rochas nuas. Esses ambientes inóspitos são colonizados por liquens e musgos, que não requerem solo e podem viver sobre superfícies de rochas, e por gramíneas tolerantes à seca, que são capazes de colonizar dunas de areia seca (Figura 19.4). As espécies que colonizam primeiro esses lugares produzem pequenas porções de matéria orgânica que ocorrem juntamente com os processos de intemperização da rocha e atividade microbiana para criar solos que tornam o lugar mais hospitaleiro para outras espécies.

Sucessão secundária

A **sucessão secundária** é o desenvolvimento de comunidades em hábitats que não contêm plantas, mas possuem solo orgânico, como a que ocorre em campos que foram arados ou florestas extirpadas por um furacão. Tais hábitats normalmente contam com solos bem desenvolvidos que podem também incluir raízes de plantas e sementes, ambos contribuindo para um rápido desenvolvimento de novas plantas após o distúrbio.

Cronossequência Sequência de comunidades que existem ao longo do tempo em determinado local.

Sucessão primária Desenvolvimento de comunidades em hábitats inicialmente desprovidos de plantas e solo orgânico, como dunas de areia, fluxos de lava e rochas nuas.

Sucessão secundária Desenvolvimento de comunidades em hábitats que foram perturbados e que não contêm plantas, mas ainda contêm um solo orgânico.

A

B

Figura 19.4 Sucessão primária. A sucessão primária ocorre quando organismos colonizam locais inicialmente desprovidos de vida. **A.** Rochas nuas, como estas em Wisconsin, são inicialmente colonizadas por liquens e musgos. **B.** Dunas de areia, como estas ao longo da costa do Lago Michigan, são inicialmente colonizadas por gramíneas capazes de tolerar solos arenosos e secos com pouca matéria orgânica. Fotografias de Lee Wilcox.

A sucessão secundária pode ser observada em uma cronossequência de campos agrícolas abandonados. Um excelente exemplo é a Floresta de Duke, um laboratório a céu aberto na região do Piemonte da Carolina do Norte, composta de 1.900 hectares de campos agrícolas abandonados e florestas que a Duke University comprou em 1931. Para compreender o processo de sucessão nessa área, o ecólogo Henry Oosting visitou diversos locais em fazendas, cada um abandonado por diferentes períodos de tempo. Ele descobriu um claro padrão de sucessão que começa com as plantas anuais e termina com as grandes árvores decíduas, como ilustrado na Figura 19.5. Mesmo antes do abandono, o capim-colchão (*Digitaria sanguinalis*) é comum nos campos; no primeiro verão após o abandono, o capim-colchão e a buva dominam os campos; por volta do segundo verão, a artemísia (*Ambrosia artemisiifolia*) e o áster (*Symphyotrichum ericoides*) dominam os campos; e no terceiro verão, o capim-membeca (*Andropogon virginicus*)

Figura 19.5 Sucessão secundária. A sucessão secundária começa com um solo bem desenvolvido. Em uma floresta sazonal temperada, como esta da região do Piemonte, da Carolina do Norte, a comunidade clímax é dominada por árvores decíduas.

domina. Em seguida, chegam os arbustos, seguidos pelos pinheiros. Em cerca de 25 anos, os pinheiros por fim prevalecem sobre espécies sucessionais anteriores. À medida que as décadas se passam, as espécies de árvores decíduas chegam e começam a substituir os pinheiros; após cerca de 100 anos, as árvores decíduas dominam e constituem o último estágio seral na sequência sucessional.

A sucessão primária é distinguida da secundária pelo ponto de partida da comunidade. Por exemplo, no meio-oeste dos EUA, uma área contendo rocha nua passará por estágios serais de liquens e musgos, ervas anuais, ervas perenes, arbustos, diversas espécies de árvores pioneiras e, por fim, uma floresta de faias e bordos. Por outro lado, uma área contendo solo nu começará com ervas anuais e passará por muitos dos mesmos estágios serais em sua trajetória para formar a mesma floresta de faias e bordos. Como será abordado mais adiante neste capítulo, a floresta de faias e bordos pode variar um pouco em sua composição de espécies de árvores dominantes.

Algumas vezes, a distinção entre sucessão primária e secundária não é clara porque a intensidade de um distúrbio pode variar. Por exemplo, como um tornado que varre uma grande área de floresta normalmente não danifica os nutrientes do solo, o qual frequentemente contém sementes e raízes vivas, a sucessão acontece rapidamente. Por outro lado, um incêndio severo que queima através de camadas orgânicas do solo da floresta exige que a comunidade recomece de um ponto muito inicial, de uma maneira que se assemelha à da sucessão primária; afinal, há um solo, mas ele contém poucas sementes ou raízes que possam brotar imediatamente após o incêndio.

Complexidade da sucessão terrestre

Cada bioma tem uma comunidade clímax característica, mas a sequência dos estágios serais pelos quais um local passa em sua trajetória na direção da comunidade clímax pode diferir, dependendo das condições iniciais. Por exemplo, considerando a sucessão de um campo, de uma duna de areia e de um alagado próximo do Lago Michigan, em Indiana, o campo abandonado é geralmente colonizado por ervas que incluem a buva e a vara-dourada. A duna de areia é normalmente colonizada pelas "gramíneas-da-praia" e pelas "gramíneas-de-caule-azul", que são gramíneas perenes que podem estabilizar as dunas de areia e adicionar matéria orgânica ao solo. O alagado suporta plantas, como a taboa, que produz matéria orgânica; ao longo de muitos anos, essa matéria orgânica pode preencher o alagado e criar condições que possibilitam às plantas terrestres colonizarem o local. Em todos os três casos, a progressão dos estágios serais começa com uma comunidade diferente, mas termina com a mesma comunidade clímax de uma floresta dominada por faia e bordo.

Embora seja tentador pensar que a sucessão terrestre é um processo linear simples, estudos modernos demonstram que isso frequentemente não é o caso, pois a sequência de estágios serais pode ser bastante variável. Por exemplo, o conceito de cronossequências se baseia na premissa de que locais mais antigos passam pelos mesmos estágios que os mais jovens. Ela também assume que lugares de idades diferentes não diferem em outros aspectos, como as condições históricas abióticas, a fertilidade do solo e as perturbações naturais e humanas. Quando, nas cronossequências, retorna-se no tempo centenas de anos, pode ser difícil ou impossível confirmar que os locais não diferem de modo que afete a sucessão. Por exemplo, regiões de idades semelhantes em determinada área às vezes contêm diferenças importantes na composição de espécies por causa de distúrbios locais, como um tornado. Pesquisadores modernos observarão mudanças na composição de espécies, mas poderão não saber que um tornado passou por aquela área.

A pesquisa da Baía da Geleira proporciona um bom exemplo da complexidade de uma sucessão. Durante décadas, os ecólogos apresentaram um cenário simplificado de como as comunidades na região haviam mudado ao longo do tempo. Com base nas observações originais de Cooper, eles identificaram a sucessão primária como um processo linear simplificado que começa com os liquens, musgos e herbáceas. Em seguida, vem um estágio seral contendo arbustos baixos, seguido por um estágio contendo arbustos altos, que incluem os salgueiros, álamos e amieiros. O próximo estágio é dominado por árvores de espruce, e o estágio seral final é dominado pelas árvores de cicuta.

Pesquisas mais recentes usaram anéis de árvores para datar a colonização das sequências sucessionais e têm chegado a uma conclusão diferente em relação ao caminho da sucessão. O número de anéis de crescimento traduz a idade de uma árvore, o que possibilita determinar quando a primeira árvore apareceu em um local em relação ao momento em que a geleira retrocedeu, abrindo o local para a sucessão. Por exemplo, agora se sabe que os locais mais antigos provavelmente nunca tiveram um estágio seral que incluiu as árvores do álamo, enquanto os mais jovens atualmente passam por um estágio de abundantes álamos. Além disso, as árvores de espruce e de cicuta rapidamente colonizaram lugares que estavam expostos no início do século XIX, mas não os que foram expostos no fim do século XIX e início do século XX. Os dados para a árvore de espruce-de-sitka podem ser vistos na Figura 19.6. Isso sugere que os solos nos locais mais antigos e mais jovens podem não ter sofrido as mesmas mudanças à medida que passaram pela sucessão.

Como as premissas por trás das cronossequências nem sempre são atendidas, a melhor abordagem é usar uma combinação de métodos de pesquisa e dados, incluindo as cronossequências, os registros de pólen e os estudos a longo prazo de locais específicos passando por sucessão. Em conjunto, eles proporcionam uma descrição mais precisa da sucessão terrestre.

Sucessão animal

Os ecólogos tradicionalmente focam nas mudanças das espécies de plantas ao descreverem a sucessão em ambientes terrestres. No entanto, essas alterações acarretam modificações significativas nos hábitats disponíveis para os animais, o que, por sua vez, causa mudanças na comunidade dos animais. Um estudo clássico de David Johnston e Eugene Odum examinou a distribuição de espécies de aves na região do Piemonte da Geórgia, ao longo dos mesmos estágios serais sucessionais que Oosting estudou na região do Piemonte da Carolina do Norte. Como ilustrado na Figura 19.7, os "pardais-gafanhoto" (*Ammodramus savannarum*) e os pedros-ceroulos (*Sturnella magna*) dominam os estágios iniciais da sucessão que contêm as plantas anuais. Com a colonização dos campos abandonados por arbustos, ocorre a chegada de muitas espécies diferentes de aves, incluindo os tico-ticos-pequenos (*Spizella pusilla*) e as mariquitas-de-mascarilha (*Geothlypis trichas*). Conforme se move da floresta de pinheiros para a floresta de clímax de carvalho-nogueira, outras espécies aparecem, incluindo a juruviara (*Vireo olivaceus*) e o tordo-dos-bosques (*Hylocichla mustelina*). Embora algumas espécies de aves sejam específicas de determinado intervalo de estágios sucessionais de plantas, muitas espécies vivem em múltiplos estágios serais.

SUCESSÃO EM AMBIENTES AQUÁTICOS

A sucessão também ocorre nos ambientes aquáticos. Esta seção examina como ela procede em três tipos de ambientes aquáticos: comunidades entremarés, riachos e lagos.

Comunidades entremarés

Ao contrário da maioria das comunidades terrestres, a sucessão em comunidades entremarés pode ocorrer muito mais rapidamente após uma perturbação, em parte porque o tempo de geração da espécie dominante é muito mais curto. Nesses locais,

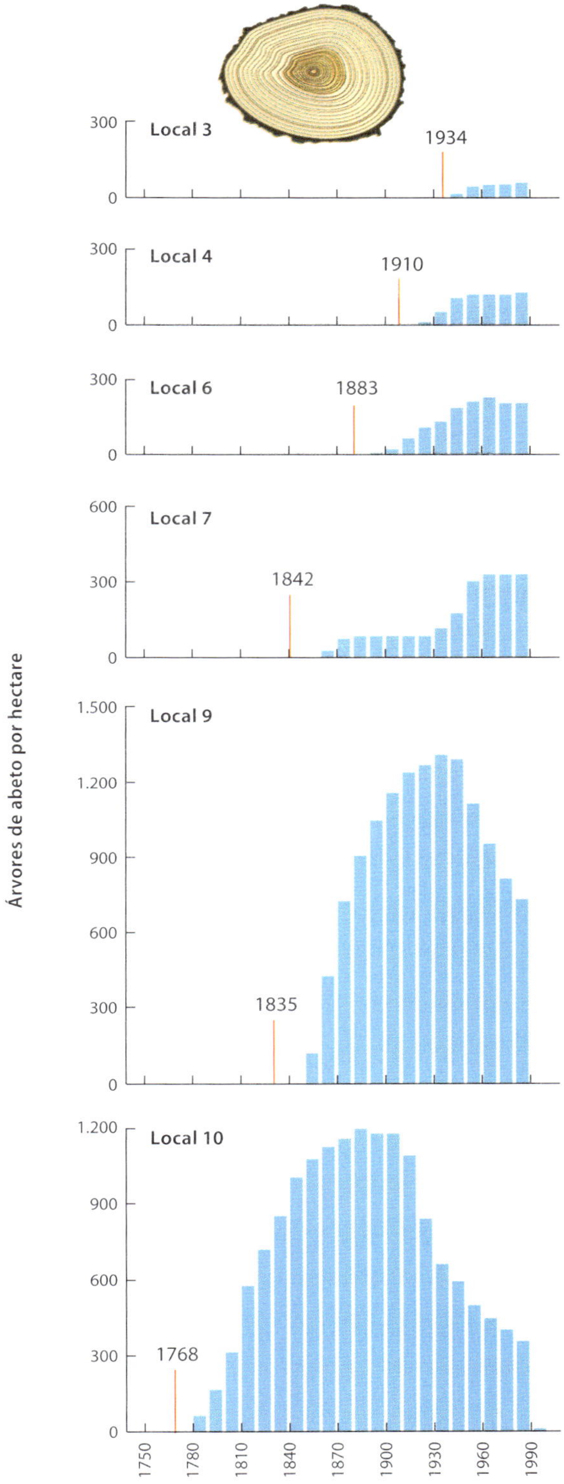

Figura 19.6 Sucessão complexa. Usando os anéis para datar as árvores do espruce-de-sitka de diferentes locais na Baía da Geleira, percebe-se que os locais mais antigos sofreram uma colonização rápida pelo abeto após as geleiras retrocederem, enquanto os mais jovens tiveram uma colonização lenta após as geleiras retrocederem. As *linhas vermelhas verticais* indicam o ano aproximado da retração da geleira em cada local. Dados de C. L. Fastie, Causes and ecosystem consequences of multiple pathways of primary succession at Glacier Bay, Alaska, *Ecology* 76 (1995): 1899–1916.

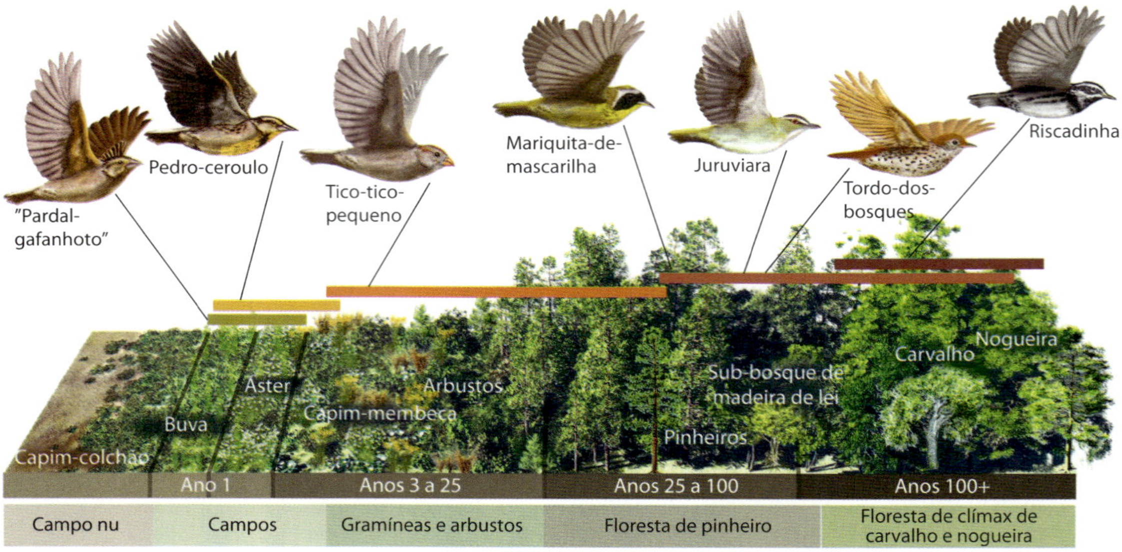

Figura 19.7 Sucessão animal. À medida que a comunidade de plantas sofre uma sucessão secundária, o hábitat disponível para as aves muda. Em resposta às mudanças no hábitat, as espécies de aves que vivem na comunidade mudam. Dados de D. W. Johnston; E. P. Odum, Breeding bird populations in relation to plant sucession on the Piedmont of Georgia, *Ecology* 37 (1956): 50–62.

ondas fortes que ocorrem durante tempestades normalmente removem organismos aderidos às pedras. Em um estudo clássico, o ecólogo Wayne Sousa analisou a sucessão de diferentes espécies de algas em pedras em zonas entremarés no sul da Califórnia. Ele examinou algumas rochas que não foram reviradas pelas tempestades e outras que haviam sido reviradas e apresentavam áreas de rocha nua expostas que poderiam ser colonizadas por algas. Como mostrado na Figura 19.8, Sousa observou que a primeira espécie a chegar foi uma alga verde conhecida como alface-do-mar (*Ulva lactuca*). Ao longo do ano seguinte, ela se tornou dominante no hábitat rochoso e, em grande parte, impediu a colonização por uma espécie competidora de alga vermelha, *Gigartina canaliculata*. No entanto, conforme a alface-do-mar se tornava mais dominante, ela atraía caranguejos que a comiam, o que abria áreas nas rochas para a alga vermelha, menos palatável, se colonizar. Com o tempo, a alga vermelha passou a dominar a comunidade.

Sucessão em riachos

Assim como os hábitats de entremarés, os riachos também sofrem uma sucessão rápida e, em grande parte, porque os organismos podem se mover corrente abaixo para lugares menos perturbados. Os riachos podem sofrer grandes perturbações durante chuvas fortes, que aumentam tanto o volume de água como a velocidade com que ela se move. Com uma velocidade maior da água corrente, areia e rochas podem ser arrastadas corrente abaixo, eliminando a maioria das plantas, dos animais e das algas.

Em um estudo, os pesquisadores investigaram os efeitos de um evento de inundação em Sycamore Creek, no Arizona, que limpou o riacho e eliminou praticamente todas as algas e 98% dos invertebrados, deixando apenas rochas e areia nuas. Os pesquisadores, então, monitoraram como a comunidade mudou nos 2 meses subsequentes, o que pode ser visto na Figura 19.9. Em um intervalo de apenas poucos dias após a inundação, o riacho foi colonizado com diversas espécies de algas conhecidas como diatomáceas, que, em um período de 5 dias, cobriram quase 50% do leito do riacho e, após 13 dias, quase 100%. Após 3 semanas, as cianobactérias começaram a colonizar o riacho, seguidas por uma espécie de alga verde filamentosa (*Cladophora glomerata*) junto com as diatomáceas associadas que vivem como epífitas nessa alga verde. Conforme os três tipos de algas se recuperaram, insetos adultos do ambiente terrestre circundante começaram a depositar ovos no riacho. Isso trouxe de volta um grupo diverso de espécies de larvas de insetos para o riacho, que permaneceram lá até se metamorfosearem em adultos terrestres.

Sucessão de lago

Durante décadas, os ecólogos explicaram a sucessão de lagos usando um paradigma de transformação lenta, como esboçado na Figura 19.10 A. Ao se imaginar um lago raso criado por uma geleira retrocedendo milhares de anos atrás, ou uma represa formada por castores que transformaram um riacho em um pequeno lago, a primeira imagem será uma depressão cheia de água. Com o tempo, a erosão do solo e o crescimento de organismos mortos no lago formarão sedimentos que gradualmente preencherão a depressão. Além disso, as plantas que vivem ao longo das margens lentamente se estenderão para dentro da água, formando uma manta flutuante de vegetação, embaixo da qual existirá uma camada de vegetação que se acumula, parcialmente decomposta, conhecida como *turfa*. Por fim, toda a depressão apresentará uma manta flutuante de vegetação que irá continuamente contribuir com detritos para a camada de turfa na depressão abaixo.

A decomposição microbiana da vegetação morta é lenta porque a água por baixo da manta flutuante tem pouco oxigênio. Como consequência, os detritos se acumulam no fundo da depressão e, após centenas ou milhares de anos, o lago se torna um pântano. Nos pântanos da América do Norte, o musgo esfagno, as ciperáceas e os arbustos, como a "folha-de-couro" e o oxicoco, se estabelecem ao longo das bordas e

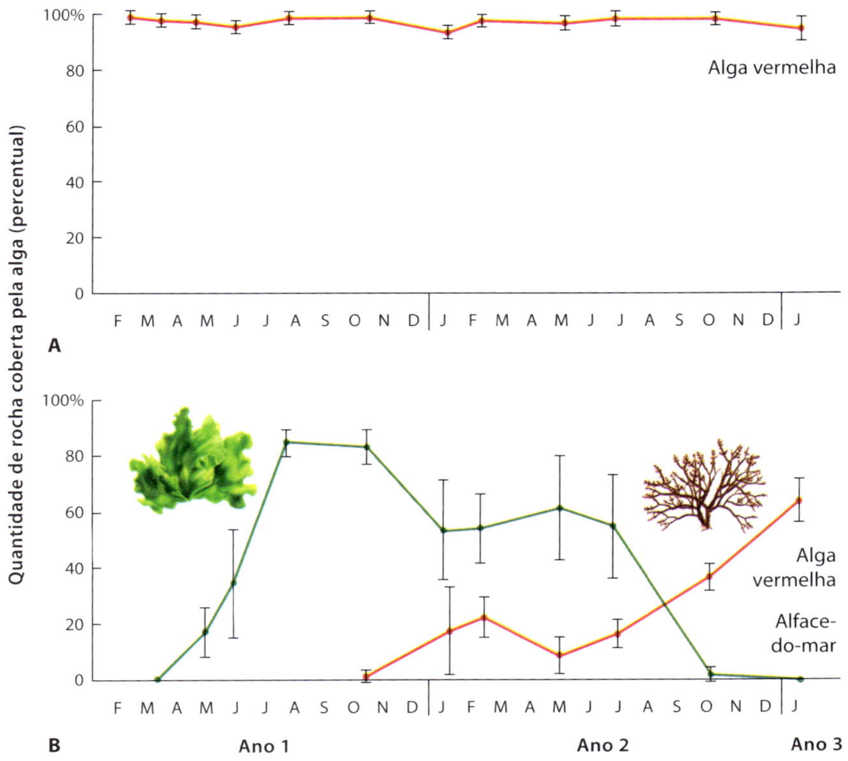

Figura 19.8 Sucessão entremarés. A. Em rochas não perturbadas na zona entremarés, as comunidades são dominadas por uma espécie de alga vermelha. **B.** Quando fortes ondas reviraram as rochas, as áreas nuas expostas foram rapidamente colonizadas pela alface-do-mar, conforme mostrado no *desenho à esquerda*. A alface-do-mar inicialmente dominou a superfície de rocha nua, medida como percentual de rocha coberta pela alga. À medida que o tempo passou, os caranguejos começaram a consumir a alface-do-mar, o que criou espaço e possibilitou que a alga vermelha colonizasse a rocha e finalmente dominasse a superfície da pedra. As barras de erro são erros padrões. Dados de W. P. Sousa, Experimental investigations of disturbance and ecological succession in a rocky intertidal algal community. *Ecologycal Monographs* 49 (1979) 227–254.

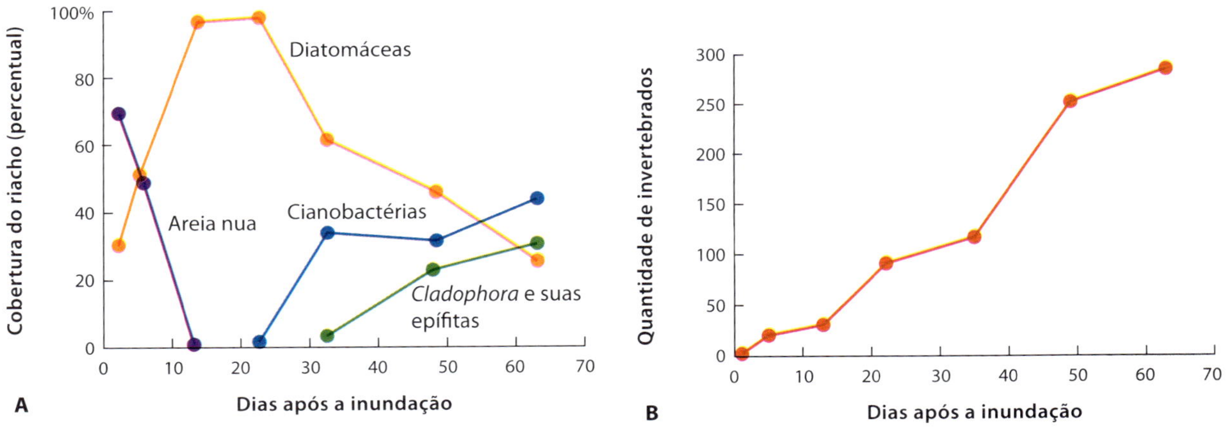

Figura 19.9 Sucessão de riachos. Após grande evento de inundação, o Riacho Sycamore, no Arizona, sofreu uma eliminação praticamente completa de algas, deixando somente rochas e areia nuas. **A.** Em apenas poucos dias, diversas espécies de diatomáceas começaram a dominar as rochas e areia nuas no riacho. Mais para o final do verão, outros grupos de algas colonizaram o riacho e se tornaram mais abundantes, incluindo as cianobactérias e uma espécie de alga filamentosa verde (*Cladophora*) e suas epífitas. **B.** À medida que diferentes tipos de algas retornaram, insetos voadores adultos do ambiente terrestre circundante começaram a depositar seus ovos no riacho, que, como consequência, sofreu um rápido aumento no número de invertebrados. Dados de S. G, Fisher et al., Temporal succession in a desert stream ecosystem following flash flooding, *Ecological Monographs* 52 (1979): 93–110.

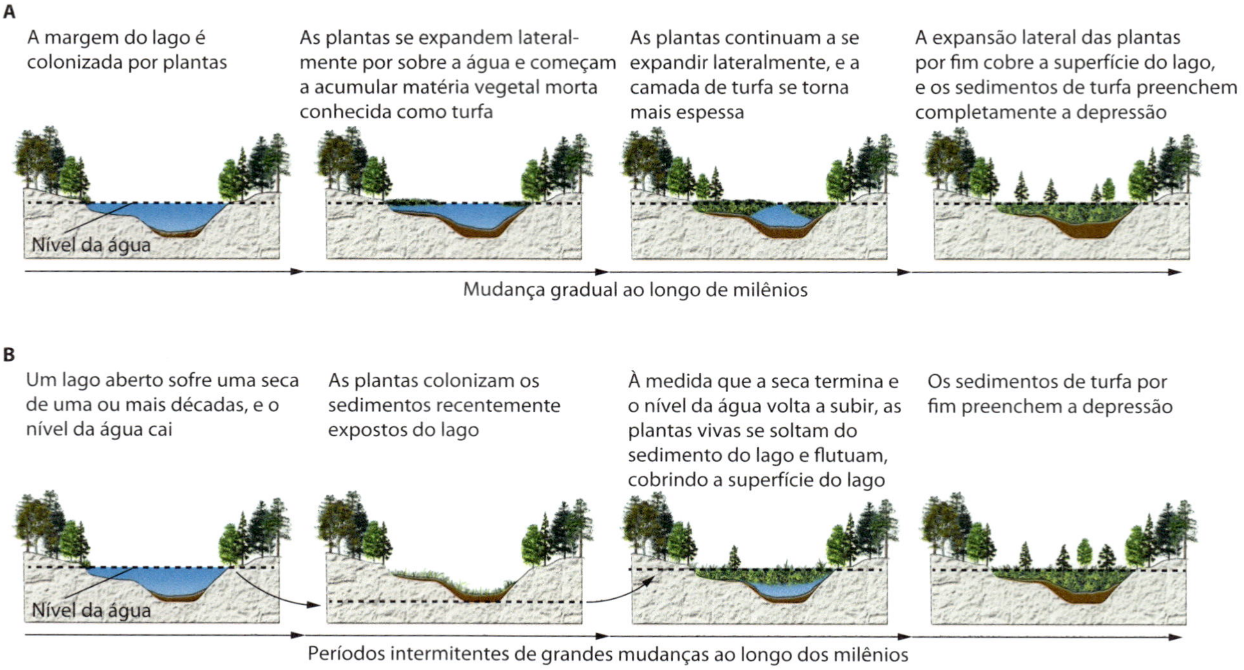

Figura 19.10 Sucessão em lagos pequenos e lagos rasos. A. A explicação clássica para a sucessão nesses hábitats descreve um acúmulo gradual e estável de matéria orgânica, que por fim preenche a depressão e a converte em um hábitat terrestre. **B.** Estudos mais recentes demonstraram que o processo pode ocorrer em grandes eventos ocasionais, quando secas que perduram por vários anos tornam possível que a vegetação se estenda ao longo da parte seca da depressão. Quando a água se torna abundante novamente, a vegetação aumentada flutua sobre a superfície da água e se torna mais espessa. Eventos de múltiplas secas possibilitam que a vegetação se expanda; por fim ela cobre a superfície da água e preenche a depressão. Com base em A. W. Ireland, Drought as a trigger for rapid estate shifts in kettle ecosystems: implications for ecosystem responses to climate change. *Wetlands* 22 (2012): 989–1000.

se juntam no desenvolvimento de um solo com qualidades progressivamente mais terrestres. Nas bordas do pântano, arbustos podem ser substituídos pelo "espruce-preto" (*Picea mariana*) e pelo lariço-do-leste (*Larix laricina*), que, por fim, dão lugar às árvores de bétula, bordo e abeto, dependendo da localidade. Resumidamente, a clássica explicação para a sucessão de lagos era a de que ela ocorria muito lentamente por longos períodos de tempo.

Recentemente, pesquisadores propuseram um novo modelo de sucessão de lagos com base na datação de carbono da parte central de um pântano, para determinar quando cada espécie de planta viveu na área. Ao contrário do modelo clássico de sucessão lenta e contínua, o estudo mostrou que lagos podem sofrer longos períodos de centenas de anos nos quais pouca sucessão ocorre, seguidos por breves episódios de rápida mudança. Durante os períodos de seca prolongada que duram por uma década ou mais, os níveis da água caem, e a vegetação cresce para dentro da margem recentemente exposta. Como se pode ver na Figura 19.10 B, quando a seca termina e o nível da água sobe novamente, o manto de vegetação se solta do fundo do lago e flutua até a superfície da água. Com o crescimento ininterrupto da vegetação, essa manta de flutuação se torna mais espessa e deposita matéria orgânica morta na água abaixo dela.

Após estudar um pântano de 16 hectares na Pensilvânia, os pesquisadores estimaram que 50% do lago original ficaram cobertos pela vegetação de pântano em apenas umas poucas décadas durante uma seca severa no fim do século XVI. Em resumo, a sucessão de lago nem sempre tem que ser lenta e gradual; ela pode acontecer em saltos bruscos durante raros períodos de seca prolongada.

MUDANÇA NA DIVERSIDADE DE ESPÉCIES

Por ambos os hábitats, terrestres e aquáticos, o processo de sucessão apresenta efeitos consistentes sobre a riqueza de espécies. Na maioria dos casos de sucessão, começa-se com poucas espécies ou nenhuma, e então a riqueza de espécies inicialmente aumenta rápido, seguida por uma estabilização e um pequeno declínio, como mostrado na Figura 19.11. O levantamento de Oosting da Floresta Duke, por exemplo, descobriu um rápido aumento na riqueza de espécies de plantas lenhosas durante os primeiros 25 anos, seguido de um declínio gradual na taxa de crescimento por quase 125 anos. Padrões similares de riqueza em função do tempo podem ser vistos em diversas espécies de aves observadas por Johnston e Odum em uma comunidade de floresta, bem como o número de algas e invertebrados observados por Sousa em uma comunidade de entremarés.

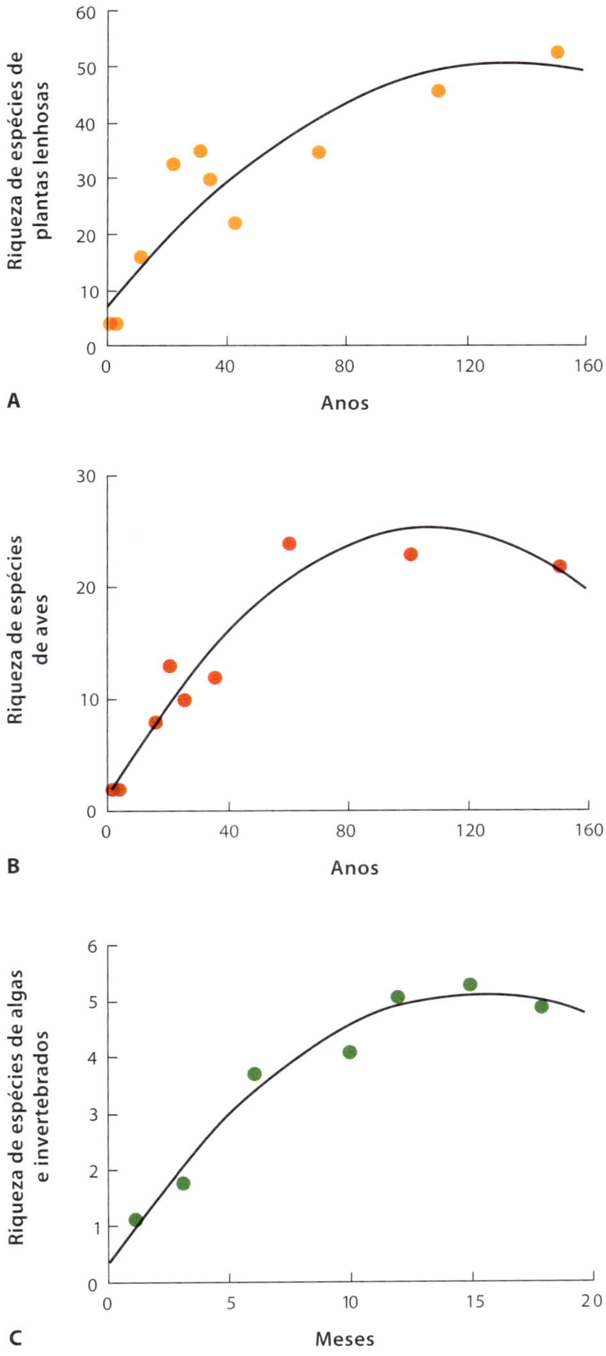

Figura 19.11 Efeitos da sucessão sobre a riqueza de espécies. Em diversas comunidades, a sucessão está associada a um rápido aumento na riqueza de espécies, que então desacelera ao longo do tempo e, por fim, alcança um platô de estabilização. Os exemplos mostrados aqui incluem plantas lenhosas em campos antigos na Carolina do Norte (**A**), aves em campos antigos na Geórgia (**B**) e algas e invertebrados de rochas de entremarés do sul da Califórnia (**C**). Com base em (A) H. J. Oosting. An ecological analysis of the plant communities of Piedmont, North Carolina. *American Midland Naturalist* 28 (1942): 1–126; (B) D. W. Johnston e E. P. Odum. Breeding bird populations in relation to plant succession on the Piedmont of Georgia. *Ecology* 37 (1956): 50–62; (C) W. P. Sousa. Disturbance in marine intertidal boulder fields: The nonequilibrium maintenance of species diversity, *Ecology* 60 (1979): 1225–1239.

VERIFICAÇÃO DE CONCEITOS

1. Qual é a diferença fundamental entre a sucessão primária e a secundária?
2. Por que é difícil de se observar diretamente a sucessão na maioria das comunidades ecológicas?
3. Como as cronossequências são utilizadas para entender a sucessão?

19.2 A sucessão pode ocorrer por meio de diferentes mecanismos

Com uma ideia de como a sucessão se apresenta em diversas comunidades, pode-se explorar como ela realmente acontece. Esta seção considera os atributos das espécies de sucessão inicial e tardia, compara os diferentes mecanismos da sucessão e examina os estudos de sucessão para determinar quais mecanismos são comuns nas comunidades ecológicas.

ATRIBUTOS DAS ESPÉCIES DE SUCESSÃO INICIAL *VERSUS* SUCESSÃO TARDIA

As espécies das sucessões inicial e tardia têm diferentes atributos que são importantes para seus respectivos desempenhos. Por exemplo, espécies pioneiras de plantas terrestres são geralmente melhores em dispersar sementes para locais recém-criados ou perturbados, pois produzem muitas sementes pequenas, facilmente dispersas pelo vento, ou que aderem a animais que passam. Essas sementes podem também persistir no solo por anos e então germinar quando um distúrbio ocorre. Quando elas efetivamente germinam, as plantas de sucessão inicial investem mais em seus brotos do que em suas raízes e, assim, crescem e se reproduzem rapidamente. Além disso, comumente elas são bastante tolerantes a condições abióticas severas que podem existir em lugares recém-perturbados, incluindo incidência de luz solar direta, bem como temperaturas e disponibilidade de água que variam amplamente. Contudo, elas não são tolerantes às condições de elevado sombreamento das comunidades de plantas da sucessão tardia.

Por outro lado, as espécies de clímax produzem uma pequena quantidade de grandes sementes com baixo poder de dispersão; algumas simplesmente caem no solo, enquanto outras são consumidas pelos animais. Elas têm uma viabilidade relativamente baixa e, uma vez que germinem, crescem lentamente; porém, sua tolerância à sombra enquanto plântulas e seu grande tamanho quando maduras dão a elas uma vantagem competitiva sobre as espécies da sucessão inicial.

À medida que a sucessão progride, percebe-se uma mudança no equilíbrio entre as adaptações que promovem a dispersão, o rápido crescimento e a reprodução antecipada, além de adaptações que intensificam a habilidade competitiva. A Tabela 19.1 resume os atributos das plantas de sucessões inicial e tardia.

Os atributos das plantas de sucessões inicial e tardia são diferentes porque elas enfrentam compensações (*trade-offs*) inerentes semelhantes àquelas de história de vida discutidas no Capítulo 8. Para testar as compensações entre as espécies de sucessões inicial e tardia, os pesquisadores examinaram a massa de uma única semente de cada uma de nove espécies de

ANÁLISE DE DADOS EM ECOLOGIA

Como quantificar a similaridade da comunidade

Quando ecólogos investigam as espécies que vivem em diferentes comunidades, tal como quando examinam cronossequências, eles frequentemente quantificam a riqueza e a abundância de espécies. Embora esses dados informem algo sobre as espécies que vivem em cada comunidade, eles não fornecem uma medida de comparação entre comunidades. Para atender a essa necessidade, os ecólogos desenvolveram diversos índices de similaridade de comunidade que podem variar de 0 até 1; o valor 0 indica que duas comunidades não têm nenhuma espécie em comum, enquanto o valor 1 indica que as duas comunidades têm uma composição de espécies idêntica.

Uma das maneiras mais comuns de quantificar similaridade é o índice de similaridade de Jaccard, desenvolvido pelo botânico suíço Paul Jaccard em 1901, que é calculado utilizando a seguinte equação:

$$J = \frac{X}{A + B + X}$$

em que A representa o número de espécies que estão presentes *somente* na comunidade A; B é o número de espécies *somente* na comunidade B; e X diz respeito ao número de espécies em *ambas* as comunidades.

Considerando, por exemplo, a tabela a seguir, que lista as espécies de peixes encontradas em cada uma das três comunidades de riacho que estão em diferentes estágios de sucessão, pode-se usar o índice de Jaccard para calcular a similaridade entre as comunidades A e B:

$$J = \frac{X}{A + B + X}$$

$$J = \frac{3}{1 + 4 + 3}$$

$$J = 0{,}33$$

Este valor indica que há uma similaridade relativamente baixa na composição de espécies das comunidades A e B.

EXERCÍCIO Use o índice de Jaccard para calcular a similaridade entre as comunidades A e C, e entre as comunidades B e C. Com base nesses cálculos, quais comunidades são mais similares entre si?

Espécies de peixes	Comunidade de riacho A	Comunidade de riacho B	Comunidade de riacho C
Truta-arco-íris	X	X	
Truta-das-fontes		X	X
Truta-marrom	X	X	
Peixe umbrídeo (*Mudminnow*)			X
Luxilus cornutus (*Common Shiner*)	X	X	
Semotilus atromaculatus (*Creek Chub*)	X		
Catostomus commersonii (*White Sucker*)		X	X
Etheostoma nigrum (*Johnny Darter*)		X	X
Achigã-de-boca-pequena			X
Cottus bairdii (*Mottled Sculpin*)		X	X

TABELA 19.1 Características gerais das plantas de sucessões inicial e tardial.

Atributo	Sucessão inicial/ espécies pioneiras	Sucessão tardia/ espécies de clímax
Quantidade de sementes	Muitas	Poucas
Tamanho da semente	Pequeno	Grande
Modo de dispersão	Vento ou presas a animais	Gravidade ou ingerida por animais
Viabilidade da semente	Longa	Curta
Razão raiz: broto	Baixa	Alta
Taxa de crescimento	Rápida	Lenta
Tamanho na maturidade	Pequeno	Grande
Tolerância à sombra	Baixa	Alta

árvores, cultivando-as sob condições de baixa luminosidade para simular a grande quantidade de sombra em florestas maduras. Após 12 semanas, os pesquisadores examinaram a mortalidade das plântulas germinadas, como se pode ver na Figura 19.12. As espécies de sementes grandes, comuns em florestas antigas, apresentaram baixas taxas de mortalidade sob pouca luz, pois sementes grandes proporcionam às suas plântulas muitos nutrientes para sobreviverem no ambiente de pouca luz do solo da floresta. Por outro lado, as espécies de sementes pequenas, que são espécies comuns de pioneiras que se dispersam bem e em grandes quantidades, apresentaram altas taxas de mortalidade sob condições de pouca luz. Como resultado, as espécies pioneiras não conseguem se estabelecer em florestas maduras.

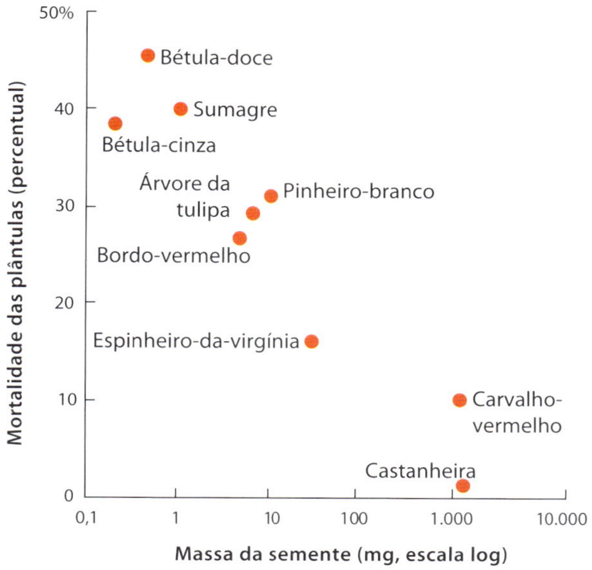

Figura 19.12 Compensações entre massa de semente e mortalidade de plântulas sob condições de alto sombreamento. As espécies com grandes sementes, comuns nas florestas de sucessão tardia, produzem plântulas que sobrevivem bem com muita sombra. Já aquelas com poucas sementes, que são comuns nas florestas de sucessão inicial, produzem plântulas que têm uma taxa de sobrevivência baixa sob intensa sombra. Dados de J. P. Grime; D. W. Jeffrey. Seedling establishment in vertical gradients of sunlight, *Journal of Ecology* 53 (1965): 621–642.

Figura 19.13 Briozoários. Briozoários, como estes indivíduos coloridos da Austrália, são pequenos animais invertebrados que vivem presos a rochas no oceano. Se colonizarem primeiro as rochas, poderão impedir a colonização por tunicados e esponjas, que competem pelo espaço nas rochas. Fotografia de © Gary Bell/OceanwideImages.com.

FACILITAÇÃO, INIBIÇÃO E TOLERÂNCIA

A capacidade de dispersar e persistir sob as condições abióticas e bióticas existentes determina quais espécies aparecerão em diferentes estágios serais durante uma sucessão. Organismos que se dispersam bem e crescem rapidamente têm uma vantagem inicial e, portanto, dominam os estágios iniciais da sucessão. Espécies que se dispersam ou crescem lentamente, após colonizarem uma área, geralmente se estabelecem na sucessão mais tarde. As espécies iniciais da sucessão podem também modificar o ambiente de tal maneira que afete se as de sucessão tardia poderão estabelecer-se ou não. Portanto, é preciso considerar se uma espécie tem um efeito positivo, negativo ou neutro sobre a probabilidade de uma segunda espécie se estabelecer.

Os mecanismos podem ser classificados como *facilitação*, *inibição* e *tolerância*.

A **facilitação** é um mecanismo de sucessão no qual a presença de uma espécie aumenta a probabilidade de uma segunda se estabelecer. As espécies da sucessão inicial fazem isso alterando as condições ambientais do local, tornando-o mais adequado para outras se estabelecerem e menos adequado para elas próprias. Por exemplo, os arbustos do amieiro, que são leguminosas, vivem em uma relação mutualista com bactérias fixadoras de nitrogênio em suas raízes, como discutido no Capítulo 17. Essa relação produz nitrogênio adicional no solo, o que facilita o estabelecimento das plantas limitadas pelo nitrogênio, tais como as árvores de espruce. Com o tempo, os espruces crescem e lançam uma forte sombra, que não é um ambiente favorável para o amieiro.

A **inibição** é um mecanismo de sucessão no qual uma espécie diminui a probabilidade de uma segunda se estabelecer. Suas causas mais comuns incluem a competição, a predação e o parasitismo; desse modo, indivíduos de uma espécie podem inibir os de outras espécies ao vencê-los na competição por recursos, comê-los ou atacá-los com substâncias químicas nocivas ou comportamentos antagonistas. No início da sucessão, a inibição pode impedir o desenvolvimento em direção à comunidade clímax, enquanto mais tarde na sucessão, a inibição pode impedir que espécies pioneiras colonizem e sobrevivam. É o caso de uma floresta madura no nordeste dos EUA, em que as árvores adultas do bordo e da faia lançam uma forte sombra que impede que espécies pioneiras sobrevivam.

Quando a inibição ocorre em um estágio seral, o resultado da interação de duas espécies depende de qual delas se estabelece primeiro. A chegada de uma espécie que afete a colonização subsequente de outras espécies em um local é conhecida como **efeito de prioridade**, e um exemplo disso pode ser visto com os briozoários nos hábitats entremarés do sul da Austrália. Os briozoários são um grupo de animais minúsculos invertebrados que vivem em colônias aderidos às rochas e que se alimentam por filtragem da água (Figura 19.13). Se os briozoários se estabelecerem primeiro, podem impedir o estabelecimento dos tunicados e das esponjas – dois outros grupos de animais filtradores que aderem às rochas.

Às vezes, o efeito de prioridade ocorre porque a primeira espécie a chegar já alcançou um estágio adulto competitivamente superior, enquanto a segunda que chega está em um estágio imaturo competitivamente inferior. Por exemplo, se uma árvore de faia se estabelecer em uma floresta e crescer até o estágio adulto, lançará uma sombra intensa no solo abaixo, que impedirá que as plântulas da maioria das outras espécies executem fotossíntese o bastante para sobreviver. Em resumo, o mecanismo de inibição pode tornar o caminho da sucessão dependente de quais espécies chegam no local primeiro.

Facilitação Mecanismo de sucessão no qual a presença de uma espécie aumenta a probabilidade de que uma segunda espécie possa se estabelecer.

Inibição Mecanismo da sucessão (ecológica) no qual uma espécie diminui a probabilidade de que uma segunda espécie se estabeleça.

Efeito de prioridade Ocorre quando a chegada de uma espécie em um local afeta a subsequente colonização por outras espécies.

A **tolerância** é um mecanismo de sucessão no qual a probabilidade de uma espécie se estabelecer depende da sua capacidade de dispersão e da persistência sob as condições físicas do ambiente. Por exemplo, espécies que podem tolerar as condições ambientais estressantes da sucessão inicial, como baixa umidade ou flutuações de temperatura mais extremas, têm potencial de se estabelecer rápido e dominar os estágios iniciais da sucessão. Analogamente, as plantas que toleram ambientes com intensa sombra podem estabelecer-se em florestas bem sombreadas. Essas espécies não alteram o ambiente em modos que facilitem ou inibam outras espécies; porém, uma vez que as espécies tolerantes a estresse se estabelecem, elas podem ser afetadas por interações com outras espécies. É o caso de competidores superiores que chegam mais tarde, os quais substituirão em algum momento as espécies tolerantes ao estresse.

TESTES PARA OS MECANISMOS DE SUCESSÃO

Por muitos anos, os ecólogos debateram quais desses três mecanismos de sucessão eram os determinantes mais importantes do padrão de substituição de espécies ao longo do tempo. O conhecimento dos mecanismos de dominância permitiria aos cientistas prever como as mudanças acontecem nas comunidades ao longo do tempo, especialmente considerando que a sucessão frequentemente não é uma progressão linear simples em direção à comunidade clímax. Para investigar essa questão, um grande esforço de pesquisa tinha que ser feito em diversos biomas. Aqui serão discutidos dois desses estudos: um conduzido em uma comunidade entremarés e um conduzido em uma comunidade de floresta.

Sucessão nas comunidades entremarés

A pesquisa de Sousa no sul da Califórnia mostrou que as algas verdes impedem a colonização das algas vermelhas (ver Figura 19.8), o que sugere que a sucessão nas comunidades entremarés é determinada pela inibição. No entanto, as comunidades entremarés ao largo da costa de Oregon consistem não apenas em grandes espécies de algas (as macroalgas), mas também em diversas espécies comuns de invertebrados, que incluem a pequena craca-marrom (*Chthamalus dalli*), a craca-bolota-comum (*Balanus glandula*) e espécies de lapas, que são gastrópodes que consomem algas. A observação dessas comunidades indicou que elas eram dominadas pela craca-bolota-comum e por uma macroalga marrom, *Pelvetiopsis limitata*.

Para determinar como essas comunidades se tornaram dominadas pelas duas espécies, os pesquisadores limparam áreas de rocha e observaram a sucessão das espécies ao longo dos 2,5 anos seguintes. Como ilustrado na Figura 19.14 A, as rochas nuas foram colonizadas primeiro pela pequena craca-marrom. No entanto, à medida que o tempo passava, a craca-bolota maior se estabelecia nos locais e, conforme isso acontecia, ela lentamente esmagava a craca-marrom menor, que, com o tempo, se tornou rara. Assim, a colonização da craca-bolota se encaixa no modelo de tolerância, mas o declínio da craca-marrom se ajusta ao modelo de inibição. À medida que a craca-bolota se tornou abundante, numerosas espécies de macroalgas colonizaram o sítio e se tornaram abundantes. Na verdade, após cerca de 3 anos, as comunidades nas áreas abertas se assemelhavam bastante às dos locais de controle que não tinham sido limpos.

Que mecanismos da sucessão permitiram o aumento das cracas-bolotas e das macroalgas? Para responder a essa questão, os pesquisadores conduziram outro experimento, no qual removeram diferentes espécies da comunidade. Eles sabiam que, embora a pequena craca-marrom fosse a primeira a chegar devido a sua habilidade de dispersão superior, a craca-bolota acabaria chegando também e seria uma competidora melhor pelo espaço. Então, presumiram que a presença das cracas-bolotas facilitasse a colonização e a sobrevivência das macroalgas. Os pesquisadores começaram o experimento novamente, limpando diversas áreas com a remoção de todos os organismos. Assim, cada local recebeu uma de cinco manipulações: (1) sem remoção de qualquer organismo, (2) remoção das cracas-marrons pequenas, (3) remoção das cracas-bolotas, (4) remoção de ambas as espécies de cracas, ou (5) fixação de conchas de craca-bolota vazias. A última manipulação foi usada para testar se a mera presença física da craca-bolota facilitava a colonização e o crescimento de macroalgas ao proporcionar-lhes trincheiras protegidas às quais poderiam aderir. A densidade das macroalgas foi então monitorada por 2 anos.

Os resultados desse experimento são mostrados na Figura 19.14 B. Começando próximo à parte inferior da figura, pode-se observar que a remoção da craca-bolota ou de ambas as espécies de cracas resultou em uma abundância de macroalgas inferior à do controle. Em outras palavras, a craca-bolota ajudou as macroalgas a se estabelecerem. Por outro lado, a remoção da pequena craca-marrom teve pouco efeito na densidade das macroalgas quando comparado ao controle. Isso confirmou que a craca-marrom não facilita nem inibe a presença das macroalgas.

No entanto, quando conchas vazias de cracas-bolotas foram adicionadas a uma comunidade intacta que já incluía cracas-bolotas vivas, houve um aumento grande nas macroalgas. Experimentos adicionais revelaram que as cracas-bolotas facilitam a presença das macroalgas ao lhes proporcionar abrigo, onde as jovens macroalgas podem aderir às rochas sem ser consumidas pelas lapas herbívoras.

Em conjunto, esses experimentos na zona entremarés indicam que as pequenas cracas-marrons persistem porque são boas dispersoras, podendo colonizar rapidamente as rochas entremarés perturbadas e tolerar as condições existentes na rocha nua. Isso é um exemplo de tolerância. Contudo, uma vez que as cracas-bolotas chegam, elas vencem a competição com a craca-marrom, o que é um exemplo de inibição. Finalmente, a sucessão das macroalgas depende da craca-bolota, o que é um exemplo de facilitação. Assim, determinada comunidade pode incluir todos os três mecanismos de sucessão.

Sucessão nas comunidades de florestas

Assim como as comunidades entremarés, as de floresta também podem apresentar uma mistura de mecanismos sucessionais. Na Baía da Geleira, por exemplo, por muito tempo se acreditou que cada estágio seral facilitava as espécies nos estágios subsequentes, o que fazia sentido porque os estágios serais posteriores tinham solos contendo mais matéria orgânica, mais nitrogênio e mais umidade. No entanto, se a facilitação era o mecanismo mais importante da sucessão, seria esperado que determinada espécie crescesse e sobrevivesse

---

Tolerância Mecanismo de sucessão no qual a probabilidade de uma espécie se estabelecer depende da sua capacidade de dispersão e de persistência sob as condições físicas do ambiente.

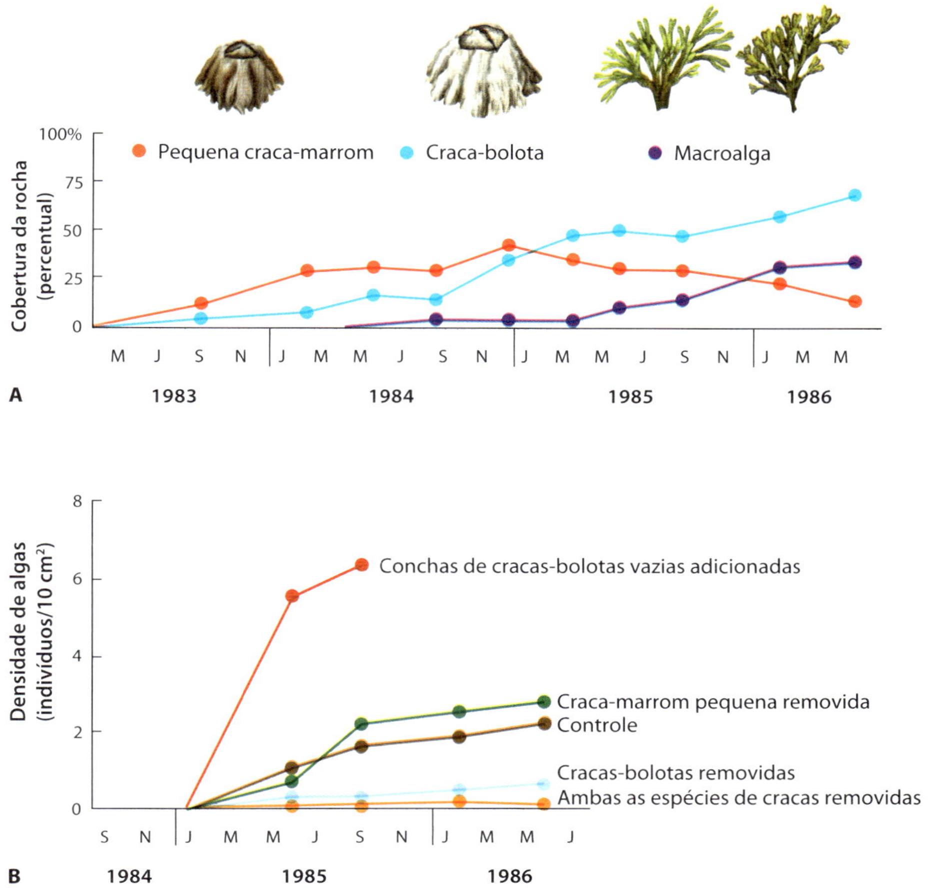

Figura 19.14 Testes de mecanismos de sucessão em uma comunidade entremarés. A. Quando as rochas foram limpas de todos os organismos, a primeira espécie a dominar foi a pequena craca-marrom. Com o tempo, a craca-bolota se tornou mais abundante, seguida por um aumento em diversas espécies de macroalgas. **B.** Para determinar que mecanismos eram responsáveis por essas mudanças sucessionais, a presença de cada espécie de craca foi manipulada. A craca-bolota foi essencial na facilitação das macroalgas, enquanto a pequena craca-marrom não foi. Dados de T. M. Farrell, Models and mechanisms of succession: An example from a rocky intertidal community, *Ecological Monographs* 61 (1991): 95–113.

bem em um estágio seral em que dominasse, mas tivesse dificuldade em crescer e sobreviver em estágios anteriores.

Para testar essa hipótese, um grupo de pesquisadores plantou sementes e plântulas de espruces em quatro estágios serais da Baía da Geleira: um estágio de sucessão inicial de pioneiras, contendo liquens, musgos e herbáceas; um estágio de arbusto baixo, dominado pelas dríades (*Dryas drummondii*); um estágio de amieiro, dominado por densos arbustos de amieiros altos (*Alnus sinuata*); e um estágio de espruces, dominado por árvores de espruce. Os resultados podem ser vistos na Figura 19.15 A. Quando as sementes de espruces foram plantadas em parcelas limpas de cada estágio seral, a germinação foi alta no estágio pioneiro, baixa nos estágios de arbustos baixos de amieiros e alta nos estágios de espruce. Quando as plântulas de espruce foram plantadas em parcelas de cada estágio seral, seu crescimento foi alto nos estágios pioneiro e de arbustos baixos, mas nenhuma sobreviveu no estágio do amieiro, e o crescimento foi baixo no estágio de espruce, como mostrado na Figura 19.15 B. Em resumo, as sementes e plântulas de espruce foram capazes de germinar e crescer muito bem nos estágios serais iniciais na Baía da Geleira, embora o espruce fosse uma planta rara nessas fases. Além disso, embora as sementes de espruce e plântulas cresçam bem nos estágios de arbustos baixos e de amieiro, o crescimento das plântulas foi inibido no estágio de espruce.

Essas observações refutaram a hipótese de que cada estágio seral facilita o seguinte, mas levou os pesquisadores a questionarem por que as árvores de espruce não eram comuns nos estágios iniciais. Eles decidiram medir quantas sementes de espruce foram dispersas pelo vento e chegavam a cada local e descobriram que bem poucas das de espruce chegaram para colonizar os estágios iniciais de arbustos baixos, havendo muito mais dispersas para o estágio de amieiro e ainda mais dispersas para o estágio de espruce, como mostrado na Figura 19.15 C.

Os pesquisadores concluíram que a dominância do espruce nos estágios serais posteriores tinha pouco a ver com a facilitação ou inibição, mas era devido a diferenças na quantidade de sementes de espruce dispersas que chegavam em cada local.

VERIFICAÇÃO DE CONCEITOS

1. Por que espécies de estágios sucessionais iniciais normalmente são melhores em se dispersar do que espécies de estágios sucessionais tardios?
2. Por que os efeitos de prioridade são considerados parte do mecanismo de inibição da sucessão ecológica?
3. Como os experimentos com espruce determinaram que suas árvores não dependiam de facilitação pelas espécies de sucessão inicial?

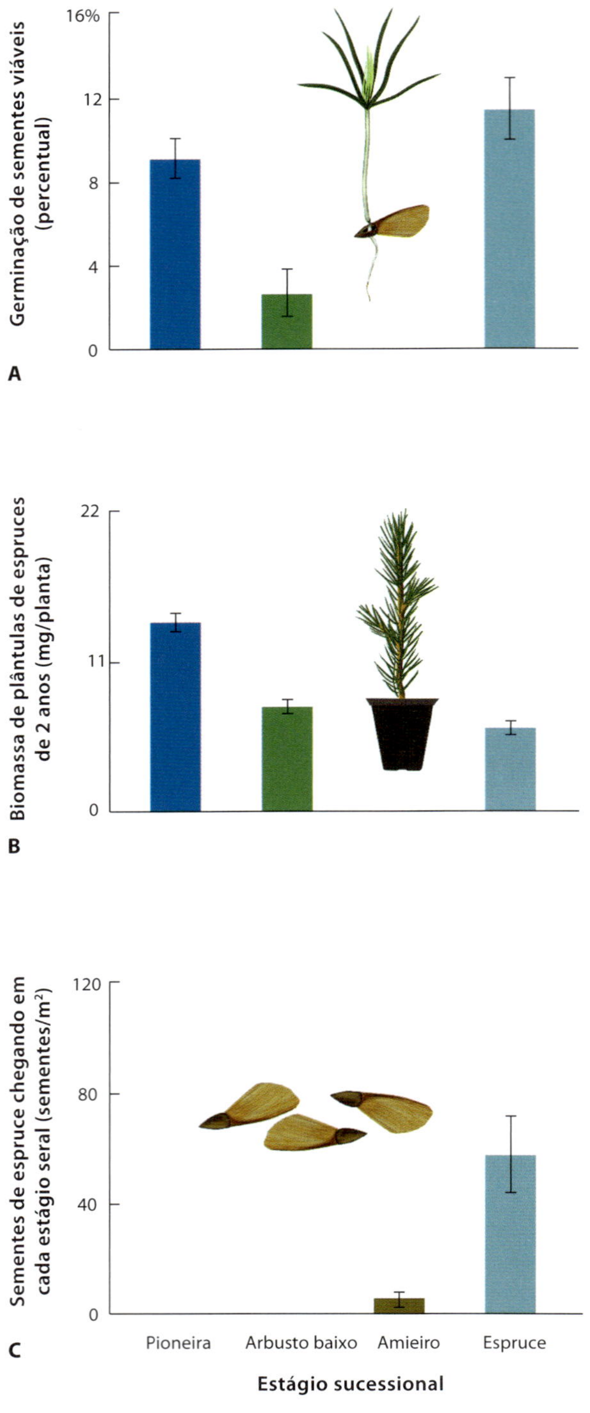

Figura 19.15 Teste do mecanismo de sucessão de espruces. Ao longo de quatro estágios serais sucessionais na Baía da Geleira, no Alasca, os pesquisadores examinaram o sucesso da germinação de sementes de espruces plantadas (**A**) e a biomassa das plântulas de espruce de 2 anos de idade (**B**). Eles também mediram a quantidade de sementes de espruce chegando naturalmente em cada estágio seral (**C**). Esses dados demonstram que, embora as árvores de espruce possam germinar e crescer bem nos estágios serais iniciais, elas estão ausentes desses estágios porque bem poucas sementes se dispersam até os locais. As barras de erro são erros padrões. Dados de F. S. Chapin III et al., Mechanisms of primary succession following deglaciation at Glacier Bay, Alaska, *Ecological Monographs* 64 (1994): 149–175.

19.3 A sucessão nem sempre produz uma única comunidade clímax

Os ecólogos tradicionalmente veem a sucessão acontecendo por meio de uma série de estágios que terminam em uma comunidade clímax, a qual permanece constante no espaço e no tempo, a menos que outra grande perturbação aconteça. Como foi visto no caso da sucessão em dunas de areia em torno do lago Michigan, um local pode seguir diferentes trajetórias de sucessão e terminar em uma mesma comunidade clímax. No entanto, a composição de espécies de uma comunidade clímax pode ainda apresentar variação no espaço e no tempo em um dado bioma, e a comunidade clímax pode durar pouco se um distúrbio a destruir. Esta seção examina como as comunidades clímax podem mudar com o tempo e como a sua composição varia ao longo de gradientes ambientais.

MUDANÇAS NAS COMUNIDADES CLÍMAX AO LONGO DO TEMPO

Quando a sucessão ocorre em uma comunidade, geralmente se observam as condições ambientais em mudança e uma progressão de formas de vida pequenas para grandes. Por exemplo, a sucessão primária em terra começa com os liquens e os musgos e progride para gramíneas e herbáceas. Quando umidade suficiente se torna disponível, como é o caso no leste da América do Norte, a sucessão pode continuar até um estágio que inclui árvores grandes.

À medida que a sucessão acontece, as condições abióticas são rapidamente alteradas. As áreas com árvores têm menos luz no nível do solo, menores temperaturas durante os dias quentes de verão e mais umidade. No entanto, uma vez que um ponto é afetado onde a comunidade contém o máximo de plantas que pode sustentar, as mudanças nas condições ambientais ocorrem mais lentamente. Como consequência, as alterações na comunidade tornam-se menos notáveis, uma vez que a comunidade clímax se estabelece.

Quando as condições ambientais se tornam relativamente estáveis, a composição das espécies de plantas que dominam a comunidade também se torna relativamente estável; contudo, as espécies encontradas em uma comunidade clímax podem continuar a mudar. Por exemplo, as florestas decíduas do Norte têm uma comunidade clímax dominada por grandes árvores, mas a composição das espécies dessas árvores pode lentamente mudar com o tempo. Inicialmente, elas são, em sua maioria, carvalhos, nogueiras e tulipeiros (*Liriodendron tulipifera*). No entanto, com o tempo, a espécie dominante pode mudar para bordo-de-açúcar e faia.

Em uma floresta antiga na Pensilvânia, os pesquisadores fizeram o levantamento das árvores adultas que chegavam ao dossel e as árvores jovens do sub-bosque. Em seguida, calcularam o *valor de importância* de cada uma, que incorpora tanto a abundância quanto a área total dos troncos para cada espécie. Como se pode ver na Figura 19.16, eles descobriram que o dossel continha diversas espécies com valores altos de importância, incluindo o bordo-de-açúcar, a faia-americana, o tulipeiro e diversas espécies de carvalhos e nogueiras. Em contraste a essa distribuição de adultos, havia poucos carvalhos e nenhum tulipeiro ou nogueira no sub-bosque, porque tais espécies não são muito tolerantes à sombra intensa que há em uma floresta

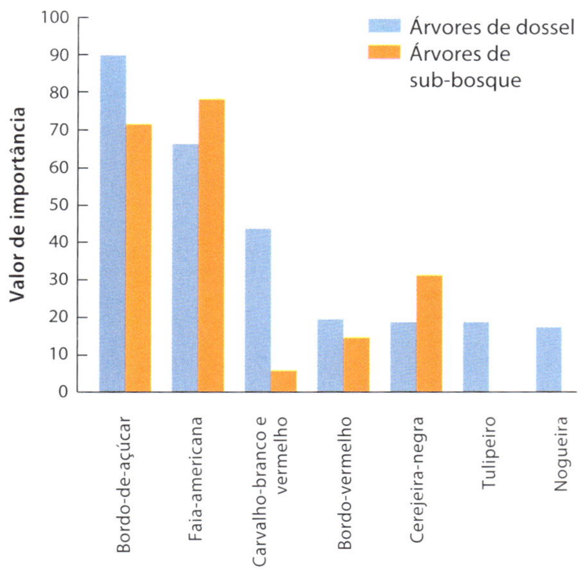

Figura 19.16 Mudanças na composição de espécies em uma floresta de clímax. Há muitas espécies de árvores no dossel de uma floresta na Pensilvânia, como indicado pelo valor de importância de cada espécie. Contudo, no sub-bosque, há poucas árvores de carvalho e nenhum tulipeiro ou nogueira, porque, quando são jovens, essas espécies não são tolerantes à sombra intensa e são suscetíveis à herbivoria por veados. Isso sugere que o futuro dossel da floresta sofrerá uma mudança significativa na composição das árvores dominantes. Dados de Z. T Long et al., The impact of deer on relationships between tree growth and mortality in an old-growth beech-maple forest, *Forest Ecology and Management* 252 (2007) 230–238.

madura, além de serem suscetíveis ao pastejo por veados. Em comparação, as árvores do bordo e da faia são muito tolerantes à sombra e menos suscetíveis ao pastejo por veados. Como resultado, os bordos e faias podem sobreviver e crescer no sub-bosque de grandes árvores, enquanto outras espécies, não. Com o tempo, a comunidade clímax de grandes árvores sofrerá uma mudança gradual na composição de espécies dominantes; conforme as atuais espécies de dossel gradualmente morrerem, não haverá jovens carvalhos, tulipeiros ou nogueiras para as substituírem. Em resumo, a composição de uma comunidade clímax de grandes árvores na floresta decídua do Norte poderá mudar continuamente ao longo do tempo.

MUDANÇAS NAS COMUNIDADES CLÍMAX AO LONGO DO ESPAÇO

Até aqui, observou-se que a composição de uma comunidade clímax pode variar com o tempo; entretanto, elas podem também variar na composição, ao longo de gradientes ambientais. Por exemplo, na década de 1930, os ecólogos de plantas descreveram a vegetação de clímax da maior parte do Wisconsin como uma floresta de bordo-tília (*Tilia americana*). Contudo, mais tarde determinaram que a floresta clímax apresentava diferenças em diversos locais pelo estado: na parte sul, as árvores de faia eram mais comuns, enquanto no norte, a bétula, o abeto e a cicuta eram mais recorrentes; nas regiões mais secas às margens de pradarias a oeste, os carvalhos se tornavam mais proeminentes; e nos locais mais altos e mais secos, o álamo-tremulante, o carvalho-negro e a "nogueira-de-casca-solta" (há muito reconhecidas como espécies sucessionais de solos úmidos e bem drenados) foram aceitas como espécies de clímax.

CLÍMAX TRANSITÓRIOS

Às vezes, uma comunidade clímax não é persistente, um fenômeno conhecido como **comunidade clímax transitória**. Um clímax transitório ocorre quando um local é perturbado frequentemente, tal que a comunidade clímax não consegue se perpetuar. Um exemplo comum ocorre em pequenos alagados, às vezes conhecidos como *alagados vernais*, que se preenchem de água na primavera e então secam no verão ou se congelam no inverno (Figura 19.17).

Embora os eventos de secar e congelar eliminem a maioria das espécies que constituem uma comunidade de alagado, algumas têm estágios de dormência e persistem no solo até que o alagado se preencha novamente na primavera. É o caso de muitas espécies de zooplâncton, os quais produzem ovos dormentes que podem persistir no fundo seco de um alagado e eclodir quando ele se preenche com água novamente. Analogamente, algumas espécies de caracóis podem estivar, como discutido no Capítulo 4, o que possibilita que vivam sob a superfície do solo de um alagado seco com seus processos

Comunidade clímax transitória Comunidade clímax que não é persistente.

A

B

Figura 19.17 Clímax transitórios. Comunidades de alagados vernais passam por uma sucessão rápida de comunidade aquática, mas a comunidade clímax que se forma ao longo da primavera e do verão (**A**) é frequentemente destruída pela seca no fim do verão (**B**) ou pelo congelamento no inverno. Este alagado vernal se localiza na Área de Vida Silvestre (French Creek Wildlife Area), de Wisconsin. Fotografias de Lee Wilcox.

metabólicos em grande parte desligados. Quando a água volta, as plantas, os animais e os micróbios retornam de seus estágios de dormência à vida. Muitas outras espécies que vivem na terra na forma de adultos, como as rãs, as salamandras, os besouros aquáticos e as libélulas, depositam seus ovos em alagados. Desse modo, a comunidade novamente recomeça o processo de sucessão apenas para ser destruída pela seca de verão ou o congelamento de inverno.

CRIAÇÃO DE CLAREIRAS EM UMA COMUNIDADE CLÍMAX

Às vezes, as comunidades clímax contêm espécies que não são consideradas de clímax. Essas espécies preenchem clareiras relativamente grandes, criadas por distúrbios de pequena escala em uma área. Em florestas maduras, por exemplo, árvores adultas acabam por morrer e caem, deixando uma clareira no dossel, o que possibilita a entrada da luz do Sol (Figura 19.18). Se a clareira não for grande, os galhos circundantes das árvores vizinhas provavelmente crescerão e a fecharão. No entanto, se a clareira for grande, a área de intensa luz solar proporcionará condições locais favoráveis às espécies dos estágios serais iniciais, que têm sementes de ampla dispersão e capacidade de crescer rapidamente sob condições de alta luminosidade. Como consequência, uma floresta madura que contém, em sua maior parte, espécies de árvores de clímax, também pode conter umas poucas de sucessão inicial.

As clareiras podem existir em diversos biomas terrestres e aquáticos. Por exemplo, no Capítulo 18, observou-se como aberturas de tamanhos progressivamente maiores na zona entremarés favoreceram a formação de estados estáveis alternativos (ver Figura 18.23, mais adiante)

COMUNIDADES CLÍMAX SOB CONDIÇÕES AMBIENTAIS EXTREMAS

Como visto neste capítulo, a composição de uma comunidade clímax é determinada pelas condições ambientais que se desenvolvem ao longo do tempo, incluindo a temperatura, a luz, os nutrientes e a umidade. Em algumas áreas, contudo, algumas condições ambientais adicionais também desempenham um papel, como nas comunidades afetadas por incêndios ou pela pastagem.

Figura 19.18 Clareiras em uma comunidade clímax. Quando uma grande árvore morre e cai no solo, abre uma área na floresta que permite que grandes quantidades de luz atinjam o solo e, desse modo, favoreçam o crescimento de espécies dos estágios serais iniciais. Esta fotografia é do Parque Nacional do Corcovado, na Costa Rica. Fotografia de Chris Gallagher/Science Sources.

Figura 19.19 Clímax mantido por pastejo. Em áreas de campos secos, como este local em Catalina, Arizona, o pastejo intenso elimina muitas espécies de gramíneas e favorece o crescimento de cactos e árvores de algaroba (*Prosopis* spp.). Fotografia de Susan E. Swanberg.

Os biomas nos quais o fogo acontece em intervalos regulares favorecem a persistência de espécies tolerantes ao fogo. Por exemplo, no Capítulo 16, foi visto que as florestas de pinheiro no sudeste dos EUA sofrem incêndios periódicos que matam árvores de carvalhos e outras espécies de folhas largas, mas não os pinheiros. De fato, algumas espécies deles nem mesmo liberam sementes de seus cones, a menos que sejam ativadas pelo calor de um incêndio. Após um incêndio, as plântulas do pinheiro crescem rapidamente, porque há pouca ou nenhuma competição com outras espécies de sub-bosque. Como resultado, a sucessão da floresta alcança um clímax que é dominado por pinheiros. Quando um estágio sucessional persiste como o estágio seral final devido a incêndios periódicos, é denominado **comunidade clímax mantida por fogo**.

A vegetação de chaparral encontrada na Califórnia é outra comunidade que tem um clímax mantido por fogo. Conforme discutido no Capítulo 6, o chaparral da Califórnia é um exemplo de bioma bosque/arbusto, que tem condições frias e úmidas no inverno e quentes e secas no verão. Assim, as plantas podem produzir camadas espessas de detritos que se tornam muito suscetíveis a incêndios durante os verões secos.

Quando um estágio sucessional persiste como o estágio seral final devido ao intenso pastejo, é chamado de **comunidade clímax mantida por intenso pastejo**. Os pastadores podem criar uma comunidade clímax diferente porque preferencialmente consomem as plantas mais palatáveis, e não as menos palatáveis ou com melhores defesas. Nos campos secos do Arizona, por exemplo, um pastejo intenso por gado pode matar ou danificar seriamente muitas espécies de gramíneas, deixando as plantas menos palatáveis permanecerem, como as algarobas e o cacto (Figura 19.19).

Comunidade clímax mantida por fogo Estágio sucessional que persiste como o estágio seral final devido a incêndios periódicos.

Comunidade clímax mantida por intenso pastejo Estágio sucessional que persiste como o estágio seral final devido à ação intensa de pastadores.

No oeste da América do Norte, o partejo por gado possibilita a invasão da bromo-vassoura (*Bromus tectorum*), uma gramínea nativa da Europa, da Ásia e do norte da África que foi introduzida na América do Norte no fim do século XIX. A bromo-vassoura é capaz de colonizar quando o pastejo remove grande parte das gramíneas competidoras. Então, uma vez estabelecida, os detritos que produz são bastante suscetíveis ao fogo. Na verdade, áreas dominadas pela bromo-vassoura queimam a cada 3 a 10 anos, em vez de apresentarem o ciclo natural de incêndios a cada 30 a 70 anos. Esses incêndios mais frequentes promovem a persistência a longo prazo da bromo-vassoura e fazem com que a área fique mais suscetível a outras espécies de plantas invasoras. Nesse caso, a mudança na comunidade clímax é mantida por uma combinação de pastejo e incêndios.

Neste capítulo, foi discutido como as comunidades mudam ao longo do tempo após uma grande perturbação. Enfatizou-se que as comunidades estão sempre mudando, tanto quando se move dos estágios serais iniciais para os tardios, como quando uma comunidade parece ter alcançado um estado de clímax. Assim, ao se observar tanto o que acontece após o distúrbio quanto os mecanismos subjacentes que causam as mudanças, novos conhecimentos sobre os processos que regulam a estrutura das comunidades foram obtidos.

É importante lembrar ainda que o clima que influencia a sucessão também está mudando, o que significa que a sucessão na direção de um estágio de clímax está, na verdade, mirando um alvo perpetuamente em movimento.

VERIFICAÇÃO DE CONCEITOS

1. Qual evidência existe de que comunidades clímax podem continuar a mudar ao longo do tempo?
2. Como pastadores podem causar alterações na composição da comunidade clímax?
3. Por que os alagados vernais são um exemplo de comunidade clímax transitória?

ECOLOGIA HOJE | CORRELAÇÃO DOS CONCEITOS

Sucessão promovida em uma mina a céu aberto

Sucessão em área de mina. Quando uma mineração a céu aberto não é mais usada para a extração de carvão, normalmente se plantam gramíneas para rapidamente preservar o solo e impedir a erosão, como neste local no Condado de Muskingum, Ohio. Com o tempo, outras plantas lentamente colonizarão a área, e a sucessão acontecerá. Fotografias de Michael Hiscar, Office of Surface Mining Reclamation and Enforcement. U.S. Department of the Interior.

O carvão tem sido uma fonte importante de energia na América do Norte e na Europa. Por vários séculos, os humanos o têm minerado próximo à superfície do solo, removendo as camadas superiores do solo e da rocha e então cavando em busca do carvão subjacente. Esse processo, conhecido como mineração a céu aberto ou mineração de superfície, é um modo eficiente de minerar o carvão, mas essas minas acabam por esgotá-lo, deixando uma imensa paisagem desnuda. Muitas regiões do mundo exigem que a indústria de mineração de carvão restaure a terra desnuda para uma condição mais natural.

Como o solo pode ter pouca ou nenhuma matéria orgânica remanescente após a mineração, é um desafio manipular a sucessão primária de comunidades para recuperar a área desnuda. Prevenir a erosão do solo é essencial e pode ser realizado por meio de uma colonização rápida da área com plantas que irão preservá-lo e, em última instância, passarão por sucessão de modo a promover a riqueza de espécies e beneficiar o funcionamento do ecossistema. Para promover a sucessão em áreas anteriormente mineradas, é preciso compreender como ela funciona, observando as mudanças sucessionais em comunidades de plantas.

Na Espanha, pesquisadores examinaram uma cronossequência de 26 minerações de superfície na região norte do país que haviam sido abandonadas em períodos de 1 a 32 anos. Todas as minas tinham solos e climas semelhantes. Quando os pesquisadores analisaram as mudanças na riqueza de espécies, descobriram que as minas abandonadas por 1 ano tinham oito espécies de plantas, e que a riqueza de espécies havia alcançado um pico de 28 após 10 anos de abandono. Esse pico foi causado pela persistência de algumas das espécies pioneiras, combinadas com a colonização de espécies sucessionais tardias.

Após 10 anos, a riqueza de espécies apresentou um declínio gradual; minas abandonadas por 32 anos tinham apenas de sete a oito espécies. Assim como com outras comunidades discutidas neste capítulo, a maioria das espécies nos locais recém-abandonados era de plantas anuais e dispersas pelo vento, capazes de tolerar as condições severas das minas recentemente abandonadas. Após 10 anos, houve um aumento no número de herbáceas perenes, e plantas lenhosas começaram a colonizar a área. Estas incluíam plantas fixadoras de nitrogênio, que contribuíram com grandes quantidades de matéria orgânica e nitrogênio para o solo, o que facilitou as plantas lenhosas subsequentes, incluindo árvores que começaram a dominar depois de 20 anos. Essas mudanças se correlacionaram ao aumento do nitrogênio no solo, o que sugeriu que as plantas que tinham formado as comunidades iniciais facilitaram a colonização e o crescimento de espécies posteriores.

Resultados similares foram encontrados em 2016, em um estudo de sucessão nas minas de carvão na República Tcheca. Ao longo de várias décadas, subsolos com pouca ou nenhuma matéria orgânica foram colocados em pilhas ao lado da mina para chegar ao carvão subjacente. Como as minas estavam ativas por décadas, essas pilhas de solo sofreram sucessão por 12, 20, 30 ou 50 anos. Os pesquisadores examinaram o quão bem o "capim-arbusto" (*Calamagrostis epigejos*) cresceu nesses solos na presença e na ausência de fungos micorrízicos arbusculares (AM), discutidos no Capítulo 17. Os solos mais jovens continham baixas concentrações de fósforo, e a adição de fungos AM causou maior crescimento das plantas. Por outro lado, os solos mais antigos continham maiores concentrações de fósforo, e a adição de fungos AM não causou melhoria adicional no crescimento. Assim, os fungos AM desempenham um papel fundamental na promoção da sucessão primária nos solos recém-extraídos que não contêm fósforo abundante.

Compreender como a sucessão procede ajuda os cientistas a elaborarem recomendações para acelerá-la. Por exemplo, pesquisadores na Alemanha examinaram como a sucessão seria afetada sob três manipulações diferentes: deixar o local passar por ela de maneira natural; arar a área com uma mistura de sementes de herbáceas e gramíneas; ou cobrir a área com feno recentemente cortado, o que ajuda a reduzir a erosão e provém sementes de dúzias de herbáceas e gramíneas contidas no solo. Após 4 anos, as áreas que sofreram uma sucessão natural tinham apenas 35% da cobertura de vegetação, enquanto as tratadas com sementes aradas ou feno tinham mais de 80% de cobertura vegetacional. Essas diferenças substanciais na cobertura da vegetação afetaram a erosão do solo; parcelas com sementes semeadas ou feno verde tinham veios abertos pela erosão com menos de 5 cm de profundidade, enquanto as que sofreram sucessão natural tinham veios de até 1,5 m de profundidade. As áreas que sofreram sucessão natural tinham também uma riqueza de espécies menor durante o primeiro ano e um índice de similaridade menor, embora a riqueza das três áreas tenha convergido pelo fim do nono ano de experimento. Em conjunto, esses dados confirmam que, embora a sucessão primária venha a ocorrer naturalmente em áreas de minas abandonadas, o conhecimento da sucessão pode ser usado para acelerar o processo e rapidamente direcionar uma paisagem desnuda a uma comunidade muito mais natural. Contudo, conforme aprendido neste capítulo, as comunidades terrestres podem levar séculos de sucessão após um distúrbio, como uma mineração de superfície, antes que possam assemelhar-se às comunidades originariamente presentes.

FONTES:

Alday, J. G., et al. 2011. Functional groups and dispersal strategies as guides for predicting vegetation dynamics on reclaimed mines. *Plant Ecology* 212: 1759–1775.

Baasch, A., et al. 2012. Nine years of vegetation development in a postmining site: Effects of spontaneous and assisted site recovery. *Journal of Applied Ecology* 49: 251–260.

Rydlová, J. et al. 2016. Nutrient limitation drives response of Calamagrostis epigejos to arbuscular mycorrhiza in primary succession. *Mycorrhiza* 26: 757–767.

RESUMO DOS OBJETIVOS DE APRENDIZAGEM

19.1 A sucessão ocorre em uma comunidade quando as espécies substituem umas às outras ao longo do tempo. O processo de sucessão pode ser evidenciado com observações diretas ao longo do tempo ou observações indiretas, que usam cronossequências ou partes de organismos, como o pólen, que foram preservados naturalmente com o tempo. A sucessão ocorre na terra, onde é possível distinguir entre sucessão primária e secundária, e na água. A sucessão frequentemente não segue uma trajetória linear simples de substituição de espécies, mas há um padrão comum de aumento rápido na riqueza de espécies com o tempo, que alcança um platô e pode, subsequentemente, apresentar um pequeno declínio.

Termos-chave: **sucessão, estágio seral, espécie pioneira, comunidade clímax, cronossequência, sucessão primária, sucessão secundária**

19.2 A sucessão pode ocorrer por meio de diferentes mecanismos. Os mecanismos de sucessão podem ser classificados como facilitação, inibição e tolerância. Mais de um mecanismo pode operar em uma comunidade que experimenta a sucessão, e os atributos das espécies ajudam a determinar os mecanismos que ocorrem e onde cada espécie ocorre nos estágios sucessionais.

Termos-chave: **facilitação, inibição, efeito de prioridade, tolerância**

19.3 A sucessão nem sempre produz uma única comunidade clímax. À medida que a sucessão ocorre, o ambiente continua a mudar até que as condições tenham um ponto de relativa estabilidade e as espécies dominantes pareçam persistir. Contudo, a comunidade clímax pode continuar a sofrer pequenas mudanças ao longo do tempo, podendo também diferir em uma região ao longo de gradientes ambientais como temperatura e umidade. Algumas comunidades clímax são transitórias porque sofrem perturbações regulares que reiniciam a sucessão, como alagados vernais que secam a cada verão. Condições extremas, incluindo incêndios e intenso pastejo, podem também alterar as comunidades clímax para produzir uma composição diferente de organismos dominantes.

Termos-chave: **comunidade clímax transitória, comunidade clímax mantida por fogo, comunidade clímax mantida por intenso pastejo**

QUESTÕES DE RACIOCÍNIO CRÍTICO

1. Em uma lagoa que passa por sucessão, que relação você esperaria no que diz respeito às mudanças na riqueza de espécies ao longo do tempo?

2. Se você utilizasse uma cronossequência para documentar a trajetória da sucessão em uma floresta tropical, quais seriam as limitações desse método?

3. Como uma compensação entre capacidade de dispersão e habilidade competitiva afetaria quais tipos de espécies poderiam colonizar pequenas clareiras em oposição a grandes clareiras em uma comunidade?

4. Por que não devemos esperar uma única comunidade clímax em minas de carvão em recuperação?

5. Compare e contraste os conceitos de facilitação, inibição e tolerância no contexto da sucessão ecológica.

6. Se duas espécies de plantas têm capacidades de dispersão e habilidades competitivas semelhantes, que fator poderia ajudar a determinar que espécie ocupa um estágio seral inicial?

7. Compare e contraste as explicações clássicas e modernas para a sucessão de lagos e lagoas.

8. Se dois locais no nordeste dos EUA seguem caminhos diferentes de sucessão, mas acabam na mesma comunidade clímax, como o coeficiente de similaridade de Jaccard mudará ao longo do tempo?

9. Por que as espécies de sucessões inicial e tardia tendem a apresentar diferentes adaptações?

10. Por que a comunidade de insetos de um animal em decomposição poderia ser considerada um clímax transitório?

REPRESENTAÇÃO DOS DADOS | RIQUEZA DE ESPÉCIES NA BAÍA DA GELEIRA

Normalmente se pensa na sucessão como uma série de diferentes espécies dominando um local ao longo do tempo. O ecólogo William Reiners e seus colegas visitaram locais na Baía da Geleira que haviam sido expostos pela retração da geleira em diferentes épocas e quantificaram a riqueza de espécies para cada um dos cinco tipos de vegetação. Usando os dados deles na tabela, crie um gráfico de barras que mostre a riqueza de espécies para cada um dos cinco tipos de vegetação em um dado estágio seral.

Com base no gráfico criado, o que acontece com a riqueza total de espécies dos locais da Baía da Geleira conforme a sucessão procede?

Estágio sucessional	Musgos, hepáticas e liquens	Arbustos baixos e herbáceas	Arbustos altos	Árvores
Pioneira	2	9	0	0
Arbusto baixo	5	9	3	0
Arbusto alto	3	9	6	0
Floresta de abeto	18	8	3	2
Floresta de cicuta	20	15	4	2

FONTE:
Dados de Relners. W., et al. 1971. Plant diversity in chronosequence at Glacier Bay, Alaska. *Ecology*, 52:55–69.

20 Movimento de Energia nos Ecossistemas

Caminho Traçado por Dentro de um Ecossistema

As minhocas têm um papel importante nos ecossistemas terrestres, pois, à medida que cavam o solo para consumir detritos, aeram solos compactos, o que possibilita à água percolar melhor por dentro do solo. As minhocas parecem estar em toda parte na América do Norte, podendo ser vistas em calçadas e estradas durante os dias chuvosos, ou no solo, no caso de um jardim. Contudo, é surpreendente que muitas espécies comuns de minhocas não sejam nativas da América do Norte, mas tenham sido introduzidas da Europa e da Ásia durante o século XVIII. As florestas temperadas do Norte e as boreais da América do Norte não tinham quaisquer minhocas anteriormente e, portanto, não evoluíram para as condições ambientais modificadas decorrentes da ação das minhocas.

Os cientistas hipotetizaram que as florestas do Norte não tinham nenhuma espécie nativa de minhoca terrestre por causa das geleiras que avançaram sobre a região durante as últimas eras glaciais e eliminaram toda a vida. Desde que o gelo retrocedeu, há 10 mil anos, muitas outras espécies de animais têm retornado à área desde então. Contudo, as minhocas nativas que sobreviveram no sul dos EUA têm uma taxa muito baixa de dispersão e ainda não chegaram em muitos hábitats do norte do país. Quando não há minhocas presentes, a serapilheira nessas florestas é principalmente decomposta por fungos e microrganismos do solo. No entanto, isso mudou quando os colonizadores europeus inadvertidamente introduziram minhocas europeias e asiáticas nas regiões do norte da América do Norte, as quais têm uma taxa alta de dispersão e toleram um amplo intervalo de condições ecológicas.

As minhocas introduzidas estão ainda em processo de dispersão para as florestas do Norte, auxiliadas pela construção de estradas para a extração de madeira e pescadores que as usam como isca. Como consumidoras de folhas mortas, elas podem consumir boa parte da energia disponível nos detritos e transferir muitos nutrientes para maiores profundidades no solo, onde as plantas jovens não conseguem alcançar. As minhocas também deixam muito menos energia para outros organismos, como os fungos do solo especialistas em decompor folhas mortas. Essa é uma grande mudança na transferência de energia.

"Cientistas hipotetizaram que as florestas do Norte não têm nenhuma espécie nativa de minhoca porque as geleiras que avançaram sobre a região durante a última glaciação eliminaram toda a vida."

Além de mover os nutrientes para longe do solo da floresta, a atividade das minhocas deixa uma camada fina de folhas e outras matérias orgânicas que causam condições mais secas no solo. Essas mudanças nas condições abióticas alteram dramaticamente a teia alimentar do solo. Recentemente, os pesquisadores relataram que as minhocas introduzidas nas florestas de Nova York e da Pensilvânia causaram quase 50% de redução na serapilheira. Isso resultou em um declínio significativo na abundância de insetos no solo, como colêmbolos, formigas e besouros, o que também significou que havia menos energia disponível para os predadores dos insetos, como a "salamandra-de-dorso-vermelho" (*Plethodon sinereus*). Em áreas com alta densidade de minhocas introduzidas, o declínio da serapilheira e de insetos do solo resultou em uma redução no número de salamandras. Enquanto as salamandras adultas podem consumir minhocas, as jovens consomem os insetos muito menores.

As salamandras não são os únicos consumidores afetados pela invasão das minhocas. Em 2012, pesquisadores relataram que a mariquita-forneira (*Seiurus aurocapilla*), um pássaro habitante da floresta, estava desaparecendo em áreas do Wisconsin e de Minnesota, onde as minhocas introduzidas tinham invadido. Embora os mecanismos exatos não estejam claros nesse caso, os

"Salamandra-de-dorso-vermelho". A introdução de minhocas da Europa e da Ásia nas florestas do Norte, que historicamente não as possuíam, causou um declínio na serapilheira e nos insetos no solo. Isso tem levado a uma grande diminuição na abundância de "salamandras-de-dorso-vermelho". Fotografia de GEORGE GRALL/National Geographic Stock.

Minhocas introduzidas. As florestas boreais e temperadas do Norte não possuíam minhocas nativas desde que as geleiras as eliminaram durante as últimas eras glaciais. Hoje em dia, essas florestas estão sendo invadidas por espécies de minhocas que têm sido inadvertidamente introduzidas da Europa e da Ásia. Fotografia de Oxford Scientific/Getty Images.

pesquisadores suspeitaram de que o declínio da mariquita-forneira era, em parte, porque as minhocas tinham reduzido a disponibilidade de insetos no solo da floresta, algo semelhante ao que causou a redução das "salamandras-de-dorso-vermelho".

Além de afetar os animais da floresta, as minhocas também podem afetar as plantas. Em 2017, os pesquisadores reuniram todos os estudos de efeitos de minhocas não nativas sobre as plantas norte-americanas, e o que encontraram foi impressionante. Embora não houvesse um efeito geral sobre a riqueza ou uniformidade das espécies, houve diminuição na abundância de plantas nativas e aumento da quantidade de plantas não nativas. As minhocas também favoreceram um aumento de gramíneas, mas não de herbáceas, arbustos ou árvores. O provável motivo é que as gramíneas são especialmente boas em absorver rapidamente os nutrientes disponíveis e tolerar condições de verão seco. Algumas espécies de minhocas introduzidas também podem consumir pequenas sementes e mudas de plantas específicas.

A história da invasão pelas minhocas demonstra que as espécies dependem do fluxo de energia entre produtores, detritívoros e consumidores. Mudanças nesse fluxo entre grupos tróficos podem ter grandes impactos sobre as espécies que habitam um ecossistema. Este capítulo explora o fluxo de energia através das teias alimentares e a dinâmica do movimento de energia pelo ecossistema.

FONTES:
Craven, D., et al. 2017. The unseen invaders: introduced earthworms as drivers of change in North American forests (a meta-analysis). *Global Change Biology* 23: 1065–1074.
Loss, S. R., et al. 2012. Invasions of non-native earthworms related to population declines of ground-nesting songbirds across a regional extent in northern hardwood forests 01 North America, *Landscape Ecology* 27: 683–696.
Maerz, J. C., et al. 2009. Declines in woodland salamander abundance associated with non-native earthworm and plant invasions. *Conservation Biology* 23: 975–981.

OBJETIVOS DE APRENDIZAGEM

Após a leitura deste capítulo, você deverá ser capaz de:

20.1 Descrever como a produtividade primária fornece energia ao ecossistema.

20.2 Comparar a produtividade primária líquida entre diferentes ecossistemas.

20.3 Explicar como o movimento de energia depende da eficiência do fluxo de energia.

No Capítulo 1, observamos que a abordagem de ecossistema na ecologia foca na transferência de energia e matéria entre os componentes vivos e não vivos dentro e entre os ecossistemas. A quantidade de energia que sustenta os ecossistemas e a eficiência com a qual é transferida através dos níveis tróficos determinam o número de níveis tróficos nas comunidades e nos ecossistemas. A quantidade de energia disponível e a eficiência de sua transferência definem a biomassa dos organismos que existem em cada nível trófico e o quanto de energia resta para os carniceiros, detritívoros e decompositores. Este capítulo discute o movimento da energia nos ecossistemas, incluindo a importância dos produtores primários e o fluxo de energia através da teia alimentar. O próximo capítulo será focado em como a matéria, na forma de elementos químicos essenciais, circula pelos ecossistemas.

20.1 A produtividade primária fornece energia ao ecossistema

A maior parte de toda a energia que circula nos ecossistemas se origina da energia solar que alimenta a fotossíntese dos produtores. Como visto no Capítulo 1, algumas comunidades, como aquelas que se formam em torno das chaminés hidrotérmicas no oceano profundo, dependem da quimiossíntese como sua fonte de energia. A despeito da origem, os produtores aproveitam a energia e formam a base das teias alimentares, usando essa energia para respiração, crescimento e reprodução; a quantidade usada para o crescimento e reprodução representa a energia disponível para os consumidores.

Esta seção investiga como quantificar a energia que os produtores usam para funções diferentes, como medir a energia dos produtores em diferentes tipos de ecossistemas e como a

Figura 20.1 Produtividades primárias bruta e líquida. Cerca de 99% da energia solar é refletida pelos produtores ou passa através de seus tecidos sem ser absorvida. Somente cerca de 1% é capturado pela fotossíntese para a produtividade primária bruta (PPB). Da PPB total, cerca de 60% são usados pelos produtores para a respiração. Os 40% restantes estão disponíveis aos produtores para crescimento e reprodução, o que é conhecido como produtividade primária líquida (PPL).

quantidade de energia disponível nos produtores afeta o crescimento e a reprodução dos consumidores.

PRODUTIVIDADE PRIMÁRIA

A **produtividade primária** é a taxa na qual a energia química ou solar é capturada e convertida em ligações químicas pela quimiossíntese ou fotossíntese, respectivamente. Ela mostra quanta energia está disponível em um ecossistema. Um conceito associado é a **biomassa viva** (em inglês, ***standing crop***) de um ecossistema, que é a biomassa de produtores presentes no ecossistema em uma área e um momento do tempo. Por exemplo, a biomassa viva de uma floresta é a massa total de árvores, arbustos, herbáceas e gramíneas que estão presentes em uma área da floresta em determinado tempo.

Os ecossistemas com alta produtividade primária podem ou não ter uma alta biomassa viva. Em lagos onde as algas têm alta produtividade, os consumidores podem comê-las aproximadamente quase tão rápido quanto elas crescem; assim, a biomassa viva de algas permanece baixa.

Os ecólogos identificam dois tipos de produtividade primária: *produtividade primária bruta* e *produtividade primária líquida*. A **produtividade primária bruta** (PPB) é a taxa na qual a energia é capturada e assimilada pelos produtores em uma área, frequentemente expressa em unidades de joules (J) ou quilojoules (kJ) por metro quadrado (m^2) por ano. Desse total, os produtores usam alguma parte da energia assimilada para o seu próprio metabolismo, que é medido em termos da quantidade de respiração dos produtores. O resto da energia assimilada é convertida em biomassa, que inclui o crescimento e a reprodução. A taxa de energia assimilada pelos produtores e convertida em biomassa do produtor em uma área é a **produtividade primária líquida** (PPL), que também pode ser mostrada na forma de uma equação:

$$\text{PPL} = \text{PPB} - \text{respiração}$$

Considerando a taxa na qual o Sol fornece energia, a fotossíntese não é um processo muito eficiente. Como ilustrado na Figura 20.1, cerca de 99% de toda a energia solar disponível para os produtores é refletida por eles ou passa através de seus tecidos sem ser absorvida. Do 1% da energia solar que os produtores absorvem e usam para a fotossíntese – isto é, a PPB –, cerca de 60% é usada para a respiração. Isso significa que somente 40% da energia solar absorvida vai para a PPL, que representa o crescimento e a reprodução dos produtores.

Por exemplo, se a produtividade de uma floresta na América do Norte for medida em unidades de quilogramas de

Produtividade primária Taxa na qual a energia solar ou química é capturada e convertida em ligações químicas por fotossíntese ou quimiossíntese.

Biomassa viva (*standing crop*) Biomassa de produtores presentes em determinada área de um ecossistema em dado momento no tempo.

Produtividade primária bruta Taxa na qual a energia é capturada e assimilada pelos produtores em determinada área.

Produtividade primária líquida Taxa na qual a energia é assimilada pelos produtores e convertida em biomassa do produtor em determinada área.

carbono por metro quadrado por ano, uma floresta dessas deverá ter uma PPB de 2,5 kg C/m^2/ano. Desse total, ela usará cerca de 1,5 kg C/m^2/ano para a respiração, deixando 1,0 kg C/m^2/ano para o crescimento e a reprodução, o que representa a PPL da floresta.

MEDIÇÃO DA PRODUTIVIDADE PRIMÁRIA

A produtividade primária é a base para o fluxo de energia através das teias alimentares e dos ecossistemas. A capacidade de medi-la possibilita rastrear como ela muda em um ecossistema com o tempo e como varia em diferentes ecossistemas por todo o planeta. Como a produtividade primária é uma taxa que é obtida pelos benefícios menos os custos da respiração, pode-se medi-la quantificando a variação da biomassa dos produtores ao longo do tempo, o movimento do dióxido de carbono com o tempo ou o movimento do oxigênio com o tempo. Em ecossistemas terrestres, normalmente se mede a produtividade somente das plantas, mas em ecossistemas aquáticos é possível medir a produtividade das plantas, das grandes *kelps* ou das pequeninas espécies de algas. Como será visto adiante, a escolha de como medir a produtividade primária depende do ecossistema específico que está sendo estudado.

Ao medir a produtividade primária, é essencial determinar se as medidas representam uma PPL ou uma PPB. Em alguns casos, pode-se medir a PPL e a respiração separadamente e então usar esses valores para estimar a PPB. Na próxima seção, será observado que existe uma variedade de métodos para se medir produtividade primária em ecossistemas terrestres e aquáticos.

Medição das mudanças na biomassa do produtor

Um dos modos mais simples de se mensurar a PPL é medindo a biomassa do produtor em uma área no início e no fim da estação de crescimento das plantas (Figura 20.2). Por exemplo, nos ecossistemas de pradaria, os pesquisadores normalmente medem o quanto as plantas cresceram até o fim da estação de crescimento do verão, enquanto nos aquáticos, os ecólogos medem a biomassa dos grandes produtores aquáticos, como as *kelps*. O que cresceu em uma estação pode ser colhido, seco para eliminar a água e então pesado para se determinar quanto crescimento ocorreu durante a estação. Quando uma colheita é medida para se determinar a sua biomassa, é necessário presumir que não houve herbivoria ou mortalidade de tecidos significativas durante o período do crescimento do produtor. Alternativamente, a quantidade de biomassa perdida por herbivoria ou por mortalidade de tecidos pode ser estimada e incluída na estimativa de produtividade primária líquida.

Em alguns estudos de PPL, somente a parte das plantas que vive acima do solo é colhida. No entanto, a quantidade de biomassa abaixo do solo em algumas plantas pode ser significativa. Por exemplo, as gramíneas perenes com extensos sistemas radiculares têm duas vezes mais biomassa abaixo do solo do que acima. Por outro lado, a maioria das árvores tem cerca de cinco vezes mais biomassa acima do solo do que abaixo.

Medir a biomassa abaixo do solo é um grande desafio. Recuperar os rizomas, tubérculos e raízes de plantas de solos terrestres ou do bentos aquático é geralmente inviável, uma vez que estão muito no fundo ou os sistemas radiculares são compostos de muitas raízes finas que se rompem quando coletadas. Em muitas plantas, essas finas raízes morrem e são substituídas por novas, o que torna difícil estimar quanta biomassa certo grupo de produtores acumulou.

É também difícil levar em conta as plantas com relações mutualísticas com fungos micorrízicos. Elas podem fornecer carboidratos para os fungos; porém, como esses carboidratos não são mais uma parte da planta, é difícil obter uma estimativa acurada da produtividade da planta. Portanto, é preciso ter cuidado com as conclusões sobre diferenças na produtividade quando se medem somente variações na biomassa acima do solo para estimar a PPL.

A B

Figura 20.2 Produtividade primária da colheita. A produtividade primária líquida (PPL) é normalmente medida realizando-se a colheita em uma área definida de um ecossistema no fim da estação de crescimento e determinando a biomassa acumulada dos produtores. Essa técnica pode ser usada em escalas pequenas (**A**), como a realizada por estes estudantes, que estão medindo a biomassa acima do solo das plantas; ou em escalas grandes (**B**), como a colheita de plantações em um campo. Fotografias de (A) Jamie Shady; (B) Leonid Shcheglov/Shutterstock.

Medição de assimilação e liberação de CO_2

Como os produtores assimilam o CO_2 durante a fotossíntese e produzem CO_2 durante a respiração, pode-se medir a produtividade primária em ecossistemas terrestres quantificando a assimilação e a liberação de CO_2 pelas plantas. Uma forma de medir essas variações no CO_2 é colocando uma pequena planta ou folha em um recipiente selado com um sensor altamente sensível de CO_2, como ilustrado na Figura 20.3. Quando o recipiente é colocado em frente a uma luz que simula a do Sol, a planta consome CO_2 à medida que realiza fotossíntese e, simultaneamente, produz CO_2 conforme metaboliza alguns dos seus carboidratos por intermédio da respiração. Como a assimilação do CO_2 da fotossíntese excede a liberação de CO_2 pela respiração, a assimilação líquida de CO_2 representa a PPL.

A PPB também pode ser estimada usando essa técnica. Como ela é a soma da PPL com a respiração, pode-se determinar a PPB combinando a estimativa da PPL com uma estimativa de quanta respiração está ocorrendo na planta. Também é possível fazer isso colocando folhas ou plantas inteiras em câmaras sem luz do Sol. Se a taxa de respiração da planta for medida no escuro e a ela for adicionada a PPL da planta, estima-se a PPB usando a seguinte equação rearrumada:

$$\text{PPB} = \text{PPL} + \text{respiração}$$

Como esses experimentos são conduzidos usando algumas câmaras colocadas na luz e outras no escuro, algumas vezes eles são denominados de *experimentos de garrafa claro-escuro.*

Diversas outras técnicas podem também ser utilizadas para medir a assimilação e liberação de CO_2. Em uma delas, uma planta ou uma folha é colocada em um recipiente selado, e CO_2 contendo um raro isótopo de carbono, como o ^{14}C, é adicionado. O movimento líquido do ^{14}C do ar para dentro dos tecidos da planta durante a fotossíntese e dos tecidos da planta de volta para o ar durante a respiração pode ser monitorado. Esse movimento líquido do ^{14}C proporciona uma medida da PPL.

Em uma escala maior, como em um campo ou floresta, a assimilação e a liberação de CO_2 podem ser medidas utilizando torres que amostram a concentração de CO_2 em diferentes alturas acima do solo. A concentração de CO_2 que se move para cima a partir da vegetação, comparada à concentração de CO_2 na atmosfera, fornece uma medida das taxas de fotossíntese e respiração que estão ocorrendo em uma área.

Medição de assimilação e liberação de O_2

Em ecossistemas aquáticos, os produtores dominantes são normalmente células algais. Como a maioria das algas é muito pequena e rapidamente consumida, não é sempre possível colhê-las para medir sua biomassa como uma maneira de quantificar a PPL. Quantificar as variações na concentração de CO_2 também não é um modo viável de medir a produtividade primária porque o CO_2 dissolvido na água se converte rapidamente em íons bicarbonato, como discutido no Capítulo 2. Contudo, como os produtores liberam O_2 durante a fotossíntese e assimilam O_2 durante a respiração, pode-se estimar a PPL e a PPB medindo a assimilação e a liberação de O_2.

Para estimar a produtividade primária usando a concentração de O_2 na água, pode-se usar um processo semelhante à estimativa da produção primária com base no CO_2, ou seja, é possível conduzir um experimento de garrafa claro-escuro.

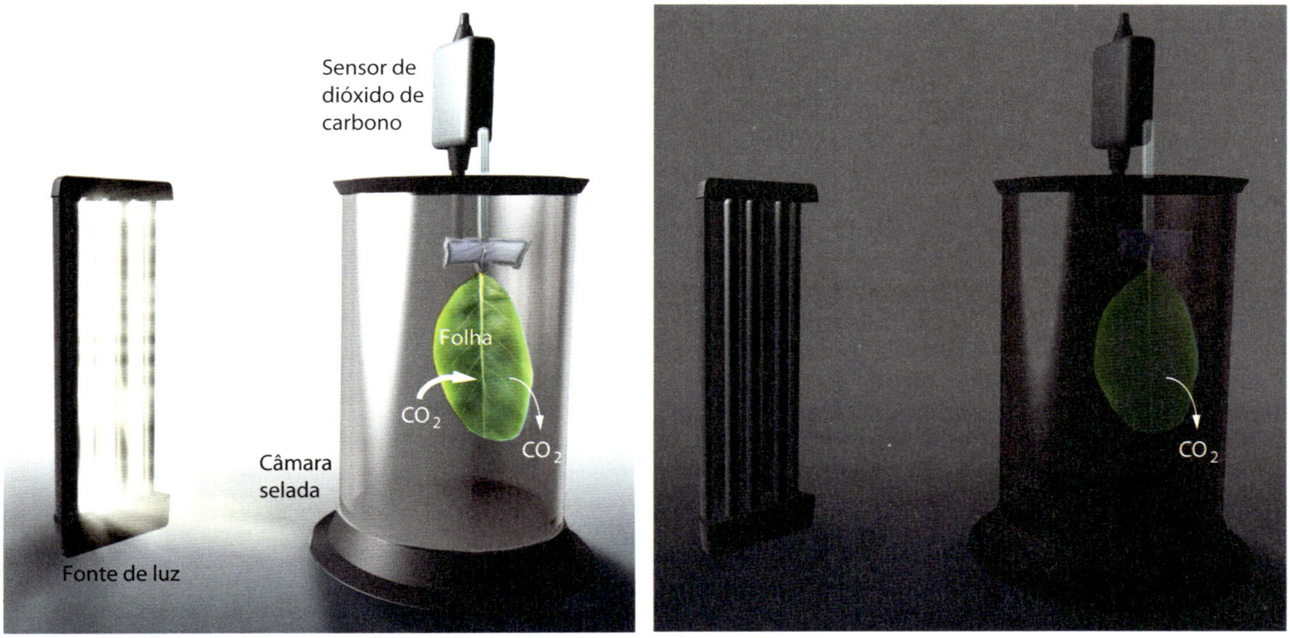

A Claro

B Escuro

Figura 20.3 Medição de assimilação e liberação CO_2. A. Em um recipiente selado e iluminado por uma fonte de luz, sensores podem detectar uma queda no CO_2 do ar à medida que a folha realiza a fotossíntese. Essa queda ocorre porque a fotossíntese realizada pela planta consome o CO_2 a uma taxa mais rápida do que a respiração da planta produz CO_2. **B.** Quando a luz é desligada, os sensores detectam um aumento no CO_2 do ar porque a folha executa somente a respiração.

Figura 20.4 Sensoriamento remoto da produtividade primária. Utilizando imagens aéreas de aviões ou satélites, os cientistas podem determinar o comprimento de onda de luz que é absorvida e refletida pelos pigmentos de clorofila de floração (em inglês, *bloom*) de algas. Aqui estão as imagens de satélites de uma floração de algas no lago Erie. Fotografia da NASA.

Começa-se imergindo dois frascos na água para coletar as algas. Um deles é transparente, o que possibilita que a luz do Sol penetre nele. Nesse frasco, é medido o aumento líquido da produção de O_2 que ocorre com os efeitos combinados de fotossíntese e respiração pelas algas. O outro frasco é opaco; assim, a luz do Sol não pode penetrá-lo. Nesse frasco, as algas não podem fotossintetizar, mas somente respirar e reduzir a concentração de O_2. Como no frasco transparente se mede PPL e no frasco opaco se mede somente a respiração, pode-se estimar a PPB adicionando os valores obtidos a partir de cada frasco.

Sensoriamento remoto

As técnicas discutidas medem a PPL e a PPB em escalas espacialmente pequenas, variando de uma única folha até uma pequena área de terra ou um pequeno volume de água. No entanto, se alguém quisesse avaliar a produtividade em escalas espaciais muito grandes, incluindo mudanças na produtividade em continentes ou oceanos, uma solução seria o **sensoriamento remoto**. Trata-se de uma técnica que possibilita medir as condições na Terra a partir de um local distante, geralmente usando satélites ou aviões, que tiram fotografias de grandes áreas do globo, como mostrado na Figura 20.4.

Sensoriamento remoto Técnica que permite medir condições na Terra a partir de um local distante, geralmente usando satélites ou aviões que tiram fotografias de grandes áreas do planeta.

Essas imagens revelam como diferentes comprimentos de onda de luz são refletidos ou absorvidos. Conforme discutido no Capítulo 3, os pigmentos de clorofila absorvem comprimentos de onda na faixa do vermelho e do azul, mas refletem os comprimentos de onda na faixa do verde. Portanto, as imagens de satélites de ecossistemas que mostram um padrão de alta absorção de luzes azul e vermelha e alta reflectância de luz verde indicam ecossistemas com alta biomassa viva de produtores. Variações na biomassa do produtor ao longo do tempo podem então ser usadas para estimar a PPL.

PRODUTIVIDADE SECUNDÁRIA

A produtividade primária é o alicerce da teia alimentar porque representa a fonte de energia para os herbívoros. Para compreender como a energia se move dos produtores para os consumidores, é preciso considerar diversas vias diferentes, mostradas na Figura 20.5. Os herbívoros, por exemplo, consomem somente uma pequena fração da quantidade total da biomassa dos produtores disponível e podem digerir apenas uma parte da energia consumida. Muitos frutos contêm sementes duras que os herbívoros não podem digerir; logo, elas são excretadas por inteiro. Um exemplo disso foi observado no fim do Capítulo 17, quando se discutiu sobre as tartarugas-de-aldabra que foram introduzidas em uma ilha na República de Maurício. Essas tartarugas consomem frutos da árvore de ébano e dispersam as sementes quando defecam. A parte da energia consumida que é excretada ou regurgitada é conhecida como

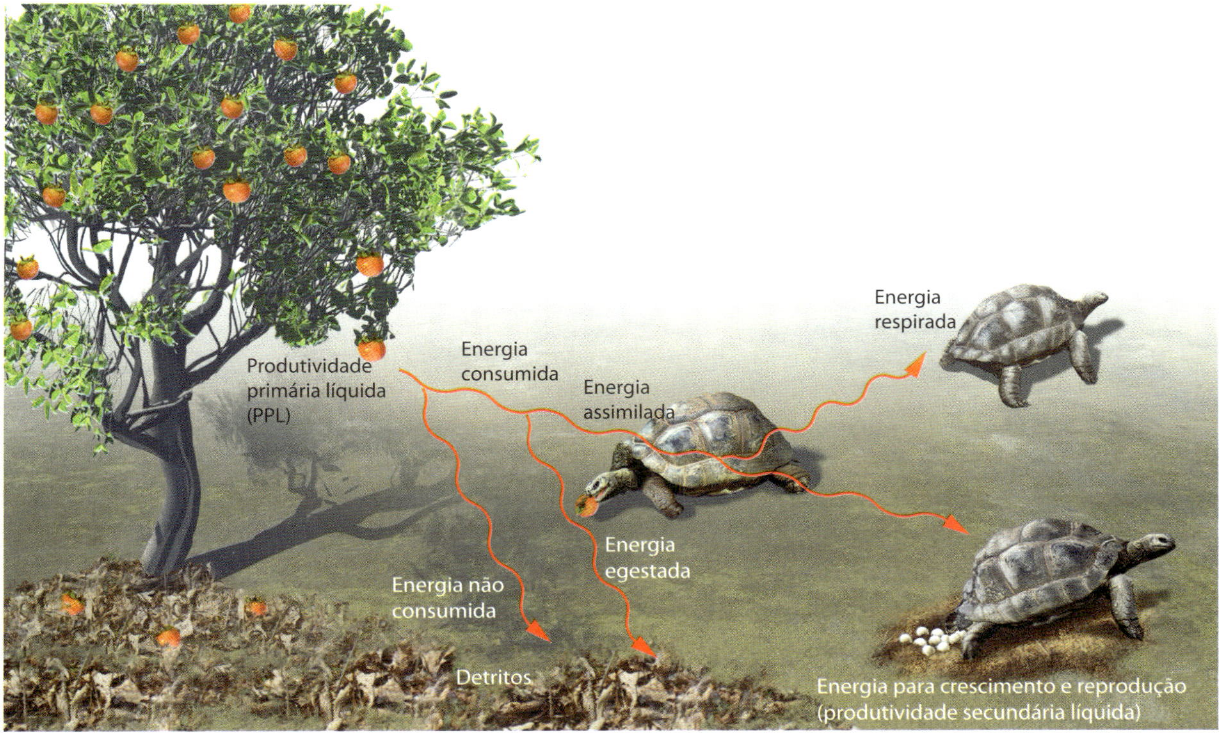

Figura 20.5 Caminho da produtividade primária até a secundária. Os herbívoros obtêm energia ingerindo produtores. Da energia obtida pela ingestão, parte é perdida na forma de energia egestada, o que representa os tecidos não digeridos dos produtores. O restante é a energia assimilada, da qual uma parte é usada para a respiração, e o que resta é usado para crescimento e reprodução, que é a produtividade secundária.

energia egestada, e a parte da energia que um consumidor digere e absorve chama-se **energia assimilada**.

Da energia assimilada por um consumidor, a parte usada para a respiração é conhecida como **energia respirada**, e o restante pode ser usado para o crescimento e a reprodução. Por exemplo, os consumidores como as aves frugívoras precisam de uma grande quantidade de energia para a respiração, a fim de manter uma temperatura corporal constante. Já as tartarugas frugívoras de mesma massa precisam de muito menos energia para a respiração porque são ectotérmicas. Como resultado, as aves reservam mais de sua energia assimilada para a respiração do que as tartarugas. Como a taxa de energia assimilada dos consumidores é a quantidade de energia que é usada para respiração, crescimento ou reprodução, ela é análoga ao conceito de PPB para os produtores.

Se for considerada a energia assimilada dos consumidores e subtraída a energia usada para a respiração, será obtida a energia usada para acúmulo de biomassa. A taxa de acúmulo de biomassa dos consumidores em determinada área é chamada de **produtividade secundária líquida**. Como ela depende da produtividade primária como fonte de energia, espera-se que um aumento na PPL cause um aumento da produtividade secundária líquida.

Os pesquisadores compilaram estimativas de produtividade primária e secundária líquida de uma ampla gama de biomas terrestres. Como mostrado na Figura 20.6 A, aumentos da PPL estão correlacionados positivamente a elevações na produtividade secundária líquida. Nos ecossistemas aquáticos, os pesquisadores também descobriram que aumentos na produtividade do fitoplâncton – um produtor dominante em muitos biomas aquáticos – estão positivamente correlacionados à produtividade do zooplâncton herbívoro que come as algas, o que se pode ver na Figura 20.6 B.

Quantificar a produtividade secundária líquida tem muitos dos mesmos desafios de quantificar a PPL, incluindo a necessidade de levar em conta os herbívoros que são removidos do ecossistema por predadores ou doenças. Além disso, a correlação positiva entre produtividade primária e secundária líquida sugere um papel importante do controle base-topo das comunidades, um conceito discutido no Capítulo 18. Contudo, sabe-se que os efeitos topo-base dos predadores também afetam algumas comunidades.

Energia egestada Parcela de energia consumida que é excretada ou regurgitada.

Energia assimilada Parte da energia que um consumidor digere e absorve.

Energia respirada Parcela da energia assimilada que um consumidor usa para a respiração.

Produtividade secundária líquida Taxa de acumulação de biomassa dos consumidores em determinada área.

VERIFICAÇÃO DE CONCEITOS

1. Por que algas normalmente apresentam alta produtividade, mas baixa biomassa viva?
2. A produtividade primária bruta pode ser utilizada para fornecer energia para dois processos? Quais são eles?
3. Quais são alguns pressupostos essenciais quando se mede a produtividade primária líquida de plantas terrestres?

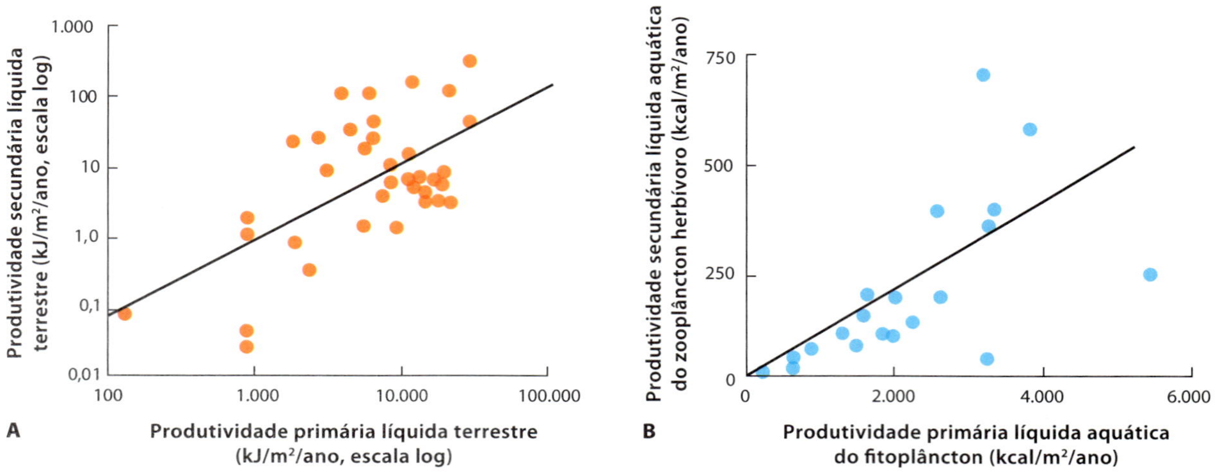

Figura 20.6 Produtividade secundária. A. Em ecossistemas terrestres, um aumento na produtividade primária está positivamente correlacionado a um aumento na produtividade secundária. **B.** Em ecossistemas aquáticos, uma relação semelhante é encontrada entre a produtividade primária do fitoplâncton e a produtividade secundária do zooplâncton herbívoro que consome o fitoplâncton. Dados de S. McNaughton et al., Ecosystem – level patterns of primary productivy and herbivory in terrestrial habitats. *Nature* 341 (1989): 142–144; M. Brylinsky, K. H. Mann. An analysis of factors governing productivity in lakes and reservoirs, *Limnology and Oceanography* 18 (1973): 1–14.

20.2 A produtividade primária líquida difere entre ecossistemas

Agora que se compreende a PPL e como ela afeta os herbívoros que a consomem, é possível examinar como ela varia entre os ecossistemas por todo o mundo. É importante compreender esses padrões porque os ecossistemas com produtividade primária maior em geral devem sustentar uma produtividade secundária maior, o que significa que os lugares mais produtivos provavelmente têm uma abundância alta ou uma diversidade alta de consumidores. Esta seção investiga os padrões de produtividade primária em diferentes ecossistemas e discute os fatores abióticos que determinam esses padrões de PPL.

PRODUTIVIDADE PRIMÁRIA NO MUNDO

Quando se observam os padrões de PPL ao redor do mundo, mostrados na Figura 20.7, percebe-se que ela varia com a latitude. Os ecossistemas terrestres mais produtivos estão nos trópicos, e a produtividade diminui conforme se move para as regiões temperadas e polares. Os ecossistemas oceânicos mais produtivos são encontrados ao longo das costas, enquanto a produtividade primária é baixa no oceano aberto.

Pode-se também considerar as diferenças na PPL entre os diferentes ecossistemas que existem nos continentes ou nos oceanos. Essas categorias coincidem bastante com os biomas descritos no Capítulo 6. A Figura 20.8 mostra que as florestas tropicais úmidas são os ecossistemas terrestres mais produtivos, e os menos produtivos incluem aqueles que são muito frios, como a tundra, e aqueles muito secos, como os desertos. Entre os ecossistemas de água doce, os lagos e riachos, em média, estão no extremo inferior de PPL, embora a PPL possa variar bastante nesses sistemas. Por outro lado, os ecossistemas marinhos exibem um amplo intervalo de variação de produtividade, variando da alta produtividade nos recifes de coral e charcos salgados até a baixa produtividade no oceano aberto. Muitos fatores abióticos são responsáveis por esses padrões de produtividade.

DETERMINANTES DA PRODUTIVIDADE NOS ECOSSISTEMAS TERRESTRES

Como discutido no Capítulo 6 a respeito dos biomas terrestres, as formas de plantas dominantes são determinadas pelos padrões de temperatura e precipitação anuais. De maneira similar, a temperatura e a precipitação são os grandes determinantes da PPL. Os ecossistemas terrestres mais produtivos ocorrem nas áreas tropicais, porque há luz solar mais intensa, temperaturas quentes durante todo o ano, quantidades grandes de precipitação e nutrientes rapidamente reciclados que sustentam o crescimento. Em latitudes mais altas, como nas regiões temperadas e polares, a produtividade é muito menor devido aos períodos mais curtos de luz solar e temperaturas mais baixas durante o inverno. Nos desertos existentes nas latitudes de 30°N e 30°S, a produtividade é limitada principalmente pela falta de precipitação.

Um modo de examinar os efeitos da temperatura e da precipitação sobre a PPL é investigando uma grande quantidade de estudos que a mediram em diferentes partes do mundo. A Figura 20.9, por exemplo, mostra os resultados de estudos de 96 locais. Na Figura 20.9 A, pode-se perceber que um aumento na temperatura média anual está correlacionado positivamente a um aumento na PPL. Isso reflete o fato de latitudes mais baixas com temperaturas mais quentes favorecerem o crescimento das plantas e terem uma estação de crescimento mais longa. Na Figura 20.9 B, evidencia-se que um aumento na precipitação anual média apresenta uma correlação positiva com a PPL até que 3 m de precipitação anual sejam alcançados. Os ecossistemas que recebem 3 m ou mais de precipitação sofrem um declínio na PPL, porque nutrientes são lixiviados do solo, e as taxas de decomposição são reduzidas devido aos solos encharcados. Quando a matéria orgânica

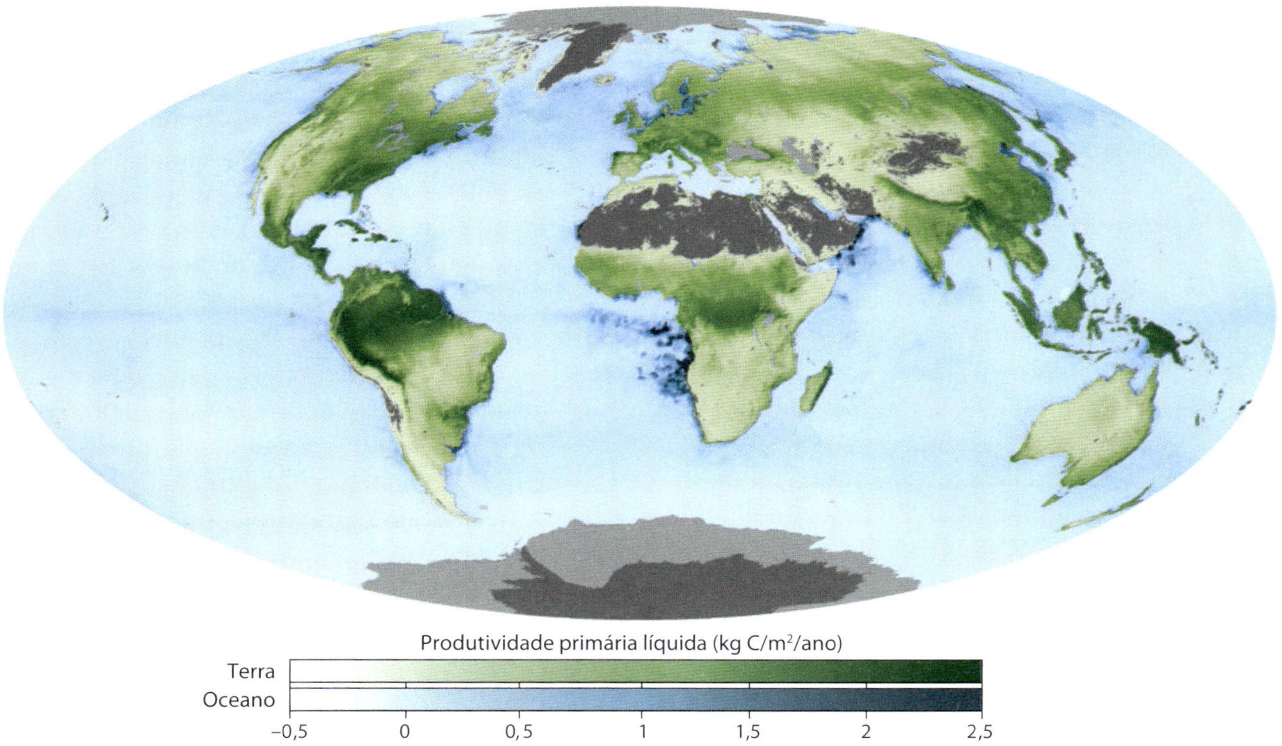

Figura 20.7 Padrões globais de produtividade primária líquida. Entre os ecossistemas terrestres, a maior produtividade ocorre nos trópicos, que estão sujeitos a temperaturas quentes durante todo o ano e têm chuvas abundantes. Os mais produtivos ecossistemas aquáticos incluem as águas rasas próximo às bordas dos continentes e das grandes ilhas. NASA Earth Observatory.

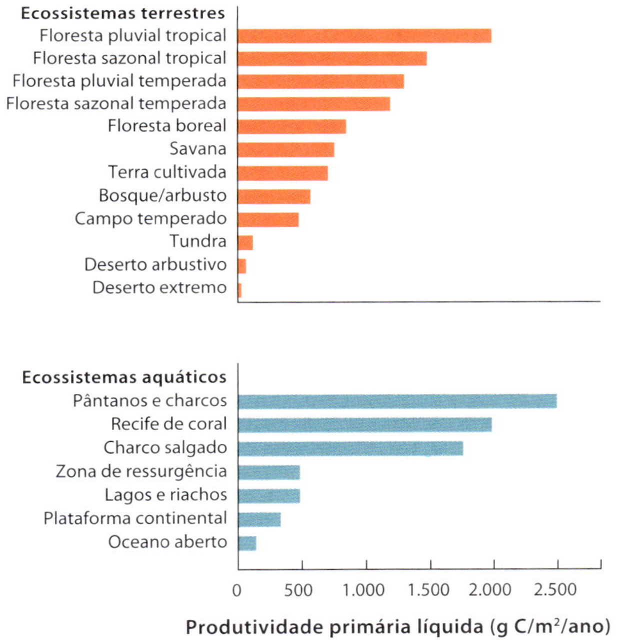

Figura 20.8 Produtividade primária líquida de diferentes ecossistemas ao redor do mundo. Entre os ecossistemas terrestres, as florestas tropicais são os mais produtivos, enquanto os desertos são os menos produtivos. Entre os ecossistemas aquáticos, os pântanos, os alagados e os recifes de coral são os mais produtivos, enquanto o oceano aberto é o menos produtivo. Dados de R. H. Whittaker; G. E. Likens. Primary production: the biosphere and man, *Human Ecology* 1 (1973): 357–369.

é decomposta mais lentamente, poucos nutrientes ficam disponíveis para a produtividade primária. Em resumo, embora a temperatura e a precipitação sejam os principais determinantes na PPL nos ecossistemas terrestres, elas também influenciam a disponibilidade de nutrientes, de maneira que afetam a PPL.

Dado que os nutrientes afetam a PPL nos ecossistemas terrestres, quais são mais importantes? Por décadas, os ecólogos acreditavam que o nitrogênio era o elemento mais importante que restringia a PPL nos ecossistemas terrestres; contudo, eles começaram a descobrir que alguns desses ecossistemas são também limitados pelo fósforo ou uma combinação de nitrogênio e fósforo. Então, para obter uma visão mais acurada sobre se o nitrogênio ou o fósforo limitam a PPL, pesquisadores compilaram dados de 141 experimentos terrestres individuais que tinham manipulado nitrogênio, fósforo ou ambos. Para cada experimento, eles determinaram a taxa entre a PPL dos tratamentos com nutrientes adicionados e a PPL da área de controle que não tinha recebido quaisquer nutrientes. Com uma proporção de resposta para cada estudo, os pesquisadores puderam então classificar a resposta média para todos os estudos em três categorias de ecossistemas terrestres: campos, florestas/arbustos e tundra. Como se pode ver na Figura 20.10, todas as três categorias de ecossistemas terrestres mostram aumentos na PPL com a adição de nitrogênio ou fósforo. Nos campos e na tundra, adicionar ambos simultaneamente causou um aumento maior na PPL do que um ou outro isoladamente, sugerindo que a adição de maiores quantidades de

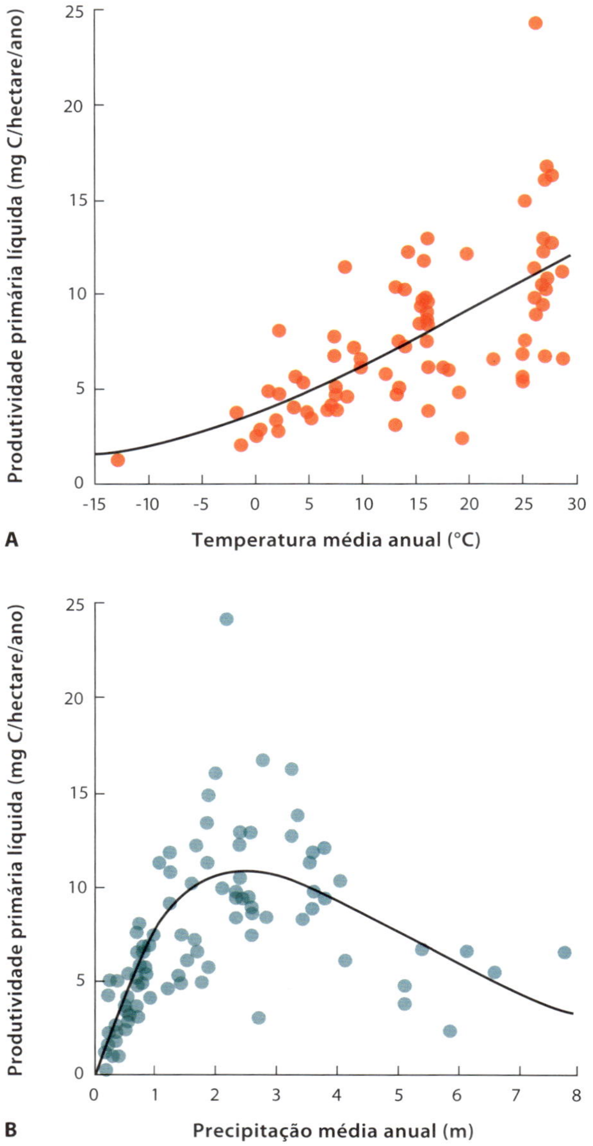

Figura 20.9 Efeitos da temperatura e da precipitação na produtividade primária líquida de ecossistemas terrestres. A. Lugares da Terra que têm temperaturas médias anuais mais altas têm maior PPL. **B.** Lugares que têm maior precipitação média anual têm maior PPL; porém, nos lugares com quantidades máximas de precipitação, maior lixiviação e decomposição reduzida da matéria orgânica fazem com que a PPL diminua. Dados de E. A G. Schuur. Productivity and global climate revisited: the sensitivity of tropical forest growth to precipitation, *Ecology* 84 (2003): 1165–1170.

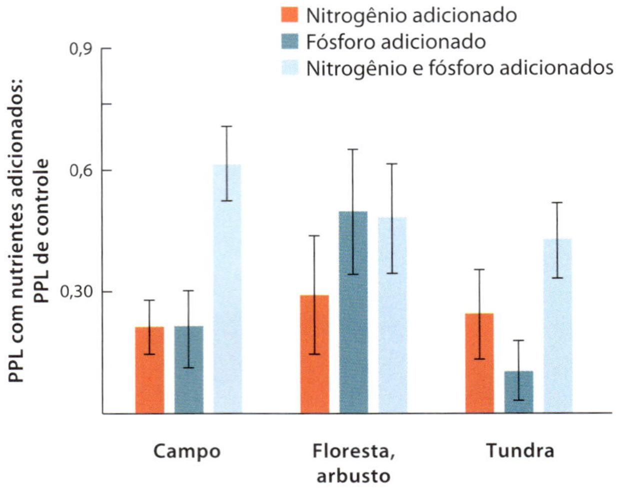

Figura 20.10 Aumentos na produtividade primária líquida (PPL) quando nutrientes são adicionados a ecossistemas terrestres. Com base em 141 experimentos conduzidos por todo o mundo, os pesquisadores examinaram como a PPL responde a diferentes adições de nutrientes. Para quantificar a variação na PPL, eles determinaram a razão entre a PPL nos tratamentos com nutrientes adicionados e a PPL no controle, que não teve nenhum nutriente adicionado. A adição de nitrogênio e fósforo aumentou a PPL dos ecossistemas de campo, floresta, arbustos e tundra. Quando ambos os nutrientes foram adicionados, a razão de resposta da PPL foi, em geral, maior do que quando cada um foi adicionado separadamente. As barras de erro são erros padrões. Dados de J. J. Elser et al., Global analysis of nitrogen and phosphorus limitation of primary producers in freshwater, marine, and terrestrial ecosystems, *Ecology Letters* 10 (2007): 1135–1142.

um dos nutrientes faz com que o crescimento das plantas seja logo limitado pelo outro nutriente. A partir desses dados, é possível concluir que tanto o nitrogênio quanto o fósforo são nutrientes importantes que restringem a PPL.

DETERMINANTES DA PRODUTIVIDADE NOS ECOSSISTEMAS AQUÁTICOS

Foi observado anteriormente que os ecossistemas terrestres são limitados principalmente por temperatura, precipitação e nutrientes. Já os ecossistemas aquáticos, além desses fatores, são também limitados pela luz, porque a transmissão da luz através da água é exigida para a realização da fotossíntese. De fato, luz abundante é uma razão pela qual os recifes de coral, que existem em águas rasas tropicais, são ecossistemas tão produtivos. No entanto, nos ecossistemas aquáticos que têm temperaturas e níveis de iluminação semelhantes, o determinante mais importante da PPL é a quantidade de nutrientes.

A papel limitante dos nutrientes pode ser visto em diversos ecossistemas aquáticos. Por exemplo, no oceano aberto, os restos de animais mortos afundam e se decompõem, liberando nutrientes. Como essa regeneração de nutrientes está muito abaixo da superfície dos oceanos, no caso dos abertos a superfície apresenta uma baixa PPL.

Pequenos riachos normalmente também são pobres em nutrientes e apresentam uma PPL baixa. Além disso, se os pequenos riachos estiverem em uma floresta, eles recebem pouca luz solar por causa da sombra das árvores, e isso restringe a sua produtividade. Conforme discutido no Capítulo 6, uma grande fração da energia e de nutrientes que existem em pequenos riachos entra na corrente na forma de material alóctone, como as folhas mortas que caem do ambiente terrestre circundante. Por outro lado, os estuários e os recifes de coral recebem nutrientes abundantes a partir dos rios e terras adjacentes, o que possibilita que esses ecossistemas apresentem uma produtividade primária muito alta. Em todos os ecossistemas aquáticos, a PPL é limitada mais comumente pela disponibilidade de fósforo e nitrogênio, embora o silício e o ferro possam ser limitantes em algumas áreas do oceano aberto.

Limitação por fósforo e nitrogênio

Por muitos anos, pensou-se que o fósforo era o nutriente mais importante que limitava a PPL dos ecossistemas aquáticos. Por exemplo, em um experimento clássico, David Schindler e seus colegas selecionaram um lago em forma de ampulheta em Ontário e colocaram uma cortina de plástico em sua parte estreita, que dividiu o lago em duas metades (Figura 20.11 A). Em um lado, foi adicionado carbono e nitrogênio; no outro lado, foi adicionado carbono, nitrogênio e fósforo. Essas adições continuaram de 1973 até 1980, conforme os pesquisadores monitoravam os dois lados do lago. Eles também acompanharam um segundo lago que foi inicialmente fertilizado de maneira semelhante ao lago dividido, para servir como um controle. Na metade do lago que recebeu carbono e o nitrogênio, houve um aumento modesto na PPL comparado ao do lago-controle, medida pelo crescimento das cianobactérias. No entanto, na metade do lago que recebeu carbono, nitrogênio e fósforo, houve um grande aumento na PPL, como mostrado na Figura 20.11 B. Após os tratamentos terminarem, em 1980, a PPL da metade do lago com fósforo adicionado declinou rapidamente. Esse experimento confirmou que a adição de fósforo em excesso pelos humanos na forma de fertilizantes que escoam das fazendas e de diversos detergentes utilizados em residências pode ter um grande efeito na produtividade de ecossistemas aquáticos.

Para se obter maior perspectiva de como o nitrogênio e o fósforo afetam os ecossistemas aquáticos, é preciso revisitar as respostas médias da PPL dos experimentos conduzidos em todo o mundo. Como parte do mesmo estudo discutido anteriormente, os pesquisadores compilaram dados de 928 experimentos que manipularam a adição de nitrogênio, fósforo ou ambos em ecossistemas de água doce e marinhos. Entre os ecossistemas de água doce, conforme mostrado na Figura 20.12 A, o nitrogênio e o fósforo juntos causaram um aumento na PPL, embora o fósforo tenha um efeito muito maior em ecossistemas bênticos de lagos do que o nitrogênio. Entre os ecossistemas marinhos, mostrados na Figura 20.12 B, as adições de nitrogênio e fósforo tiveram efeitos semelhantes na PPL em ecossistemas oceânicos com substratos não consolidados, como os estuários constituídos de ervas marinhas e algas.

Contudo, a adição de nitrogênio teve um efeito muito maior sobre a PPL do que a de fósforo nos ecossistemas com substratos consolidados, como os recifes de coral e biomas de zonas entremarés de costões rochosos e nas águas de oceanos abertos. Por todos os ecossistemas de água doce e marinhos, a adição de nitrogênio e fósforo juntos geralmente causou uma resposta na PPL muito maior do que a adição de cada nutriente separadamente. Uma vez mais, isso sugere que a adição de maiores quantidades de um dos nutrientes faz com que o crescimento de produtores seja logo limitado pelo outro nutriente. Os resultados dessa pesquisa sugerem que a

A

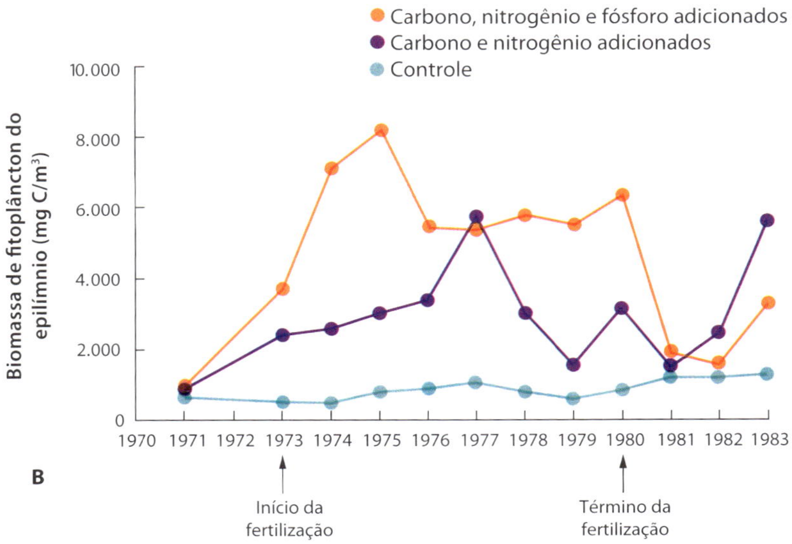

B

Figura 20.11 Adição de fósforo à metade de um lago. A. Os pesquisadores dividiram um lago canadense e, então, adicionaram carbono e nitrogênio a uma metade e carbono, nitrogênio e fósforo à outra. **B.** Comparado com um lago de referência que não recebeu qualquer adição de nutrientes, o lado que recebeu adições de carbono e nitrogênio de 1973 a 1980 mostrou um aumento modesto na PPL, medido pela biomassa do fitoplâncton no epilímnio. A parte do lago que recebeu adições de carbono, nitrogênio e fósforo sofreu um grande aumento na PPL. Quando a adição de fósforo foi interrompida, em 1980, a PPL no lado fertilizado do lago declinou até níveis semelhantes aos do controle. Dados de D. L. Findlay; S. E. M. Kasian, Phytoplankton community responses to nutrient addition in Lake 226, Experimental Lakes Area, Northwestern Ontario, *Canadian Journal of Fisheries and Aquatic Sciences* 44 (Suppl. I) (1987): 35–46. Fotografia de cortesia de David W. Schindler. *Science*, 184: 897–899.

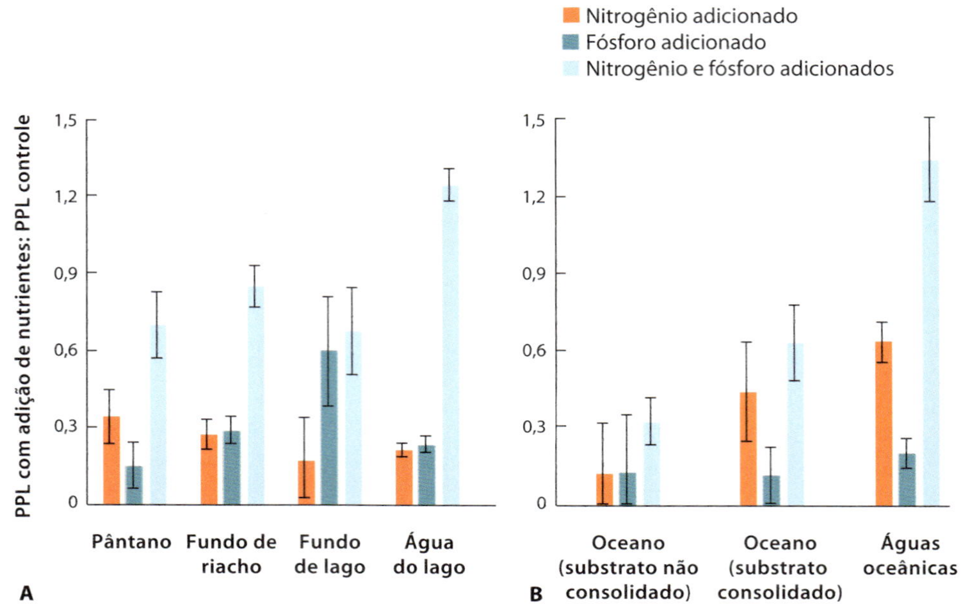

Figura 20.12 Aumentos na produtividade primária líquida (PPL) quando nutrientes são adicionados a ecossistemas aquáticos. Usando dados de 928 experimentos conduzidos por todo o mundo, pesquisadores determinaram como a PPL responde a diferentes adições de nutrientes. A PPL foi investigada como uma razão entre a produtividade quando os nutrientes foram adicionados e a produtividade em um tratamento-controle, no qual nutrientes não foram adicionados. Em água doce (**A**) e ecossistemas marinhos (**B**), adicionar fósforo ou nitrogênio causou um aumento na PPL, embora este tivesse um efeito maior do que aquele nos ecossistemas de substrato não consolidado e nos de águas oceânicas. As barras de erro são erros padrões. Dados de J. J. Elser et al., Global analysis of nitrogen and phosphorus limitation of primary producers in freshwater, marine, and terrestrial ecosystems, *Ecology Letters* 10 (2007): 1135–1142.

disponibilidade de nitrogênio e fósforo pode limitar a PPL dos ecossistemas aquáticos, bem como a dos terrestres.

Limitação por silício e ferro no oceano

Embora a produtividade primária dos ecossistemas aquáticos seja geralmente limitada pela disponibilidade de nitrogênio e fósforo, ela permanece baixa em cerca de 20% das águas do oceano aberto, mesmo com os nutrientes abundantes nessas áreas. Isso aponta que a produtividade nessas regiões é limitada por outros nutrientes anormalmente escassos, como o silício e o ferro.

O silício é a matéria-prima para as conchas de silicato das diatomáceas (ver Figura 2.5, no Capítulo 2), que constituem a maior parte do fitoplâncton em algumas regiões dos oceanos. O silício é perdido das águas superficiais quando as diatomáceas morrem e suas conchas densas descem para o fundo do oceano. Por exemplo, a área a oeste do sul da América do Sul, entre as latitudes de 40°S e 50°S, parece ter bem pouco silício, provavelmente porque, nesse trecho longo do sul do Oceano Pacífico, partículas contendo silício afundam para abaixo da zona fótica mais rapidamente do que o nitrogênio e o fósforo.

O ferro é um importante componente em muitas vias metabólicas, mas é perdido da superfície do oceano quando se combina com o fósforo e se precipita. Os rios servem como uma fonte de ferro, o que explica por que parece haver baixas concentrações do mineral nas regiões do oceano distantes dos continentes, onde as únicas entradas de ferro ocorrem na forma de poeira levada pelo vento.

Se o ferro limita o crescimento do fitoplâncton no oceano, adicioná-lo deveria agir como um fertilizante e, assim, causar grandes aumentos na produtividade primária. Em um experimento desenvolvido em 1993, 450 kg de ferro (aproximadamente a quantidade contida em um automóvel) foram adicionados a mais de 64 km^2 de oceano ao largo da costa oeste da América do Sul. O tratamento causou um aumento de 100 vezes na concentração de ferro e, em poucos dias, a concentração do fitoplâncton triplicou. Embora esse aumento no fitoplâncton tenha tido uma curta duração, o experimento confirmou que a falta de ferro limitava os produtores nessa área do oceano. Em experimentos subsequentes conduzidos ao longo da costa da Antártida, pesquisadores observaram aumentos semelhantes na produtividade (Figura 20.13).

MUDANÇA GLOBAL

Fertilizar o oceano com ferro tem implicações para além da confirmação de que ele seja o nutriente limitante nessas áreas. Se a produtividade primária no oceano pode ser aumentada, isso tem potencial para baixar a quantidade de CO_2 na água. Como o CO_2 é trocado entre a água e o ar, reduzir reduzi-lo na água subsequentemente diminui sua quantidade na atmosfera. Como o CO_2 é um gás do efeito estufa, alguns cientistas hipotetizaram que fertilizar os oceanos com ferro poderia ser uma forma de contra-atacar o aquecimento global.

Embora a adição de ferro aumente a produção primária, em alguns casos o grande aumento no fitoplâncton causou uma alta elevação subsequente nas populações de zooplâncton que consomem esse fitoplâncton. Quando isso

Figura 20.13 Fertilização dos oceanos. No Oceano Antártico próximo à Antártida, pesquisadores imergem equipamentos de amostragem de água para medir os efeitos da adição de ferro nas águas de superfície. McLane Research Laboratories Sediment Trap, fotografia por cortesia de Renata Giulia Lucchi e Leonardo Lagnome, ISMAR.

aconteceu, o zooplâncton produzido causou acarretou maior quantidade de CO_2, devido ao aumento na respiração, contrabalançando, assim, os efeitos benéficos do fitoplâncton. Quando os pesquisadores conduziram experimentos monitorando a quantidade de carbono que se precipitava a partir da coluna de água durante as adições de ferro, descobriram que havia um pequeno aumento na quantidade de carbono precipitado.

Outros cientistas investigaram a variação histórica da entrada de ferro nos oceanos e observaram que, durante os cinco maiores períodos de glaciação, cerca de 2,5 vezes mais poeira de ferro viajaram pela atmosfera e chegaram ao Oceano Pacífico perto do Equador. Em 2016, os pesquisadores relataram os resultados da análise de amostras das camadas de sedimentos depositadas ao longo de séculos no substrato oceânico naquela região do Pacífico. Eles não encontraram elevação na produtividade durante períodos passados de aumento na disponibilidade de ferro proveniente da poeira. Com base em observações obtidas por meio de experimentos e dados históricos, o efeito do enriquecimento com ferro no CO_2 a longo prazo permanece incerto, assim como a questão de aplicações de ferro em larga escala no oceano poderem ou não ter efeitos adversos no ecossistema oceânico.

VERIFICAÇÃO DE CONCEITOS

1. Quais ecossistemas têm as maiores PPL?
2. Por que a adição combinada de nitrogênio e fósforo frequentemente resulta em maior aumento do crescimento dos produtores, em comparação com a adição de cada nutriente em separado?
3. Por que pesquisadores hipotetizaram que a adição de ferro a certas áreas do oceano poderia ajudar a contrabalançar as elevadas concentrações de CO_2 na atmosfera?

20.3 O movimento da energia depende da eficiência de seu fluxo

Conforme abordado anteriormente, os organismos em cada nível trófico devem obter energia, assimilar uma fração dela e então usar uma parte da energia que foi assimilada para a respiração. O que sobra é utilizado no crescimento e na reprodução. Em cada passo, organismos diferentes variam na eficiência com a qual obtêm e retêm energia. Essas eficiências, combinadas com as interações tróficas que afetam a abundância de espécies em outros níveis tróficos, alteram a quantidade de energia e biomassa que pode existir em determinado nível trófico, além de afetarem também o número de níveis tróficos que podem existir em um ecossistema.

Esta seção explora padrões nas quantidades de energia e biomassa que existem nos diferentes níveis tróficos. Em seguida, examina as várias eficiências de transferência de energia em grupos tróficos e como essas diferenças afetam a quantidade de níveis tróficos encontrados em um ecossistema.

PIRÂMIDES TRÓFICAS

Uma maneira útil de pensar sobre a distribuição de energia ou biomassa entre os grupos tróficos em um ecossistema é desenhando uma **pirâmide trófica**, que é um gráfico composto de retângulos empilhados representando a quantidade relativa de energia ou biomassa em cada nível trófico. A primeira pessoa a considerar o fluxo de energia entre os níveis tróficos foi Raymond Lindeman, um ecólogo que fez sua tese de doutorado sobre o Lago de Cedar Bog, em Minnesota, durante a década de 1930. Conforme Lindeman coletava dados sobre a energia e a biomassa produzidas por diferentes níveis tróficos no lago, concluiu que a energia deve ser perdida à medida que se move de um nível trófico para o seguinte. Ele demonstrou que isso ocorria quando fez uma pirâmide trófica que mostrava o percentual da energia total existente em cada nível trófico, conhecido como **pirâmide de energia**. Como se pode ver na Figura 20.14, cada nível trófico no lago continha menos energia do que o nível trófico abaixo.

As pirâmides de energia são somente um modo de representar a distribuição de organismos em um ecossistema. Também se pode criar uma pirâmide trófica que representa a biomassa viva dos organismos presentes em grupos tróficos diferentes, o que é conhecido como **pirâmide de biomassa**. Nos ecossistemas terrestres, a representação da distribuição de biomassa entre os níveis tróficos se parece bastante com a pirâmide de energia. Como a Figura 20.15 A mostra, a maior quantidade de biomassa ocorre nos produtores, com menos biomassa nos consumidores primários e secundários.

Considerando a biomassa em um ecossistema de floresta, a maior parte é encontrada nos produtores, que incluem árvores, arbustos e flores silvestres. Há consideravelmente menos

Pirâmide trófica Gráfico composto de retângulos empilhados representando a quantidade de energia ou biomassa em cada grupo trófico.

Pirâmide de energia Pirâmide trófica que apresenta a energia total existente em cada nível trófico.

Pirâmide de biomassa Pirâmide trófica que representa a biomassa viva (*standing crop*) de organismos presentes nos diferentes grupos tróficos.

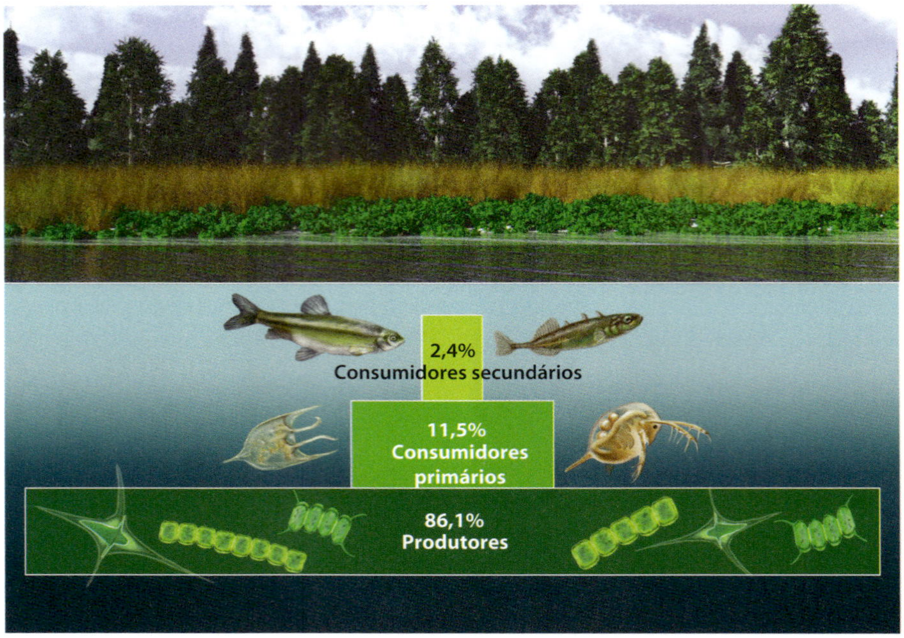

Figura 20.14 Pirâmide de energia do Lago Cedar Bog. A maior parte da energia assimilada nesse ecossistema lacustre é encontrada em produtores, como as algas. Como energia é perdida conforme passa de um nível trófico para o seguinte, consideravelmente menos dela é encontrada em consumidores primários como o zooplâncton e consumidores secundários como os peixes. Dados de R. L. Lindeman, The trophic-dynamic aspect of ecology, *Ecology* 23 (1942) 399–417.

biomassa nos consumidores primários, que englobam animais herbívoros como diversas aves, mamíferos e insetos; e há menos ainda nos consumidores secundários, que incluem gaviões, corujas e mamíferos carnívoros.

Um cenário similar existe no ecossistema de campo da África. Todas as gramíneas do continente empilhadas cobririam um monte com todos os gafanhotos, gazelas, zebras, gnus e outros animais que as consomem. Aquele monte de herbívoros, por sua vez, cobriria o relativamente pequeno monte de todos os leões, hienas e outros carnívoros que se alimentam deles.

Em ecossistemas aquáticos, a pirâmide de biomassa tem uma forma muito diferente, porque os grandes produtores são os fitoplânctons, as pequeninas algas que flutuam ou nadam pela água. Diferentemente das árvores e dos arbustos, as algas têm vida curta e reprodução rápida, sendo consumidas em grandes quantidades. Como resultado, embora a produtividade das algas seja muito maior do que a dos seus consumidores, a sua biomassa viva é frequentemente muito menor do que a deles. Isso cria uma pirâmide invertida, como ilustrado na Figura 20.15 B.

EFICIÊNCIAS DAS TRANSFERÊNCIAS DE ENERGIA

A quantidade de energia que se move de um nível trófico para o seguinte determina quanta energia ou biomassa pode existir em cada nível. A quantidade de energia transferida de um nível trófico para o superior depende de vários passos que ocorrem dentro de cada nível trófico e incluem consumo, assimilação e produção. A transferência de energia de um nível trófico para outro pode ser quantificada como o percentual de energia disponível que é transferido, uma medida de eficiência.

Eficiência de consumo

Observando a Figura 20.4, percebe-se que o primeiro passo na transferência de energia de um nível trófico para outro é o consumo de energia do nível inferior. Parte da quantidade total de energia disponível no nível trófico inferior é consumida, e o restante se torna matéria orgânica morta. O percentual de energia ou biomassa em um nível trófico que é consumido pelo nível trófico imediatamente superior é conhecido como **eficiência de consumo**, que é calculada usando a seguinte equação:

$$\text{Eficiência de consumo} = \frac{\text{energia consumida (J)}}{\text{energia de produção líquida do nível trófico imediatamente inferior (J)}}$$

Por exemplo, pode haver 10 J de energia em um campo de flores silvestres, mas os herbívoros devem consumir somente 1 J de energia porque muitas das espécies de plantas têm defesas contra eles. Nesse caso, a eficiência de consumo dos herbívoros seria de 10%. Nos ecossistemas contendo produtores com poucas defesas contra os herbívoros, a eficiência de consumo seria muito maior, tal que mais energia entraria no nível trófico do consumidor.

Eficiência de assimilação

Conforme já discutido, a energia consumida é subsequentemente assimilada ou egestada. No caso das plantas, especialmente as terrestres, muitos componentes, como a celulose e

Eficiência de consumo Percentual de energia ou biomassa em um nível trófico que é consumido pelo nível trófico superior seguinte.

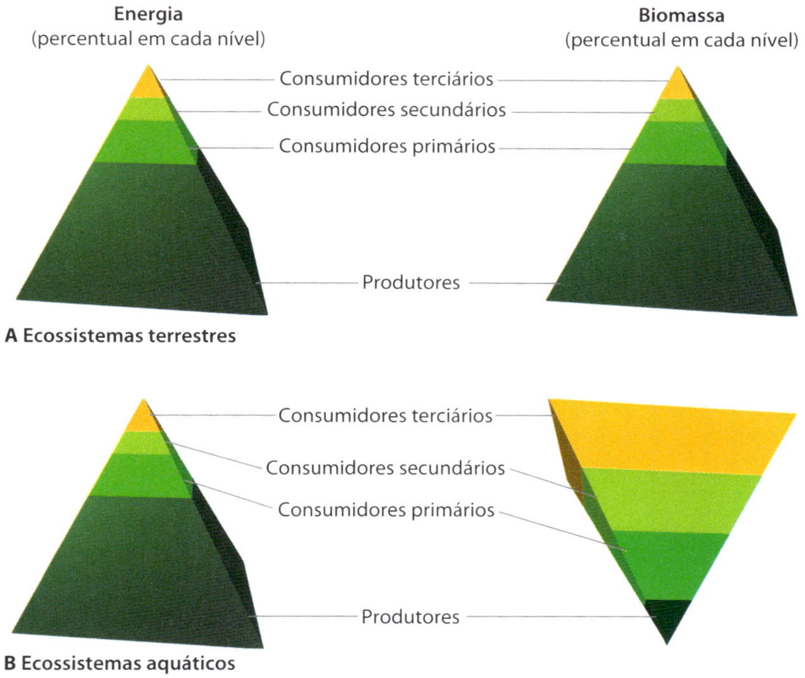

Figura 20.15 Pirâmides de energia e biomassa. A. Nos ecossistemas terrestres, as pirâmides de energia e biomassa têm formas semelhantes porque a maior parte da energia e da biomassa viva se encontra nos produtores. **B.** Nos ecossistemas aquáticos, a maior parte da energia ainda é encontrada nos produtores, mas estes são, principalmente, pequeninas algas que não vivem muito tempo porque são rapidamente consumidas pelos herbívoros. Esse consumo contínuo e rápido resulta em uma grande biomassa de consumidores nesses sistemas.

a lignina, não são facilmente digeridos. Analogamente, as penas, os ossos, os exoesqueletos e os pelos dos animais não são digeridos de maneira fácil pelos predadores que os consomem. As corujas representam um excelente exemplo, pois todas as suas espécies são predadoras que normalmente se alimentam de pequenos mamíferos. Elas engolem a presa inteira, a digerem e então regurgitam o pelo e os pequenos ossos na forma de bolas compactas (Figura 20.16).

O percentual da energia consumida que é assimilada é conhecido como **eficiência de assimilação** e é calculado usando a seguinte fórmula:

$$\text{Eficiência de assimilação} = \frac{\text{energia assimilada (J)}}{\text{energia consumida (J)}}$$

A eficiência de assimilação varia bastante entre os níveis tróficos. Por exemplo, os herbívoros que se alimentam de sementes, como muitas espécies de aves e roedores, têm eficiências de assimilação que podem chegar a 80%. Por outro lado, os cavalos, que são herbívoros que se alimentam de gramíneas e vegetação lenhosa, têm eficiências de assimilação de somente 30 a 40%. Os consumidores secundários, que são predadores dos herbívoros, normalmente têm eficiências de assimilação altas, variando de 60 a 90%. Essas altas eficiências ocorrem porque os tecidos das presas consumidas, em geral, são mais facilmente digeridos do que os tecidos das plantas.

Eficiência de produção líquida

Em última instância, é preciso saber quanto da energia assimilada é convertida em crescimento e reprodução dos organismos em determinado nível trófico. O percentual de energia assimilada usado para o crescimento e a reprodução é a **eficiência líquida de produção**, que é calculada usando a seguinte equação:

$$\text{Eficiência de produção líquida} = \frac{\text{energia de produção líquida (J)}}{\text{energia assimilada (J)}}$$

Colocado de outra maneira, a eficiência de produção líquida é o percentual da energia assimilada que permanece após a respiração. Para animais homotérmicos ativos, que precisam gastar grande parte de sua energia para manter uma temperatura corporal constante, se movimentar, circular seu sangue e equilibrar seus sais, a eficiência de produção líquida pode ser tão baixa quanto 1%. Em contraste, animais pecilotérmicos sedentários, particularmente as espécies aquáticas, canalizam até 75% de sua energia assimilada para o crescimento e a reprodução.

Eficiência de assimilação Percentual de energia consumida que é assimilada.

Eficiência líquida de produção Percentual de energia assimilada usado para o crescimento e a reprodução.

A B

Figura 20.16 Energia não digerida. A. As corujas, como esta suindara (*Tyto alba*), consomem pequenos roedores, mas não digerem os pelos e os ossos. **B.** Em vez disso, as corujas regurgitam uma pelota que contém esse material não digerido. Os consumidores que comem grandes quantidades de materiais que não podem ser digeridos têm baixas eficiências de assimilação. Fotografias de (A) Frederic Desmette/Biosphoto; (B) Philippe Clement/naturepl.com.

A compreensão da eficiência de produção líquida também tem aplicações práticas. Por exemplo, produtores de criações compreendem que, se mantiverem seus animais enclausurados em altas densidades durante o inverno, eles gastarão menos de sua energia assimilada na respiração para manter uma temperatura corporal constante. Se forem mantidos aquecidos, devotarão mais de sua energia assimilada para o crescimento, e uma criação com crescimento mais rápido resultará em um lucro maior para o produtor da criação.

Eficiência ecológica

Compreendendo as três eficiências que ocorrem em cada nível trófico, pode-se explorar a eficiência da transferência de energia entre níveis tróficos adjacentes. A **eficiência ecológica**, também conhecida como **eficiência de cadeia alimentar**, é o percentual de produção líquida de um nível trófico comparado com o do nível trófico imediatamente inferior. Pode ser expressa pela seguinte fórmula:

$$\text{Eficiência ecológica} = \frac{\text{energia de produção líquida (J)}}{\text{energia de produção líquida do nível trófico imediatamente inferior (J)}}$$

Quando se consideram todas as eficiências na cadeia de eventos que começa com o consumo e termina com a produção líquida, percebe-se que cada uma representa um papel na determinação da eficiência ecológica entre os níveis tróficos. Para confirmar que isso é verdadeiro, multiplicam-se as eficiências em cada passo do processo, de modo a produzir a equação para a eficiência ecológica:

$$\text{Eficiência ecológica} = \text{energia consumida (J)} \times \text{eficiência de assimilação} \times \text{eficiência de produção líquida}$$

$$\text{Eficiência ecológica} = \frac{\text{energia consumida (J)}}{\text{energia de produção líquida do nível trófico imediatamente inferior (J)}} \times \frac{\text{energia assimilada (J)}}{\text{energia consumida (J)}} \times \frac{\text{energia de produção líquida (J)}}{\text{energia assimilada (J)}}$$

$$\text{Eficiência ecológica} = \frac{\text{energia de produção líquida (J)}}{\text{energia de produção líquida do nível trófico imediatamente inferior (J)}}$$

Como a energia é perdida em cada um desses passos, as eficiências ecológicas normalmente são bastante baixas e variam de 5 a 20%. Dado esse intervalo, os ecólogos frequentemente usam 10% como uma regra geral. Tais eficiências ecológicas baixas ajudam a entender por que cada nível trófico na pirâmide de energia se torna muito menor conforme se move dos produtores para os consumidores primários e secundários.

Uma eficiência ecológica de 10% entre níveis tróficos adjacentes significa que somente 10% da energia total presente no nível trófico do produtor será encontrada nos consumidores primários e somente 1% será encontrado nos consumidores secundários. Como se pode perceber, com uma eficiência ecológica de 10%, torna-se difícil ter cadeias alimentares longas em um ecossistema, porque não há energia suficiente para sustentar níveis tróficos superiores adicionais. A única maneira de fazer isso é aumentando a quantidade de energia absoluta no nível do produtor ou aumentando as eficiências ecológicas entre níveis tróficos adjacentes.

Uma eficiência ecológica de 10% também se aplica aos humanos e onde se alimentam ao longo da cadeia alimentar. Por exemplo, quando atuam como um consumidor primário e comem plantas, podem assimilar 10% da energia disponível para elas; contudo, quando atuam

Eficiência ecológica Percentual de produção líquida de um nível trófico comparado com o do nível trófico imediatamente inferior. Também denominada **eficiência de cadeia alimentar**.

como um consumidor secundário e consomem herbívoros, assimilam 1% da energia original que havia nelas. Como resultado, é esperado que uma dieta composta de mais plantas e menos carne aumente dramaticamente a quantidade de alimentos disponíveis para os humanos.

Eficiência ecológica e quantidade de níveis tróficos

Os ecossistemas aquáticos normalmente têm mais níveis tróficos do que os terrestres, em parte por causa das diferenças nas eficiências ecológicas. Em ecossistemas terrestres, os produtores são compostos principalmente de plantas que variam em tamanho, desde flores silvestres até árvores. Em muitas dessas plantas, uma grande fração de tecido é dedicada a impedir os herbívoros de consumi-las. Outras plantas contêm uma proporção enorme de biomassa que os herbívoros não podem consumir, como o tronco das árvores. Como resultado, há uma eficiência de consumo baixa nos ecossistemas terrestres, tal que uma grande fração da biomassa do produtor se torna detrito em última instância.

Em contraste, os ecossistemas aquáticos são compostos principalmente de algas unicelulares que contêm poucas defesas e são relativamente fáceis para os herbívoros digeri-las. Portanto, as algas proporcionam maiores eficiências de consumo e assimilação para seus herbívoros, o que leva a eficiências ecológicas mais altas. Isso significa que uma fração maior de energia do ecossistema pode se mover para cima através da cadeia alimentar e suportar níveis tróficos adicionais nos ecossistemas aquáticos em comparação com os terrestres.

Além de ter eficiências ecológicas mais altas, os ecossistemas aquáticos também contêm herbívoros que são geralmente muito pequenos, como os pequeninos zooplânctons, que consomem algas. Esses zooplânctons são consumidos por consumidores secundários, como as espécies de peixes pequenos (Figura 20.17). Estes pequenos peixes são consumidos por peixes de tamanho médio, que, por sua vez, são consumidos por peixes grandes. Como os produtores são, em sua maioria, algas unicelulares, e como cada consumidor sucessivo é somente um pouco maior do que o que consome, os ecossistemas aquáticos podem geralmente conter cinco níveis tróficos.

Figura 20.17 Ecossistemas aquáticos começam com pequenos herbívoros, os quais são consumidos por pequenos peixes, que, por sua vez, são consumidos por peixes maiores. Como resultado, os ecossistemas aquáticos podem frequentemente ter mais níveis tróficos que os terrestres. Fotografia de Picavet/Getty Images.

Pode-se contrastar isso com a situação que ocorre nos ecossistemas terrestres, nos quais os produtores são relativamente grandes, variando em tamanho de flores silvestres até grandes árvores. Além disso, muitos dos grandes herbívoros, como os veados e antílopes, são bastante grandes e podem ser consumidos somente por consumidores secundários muito grandes, como os lobos e os leões. Como os ecossistemas terrestres contêm muitos produtores e herbívoros grandes, eles têm menos probabilidade de ter um quarto e um quinto nível trófico. Em resumo, a baixa eficiência ecológica dos ecossistemas terrestres, combinada com o grande tamanho de muitos produtores e herbívoros, resulta em ecossistemas terrestres que normalmente contêm somente de três a quatro níveis tróficos.

TEMPOS DE RESIDÊNCIA

A eficiência ecológica informa a proporção da energia que se move dos produtores para os níveis tróficos superiores. Entretanto, também é preciso examinar a taxa de transmissão de energia entre os níveis tróficos, que mostra quanto tempo a energia permanece em um dado nível trófico e, portanto, quanta energia pode se acumular em determinado nível.

O período de tempo que a energia fica em um dado nível trófico pode ser definido como **tempo de residência da energia**. Ele está diretamente relacionado com a quantidade de energia que existe em um dado nível trófico: quanto maior o tempo de residência, maior o acúmulo de energia naquele nível trófico. O tempo de residência médio da energia em um nível trófico é igual à energia presente nos tecidos dos organismos dividida pela taxa na qual ela é convertida em biomassa ou produtividade líquida:

$$\text{Tempo de residência da energia (anos)} = \frac{\text{energia presente em um nível trófico (J/m}^2\text{)}}{\text{produtividade líquida (J/m}^2\text{/ano)}}$$

Se a biomassa for substituída pela energia na equação, será possível determinar o **tempo de residência da biomassa**, que é o período de tempo que a biomassa permanece em um nível trófico.

$$\text{Tempo de residência da biomassa (anos)} = \frac{\text{biomassa presente em um nível trófico (kg/m}^2\text{)}}{\text{produtividade líquida (kg/m}^2\text{/ano)}}$$

Por exemplo, as plantas nas florestas tropicais úmidas produzem matéria seca a uma taxa média de 1,8 kg/m^2/ano e têm uma biomassa viva média de 42 kg/m^2. A inserção desses valores na equação anterior fornece um tempo de residência da biomassa de 23 anos. Os tempos de residência médios para produtores primários variam de mais de 20 anos em ecossistemas de florestas até menos de 20 dias em ecossistemas aquáticos que têm como base o fitoplâncton. Esse tempo de residência muito

Tempo de residência da energia Período de tempo que a energia permanece em determinado nível trófico.

Tempo de residência da biomassa Período de tempo que a biomassa permanece em determinado nível trófico.

ANÁLISE DE DADOS EM ECOLOGIA

Como quantificar as eficiências tróficas

Os cálculos de eficiências tróficas derivam de dados coletados sobre eficiência de consumo, eficiência de assimilação, eficiência de produção líquida e eficiência ecológica.

Energia	Ecossistema terrestre	Ecossistema lacustre	Ecossistema de riacho
Produção líquida disponível no nível trófico inferior (J)	1.000	1.000	400
Energia consumida (J)	250	650	260
Energia assimilada (J)	120	450	100
Energia de produção líquida (j)	50	190	40

Essas eficiências podem ser calculadas usando os dados do ecossistema terrestre, com as fórmulas a seguir:

$$\text{Eficiência de consumo} = \frac{\text{energia consumida (J)}}{\text{energia de produção líquida do nível trófico imediatamente inferior (J)}}$$

$$\text{Eficiência de consumo} = \frac{250\ \text{J}}{1.000\ \text{J}} = 25\%$$

$$\text{Eficiência de assimilação} = \frac{\text{energia assimilada (J)}}{\text{energia consumida (J)}}$$

$$\text{Eficiência de assimilação} = \frac{120\ \text{J}}{250\ \text{J}} = 48\%$$

$$\text{Eficiência de produção líquida} = \frac{\text{energia de produção líquida (J)}}{\text{energia assimilada (J)}}$$

$$\text{Eficiência de produção líquida} = \frac{50\ \text{J}}{120\ \text{J}} = 42\%$$

$$\text{Eficiência ecológica} = \frac{\text{energia de produção líquida de um nível trófico (J)}}{\text{energia de produção líquida do nível trófico imediatamente inferior (J)}}$$

$$\text{Eficiência ecológica} = \frac{50\ \text{J}}{1.000\ \text{J}} = 5\%$$

EXERCÍCIO Use os dados dos ecossistemas de lago e de riacho para calcular as quatro eficiências diferentes para cada ecossistema. Com base nesses cálculos, por que os dois ecossistemas aquáticos têm eficiências ecológicas mais altas do que o ecossistema terrestre? Quais eficiências fazem o ecossistema de riacho ter uma energia de produção líquida mais baixa do que o ecossistema do lago?

mais curto nos ecossistemas aquáticos é a razão pela qual eles frequentemente têm pirâmides de biomassa invertidas, como a mostrada na Figura 20.15 B; a biomassa produzida pelas algas é rapidamente consumida pelo zooplâncton.

Esses tempos de residência rastreiam o movimento da energia consumida de um nível trófico para outro pelos consumidores primários, secundários e terciários, mas essas estimativas não levam em conta o tempo de residência da matéria orgânica morta que é consumida pelos carniceiros, detritívoros e decompositores. O tempo de residência na matéria orgânica morta é calculado usando uma variação da equação para tempo de residência da energia:

$$\text{Residência da matéria orgânica morta (anos)} = \frac{\text{matéria orgânica morta presente em um nível trófico (kg/m}^2\text{)}}{\text{produtividade da matéria orgânica morta (kg/m}^2\text{/ano)}}$$

Por exemplo, o tempo de residência da serapilheira de folhas mortas é de 3 meses nos ecossistemas tropicais úmidos, de 1 a 2 anos em ecossistemas tropicais secos, de 4 a 16 anos nos de floresta temperada no sudeste dos EUA e de mais de 100 anos em ecossistemas boreais e de montanhas temperadas (Figura 20.18). Como se pode ver a partir da equação anterior, essas diferenças nos tempos de residência da serapilheira são uma função da quantidade de serapilheira que cai a cada ano e do quão rapidamente a decomposição pode ocorrer.

Conforme discutido a respeito de biomas no Capítulo 6, temperaturas quentes e umidade abundante possibilitam uma decomposição rápida da serapilheira em planícies de regiões tropicais, enquanto condições mais frias e secas causam uma decomposição lenta e o acúmulo de serapilheira em ecossistemas temperados e boreais.

ESTEQUIOMETRIA

Além de obter energia, os organismos também precisam ter o equilíbrio correto de nutrientes para crescerem e se reproduzirem. Idealmente, a taxa de nutrientes de que um organismo precisa deve equivaler àquela que ele consome, mas às vezes isso é um desafio. O estudo do equilíbrio de nutrientes em interações ecológicas, tal como entre um herbívoro e uma planta, é chamado de **estequiometria ecológica**, cuja

Estequiometria ecológica Estudo do equilíbrio de nutrientes nas interações ecológicas, como entre um herbívoro e uma planta.

A B

Figura 20.18 Tempos de residência para matéria orgânica morta. A. Nas florestas tropicais, como este local na Tailândia, temperaturas quentes e alta precipitação causam uma rápida quebra na matéria orgânica morta. **B.** Em florestas temperadas, como este lugar em Ohio, as temperaturas mais frias causam uma decomposição mais lenta da matéria orgânica morta e, portanto, maior tempo de residência. Fotografias de (A) Pakorn Lopattanakij/Alamy; (B) Steve e Dave Maslowski/Getty Images.

compreensão é útil para explicar a variação nas eficiências ecológicas abordadas.

O equilíbrio de nutrientes exigidos pelas diferentes espécies depende de suas estruturas biológicas. Por exemplo, a composição do corpo de um organismo pode afetar os tipos de nutriente que ele precisa obter. As diatomáceas requerem grande quantidade de silício porque produzem conchas vitrificadas para proteção (ver Figura 2.5); por outro lado, os vertebrados exigem grandes quantidades de cálcio e fósforo para desenvolver seus ossos e escamas. As aves e os mamíferos que consomem principalmente frutas, que são itens normalmente pobres em cálcio e fósforo, frequentemente suplementam suas dietas com conchas de caracóis ou pedaços de calcário para assimilar quantidades suficientes daqueles nutrientes.

As taxas de crescimento e outros atributos da história de vida também podem influenciar a composição de nutrientes dos organismos. Por exemplo, se dois tipos de zooplâncton forem comparados, será observado que os copépodos marinhos de crescimento lento (Figura 20.19 A) têm taxas de nitrogênio por fósforo tão altas quanto 50:1, enquanto as pulgas-de-água de crescimento rápido (Figura 20.19 B) têm razões abaixo de 15:1. Elas apresentam crescimento mais rápido e têm uma razão menor porque devem manter altas concentrações de fósforo em seus tecidos para sintetizar as grandes quantidades de proteínas necessárias a um crescimento rápido.

Para compreender como a estequiometria afeta as eficiências da transferência de energia entre níveis tróficos adjacentes, considera-se novamente a pulga-de-água, que têm tecidos contendo uma razão 15:1 de nitrogênio e de fósforo. Quando a razão de nutrientes ingeridos não é equivalente à razão de nutrientes necessários, os consumidores devem processar grandes quantidades de alimento para obter o suficiente do nutriente mais limitante. Se a pulga-de-água consumiu algas que continham uma razão de nitrogênio por fósforo igual a 30:1, ela teria de consumir 2 vezes mais algas para atender suas necessidades de fósforo. Além disso, se ela consumiu algas contendo uma razão de 30:1, teria que excretar o nitrogênio em excesso. Nesse exemplo, a eficiência de assimilação de nitrogênio pela pulga-de-água diminui; portanto, a eficiência ecológica do nível trófico onde ela se encontra também diminui.

Como se pode perceber, rastrear a estequiometria ecológica ajuda a compreender por que pode haver uma eficiência ecológica baixa sempre que um produtor pobre em nutrientes é consumido por um herbívoro que exige uma dieta rica em nutrientes. Em resumo, a compreensão da estequiometria ecológica ajuda a explicar por que as eficiências ecológicas podem variar entre os níveis tróficos.

Este capítulo explorou como a energia se move pelos ecossistemas, um processo que começa com os produtores capturando energia solar e a convertendo em biomassa do produtor. A taxa de produção primária influencia a taxa de produção para os níveis tróficos superiores.

Foi visto também que a quantidade de produtividade primária difere entre os ecossistemas em todo o mundo por causa das variações de temperatura, precipitação, luz e nutrientes. A quantidade de energia que passa através dos níveis tróficos dos ecossistemas depende da eficiência de cada passo na cadeia, com todos os passos produzindo uma eficiência ecológica total entre níveis tróficos adjacentes e diferentes tempos de residência da energia, da biomassa e da matéria orgânica morta.

VERIFICAÇÃO DE CONCEITOS

1. Por que a pirâmide de energia mostra uma redução no nível de energia conforme nos movemos pelos níveis tróficos superiores?
2. Quais são os dois destinos possíveis da energia assimilada em um consumidor primário?
3. Por que a matéria orgânica se acumula em biomas frios e secos?

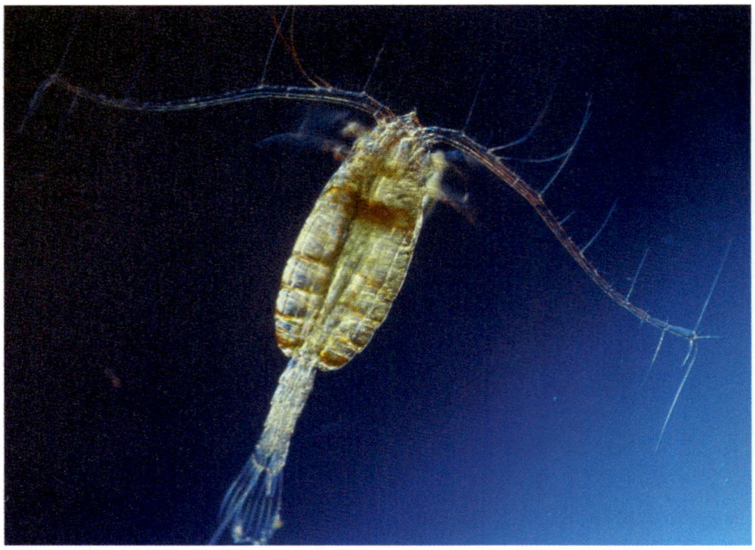

A

B

Figura 20.19 Efeitos da taxa de crescimento na estequiometria. A. Os organismos de crescimento lento, como este copépodo marinho, têm tecidos com uma alta razão de nitrogênio por fósforo, de aproximadamente 50:1. **B.** Os organismos de crescimento rápido, como esta pulga-de-água (*Daphnia magna*), exigem muito mais fósforo para que possam produzir seus ácidos nucleicos. Como resultado, seus tecidos têm uma razão mais baixa de nitrogênio por fósforo, aproximadamente de 15:1. Fotografias de (A) Peter Parks/Image Quest Marine; (B) Laguna Design/Science Source.

ECOLOGIA HOJE CORRELAÇÃO DOS CONCEITOS

Alimentação em um oceano de baleias

O oceano contém diversas espécies se alimentando em diferentes níveis tróficos, e as baleias se situam no último deles ou próximo a ele. Embora elas sejam um predador de topo, por muito tempo tem sido um desafio compreender quanto da PPL é exigido para prover a energia de que suas populações precisam. Conhecer a demanda de PPL informaria quanto de energia passa através desse nível trófico e possibilitaria estimar quanto da PPL as baleias usaram antes de a caça comercial ter causado o declínio de muitas de suas populações durante o último século. A redução na PPL consumida pelas baleias poderia permitir o consumo por outras espécies no ecossistema.

Considerando que a maioria das baleias vive em mar aberto, como é possível começar a estimar o percentual da PPL que elas consomem? Um grupo de pesquisadores decidiu enfrentar este desafio começando com informações sobre as baleias e, em seguida, dos níveis tróficos inferiores até os produtores. Primeiro, eles estabeleceram em uma área de estudo específica: a região do oceano a uma distância de 550 km da costa oeste dos EUA. Depois, estimaram quantas baleias viviam naquela área. Felizmente, estudos com transectos lineares haviam sido realizados em tal região do oceano por 15 anos, e esses transectos proporcionaram estimativas de abundância para 21 espécies de baleias, as quais incluíam golfinhos, botos, cachalotes (*Physeter macrocephalus*) e baleias jubarte (*Megaptera novaeangliae*). Os pesquisadores puderam estimar a energia total consumida anualmente por cada espécie de baleia com base no conhecimento da massa típica de um indivíduo para cada espécie de baleia e de quanta energia as baleias de diferentes tamanhos consomem, assumindo uma eficiência de assimilação de 80%.

O próximo passo foi determinar a dieta de cada espécie. Cada uma tinha uma alimentação única composta de presas e de diferentes proporções de consumidores primários, como o *krill*, e consumidores secundários, como os peixes. Com os dados existentes, os pesquisadores souberam a proporção de consumidores primários e secundários que cada espécie de baleia consumia. Eles então usaram a regra geral dos ecólogos de que cada nível trófico adjacente passa energia com uma eficiência de 10%. Com base nessa regra geral, puderam determinar quanto da PPL era exigido para produzir as presas consumidas pelas baleias.

O passo final foi determinar quanto da PPL estava disponível naquela região do oceano. Assim, eles mediram a PPL usando satélites e as técnicas de sensoriamento remoto para detectar as concentrações de clorofila. Uma vez que a PPL foi quantificada, os pesquisadores determinaram que as baleias consumiam cerca de 12% da PPL do oceano. Para fins de comparação, isso é cerca de metade da PPL exigida para sustentar as populações de peixes que são pescados comercialmente.

Baleias jubarte. Pesquisadores determinaram a quantidade de baleias que vivem na costa oeste dos EUA, como esta baleia jubarte. Quando esse número foi combinado com os dados na dieta de cada espécie e as eficiências ecológicas entre os níveis tróficos adjacentes, os pesquisadores estimaram que as baleias consomem cerca de 12% da PPL do oceano na costa oeste dos EUA. Fotografia de Masa Ushioda/ AGE fotostock.

MUDANÇA GLOBAL

O percentual de PPL consumido por esse grupo de mamíferos provavelmente vai aumentar consideravelmente nas décadas por vir. Por exemplo, durante a década de 1980 e início de 1990, muitos golfinhos foram mortos acidentalmente por operações de pesca comercial. Como essa fonte de mortalidade diminuiu nos últimos anos, espera-se um aumento no número de alguns tipos de cetáceos, como os golfinhos. Isso pode fazer com que uma proporção maior da PPL seja consumida. Além disso, como muitas das espécies grandes de baleias estão agora protegidas em todo o mundo, as populações estão crescendo. Os cientistas esperam que as populações de algumas das espécies maiores tripliquem ou quadrupliquem, o que resultará em um consumo ainda maior da PPL do ecossistema.

Um desafio atual é estimar como esse grande aumento na biomassa dos principais predadores afetará a distribuição de energia do oceano entre os níveis tróficos. Uma compreensão melhor sobre essa questão ocorreu em 2014, quando pesquisadores relataram os resultados de seus estudos sobre baleias transportando nutrientes. Por muitos anos, o paradigma tinha sido o de que as baleias consomem muita produtividade primária e, como resultado, podem estar competindo com pescadores recreativos e operações de pesca comercial. Utilizando radiotransmissores presos às baleias a fim de saber para onde elas viajam, os pesquisadores descobriram que muitas delas estão caçando seus alimentos em águas profundas e defecando quando sobem para a superfície. Como resultado, os animais estão transportando nutrientes das águas profundas para a superfície, onde o alimento egestado pode fornecer nutrientes para as algas. Os pesquisadores notaram que esta "bomba" de nutrientes das fezes das baleias pode prover um grande benefício para a teia trófica das águas superficiais e ajudar a alimentar os peixes que os humanos procuram e pescam. Conforme as populações de baleias continuam a se recuperar, esses ganhos de nutrientes egestados devem se tornar ainda mais abundantes; logo, será possível continuar aprendendo sobre o papel-chave que baleias desempenham nos ecossistemas oceânicos.

FONTES:
Barlow, J., et al. 2008. Cetacean biomass, prey consumption, and primary production requirements in the California Current ecosystem. *Marine Biology Progress Series* 371: 285–295.
Roman, J. et al. 2014. Whales as ecosystem engineers. *Frontiers in Ecology and the Environment* 12: 377–385.

RESUMO DOS OBJETIVOS DE APRENDIZAGEM

20.1 A produtividade primária fornece energia ao ecossistema. A produtividade primária é o processo de captura de energia solar ou química e conversão em ligações químicas por meio da fotossíntese ou quimiossíntese em um dado período de tempo. Pode-se distinguir entre a produtividade primária bruta, que é a quantidade total de energia assimilada, e a produtividade primária líquida, que é a energia assimilada convertida em biomassa do produtor. A produtividade primária líquida pode ser medida de diversas maneiras, como, por exemplo, medindo-se a biomassa das plantas, a assimilação e a liberação de CO_2 nos ecossistemas terrestres e a assimilação e a liberação de O_2 nos sistemas aquáticos, bem como por meio do uso de sensoriamento remoto. Por todos os ecossistemas, a quantidade de produtividade primária líquida tem uma relação positiva direta com a quantidade de produtividade secundária líquida.

Termos-chave: produtividade primária, biomassa viva (*standing crop*), produtividade primária bruta, produtividade primária líquida, sensoriamento remoto, energia egestada, energia assimilada, energia respirada, produtividade secundária líquida

20.2 A produtividade primária líquida difere entre ecossistemas. A produtividade primária líquida difere bastante entre os ecossistemas do mundo. Nos ecossistemas terrestres, seus grandes determinantes incluem a temperatura, a precipitação, o nitrogênio e o fósforo. Nos aquáticos, os grandes determinantes incluem a temperatura, a luz, o nitrogênio e o fósforo.

20.3 O movimento da energia depende da eficiência de seu fluxo. A energia dos ecossistemas existe em diferentes níveis tróficos e se move entre eles com eficiências diferentes. As pirâmides de energia mostram distribuições semelhantes entre os ecossistemas, com os produtores tendo a maior parte da energia e cada grupo trófico com menos energia. As pirâmides de biomassa apresentam uma tendência semelhante nos ecossistemas terrestres, mas são frequentemente invertidas nos aquáticos. Para compreender como a energia se move entre os níveis tróficos, pode-se calcular a eficiência de consumo, a eficiência de assimilação e a eficiência líquida de produção; todas elas podem ser multiplicadas para determinar a eficiência ecológica total de transferência de energia entre níveis tróficos adjacentes. As eficiências podem ser afetadas pela estequiometria dos tecidos do consumidor em relação à sua dieta e podem alterar o número de conexões em uma cadeia alimentar do ecossistema. As eficiências podem ainda influenciar o tempo de residência da energia e da biomassa nos ecossistemas.

Termos-chave: pirâmide trófica, pirâmide de energia, pirâmide de biomassa, eficiência de consumo, eficiência de assimilação, eficiência líquida de produção, eficiência ecológica, tempo de residência da energia, tempo de residência da biomassa, estequiometria ecológica

QUESTÕES DE RACIOCÍNIO CRÍTICO

1. Por que a eficiência de transferência de energia entre gramíneas e gazelas é bastante baixa?

2. Como você distingue a produtividade primária bruta da líquida em um ecossistema de deserto?

3. Compare e contraste a medição da produtividade primária em ecossistemas terrestres e aquáticos.

4. Compare e contraste os fatores que limitam a produtividade primária líquida em ecossistemas terrestres e aquáticos.

5. Como o sensoriamento remoto pode ser usado para rastrear mudanças na biomassa viva dos ecossistemas aquáticos em resposta ao aquecimento global?

6. Por que as eficiências de assimilação podem ser muito maiores para os herbívoros que se alimentam de sementes do que para os que se alimentam de folhas?

7. Qual é a forma provável da pirâmide de biomassa em um lago?

8. Por que esperaríamos grandes mudanças na estequiometria entre predadores e presas para alterar as eficiências de assimilação?

9. Por que os tempos de residência são muito maiores nos ecossistemas de floresta do que nos ecossistemas aquáticos que têm fitoplâncton como base?

10. Como a capacidade de suporte para os humanos na Terra poderia mudar se a população humana se alimentasse mais de produtos vegetais do que de produtos animais?

REPRESENTAÇÃO DOS DADOS | PRODUTIVIDADE PRIMÁRIA LÍQUIDA *VERSUS* TOTAL DOS ECOSSISTEMAS

A Figura 20.7 mostra estimativas da PPL para vários ecossistemas no mundo. Contudo, esses dados evidenciam somente a quantidade de produção primária por metro quadrado. Também é possível examinar a quantidade de produção primária em termos da quantidade total produzida em 1 ano entre os diferentes ecossistemas. Usando os dados de PPL e área da tabela a seguir, calcule a produção total para cada ecossistema, multiplicando a PPL pela área. Em seguida, mostre em um gráfico de barras os valores de produção total. Por fim, discuta como a PPL e as áreas dos diferentes ecossistemas afetam a produção total.

FONTE:
Dados de Whittaker, R. H.; G. E. Likens. 1973. Primary production: the biosphere and a man. *Human Ecology* 1: 357–369.

Ecossistemas terrestres	PPL (g/m²/ano)	Área (10^6 km²)	Produção total (10^{12} kg/ano)
Floresta pluvial tropical	2.000	17,0	
Floresta sazonal tropical	1.500	7,5	
Floresta pluvial temperada	1.300	5,0	
Floresta sazonal temperada	1.200	7,0	
Floresta boreal	800	12,0	
Savana	700	15,0	
Terra cultivada	650	14,0	
Bosque/arbusto	600	8,0	
Campo temperado	500	9,0	
Tundra	140	8,0	
Deserto arbustivo	70	18,0	
Ecossistemas aquáticos	**PPL (g/m²/ano)**	**Área (10^6 km²)**	**Produção total (10^{12} kg/ano)**
Pântano e charco	2.500	2,0	
Recife de coral	2.000	0,6	
Charco salgado	1.800	1,4	
Zonas de ressurgência	500	0,4	
Lago e riacho	500	2,5	
Plataforma continental	360	26,6	
Oceano aberto	125	332,0	

PPL: produtividade primária líquida.

21 Movimento dos Elementos nos Ecossistemas

Vida em uma Zona Morta

MUDANÇA GLOBAL

A cada verão, conforme o rio Mississippi deságua no Golfo do México, desenvolve-se uma área onde os animais não conseguem sobreviver. Embora os peixes, os lagostins e os caranguejos continuem abundantes em outras partes do Golfo, a floração de alga do verão nessa área a torna inabitável. Em muitos casos, as populações de algas em rápido crescimento contêm pigmentos verdes que fazem a água ficar verde; quando as algas contêm pigmentos vermelhos, a floração é chamada de maré vermelha.

As florações de algas podem ter efeitos diretos e indiretos sobre os organismos aquáticos. Um efeito direto ocorre quando as espécies de algas ou cianobactérias que se multiplicam produzem toxinas. Em altas densidades de algas, essas toxinas podem alcançar concentrações que impedem a sobrevivência, o crescimento e a reprodução de outras espécies que vivem na área. Um exemplo que se destaca aconteceu no Lago Erie em 2014, quando uma enorme quantidade de algas cresceu na baía perto de Toledo, Ohio. A água ficou tão verde que parecia sopa de ervilha, e as algas produziram concentrações tão altas de toxinas que a cidade de Toledo teve de desligar as válvulas de entrada de água do lago por vários dias, para prevenir que a água fizesse algum mal à sua população de quase 500.000 pessoas. Em resposta, a Guarda Nacional de Ohio precisou de carros-pipa de água potável para a cidade, e muitas empresas e restaurantes tiveram de fechar.

Um efeito indireto das florações de algas, também conhecidas como fitoplâncton, ocorre depois de elas se multiplicarem e morrerem. Enquanto algas vivas produzem oxigênio durante a fotossíntese, o zooplâncton e as bactérias que consomem as enormes biomassas das algas mortas podem usar grandes quantidades de oxigênio. Isso leva a uma drástica redução no oxigênio da água, fazendo com que muitos dos animais na água morram pela falta dele. Os ecossistemas aquáticos que sofrem florações de algas e mortes maciças de animais são chamados de zonas mortas.

O que causa as grandes florações de algas? Os pesquisadores descobriram que muitos rios carregam grandes quantidades de nutrientes como nitrogênio e fósforo, que se originam de fertilizantes que escoam de campos e plantações quando chove. Esse escoamento superficial de água entra nos rios e riachos que se unem antes de desaguarem no oceano. Outras fontes de nutrientes incluem águas de rejeito com diversos componentes, incluindo detergentes que contêm fósforos e esgoto que é liberado de sistemas de tratamento, quando estes transbordam devido a eventos de chuvas muito fortes. Os nutrientes que os rios despejam no oceano viabilizam um rápido crescimento das algas, o que causa a floração.

> **"A zona morta resultante no Golfo do México pode cobrir mais de 22.000 km^2 durante o verão – uma área do tamanho do estado de Nova Jersey."**

O rio Mississipi escoa 41% do território continental dos EUA e, assim, carreia nutrientes de uma área muito grande. A zona morta resultante no Golfo do México pode cobrir mais de 22.000 km^2 durante o verão – uma área do tamanho do estado de Nova Jersey. Conforme o outono se aproxima, menos nutrientes entram no rio Mississipi, e as temperaturas no Golfo do México se tornam mais frias, condições que tornam mais difícil para as populações de algas se desenvolverem. Como resultado, a zona morta desaparece a cada inverno.

As atividades humanas são as responsáveis pela maioria das zonas mortas, embora algumas tenham causas naturais. A abundância de zonas mortas em todo o mundo está crescendo rapidamente. Na década de 1910, só se conheciam quatro delas, mas esse número aumentou para 49 na década de 1960 e para 87 na década de 1980. A quantidade aumentou para 305 em 1995 e para 405 por volta de 2008, a data mais recente para a qual

Efeitos de uma zona morta sobre as populações de peixes. Como as algas que se multiplicam exacerbadamente morrerão no final, a decomposição consome praticamente todo o oxigênio da água. Esses peixes morreram por causa de uma zona morta que ocorreu no Lago Trafford, na Flórida. Fotografia de Michele e Tom Grimm/Alamy.

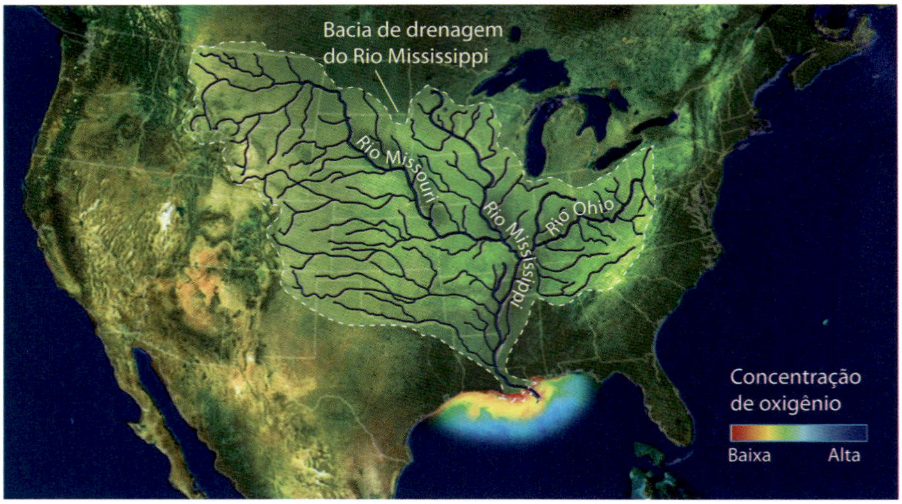

Zona morta na foz do Rio Mississippi. O rio Mississippi drena 41% dos EUA continentais e carreia nutrientes provenientes de fertilizantes lixiviados dos jardins de residências e de campos cultivados, além de rejeitos das comunidades localizadas por toda a região. Esses nutrientes facilitam o crescimento rápido das algas, que, em última instância, criam uma zona morta, como se pode ver na foz do rio. Zona morta segundo o NOAA.

existe uma estimativa. Uma grande zona morta é encontrada na Baía de Chesapeake, na costa leste da América do Norte, onde até 40% da região pode se tornar *hipóxica*, o que significa que a água tem pouco oxigênio. De maneira similar, o fundo do Lago Erie torna-se hipóxico a cada verão. Em todo o mundo, zonas mortas cobrem uma área total de mais de 205.000 km^2.

A existência de zonas mortas ilustra por que é preciso compreender como os nutrientes – incluindo a água, o nitrogênio e o fósforo – se movem dentro e entre os ecossistemas e o importante papel que a decomposição representa na reciclagem desses nutrientes. Este capítulo examina o movimento dos nutrientes e como eles se regeneram nos ecossistemas terrestres e aquáticos.

FONTES:
Diaz R. J.; R. Rosenberg. 2008. Spreading dead zones and consequences for marine ecosystems. *Science* 321: 926–929.
Neuhaus, L. 2016. A menace afloat. *New York Times*, July19.
Rabalais, N. N., et al. 2002. Gulf of Mexico hypoxia, a.k.a. The dead zone. *Annual Review of Ecology and Systematics* 33: 235–263.

OBJETIVOS DE APRENDIZAGEM

Após a leitura deste capítulo, você deverá ser capaz de:

21.1 Descrever como o ciclo hidrológico movimenta muitos elementos pelos ecossistemas.

21.2 Explicar por que o ciclo do carbono é estreitamente ligado ao movimento da energia.

21.3 Ilustrar os modos pelos quais o nitrogênio cicla pelos ecossistemas, assumindo várias formas diferentes.

21.4 Descrever como o ciclo do fósforo se move entre terra e água.

21.5 Explicar por que a maioria dos nutrientes se regenera no solo em ecossistemas terrestres.

21.6 Ilustrar por que a maioria dos nutrientes se regenera nos sedimentos de ecossistemas aquáticos.

Ao contrário da energia, que se move pelos ecossistemas, os elementos como hidrogênio, oxigênio, carbono, nitrogênio e fósforo circulam entre os componentes bióticos e abióticos dos ecossistemas, movimento que é afetado por processos químicos, físicos e biológicos. Para compreender o movimento desses elementos, que se apresentam sob diversas formas químicas, é útil pensar em diferentes compartimentos nos quais um dado elemento se encontra, bem como nos diferentes processos que são responsáveis pelo transporte de um elemento de um compartimento para o outro. Por exemplo, dois compartimentos importantes para o carbono são o CO_2 que existe na atmosfera e a biomassa dos produtores, que usam o carbono para construir seus tecidos. Nesse caso, o processo que faz o carbono se transferir da atmosfera para os produtores é a fotossíntese.

Os organismos contêm grandes quantidades de hidrogênio, oxigênio e carbono; contudo, como se nota no Capítulo 2, eles também precisam de sete grandes nutrientes: nitrogênio, fósforo, enxofre, potássio, cálcio, magnésio e ferro. Alguns elementos são necessários em quantidades muito menores, como silício, manganês e zinco.

Este capítulo examina os ciclos biogeoquímicos de alguns dos principais elementos na Terra, observando as interações dos processos biológicos, geológicos e químicos. Também explora como as atividades humanas estão atualmente alterando esses ciclos, de modo a terem extensos efeitos nos ecossistemas.

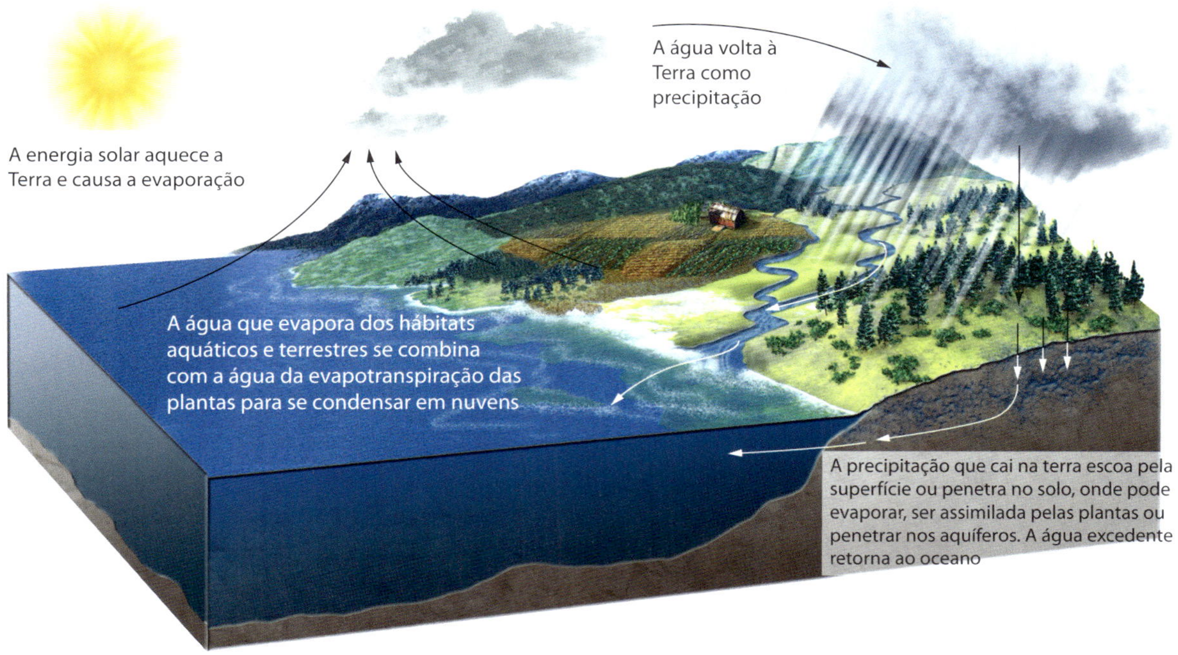

Figura 21.1 Ciclo hidrológico. O movimento da água é determinado pela energia do Sol, o que causa a evaporação a partir do solo e de corpos de água, e a evapotranspiração das plantas. A água que evapora se condensa em nuvens, que eventualmente a devolvem para a Terra na forma de precipitação. A água da precipitação escoa superficialmente na terra ou se infiltra no solo, e o escoamento flui ao longo da superfície até entrar em riachos e rios. A água no solo é assimilada pelas plantas ou entra no lençol freático. Finalmente, o excesso retorna ao oceano.

21.1 O ciclo hidrológico transporta muitos elementos pelos ecossistemas

Ao longo do capítulo anterior, viu-se que a água desempenha um papel essencial em todos os níveis de estudo ecológico. No Capítulo 2, discutiu-se como ela é um composto-chave, envolvido em muitas transformações químicas que acontecem nos componentes vivos e não vivos dos ecossistemas. No Capítulo 5, foram investigados os processos que determinam os climas globais, incluindo os padrões de precipitação, e no Capítulo 6, foram discutidos os diversos tipos de biomas aquáticos.

Este capítulo começa rastreando o movimento da água através dos ecossistemas. Quando for compreendido como a água se move pelos ecossistemas, será investigado o papel que ela desempenha conforme transporta elementos pelos ecossistemas.

CICLO HIDROLÓGICO

O movimento da água pelos ecossistemas e pela atmosfera, conhecido como **ciclo hidrológico**, é determinado em larga escala pela evaporação, pela transpiração e pela precipitação. O maior compartimento de água da Terra, cerca de 97% do total, está nos oceanos, e a quantidade remanescente encontra-se nos lagos, riachos, rios, alagados, aquíferos subterrâneos e no solo.

Ciclo hidrológico Movimento da água pelos ecossistemas e pela atmosfera.

O ciclo hidrológico é ilustrado na Figura 21.1. A evaporação da água ocorre nos corpos de água, no solo e nas plantas que sofrem evapotranspiração, o que foi discutido no Capítulo 5. O Sol proporciona a energia para o processo da evaporação e evapotranspiração, que transforma a água líquida em um gás na forma de vapor. Contudo, há um limite para a quantidade de vapor de água que a atmosfera pode conter. Como a água continua a evaporar, o vapor na atmosfera se condensa em nuvens, que, por fim, causa precipitação na forma de chuva, granizo, neve misturada à chuva ou simplesmente neve.

Quando a precipitação cai da atmosfera, ela pode tomar diversos caminhos: parte cai diretamente sobre a superfície dos ecossistemas aquáticos, e o resto, sobre os terrestres. A água que cai nos ecossistemas terrestres pode viajar ao longo da superfície do solo ou pode se infiltrar nele, onde é absorvida pelas plantas ou se move mais para o fundo e se torna parte das águas subterrâneas. O escoamento superficial e parte das águas subterrâneas, em algum momento, encontrarão seu caminho de volta para os corpos de água, completando o ciclo.

A taxa de evaporação deve equilibrar-se com a taxa de precipitação, ou a água continuaria a se acumular de maneira contínua em uma parte do ciclo. No entanto, quando se considera o ciclo hidrológico em escala global, descobre-se que a precipitação excede a evaporação nos ecossistemas terrestres, enquanto a evaporação excede a precipitação nos ecossistemas aquáticos. Para ajudar a manter um equilíbrio global, a água em excesso que evapora dos ecossistemas aquáticos é transportada pela atmosfera e cai sobre os ecossistemas terrestres. Ao mesmo tempo, a água excedente que cai nos ecossistemas terrestres é transportada na forma de escoamento e águas subterrâneas para os ecossistemas aquáticos.

IMPACTOS HUMANOS NO CICLO HIDROLÓGICO

MUDANÇA GLOBAL

A água circula pela biosfera da Terra sem ganho ou perda líquida a longo prazo; portanto, qualquer mudança em uma parte do seu ciclo influencia as outras partes. Por exemplo, em extensas áreas desenvolvidas, os materiais de construção como telhados e estacionamentos pavimentados são impermeáveis à infiltração da água. A quantidade de água que pode percolar no solo é significativamente reduzida, e percebe-se um aumento no escoamento superficial. Menos água fica disponível para se infiltrar no solo para as plantas, de modo a ser usada ou a restaurar aquíferos que muitas pessoas utilizam para beber. Um aumento no escoamento superficial também intensifica a erosão do solo.

Um efeito similar ocorre quando se reduz a quantidade de biomassa vegetal em um ecossistema terrestre, como ocorre durante um desmatamento. Onde há menos árvores e outras plantas, muito menos precipitação é assimilada pelas raízes das plantas e, subsequentemente, liberada para a atmosfera pela evapotranspiração. Consequentemente, a quantidade de escoamento superficial aumenta, o que causa intensa erosão do solo e inundações (Figura 21.2).

Finalmente, quando se bombeia a água do subsolo para irrigação ou uso doméstico, às vezes a quantidade dos aquíferos é reduzida em uma taxa além de sua capacidade de recuperação. Por exemplo, nas Grandes Planícies dos EUA, um grande aquífero conhecido como aquífero Ogallala se estende da Dakota do Sul até o Texas (Figura 21.3). Esse aquífero supre cerca de 30% de toda a água usada para irrigação nos EUA e fornece água potável para 82% das pessoas que vivem na região. No entanto, a extração dessa água tem excedido sua taxa de reposição, e os cientistas estão preocupados com o fato de que esse suprimento essencial de água para indústria, uso doméstico e irrigação possa esgotar-se em algum momento ao longo deste século.

Os humanos também alteram o ciclo hidrológico com atividades que contribuem para o aquecimento global. Os cientistas acreditam que, conforme as temperaturas do ar e da água aumentem, haja uma elevação da taxa de evaporação da água. Esse acréscimo faz a água se mover pelo ciclo hidrológico de maneira mais rápida, potencialmente levando a um aumento na intensidade de chuva e nevascas em diversas partes do mundo.

VERIFICAÇÃO DE CONCEITOS

1. Quais são os caminhos que a água pode seguir quando a precipitação cai em ecossistemas terrestres?
2. Como um aumento na construção de prédios e estacionamentos impermeáveis à água afeta o ciclo hidrológico?
3. Como a remoção de árvores afeta o ciclo hidrológico?

Figura 21.2 Alteração do ciclo hidrológico. Quando as florestas são derrubadas, como neste local no Haiti, menos raízes de plantas estão disponíveis para segurar o solo, que absorve menos água da chuva. Essas mudanças causam um aumento do escoamento superficial da água, inundações mais severas e grandes quantidades de erosão do solo. Fotografia de REUTERS/Daniel Morel.

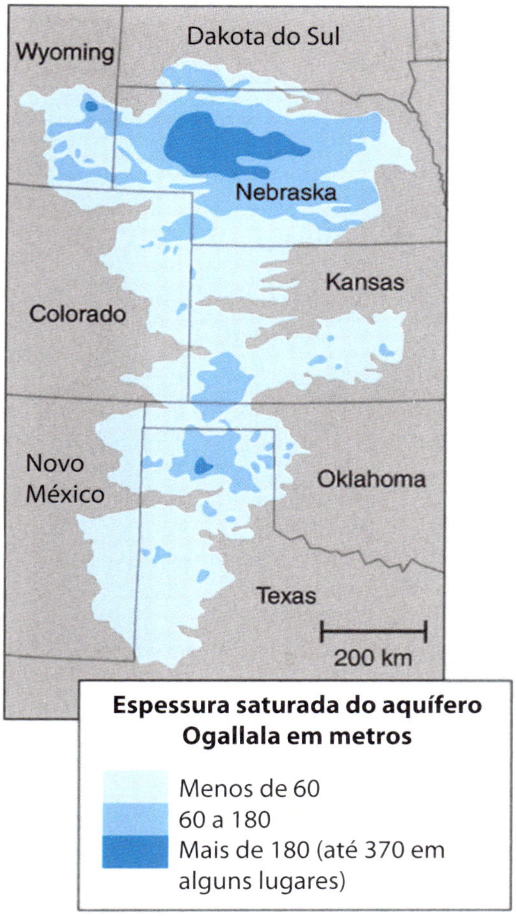

Figura 21.3 Aquífero de Ogallala. Maior recurso de água subterrânea dos EUA. Dados de U.S. Geological Survey, Departamento do Interior.

21.2 O ciclo do carbono está estreitamente ligado ao movimento da energia

Como todos os organismos são compostos por carbono, a maior parte do seu movimento nos ecossistemas segue as mesmas trajetórias do movimento da energia. Esta seção considera os muitos compartimentos e processos que estão envolvidos no ciclo do carbono, examinando como as atividades humanas o têm alterado.

CICLO DO CARBONO

Para compreender como funciona o ciclo do carbono (Figura 21.4), é preciso considerar seis tipos de transformações: fotossíntese, respiração, sedimentação e soterramento, troca, extração e combustão.

Começamos nosso estudo com os processos da fotossíntese e da respiração. Como discutimos nos capítulos anteriores, os produtores usam a fotossíntese nos ecossistemas terrestres e aquáticos para retirar o CO_2 do ar e da água e convertê-lo em carboidratos. Esses carboidratos são usados para fazer outros compostos, incluindo as proteínas e as gorduras. O carbono que está nos produtores pode então ser transferido para os consumidores, carniceiros, detritívoros e decompositores. Todos esses grupos tróficos respiram e assim liberam o CO_2 de volta para o ar ou para a água.

Em alguns hábitats, como sedimentos encharcados de pântanos ou alagados, o oxigênio não está disponível para servir como um receptor terminal de elétron para a respiração. Sob essas condições anaeróbicas, algumas espécies de arqueas usam compostos de carbono para receber os elétrons; umas, por exemplo, usam o metanol (CH_3OH) durante a respiração para produzir CO_2 na seguinte reação:

$$4\ CH_3OH \rightarrow CO_2 + 2\ H_2O + 3\ CH_4$$

Como se pode ver, os produtos são CO_2, água e metano. Este último, que é liberado dos pântanos durante a respiração anaeróbica, é conhecido como gás de pântano. A produção de metano por meio do processo da respiração anaeróbica é uma preocupação crescente porque ele é um gás do efeito estufa, e uma molécula sua é 72 vezes mais eficaz em absorver a radiação infravermelha de volta para a Terra do que a molécula de CO_2.

O CO_2 é também trocado entre os ecossistemas aquáticos e a atmosfera, como mostrado na Figura 21.4. Isso ocorre em ambas as direções com magnitude similar, o que significa que há pouca transferência líquida ao longo do tempo. Como discutido no Capítulo 2, quando o CO_2 se difunde da atmosfera para o oceano, parte dele é usada pelas plantas e algas para a fotossíntese e parte é convertida em carbonato (CO_3^{2-}) e íons bicarbonato (HCO_3^-). Os íons carbonato podem então se combinar com o cálcio na água para formar carbonato de cálcio ($CaCO_3$). O carbonato de cálcio tem baixa solubilidade na água e, assim, deixa a coluna de água por precipitação e se torna parte dos sedimentos no fundo do oceano. Ao longo de milhões de anos, os sedimentos de carbonato de cálcio que se acumulam no fundo dos mares, juntamente com os esqueletos de carbonato de cálcio de pequeninos organismos marinhos, podem tornar-se fontes enormes de carbono na forma de rochas, conhecidas como dolomita e calcário. Os humanos mineram a dolomita e o calcário na fabricação de concreto e de fertilizantes, bem como em inúmeros outros processos industriais.

O carbono pode também ser enterrado como matéria orgânica antes de ser completamente decomposto. Ao longo de milhões de anos, parte dessa matéria orgânica é convertida em combustíveis fósseis, como petróleo, gás e carvão. A taxa de soterramento do carbono é lenta e compensada pela taxa de carbono liberada para a atmosfera pelo intemperismo de rochas de calcário e por erupções vulcânicas. Como o processo de sedimentação e soterramento pode manter o carbono armazenado por milhões de anos, ele se move através desses compartimentos de modo muito lento.

IMPACTOS HUMANOS NO CICLO DO CARBONO

MUDANÇA GLOBAL

Uma vez compreendidos os compartimentos e processos no ciclo do carbono, pode-se investigar como as atividades humanas o têm alterado. Um dos principais modos pelos quais humanos têm alterado o ciclo do carbono é pela extração e queima de combustíveis fósseis. Durante os últimos dois séculos, isso tem acontecido a uma taxa progressivamente crescente para atender as crescentes demandas de energia. As queimadas, outro tipo de queima ocasionada por humanos, são realizadas com a finalidade de preparar a terra para a agricultura.

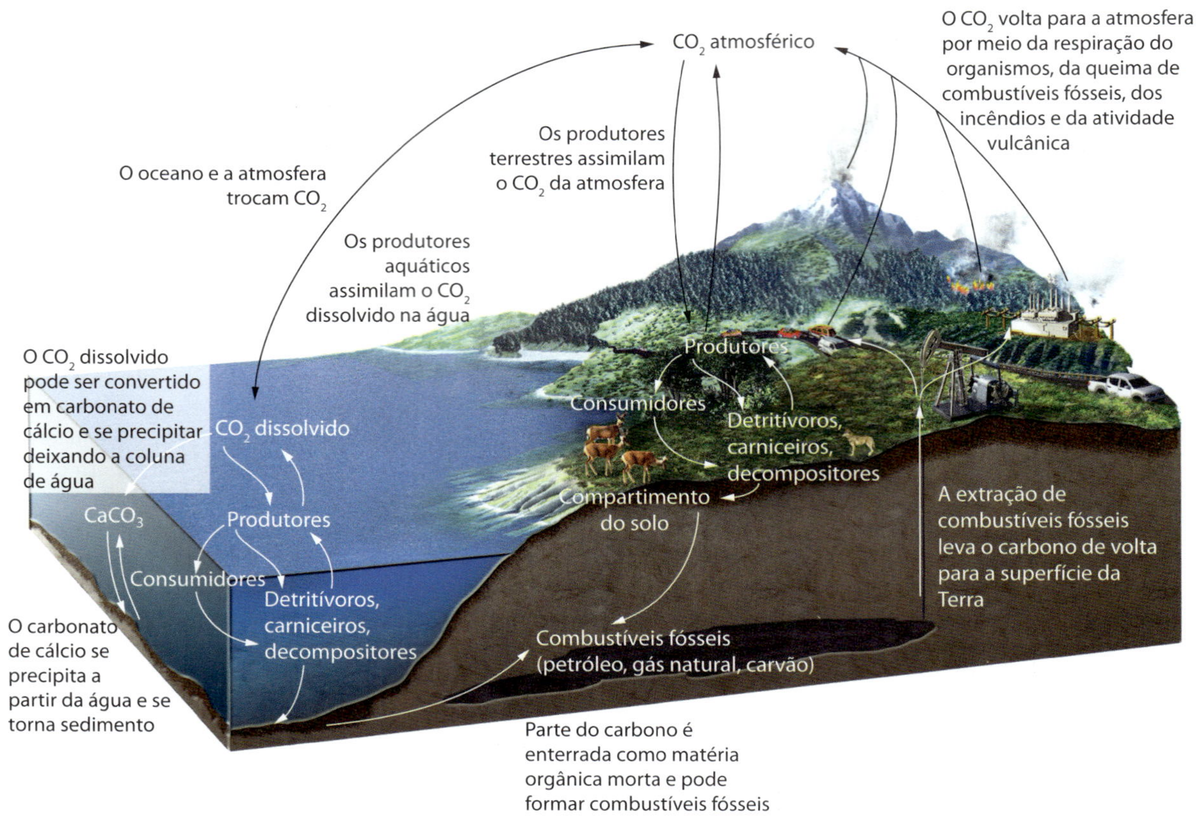

Figura 21.4 Ciclo do carbono. No ciclo do carbono, os produtores assimilam o CO_2 da atmosfera e da água e transferem o carbono assimilado para os consumidores, detritívoros, carniceiros e decompositores. Esses organismos devolvem o CO_2 para a atmosfera e os oceanos por meio da respiração. Em um ecossistema, o CO_2 é trocado entre a atmosfera e o oceano e entre o oceano e os sedimentos. O carbono que foi armazenado no subsolo por longos períodos se transforma em combustíveis fósseis, que podem ser extraídos. O CO_2 é devolvido para a atmosfera por meio da queima de combustíveis fósseis, das queimadas nos ecossistemas terrestres e da atividade vulcânica.

No Capítulo 4, discutiu-se o recente aumento no CO_2 atmosférico visto nas medidas feitas no cume do Mauna Loa, na ilha de Havaí. Essas aferições vêm documentando um aumento no CO_2 de 316 ppm, em 1958, para mais de 405 ppm em 2017 – um aumento de 28% em apenas 59 anos. Embora essas medidas no Mauna Loa tenham começado somente em 1958, as atividades humanas têm afetado as concentrações de CO_2 na atmosfera por muito mais tempo. Assim, para medir essas concentrações de centenas de milhares de anos atrás, os pesquisadores viajaram para algumas das partes mais frias da Terra. Em locais como a Groenlândia e a Antártida, a precipitação da neve lentamente se comprime em gelo com pequeninas bolhas de ar aprisionadas dentro dele. Como elas representam pequeninas amostras de ar de milhares de anos atrás, podem revelar as condições do clima em um passado distante. A cada ano, mais gelo é formado pela adição de uma nova camada; assim, as camadas da superfície contêm o gelo mais recente, e as mais profundas, o mais antigo. Para amostrar o ar aprisionado no gelo, os pesquisadores o perfuram e extraem longos cilindros, conhecidos como núcleos de gelo (Figura 21.5).

Núcleos de gelo representam o gelo que foi formado há muito tempo, cerca de 500 mil anos atrás. Após determinar a idade das diferentes camadas de núcleo de gelo, os pesquisadores derretem cada uma, o que possibilita a liberação das bolhas de ar aprisionadas; assim, a concentração de CO_2 pode ser medida. A Figura 21.6 mostra alguns dos dados provenientes desses núcleos de gelo. Como se pode ver, as concentrações de CO_2 na atmosfera durante os últimos 400 mil anos têm variado bastante, de cerca de 180 para 300 ppm. No entanto, desde 1800, conforme os humanos têm queimado cada vez mais combustíveis fósseis, as concentrações de CO_2 têm aumentado exponencialmente até o valor atual de 405 ppm. Isso significa que a concentração atual de CO_2 na atmosfera terrestre é 35% mais alta do que as maiores concentrações que já existiram durante os últimos 400 mil anos.

O aumento no CO_2 atmosférico é de grande importância para os humanos, porque ele é um gás do efeito estufa que absorve a radiação infravermelha e irradia parte dela de volta para a Terra. Ter CO_2 na atmosfera ajuda a manter o planeta aquecido, mas uma quantidade excessiva de CO_2 e outros gases do efeito estufa faz com que a Terra se torne muito mais quente do que foi por muito tempo. Sabe-se que sua temperatura média é agora 0,8°C mais quente do que era quando as primeiras medidas de temperatura foram tomadas, na década de 1880. Embora um aumento médio de 0,8°C possa não parecer muito, foram descobertas algumas mudanças drásticas em lugares específicos. Algumas regiões, como partes da

Figura 21.5 Núcleos de gelo. Pesquisadores da Grã-Bretanha perfuram até o profundo gelo antigo para coletar núcleos de gelo que foram criados em camadas nos últimos 500 mil anos. Fotografia de British Antarctic Survey/Science Source.

Antártida, têm apresentado temperaturas mais frias, enquanto outras, como as altas latitudes do Alasca, o Canadá e a Rússia, estão 4°C mais quentes do que estavam há um século.

Essas regiões de alta latitude contêm grandes depósitos de turfa congelada, que é uma mistura de musgo esfagno morto e outras plantas. As turfas descongelam e se decompõem mais facilmente com temperaturas mais altas. Como elas se decompõem também sob condições anaeróbicas, a decomposição produz metano, que é um gás do efeito estufa. Isso significa que a elevação nas temperaturas devido ao aumento do CO_2 atmosférico causa a liberação de gases do efeito estufa adicionais provenientes da decomposição da turfa, o que agrava o problema.

Os aumentos da temperatura podem ter numerosos efeitos por todo o mundo, tais como redução do tamanho das calotas polares (ver Capítulo 5), alteração no tamanho do período das estações de crescimento das plantas e mudança na cronologia das histórias de vida das plantas e dos animais. Muito mais sobre o aquecimento global será abordado na discussão sobre a conservação global da biodiversidade, no Capítulo 23.

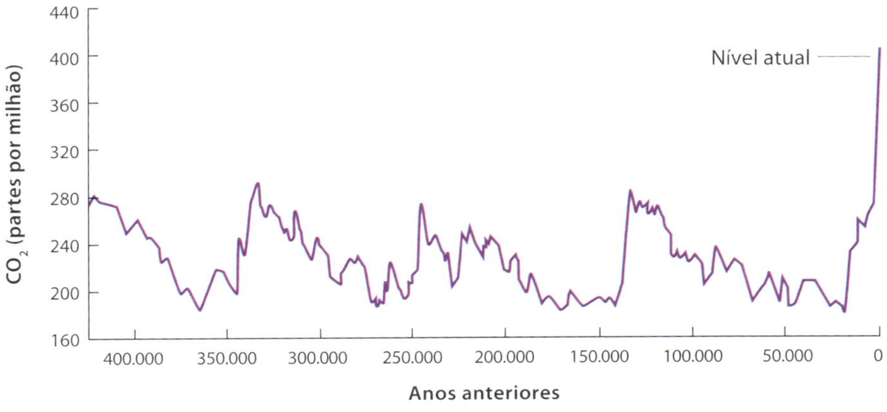

Figura 21.6 Concentrações atmosféricas de CO_2 ao longo do tempo. Por meio de medidas obtidas das bolhas de ar dos núcleos de gelo e, nos tempos modernos, medidas diretas, os pesquisadores documentaram que, ao longo de mais de 400 mil anos, as concentrações de CO_2 nunca excederam 300 ppm. Durante os últimos 200 anos, a concentração de CO_2 na atmosfera aumentou rapidamente e agora é maior que 400 ppm. Dados de http://climate.nasa.gov/evidence.

VERIFICAÇÃO DE CONCEITOS

1. Que forma de carbono é produzida durante a respiração anaeróbica?
2. Que forma de carbono se precipita a partir da água?
3. Como o aumento da queima de fontes de carbono ao longo dos dois últimos séculos tem contribuído para o aquecimento global?

21.3 O nitrogênio cicla pelos ecossistemas de muitas maneiras diferentes

O nitrogênio é um componente importante dos aminoácidos, que são os blocos de construção das proteínas, e dos ácidos nucleicos, onde estão os blocos de construção de ácido desoxirribonucleico (DNA). Ele existe em muitas formas diferentes e apresenta um conjunto complexo de vias. Esta seção explora a ciclagem do nitrogênio e as maneiras pelas quais as atividades humanas têm alterado o ciclo de nitrogênio.

CICLO DO NITROGÊNIO

Um grande compartimento de gás nitrogênio (N_2) existe na atmosfera, constituindo 78% de todos os gases atmosféricos. Ele se move por meio de cinco grandes transformações, mostradas na Figura 21.7: *fixação do nitrogênio, nitrificação, assimilação, mineralização* e *desnitrificação*.

Fixação do nitrogênio

O processo de converter o nitrogênio atmosférico em formas que os produtores podem usar é conhecido como **fixação do nitrogênio**. Essa fixação converte o gás em amônia (NH_3), que é rapidamente convertida em amônio (NH_4^+) ou nitrato (NO_3^-). O composto formado varia dependendo se a fixação do nitrogênio ocorre por organismos, por raios ou pela produção industrial de fertilizantes.

Como discutido nos capítulos anteriores, alguns organismos são capazes de converter o gás nitrogênio em amônia. A fixação do nitrogênio ocorre em algumas espécies de cianobactérias, de bactérias de vida livre, como a *Azotobacter*, e em bactérias mutualistas, como a *Rhizobium*, que vive em nódulos radiculares de algumas leguminosas e outras plantas (ver Figura 17.4, no Capítulo 17). A fixação do nitrogênio é uma fonte importante do nitrogênio necessário, especialmente em plantas de sucessão inicial que colonizam hábitats com pouca

Fixação do nitrogênio Processo de conversão do nitrogênio atmosférico em formas que os produtores podem utilizar.

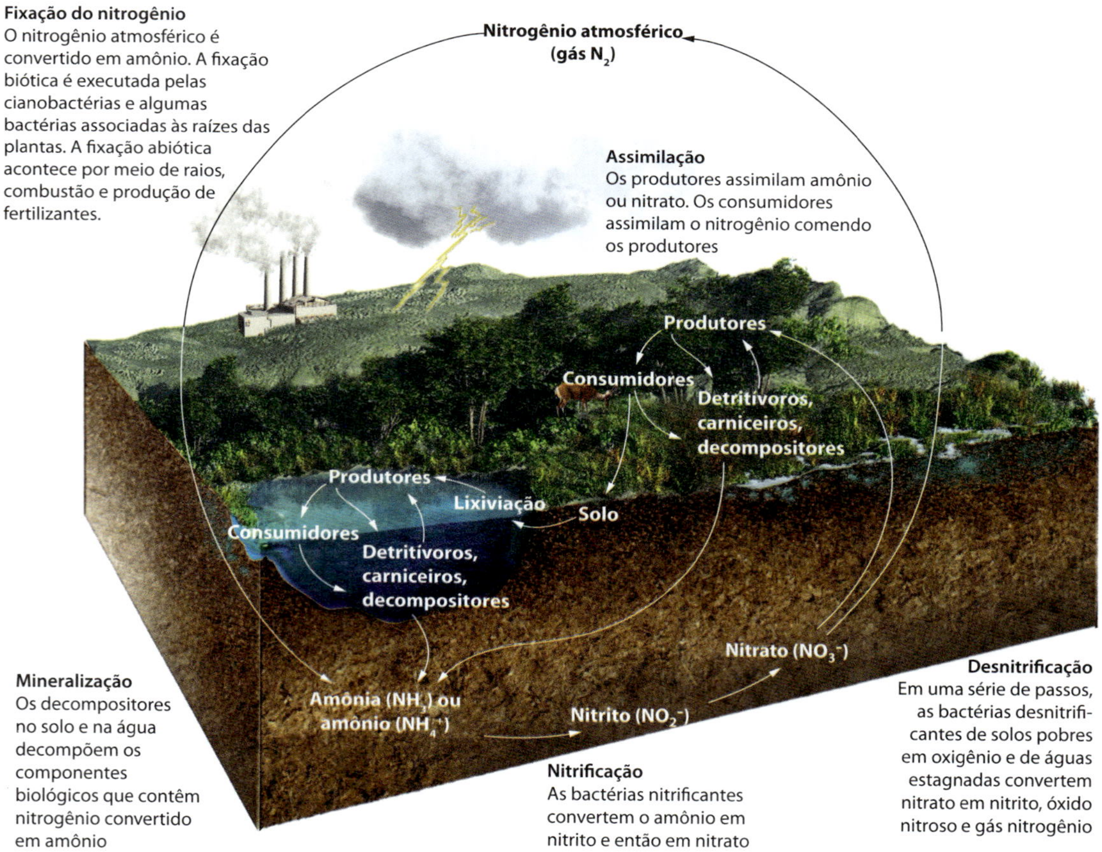

Figura 21.7 Ciclo do nitrogênio. O ciclo do nitrogênio começa com o gás nitrogênio na atmosfera, e seu processo de fixação o converte em uma forma que os produtores podem utilizar. O nitrogênio fixado pode então ser assimilado pelos produtores e consumidores; em última instância, ele se decompõe em amônio pelo processo da mineralização. O amônio pode ser convertido em nitrito e então em nitrato pelo processo de nitrificação. Sob condições anaeróbicas, o nitrato pode ser convertido em gás nitrogênio por meio do processo de desnitrificação.

disponibilidade desse gás. O processo, porém, exige uma quantidade relativamente grande de energia, que os organismos fixadores de nitrogênio obtêm metabolizando a matéria orgânica do ambiente ou adquirindo carboidratos de um parceiro mutualista.

Como se pode ver na Figura 21.7, a fixação do nitrogênio também pode ocorrer por meio de processos abióticos. Por exemplo, os raios proporcionam uma grande quantidade de energia que pode converter o gás em nitrato na atmosfera. De maneira semelhante, a combustão que ocorre durante incêndios florestais ou quando combustíveis são queimados também produz nitratos. Em ambos os casos, os nitratos, que ficam em suspensão no ar após a combustão, caem no solo com a precipitação.

A produção industrial de fertilizantes que aumentam a produtividade das plantações converte o gás nitrogênio em amônia ou nitratos. Como toda fixação do gás, esse processo demanda uma grande quantidade de energia e é alimentado, em sua maior parte, pela queima de combustíveis fósseis. A fabricação de fertilizantes de nitrogênio se transformou em um empreendimento comercial tão grande que a fixação conduzida pelos humanos agora excede a fixação de nitrogênio que ocorre em todos os processos naturais.

Nitrificação

Outro processo no ciclo do nitrogênio é a **nitrificação**, que converte o amônio em nitrito (NO_2^-) e este em nitrato (NO_3^-):

$$NH_4^+ \rightarrow NO_2^- \rightarrow NO_3^-$$

Essas conversões liberam boa parte da energia potencial que está contida no amônio. Cada passo é executado por bactérias especializadas e arqueas na presença de oxigênio. A conversão de amônio em nitritos nos ecossistemas terrestres e aquáticos é feita pelas bactérias *Nitrosomonas* e *Nitrosococcus*, enquanto a conversão de nitritos em nitratos é realizada pelas bactérias *Nitrobacter* e *Nitrococcus*. Embora os nitritos não sejam um nutriente importante para produtores, as plantas podem assimilá-los e utilizá-los.

Assimilação e mineralização

Os produtores podem assimilar o nitrogênio do solo ou da água como amônio ou nitratos. Uma vez assimilado, o nitrogênio é incorporado nos tecidos dos produtores, em um processo conhecido como assimilação, que foi descrito no Capítulo 20. Quando os consumidores primários ingerem os produtores, eles podem assimilar o nitrogênio destes ou excretá-lo como rejeito. O mesmo processo ocorre novamente com os consumidores secundários. O rejeito animal e a biomassa dos produtores e dos consumidores, que em última instância morrem, são decompostos pelos carniceiros, detritívoros e decompositores. Os fungos e bactérias decompositores decompõem os compostos de nitrogênio biológico em amônia. O processo de decomposição dos compostos orgânicos em inorgânicos é conhecido como **mineralização**.

Nitrificação Processo final no ciclo de nitrogênio no qual o amônio (NH_4^+) ou a amônia (NH_3) são convertidos em nitrito (NO_2^-) e depois em nitrato (NO_3^-).

Mineralização Processo de decompor compostos orgânicos em inorgânicos.

Desnitrificação

Como os nitratos produzidos pela nitrificação são bastante solúveis em água, eles são prontamente lixiviados dos solos para vias aquáticas, estabelecendo-se nos sedimentos dos alagados, rios, lagos e oceanos. Esses sedimentos são normalmente anaeróbicos. Sob condições anaeróbicas, os nitratos podem ser transformados de volta em nitritos, que são então transformados em óxido nítrico (NO):

$$NO_3^- \rightarrow NO_2^- \rightarrow NO$$

Essa reação é realizada por bactérias como a *Pseudomonas denitrificans*. Reações químicas adicionais sob condições anaeróbicas nos solos e na água subsequentemente convertem o óxido nítrico em gás nitrogênio, completando o ciclo:

$$NO \rightarrow N_2O \rightarrow N_2$$

O processo de converter nitratos em gás nitrogênio é conhecido como **desnitrificação**.

A desnitrificação é necessária para decompor a matéria orgânica em solos e sedimentos sem de oxigênio. Contudo, como se pode ver na reação anterior, ela produz o gás nitrogênio (N_2). Como o nitrogênio não pode ser assimilado pelos produtores, o processo de desnitrificação faz com que ele deixe os solos alagados e ecossistemas aquáticos sob a forma de gás.

IMPACTOS HUMANOS NO CICLO DO NITROGÊNIO

MUDANÇA GLOBAL

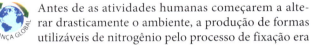

Antes de as atividades humanas começarem a alterar drasticamente o ambiente, a produção de formas utilizáveis de nitrogênio pelo processo de fixação era aproximadamente compensada, em uma escala global, pela perda de nitrogênio utilizável por meio da desnitrificação. Contudo, durante os últimos três séculos e, especialmente, durante os últimos 50 anos, as atividades humanas têm quase que dobrado a quantidade de nitrogênio adicionado aos ecossistemas terrestres. Essas atividades incluem: a queima de combustíveis fósseis, que adicionam óxido nítrico no ar, a produção de fertilizantes nitrogenados e a plantação de culturas fixadoras de nitrogênio.

O óxido nítrico entra na atmosfera pela combustão, reage com a água no ar e forma nitratos, que então caem no solo durante eventos de precipitação. Como o nitrogênio é frequentemente um nutriente limitante, seria esperado que a adição de nitratos afetasse diversos ecossistemas.

Ao longo dos anos, diversas equipes de pesquisadores têm investigado se a adição de nitrogênio a ecossistemas terrestres na América do Norte afeta a produtividade e a riqueza de espécies. Esses locais de estudo, que variam de Norte a Sul, do Alasca até o Arizona, e de Oeste a Leste, desde a Califórnia até o Michigan, foram recentemente compilados em um esforço para determinar se seus resultados mostravam um padrão geral. Quando o nitrogênio foi adicionado na forma de nitratos e amônio, todos os locais sofreram um aumento na produtividade primária, mostrado na Figura 21.8 A. Isso confirmou que o nitrogênio era um recurso limitante em todos os locais. No entanto, as regiões diferiram na proporção de espécies que foram eliminadas com o tempo, como se pode ver na Figura 21.8 B.

Desnitrificação Processo de conversão de nitrato em nitrogênio gasoso.

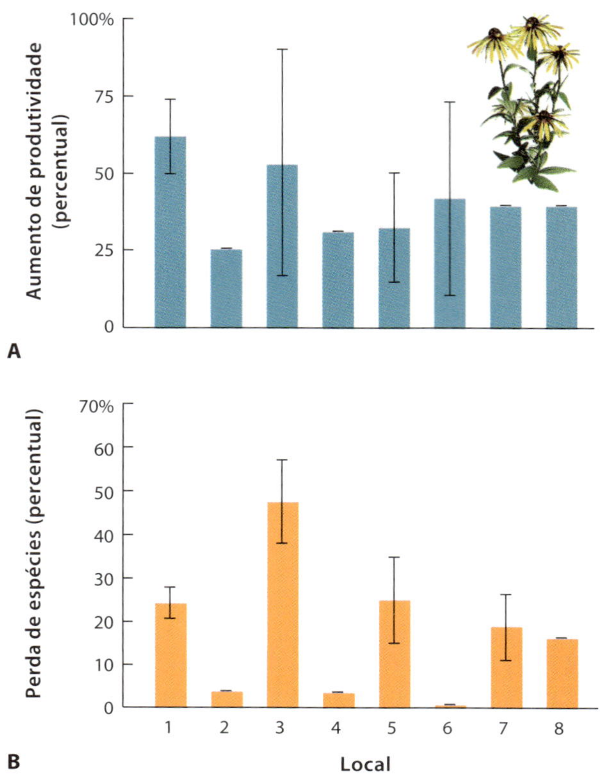

Figura 21.8 Efeitos da adição de nitrogênio na produtividade das plantas e na riqueza de espécies. Em 23 experimentos em oito locais nos EUA, foi adicionado nitrogênio às comunidades de plantas. **A.** Todos os locais sofreram aumentos na produtividade primária. **B.** Todos os locais sofreram uma perda na riqueza de espécies, mas a magnitude da perda variou bastante entre eles, devido a diferenças nas concentrações de nitrogênio existente e diferenças na capacidade de troca catiônica do solo. As barras de erro são erros padrões. Dados de C M. Clark et al. Environmental and plant community determinants of species loss following nitrogen enrichment, *Ecology Letters* 10 (2007): 596–607.

Os pesquisadores exploraram uma grande variedade de causas potenciais para essa variação na perda de espécies entre os locais. Além das diferenças na temperatura e nos solos, eles descobriram que os lugares com os maiores aumentos na produtividade sofreram as maiores reduções na riqueza de espécies. A adição de nitrogênio a essas comunidades normalmente fez com que umas poucas espécies de plantas crescessem muito e dominassem a comunidade. Essas plantas grandes sombrearam as menores menos competitivas, o que fez com que declinassem. Tais resultados demonstram que aumentos de nitrogênio no ambiente devido às atividades humanas podem reduzir a diversidade de espécies dos ecossistemas.

VERIFICAÇÃO DE CONCEITOS

1. Quais são os três processos que causam a fixação do nitrogênio?
2. Sob quais condições abióticas o processo de desnitrificação ocorre?
3. Por que a produção humana de fertilizantes nitrogenados altera a riqueza de espécies de plantas?

21.4 O ciclo do fósforo se move entre a terra e a água

O fósforo é um elemento crítico para os organismos porque é utilizado em ossos, escamas, dentes, DNA, ácido ribonucleico (RNA) e trifosfato de adenosina (ATP), uma molécula envolvida no metabolismo. Como discutido no Capítulo 20, ele é também um nutriente limitante comum nos ecossistemas aquáticos e terrestres; por isso, é um componente da maioria dos fertilizantes fabricados para impulsionar o crescimento das plantas. Esta seção explora o ciclo do fósforo e como as atividades humanas o têm alterado de modo a afetar os ecossistemas.

CICLO DO FÓSFORO

O ciclo do fósforo é consideravelmente menos complicado que o do nitrogênio. Isso porque, como se pode ver na Figura 21.9, a atmosfera não é um componente importante desse ciclo, já que ele não tem uma fase gasosa; o fósforo pode entrar na atmosfera somente na forma de poeira. Diferentemente do nitrogênio, o fósforo raramente muda sua forma química e normalmente se move como um íon fosfato (PO_4^{3-}). As plantas assimilam esses íons do solo ou da água e os incorporam diretamente em vários compostos orgânicos. Os animais eliminam o excesso de fósforo de suas dietas por meio da excreção de urina contendo íons fosfato ou compostos de fósforo que são convertidos em íons fosfato por bactérias.

A exploração do ciclo do fósforo pode ser iniciada examinando as rochas fosfatadas, que são a grande fonte de fosfato. Como se pode ver na Figura 21.9, ao longo do tempo, o fosfato de cálcio ($Ca(H_2PO_4)_2$) se precipita a partir da água oceânica e lentamente forma rochas sedimentares. Mais tarde, parte dessa rocha é erguida por forças geológicas. As rochas expostas sofrem intemperismo, o que faz com que lentamente liberem íons fosfato. As rochas fosfatadas são também mineradas para fosfato, que é utilizado nos fertilizantes e em diversos detergentes.

Quando os íons fosfato entram nos ecossistemas terrestres, podem ligar-se fortemente ao solo ou ser assimilados pelas plantas e passados através da teia alimentar. As excreções dos animais e a decomposição de todos os organismos terrestres liberam fósforo de volta para o solo. O excesso de fósforo que não está ligado ao solo ou que não foi assimilado pelas plantas é carregado pela superfície da terra na forma de escoamento superficial, que ocorre durante chuvas fortes ou é lixiviado a partir do solo. Quando a erosão do solo acontece, o fósforo ligado a ele é arrastado para fora com as partículas erodidas. Em ambos os casos, o fósforo pode ser carreado para diversos ecossistemas aquáticos.

Quando íons fosfato entram nos ecossistemas aquáticos, são assimilados pelos produtores e entram na teia alimentar de modo semelhante ao que ocorre em teias alimentares terrestres. Em águas bem oxigenadas, o fósforo se liga rapidamente ao cálcio e a íons de ferro e se precipita da coluna de água para tornar-se parte dos sedimentos. Assim, os sedimentos marinhos e de água doce agem como um sumidouro de fósforo, removendo-o continuamente da coluna de água. Sob condições de baixa oxigenação, o ferro tende a se combinar com o enxofre em vez do fósforo e, assim, permanece mais

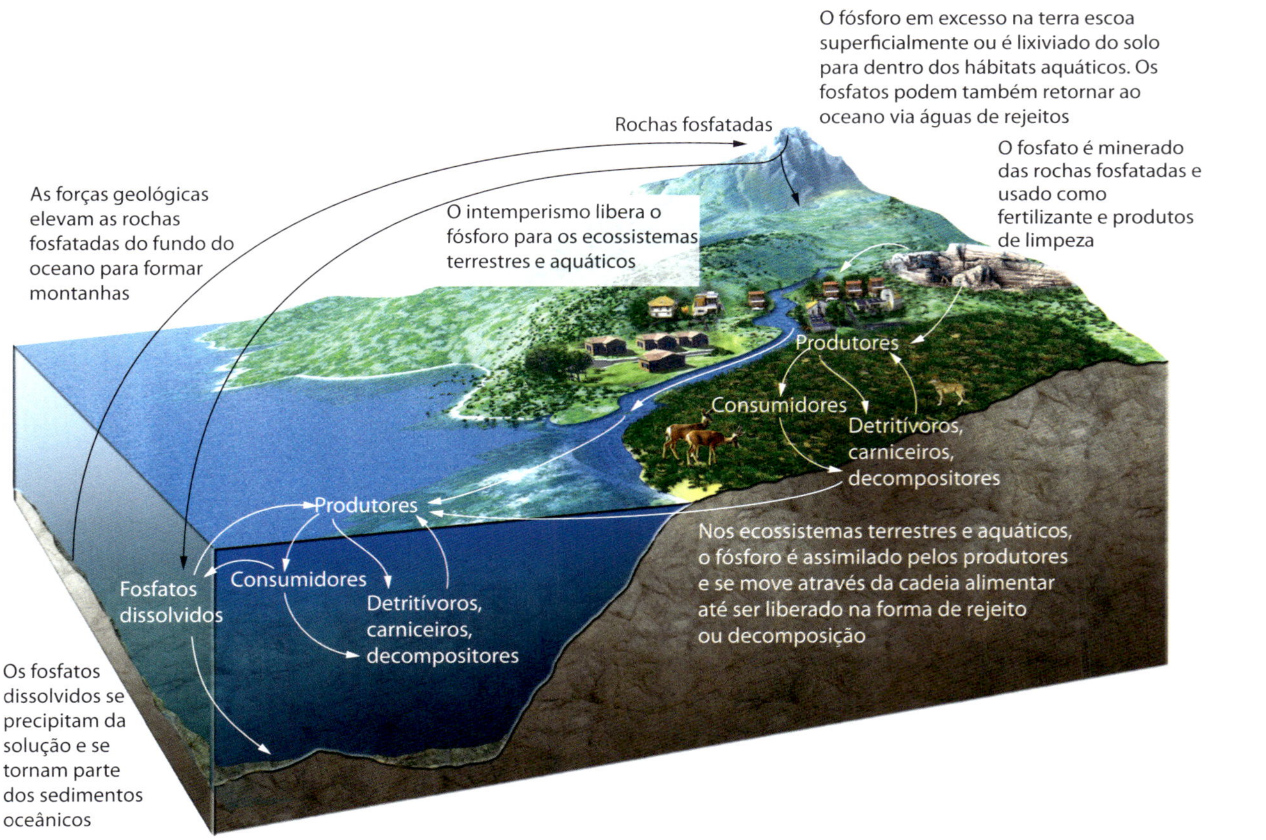

Figura 21.9 Ciclo do fósforo. As rochas fosfatadas que são elevadas pelas forças geológicas naturalmente se desgastam com o tempo, liberando fósforo. Essas rochas são a fonte do fósforo utilizado em fertilizantes e detergentes. O fósforo é assimilado pelos produtores e se move pela cadeia alimentar até ser liberado na forma de rejeito ou decomposição. O fósforo em excesso na terra escoa superficialmente ou é lixiviado do solo para os hábitats aquáticos. No oceano, o fósforo se combina com o cálcio ou com o ferro e se precipita a partir da coluna de água para finalmente formar rochas fosfatadas novamente.

disponível na coluna de água. Com o tempo, o fosfato que se precipita para o fundo dos sedimentos oceânicos e é convertido em rochas fosfatadas de cálcio; então o ciclo do fósforo recomeça novamente.

IMPACTOS HUMANOS NO CICLO DO FÓSFORO

No Capítulo 20 foi discutido como o fósforo é normalmente um nutriente limitante nos ecossistemas terrestres e aquáticos; portanto, adicioná-lo a esses ecossistemas pode ter efeitos danosos. Como visto no início deste capítulo, o fósforo, algumas vezes em combinação com nitratos em excesso, contribui para as florações de algas, que causam as zonas mortas, onde os rios desembocam nos oceanos. Esse fenômeno acontece em locais por todo o mundo, como mostrado na Figura 21.10. Um aumento na produtividade dos ecossistemas aquáticos é chamado de **eutrofização**, e esse aumento causado por atividades humanas é chamado de **eutrofização cultural**.

Da década de 1940 até a de 1990, detergentes domésticos continham fosfatos para melhorar sua eficiência de limpeza. Esses detergentes se tornaram parte das águas de rejeito que viajaram pelos sistemas de esgoto público e, por fim, desaguaram nos rios, lagos e oceanos. As pessoas começaram a perceber que esses detergentes aumentavam significativamente o fósforo nas vias hídricas, o que contribuiu para a eutrofização e as zonas mortas. Em 1994, os EUA baniram os fosfatos nos detergentes de lavar roupas após diversos estados já terem feito o mesmo; em 2010, 16 estados proibiram os fosfatos dos detergentes de lavar louças. Em 2011, A União Europeia concordou com restrições similares de uso de fosfatos em detergentes de lavar roupas e louças, com o intuito de reduzir os problemas da eutrofização cultural e de zonas mortas.

VERIFICAÇÃO DE CONCEITOS

1. Quais são os dois caminhos que os fosfatos dissolvidos podem seguir nos sistemas aquáticos?
2. De que maneiras o fosfato proveniente de mineração é utilizado pelas pessoas?
3. Como os detergentes de lavar roupas causam a eutrofização cultural?

Eutrofização Aumento na produtividade dos ecossistemas aquáticos.

Eutrofização cultural Aumento na produtividade dos ecossistemas aquáticos causado por atividades humanas.

Figura 21.10 Zonas mortas. Em 2008, mais de 400 zonas mortas foram identificadas em todo o mundo. Isso representa um aumento de 33% desde 1995. Dados de R. J. Diaz; R. Rosenberg, Spreading dead zones and consequences for marine ecosystems, *Science* 321 (2008): 926–929.

21.5 Nos ecossistemas terrestres, a maioria dos nutrientes se regenera no solo

Viu-se até aqui que os elementos ciclam pelos ecossistemas e como eles são utilizados e regenerados. Esta seção investiga como os nutrientes são regenerados em ecossistemas terrestres pelo intemperismo da rocha matriz ou decomposição de matéria orgânica.

IMPORTÂNCIA DO INTEMPERISMO

Os ecossistemas terrestres sofrem uma perda constante de nutrientes porque muitos são lixiviados do solo e transportados para longe em águas correntes e em riachos e rios. Assim, para manter um nível estável de produtividade, essa perda deve ser equilibrada por uma correspondente entrada. Para alguns nutrientes, como o nitrogênio, as entradas vêm da atmosfera; porém, para a maioria dos outros nutrientes, como o fósforo, as entradas vêm do intemperismo da rocha matriz sob o solo. Conforme descrito no Capítulo 5, o intemperismo é a alteração física e química do material da rocha próximo à superfície da Terra. Substâncias como o ácido carbônico na água da chuva e os ácidos orgânicos produzidos pela decomposição da serapilheira reagem com os minerais na rocha matriz e liberam vários elementos que são essenciais ao crescimento das plantas.

A determinação da taxa de intemperismo pode ser difícil porque a rocha matriz geralmente está bem abaixo da superfície do solo. Uma solução tem sido medir os nutrientes que entram no ecossistema terrestre vindos da precipitação e os que deixam o ecossistema pela lixiviação do solo e entram em riachos. Um diagrama das entradas e saídas de nutrientes pode ser observado na Figura 21.11. Se o sistema está em equilíbrio (as entradas e saídas de nutrientes se igualam), a diferença entre os nutrientes que entram no sistema por precipitação e matéria particulada e a quantidade de nutrientes que deixa o sistema por lixiviação e escoamento superficial deve ser igual à quantidade de nutrientes que se torna disponível pelo intemperismo.

Os ecólogos normalmente determinam a taxa de regeneração de nutrientes por meio do intemperismo, pela quantificação das entradas e saídas de nutrientes de uma *bacia hidrográfica*. Uma **bacia hidrográfica** é uma área de terra que drena para um único riacho ou rio, como ilustrado na Figura 21.12. Em uma bacia, os cientistas podem estimar a taxa de intemperismo medindo o movimento líquido de diversos nutrientes altamente solúveis, como cálcio (Ca^{2+}), potássio (K^+), sódio (Na^+) e magnésio (Mg^{2+}). Eles são facilmente lixiviados do solo e se movem para os riachos, onde suas concentrações podem ser medidas enquanto as águas correntes deixam a bacia.

Um exemplo dessa abordagem foi relatado em 2012 para 21 pequenas bacias na província canadense de Quebec. Cada uma continha um pequeno lago com um riacho fluindo para fora, que drenava a bacia. As bacias eram todas em áreas de floresta e tinham pouca atividade humana, tal que os pesquisadores puderam presumir que o movimento dos nutrientes estava em equilíbrio. Os cientistas mediram as entradas de cálcio, potássio, sódio e magnésio em cada bacia via precipitação; a quantidade de cada elemento presente no solo e na rocha matriz; e a quantidade de cada elemento que saía da bacia através do riacho que a drenava. Conhecendo as entradas e saídas, eles foram capazes de determinar as taxas de intemperismo da rocha matriz.

Quando os dados foram mostrados em um mapa da área de estudo, como na Figura 21.13, os pesquisadores descobriram que as taxas de intemperismo variavam geograficamente, sendo mais altas na região sudoeste da província, provavelmente por causa de diferenças regionais de temperatura, precipitação e condições do solo.

DECOMPOSIÇÃO DA MATÉRIA ORGÂNICA

Embora o intemperismo da rocha matriz proporcione nutrientes para os ecossistemas terrestres, o processo é muito lento.

Bacia hidrográfica Área de terra que drena para um único córrego ou rio.

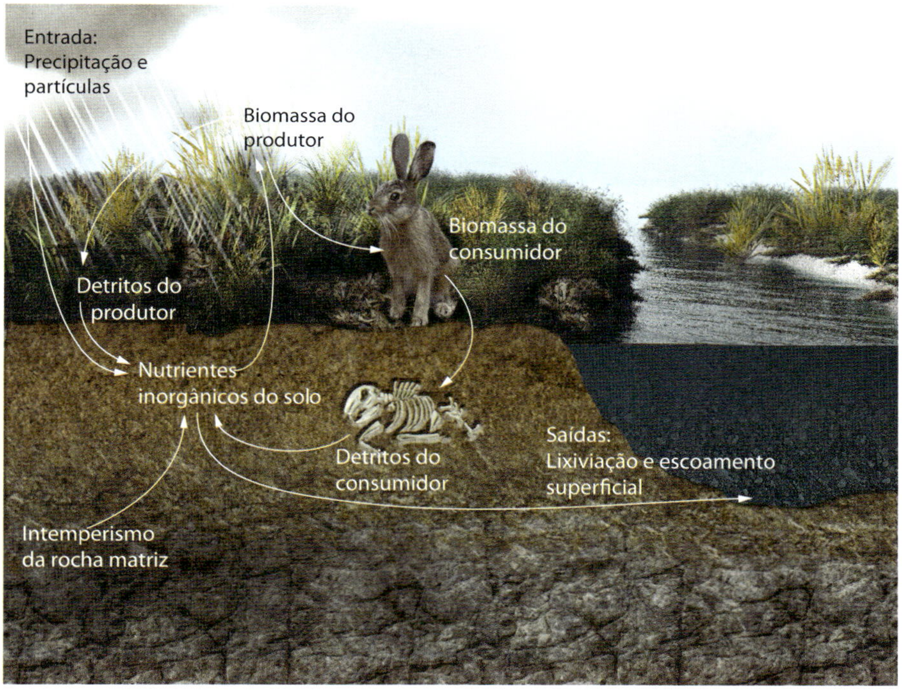

Figura 21.11 Quantificação do intemperismo dos nutrientes. Os nutrientes do solo ciclam através dos produtores, consumidores e detritos. Esse ciclo também tem contribuição da precipitação e do intemperismo e perdas para os aquíferos e pelo escoamento superficial da água.

Figura 21.12 Bacia hidrográfica. Uma bacia hidrográfica é uma área de terra que drena para um único córrego ou rio. A *linha preta tracejada* indica os limites da bacia hidrográfica, e as *setas pretas* indicam as direções do movimento da água descendo a montanha.

Portanto, a produção primária depende consideravelmente de uma rápida regeneração de nutrientes a partir da decomposição, que é um processo de quebra de matéria orgânica em componentes químicos menores e mais simples e que é feito principalmente por bactérias e fungos. Conforme discutido no Capítulo 1, os carniceiros consomem os animais mortos, e os detritívoros quebram a matéria orgânica em partículas menores.

Como ilustrado na Figura 21.14, a quebra de matéria orgânica em uma floresta ocorre de quatro maneiras: os minerais solúveis e os pequenos compostos orgânicos são lixiviados da matéria orgânica; os grandes detritívoros consomem a matéria orgânica; os fungos decompõem os componentes lenhosos e outros carboidratos nas folhas; e as bactérias decompõem quase tudo. A lixiviação remove de 10 a 30% das substâncias solúveis da matéria orgânica, o que inclui a maioria dos sais,

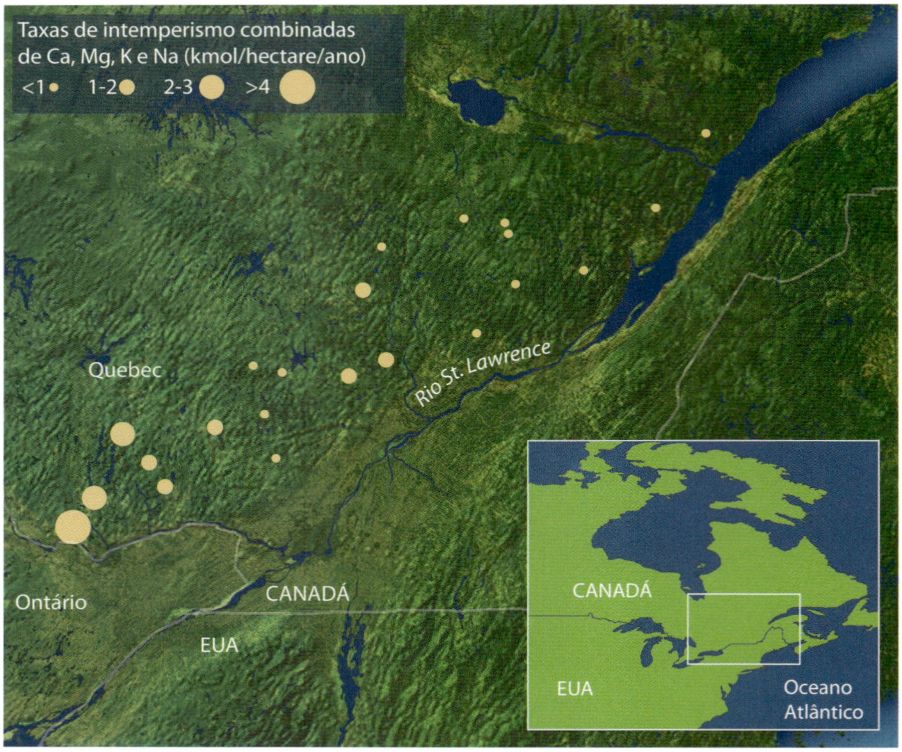

Figura 21.13 Taxas de intemperismo em 21 bacias canadenses em Quebec. Quando pesquisadores quantificaram as entradas e saídas combinadas de cálcio, magnésio, potássio e sódio, descobriram que as taxas de intemperismo diferiam muito ao longo da paisagem. Segundo D. Houle et al., Soil weathering rates in 21 catchments of the Canadian shield. *Hydrology and Earth System Sciences* 16 (2012): 685–607.

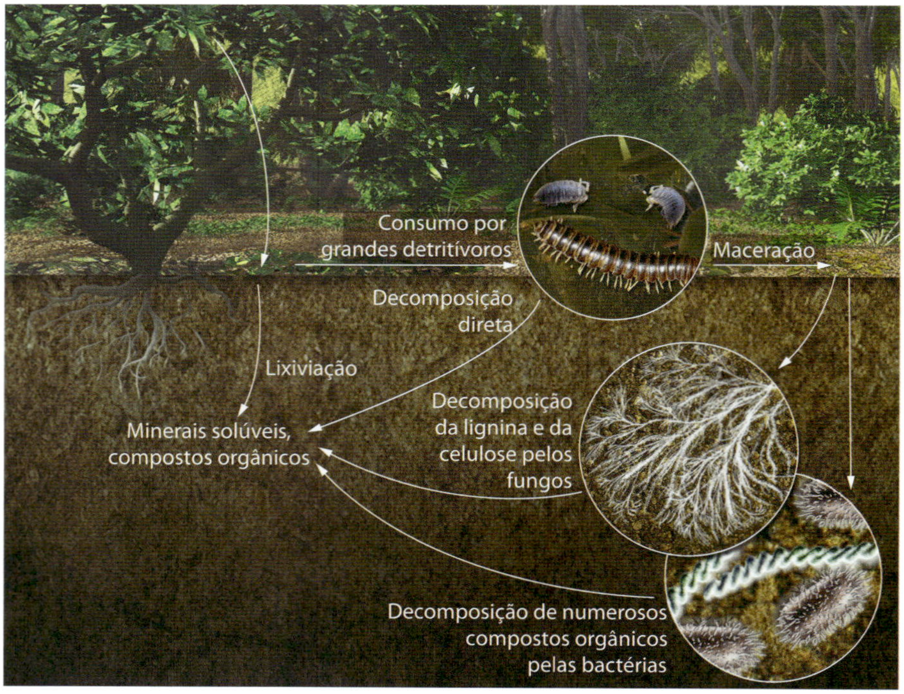

Figura 21.14 Decomposição da matéria orgânica. A matéria orgânica se decompõe pela ação da lixiviação causada pela água, pelo consumo por invertebrados e pela mineralização por fungos e por bactérias. Fotografia de Philippe Clement/naturepl.com.

açúcares e aminoácidos. O remanescente são os carboidratos complexos, como a celulose e outros compostos orgânicos grandes, como as proteínas e a lignina. A lignina determina a rigidez das folhas e fornece à madeira muitas de suas qualidades estruturais. O conteúdo de lignina das plantas é um determinante particularmente importante da taxa de decomposição porque ela resiste à decomposição mais do que a celulose. No entanto, alguns fungos e bactérias podem quebrar a celulose e a lignina. Eles secretam enzimas que quebram a matéria da planta em açúcares mais simples e aminoácidos que podem então ser absorvidos. Algumas porções da lignina, bem como outros componentes da planta que resistem à decomposição, nunca são quebrados na superfície do solo, mas podem formar combustíveis fósseis quando enterrados por milhões de anos.

Os grandes detritívoros, incluindo os milípedes, as minhocas e os tatuzinhos-de-jardim, também desempenham um papel importante na decomposição. Esses animais podem consumir de 30 a 45% da energia disponível na serapilheira, mas consomem uma fração muito menor da energia disponível na madeira. A importância dos grandes detritívoros é dupla: eles decompõem a matéria orgânica diretamente e a maceram em pedaços menores de detritos, que têm uma razão entre área e volume maior. Isso proporciona às bactérias e aos fungos mais superfícies nas quais atuar e aumenta a taxa de decomposição.

As bactérias e os fungos desempenham um papel importante na decomposição porque ajudam a converter a matéria orgânica em nutrientes inorgânicos. Os fungos têm um papel especial porque suas hifas podem penetrar nos tecidos das folhas e da madeira que os grandes detritívoros e as bactérias não conseguem sozinhos. Ao caminhar por uma floresta, é possível que se vejam corpos de frutificação de muitos fungos diferentes, incluindo o impressionante orelha-de-pau, que emerge dos lados dos troncos mortos (Figura 21.15).

Nos ecossistemas terrestres, 90% de toda a matéria vegetal produzida em um dado ano não são consumidos pelos herbívoros e acabam decompostos em algum momento. Muitas plantas reabsorvem partes dos nutrientes de suas folhas antes de elas caírem. A biomassa vegetal morta acima do solo combinada com a matéria orgânica de animais mortos e os rejeitos animais caem na superfície do solo, de onde os nutrientes são lixiviados. Ali, a decomposição é principalmente aeróbica, e as raízes das plantas e seus fungos micorrízicos associados têm acesso imediato aos nutrientes liberados pelos decompositores.

Como o crescimento e a decomposição das plantas são processos bioquímicos, a ciclagem de nutrientes entre os produtores e os decompositores nos ecossistemas terrestres é influenciada pela temperatura, pelo pH e pela umidade. A taxa de decomposição é também afetada pela proporção de carbono e nitrogênio na matéria orgânica. Conforme discutido no Capítulo 20, a diferença na estequiometria do alimento de um organismo pode afetar o consumo do alimento e o número de consumidores que podem ser sustentados pelo suprimento de alimento. No caso da decomposição, se os decompositores requerem grandes quantidades de nitrogênio, então uma disponibilidade baixa de nitrogênio na matéria orgânica pode reduzir as taxas de decomposição.

Um estudo sobre decomposição de folhas na Costa Rica fornece conhecimento adicional sobre como os diversos fatores afetam a taxa de decomposição. No estudo, os pesquisadores coletaram folhas recém-caídas de 11 espécies de árvores tropicais e as colocaram em sacos porosos, como mostrado na Figura 21.16. Os sacos foram posicionados no solo da floresta, onde os invertebrados tinham acesso às folhas enquanto elas permaneciam no saco. Esses invertebrados cortaram as folhas em partes menores, aumentando suas áreas de superfície, o que levou a uma decomposição mais rápida. Os sacos das folhas foram pesados em diferentes momentos ao longo de 230 dias para determinar a taxa da decomposição foliar.

Os dados para várias dessas espécies podem ser observados na Figura 21.17 A. As folhas de espécies com curvas que declinam mais rápido com o tempo, como a guapuruvu (*Schizolobium parahyba*), têm a taxa mais alta de decomposição.

Tais espécies têm quantidades relativamente baixas de lignina e celulose e têm alta solubilidade foliar, o que possibilita que mais nutrientes sejam removidos da folha. A taxa diária de perda de massa, considerada como k, pode ser calculada

Figura 21.15 Fungos decompondo uma árvore morta. Os fungos desempenham um papel-chave na decomposição da matéria orgânica nos ecossistemas terrestres ao penetrarem nos tecidos mortos das plantas. Os corpos de frutificação deste cogumelo-ostra (*Pleurotus ostreatus*) estão emergindo de um tronco morto na Bélgica. Fotografia de Philippe Clement/naturepl.com.

Figura 21.16 Pesquisadores coletaram folhas recém-caídas e as colocaram em sacos de rede para determinar a taxa de perda de biomassa diária ao longo do tempo na floresta. Fotografia de Mark Harmon, College of Forestry, Dept. of Forest Ecosystems and Society.

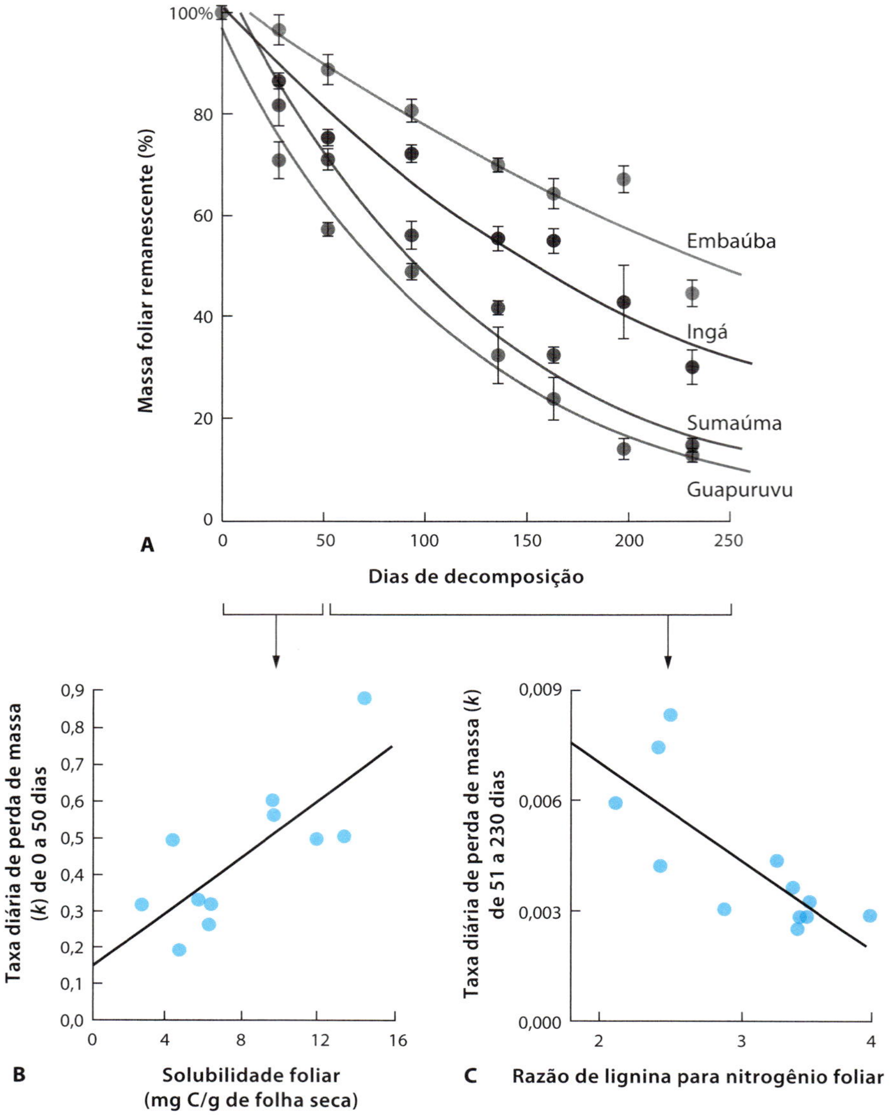

Figura 21.17 Taxas de decomposição das folhas de uma floresta tropical. A. Uma amostra de quatro espécies de um total de 11 estudadas revela uma variedade de diferentes taxas de decomposição. As barras de erro são erros padrões. **B.** Durante os primeiros 50 dias de decomposição, as taxas de decomposição de folhas das 11 espécies foram positivamente correlacionadas à solubilidade dos compostos que poderiam ser removidos de cada espécie. **C.** Após 50 dias, as taxas de decomposição das folhas das 11 espécies tornaram-se consideravelmente mais baixas e negativamente correlacionadas à quantidade de lignina em relação à quantidade de nitrogênio na folha de cada espécie. Dados de W. R. Wieder et al., Controls over leaf litter decomposition in wet tropical forests, *Ecology* 90 (2009): 3333-3341.

para cada curva, e as espécies que se decompõem mais rapidamente têm um valor mais alto de k. Em "Análise de dados em ecologia | Cálculo das taxas de decomposição das folhas", esses cálculos serão explicados mais detalhadamente.

Para examinar como os atributos das folhas afetam a taxa de decomposição, mensurada como a taxa diária de perda de massa (k), os pesquisadores se concentraram em períodos de tempo distintos: do dia 0 até o 50, quando a maior parte da decomposição ocorreria devido à lixiviação, e do dia 51 ao 230, quando a maior parte da decomposição seria decorrente de invertebrados, fungos e bactérias. Durante os primeiros 50 dias, houve uma relação positiva entre a taxa de decomposição e a fração de compostos solúveis que podem ser lixiviados das folhas de diferentes espécies, como mostrado na Figura 21.17 B. Durante a última parte do experimento, houve uma relação negativa entre a taxa de decomposição e a razão de lignina por nitrogênio, como se pode ver na Figura 21.17 C. Isso significa que a folha de determinada espécie com uma quantidade relativamente alta de lignina sofre uma decomposição mais lenta. A partir desse estudo, conclui-se que a decomposição da matéria orgânica depende tanto das condições ambientais quanto dos atributos químicos da matéria orgânica.

Depois de calcularem os valores de k para cada espécie, os pesquisadores puderam investigar como a precipitação e os atributos das folhas afetam a taxa de decomposição foliar. Por exemplo, eles manipularam a quantidade de precipitação que alguns dos sacos porosos receberam. Quando a precipitação foi reduzida para 50 ou 25% dos níveis normais, isso causou um declínio de 10 a 20% na taxa de decomposição.

ANÁLISE DE DADOS EM ECOLOGIA

Cálculo das taxas de decomposição das folhas

Conforme discutido no estudo da decomposição de folhas na Costa Rica, os pesquisadores frequentemente querem investigar a taxa de decomposição da serapilheira para determinar o quão rápido os nutrientes podem ser regenerados para que estejam disponíveis aos produtores, como as algas que formam a base de uma teia alimentar aquática, as plantas que formam a base de uma teia alimentar terrestre ou as culturas do ano anterior que se decompõem e proporcionam nutrientes para a plantação do ano corrente. A taxa de decomposição normalmente segue uma curva exponencial negativa: inicialmente há uma rápida perda de massa, que desacelera com o tempo. Essa curva exponencial negativa pode ser descrita pela seguinte equação:

$$m_t = m_0 e^{-kt}$$

Em que m_t é a massa da serapilheira remanescente em um dado tempo, m_0 é a massa original da serapilheira, "e" é a base do logaritmo natural, k é a taxa diária de perda de massa e t é o tempo medido em dias. A constante de decaimento k é o parâmetro-chave nessa equação porque determina a forma da curva; em folhas que se decompõem, a taxa mais rápida têm um valor maior de k.

O valor de k pode ser estimado usando programas estatísticos de computador que determinam a curva que melhor se ajusta ao conjunto de dados para a decomposição ao longo do tempo. Quando o valor de k é conhecido, pode-se estimar a quantidade de serapilheira a qualquer momento, desde que a decomposição ocorra sob condições ambientais similares. Por exemplo, se houver inicialmente 100 g de folhas e $k = 0{,}01$, será possível estimar a massa de folhas que não se decompõe após 10, 50 e 100 dias:

$$\text{Após 10 dias: } m_t = m_0\, e^{-kt} = 100\, e^{-(0{,}01)(10)} = 90 \text{ g}$$
$$\text{Após 50 dias: } m_t = m_0\, e^{-kt} = 100\, e^{-(0{,}01)(50)} = 61 \text{ g}$$
$$\text{Após 100 dias: } m_t = m_0\, e^{-kt} = 100\, e^{-(0{,}01)(100)} = 37 \text{ g}$$

EXERCÍCIO Estime a massa remanescente de folhas que não foi decomposta após 10, 50 e 100 dias para folhas de duas outras espécies: uma com taxa de decomposição diária $k = 0{,}05$ e outra com taxa de decomposição diária $k = 0{,}10$.

TAXAS DE DECOMPOSIÇÃO NOS ECOSSISTEMAS TERRESTRES

Como as condições ambientais são um determinante-chave para as taxas de decomposição, os ecossistemas terrestres diferem muito em relação a essas taxas. Estudos comparativos de florestas temperadas e tropicais mostram que os detritos nos trópicos se decompõem mais rapidamente por causa das temperaturas mais quentes e das maiores quantidades de precipitação. Por exemplo, é possível comparar a quantidade de matéria vegetal morta no solo – incluindo folhas, galhos e troncos – com a biomassa total da vegetação e dos detritos em uma floresta. A proporção de matéria vegetal morta é de cerca de 20% nas florestas temperadas de coníferas, 5% nas florestas temperadas de folhas largas e somente de 1 a 2% nas florestas pluviais tropicais. Do carbono orgânico total nos ecossistemas terrestres, mais de 50% estão no solo e na serapilheira nas florestas do Norte, mas menos de 25% encontram-se nas florestas pluviais tropicais, onde a maior parte da matéria orgânica existe na biomassa viva.

Essas diferenças nas taxas de decomposição da serapilheira significam que as florestas tropicais têm uma proporção muito maior da matéria orgânica total na vegetação viva do que nos detritos. Isso tem implicações importantes para agricultura tropical e para a conservação. Por exemplo, quando as florestas tropicais são desmatadas e queimadas, uma grande fração de nutrientes é mineralizada pela queima e pelas altas taxas subsequentes de decomposição. Juntos, esses processos criam uma abundância de nutrientes durante os primeiros 2 a 3 anos de crescimento da plantação, mas qualquer excesso de nutrientes não assimilados pelas plantações é rapidamente lixiviado.

Tradicionalmente, áreas tropicais queimadas para o estabelecimento de campos de agricultura são aproveitadas por 2 a 3 anos e então abandonadas para sofrer uma sucessão natural com duração de 50 a 100 anos, a fim de recuperar a fertilidade do solo. Atualmente, no entanto, diversas regiões têm populações humanas que são muito densas para possibilitarem uma rotação da agricultura entre diferentes áreas ao longo de várias décadas. Sem a rotação, os solos não podem recuperar seus nutrientes, e a fertilidade da terra rapidamente se perde.

VERIFICAÇÃO DE CONCEITOS

1. O que causa a lixiviação da rocha matriz?
2. Como a adoção de uma abordagem de bacia inteira auxilia os pesquisadores na quantificação das taxas de lixiviação da rocha matriz?
3. Que fatores influenciam a taxa em que a matéria orgânica é decomposta?

21.6 Nos ecossistemas aquáticos, a maioria dos nutrientes se regenera nos sedimentos

Como a maior parte da ciclagem dos elementos acontece em meio aquoso, os processos bioquímicos e químicos envolvidos são semelhantes nos ecossistemas terrestres e aquáticos, mas a localização da decomposição difere entre eles. Nos ecossistemas terrestres, os nutrientes se regeneram próximo de onde se localizam, onde são assimilados pelos produtores. Nos ecossistemas aquáticos, a maioria dos nutrientes se regenera nos sedimentos, que estão frequentemente muito abaixo das águas superficiais que contêm os produtores dominantes, como o fitoplâncton. Além disso, os ecossistemas terrestres normalmente sofrem decomposição aeróbica, enquanto os sedimentos de águas profundas dos ecossistemas aquáticos normalmente sofrem uma decomposição anaeróbica, que é consideravelmente mais lenta. Esta seção explica como a decomposição ocorre nos riachos e alagados, que recebem muito de sua energia das folhas que voam para lá oriundas do ambiente terrestre circundante. Em seguida, examina o papel importante da sedimentação nos rios, lagos e oceanos e explora como a estratificação da água afeta o movimento dos nutrientes regenerados nos lagos e oceanos.

ENTRADAS ALÓCTONES NOS RIACHOS E ALAGADOS

Como discutido no Capítulo 6, os riachos e pequenos alagados de florestas recebem uma porção grande de sua energia do ambiente terrestre circundante, na forma de folhas mortas que caem na água. O processo de decomposição das folhas em um riacho é semelhante ao que ocorre na terra: à medida que elas se assentam no fundo do riacho, o primeiro estágio é a lixiviação dos compostos solúveis, seguido pela quebra das folhas em partes menores pelos invertebrados, como anfípodas, isópodos e larvas de tricópteros. Ao mesmo tempo que as folhas estão sendo trituradas, os fungos e as bactérias estão trabalhando para decompô-las, de modo muito semelhante a como fazem no solo.

Dado que os processos são similares nos ecossistemas terrestres e de riachos, talvez não seja surpresa que a taxa de decomposição foliar dependa da temperatura da água e da composição química das folhas. Para determinar a taxa na qual as folhas se decompõem nos riachos, os ecólogos aquáticos seguem um protocolo parecido ao usado pelos ecólogos terrestres: coletam folhas recém-caídas e colocam uma quantidade já pesada de folhas secas em um saco de rede, que é submerso no riacho. Esse saco possibilita que os invertebrados aquáticos entrem sem que qualquer parte de suas folhas seja perdida. Ao longo do tempo, os sacos são removidos do riacho, secos e repesados para determinar a quantidade de massa foliar que permanece.

Para determinar como a composição das folhas afeta as taxas de decomposição, os pesquisadores colocaram sacos de rede de malha grossa com folhas de nove espécies em um riacho localizado na Floresta Negra, Alemanha, e os removeram ao longo do tempo. As folhas das nove espécies diferiram bastante em seu conteúdo de nitrogênio, fósforo e lignina. Os cientistas descobriram que a taxa de decomposição foliar não estava relacionada com a quantidade de nitrogênio ou fósforo nas folhas, mas fortemente associada ao seu conteúdo de lignina, como mostrado na Figura 21.18 A.

Os pesquisadores também estavam interessados em saber o quão importante os invertebrados eram para o processo de decomposição. Para responder a essa questão, eles colocaram um segundo conjunto de folhas em sacos de malhas mais finas, que impediam os invertebrados de entrar. Como se pode ver na Figura 21.18 B, a decomposição foliar foi cerca de 20% maior nos sacos em que os invertebrados podiam entrar. Isso mostrou que os invertebrados desempenham um importante papel na quebra da matéria orgânica.

Os pequenos alagados que existem nas florestas também recebem uma grande parcela de sua energia das folhas. Semelhantes às folhas nos riachos, a decomposição de folhas em alagados de floresta está, em grande parte, relacionada com o conteúdo de lignina. Além disso, a taxa de decomposição das folhas tem efeitos generalizados em toda a teia alimentar e no funcionamento do ecossistema.

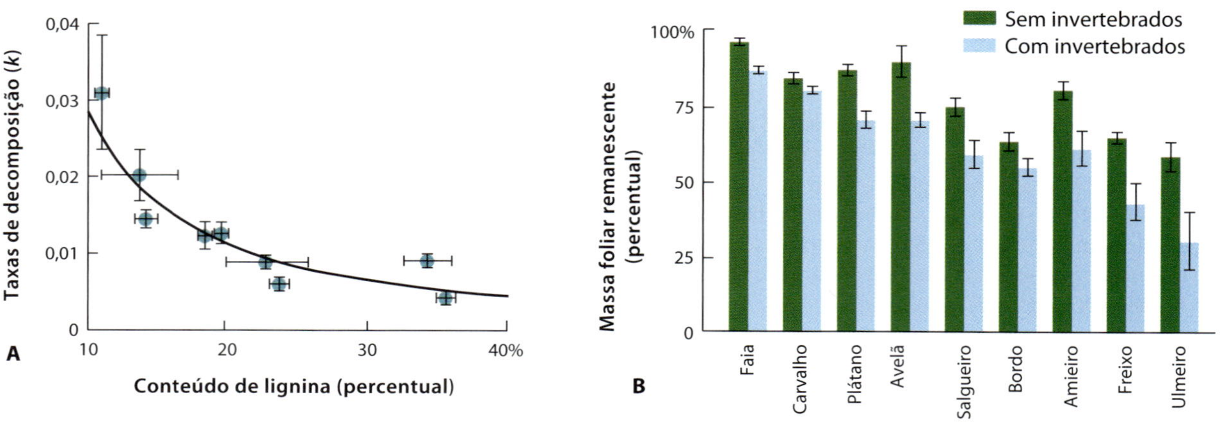

Figura 21.18 Decomposição foliar no riacho. A. Quando folhas de nove espécies foram colocadas em sacos de rede e adicionadas a um riacho na Alemanha, a taxa de decomposição foi mais lenta nas espécies de folhas que continham mais lignina em seus tecidos. **B.** Os pesquisadores também avaliaram a contribuição dos invertebrados aquáticos para a decomposição foliar, usando folhas em sacos de malha grossa e malha fina. Após 55 dias, as folhas nos sacos de malha fina, que excluíram os invertebrados, sofreram uma decomposição 20% menor quando comparadas com as de sacos de malha grossa, que permitiam a entrada de invertebrados. As barras de erro são erros padrões. Dados de M. H. Schindler; M. O. Gessner. Functional leaf traits and biodiversity effects on litter decomposition in a stream. *Ecology* 90 (2009): 1641–1649.

DECOMPOSIÇÃO E SEDIMENTAÇÃO DE RIOS, LAGOS E OCEANOS

Na maioria dos rios, lagos e oceanos, a matéria orgânica desce para o fundo e se acumula em camadas profundas de sedimentos. Embora alguns nutrientes sejam reciclados nas águas superficiais quando os animais excretam rejeitos ou quando os micróbios nas águas de superfície decompõem a matéria orgânica, a maior parte da matéria orgânica afunda até os sedimentos. Como consequência, a maioria dos nutrientes deve vir dos sedimentos, apesar de eles retornarem lentamente às águas produtivas da superfície.

O processo de regeneração de nutrientes nos sedimentos dos ecossistemas aquáticos ajuda a compreender muitos padrões de produtividade de ecossistemas. Por exemplo, o Capítulo 20 mostrou que os ecossistemas aquáticos menos produtivos são os oceanos profundos, onde os organismos bentônicos estão distantes das águas de superfície (ver Figura 20.6, no Capítulo 20). Os oceanos rasos são mais produtivos, em parte porque os sedimentos estão mais próximos da superfície e, portanto, conseguem regenerar os nutrientes mais rapidamente por meio da decomposição. A ressurgência das águas dos sedimentos profundos até a superfície traz nutrientes do local de regeneração para o local da produtividade de algas. Além disso, algumas das regiões mais produtivas dos oceanos se encontram na ressurgência das águas ao longo das costas dos continentes, onde as correntes trazem as águas ricas em nutrientes do fundo até a superfície (ver Figura 5.11, no Capítulo 5).

ESTRATIFICAÇÃO DE LAGOS E OCEANOS

A estratificação na água, um fenômeno discutido no Capítulo 6, afeta ainda mais a disponibilidade de nutrientes nos ecossistemas aquáticos. A mistura vertical da água desde os sedimentos até a superfície pode ser impedida sempre que as águas superficiais têm uma temperatura diferente e, portanto, uma densidade distinta das águas mais profundas. A mistura vertical pode afetar a produção primária de duas maneiras opostas: de um lado, a mistura pode levar águas profundas e ricas em nutrientes para a superfície, onde o fitoplâncton pode utilizá-la; por outro lado, a mistura pode carrear fitoplâncton para o fundo, onde ele não pode se sustentar devido às baixas condições de luminosidade. Quando o fitoplâncton morre, a produção primária pode ser interrompida nas águas profundas, e pouca produção primária ocorrerá nas águas ricas em nutrientes da superfície.

A estratificação acontece nos lagos temperados e tropicais quando as águas de superfície se aquecem com a luz do Sol do verão, enquanto as águas mais profundas permanecem frias e densas. Essa estratificação não acontece nos lagos polares porque suas superfícies nunca se aquecem o bastante. Nos estuários e oceanos, a estratificação da água acontece quando uma entrada de água doce e menos densa dos rios ou de derretimento de geleiras se posiciona acima de uma camada de água oceânica salgada, mais densa.

Ocasionalmente, os ecossistemas estratificados sofrem períodos de mistura vertical. Por exemplo, os lagos temperados na primavera e no outono sofrem mudanças na temperatura da superfície, que, em algum momento, se iguala à temperatura das águas profundas. Quando isso acontece, os ventos da primavera e do outono que sopram ao longo da superfície dos lagos fazem com que todo o lago se misture.

A mistura pode também acontecer nos oceanos. Em áreas onde as águas de superfície são menos salgadas do que as do fundo, a luz do Sol pode fazer com que, lentamente, as superficiais evaporem e deixem o sal para trás. Em algum ponto, porém, elas se tornam mais salgadas do que as do fundo e afundam, fazendo as águas oceânicas circularem.

Neste capítulo, viu-se que os elementos ciclam dentro e entre os ecossistemas, e que essa ciclagem determina a disponibilidade de elementos para os organismos. Também foi visto que as atividades humanas comumente afetam os ciclos dos elementos de modo danoso ao funcionamento do ecossistema. Finalmente, foi explorado como os elementos se regeneram por meio do intemperismo e da decomposição da matéria orgânica. Em "Ecologia hoje | Correlação dos conceitos", serão aplicados esses conceitos para compreender como o desmatamento e as mudanças globais alteram o funcionamento de toda uma floresta.

VERIFICAÇÃO DE CONCEITOS

1. Por que a ressurgência é um processo importante para a regeneração de nutrientes e águas do oceano profundo?
2. Que processos contribuem para a decomposição de entradas alóctones em riachos?
3. Por que a maior parte da decomposição é normalmente anaeróbica nas águas profundas de lagos e oceanos?

ECOLOGIA HOJE CORRELAÇÃO DOS CONCEITOS

Ciclo dos nutrientes em New Hampshire

Monitoramento dos fluxos de nutrientes de uma bacia hidrográfica. Na Floresta Experimental de Hubbard Brook, em New Hampshire, os solos situam-se sobre a rocha matriz que impede a percolação da água, de modo que todos os nutrientes lixiviados dos solos vão para os riachos que drenam para a bacia. Os pesquisadores construíram um dispositivo de coleta no fundo da bacia para monitorar os volumes de água e o fluxo de nutrientes. Fotografia de U.S. Forest Service.

Como visto neste capítulo, os produtores assimilam nutrientes do ambiente e os mantêm em seus tecidos até que passem aos consumidores e decompositores. Contudo, avaliar o grau no qual as plantas afetam o ciclo dos nutrientes no ecossistema é uma tarefa difícil, em parte porque os ecossistemas são grandes e complexos.

Há 50 anos, os pesquisadores na Floresta Experimental de Hubbard Brook, em New Hampshire, aceitaram esse desafio, selecionaram diversas bacias hidrográficas em áreas de florestas e desmataram algumas delas. Eles então monitoraram os diversos modos como os nutrientes se moviam em cada bacia.

A Floresta Experimental de Hubbard Brook foi um local ideal para este grande experimento. Uma camada de rocha impenetrável sob o solo impede a percolação da água para os lençóis freáticos mais profundos. Por causa disso, toda a precipitação que cai na bacia é assimilada pelas plantas ou passa pelo solo e acaba entrando nos riachos que deixam a bacia. Portanto, toda a água e os nutrientes não retidos pelas plantas ou pelo solo saem da bacia por meio dos riachos, o que possibilita aos pesquisadores monitorar os riachos para medir a quantidade de água e nutrientes deixando o ecossistema.

Em 1962, os pesquisadores removeram todas as árvores de uma bacia inteira e borrifaram-na com herbicidas por diversos anos para suprimir todo o crescimento vegetal. Como um controle, as bacias adjacentes não foram desmatadas. Ao longo dos últimos 50 anos, ecólogos têm acompanhado como o ecossistema respondeu a esse distúrbio. Sem plantas para assimilar a água e os nutrientes, o movimento dos elementos no ecossistema com a supressão das plantas mudou dramaticamente. Por exemplo, a quantidade de água deixando a bacia nos riachos aumentou muitas vezes. Além disso, como os nitratos disponíveis no solo não estavam mais sendo usados pelas plantas, houve um grande aumento na quantidade de nitratos lixiviados do solo para as águas dos riachos. Nas florestas que não foram desmatadas, houve um ganho líquido do nitrogênio no solo ao longo do tempo a uma taxa anual de 1 a 3 kg/ha devido à precipitação e à fixação do nitrogênio. No entanto, na bacia desmatada, houve uma perda líquida de nitrogênio a uma taxa de 54 kg/ha ao ano. Como os nitratos não se ligam muito bem ao solo, eles foram lixiviados para os riachos após o desmatamento.

Muitos outros nutrientes foram também afetados pelo desmatamento. Por exemplo, os pesquisadores rastrearam o movimento dos íons cálcio que vinham da precipitação e do intemperismo da rocha matriz e descobriram que a grande maioria vinha da decomposição dos detritos, enquanto menos de 10% eram oriundos do intemperismo. Quando a região sofreu anos de chuva ácida, as entradas de cálcio a partir da precipitação e do intemperismo não puderam compensar a perda do cálcio que lixiviava do solo. Como consequência, a floresta sofreu uma perda líquida de cálcio.

Hoje, a Floresta Experimental de Hubbard Brook continua a fornecer novos conhecimentos sobre a ciclagem de nutrientes. Recentemente, os pesquisadores registraram que, em um período de mais de 5 décadas, a quantidade de nitrato deixando as bacias florestadas pelos riachos a cada ano diminuiu em mais de 90%. Mudanças na composição das espécies de árvores tiveram apenas um pequeno impacto na diminuição dos nitratos que deixavam a bacia hidrográfica. Este pequeno impacto ocorreu porque as árvores de bordo são naturalmente substituídas por faias devido à sucessão ecológica, cujas folhas se decompõem e liberam nitratos mais lentamente do que as folhas do bordo.

A mudança climática foi responsável por cerca de 40% da redução dos nitratos nos riachos; temperaturas mais quentes no fim do outono e início da primavera em anos recentes deram às plantas um tempo maior para assimilarem os nitratos, de maneira que menor quantidade foi desviada do solo para dentro dos riachos. O restante, de 50 a 60% da redução dos nitratos ao longo das cinco décadas, foi devido a uma recuperação de perturbações históricas que removeram mais de 20% das árvores, incluindo desmatamentos que aconteceram em 1906 e 1917, um furacão em 1938 e uma tempestade de gelo em 1998. Do mesmo modo que se observou com o desmatamento de uma bacia hidrográfica, qualquer remoção de árvores causa uma perda a curto prazo de nitratos dos solos para dentro dos riachos. No entanto, conforme a floresta começa a se restabelecer, o solo se recupera e retém uma parcela maior de nitratos disponíveis. À medida que o solo acumula nitratos, a quantidade de nitratos lixiviados para os riachos diminui.

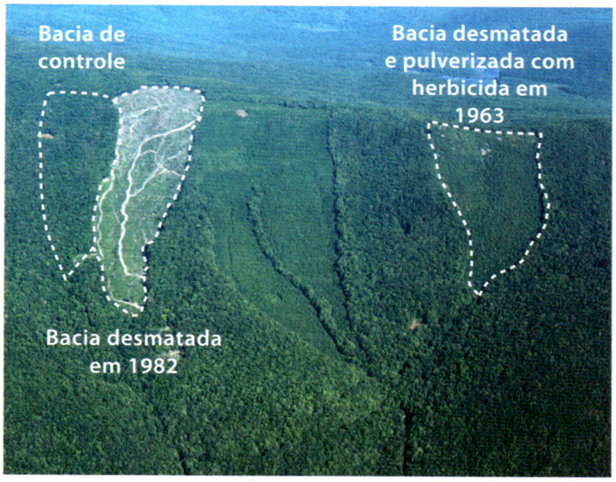

Desmatamento de uma bacia. Para determinar o papel das plantas na ciclagem dos nutrientes, os pesquisadores na Floresta Experimental de Hubbard Brook desmataram uma bacia inteira e então aplicaram herbicidas por diversos anos para impedir o crescimento das plantas. Outras bacias foram desmatadas, mas se permitiu que as plantas as repovoassem, enquanto ainda outras foram deixadas intocadas como controle. Fotografia de U.S. Forest Service, Northern Research Station.

Outro resultado surpreendente veio em 2016, quando os pesquisadores relataram os efeitos da adição de cálcio a uma parte da floresta na tentativa de reverter os efeitos nocivos a longo prazo da chuva ácida. A hipótese era de que a adição do cálcio melhoraria o crescimento das árvores e que estas, por sua vez, absorveriam mais nitratos do solo. Surpreendentemente, os pesquisadores observaram que o cálcio causou um aumento de 30 vezes na liberação de nitratos do solo para dentro dos riachos. A hipótese, agora reformulada, é a de que a adição de cálcio tenha criado um ambiente mais favorável para os micróbios, permitindo-lhes aumentar a decomposição de matéria orgânica e a liberação de nitratos.

O experimento a longo prazo em Hubbard Brook mostrou como os eventos naturais e as atividades humanas podem alterar drasticamente o movimento de elementos dentro e entre os ecossistemas de modo que podem ter grandes consequências para os ecossistemas terrestres e aquáticos.

FONTES:

Bernal S. et al. 2012. Complex response of the forest nitrogen cycle to climate change. *PNAS* 109. 3406–3411.

Likens, G. E. 2004. Some perspectives on long-term biogeochemical research from the Hubbard Brook Ecosystem Study. *Ecology* 85: 2355–2362.

Rosi-Marshall, E. J., et al. 2016. Acid rain mitigation shifts a forested watershed from a net source of nitrogen. *PNAS* 113: 7580–7583.

RESUMO DOS OBJETIVOS DE APRENDIZAGEM

21.1 O ciclo hidrológico transporta muitos elementos pelos ecossistemas. A água evapora dos corpos de água, do solo e das plantas e se transfere como vapor para a atmosfera. Esse vapor se condensa em nuvens e, por fim, cai de volta para a Terra como precipitação, a qual pode ser assimilada pelas plantas, escoar pela superfície do solo ou se infiltrar no lençol freático. Essa água se move para os riachos e lagos e então encontra o seu caminho de volta aos oceanos. Os humanos podem alterar esse ciclo reduzindo a infiltração com interferências como: construção de superfícies impermeáveis; desmatamento de florestas, aumentando o escoamento superficial; e provocação do aquecimento global, que aumenta a taxa de evaporação.

Termo-chave: **ciclo hidrológico**

21.2 O ciclo do carbono está estreitamente ligado ao movimento da energia. O carbono existe na atmosfera na forma de CO_2, que pode ser usado pelos produtores terrestres e, após se dissolver na água, pelos produtores aquáticos. Os produtores, consumidores, carniceiros, detritívoros e decompositores nos ecossistemas terrestres e aquáticos podem produzir CO_2 quando respiram. O carbono pode também deixar a água através da sedimentação e ser soterrado tanto no fundo da água quanto do solo. O carbono soterrado pode ser extraído na forma de combustíveis fósseis, cuja queima junto à combustão de matéria orgânica durante os incêndios libera CO_2 para a atmosfera. Os humanos podem alterar esse ciclo principalmente afetando a extração e a queima do carbono.

21.3 O nitrogênio cicla pelos ecossistemas de muitas maneiras diferentes. O gás nitrogênio na atmosfera pode ser convertido em amônia e nitrato pelas descargas elétricas, pelas bactérias fixadoras de nitrogênio e para a fabricação de fertilizantes. Os produtores podem coletar essas formas de nitrogênio e assimilá-las; assim, esse nitrogênio é transferido através das teias alimentares terrestres e aquáticas. Durante a decomposição, o nitrogênio nos organismos e seus rejeitos podem ser convertidos em amônia pelo processo da mineralização. A amônia pode ser convertida em nitrito e nitrato por meio do processo de nitrificação, e nitratos podem ser convertidos em óxido nitroso e gás nitrogênio pelo processo da desnitrificação. Os humanos alteram esse ciclo principalmente pela produção e aplicação de grandes quantidades de fertilizantes e pela queima de combustíveis fósseis, o que produz óxido nítrico no ar, que, em seguida, se mistura com a precipitação e cai de volta ao solo em forma de nitratos. Essas atividades alteram a fertilidade dos ambientes terrestres e aquáticos.

Termos-chave: **fixação do nitrogênio, nitrificação, mineralização, desnitrificação**

21.4 O ciclo do fósforo se move entre a terra e a água. A maior parte do fósforo é liberada pelo intemperismo das rochas. Esse fósforo é assimilado pelos produtores terrestres e aquáticos, que passam para os consumidores, carniceiros, detritívoros e decompositores. O fósforo das excreções e dos organismos decompostos se dissolve na água do solo ou dos riachos, rios, lagos e oceanos. No oceano, o fósforo se precipita até os sedimentos, que são lentamente convertidos em rochas. Os humanos afetam o ciclo do fósforo principalmente com a mineração de rochas para a produção de fertilizantes. Esse fertilizante rico em fósforo pode alterar a fertilidade dos hábitats terrestres e aquáticos e causar florações de algas e eutrofização.

Termos-chave: **eutrofização, eutrofização cultural**

21.5 Nos ecossistemas terrestres, a maioria dos nutrientes se regenera no solo. Nos ecossistemas terrestres, os nutrientes são regenerados principalmente nos solos. Alguns nutrientes, como o fósforo, são regenerados pelo intemperismo das rochas, e todos os outros, pela decomposição de matéria orgânica morta. Como as taxas de decomposição são mais rápidas sob temperaturas e precipitação maiores, os ecossistemas tropicais têm altas taxas de decomposição e baixas quantidades de matéria orgânica morta. Os ecossistemas boreais e outros ecossistemas frios têm baixas taxas de decomposição e grandes quantidades de matéria orgânica morta.

Termo-chave: **bacia hidrográfica**

21.6 Nos ecossistemas aquáticos, a maioria dos nutrientes se regenera nos sedimentos. Em muitos riachos e alguns alagados, as entradas alóctones de folhas do ambiente terrestre circundante são a grande fonte de nutrientes. A taxa de decomposição foliar é determinada principalmente pela temperatura da água e pelo conteúdo de lignina das folhas. Nos rios, lagos e riachos, boa parte da matéria orgânica pode sair da água, entrando seus sedimentos do fundo, onde se decompõem. Quando os lagos e oceanos se estratificam, os nutrientes que foram liberados pela decomposição são impedidos de se mover para as águas de superfície mais produtivas. Embora o nitrogênio e o fósforo sejam os nutrientes mais comumente limitantes nos ecossistemas aquáticos, algumas regiões do oceano são limitadas pela disponibilidade de outros nutrientes, incluindo o silício e o ferro.

QUESTÕES DE RACIOCÍNIO CRÍTICO

1. Como a energia do Sol determina o movimento da água dos oceanos para os continentes e de volta para os oceanos?
2. Como o oceano pode reduzir os efeitos da queima de combustíveis fósseis sobre as concentrações de CO_2 na atmosfera?
3. Por que o gás metano é normalmente produzido nos pântanos?
4. Dado que o fundo do oceano é anaeróbico, que processo no ciclo do nitrogênio é mais provável de ocorrer nesse local?
5. Como podem as bactérias fixadoras de nitrogênio que vivem em simbiose com uma planta afetar os tipos de ambientes nos quais a planta poderia viver?
6. Por que o intemperismo da rocha matriz é responsável por uma fração pequena dos nutrientes disponíveis para as plantas?
7. Por que os solos tropicais e temperados têm taxas diferentes de regeneração de nutrientes?
8. Por que os solos cultivados no Canadá boreal retêm seus nutrientes por muito mais anos do que os cultivados na América do Sul tropical?
9. Por que o aquecimento global pode causar a liberação de CO_2 dos solos das florestas boreais?
10. Qual é a provável sequência de eventos na qual o despejo de esgoto *in natura* no rio Mississipi leva à mortandade de peixes na zona morta do Golfo do México?

REPRESENTAÇÃO DOS DADOS | DECOMPOSIÇÃO DE MATÉRIA ORGÂNICA

Como visto neste capítulo, a matéria orgânica morta normalmente se decompõe em um padrão que segue uma curva exponencial negativa. Para comparar as taxas de decomposição das folhas de cerejeira e do bordo em um riacho, os cientistas colocaram sacos de folhas em um riacho e os recuperaram ao longo do tempo. Eles conduziram três réplicas desse experimento e obtiveram os dados mostrados na tabela.

Para as folhas de cada espécie, calcule a quantidade média de serapilheira remanescente em cada momento e então faça um gráfico de dispersão mostrando essa quantidade ao longo do tempo.

MASSA DE SERAPILHEIRA (g)					
	0 dia	10 dias	30 dias	60 dias	100 dias
Bordo					
Réplica 1	100	64	32	23	12
Réplica 2	100	60	30	20	10
Réplica 3	100	56	27	18	8
Cerejeira					
Réplica 1	100	80	60	40	30
Réplica 2	100	78	63	44	33
Réplica 3	100	83	58	38	25

22 Ecologia de Paisagem e Biodiversidade Global

É Possível Haver Biodiversidade Demais?

MUDANÇA GLOBAL

A biodiversidade do mundo inspira diversas reflexões. Pode-se pensar na biodiversidade das espécies que evoluíram e desempenham papéis únicos na natureza, contribuindo em conjunto para o funcionamento apropriado dos ecossistemas. É possível, também, refletir sobre as muitas espécies no mundo que estão diminuindo e algumas que beiram a extinção. O que menos se nota é o fato de que, enquanto muitos lugares na Terra perdem espécies, estes mesmos lugares apresentam aumentos consideráveis de biodiversidade. A razão para essa aparente contradição é que o número de extinções é frequentemente compensado pelo número de espécies não nativas introduzidas.

Por terem limites bem marcados, as ilhas são consideradas como bons locais para investigar a extinção de espécies nativas e a introdução de espécies não nativas que se naturalizaram ao longo do tempo (*i. e.*, espécies não nativas que mantêm populações na natureza). Como discutiu-se em capítulos anteriores, espécies insulares podem ser altamente suscetíveis à extinção em razão de suas populações relativamente pequenas, alto índice de exploração por humanos e ausência de coexistência a longo prazo com competidores, predadores e patógenos introduzidos.

Em um estudo, a alteração na biodiversidade de ilhas ao longo do tempo foi quantificada, investigando-se: (1) o número de pássaros nativos e o de plantas vasculares nativas que ainda vivem na ilha; (2) o número de espécies nativas, mas que já foram extintas; (3) o número de espécies não nativas. Os resultados mostraram que, em diversas ilhas no mundo, o número de espécies de pássaros extintas desde a chegada dos humanos é similar ao número de espécies que surgiram e se naturalizaram, resultando em uma nova composição de espécies, mas sem mudança substancial no valor de biodiversidade. Em contraste, o número de plantas nativas extintas desde a chegada dos humanos é muito inferior ao número de plantas não nativas que surgiram e se tornaram naturalizadas. Embora ilhas maiores contenham maior incidência de espécies nativas e naturalizadas, ilhas de tamanho médio têm cerca de duas vezes mais espécies de plantas hoje em dia do que tinham no passado. Por exemplo, a Nova Zelândia tem cerca de 2.000 espécies nativas de plantas, mas hoje tem mais 2.000 espécies não nativas naturalizadas. Nesta localidade não havia espécies de mamíferos terrestres nativos, exceto morcegos, mas atualmente há diversas espécies de mamíferos terrestres introduzidos.

"Muitos lugares na Terra estão perdendo espécies e simultaneamente sofrendo grandes aumentos na biodiversidade."

As observações feitas sobre as ilhas também foram evidenciadas em muitas outras regiões do mundo. Por exemplo, a Califórnia tem vivenciado cerca de 28 extinções de espécies de plantas nativas, enquanto mais de 1.000 espécies não nativas têm se tornado naturalizadas. Em conjunto, esses resultados configuram um paradoxo entre os benefícios de se ter alta biodiversidade em um ecossistema *versus* o desejo de se preservarem as espécies nativas que vivem em cada ecossistema. Em outras palavras, as atividades humanas, incluindo o movimento de espécies de plantas e animais pelo mundo, podem estar causando um declínio mundial de espécies em escala global em função das extinções, mas, frequentemente, podem não acarretar mudança na riqueza da biodiversidade de espécies ou proporcionar um aumento desta em escala local em muitas partes do mundo – como nas ilhas ou no estado da Califórnia – devido ao grande número de espécies introduzidas nessas áreas. Como resultado, é preciso considerar não somente o número de espécies e como elas influenciam o funcionamento adequado do ecossistema, mas também a composição da comunidade em termos de espécies nativas *versus* não nativas. Além disso, é necessário compreender como

Diversidade de espécies com flores na Califórnia. A Califórnia tem vivenciado 28 extinções de plantas nativas, mas também teve introduzidas mais de 1.000 espécies de plantas não nativas provenientes de diversas regiões do mundo. Fotografia de George Oze/Alamy.

FONTES:
Sax, D. F., et al. 2002. Species invasions exceed extinctions on islands worldwide: A comparative study of plantas and birds. *The American Naturalist* 160: 766–783.
Vellend, M. 2017. The biodiversity conservation paradox. *American Scientist* 105: 94–101.

as biodiversidades locais e globais se transformarão nas décadas futuras, incluindo o fato de que espécies naturalizadas podem levar espécies nativas à extinção.

Os padrões globais de biodiversidade ressaltam a necessidade de se compreenderem os processos históricos que influenciam a riqueza de espécies e o fato de que algumas vezes é preciso estudar ecologia de espaço em grandes escalas espaciais para compreender a distribuição e a composição de espécies na Terra. Neste capítulo, será explorada a ecologia em grandes escalas espaciais para investigar a distribuição de espécies pelas paisagens e ao redor do mundo.

OBJETIVOS DE APRENDIZAGEM

Após a leitura deste capítulo, você deverá ser capaz de:

22.1 Discutir como a ecologia de paisagem investiga padrões e processos ecológicos em grandes escalas espaciais.

22.2 Explicar por que o número de espécies aumenta com a área geográfica.

22.3 Descrever a teoria de biogeografia de ilhas.

22.4 Ressaltar as causas que tornam a biodiversidade maior perto do Equador e menor em direção aos polos.

22.5 Explicar como a distribuição de espécies pelo mundo é afetada pela história da Terra.

Ao longo deste livro, tem-se considerado o papel das condições físicas e das interações de espécies em lugares particulares. Tem-se visto como esses fatores podem afetar a ecologia de indivíduos, populações, comunidades e ecossistemas. Quando esses tópicos são explorados, frequentemente torna-se útil focar em áreas relativamente homogêneas de terra ou água. Contudo, à medida que paisagens e continentes são percorridos, observa-se que os ecossistemas terrestres e aquáticos variam de lugar para lugar. Neste capítulo, serão estudadas áreas muito maiores de paisagens, que incluem diversos hábitats, até continentes inteiros, os quais contêm uma série de climas. Ao se considerar essa abordagem de macroescala, o objetivo é compreender por que são encontrados, com certa frequência, números e tipos muito diferentes de espécies em lugares distintos por todo o planeta e por que, às vezes, encontram-se tipos muito semelhantes de espécies em continentes bem distantes um do outro. Uma vez que os padrões de biodiversidade sejam compreendidos, é possível entender os processos que afetam a diversidade e desenvolver planos para conservá-la, o que, aliás, é o tópico do próximo capítulo.

22.1 A ecologia de paisagem investiga os padrões e processos ecológicos em escalas espaciais amplas

Ao se olhar uma ampla paisagem da janela de um avião, sem dúvida é possível ver uma diversidade de hábitats terrestres e aquáticos constituindo uma grande variedade de tamanhos e formas (ver Figura 4.2). O campo da **ecologia de paisagem** considera o arranjo espacial dos hábitats em diferentes escalas e investiga como eles influenciam os indivíduos, as populações, as comunidades e os ecossistemas. Esta seção discute as fontes da heterogeneidade de hábitat e como essa heterogeneidade gera biodiversidade local e regional.

Ecologia de paisagem Campo de estudo que considera o arranjo espacial dos hábitats em diferentes escalas e examina como eles influenciam os indivíduos, as populações, as comunidades e os ecossistemas.

CAUSAS DA HETEROGENEIDADE DE HÁBITAT

A atual heterogeneidade de hábitat reflete os eventos históricos recentes causados tanto por forças naturais quanto por atividades humanas. Os processos históricos responsáveis por proporcionar influências duradouras na ecologia atual de uma área são conhecidos como **efeitos legados.** Um interessante efeito legado de geleiras que é possível observar hoje em dia é a presença de *eskers*, ou seja, trechos remanescentes de longos córregos sinuosos que no passado fluíram dentro e abaixo das geleiras. Ao longo do tempo, esses córregos glaciais depositaram solo e rochas em seus caminhos. Depois que as geleiras derreteram, os leitos desses antigos córregos apareceram como longas colinas sinuosas (Figura 22.1). Essas colinas têm diferentes micro-hábitats, os quais favorecem comunidades de plantas e animais particulares.

As forças naturais continuam a causar heterogeneidade de hábitat nos tempos modernos. Tanto nas escalas locais quanto nas regionais, catástrofes como tornados, furacões, inundações, deslizamentos e incêndios podem alterar a estrutura da vegetação, acarretando mudanças nas populações e comunidades que dependem dela. Embora eventos catastróficos sempre tenham ocorrido naturalmente, a atividade humana continua a influenciá-los. Por exemplo, os incêndios naturais no Parque Nacional de Yellowstone foram amplamente contidos durante boa parte do século XX. No verão de 1988, contudo, centenas de incêndios foram iniciados tanto por atividades humanas quanto por causas naturais, como raios. A maioria dos incêndios queimou áreas relativamente pequenas, de menos de 40 ha, porém um baixo número de incêndios queimou áreas muito maiores. No total, perto de 500.000 ha queimaram, deixando um mosaico de manchas queimadas e não queimadas por toda a grande paisagem de Yellowstone (Figura 22.2).

Efeito legado Influência duradoura de processos históricos sobre a ecologia atual de uma área.

Figura 22.1 Efeito legado natural da paisagem. Este longo e sinuoso *esker* próximo ao lago Whitefish, Territórios do Noroeste, Canadá, foi formado por uma corrente de água que uma vez correu através de uma geleira de milhares de metros de espessura. As partículas do solo se depositaram no leito do córrego, o qual forma, hoje, uma longa crista de terra, que é o *esker*. Fotografia de George D. Lepp/Getty Images.

Como foi visto no Capítulo 18, alguns animais – como castores e jacarés – são engenheiros ecossistêmicos e podem alterar o hábitat em uma paisagem. Os humanos são os engenheiros ecossistêmicos mais amplos; eles constroem casas, escritórios e fábricas, represas e canais de irrigação, canalizam vias aquáticas para melhorar a navegação e desmatam florestas para obter madeira, papel e desenvolver a agricultura. A exploração madeireira é um exemplo claro de uma atividade humana que produz um mosaico constituído por tipos de hábitats ao longo da paisagem. No oeste dos EUA, é uma prática comum desmatar áreas de tamanho médio de floresta espalhadas na paisagem. Essa prática ajuda a minimizar a erosão do solo e outros eventos danosos causados pelos desmatamentos em grande escala. Produz, também, um mosaico de manchas de florestas de diferentes idades que persiste por muitos anos.

Figura 22.2 Heterogeneidade de hábitat após um incêndio. No Parque Nacional de Yellowstone, centenas de incêndios queimaram áreas do parque e deixaram para trás uma mistura heterogênea de manchas queimadas e não queimadas. Cortesia de Jim Peaco, Yellowstone National Park, National Park Service.

As atividades humanas podem também causar heterogeneidade de hábitat. Por exemplo, durante o primeiro século d.C., os romanos construíram pequenas vilas e fazendas na França. Essas fazendas foram abandonadas por volta do século IV e a terra, revertida em floresta (Figura 22.3 A). Os pesquisadores estudaram as condições do solo e as espécies de plantas dos primeiros assentamentos romanos situadas entre 0 e 500 m. Eles descobriram que os locais mais próximos aos assentamentos tinham um pH maior do solo, mais fósforo disponível e maior riqueza de espécies de plantas, incluindo muitas espécies de ervas. Esses efeitos legados, mostrados na Figura 22.3 B, foram atribuídos a duas causas: a lenta decomposição dos antigos materiais de construção, que contribuiu com cálcio e fósforo para o solo; e a introdução pelos romanos de numerosas espécies de plantas na área. Em resumo, a habitação humana de 1.600 anos atrás continua a ter fortes efeitos legados nas florestas modernas.

RELAÇÕES ENTRE HETEROGENEIDADE DE HÁBITAT E DIVERSIDADE DE ESPÉCIES

Quando se quantifica o número de espécies em determinada área, inclui-se uma maior variedade de hábitats no nível da paisagem do que na escala local e, portanto, geralmente se observa um maior número de espécies. Por exemplo, os ecólogos em Vermont recentemente realizaram o levantamento das espécies de aves ao longo de 27 riachos que deságuam no Lago Champlain. Eles mediram as características físicas de cada riacho, como profundidade e largura, bem como os tipos de hábitats nas áreas ripárias ao longo das margens de cada um deles. Embora cada riacho sustente uma média de apenas 17 espécies de aves, sua paisagem inteira continha 101

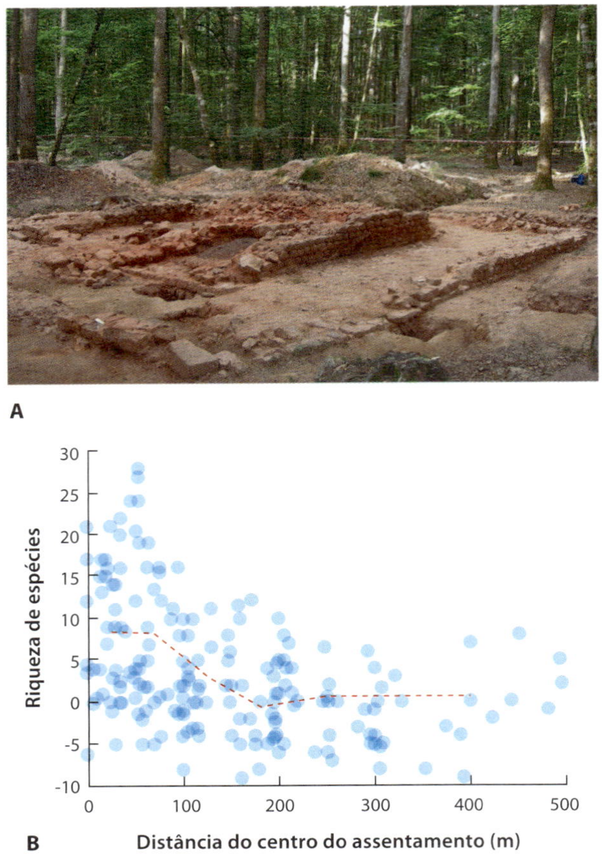

Figura 22.3 Efeitos legados na paisagem causados pelos humanos. A. As ruínas das vilas de fazendas romanas estão presentes por todo o norte da França. Estas ruínas gálio-romanas estão na floresta de Tronçais no sítio de Petit-Jardins, na Isle-et-Bardais, Allier. Como os materiais de construção feitos de pedra foram intemperizados, eles provavelmente contribuíram com cálcio e fósforo para o solo e alteraram as condições abióticas. Além disso, os romanos introduziram numerosas espécies de plantas. **B.** Em conjunto, essas mudanças deixaram um legado de mais espécies de plantas vivendo próximas aos antigos assentamentos, com menos espécies vivendo a 500 m de distância. O número de espécies vegetais representa a diferença a partir do número médio de espécies de plantas encontradas mais distantes dos assentamentos. A *linha tracejada* representa a riqueza média de espécies mudando à medida que se afasta do centro do assentamento. Dados de E. Dambrine et al., Present forest biodiversity patterns in France related to former Roman agriculture, *Ecology* 88 (2007): 1430–1439. Fotografia de Laure Laüt-Taccoen.

espécies. O número aumentou significativamente porque grupos de aves diferentes preferiam características distintas de hábitats. Por exemplo, as aves aquáticas tinham sua riqueza e abundância de espécies mais altas nos riachos rasos, enquanto as aves piscívoras eram mais frequentes nos riachos maiores com pouca agricultura em suas margens porque esses riachos possuem mais peixes. Por outro lado, a riqueza e a abundância das aves insetívoras eram mais altas nas áreas contendo diversos tipos de hábitat, incluindo riachos rasos, pradarias e florestas de folhas largas. Essa mistura de pradaria, floresta e hábitats de riacho permitiu que maior variedade de aves costeiras insetívoras e de aves de floresta coexistissem e se alimentassem dos insetos que emergiam dos riachos. Como a heterogeneidade de tipos de hábitats ao longo da paisagem dos riachos sustenta uma riqueza maior de espécies de aves do que em um único hábitat, a conservação de uma variedade de hábitats em uma grande área é essencial para a conservação da uma alta diversidade de espécies de aves.

DIVERSIDADES LOCAL E REGIONAL DE ESPÉCIES

O estudo das aves nos riachos de Vermont realça o fato de a diversidade de espécies poder ser medida em diferentes escalas espaciais. Por exemplo, ao se considerar o número de espécies em uma área relativamente pequena de hábitat homogêneo, como os riachos, enfoca-se a **diversidade local** ou **diversidade alfa**. Por outro lado, ao se considerar o número de espécies em todo o hábitat que constitui uma ampla área geográfica, enfoca-se a **diversidade regional** ou **diversidade gama**. No estudo dos riachos de Vermont, a diversidade regional seria composta por toda a lista de 101 aves que os pesquisadores identificaram ao longo de todos os 27 riachos.

Se cada espécie ocorreu em todos os hábitats em uma região, então a diversidade de espécies nas escalas local e regional seria idêntica. Contudo, como foi visto no caso das aves que habitam os riachos de Vermont, espécies diferentes preferem hábitats distintos. Portanto, o número de espécies na escala local é menor do que na escala regional. Além disso, a lista de espécies em cada hábitat local é distinta uma da outra. Os ecólogos denominam **diversidade beta** o número de espécies que diferem em ocorrência entre dois hábitats. Servem de exemplo dois riachos em Vermont: o riacho A contém cinco espécies não encontradas no riacho B, e o riacho B contém três espécies não encontradas no riacho A. Como os dois riachos diferem por um total de oito espécies, a diversidade beta é oito. Quanto maior a diferença nas espécies entre dois hábitats, maior a diversidade beta.

O conjunto das espécies que ocorrem em uma região é o **reservatório regional de espécies** (em inglês, *regional species pool*). As espécies que vivem em cada local dependem das espécies que existem no reservatório regional e do quão bem as condições bióticas e abióticas na escala local coincidem com os requisitos de nicho das espécies no reservatório regional. Portanto, as espécies no reservatório regional são distribuídas entre as localidades de acordo com suas adaptações e interações, em um processo chamado de **alocação de espécies** (em inglês, *species sorting*).

Um exemplo de alocação de espécies pode ser visto em um experimento no qual os pesquisadores criaram alagados artificiais e manipularam diversas condições, incluindo a fertilidade e a quantidade de inundação que o solo sofreu.

Diversidade local Quantidade de espécies em uma área relativamente pequena de hábitat homogêneo, como um riacho. Também denominada **diversidade alfa**.

Diversidade regional Quantidade de espécies em todos os hábitats que constituem uma grande área geográfica. Também denominada **diversidade gama**.

Diversidade beta Quantidade de espécies que diferem em ocorrência entre dois hábitats.

Reservatório regional de espécies Conjunto de espécies que ocorrem em uma região.

Alocação de espécies Processo de selecionar e alocar espécies do reservatório regional entre locais, de acordo com as suas adaptações e interações.

Os pesquisadores, então, plantaram as sementes de vinte espécies de plantas em cada alagado para ver quais germinariam e persistiriam durante os 5 anos seguintes. Das vinte espécies originais, uma falhou em germinar em qualquer dos alagados e cinco outras foram incapazes de persistir. Das catorze remanescentes, cada alagado continha, no fim do experimento, somente três a cinco espécies. Além disso, houve combinações específicas de espécies de plantas que sobreviveram em cada condição de alagado. Esses resultados confirmaram que as diferenças nas condições locais causam a alocação de espécies do reservatório regional de espécies.

VERIFICAÇÃO DE CONCEITOS

1. Quais são as duas fontes de heterogeneidade de hábitat?
2. Por que existe uma relação positiva entre heterogeneidade de hábitat e riqueza de espécies?
3. Por que as preferências de hábitat normalmente fazem com que a diversidade alfa seja menor do que a diversidade gama?

22.2 A quantidade de espécies aumenta com a área

Quando se considera a ecologia de paisagem, vê-se que as áreas terrestres ou aquáticas maiores contêm maior número de espécies. Esta seção discute exemplos desse fenômeno em diversos sistemas e explora as relações matemáticas entre a riqueza de espécies e a área. Em seguida, considera os processos subjacentes que causam a relação positiva entre a área e a riqueza de espécies.

RELAÇÕES ESPÉCIE-ÁREA

Em um estudo clássico sobre diversidade de espécies, Robert MacArthur e E. O. Wilson investigaram os padrões de riqueza de espécies nos grupos taxonômicos vivendo em ilhas de diferentes tamanhos. Quando os pesquisadores elaboraram um gráfico com a riqueza de espécies de ilhas diferentes contra o tamanho das ilhas, descobriram que as ilhas maiores tinham maior riqueza de espécies. Por exemplo, como se pode ver na Figura 22.4 A, o número de espécies de anfíbios e répteis vivendo nas Índias Ocidentais aumenta com o tamanho da ilha.

A observação de que áreas maiores tendem a conter mais espécies levou ao conceito de **curva espécie-área**, uma relação gráfica na qual acréscimos na área (A) estão associados a aumentos no número de espécies (S). Essa curva pode ser descrita pela seguinte equação:

$$S = cA^z$$

em que c e z são constantes ajustadas aos dados. Para tornar mais fácil trabalhar com essa equação na forma de um gráfico, é possível calcular o logaritmo de ambos os lados:

$$\log S = \log c + z \log A$$

Essa é a equação de uma linha reta com uma interseção no eixo y igual a $\log c$ e uma inclinação z. Por exemplo, a Figura 22.4 B mostra os mesmos dados de anfíbios e répteis usando eixos em uma escala log. Uma relação linear semelhante pode ser vista em outro conjunto de dados de MacArthur e Wilson, no qual investigaram o número de espécies de aves vivendo nas Ilhas da Sonda (Malásia), nas Filipinas e na Nova Guiné. Como é possível ver na Figura 22.5, quando os dados são mostrados em um gráfico com escala log, o número de espécies de aves aumenta linearmente com o tamanho da ilha.

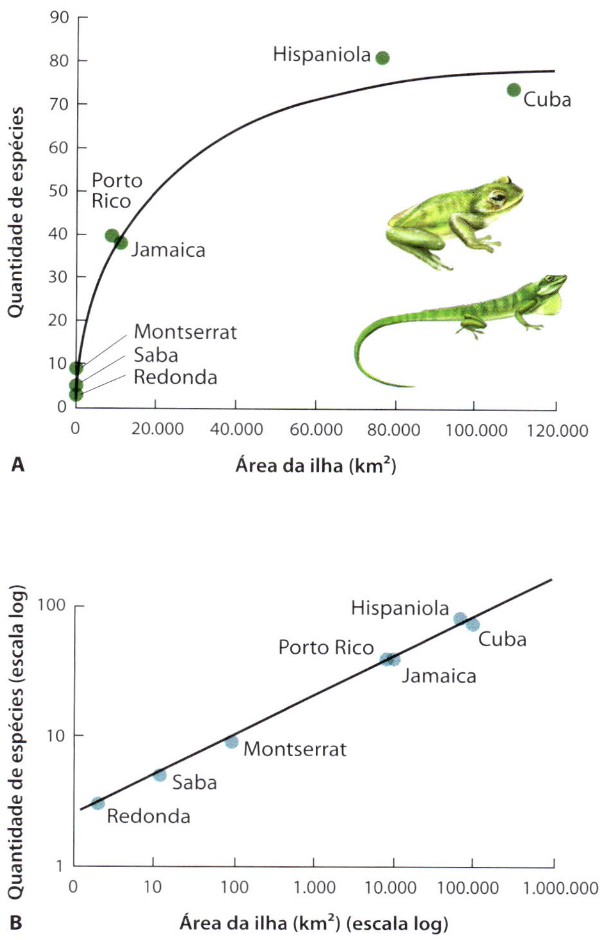

Figura 22.4 Curva espécie-área para anfíbios e répteis. Nas Índias Ocidentais, as ilhas maiores contêm mais espécies de anfíbios e répteis. **A.** Quando os dados brutos são mostrados em um gráfico, a relação é uma curva que tende a se estabilizar. **B.** Quando mostrados em uma escala log, a relação é uma linha reta. Dados de R. H. MacArthur e E. O. Wilson, *The Theory of Island Biogeography* (Princeton University Press, 1967).

Em muitos grupos diferentes de organismos, a relação entre $\log A$ e $\log S$ normalmente tem uma inclinação dentro de um intervalo de $z = 0,20$ a $0,35$ em uma grande amplitude de áreas, nas escalas desde 1 m^2 até um país de tamanho moderado. Esse intervalo relativamente estreito de valores de inclinação em diferentes estudos e táxons sugere que as relações entre a riqueza de espécies e a área da ilha refletem processos semelhantes.

As ilhas oceânicas proporcionam bons exemplos da relação espécie-área, mas o padrão pode também ser observado em uma grande diversidade de ecossistemas. Por exemplo, pesquisadores em Ontário, Canadá, fizeram o levantamento

Curva espécie-área Relação gráfica na qual os acréscimos na área (A) estão associados a acréscimos na quantidade de espécies (S).

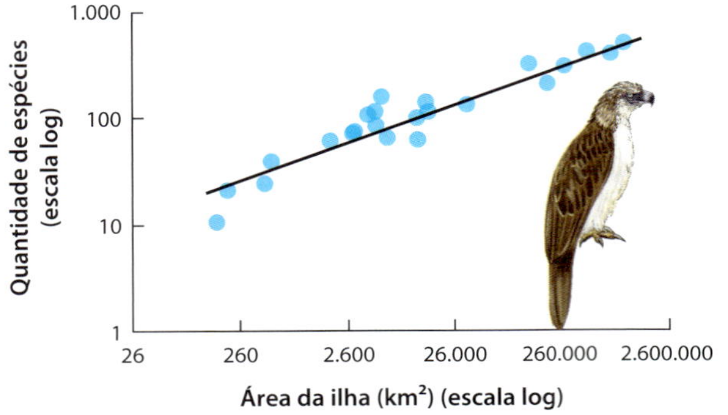

Figura 22.5 Curva espécie-área para aves. Entre Ilhas da Sonda (Malásia), Filipinas e Nova Guiné, as ilhas com área maior contêm mais espécies de aves, como a águias-das-filipinas, quando ambas as variáveis são mostradas em um gráfico na escala log. Dados de R. H. MacArthur; E. O. Wilson. An equilibrium theory of insular zoogeography, *Evolution* 17 (1963): 373–387.

das espécies que vivem em trinta alagados de diferentes tamanhos. Como mostrado da Figura 22.6, eles descobriram que, conforme a área dos alagados aumentava, havia um correspondente aumento no número de plantas, anfíbios, répteis, aves e mamíferos. Como é possível ver, a correlação positiva entre a área e a riqueza de espécies é comum na natureza.

FRAGMENTAÇÃO DE HÁBITATS

Ilhas de hábitat podem se formar quando processos naturais – como incêndios e furacões – fazem os hábitats se fragmentarem. De maneira semelhante, as atividades humanas têm causado uma vasta fragmentação de grandes hábitats por todo o mundo. Por exemplo, na Costa Rica, América Central, em 1940, as florestas cobriam grande parte do país e existiam como um grande e contínuo hábitat. À medida que as populações humanas e suas atividades associadas aumentaram, as florestas foram continuamente desmatadas, como mostrado na Figura 22.7. Por volta de 2005, grande parte da área florestada havia sido desmatada, e as florestas que permaneceram existiam na forma de muitos fragmentos pequenos, que funcionavam, essencialmente, como ilhas em matriz de terras desmatadas.

A fragmentação de um grande hábitat contínuo provoca diversos efeitos: a quantidade total de hábitat diminui, o número de manchas de hábitat aumenta, o tamanho médio das manchas diminui, a quantidade de borda de hábitat aumenta e o isolamento de manchas aumenta. Inversamente, na matriz de hábitats entre os fragmentos, com os campos desmatados nos fragmentos de floresta, a área total aumenta e a matriz se torna mais contínua. Os ecólogos estão especialmente interessados em como a formação de manchas de hábitats isoladas com diferentes tamanhos e formas

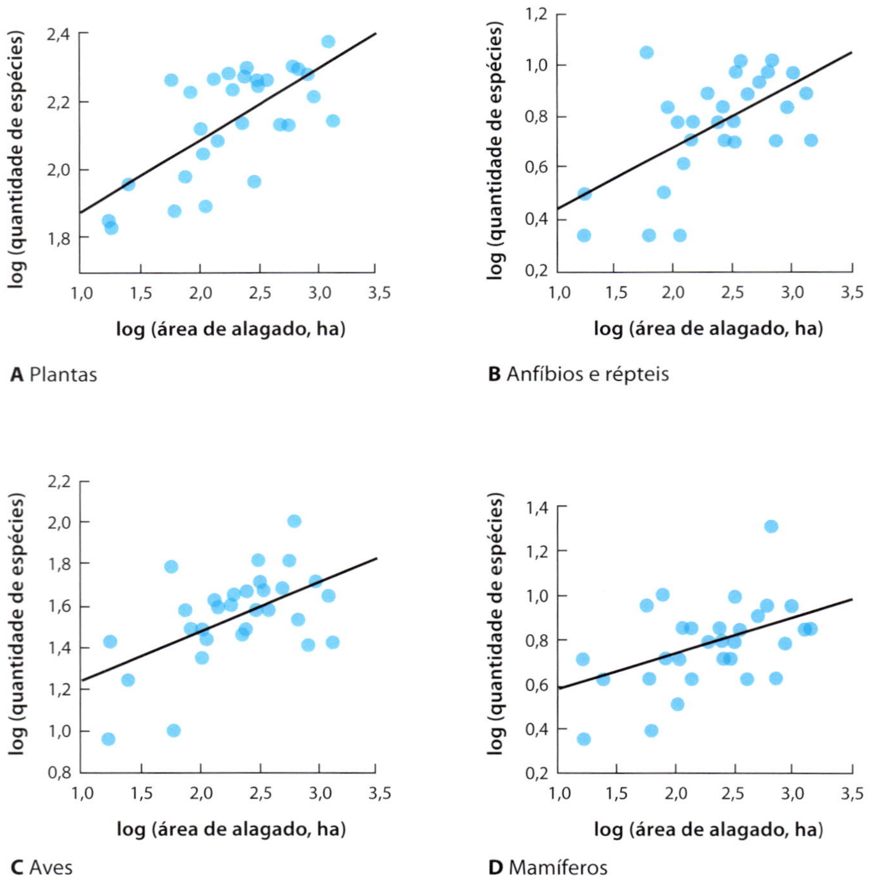

Figura 22.6 A riqueza de espécies aumenta com a área de hábitat. Em um levantamento de 30 alagados em Ontário, Canadá, um aumento na área do alagado foi associado ao aumento na riqueza de espécies de plantas (**A**), anfíbios e répteis (**B**), aves (**C**) e mamíferos (**D**). Dados de C. S. Findlay; J. Houlahan, Anthropogenic correlates of species richness in southeastern Ontario wetlands, *Conservation Biology* 11 (1997): 1000–1009.

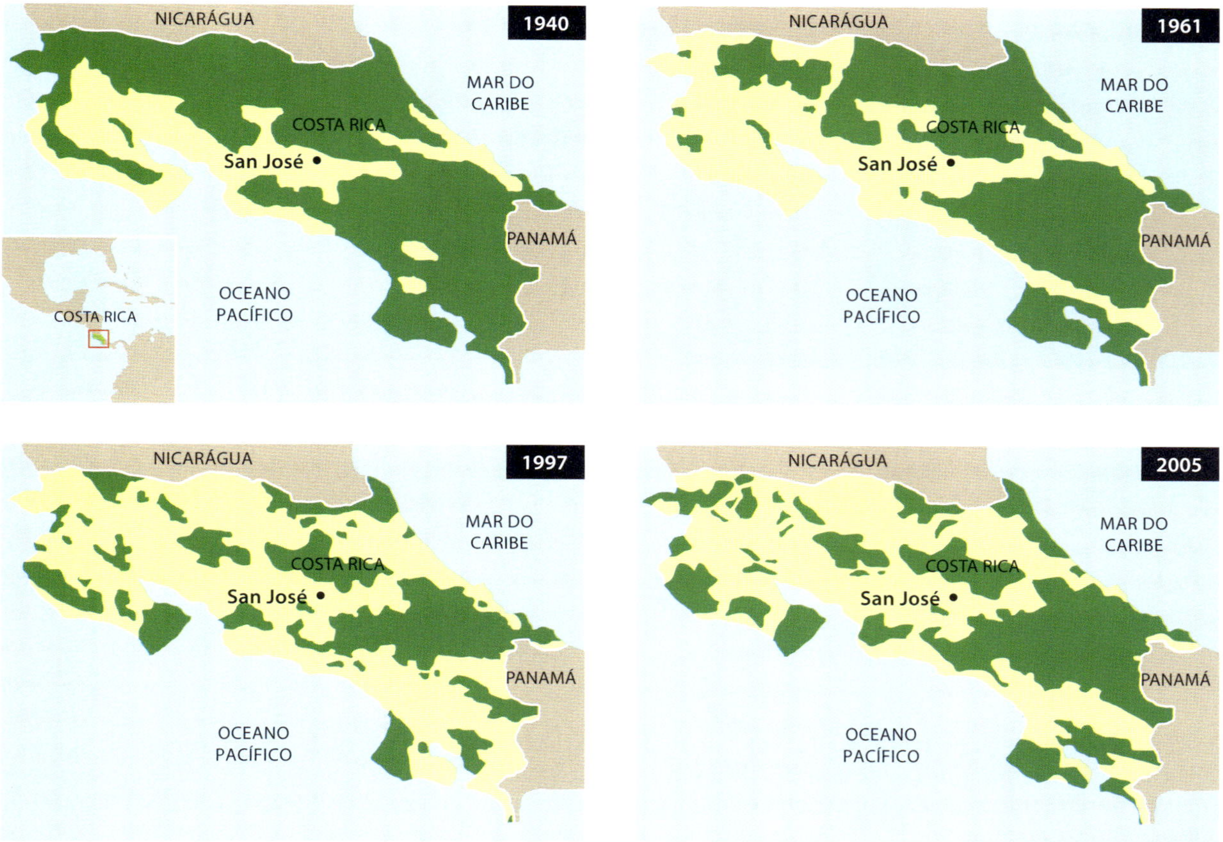

Figura 22.7 Fragmentação de uma floresta contínua em ilhas de hábitat de floresta. Na Costa Rica, a floresta – ilustrada em verde-escuro – já foi uma vez bastante contínua. Ao longo do tempo, ela foi desmatada por atividades humanas e hoje existe somente na forma de fragmentos menores. Segundo United Nations Environment Program, Food and Agricultural Program of the United Nations and the United Nations Forum on Forests Secretariat, *Vital Forest Graphics* (2009).

influencia a biodiversidade e em como corredores de hábitat e a qualidade da matriz entre os fragmentos afetam a taxa de substituição de espécies.

Efeitos do tamanho do fragmento

Como foi visto no caso das ilhas oceânicas, a redução no tamanho do hábitat que acompanha a fragmentação causa, normalmente, uma diminuição na diversidade de espécies. Isso ocorre porque cada fragmento sustenta populações de espécies menores do que existiam no hábitat original maior e, como discutido no Capítulo 13, populações menores têm taxas mais altas de extinção (ver Figura 13.13). Por exemplo, no leste da Venezuela, um grande rio foi represado para criar um lago de 4.300 km^2, conhecido como Lago Guri. A região era composta por uma combinação de campos utilizados como pastos e florestas tropicais, mas, após a represa inundar a região, centenas de pontos altos na paisagem tornaram-se ilhas no lago então formado, como mostrado na Figura 22.8 A. As ilhas menores não continham presas suficientes para sustentar os grandes predadores vertebrados e, assim, os predadores isolados nas pequenas ilhas acabaram por se extinguir. Essas extinções causaram uma cadeia de eventos que afetaram as espécies que permaneciam nas ilhas. A extinção dos grandes predadores possibilitou que os herbívoros, tais como as formigas-cortadeiras, as iguanas e os bugios (*Alouatta seniculus*) aumentassem nas ilhas. A explosão populacional desses herbívoros afetou as plantas da ilha. Como pode ser visto na Figura 22.8 B, maior abundância de herbívoros nas ilhas menores causou mais mortalidade nas plântulas existentes e reduziu o recrutamento de novas árvores para o estágio de plântula.

Efeitos das bordas dos fragmentos

Como visto no Capítulo 18, quando os hábitats são fragmentados, eles produzem ecótonos, que são regiões com composição de espécies e condições ambientais distintas em uma distância relativamente curta. Maior fragmentação aumenta a quantidade de hábitat de borda, em comparação com a quantidade presente no hábitat original não fragmentado. Por exemplo, um único hábitat quadrado com uma área de 1 ha pode ser comparado com a mesma área total dividida em 16 pequenos hábitats quadrados. Como ilustrado na Figura 22.9, o hábitat grande e único teria 400 metros de borda, enquanto os 16 hábitats menores teriam 1.600 metros de borda. Em relação à forma dos fragmentos, os hábitats redondos têm a menor proporção de borda em relação à área, enquanto os hábitats longos, finos, ovais ou retangulares têm razões de borda para área muito maiores.

A

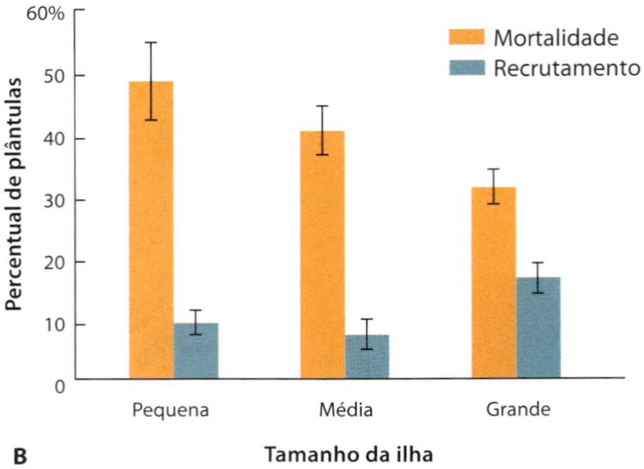

B

Figura 22.8 Fragmentação de hábitats terrestres a partir da formação do Lago Guri. No leste da Venezuela, uma represa foi construída para formar o lago Guri em 1978, e a área a montante da represa foi inundada. **A.** A inundação transformou os morros da região em ilhas do lago. **B.** Nas ilhas menores, os grandes predadores não estavam mais presentes e, assim, as populações de herbívoros aumentaram, com grande efeito sobre a vegetação. As plântulas nas pequenas ilhas sofreram mais mortalidade, provocando o menor dos valores de recrutamento. As barras de erro são erros padrões. Dados de J. Terborgh et al., Vegetation dynamics of predator-free land-bridge islands. *Journal of Ecology* 94 (2006): 253–263. Fotografia de Peter Langer/DanitaDelimont.com.

Um aumento no hábitat de borda muda tanto as condições abióticas quanto a composição de espécies de um hábitat. Em uma floresta fragmentada, por exemplo, a borda de um fragmento recentemente criado recebe mais iluminação do Sol, apresentando temperaturas mais quentes no verão e taxas mais altas de evaporação. Essas mudanças podem tornar a borda da floresta menos adequada para muitas espécies típicas deste hábitat e mais adequada para outras espécies.

MUDANÇA GLOBAL Considerando que a fragmentação aumenta a quantidade de hábitats de borda, ela também aumenta a abundância daquelas espécies que preferem hábitats de borda, o que pode afetar outras espécies que vivem no fragmento. Por exemplo, no sul dos EUA, a população do "chopim-bronzeado" (*Molothrus aeneus*) aumentou com a fragmentação do hábitat. Essa ave é considerada um parasito de ninho porque se reproduz colocando seus ovos nos ninhos de outras aves, que servem como hospedeiras e tomam conta dos filhotes intrusos (Figura 22.10). Isso possibilita ao "chopim-bronzeado" se reproduzir sem despender muito tempo cuidando da prole, mas reduz o número de filhotes que a ave hospedeira pode criar. Embora os "chopins-bronzeados" passem boa parte do tempo vivendo nos campos, eles entram na borda da floresta para encontrar ninhos de aves de floresta, nos quais depositam seus ovos. Os pesquisadores descobriram que, à medida que a fragmentação da floresta criava mais hábitat de borda, mais ninhos eram parasitados pelos "chopins-bronzeados". Subsequentemente, a reprodução e o tamanho das populações das espécies hospedeiras declinaram.

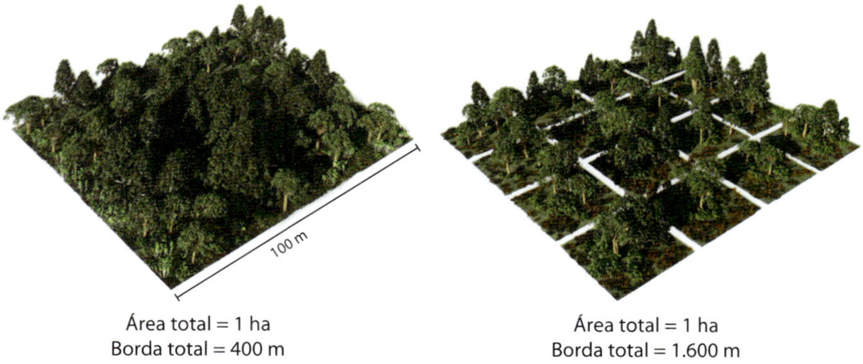

Figura 22.9 Efeito da fragmentação de hábitat sobre o hábitat de borda. Se houver dois hábitats com a mesma área total, o hábitat fragmentado terá muito mais borda.

ANÁLISE DE DADOS EM ECOLOGIA

Estimativa da quantidade de espécies em uma área

Como explicado anteriormente, os ecólogos precisam estimar, com frequência, quantas espécies existem em uma área. Como contar cada indivíduo é quase impossível, deve-se tirar uma amostra de uma área para estimar quantas espécies estão presentes. Uma forma de estimar o número de espécies em uma amostra é mostrar graficamente o número de espécies que são observadas à medida que se aumenta o tamanho dessa amostra. Quanto mais amostras forem obtidas, espera-se que mais perto se chegue de conhecer o número real de espécies em uma área. Por fim, a curva atinge um platô tal que qualquer amostragem adicional não acrescentaria novas espécies. Um gráfico do número de espécies observado em relação ao número de indivíduos amostrados é conhecido como **curva de acumulação de espécies**.

Um segundo caminho para estimar o número de espécie em uma área baseia-se no número de espécies raras detectadas. Quando muitos indivíduos são amostrados em uma comunidade, normalmente termina-se com um alto número de indivíduos para cada uma das espécies comuns, mas é possível detectar somente um ou dois indivíduos de espécies raras.

É possível estimar o número de indivíduos realmente vivendo em uma área (S) amostrando a comunidade para determinar quantas espécies são observadas (S_{obs}), quantas espécies são representadas por dois indivíduos (f_2) e quantas são representadas por um único indivíduo (f_1). Em essência, as espécies representadas por dois indivíduos têm mais probabilidade de serem comuns nas comunidades do que as espécies representadas por um único indivíduo. Pode-se, portanto, estimar um número real de espécies que vivem em uma comunidade, começando com quantas espécies são observadas e multiplicando esse valor por uma razão que incorpore o número de espécies representado por um *versus* dois indivíduos:

$$S = S_{obs} + \frac{f_1(f_1 - 1)}{2(f_2 + 1)}$$

Como se pode ver nessa equação, o número estimado de espécies da comunidade aumenta ao se elevar o número de espécies representado por um único indivíduo e diminui com um aumento no número de espécie representado por dois indivíduos. A tabela a seguir, por exemplo, apresenta o número de indivíduos observados para doze espécies amostradas de três comunidades de lagoas.

Curva de acumulação de espécies Gráfico da quantidade de espécies observadas em relação à quantidade de indivíduos amostrados.

Usando os dados para a Comunidade A, é possível estimar o número real de espécies. Nessa comunidade, são observadas doze espécies. Dois indivíduos foram observados para cada uma das duas espécies, enquanto um indivíduo foi observado para cada uma das três espécies. Usando a equação anterior, obtém-se:

$$S = S_{obs} + \frac{f_1(f_1 - 1)}{2(f_2 + 1)}$$

$$S = 12 + \frac{3(3 - 1)}{2(2 + 1)}$$

$$S = 12 + \frac{6}{6}$$

$$S = 13$$

Espécies	Comunidade A	Comunidade B	Comunidade C
Rãs-madeira	32	65	42
Rãs-verdes	45	24	45
Tritões	12	14	5
Salamandras-pintadas	15	17	12
Caracóis-de-chifre	2	23	67
Caracóis-de-poça	25	14	35
Anfípodes	2	14	2
Isópodes	1	1	2
Molusco-de-concha	9	1	0
Escaravelho-d'água	1	1	0
Barqueiros	5	1	0
Libélulas	1	1	0

Com base nesses resultados, conclui-se que, embora tenham sido observadas doze espécies, estima-se que a comunidade contenha, de fato, treze espécies.

EXERCÍCIO Usando a equação, estime o número de espécies que estão representadas nas Comunidades B e C. Com base nos resultados encontrados, explique como o número de espécies representadas por um indivíduo afeta o número estimado de espécies na comunidade.

Figura 22.10 Hábitat de borda e parasitismo de ninho. Os "chopins-bronzeados" depositam seus ovos nos ninhos das aves florestais ao longo das bordas dos fragmentos de hábitat, como esse ninho de uma corruíra-de-bewick no sul do Texas. O filhote do "chopim-bronzeado" é muito maior e recebe uma quantidade desproporcional de alimento dos pais hospedeiros, fazendo com que menos filhotes do hospedeiro sobrevivam. Fotografia de Rolf Nussbaumer/DanitaDelimont.com.

Figura 22.11 Construção de corredores. A construção de estradas através de florestas é uma das formas pelas quais os humanos têm fragmentado grandes hábitats. Para ajudar a vida selvagem a se mover entre os fragmentos, algumas estradas, como esta em Alberta, Canadá, têm corredores suspensos com superfícies de solos e vegetação natural. Fotografia de JOEL SATORE/National Geographic Creative.

A fragmentação pode também ter consequências para a saúde humana. Como visto no Capítulo 15, a exposição humana à doença de Lyme depende de uma teia alimentar complexa que começa com os ratos e esquilos servindo como hospedeiros para carrapatos recém-eclodidos, os quais carregam a bactéria patogênica. Em fragmentos florestais do nordeste dos EUA, a abundância de muitos animais vertebrados tem declinado, mas a do "rato-de-pé-branco" aumenta, provavelmente porque a maioria dos competidores do rato e seus predadores não pode viver nos fragmentos florestais menores. Quando os pesquisadores fizeram o levantamento da população de ratos dos fragmentos florestais de diferentes tamanhos, descobriram que os fragmentos menores tinham as maiores densidades de ratos e, assim, as maiores densidades de carrapatos. Também descobriram que os ratos residentes nos fragmentos menores tinham a mais alta proporção de carrapatos infectados com a bactéria da doença de Lyme. Em resumo, a fragmentação das florestas devido às atividades humanas criou uma paisagem que torna o ser humano mais propenso à exposição à doença de Lyme.

Corredores, conectividades e conservação

Os Capítulos 11 e 12 abordaram brevemente a importância de considerar as escalas geográficas maiores do que as áreas locais. Na discussão a respeito de metapopulações, enfatizou-se que muitas populações estão divididas em fragmentos de hábitat e que as populações regionais persistem porque cada mancha está conectada pela dispersão ocasional de indivíduos entre elas. Um exemplo disso foi visto no Capítulo 11, quando discutiu-se a restauração do lagarto-de-colar. Esse lagarto depende de manchas de hábitat abertas, conhecidas como clareiras, bem como de corredores entre as clareiras através dos quais podiam se dispersar. Os corredores facilitam o movimento, o que pode salvar de uma extinção local as populações de muitas espécies em declínio. Eles também aumentam o fluxo gênico e a diversidade genética nas populações, o que contrabalança os efeitos negativos dos gargalos genéticos e da deriva genética. Os corredores podem simplesmente ser partes de hábitat preservadas ou podem ser construídos, como os corredores feitos para que animais atravessem uma rodovia (Figura 22.11).

Embora os corredores possam resgatar populações em declínio ao atrair novos colonizadores que trazem variação genética, eles podem também ter efeitos colaterais. Por exemplo, os corredores construídos para ajudar a conservação de uma espécie em particular podem facilitar o movimento de predadores (incluindo caçadores), competidores e patógenos que são danosos para os esforços de conservação. Portanto, os gestores de recursos precisam considerar cuidadosamente os custos e os benefícios de desenvolver corredores entre hábitats antes de despender tempo e dinheiro para implementar essa estratégia.

A importância dos corredores é maior para os organismos que demandem conexão contínua para se mover entre os fragmentos de hábitat. Contudo, organismos como aves e insetos voadores podem passar sobre faixas da matriz de hábitat inóspito e, portanto, não necessitam de um corredor continuamente conectado. Em vez disso, essas espécies podem se mover entre grandes manchas de hábitat favoráveis se elas tiverem acesso a pequenas manchas no meio do caminho, onde param para descansar ou forragear. Essas pequenas manchas intermediárias que os organismos em dispersão podem usar para se mover entre grandes hábitats favoráveis são conhecidas como **trampolins ecológicos** (em inglês, *stepping stones*).

O papel de corredores de hábitat e trampolins ecológicos na facilitação do movimento entre manchas de hábitats fragmentados tem encorajado grandes esforços de preservação. A Índia, por exemplo, é lar de quase 60% de todos os elefantes asiáticos (*Elephas maximus*), que vivem em diversos parques

Trampolins ecológicos Pequenas manchas de hábitat intermediárias que organismos dispersores podem usar para se deslocar entre grandes hábitats favoráveis.

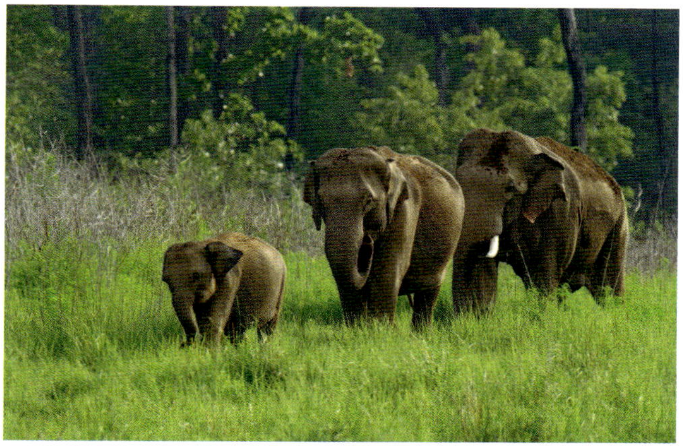

Figura 22.12 Corredores da vida selvagem na Índia. O hábitat original dos elefantes asiáticos está agora fragmentado em diversas áreas protegidas. Atualmente, os grupos de conservação estão tentando preservar faixas de terra entre as áreas protegidas para servirem como corredores através dos quais os elefantes e outras espécies possam se mover. Fotografia de Jagdeep Rajput/DanitaDelimont.com.

nacionais e áreas protegidas. Essas áreas são os fragmentos remanescentes de um hábitat contínuo muito maior. O World Land Trust e o Wildlife Trust of India estão trabalhando juntos para proteger corredores importantes entre os fragmentos de hábitat em reservas para assegurar a sobrevivência a longo prazo dos elefantes (Figura 22.12). Embora os elefantes sejam animais carismáticos e que chamam a atenção para as necessidades de conservação, esses corredores provavelmente vão auxiliar a conservação de outras espécies, como tigres (*Panthera tigris*) e ursos-negros himalaios (*Ursus thibetanus*), além de muitas outras espécies menos carismáticas.

Efeitos das condições da matriz na dispersão

Como discutido acerca das metapopulações no Capítulo 11, a qualidade do hábitat da matriz que se encontra entre os fragmentos de hábitat favoráveis é um fator-chave que ajuda a determinar se os organismos podem se mover entre os fragmentos favoráveis. A matriz pode conter condições favoráveis à passagem de organismos ou ser inóspita. Por exemplo, os pesquisadores no Colorado mapearam os campos que existem nos bosques de salgueiros e florestas de coníferas em um vale e, então, estudaram os movimentos de mais de 6.000 borboletas de seis grupos taxonômicos. As borboletas se alimentam nos campos e, quando se movem de um fragmento de campo para outro, devem passar através de uma matriz que contém bosques de salgueiro e florestas de coníferas. Em seguida, os pesquisadores capturaram borboletas nos campos e as marcaram com um número de identificação na asa antes de liberá-las. Os pesquisadores, então, recapturaram as borboletas para determinar se elas apresentavam preferência para se dispersarem através dos bosques de salgueiro ou das florestas de coníferas. Não houve preferência em dois dos seis grupos taxonômicos; um grupo raramente se deslocava para fora dos campos, enquanto o outro era composto de excelentes voadoras que facilmente navegavam em ambos os tipos de hábitat intervenientes. Por outro lado, os indivíduos dos outros quatro grupos taxonômicos tinham 3 a 12 vezes mais probabilidade de se moverem entre os campos através dos bosques de salgueiro do que através das florestas de coníferas. Esse fato confirma que algumas espécies de borboletas preferem se dispersar através de hábitats específicos, e essas preferências estão relacionadas com suas capacidades de dispersão. Com este exemplo, é possível perceber que os hábitats da matriz podem afetar os movimentos dos organismos entre os fragmentos.

VERIFICAÇÃO DE CONCEITOS

1. O que uma curva espécie-área representa?
2. Por que a fragmentação de hábitat leva ao aumento da abundância de espécies que preferem ecótonos?
3. Qual a relação entre o aumento da fragmentação de hábitat e o efeito de borda?

22.3 A teoria de equilíbrio de biogeografia de ilhas incorpora a área e o isolamento do hábitat

Quando Robert MacArthur e E. O. Wilson examinaram a relação entre o tamanho de uma ilha e sua riqueza de espécies, eles notaram que, embora o tamanho da ilha estivesse fortemente associado ao número de espécies, havia, normalmente, uma grande variação em torno da curva espécie-área que sugeria que outros processos também estavam afetando o número de espécies em uma ilha. Eles consideraram os locais das ilhas das quais coletaram dados e observaram que a distância de uma fonte de espécies colonizadoras também afetava o número de espécies na ilha. As ilhas mais próximas a uma fonte de espécies colonizadoras – por exemplo, um continente – pareciam receber mais espécies colonizadoras. Esta seção examina os efeitos combinados da área e do isolamento das ilhas sobre a riqueza de espécies e, então, explora o modelo gráfico que ajuda na compreensão desses padrões. Finalmente, investiga como essa informação pode ser usada para projetar reservas naturais.

EVIDÊNCIA

Para testar a hipótese de que a riqueza de espécies era determinada tanto pela área da ilha como pelo seu isolamento, MacArthur e Wilson coletaram dados de diferentes organismos provenientes de grupos de ilhas em todo o mundo. Por exemplo, eles examinaram o número de espécies de aves que existiam em 25 ilhas no Pacífico Sul. A fonte mais próxima de novas espécies para essas ilhas era a grande ilha da Nova Guiné, e essas ilhas poderiam ser classificadas como próximas, intermediárias ou distantes dela. Quando os pesquisadores fizeram um gráfico do número de espécies de aves para cada ilha em função de sua área, mostrado na Figura 22.13, descobriram que tanto a área da ilha quanto a distância até Nova Guiné afetavam o número de espécies existentes na ilha. Dentro de cada categoria de distância, as ilhas maiores continham mais espécies. Para ilhas de uma dada área, as ilhas mais próximas continham mais espécies de aves do que as mais distantes.

Embora as ilhas oceânicas proporcionem um bom teste de como a colonização e a extinção afetam o número de

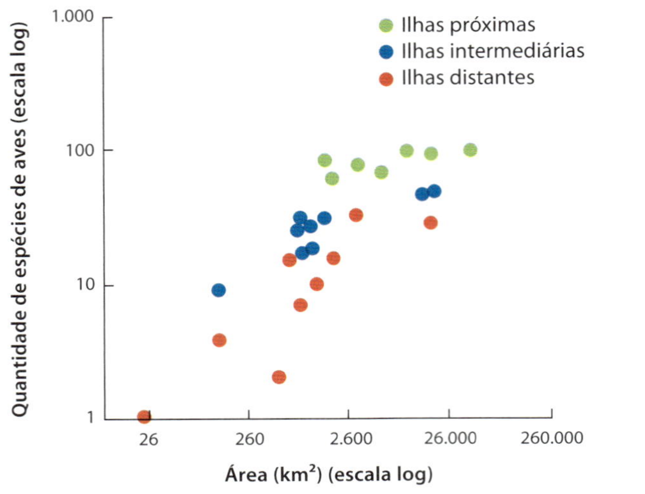

Figura 22.13 Efeitos da área e do isolamento da ilha sobre a riqueza de espécies de aves. No Pacífico Sul, pesquisadores examinaram o número de aves que vivem em ilhas localizadas a diferentes distâncias da Nova Guiné. Entre as ilhas com distâncias semelhantes em relação a Nova Guiné, as ilhas grandes continham mais espécies do que as pequenas. Entre as ilhas de áreas semelhantes, as mais próximas à Nova Guiné continham mais espécies de aves do que as mais distantes. Dados de R. H. MacArthur e E. O. Wilson. An equilibrium theory of insular zoogeography. *Evolution* 17 (1963): 373–387.

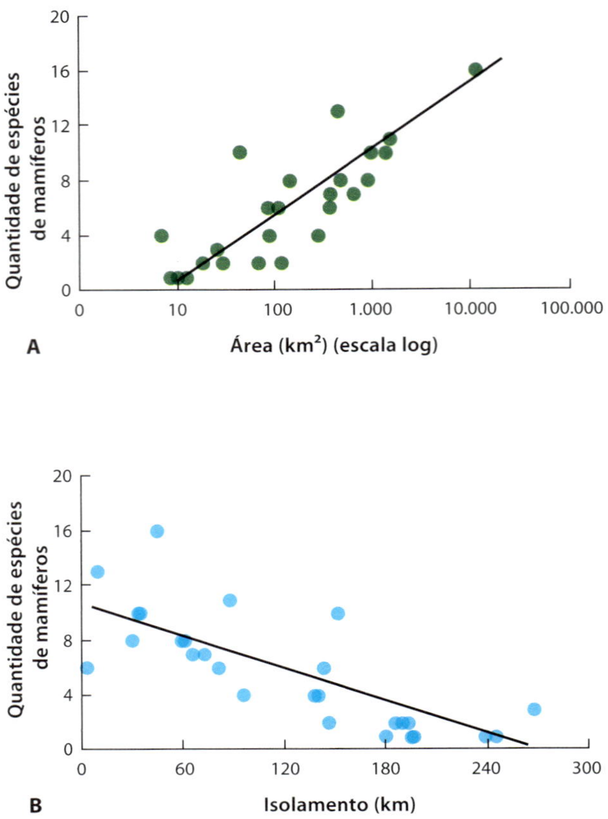

Figura 22.14 Efeitos da área e do isolamento nos mamíferos de topo de montanha. Para os mamíferos que vivem em hábitats de topo de montanha no sudoeste dos EUA, os pesquisadores descobriram mais espécies vivendo no topo da montanha de áreas grandes (**A**), e menos espécies de mamíferos vivendo no topo de montanhas mais distantes de uma fonte colonizadora (**B**). Dados de M. V. Lomolino et al., Island biogeography of montane forest mammals in the American Southwest, *Ecology* 70 (1989): 180–194.

espécies, pode-se também considerar outros tipos de hábitats distintos, incluindo ilhas de hábitats que existem nos continentes. Por exemplo, James Brown e seus colegas investigaram o número espécies de mamíferos vivendo nos cumes das montanhas no sudoeste dos EUA. Esses cumes de montanha incluíam hábitats de tundra alpina e floresta de coníferas rodeados por uma matriz de hábitats de altitudes mais baixas que incluíam bosques, campos e vegetação de deserto. Vinte e seis espécies de mamíferos da região preferem viver nos hábitats do topo das montanhas. Os pesquisadores se perguntaram se o número de espécies de mamíferos em cada topo de montanha era afetado pela área ou pelo isolamento do topo da montanha a partir de duas localidades contendo fontes de espécies colonizadoras: o sul das Montanhas Rochosas e a Crista de Mogollon, uma cadeia de montanhas que passa através do norte do Arizona. Como se pode ver na Figura 22.14, os pesquisadores descobriram mais espécies de mamíferos no topo das montanhas com áreas maiores e menos espécies nos topos de montanhas que estavam mais distantes das duas fontes colonizadoras.

As observações nas ilhas oceânicas e nos topos de montanhas sugerem que a área e o isolamento da ilha são fatores importantes na determinação da riqueza de espécies. Contudo, um experimento manipulativo foi necessário para demonstrar que esses processos de fato causam o padrão observado. Em um experimento clássico, E. O. Wilson e seu aluno de pós-graduação Daniel Simberloff trabalharam em um conjunto de pequenas ilhas nas Florida Keys. Essas ilhas normalmente têm uma única árvore de manguezal e somente insetos, aranhas e outros artrópodes. Antes do experimento, Simberloff e sua equipe documentaram que as ilhas localizadas mais próximo às fontes de espécies colonizadoras continham mais espécies do que as ilhas mais distantes das fontes. Os pesquisadores construíram tendas em ilhas selecionadas, como pode ser visto na Figura 22.15 A, e então fumigaram as ilhas com um inseticida que matou praticamente todos os artrópodes. Após remover as tendas, durante 1 ano eles voltaram para as ilhas a intervalos de poucas semanas para rastrear quantas espécies recolonizavam as ilhas a partir das ilhas grandes próximas. Como pode ser visto na Figura 22.15 B, cada ilha foi rapidamente recolonizada por artrópodes. Além disso, o número final de espécies ficou próximo ao original antes da fumigação e, quanto mais isoladas eram as ilhas, cada vez mais elas continham menos espécies de artrópodes. A lista real de espécies era diferente, mas a riqueza foi semelhante. Essa descoberta foi importante porque demonstrou experimentalmente que o isolamento era um fator-chave na determinação de quantas espécies podem viver em uma ilha.

TEORIA

Com base em repetidas observações de que tanto o tamanho quanto o isolamento de uma ilha afetam o número de espécies que nela vivem, Robert MacArthur e E. O. Wilson

A

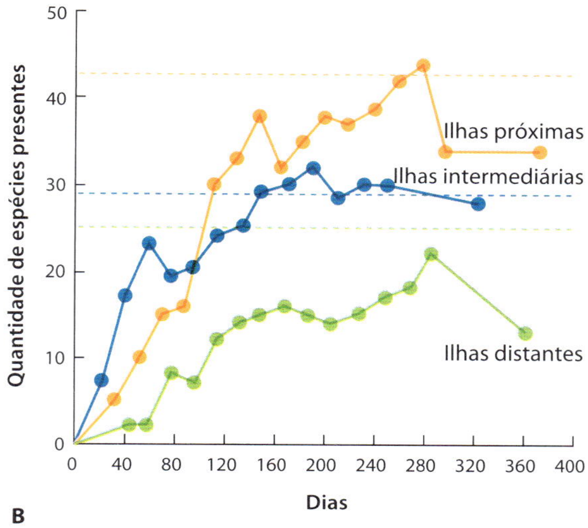

B

Figura 22.15 Teste experimental da teoria de biogeografia de ilhas. A. Pesquisadores em Florida Keys construíram uma armação de andaimes em torno das ilhas e cobriram a estrutura com plásticos, para atuar como uma tenda enquanto fumigavam as ilhas. A fumigação das ilhas removeu a maioria dos artrópodes. **B.** Ao longo de 1 ano, os pesquisadores voltaram para determinar quantas espécies de artrópodes tinham recolonizado. No fim do experimento, as ilhas tinham praticamente restaurado seu número original de espécies, como indicado pelas *linhas tracejadas*, com as ilhas mais próximas contendo um número maior de espécies do que as distantes. Dados de D. S. Simberloff; E. O Wilson, Experimental zoogeography of islands. The colonization of empty islands, *Ecology* 50 (1969): 278–296. Fotografia de Daniel Simberloff.

desenvolveram a **teoria de equilíbrio de biogeografia de ilhas**, a qual estabelece que o número de espécies em uma ilha reflete um equilíbrio entre a colonização por novas espécies e a extinção das existentes.

Para compreender a teoria de equilíbrio de biogeografia de ilhas, é preciso primeiro compreender fatores que afetam a colonização e a extinção de espécies em uma ilha. Como foi discutido no Capítulo 11, as espécies diferem em suas capacidades de dispersão, dependendo do seu tamanho e do seu modo de locomoção. Imagine, por exemplo, uma ilha completamente desabitada. Sem nenhuma espécie na ilha, um grande número de espécies no continente próximo poderia, potencialmente, colonizá-la. À medida que um número crescente de espécies coloniza a ilha, o reservatório de espécies que ainda não o fez diminui e, provavelmente, as que permanecem no continente não são muito boas em se dispersar. Portanto, a taxa de novas espécies colonizando a ilha declina em função de quantas espécies já a colonizaram. Se a ilha tiver todas as espécies encontradas no continente próximo, a taxa de novas espécies colonizando cairá para zero. Na Figura 22.16, a relação entre a riqueza de espécies e a taxa de colonização por novas espécies é mostrada como uma linha laranja.

Em seguida, é preciso considerar os fatores que afetam a taxa de extinção em uma ilha. Como a taxa de extinção é expressa como o número de espécies que se extinguirá ao longo de certo período de tempo, a taxa de extinção deve ser afetada por quantas espécies estiverem presentes. No caso mais simples, quando não há nenhuma espécie, não pode haver extinções. À medida que a ilha começa a ser colonizada, ela retém poucas espécies que poderiam, potencialmente, se extinguir. Conforme mais espécies vivem na ilha, mais espécies estão sujeitas à possibilidade de extinção e, assim, a taxa de extinção aumenta. A taxa de extinção também é afetada por interações danosas das espécies na ilha. Por exemplo, a competição, a predação e o parasitismo têm probabilidade de aumentar à medida que o número total de espécies também aumenta. A linha azul na Figura 22.16 mostra que a taxa de extinção varia de zero, quando nenhuma espécie está presente na ilha, até uma taxa máxima de extinção, quando a ilha contém todas as espécies que ela poderia sustentar.

Teoria de equilíbrio de biogeografia de ilhas Descreve a quantidade de espécies em uma ilha como o resultado de um equilíbrio entre a colonização por novas espécies e a extinção de espécies existentes.

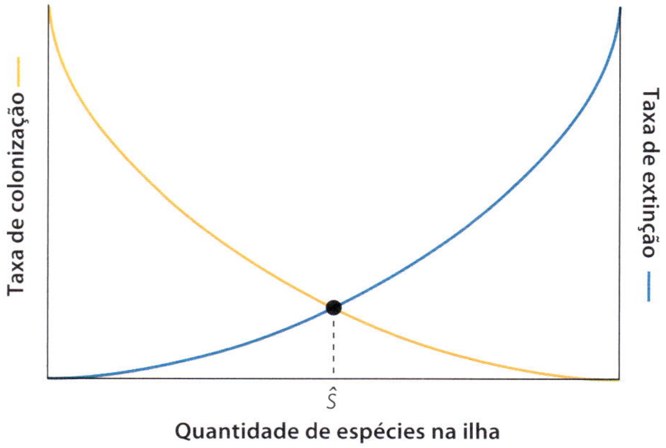

Figura 22.16 Equilíbrio da quantidade de espécies em uma ilha. À medida que o número de espécies vivendo em uma ilha aumenta, a taxa de colonização por novas espécies a partir do reservatório regional declina. Ao mesmo tempo, a taxa de extinção de espécies vivendo na ilha aumenta. O equilíbrio da quantidade de espécies, $\hat{S}$, ocorre quando as duas curvas se cruzam e os processos opostos entram em equilíbrio.

Considerando que a ilha continua a sofrer colonização por novas espécies e extinção de espécies existentes, essas duas forças opostas acabarão por atingir um ponto de equilíbrio no qual a taxa de colonização será igual à taxa de extinção. Nesse modelo gráfico, o equilíbrio ocorre quando as duas curvas se cruzam. Seguindo a linha tracejada para baixo, a partir do ponto de equilíbrio, vê-se que o número de equilíbrio de espécies na ilha é designado como $\hat{S}$ no eixo *x*. É importante lembrar que o modelo prevê o número de espécies presentes no equilíbrio, mas não uma composição específica de espécies nesse ponto. No ponto de equilíbrio, existe uma contínua substituição de espécies na ilha; enquanto novas espécies continuam a colonizar a ilha, outras são extintas. As ilhas Florida Keys, fumigadas por Simberloff e Wilson, são um exemplo disso. Ao longo do tempo, a riqueza de espécie das ilhas chegou a um equilíbrio, mas a composição de espécies continuou a mudar conforme as ilhas sofriam extinções e colonizações por espécies de invertebrados.

Usando o modelo gráfico da Figura 22.16 como base, pode-se fazer previsões sobre os efeitos combinados do tamanho e do isolamento da ilha no número de espécies quando ela está em equilíbrio. Primeiro é necessário considerar os efeitos do tamanho da ilha. É esperado que ilhas menores sustentem populações menores de cada espécie. Como foi discutido em diversos capítulos anteriores, populações menores normalmente têm taxa de extinção mais alta. Portanto, ilhas menores deveriam sofrer taxas de extinção mais altas, como mostrado pela curva denominada "Pequena" na Figura 22.17. Quando uma ilha está em equilíbrio, as taxas de extinção contrabalançam as taxas de colonização. Portanto, o número de espécies em equilíbrio em uma ilha pequena deve ser menor do que o número de espécies em equilíbrio em uma ilha grande. Se forem seguidos os dois pontos de equilíbrio na figura para baixo até o eixo *x*, é possível ver que o número de espécies em equilíbrio é menor para ilhas pequenas do que para as grandes.

Agora é possível considerar os efeitos do isolamento da ilha. Uma ilha que está próxima a um continente deve sofrer taxas mais altas de colonização por novas espécies do que uma ilha que está longe. Utilizando novamente a Figura 22.16 como ponto de partida, é possível prever como o isolamento da ilha deveria afetar o número de espécies no ponto de equilíbrio. Na Figura 22.18, é possível ver que a ilha distante tem uma curva de colonização mais baixa do que a ilha próxima. Isso cria dois pontos de equilíbrio entre as taxas de colonização e extinção. Seguindo as linhas tracejadas para baixo a partir de cada ponto de equilíbrio, vê-se que o número de espécies em equilíbrio é menor para as ilhas distantes do que para as próximas.

Quando se combinam os efeitos de tamanho de uma ilha e seu isolamento de um continente, chega-se a várias previsões. Olhando para a Figura 22.19, é possível ver que as combinações de ilhas grandes *versus* pequenas e ilhas próximas *versus* distantes criam quatro possíveis pontos de equilíbrio diferentes. Mais uma vez, pode-se seguir a linha tracejada para baixo de cada ponto de equilíbrio para determinar quantas espécies estariam presentes em um tipo específico de ilha quando as taxas de colonização e extinção estivessem em equilíbrio. As ilhas pequenas, distantes de uma grande fonte de novas espécies, devem conter o menor número de espécies. Por outro lado, as ilhas grandes próximas a uma grande fonte de espécies devem conter a maioria das espécies. Em resumo, a combinação do tamanho e do isolamento da ilha determina o número de espécies que ela pode ter.

APLICAÇÃO DA TEORIA AO DELINEAMENTO DE RESERVAS NATURAIS

Compreender os efeitos do tamanho, da forma e da distância de ilhas das fontes de espécies colonizadoras tem ajudado os cientistas a projetar reservas naturais para proteger a biodiversidade, como retratado na Figura 22.20. Por exemplo, sabe-se que áreas grandes normalmente contêm mais espécies do que áreas pequenas porque elas têm mais diversidade de hábitats. Áreas grandes podem sustentar populações maiores de cada espécie, o que reduz a taxa de extinção. Com base nessas observações, é possível dizer que aprovar

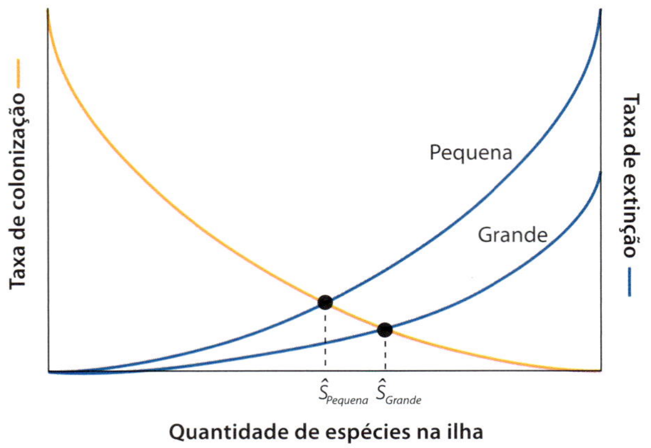

Figura 22.17 Efeitos do tamanho da ilha no equilíbrio da quantidade de espécies. Como ilhas menores sustentam populações menores que são mais vulneráveis à extinção, as ilhas menores têm curvas de extinção mais inclinadas. Como consequência, ilhas menores contêm menos espécies em equilíbrio ($\hat{S}_{Pequena}$) do que ilhas maiores ($\hat{S}_{Grande}$).

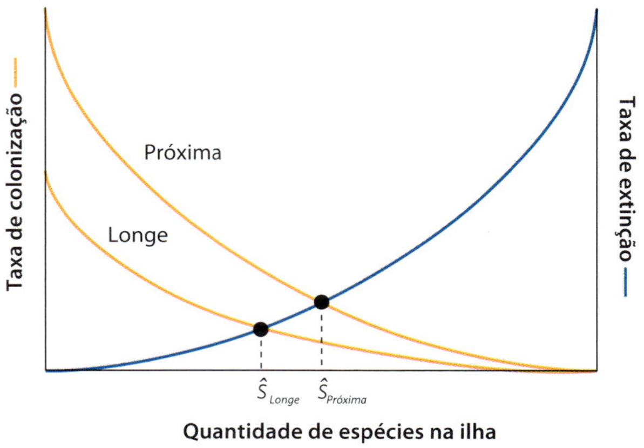

Figura 22.18 Efeitos do isolamento da ilha no equilíbrio da quantidade de espécies. As ilhas que estão longe de uma fonte de novas espécies colonizadoras têm taxas mais baixas de colonização do que as que estão próximas. Consequentemente, as ilhas mais distantes contêm menos espécies em equilíbrio ($\hat{S}_{Longe}$) que as ilhas próximas ($\hat{S}_{Próxima}$).

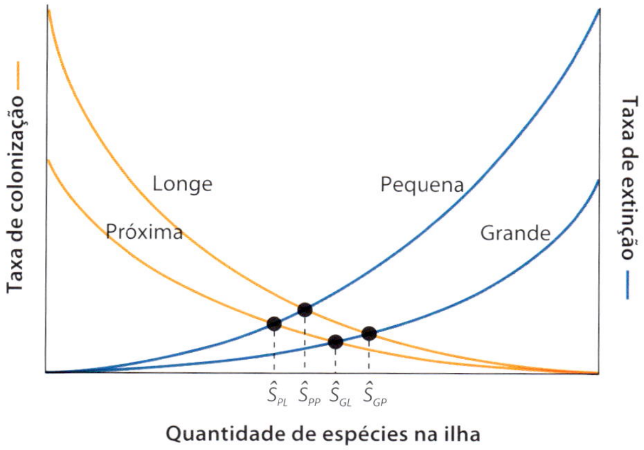

Figura 22.19 Efeitos combinados de tamanho e isolamento de ilha sobre a riqueza de espécies. Quando se consideram, simultaneamente, o tamanho e o isolamento da ilha, descobre-se que ilhas pequenas longe de um continente devem ter o menor número de espécies em equilíbrio ($\hat{S}_{PL}$), enquanto as ilhas grandes próximas ao continente devem ter o maior número de espécies ($\hat{S}_{GP}$).

reservas naturais grandes protegerá melhor a biodiversidade do que aprovar reservas pequenas. Analogamente, ao se defrontar com a opção de criar uma única grande reserva ou várias reservas pequenas com a mesma área total, a reserva grande única é, frequentemente, a melhor opção para preservar a biodiversidade. No entanto, um único hábitat impõe diversos riscos. Quando uma espécie de interesse para a conservação está localizada em um único grande hábitat, é mais provável que a espécie seja aniquilada por um desastre natural ou uma doença.

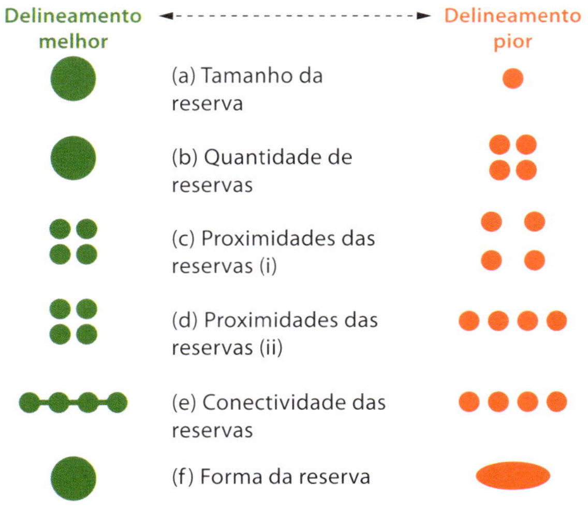

Figura 22.20 Delineamento de reserva natural. A quantidade, a forma, o tamanho e a proximidade de uma reserva afetam a probabilidade de sucesso em preservar a biodiversidade de uma região. Como apresentado nesta figura, alguns delineamentos têm maior probabilidade de serem melhores do que outros para preservar a biodiversidade. Adaptada de J. M. Diamond. The island dilemma: Lessons of modern biogeographic studies for the design of nature reserves, *Biological Conservation* 7 (1975): 129–146; J. C Williams et al., Spatial attributes and reserve design models, *Environmental Modeling and Assessment* 10 (2005): 163–181.

Ao se defrontar com o desafio de criar múltiplas reservas, é preciso considerar a proximidade das reservas umas das outras. As reservas precisam estar próximas o bastante para os organismos poderem se dispersar entre elas, mas distantes o suficiente para reduzirem a capacidade de predadores e doenças se moverem entre elas. Estabelecer essa distância é um compromisso entre esses resultados positivos e negativos, e a melhor solução será diferente entre organismos com capacidades de dispersão distintas. Às vezes, a distância ideal será definida pela espécie de maior interesse para a conservação. Um desafio semelhante existe quando as reservas estão unidas por corredores, que proporcionam faixas de hábitats hospitaleiros entre as reservas adjacentes.

Como se sabe que bordas maiores podem ter efeitos danosos às espécies que preferem viver no interior dos hábitats, também é importante que consideremos a forma da reserva. Reservas arredondadas têm a menor razão de borda por área, enquanto reservas alongadas, estreitas e ovais, ou retangulares têm uma razão de borda para área muito maior, o que favorece as espécies de borda. Embora o tamanho, a quantidade, a forma e a proximidade das reservas sejam todas considerações importantes, frequentemente o cenário ideal não é possível; normalmente, as reservas naturais representam um compromisso entre as áreas que são desejáveis e as que estão disponíveis.

VERIFICAÇÃO DE CONCEITOS

1. Por que hábitats de topo de montanha funcionam de maneira similar a ilhas oceânicas no que diz respeito à teoria de biogeografia de ilhas?
2. De acordo com a teoria de biogeografia de ilhas, por que se espera que o número de espécies em uma ilha atinja um equilíbrio?
3. Que combinação de tamanho de ilha e distância do continente deveria resultar em maior riqueza de espécies?

22.4 Em escala global, a biodiversidade é maior próximo ao Equador e diminui em direção aos polos

Até aqui foram apresentados os processos locais e regionais que afetam o número de espécies em determinado lugar da Terra. Contudo, os padrões de biodiversidade também existem em uma escala global. Um dos padrões mais notáveis é o de que a riqueza de espécies de todos os táxons combinados é maior próximo aos trópicos e diminui em direção aos polos. Por exemplo, um hectare de floresta normalmente tem menos de cinco espécies de árvores em uma região boreal, 10 a 30 espécies nas regiões temperadas e até 300 espécies de árvores nas regiões tropicais. Essas tendências latitudinais na diversidade são generalizadas e se aplicam até aos oceanos. Esta seção explora os padrões de diversidade em latitudes diferentes e ao longo delas. Em seguida, discute as duas hipóteses gerais para esses padrões de biodiversidade e explora os três processos importantes.

PADRÕES DE BIODIVERSIDADE

No Hemisfério Norte, a quantidade de espécies na maioria de grupos de animais e plantas aumenta do norte para o sul. Por exemplo, quando um pesquisador contou o número de espécies de mamíferos que se poderia encontrar em áreas quadriculares com 241 km de largura, descobriu que havia menos de 20 espécies de mamíferos por área no norte do Canadá, porém mais de 50 espécies por área no sul dos EUA (Figura 22.21 A).

A quantidade de mamíferos também aumenta ao se deslocar de leste para oeste na América do Norte. Por exemplo, há, normalmente, 50 a 75 espécies por área de amostragem no leste, enquanto há 90 a 120 espécies por área no oeste. Tal padrão se deve provavelmente a uma quantidade maior de heterogeneidade de hábitats nas extensas cadeias de montanhas do oeste da América do Norte. Essa maior heterogeneidade de ambientes no oeste aparentemente proporciona condições adequadas para um número maior de espécies.

O padrão de riqueza de espécies para as aves na América do Norte se assemelha ao padrão dos mamíferos, mas os padrões para répteis, árvores e anfíbios são notavelmente diferentes, como se pode ver nas Figura 22.21 B-D. A riqueza de espécies de répteis diminui de forma bastante uniforme à medida que a temperatura diminuiu em direção ao norte. No entanto, há maior diversidade de árvores e anfíbios na metade leste mais úmida da América do Norte do que nas regiões mais secas e montanhosas do oeste.

O padrão geral observado de maior riqueza de espécies de árvores e animais vertebrados conforme se desloca em direção ao Equador também é verdadeiro para os oceanos. Por exemplo, em 2010 pesquisadores compilaram milhões de registros de organismos marinhos em todo o mundo, incluindo baleias, golfinhos, peixes e corais. Demarcando cada amostragem em áreas quadriculares de 880 km de largura, como mostrado na Figura 22.22, eles descobriram que a maior diversidade ocorreu nos trópicos, incluindo a América Central e o Sudeste Asiático, enquanto a menor diversidade ocorreu próximo aos polos, onde a temperatura era mais baixa. Em uma dada latitude, os pesquisadores também encontraram maior diversidade próximo à costa e menor no oceano aberto.

PROCESSOS SUBJACENTES AOS PADRÕES DE BIODIVERSIDADE

Historicamente, os ecólogos têm considerado duas hipóteses gerais para a diminuição na riqueza de espécies à medida que as áreas se afastam do Equador e se aproximam dos polos. De acordo com uma dessas hipóteses, novas espécies surgem continuamente ao longo do tempo e não há um limite para esse processo. Como a temperatura atual do planeta, bem como as regiões polares, sofreram repetidos avanços e recuos de geleiras durante a Era do Gelo, as espécies nessas regiões foram eliminadas ou confinadas a refúgios próximos ao Equador. Por outro lado, como as regiões tropicais não sofreram glaciação, os hábitats nessas áreas permaneceram estáveis por muito mais tempo e, assim, tiveram mais tempo para acumular espécies.

A segunda hipótese propõe que a quantidade de espécies reflete um equilíbrio entre os processos que originam novas espécies e os que as extinguem, de maneira similar ao estado de equilíbrio descrito pela teoria da biogeografia de ilhas. De acordo com essa hipótese, o número maior de espécies nos trópicos é resultado das taxas mais altas de especiação ou mais baixas de extinção, comparadas com as regiões temperadas e polares. De maneira similar, a variação no número de espécies

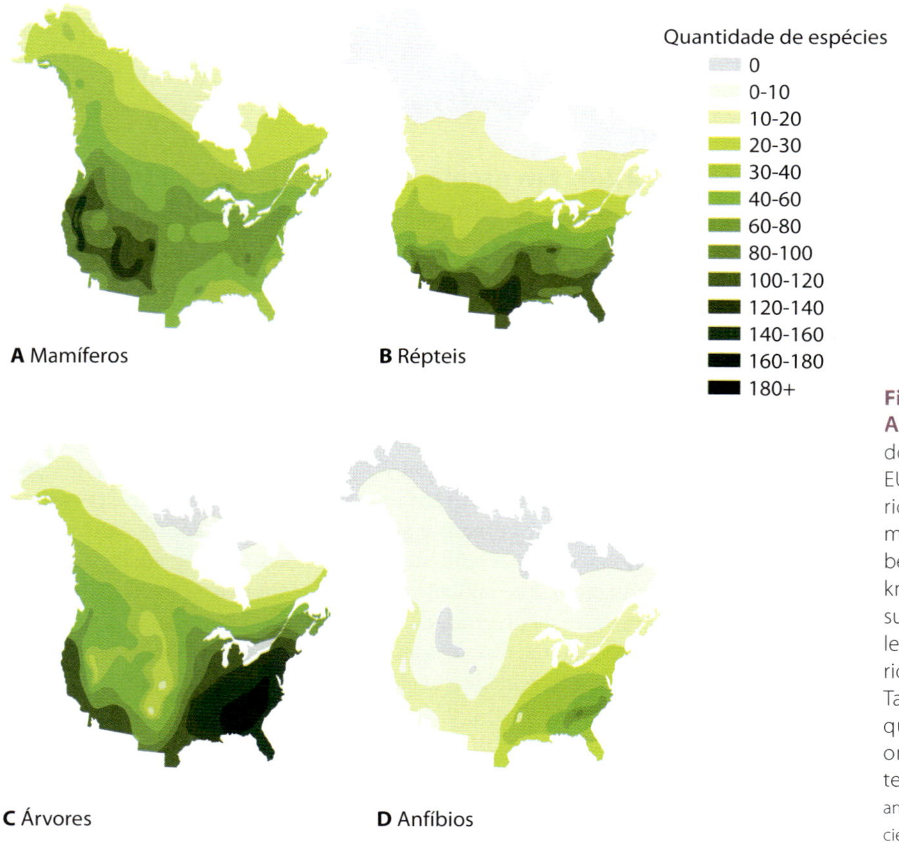

Figura 22.21 Padrões na diversidade da América do Norte. Quando um pesquisador investigou a quantidade de espécies nos EUA e no Canadá, descobriu fortes padrões na riqueza de espécies. As linhas e contornos no mapa indicam os números de espécies descobertas em áreas quadriculares de terra com 241 km de largura. **A.** Os mamíferos aumentam em sua riqueza de espécies do norte para o sul e do leste para o oeste. **B.** Os répteis aumentam sua riqueza de espécies de norte para o sul. **C** e **D.** Tanto para árvores como para anfíbios, a maior quantidade de espécies ocorre no sudeste, onde há combinação de alta precipitação e temperatura quentes. Dados de D. J. Currie, Energy and large-scale spatial patterns of animal- and plant-species richness. *American Naturalist* 137 (1991): 27–49.

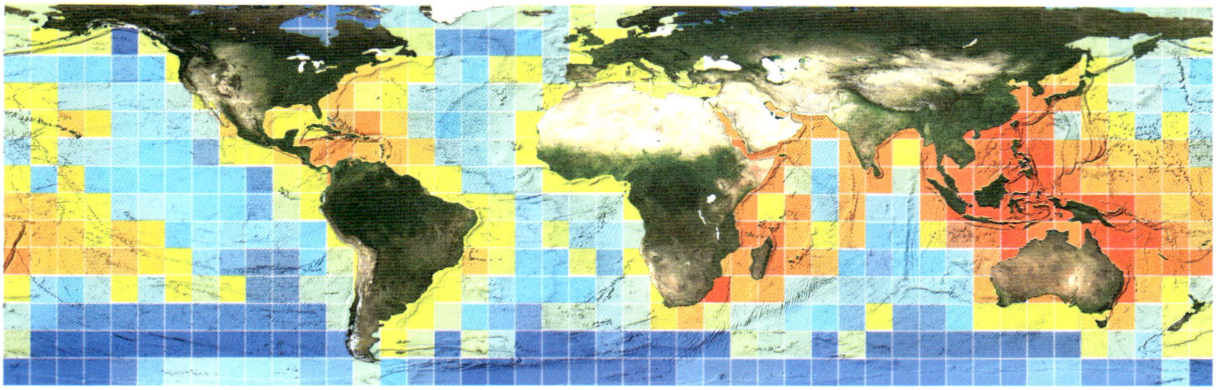

Figura 22.22 Padrões de biodiversidade marinha. No oceano, a maior quantidade de espécies ocorre nos trópicos e diminui em direção aos polos. Em determinada latitude, mais espécies existem próximo às costas e menos no oceano aberto. O número de espécies é calculado usando áreas quadriculares de amostragem de 880 km de largura. Segundo D. P. Tittensor et al., Global patterns and predictors of marine biodiversity across taxa. *Nature* 466 (2010): 1098–1103.

de determinada latitude para outra deveria também refletir um equilíbrio entre os processos que originam novas espécies e extinguem as existentes. Serão examinados agora três processos que influenciam significativamente o número de espécies em uma área: a heterogeneidade ecológica; a energia solar e a precipitação sobre a terra; e a temperatura da água nos oceanos.

Heterogeneidade ecológica

Em qualquer latitude, encontram-se mais espécies nas áreas onde há maior heterogeneidade ecológica, tais como a heterogeneidade nos solos e na vida vegetal. Por exemplo, os campos contêm vegetação menos heterogênea na forma de crescimento do que as áreas de arbustos ou florestas decíduas. Levantamentos de aves em época de reprodução na América do Norte mostram média de 6 espécies nos campos, 14 nos arbustos e 24 nas florestas decíduas de planícies alagadas. Fenômeno semelhante foi discutido no Capítulo 18, quando se investigou a relação positiva entre a diversidade de altura da vegetação e a diversidade de aves (ver Figura 18.13). Esse mesmo padrão também foi observado em lagartos do sudoeste dos EUA, onde a diversidade de lagartos está associada à diversidade da vegetação; e nas plantas da região de Cape Floristic na África, onde a diversidade de plantas está associada à heterogeneidade dos solos.

Embora hábitats terrestres mais produtivos tendam a ter mais espécies, a heterogeneidade de hábitat pode também influenciar a riqueza de espécies quando dois hábitats têm níveis semelhantes de produtividade. Por exemplo, os hábitats com menos variação na forma de crescimento vegetacional, como os campos, têm menos espécies animais do que os hábitats com produtividade semelhante, mas maior variedade na vegetação. Esse princípio também se aplica às plantas. Os alagados são altamente produtivos, mas têm paisagem relativamente uniforme e, assim, contêm relativamente menos espécies de plantas. Embora a vegetação do deserto seja menos produtiva do que a dos alagados, a maior heterogeneidade da paisagem do deserto abre lugar para mais espécies de plantas (Figura 22.23).

Figura 22.23 Heterogeneidade de hábitat. Embora os alagados sejam mais produtivos do que os desertos, a relativa uniformidade do ambiente de alagado resulta em baixa diversidade de espécies, enquanto a paisagem heterogênea dos desertos produz mais diversidade de espécies. A imagem retrata a Área Selvagem do Alagado do Rio White, em Wisconsin (**A**), e a Área de Recreação do Canyon de Sabino, no Arizona (**B**). Fotografias de (A) Lee Wilcox; (B) Ron Niebrugge/Alamy.

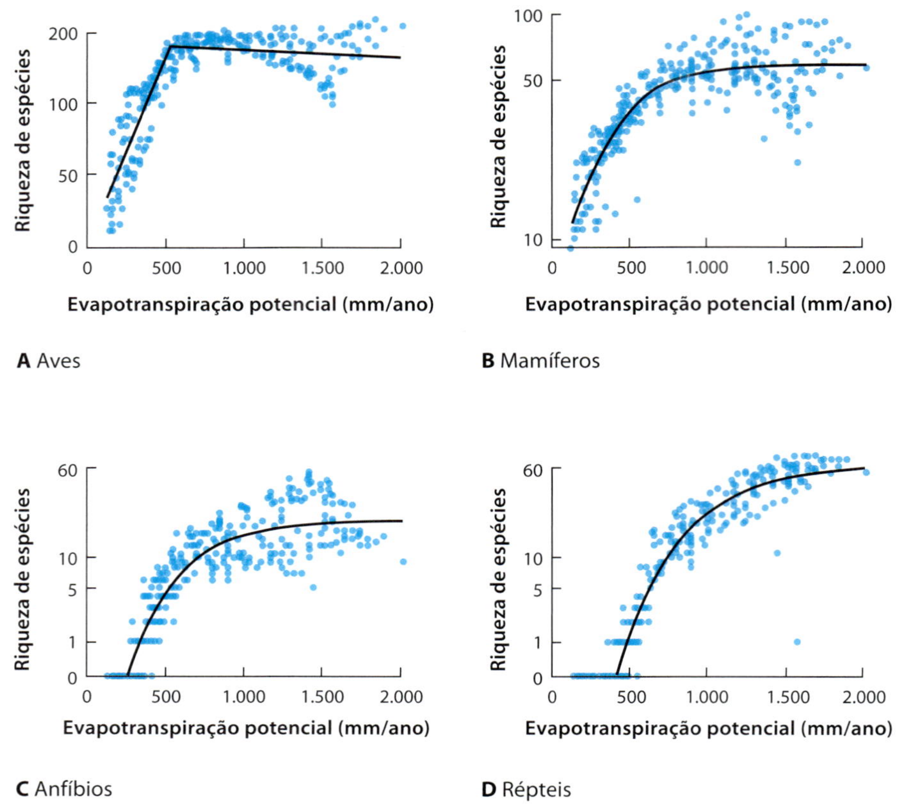

Figura 22.24 Relação entre diversidade de espécies e evapotranspiração potencial. Para todos os quatro grupos de vertebrados, a evapotranspiração potencial de uma amostra está fortemente relacionada com a quantidade de espécies encontradas na área de amostragem. Dados de D. J. Currie, Energy and large-scale spatial patterns of animal- and plant-species richness. *American Naturalist* 137 (1991): 27–49.

Energia solar e precipitação sobre a terra

A quantidade de espécies encontradas, partindo-se dos polos em direção aos trópicos, está relacionada com a quantidade de energia solar e de precipitação em cada local. Os ecólogos têm combinado a energia solar com a precipitação em uma medida chamada **evapotranspiração potencial (ETP)**, que é a quantidade de água que poderia ser evaporada do solo e transpirada pelas plantas, de acordo com as temperaturas e umidades médias. Como a ETP integra a temperatura e a radiação solar, ela fornece um índice para a energia global que entra em determinado ambiente. Como pode ser visto na Figura 22.24, a ETP se correlaciona satisfatoriamente com a riqueza de espécies de vertebrados norte-americanos. Em cada grupo de vertebrados, a elevação inicial da ETP está associada a uma elevação na riqueza de espécies, o que reflete uma diversidade crescente dentro do continente do norte para o sul. No entanto, a riqueza de espécies acaba por se estabilizar sob níveis muito altos de ETP. Esses níveis de ETP aumentam de leste para oeste nas latitudes médias, onde as temperaturas crescentes falham em melhorar a capacidade do ambiente de sustentar espécies de vertebrados adicionais. Nas partes áridas do oeste do continente, por exemplo, as temperaturas crescentes acabam por se tornar um estressor.

As correlações entre ETP e riqueza de espécies para vertebrados terrestres têm sugerido que existe uma relação causal entre as duas variáveis. Essa hipótese da relação causal é conhecida como **hipótese da energia-diversidade**, a qual estabelece que locais com quantidades maiores de energia são capazes de sustentar mais espécies. Quantidades maiores de energia também sustentariam abundâncias maiores de indivíduos de cada espécie, o que deveria reduzir a taxa de extinção. Além disso, uma entrada maior de energia deveria acelerar a taxa de mudança evolutiva e, portanto, aumentar a taxa de especiação. Embora essas ideias sejam atraentes, nenhum desses mecanismos foi constatado experimentalmente até agora.

Temperatura da água nos oceanos

Como foi visto, a biodiversidade nos ambientes marinhos é maior nos trópicos do que nas altas latitudes. Contudo, esse padrão não parece ser determinado pela maior produtividade dos trópicos. Embora a produtividade marinha seja máxima nas latitudes temperadas (ver Figura 20.6), a alta produtividade naquelas regiões é sazonal; diferenças na temperatura e estratificação da água nas zonas temperadas tornam os nutrientes prontamente disponíveis durante a mistura sazonal da coluna de água, mas escassas durante os períodos quando a água está

Evapotranspiração potencial (ETP) Quantidade de água que poderia ser evaporada do solo e transpirada pelas plantas, considerando temperatura e umidade médias.

Hipótese da energia-diversidade Hipótese de que os locais com quantidades maiores de energia são capazes de sustentar maior quantidade de espécies.

estratificada. Por outro lado, os ambientes tropicais marinhos apresentam temperaturas relativamente estáveis que levam a flutuações relativamente pequenas de nutrientes e a uma baixa, mas constante, produtividade. Os pesquisadores testaram se os padrões na diversidade de espécies pelos oceanos eram mais bem explicados pela produtividade, pela temperatura média da água ou pela variação na temperatura da água. Eles descobriram que o único fator preditivo significativo da biodiversidade marinha ao longo das latitudes era a temperatura média da superfície do mar. Como uma temperatura média mais alta é uma medida de maior energia total, esse padrão sustenta ainda mais a hipótese da energia-diversidade.

Os padrões de riqueza de espécies em cada latitude e também através delas são potencialmente afetados pelos três processos de heterogeneidade de hábitat, energia solar e precipitação sobre a terra, e temperatura média da água nos oceanos. Em todos os três casos, os mecanismos envolvidos sugerem que a distribuição global da riqueza de espécies é resultado de um equilíbrio entre os processos que criam novas espécies e os que causam a extinção das espécies existentes.

VERIFICAÇÃO DE CONCEITOS

1. Qual é o padrão geográfico de riqueza de espécies para mamíferos na América do Norte?
2. Por que o aumento na heterogeneidade vegetacional levaria a maior riqueza de espécies de pássaros?
3. Por que se esperaria que a evapotranspiração potencial fosse correlacionada com a riqueza de espécies terrestres ao longo das latitudes?

22.5 A distribuição de espécies no mundo também é afetada pela história da Terra

Quando se trata de padrões de diversidade das espécies, é preciso lembrar que a Terra foi formada há 4,5 bilhões de anos e que a vida surgiu durante o primeiro bilhão de anos. Isso significa que, hoje, as espécies são o resultado de bilhões de anos de evolução e que a diversidade atual surgiu em resposta às condições ambientais do passado. Esta seção examina como o movimento dos continentes e as mudanças históricas no clima afetaram a distribuição de espécies pelo planeta.

DERIVA CONTINENTAL

Durante a história da Terra, os continentes têm repetidamente se juntado e se separado. O movimento das massas de terra pela superfície do planeta é chamado de **deriva continental**. A deriva continental ocorre porque os continentes, essencialmente, são ilhas gigantes de rocha de baixa densidade que se movem por meio das correntes de convecção de material semiderretido. Há cerca de 250 milhões de anos, todas as massas da Terra estavam unidas em uma única massa terrestre que os cientistas denominaram **Pangeia**, ilustrada na Figura 22.25. Por volta de 150 milhões de anos atrás, a Pangeia se dividiu em uma massa mais ao norte, conhecida como **Laurásia**, e uma massa ao sul, conhecida como **Gondwana**. A Laurásia subsequentemente se dividiu em América do Norte, Europa e Ásia, enquanto a Gondwana se dividiu em América do Sul, África, Antártida, Austrália e Índia. Por fim, a Índia colidiu com a Ásia, o que fez as terras se elevarem, formando o Himalaia. No Hemisfério Norte, um Oceano Atlântico em expansão separou a Europa da América do Norte, mas uma ponte de terra já tinha se formado no outro lado do mundo, entre a América do Norte e a Ásia. Mais recentemente, a Europa e a África se juntaram há cerca de 17 milhões de anos e uma ponte de terra se formou entre as Américas do Norte e do Sul no Istmo do Panamá entre 3 e 6 milhões de anos atrás.

Deriva continental Movimento de massas de terra pela superfície da Terra.

Pangeia Massa de terra única que existia na Terra há cerca de 250 milhões de anos e subsequentemente se dividiu em Laurásia e Gondwana.

Laurásia Massa de terra do norte que se separou da Pangeia há cerca de 150 milhões de anos e subsequentemente se dividiu em América do Norte, Europa e Ásia.

Gondwana Massa de terra do sul que se separou da Pangeia há cerca de 150 milhões de anos e subsequentemente se dividiu em América do Sul, África, Antártida, Austrália e Índia.

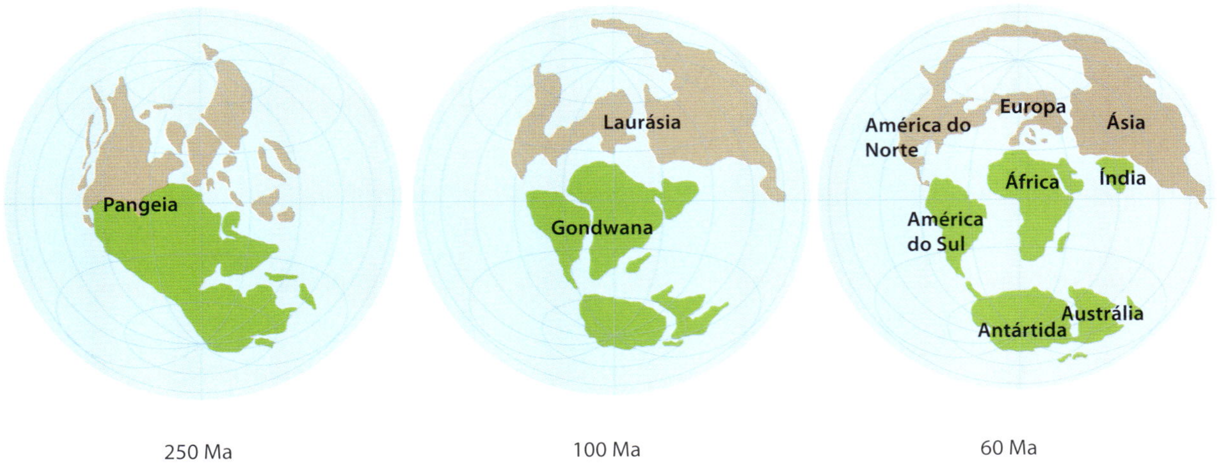

Figura 22.25 Deriva continental. Há cerca de 250 milhões de anos (Ma), todas as massas terrestres do planeta estavam juntas na Pangeia. A Pangeia mais tarde se dividiu em Gondwana e Laurásia que, por sua vez, se dividiram nos continentes atuais. Muitas dessas massas de terras subsequentemente se uniram em novas configurações.

Uma consequência importante da deriva continental foi a mudança nas oportunidades de dispersão entre os continentes. Uma vez separados, os continentes podiam desenvolver espécies de forma independente nas diferentes regiões da Terra. Por exemplo, como a Austrália passou por um longo período de isolamento dos outros continentes, ela desenvolveu muitos grupos únicos de espécies, que incluem uma grande variedade de animais marsupiais como os coalas e os cangurus, e plantas como o eucalipto. Quando os continentes mais tarde se uniram, grupos de organismos que eram únicos a uma massa de terra foram capazes de se transferir para novas áreas. Os camelos, por exemplo, se originaram na América do Norte há cerca de 30 milhões de anos, como visto no Capítulo 3. Quando a América do Norte se conectou com a Ásia pela Ponte de Terra de Bering no Alasca, os camelos se dispersaram para a Ásia e, então, moveram-se para a África, onde se diversificaram nos modernos camelos e dromedários atuais. Por volta da mesma época, outros camelos se dispersaram para a América do Sul, onde mais tarde se diversificaram em lhamas, guanacos, vicunhas e alpacas. Em resumo, a distribuição atual de animais e plantas reflete a história das conexões entre os continentes.

REGIÕES BIOGEOGRÁFICAS

Como a deriva continental permitiu que cada continente desenvolvesse grupos de organismos de forma independente por longos períodos, é possível ver os padrões das distribuições de espécies em cada um deles. Alfred Wallace, um contemporâneo de Charles Darwin e codescobridor da evolução pela seleção natural, descreveu pela primeira vez esses padrões e delineou seis grandes regiões zoogeográficas com base nas distribuições dos animais. Essas regiões, ilustradas na Figura 22.26, ainda são reconhecidas hoje em dia. Os botânicos também reconhecem seis grandes regiões biogeográficas estabelecidas com base nas distribuições das plantas, com fronteiras que coincidem bastante com aquelas das regiões zoogeográficas.

O Hemisfério Norte é dividido em **região Neártica**, que corresponde aproximadamente à América do Norte, e **região Paleártica**, que corresponde à Eurásia. Durante a maior parte dos últimos 100 milhões de anos, os continentes dessas regiões mantiveram conexões que são hoje conhecidas como a Groenlândia, entre a América do Norte e a Eurásia, e o Estreito de Bering, entre o Alasca e a Rússia. Consequentemente, essas duas regiões compartilham muitos grupos de animais e plantas. As florestas da Europa parecem familiares aos turistas da América do Norte e vice-versa; embora poucas espécies sejam as mesmas, ambas as regiões têm representantes de muitos dos mesmos gêneros e famílias.

Já o Hemisfério Sul é dividido em quatro regiões biogeográficas. A **região Neotropical** corresponde à América do Sul e a **região Afrotropical**, também conhecida como **região Etiópica**, corresponde à maior parte da África. Mais adiante, para o leste, está a **região Indomalásia**, também conhecida como **região Oriental**, que inclui a Índia e o Sudeste Asiático. A última região biogeográfica é a **região Australasiana**, que

Região Neártica Região biogeográfica do Hemisfério Norte que corresponde aproximadamente à América do Norte.

Região Paleártica Região biogeográfica no Hemisfério Norte que corresponde à Eurásia.

Região Neotropical Região biogeográfica do Hemisfério Sul que corresponde à América do Sul.

Região Afrotropical Região biogeográfica do Hemisfério Sul que corresponde à maior parte da África. Também denominada **região Etiópica**.

Região Indomalásia Região biogeográfica do Hemisfério Sul que corresponde à Índia e ao Sudeste Asiático. Também denominada **região Oriental**.

Região Australasiana Região biogeográfica do Hemisfério Sul que corresponde a Austrália, Nova Zelândia e Nova Guiné.

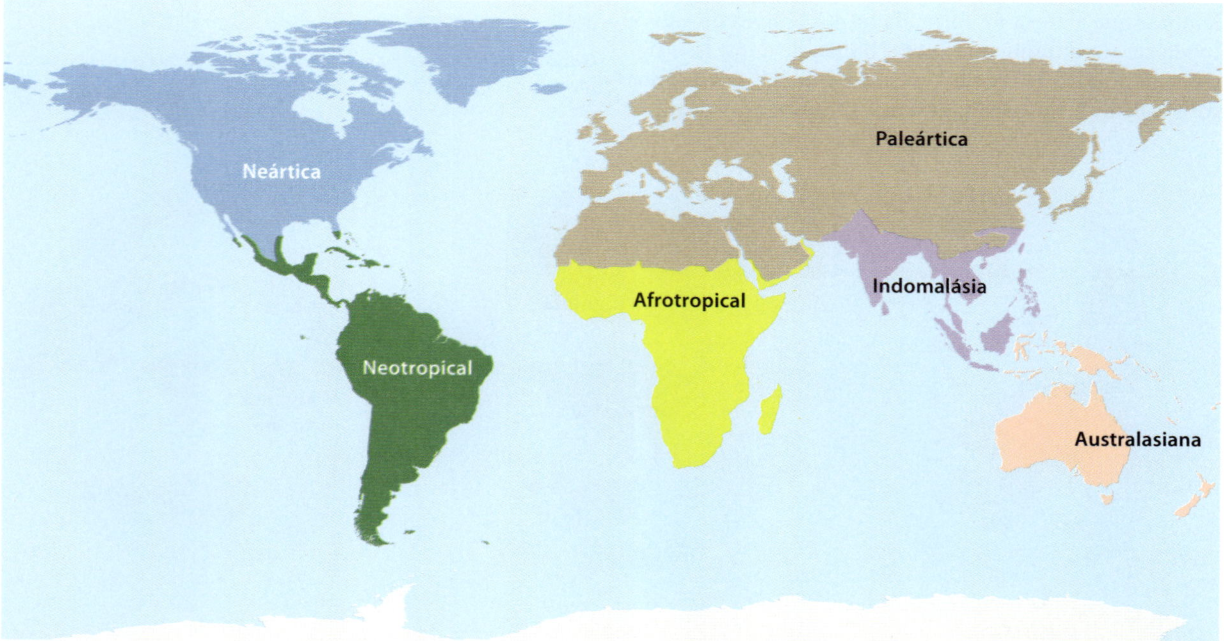

Figura 22.26 Regiões biogeográficas. As regiões terrestres do mundo podem ser classificadas de acordo com grupos distintos de plantas e animais, o que reflete amplamente a história da deriva continental.

inclui Austrália, Nova Zelândia e Nova Guiné. Na descrição de Wallace, o continente da Antártida não foi incluído.

Cada uma dessas regiões contém grupos únicos de espécies que refletem suas longas histórias de isolamento do resto do mundo terrestre e a troca subsequente de espécies após elas se juntarem. Por exemplo, quando o Istmo do Panamá conectou as regiões Neártica e Neotropical, houve uma grande, mas desigual, troca de mamíferos. Muitas linhagens da América do Norte se deslocaram para a América do Sul e causaram a extinção da maioria dos animais marsupiais que tinham vindo para a América do Sul durante a primeira conexão com a Austrália. Por outro lado, somente poucos mamíferos se deslocaram para América do Norte vindos da América do Sul; os mais proeminentes são os gambás, que constituem a única espécie de marsupial nos EUA e no Canadá.

MUDANÇA CLIMÁTICA HISTÓRICA

Como visto no Capítulo 5, a posição dos continentes e a circulação da água em volta deles influenciaram a variação do clima por todo o mundo. Como os continentes estavam derivando nos últimos 250 milhões de anos, não é surpresa que o clima do mundo sofresse mudanças drásticas. Sabe-se a partir de evidências fornecidas por fósseis que grandes porções da América do Norte e da Europa já apresentaram climas tropicais. Florestas tropicais alcançaram a Rússia e o Canadá, e florestas típicas de temperaturas quentes cobriram a Ponte de Terra de Bering do Alasca para a Ásia. Além disso, a conexão de terra na Antártida entre a América do Sul e a Austrália sustentou uma vegetação temperada e vida animal abundante. No entanto, conforme a Antártida derivou sobre o polo sul e a América do Norte e a Eurásia gradualmente envolveram o oceano polar do norte, o oceano Ártico se tornou bastante fechado entre a América do Norte e a Eurásia. Isso criou uma corrente oceânica circumpolar em volta da Antártida, o que provocou temperaturas mais frias nas altas latitudes. Como resultado, os climas da Terra tornaram-se mais fortemente diferenciados entre o Equador e os polos. Os ambientes tropicais se retraíram em uma zona estreita próxima ao Equador, e as zonas de clima temperado e boreal se expandiram. Essas mudanças no clima tiveram profundos efeitos nas distribuições geográficas de plantas e animais.

Há cerca de 2 milhões de anos, o resfriamento gradual do planeta deu lugar a uma série de drásticas oscilações no clima conhecida como Era do Gelo. As mudanças do clima durante esse período tiveram efeitos impressionantes nos hábitats e nos organismos na maior parte do mundo. A alternância entre períodos de resfriamento e aquecimento provocou o avanço e a retração das coberturas de gelo das calotas polares nas altas latitudes na maior parte do Hemisfério Norte, bem como ciclos de climas frios e secos ou quentes e úmidos nos trópicos. As calotas polares chegaram tão ao sul no Hemisfério Norte que atingiram a região dos atuais estados de Ohio e da Pensilvânia na América do Norte, e também cobriram boa parte do norte da Europa, levando as zonas de vegetação para o sul e possivelmente restringindo florestas tropicais a refúgios isolados onde as condições permaneceram úmidas.

Um exemplo notável dessa perturbação é a migração de árvores de florestas no leste da América do Norte e na Europa. No pico do período glacial mais recente, muitas espécies de árvores estavam restritas a refúgios no sul, mas, há cerca de 18 mil anos, o gelo começou a retroceder e as florestas começaram a se espalhar para o norte novamente. Os grãos de pólen depositados nos lagos e alagados deixados pelas geleiras em retração registram as idas e vindas das espécies de plantas. Esses registros mostram que a composição das associações de plantas havia mudado à medida que as espécies migravam de volta para o norte através de diferentes rotas pela paisagem. As migrações de algumas espécies representativas de árvores de seus refúgios do sul estão mapeadas na Figura 22.27. Como pode ser visto na figura, as árvores de espruce se deslocaram para o norte logo atrás das geleiras em retração. Os carvalhos se expandiram de seus refúgios no sul para cobrir a maior

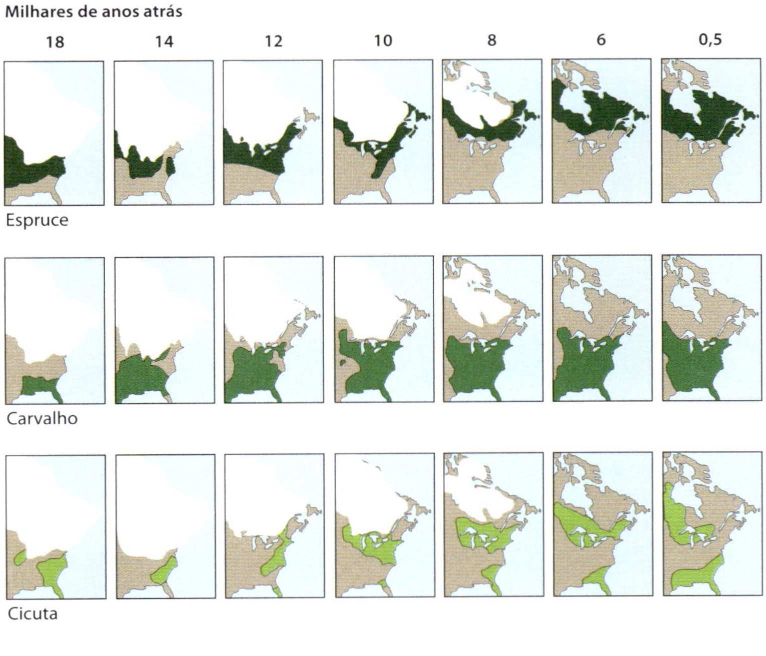

Figura 22.27 Mudança na distribuição das árvores após a retração das geleiras. À medida que as geleiras começaram a retroceder na América do Norte há 18 mil anos, as árvores começaram a se deslocar para o norte, para colonizar os hábitats expostos. Dados de G. L. Jacobson et al., in W. F. Ruddinman; H. E. Wright, Jr. (eds.), *North America During Deglaciation* (Geological Society of America, 1987), pp. 277–288.

parte da região leste da América do Norte temperada, do sul do Canadá e até a costa do Golfo. As cicutas se expandiram para a região dos Grandes Lagos e para o Canadá central.

As florestas da Europa sofreram ainda mais extinções pelo avanço das geleiras do que as da América do Norte, porque as populações estavam impedidas pelos Alpes e pelo mar Mediterrâneo de se moverem para o sul. Diversas espécies de árvores europeias do norte se extinguiram. Muitas espécies que sobreviveram ficaram restritas aos refúgios no sul da Europa, dos quais se expandiram após as geleiras começarem a retroceder há cerca de 18 mil anos. Pesquisas recentes sugerem que muitas espécies de árvores na Europa ainda não se expandiram completamente para as suas abrangências potenciais, o que sugere que a flora europeia não retornou a um estado de equilíbrio. Como será visto no próximo capítulo, a habilidade das espécies em responder a mudanças no clima levanta questões acerca de como as espécies responderão ao aquecimento global.

Este capítulo mostrou que, para compreender a distribuição de espécies, é preciso considerar a ecologia tanto na escala de paisagem quanto na escala global. Ao fazer isso, vê-se que a biodiversidade é mantida por fatores em grande escala, incluindo a área, o isolamento e os eventos históricos que continuam a mostrar seus efeitos até hoje. O boxe "Ecologia hoje | Correlação dos conceitos" mostra que esse conhecimento tem ajudado os cientistas a projetar uma imensa reserva natural para ajudar a proteger a biodiversidade da Flórida.

VERIFICAÇÃO DE CONCEITOS

1. Como a deriva continental afetou a distribuição atual de espécies na Terra?
2. Como as regiões biogeográficas são delineadas?
3. Como os cientistas sabem que espécies de árvores têm se deslocado para o norte desde a Era do Gelo mais recente?

ECOLOGIA HOJE | CORRELAÇÃO DOS CONCEITOS

Longo caminho para a conservação

Pantera-da-flórida. Muitas espécies, como esta pantera-da-flórida – uma subespécie ameaçada do leão-da-montanha –, provavelmente se beneficiarão do Corredor de Vida Selvagem projetado na Flórida, que irá conectar grandes áreas de hábitats protegidos. Fotografia de Tom & Pat Leeson/AGE Fotostock.

MUDANÇA GLOBAL

Como visto ao longo deste capítulo, a distribuição e a persistência da biodiversidade dependem de diversos fatores. O conhecimento dos fatores responsáveis pela manutenção da biodiversidade auxilia os ecólogos a projetar reservas naturais para proteger a biodiversidade. Embora se tenha uma boa ideia sobre as características de uma reserva natural ideal, na realidade o delineamento de reservas naturais e os corredores que as conectam são em grande parte determinados pelos hábitats existentes, por suas configurações e pela propriedade da terra. Um excelente exemplo disso pode ser encontrado em um esforço de conservação conhecido como Corredor de Vida Selvagem da Flórida, um plano visionário para criar uma conexão contínua de hábitat protegido desde a ponta sul da Flórida até Geórgia. Essa conexão proporcionaria, por um longo período, uma enorme quantidade da terra a um grande número de espécies, incluindo as ameaçadas, como a pantera-da-flórida. O objetivo final é conectar diversas reservas naturais federais, incluindo o Parque Nacional de Everglades, a Reserva Nacional do Grande Cipreste, a Floresta Nacional de Ocala e o Refúgio Selvagem Nacional de Okefenokee, com diversas propriedades do estado da Flórida, de organizações de conservação como The Nature Conservancy e de proprietários privados, incluindo grandes fazendas de gado.

Com tantos proprietários envolvidos, o Corredor de Vida Selvagem da Flórida é um excelente estudo de caso sobre os desafios apresentados para projetar reservas naturais; é tanto um problema sociológico quanto ecológico e, assim, os idealizadores do corredor tiveram que pensar sobre a campanha de relações públicas que teria que englobar uma faixa de terra de 1.600 km abaixo da metade do estado. Em 2012, quatro líderes do projeto decidiram viajar por todo o percurso do corredor proposto no que eles chamaram de "Mil milhas em cem dias". Deslocando-se a pé e em caiaques, os conservacionistas atravessaram pântanos, campos e florestas. Eles chamaram atenção para o seu esforço usando fotografias e vídeos diários atualizados em suas páginas da internet. Ao longo do caminho, juntaram-se a eles biólogos estaduais e federais, conservacionistas, políticos e proprietários de fazendas privadas. Em cada parada, eles enfatizaram que preservar essa faixa de terra atravessando a Flórida proporcionaria benefícios não apenas para os organismos que viviam em áreas silvestres, mas também aos residentes da Flórida que dependem do turismo bem como da água e da agricultura que vêm dessa região. No Dia da Terra de 2012, o centésimo dia da expedição foi completado no Parque Estadual Stephen C. Foster no sul da Geórgia.

Em 2015, o grupo fez uma segunda caminhada para a conservação dos Everglades até a margem oeste do Panhandle da Flórida. Nessa viagem em grupo, eles observaram uma grande quantidade de hábitat fragmentado, mas ficou claro que ainda existia a possibilidade de proteger hábitats e corredores importantes nessa região da Flórida. Em conjunto, o Corredor de Vida Selvagem da Flórida é composto por 6,4 milhões de hectares, que abrigam 42 espécies ameaçadas, de acordo com o governo federal. Atualmente, cerca de 60% da terra está protegida, e a meta do grupo é proteger 120.000 hectares adicionais de hábitats importantes ao longo do corredor até 2020.

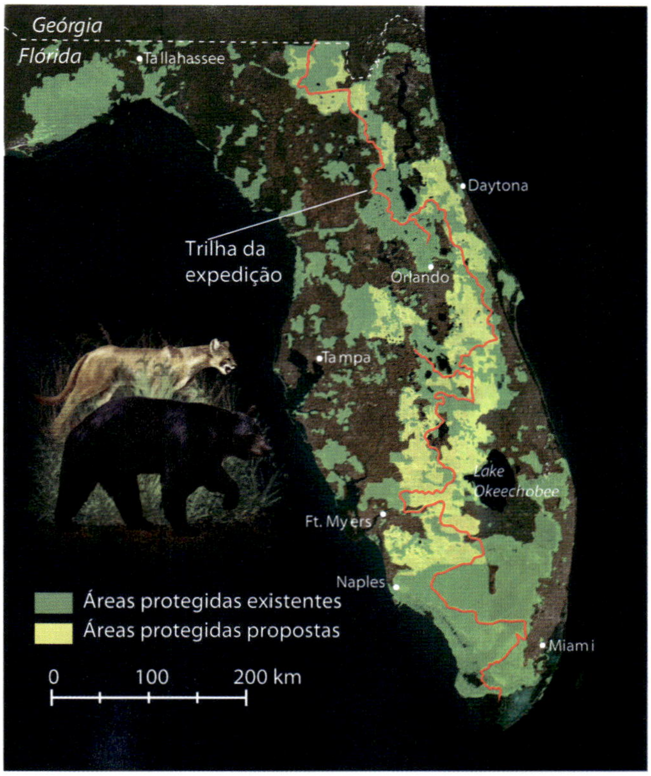

Corredor de Vida Selvagem da Flórida. Os conservacionistas esperam conectar terras públicas e privadas por todo o estado da Flórida, de modo a promover o movimento de organismos selvagens entre os hábitats e facilitar suas persistências a longo prazo.

O esforço para proteger a terra no corredor norte-sul através da Flórida está longe de ser finalizado, mas cada vez mais pessoas se empenham para encontrar uma forma de proteger as terras entre o estado e as reservas federais e, ao mesmo tempo, enfrentar as antigas tradições da agricultura e das fazendas nas terras privadas. Se essa proteção for conquistada, então o estado terá uma reserva total grande e interconectada, o que resultaria em maior persistência das espécies na região.

FONTE:
The Florida Wildlife Corridor (www.floridawidlifecorridor.org/about).

RESUMO DOS OBJETIVOS DE APRENDIZAGEM

22.1 A ecologia de paisagem investiga os padrões e processos ecológicos em escalas espaciais amplas. A heterogeneidade de hábitat existe através da paisagem como resultado tanto de processos naturais quanto de atividades humanas, ambos no passado e nas eras modernas. Essa heterogeneidade permite que mais espécies existam na escala da paisagem do que nas escalas locais. A diversidade de espécies pode mudar com a escala espacial; quantificam-se a diversidade alfa na escala local, a diversidade gama na escala regional e a diversidade beta por meio dos hábitats. O processo de alocação de espécies (*species sorting*) determina quais espécies do reservatório (*pool*) regional de espécies são encontradas em uma comunidade local.

Termos-chave: **ecologia de paisagem, efeito legado, diversidade local, diversidade regional, diversidade beta, reservatório regional de espécies, alocação de espécies**

22.2 A quantidade de espécies aumenta com a área. O número de espécies encontradas nas áreas de diferentes tamanhos pode ser descrito por uma curva espécie-área. À medida que a área amostrada aumenta, observa-se um aumento na riqueza de espécies, porque começa-se a amostrar novos hábitats que contêm espécies diferentes. A fragmentação do hábitat divide um grande hábitat em vários menores e, portanto, causa o aumento da quantidade de hábitat de borda. Esses efeitos causam o declínio na abundância de muitas espécies, mas favorecem as espécies que preferem hábitats de borda.

Termos-chave: **curva espécie-área, curva de acumulação de espécies, trampolins ecológicos**

22.3 A teoria de equilíbrio de biogeografia de ilhas incorpora a área e o isolamento do hábitat. A diversidade de espécies é máxima nas ilhas grandes e próximas a uma fonte de espécies colonizadoras, porque essas ilhas têm baixa taxa de extinção de espécies e alta taxa de colonização por novas espécies. Por outro lado, a diversidade de espécies é mínima nas ilhas pequenas e distantes de uma fonte de espécies colonizadoras, porque essas ilhas têm alta taxa de extinção de espécies e baixa taxa de colonização por novas espécies.

Termo-chave: **teoria de equilíbrio de biogeografia de ilhas**

22.4 Em escala global, a biodiversidade é maior próximo ao Equador e diminui em direção aos polos. A diversidade de espécies pode também variar em um dado cinturão de latitude como resultado da heterogeneidade de hábitat, da temperatura e da precipitação. Nos ecossistemas terrestres, o melhor previsor da diversidade de espécies é a evapotranspiração potencial. A hipótese de diversidade-energia estabelece que os locais com maiores quantidades de energia são capazes de sustentar mais espécies. Nos ecossistemas marinhos, o melhor previsor da diversidade de espécies é a temperatura da superfície da água.

Termos-chave: **evapotranspiração potencial (ETP), hipótese da energia-diversidade**

22.5 A distribuição de espécies no mundo também é afetada pela história da Terra. A deriva continental é o fator principal na determinação da distribuição de espécies. Conforme os continentes se juntavam e se separavam, desenvolviam linhagens evolutivas únicas que hoje são reconhecidas como regiões biogeográficas distintas. A deriva dos continentes tem também afetado as mudanças históricas de clima, incluindo amplas mudanças na distribuição das regiões tropicais, temperadas e polares por todo o mundo.

Termos-chave: **deriva continental, Pangeia, Laurásia, Gondwana, região Neártica, região Paleártica, região Neotropical, região Afrotropical, região Indomalásia, região Australasiana**

QUESTÕES DE RACIOCÍNIO CRÍTICO

1. Explique como a fragmentação de uma paisagem pode ter tanto efeitos positivos quanto negativos sobre a biodiversidade.

2. Por que é importante considerar a qualidade da matriz que existe entre os fragmentos de hábitat quando se considera o movimento de espécies de anfíbios entre lagoas?

3. Como as diversidades locais e regionais afetam a inclinação e a interseção da relação espécie-área?

4. Compare e oponha as diversidades alfa, gama e beta.

5. Por que se espera que regiões com alta diversidade de espécies apresentem também alta diversidade de nichos?

6. Por que pequenas ilhas que estão distantes do continente normalmente têm menos espécies de plantas do que ilhas grandes que estão próximas ao continente?

7. Na ocasião em que América do Norte e a América do Sul se uniram pela deriva continental, o que pode ter feito com que os mamíferos norte-americanos que se deslocaram para a América do Sul extinguissem muitos dos mamíferos da América do Sul?

8. Como a idade e a área de uma região podem afetar a sua riqueza de espécies?

9. Como o conhecimento dos padrões históricos e climáticos afeta a nossa interpretação dos padrões atuais da diversidade de espécies?

10. Qual é a relação provável entre o período de tempo em que os continentes modernos estão conectados e a semelhança entre famílias e gêneros de cada continente?

REPRESENTAÇÃO DOS DADOS | CURVAS DE ACUMULAÇÃO DE ESPÉCIES

Os ecólogos frequentemente precisam determinar a quantidade de espécies em uma área amostrada. Como foi discutido neste capítulo, eles podem usar uma equação para estimar o número total de espécies ou podem mostrar graficamente uma curva de acumulação de espécies que indica o tamanho da amostra ao longo do eixo *x* e o número de espécies observadas ao longo do eixo *y*. Usando os dados da tabela, faça os gráficos com as curvas de acumulação de espécies para as comunidades de florestas A e B.

Com base no seu gráfico, qual comunidade foi suficientemente amostrada para proporcionar uma boa estimativa da riqueza de espécies existente e qual comunidade requer mais amostragens? Explique sua resposta.

Quantidade de indivíduos amostrados	Quantidade de espécies observadas na comunidade A	Quantidade de espécies observadas na comunidade B
20	12	5
40	20	10
60	27	15
80	33	19
100	38	23
120	42	27
140	45	30
160	47	33
180	48	36
200	48	38

23 Conservação Global da Biodiversidade

Proteção dos Pontos Quentes de Biodiversidade

A biodiversidade do mundo enfrenta inúmeras ameaças de uma população humana crescente, que tem feito as espécies se extinguirem rapidamente. Para reverter essa espiral descendente, os conservacionistas procuram formas de proteger os ecossistemas aquáticos e terrestres de modo que as ameaças das atividades humanas possam ser reduzidas ou eliminadas. Uma abordagem comum para proteger as espécies é resguardar seus hábitats. Mas há limites para até quanto um hábitat pode ser protegido: nem todos os hábitats estão disponíveis para compra, e fatores políticos e econômicos frequentemente decidem se determinado hábitat pode ser preservado. Com todas essas limitações, como se deve priorizar a proteção da biodiversidade do mundo?

Em 1988, Norman Myers notou que pequenas áreas isoladas, como as ilhas tropicais, contêm muitas espécies endêmicas, ou seja, espécies que têm distribuição relativamente restrita e não são encontradas em outras partes do mundo. Portanto, grande parte das espécies terrestres do mundo está localizada em espaços geográficos relativamente pequenos do planeta. Myers questionou se devemos concentrar nossos esforços de conservação sobre essas áreas especialmente ricas, que ele definiu como pontos quentes (em inglês, *hotspots*) de biodiversidade, porque salvar essas áreas salvaria a maioria das espécies.

Myers identificou dez locais na Terra como pontos quentes de biodiversidade. Logo depois, a organização Conservation International adotou a abordagem de Myers e decidiu que os pontos quentes deveriam ser definidos como áreas que contêm pelo menos 1.500 espécies endêmicas de plantas e que tenham sofrido pelo menos 70% de perda da vegetação devido à ação humana. Esse critério identificaria as áreas de alta riqueza de espécies enfrentando ameaças significativas. O grupo presumiu que as regiões com alta diversidade de plantas também continha semelhante biodiversidade de animais. A Conservation International identificou 34 pontos quentes de biodiversidade em todo o mundo, incluindo as ilhas do Caribe, na América Central, a costa da Califórnia, a ilha de Madagascar e diversos locais nas ilhas do Sudeste Asiático. Em conjunto, esses locais representam 2,3% da superfície terrestre do planeta, mas contêm 50% das plantas do mundo (mais de 150 mil espécies) e 42% dos animais vertebrados (quase 12.000 espécies).

Tem-se feito um esforço parecido para identificar os pontos quentes aquáticos, com foco particular nos oceanos. Os cientistas têm debatido sobre pontos quentes no oceano aberto, em fontes hidrotermais profundas (ver Capítulo 1) e em recifes de corais, mas muito se tem discutido sobre como definir esses locais. Tal definição pode ser particularmente difícil em regiões do oceano onde os pontos quentes são sazonais, tais como as ressurgências sazonais de nutrientes que causam períodos de alta produtividade e maior biodiversidade.

"Grande parte das espécies terrestres do mundo se localiza em espaços geográficos relativamente pequenos."

Embora identificar pontos quentes com base na abundância de espécies endêmicas seja certamente razoável, alguns cientistas sugerem outras abordagens. Uma delas seria simplesmente focar em áreas que tenham alta riqueza de espécies, sem ressaltar as espécies endêmicas. Por exemplo, a floresta tropical da Amazônia tem uma enorme quantidade de espécies, mas a maioria delas não é endêmica de pequenas áreas geográficas. Outra abordagem seria priorizar os lugares ricos em espécies que enfrentem agora e no futuro as maiores ameaças de extinção, como locais que tenham ou terão rápido crescimento populacional humano. Cada abordagem sustenta uma lista diferente de prioridades de proteção. No entanto, concentrar as prioridades de conservação nos locais com alta diversidade exclui, automaticamente, os lugares com baixa diversidade que contenham espécies

Conservação da biodiversidade. Esforços estão sendo feitos para proteger a biodiversidade do mundo, incluindo esta "borboleta-tigre-de-asas-longas" (*Heliconius ismenius*) da Costa Rica. Fotografia de directphoto.bz/Alamy.

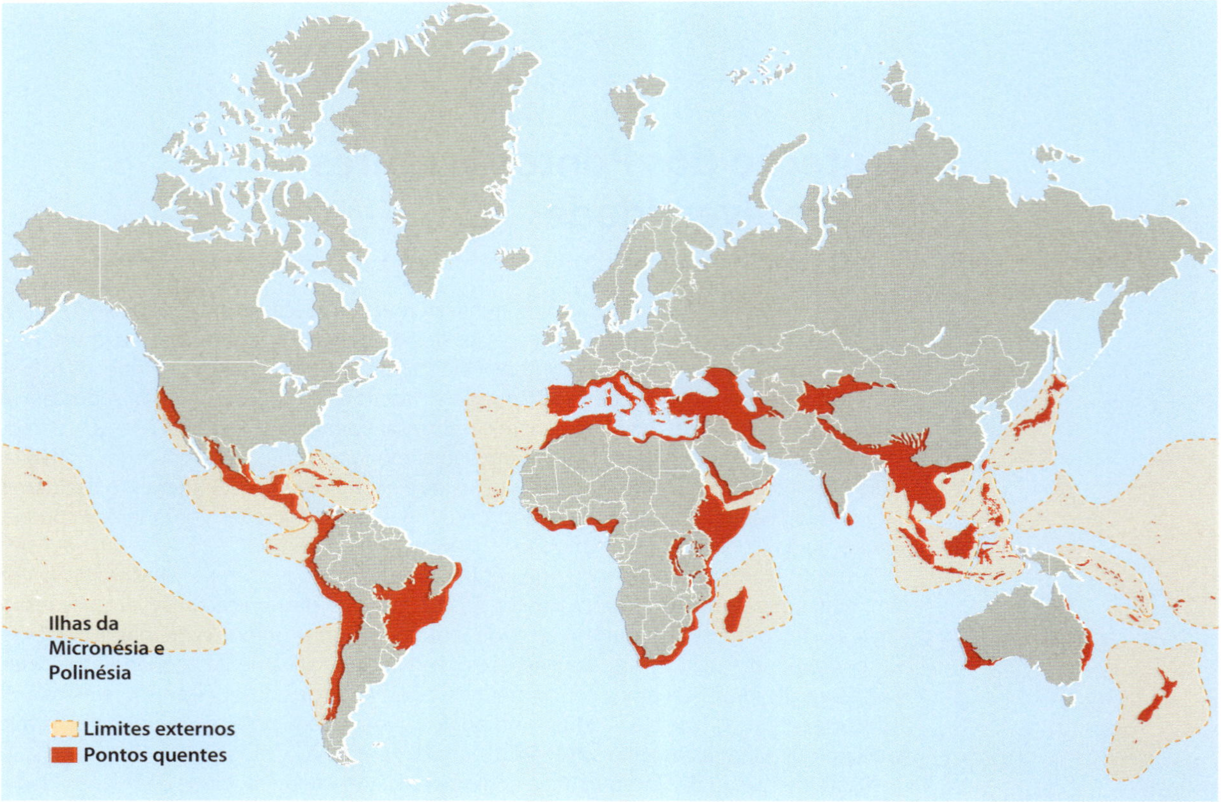

Pontos quentes de biodiversidade. Trinta e quatro pontos quentes terrestres de biodiversidade foram identificados por todo o mundo. Esses locais contêm pelo menos 1.500 espécies endêmicas de plantas e têm sofrido redução de pelo menos 70% em sua vegetação. Embora o critério usado se baseie em plantas, essas áreas também contêm grande diversidade de animais. Os limites externos no mapa indicam as regiões de pontos quentes que incluem ilhas oceânicas. http://specieslist.com/images/external/ci-hotspots.jpg.

que também despertam preocupação, como o bisão, os lobos e os ursos-pardos que vivem no oeste da América do Norte. Essa abordagem também enfatiza a riqueza de espécies, em vez de ressaltar as funções importantes que muitos ecossistemas proporcionam. Por exemplo, embora os alagados, normalmente, tenham baixa diversidade de plantas, eles são incrivelmente importantes para o controle de inundações e filtração da água.

Está claro que diversas abordagens podem ser usadas para priorizar a conservação da biodiversidade. Todas elas são instrumentos para que a humanidade possa investir seus recursos limitados a fim de salvar a maior biodiversidade possível. Este capítulo enfoca os benefícios da biodiversidade para os seres humanos, as causas do seu declínio e os esforços que estão sendo feitos para salvá-la.

FONTES:
Bacchetta, G. et al. 2012. A new method to set conservation priorities in biodiversity hotspots. *Plant Biosystems* 146: 638–648.
Marchese, C. 2015. Biodiversity hotspots: A shortcut for a more complicated concept. *Global Ecology and Conservation* 3: 297–309.
Myers, N. et al. 2000. Biodiversity hotspots for conservation priorities. *Nature* 403: 853–858.

OBJETIVOS DE APRENDIZAGEM

Após a leitura deste capítulo, você deverá ser capaz de:

23.1 Identificar o valor da biodiversidade com base em considerações sociais, econômicas e ecológicas.

23.2 Explicar por que a taxa de extinção atual não tem precedentes.

23.3 Descrever as maneiras pelas quais as atividades humanas estão causando a perda de biodiversidade.

23.4 Identificar os esforços de conservação que podem desacelerar ou reverter a queda na biodiversidade.

Ao longo deste livro, foram examinados fatores que afetam a distribuição das espécies por todo o mundo. Viu-se que essas distribuições são resultado das condições abióticas que uma espécie pode tolerar, das interações positivas e negativas que ocorrem entre as espécies, da capacidade de se dispersar para hábitats adequados e dos processos geológicos que incluem o movimento dos continentes. Também se investigou como as atividades humanas afetam determinadas espécies e como os esforços de conservação têm tentado minimizar esses impactos. Este capítulo final traça o panorama do declínio da biodiversidade em todo o planeta. Inicialmente, aborda as diferentes formas pelas quais as pessoas valorizam a biodiversidade. Em seguida, compara as atuais taxas de diminuição da biodiversidade com as taxas históricas e investiga as formas pelas quais as atividades humanas contribuem para esse declínio. Finalmente, discute os esforços em andamento para reduzir ou mesmo reverter a queda da biodiversidade.

23.1 O valor da biodiversidade surge de considerações sociais, econômicas e ecológicas

A decisão de conservar a biodiversidade do planeta pode refletir diferentes valores. Por exemplo, o **valor instrumental da biodiversidade** se concentra nos valores econômicos que as espécies podem proporcionar, como madeira para construção ou plantio para alimentação. Por outro lado, o **valor intrínseco da biodiversidade** reconhece que as espécies têm valores inerentes que não estão associados a qualquer benefício econômico. Naturalmente, as espécies e os ecossistemas podem ter, ao mesmo tempo, valor instrumental e intrínseco.

Figura 23.1 Serviços de provisão. O teixo-do-pacífico é uma das muitas espécies que têm servido como fonte importante de substâncias químicas farmacêuticas em prol da saúde humana. Fotografia de inga spence/Alamy.

VALORES INSTRUMENTAIS

É difícil estimar o benefício econômico total proporcionado pela biodiversidade, porque muito da biodiversidade do mundo permanece desconhecida, e nem sempre é simples calcular o valor de cada espécie ou ecossistema. Por exemplo, o benefício econômico da biodiversidade nos EUA é estimado em 319 bilhões de dólares por ano. Para se ter uma ideia, esse montante equivale a cerca de 10% do produto interno bruto anual dos EUA. Em nível global, a estimativa do benefício total da biodiversidade, incluindo todos os serviços proporcionados pelos ecossistemas, é de 125 trilhões de dólares. Podem-se agrupar os valores instrumentais da biodiversidade em quatro categorias de serviços: *provisão*, *regulação*, *cultura* e *suporte*.

Serviços de provisão

Os **serviços de provisão** são benefícios da biodiversidade que fornecem produtos aos humanos, incluindo madeira, peles, carne, plantações, água e fibras. Em muitos casos, plantas e animais selvagens têm sido cultivados ou domesticados e, então, criados de forma seletiva para realçar suas qualidades mais valiosas. As provisões também incluem os produtos químicos farmacêuticos que se originam de plantas e animais; quase 70% dos 150 fármacos mais importantes se originaram de produtos químicos produzidos na natureza. Um exemplo importante dos benefícios econômicos desses medicamentos é o paclitaxel, usado para combater o câncer. Atualmente, o paclitaxel é sintetizado em laboratório, mas originalmente era extraído da árvore teixo-do-pacífico (*Taxus brevifolia*) (Figura 23.1). Essa única substância química é responsável por mais de 1,6 bilhão de dólares em vendas anuais em todo o mundo. Nos últimos 25 anos, mais de 800 substâncias químicas naturais foram identificadas na busca por tratamento de doenças como o câncer e até para a contracepção, e não há ainda indicação de que a velocidade dessas descobertas esteja diminuindo.

Serviços de regulação

Os **serviços de regulação** são os benefícios da biodiversidade que incluem a regulação do clima, o controle de inundações e a purificação da água. Por exemplo, os alagados absorvem quantidades consideráveis de água e, assim, previnem a inundação por escoamento de águas superficiais durante o período

Valor instrumental da biodiversidade Foco no valor econômico que uma espécie pode proporcionar.

Valor intrínseco da biodiversidade Foco no valor inerente de uma espécie, não vinculado a qualquer benefício econômico.

Serviços de provisão Benefícios da biodiversidade que fornecem produtos aos humanos, incluindo madeira, pele, carne, plantações, água e fibras.

Serviços de regulação Benefícios da biodiversidade que incluem a regulação do clima, o controle de inundações e a purificação da água.

chuvoso. As plantas que vivem nos alagados também removem contaminantes da água e a tornam mais apropriada para consumo. O CO_2, absorvido do ar pelos produtores na terra e no oceano, constitui outro serviço de regulação. Das 8 gigatoneladas de carbono que são introduzidas no ar a cada ano pelas atividades humanas, cerca de metade é retirada do ar pelos produtores, o que reduz os efeitos causados pelos humanos sobre as temperaturas globais em função do aquecimento global.

Serviços culturais

Os **serviços culturais** são benefícios da biodiversidade que proporcionam valores estéticos, espirituais ou recreacionais. Por exemplo, os serviços culturais incluem a experiência agradável que as pessoas têm quando vão caminhar, acampar, passear de barco ou observar pássaros. As pessoas pagam para visitar áreas de beleza natural, como os Everglades da Flórida, nos EUA, ou o Parque Nacional de Banff, no Canadá. Às vezes, áreas são preservadas porque a receita proveniente do turismo pode exceder os lucros em função do desmatamento de uma floresta ou do uso da terra para habitação e indústria. Muitos países tropicais têm se capitalizado pelo turismo ao criar parques e sustentar serviços para esse fim. No Parque Nacional de Palo Verde, na Costa Rica, por exemplo, os macacos e as belas aves tropicais atraem turistas para as áreas onde as espécies são protegidas (Figura 23.2). A diversidade por si só é, frequentemente, uma atração em florestas úmidas tropicais e recifes de coral porque esses ecossistemas contêm centenas de espécies diferentes de árvores, aves, corais ou peixes.

Serviços de suporte

Os **serviços de suporte** são benefícios da biodiversidade que possibilitam a existência dos ecossistemas, como a produção primária, a formação do solo e a ciclagem de nutrientes. Como foi visto nos Capítulos 20 e 21, esses processos são essenciais para a existência das espécies e dos ecossistemas. Não haveria ecossistemas sem os produtores que capturam a energia do Sol, transferindo-a em seguida para todos os outros níveis tróficos. Da mesma forma, tanto a formação do solo quanto a ciclagem de nutrientes desempenham papéis-chave na persistência de ecossistemas existentes.

VALORES INTRÍNSECOS

Diferentemente dos valores instrumentais, os valores intrínsecos da biodiversidade não proporcionam quaisquer benefícios econômicos para os humanos. Em vez disso, as pessoas que atribuem valor intrínseco à biodiversidade sentem obrigações religiosas, morais ou éticas de preservar as espécies do mundo. Por exemplo, uma das principais motivações para evitar a extinção da águia-americana na década de 1970 foi o fato de ela ser o símbolo nacional dos EUA; os norte-americanos teriam, por isso, a obrigação moral de impedir a sua extinção. No entanto, é muito difícil priorizar os esforços de conservação apenas argumentando que todas as espécies são intrinsecamente valiosas. Em vez disso, valores instrumentais e intrínsecos podem, em conjunto, direcionar os esforços de conservação.

Figura 23.2 O Parque Nacional de Palo Verde fomenta o turismo. Exemplos notáveis de biodiversidade, como este quetzal-resplandecente (*Pharomachrus mocinno*), atraem turistas de todo o mundo. Fotografia de Brandon Lindblad/Shutterstock.

VERIFICAÇÃO DE CONCEITOS

1. Cite três serviços de provisão da biodiversidade.
2. Por que os serviços de regulação são considerados um valor instrumental da biodiversidade?
3. Por que é difícil atribuir um valor econômico ao valor intrínseco da biodiversidade?

23.2 Embora a extinção seja um processo natural, sua taxa atual não tem precedentes

É difícil estimar o número atual de espécies na Terra. O que se sabe é que 1,3 milhão de espécies receberam nomes científicos e cerca de 15 mil novas espécies são descritas a cada ano. Embora as estimativas para o número total das espécies variem de 3 a 100 milhões, dependendo das premissas adotadas, a maioria dos cientistas concorda que devam existir cerca de 10 milhões delas. Algumas espécies estão diminuindo em abundância e correndo risco de extinção, à medida que os humanos continuam a alterar os ecossistemas terrestres e aquáticos. Contudo, como foi visto ao longo deste livro, algumas extinções são naturais. Portanto, é preciso compreender as taxas históricas

Serviços culturais Benefícios da biodiversidade que proporcionam valores estéticos, espirituais ou recreativos.

Serviços de suporte Benefícios fornecidos pela biodiversidade e que possibilitam a existência de ecossistemas, como a produção primária, a formação do solo e a ciclagem de nutrientes.

de extinção e compará-las às taxas de extinção modernas. Esta seção investiga as taxas de extinção no passado e no presente e, então, examina a situação de alguns grupos específicos de organismos. Essa discussão considera a diminuição tanto na diversidade de espécies quanto na diversidade genética.

TAXAS DE EXTINÇÃO DE FUNDO

Nos últimos 500 milhões de anos, o mundo sofreu cinco **eventos de extinção em massa**, que são definidos como eventos nos quais pelo menos 75% das espécies existentes tenham se extinguido em um período de 2 milhões de anos. Durante esses eventos, números expressivos de espécies, gêneros e famílias em todo o mundo desapareceram. Para simplificar, a Figura 23.3 A ilustra o número de famílias que sofreram extinção.

Durante a primeira extinção em massa, há cerca de 443 milhões de anos, a maioria das espécies vivia nos oceanos. Uma era do gelo fez com que os níveis do mar caíssem e a composição química do oceano mudasse, o que resultou em 86% de espécies extintas. A segunda extinção em massa aconteceu há 359 milhões de anos, quando grande parte do oceano não tinha oxigênio – por motivos que não estão claros – e 75% de todas as espécies foram extintas. Durante a terceira extinção em massa, há 248 milhões de anos, incríveis 96% de todas as espécies presentes na Terra foram extintas. Embora os pesquisadores tenham elaborado diversas hipóteses para explicar essa terceira extinção, suas causas ainda são incertas. A quarta extinção em massa, que ocorreu há 200 milhões de anos, causou a extinção de 80% das espécies no mundo. As hipóteses para a causa dessa quarta extinção incluem crescente atividade vulcânica, colisões de asteroides com a Terra e mudança climática.

Eventos de extinção em massa Eventos nos quais pelo menos 75% das espécies existentes foram extintas em um período de 2 milhões de anos.

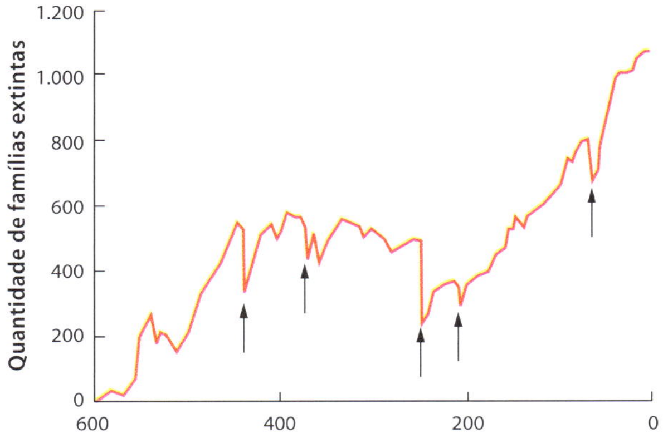

A

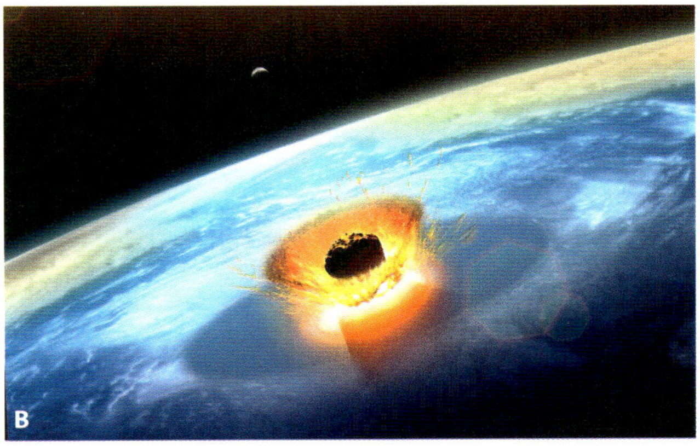

B

Figura 23.3 Extinções em massa. A. Nos últimos 500 milhões de anos ocorreram cinco extinções em massa. Durante esses períodos, o mundo sofreu significativo declínio no número de famílias, o que significa que houve diminuições também no número de gêneros e espécies. Uma contínua especiação durante os anos subsequentes ajudou a contrabalançar essas extinções. **B.** Acredita-se que a quinta extinção possa ter sido causada por erupções vulcânicas, climas congelantes e um imenso asteroide que atingiu a Península de Yucatán e lançou grandes quantidades de poeira no ar, bloqueando a luz solar. Dados de J. J. Sepkoski, Jr., Ten years in the library: New data confirm paleontological data, *Paleobiology* 19 (1993):43–51. Fotografia de MARK GARLICK/SCIENCE PHOTO LIBRARY/Getty Images.

A quinta extinção em massa ocorreu há 65 milhões de anos e é mais conhecida como responsável pela extinção dos dinossauros. Esse evento é atribuído a diversos fatores. Primeiro, erupções vulcânicas e mudanças climáticas causaram longos períodos de tempo frio. Em seguida, um enorme asteroide atingiu a Península de Yucatán no México. Estima-se que o asteroide tinha 10 km de diâmetro e atingiu a Terra com uma força de mais de 1 bilhão de vezes a da bomba atômica jogada em Hiroshima durante a Segunda Guerra Mundial (Figura 23.3 B). A explosão criou uma cratera gigante de 180 km de largura.

Os cientistas acreditam que a explosão levantou tanta poeira na atmosfera que bloqueou os raios do Sol, tornando a Terra muito menos habitável aos dinossauros e a diversos outros grupos, como as plantas com flores. Durante esse período, 76% das espécies da Terra foram extintas.

Como é possível perceber a partir dessa história sobre os eventos naturais de extinção em massa, somente uma pequena porcentagem de todas as espécies que já viveram na Terra está presente hoje. De fato, nos últimos 3,5 bilhões de anos, estima-se que 4 bilhões de espécies já tenham existido na Terra e 99% dessas espécies, agora, estejam extintas. No entanto, como mostrado na Figura 23.3, novas espécies se desenvolveram após cada evento de extinção em massa e, em geral, o número de espécies aumentou com o tempo.

POSSÍVEL SEXTA EXTINÇÃO EM MASSA

Sabe-se que extinção em massa é aquela que extingue 75% das espécies em um período de 2 milhões de anos. Muitos cientistas hipotetizaram que o aumento da população humana durante os últimos 10 mil anos iniciou um sexto evento de extinção em massa. Para essa hipótese ser avaliada, é preciso quantificar as taxas de extinção durante as primeiras cinco extinções em massa e, então, compará-las com a taxa de extinção atual. Pesquisadores têm investigado essa questão a partir de organismos como os mamíferos, para os quais há considerável quantidade de dados fósseis sobre extinções. Ao compararem a taxa de extinção de mamíferos durante os 500 anos mais recentes com a taxa de extinção ao longo de intervalos de 500 anos no passado, os pesquisadores descobriram que a taxa de extinção atual excede a taxa de extinção histórica. De fato, a Convenção das Nações Unidas sobre a Diversidade Biológica estima que a taxa de extinção durante os últimos 50 anos tenha sido cerca de 1.000 vezes maior do que a taxa histórica. A próxima seção investiga as razões para essa discrepância. Se essa taxa se mantiver por centenas ou milhares de anos, poderá ser qualificada como um evento de extinção em massa.

DECLÍNIOS GLOBAIS NA DIVERSIDADE DE ESPÉCIES

Quando se pensa sobre o declínio na biodiversidade, geralmente se enfocam os últimos poucos séculos, da Revolução Industrial até os dias de hoje – um tempo no qual a ação humana alterou drasticamente o mundo. No entanto, os impactos humanos na biodiversidade podem ser notados desde muito antes. Por exemplo, com base em um rico registro histórico de mamíferos, pesquisadores definiram diferentes regiões geográficas na América do Norte e determinaram o número de espécies fósseis de cada região. Com esses dados, criaram curvas espécie-área para diferentes períodos de tempo na América do Norte, conforme discutido no Capítulo 22. Comparada ao período anterior à chegada dos humanos (150.000 a 11.500 anos atrás), a curva espécie-área para o período após sua chegada(11.500 a 500 anos atrás) foi significativamente menor, como mostrado na Figura 23.4. Em outras palavras, a chegada dos humanos coincidiu com o declínio de 15 a 42% na diversidade dos mamíferos, dependendo da região geográfica examinada. As perdas foram de 56 espécies e 27 gêneros de grandes mamíferos, incluindo a preguiça-gigante, o tigre-de-dentes-de-sabre e diversas espécies de cavalos, camelos, elefantes e leões.

As explicações para essas extinções incluem mudança rápida do clima após a retração das geleiras, pressão de caça da população humana, e doenças epidêmicas trazidas da Ásia por animais domesticados. Muitos cientistas acreditam que a maioria dos grandes mamíferos foi levada à extinção pelos humanos que os caçaram. Sabe-se que a diversidade das espécies de mamíferos foi significativamente reduzida durante o período da ocupação humana da América do Norte antes da Revolução Industrial, embora não seja possível assegurar os motivos. Quaisquer impactos atuais estão se somando às extinções prévias.

A taxa atual de extinção de espécies pode se aproximar da magnitude de uma extinção em massa, dependendo de quantas

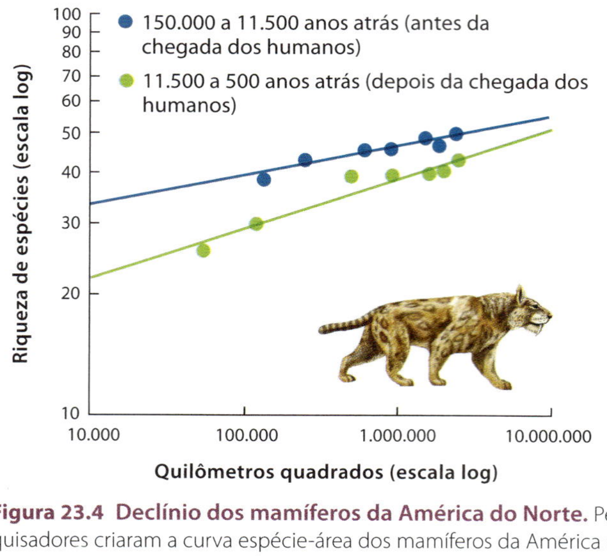

Figura 23.4 Declínio dos mamíferos da América do Norte. Pesquisadores criaram a curva espécie-área dos mamíferos da América do Norte em diferentes regiões geográficas, antes e depois da chegada dos humanos, e descobriram que, entre 11.500 e 500 anos atrás (*i. e.*, após a chegada dos humanos), o número de mamíferos diminuiu em 15 a 42%, dependendo da região examinada. Dados de M. A. Carrasco et al., Quantifying the extent of North American mammal extinction relative to the pre-anthropogenic baseline. *PloS One* 4 (2009): e8331.

espécies hoje existentes na Terra serão extintas nos próximos séculos. Para avaliar a situação de diferentes grupos de organismos nos dias de hoje, a União Internacional para a Conservação da Natureza (UICN) identificou categorias que descrevem se uma espécie é abundante, ameaçada ou extinta. A categoria *extinta* se aplica a uma espécie que estava presente na natureza em 1500, mas que hoje não conta com nenhum indivíduo vivo. A categoria *extinta na natureza* é aplicada quando os únicos indivíduos remanescentes estão em cativeiro, como alguns animais encontrados apenas em zoológicos. Espécies *ameaçadas* são aquelas cujas populações enfrentam alto risco de extinção no futuro; essa categoria inclui as espécies consideradas "em perigo". As espécies *quase ameaçadas* são aquelas que provavelmente se tornarão ameaçadas no futuro. Em contrapartida, as espécies *pouco preocupantes* são as que têm populações abundantes e provavelmente não se tornarão ameaçadas no futuro. Em alguns casos, a condição de uma espécie não foi determinada ou simplesmente não há dados suficientes para se definir uma categoria de maneira confiável.

Não é fácil avaliar a condição atual de espécies de um grande grupo taxonômico. Muitos grupos contêm milhares de espécies e, frequentemente, grande parte delas não foi estudada o suficiente para se saber se é abundante ou se está declinando. Chegar a tal definição exige quantidades de tempo e dinheiro substanciais para cada espécie. Atualmente, os melhores dados para avaliar o declínio na biodiversidade dizem respeito a coníferas, aves, répteis, mamíferos, anfíbios e peixes. As avaliações para esses grupos taxonômicos foram produzidas pela UICN em 2017, e o resumo desses dados está apresentado na Figura 23.5.

Coníferas

As coníferas incluem pinheiros, espruces, abetos, cedros e sequoias (em inglês, *redwoods*). Foram avaliadas as perspectivas de sobrevivência de 95% dessas espécies. Esse alto nível de avaliação é possível, em parte, porque o grupo tem um número relativamente baixo de espécies e árvores grandes, e arbustos são mais facilmente avaliados em termos de declínio populacional. Das 606 espécies de coníferas, nenhuma se extinguiu. Das espécies que ofereciam dados suficientes para avaliação, 50% estão classificadas como pouco preocupantes, 16% como quase ameaçadas, e 34% como ameaçadas.

Aves

Alguns dos melhores dados para avaliação de espécies vêm das aves, porque elas são relativamente fáceis de monitorar e têm sido estudadas por muito tempo. A avaliação de 2017 coletou dados suficientes para analisar cerca de 99% das mais de 11.000 espécies de aves na Terra. Desde 1500, 156 dessas aves (1,4%) se extinguiram. Das espécies remanescentes para as quais têm-se dados confiáveis, 77% têm populações abundantes o suficiente para serem classificadas como pouco preocupantes, 9% como quase ameaçadas, e 13% como ameaçadas.

Répteis

Os répteis incluem cobras, lagartos e tartarugas. Das mais de 5.000 espécies de répteis, 86% fornecem dados suficientes para avaliação. Vinte e oito espécies (0,4%) foram extintas durante os últimos 500 anos. Das espécies remanescentes e

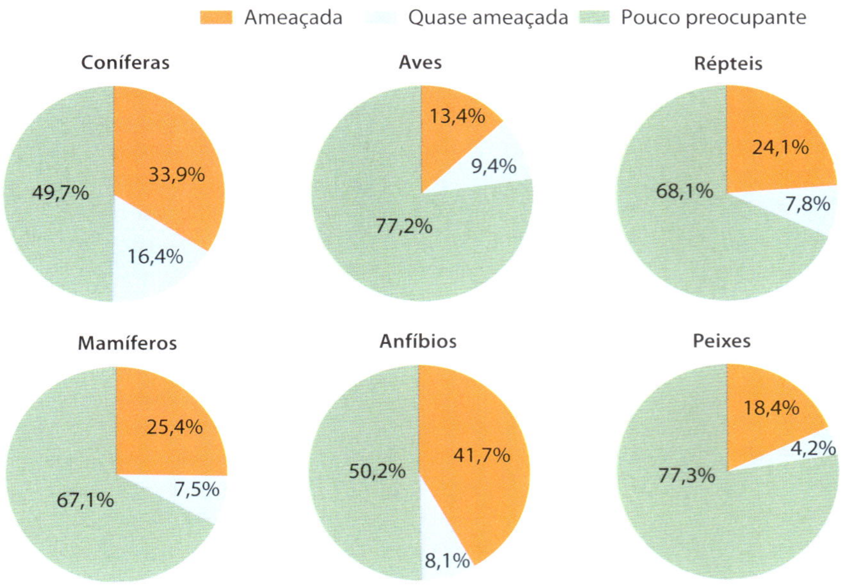

Figura 23.5 Condição global de coníferas, aves, répteis, mamíferos, anfíbios e peixes. As espécies ameaçadas de extinção no futuro correspondem a 34% das coníferas, 13% das aves, 25% dos mamíferos, 42% dos anfíbios, 18% dos peixes e 24% de répteis. Dados da International Union for Conservation of Nature (2017), https://goo.gl/ZJFSbl, https://goo.gl/SVYrfB.

com dados suficientes para avaliação, 68% são classificadas como pouco preocupantes, 8% como quase ameaçadas, e 24% como ameaçadas.

Mamíferos

Das 5.560 espécies de mamíferos que viveram na Terra desde 1500, 86% têm dados suficientes para avaliar sua condição. Durante os últimos 500 anos, 83 espécies de mamíferos (1,5%) foram extintas. Das espécies remanescentes para as quais têm-se dados confiáveis, os pesquisadores descobriram que 67% estão classificadas como pouco preocupantes, 8% como quase ameaçadas, e 25% como ameaçadas.

Anfíbios

Os anfíbios têm sido particularmente prejudicados nas últimas décadas por diversas razões que incluem perda de hábitat e disseminação de uma doença fúngica letal mencionada no Capítulo 15. Das mais de 6.500 espécies de anfíbios avaliadas, somente 76% continham dados suficientes para analisar seu estado de conservação. Durante os últimos 500 anos, 33 espécies (0,5%) foram extintas. Das remanescentes e com dados suficientes, 50% estão classificadas como pouco preocupantes, 8% como quase ameaçadas, e surpreendentes 42% das espécies de anfíbios estão classificadas como ameaçadas.

Como os anfíbios não são tão visíveis quanto as aves e os mamíferos, os cientistas ainda estão descobrindo novas espécies a uma taxa relativamente rápida. Por exemplo, mais de 3.000 novas espécies de anfíbios foram descobertas nos últimos 25 anos, o que representa quase metade de todas as espécies de anfíbios descritas no mundo. Isso significa que uma nova espécie de anfíbio é descoberta a cada 2,5 dias. Um desafio decorrente de tantas novas descobertas é que pouco se sabe a respeito da condição de conservação das populações dessas espécies. Pesquisadores esperam que centenas de novas espécies sejam descobertas no futuro e que, com isso, as estimativas de conservação de cada categoria sejam atualizadas.

Peixes

Como os anfíbios, os peixes também têm sofrido fortes declínios. A UICN avaliou mais de 16.000 espécies de peixes em 2017 e considerou insuficientes os dados de mais de 3.000 delas. Desde 1500, 64 espécies de peixes foram extintas. Das remanescentes com dados confiáveis, 77% estão categorizadas como pouco preocupantes, 4% como quase ameaçadas, e 18% como ameaçadas.

Os dados de coníferas, aves, répteis, mamíferos, anfíbios e peixes sugerem que, se os impactos humanos sobre essas espécies continuarem, pode-se esperar um elevado número de extinções nos próximos séculos. Embora os melhores dados venham desses seis grupos, os pesquisadores acreditam que os padrões de declínio observados são representativos de muitos outros grupos para os quais os dados de condição de conservação das espécies são relativamente pobres. Essa previsão é sustentada por esforços preliminares para avaliar a condição de outros grandes grupos. Embora menos de 10% de todas as espécies de plantas com flores e insetos tenham sido avaliados, cerca de metade das espécies atualmente avaliadas estão classificadas como ameaçadas.

Conforme discutido nos capítulos anteriores, esses declínios na riqueza de espécies são preocupantes não somente por causa do risco de perder espécies, mas também por causa do efeito que esses declínios têm sobre as comunidades e os ecossistemas. No Capítulo 17, viu-se que a diminuição na quantidade de fungos micorrízicos reduz a biomassa das plantas (ver Figura 17.22). No Capítulo 18, viu-se que um declínio na riqueza de espécies pode fazer com que as comunidades se tornem menos estáveis ao longo do tempo, pois isso afeta a resistência ou a resiliência da comunidade (ver Figura 18.22). A diminuição na riqueza de espécies também pode prejudicar o funcionamento dos ecossistemas. Por exemplo, uma pesquisa de revisão contendo todos os trabalhos que examinaram padrões entre manipulações experimentais na riqueza

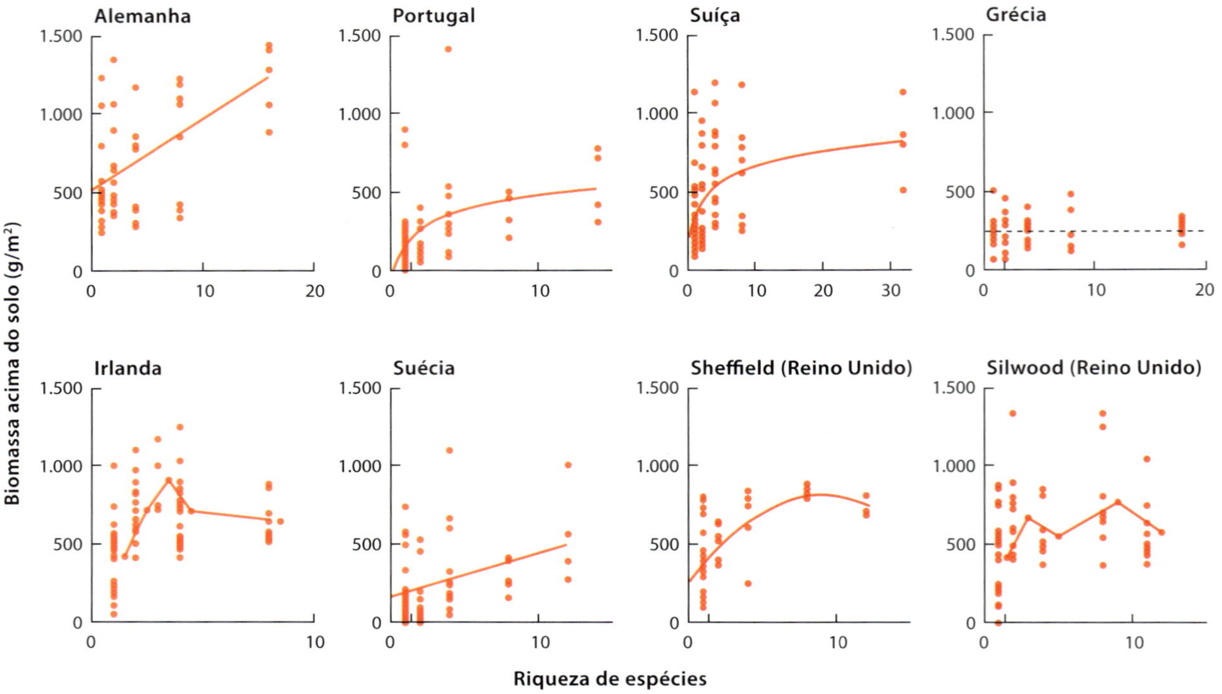

Figura 23.6 Efeitos da riqueza de espécies sobre a função do ecossistema. Pesquisadores observaram relações positivas entre a riqueza de espécies e a função do ecossistema em sete de oito regiões na Europa, embora a forma da relação seja diferente entre esses locais. Dados de D. U. Hooper et al., Effects of biodiversity of ecosystem functioning: A consensus of current knowledge, *Ecological Monographs* 75 (2005): 3– 35.

de espécies de plantas e a biomassa acima do solo das plantas – apenas uma das medidas da função de um ecossistema – descobriu que há uma relação normalmente positiva entre essas variáveis, embora haja exceções. Exemplos dessas relações podem ser vistos na Figura 23.6.

DECLÍNIOS GLOBAIS NA DIVERSIDADE GENÉTICA

MUDANÇA GLOBAL

Além do declínio na diversidade de espécies em todo o mundo, também se vê a queda na diversidade genética de muitas espécies existentes. Como discutido no Capítulo 7, as causas da diminuição de diversidade genética incluem populações menores, depressão por endocruzamento e efeito de gargalo. Populações menores não têm a mesma quantidade de diversidade genética que populações grandes. Esses declínios na diversidade genética reduzem a probabilidade de que uma população contenha genótipos capazes de sobreviver a mudanças nas condições ambientais, como alterações no clima e doenças infecciosas emergentes.

A menor diversidade genética em animais e plantações tem efeito direto e imediato sobre os humanos. Os principais animais que consumimos ou usamos para fins de trabalho e transporte incluem somente sete espécies de mamíferos (bois, porcos, carneiros, cabras, búfalos, cavalos e asnos) e quatro espécies de aves (galinhas, perus, patos e gansos). Os humanos têm cruzado essas espécies em busca de uma série de atributos, como tamanho, força, qualidade da carne e capacidade de persistir sob condições ambientais desafiantes, como secas e doenças (Figura 23.7).

Durante o último século, muitas variedades de animais de criação não têm sido mantidas porque a pecuária moderna em grande escala favorece relativamente poucas raças que são mais produtivas em termos de carne ou leite. Na Europa, por exemplo, cerca de metade das raças de animais de criação presentes em 1900 está agora extinta. Das raças remanescentes, 43% estão em sério risco de extinção. Na América do Norte, 80% das raças de animais de criação avaliadas estão em declínio ou sendo extintas. Em todo o mundo, das 7.000 raças de 35 espécies domesticadas de aves e mamíferos, mais de 10% já estão extintas, e 21% estão em risco de extinção. Esse rápido declínio na diversidade genética significa que há, consideravelmente, menos diversidade para ser utilizada caso seja preciso desenvolver por cruzamento animais domésticos capazes de viver em novos lugares ou em ambientes sob alteração, ou que possam resistir a novas doenças. Simplificando, uma variação genética reduzida diminui também nossas opções futuras.

Também se observa menos diversidade genética em espécies de plantas importantes para os humanos. Historicamente, a humanidade já consumiu mais de 7.000 espécies de plantas, mas hoje consome somente cerca de 150 espécies. Além disso, a dieta da maioria das pessoas conta com somente 12 espécies de vegetais, entre elas o trigo, o arroz e o milho. Em alguns casos, como o do milho, as variedades modernas têm uma aparência muito diferente de seus ancestrais (Figura 23.8). No passado, os humanos criaram variedades por cruzamento que se desenvolviam bem sob condições ambientais específicas. Contudo, à medida que as práticas agrícolas mudaram, a irrigação e os fertilizantes tornaram possível reduzir as dificuldades do ambiente de crescimento das plantas, e as pequenas fazendas deram lugar a operações muito maiores que favoreciam somente as variedades de maior produção. Como resultado, muitas das variedades de plantações antigas e locais não estão mais disponíveis. Por exemplo, os fazendeiros dos EUA

Figura 23.7 Diversidade genética das galinhas. Nos últimos poucos séculos, a humanidade desenvolveu diversas raças de animais por cruzamento, como no caso das galinhas, para atender a suas necessidades específicas ou condições ambientais locais. Hoje, a maior parte dessas raças está extinta porque a criação de animais em grande escala tem se concentrado apenas em poucas raças para maximizar a produção.

Figura 23.8 Diversidade genética do milho. A. Milho originário de uma planta silvestre no México, conhecida como teosinto, mostrada à esquerda. O milho moderno cultivado é mostrado à direita. Uma espiga do seu híbrido F_1 é mostrada no centro. **B.** A partir do ancestral teosinto, os humanos desenvolveram amplas variedades genéticas para resistirem adequadamente a condições distintas, incluindo estas variedades cultivadas no estado de Oaxaca, México. Hoje, as inúmeras variedades genéticas do milho correm risco de serem perdidas. Fotografias de (A) John Doebley; (B) Philippe Psaila/Science Source.

cultivavam cerca de 8.000 variedades de maçãs em 1900, mas hoje 95% dessas variedades estão extintas. Do mesmo modo, 80% das variedades de milho que existiam no México em 1930 e 90% das variedades de trigo que existiam na China em 1949 não existem mais.

A perda de diversidade genética dessas plantações reduz as opções quando é preciso responder a desafios como novos patógenos que atacam as plantações. Por exemplo, em 1970, um fungo atacou campos de milho no sul dos EUA e matou metade das plantações de milho porque todas as plantas vinham de uma única variedade. Felizmente, outra variedade de milho possuía um gene que conferia resistência contra o fungo, e os cultivadores puderam produzir uma nova variedade resistente.

Para proteger a diversidade genética das plantas, muitos países vêm arquivando variedades de sementes de diferentes espécies cultivadas em milhares de ambientes de estocagem por todo o mundo. A preocupação com a possível destruição dessas instalações por desastres naturais ou guerras levou à construção do Banco Mundial de Sementes de Svalbard. Localizado em uma ilha na região do Ártico ao norte da Noruega, a instalação é um túnel de 125 m construído dentro de uma montanha, com salas para sementes em cada lado do túnel, como ilustrado na Figura 23.9. Essa instalação protege as sementes, praticamente, de qualquer catástrofe. O cofre tem capacidade total de 1,5 milhão de amostras; em 2013, a instalação continha mais de 700 mil amostras de sementes de cultivo de praticamente todos os países. O Banco Mundial de Sementes de Svalbard e muitas outras instalações de armazenamento de sementes por todo o mundo preservam a capacidade de resgatar a diversidade genética de espécies de plantas em um futuro distante.

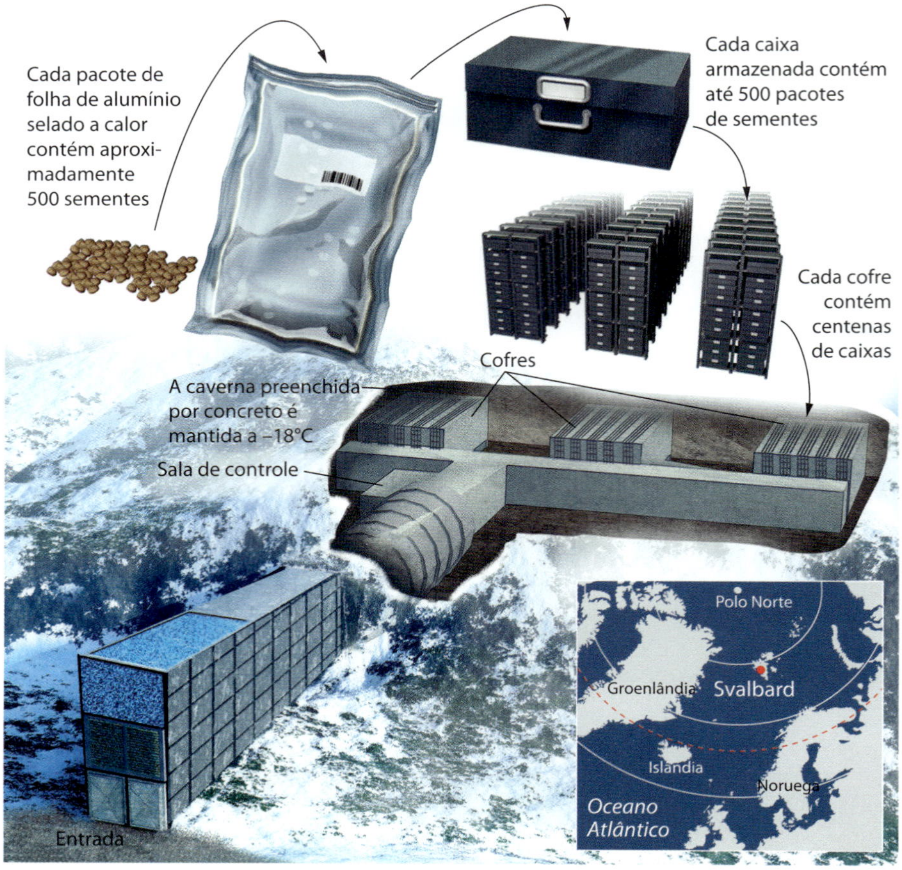

Figura 23.9 Banco Mundial de Sementes de Svalbard. Esta instalação foi construída em uma ilha no norte da Noruega para preservar a diversidade genética das plantas cultivadas, de modo que os humanos sejam capazes de usar essa variação genética por muito tempo no futuro.

VERIFICAÇÃO DE CONCEITOS

1. Que dados podem ser avaliados para determinar a hipótese de se estar no meio de uma sexta extinção?
2. Quais grupos de animais são os mais ameaçados?
3. Por que a diversidade genética de muitas plantas cultivadas foi perdida?

23.3 As atividades humanas estão causando perda de biodiversidade

O rápido declínio atual na biodiversidade é causado pelo aumento vertiginoso nas populações humanas e em suas muitas atividades. Praticamente todas as áreas nas regiões temperadas que são adequadas para a agricultura foram aradas ou cercadas, 35% da terra é usada para plantações ou pastagens permanentes e inúmeros hectares adicionais sofrem pastejo por animais de criação. As florestas tropicais estão sendo derrubadas a uma taxa de 10 milhões de acres por ano. As regiões subtropicais semiáridas, particularmente na África Subsaariana, têm sido transformadas em desertos pelo excesso de pastejo e exploração de lenha. Os rios e lagos estão severamente contaminados em muitas partes do mudo. Os gases das indústrias químicas e a queima dos combustíveis fósseis poluem a atmosfera. Esta seção investigas os impactos humanos em escala global, incluindo a perda de hábitats, a sobrecoleta, a introdução de espécies, a poluição e a mudança global do clima. Embora cada um desses fatores seja importante, é necessário ter em mente que muitos deles ocorrem simultaneamente.

PERDA DE HÁBITAT

A destruição e a degradação de hábitats têm sido a maior causa do declínio da biodiversidade. Nos EUA, por exemplo, a maioria das florestas antigas foi cortada no século XVIII, e somente uma fração da floresta original permanece hoje. Naturalmente, muitas dessas florestas voltaram a crescer, e seu desmatamento tem continuado normalmente com o uso de práticas sustentáveis, embora essas florestas mais jovens não proporcionem hábitats para todas as mesmas espécies que existiam nas antigas. Hoje, muitas áreas dos trópicos estão sofrendo um semelhante padrão de desmatamento. Por exemplo, os humanos têm desmatado grandes florestas na ilha de Sumatra, no Sudeste Asiático, de maneira que somente uma pequena fração da floresta original permanece, como pode ser visto na Figura 23.10. Esse desmatamento tem ameaçado severamente muitas aves e mamíferos endêmicos, como o tigre-de-sumatra (*Panthera tigris sumatrae*), o "cuco-de-chão-de-sumatra" (*Carpococcyx viridis*) e o orangotango-de-sumatra (*Pongo abelii*) (Figura 23.11). Como essas espécies endêmicas não vivem em nenhuma outra parte do mundo, intensos esforços de conservação concentram-se em salvá-las da extinção por meio da proteção dos poucos hábitats remanescentes.

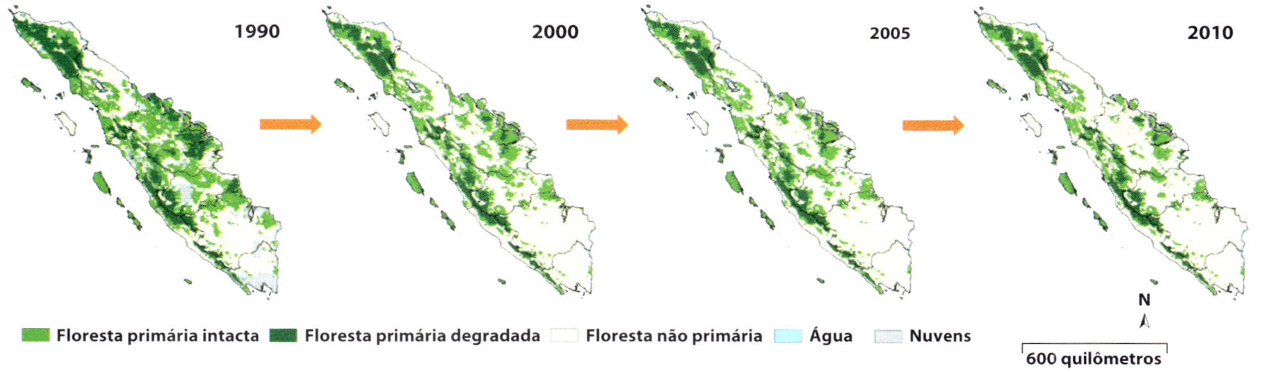

Figura 23.10 Desmatamento de uma floresta tropical. A ilha de Sumatra já foi amplamente coberta por florestas. Nas últimas décadas, grande parte da floresta foi derrubada. Hoje, apenas uma pequena fração da ilha contém floresta primária intacta (*i. e.*, floresta que não foi cortada) e floresta primária degradada (*i. e.*, floresta que sofreu alguma exploração). Como a cobertura florestal é baseada em imagens de satélites, parte da cobertura de terra não pode ser determinada devido à presença de nuvens. Mapas de B. A. Margono et al. 2012. Mapping and monitoring deforestation and forest degradation in Sumatra (Indonesia) using Landsat time series data sets from 1990 to 2010. *Environmental Research Letters* 7: 034010. Cortesia de Belinda Arunarwati Margono et al.

Figura 23.11 Orangotango-de-sumatra. A destruição do hábitat da ilha de Sumatra tem causado o declínio de muitas espécies endêmicas, incluindo o orangotango-de-sumatra. Fotografia de Scubazoo/Alamy.

Para compreender a escala global da alteração de hábitats, os pesquisadores avaliaram como as florestas vêm mudando nos tempos mais recentes. De 1980 a 2000, a perda contínua de florestas tem ocorrido em muitas regiões, incluindo a Amazônia, a Rússia e o Sudeste Asiático. Contudo, florestas nos EUA, na Europa e no nordeste da Ásia têm aumentado. É possível ver um mapa dessas mudanças na Figura 23.12. No entanto, a composição de espécies que existe, atualmente, nas regiões que tiveram aumento na cobertura de florestas costuma ser bastante diferente daquela que existia originalmente, em especial nos casos em que uma única espécie de árvore é plantada devido ao seu alto valor comercial.

Como foi discutido nos capítulos anteriores, a perda de hábitat também reduz o tamanho dos hábitats e aumenta sua fragmentação. No Capítulo 22, viu-se que a redução no tamanho dos hábitats pode levar a populações menores, que ficam

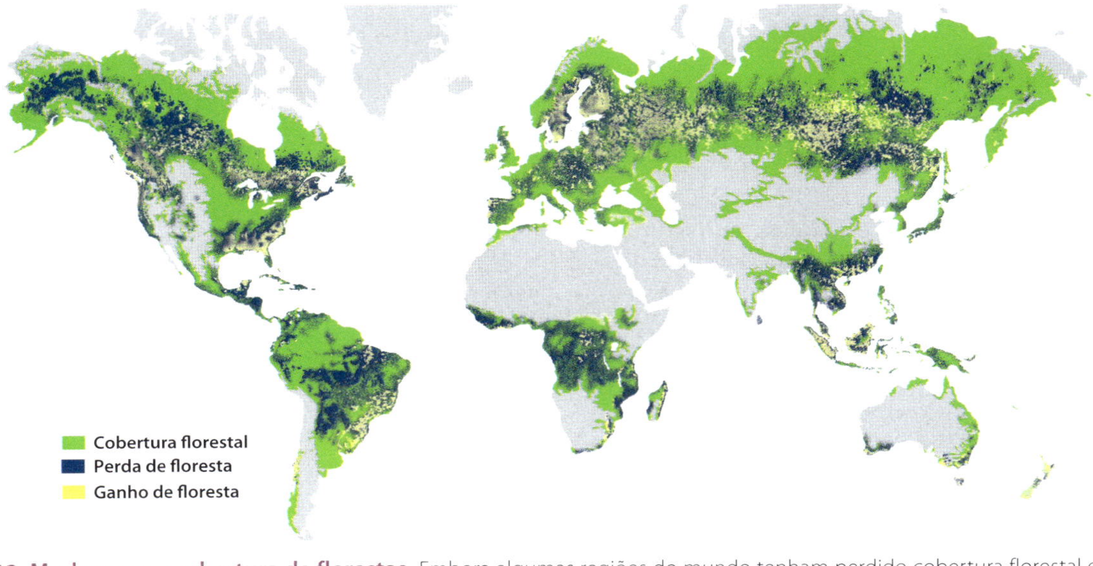

Figura 23.12 Mudanças na cobertura de florestas. Embora algumas regiões do mundo tenham perdido cobertura florestal entre 2001 e 2015, outras regiões apresentaram aumento. Dados de *Global Forest Watch*, http://www.globalforestwatch.org/map. Fonte: Hansen/UMD/Google/USGS/NASA, acessado através da Global Forest Watch.

mais suscetíveis a uma extinção. Acredita-se que esse processo explique o porquê de muitos parques nacionais terem perdido espécies de mamíferos ao longo dos últimos 50 anos, mesmo estando protegidos da maioria das atividades humanas destrutivas. Além disso, os hábitats fragmentados têm alta proporção de hábitats de borda, que podem alterar as condições abióticas do hábitat de interior e favorecer as espécies de borda. Um exemplo disso foi visto no Capítulo 22, quando se falou sobre o parasito de ninho conhecido como o "chopim-bronzeado", um especialista de borda que parasita os ninhos de outras aves, levando-as ao declínio.

As florestas não são os únicos hábitats que estão mudando em consequência da ação humana. Por exemplo, de acordo com o National Park Service, nos EUA, a pradaria original de gramíneas altas já cobriu 69 milhões de hectares no meio da América do Norte. Menos de 4% permanecem hoje. Como as áreas remanescentes são fragmentos pequenos, muitas das populações locais de plantas e animais da pradaria foram extintas. Caso semelhante é o dos hábitats de alagados. Cientistas estimam que no século XVII os alagados cobriam mais de 89 milhões de hectares em 48 estados dos EUA, mas a drenagem para a agricultura e outros usos reduziram a área dos alagados a menos da metade. Em alguns lugares, como a Califórnia, 90% dos alagados originais foram perdidos. Como foi visto, essas perdas de hábitat têm considerável efeito negativo na biodiversidade do mundo.

SOBRE-EXPLORAÇÃO

MUDANÇA GLOBAL

Os avanços humanos nas tecnologias para derrubar árvores, arar campos e capturar animais de maneiras mais eficientes têm permitido a coleta de espécies a taxas rápidas, levando algumas delas à extinção. Por exemplo, durante os últimos três séculos, os caçadores comerciais na América do Norte caçaram a vaca-marinha-de-steller (*Hydrodamalis gigas*), o aral-gigante (*Pinguinus impennis*), o pombo-passageiro (*Ectopistes migratonus*) e o pato-do-labrador (*Camptorhynchus labradorius*) até a extinção. Cada uma dessas espécies que uma vez já foram abundantes era valiosa ou como alimento, ou pelas suas penas, e foram facilmente eliminadas.

A extinção causada por sobrecaça e sobrepesca não é um fenômeno recente. Sempre que os humanos colonizaram novas regiões, prejudicaram alguns elementos da fauna. Por exemplo, pesquisadores examinaram os restos de esqueletos animais em sítios arqueológicos em torno da região do Mediterrâneo para saber como as dietas humanas mudaram ao longo de milhares de anos. Em um sítio na atual Itália, eles descobriram que populações antigas inicialmente comiam grandes quantidades de tartarugas e mariscos, que eram facilmente capturados. Como pode ser visto na Figura 23.13, à medida que os suprimentos desses alimentos foram se esgotando com o tempo, as pessoas passaram a caçar lebres, codornas e outros pequenos mamíferos e aves.

Cenários semelhantes ocorreram quando os humanos colonizaram outras partes do mundo. Quando a Austrália foi colonizada há 50.000 anos, diversas espécies de grandes mamíferos, aves incapazes de voar e uma espécie de tartaruga rapidamente desapareceram. Em Madagascar, uma grande ilha ao largo da costa sudeste da África, a chegada dos humanos há cerca de 1.500 anos causou o desaparecimento de catorze espécies de lêmures e de seis a doze espécies de aves-elefantes – gigantescas aves que não voavam, encontradas somente naquela ilha. Por volta da mesma época, uma pequena população de menos de 1.000 colonizadores polinésios na Nova Zelândia caçou onze espécies de moas – outro grupo de grandes aves incapazes de voar – e dessa maneira extinguiram-nas em menos de um século. Em cada um desses casos, os humanos encontraram espécies insulares que não estavam acostumadas aos humanos ou a qualquer outra pressão por predação. A falha em reconhecer o perigo e a ausência de defesas tornaram essas espécies particularmente vulneráveis à caça por humanos.

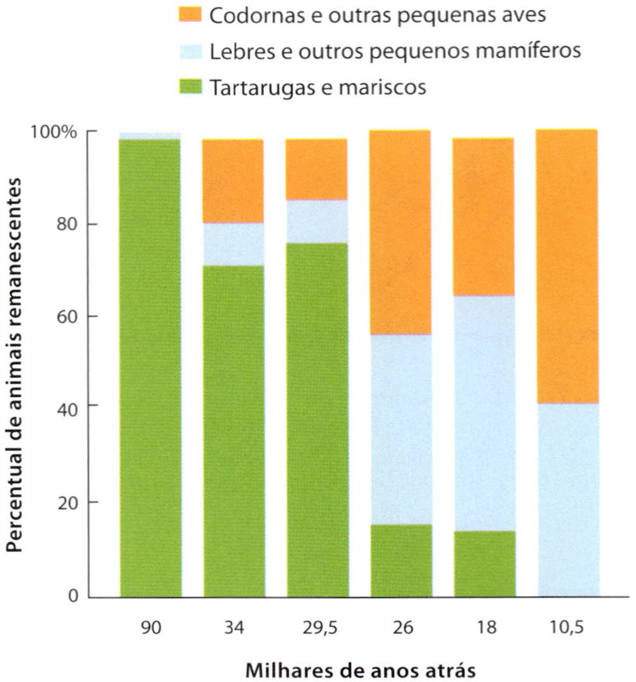

Figura 23.13 Sobre-exploração histórica. Examinando os ossos de animais consumidos encontrados em escavações arqueológicas, os pesquisadores descobriram que os antigos humanos na Itália inicialmente consumiam animais fáceis de capturar, como tartarugas e mariscos. Uma vez que esses animais tornaram-se raros devido à sobre-exploração, as pessoas passaram a comer lebres, codornas e outras espécies de mamíferos e aves. Dados de M. C. Stiner et al., Paleolithic population growth pulses evidenced by small animal exploitation. *Science* 283 (1999): 190–194.

A sobre-exploração de espécies continua nos tempos atuais. Em alguns casos, é parte de um comércio ilegal de plantas e animais, uma atividade que vale entre 5 e 20 bilhões de dólares anualmente. Por exemplo, muitas peles de animais são vendidas para fabricação de vestimentas, e algumas culturas acreditam que certas partes dos animais tenham valores medicinais. Algumas espécies de árvores raras, como o mogno-brasileiro (*Swietenia macrophylla*), são vendidas por sua madeira, enquanto espécies de flores raras, como as espécies ameaçadas de orquídeas, são vendidas por sua beleza.

Os governos frequentemente regulam a coleta de plantas e a captura de animais na natureza para assegurar que essas espécies possam ser desfrutadas pelas futuras gerações. Contudo, as regulamentações devem equilibrar não apenas o bem

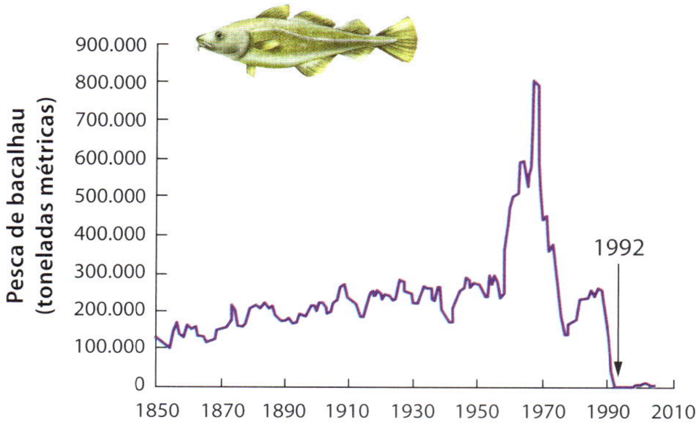

Figura 23.14 Colapso da pesca do bacalhau-do-atlântico. De 1850 a 1960, houve um lento aumento na pesca do bacalhau-do-atlântico por pescadores comerciais na costa da ilha de Newfoundland, no leste do Canadá. Novas tecnologias nas décadas de 1970 e 1980 permitiram capturas muito mais amplas de bacalhau, o que causou a sobre-exploração desses peixes e o colapso de sua população em 1992, o qual persiste até hoje. Segundo o Millennium Ecosystem Assessment, Ecosystems and human well-being: *Synthesis* (Island Press, 2005).

de plantas e animais, mas também o emprego humano que essas atividades fomentam. Como resultado, algumas regulamentações estabelecem níveis de coleta e captura que não são suficientes para impedir o declínio das populações. Nos ambientes marinhos, por exemplo, modernas técnicas de pesca têm tornado muito mais fácil a coleta de quantidades enormes de peixes e mariscos. Essas técnicas incluem linhas de pescas que têm diversos quilômetros de comprimento e milhares de anzóis com iscas, redes que podem circundar cardumes de até 2 km de diâmetro e 250 m de profundidade, bem como imensas dragas que podem raspar grandes áreas do fundo o oceano. A capacidade de pescar mais eficientemente e cobrir grandes áreas tem diminuído muitas populações de peixes por todo o mundo.

Quando uma espécie de peixe importante comercialmente não possui mais uma população que possa ser pescada, denomina-se **estoque pesqueiro colapsado**.

Foi o caso do bacalhau-do-atlântico, uma espécie pescada por barcos comerciais de arrasto. Na região de pesca de Grand Banks, ao largo da costa de Newfoundland, no Canadá, a quantidade de bacalhau capturado de 1850 a 1960 aumentou lentamente de 100 mil para 300 mil toneladas métricas, como mostrado na Figura 23.14. Durante as décadas de 1970 e 1980, novas tecnologias – incluindo o sonar avançado, o GPS e os barcos de arrasto maiores – permitiram um aumento considerável no número de bacalhaus capturados, com um pico de coleta de 800 mil toneladas métricas. Contudo, a população colapsou para níveis muitos baixos no início da década de 1990, levando o governo canadense a interromper a pesca na região em 1992. Apesar da quantidade reduzida de bacalhaus, o governo canadense sofreu pressão dos pescadores para permitir a continuidade dessa pesca. O governo permitiu, mas logo a população de bacalhaus se reduziu tão drasticamente que a pesca teve de ser completamente interrompida, e 35.000 pescadores canadenses perderam seus meios de subsistência. Em 2012, vinte anos após essa interrupção, cientistas relataram que havia, finalmente, sinais de que a população de bacalhau estivesse começando a se recuperar.

Estoque pesqueiro colapsado Quando uma espécie de peixe já não tem uma população que possa ser pescada.

O declínio na população de bacalhaus também ocorreu na Nova Inglaterra. Como a situação não era tão grave quanto na costa do Canadá, a pesca continuou, embora a cota de bacalhau que poderia ser pescada tenha sido reduzida. Em 2010, o governo dos EUA diminuiu drasticamente a cota da pesca comercial, na esperança de que a população se recuperasse. Uma avaliação em 2011 descobriu que a população de bacalhau tinha respondido de forma muito lenta e, assim, os limites de pesca foram reduzidos ainda mais entre 2013 e 2016. Os pescadores de bacalhau dos EUA reivindicaram cotas maiores para que pudessem continuar a trabalhar. Contudo, biólogos do governo argumentaram que, se os limites para pesca não fossem significativamente reduzidos, em breve não haveria mais bacalhau para ser pescado. Esse debate se assemelhou à experiência canadense de duas décadas anteriores. Embora a redução na captura de espécies sobre-exploradas tenha impactos econômicos para as pessoas empregadas pela indústria, a falha em restringir essa atividade leva ao declínio das espécies a níveis tão baixos que elas não têm mais capacidade de se recuperar. Infelizmente, a pesca do bacalhau na Nova Inglaterra continuou a declinar em 2016, com recordes negativos de bacalhaus capturados pelos pescadores comerciais.

O percentual de estoques pesqueiros colapsados tem aumentado progressivamente. Estima-se que, agora, aproximadamente 14% dos estoques pesqueiros estejam colapsados, como ilustrado na Figura 23.15. Algumas regiões, como o leste do Mar de Bering até ao longo da costa do Alasca, têm bem poucos estoques pesqueiros em colapso. Por outro lado, estoques em colapso acometem mais de 25% das espécies avaliadas ao longo da costa nordeste dos EUA e mais de 60% de espécies avaliadas ao longo da costa leste do Canadá.

ESPÉCIES INTRODUZIDAS

MUDANÇA GLOBAL

Outra causa para a queda na biodiversidade é o número crescente de espécies retiradas de uma região e introduzidas em outra. Algumas dessas introduções são intencionais, como quando plantas tropicais são vendidas como plantas ornamentais em partes temperadas do mundo. Frequentemente, contudo, as espécies são introduzidas por acidente, como os muitos patógenos que têm se transferido entre os continentes e causado doenças infecciosas emergentes, situação discutida no Capítulo 15. Embora somente cerca de 5% das espécies introduzidas se estabeleçam em uma nova região, aquelas que o fazem provocam diversos efeitos. Algumas espécies introduzidas proporcionam benefícios importantes, como a abelha melífera comum, introduzida na América do Norte vinda da Europa durante o século XVII. Outras espécies introduzidas podem ter efeitos negativos substanciais sobre as espécies nativas, como a cobra-arbórea-marrom introduzida da ilha de Guam, conforme discutido no Capítulo 14 (ver Figura 14.2). Naquele caso, a cobra causou declínio ou extinção de nove espécies de aves, três espécies de morcegos e diversas espécies de lagartos. Em geral, as espécies introduzidas que competem com as espécies nativas raramente lhes causam extinção, enquanto espécies introduzidas que agem como predadores ou

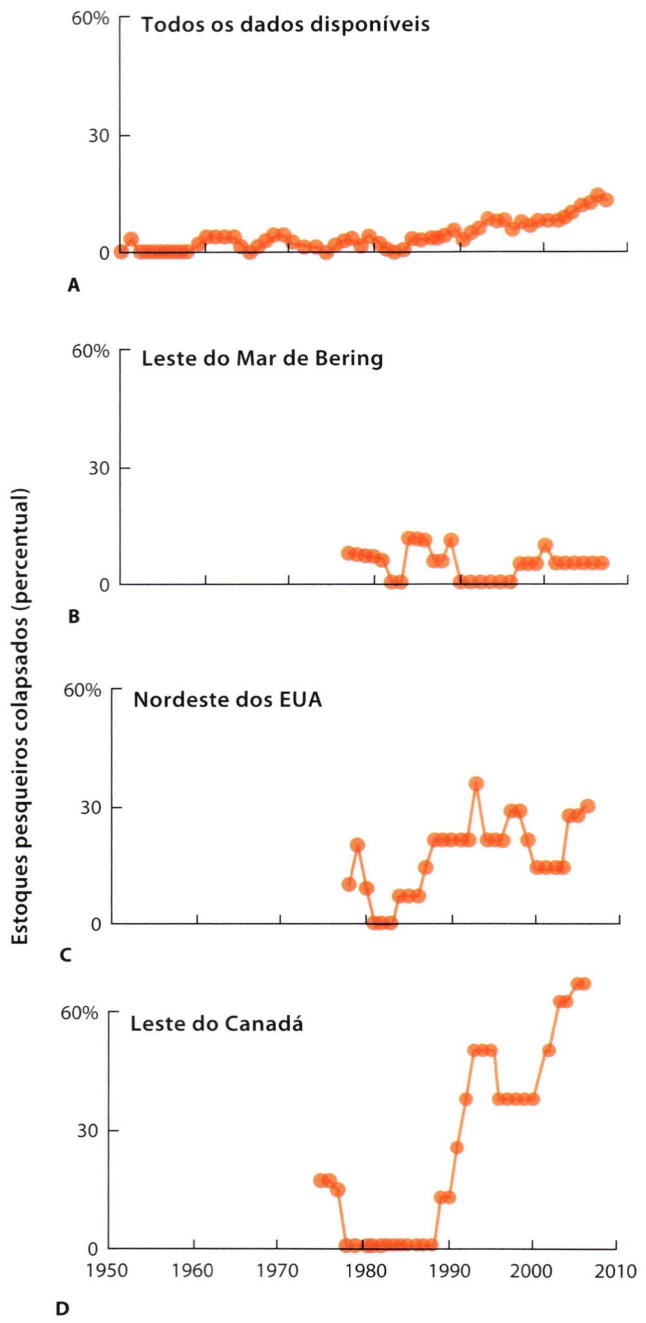

Figura 23.15 Estoques pesqueiros colapsados. Nos últimos 60 anos, tem aumentado cada vez mais o percentual de peixes e outros frutos do mar classificados como colapsados. Por todo o mundo, 14% das espécies avaliadas são consideradas colapsadas (**A**). Em diferentes regiões da América do Norte, esses percentuais diferem muito, incluindo baixa porcentagem de estoques pesqueiros colapsados no leste do Mar de Bering (**B**), porcentagem modesta ao longo da costa nordeste dos EUA (**C**) e alta porcentagem ao longo da costa leste do Canadá (**D**). Dados de B. Worm et al., Rebuilding global fisheries. *Science* 325 (2009): 578–585.

patógenos sobre as espécies nativas podem lhes causar grande declínio populacional e extinção.

Alguns dos dados mais completos sobre espécies introduzidas dizem respeito a Suécia, Finlândia, Noruega, Dinamarca e Islândia. Como pode ser visto na Figura 23.16, a quantidade de espécies introduzidas nos países nórdicos tem aumentado rapidamente desde 1900. Atualmente, há nos ecossistemas terrestres, marinhos e de água doce mais de 1.600 espécies introduzidas nessa região. Do mesmo modo, durante os últimos 200 anos na América do Norte, milhares de espécies foram introduzidas, muitas das quais se espalharam rapidamente e são consideradas espécies invasoras. De acordo com o Center for Invasive Species and Ecosystem Health, a América do Norte, atualmente, tem um número elevado de espécies invasoras, que inclui quase 200 patógenos, 300 vertebrados, 500 insetos e 1.600 plantas.

Uma das espécies introduzidas de maior repercussão nos EUA é a carpa-prateada (*Hypophthalmichthys molitrix*), uma espécie de peixe introduzida ao redor do mundo por consumir o excesso de alga em tanques de estações de tratamento de água e operações de aquicultura. Levadas aos EUA na década de 1970, a carpa escapou do cativeiro na década de 1980, quando enchentes a carregaram dos tanques para o rio Mississippi. A espécie se espalhou rapidamente pelo rio e seus afluentes, incluindo o rio Illinois. A principal preocupação era a de que, como o rio Illinois conecta o rio Mississipi ao lago de Michigan, a carpa pudesse invadir o ecossistema inteiro dos Grandes Lagos. Em 2010, o DNA da carpa foi detectado no lago Michigan, o que sugere que essa espécie possa ter se espalhado pelos Grandes Lagos. A carpa-prateada é um consumidor de algas tão voraz que os cientistas estavam preocupados de ela começar a competir com consumidores nativos de algas, os quais servem como uma ligação-chave na cadeia trófica para muitas espécies comercialmente importantes de peixes. A carpa também tem o comportamento incomum de saltar para fora da água quando um barco passa por perto. Uma vez que a carpa-prateada pode alcançar 18 kg de massa e saltar até 3 m fora da água, ela representa uma séria ameaça à segurança dos navegadores (Figura 23.17). Levará muitos anos antes de se avaliar por completo o impacto da carpa-prateada nas águas da América do Norte.

Outra espécie introduzida com efeitos negativos amplamente indesejáveis é o gato doméstico. Em 2013, pesquisadores examinaram a predação por gatos domésticos de vida livre nos EUA e descobriram que os gatos matam 1,4 a 3,7 bilhões de aves e 7 a 21 bilhões de mamíferos por ano. Em conjunto, esses dados sugerem que espécies introduzidas têm potencial para causar efeitos disseminados nas espécies e ecossistemas nativos. À medida que o movimento de pessoas, cargas e espécies se torna mais comum entre as regiões do mundo, as composições particulares de espécies originalmente encontradas em diferentes regiões estão lentamente se tornando semelhantes, em um processo conhecido como **homogeneização biótica**.

POLUIÇÃO

MUDANÇA GLOBAL

Este livro abordou muitos tipos de poluição. Por exemplo, o Capítulo 2 discutiu a chuva ácida, e o Capítulo 21 investigou os efeitos da adição de nutrientes em excesso aos corpos de água. Ambos os exemplos demonstram os efeitos danosos de poluentes sobre a biodiversidade.

Homogeneização biótica Processo pelo qual composições de espécies únicas, encontradas originalmente em diferentes regiões, lentamente se tornam mais semelhantes devido ao movimento de pessoas, cargas e espécies.

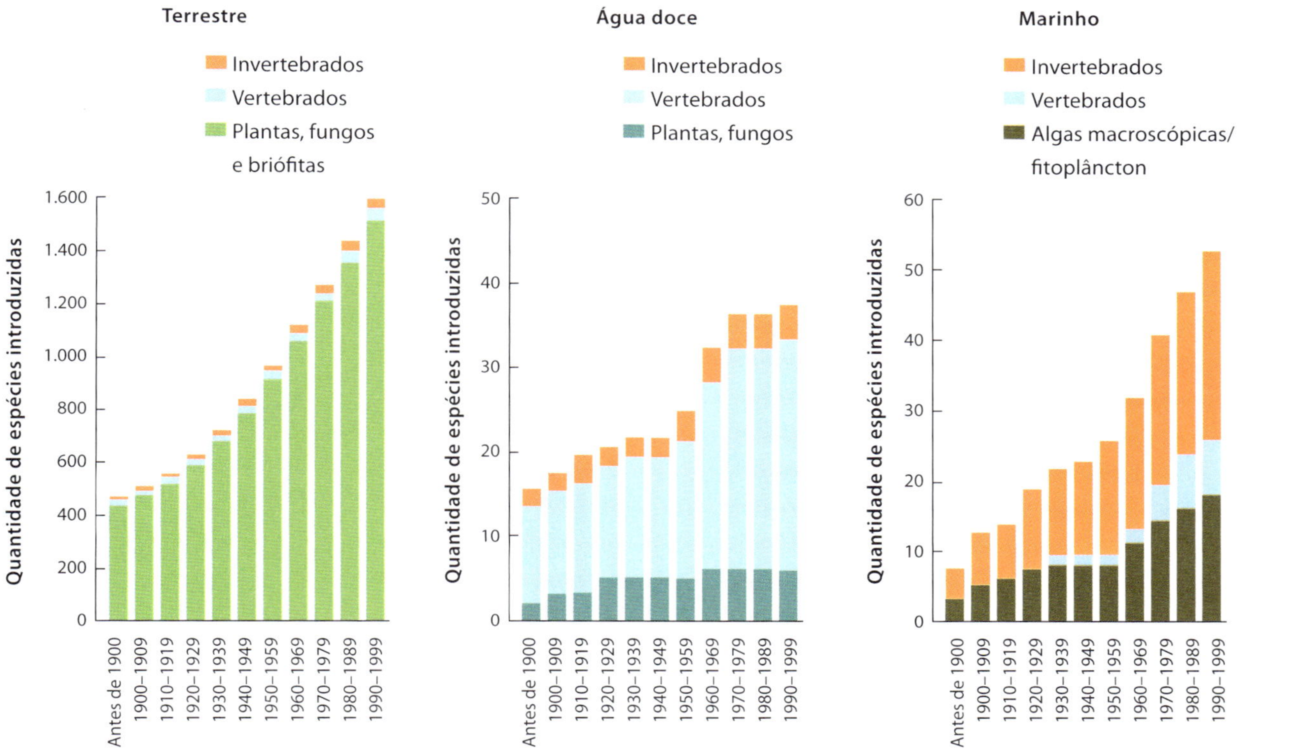

Figura 23.16 Aumento nas espécies introduzidas ao longo do tempo. Nos países do norte da Europa, o número de espécies introduzidas nos ecossistemas terrestres, marinhos e de água doce tem aumentado com o tempo. Dados de Secretariat of the Convention on Biological Diversity, *Global Biodiversity Outlook* 2, (2006), http://www.cbd.int/gbo2/.

Figura 23.17 Carpa-prateada. A carpa-prateada salta no ar e representa um perigo para os usuários de barcos, como esta bióloga no rio Illinois, próximo ao Parque Estadual de Starved Rock. Fotografia de Chris Olds/U.S. Fish & Wildlife Service.

Os pesticidas são um grupo comum de poluente que inclui inseticidas (responsáveis por matar insetos e outros animais invertebrados), herbicidas (que matam plantas) e fungicidas (que matam fungos). Essas substâncias químicas são elaboradas para atingir um tipo específico de praga; idealmente elas não causarão danos às outras espécies do ecossistema. Contudo, alguns pesticidas, na verdade, matam outras espécies diretamente, quando são tóxicos, ou indiretamente, quando alteram teias alimentares, como foi visto no estudo de alagados discutido no fim do Capítulo 18. Naquele estudo, uma quantidade muito pequena de um inseticida não era diretamente tóxica aos girinos, mas o era para o zooplâncton. A morte do zooplâncton iniciou uma cadeia de eventos na teia alimentar que impediu que os girinos obtivessem alimentos suficientes para se metamorfosearem antes de a lagoa secar. Por efeito indireto, o inseticida causou a morte de cerca de metade dos girinos.

O estudo clássico sobre os pesticidas investigou o papel do inseticida DDT nas aves de rapina. Durante as décadas de 1950 e 1960 nos EUA, as populações de muitas aves de rapina, particularmente o falcão-peregrino (*Falco peregrinus*), a águia-americana, a águia-pescadora (*Pandion haliaetus*) e o pelicano-marrom (*Pelecanus occidentalis*), declinaram drasticamente. Várias dessas espécies desapareceram de grandes áreas, e o falcão-peregrino desapareceu de todo o leste dos EUA. As causas desses declínios populacionais foram rastreadas até a poluição de hábitats aquáticos pelo DDT, um pesticida amplamente utilizado para controlar pragas de plantações e vetores de mosquitos da malária após a Segunda Guerra Mundial. Preferiu-se este pesticida pelo fato de ele matar de maneira eficiente insetos que eram pragas e também porque persistia no ambiente, permitindo que continuasse a matar as pragas por um longo período.

Quando esse pesticida entra em um corpo de água, ele se liga a partículas, incluindo as algas, para tornar-se cerca de 10 vezes mais concentrado do que na água propriamente dita. Quando as algas são consumidas pelo zooplâncton, o DDT

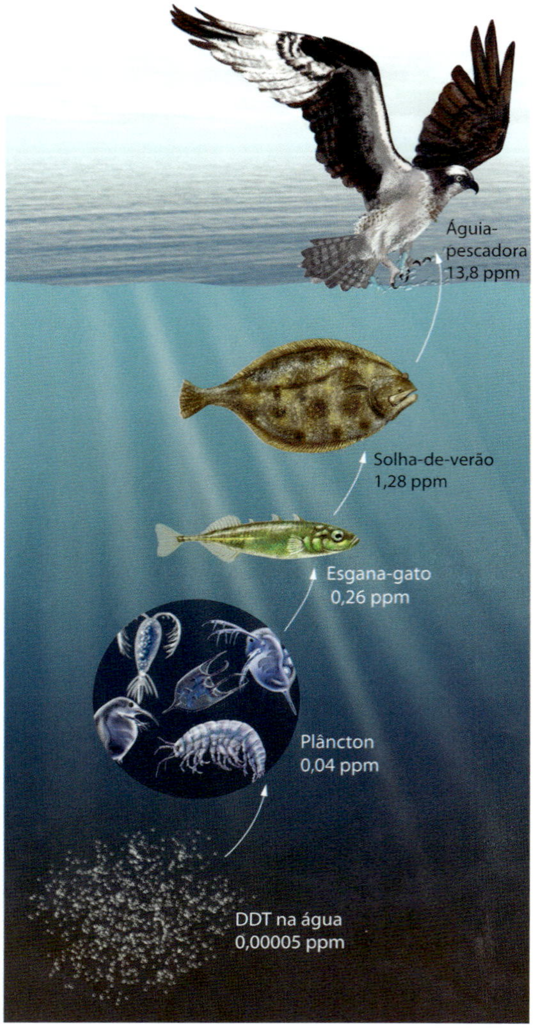

Figura 23.18 Biomagnificação do DDT. Quando o DDT foi amplamente utilizado para controlar insetos, podia ser encontrado em baixas concentrações na água. Contudo, sua concentração aumenta nas partículas com as quais se liga na água, como as algas. Em cada nível trófico mais alto, o inseticida se torna cada vez mais concentrado. Dados de G. M. Woodwell; C. F. Wurster, Jr.; Peter A. Isaacson, DDT residues in East Coast estuary: A case of biological concentration of a persistent insecticide. *Science* 156 (1967): 821–824.

se acumula nos tecidos gordurosos desses animais, atingindo uma concentração que é cerca de 800 vezes maior neles do que na água, como mostrado na Figura 23.18. O processo de aumentar a concentração de um contaminante conforme ele avança em uma cadeia alimentar é conhecido como **biomagnificação**. Quando os pequenos peixes comem o zooplâncton e os grandes peixes comem os pequenos peixes, o DDT pode chegar a concentrações 30 vezes maiores. Finalmente, quando uma ave piscívora como a águia-pescadora consome um peixe grande, o DDT chega a concentrações 10 vezes maiores. Resumindo, no topo da cadeia alimentar, o inseticida está 276 mil vezes mais concentrado no corpo da ave piscívora do que quando estava na água. Essa concentração tão alta nas aves predadoras interfere na sua fisiologia, fazendo com que os ovos que a fêmea deposita tenham cascas muito finas. Quando os progenitores se sentam sobre esses ovos de casca fina, eles se quebram e os embriões morrem. Esse afinamento da casca do ovo fez com que as populações das aves predadoras despencassem durante a década de 1960.

Biomagnificação Processo pelo qual a concentração de um contaminante aumenta à medida que ele é transferido para níveis tróficos superiores na cadeia alimentar.

A compreensão da relação entre o DDT e o declínio nas populações de aves fez com que o governo norte-americano banisse em 1972 o uso de DDT e de pesticidas relacionados, embora estes sejam ainda utilizados em outras partes do mundo. Felizmente, inseticidas alternativos que não persistem no ambiente e que não se acumulam na gordura dos animais têm sido desenvolvidos desde então; como resultado, eles não biomagnificam ao longo da cadeia alimentar. Com a ajuda de muitos biólogos que criaram à mão centenas de aves predadoras, as populações de espécies como o falcão-peregrino e a águia-americana têm se recuperado. O DDT ainda é usado em muitos países tropicais, embora de maneira restrita, como no controle de mosquitos vetores de malária dentro de casas.

MUDANÇA GLOBAL DO CLIMA

MUDANÇA GLOBAL

A mudança global do clima desempenha tanto papéis futuros quanto presentes na biodiversidade das espécies. O Capítulo 5 abordou os gases do efeito estufa e como gases como vapor de água, CO_2, metano e óxido nitroso aquecem naturalmente a Terra ao absorver a radiação infravermelha emitida pelo planeta e, então, reirradiar uma parte dela de volta. Durante o último século, as atividades humanas aumentaram a concentração desses gases do efeito estufa na atmosfera (ver "Ecologia hoje | Correlação dos conceitos", no Capítulo 4), bem como a de gases utilizados como refrigerantes, conhecidos como clorofluorcarbonos (CFCs). Um resultado do aumento nos gases do efeito estufa tem sido a elevação da temperatura média da Terra. Desde 1880, quando as primeiras medidas foram feitas, até 2013, a temperatura na Terra aumentou em média 0,8°C, como ilustrado na Figura 23.19. Embora isso seja uma média, algumas partes do mundo, como o norte do Canadá e do Alasca, têm sofrido aumentos de temperatura tão altos quanto 4°C.

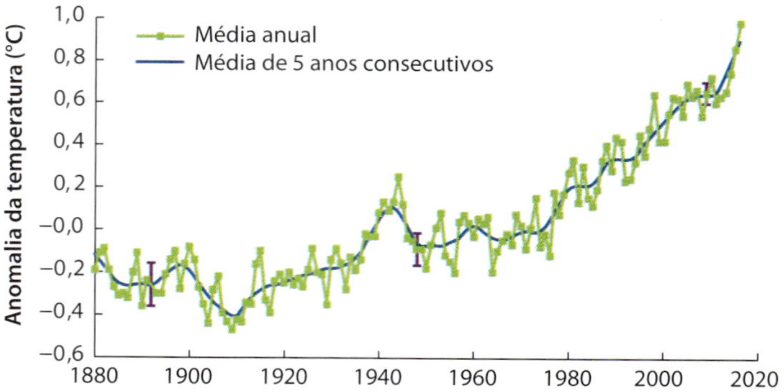

Figura 23.19 Aquecimento global ao longo do tempo. Com base em milhares de medidas por todo o mundo, cientistas têm observado um aumento médio de 0,8°C na temperatura da Terra. Por causa da variação anual nas temperaturas, o padrão de aquecimento fica mais claro quando são examinadas temperaturas médias de períodos de 5 anos consecutivos. A anomalia da temperatura é uma comparação da temperatura de cada ano com a temperatura média observada de 1951 até 1980. Dados de http://data.giss.nasa.gov/gisternp/graphs_v3/.

O aquecimento global tem causado uma série de efeitos que podem ser evidentemente observados. Por exemplo, espera-se que temperaturas mais altas causem mais derretimento do gelo do mundo. Como observado no fim do Capítulo 5, a imensa calota polar no Ártico diminuiu 45% em termos de massa durante os últimos 30 anos. De maneira similar, o declínio no gelo de 2002 a 2016 tem sido de mais de 1.500 gigatoneladas métricas na Antártida e de mais de 3.500 gigatoneladas métricas na Groenlândia (Figura 23.20). Todo esse gelo em derretimento combinado com o aquecimento dos oceanos (que faz a água se expandir) deve aumentar os níveis do mar. Pesquisadores têm examinado medidores de água para marés oceânicas desde 1870 e, como esperado, observaram constante elevação no nível do mar; hoje, o nível do mar é 0,2 m maior do que era em 1870. Durante os últimos 20 anos, o nível do mar vem subindo mais de 3 mm por ano, como mostrado na Figura 23.20 D. Seguindo essa taxa, o mar se elevará 0,3 m a cada 100 anos, o que é o bastante para afetar drasticamente os hábitats em ilhas e ao longo de áreas costeiras.

Como foi visto ao longo deste livro, essas mudanças nas temperaturas globais já estão afetando as espécies. O Capítulo 8 discutiu quantas espécies de plantas, agora, florescem mais cedo na primavera do que o faziam em décadas passadas e como algumas espécies de aves e anfíbios se reproduzem mais cedo nos dias de hoje do que no passado. O Capítulo 11 demonstrou que o aquecimento nos oceanos tem causado grande mudança nas espécies de peixes que vivem no Mar do Norte. Muitas das espécies que historicamente viviam no Mar do Norte se deslocaram mais para o norte até águas mais frias, enquanto várias espécies que viviam em águas mais para o sul se deslocaram até o Mar do Norte; isso mudou a composição de espécies das comunidades.

A mudança climática global ainda não provocou grande extinção de espécies. No entanto, mesmo utilizando modelos computacionais, é difícil prever como a temperatura e a precipitação vão mudar ao longo das décadas futuras. Um dos fatores fundamentais é o quanto o ser humano continuará aumentando a quantidade de CO_2 na atmosfera. Como pode ser visto na Figura 23.21, prevê-se que um pequeno aumento no CO_2 fará com que as latitudes mais ao norte sofram um aumento adicional de 4°C nas temperaturas médias até o fim deste século. Um considerável aumento de CO_2 elevará as temperaturas em 7°C. Pesquisadores preveem que essas mudanças farão com que eventos climáticos extremos, como furacões e secas, ocorram com mais frequência. Além disso, algumas regiões do mundo terão precipitações anuais maiores do que as atuais, enquanto outras regiões terão menos precipitação. Embora previsões específicas variem com os diferentes modelos, as distribuições de organismos na natureza provavelmente mudarão conforme o clima na Terra se modifique ao longo do próximo século.

VERIFICAÇÃO DE CONCEITOS

1. Como hábitats florestados estão mudando na América do Norte?
2. Que evidência indica que a sobre-exploração de animais não é um evento recente?
3. Por que alguns poluentes sofrem biomagnificação ao longo da cadeia alimentar?

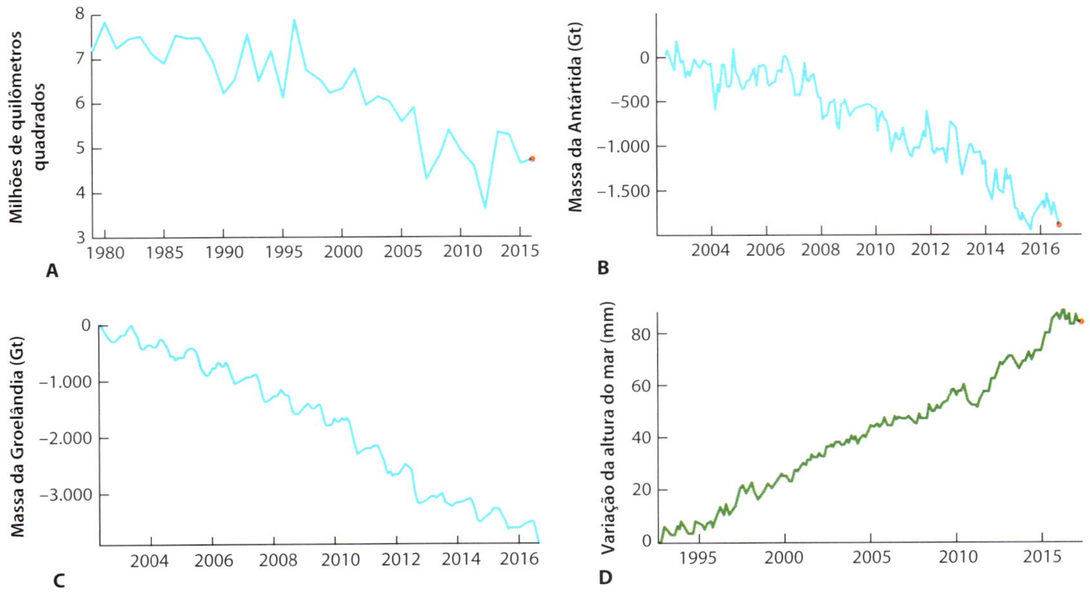

Figura 23.20 Aquecimento global e derretimento do gelo. No Ártico (**A**), na Antártida (**B**) e na Groelândia (**C**), a quantidade de gelo diminuiu constantemente de 2002 a 2016. Os dados são mostrados em relação à massa média de gelo durante todo o período. **D.** As medições de 1993 a 2013 demonstram contínua elevação do nível do mar em comparação com o nível aferido em 1993. Dados de http://climate.nasa.gov/key_indicators#globalTemp.

ANÁLISE DE DADOS EM ECOLOGIA

Meias-vidas dos contaminantes

Como foi mencionado, um importante fator na determinação de que um contaminante, como um pesticida, ou um composto radioativo afeta o ambiente é o tempo em que ele permanece ativo no ambiente. É possível avaliar essa persistência medindo-se o tempo necessário para que o contaminante se decomponha até atingir metade da sua concentração original, o que é chamado de **meia-vida**. Para calcular a meia-vida, de início se reconhece que a maioria das substâncias químicas tem uma taxa de decomposição que segue uma curva exponencial negativa, como mostrado na figura a seguir, para uma substância hipotética. Caso se comece com 8 mg da substância química e se queira saber quantos dias ela leva para se decompor até 4 mg, vê-se que isso leva 10 dias. Para se decompor pela metade novamente, de 4 para 2 mg, a substância leva outros 10 dias.

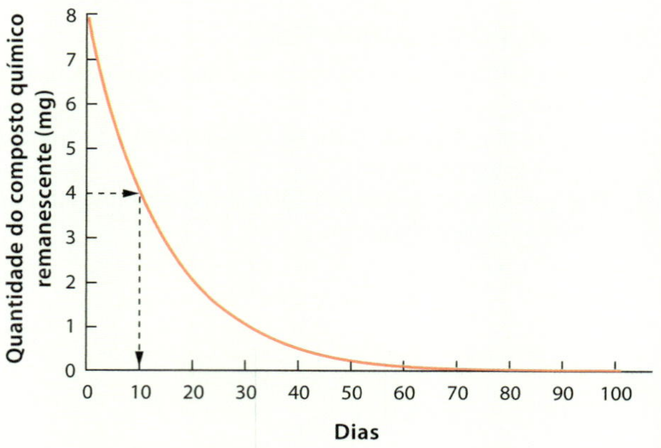

É relativamente fácil determinar a meia-vida quando há um gráfico linear. Contudo, é mais difícil quando existem somente dois pontos: a quantidade de uma substância química com a qual se começa e a quantidade remanescente em algum ponto no futuro. Nesses casos, é possível utilizar uma equação que calcula as meias-vidas:

$$t_{1/2} = t \ln(2) \div \ln(N_0 \div N_t)$$

em que $t_{1/2}$ é a meia-vida da substância química, N_0 é a sua quantidade inicial e N_t é a quantidade da substância química após decorrido um período de tempo (t). Por exemplo, usando os dados da figura, começa-se com 8 mg de uma substância química e após 30 dias tem-se apenas 1 mg remanescente. Com esses dados, é possível calcular a meia-vida:

$$t_{1/2} = 30 \ln(2) \div \ln(8 \div 1)$$

$$t_{1/2} = 20{,}8 \div 2{,}08$$

$$t_{1/2} = 10$$

Nota-se que essa é a mesma resposta obtida estimando a meia-vida diretamente da curva.

EXERCÍCIO Os pesticidas modernos são geralmente elaborados para se decomporem rapidamente, de modo a minimizar seus efeitos nas espécies do ecossistema que não sejam seus alvos. Imagine que se borrife um alagado com um inseticida para matar mosquitos que carregam o vírus do Nilo Ocidental e isso cause uma concentração na água de 50 partes por bilhão (ppb). Vinte e quatro horas mais tarde, retira-se uma amostra da água e, então, descobre-se que ela, agora, contém 10 ppb do químico. Usando esses dados, calcule a meia-vida da substância química.

Meia-vida Tempo necessário para que metade de uma substância química se decomponha em relação à sua concentração original.

23.4 Os esforços de conservação podem reduzir ou reverter quedas da biodiversidade

Foi visto que as atividades humanas têm diminuído a biodiversidade do mundo. Agora se olhará para o que pode ser feito para retardar ou mesmo reverter esses declínios. A longo prazo, é preciso estabilizar o tamanho da população humana, porque suas atividades têm causado declínio na maioria das espécies durante os últimos séculos. A curto prazo, é necessário reduzir as fontes antrópicas que causam mortalidade e baixa reprodução de populações, de tal forma que as espécies possam persistir no futuro. Durante as últimas décadas, cientistas vêm desenvolvendo estratégias eficazes para preservar a biodiversidade, embora essas abordagens sejam frequentemente difíceis e custosas. Esta seção enfoca a proteção e o manejo dos hábitats, a redução de exploração e a reintrodução de espécies.

PROTEÇÃO DE HÁBITATS

Como o maior contribuinte para a perda da biodiversidade é a perda de hábitat, um dos grandes fatores para conservar a biodiversidade tem sido a sua proteção. Normalmente, a meta ao proteger um hábitat é a preservação de uma área suficientemente grande para sustentar uma **população mínima viável** (PMV), que é o menor tamanho da população de uma espécie capaz de persistir diante da variação ambiental. A população também deve ter uma abrangência grande o suficiente para impedir que catástrofes locais, como furacões ou incêndios, ameacem a espécie inteira. Ao mesmo tempo, algum grau de subdivisão da população pode ajudar a impedir a disseminação de doenças de uma subpopulação para outra.

População mínima viável Menor tamanho populacional de uma espécie que pode persistir perante a variação ambiental.

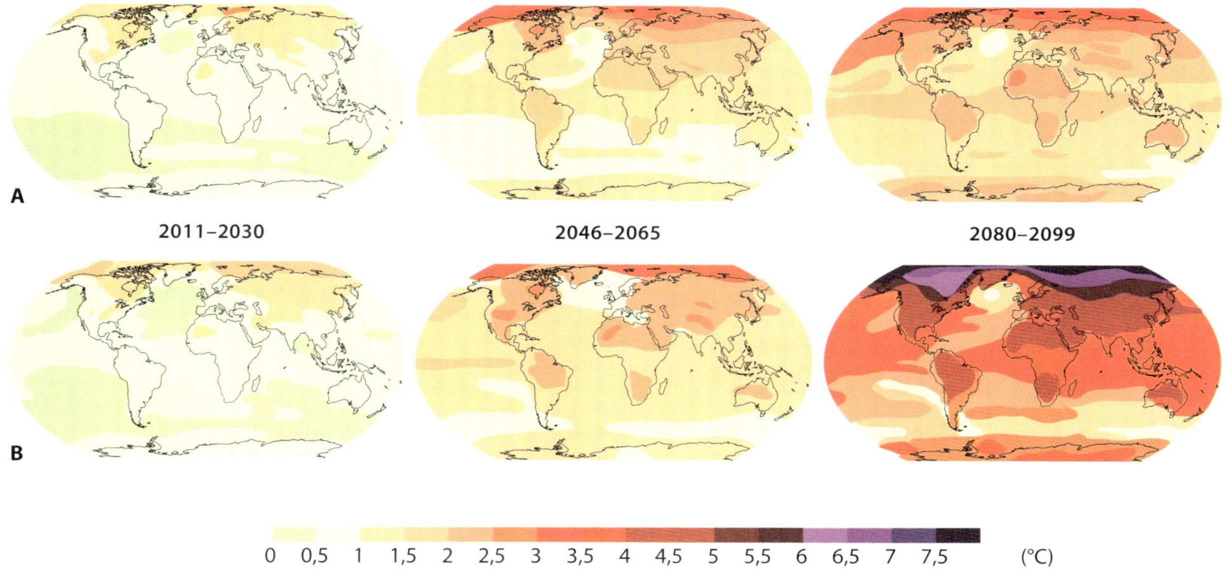

Figura 23.21 Mudanças previstas nas temperaturas globais. Prevê-se que a temperatura da Terra irá mudar, independentemente de os aumentos na emissão de CO_2 serem baixos (**A**) ou altos (**B**). As alterações de temperatura são relativas à temperatura média observada de 1961 a 1990. Dados de G. A. Meehl et al., Global climate projections, in S. Solomon et al. (Eds.), *Climate Change 2007: The physical science basis. Contribution of Working Group I to the Fourth Assessment Report of the Intergovernmental Panel on Climate Change* (Cambridge University Press, 2007).

A tarefa de proteger um hábitat adequado torna-se mais complicada quando os requerimentos de hábitat de uma população mudam com as estações ou quando a população passa por migrações sazonais de grandes escalas. No ecossistema do Serengueti, no leste da África, por exemplo, os padrões e a distribuição da precipitação e do crescimento das plantas variam sazonalmente. Grandes populações de gnus, zebras e gazelas migram sazonalmente à procura de áreas adequadas de pastagens. Como as populações migratórias usam toda a área do ecossistema do Serengueti ao longo de um ano, a preservação de somente uma parte não atenderia às suas necessidades. Por motivos semelhantes, as enormes manadas de bisões, também chamados de búfalos-americanos, não podem ser completamente restauradas nas pradarias norte-americanas porque suas rotas sazonais de migração estão, agora, bloqueadas por quilômetros de cercas e campos de cultivo. O bisão sobrevive em pequenas e poucas reservas no oeste americano – mais notavelmente no Ecossistema do Grande Yellowstone –, mas a maior parte das terras que já ocuparam não pode mais ser recuperada.

O Ecossistema do Grande Yellowstone, uma área de 80.000 km^2 que está centrada no Parque Nacional de Yellowstone, em Wyoming, é um dos exemplos mais bem conhecidos de preservação de uma grande porção de hábitat e inclui terras federais, estaduais e privadas de três estados, como ilustrado na Figura 23.22. O plano de manejo para o Ecossistema do Grande Yellowstone busca manter a região em uma condição natural e autossustentada. Os incêndios de florestas naturais são permitidos, como aconteceu em 1988 em cerca de metade do Parque Nacional de Yellowstone, e os predadores de topo, como o urso-pardo e o lobo-cinzento, devem ser recuperados. Como será visto em "Ecologia hoje | Correlação dos conceitos", esses predadores de topo proporcionam controles naturais das populações dos grandes herbívoros, o que tem vastos efeitos no ecossistema.

A necessidade de preservar hábitats é reconhecida em todo o mundo, e muitos países estão selecionando áreas para preservação. A quantidade de hábitat terrestre em proteção vem aumentando continuamente nos últimos 40 anos, como mostrado na Figura 23.23 A. Na verdade, 57% de todos os países têm protegido pelo menos um décimo de suas terras. Embora a necessidade de proteger hábitats marinhos tenha sido reconhecida muito recentemente, como pode ser visto na Figura 23.23 B, essa proteção também vem aumentando ao longo do tempo.

Mesmo quando terras são legalmente protegidas, muitos países não conseguem protegê-las de posseiros e caçadores, e os governos, frequentemente, permitem mineração e corte de árvores dentro de áreas protegidas. Contudo, o envolvimento das pessoas do local no delineamento e na gestão de áreas protegidas tem sido particularmente eficiente e, assim, os benefícios da conservação, que geralmente incluem uma receita gerada pelo ecoturismo, tornam-se tangíveis e economicamente competitivos para a população local. Normalmente, os esforços mais bem-sucedidos incluem grandes áreas geográficas, baixas densidades humanas, uma atitude positiva do público em relação aos esforços de preservação e um reforço eficaz da legislação para evitar que as espécies sejam caçadas.

EXPLORAÇÃO REDUZIDA

Quando a sobre-exploração é identificada como uma causa de declínio para as espécies, reduzir a colheita ou a captura é uma abordagem óbvia para proteção. Contudo, essa ação torna-se complicada quando envolve a subsistência das pessoas. Por exemplo, foi visto que o colapso do estoque pesqueiro do bacalhau-do-atlântico teve grande impacto econômico negativo na indústria pesqueira, que dependeu do bacalhau por gerações, e nos negócios sustentados pela indústria da pesca do bacalhau. Embora algumas espécies possam levar muito tempo para recuperar suas populações, reduzir a exploração de uma

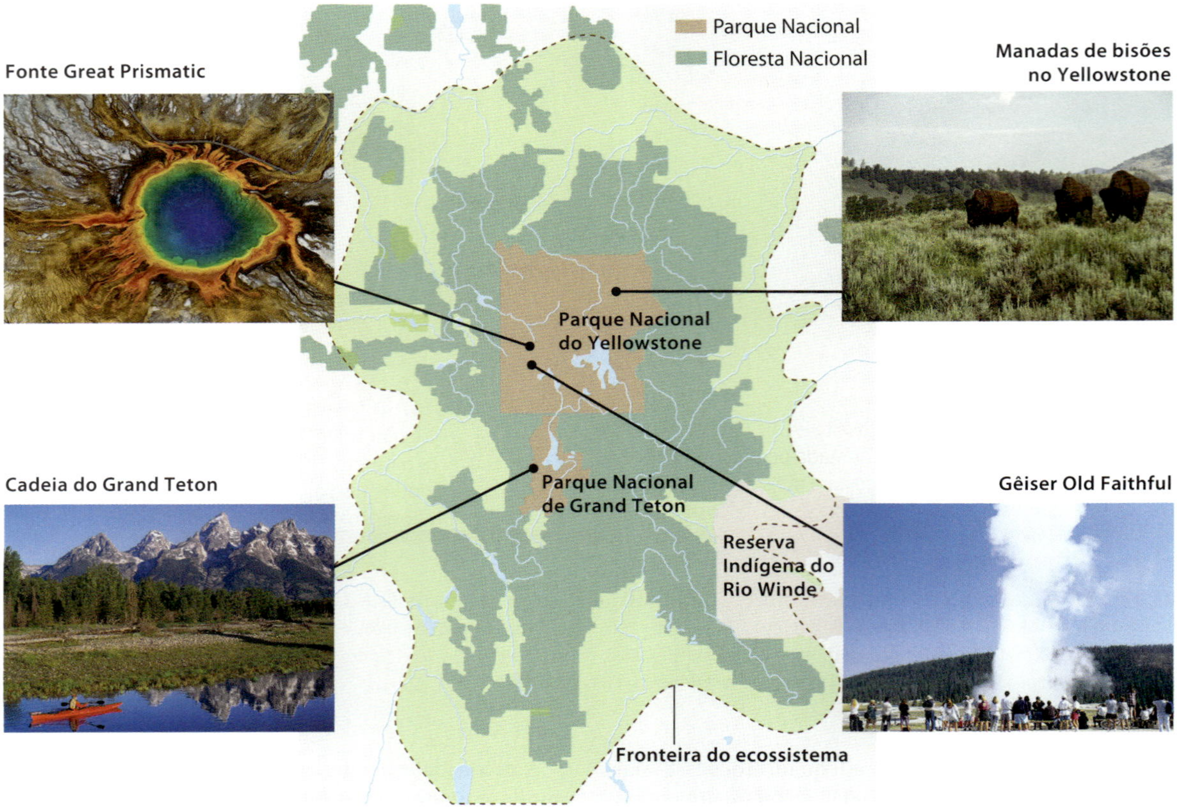

Figura 23.22 Ecossistema do Grande Yellowstone. Para melhor preservar as espécies na região, o Parque Nacional de Yellowstone e os muitos tipos diferentes de terra que o rodeiam estão sendo gerenciados em conjunto como um grande ecossistema. Fotografias de (A) Luis Castaneda/AGE Fotostock (Fonte Grand Prismatic); (B) James Kay/DanitaDelimont.com (Cadeia do Grand Teton); (C) Super Stock/AGE Fotostock (Manadas de bisões no Yellowstone); (D) James Steinberg/Science Source (Gêiser Old Faithful).

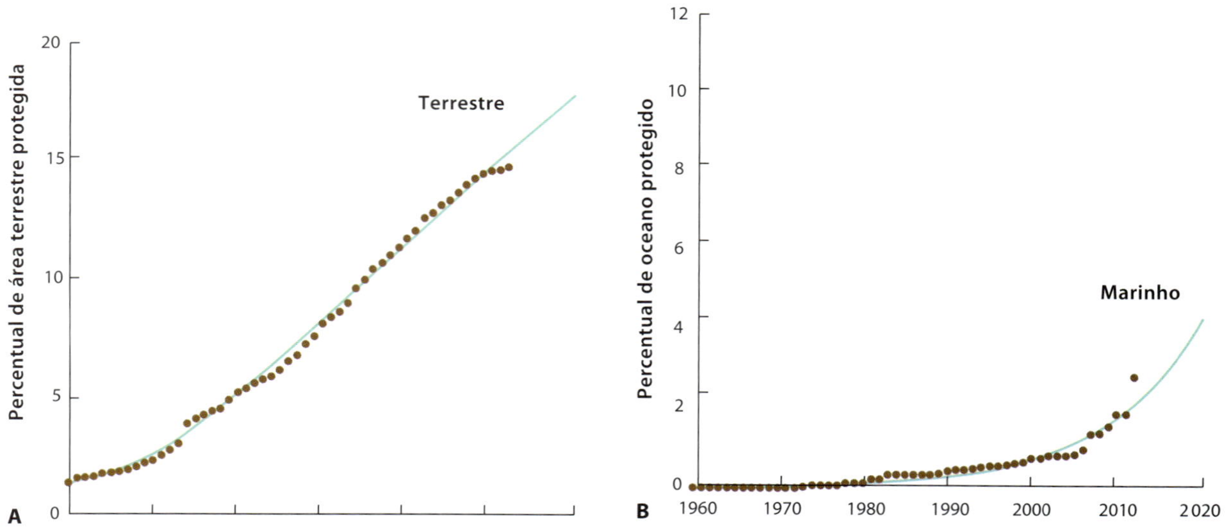

Figura 23.23 Áreas terrestres e marinhas protegidas. Os *pontos* representam os dados mensurados, enquanto a *linha* representa a trajetória projetada de proteção futura. **A.** Ecossistemas terrestres têm uma história mais longa de proteção, a qual tem aumentado nos últimos 40 anos. **B.** Ecossistemas marinhos começaram a receber proteção muito mais tarde, mas a quantidade de hábitats marinhos protegidos também vem aumentando ao longo do tempo. Uma pequena quantidade adicional de hábitats terrestres e marinhos está agora protegida, mas, como o ano em que a proteção se iniciou é desconhecido, ela não é mostrada. Dados de Secretariat of the Convention on Biological Diversity, 2010. *Global Biodiversity Outllok* 4 (2014), https://www.cbd.int/gbo/gbo4/publications/gbo4-en-hr.pdf, https://www.cbd.int/gbo2/.

Figura 23.24 Elefante-marinho-do-norte. Uma vez caçado até quase a extinção, a proteção legal implementada pelo México e pelos EUA permitiu que a população aumentasse para mais de 150 mil espécimes hoje. Esses elefantes-marinhos-do-norte estão na costa da Califórnia central. Fotografia de Wild Nature Photos/Animals Animals/Earth Scenes.

Figura 23.25 Condor-da-califórnia. Essa grande ave carniceira esteve à beira da extinção na década de 1980, quando somente 22 aves permaneciam na natureza. Um programa de reprodução em cativeiro, seguido de reintroduções na natureza, trouxe o número de volta a 446 aves, que vivem hoje em cativeiro e na natureza. Fotografia de Diana Kosaric/age fotostock.

espécie em declínio frequentemente leva a uma recuperação de sua abundância. Por exemplo, o elefante-marinho-do-norte (*Mirounga angustirostris*) foi tão caçado no fim do século XIX que se pensou que estivesse extinto (Figura 23.24). Subsequentemente, pequenas populações foram descobertas na década de 1890, e a população total foi estimada em cerca de 100 indivíduos. No início do século XX, o elefante-marinho-do-norte recebeu proteção por parte dos EUA e do México. Uma vez protegida, a população dessa espécie começou a se recuperar rapidamente, e hoje há mais de 150 mil espécimes distribuídos por boa parte do seu antigo campo de abrangência na Califórnia e no México. Sucessos semelhantes ocorreram com o crocodilo-americano (*Crocodylus acutus*), o grou-trompeteiro (*Grus americana*) e a águia-americana.

REINTRODUÇÃO DE ESPÉCIES

Às vezes uma espécie chega tão perto da extinção que é necessária uma intervenção humana para trazê-la de volta. Viu-se um exemplo disso quando discutiu-se o programa de recuperação do furão-de-pés-pretos no fim do Capítulo 13. Esses esforços podem demandar grande aporte de trabalho e dinheiro, com a recuperação podendo levar décadas.

Um exemplo clássico de reintrodução de uma espécie é o caso do condor-da-califórnia, um grande carniceiro que se alimenta de animais mortos (Figura 23.25). Durante a última metade do século XX, o número de condores diminuiu por diversas causas, incluindo a caça ilegal, a coleta ilegal de ovos de seus ninhos, o consumo de fragmentos de balas de chumbo pelos animais dos quais o condor se alimenta e o consumo pelo condor de coiotes e roedores mortos por envenenamento. Quando a população do condor no sul da Califórnia despencou para pouco mais de 30 indivíduos no fim da década de 1970, os biólogos tomaram a difícil decisão de colocar a população inteira em cativeiro. De 1982 a 1987, as 22 aves selvagens remanescentes foram capturadas e levadas para instalações especiais de reprodução, localizadas nos zoológicos de Los Angeles e San Diego, onde ficaram protegidas das ameaças que tinham sofrido na natureza.

A recuperação da população de condores é extremamente difícil. Os indivíduos levam 6 a 8 anos para atingir a maturidade e normalmente depositam somente um ovo por ano na natureza. No entanto, os pesquisadores descobriram que, se eles removessem esse único ovo, a fêmea depositaria outro. Na verdade, uma fêmea do condor poderia ser estimulada a depositar até três ovos por ano. Os biólogos incubaram os ovos adicionais e criaram as aves usando bonecos para alimentar os filhotes e minimizar o contato com humanos. À medida que os filhotes cresciam, eles eram libertados de volta na natureza. Ao mesmo tempo, foram feitos esforços para reduzir as ameaças aos condores. Esses esforços significativos valeram a pena: em 2016, havia 446 condores vivos em cativeiro e na natureza, após reintroduções na Califórnia, no Arizona e no México. Além de aumentar a população de condores, esse caso de grande repercussão chamou a atenção dos residentes locais para a questão da conservação, resultando na preservação de grandes áreas de hábitat nas regiões montanhosas do sul da Califórnia. As pessoas também passaram a compreender que restaurar a população de condores poderia ser compatível com outros modos de utilização da terra. A recreação não precisa ser banida dos hábitats do condor caso se restrinja o acesso humano aos locais dos ninhos. A caça legal não causa danos aos condores se forem utilizadas balas de aço em vez de balas de chumbo. Finalmente, as fazendas não ameaçam as populações de condores caso os programas de controle de coiotes e roedores sejam seguros para essas aves.

As reintroduções de espécies podem custar milhões de dólares e, normalmente, são direcionadas àquelas que interessam ao público, como os furões-de-pés-pretos, os condores e os lobos. Algumas pessoas podem questionar se é sensato gastar milhões de dólares para salvar uma espécie. No entanto, os esforços feitos para salvar uma única espécie, como resguardar hábitat e reduzir a ocorrência de venenos, frequentemente têm efeitos positivos sobre diversas outras espécies. Um excelente exemplo disso será visto em "Ecologia hoje | Correlação dos conceitos", que detalha os efeitos no ecossistema da reintrodução do lobo-cinzento no Parque Nacional de Yellowstone.

Ao longo deste livro, investigaram-se os fatores que determinam a distribuição e a abundância de espécies em todo o mundo. Viu-se que há uma fantástica diversidade de espécies na Terra que impressiona por sua beleza e desempenha papéis essenciais nos ecossistemas dos quais o ser humano depende. O declínio na biodiversidade do mundo está em um estágio crítico, porque as atividades humanas ameaçam a população de muitas espécies. No entanto, ao reconhecer a importância das espécies do mundo e compreender sua ecologia, é possível dar os passos necessários para combater os declínios nas populações e as extinções de espécies e, assim, encontrar formas de coexistência.

VERIFICAÇÃO DE CONCEITOS

1. Como a quantidade de hábitats protegidos no mundo mudou nas últimas décadas?
2. Como a suspensão da exploração de mamíferos marinhos afetou a população de elefantes-marinhos-do-norte?
3. Como o investimento em espécies grandes e carismáticas também favorece a conservação de outras espécies?

ECOLOGIA HOJE | CORRELAÇÃO DOS CONCEITOS

Lobos devolvidos ao Yellowstone

Lobos e alces de Yellowstone. Após a reintrodução dos lobos, a população de alces declinou, e algumas regiões do ecossistema mudaram drasticamente. Fotografia de Larry Thorngren.

Como foi visto neste capítulo, restaurar a biodiversidade pode ser um difícil desafio, e isso ficou claro na tentativa de devolver o lobo-cinzento para o Ecossistema do Grande Yellowstone. Os desafios nesse caso incluíram fatores ecológicos, econômicos, sociais e políticos. Afinal, nem todos ficam felizes com o retorno de um predador de topo com reputação de ser um matador sanguinário.

O lobo-cinzento já correu pela maior parte da América do Norte, mas o medo provocado pelos lobos e o receio de eles atacarem os animais de criação resultaram em programas de governo que eliminaram o lobo de quase todos os EUA e o sudoeste do Canadá. Esses programas erradicaram o animal de 48 estados norte-americanos até 1925, exceto o norte de Minnesota. Na década de 1940, Aldo Leopold, um proeminente professor de manejo da vida selvagem, propôs de maneira pioneira trazer os lobos de volta ao Parque Nacional de Yellowstone. Por volta da década de 1960, a opinião pública com relação aos lobos começou a mudar conforme a sociedade reconhecia o valor intrínseco de restaurar o ecossistema para um estado mais natural. Em 1973, a Lei das Espécies Ameaçadas foi aprovada e classificou o lobo-cinzento como uma espécie ameaçada, o que exigiu o desenvolvimento de um plano que pudesse aumentar a sua população. Como Yellowstone era uma área protegida, tornou-se um lugar óbvio para uma possível reintrodução.

Havia pessoas favoráveis e contrárias a esse plano. Pesquisas de opinião pública descobriram que o público em geral e os turistas que visitavam o parque estavam a favor da ideia. Contudo, caçadores locais temiam que os lobos pudessem reduzir as populações das grandes espécies caçadas, como o alce. Além disso, fazendeiros com criações locais se preocupavam com seus animais, porque os lobos às vezes matam gado e carneiros. Por quase duas décadas, a reintrodução dos lobos foi debatida, estudada e foi levada a diferentes direções pelos políticos, representando as opiniões mais distintas. No início da década de 1990, o

Fish and Wildlife Service dos EUA realizou 130 encontros na área e recebeu milhares de comentários escritos e uma proposta de um plano de reintrodução. Também foram estimados impactos de reintrodução do lobo em Yellowstone. A melhor estimativa foi a de que uma eventual população de 100 lobos mataria a cada ano cerca de 20 bois, 70 carneiros, bem como 1.200 ungulados selvagens como alces, cervos e antílopes, de uma população de 95.000 ungulados selvagens. O benefício econômico do aumento do turismo para a área devido aos lobos foi estimado em 23 milhões de dólares, que era um valor instrumental significativo. Após uma série de audiências judiciais e repetidos julgamentos a favor do plano de reintrodução, 31 lobos foram capturados no Canadá e libertados no Yellowstone entre 1995 e 1996.

Quase duas décadas depois, os efeitos da reintrodução foram sentidos por todo o ecossistema. Quando os lobos foram erradicados no início do século XX, a população de alces rapidamente aumentou, e seu forrageamento praticamente eliminou árvores de choupo e álamo ao longo dos rios. O retorno dos lobos e seu rápido aumento para uma população de mais de 220 indivíduos por volta de 2001 reduziu a população de alces pela metade e fez com que estes alterassem seus usos dos hábitats. Como consequência, as árvores de choupo e álamo agora prosperam novamente em algumas áreas do parque. Alguns pesquisadores têm argumentado que os efeitos no crescimento do álamo são resultado de uma combinação de efeitos mediados por densidade e atributos (ver Capítulo 18). Foi sugerido que os efeitos mediados pelos atributos resultam do fato de os lobos espantarem os alces dos córregos e rios, levando-os a subir para áreas mais altas, onde estariam mais seguros da predação. Entretanto, outros argumentam que essa evidência é insuficiente para sugerir que tais mudanças de hábitat induzidas pelo medo tiveram um efeito generalizado no crescimento de mudas de álamo e choupo.

Como álamos e choupos são os alimentos favoritos dos castores, o aumento dessas árvores atraiu mais castores para a região, o que levou a um aumento de barragens de castores que formam grandes lagoas. Além disso, a reintrodução do lobo causou uma grave redução na população de coiotes, suas presas. Isso provavelmente teve um efeito cascata nas muitas espécies de presas que os coiotes consomem. As carcaças abundantes de alces e outras presas dos lobos também beneficiaram populações de carniceiros, como os corvos e as águias-douradas, os quais, certa vez, já tinham sido comuns no Yellowstone. Em resumo, a reintrodução do lobo fez o ecossistema retroceder àquilo que se parecia na sua condição anterior.

Em 2008, a população de lobos do Yellowstone foi considerada recuperada o bastante para ser retirada da lista federal de espécies ameaçadas. Os lobos são, agora, caçados em quantidades limitadas, e a população de lobos se manteve em torno de 100 indivíduos de 2013 a 2015. Será interessante ver quais efeitos contínuos os lobos terão no ecossistema.

O retorno do lobo para o Ecossistema do Grande Yellowstone demonstra que restaurar a biodiversidade não é uma tarefa simples. Os planos de restauração precisam considerar não apenas a ecologia da reintrodução, mas também os fatores sociais, políticos e econômicos. Os planos devem ser avaliados por todas as partes interessadas, e o processo pode levar muito tempo. Com paciência, contudo, as espécies e os ecossistemas podem, por fim, ser restaurados.

Efeitos provocados pelos lobos no ecossistema de Yellowstone. Com a redução das populações de alces devido à introdução do lobo, as árvores de choupo e álamo ao longo de alguns rios se recuperaram, como mostram as três imagens. Essas fotografias foram tiradas no Soda Buttte Creek em 1997 (**A**), 2001 (**B**) e 2010 (**C**). Fotografias de (A) Nation Park Service; (B e C) William J. Ripple.

FONTES:

Fritts, S. H. et al. (1997). Planning and implementing a reintroduction of wolves to Yellowstone National Park and Central Idaho. *Restoration Ecology* 5: 7–27.

Ripple, W. J. and R. L. Betscha (2011). Trophic cascades in Yellowstone: The first 15 years after wolf reintroduction. *Biological Conservation* 145: 205–213.

Smith, D. W. et al. (2003). Yellowstone after wolves. *BioScience* 53: 330–340.

Kaufmann, M. J. et al. (2010). Are wolves saving Yellowstone's aspen? A landscape-level test of a behaviorally mediated trophic cascade. *Ecology* 91: 2742–2755.

Beschta, R. L. and W. J. Ripple (2013). Are wolves saving Yellowstone's aspen? A landscape-level test of a behaviorally mediated trophic cascade: Comment. *Ecology* 94: 1420–1425.

Kaufmann, M. J. et al. (2013). Are wolves saving Yellowstone's aspen? A landscape-level test of a behaviorally mediated trophic cascade: Reply. *Ecology* 94: 1425–1431.

Beschta, R. L. and W. J. Ripple (2015). Divergent patterns of riparian cottonwood recovery after the return of wolves in Yellowstone, EUA. *Ecohydrology* 8: 58–66.

RESUMO DOS OBJETIVOS DE APRENDIZAGEM

23.1 O valor da biodiversidade surge de considerações sociais, econômicas e ecológicas. Os valores instrumentais representam os benefícios materiais que as espécies e os ecossistemas proporcionam aos humanos, incluindo alimento, medicamento, filtragem da água e polinização. Os valores intrínsecos reconhecem que as espécies e os ecossistemas são valiosos a despeito de qualquer benefício aos humanos.

Termos-chave: **valor instrumental da biodiversidade, valor intrínseco da biodiversidade, serviços de provisão, serviços de regulação, serviços culturais, serviços de suporte**

23.2 Embora a extinção seja um processo natural, sua taxa atual não tem precedentes. Historicamente, ocorreram cinco extinções em massa, cada uma seguida por uma especiação continuada. A taxa atual de extinção de espécies é mais alta do que as taxas médias, o que sugere que pode-se estar nos estágios iniciais de uma sexta extinção em massa. Muitas espécies também estão sofrendo rápido declínio em sua diversidade genética, embora haja esforços para preservar a diversidade genética das criações e das plantações.

Termo-chave: **eventos de extinção em massa**

23.3 As atividades humanas estão causando perda de biodiversidade. Um dos fatores mais importantes que contribuem para o declínio das espécies é a perda de hábitat. Outros impactos incluem a sobre-exploração, a introdução de espécies exóticas e a poluição do ambiente com contaminantes. O aquecimento global e a mudança global do clima apresentam uma ameaça crescente. Algumas mudanças já estão ocorrendo, e espécies podem não ser capazes de se adaptar a mudanças mais significativas do clima no futuro.

Termos-chave: **estoque pesqueiro colapsado, homogeneização biótica, biomagnificação, meia-vida**

23.4 Os esforços de conservação podem reduzir ou reverter quedas da biodiversidade. Grandes esforços estão sendo feitos para combater o declínio da biodiversidade. Cada vez mais hábitats terrestres e marinhos estão sendo protegidos, regulações de exploração estão sendo ajustadas para reduzir os declínios populacionais, e espécies à beira da extinção estão sendo reintroduzidas onde há hábitats de alta qualidade e onde, portanto, as ameaças podem ser reduzidas.

Termo-chave: **população mínima viável**

QUESTÕES DE RACIOCÍNIO CRÍTICO

1. Por que pessoas ou grupos diferentes podem favorecer critérios distintos ao priorizar pontos quentes (*hotspots*) de biodiversidade?

2. Compare e oponha os valores instrumentais aos valores intrínsecos das espécies e dos ecossistemas.

3. Como os benefícios econômicos da biodiversidade podem ser usados como argumento para a proteção de biodiversidade?

4. Que medidas podem ser tomadas para diminuir a velocidade da sexta extinção em massa?

5. Por que é preciso se preocupar em preservar tanto a diversidade de espécies quanto a diversidade genética?

6. Por que os seres humanos, historicamente, sobre-exploraram muitas espécies de animais?

7. Por que competidores introduzidos podem resultar em menor extinção de espécies nativas do que quando se faz o mesmo com predadores introduzidos?

8. Por que é preciso considerar o processo da biomagnificação ao avaliar o risco de um pesticida à vida selvagem?

9. Por que é difícil prever quais espécies irão se extinguir pelo aquecimento global?

10. Quais são os desafios ecológicos, econômicos e sociais que podem surgir ao se considerar a reintrodução de uma espécie?

REPRESENTAÇÃO DOS DADOS | GRÁFICOS DE BARRAS EMPILHADAS

Quando se quer comparar a distribuição de classes dentro de diferentes grupos, como a condição de conservação das espécies de vários táxons, podem-se analisar percentuais ou números absolutos. Quando se abordou a condição de conservação de coníferas, aves, mamíferos e anfíbios, gráficos de pizza foram usados na Figura 23.5 para mostrar diferenças nos percentuais de espécies que foram classificadas como pouco preocupantes, quase ameaçadas e ameaçadas. Contudo, pode-se obter uma perspectiva um tanto quanto diferente caso se mostre o número absoluto de cada classe usando um gráfico de barras, semelhante ao da Figura 23.13. Um gráfico de barras empilhadas permite mostrar dados empilhando um conjunto de dados sobre outro em uma mesma categoria. Isso possibilita observar cada categoria tanto em termos de seus componentes separados quanto combinados.

Usando os dados a seguir para a quantidade de espécies de coníferas, aves, mamíferos e anfíbios em cada classe de condição de conservação, crie um gráfico de barras empilhadas.

Condição de conservação	Coníferas	Aves	Mamíferos	Anfíbios
Pouco preocupante	333	7.677	3.124	2.392
Quase ameaçado	75	880	325	389
Ameaçado	177	1.313	1.139	1.933

Compare o seu gráfico com os gráficos de pizza apresentados na Figura 23.5. Que visões diferentes é possível obter ao se mostrarem os números absolutos das espécies usando um gráfico de barras empilhadas e que não seriam possíveis com um gráfico de pizza de proporções de espécies em cada classe?

APÊNDICE

Interpretação de Gráficos

Os ecólogos frequentemente acham útil mostrar em gráficos os dados por eles obtidos. Diferente de uma tabela que contém linhas e colunas de dados, os gráficos ajudam a visualizar padrões e tendências. Esses padrões auxiliam a tirar conclusões das observações aferidas nas pesquisas. Por serem fundamentais para a ecologia e para a maioria das outras ciências, deveria ser obrigatório se familiarizar com os principais tipos de gráficos que os ecólogos usam. Esta seção analisa diferentes tipos de gráficos e explica como criá-los e como interpretar seus dados.

Os cientistas usam os gráficos para apresentar dados e ideias

Um gráfico é uma ferramenta que permite aos cientistas visualizar dados ou ideias. Organizar a informação na forma de gráfico pode ajudar na compreensão mais clara das relações. Em todo o estudo da ecologia, são encontrados muitos tipos diferentes de gráficos, e os mais comuns estão apresentados a seguir.

GRÁFICOS DE DISPERSÃO

Embora muitos gráficos neste livro possam parecer diferentes uns dos outros, todos seguem os mesmos princípios básicos. Para começar, segue um exemplo no qual os pesquisadores mediram a temperatura média durante o mês de janeiro em 56 cidades dos EUA. Essas cidades abrangem as latitudes de 25° N até 50° N. Os pesquisadores queriam determinar se havia uma relação entre a latitude de uma cidade e sua temperatura média em janeiro.

Essa relação pode ser examinada criando-se um *gráfico de dispersão*, como mostrado na Figura A.1. Na forma mais simples de um gráfico de dispersão, os pesquisadores buscam olhar para duas variáveis: eles colocam os valores de uma variável no eixo x e os valores da outra variável no eixo y. Neste exemplo, a latitude da cidade está no eixo x e a sua temperatura média em janeiro, no eixo y. Por convenção, as unidades de medida aumentam da esquerda para a direita, no eixo x, e de baixo para cima, no eixo y. Usando esses dois eixos, os pesquisadores poderiam mostrar a latitude e a temperatura de cada cidade no gráfico de dispersão. Como pode ser visto no gráfico, há um padrão de diminuição da temperatura média em janeiro à medida que a latitude aumenta em direção ao norte dos EUA.

Quando duas variáveis são representadas graficamente dessa forma, é possível desenhar uma linha passando pelo meio dos pontos de dados para descrever sua tendência geral, como na Figura A.2. Como essa linha é traçada de modo a se ajustar à tendência geral dos dados, é chamada de *linha de melhor ajuste*. Neste exemplo, acrescentar uma linha de melhor ajuste torna mais fácil identificar a tendência dos dados; à medida que a latitude aumenta, observam-se temperaturas mais baixas em janeiro. Trata-se de uma relação negativa entre as duas variáveis porque, à medida que uma variável aumenta, a outra diminui.

Quando os dados são mostrados em um gráfico de dispersão, a linha de melhor ajuste pode ser uma reta ou uma curva. Por exemplo, quando os pesquisadores examinaram lagoas próximo a estradas e mensuraram a condutividade da água (o que é um indicador da quantidade de sal oriundo da estrada),

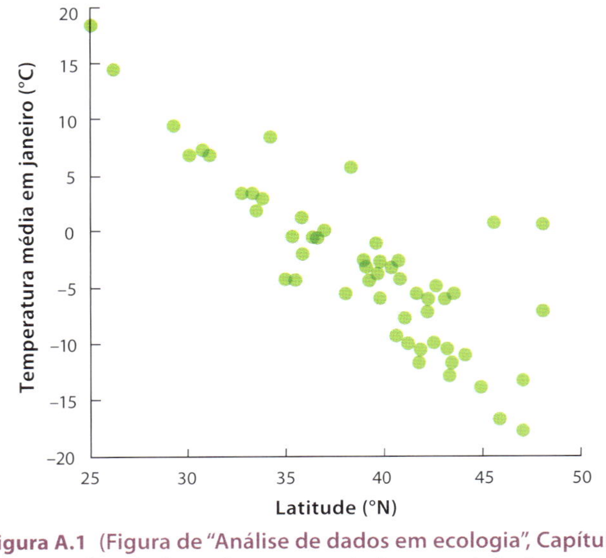

Figura A.1 (Figura de "Análise de dados em ecologia", Capítulo 5.) Este gráfico de dispersão mostra a relação entre a latitude e a temperatura média em janeiro para 56 cidades nos EUA.

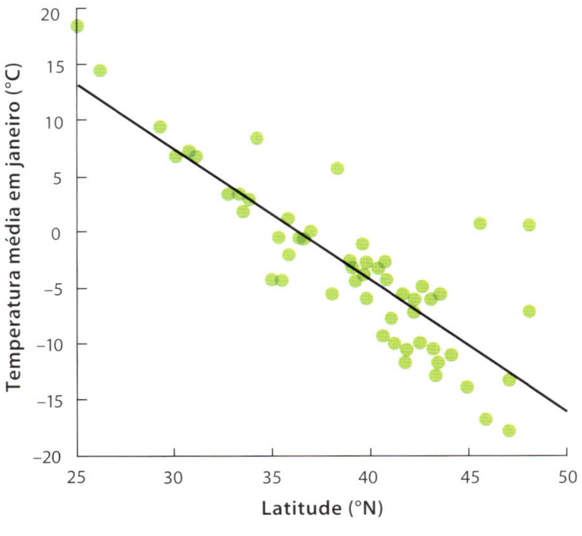

Figura A.2 (Figura de "Análise de dados em ecologia", Capítulo 5.) Neste gráfico de dispersão foi incluída uma linha de melhor ajuste, que ajuda a mensurar mais facilmente a relação entre a latitude e a temperatura média em janeiro para 56 cidades nos EUA.

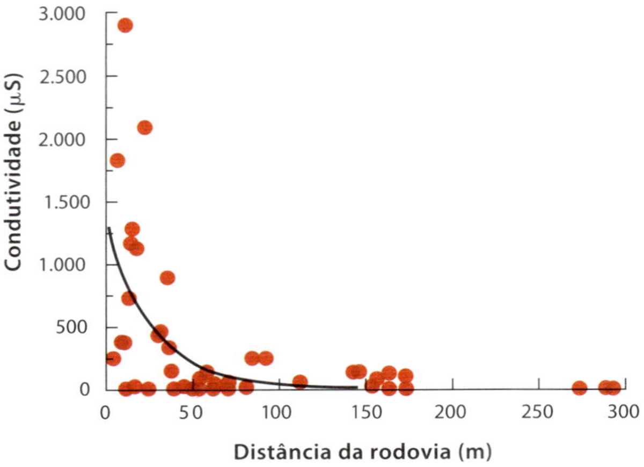

Figura A.3 (Figura 2.12, Capítulo 2.) Este gráfico de dispersão mostra a relação entre a distância de uma lagoa até a estrada mais próxima e a quantidade de sal na água, medida em termos de condutividade. A linha de melhor ajuste é uma curva.

descobriram que, à medida que se afastavam da estrada, a condutividade diminuía rapidamente e por fim se nivelava, como ilustrado na Figura A.3. Neste caso, a linha de melhor ajuste é uma curva.

Às vezes, os cientistas coletam dados que seguem uma linha curva, mas eles querem visualizá-los em termos de uma linha reta, de modo a comparar as inclinações e os interceptos das retas produzidas por diferentes conjuntos de dados. As inclinações e os interceptos podem ser calculados usando a equação de uma linha reta: $y = mx + b$, em que y é a variável dependente, x é a independente, m é a inclinação, e b é o intercepto. Em muitos casos, os dados que seguem uma linha curva podem ser transformados para seguir uma reta, usando-se eixos que contêm valores rearrumados em uma escala logarítmica. Por exemplo, quando os cientistas examinaram a quantidade de espécies de anfíbios que vivem em ilhas de diferentes tamanhos nas Índias Ocidentais, o gráfico de dispersão resultante mostrou que, inicialmente, esse número de espécies aumentava rapidamente à medida que a área da ilha aumentava, e, então, acabava por ser nivelar, como mostrado na Figura A.4 A. Quando os mesmos dados são mostrados em um gráfico de dispersão usando eixos com uma escala log, a linha de melhor ajuste muda de uma linha curva para uma reta, como pode ser visto na Figura A.4 B.

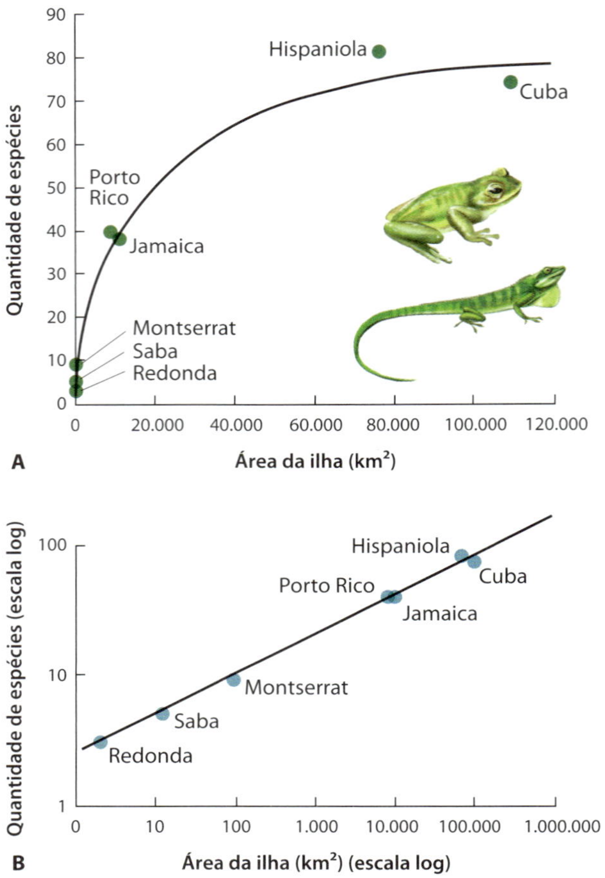

Figura A.4 (Figura 22.4, Capítulo 22.) A. Este gráfico de dispersão mostra a quantidade de espécies de anfíbios e répteis em ilhas de diferentes tamanhos nas Índias Ocidentais. A linha de melhor ajuste é uma curva. **B.** Quando os mesmos dados são mostrados em uma escala log, a linha de melhor ajuste é uma linha reta.

GRÁFICOS LINEARES

Um *gráfico linear* é usado para medidas ao longo do tempo ou do espaço. Por exemplo, os cientistas estimaram a quantidade de humanos vivendo na Terra de 8.000 anos atrás até hoje. Usando todos os pontos de dados disponíveis, um gráfico linear pode ser usado para conectar cada ponto ao longo do tempo, como na Figura A.5. Diferente da linha de melhor ajuste, que se ajusta a uma linha curva ou reta passando pelo meio de todos os pontos, um gráfico linear conecta um ponto de dado a outro de modo que a linha pode ser reta ou curva, ou pode subir ou descer à medida que segue cada um dos dados.

A Figura A.6 é um exemplo de gráfico linear mostrando medidas ao longo do espaço. Neste exemplo, os cientistas testaram amostras de solo para concentração de cromo à medida que caminhavam de um tipo de solo em direção a outro. Quando se aproximavam do solo serpentino, caracterizado por altas concentrações de metais pesados, a concentração de cromo rapidamente aumentava.

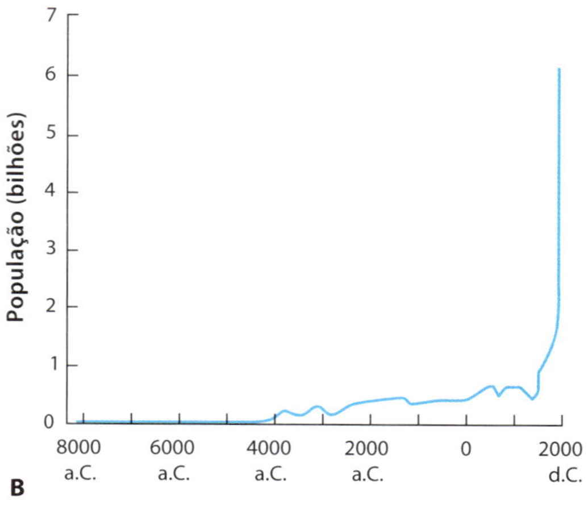

Figura A.5 (Figura 12.2 B, Capítulo 12.) Este gráfico linear mostra o crescimento da população com o tempo, conectando diversos dados.

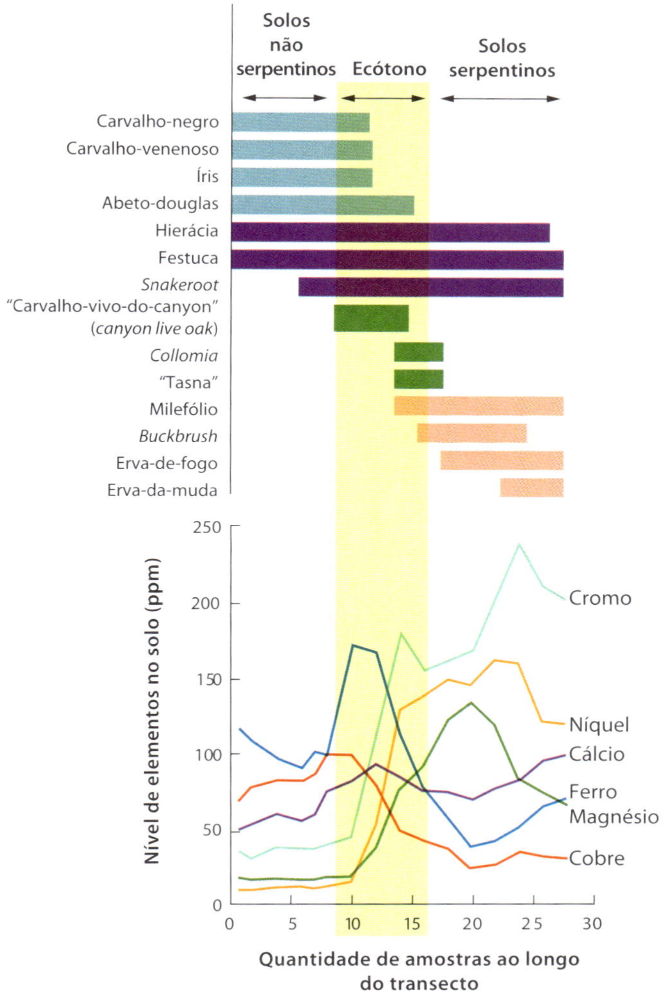

Figura A.6 (Figura 18.5, Capítulo 18.) Este gráfico linear mostra dados medidos ao longo do espaço. Ele reflete as mudanças nas concentrações de cromo no solo à medida que os pesquisadores se moviam de solos não serpentinos para solos serpentinos.

Quando inclui pontos com uma variação muito grande de valores, o tamanho do gráfico pode se tornar um problema. Para evitar que se torne muito grande, pode-se usar uma quebra no eixo. Na Figura A.7, por exemplo, examina-se o declínio na população das tetrazes-das-pradarias em Illinois da década de 1860 até a década de 1990. A marca dupla entre 25.000 e 12 milhões no eixo *y* e na linha que conecta os pontos de dados indica uma interrupção na escala. Neste exemplo, o eixo *y*, inicialmente, aumenta de zero até 20 mil aves, mas, após a marca dupla, a escala salta para 12 milhões (o eixo está em unidades de milhares de aves). A marca dupla indica que se está condensando a parte do meio do eixo *y*. Inserir uma quebra de eixo é especialmente útil quando se almeja focar em como os dados mudam após aquela marca. Na Figura A.7, não há pontos de dados entre 25 mil e 12 milhões e, assim, pode-se comprimir o eixo *y* nesse intervalo para melhor visualizar a variação no tamanho da população ao longo do tempo.

Os gráficos lineares podem, também, ilustrar como diferentes variáveis mudam com o tempo. Quando duas variáveis contêm unidades diferentes ou um intervalo de valores distintos, podem ser usados dois eixos *y*. Por exemplo, a Figura A.8 apresenta dados sobre as mudanças nos tamanhos das populações de dois animais diferentes na ilha Royale nos anos de 1955 até 2011. O eixo *y* à esquerda representa os tamanhos da população de lobos, enquanto o eixo *y* à direita representa as mudanças na população de alces durante o mesmo período.

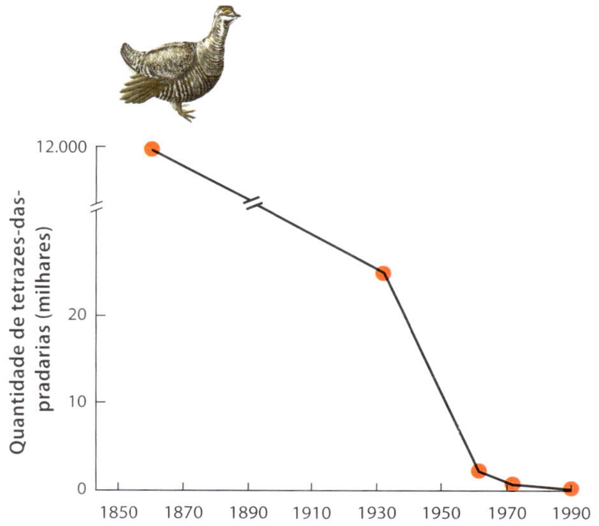

Figura A.7 (Figura 7.7 A, Capítulo 7.) Este gráfico linear ilustra o declínio da população dos tetrazes-das-pradarias ao longo do tempo em Illinois. Como há uma diferença muito grande no tamanho da população entre 1860 e 1930, os pesquisadores inseriram uma quebra no eixo *y* e uma quebra correspondente na linha conectando os pontos dos dados para compactar a figura, a qual representa um amplo intervalo de valores no eixo *y*.

GRÁFICOS DE BARRA

Um *gráfico de barras* mostra valores numéricos provenientes de diferentes categorias. Por exemplo, pesquisadores conduziram um experimento sobre uma espécie de ave conhecida como pega-rabuda, que normalmente deposita sete ovos. Esses cientistas manipularam a quantidade de ovos em um ninho, ora adicionando um ou dois ovos, ora retirando um ou dois ovos. Eles, então, esperaram para ver quantos ovos eclodiam em aves que sobreviviam até se emplumar e deixar o ninho. Os resultados desse experimento estão ilustrados na Figura A.9. Como pode ser visto na figura, os pesquisadores usaram a quantidade de ovos como categoria ao longo do eixo *x* e, então, mostraram a quantidade de filhotes que sobreviveram até se emplumar, representada pelo eixo *y*.

Frequentemente, um gráfico de barras é usado para mostrar os valores médios com base em observações múltiplas. Nesses casos, os cientistas normalmente gostam de mostrar a quantidade de variação nos dados que constituem cada um dos valores médios. Pode-se fazer isso ao adicionar *barras de erro* a um gráfico de barras. Como exemplo, pesquisadores interessados nos efeitos das medidas de endogamia mediram a quantidade de ovos que os caracóis depositavam quando eles tinham parceiros disponíveis, comparando com quando eles não tinham parceiros. Como os cientistas mediram os ovos depositados por diferentes tipos de caracóis em cada

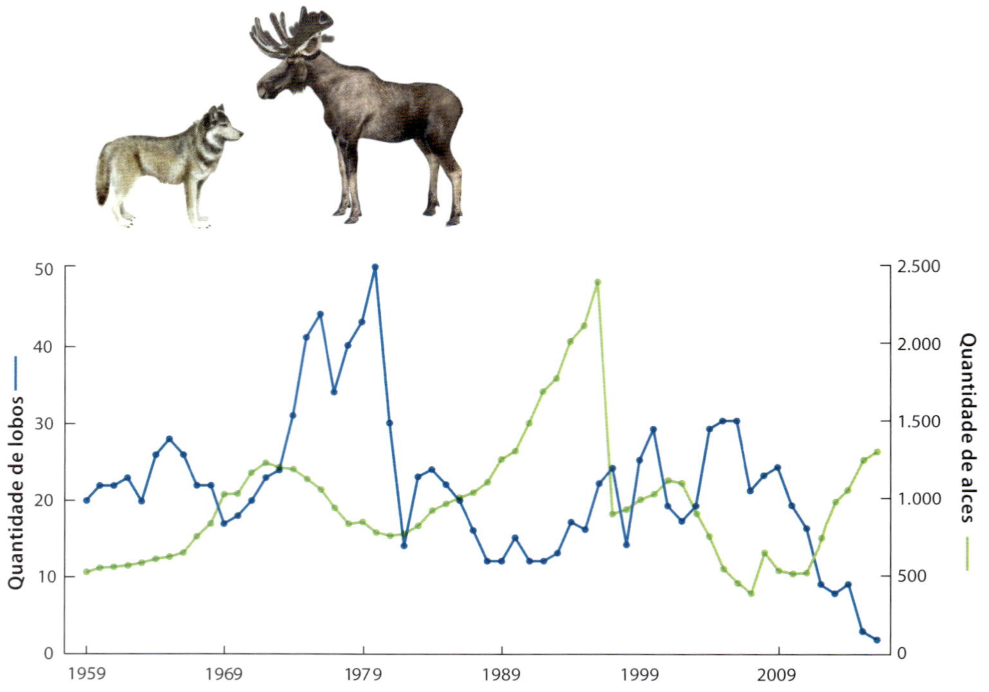

Figura A.8 (Figura 13.6, Capítulo 13.) Para ilustrar as mudanças no tamanho das populações de lobos e alces ao longo do tempo, os pesquisadores usaram um gráfico linear com dois eixos *y*. O eixo *y* à esquerda representa a quantidade de lobos no intervalo de 0 a 50. Por outro lado, o eixo *y* à direita representa a quantidade de alces no intervalo de 0 a 2.500.

categoria, eles criaram um gráfico, mostrado na Figura A.10, que ilustra o número médio de ovos depositados. Entretanto, como também queriam informar o tamanho da variação nos ovos depositados por esses indivíduos diferentes, incluíram, também, barras de erro para cada média; nesse caso, as barras de erro representam os erros padrões da média.

A Figura A.11 mostra um gráfico de barra que apresenta dois conjuntos de dados para cada categoria. Neste exemplo, os pesquisadores mediram a atividade de seis espécies de girino. Eles fizeram essas medidas tanto na presença quanto na ausência de predadores. Para incluir toda essa informação, criaram duas categorias para cada uma das seis espécies ao longo do eixo *x*: "controle" ou "libélula enjaulada".

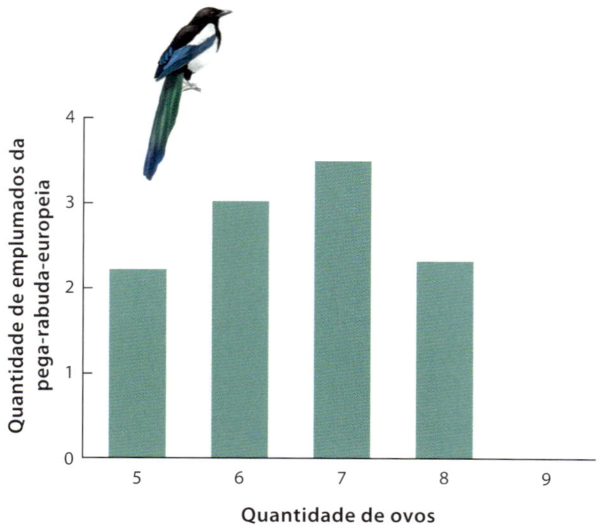

Figura A.9 (Figura 8.4, Capítulo 8.) Este gráfico de barra mostra a relação entre a quantidade de ovos nos ninhos da pega-rabuda-europeia, mostrada no eixo *x*, e a quantidade de filhotes que se emplumam e deixam o ninho, representada no eixo *y*.

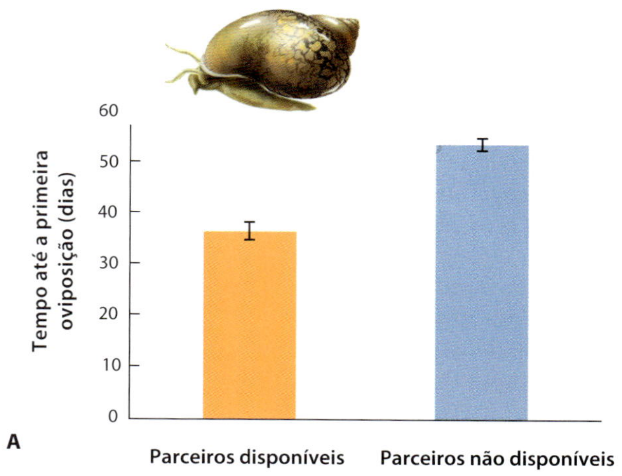

Figura A.10 (Figura 4.7 A, Capítulo 4.) Este gráfico de barras mostra a quantidade de ovos produzidos por caracóis com e sem parceiros disponíveis. Nesse estudo, os pesquisadores adicionaram barras de erro para informar a variação na quantidade de ovos depositados pelos indivíduos. As barras de erro são erros padrões das médias.

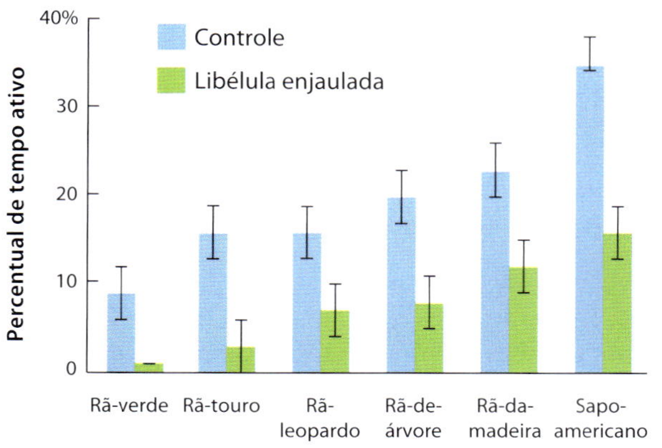

Figura A.11 (Figura 14.14, Capítulo 14.) Este gráfico de barras mostra a atividade de seis espécies de girinos, cada uma subdividida em duas categorias: girinos criados sem predadores ou girinos criados na presença de um predador enjaulado. As barras de erro são erros padrões.

Um gráfico de barras é uma ferramenta muito flexível e pode ser alterado de diversas formas para acomodar conjuntos de dados de diferentes tamanhos ou mesmo diversos conjuntos de dados que um pesquisador deseje comparar. Quando cientistas mediram a produtividade primária líquida de ecossistemas diferentes, como mostrado na Figura A.12, eles colocaram as categorias (os diversos ecossistemas) no eixo *y* e os valores (a produtividade primária líquida) no eixo *x*. Essa formatação torna fácil acomodar a quantidade relativamente grande de texto necessário para denominar cada ecossistema.

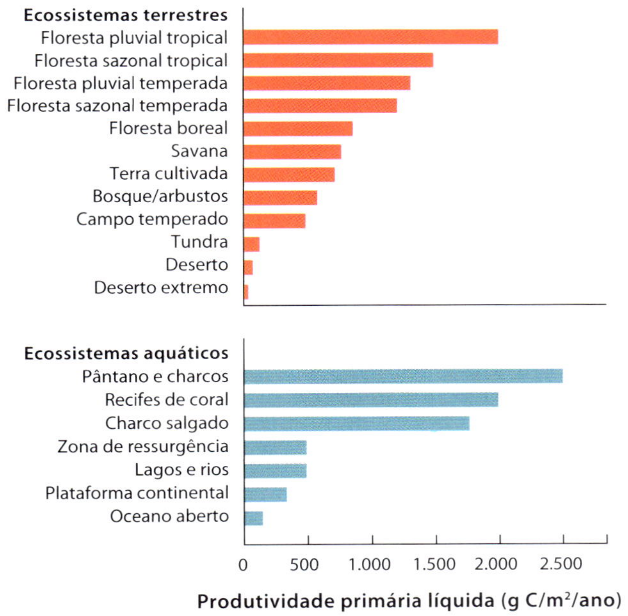

Figura A.12 (Figura 20.8, Capítulo 20.) Este gráfico de barras mostra a produtividade primária líquida dos ecossistemas em todo o mundo. Neste caso, o gráfico apresenta as categorias no eixo *y* e os valores no eixo *x*.

GRÁFICOS DE PIZZA

Um *gráfico de pizza* é composto por um círculo dividido em fatias de vários tamanhos representando categorias. A pizza inteira representa 100% dos dados, e cada fatia tem o tamanho de acordo com o percentual da pizza que ela representa. Por exemplo, a Figura A.13 mostra o percentual de vários grupos de plantas e animais de todo o mundo que foram classificados como ameaçados, quase ameaçados, ou de menor preocupação do ponto de vista da conservação. Para cada grupo de animais, cada fatia da pizza representa o percentual de espécies que se inserem em cada categoria de conservação.

DOIS TIPOS ESPECIAIS DE GRÁFICOS USADOS PELOS ECÓLOGOS

Gráficos de dispersão, lineares, de barra e de pizza são utilizados por diferentes cientistas, mas os ecólogos também usam dois tipos de gráficos que não são comuns na maioria dos outros campos da ciência: *diagramas climáticos* e *diagramas de estrutura etária*. Embora ambos tenham sido discutidos no texto, são relembrados aqui para revisão.

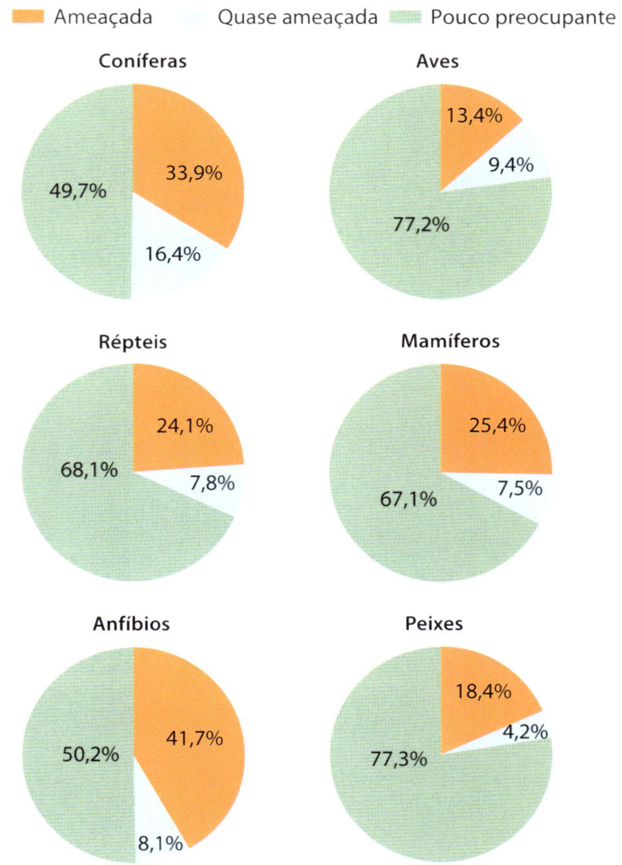

Figura A.13 (Figura 23.5, Capítulo 23.) Gráficos de pizza ilustram os percentuais ocupados por diferentes grupos. Estes exemplos mostram quais são os percentuais de determinadas plantas e animais que ocupam cada uma das três categorias de conservação.

Diagramas climáticos

Os diagramas climáticos são usados para ilustrar os padrões anuais de temperatura e precipitação que ajudam a determinar a produtividade dos biomas na Terra. A Figura A.14 mostra dois biomas hipotéticos. Por meio da temperatura média mensal e da precipitação de um bioma vistas no gráfico, é possível perceber como as condições no bioma variam durante um ano típico. Pode-se observar, também, o período de tempo específico quando a temperatura estava quente o bastante para as plantas crescerem. No bioma ilustrado na Figura A.14 A, a estação de crescimento indicada pela região sombreada no eixo *x* é de meados de março a meados de outubro. Na Figura A.14 B, a estação de crescimento é de meados de abril a meados de setembro.

Além de identificar a estação de crescimento, os diagramas climáticos mostram as relações entre a precipitação, a temperatura e o crescimento das plantas. Na Figura A.14 A, a linha de precipitação está, em todos os meses, acima da linha de temperatura. Tal fato significa que o suprimento de água excede a demanda, de modo que o crescimento das plantas no ano inteiro é limitado mais pela temperatura do que pela precipitação. Na Figura A.14 B, a linha da precipitação intercepta a linha da temperatura. Nesse ponto, a quantidade de precipitação disponível para as plantas se iguala à quantidade de água perdida pelas plantas por meio da evapotranspiração. Quando a linha da precipitação cai abaixo da linha da temperatura de maio até setembro, a demanda de água excede o suprimento, e o crescimento das plantas será limitado mais pela precipitação do que pela temperatura.

Diagramas de estrutura etária

Um diagrama de estrutura etária é uma representação visual da distribuição etária de homens e mulheres em um país. A Figura A.15 apresenta dois exemplos. Cada barra horizontal do diagrama representa um grupo de idade de 5 anos, e o comprimento de cada barra representa a quantidade de homens ou mulheres nesse grupo etário.

Embora toda nação tenha uma estrutura etária única, é possível agrupar países de forma bastante ampla em três categorias. A Figura A.15 A mostra um país com muito mais pessoas jovens do que pessoas idosas. O diagrama de estrutura etária de um país, com essa população, terá forma de pirâmide, com sua parte mais larga embaixo, afinando progressivamente até o topo. Os diagramas de estrutura etária nesse formato são típicos de países em desenvolvimento, como a Venezuela e a Índia.

Um país com diferenças menores entre o número de indivíduos nos grupos etários mais jovens e nos grupos mais idosos tem um diagrama de estrutura etária que se parece mais com uma coluna. Com menos indivíduos nos grupos mais jovens, é possível deduzir que o país tem pouco ou nenhum crescimento populacional. A Figura A.15 B, da população dos EUA, é semelhante à estrutura etária das populações de Canadá, Austrália, Suécia e muitos outros países desenvolvidos.

Como se pôde ver, diferentes tipos de gráficos podem ser usados para apresentar os dados obtidos em estudos ecológicos. Isso faz com que seja mais fácil identificar padrões nos dados e chegar a uma interpretação correta. Com esse conhecimento de elaboração de gráficos, será mais simples interpretar os gráficos apresentados no livro e resolver os exercícios no fim de cada capítulo.

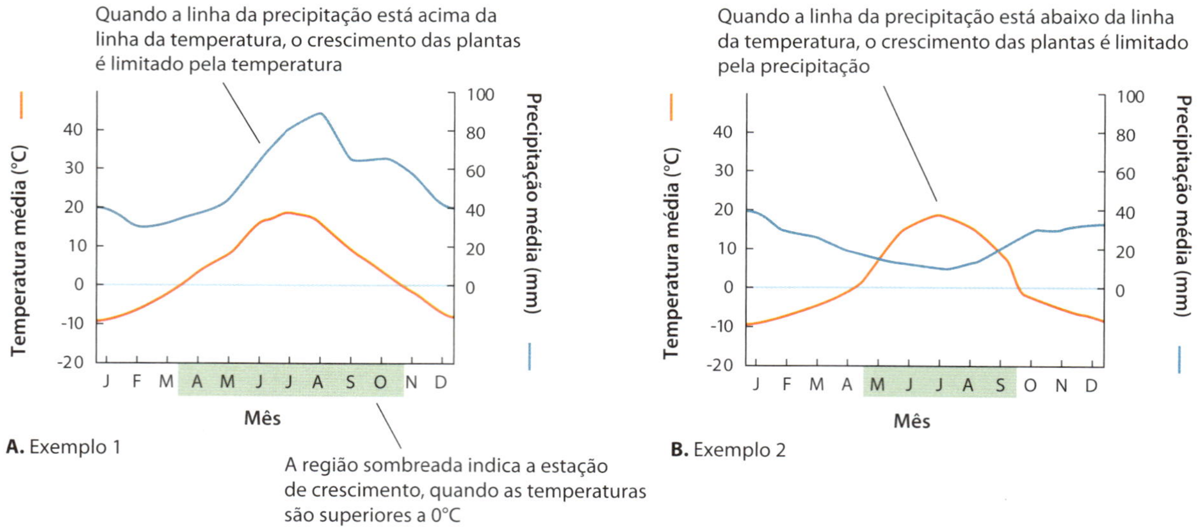

Figura A.14 (Figura 6.4, Capítulo 6.) Esta figura mostra dois diagramas climáticos hipotéticos. Os diagramas climáticos ilustram padrões de temperatura e precipitação durante o ano todo, o tamanho da estação de crescimento e se o crescimento das plantas está limitado pela temperatura ou pela precipitação.

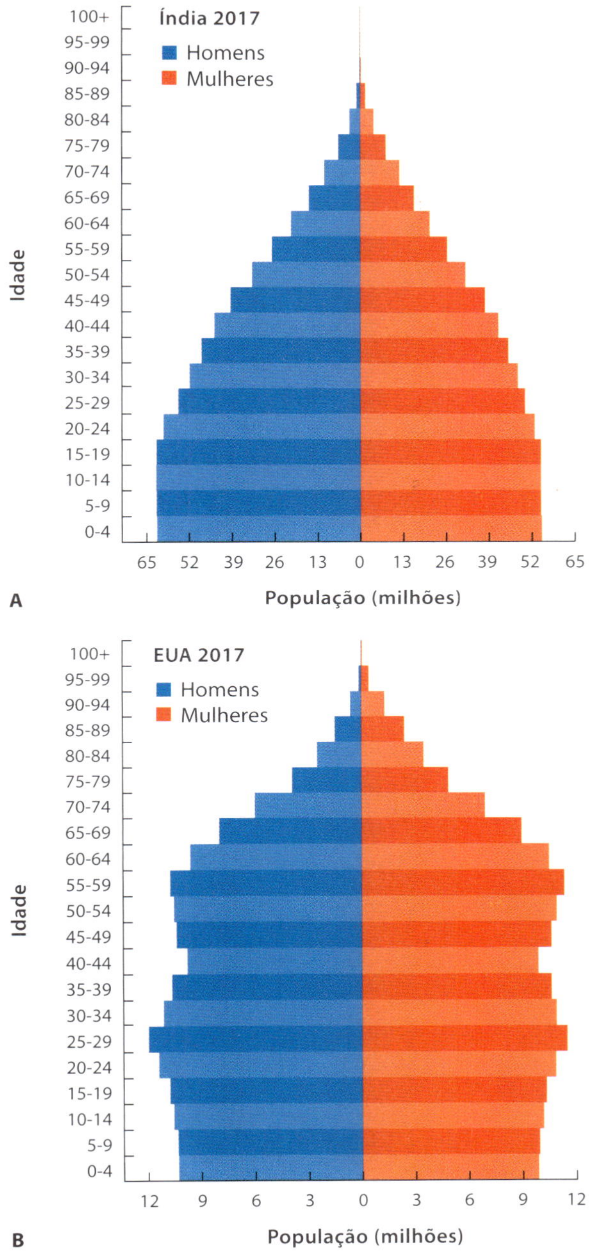

Figura A.15 (Figura 12.18, Capítulo 12.) Estes diagramas representam a estrutura etária de homens e mulheres na Índia (**A**) e nos EUA (**B**).

Tabelas Estatísticas

TABELA DE DISTRIBUIÇÃO DO TESTE *t* DE STUDENT

É possível identificar o valor crítico *t* ao selecionar a coluna que contém o nível de probabilidade desejado e, em seguida, a coluna que tem o número de graus de liberdade apropriado.

Graus de liberdade	Níveis de probabilidade (α)		
	0,1	0,05	0,01
1	3,078	6,314	31,821
2	1,886	2,920	6,965
3	1,638	2,353	4,541
4	1,533	2,132	3,747
5	1,476	2,015	3,365
6	1,440	1,943	3,143
7	1,415	1,895	2,998
8	1,397	1,860	2,896
9	1,383	1,833	2,821
10	1,372	1,812	2,764
11	1,363	1,796	2,718
12	1,356	1,782	2,681
13	1,350	1,771	2,650
14	1,345	1,761	2,624
15	1,341	1,753	2,602
16	1,337	1,746	2,583
17	1,333	1,740	2,567
18	1,330	1,734	2,552
19	1,328	1,729	2,539
20	1,325	1,725	2,528
21	1,323	1,721	2,518
22	1,321	1,717	2,508
23	1,319	1,714	2,500
24	1,318	1,711	2,492
25	1,316	1,708	2,485
26	1,315	1,706	2,479
27	1,314	1,703	2,473
28	1,313	1,701	2,467
29	1,311	1,699	2,462
30	1,310	1,697	2,457
60	1,296	1,671	2,390
120	1,289	1,658	2,358
∞	1,282	1,645	2,326

TABELA DE DISTRIBUIÇÃO DO QUI-QUADRADO (χ^2)

É possível identificar o valor crítico χ^2 ao selecionar a coluna que contém o nível de probabilidade desejado e, em seguida, a coluna que tem o número de graus de liberdade apropriado.

Graus de liberdade	Níveis de probabilidade (α)		
	0,100	0,050	0,010
1	2,706	3,841	6,635
2	4,605	5,991	9,210
3	6,251	7,815	11,345
4	7,779	9,488	13,277
5	9,236	11,071	15,086
6	10,645	12,592	16,812
7	12,017	14,067	18,475
8	13,362	15,507	20,090
9	14,684	16,919	21,666
10	15,987	18,307	23,209
11	17,275	19,675	24,725
12	18,549	21,026	26,217
13	19,812	22,362	27,688
14	21,064	23,685	29,141
15	22,307	24,996	30,578
16	23,542	26,296	32,000
17	24,769	27,587	33,409
18	25,989	28,869	34,805
19	27,204	30,144	36,191
20	28,412	31,410	37,566
21	29,615	32,671	38,932
22	30,813	33,924	40,289
23	32,007	35,172	41,638
24	33,196	36,415	42,980
25	34,382	37,652	44,314
26	35,563	38,885	45,642
27	36,741	40,113	46,963
28	37,916	41,337	48,278
29	39,087	42,557	49,588
30	40,256	43,773	50,892

TABELA DE DISTRIBUIÇÃO *Z*

Para determinar se um valor *Z* é significante, deve-se começar selecionando a coluna que representa os primeiros dígitos do teste estatístico *Z* calculado e, em seguida, a coluna que representa o terceiro dígito do teste *Z* estatístico calculado. Este recurso fornece um valor de probabilidade. Subtraindo essa probabilidade de 1, é possível determinar o valor α.

z	0,00	0,01	0,02	0,03	0,04	0,05	0,06	0,07	0,08	0,09
0,0	0,500	0,504	0,508	0,512	0,516	0,520	0,524	0,528	0,532	0,536
0,1	0,540	0,544	0,548	0,552	0,556	0,560	0,564	0,568	0,571	0,575
0,2	0,579	0,583	0,587	0,591	0,595	0,599	0,603	0,606	0,610	0,614
0,3	0,618	0,622	0,626	0,629	0,633	0,637	0,641	0,644	0,648	0,652
0,4	0,655	0,659	0,663	0,666	0,670	0,674	0,677	0,681	0,684	0,688
0,5	0,692	0,695	0,699	0,702	0,705	0,709	0,712	0,716	0,719	0,722
0,6	0,726	0,729	0,732	0,736	0,739	0,742	0,745	0,749	0,752	0,755
0,7	0,758	0,761	0,764	0,767	0,770	0,773	0,776	0,779	0,782	0,785
0,8	0,788	0,791	0,794	0,797	0,800	0,802	0,805	0,808	0,811	0,813
0,9	0,816	0,819	0,821	0,824	0,826	0,829	0,832	0,834	0,837	0,839
1,0	0,841	0,844	0,846	0,849	0,851	0,853	0,855	0,858	0,860	0,862
1,1	0,864	0,867	0,869	0,871	0,873	0,875	0,877	0,879	0,881	0,883
1,2	0,885	0,887	0,889	0,891	0,893	0,894	0,896	0,898	0,900	0,902
1,3	0,903	0,905	0,907	0,908	0,910	0,912	0,913	0,915	0,916	0,918
1,4	0,919	0,921	0,922	0,924	0,925	0,927	0,928	0,929	0,931	0,932
1,5	0,933	0,935	0,936	0,937	0,938	0,939	0,941	0,942	0,943	0,944
1,6	0,945	0,946	0,947	0,948	0,950	0,951	0,952	0,953	0,954	0,955
1,7	0,955	0,956	0,957	0,958	0,959	0,960	0,961	0,962	0,963	0,963
1,8	0,964	0,965	0,966	0,966	0,967	0,968	0,969	0,969	0,970	0,971
1,9	0,971	0,972	0,973	0,973	0,974	0,974	0,975	0,976	0,976	0,977
2,0	0,977	0,978	0,978	0,979	0,979	0,980	0,980	0,981	0,981	0,982
2,1	0,982	0,983	0,983	0,983	0,984	0,984	0,985	0,985	0,985	0,986
2,2	0,986	0,986	0,987	0,987	0,988	0,988	0,988	0,988	0,989	0,989
2,3	0,989	0,990	0,990	0,990	0,990	0,991	0,991	0,991	0,991	0,992
2,4	0,992	0,992	0,992	0,993	0,993	0,993	0,993	0,993	0,993	0,994
2,5	0,994	0,994	0,994	0,994	0,995	0,995	0,995	0,995	0,995	0,995
2,6	0,995	0,996	0,996	0,996	0,996	0,996	0,996	0,996	0,996	0,996
2,7	0,997	0,997	0,997	0,997	0,997	0,997	0,997	0,997	0,997	0,997
2,8	0,997	0,998	0,998	0,998	0,998	0,998	0,998	0,998	0,998	0,998
2,9	0,998	0,998	0,998	0,998	0,998	0,998	0,999	0,999	0,999	0,999
3,0	0,999	0,999	0,999	0,999	0,999	0,999	0,999	0,999	0,999	0,999
3,1	0,999	0,999	0,999	0,999	0,999	0,999	0,999	0,999	0,999	0,999
3,2	0,999	0,999	0,999	0,999	0,999	0,999	0,999	1,000	1,000	1,000
3,3	1,000	1,000	1,000	1,000	1,000	1,000	1,000	1,000	1,000	1,000

Respostas de "Análise de dados em ecologia" e "Representação dos dados"

Capítulo 1

Análise de dados em ecologia

Abundância de insetos em árvores não teladas:

Média = 3,0

Variância = 1,0

Capítulo 2

Análise de dados em ecologia

Desvio padrão da média = 7,0

Erro padrão da média = 3,1

Representação dos dados

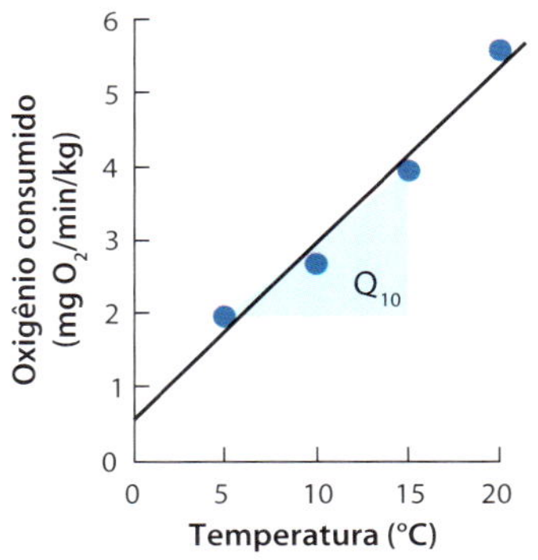

Com base nos dados, o valor de Q_{10} entre 5°C e 15°C é 2,0.

Com base nos dados, o valor de Q_{10} entre 10°C e 20°C é 2,07.

Capítulo 3

Análise de dados em ecologia

Cada um dos três tratamentos de solo seria considerado uma variável categórica porque cairiam em classes distintas. Por outro lado, caso se tivesse considerado os três tratamentos como 100% de areia, 70% de areia e 40% de areia, então se teria uma variável contínua.

Representação dos dados

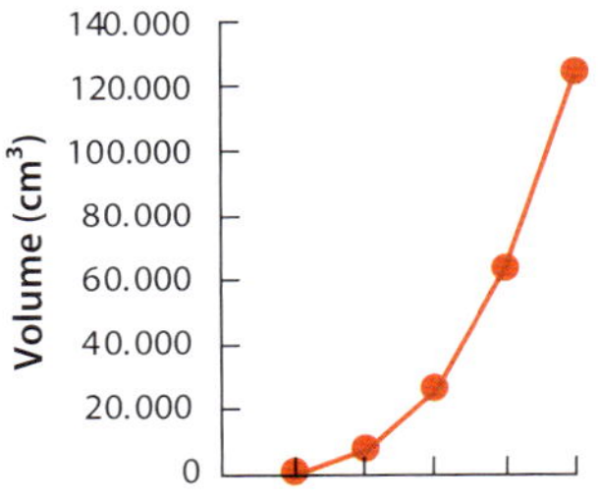

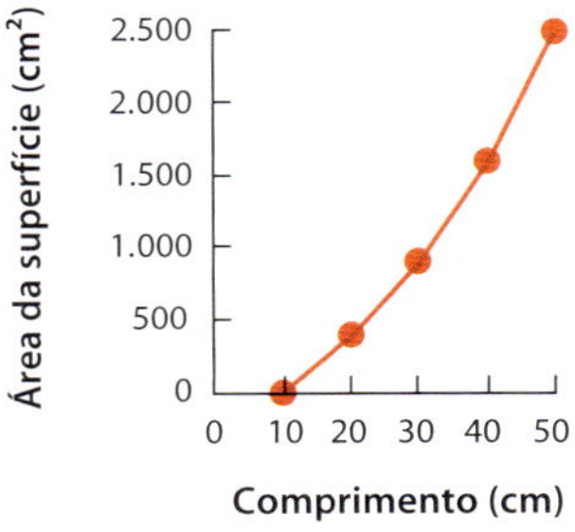

Capítulo 4

Análise de dados em ecologia

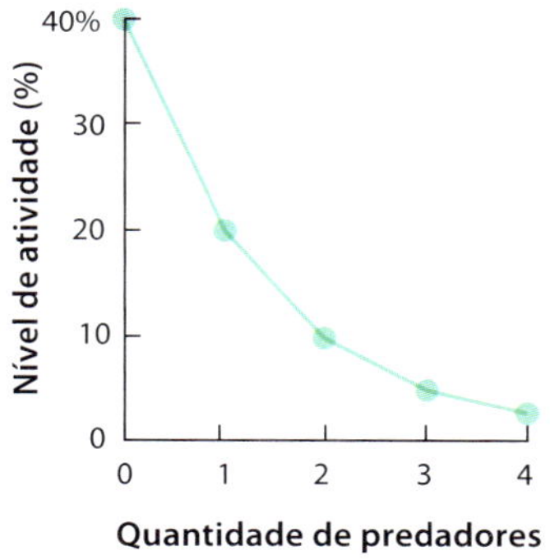

a. É uma correlação negativa.

b. É curvilínea.

Representação dos dados

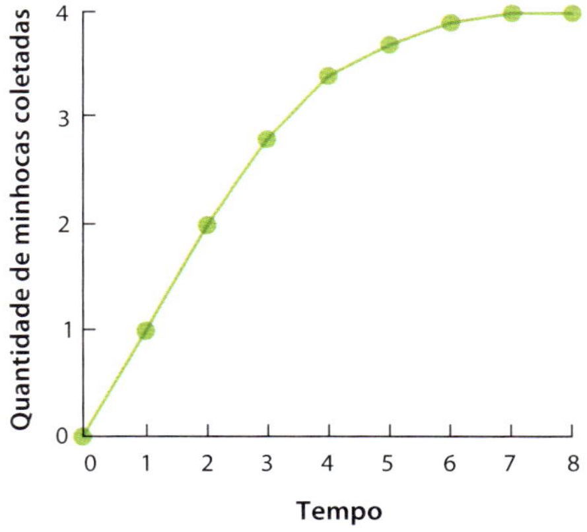

Os dados representam uma correlação. Também representam uma relação de causa e efeito, porque um aumento no tempo permite às aves coletar uma quantidade maior de minhocas.

Capítulo 5

Análise de dados em ecologia

Dada a seguinte equação:

Temperatura = −1,2 × latitude + 43

Na latitude de 10°, a temperatura média em janeiro é:

Temperatura = −1,2 × 10 + 43 = 31°C

Na latitude de 20°, a temperatura média em janeiro é:

Temperatura = −1,2 × 20 + 43 = 19°C

Na latitude de 30°, a temperatura média em janeiro é:

Temperatura = −1,2 × 30 + 43 = 7°C

Representação dos dados

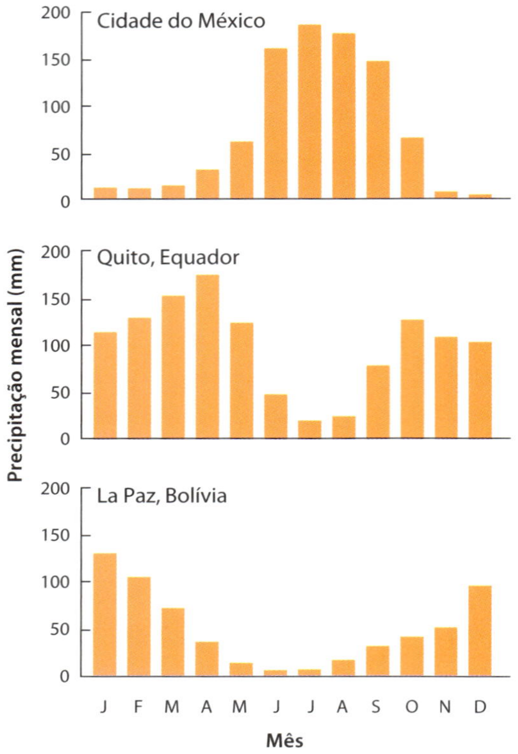

a. Cidade do México e La Paz têm um único pico de precipitação enquanto Quito tem dois picos de precipitação.

b. O pico de precipitação ocorre quando a ZCIT passa acima. Por causa das latitudes diferentes das três cidades, a ZCIT passa sobre a Cidade do México e La Paz uma vez por ano, mas sobre Quito duas vezes por ano.

Capítulo 6

Análise de dados em ecologia

Média = 15,6
Mediana = 17
Moda = 17

Os valores diferem porque a média mede a tendência central dos dados pelo cálculo do valor médio, enquanto a mediana é obtida pela ordenação dos dados e usa o ponto médio dos dados; a moda usa o valor de ocorrência mais comum.

Representação dos dados

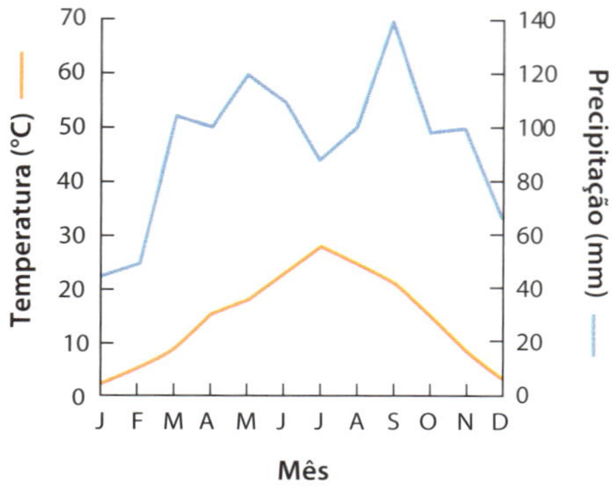

Capítulo 7

Análise de dados em ecologia

Para determinar a resposta à seleção (R), multiplica-se a força de seleção sobre um atributo (S) e a herdabilidade do atributo (h^2).

S	h^2	R
0,5	0,7	0,35
1	0,7	0,7
1,5	0,7	1,05
2	0,9	1,8
2	0,6	1,2
2	0,3	0,6
2	0	0

Com base nos resultados anteriores, as respostas à seleção (R) serão maiores sempre que a força de seleção ou a herdabilidade do atributo aumentarem.

Representação dos dados

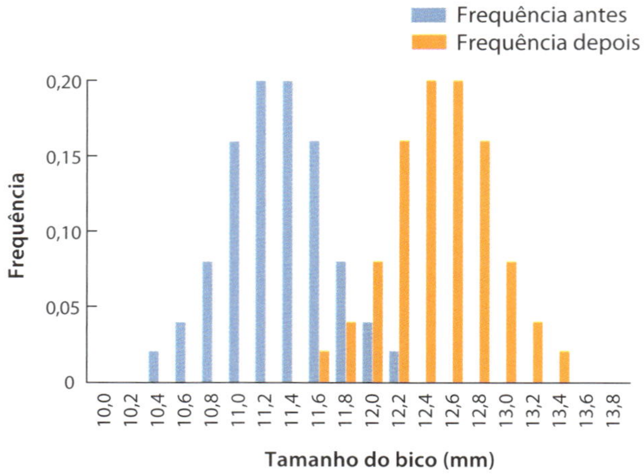

Pode-se determinar o tamanho médio do bico antes ou depois da seleção multiplicando cada tamanho de bico por sua frequência e, então, tomando a soma desses produtos.

Tamanho médio do bico antes da seleção = 11,3 mm
Tamanho médio do bico após a seleção = 12,5 mm

Como o tamanho médio do bico aumentou após a seleção, este conjunto de dados é um exemplo de seleção direcional.

Capítulo 8

Análise de dados em ecologia

Para a população A:

$$R^2 = 1 - \left(\frac{(21-20)^2+(19-20)^2+(13-12)^2+(11-12)^2+(5-4)^2+(3-4)^2}{(21-12)^2+(19-12)^2+(13-12)^2+(11-12)^2+(5-12)^2+(3-12)^2}\right) =$$

$$1 - \left(\frac{6}{262}\right) = 0{,}98$$

Para a população B:

$$R^2 = 1 - \left(\frac{(22-20)^2+(18-20)^2+(14-12)^2+(10-12)^2+(6-4)^2+(2-4)^2}{(22-12)^2+(18-12)^2+(14-12)^2+(10-12)^2+(6-12)^2+(2-12)^2}\right) =$$

$$1 - \left(\frac{24}{280}\right) = 0{,}91$$

Para a população C:

$$R^2 = 1 - \left(\frac{(24-20)^2 + (16-20)^2 + (16-12)^2 + (8-12)^2 + (7-4)^2 + (1-4)^2}{(24-12)^2 + (16-12)^2 + (16-12)^2 + (8-12)^2 + (7-12)^2 + (1-12)^2} \right) =$$

$$1 - \left(\frac{82}{338} \right) = 0{,}76$$

Por causa do maior coeficiente de determinação, a População A proporciona uma confiança maior de que existe uma relação negativa entre o tamanho de semente e a quantidade de sementes.

Representação dos dados

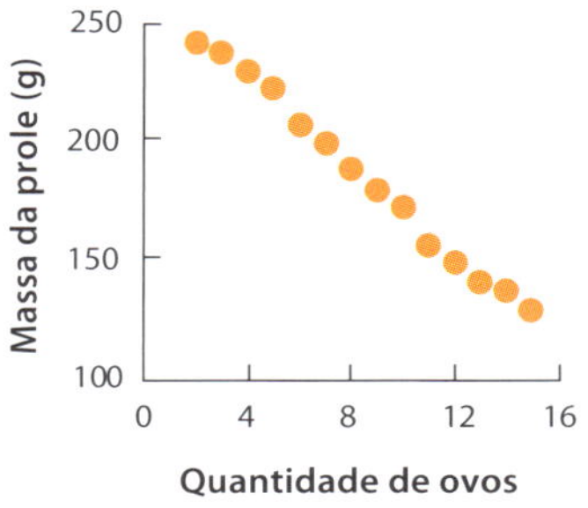

Lagartos que produzem mais ovos o fazem produzindo ovos menores.

Capítulo 9

Análise de dados em ecologia

Se há 4 machos e 5 fêmeas:

Aptidão média do macho = 10 cópias de genes ÷ 4 machos = 2,5 cópias de genes/macho

Aptidão média da fêmea = 10 cópias de genes ÷ 5 fêmeas = 2 cópias de genes/fêmeas

Se há 6 machos e 5 fêmeas:

Aptidão média do macho = 10 cópias de genes ÷ 6 machos = 1,7 cópia de genes/macho

Aptidão média da fêmea = 10 cópias de genes ÷ 5 fêmeas = 2 cópias de genes/fêmeas

A longo prazo, se qualquer um dos sexos se tornar raro, ele terá aptidão maior, o que subsequentemente fará com que se torne mais comum. A longo prazo, este processo favorecerá uma proporção igual de sexos.

Representação dos dados

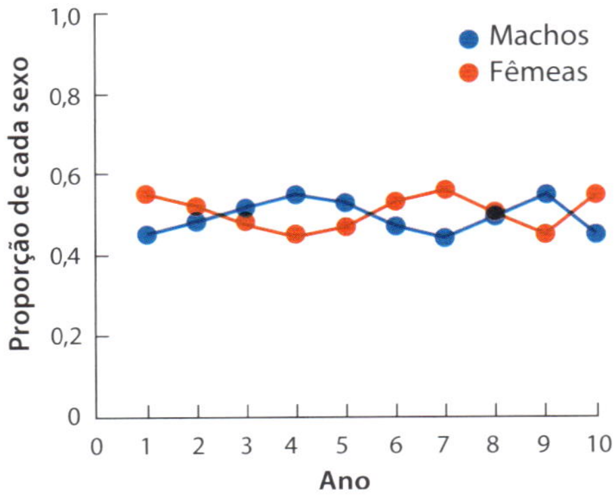

Sempre que um dos sexos se torna raro, ele se torna, subsequentemente, mais comum. A longo prazo, a proporção dos sexos se iguala.

Capítulo 10

Análise de dados em ecologia

Se a aptidão que os ajudantes primários fornecem a seus pais cai para 1,0, suas aptidões indiretas caem para 0,32 e suas aptidões inclusivas caem para 0,73. Nesse cenário, a estratégia do ajudante secundário seria a mais favorecida pela seleção natural.

Papel do macho	Ano 1: $B_1 \; r_1$ Aptidão indireta	Ano 2: $B_2 \; r_2 \; P_{sm}$ Aptidão direta	Aptidão inclusiva
Ajudante primário	1,0 × 0,32 = 0,32	2,5 × 0,5 × 0,32 = 0,41	0,32 + 0,41 = 0,73
Ajudante secundário	1,3 × 0,00 = 0,00	2,5 × 0,5 × 0,67 = 0,84	0,00 + 0,84 = 0,84
Postergador	0,0 × 0,00 = 0,00	2,5 × 0,5 × 0,23 = 0,29	0,00 + 0,29 = 0,29

Representação dos dados

	Tamanho do cardume				
Teste	3	5	10	15	20
1	0,9	0,7	0,4	0,4	0,1
2	0,8	0,8	0,5	0,5	0,1
3	0,7	0,9	0,6	0,3	0,2
4	1,1	0,6	0,8	0,2	0,3
5	1,0	1,0	0,7	0,6	0,3
Média	**0,90**	**0,80**	**0,60**	**0,40**	**0,20**
Desvio padrão	**0,16**	**0,16**	**0,16**	**0,16**	**0,10**

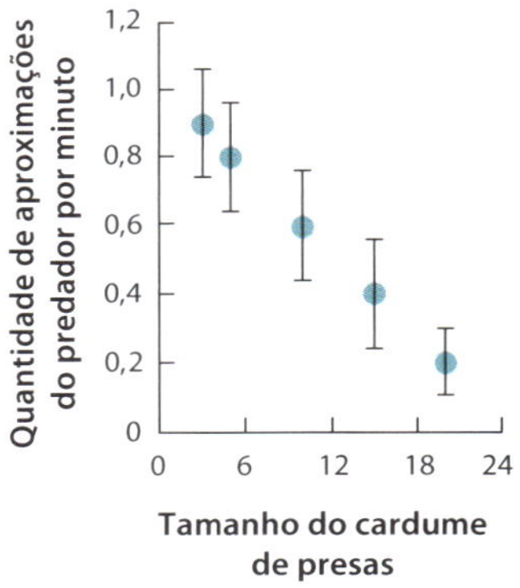

À medida que o tamanho do cardume de presas aumenta, diminui o número de vezes que o predador se aproxima.

Capítulo 11

Análise de dados em ecologia

Dadas as equações:

$N = M \times C \div R$

$N = 20 \times 48 \div 24$

$N = 40$

Como esses 40 lagostins foram encontrados em uma área de 300 m^2 de um riacho, a densidade dos lagostins pode ser calculada como:

40 lagostins ÷ 300 m^2 = 0,13 lagostim/m^2

Representação dos dados

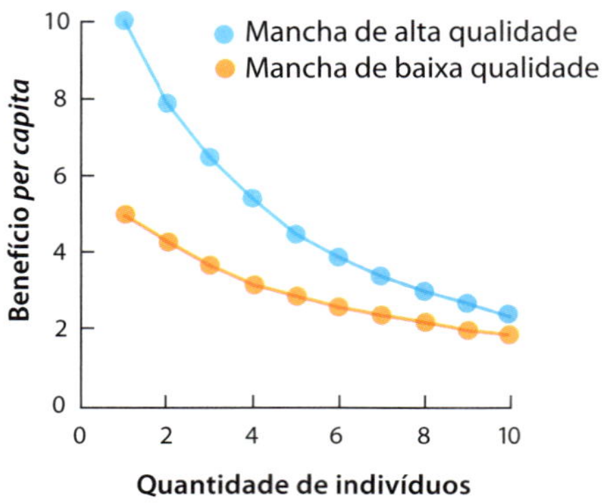

Uma vez que quatro indivíduos chegaram na mancha de alta qualidade, o próximo indivíduo a chegar receberia um benefício *per capita* maior ao mover-se para a mancha de baixa qualidade.

Se há 12 indivíduos, todos eles ganhariam o maior beneficio *per capita* se 8 indivíduos permanecessem na mancha de alta qualidade e 4 indivíduos se movessem para a mancha de baixa qualidade.

Capítulo 12

Análise de dados em ecologia

Idade (x)	Número de indivíduos (n_x)[1]	Sobrevivência (l_x)	Fecundidade (b_x)	$(l_x)\times(b_x)$	$(x)\times(l_x)\times(b_x)$
0	530	1,000	0,05	0,05	0,00
1	134	0,253	1,28	0,32	0,32
2	56	0,116	2,28	0,26	0,53
3	39	0,089	2,28	0,20	0,61
4	23	0,058	2,28	0,13	0,53
5	12	0,039	2,28	0,09	0,44
6	5	0,025	2,28	0,06	0,34
7	2	0,022	2,28	0,05	0,35

[1]N.R.T.: Aqui se trata de número de indivíduos, embora no texto original conste taxa de sobrevivência (*survival rate*).

Taxa líquida de reprodução $(R_0) = \Sigma\, l_x b_x = 1{,}17$

$$\text{Tempo de geração } (T) = \frac{\Sigma x l_x b_x}{\Sigma l_x b_x} = \frac{3{,}13}{1{,}17} = 2{,}7 \text{ anos}$$

$$\text{Taxa intrínseca de crescimento } (\lambda_a) = R_0^{\frac{1}{T}} = 1{,}17^{\frac{1}{2{,}7}} = 1{,}06$$

Representação dos dados

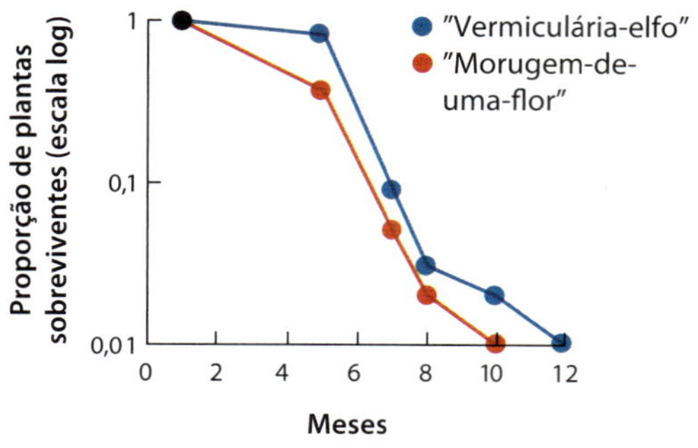

Capítulo 13

Análise de dados em ecologia

Os tamanhos populacionais do ano 1 até o ano 15 são os seguintes:

Ano	Mudança no tamanho da população	Tamanho total da população
1		10,0
2	10,0	20,0
3	19,8	39,8
4	35,0	74,8
5	49,5	124,4
6	34,4	158,8
7	–42,6	116,2
8	–75,2	41,0
9	–7,3	33,7
10	21,9	55,6
11	40,5	96,1
12	47,0	143,1
13	6,2	149,2
14	–70,7	78,5
15	–42,5	36,0

Considerando que o produto $rT = 1{,}1 \times 1 = 1{,}1$, seria esperado que a população sofresse oscilações amortecidas, o que pode ser confirmado a partir do gráfico.

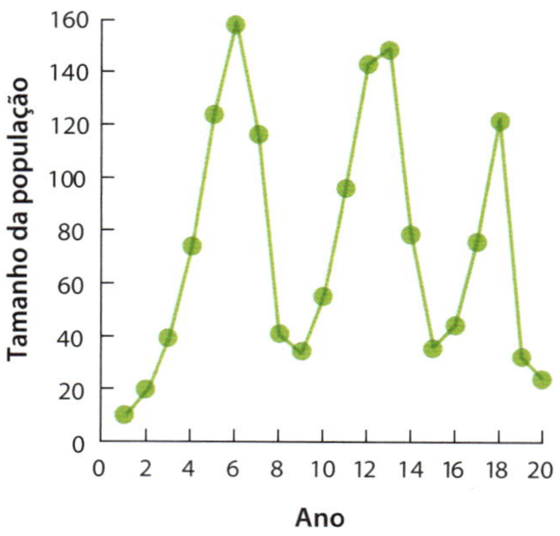

Representação dos dados

Proporção de manchas ocupadas p	Probabilidade de extinção e	Taxa de extinção $e \times p$	Probabilidade de colonização c	Taxa de colonização $(c \times p) \times 1-p$
0,1	0,25	0,025	0,5	0,045
0,2	0,25	0,050	0,5	0,080
0,3	0,25	0,075	0,5	0,105
0,4	0,25	0,100	0,5	0,120
0,5	0,25	0,125	0,5	0,125
0,6	0,25	0,150	0,5	0,120
0,7	0,25	0,175	0,5	0,105
0,8	0,25	0,200	0,5	0,080
0,9	0,25	0,225	0,5	0,045
1	0,25	0,250	0,5	0

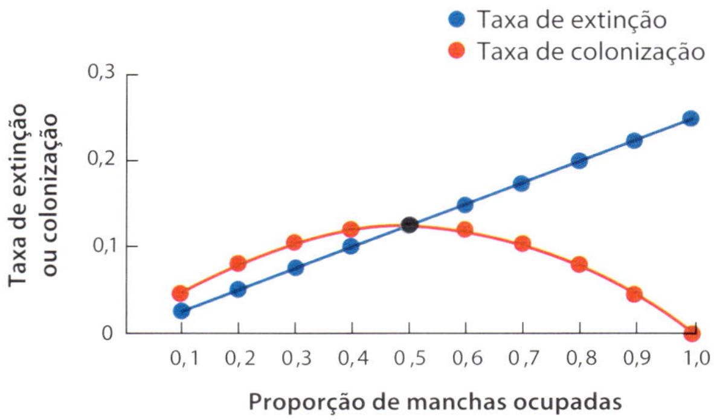

Para esses dados, as taxas de extinção e colonização chegam a um equilíbrio no qual as duas linhas se encontram quando a proporção de manchas ocupadas é 0,5. Isso também pode ser calculado usando a equação de equilíbrio:

$$\hat{p} = 1 - \frac{e}{c} = 1 - \frac{0{,}25}{0{,}50} = 0{,}5$$

Capítulo 14

Análise de dados em ecologia

Quando repetidamente se amostram as duas distribuições, pode-se concluir que elas são significativamente diferentes se as duas médias não se sobrepuserem por 95% das vezes, o que aconteceria quando as duas distribuições estivessem separadas cerca de dois desvios padrões uma da outra.

Representação dos dados

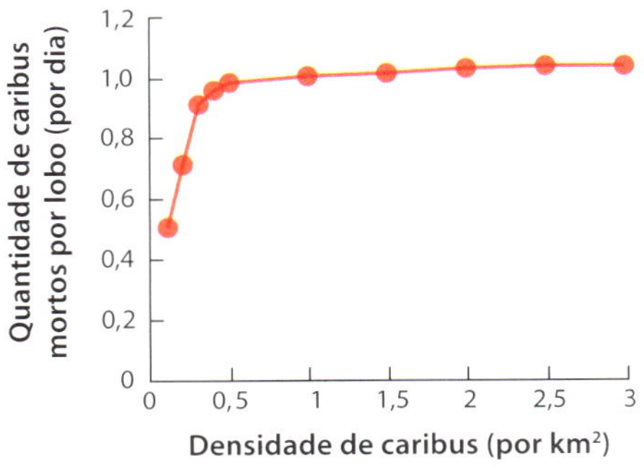

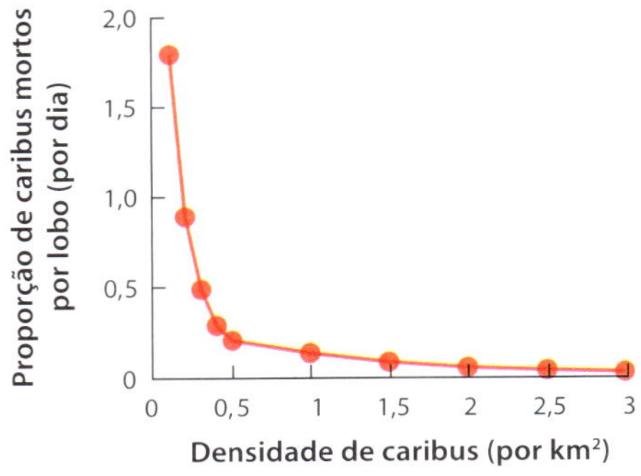

Como o número de caribus mortos por lobo diminui, gradualmente, conforme a densidade de caribus aumenta, os lobos se aproximam de uma resposta funcional do tipo II.

Capítulo 15

Análise de dados em ecologia

Para calcular o valor de *t*:

$$t = \frac{\bar{X}_1 - \bar{X}_2}{\sqrt{\frac{s_1^2}{n_1} + \frac{s_2^2}{n_2}}} = \frac{10 - 5}{\sqrt{\frac{4}{8} + \frac{4}{8}}} = \frac{5}{\sqrt{1}} = 5$$

Para calcular os graus de liberdade:

Graus de liberdade = 8 + 8 – 2 = 14

Com base na tabela estatística para um teste *t* (ver Tabelas Estatísticas), o valor crítico de *t* para 14 graus de liberdade e um valor alfa de 0,05 é 2,1. Como o valor *t* excede o valor crítico da tabela, conclui-se que as duas médias são significativamente diferentes.

Representação dos dados

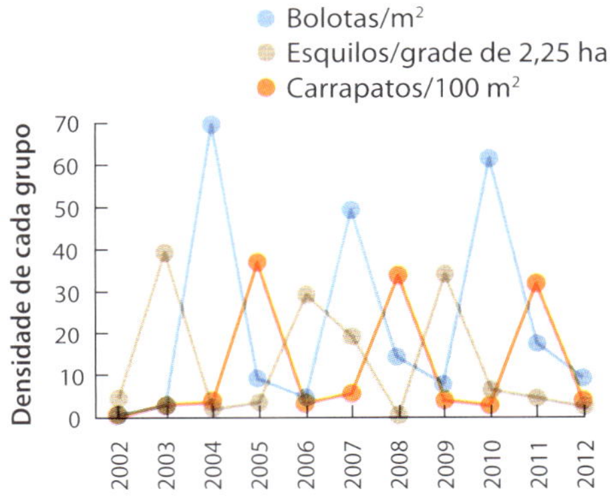

Com base no gráfico, pode-se ver que o pico de densidade das bolotas é seguido 1 ano mais tarde pelo pico de esquilos e 2 anos mais tarde pelo pico de densidade dos carrapatos.

Capítulo 16

Análise de dados em ecologia

Use a seguinte equação para o teste de qui-quadrado:

$$\chi^2 = \sum_{i=1}^{n} \frac{(O_i - E_i)^2}{(E_i)}$$

$$\chi^2 = \frac{(12 - 10)^2}{10} + \frac{(8 - 10)^2}{10}$$

$$\chi^2 = 0{,}8$$

Graus de liberdade =
(número de categorias observadas – 1) = (2 – 1) = 1

Usando a tabela de qui-quadrado (ver Tabelas Estatísticas), pode-se comparar o valor calculado (0,8) com o valor crítico de qui-quadrado quando tem-se um grau de liberdade e um valor alfa de 0,05. O valor crítico de qui-quadrado é 3,841, o que excede nosso valor de qui-quadrado. Assim, conclui-se que a distribuição observada de camundongos na zona nua e no capim não é significativamente diferente de uma distribuição igual.

Representação dos dados

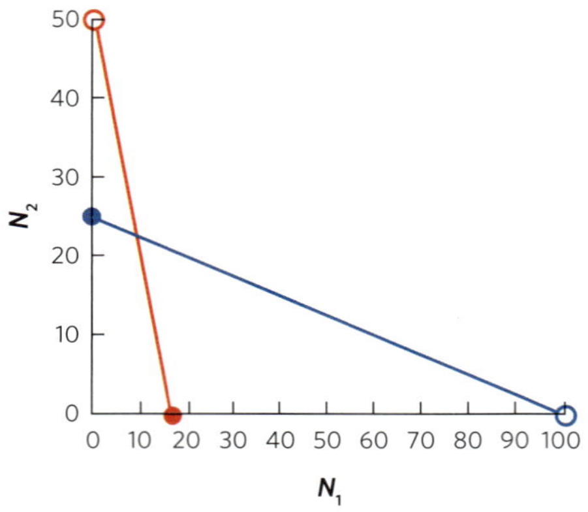

Com base neste gráfico, o resultado previsto dessa competição é que qualquer dessas espécies pode vencer, dependendo do número inicial de cada uma.

Capítulo 17

Análise de dados em ecologia

$U = R_1 - [n_1 (n_1 + 1) \div 2]$
$U = 40{,}5 - [8 (8 + 1) \div 2]$
$U = 40{,}5 - (72 \div 2)$
$U = 4{,}5$

Usando este valor para R_1, é possível, agora, calcular z:

$$z = \frac{4{,}5 - 32}{9{,}52} = 2{,}89$$

Quando se observa o valor crítico de z (ver Tabelas Estatísticas), usa-se o valor absoluto de z. Como resultado, tanto R_1 como R_2 fornecem valores de z que têm o mesmo valor absoluto.

Representação dos dados

Quantidade de espécies de fungos	Quantidade média de fósforo remanescente no solo (mg P/kg solo)	Erro padrão
0	16,0	0,6
2	11,0	0,6
4	9,0	0,6
8	5,0	0,6
14	4,0	0,6

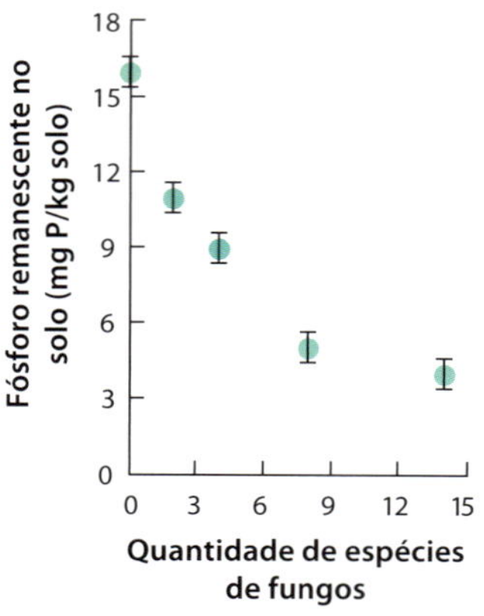

Capítulo 18

Análise de dados em ecologia

Índice de Simpson

Comunidade A:

$$\frac{1}{(0{,}24)^2 + (0{,}16)^2 + (0{,}08)^2 + (0{,}34)^2 + (0{,}18)^2} = \frac{1}{0{,}24} = 4{,}21$$

Comunidade B:

$$\frac{1}{(0{,}20)^2 + (0{,}20)^2 + (0{,}20)^2 + (0{,}20)^2 + (0{,}20)^2} = \frac{1}{0{,}20} = 5{,}00$$

Comunidade C:

$$\frac{1}{(0{,}25)^2 + (0{,}25)^2 + (0{,}25)^2 + (0{,}25)^2} = \frac{1}{0{,}25} = 4{,}00$$

Índice de Shannon

Comunidade A:

$-[(0{,}24)(\ln 0{,}24) + (0{,}16)(\ln 0{,}16) + (0{,}8)(\ln 0{,}08) + (0{,}34)(\ln 0{,}34) + (0{,}18)(\ln 0{,}18)] = 1{,}51$

Comunidade B:

$-[(0{,}20)(\ln 0{,}20) + (0{,}20)(\ln 0{,}20) + (0{,}20)(\ln 0{,}20) + (0{,}20)(\ln 0{,}20) + (0{,}20)(\ln 0{,}20)] = 1{,}61$

Comunidade C:

$-[(0{,}25)(\ln 0{,}25) + (0{,}25)(\ln 0{,}25) + (0{,}25)(\ln 0{,}25) + (0{,}25)(\ln 0{,}25)] = 1{,}39$

Para ambos os índices, uma uniformidade maior com a mesma riqueza proporciona maior valor do índice.

Representação dos dados

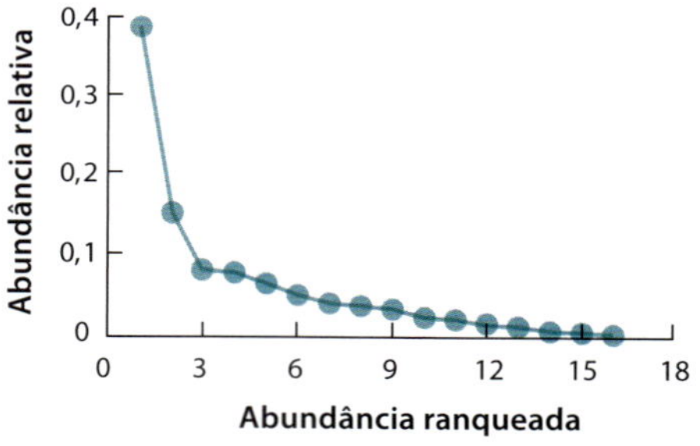

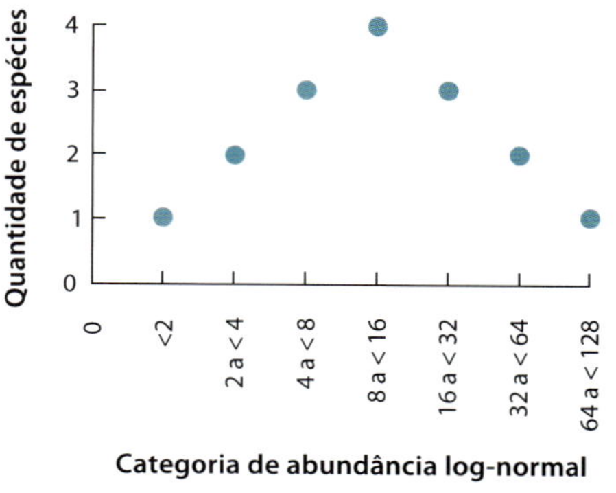

Capítulo 19

Análise de dados em ecologia

Comparando as comunidades A e B:

$$J = \frac{3}{1 + 4 + 3} = 0{,}33$$

Comparando as comunidades A e C:

$$J = \frac{0}{4 + 6 + 0} = 0{,}00$$

Comparando as comunidades B e C:

$$J = \frac{4}{3 + 2 + 4} = 0{,}44$$

Com base nesses cálculos, as Comunidades A e B são as mais semelhantes entre si.

Representação dos dados

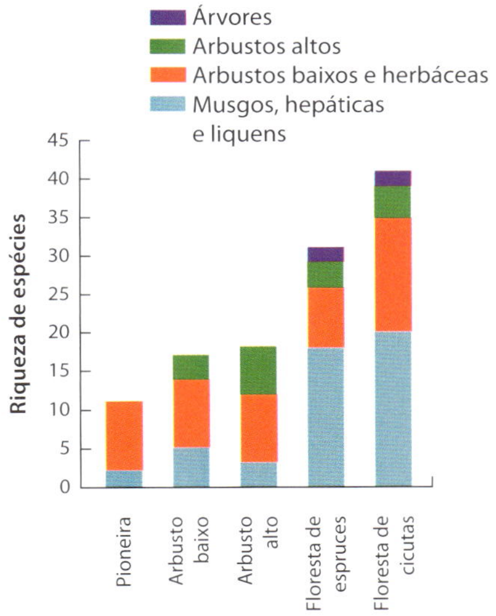

Ao longo do tempo, a composição dos estágios serais muda, mas a riqueza total de espécies segue aumentando.

Capítulo 20

Análise de dados em ecologia

Ecossistema de lago:

Eficiência de consumo = 65%
Eficiência de assimilação = 70%
Eficiência de produção líquida = 42%
Eficiência ecológica = 19%

Ecossistema de riacho:

Eficiência de consumo = 65%
Eficiência de assimilação = 38%
Eficiência de produção líquida = 40%
Eficiência ecológica = 10%

Os dois ecossistemas aquáticos têm eficiências ecológicas mais altas do que o ecossistema terrestre principalmente devido à eficiência de consumo mais alta.

Neste exemplo, a eficiência ecológica mais baixa no ecossistema de riacho quando comparada com a do lago é causada, principalmente, pela eficiência de assimilação mais baixa no ecossistema do riacho.

Representação dos dados

Ecossistemas terrestres	PPL (g/m^2/ano)	Área (10^6 km^2)	Produção total (10^{12} kg/ano)
Floresta pluvial tropical	2.000	17,0	34,00
Floresta sazonal tropical	1.500	7,5	11,25
Floresta pluvial temperada	1.300	5,0	0,01
Floresta sazonal temperada	1.200	7,0	8,40
Floresta boreal	800	12,0	9,60
Savana	700	15,0	10,50
Terra cultivada	650	14,0	9,10
Bosque/arbusto	600	8,0	4,80
Campo temperado	500	9,0	4,50
Tundra	140	8,0	1,12
Deserto arbustivo	70	18,0	1,26
Ecossistemas aquáticos			
Pântano e charco	2.500	2,0	5,00
Recife de coral	2.000	0,6	1,20
Charco salgado	1.800	1,4	2,52
Zonas de ressurgência	500	0,4	0,20
Lago e rio	500	2,5	1,25
Plataforma continental	360	26,6	9,58
Oceano aberto	125	332,0	41,50

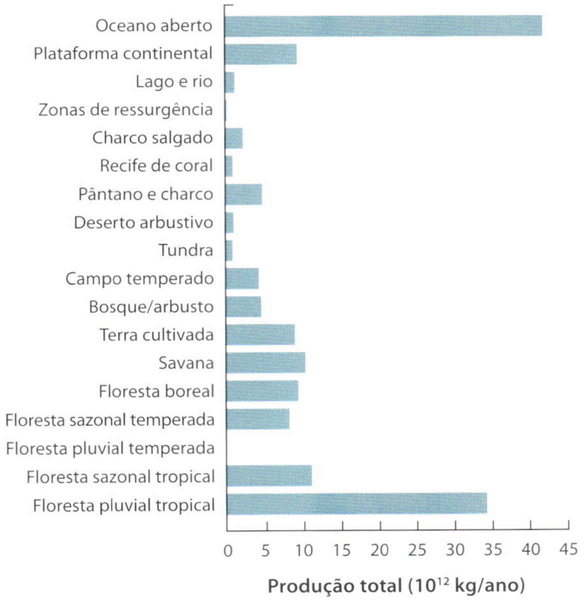

Algumas áreas, como as de oceano aberto, não têm alta produtividade por unidade de área, mas a área total é tão extensa que contribui com uma quantidade relativamente grande para produção total. Por outro lado, alguns ecossistemas altamente produtivos, como os pântanos e os charcos, não cobrem uma grande área e, assim, contribuem com uma quantidade relativamente pequena para a produção total.

Capítulo 21

Análise de dados em ecologia

É possível calcular essas respostas usando a seguinte equação: $m_t = m_0\, e^{-kt}$.

Para $k = 0{,}05$:

Após 10 dias: $m_t = m_0\, e^{-kt} = 100\, e^{-(0{,}05)(10)} = 61$ gramas

Após 50 dias: $m_t = m_0\, e^{-kt} = 100\, e^{-(0{,}05)(50)} = 8{,}2$ gramas

Após 100 dias: $m_t = m_0\, e^{-kt} = 100\, e^{-(0{,}05)(100)} = 0{,}7$ grama

Para $k = 0{,}10$:

Após 10 dias: $m_t = m_0\, e^{-kt} = 100\, e^{-(0{,}10)(10)} = 37$ gramas

Após 50 dias: $m_t = m_0\, e^{-kt} = 100\, e^{-(0{,}10)(50)} = 0{,}7$ grama

Após 100 dias: $m_t = m_0\, e^{-kt} = 100\, e^{-(0{,}10)(100)} = 0{,}0$ grama

Representação dos dados

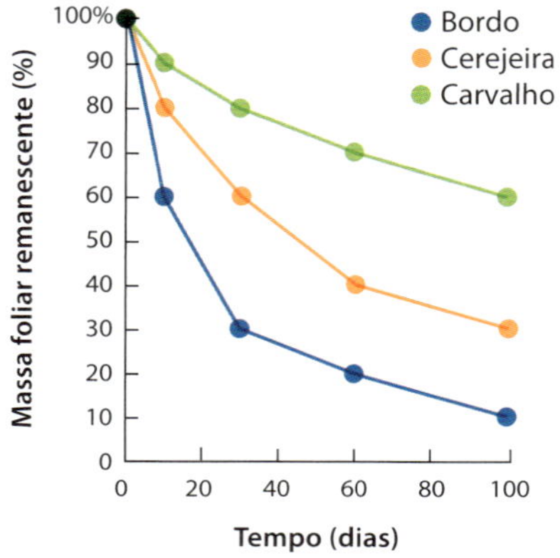

Com base neste gráfico, as folhas do bordo têm o maior valor de k.

Capítulo 22

Análise de dados em ecologia

Para este problema, será utilizada a seguinte equação:

$$S = S_{obs} + \frac{f_1(f_1 - 1)}{2(f_2 + 1)}$$

Para Comunidade B:

$$S = 12 + \frac{5 \times (5 - 1)}{2 \times (0 + 1)}$$

$$S = 12 + \frac{20}{2}$$

$$S = 22$$

Para Comunidade C:

$$S = 8 + \frac{0 \times (0 - 1)}{2 \times (2 + 1)}$$

$$S = 8 + \frac{0}{6}$$

$$S = 8$$

Quanto maior o número de espécies representadas por um único indivíduo, maior o número estimado de espécies na comunidade.

Representação dos dados

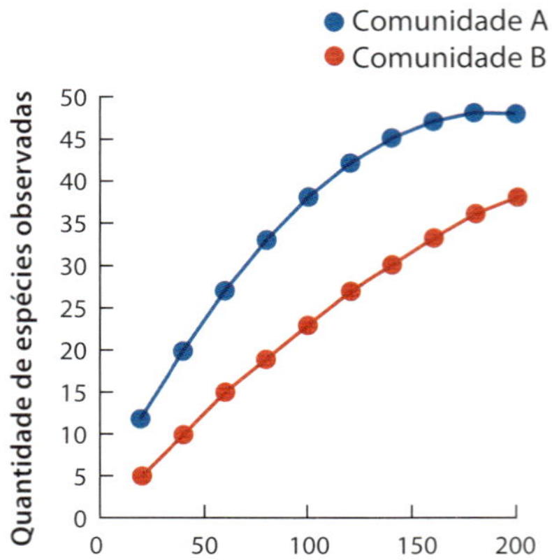

A comunidade A foi amostrada suficientemente para fornecer uma boa estimativa da riqueza de espécies, conforme evidenciado pelo fato de a curva de acumulação de espécies ter atingido um platô. Por outro lado, a curva para a Comunidade B sugere que maior amostragem é necessária para que um platô seja atingido.

Capítulo 23

Análise de dados em ecologia

Pode-se utilizar a equação que calcula as meias-vidas:

$$t_{1/2} = t \ln(2) \div \ln(N_0 \div N_t)$$

$$t_{1/2} = (1) \ln(2) \div \ln(50 \text{ ppb} \div 10 \text{ ppb})$$

$$t_{1/2} = 0{,}69 \div 1{,}61$$

$$t_{1/2} = 0{,}43 \text{ dia}$$

Representação dos dados

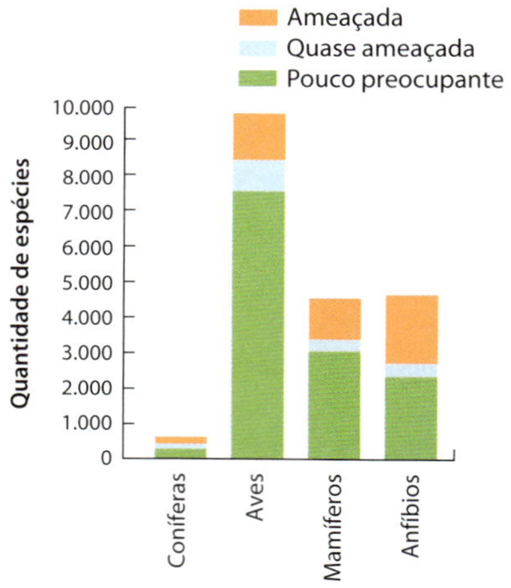

Quando são observados os números absolutos em cada categoria, sabe-se o número absoluto em cada categoria, mas também se tem uma ideia da proporção das espécies em cada categoria. Por exemplo, o percentual de mamíferos ameaçados é cerca de duas vezes o de aves, mas o número total de aves e de mamíferos ameaçados é aproximadamente o mesmo. Além disso, o percentual de mamíferos e coníferas ameaçados é semelhante, mas o número de mamíferos ameaçados é mais de seis vezes o número de coníferas ameaçadas.

Glossário

Abordagem ecológica de biosfera Abordagem que se refere à maior escala na hierarquia dos sistemas ecológicos, incluindo os movimentos do ar e da água na superfície da Terra, bem como a energia e os elementos químicos neles contidos.

Abordagem ecológica de comunidade Abordagem que enfatiza a diversidade e a abundância relativas dos diferentes tipos de organismos que vivem juntos em um mesmo lugar.

Abordagem ecológica de ecossistema Abordagem que enfatiza o estoque e a transferência de energia e matéria, incluindo os diversos elementos químicos essenciais à vida.

Abordagem ecológica de indivíduo Abordagem que enfatiza a maneira como a morfologia, a fisiologia e o comportamento permitem que um indivíduo se adéque ao seu ambiente.

Abordagem ecológica de população Abordagem que enfatiza as variações temporal e espacial no número, na densidade e na composição dos indivíduos.

Abrangência geográfica Medida da área total ocupada por uma população.

Abundância Quantidade total de indivíduos em uma população que existe em uma área definida.

Abundância relativa Proporção de indivíduos em uma comunidade representada por cada espécie.

Acidez Concentração de íons de hidrogênio em uma solução.

Ácido desoxirribonucleico (DNA) Molécula composta por duas fitas de nucleotídios enroladas juntas em uma forma conhecida como dupla-hélice.

Aclimatação Mudança na fisiologia de um indivíduo induzida pelo ambiente.

Adaptação Característica de um organismo que o torna bem adaptado ao seu ambiente.

Alagado de água doce Bioma aquático que contém água doce parada, ou solos saturados com água doce durante pelo menos uma parte do ano, que é suficientemente raso para apresentar vegetação emergente em todas as profundidades.

Albedo Fração da energia solar refletida por um objeto.

Aleatorização Aspecto do delineamento do experimento em que cada unidade experimental tem uma chance igual de ser atribuída a determinada manipulação.

Alelo dominante Aquele que mascara a expressão do outro alelo de determinado gene.

Alelo recessivo Aquele cuja expressão é mascarada pela presença de outro alelo.

Alelopatia Tipo de interferência que ocorre quando organismos usam substâncias químicas para desfavorecer seus competidores.

Alelos Diferentes formas de um gene específico.

Alocação de espécies Processo de selecionar e alocar espécies do reservatório regional entre locais, de acordo com as suas adaptações e interações.

Alóctone Entrada de matéria orgânica, como folhas, que vêm de fora de um ecossistema.

Altruísmo Interação social que aumenta a aptidão do receptor e diminui a do doador.

Anaeróbico Sem oxigênio. Também denominado **anóxico**.

Anual Organismo com duração de vida de 1 ano.

Aptidão Sobrevivência e reprodução de um indivíduo.

Aptidão direta Aptidão que um indivíduo ganha ao passar adiante cópias de seus genes para sua prole.

Aptidão inclusiva Soma das aptidões direta e indireta.

Aptidão indireta Aptidão que um indivíduo ganha por auxiliar seus parentes a passarem adiante cópias de seus genes.

Aquecimento adiabático Efeito de aquecimento pelo aumento da pressão sobre o ar à medida que ele desce em direção à superfície da Terra e se comprime.

Arena Local onde animais se agregam para se exibir e atrair o sexo oposto.

Árvores filogenéticas Padrões hipotéticos de parentesco entre grupos distintos, como populações, espécies ou gêneros.

Atmosfera Camada de ar de 600 km de espessura que circunda o planeta.

Autóctone Entrada de matéria orgânica que é produzida por algas e plantas aquáticas dentro do próprio ecossistema.

Bacia hidrográfica Área de terra que drena para um único córrego ou rio.

Bioma Região geográfica que contém comunidades compostas por organismos com adaptações semelhantes.

Biomagnificação Processo pelo qual a concentração de um contaminante aumenta à medida que ele é transferido para níveis tróficos superiores na cadeia alimentar.

Biomassa viva (*standing crop*) Biomassa de produtores presentes em determinada área de um ecossistema em dado momento no tempo.

Biosfera Todos os ecossistemas da Terra.

***Bloom* de algas** Rápido aumento no crescimento de algas em ambientes aquáticos, normalmente devido a um afluxo de nutrientes.

Bosque/arbusto Bioma caracterizado por verões quentes e secos e invernos amenos e úmidos, combinação que favorece o crescimento de gramíneas e arbustos tolerantes à seca.

Branqueamento de coral Perda de cor nos corais em consequência de expelirem suas algas simbióticas.

Cadeia alimentar Representação linear de como diferentes espécies em uma comunidade se alimentam umas das outras.

Camada limite Região de ar ou de água parada que envolve a superfície de um objeto.

Campo temperado/deserto frio Bioma caracterizado por verões quentes e secos e invernos frios e rigorosos, dominado por gramíneas e plantas não lenhosas, e com flores e arbustos adaptados à seca.

Capacidade de campo Quantidade máxima de água retida pelas partículas do solo contra a força da gravidade.

Capacidade de suporte (K) Tamanho populacional máximo que pode ser suportado pelo ambiente.

Capacidade de troca catiônica Capacidade de um solo reter cátions.

Características sexuais primárias Atributos relacionados com a fertilização.

Características sexuais secundárias Atributos relacionados com as diferenças entre os sexos em termos de tamanho corporal, ornamentações, coloração e corte.

Carga parasitária Quantidade de parasitos de determinada espécie que um hospedeiro individual pode abrigar.

Carniceiro Organismo que consome animais mortos.

Cascata trófica Efeitos indiretos em uma comunidade que são iniciados por um predador.

Casta Indivíduos dentro de um grupo social compartilhando um tipo especializado de comportamento.

Células de Hadley As duas células de circulação do ar entre o Equador e as latitudes 30° N e 30° S.

Células polares Correntes de convecção atmosféricas que transportam o ar entre as latitudes 60° e 90° nos hemisférios Norte e Sul.

Censo Contagem de todos os indivíduos em uma população.

Charco salgado Bioma de água salgada que contém vegetação emergente não lenhosa.

Ciclo de limite estável Padrão de crescimento populacional no qual a população continua a exibir grandes oscilações ao longo do tempo.

Ciclo hidrológico Movimento da água pelos ecossistemas e pela atmosfera.

Ciclos populacionais Oscilação regular de uma população durante um período muito longo.

Circulação concorrente Movimento de dois fluidos na mesma direção em ambos os lados de uma barreira, através da qual o calor ou as substâncias dissolvidas são trocados.

Circulação contracorrente Movimento de dois fluidos em sentidos opostos em cada lado de uma barreira, através da qual o calor ou as substâncias dissolvidas são trocados.

Circulação de outono Mistura vertical da água dos lagos que ocorre no outono, auxiliada por ventos que criam as correntes de superfície.

Circulação de primavera Mistura vertical da água dos lagos que ocorre no início da primavera, auxiliada por ventos que criam as correntes de superfície.

Circulação termoalina Padrão global de correntes de água de superfície e profundas que fluem como o resultado de variações de temperatura e salinidade que alteram a densidade da água.

Clima Condições atmosféricas típicas que ocorrem durante todo o ano, medidas ao longo de muitos anos.

Clima continental úmido de latitude média Clima que existe no interior dos continentes e que é caracterizado normalmente por verões quentes, invernos frios e quantidades moderadas de precipitação.

Clima polar Clima que apresenta temperaturas muito frias e relativamente pouca precipitação.

Clima seco Clima caracterizado por baixa precipitação e ampla variação de temperatura, comumente encontrado entre as latitudes 30° N e 30° S, aproximadamente.

Clima subtropical úmido de latitude média Clima caracterizado por verões quentes e secos e invernos frios e úmidos.

Clima tropical Clima caracterizado por temperaturas elevadas e alta precipitação; ocorre em regiões próximas ao Equador.

Clones Indivíduos que descendem assexuadamente do mesmo genitor e carregam o mesmo genótipo.

Cloroplastos Organelas celulares especializadas encontradas em organismos fotossintéticos.

Codominância Quando dois alelos contribuem para o fenótipo.

Coeficiente de determinação (R^2) Índice que informa o quão bem os dados se ajustam a uma reta.

Coeficiente de parentesco Probabilidade numérica de que um indivíduo e seus parentes carreguem cópias dos mesmos genes de um ancestral comum recente.

Coeficientes de competição Variáveis que convertem entre o número de indivíduos de uma espécie e o número de indivíduos da outra espécie.

Coesão Atração mútua entre moléculas de água.

Coevolução Quando duas (ou mais) espécies afetam a evolução uma da outra.

Colapso (*die-off*) Declínio substancial na densidade, que normalmente cai bem abaixo da capacidade de suporte.

Coloração de advertência Estratégia na qual a não palatabilidade evolui em associação com cores e padrões muito notáveis. Também denominada **aposematismo** (coloração críptica).

Combinação aleatória Processo de formação de gametas haploides nos quais a combinação de alelos que são colocados em determinado gameta poderia ser qualquer uma daqueles que o progenitor diploide tem.

Comensalismo Interação na qual duas espécies vivem em estreita associação e uma recebe um benefício enquanto a outra não tem nem benefício nem custo.

Compensação fenotípica Situação na qual determinado fenótipo apresenta mais alta aptidão em um ambiente, enquanto outros fenótipos apresentam mais alta aptidão em outros ambientes.

Competição Interação de duas espécies que dependem do mesmo recurso limitante para sobreviver, crescer e se reproduzir, resultando em efeitos negativos para ambas.

Competição aparente Quando uma espécie tem efeito negativo sobre outra mediante um inimigo, que pode ser um predador, parasito ou herbívoro.

Competição interespecífica Competição entre indivíduos de espécies diferentes.

Competição intraespecífica Competição entre indivíduos da mesma espécie.

Competição local por acasalamentos Ocorre quando a competição por parceiros se dá em uma área muito limitada e somente uns poucos machos são necessários para fertilizar todas as fêmeas.

Competição por exploração Competição na qual os indivíduos consomem e reduzem a abundância de um recurso até um ponto no qual outros indivíduos não conseguem persistir.

Competição por interferência Quando os competidores não consomem imediatamente os recursos, mas os defendem.

Comportamentos sociais Interações com membros da mesma espécie, incluindo parceiros, prole e outros indivíduos aparentados ou não.

Comunidade Todas as populações das espécies que vivem juntas em determinada área.

Comunidade clímax Estágio seral final no processo de sucessão.

Comunidade clímax mantida por fogo Estágio sucessional que persiste como o estágio seral final devido a incêndios periódicos.

Comunidade clímax mantida por intenso pastejo Estágio sucessional que persiste como o estágio seral final devido à ação intensa de pastadores.

Comunidade clímax transitória Comunidade clímax que não é persistente.

Comunidades independentes Comunidades nas quais as espécies não dependem umas das outras para existir.

Comunidades interdependentes Comunidades nas quais as espécies dependem umas das outras para existir.

Condução Transferência da energia cinética do calor entre substâncias que estão em contato entre si.

Consumidor Organismo que obtém energia a partir de outros organismos. Também denominado **heterótrofo**.

Consumidor primário Espécie que come produtores.

Consumidor secundário Espécie que se alimenta de consumidores primários.

Consumidor terciário Espécie que se alimenta de consumidores secundários.

Controle Manipulação que inclui todos os aspectos de um experimento, exceto o fator de interesse.

Controle base-topo (*bottom-up*) Quando a abundância de grupos tróficos na natureza é determinada pela quantidade de energia disponível a partir dos produtores em uma comunidade.

Controle topo-base (*top-down*) Quando a abundância dos grupos tróficos é determinada pela existência de predadores no topo da teia alimentar.

Convecção Transferência de calor devido ao movimento dos líquidos e dos gases.

Convergência evolutiva Fenômeno no qual duas espécies que descendem de ancestrais não aparentados têm aparência semelhante porque evoluíram sob forças seletivas similares.

Cooperação Ocorre quando o doador e o receptor do comportamento social obtêm ganhos de aptidão pela interação.

Cópula extrapar Ocorre quando um indivíduo que tem vínculo social com um parceiro também copula com outros.

Corredor de hábitat Faixa de hábitat favorável localizada entre duas grandes manchas de hábitat e que facilita a dispersão.

Correlação Descrição estatística de como uma variável muda em relação a outra.

Correntes de convecção atmosféricas Circulação de ar entre a superfície e a atmosfera da Terra.

Cosmopolita Espécie com abrangência geográfica muito grande, que pode se estender por vários continentes.

Crescimento determinado Padrão de crescimento no qual um indivíduo para de crescer após o início da reprodução.

Crescimento indeterminado Padrão de crescimento no qual um indivíduo continua a crescer após o início da reprodução.

Cripsia Camuflagem que possibilita a um indivíduo se confundir com o ambiente de fundo ou modificar a aparência de seus contornos de modo a se parecer melhor com o ambiente de fundo.

Cromossomos Estruturas compactas que consistem em longas fitas de DNA enroladas em volta de proteínas.

Cronossequência Sequência de comunidades que existem ao longo do tempo em determinado local.

Curva de abundância ranqueada Curva em um gráfico que mostra a abundância relativa de cada espécie em uma comunidade, ordenada da espécie mais abundante para a menos abundante.

Curva de acumulação de espécies Gráfico da quantidade de espécies observadas em relação à quantidade de indivíduos amostrados.

Curva de autoafinamento Relação gráfica que mostra como diminuições na densidade populacional ao longo do tempo levam a um aumento no tamanho de cada indivíduo.

Curva em forma de J Forma do crescimento exponencial quando mostrada em um gráfico.

Curva em forma de S Formato da curva quando o tamanho de uma população em função do tempo é representado graficamente, usando o modelo de crescimento logístico.

Curva espécie-área Relação gráfica na qual os acréscimos na área (A) estão associados a acréscimos na quantidade de espécies (S).

Custo da meiose Redução de 50% na quantidade de genes parentais passados para a próxima geração via reprodução sexuada em comparação à reprodução assexuada.

Decompositor Organismo que decompõe matéria orgânica morta em elementos e compostos mais simples, que podem ser reciclados por meio do ecossistema.

Demografia Estudo das populações.

Densidade Quantidade de indivíduos por unidade de área ou volume em uma população.

Dependência da densidade atrasada Quando a dependência da densidade ocorre com base na densidade de algum ponto do passado.

Dependência da densidade negativa Ocorre quando a taxa de crescimento populacional diminui à medida que a densidade populacional aumenta.

Dependência da densidade positiva Ocorre quando a taxa de crescimento populacional aumenta à medida que a densidade populacional aumenta. Também denominada **dependência da densidade inversa** ou **efeito Allee**.

Deposição ácida Ácidos depositados como chuva e neve ou como gases e partículas que se unem às superfícies das plantas, do solo e da água. Também denominada como **chuva ácida**.

Depressão endogâmica Diminuição na aptidão causada por acasalamentos entre parentes próximos devido ao fato de a prole herdar alelos deletérios do óvulo e do esperma.

Deriva continental Movimento de massas de terra pela superfície da Terra.

Deriva genética Processo que ocorre quando a variação genética é perdida por conta da variação aleatória em acasalamento, mortalidade, fecundidade ou herança.

Derivação do sangue Adaptação que faz com que vasos sanguíneos específicos de um animal se "desliguem" e menos sangue quente flua para as extremidades frias.

Deserto subtropical Bioma caracterizado por temperaturas quentes, precipitação escassa, longas estações de crescimento (das plantas) e vegetação esparsa.

Desnitrificação Processo de conversão de nitrato em nitrogênio gasoso.

Desvio padrão da amostra Parâmetro estatístico que fornece um modo padronizado de medir o quão amplamente os dados estão dispersos em torno da média.

Determinação ambiental do sexo Processo no qual o sexo é determinado majoritariamente pelo ambiente.

Detritívoro Organismo que se alimenta de matéria orgânica morta e resíduos conhecidos coletivamente como detritos.

Diagrama climático Gráfico que mostra a média mensal de temperatura e precipitação de um lugar específico na Terra.

Diapausa Tipo de dormência nos insetos associada a um período de condições ambientais desfavoráveis.

Dimorfismo sexual Diferença nos fenótipos de machos e fêmeas da mesma espécie.

Dioicas Plantas somente com flores masculinas ou femininas em um único indivíduo.

Dispersão Movimento de indivíduos de uma área para outra.

Distância de dispersão durante a vida Distância média que um indivíduo percorre de onde nasceu até o lugar em que se reproduz.

Distribuição Espaçamento entre indivíduos dentro da abrangência geográfica de uma população.

Distribuição agregada Padrão de dispersão populacional em que os indivíduos são agregados em grupos discretos.

Distribuição aleatória Padrão de dispersão de uma população em que a posição de cada indivíduo é independente da posição dos outros indivíduos da população.

Distribuição etária estável Quando a estrutura etária de uma população não muda com o tempo.

Distribuição livre ideal Quando os indivíduos se distribuem entre os diferentes hábitats, recebendo o mesmo benefício *per capita*.

Distribuição log-normal Distribuição normal, ou em forma de sino, que usa uma escala logarítmica no eixo *x*.

Distribuição uniforme Padrão de distribuição de uma população na qual cada indivíduo mantém uma distância uniforme entre si e seus vizinhos.

Diversidade beta Quantidade de espécies que diferem em ocorrência entre dois hábitats.

Diversidade local Quantidade de espécies em uma área relativamente pequena de hábitat homogêneo, como um riacho. Também denominada **diversidade alfa**.

Diversidade regional Quantidade de espécies em todos os hábitats que constituem uma grande área geográfica. Também denominada **diversidade gama**.

Doador Indivíduo que direciona um comportamento a outro indivíduo (receptor) como parte de uma interação social.

Doença infecciosa emergente Doença recentemente descoberta, ou que costumava ser rara, mas que subitamente aumenta em ocorrência.

Dormência Condição em que os organismos reduzem drasticamente seus processos metabólicos.

Ecologia Estudo científico da abundância e distribuição dos organismos em relação aos outros organismos e às condições ambientais.

Ecologia de paisagem Campo de estudo que considera o arranjo espacial dos hábitats em diferentes escalas e examina como eles influenciam os indivíduos, as populações, as comunidades e os ecossistemas.

Ecossistema Uma ou mais comunidades de organismos vivos que interagem com os seus ambientes abióticos físicos e químicos.

Ecótono Fronteira criada por mudanças súbitas nas condições ambientais em uma distância relativamente curta, acompanhadas por grandes alterações na composição de espécies.

Ectoparasito Parasito que vive na parte externa de um organismo.

Ectotérmico Organismo com temperatura corporal determinada principalmente pelo seu ambiente externo.

Efeito Coriolis Deflexão da trajetória de um objeto em virtude da rotação da Terra.

Efeito de diluição Probabilidade reduzida, ou diluída, de predação para um único animal quando ele está em grupo.

Efeito de prioridade Ocorre quando a chegada de uma espécie em um local afeta a subsequente colonização por outras espécies.

Efeito de resgate Quando dispersores suplementam uma subpopulação em declínio, impedindo-a de ser extinta.

Efeito direto Interação de duas espécies que não envolve outras espécies.

Efeito estufa Processo pelo qual a radiação solar que atinge a Terra é convertida em radiação infravermelha, reabsorvida e reemitida pelos gases atmosféricos.

Efeito fundador Ocorre quando uma pequena quantidade de indivíduos deixa uma grande população para colonizar uma nova área e leva consigo apenas pouca quantidade de variação genética.

Efeito gargalo Redução da diversidade genética em uma população devido a uma grande diminuição no tamanho da população.

Efeito indireto Interação de duas ou mais espécies que envolve uma ou mais espécies intermediárias.

Efeito indireto mediado pela densidade Efeito indireto causado por mudanças na densidade de uma espécie intermediária.

Efeito indireto mediado pelo atributo Efeito indireto causado por mudanças nos atributos de uma espécie intermediária.

Efeito legado Influência duradoura de processos históricos sobre a ecologia atual de uma área.

Eficiência de assimilação Percentual de energia consumida que é assimilada.

Eficiência de consumo Percentual de energia ou biomassa em um nível trófico que é consumido pelo nível trófico superior seguinte.

Eficiência ecológica Percentual de produção líquida de um nível trófico comparado com o do nível trófico imediatamente inferior. Também denominada **eficiência de cadeia alimentar**.

Eficiência líquida de produção Percentual de energia assimilada usado para o crescimento e a reprodução.

Egoísmo Ocorre quando o doador do comportamento social obtém ganho de aptidão, enquanto o receptor sofre redução.

El Niño-Oscilação Sul (ENOS) Mudanças periódicas nos ventos e nas correntes oceânicas no Pacífico Sul que causam mudanças meteorológicas em grande parte do mundo.

Endêmica Espécie que vive em um único local, muitas vezes isolado.

Endoparasito Parasito que vive dentro de um organismo.

Endotérmico Organismo que consegue produzir calor metabólico suficiente para elevar a temperatura corporal até uma mais alta do que a do ambiente externo.

Energia assimilada Parte da energia que um consumidor digere e absorve.

Energia egestada Parcela de energia consumida que é excretada ou regurgitada.

Energia respirada Parcela da energia assimilada que um consumidor usa para a respiração.

Envelope ecológico Amplitude de condições ecológicas previstas como adequadas para uma espécie.

Epilímnio Camada de superfície da água de um lago ou lagoa.

Epistasia Quando a expressão de um gene é controlada por outro gene.

Equador solar Latitude que recebe os raios mais diretos do Sol.

Erro padrão da média Medição da variação nos dados que leva em conta o número de medidas que foram usadas para calcular o desvio padrão.

Esclerófila Vegetação que apresenta folhas pequenas e duradouras.

Especiação Evolução de novas espécies.

Especiação alopátrica Evolução de novas espécies pelo processo de isolamento geográfico.

Especiação simpátrica Evolução de novas espécies sem o isolamento geográfico.

Especialista Espécie que interage com uma única espécie diferente ou com poucas espécies muito aparentadas.

Espécie Historicamente definida como um grupo de organismos que cruzam naturalmente entre si e produzem prole fértil. Pesquisas atuais mostram que não há uma definição única de espécies aplicável a todos os organismos.

Espécie-chave Espécie que afeta significativamente a estrutura das comunidades, embora os indivíduos daquela espécie não sejam particularmente numerosos.

Espécie introduzida Espécie que é inserida em uma região do mundo onde historicamente nunca existiu. Também denominada **exótica** ou **não nativa**.

Espécie invasora Espécie introduzida que se espalha rapidamente e tem efeitos negativos sobre outras espécies ou sobre a recreação e as economias humanas.

Espécie pioneira Primeira espécie a chegar a um local.

Espécie-reservatório Espécie que consegue transmitir um parasito, mas não sucumbe à doença que ele causa em outras espécies.

Estabilidade da comunidade Capacidade de uma comunidade manter uma estrutura determinada.

Estação de crescimento Os meses que são suficientemente quentes para possibilitar o crescimento das plantas em determinada região.

Estado de equilíbrio dinâmico Ocorre quando os ganhos e as perdas de um sistema ecológico estão em equilíbrio.

Estado estável alternativo Quando uma comunidade é perturbada a tal ponto que a composição das espécies e a abundância relativa de populações na comunidade mudam, e a nova estrutura da comunidade é resistente a mudanças adicionais.

Estágio seral Cada estágio de mudança da comunidade durante o processo de sucessão.

Estequiometria ecológica Estudo do equilíbrio de nutrientes nas interações ecológicas, como entre um herbívoro e uma planta.

Estivação Diminuição dos processos metabólicos durante o verão em resposta a condições quentes ou secas.

Estocasticidade ambiental Variação nas taxas de natalidade e mortalidade devido a mudanças aleatórias nas condições ambientais.

Estocasticidade demográfica Variação nas taxas de natalidade e mortalidade devido a diferenças aleatórias entre indivíduos.

Estômatos Pequenas aberturas na superfície das folhas que atuam como pontos de entrada para o CO_2 e de saída para o vapor de água.

Estoque pesqueiro colapsado Quando uma espécie de peixe já não tem uma população que possa ser pescada.

Estratificação Condição de um lago ou lagoa na qual a água superficial mais quente e menos densa flutua sobre a água mais fria e densa do fundo.

Estrutura espacial Padrão de densidade e espaçamento dos indivíduos em uma população.

Estrutura etária Proporção de indivíduos em uma população em diferentes classes etárias.

Estuário Área ao longo da costa onde rios de água doce deságuam e suas águas se misturam com a água salgada dos oceanos.

Eussocial Tipo de animal social que vive em grandes grupos com gerações sobrepostas, cooperação na construção de ninhos, cuidado parental e dominância reprodutiva por um ou poucos indivíduos.

Eutrofização Aumento na produtividade dos ecossistemas aquáticos.

Eutrofização cultural Aumento na produtividade dos ecossistemas aquáticos causado por atividades humanas.

Evaporação Transformação de água do estado líquido para o gasoso por meio da transferência de energia térmica.

Evapotranspiração potencial (ETP) Quantidade de água que poderia ser evaporada do solo e transpirada pelas plantas, considerando a temperatura e a umidade médias.

Eventos de extinção em massa Eventos nos quais pelo menos 75% das espécies existentes foram extintos em um período de 2 milhões de anos.

Evolução Mudança na composição genética de uma população ao longo do tempo.

Experimento de manipulação Processo pelo qual uma hipótese é testada alterando-se o fator que se acredita ser a causa subjacente do fenômeno.

Experimento natural Abordagem para o teste de hipóteses que se baseia na variação natural do ambiente.

Extrapolação (*overshoot*) Ocorre quando uma população cresce além da sua capacidade de suporte.

Facilitação Mecanismo de sucessão no qual a presença de uma espécie aumenta a probabilidade de que uma segunda espécie possa se estabelecer.

Fatores dependentes da densidade Fatores que afetam o tamanho da população em relação à sua densidade.

Fatores independentes da densidade Fatores que limitam o tamanho populacional independentemente da densidade da população.

Fecundidade Quantidade de filhotes gerados por um organismo a cada episódio reprodutivo.

Fenótipo Atributo de um organismo, tal como o seu comportamento, morfologia ou fisiologia.

Fissão binária Reprodução por meio de duplicação de genes seguida de divisão da célula em duas outras idênticas.

Fixação do nitrogênio Processo de conversão do nitrogênio atmosférico em formas que os produtores podem utilizar.

Flores perfeitas Flores que contêm partes tanto masculinas quanto femininas.

Floresta boreal Bioma densamente ocupado por árvores de acículas perenes, com estação de crescimento curta e invernos rigorosos. Também denominada **taiga**.

Floresta pluvial temperada Bioma conhecido por temperaturas amenas e precipitação abundante, dominado por florestas perenes.

Floresta pluvial tropical Bioma quente e chuvoso, caracterizado por diversas camadas de vegetação exuberante.

Floresta sazonal temperada Bioma com condições de temperatura e precipitação moderadas, dominado por árvores decíduas.

Floresta sazonal tropical Bioma com temperaturas quentes e estações úmida e seca pronunciadas, dominado por árvores decíduas que desfolham durante a estação seca.

Força de seleção Diferença entre a média da distribuição fenotípica antes da seleção e a média após a seleção, medida em unidades de desvios padrões.

Forrageamento de local central Comportamento de forrageamento no qual os alimentos adquiridos são trazidos até um local central, como um ninho com filhotes.

Forrageamento sensível ao risco Comportamento de forrageamento influenciado pela presença de predadores.

Fotoperíodo Quantidade de luz que ocorre diariamente.

Fotorrespiração Oxidação de carboidratos em CO_2 e H_2O pela RuBisCO, que inverte o resultado das reações da fotossíntese que ocorrem sob a luz.

Fotossíntese C_3 Via fotossintética mais comum na qual o CO_2 é inicialmente assimilado em um composto de três carbonos, o gliceraldeído 3-fosfato (G3P).

Fotossíntese C_4 Via fotossintética na qual o CO_2 é assimilado inicialmente dentro de um composto de quatro carbonos, o ácido oxalacético (OAA).

Fragmentação de hábitat Processo de dividir hábitats grandes em diversos menores.

Fungos ectomicorrízicos São caracterizados por hifas que circundam as raízes das plantas e se estabelecem entre as células da raiz, mas raramente penetram entre a parede celular e a membrana da célula.

Fungos endofíticos Fungos que vivem dentro dos tecidos de uma planta.

Fungos endomicorrízicos São caracterizados por filamentos de hifas que se estendem para longe e para dentro do solo e que penetram nas células da raiz entre a parede e a membrana celulares.

Fungos micorrízicos arbusculares Tipo de fungo micorrízico que infecta diversas plantas, incluindo macieiras, pessegueiros, pés de café e gramíneas.

Fungos micorrízicos Fungos que cercam as raízes das plantas e as ajudam na obtenção de água e minerais.

Gases do efeito estufa Compostos existentes na atmosfera que absorvem a energia térmica da radiação infravermelha emitida pela Terra e, em seguida, emitem parte dessa energia de volta para o planeta.

Generalista Espécie que interage com muitas outras espécies.

Genótipo Conjunto de genes que um organismo carrega.

Giro Padrão de circulação da água em grande escala entre os continentes.

Glicerol Produto químico que impede que as pontes de hidrogênio da água se juntem para formar gelo, a menos que as temperaturas estejam muito abaixo do ponto de congelamento.

Glicoproteínas Grupo de compostos que pode ser utilizado para baixar a temperatura de congelamento da água.

Gondwana Massa de terra do sul que se separou da Pangeia há cerca de 150 milhões de anos e subsequentemente se dividiu em América do Sul, África, Antártida, Austrália e Índia.

Guarda de parceiro Comportamento no qual um parceiro impede que o outro realize cópulas extrapar.

Guilda Em determinado nível trófico, grupo de espécies que se alimenta de itens semelhantes.

Hábitat Lugar ou ambiente físico no qual um organismo vive.

Haplodiploide Sistema de determinação sexual no qual um sexo é haploide e o outro é diploide.

Herbívoro Organismo que consome produtores, como plantas e algas.

Herdabilidade Proporção da variação fenotípica total que é obtida pela variação genética.

Hermafrodita Indivíduo que produz ambos os gametas, masculino e feminino.

Hermafrodita sequencial Indivíduo com função reprodutiva masculina ou feminina, mas que depois muda de uma para a outra.

Hermafrodita simultâneo Indivíduo que tem funções reprodutivas masculina e feminina ao mesmo tempo.

Heterozigoto Quando um indivíduo tem dois alelos diferentes de um gene específico.

Hibernação Tipo de dormência que ocorre em mamíferos pela qual os indivíduos reduzem os custos energéticos resultantes de sua atividade, diminuindo a frequência cardíaca e a temperatura corporal.

Hierarquia de dominância Classificação social entre os indivíduos de um grupo, normalmente determinada por meio de disputas, como luta ou outros combates de força ou habilidade.

Hiperosmótico Quando um organismo tem uma concentração mais elevada de soluto nos seus tecidos do que a água circundante.

Hipolímnio Camada mais profunda de água em um lago ou lagoa.

Hipo-osmótico Quando um organismo tem uma concentração de soluto menor nos seus tecidos do que a água circundante.

Hipótese Ideia que potencialmente explica uma observação recorrente.

Hipótese da boa saúde Hipótese de que um indivíduo escolhe os parceiros mais saudáveis.

Hipótese da energia-diversidade Hipótese de que os locais com quantidades maiores de energia são capazes de sustentar mais quantidade de espécies.

Hipótese da Rainha Vermelha Hipótese de que a reprodução sexuada possibilita aos hospedeiros evoluírem a uma determinada taxa, de modo que possam se contrapor à rápida evolução de parasitos.

Hipótese do distúrbio intermediário Hipótese de que mais espécies estão presentes em uma comunidade que sofre perturbações ocasionais do que em uma que sofre perturbações frequentes ou raras.

Hipótese dos bons genes Hipótese de que um indivíduo escolhe um parceiro com genótipo superior.

Hipótese final Hipótese que explica por que um organismo evoluiu para responder de certa maneira ao seu ambiente, em termos dos custos e benefícios da resposta para a aptidão.

Hipótese proximal Hipótese que aborda as mudanças imediatas nos hormônios, na fisiologia, no sistema nervoso ou no sistema muscular de um organismo.

História de vida Cronologia de crescimento, desenvolvimento, reprodução e sobrevivência de um organismo.

Homeostase Capacidade de um organismo manter as condições internas constantes em um ambiente externo que esteja variando.

Homeotérmico Organismo que mantém condições de temperatura constantes dentro de suas células.

Homogeneização biótica Processo pelo qual composições de espécies únicas, encontradas originalmente em diferentes regiões, lentamente tornam-se mais semelhantes devido ao movimento de pessoas, cargas e espécies.

Homozigoto Quando um indivíduo tem dois alelos idênticos de um gene específico.

Horizonte Camada distinta do solo.

Imagem de busca Imagem mental aprendida que ajuda o predador a localizar e capturar alimentos.

Índice de Shannon (*H'*) Também denominado **índice de Shannon-Wiener**, é uma medida da diversidade de espécies dada pela seguinte fórmula:

$$H' = -\sum_{i=1}^{s}(p_i)(\ln p_i)$$

Índice de Simpson Medida da diversidade de espécies dada pela seguinte fórmula:

$$\frac{1}{\sum_{i=1}^{s}(p_i)^2}$$

Indivíduo Um ser vivo; a unidade mais fundamental da ecologia.

Inércia térmica Resistência a uma mudança na temperatura devido a um volume corporal grande.

Inibição Mecanismo da sucessão (ecológica) no qual uma espécie diminui a probabilidade de que uma segunda espécie se estabeleça.

Intemperismo Alteração física e química do material rochoso próximo à superfície da Terra.

Investimento parental Quantidade de tempo e energia dedicados aos filhotes pelos pais.

Íon bicarbonato (HCO_3^-) Ânion formado pela dissociação do ácido carbônico.

Íon carbonato (CO_3^{2-}) Ânion formado pela dissociação do ácido carbônico.

Íons Átomos ou grupos de átomos que estão eletricamente carregados.

Isóclina de crescimento populacional zero Tamanhos populacionais nos quais uma população apresenta crescimento zero.

Isóclina de equilíbrio Tamanho da população de uma espécie que faz com que a de outra espécie fique estável. Também denominada **isóclina de crescimento zero**.

Isoenzimas Diferentes tipos de uma enzima que catalisam determinada reação.

Iteroparidade Quando os organismos se reproduzem múltiplas vezes durante a vida.

Lago Bioma aquático maior do que uma lagoa, caracterizado por água doce parada, com uma área profunda o bastante para impedir que as plantas se elevem acima da superfície.

Lagoa Bioma aquático menor do que um lago, caracterizado por água doce parada, com uma área profunda o bastante para impedir que as plantas se elevem acima da superfície.

Laterização Decomposição das partículas de argila, que resulta na lixiviação de silício do solo, deixando óxidos de ferro e de alumínio predominando por todo o perfil do solo.

Laurásia Massa de terra do norte que se separou da Pangeia há cerca de 150 milhões de anos e subsequentemente se dividiu em América do Norte, Europa e Ásia.

Lei da conservação da energia Determina que a energia não pode ser criada ou destruída, podendo somente mudar de forma. Também denominada **Primeira Lei da Termodinâmica**.

Lei da conservação da matéria Estabelece que a matéria não pode ser criada ou destruída, podendo somente mudar de forma.

Lei do Mínimo de Liebig Lei que estabelece que uma população aumenta até que o suprimento do recurso mais limitante impeça o seu crescimento adicional.

Levantamento Contagem do subconjunto de uma população.

Levantamento com base em área e volume Levantamento que define os limites de uma área ou volume e, em seguida, conta todos os indivíduos no espaço.

Levantamento por marcação e recaptura Método de estimativa populacional no qual os pesquisadores capturam e marcam um subconjunto de indivíduos de uma população em uma área, devolvem-nos e então capturam uma segunda amostra após algum tempo.

Levantamento por transecto linear Levantamento que conta o número de indivíduos observados à medida que se movem ao longo de uma linha reta.

Liberação de calor latente Quando o vapor de água é convertido novamente em líquido, a água libera energia sob a forma de calor.

Limitação de dispersão Ausência de uma população em um hábitat adequado causada por barreiras à dispersão.

Lixiviação Processo no qual a água remove algumas substâncias após dissolvê-las e movê-las para as camadas inferiores do solo.

Longevidade Duração da vida de um organismo. Também denominada **expectativa de vida**.

Lótico Ambiente caracterizado por água doce corrente.

Luz visível Comprimentos de onda entre a radiação infravermelha e a ultravioleta, visíveis ao olho humano.

Macroevolução Evolução em níveis maiores de organização, incluindo espécies, gêneros, famílias, ordens e filos.

Malignidade Ocorre quando uma interação social reduz a aptidão do doador e do receptor.

Manguezal Bioma encontrado ao longo das costas tropicais e subtropicais e que contém árvores tolerantes ao sal, com raízes submersas em água.

Manipulação Fator que se deseja variar em um experimento. Também denominada **tratamento**.

Meia-vida Tempo necessário para que metade de uma substância química se decomponha em relação à sua concentração original.

Melanismo industrial Fenômeno pelo qual atividades industriais fazem hábitats se tornarem escurecidos devido à poluição; em consequência, os indivíduos com fenótipos mais escuros são favorecidos pela seleção.

Membrana semipermeável Membrana que permite que apenas determinadas moléculas passem através dela.

Mesopredadores Carnívoros relativamente pequenos que consomem herbívoros.

Metabolismo ácido das crassuláceas (CAM) Via fotossintética na qual a assimilação do carbono em um composto com quatro carbonos ocorre à noite.

Microcosmo Sistema ecológico simplificado que tenta replicar as características essenciais de um sistema ecológico em um cenário de laboratório ou de campo.

Microevolução Evolução no nível de populações.

Micro-hábitat Local específico dentro de um hábitat que tipicamente difere de outras partes do hábitat em relação às condições ambientais.

Migração Movimento sazonal dos animais de uma região para outra.

Mimetismo batesiano Quando espécies palatáveis desenvolvem coloração de advertência que se assemelha à de espécies não palatáveis.

Mimetismo mülleriano Quando diversas espécies não palatáveis desenvolvem um padrão similar de coloração de advertência.

Mineralização Processo de decompor compostos orgânicos em inorgânicos.

Mixotrófico Organismo que obtém energia a partir de mais de uma fonte.

Modelagem de nicho ecológico Processo de determinar as condições de hábitat adequado para uma espécie.

Modelo básico de metapopulação Modelo que descreve um cenário em que há manchas de hábitat adequado inseridas em matriz de hábitat inadequado.

Modelo de crescimento exponencial Modelo de crescimento populacional no qual a população aumenta continuamente a uma taxa exponencial.

Modelo de crescimento geométrico Modelo de crescimento populacional que compara o tamanho da população em intervalos de tempo regulares.

Modelo de crescimento logístico Modelo que descreve o crescimento mais lento de populações em altas densidades.

Modelo de Lotka-Volterra Modelo de interações predador-presa que incorpora oscilações nas abundâncias das populações de predadores e presas e que mostra as oscilações defasadas na quantidade de predadores em relação às suas presas.

Modelo de metapopulação de paisagem Modelo de população que considera diferenças tanto na qualidade das manchas adequadas quanto na qualidade da matriz circundante.

Modelo de metapopulação fonte-sumidouro Modelo de população que é construído sobre o modelo básico de metapopulação, mas considera o fato de que nem todas as manchas de hábitat adequado são de igual qualidade.

Modelo determinístico Modelo que é projetado para prever um resultado sem considerar a variação aleatória da taxa de crescimento populacional.

Modelo estocástico Modelo que incorpora a variação aleatória na taxa de crescimento populacional.

Modelo matemático Representação de um sistema utilizando um conjunto de equações que descrevem as relações hipotéticas entre os componentes desse sistema.

Modelo suscetível-infectado-resistente (S-I-R) Modelo mais simples de transmissão de doenças infecciosas que incorpora a imunidade.

Monogamia Sistema de acasalamento no qual o vínculo social entre um macho e uma fêmea persiste pelo período necessário para criarem a prole.

Monoicas Plantas com flores masculinas e femininas separadas no mesmo indivíduo.

Mudança climática global Fenômeno que se refere às mudanças no clima da Terra, incluindo aquecimento global, modificações na distribuição global de precipitação e temperatura e alterações na intensidade das tempestades e na circulação oceânica.

Mutação Mudança aleatória na sequência de nucleotídios em regiões do DNA que compreendem um gene ou controlam a sua expressão.

Mutualismo Interação de duas espécies em que cada uma recebe benefícios da outra.

Mutualistas facultativos Duas espécies que proporcionam mutuamente benefícios de aptidão, mas cuja interação não é crítica para a persistência de nenhuma delas.

Mutualistas obrigatórios Duas espécies que proporcionam mutuamente benefícios de aptidão e que necessitam uma da outra para se manterem.

Nicho Amplitude de condições bióticas e abióticas que um organismo pode tolerar.

Nicho fundamental Intervalo de condições abióticas sob as quais as espécies podem persistir.

Nicho realizado Intervalo de condições abióticas e bióticas sob as quais uma espécie persiste.

Nitrificação Processo final no ciclo de nitrogênio no qual o amônio (NH_4^+) ou a amônia (NH_3) são convertidos em nitrito (NO_2^-) e depois em nitrato (NO_3^-).

Nível trófico Nível em uma cadeia alimentar ou teia alimentar de um ecossistema.

Observações Informações que incluem as medidas que são obtidas dos organismos ou do ambiente. Também denominadas **dados**.

Onívoro Espécie que se alimenta em diversos níveis tróficos.

Oscilações amortecidas Padrão de crescimento populacional no qual a população inicialmente oscila, mas a magnitude das oscilações declina ao longo do tempo.

Osmorregulação Mecanismos que os organismos usam para manter o equilíbrio adequado de solutos.

Osmose Movimento de água através de uma membrana semipermeável.

Ótimo Intervalo estreito de condições ambientais às quais um organismo está mais bem adaptado.

Ótimo térmico Intervalo de temperatura dentro do qual os organismos desempenham melhor suas atividades.

Pangeia Massa de terra única que existia na Terra há cerca de 250 milhões de anos e subsequentemente se dividiu em Laurásia e Gondwana.

Parasito Organismo que vive sobre outro organismo ou dentro dele, mas raramente o mata.

Parasitoide Um organismo que vive dentro do hospedeiro vivo e consome os seus tecidos, acarretando a sua morte.

Paridade Quantidade de episódios reprodutivos que um organismo experimenta.

Partenogênese Modo de reprodução assexuada no qual um embrião é produzido sem fertilização.

Patógeno Parasito que causa doença em seu hospedeiro.

Pecilotérmico Organismo que não apresenta temperatura corporal constante.

Perene Organismo com duração de vida de mais de 1 ano.

Permafrost Fenômeno no qual camadas de solo estão permanentemente congeladas.

pH Medida de acidez ou alcalinidade, definida como $pH = -\log [H^+]$.

Pirâmide de biomassa Pirâmide trófica que representa a biomassa viva (*standing crop*) de organismos presentes nos diferentes grupos tróficos.

Pirâmide de energia Pirâmide trófica que apresenta a energia total existente em cada nível trófico.

Pirâmide trófica Gráfico composto de retângulos empilhados representando a quantidade de energia ou biomassa em cada grupo trófico.

Plasticidade fenotípica Capacidade de um único genótipo produzir diversos fenótipos.

Pleiotropia Quando um único gene afeta múltiplos atributos.

Podzolização Processo que ocorre em solos ácidos típicos de regiões frias e úmidas, no qual as partículas de argila se decompõem no horizonte E, e seus íons solúveis são transportados para baixo até o horizonte B.

Poliandria Sistema de acasalamento no qual uma fêmea cruza com mais de um macho.

Poligamia Sistema de acasalamento no qual um único indivíduo forma vínculos sociais de longo prazo com mais de um indivíduo do sexo oposto.

Poligênico Quando um único atributo é afetado por vários genes.

Poliginia Sistema de acasalamento no qual um macho cruza com mais de uma fêmea.

Poliploide Espécie que contém três ou mais conjuntos de cromossomos.

Poluição térmica Rejeito líquido que é quente demais para sustentar espécies aquáticas.

Ponto de equilíbrio conjunto Ponto no qual as isóclinas de equilíbrio das populações de predadores e presas se cruzam.

Ponto de inflexão Ponto em uma curva de crescimento sigmoide no qual a população alcança sua taxa de crescimento máxima.

Ponto de murchamento Potencial hídrico de aproximadamente –1,5 MPa, no qual a maioria das plantas não pode mais recuperar a água do solo.

Ponto de saturação Limite da quantidade de vapor de água que o ar consegue conter.

***Pool* gênico** Coleção de alelos de todos os indivíduos em uma população.

População Indivíduos da mesma espécie que vivem em determinada área.

População mínima viável (PMV) Menor tamanho populacional de uma espécie que pode persistir perante a variação ambiental.

Potencial hídrico Medida da energia potencial da água.

Potencial mátrico Energia potencial gerada pelas forças de atração entre as moléculas de água e as partículas do solo. Também denominado **potencial da matriz**.

Predador Organismo que mata e consome parcial ou totalmente outro indivíduo.

Potencial osmótico Força com a qual uma solução aquosa atrai água por osmose.

Predadores de topo Predadores que tipicamente consomem herbívoros e mesopredadores.

Pressão de raiz Quando o potencial osmótico nas raízes de uma planta retira a água do solo e a força para dentro dos elementos do xilema.

Previsão Afirmação lógica que surge a partir de uma hipótese.

Princípio da exclusão competitiva Estabelece que duas espécies não podem coexistir indefinidamente quando ambas são limitadas pelo mesmo recurso.

Princípio de alocação Observação de que, quando os recursos são dedicados para uma estrutura corporal, uma função fisiológica ou um comportamento, eles não podem ser alocados para outro fim.

Princípio do *handicap* Princípio de que, quanto maior a desvantagem que um indivíduo carrega, maior deve ser sua capacidade de compensar essa deficiência.

Produtividade primária bruta Taxa na qual a energia é capturada e assimilada pelos produtores em determinada área.

Produtividade primária Taxa na qual a energia solar ou química é capturada e convertida em ligações químicas por fotossíntese ou quimiossíntese.

Produtividade primária líquida Taxa na qual a energia é assimilada pelos produtores e convertida em biomassa do produtor em determinada área.

Produtividade secundária líquida Taxa de acumulação de biomassa dos consumidores em determinada área.

Produtor Organismo que converte energia solar em compostos orgânicos por meio da fotossíntese ou realiza quimiossíntese para transformar energia química em compostos orgânicos. Também denominado **autótrofo**.

Promiscuidade Sistema de acasalamento no qual os machos copulam com várias fêmeas e as fêmeas copulam com vários machos, não criando vínculo social duradouro.

Q_{10} Divisão da taxa de um processo fisiológico em determinada temperatura pela sua taxa a uma temperatura 10°C mais fria.

Radiação Emissão de energia eletromagnética por uma superfície.

Radiação eletromagnética Energia do Sol "empacotada" em pequenas unidades semelhantes a partículas, denominadas fótons.

Rainha Fêmea dominante que coloca ovos em sociedades eussociais.

Receptor Indivíduo que sofre o efeito do comportamento de outro indivíduo (doador) em uma interação social.

Recife de coral Bioma marinho encontrado em águas quentes e rasas que permanecem a 20°C durante todo o ano.

Recombinação Reorganização dos genes que pode ocorrer enquanto o DNA é copiado durante a meiose e os cromossomos trocam material genético.

Recurso Qualquer item que um organismo consuma ou utilize e que cause aumento na taxa de crescimento de uma população quando se torna mais disponível.

Recursos não renováveis Recursos que não são regenerados.

Recursos renováveis Recursos que são constantemente regenerados.

Região Afrotropical Região biogeográfica do Hemisfério Sul que corresponde à maior parte da África. Também denominada **região Etíope**.

Região Australasiana Região biogeográfica do Hemisfério Sul que corresponde a Austrália, Nova Zelândia e Nova Guiné.

Região fotossinteticamente ativa Comprimentos de onda da luz que são adequados para a fotossíntese.

Região Indomalásia Região biogeográfica do Hemisfério Sul que corresponde à Índia e ao Sudeste Asiático. Também denominada **região Oriental**.

Região Neártica Região biogeográfica do Hemisfério Norte que corresponde aproximadamente à América do Norte.

Região Neotropical Região biogeográfica do Hemisfério Sul que corresponde à América do Sul.

Região Paleártica Região biogeográfica no Hemisfério Norte que corresponde à Eurásia.

Regressão Ferramenta estatística que determina se existe relação entre duas variáveis e descreve a natureza dessa relação.

Relação simbiótica Quando dois tipos diferentes de organismos vivem em um relacionamento físico próximo.

Replicação Capacidade de se obter um resultado semelhante várias vezes.

Reprodução assexuada Mecanismo de reprodução no qual a progênie herda DNA de um único genitor.

Reprodução sexuada Mecanismo de reprodução no qual a progênie herda DNA de dois pais.

Reprodução vegetativa Modo de reprodução assexuada no qual um indivíduo é produzido a partir de tecidos parentais não sexuais.

Reservatório regional de espécies Conjunto de espécies que ocorre em uma região.

Resfriamento adiabático Efeito de resfriamento pela redução da pressão sobre o ar à medida que ele sobe na atmosfera e se expande.

Resiliência da comunidade Tempo que leva após uma perturbação para uma comunidade voltar ao seu estado original.

Resistência à infecção Capacidade de um hospedeiro de impedir a ocorrência de infecção.

Resistência da comunidade Quanto uma comunidade muda ao ser afetada por alguma perturbação, tal como a adição ou remoção de uma espécie.

Resposta funcional Relação entre a densidade de presas e a taxa de consumo alimentar de um indivíduo predador.

Resposta funcional do tipo I Resposta funcional na qual a taxa de consumo de presas por um predador se eleva de modo linear com o aumento da densidade de presas, até que a saciedade ocorra.

Resposta funcional do tipo II Resposta funcional na qual a taxa de consumo de presas por um predador começa a diminuir à medida que a sua densidade aumenta e, em seguida, alcança um platô no momento da saciedade.

Resposta funcional do tipo III Resposta funcional na qual um predador exibe baixo consumo sob baixas densidades de suas presas, rápido consumo sob densidades moderadas e diminuição no consumo sob altas densidades.

Resposta numérica Variação na quantidade de predadores mediante crescimento ou deslocamento populacional devido a imigração ou emigração.

Ressurgência Movimento ascendente da água oceânica.

Retroalimentação negativa Ação de mecanismos internos de resposta que restaura um sistema para um estado ou ponto desejado quando ele se desvia desse estado.

Riacho Canal estreito de água doce com fluxo rápido. Também denominado **córrego**.

Rio Canal largo de água doce com fluxo lento.

Riqueza de espécies Quantidade de espécies em uma comunidade.

Rocha matriz Camada de leito rochoso subjacente ao solo, que desempenha papel importante na determinação do tipo de solo que será formado acima dela.

RuBP carboxilase-oxidase Enzima envolvida na fotossíntese que catalisa a reação de RuBP e CO_2 para formar duas moléculas de gliceraldeído 3-fosfato (G3P). Também denominada **RuBisCO**.

Salinização Processo de irrigação contínua que causa aumento da salinidade do solo.

Saturação Limite superior de solubilidade em água.

Seleção Processo pelo qual certos fenótipos são favorecidos para sobreviverem e se reproduzirem em detrimento de outros.

Seleção artificial Seleção na qual os humanos decidem quais indivíduos irão procriar, e a reprodução é realizada com um objetivo preconcebido em relação aos atributos da população.

Seleção dependente da frequência Ocorre quando o fenótipo mais raro em uma população é favorecido pela seleção natural.

Seleção direcional Ocorre quando indivíduos com fenótipos extremos apresentam maior aptidão do que o fenótipo médio da população.

Seleção direta Seleção que favorece a aptidão direta.

Seleção disruptiva Ocorre quando indivíduos com fenótipos extremos são favorecidos, mostrando maior aptidão do que aqueles com fenótipo intermediário.

Seleção estabilizadora Ocorre quando indivíduos com fenótipos intermediários obtêm maior sucesso reprodutivo e de sobrevivência do que aqueles com fenótipos extremos.

Seleção indireta Seleção que favorece a aptidão indireta. Também denominada **seleção de parentesco**.

Seleção natural Alteração na frequência de genes em uma população por meio de sobrevivência e reprodução diferenciais de indivíduos que apresentam certos fenótipos.

Seleção sexual Seleção natural para atributos sexuais específicos relacionados com a reprodução.

Seleção sexual desenfreada (*runaway*) Ocorre quando a seleção para a preferência de um atributo sexual e a seleção de tal atributo continuam a se reforçar.

Semelparidade Quando os organismos se reproduzem apenas uma vez durante a vida.

Senescência Declínio gradual na fecundidade e aumento na probabilidade de morte.

Sensoriamento remoto Técnica que permite medir condições na Terra a partir de um local distante, geralmente usando satélites ou aviões que tiram fotografias de grandes áreas do planeta.

Serviços culturais Benefícios da biodiversidade que proporcionam valores estéticos, espirituais ou recreativos.

Serviços de provisão Benefícios da biodiversidade que os humanos usufruem, incluindo madeira, pele, carne, plantações, água e fibras.

Serviços de regulação Benefícios da biodiversidade que incluem a regulação do clima, o controle de inundações e a purificação da água.

Serviços de suporte Benefícios fornecidos pela biodiversidade e que possibilitam a existência de ecossistemas, como a produção primária, a formação do solo e a ciclagem de nutrientes.

Sistema de acasalamento Quantidade de parceiros que cada indivíduo tem e persistência desse relacionamento.

Sistemas ecológicos Entidades biológicas que têm seus próprios processos internos e interagem com o ambiente externo.

Solo Camada de material química e biologicamente alterado que se sobrepõe à rocha matriz ou a outro material inalterado na superfície da Terra.

Soluto Substância dissolvida.

Sombra de chuva Região com condições secas encontrada no lado de sotavento de uma cadeia de montanhas, como resultado de ventos úmidos do oceano, que causam precipitação no lado de barlavento.

Subpopulações Quando uma população maior é subdividida em grupos menores que vivem em manchas isoladas.

Subpopulações fonte Em hábitats de alta qualidade, são as subpopulações que atuam como fonte de dispersores dentro de uma metapopulação.

Subpopulações sumidouro Em hábitats de baixa qualidade, são as subpopulações que dependem de dispersores externos para manter a subpopulação dentro de uma metapopulação.

Sucessão Processo pelo qual a composição de espécies de uma comunidade muda com o tempo.

Sucessão primária Desenvolvimento de comunidades em hábitats inicialmente desprovidos de plantas e solo orgânico, como dunas de areia, fluxos de lava e rochas nuas.

Sucessão secundária Desenvolvimento de comunidades em hábitats que foram perturbados e que não contêm plantas, mas ainda contêm um solo orgânico.

Super-resfriamento Processo pelo qual glicoproteínas no sangue retardam a formação de gelo, cobrindo todos os cristais de gelo que começam a se formar.

Tabela de vida de coorte Acompanha um grupo de indivíduos nascidos ao mesmo tempo desde o nascimento até a morte do último deles.

Tabela de vida Tabela que contém dados de sobrevivência e fecundidade específicos das classes.

Tabela de vida estática Quantifica a sobrevivência e a fecundidade de todos os indivíduos em uma população durante um único intervalo de tempo.

Taxa de crescimento Quantidade de novos indivíduos produzidos em uma população em dado intervalo de tempo menos a quantidade de indivíduos que morrem.

Taxa intrínseca de crescimento (*r*) A mais alta taxa de crescimento *per capita* possível de uma população.

Taxa líquida de reprodução Quantidade total esperada de filhotes fêmeas que uma fêmea média irá gerar ao longo de sua vida.

Teia alimentar Representação complexa e realista de como as espécies se alimentam umas das outras em uma comunidade.

Tempo Variação de temperatura e precipitação em períodos de horas ou dias.

Tempo de duplicação Tempo necessário para uma população dobrar de tamanho.

Tempo de geração (*T*) Tempo médio entre o nascimento de um indivíduo e o nascimento de seus descendentes.

Tempo de manuseio Quantidade de tempo que um predador despende para consumir uma presa capturada.

Tempo de residência da biomassa Período de tempo que a biomassa permanece em determinado nível trófico.

Tempo de residência da energia Período de tempo que a energia permanece em determinado nível trófico.

Teoria de coesão-tensão Mecanismo de movimento da água desde as raízes até as folhas em virtude da sua coesão e tensão.

Teoria de equilíbrio de biogeografia de ilhas Descreve a quantidade de espécies em uma ilha como o resultado de um equilíbrio entre a colonização por novas espécies e a extinção de espécies existentes.

Teoria do forrageamento ótimo Modelo que descreve o comportamento de forrageamento que fornece o melhor equilíbrio entre os custos e benefícios de diferentes estratégias de forrageamento.

Termoclina Profundidade intermediária na água em um lago ou lagoa e que sofre mudança brusca na temperatura ao longo de uma distância relativamente curta em profundidade.

Termofílico Que gosta de calor.

Termorregulação Capacidade de um organismo controlar a temperatura do seu corpo.

Território Qualquer área defendida por um ou mais indivíduos contra a invasão de outros.

Teste do qui-quadrado Teste estatístico que determina se a quantidade de eventos observados em classes distintas difere de um número esperado de eventos com base em uma hipótese específica.

Teste *t* Teste estatístico que determina se a distribuição dos dados de dois grupos são significativamente diferentes.

Tolerância Mecanismo de sucessão no qual a probabilidade de uma espécie se estabelecer depende da sua capacidade de dispersão e de persistência sob as condições físicas do ambiente.

Tolerância à infecção Capacidade de um hospedeiro de minimizar o dano que uma infecção pode causar.

Torpor Breve período de dormência que ocorre em aves e mamíferos durante o qual os indivíduos reduzem sua atividade e sua temperatura corporal.

Trajetória populacional conjunta Trajetória simultânea das populações de predadores e presas.

Trampolins ecológicos Pequenas manchas de hábitat intermediárias que organismos dispersores podem usar para se deslocar entre grandes hábitats favoráveis.

Transmissão horizontal Ocorre quando um parasito passa entre hospedeiros que não são genitores e prole.

Transmissão vertical Ocorre quando um parasito é transmitido de um genitor para seus descendentes.

Transpiração Processo pelo qual as folhas conseguem gerar um potencial hídrico à medida que a água evapora das superfícies das células para dentro dos espaços ocos das folhas.

Transporte ativo Movimento de moléculas ou íons através de uma membrana contra um gradiente de concentração.

Transporte passivo Movimento de íons e pequenas moléculas através de uma membrana e ao longo de um gradiente de concentração, de um local com muita concentração de solutos para um com pouca concentração de solutos.

Tundra Bioma mais frio, caracterizado por uma extensão sem árvores sobre um solo permanentemente congelado.

Unidade experimental Objeto ao qual se aplica a manipulação experimental.

Uniformidade de espécies Comparação da abundância relativa de cada espécie em uma comunidade.

Valor instrumental da biodiversidade Foco no valor econômico que uma espécie pode proporcionar.

Valor intrínseco da biodiversidade Foco no valor inerente de uma espécie, não vinculado a qualquer benefício econômico.

Variação ambiental temporal Descrição de como as condições ambientais mudam com o tempo.

Variância amostral Medida que indica o grau de dispersão dos dados em torno da média de uma população quando apenas uma amostra foi mensurada.

Variância da média Medida que indica o grau de dispersão dos dados em torno da média de uma população em que cada um de seus integrantes foi mensurado.

Variável categórica Variável que se enquadra dentro de uma classe ou um agrupamento distinto. Também denominada **variável nominal**.

Variável contínua Variável que pode assumir qualquer valor numérico, incluindo valores que não são números inteiros.

Variável dependente Fator que está sendo alterado.

Variável independente Fator que faz as outras variáveis mudarem.

Vetor Organismo que um parasito utiliza para se dispersar de um hospedeiro a outro.

Viscosidade Espessura de um fluido que faz com que os objetos encontrem resistência à medida que se movem através dele.

Zona afótica Área das zonas nerítica e oceânica onde a água é tão profunda que a luz do Sol não consegue penetrar.

Zona bentônica Área composta pelos sedimentos no fundo dos lagos, lagoas e oceanos.

Zona de convergência intertropical (ZCIT) Área na qual duas células de Hadley convergem, causando grandes quantidades de precipitação.

Zona entremarés Bioma composto pela faixa estreita da costa entre os níveis de maré alta e maré baixa.

Zona fótica Área das zonas nerítica e oceânica que contém luz suficiente para a fotossíntese das algas.

Zona limnética Água aberta além da zona litorânea, na qual os organismos fotossintéticos dominantes são algas flutuantes. Também denominada **zona pelágica**.

Zona litorânea Área rasa nas bordas de um lago ou lagoa que contém vegetação enraizada.

Zona nerítica Zona do oceano para além do alcance do nível da maré mais baixa, que se estende até a profundidade de cerca de 200 m.

Zona oceânica Zona do oceano além da zona nerítica.

Zona profunda Área em um lago que é muito profunda para receber luz solar.

Zona ripária Faixa de vegetação terrestre ao longo dos rios e riachos que é influenciada por alagamentos sazonais e elevações de lençóis freáticos.

Índice Alfabético

B

C

D

2021/1

F